Wolfgang J. Koschnick

Compact Dictionary of the Social Sciences

Kompaktwörterbuch der Sozialwissenschaften

Volume 2
English – German

Band 2
Englisch – Deutsch

K · G · Saur
München · New Providence · London · Paris 1995

Die Deutsche Bibliothek – CIP-Einheitsaufnahme

Koschnick, Wolfgang J.:
Compact dictionary of the social sciences =
Kompaktwörterbuch der Sozialwissenschaften / Wolfgang J.
Koschnick. – München ; New Providence ; London ; Paris :
Saur.
ISBN 3-598-11281-5
NE: HST

Vol. 2. English–German. – 1995
ISBN 3-598-11283-1

Printed on acid-free paper

© 1995 by K·G·Saur Verlag GmbH & Co. KG, München

A Reed Reference Publishing Company
All rights reserved. No part of this publication may be reproduced,
stored in a retrieval system, or transmitted in any forms or by any means,
electronic, mechanical, photocopying, recording, or otherwise,
without permission in writing from the publisher.

Cover design by: Manfred Link, München
Phototypesetting by: Microcomposition, Gauting
Printed by: WB-Druck, Rieden am Forggensee
Bound by: Thomas Buchbinderei, Augsburg
Printed in the Federal Republic of Germany
Alle Rechte vorbehalten

ISBN 3-598-11281-5 (Set)
ISBN 3-598-11283-1 (Vol. 2)

Preface

Taken together, the four volumes of my English-German/German-English **Standard Dictionary of the Social Sciences/Standardwörterbuch für die Sozialwissenschaften** comprise some 5,000 printed pages. Since this is an enormous amount of book for a user who needs nothing but the translations of social science terms, we have decided to put out this compact version of the large **Standard Dictionary of the Social Sciences/Standardwörterbuch für die Sozialwissenschaften**. This Compact Dictionary of the Social Sciences/Kompaktwörterbuch für die Sozialwissenschaften is an attempt to set down in two volumes a fairly exhaustive range of social science terms without providing a definition or explanation of terms.

Some 35,000 terms from all areas of the social sciences are listed in this book. In cases where a term was originated by a person or is otherwise closely linked with a specific author, the name is given in parentheses. The general idea underlying the selection of the terms – and the rejection of others – was to compile the minimum of common terms shared by social scientists from all disciplines.

All users who need more background information on the meaning of terms, rather than on the mere translation, are advised to consult the large Standard Dictionary of the **Social Sciences/Standardwörterbuch für die Sozialwissenschaften.**

Neither in the United States of America nor in Great Britain is there a general agreement on which academic fields form part of the social sciences and which do not. In the United States, the term is frequently used in the most general sense to mean any science that is concerned with human and social affairs, while in Britain there is still a tendency to give it the restrictive meaning of Social Work or Social Studies. In selecting the terms contained in this book, I have decided not to add yet another, perhaps even more restrictive definition of the social sciences to the existing lists of definitions.

Since the controversies about which disciplines are real social sciences, which are semi-social sciences, and which are sciences with a least social implications are not likely to be resolved in the foreseeable future, and since the absence of a universally accepted system of classification has obviously not impeded the progress of social science research, I have decided to follow the advice given in the introduction to the *International Encyclopedia of the Social Sciences*: "What is required is only that whoever uses the term 'social sciences' makes clear what he includes under this heading."

In trying to provide a comprehensive collection of the common vocabulary of all social sciences, this book focuses markedly on sociology (including economic, organizational, political, rural and urban sociology, the sociologies of knowledge, law, religion and medicine, human ecology, empirical social research, sociometry, small group research and survey research as well as demography and criminology), psychology (with special emphasis on social psychology, experimental and applied psychology, counseling and personality psychology), psychiatry, communications research, theory of science and research methodology, statistics, anthropology (including cultural, social political and applied anthropology as well as ethnography, ethnology and linguistics), political science as well as some areas of social and cultural geography. Less emphasis is placed on economics and law for no other reason than that reliable dictionaries already exist for these fields.

Nonetheless, I am aware that in spite of the large number of terms included in this book the selection of terms may mirror my subjective experiences and areas of interest. I would, therefore, be particularly obliged to the users of this book for making any suggestions or for voicing criticism to help improve future editions of this work.

Allensbach on Lake Constance   Wolfgang J. Koschnick
May 1995

Abbreviations / Abkürzungen

abbr	abbrevation	Abkürzung
adj	adjective	Adjektiv
adv	adverb	Adverb
Am	American English	amerikanisches Englisch
attr	attribute	Attribut
brit	British English	britisches Englisch
cf.	confer	vergleiche
colloq	colloquial speech	umgangssprachlich
derog	derogatory	derogatorisch
e.g.	for example	z.B., zum Beispiel
etc.	etcetera	usw.
f	feminine	feminin, weiblich
fig	figuratively	figürlich, bildlich
interj	interjection	Interjektion, Ausruf
i.e.	that is	d.h., das heißt
m	masculine	männlich, maskulin
n	neuter	neutrum, sächlich
obsol	obsolete	obsolet, veraltet
pl	plural	Plural
sg	singular	Singular
vgl.	confer	vergleiche
v/i	intransitive verb	intransitives Verb
v/t	transitive verb	transitives Verb
→	see, see also	siehe, siehe auch

A

α-index
→ alpha index
α-technique
→ alpha technique
α-test
→ alpha test
A
kurz für upper middle class
a posteriori distribution (posterior distribution)
A-posteriori-Verteilung *f* *(Statistik)*
vgl. A-priori-Verteilung
a priori scale
A-priori-Skala *f* *(Skalierung)*
a priori validity
A-priori-Validität *f* (apriorische Validität *f*) *(Hypothesenprüfung)*
A test (Sandler's A test)
A-Test *m*, Sandlerscher A-Test *m* *(statistische Hypothesenprüfung)*
ABA design
→ reversal design
abandoned child
ausgesetztes Kind *n*
abandoned self (*meist pl* **abandoned selves**) **(William James)**
aufgegebenes Selbstkonzept *n*, preisgegebenes Selbstkonzept *n*, fallengelassenes Ich-Konzept *n* *(Psychologie)*
abandonment
→ desertion
abasement (Henry A. Murray)
Selbsterniedrigung *f* (Unterwerfung *f*) *(Psychologie)*
Abbe-Helmert criterion (*pl* **criteria** *or* **criterions**)
Abbe-Helmertsches Kriterium *n* *(Statistik)*
abbreviated discriminant analysis
verkürzte Diskriminanzanalyse *f* *(Statistik)*
abduction
1. Entführung
2. *(Logik) (Statistik)* Abduktion
aberrant (deviant)
abweichend *adj (Kriminologie)*
aberrant behavior (deviance, deviant behavior, *brit* **behaviour, deviancy, social deviancy)**
abweichendes Verhalten *n*, Abweichung *f*, Devianz *f (Kriminalsoziologie)*
→ deviance, deviant behavior

aberrant socialization (deviant socialization)
abweichende Sozialisation *f*, Sozialisation *f* zu abweichenden Normen *(Kriminalsoziologie)*
abience
Ausweichen *n* vor einem Reiz *(Verhaltensforschung)*
abient *adj*
einem Reiz ausweichend, einem Stimulus ausweichend *(Verhaltensforschung)*
abient behavior (*brit* **abient behaviour)**
einem Reiz aus dem Wege gehendes Verhalten *n*, einem Stimulus ausweichendes Verhalten *n* *(Verhaltensforschung)*
ability (gift, talent, endowment, vocation)
Fähigkeit *f*, Vermögen *n*, Begabung *f* *(Psychologie)*
ability to communicate
Kommunikationsfähigkeit *f*
abiotic environment (physical environment)
abiotische Umwelt *f*, leblose Umwelt *f*
vgl. biotische Umwelt
ablineal
1. Verwandte(r) *f(m)* in direkter Linie *(Kulturanthropologie)*
2. *adj* in direkter Linie verwandt
vgl. lineal
ablineal relative
Verwandte(r) *f(m)* in indirekter Linie (nicht geradlinig Verwandte(r) *f(m)*) *(Kulturanthropologie)*
vgl. lineal relative
ablineality
Verwandtschaft *f* in indirekter Linie, in indirekter Linie bestehende Verwandtschaft *f*, nicht geradlinige Verwandtschaft *f*), Verwandtschaft *f* durch Verschwägerung *(Kulturanthropologie)*
vgl. lineality
abnormal *adj*
1. abnorm (anormal, regelwidrig, atypisch) *(Verhaltensforschung)*
2. anormal, nicht normal *(Statistik)*
abnormal frequency curve (non-normal frequency curve, abnormal curve, non-normal curve)
anormale Häufigkeitskurve *f*, nicht normale Häufigkeitskurve *f (Statistik)*
abnormal psychology (psychopathology)
Psychopathologie *f*, klinische Psychologie *f*

abnormality
1. Abnormalität *f*, Anormalität *f*, Regelwidrigkeit *f*) *(Psychologie)*
2. Anormalität *f*, Nicht-Normalität *f* *(Statistik)*

abnormity
Abnormität *f*, Normwidrigkeit *f*, Abweichung *f* von der Norm *(Sozialpsychologie)*

abortion
Abtreibung *f*, Abort *m*, Abortus *m*

aboulia (aboulis)
Abulie *f* *(Psychologie)*

abreaction
Abreaktion *f* *(Psychoanalyse)*

abrupt frequency distribution (abrupt distribution)
steil-endende Häufigkeitsverteilung *f* (steil-endende Verteilung *f*) *(Statistik)*

abscissa (x-axis)
Abszisse *f* (x Achse *f*) *(Statistik)*
vgl. ordinate

absentee voter *Am*
Briefwähler *m*

absenteeism (employee absenteeism)
Absentismus *m* *(Industriesoziologie)*

absolute
absolut *adj*
vgl. relative

the absolute
Absolute *n*, das Absolute *n* *(Philosophie)*

absolute constant
absolute Konstante *f* *(Mathematik/Statistik)*
vgl. relative constant

absolute deprivation
absolute Deprivation *f*, absolute soziale Deprivation *f* *(Sozialpsychologie)*
→ deprivation;
vgl. relative deprivation

absolute deviation
absolute Abweichung *f*, absoluter Wert *m* der Abweichung *(Statistik)*
vgl. relative deviation

absolute distribution
absolute Verteilung *f* *(Statistik)*

absolute distribution of a Markov process
absolute Verteilung *f* eines Markovschen Prozesses *(Stochastik)*

absolute divorce
vollständige Scheidung *f*, vollständige Ehescheidung *f*, bedingungslose Ehescheidung *f*, bedingungslose Scheidung *f* *(Soziologie)*
→ divorce

absolute error
absoluter Fehler *m* *(statistische Hypothesenprüfung)*
vgl. absolute error

absolute frequency
absolute Häufigkeit *f*, Zahl *m* der Fälle, Anzahl *f* der Fälle *(Statistik)*
vgl. relative frequency

absolute majority (overall majority)
absolute Mehrheit *f*
vgl. relative majority

absolute majority system
absolutes Mehrheitswahlsystem *n*, absolutes Mehrheitssystem *n*
vgl. relative majority system

absolute measure
absolutes Maß *n* *(Statistik)*
vgl. relative measure

absolute monarchy
absolute Monarchie *f*
vgl. constitutional monarchy

absolute norm (R. T. Morris)
absolute Norm *f*, absolut geltende Norm *f*, unbeschränkt geltende Norm *f*, allgemein akzeptierte Norm *f* *(Soziologie)*
vgl. relative norm

absolute number (absolute value of a number)
absolute Zahl *f* *(Statistik)*
vgl. relative number

absolute overpopulation
absolute Überbevölkerung *f*, Bevölkerungsexplosion *f* *(Demographie)*

absolute poverty
absolute Armut *f*, totale Armut *f*
vgl. relative poverty

absolute scale (ratio scale)
Absolutskala *f* *(Skalierung)*
vgl. interval scale, nominal scale, ordinal scale

absolute threshold (stimulus threshold, detection threshold, recognition threshold)
absolute Reizschwelle *f*, absolute Schwelle *f* *(Psychophysik)*

absolute veto
absolutes Veto *n* *(politische Wissenschaft)*
vgl. relative veto

absolute war
absoluter Krieg *m*
vgl. limited war

absolutely continuous measure
absolut stetiges Maß *n* *(Statistik)*

absolutely unbiased estimator (brit absolutely unbiased estimator)
stets erwartungstreue Schätzfunktion *f*, absolut nichtverzerrende Schätzfunktion *f* *(Statistik)*

absolutism
1. Absolutismus *m* *(Politikwissenschaft)*
2. Verabsolutieren *n* *(Philosophie)*

absorbing barrier
   absorbierender Rand *m* *(Stochastik)*
absorbing Markov chain
   absorbierende Markov-Kette *f*,
   absorbierende Markoff-Kette *f*,
   absorbierende Markovsche Kette *f*)
   (Stochastik)
absorbing region
   absorbierender Bereich *m* *(Stochastik)*
absorbing state
   absorbierender Zustand *m* *(Stochastik)*
absorbing state of a homogeneous Markov chain
   absorbierender Zustand *m* einer homogenen Markovschen Kette *(Stochastik)*
abstinence
   Abstinenz *f*, Enthaltsamkeit *f*, Enthaltung *f*
abstract *adj*
   abstrakt
abstract *subst*
   Zusammenfassung *f*
abstract collectivity
   abstrakte Gesamtheit *f*, abstrakte Ganzheit *f*, abstrakte Kollektivität *f*, abstraktes soziales Gebilde *n*)
   vgl. konkrete Gesamtheit
abstract social class (George H. Mead)
   abstrakte Sozialkategorie *f*, abstrakte Gesellschaftsklasse *f*, abstrakte Sozialschicht *f*, abstrakte soziale Klasse *f* *(Sozialforschung)*
   vgl. konkrete Sozialkategorie
abstract society
   abstrakte Gesellschaft *f*, anonyme Gesellschaft *f*
   vgl. konkrete Gesellschaft
abstract system
   abstraktes System *n*
abstraction (abstract term)
   Abstraktion *f*, Abstrahieren *n*, abstrakter Begriff *m* *(Theoriebildung)*
abstractionism
   Abstraktionismus *n* *(Philosophie)*
absurdity
   Absurdität *f* *(Philosophie)*
academic (professional)
   Akademiker *m*, Angehöriger *m* eines freien Berufs *(Soziologie)* *(Demographie)* *(empirische Sozialforschung)*
academic achievement
   akademische Leistungen *f/pl*, Erfolg *m* im Studium
academic freedom
   akademische Freiheit *f*

academic profession (profession)
   akademischer Beruf *m*, freier Beruf *m* *(Soziologie)* *(Demographie)* *(empirische Sozialforschung)*
acathexis
   Akathexis *f*, Abwesenheit *f* von Besetzung) *(Psychoanalyse)*
   vgl. cathexis
acausal functional analysis (B. F. Skinner)
   nichtkausale funktionale Analyse *f* *(Verhaltensforschung)*
acausal (noncausal)
   nichtkausal *adj*
   vgl. causal
accelerated stochastic approximation
   beschleunigte stochastische Approximation *f*, beschleunigte stochastische Annäherung *f*
acceleration
   Beschleunigung *f*, Akzeleration *f*
   → social acceleration
acceleration of social change
   Beschleunigung *f* des sozialen Wandels, Beschleunigung *f* des gesellschaftlichen Wandels
   → social acceleration
acceleration principle (principle of acceleration)
   Akzelerationsprinzip *n*, Beschleunigungsprinzip *n*
acceleration (developmental acceleration)
   Akzeleration *f*, Beschleunigung *f* *(Entwicklungspsychologie)*
   → social acceleration
accelerator
   Akzelerator *m* *(Mathematik/Statistik)*
acceptable quality level (AQL)
   Abnahmegrenze *f*, Annahmegrenze *f*, Gutgrenze *f*, zulässiges Qualitätsniveau *n*, annehmbare Qualität *f* der Lieferung) *(statistical quality control)*
acceptable reliability level
   annehmbares Zuverlässigkeitsniveau *n* *(statistische Hypothesenprüfung)*
   → reliability
acceptance
   Akzeptanz *f*, Annahme *f*, Akzeptieren *n*, Akzeptierung *f*, Übereinstimmung *f* *(Sozialpsychologie)*
acceptance area (area of acceptance, region of acceptance, acceptance region, area of acceptance, nonrejection region, nonrejection area)
   Annahmebereich *m* *(statistische Hypothesenprüfung)*
   Zurückweisungsbereich *m*, Ablehnungsbereich *m*, kritischer Bereich *m*, kritische Region *f* *(statistische Hypothesenprüfung)*
   vgl. rejection area

acceptance boundary (boundary of acceptance line, line of acceptance, acceptance control limit)
Abnahmelinie f, Annahmelinie f, Gutgrenze f *(statistische Qualitätskontrolle)*
vgl. rejection boundary

acceptance control (acceptance inspection, acceptance testing, attribute inspection, attribute sampling)
Abnahmekontrolle f, Annahmekontrolle f *(statistische Qualitätskontrolle)*

acceptance control chart (control chart)
Abnahmekontrollkarte f, Annahmekontrollkarte f, Kontrollkarte f, Annahmekontrollkarte f, Annahmekontrollgraphik f *(statistische Qualitätskontrolle)*

acceptance crisis (crisis of acceptance)
Akzeptanzkrise f, Zustimmungskrise f *(Sozialpsychologie)*

acceptance in social relations (B. B. Wolman)
Akzeptanz f in Sozialbeziehungen *(Sozialpsychologie)*

acceptance inspection (acceptance control, acceptance testing, attribute inspection, attribute sampling)
Abnahmekontrolle f, Annahmekontrolle f *(statistische Qualitätskontrolle)*

acceptance line (line of acceptance, acceptance boundary, boundary of acceptance, acceptance control limit)
Abnahmelinie f, Annahmelinie f, Gutgrenze f *(statistische Qualitätskontrolle)*
vgl. rejection line

acceptance number
Abnahmezahl f, Annahmezahl f, Gutzahl f *(statistische Qualitätskontrolle)*

access
Zugang m *(Soziologie)*

access to politics (political access)
politischer Zugang m, Zugang m zur Politik *(politische Wissenschaften)*

accessibility
Zugänglichkeit f, Erreichbarkeit f *(Soziologie)*
vgl. inaccessibility

accessible group
zugängliche Gruppe f *(Soziologie)*
vgl. inaccessible group

accident
Zufall m, Zufallschance f

accidental criminal (situational criminal)
Gelegenheitsverbrecher m, Gelegenheitskrimineller m *(Kriminologie)*

accidental delinquent (situational criminal, situational delinquent, accidental criminal)
Gelegenheits-Straftäter m, situationsgebundener Straftäter m *(Kriminologie)*

accidental error
Zufallsfehler m, akzidentieller Fehler m *(Statistik)*

accidental sample (convenience sample, haphazard sample, incidental sample, pick-up sample, chunk sample, *derog* street-corner sample)
Gelegenheitsstichprobe f, Gelegenheitsauswahl f, unkontrollierte Zufallsstichprobe f *(Statistik)*

accidental sampling (convenience sampling, haphazard sampling, incidental sampling, pick-up sampling)
Gelegenheitsstichprobenbildung f, unkontrollierte Zufallsstichprobenbildung f, Bildung f Gelegenheitsstichproben, Bildung f einer Gelegenheitsstichprobe, Gelegenheitsauswahl f, Gelegenheitsauswahlverfahren n, unkontrollierte Zufallsauswahl f *(Statistik)*

accidental suicide
zufälliger Selbstmord m, unbeabsichtigter Selbstmord m *(Soziologie)*

acclimatization (*brit* acclimatisation)
Akklimatisierung f, Akklimatisation f *(Soziologie)*

accomodation
Akkomodation f, Anpassung f, wechselseitige Annäherung f *(Soziologie)*

accomodation unit (dwelling unit) (DU) (housing unit)
Wohneinheit f, Haushaltswohneinheit f *(Statistik) (Soziologie)*

accomplishment quotient (achievement quotient) (AQ)
Leistungsquotient m *(Psychologie)*

accorded status
zuerkannter Status m, eingeräumter Status m, zuerkannte Position f *(Soziologie)*
vgl. aquired status, ascribed status

accountability (responsibility)
Zurechenbarkeit f, Zurechnungsfähigkeit f, Verantwortlichkeit f *(Kriminologie)*

accounting equation
Gleichung f der Rechnungslegung *(Skalierung)*

accretion (increment)
Zunahme f, Zuwachs m, Inkrement n

acculturation
Akkulturation f, Kulturaneignung f, Kulturübertragung f, Kulturanpassung f, Kulturübernahme f *(Soziologie)*
vgl. socialization, assimilation

acculturation scale
Akkulturationsskala f *(Soziologie)*

acculturational phenomenon
Akkulturationsphänomen n *(Soziologie)*

acculturative process (acculturation process)
Akkulturationsprozeß m *(Soziologie)*
→ acculturation

accumulated deviation
kumulierte Abweichung f, aufsummierte Abweichung f *(Statistik)*

accumulated process (cumulative sum of forecast errors)
kumulierter Prognosefehler m *(Statistik)*

accumulation
Akkumulation f, Kumulation f *(Mathematik/Statistik)*

accuracy of communication (communication accuracy)
Kommunikationsgenauigkeit f *(Kommunikationsforschung)*

accuracy table
Fehlertabelle f, Genauigkeitstabelle f *(statistische Hypothesenprüfung)*

accuracy (intrinsic accuracy)
Treffgenauigkeit f, Akkuranz f, Genauigkeit f *(Statistik)*
vgl. precision, reliability, validity

acephalous
akephal, ohne zentrale Regierung, kopflos, führerlos *adj (Soziologie)*
vgl. heterocephalous

acephalous society
akephale Gesellschaft f, Gesellschaft f ohne Zentralregierung, nicht zentral regierte Gesellschaft f *(Soziologie)*
vgl. heterocephalous society

acephaly
Akephalie f (Max Weber)
vgl. heterocephaly

achieved (assumed)
erworben, angeeignet *adj (Soziologie)*
vgl. ascribed

achieved position (Ralph Linton) (assumed position)
erworbene Position f *(Soziologie)*
vgl. ascribed position

achieved role (Ralph Linton) (assumed role)
erworbene Rolle f *(Soziologie)*
vgl. ascribed role

achieved status (Ralph Linton) (assumed status)
erworbener Status m *(Soziologie)*
vgl. ascribed status

achievement
Leistung f, Vollendung f *(Psychologie)*

achievement age
Leistungsalter n *(Psychologie)*

achievement battery (battery of achievement tests)
Leistungsbatterie f, Batterie f von Leistungstests *(Psychologie)*

achievement drive (achievement need, need for achievement)
Leistungsantrieb m, Leistungsbedürfnis n, Leistungsmotivation f *(Psychologie)*

achievement motivation (achievement motive) (David C. McClelland)
Leistungsmotivation f *(Psychologie)*

achievement need (need for achievement, achievement drive)
Leistungsbedürfnis n, Leistungsmotivation f *(Psychologie)*

achievement quotient (AQ) (accomplishment quotient)
Leistungsquotient m *(Psychologie)*

achievement-oriented society (achieving society) (David C. McClelland)
Leistungsgesellschaft f, leistungsorientierte Gesellschaft f *(Soziologie)*

acquaintance group
freiwillige Kleingruppe f *(Gruppensoziologie)*

acquaintance volume
Bekanntenvolumen n, Gesamtzahl f der Bekannten *(Soziologie)*

acquiescence
1. Akquieszenz f, Ja-Sage Tendenz f, Zustimmungstendenz f, allgemeiner Hang m zur Zustimmung) *(empirische Sozialforschung)*
2., Fügsamkeit f, Nachgiebigkeit f, Ergebenheit f *(Psychologie)*

acquiescence response set (acquiescence response, yea-saying)
Akquieszenz f, Ja-Sage-Tendenz f, Zustimmungstendenz f, allgemeiner Hang m zur Zustimmung *(empirische Sozialforschung)*

acquirable
→ acquired

acquirable drive (acquired drive, learnable drive, sociogenic drive, secondary drive, psychogenic drive)
erworbener Trieb m, angeeigneter Trieb m *(Verhaltensforschung)*

acquired
erworben, angeeignet, gelernt *adj (Verhaltensforschung)*
vgl. innate

acquired behavior (acquirable behavior, *brit* acquired behaviour)
erworbenes Verhalten *n*, angeeignetes Verhalten *n* (*Verhaltensforschung*)

acquired behavior pattern (*brit* acquired behaviour pattern, acquired behavioral pattern, *brit* acquired behavioural pattern)
erworbenes Verhaltensmuster *n*, angeeignetes Verhaltensmuster *n* (*Verhaltensforschung*)
vgl. innate behavior pattern

acquired characteristic (acquirable characteristic, assumed characteristic)
erworbenes Merkmal *n*, erworbenes Persönlichkeitsmerkmal *n*, erworbene Eigenschaft *f*, erworbene Persönlichkeitseigenschaft *f*, erworbener Charakterzug *m* (*Verhaltensforschung*)
vgl. innate characteristic

acquired drive (acquirable drive, learnable drive, sociogenic drive, secondary drive, psychogenic drive)
erworbener Trieb *m*, angeeigneter Trieb *m* (*Verhaltensforschung*)

acquired motive pattern (Theodore M. Newcomb)
erworbenes Motivmuster *n*, erworbenes Motivationsmuster *n*, angeeignetes Motivmuster *n*, angeeignetes Motivationsmuster *n* (*Verhaltensforschung*)
vgl. innate motive pattern

acquired need (assumed need)
erworbenes Bedürfnis *n*, angeeignetes Bedürfnis *n* (*Verhaltensforschung*)
vgl. innate need

acquired tendency (assumed tendency, habit)
erworbene Tendenz *f*, Gewohnheit *f*, Habitus *m* (*Verhaltensforschung*)
vgl. innate tendency

acquisition trial (training trial)
Übungsversuch *m* (*Verhaltensforschung*)

act (action)
Handlung *f*, Akt *m*, Tun *n*, Handeln *n*
→ social action

act psychology
Aktpsychologie *f*, Intentionalismus *m* (Franz Brentano)

action (acting)
Handeln *n*, Aktion *f* (*Soziologie*) (*Theorie des Handelns*)

action anthropology (Sol Tax)
Aktionsanthropologie *f*

action approach
Aktionsansatz *m*, Aktionsapproach *m* (*Soziologie*)

action frame of reference (Talcott Parsons)
Bezugsrahmen *m* des Handelns (*Soziologie*)

action meaning (act meaning)
Handlungsbedeutung *f*, Bedeutung *f* der Handlung) (*Theorie des Handelns*)

action pattern
Handlungsmuster *n*, Muster *n* des Handelns, Aktionsmuster *n*, Aktionspattern *n* (*Theorie des Handelns*)

action research (Kurt Lewin)
Aktionsforschung *f*, Handlungsforschung *f*

action-set
Handlungsmenge *f*, Aktionsmenge *f*, Handlungsradius *m*, Aktionsset *m*, Handlungssatz *m* (*Theorie des Handelns*)

action space
Handlungsspielraum *m*, Aktionsspielraum *m* (*Theorie des Handelns*)

action system (system of action)
Handlungssystem *n*, Aktionssystem *n*, System *n* des Handelns) (*Theorie des Handelns*)

action theory (theory of action, general theory of action)
Theorie *f* des Handelns (*Soziologie*)

actionist ideology
aktionistische Ideologie *f* (*Soziologie*)

actionist sociology
aktionistische Soziologie *f* (*Soziologie*)

activation
Aktivierung *f*, Aktivation *f* (*Psychologie*)

activation research (George H. Gallup)
Aktivationsforschung *f*, Kaufentschlußforschung *f* (*Marktforschung*)

active agricultural population
aktiv in der Landwirtschaft erwerbstätige Bevölkerung *f* (*Demographie*)

active avoidance
aktive Vermeidung *f*, aktives Vermeidungslernen *n* (*Psychologie*)
→ avoidance;
vgl. passive avoidance

active avoidance learning (active avoidance training)
aktives Vermeidungslernen *n* (*Psychologie*)
→ avoidance learning;
vgl. passive avoidance learning

active fantasy (active fantasying, active imagination)
aktive Phantasie *f* (Carl G. Jung) (*Psychotherapie*)
vgl. passive fantasy

active ideationalism (Pitirim A. Sorokin)
aktiver Ideationalismus *m*
→ ideational culture;
vgl. passive ideationalism
active interview (Leon Festinger)
Aktivinterview *n*, aktive Befragung *f*
(Umfrageforschung)
vgl. passive interview
active introversion
aktive Introversion *f (Psychologie)*
vgl. passive introversion
active participant observation
aktiv beobachtende Teilnahme *f*,
aktive teilnehmende Beobachtung *f*,
tätige teilnehmende Beobachtung *f*
(Psychologie/empirische Sozialforschung)
vgl. passive participant observation
active participant observer
aktiver Beobachter *m*, aktiv
teilnehmender Beobachter *m*
(Psychologie/empirische Sozialforschung)
vgl. passive participant observer
active population
Aktivbürger *m/pl*, Gesamtheit *f* der
Aktivbürger *(Demographie)*
vgl. passive population
active population (economically active population, labor force, *brit* **labour force)**
erwerbstätige Bevölkerung *f*
(Demographie)
active resistance
aktiver Widerstand *m (politische Wissenschaft)*
vgl. passive resistance
activity
Aktivität *f*, Tätigkeit *f*
vgl. passivity
activity rate
Erwerbsquote *f (Demographie)*
actone (Marvin Harris)
Akton *n (Verhaltensforschung)*
actoneme (Marvin Harris)
Aktonem *n (Verhaltensforschung)*
actor
Akteur *m*, Aktor *m*, Handelnder *m*,
Handlungseinheit *f (Verhaltensforschung)*
(Soziologie)
actual behavior (*brit* **behaviour)**
faktisches Verhalten *n*, tatsächliches
Verhalten *n*, gegenwärtiges Verhalten *n*
(Soziologie)
actual figure
Istzahl *f*, Istwert *m*, Istziffer *f*
(Mathematik/Statistik)
actual neurosis
Aktualneurose *f*, Sigmund Freud)
(Psychoanalyse)

actual self (Erving Goffman)
tatsächliches Selbst *n*, aktuelles Selbst *n*
(Soziologie)
vgl. virtual self
actuarial method (actuarial approach, actuarial pattern analysis, *pl* **analyses, configural scoring)**
versicherungsstatistische Methode *f*,
versicherungsstatistischer Ansatz *m*,
versicherungsstatistisches Verfahren *n*,
Tafelmethode *f (Statistik)*
actuarial prediction (actuarial prognosis)
versicherungsstatistische Prognose *f*,
versicherungsstatistische Vorhersage *f*
(Statistik)
acute anomie (acute anomia, acute anomy) (Sebastian DeGrazia)
akute Anomie *f (Soziologie)*
vgl. simple anomie
ad hoc group (Erving Goffman)
Ad-hoc-Gruppe *f (Soziologie)*
ad hoc hypothesis
Ad-hoc-Hypothese *f (Theorie des Wissens)*
ad hoc scale
Ad-hoc-Skala *f*
ad hoc study (ad hoc investigation)
Ad-hoc-Studie *f*, Ad-hoc-Untersuchung *f*
(empirische Sozialforschung)
ad hoc survey
Ad-hoc-Befragung *f*, Ad-hoc Umfrage *f*
(Umfrageforschung)
adaptability
Anpassungsfähigkeit *f (Psychologie)*
adaptation (adaption)
Anpassung *f (Psychologie/Soziologie)*
→ social adaptation
adaptation level (AL) (Harry Helson) (adaption level, adaptual level)
Anpassungsniveau *n*, Adaptationsniveau *n (Psychologie)*
adaptation level theory (theory of adaptation level (H. Helson) (theory of adaptation level, adaption level theory, theory of adaptual level, adaptual level theory)
Theorie *f* des Anpassungsniveaus,
Theorie *f* des Adaptationsniveaus
(Psychologie)
adaptive behavior (*brit* **adaptive behaviour)**
angepaßtes Verhalten *n (Psychologie)*
adaptive culture
Anpassungskultur *f*, Kultur *f* der
Anpassung *(Soziologie)*
adaptive delinquency
Anpassungskriminalität *f (Kriminologie)*

adaptive elite (adaptive élite, elite of adaptation, élite of adaptation, elite of adaption, élite of adaption)
Anpassungselite f (Sozialpsychologie) (Soziologie)
adaptive integration
Anpassungsintegration f (Soziologie)
adaptive integration
adaptive Integration f, Integration f durch Anpassung, Anpassungsintegration f (Soziologie)
adaptive optimization (brit **optimisation**)
adaptive Optimierung f (statistische Qualitätskontrolle)
adaptive subsystem (Talcott Parsons)
adaptives Subsystem n (Theorie des Handelns)
adaptive system (Talcott Parsons)
adaptives System n, Anpassungssystem n (Theorie des Handelns)
addict
Süchtiger m, Süchtige f, Suchtmittelabhängige(r) f(m), Abhängige(r) f(m), Drogenabhängige(r) f(m) (Psychologie)
addiction
Sucht f, Süchtigkeit f, Suchtmittelabhängigkeit f, Abhängigkeit f, Drogenabhängigkeit f (Psychologie)
addition
Addition f (Mathematik/Statistik)
addition of variates
Addition f der Merkmalsausprägungen (Statistik)
addition theorem (addition rule)
Additionstheorem n (Wahrscheinlichkeitstheorie)
vgl. multiplication theorem
additive clustering (additive cluster analysis, overlapping)
additives Clustern n, additive Clusteranalyse f (multidimensionale Skalierung)
vgl. hierarchical clustering
additive effect (additivity)
additive Wirkung f, additiver Effekt m, Additivität f (Statistik)
additive model
additives Modell n (Statistik)
additive process (random walk process, differential process, process with independent increments)
additiver Prozeß m, Random-Walk-Prozeß m, additiver Zufallsprozeß m (Stochastik)
vgl. multiplicative process
additive property of chi-square (additive property of chi squared)
Additivität f von Chi-Quadrat (Statistik)

additivity (additive property)
Additivität f, additive Wirkung f (Statistik)
vgl. nonadditivity
additivity of means (additive property of means)
Additivität f von Mittelwerten (Statistik)
adelphic inheritance (fraternal inheritance)
adelphisches Erbrecht n, adelphische Vererbung f, adelphische Erbfolge f (Kulturanthropologie)
fraternal polyandry (adelphic polyandry)
adelphische Polyandrie f, brüderliche Polyandrie f, brüderliche Vielmännerei f (Kulturanthropologie)
adelphic succession (fraternal succession, adelphic inheritance, fraternal inheritance)
adelphische Nachfolge f, adelphische Erbfolge f adelphisches Erbrecht n, brüderliche Erbfolge f, brüderliche Nachfolge f, Erbfolge f zwischen Brüdern (Kulturanthropologie)
adequacy
Adäquatheit f, Adäquanz f (Theorie des Wissens) (Statistik)
adequate sample
zulängliche Stichprobe f, adäquate Stichprobe f (Statistik)
adience
Reizaffinität f (Verhaltensforschung)
adient behavior (brit **behaviour**)
reizaffines Verhalten n (Verhaltensforschung)
adient response
reizaffine Reaktion f (Verhaltensforschung)
adjudication
Rechtsfindung f, Rechtsprechung f, Rechtsprechen n, richterliche Urteilsfindung f, Adjudikation f
adjudicative authority
richterliche Autorität f, Autorität f der Rechtsprechung
adjudicator, judge, arbitrator
Schiedsrichter m
adjunct study (adjunct investigation, follow-up study, follow-up investigation)
Anschlußstudie f, Anschlußuntersuchung f (empirische Sozialforschung)
adjusted frequency
justierte Häufigkeit f (Statistik)

adjustment
1. Justierung *f*, Justieren *n*, Bereinigung *f* *(Statistik)*
2. Angleichung *f*, Anpassung *f*, Anpassung *f* durch Angleichung *(Soziologie) (Sozialpsychologie)*
→ social adjustment;
vgl. accomodation, assimilation, adaptation
adjustment analysis
Bereinigungsanalyse *f*, Bereinigungsverfahren *n*) *(Statistik)*
adjustment for continuity (correction for continuity (continuity correction, Yates correction)
Kontinuitätsanpassung *f*, Kontinuitätskorrektur *f* *(Statistik)*
administered trade (Karl Polanyi)
verwalteter Handel *m*, administrierter Handel *m* *(Volkswirtschaftslehre)*
administration
Verwaltung *f*, öffentliche Verwaltung *f*, Administration *f* *(Organisationssoziologie)*
administration of justice (judicial administration)
Justizverwaltung *f*
administrative agency (administrative organ)
Verwaltungsorgan *n*, Verwaltungsbehörde *f* *(Organisationssoziologie)*
administrative area
Verwaltungsgebiet *n*, politische Gemeinde *f* *(politische Wissenschaften)*
vgl. natural area
administrative authority
Verwaltungsautorität *f*, administrative Autorität *f*, Autorität *f* der Verwaltung) *(Organisationssoziologie)*
administrative behavior (*brit* administrative behaviour)
Verwaltungsverhalten *n*, Verhalten *n* der in der Verwaltung tätigen Menschen) *(Organisationssoziologie)*
administrative discretion
Ermessensspielraum *m* der Verwaltung *(Organisationssoziologie)*
administrative dynamics *pl als sg* konstruiert **(G. E. Caiden)**
Verwaltungsdynamik *f*, Dynamik *f* der Verwaltung) *organizational sociology)*
vgl. administrative statics
administrative elite
Verwaltungselite *f* *(Organisationssoziologie)*
administrative law
Verwaltungsrecht *n*
administrative legislation
Verwaltungsgesetzgebung *f* *(politische Wissenschaften)*

administrative management (industrial administration)
Industrieverwaltung *f*, Verwaltungsführung *f*, Verwaltungsmanagement *n*, administratives Management *n* *(Organisationssoziologie)*
administrative penology
Strafvollzugsverwaltung *f*, Verwaltung *f* der Besserungsanstalten *(Kriminologie)*
administrative policy
Verwaltungsgrundsätze *m/pl*, Verwaltungsprinzipien *n/pl* *(Organisationssoziologie)*
administrative process
Verwaltungsverfahren *n*, Prozeß *m* der Verwaltung *(Organisationssoziologie)*
administrative regulation
Verwaltungsvorschrift *f*
administrative science
Verwaltungswissenschaft *f*
administrative state
Verwaltungsstaat *m* *(politische Wissenschaften)*
administrative statics *pl als sg* konstruiert **(G. E. Caiden)**
Verwaltungsstatik *f*, Statik *f* der Verwaltung) *(Organisationssoziologie)*
vgl. administrative dynamics
administrative survey
Verwaltungsumfrage *f*, administrative Umfrage *f* *(Umfrageforschung)*
administrative system
Verwaltungssystem *n* *(Organisationssoziologie)*
admissible decision function
zulässige Entscheidungsfunktion *f* *(Entscheidungsstatistik)*
admissible hypothesis
zulässige Hypothese *f* *(statistische Hypothesenprüfung)*
admissible number
zulässige Zahl *f* *(Statistik)*
admissible strategy
zulässige Strategie *f* *(Statistik)*
admissible test
zulässiger Test *m*, zulässiger Versuch *m* *(statistische Hypothesenprüfung)*
adolescence
Adoleszenz *f*, Jugend *f*, Jugendalter *n* *(Entwicklungspsychologie)*
adolescent court (juvenile court, children's court)
Jugendgericht *n*
adolescent psychology
Jugendpsychologie *f*, Psychologie *f* des Jugendalters
adolescent subculture
Jugendsubkultur *f*, Heranwachsendensubkultur *f*, Teenagersubkultur *f*

adoption
 Adoption *f*, Adoptierung *f*, Arrogation *f*
adult
 Erwachsener *m*, Volljähriger *m*
 (Entwicklungspsychologie)
adult culture
 Erwachsenenkultur *f*, Kultur *f* der Erwachsenen *(Kulturanthropologie)*
adult education
 Erwachsenenbildung *f*
adult socialization (*brit* **socialisation**)
 Erwachsenensozialisation *f*, Sozialisation *f* von Erwachsenen *(Soziologie)*
adultery
 Ehebruch *m*
adulthood
 Erwachsenenalter *n*, Erwachsensein *n*, Mannesalter *n* *(Entwicklungspsychologie)*
advance notice (to the respondent) (preliminary notification)
 Besuchsankündigung *f*, Vorankündigung *f* (eines Interviewerbesuchs beim Befragten) *(Umfrageforschung)*
adventist sect (Bryan R. Wilson)
 adventistische Sekte *f* *(Religionssoziologie)*
 vgl. conversionist sect
adventitious rural population
 zugezogene Landbevölkerung *f* *(Demographie)*
advertising
 Werbung *f*, Reklame *f*
advertising research
 Werbeforschung *f* *(Marketingforschung)*
advisory authority
 Beraterautorität *f*, Beratungsautorität *f*, Gutachterautorität *f*
advisory committee
 Beratungsausschuß *m*, Beratungskommission *f*, Beraterkommission *f*
aesthetic(al) psychology (psychology of art, art psychology, psychological aesthetics *pl als sg konstruiert*)
 Kunstpsychologie *f*, Psychoästhetik *f*
aestheticism
 Ästhetizismus *m*
aesthetics *pl als sg konstruiert*
 Ästhetik *f*
affect
 Affekt *m*, starke Erregung *f*, starke Gemütsbewegung *f* *(Psychologie)*
affect level
 Affektniveau *n*, Affektebene *f* *(Psychologie)*
affectation
 Affektiertheit *f*, Verstellung *f*, Heuchelei *f*
affection
 Affektion *f* *(Psychologie)*

affectional culture
 Affektkultur *f* *(Sozialpsychologie)*
affectional system
 Affektsystem *n* *(Sozialpsychologie)*
affectionless character (affectionless personality)
 gefühlsarme Persönlichkeit *f*, affektarmer Charakter *m* *(Psychologie)*
affective
 affektiv, affektuell, emotional, gemütsbedingt *adj* *(Psychologie)*
affective association (Katz and Stotland)
 affektive Assoziation *f* *(Psychologie)*
affective behavior (*brit* **affective behaviour, affect-related behavior**)
 affektives Verhalten *n*, affektorientiertes Verhalten *n* *(Psychologie)*
affective contagion
 affektive Ansteckung *f* *(Psychologie)*
affective disposition
 affektive Disposition *f* *(Psychologie)*
affective eudemonia
 affektive Eudämonie *f* *(Psychologie)*
affective inhibition
 affektive Hemmung *f* *(Psychologie)*
affective neutrality
 affektive Neutralität *f* *(Theorie des Handelns)*
affective nonrationality (Howard S. Becker)
 affektive Nichtrationalität *f* *(Soziologie)*
affective other
 affektiver anderer *m* *(Soziologie)*
affective response (emotional response, emotional reaction, affective reaction)
 affektive Reaktion *f*, emotionale Reaktion *f* *(Psychologie)*
affective transformation (displacement of affect)
 Affektverschiebung *f*, Affektverdrängung *f* *(Psychoanalyse)*
affective uncertainty
 affektive Unsicherheit *f*, affektive Ungewißheit *f* *(Psychologie)*
affective value
 affektiver Wert *m* *(Soziologie)*
affectivity – affective neutrality (affectivity *vs.* **affective neutrality, affectivity** *vs.* **neutrality) (Talcott Parsons)**
 Affektivität – Neutralität *f*, Affektivität – affektive Neutralität *f* *(Theorie des Handelns))*
affectivity
 Affektivität *f*, Reizbarkeit *f*, Tendenz *f* zu affektiven Reaktionen *(Psychologie)*
affectladen
 affektbesetzt, affektiv besetzt *adj* *(Psychologie)*

afferent
afferent *adj (Psychologie)*
vgl. efferent
afferent conditioning (Gordon W. Allport)
afferente Konditionierung *f*,
sensorische Konditionierung *f*
(Verhaltenspsychologie)
vgl. efferent conditioning
affiliation
Affiliation *f*, Affiliierung *f*,
Verschmelzung *f*, Verbindung *f*,
Aufnahme *f* sozialer Kontakte,
Mitgliedschaft *f*
affiliation motivation (affiliative motivation, affiliation motive, affiliative motive)
Affiliationsmotivation *f*, Affiliationsmotiv *n*, Affiliierungsmotivation *f*, Affiliierungsmotiv *n (Sozialpsychologie)*
affiliation need (affiliative need) (Henry A. Murray)
Affiliierungsbedürfnis *n*, Affiliationsbedürfnis *n*, Affiliation *f*
affiliative behavior (*brit* **affiliative behaviour)**
Affiliationsverhalten *n*, Affiliierungsverhalten *n*
affiliative cross pressures *pl*
Affiliationskreuzdruck *m*, Affiliierungskreuzdruck *m (Sozialpsychologie)*
affinal kinship (affinity, connubium)
Verschwägerung *f*, Verwandtschaft *f* durch Anheirat, affine Verwandtschaft *f (Kulturanthropologie)*
vgl. consanguineal kinship
affinal relative (affine, in-law)
Schwager *m*, angeheirateter Verwandter *m*, verschwägerter Verwandter *m*, Verwandter *m* durch Anheirat, Schwägerin *f*, angeheiratete Verwandte *f*, verschwägerte Verwandte *f*, Verwandte *f* durch Anheirat, affine(r) Verwandte(r) *(f(m)) (Kulturanthropologie)*
affine (affinal)
affin, ähnlich *adj*
affinity
Affinität *f*, Ähnlichkeit *f (Statistik) (Kulturanthropologie)*
vgl. consanguinity
affirmation
Affirmation *f*, Konfirmation *f (Theorie des Wissens)*
affirmative culture
affirmative Kultur *f*
affirmative discrimination (favorable discrimination, *brit* **favourable discrimination, positive discrimination, reverse discrimination)**
affirmative Diskriminierung *f*,
bestätigende Diskriminierung *f*

affluence
Affluenz *f*, Überfluß *m*, Reichtum *m*, Fülle *f (Volkswirtschaftslehre)*
affluent society (John Kenneth Galbraith)
Überflußgesellschaft *f*, affluente Gesellschaft *f*, Gesellschaft *f* im Überfluß) *(Volkswirtschaftslehre)*
affluent worker (D. Lockwood, F. Bechofer, J. Platl)
affluenter Arbeiter *m*, affluenter Arbeitnehmer *m*
afflux
Zuzug *m*, Kundenstrom *m*, Ankunft *f (Warteschlangentheorie)*
vgl. deflux
afflux rate (rate of afflux)
Zustromquote *f (Demographie)*
vgl. deflux
aftercare (after-care)
Entlassenenfürsorge *f*, Nachsorge *f*, Nachbehandlung *f*
aftereffect (after-effect)
Nachwirkung *f*
after-test (post test, follow-up test)
Posttest *m (statistische Hypothesenprüfung)*
agamy (Robert H. Lowie)
Agamie *f*, Ehelosigkeit *f (Kulturanthropologie)*
age
Alter *n*, Lebensalter *n*
→ chronological age, mental age, anatomical age, social age
age-and-area-hypothesis (age and area hypothesis, age-area hypothesis, age-area concept)
Alters-und-Gebiets-Hypthese *f*, Alters-und-Regionen-Hypothese *f*, Alters-und Zonen-Hypothese *f (Kulturanthropologie)*
age category (age-category)
Alterskategorie *f*
vgl. age class
age ceremony (age-ceremony)
Alterszeremonie *f*, Übergangszeremonie *f (Kulturanthropologie)*
→ rites de passage
age class (age-class, age grade, age-grade, age set, age-set)
Altersklasse *f*
age dependent birth and death process (age-dependent birth-and-death process)
altersabhängiger Zugangs- und Abgangsprozeß *m (Statistik)*
age dependent branching process (age-dependent branching process)
altersabhängiger Verzweigungsprozeß *m*
(Statistik)

age differentiation
Differenzierung *f* nach Altersgruppen (Unterscheidung *f* nach Altersgruppen, Aufgliederung *f* nach Altersgruppen) *(Demographie)*

age distribution (age-distribution, age composition, age-composition)
Altersgliederung *f*, Altersverteilung *f*, Alterszusammensetzung *f*, Zusammensetzung *f* nach Altersgruppen *(Demographie)*

age grade (age-grade)
Altersstufe *f*, Altersphase *f*, Altersrang *m*, Altersgrad *m* *(Kulturanthropologie)*

age-grade system (age grading system, age-grading system, age grading, age-grading)
Altersstufensystem *n*, Altersphasensystem *n* *(Kulturanthropologie)*

age group (age grouping)
Altersgruppe *f* *(Soziologie)*

age group segregation (segregation of age groups)
Segregation *f* der Altersgruppen, Trennung *f* der Altersgruppen, Altersgruppensegregation *f* *(Kulturanthropologie)*

age-mate (age mate, coeval)
Altersgenosse *m*, Gleichaltriger *m* *(Kulturanthropologie) (Soziologie)*

age-mate group
Altersgenossengruppe *f*, Gruppe *f* von Altersgenossen, Gleichaltrigengruppe *f*, Gruppe *f* von Gleichaltrigen *(Kulturanthropologie) (Soziologie)*

age norm
Altersnorm *f* *(Psychologie) (Kulturanthropologie)*

age of consent
Mündigkeitsalter *n*, sexuelle Reife *f* *(Kulturanthropologie)*

age of maximum criminality (age of maximum delinquency)
Alter *n* der höchsten Kriminalität, Alter *n* der höchsten kriminellen Energie *(Kriminologie)*

age pyramid (population pyramid, age sex pyramid, age-sex triangle)
Bevölkerungspyramide *f*, Alterspyramide *f* *(Demographie)*

age role
Altersrolle *f* *(Soziologie) (Kulturanthropologie)*

age-sex group
geschlechtliche Altersgruppe *f*, Altersgruppe *f* eines bestimmten Geschlechts *(Kulturanthropologie) (Soziologie)*

age-sex pyramid (population pyramid, age-sex triangle)
Bevölkerungspyramide *f*, Alterspyramide *f* *(Demographie)*

age-sex role
geschlechts- und altersspezifische Rolle *f* *(Kulturanthropologie) (Soziologie)*

age-sex specific death rate
geschlechts- und altersspezifische Sterberate *f*, geschlechts- und altersspezifische Sterbeziffer *f* *(Demographie)*

age-sex structure (population structure, demographic structure, population composition)
Bevölkerungsstruktur *f* *(Demographie)*

age-sex triangle (population pyramid, age-sex pyramid)
Bevölkerungspyramide *f*, Alterspyramide *f* *(Demographie)*

age-specific birth rate (age-specific maternity)
altersspezifische Geburtenrate *f*, altersspezifische Geburtenziffer *f* *(Demographie)*

age-specific death rate
altersspezifische Sterberate *f*, altersspezifische Sterbeziffer *f* *(Demographie)*

age-specific divorce rate
altersspezifische Scheidungsrate *f*, altersspezifische Scheidungsziffer *f* *(Demographie)*

age-specific fertility rate (age-specific maternity)
altersspezifische Fruchtbarkeitsrate *f*, altersspezifische Fruchtbarkeitsziffer *f* *(Demographie)*

age-specific marital fertility rate
altersspezifische Fruchtbarkeitsrate *f* verheirateter Frauen, altersspezifische Fruchtbarkeitsziffer *f* verheirateter Frauen *(Demographie)*

age-specific rate
altersspezifische Ziffer *f*, altersspezifische Rate *f* *(Demographie)*

age status
Altersstatus *m* *(Kulturanthropologie) (Soziologie)*

age structure
Altersstruktur *f*, Altersaufbau *m* *(Demographie)*

aged *(meist the aged)*
Betagte *m/pl*, die Betagten *m/pl*, alte Leute *pl*

agelicism (Emile Benoit-Smullyan)
Agelizismus *m* *(Soziologie)*

agency (agent)
Träger *m*, Instanz *f*, Agent *m*, Agentur *f*

agency of socialization (agent of socialization, socializing agent)
Sozialisationsträger m, Sozialisationsinstanz f, Agent m der Sozialisation, Agentur f der Sozialisation, Sozialisationsmedium n *(Soziologie)*

agenda-setting function (of the mass media) (Maxwell E. McCombs and Donald L. Shaw)
Thematisierungsfunktion f, der Massenmedien *(Kommunikationsforschung)*

agent of change (change agent)
Träger m des Wandels, Agens n des Wandels *(Soziologie)*

agglomerate (agglomeration)
Agglomerat n, Anhäufung f, angehäufte Masse f

agglomeration (conurbation, congested area, urban concentration, urbanized area, metropolitan area)
Ballungsraum m, Agglomeration f, Ballungszentrum n, Ballungsgebiet n, Zusammenballung f *(Sozialökologie)*

agglomerative method
agglomerative Methode f *(Clusteranalyse)*
→ hierarchical method

aggregate (aggregation)
Aggregat n, Anhäufung f, Ansammlung f *(Mathematik/Statistik) (empirische Sozialforschung)*
→ social aggregate

aggregate analysis (aggregation)
Aggregatanalyse f, Aggregation f *(Statistik) (empirische Sozialforschung)*

aggregate characteristic (aggregate property)
Aggregatmerkmal n, gemeinsames Merkmal n *(Statistik) (empirische Sozialforschung)*

aggregate data pl
Aggregatdaten n/pl, gemeinsame Daten n/pl, ökologische Daten n/pl *(Statistik) (empirische Sozialforschung)*

aggregate group
Aggregatgruppe f
→ social aggregate

aggregate measure
Aggregatmaß n *(Mathematik/Statistik)*

aggregate psychology
Aggregatpsychologie f

aggregation
Aggregatbildung f, Aggregation f, Anhäufung f, Häufung f *(Statistik) (empirische Sozialforschung)*

aggregative index
Aggregatindex m, zusammengesetzter Index m, aggregierter Index m, Aggregatform f des zusammengesetzten Index) *(Statistik)*
→ Laspeyre index, Lowe index, Paasche index, Palgrave index

aggregative index number
Aggregatindexzahl f, aggregierte Indexzahl f, zusammengesetzte Indexzahl f *(Statistik)*
→ Laspeyre index number, Lowe index number, Paasche index number, Palgrave index number

aggregative model
Aggregatmodell n, aggregiertes Modell n, zusammengesetztes Modell n *(Theoriebildung)*

aggression (*ungebr* **aggressivity**)
Aggression f, Aggressivität f, Angriffslust f *(Psychologie)*

aggression drive (aggressive drive)
Aggressionstrieb m *(Psychologie)*

aggressive behavior (*brit* **aggressive behaviour**)
aggressives Verhalten n *(Psychologie)*

aggressiveness (*ungebr* **aggressivity**)
Aggressivität f *(Psychologie)*

AGIL-scheme (Talcott Parsons)
AGIL Schema n *(Theorie des Handelns)*
→ four-function paradigm

aging (ageing, social aging, social ageing)
1. Altern n, Älterwerden n
2. Überalterung f

agitation
1. Agitation f, Aufwiegelung f
vgl. propaganda
2. Gemütserregung f, starke Gemütsbewegung f, Erregung f *(Psychologie)*

agitator
Agitator m, Aufwiegler m
vgl. propagandist

agnate (patrilineal kin)
Agnat m, Verwandter m väterlicherseits, Verwandter m im Mannesstamm *(Kulturanthropologie)*
vgl. cognate

agnation (agnatic lineage, agnatic link, paternal lineage, patrilineage, patrilineal descent)
Agnation f, Verwandtschaft f väterlicherseits, Verwandtschaft f im Mannesstamm *(Kulturanthropologie)*
vgl. Kognation

agnosticism
Agnostizismus m *(Theologie/Philosophie)*

agonistic behavior (*brit* **agonistic behaviour**)
agonistisches Verhalten n

agonistic war
agonistischer Krieg *m*, formalisierter Krieg *m*, zeremonieller Krieg *m* (Hans Speier)

agoraphobia
Agoraphobie *f*, Platzangst *f* *(Psychologie)*

agraria (F. W. Riggs)
Agraria *f*

agrarian (agricultural)
agrarisch, Agrar-, landwirtschaftlich, Landwirtschafts- *adj*

agrarian capitalism
Agrarkapitalismus *m* *(Volkswirtschaftslehre)*

agrarian city (agrocity)
Agrostadt *f* *(Sozialökologie)*

agrarian culture
Agrarkultur *f*, agrarische Kultur *f*

agrarian democracy (Thomas Jefferson)
Agrardemokratie *f*, agrarische Demokratie *f*

agrarian movement (agrarian socialism, agrarianism)
Agrarbewegung *f*, Landreformbewegung *f*, Agrarsozialismus *m*

agrarian society
Agrargesellschaft *f*, agrarische Gesellschaft *f*, landwirtschaftlich geprägte Gesellschaft *f*

agrarian state
Agrarstaat *m*

agrarian structure (rural structure)
Agrarstruktur *f*, ländliche Struktur *f*, landwirtschaftliche Struktur *f*, landwirtschaftlich geprägte Struktur *f* *(Sozialökologie) (Soziologie)*

agrarian system (rural system)
Agrarsystem *n*, landwirtschaftliches System *n*

agrarianism
Agrarianismus *m*

agreement
Übereinkunft *f*, Übereinstimmung *f*, Vereinbarung *f*

agribusiness (large scale farm, industrial farm)
industrialisierte Großlandwirtschaft *f*, fabrikartiger landwirtschaftlicher Großbetrieb *m*, landwirtschaftliches Geschäftsunternehmen *n* *(Landwirtschaft)*

agricultural area (agricultural region)
Landwirtschaftsgebiet *n*, landwirtschaftlich geprägtes Gebiet *n*, landwirtschaftlich geprägte Region *f*

agricultural development
landwirtschaftliche Entwicklung *f*

agricultural extension (agricultural extension service)
landwirtschaftlicher Ausbildungsservice *m*

agricultural involution (Clifford Geertz)
landwirtschaftliche Involution *f*

agricultural laborer (agricultural worker (farm worker, farm laborer)
Landarbeiter *m*, Landarbeitsknecht *m*

agricultural migrant worker (rural migrant, agricultural migrant laborer, migratory agricultural worker, migratory agricultural laborer)
landwirtschaftlicher Wanderarbeiter *m* *(Soziologie) (Demographie)*

agricultural planning
landwirtschaftliche Planung *f*, Agrarplanung *f*

agricultural population (farm population, rural farm population)
landwirtschaftliche Bevölkerung *f*, Agrarbevölkerung *f* *(Demographie)*

agricultural revolution (Agricultural Revolution)
Agrarrevolution *f*, Grüne Revolution *f*

agricultural surplus
landwirtschaftlicher Überschuß *m*, landwirtschaftlicher Produktionsüberschuß *m*, landwirtschaftliche Überproduktion *f*

agricultural tenancy (tenancy, farm tenancy, farm renting, landholding)
landwirtschaftliche Pachtung *f*, landwirtschaftliche Pacht *f*, landwirtschaftliches Pachtverhältnis *n*, landwirtschaftlicher Pachtbesitz *m*, Landpachtung *f*

agricultural village
landwirtschaftlich geprägtes Dorf *n*

agricultural worker (farm worker, agricultural laborer, farm laborer)
Landarbeiter *m*, Landarbeitsknecht *m*

agriculturist (farmer, peasant, farm owner, farm operator)
Landwirt(in) *(m(f)*, Bauer *m*, Farmer *m*

agriculture (farming, husbandry)
Landwirtschaft *f*, Ackerbau *m*, Agrikultur *f*, Ackerbau *m* und Viehzucht *f*

agrocity (agrarian city)
Agrostadt *f* *(Sozialökologie)*

agrofact (D. Bidney)
Agrofakt *n*, landwirtschaftliches Produkt *n*
vgl. artifact, mentifact, socifact

aha experience (ah-ah experience)
Aha-Erlebnis *n* (Karl Bühler) *(Psychologie)*

aided recall (stimulated recall)
gestützte Erinnerung f, Erinnerung f
mit Gedächtnisstütze, passiver
Bekanntheitsgrad m (Psychologie)
(empirische Sozialforschung)
aided recall interview (aided-recall interview)
Interview n mit Gedächtnisstütze,
Interview n mit Erinnerungsstütze,
Interview n zur Ermittlung des passiven
Bekanntheitsgrads (Psychologie)
(empirische Sozialforschung)
aided recall technique (stimulated recall technique)
gestütztes Erinnerungsverfahren,
Erinnerungsverfahren n mit
Gedächtnisstütze, Erinnerungsverfahren n zur Ermittlung des aktiven
Bekanntheitsgrads (Psychologie)
(empirische Sozialforschung)
aided recall test
gestützter Erinnerungstest m,
Erinnerungstest m mit Gedächtnisstütze,
Erinnerungstest m zur Ermittlung des
passiven Bekanntheitsgrads, Test m
der passiven Erinnerung (Psychologie)
(empirische Sozialforschung)
aim (objective)
Ziel n, Endpunkt m, Zweck m,
Zielsetzung f (Entscheidungstheorie)
(Soziologie)
aim-inhibited drive
zielgehemmter Trieb m (Sigmund Freud)
(Psychoanalyse)
Aitken estimator
Aitken Schätzfunktion f (Statistik)
albocracy (albinocracy)
Albokratie f, Herrschaft f der weißen
Rasse, Herrschaft f der Weißen
alcoholism
Alkoholismus m, Alkoholabhängigkeit f,
Alkoholsucht f, Trunksucht f
(Psychologie)
aleatory
zufällig (Mathematik/Statistik) adj
aleatory element
zufälliges Element, Zufallselement n,
Element n des Zufalls (Mathematik/Statistik)
aleatory element in religion (William G. Sumner)
Zufallselement n in der Religion
(Element n des Zufalls in der Religion)
(Soziologie) (Religionssoziologie)
algebra of dichotomous systems (Paul F. Lazarsfeld)
Algebra f dichotomer Systeme
(empirische Sozialforschung)
algebra of events
Ereignisalgebra f (Stochastik)

algebra of sets
Mengenalgebra f, Algebra f von
Mengen, Mengenlehre f (Stochastik)
algebraic matrix
algebraische Matrix f (Mathematik/Statistik)
algorithm (ungebr algorism)
Algorithmus m (cybernetics)
alias
Alias n, angenommene Anzahl f
(statistische Hypothesenprüfung)
alien
Fremder m, nicht eingebürgerter
Ausländer m, nicht naturalisierter
Bewohner m
alienated youth
entfremdete Jugendliche m/pl,
entfremdete Jugend f
alienation (estrangement)
Entfremdung f, Entäußerung f,
Alienation f, Entwirklichung f
(Philosophie)
alienation of labor (estrangement from work, work alienation, alienation from work)
Entfremdung f von der Arbeit
(Philosophie) (Industriesoziologie)
(Industriepsychologie)
alienative involvement (Amitai Etzioni)
entfremdete Beteiligung f,
Abwendung f, Abneigung f
(Organisationssoziologie)
vgl. calculative involvement, moral
involvement
alienated labor (brit alienated labour)
entfremdete Arbeit f (Karl Marx)
all computer simulation
reine Computersimulation f, vollständige
Computersimulation f
all-embracing hierarchy
allumfassende Hierarchie f, umfassende
Hierarchie f, totale Hierarchie f
vgl. restricted hierarchy
all-man simulation
Simulationsspiel n, reine Personensimulation f (Hypothesenprüfung)
all-or none model (quantal model)
Alles-oder-Nichts-Modell n
(Theoriebildung)
all-or-none assumption (quantal assumption)
Alles-oder-Nichts-Annahme f
(Theoriebildung)
all-or-none response (quantal response)
Alles-oder-Nichts-Reaktion f
(Psychologie)
all-volunteer army
Freiwilligenarmee f

alliance theory
Bündnistheorie *f* der Verwandtschaft
(Kulturanthropologie)
allo empathy
Allo-Empathie *f (Sozialpsychologie)*
allocating the undecided
Zuweisung *f* der Unentschiedenen
(Aufteilung *f* der Unentschiedenen)
(empirische Sozialforschung)
(Umfrageforschung)
allocation
Allokation *f*, Zuweisung *f*, Zuteilung *f*
allocation decision (Talcott Parsons)
Zuweisungsentscheidung *f (Soziologie)*
allocation of a sample (sample allocation)
Aufteilung *f* der Unentschiedenen
allocation of resources (resource allocation)
Ressourcenzuweisung *f*, Zuteilung *f*
von Ressourcen *(Volkswirtschaftslehre)*
(Soziologie)
allocation problem
Allokationsproblem *n (Operations Research)*
allopatric
allopatrisch, mit exklusivem Territorium,
über ein geschlossenes Gebiet
allein verfügend *adj (Soziologie)*
(Kulturanthropologie)
vgl. sympatric
allopatric group
allopatrische Gruppe *f*, Gruppe *f*
mit exklusivem Territorium,
Gruppe *f*, die über ein geschlossenes
Gebiet allein verfügt *(Soziologie)*
(Kulturanthropologie)
vgl. sympatric group
allotheism
Allotheismus *m*, Anbetung *f* fremder
Götter) *(Religionssoziologie)*
allotment
Teilstück *n (Hypothesenprüfung)*
almost all
fast alle *(Wahrscheinlichkeitstheorie)*
almost certain
fast sicher *(Wahrscheinlichkeitstheorie)*
almost certain event
fast sicheres Ereignis *n (Wahrscheinlichkeitstheorie)*
almost everywhere
fast überall *(Wahrscheinlichkeitstheorie)*
almost impossible event
fast unmögliches Ereignis *n*
(Wahrscheinlichkeitstheorie)
almost invariant set relative to a measurable transformation
fast invariable Menge *f* bezüglich
einer meßbaren Transformation
(Wahrscheinlichkeitstheorie)
almost stationary
fast stationär *(Statistik)*

alms *pl als sg konstruiert*
Almosen *n*, Almosenverteilung *f*, milde
Gabe *f*
alpha coefficient (α coefficient, coefficient α, Cronbach's alpha) (L. J. Cronbach)
Alpha-Koeffizient *m*, α-Koeffizient *m*,
Koeffizient *m* Alpha, Koeffizient α,
Koeffizient *m* der internen Konsistenz
(Statistik)
alpha index, (α index
Alpha-Index *m*, α-Index *m (Statistik)*
alpha level (level of significance, significance, p value, p level)
Signifikanzniveau *n*, Signifikanzgrad *m*,
Irrtumswahrscheinlichkeit *f*,
Wahrscheinlichkeitsgrad *m*,
Sicherheitsgrad *m*, Sicherheitsbereich *m*
(statistische Hypothesenprüfung)
alpha technique
Alphamethode *f*, Alphaverfahren *n*,
Alphatechnik *f (Psychologie)*
alpha test (Army alpha test, Army Alpha Intelligence Test)
Alphatest *m*, Army-Alpha-Test *m*,
Alphatest *m* der Armee *(Psychologie)*
alphabetism (literacy)
Alphabetismus *m*, Alphabetentum *n*,
Fähigkeit *f* zu lesen oder zu schreiben
(Kulturanthropologie) (Psychologie)
Alter periodogram (Dinsmore Alter)
Altersches Periodogramm *n (Statistik)*
alter (social object)
Alter *m*, anderer *m*, soziales Objekt *n*
(Psychologie) (Kulturanthropologie)
(Theorie des Handelns)
vgl. ego
altercasting (Eugene A. Weinstein and Paul Deutschberger)
Rollenprojektion *f (Soziologie)*
alternate-forms design (matching, matched groups design, matched individuals design, equivalent groups design, precision matching, precision control)
Parallelisierung *f*, Matching *n*,
Gleichsetzung *f (statistische Hypothesenprüfung)*
alternate-forms measurement of scale reliability (multiple form measure of reliability, multiple form measurement of reliability, equivalent form measurement of scale reliability)
Mehrfachmessung *f* der Reliabilität
(Mehrfachmessung *f* der Zuverlässigkeit
(statistische Hypothesenprüfung)
alternate-forms method (equivalent forms method, parallel test method, parallel forms method)
Paralleltestmethode *f*, Paralleltestverfahren *n (statistische Hypothesenprüfung)*

alternate-forms reliability (equivalent forms measure of reliability, equivalent forms measure of scale reliability, parallel forms reliability)
Paralleltestzuverlässigkeit *f*, Paralleltestreliabilität *f* *(statistische Hypothesenprüfung)*
alternate-forms test (parallel test, equivalent forms test, parallel forms test)
Paralleltest *m* *(statistische Hypothesenprüfung)*
alternating descent
alternierende Abstammung *f*, wechselnde Abstammung *f* *(Kulturanthropologie)*
alternating renewal process
alternierender Erneuerungsprozeß *m* *(Stochastik)*
alternation (Maurice Duverger)
Alternieren *n*, Wechseln *n* *(politische Wissenschaften)*
alternative forms reliability (alternative-forms reliability, equivalent forms reliability, parallel test reliability, parallel forms reliability)
Paralleltestreliabilität *f*, Paralleltestzuverlässigkeit *f* *(statistische Hypothesenprüfung)*
alternative hypothesis (H_1) (*pl* hypotheses, alternate hypothesis, non-null hypothesis)
Alternativhypothese *f*, Gegenhypothese *f*, alternative Hypothese *f*, Nicht-Nullhypothese *f*
vgl. null hypothesis
alternative question (dichotomous question)
Alternativfrage *f*, Ja-Nein-Frage *f*, dichotome Frage *f* *(empirische Sozialforschung)*
altruism
Altruismus *m*, Selbstlosigkeit *f*, Uneigennützigkeit *f*
altruistic suicide (Emile Durkheim)
altruistischer Selbstmord *m* *(Soziologie)*
vgl. anomic suicide, egoistic suicide
amalgamation (fusion)
Amalgamierung *f*, Amalgamation *f*, Verschmelzung *f* *(Kulturanthropologie) (Psychoanalyse)*
vgl. differentiation
ambience (Theodore Caplow) (neighborhood ambience) (*brit* neighbourhood ambience)
Ambiente *n* *(Soziologie)*
ambiguous question (ambivalent question, double-barreled question, double barrelled question)
mehrdeutige Frage *f*, doppeldeutige Frage *f*, Doppelfrage *f*, doppelte Frage *f* *(empirische Sozialforschung)*

ambilateral descent (ambilineal descent, non-unilineal descent)
ambilaterale Abstammung *f*, ambilineare Abstammung *f*, bilaterale Abstammung *f*, beidseitige Abstammung *f*, Abstammung *f* väterlicher- und mütterlicherseits) *(Kulturanthropologie)*
ambisexuality
Ambi-Sexualität *f* *(Psychologie)*
ambivalence
Ambivalenz *f*, Doppelwertigkeit *f*, Doppeldeutigkeit *f* *(Psychologie)*
ambiversion (Carl G. Jung)
Ambiversion *f* *(Psychologie)*
the American dilemma (Gunnar Myrdal)
Amerikanisches Dilemma *n*, Das Amerikanische Dilemma *n*
Americanization (*brit* Americanisation)
Amerikanisierung *f*
amnesty
Amnestie *f*, allgemeiner Straferlaß *m* *(Kriminologie)*
amoral
amoralisch, moralisch indifferent *adj*
amoral familism (Edward C. Banfield)
amoralischer Familismus *m* *(Kulturanthropologie) (Soziologie)*
amorality
Amoralität *f*, moralische Indifferenz *f*
amount of information
Informationsumfang *m* *(Statistik)*
amount of inspection
Prüfmenge *f*, Prüfumfang *m* *(statistische Qualitätskontrolle)*
amount
Betrag *m*
amplitude
Amplitude *f*, Schwingungsausschlag *m*, Ausschlagsweite *f* *(Statistik)*
amplitude ratio
Amplitudenverhältnis *n* *(Statistik)*
anaclitical depression (anaclitic depression) (René Spitz)
Anlehnungsdepression *f* *(Psychologie)*
anal
anal *adj*
anal eroticism
Analerotik *f* *(Psychoanalyse)*
anal stage (anal phase)
anale Phase *f* (Sigmund Freud) *(Psychoanalyse)*
anal type (anal character)
analer Charakter *m*, analsadistischer Charakter *m* (Sigmund Freud) *(Psychoanalyse)*
analogies test
Analogientest *m*, Analogietest *m* *(Psychologie)*

analogue
Analogon *n*, Entsprechung *f* *(Logik)*
analogue computer (analog computer)
Analogcomputer *m*, Analogrechner *m*
vgl. digital computer
analogue model (analog model)
Analogmodell *n*, analoges Modell *n*, Analogiemodell *n* *(Theoriebildung)*
analogue simulation (analog simulation)
Analogsimulation *f*
analogy
Analogie *f* *(Logik)*
analysand
Analysand *m*, Analysandum *n* *(Logik)*
analysis
Analyse *f*, Auswertung *f*
analysis of covariance (ANCOVA) (covariance analysis)
Kovarianzanalyse *f* *(Statistik)*
analysis of demand (demand analysis)
Nachfrageanalyse *f*, Bedarfsforschung *f* *(Volkswirtschaftslehre)*
analysis of dispersion
Dispersionsanalyse *f*, Streuungsanalyse *f* *(Statistik)*
analysis of multivariate regression (multivariate regression analysis)
multivariate Regressionsanalyse *f* *(Datenanalyse)*
vgl. analysis of univariate regression
analysis of propaganda (propaganda analysis, *pl* **analyses)**
Propaganda-Analyse *f* *(Kommunikationsforschung)*
analysis of time series (analysis of time-series, time series analysis)
Zeitreihenanalyse *f* *(Statistik)*
analysis of univariate regression (univariate regression analysis)
univariate Regressionsanalyse *f* *(Datenanalyse)*
vgl. analysis of multivariate regression
analysis of variables (variable analysis)
Variablenanalyse *f* *(Sozialforschung)*
analysis of variance (ANOVA) (variance analysis)
Varianzanalyse *f*, Varianzzerlegung *f*, Streuungsanalyse *f*, Streuungszerlegung *f* *(Statistik)*
analysis unit (unit of analysis)
Analyseeinheit *f*, Untersuchungseinheit *f* *(Datenanalyse)*
analyst (analyzer (*brit* **analyser)**
Analytiker *m*, Analysator *m*, Analysierender *m*
analytic induction (Florian Znaniecki)
analytische Induktion *f*, analytischer Induktionsschluß *m* *(Theoriebildung)*
vgl. enumerative induction

analytic model
analytisches Modell *n*
vgl. simulation model
analytic psychology (analytical psychology, Jungian psychology)
analytische Psychologie *f*, Jungsche Psychologie *f* (Carl G. Jung)
analytic regression
analytische Regression *f* *(Statistik)*
analytic spot map (analytical spot map)
analytische Spotlandkarte *f* *(Statistik)*
analytic structure
analytische Struktur *f* *(Theoriebildung)*
analytic survey
analytische Befragung *f*, analytische Umfrage *f* *(empirische Sozialforschung)*
vgl. enumerative survey
analytic table
analytische Tabelle *f*, Analysetabelle *f*, Auswertungstabelle *f* *(Statistik)*
analytic (analytical)
analytisch *adj*
analytical scheme
Analyseschema *n*, analytisches Schema *n*
analytical study (analytical investigation)
analytische Studie *f*, analytische Untersuchung *f*, Analyse *f*
anamnesis
Anamnese *f* *(Psychologie/empirische Sozialforschung)*
anarchic
anarchisch *adj*
anarchism
Anarchismus *m*
anarchist
Anarchist *m*
anarchosyndicalism
Anarchosyndikalismus *m*
anarchy
Anarchie *f*
anatomical age
anatomisches Alter *n*, physisches Alter *n* *(Psychologie)*
ancestor
Ahn *m*, Anherr *m*, Vorfahr *m*, Stammvater *m* *(Kulturanthropologie)*
ancestor cult
Ahnenkult *m* *(Religionssoziologie) (Kulturanthropologie)*
ancestor worship
Ahnenkult *m* Ahnenverehrung *f* *(Religionssoziologie) (Kulturanthropologie)*
ancestry
Ahnen *m/pl*, Vorfahren *m/pl*, Abstammung *f* *(Kulturanthropologie)*
anchor stimulus (*pl* **stimuli, anchorage, anchoring point)**
Ankerreiz *m*, Ankerstimulus *m* *(Psychophysik/Skalierung)*

anchorage (Roland Barthes)
Verankerung *f*, Bezugspunkt *m*
(Soziolinguistik)
ancillary information
Hilfsinformation *f*, Zusatzinformation *f*,
Nebeninformation *f* *(Statistik)*
(empirische Sozialforschung)
androcentric
androzentrisch *adj*
androcentrism
Androzentrismus *m*
androcracy
vgl. Gynäkokratie, Patriarchat
Androkratie *f*, Männerherrschaft *f*
androgynous society
androgyne Gesellschaft *f*
androgynous (androgynal, androgynic, androgynoid)
androgyn *adj*
androgyny
Androgynie *f*
anecdotal method
anekdotische Methode *f* *(empirische Sozialforschung)*
anecdotalism
Anekdotalismus *m* *(empirische Sozialforschung)*
anger
Zorn *m* *(Psychologie)*
angular transformation
Winkeltransformation *f* *(Mathematik/Statistik)*
anima (anima in men) (Carl G. Jung)
Anima *f* *(Psychologie)*
vgl. Animus
animal herding (herding)
Viehzucht *f*, Rinderzucht *f*,
Rinderhaltung *f*, Herdenhaltung *f*,
Weidewirtschaft *f* *(Landwirtschaft)*
animal husbandry
Viehwirtschaft *f*, Viehherdenhaltung *f*,
Tierhaltung *f*, Herdenhaltung *f*,
Weidewirtschaft *f* *(Landwirtschaft)*
animal magnetism (mesmerism)
Magnetismus *m*, Mesmerismus *m*,
tierischer Mesmerismus *m* (Franz Anton Mesmer) *(Psychologie)*
animal psychology
Tierpsychologie *f* *(Ethologie)*
animal social behavior (*brit* behaviour)
tierisches Sozialverhalten *n*,
Sozialverhalten *n* von Tieren *(Ethologie)*
animatism (Robert R. Marett)
Animatismus *m* *(Religionssoziologie)*
(Kulturanthropologie)
vgl. animism
animism (Edward B. Tylor)
Animismus *m* *(Religionssoziologie)*
(Kulturanthropologie)
vgl. animatism

animus (animus in women)
Animus *m* (Carl G. Jung) *(Psychologie)*
vgl. Anima
anisogamy
Anisogamie *f* *(Kulturanthropologie)*
vgl. hypergamy, hypogamy
annexation
Annexion *f*, Annektierung *f*,
Einverleibung *f*
annihilation anxiety
Vernichtungsangst *f* *(Psychologie)*
annulment
Annullierung *f*, Nichtigkeitserklärung *f*,
Aufhebung *f*, Ungültigkeitserklärung *f*
annulment of marriage
Annullierung *f* einer Ehe
(Kulturanthropologie)
anomaly (abnormality)
Anomalie *f*, Abweichung *f* von der
Norm, Abnormität *f*
anomic
anomisch *adj* *(Soziologie)*
anomic division of labor (*brit* labour) (Emile Durkheim)
anomische Arbeitsteilung *f* *(Soziologie)*
anomic group
anomische Gruppe *f* *(Soziologie)*
anomic interest group
anomische Interessengruppe *f*
(Soziologie)
anomic personality (Leo J. Srole)
anomische Persönlichkeit *f* *(Psychologie)*
anomic suicide (Emile Durkheim) (normless suicide)
anomischer Selbstmord *(Soziologie)* *m*
(Sozialpsychologie)
vgl. altruistic suicide, egoistic suicide
anomie (Emile Durkheim) (anomie, anomia, anomy, normlessness)
Anomie *f*, Fehlen *n* sozialer Leitideen
(Soziologie) *(Sozialpsychologie)*
vgl. eunomia, solidarity
anomie scale (anomia scale, Srole's anomia scale, Srole's anomie scale) (Leo J. Srole)
Anomieskala *f* *(Sozialpsychologie)*
anonymity (anonymousness)
Anonymität *f*
anonymous
anonym *adj*
anonymous questionnaire (anonymous form)
anonymer Fragebogen *m*, anonymes
Fragebogenformular *n* *(empirische Sozialforschung)* *(Umfrageforschung)*
anonymous society
anonyme Gesellschaft *f*
→ abstract society

answer (response) (R)
Antwort *f* *(Psychologie) (empirische Sozialforschung)*
answer error (response error, response bias, reporting error, nonsampling error)
Antwortfehler *m* *(statistische Hypothesenprüfung)*
antagonism
Antagonismus *m*
antagonistic cooperation (competitive cooperation) (William G. Sumner)
antagonistische Kooperation *f* *(Sozialpsychologie)*
antagonistic diffusion
antagonistische Diffusion *f*, antagonistische Ausbreitung *f* *(Kulturanthropologie)*
antecedent Antezedens *n*, Prämisse *f*, Vordersatz *m*, vorangegangenes Ereignis *n* *(Logik)*
antecedent condition
Prämisse *f*, Vordersatz *m*, vorangegangenes Ereignis *n* *(Logik)*
antecedent qualifier
Antezedens *n*, erster Einflußfaktor *m*, vorangehender Einflußfaktor *m*, erster Einflußfaktor *m* *(empirische Sozialforschung) (Panelforschung)*
vgl. intervening qualifier
antecedent variable (antecedent variate)
vorangehende Variable *f*, vorangehende Veränderliche *f*, erste Variable *f*, erste Veränderliche *f* *(statistische Hypothesenprüfung)*
vgl. intervening variable
antedating response (anticipatory response)
antizipatorische Reaktion *f*, antizipative Reaktion *f*, antizipierende Reaktion *f*, antizipatorische Zielreaktion *f* *(Verhaltensforschung)*
anthropocentrism (anthropism, homino centricity)
Anthropozentrismus *m*
anthropogeography (human geography, human ecology)
Anthropogeographie *f* (Friedrich Ratzel)
anthropography
Anthropographie *f*
anthropolatry
Anthropolatrie *f* *(Religionssoziologie)*
anthropological linguistics *pl als sg konstruiert*
anthropologische Linguistik *f*
anthropological semantics *pl als sg konstruiert* **(ethnosemantics** *pl als sg konstruiert*, **ethnological semantics** *pl als sg konstruiert*)
anthropologische Semantik *f*, Ethnosemantik *f*, ethnologische Semantik *f*, völkerkundliche Semantik *f*

anthropologist
Anthropologe *m*
anthropology
Anthropologie *f*
anthropology of law (legal anthropology)
Rechtsanthropologie *f*, Anthropologie *f* des Rechts) *(Kulturanthropologie)*
anthropometry (anthropometrics *pl als sg konstruiert*)
Anthropometrie *f*
anthropomorphism (anthropophuism)
Anthropomorphismus *m*, Vermenschlichung *f*
anthropomorphization (brit anthropomorphisation)
Anthropomorphisierung *f*, Anthropomorphisieren *n*
anthropopathy (anthropopathism)
Anthropopathie *f*
anthropophagy
Anthropophagie *f*, Kannibalismus *m*, Menschenfresserei *f* *(Kulturanthropologie)*
anthropopsychiatry (psychiatric anthropology)
Anthropopsychiatrie *f*
anti-colonialism
Anti-Kolonialismus *m*, Antikolonialismus *m*
anti-Semitism
Antisemitismus *m*, Judenfeindschaft *f*, Judenhaß *m* *(Sozialpsychologie)*
anti-intraception
Abwehr *f* der Intrazeption (Theodor Adorno et al.) *(Sozialpsychologie)*
anti-natalist (antinatalist)
antinatalistisch, Geburtenkontroll- *adj*
anti-nativism
Anti-Nativismus *m* *(Soziologie)*
anti-Semitism
Antisemitismus *m*, Judenfeindschaft *f*, Judenhaß *m* *(Sozialpsychologie)*
anti-statism
Anti-Dirigismus *m*, Ablehnung *f* staatlicher Lenkung, Ablehnung *f* einer Zentralverwaltungswirtschaft, Ablehnung *f* einer Planwirtschaft
anticathexis (*pl* **anticathexes)**
Gegenbesetzung *f* (Sigmund Freud) *(Psychoanalyse)*
vgl. cathexis
anticipated reaction (anticipated response)
Reaktionsantizipation *f*, antizipierte Reaktion *f* *(Entscheidungstheorie)* (Carl J. Friedrich)
anticipation (anticipation method)
Antizipation *f*, Antizipationsmethode *f* *(Theorie des Lernens)*

anticipatory *adj*
antizipatorisch, antizipierend, antizipativ, vorwegnehmend
anticipatory goal reaction (anticipatory goal response, anticipatory error, anticipation error)
Antizipation *f* von Verhaltenszielen, antizipatorische Fehlreaktion *f* *(Verhaltensforschung)*
anticipatory group
Antizipationsgruppe *f*, antizipierte Gruppe *f* *(Soziologie)*
vgl. aspirational group
anticipatory levirate (attenuated polyandry)
antizipatorisches Levirat *n*, Antizipation *f* einer Leviratsehe) *(Kulturanthropologie)*
anticipatory response (antedating response)
antizipatorische Reaktion *f*, antizipative Reaktion *f*, antizipierende Reaktion *f*, antizipatorische Zielreaktion *f* *(Verhaltensforschung)*
anticipatory socialization (*brit* anticipatory socialisation (Robert K. Merton) *(Soziologie)*
vgl. Bezugsgruppe
antizipatorische Sozialisation *f*, antizipatorische Anpassung *f* *(Soziologie)*
anticlericalism (anti-clericalism)
Anti-Klerikalismus *m*, Kirchenfeindlichkeit *f*
anticonformity
Antikonformismus *m*, Anti-Konformität *f* *(Sozialpsychologie)*
antimode (anti-mode, trough)
Minimumstelle *f*, seltenster Wert *m* *(Statistik)*
vgl. mode
antinatalist policy (anti-natalist policy)
antinatalistische Politik *f*, Politik *f* der Geburtenkontrolle, Politik *f* der Geburtenbeschränkung
antipathetic
Antipathie empfindend *adj* *(Psychologie)*
antipathy
Antipathie *f* *(Psychologie)*
antisocial (anti-social)
antisozial, gesellschaftsfeindlich *adj*
antisocial aggression (anti-social aggression)
gesellschaftsfeindliche Aggression *f* *(Psychologie)*
antisocial behavior (*brit* anti-social behaviour)
gesellschaftsfeindliches Verhalten *n*, antisoziales Verhalten *n*
antisystem (anti-system)
Antisystem *n*, Anti-System *n*
antithesis (*pl* antitheses)
Antithese *f* *(Philosophie)*

antithetic (antithetical)
antithetisch *adj*
antithetic variate
antithetische Zufallsvariable *f*, antithetische Variable *f* *(Stochastik)*
antitrust legislation (anti-trust legislation)
Anti-Kartell-Gesetzgebung *f*, Konzernentflechtungsgesetzgebung *f*, Antitrustgesetzgebung *f*
anxiety
Angst *f* *(Psychologie)*
vgl. fear
anxiety drive
Angsttrieb *m*, Angstantrieb *m* *(Psychologie)*
anxiety hierarchy
Angsthierarchie *f* *(Psychologie)*
anxiety hysteria
Angsthysterie *f* *(Psychologie)*
anxiety management training (AMT) (assertion training)
Angstbewältigungstraining *n* *(Psychotherapie)*
anxiety neurosis (anxiety-neurosis, *pl* neuroses)
Angstneurose *f* (Sigmund Freud) *(Psychoanalyse)*
anxiety neurotic
Angstneurotiker *m* *(Psychoanalyse)*
anxiety response
Angstreaktion *f* *(Psychologie)*
apanage (appanage)
Apanage *f* *(Kulturanthropologie)*
Apartheid (apartheid policy)
Apartheid *f*, Apartheidspolitik *f*, Politik *f* der Apartheid
apartment (flat)
Appartement *n*, Etagenwohnung *f*, Wohnung *f*
apartment house (apartment building)
Appartementhaus *n*, Apartmenthaus *n*, Etagenwohnhaus *n*, Mehrfamilienhaus *n*
apartment (flat)
Appartement *n*, Etagenwohnung *f*, Wohnung *f*
apathetic
apathisch *adj*
apathetic majority
apathische Mehrheit *f*
apathetics *pl* (Lester W. Milbrath)
Apathische *m/pl*, die Apathischen *m/pl*, apathische Wähler *m/pl* *(politische Wissenschaft)*
apathy
Apathie *f*, Teilnahmslosigkeit *f*, Gleichgültigkeit *f*, Stumpfheit *f*, Gefühllosigkeit *f* *(Psychologie)*

aperiodic

aperiodic
aperiodisch, nicht periodisch *adj*
(Statistik)
vgl. periodic
aperiodic cycle
aperiodischer Zyklus *m*, nicht
periodischer Zyklus *m*
vgl. periodic cycle
aperiodic fluctuation
periodische Fluktuation *f*, periodische
Schwankung *f*, nicht periodische
Fluktuation *f*, nicht periodische
Schwankung *f* *(Statistik)*
vgl. periodic fluctuation
aperiodic movement
aperiodische Bewegung *f*, nicht
periodische Bewegung *f*, azyklische
Bewegung *f* *(Statistik)*
vgl. periodic movement
aperiodic process (aperiodic stochastic process)
aperiodischer Prozeß *m*, aperiodischer
stochastischer Prozeß *m*, nicht
periodischer Prozeß *m*, nicht
periodischer stochastischer Prozeß *m*
vgl. periodic process (aperiodic
stochastic process)
aperiodic reinforcement (intermittent reinforcement)
aperiodische Verstärkung *f*, nicht
periodische Verstärkung *f* *(Theorie des Lernens)*
aperiodic state
aperiodischer Zustand *m* *(Stochastik)*
vgl. periodic state
aperiodic state of a Markov chain
aperiodischer Zustand *m* einer Markov
Kette *(Stochastik)*
vgl. periodic state of a Markov chain
aperiodicity
Aperiodizität *f*, Nichtperiodizität *f*
(Stochastik)
vgl. periodicity
apical ancestor (focal ancestor)
Urahn *m*, Stammvater *m*
(Kulturanthropologie)
apolemity (S. Andreski)
Apolemität *f*
vgl. polemity
Apollonian culture (Ruth Benedict)
apollinische Kultur *f*, apollische Kultur *f*
(Kulturanthropologie)
vgl. Dionysian culture
apopathetic behavior (*brit* apopathetic behaviour)
apopathisches Verhalten *n*
(Sozialpsychologie)
aporia
Aporie *f* *(Theoriebildung)*

apostasy
Apostasie *f*, Abtrünnigkeit *f*, Abfall *m*
vom Glauben *(Kulturanthropologie)*
apotropaic ritual
Ritual *n* zur Abwendung des Bösen
(Kulturanthropologie)
apparatic dictatorship
Apparatdiktatur *f* *(politische Wissenschaften)*
apparatus of the ego (ego apparatus)
Ego-Apparat *m*, Ich-Apparat *m*
(Sigmund Freud) *(Psychoanalyse)*
apparatus of the ego (ego apparatus)
Ich-Apparat *m*, Ego-Apparat *m*
(Sigmund Freud) *(Psychoanalyse)*
apparent structure (Claude Lévi-Strauss)
erscheinende Struktur *f* *(Kulturanthropologie) (Soziologie)*
vgl. deep structure
apperception
Apperzeption *f* *(Psychologie)*
vgl. perception
appetite
Begehren *n*, Verlangen *n* *(Psychologie)*
appetitive behavior (*brit* appetitive behaviour) (W. Craig)
Appetenzverhalten *n*, appetitives
Verhalten *n* *(Verhaltensforschung)*
appetitive conditioning (positive conditioning)
Appetenzkonditionierung *f*, positive
Konditionierung *f* *(Verhaltensforschung)*
vgl. aversive conditioning
appliance method (of contraception)
mechanische Methode *f* der
Empfängnisverhütung
applicability
Verwendbarkeit *f*, Anwendbarkeit *f*,
Eignung *f* (für)
application
1. Bewerbung *f*
2. Verwendung *f*
applied
angewandt *adj*
applied anthropology
angewandte Anthropologie *f*
applied ethnology
angewandte Ethnologie *f*
applied general statistics *pl als sg konstruiert* **(practical general statistics** *pl als sg konstruiert*)
angewandte allgemeine Statistik *f*
applied psychology (practical psychology)
angewandte Psychologie *f*, praktische
Psychologie *f*
applied research (practical research)
angewandte Forschung *f*
applied science (applied scientific research, practical science)
angewandte Wissenschaft *f*

applied semantics *pl als sg* konstruiert
  angewandte Semantik *f*
applied social research (practical social research)
  angewandte Sozialforschung *f*
applied sociology (practical sociology)
  angewandte Soziologie *f*
appointive office
  Ernennungsamt *n*, durch Ernennung zu besetzendes Amt *n* (*Organisationssoziologie*) *vgl.* elective office
appointment
  Ernennung *f*, Berufung *f*, Einsetzung *f*, Bestellung *f* (*Organisationssoziologie*)
apportionment
  proportionale Zuteilung *f*, gleichmäßige Verteilung *f*, anteilsmäßige Verteilung *f*
appraisal interview
  Bewertungsinterview *n*, Einschätzungsinterview *n* (*empirische Sozialforschung*)
apprehension
  Auffassung *f*, Auffassen *n*, erstes Begreifen *n*, erstes Erfassen *n* (*Theorie des Lernens*)
apprehension span
  Auffassungsspanne *f*, Auffassungsbereich *m* (*Theorie des Lernens*)
apprentice
  Lehrling *m*, Lehrjunge *m*, Lehrmädchen *n*, Auszubildender *m*, Auszubildende *f*, Volontär *m*, Volontärin *f* (*Industriesoziologie*)
apprenticeship
  Lehrlingsschaft *f*, Lehrlingsstand *m*, Berufsausbildung *f* (*Industriesoziologie*)
approach
  Ansatz *m*, Forschungsansatz *m*, Betrachtungsweise *f*, Schauweise *f*
approach gradient
  Annäherungsgradient *m*, Annäherungsgefälle *n* (*Psychologie*)
approach-approach conflict (plus-plus conflict) (Kurt Lewin)
  Appetenz-Konflikt *m*, Appetenz-Appetenz-Konflikt *m*, Konflikt *m* zwischen Annäherungstendenzen, Annäherungs-Annäherungs-Tendenz *f* (*Psychologie*)
approach-avoidance conflict, appetence-aversion conflict (Kurt Lewin), plus-minus conflict
  Appetenz Aversions-Konflikt *m* (*Psychologie*)
approval
  Billigung *f*, Zustimmung *f*
approval rating (popularity rating)
  Popularitätsquote *f*, Beliebtheitsquote *f*, Beliebtheit *f* (*Umfrageforschung*)

approximate hypothesis (*pl* **hypotheses**)
  Näherungshypothese *f*, Annäherungshypothese *f* (*Hypothesenprüfung*)
approximation
  Näherung *f*, Näherungswert *m*, Annäherung *f*, Approximation *f* (*Mathematik/Statistik*)
approximation conditioning (successive approximation)
  sukzessive Annäherung *f* (*Verhaltensforschung*)
approximation formula (*pl* **formulas** or **formulae**)
  Näherungsformel *f*, Annäherungsformel *f* (*Mathematik/Statistik*)
apriorism
  Apriorismus *m* (*Theorie des Wissens*)
aptitude
  Eignung *f* (*Psychologie*)
aptitude index
  Eignungsindex *m* (*Psychologie*)
aptitude score
  Punktezahl *f* im Eignungstest (*Psychologie*)
aptitude test (test of aptitude)
  Eignungstest *m* (*Psychologie*) *vgl.* achievement test
arbiter (umpire)
  Schlichter *m*, Schiedsrichter *m* (*Industriesoziologie*)
arbitral commission (arbitration commission)
  Schiedskommission *f* (*Organisationssoziologie*)
arbitrary constant
  willkürliche Konstante *f* (*Mathematik/Statistik*)
arbitrary index
  willkürlicher Index *m* (*Statistik*)
arbitrary origin (arbitrary zero)
  willkürlicher Nullpunkt *m* (*Statistik*) (*Skalierung*)
arbitrary probability sampling (selection with arbitrary probability, selection with arbitrary probabilities)
  Auswahl *f* mit willkürlich gesetzten Wahrscheinlichkeiten, Stichprobe *f* mit willkürlich gesetzten Wahrscheinlichkeiten (*Statistik*)
arbitrary scale
  willkürliche Skala *f* (*Mathematik/Statistik*)
arbitration
  Schlichtung *f* (*Organisationssoziologie*) (*Industriesoziologie*)
arbitration
  Schiedspruchverfahren *n* (*Organisationssoziologie*) (*Industriesoziologie*)

arc
    Bogen *m*, Bogenlinie *f* *(Mathematik/Statistik)*
arc-sine distribution
    Arkussinus-Verteilung *f* *(Statistik)*
arc-sine law
    Arkussinus-Gesetz *n* *(Statistik)*
arc-sine transformation
    Arkussinus-Transformation *f* *(Statistik)*
archaeology (prehistoric anthropology)
    Archäologie *f*, Altertumskunde *f*, Altertumswissenschaft *f*
archaism (Claude Lévi-Strauss)
    Archaismus *m* *(Kulturanthropologie)*
archetypal image
    archetypisches Bild *n* (Carl G. Jung) *(Psychologie)*
archetype
    Archetyp *m*, Archetypus *m*, Urbild *n* (Carl G. Jung) *(Psychologie)*
area
    Fläche *f*, Flächeninhalt *m*, Grundfläche *f* *(Mathematik/Statistik)*
area administration (field administration)
    Gebietsverwaltung *f*, Regionalverwaltung *f*, Distriktverwaltung *f*
area comparability factor
    Flächenvergleichsfaktor *m* *(Demographie)*
    vgl. time comparability factor
area diagram (area chart, area graph)
    Flächendiagramm *n* *(graphische Darstellung)*
area histogram
    Flächenhistogramm *n* *(graphische Darstellung)*
area linguistics (*pl als sg konstruiert*, **areal linguistics** *pl als sg konstruiert*, **geographical linguistics** *pl als sg konstruiert*)
    Sprachengeographie *f*
area of acceptance (region of acceptance, acceptance region, area of acceptance, acceptance area, nonrejection region, nonrejection area)
    Annahmebereich *m* *(statistische Hypothesenprüfung)*
    Zurückweisungsbereich *m*, Ablehnungsbereich *m*, **kritischer Bereich** *m*, **kritische Region** *f* *(statistische Hypothesenprüfung)*
    vgl. area of rejection
area of rejection (rejection area, rejection region, region of rejection, critical region, latitude of rejection)
    Ablehnungsbereich *m*, Bereich *m* der Ablehnung, Zurückweisungsbereich *m*, Schlechtbereich *m* *(statistische Qualitätskontrolle)*
    vgl. area of acceptance

area of transition (zone in transition (zone of transition, zone of transition, transitional area, transitional zone, interstitial area) (F. Thrasher)
    Übergangszone *f*, Übergangsbereich *m*, Übergangsgebiet *n* *(Sozialökologie)*
area probability sample
    Flächenwahrscheinlichkeitsstichprobe *f* *(Statistik)*
area probability sampling
    Flächenwahrscheinlichkeitstichprobenbildung, Flächenwahrscheinlichkeitstichprobenverfahren *n* *f* *(Statistik)*
area sample (*ungebr* **areola sample**)
    Flächenstichprobe *f*, Gebietsstichprobe *f* *(Statistik)*
area sampling (*ungebr* **areola sampling**)
    Flächenstichprobenverfahren *n*, Gebietsstichprobenverfahren *n* *(Statistik)*
area study (area investigation)
    Gebietsstudie *f*, Gebietsuntersuchung *f*, regionale Studie *f*, regionale Untersuchung *f*
area under the curve
    Fläche *f* unterhalb der Kurve *(graphische Darstellung)*
area (region, territory)
    Gebiet *n*, Region *f*, Zone *f*, Gegend *f*
areal distribution
    flächenmäßige Verteilung *f*, flächenmäßige Streuung *f*, flächenmäßige Verbreitung *f*, geographische Verteilung *f*, räumliche Verteilung *f* *(Demographie) (Sozialökologie)*
areal interaction (spatial interaction)
    geographische Interaktion *f*, räumliche Interaktion *f* *(Soziologie)*
areal mobility (geographical mobility, residential mobility, physical mobility, spatial mobility, vicinal mobility, ecological mobility)
    geographische Mobilität *f*, räumliche Mobilität *f*, ökologische Mobilität *f*
areal segregation (residential segregation (geographical segregation, ecological segregation, residential segregation, spatial segregation)
    geographische Rassentrennung *f*, Rassentrennung *f* nach Wohngebieten, geographische Segregation *f*, Segregation *f* nach Wohngebieten, ökologische Segregation *f* *(Kulturanthropologie) (Soziologie)*
argot (criminal argot)
    Argot *m*, Jargon *m*, Gruppenslang *m*, Gruppenjargon *m* *(Linguistik)*
argumentation (reasoning, line of argument)
    Argumentation *f*, Beweisführung *f* *(Philosophie)*

argument-completion test
Argument-Ergänzungstest *m*
*(Psychologie) (empirische
Sozialforschung)*
aristocracy
Aristokratie *f*
aristocratic leisure
aristokratische Muße *f*, adlige Muße *f*
(Soziologie)
arithmetic distribution
arithmetische Verteilung *f (Statistik)*
**arithmetic graph (arithmetic chart,
arithmetic diagram)**
arithmetische Graphik *f*, arithmetisches
Diagramm *n*, arithmetisches
Schaubild *n*, arithmetische graphische
Darstellung *f*, Darstellung *f* im
absoluten Maßstab) *(graphische
Darstellung)*
arithmetic mean (mean)
arithmetisches Mittel *n* (x̄, μ) *(Statistik)*
**arithmetic population density (arithmetic
density, man-land ratio)**
arithmetische Bevölkerungsdichte *f*
(Demographie)
arithmetic progression
arithmetische Progression *f*
(Mathematik/Statistik)
arithmetic reasoning
arithmetisches Denken *n*
arithmetic regression
arithmetische Regression *f (Statistik)*
arousal (excitation, excitement)
Erregung *f*, Arousal *f (Verhaltensforschung)*
arousal function
Erregungsfunktion *f (Verhaltensforschung)*
arousal pattern
Erregungsmuster *n (Verhaltensforschung)*
arranged marriage
arrangierte Heirat *f*, arrangierte
Ehe *f*, vereinbarte Heirat *f*
(Kulturanthropologie)
array
Aufreihung *f*, Anordnung *f*, Schema *n*,
Verteilung *f (Mathematik/Statistik)*
arrival
Zustrom *m*, Afflux *m*, Zudrang *m*,
Ankunft *f (Demographie)
(Warteschlangentheorie)*
vgl. departure
arrival distribution
Zustromverteilung *f*, Zuzugsverteilung *f*,
Kundenstromverteilung *f*, Ankunftsverteilung *f (Warteschlangentheorie)*
arrival pattern
Zustrommuster *n*, Zuzugsmuster *n*,
Ankunftsmuster *n*, Muster *n* des
Kundenstroms *(Warteschlangentheorie)*

arrival process
Zustromprozeß *m*, Ankunftsprozeß *m*
(Warteschlangentheorie)
vgl. departure process
arrow diagram (arrow graph)
Pfeildiagramm *n*, Pfeilgraphik *f*,
Pfeilschaubild *n (graphische Darstellung)*
art
Kunst *f*, bildende Kunst *f*
arterial urbanization (*brit* urbanisation)
Urbanisierung *f* entlang den
Verkehrsadern (Stadtbildung *f* entlang
den Verkehrsadern, Verstädterung *f*
entlang den Verkehrsadern)
(Sozialökologie)
artifact
Artefakt *n (Kulturanthropologie)*
artificial environment
künstliche Umgebung *f*, künstliche
Umwelt *f (bei Experimenten)
(Hypothesenprüfung)*
vgl. natural environment
artificial group (contrived group)
zusammengestellte Gruppe *f*,
bewußt zusammengesetzte
experimentelle Gruppe *f (statistische
Hypothesenprüfung)*
artisan
Handwerker *m*, Kunsthandwerker *m*,
Mechaniker *m* in einer Agrargesellschaft
**ascendance-submission study (Gordon W.
Allport) (ascendance-submission-reaction
study, AS study, S reaction study)**
Dominanz-Unterwürfigkeits-Studie *f*
(Psychologie)
ascendancy
Überlegenheit *f*, Übergewicht *n*
(Sozialpsychologie)
ascendant
Verwandter *m* in aufsteigender Linie
(Kulturanthropologie)
vgl. desandant
ascending generation
Generation *f* der Verwandten in
aufsteigender Linie *(Kulturanthropologie)*
vgl. descending generation
ascending line
aufsteigende Linie *f* bei Verwandtschaften *(Kulturanthropologie)*
vgl. descending line
ascertainment
Ermittlung *f*, Feststellung *f (empirische
Sozialforschung)*
**ascertainment error (observation error,
error in observation, non-sampling error)**
Ermittlungsfehler *m*, Erhebungsfehler *m*,
sachlicher Fehler *m*, stichprobenunabhängiger Fehler *m (empirische
Sozialforschung)*

ascetic
asketisch *adj*
ascetic ideationalism
asketischer Ideationalismus *m*
(Soziologie)
ascetic rite (Emile Durkheim) (negative rite)
asketischer Ritus *m*, negativer Ritus *m*
(Soziologie)
ascetism (asceticism)
Askese *f*
Asch experiment (Asch test, line-judgment test) (Solomon E. Asch)
Asch-Test *m*, Konformismustest *m*
(Sozialpsychologie)
ascribed group (automatic group)
zugewiesene Gruppe *f*, zugeschriebene Gruppe *f* *(Soziologie)*
ascribed influential
zugewiesener Einflußreicher *m*
(Soziologie)
ascribed position (Ralph Linton) (ascriptive position)
zugewiesene Position *f*, zugeschriebene Position *f* *(Soziologie)*
ascribed role (Ralph Linton) (ascriptive role)
zugewiesene Rolle *f*, zugeschriebene Rolle *f* *(Soziologie)*
ascribed status (Ralph Linton) (ascriptive status)
zugewiesener Status *m*, zugeschriebener Status *m*, zugewiesene Position *f*, zugeschriebene Position *f* *(Soziologie)*
ascription-achievement (ascription vs. achievement) (Talcott Parsons)
Zuweisung-Leistung *f*, Zuschreibung-Leistung *f*, charismatische Berufung-Leistung *f* *(Soziologie) (Theorie des Handelns)*
ascriptive society (ascriptively oriented society)
Zuweisungsgesellschaft *f*, askriptive Gesellschaft *f* *(Soziologie)*
asker (Verling C. Troldahl/Robert van Dam)
Frager *m*, Fragender *m*, Fragesteller *m* *(Kommunikationsforschung)*
vgl. giver
ASN curve (average sample number curve, curve of average sample number)
Kurve *f* des mittleren Stichprobenumfangs *(Statistik)*
ASN function
ASN-Funktion *f*, Funktion *f* des mittleren Stichprobenumfangs, ASN-Funktion *f* *(Statistik)*

ASN number (average sample number) (ASN)
mittlerer Stichprobenumfang *m*, durchschnittlicher Stichprobenumfang *m* *(statistische Qualitätskontrolle)*
asocial
ungesellig, gesellschaftsfeindlich *adj*
(Soziologie)
vgl. social
asocial perception
nicht gesellschaftlich konditionierte Wahrnehmung *f*, nicht gesellschaftlich bedingte Perzeption *f* *(Psychologie)*
aspect analysis (facet analysis, *pl* facet analyses) (Louis Guttman)
Aspektanalyse *f* *(Skalierung)*
aspect design (facet design) (Louis Guttman)
Aspektanlage *f* *(Skalierung)*
aspect model (facet model) (Louis Guttman)
Aspektmodell *n* *(Skalierung)*
aspect theory (facet theory) (Louis Guttman)
Aspekttheorie *f* *(Skalierung)*
aspiration level (level of aspiration) (Kurt Lewin)
Anspruchsniveau *n* *(Feldtheorie)*
aspirational reference group (aspirational grup)
aspiratorische Bezugsgruppe *f*, Aspirationsgruppe *f* *(Sozialpsychologie)*
vgl. anticipatory reference group, membership reference group
assemblage
Ansammlung *f*, Schar *f*, Versammlung *f*, Gruppierung *f*, Menge *f*
assembly
Versammlung *f*, Körperschaft *f*, Zusammenkunft *f* *(Soziologie)*
assertions analysis (content analysis (*pl* analyses, designations analysis)
Inhaltsanalyse *f*, Aussagenanalyse *f*, Bedeutungsanalyse *f*, Content-Analyse *f*, Textanalyse *f*, Dokumentenanalyse *f* *(Kommunikationsforschung)*
assertion training (anxiety management training (AMT))
Angstbewältigungstraining *n*
(Psychotherapie)
assertive response
Durchsetzungsreaktion *f* *(Verhaltenstherapie)*
assertive training
Durchsetzungstraining *n*, Selbstsicherheitstraining *n* *(Verhaltenstherapie)*
assessment
Einschätzung *f*, Abschätzung *f*, Bewertung *f*

assignable
zuschreibbar *adj*
assignable variation
zuschreibbare Schwankung *f*, ursächliche erkannte Schwankung *f (Statistik)*
assimilation
Assimilationseffekt *m*, Assimilationswirkung *f (Soziologie)*
assimilation-accomodation pattern (Jean Piaget)
Assimilations-Akkommodations-Muster *n*
assimilation-contrast theory
Assimilations-Kontrast-Theorie *f (Psychologie) (Kommunikationsforschung)*
assimilation-yield
Assimilation-Gewähren *n (Psychologie)*
assimilation-yield theory
Assimilation-Gewähren Theorie *f*, Assimilations-Gewährens-Theorie *f (Psychologie)*
assimilationist minority (Louis Wirth)
assimilationistische Minderheit *f*, assimilatorische Minderheit *f (Sozialökologie)*
vgl. secessionist minority
associable design (associable test design)
assoziierbare Anlage *f*, assoziierbare Versuchsanlage *f*, vereinbare Anlage *f*, assoziierbare Versuchsanlage *f (experimentelle Anlage)*
associate class
assoziierte Klasse *f*, zugeordnete Klasse *f*, beigeordnete Klasse *f*, assoziierte Kategorie *f (empirische Sozialforschung)*
association
Assoziation *f*
1. Assoziation *f*, Assoziieren *n*, Assoziierung *f (Psychologie)*
2. Assoziierung *f*, Zusammenschluß *m*, Verband *m*, Verein *m (Soziologie)*
association model
Assoziationsmodell *n (Psychologie)*
association scheme
Assoziationsschema *n*, Assoziationsmethode *f (Hypothesenprüfung)*
association technique (association test method)
Assoziationsmethode *f*, Assoziationsverfahren *n*, Assoziationstechnik *f (Psychologie)*
association theory (Edward S. Robinson)
Assoziationstheorie *f (Psychologie)*
association (corporation)
1. Vereinigung *f*, Verbindung *f*, Gemeinschaft *f*, Interessengemeinschaft *f*, Korporation *f*, Union *f*, Verband *m (Soziologie)*
2. nonkin association

associational interest group (associational group) (Gabriel Almond/James S. Coleman)
Assoziations-Interessenverband *m*, Interessenverband *m (Soziologie)*
associational pattern
Assoziierungsmuster *n*, Assoziationsmuster *n*, Muster *n* der Assoziierung, Muster *n* der Assoziation *(Soziologie)*
associational relationship (Robert M. McIver)
Assoziationsbeziehung *f*, Vereinigungsbeziehung *f (Soziologie)*
associational society (secular society)
Assoziationsgesellschaft *f*, Verbandsgesellschaft *f*, säkulare Gesellschaft *f (Soziologie)*
associationism (associationist psychology)
Assoziationspsychologie *f*, Assoziationstheorie *f*, Assoziationismus *m*
associative attitude
gesellige Einstellung *f*, gesellige Haltung *f*, assoziationsfreudige Einstellung *f*, assoziationsfreudige Haltung *f (Sozialpsychologie)*
assortative mating (assortive mating)
selektive Partnerwahl *f*, sozial bestimmte selektive Partnerwahl *f (Kulturanthropologie)*
assumed (achieved)
erworben, angeeignet *adj (Soziologie)*
vgl. ascribed
assumed mean (guessed mean, working mean)
provisorisches Mittel *n*, provisorischer Mittelwert *m*, angenommenes Mittel *n*, angenommener Mittelwert *m (Statistik)*
vgl. computed mean
(assumed position (achieved position) (Ralph Linton)
erworbene Position *f (Soziologie)*
vgl. ascribed position
assumed need (acquired need)
erworbenes Bedürfnis *n*, angeeignetes Bedürfnis *n (Verhaltensforschung)*
vgl. innate need
assumed role (achieved role) (Ralph Linton)
erworbene Rolle *f (Soziologie)*
vgl. ascribed role
assumed similarity
Ähnlichkeitsvermutung *f*, vermutete Ähnlichkeit *f*, vermutete Gleichartigkeit *f (empirische Sozialforschung)*
assumed similarity between opposites
vermutete Ähnlichkeit *f* von Gegensätzen (J. Fiedler) *(Psychologie)*

assumed status (achieved status) (Ralph Linton)
erworbener Status *m* *(Soziologie)*
vgl. ascribed status
assumed tendency (acquired tendency)
erworbene Tendenz *f* *(Verhaltensforschung)*
vgl. innate tendency
assumption
Annahme *f*, Vermutung *f*, Voraussetzung *f*, Postulat *n* *(Theoriebildung)*
asthenic physique
vgl. athletischer Körpertyp, pyknischer Körpertyp
asthenischer Körpertyp *m*, asthenischer Körperbau *m* (Ernst Kretschmer) *(Psychologie)*
asthenic reaction (neurasthenia, neurasthenic neurosis)
Neurasthenie *f*, Nervenschwäche *f* *(Psychologie)*
asylum
Asyl *n*, Zufluchtsstätte *f*, Zufluchtsort *m*
asymmetric(al) data *pl*
asymmetrische Daten *n/pl* *(multidimensionale Skalierung)*
asymmetric(al) channel
asymmetrischer Kanal *m* *(Kommunikationsforschung)*
vgl. symmetric(al) channel
asymmetric(al) curve (skew curve, skewed curve)
schiefe Kurve *f* *(Statistik)*
vgl. symmetric(al) curve
asymmetric(al) frequency curve (skew frequency curve, skewed frequency curve, skew frequency distribution curve, skewed frequency distribution curve)
schiefe Häufigkeitskurve *f* *(Statistik)*
vgl. symmetric(al) frequency curve
asymmetric(al) distribution (skew distribution, skewed distribution)
asymmetrische Verteilung *f*, schiefe Verteilung *f* *(Statistik)*
vgl. symmetric(al) distribution
asymmetric(al) factorial design
asymmetrische Faktoranlage *f*, asymmetrische faktorielle Versuchsanlage *f*, asymmetrischer faktorieller Plan *m* *(Statistik)*
vgl. symmetric(al) factorial design
asymmetric(al) frequency distribution (skew frequency distribution, skewed frequency distribution)
schiefe Häufigkeitsverteilung *f* *(Statistik)*
vgl. symmetric(al) frequency distribution

asymmetric(al) joking relationship (Alfred Radcliffe-Brown)
asymmetrische Neckbeziehung *f*, einseitige Scherzbeziehung *f* *(Kulturanthropologie)*
vgl. symmetric(al) joking relationship
asymmetric(al) relationship
Asymmetrie *f* der Kausalitätsbeziehungen *(Logik)*
vgl. symmetric(al) relationship
asymmetry (dissymmetry, skewness, skew)
Asymmetrie *f*, Schiefe *f* *(Statistik)*
vgl. symmetry
asymptote
Asymptote *f* *(Statistik)*
asymptotic efficiency
asymptotische Effizienz *f*, asymptotische Wirksamkeit *f*, asymptotische Leistungsfähigkeit *f* *(Statistik)*
asymptotic efficiency of point estimates
asymptotische Effizienz *f* von Punktschätzungen *(Statistik)*
asymptotic normality
asymptotische Normalität *f* *(Statistik)*
asymptotic properties of sequences of random variables *pl*
asymptotische Eigenschaften *f/pl* von Folgen von Zufallsvariablen *(Statistik)*
asymptotic relative efficiency (ARE)
asymptotische relative Effizienz *f*, asymptotische relative Wirksamkeit *f* *(Statistik)*
asymptotic series *sg + pl*
asymptotische Reihe *f* *(Mathematik/Statistik)*
asymptotic standard error
asymptotischer mittlerer Fehler *m*, asymptotischer Standardfehler *m* *(Statistik)*
asymptotically constant
asymptotisch konstant *adj* *(Statistik)*
asymptotically efficient estimator
asymptotisch wirksame Schätzfunktion *f*, asymptotisch effiziente Schätzfunktion *f)*
(Statistik)
asymptotically equivalent sequences of random variables *pl*
asymptotisch äquivalente Folgen *f/pl* von Zufallsvariablen *(Statistik)*
asymptotically most powerful test
asymptotisch trennschärfster Test *m* *(statistische Hypothesenprüfung)*
asymptotically normal distributed
asymptotisch normalverteilt *adj* *(Statistik)*
asymptotically stationary
asymptotisch stationär *adj* *(Stochastik)*

asymptotically unbiased (*brit* **asymptotically unbiassed**)
asymptotisch erwartungstreu *adj* (*Statistik*)
asymptotically unbiased estimator (*brit* **unbiassed**)
asymptotisch erwartungstreue Schätzfunktion *f* (*Statistik*)
atavism (reversion)
Rückschritt *m*, Atavismus *m* (*Kulturanthropologie*)
atavistic
atavistisch *adj* (*Kulturanthropologie*)
atheism
Atheismus *m*
athletic physique
athletischer Körpertyp *m*, athletischer Körperbau *m* (Ernst Kretschmer) (*Psychologie*)
vgl. asthenic physique, pyknic physique
atmosphere effect
Atmosphäre-Effekt *m*, Atmosphäre-Wirkung *f* (*Hypothesenprüfung*)
atom
Atom *n* (*Soziologie*)
→ social atom
atomic event
atomares Ereignis *n* (*Wahrscheinlichkeitstheorie*)
atomism
Atomismus *m* (*Soziologie*)
atomistic family (atomistic type of family) (Carle C. Zimmerman)
atomistische Familie *f* (*Soziologie*)
vgl. domestic family, trusteeship family
atomistic society (Ruth Benedict)
atomistische Gesellschaft *f* (*Kulturanthropologie*)
atomization (*brit* **atomisation, nucleation**)
Atomisierung *f* (*Soziologie*)
attensity (Edward B. Titchener)
Bewußtseinsschärfe *f*, Klarheit *f* der Sinne (*Psychologie*)
attention
Aufmerksamkeit *f* (*Psychologie*)
attenuated charisma (Edward A. Shils)
abgeschwächtes Charisma *n*, vermindertes Charisma *n* (*Soziologie*)
vgl. concentrated charisma, dispersed charisma
attenuated polyandry (anticipatory levirate)
antizipatorisches Levirat *n*, Antizipation *f* einer Leviratsehe, abgeschwächte Polyandrie *f* (*Kulturanthropologie*)
attenuation (statistical attenuation)
Korrelationsverminderung *f*, Verminderung *f*, mangelnde Meßgenauigkeit *f* (*Statistik*)

attitude
1. Einstellung *f*, Haltung *f*, Attitüde *f* (*Sozialpsychologie*)
2. Einstellung *f*, Körperhaltung *f*, Haltung *f* beim Gehen, Gangart *f*
attitude battery (battery question)
Einstellungsbatterie *f*, Batterie *f* von Einstellungsfragen (*empirische Sozialforschung*)
attitude change (attitudinal change)
Einstellungswandel *m*, Einstellungsänderung *f* (*empirische Sozialforschung*)
attitude-changes theory (theory of attitude changes, theory of attitudinal changes, attitudinal changes theory)
Theorie *f* des Einstellungswandels, der Einstellungsänderung (*Einstellungsforschung*)
attitude cluster
Einstellungsbündel *n*, Bündel *n* von Einstellungen, Einstellungs-Cluster *n* (*empirische Sozialforschung*)
attitude conditioning
Einstellungskonditionierung *f*, Konditionierung *f* von Einstellungen, Haltungskonditionierung *f*, Konditionierung *f* von Haltungen (*Sozialpsychologie*)
attitude consonance
Einstellungskonsonanz *f*, logische Konsistenz *f* der Einstellungen, Haltungskonsonanz *f*, logische Konsistenz *f* der Haltungen (*Sozialpsychologie*)
attitude constellation
Einstellungskonstellation *f*, Konstellation *f* der Einstellungen, Gesamtheit *f* der Einstellungen, Haltungskonstellation *f*, Konstellation *f* der Haltungen, Gesamtheit *f* der Haltungen (*Sozialpsychologie*)
attitude continuum (*pl* **continua** or **continuums**)
Einstellungskontinuum *n*, Haltungskontinuum *n* (*Sozialpsychologie*)
attitude dissonance
Einstellungsdissonanz *f*, logische Inkonsistenz *f* der Einstellungen (*Sozialpsychologie*)
attitude dissonance
Einstellungsdissonanz *f*, logische Inkonsistenz *f* der Einstellungen, Haltungsdissonanz *f*, logische Inkonsistenz *f* der Haltungen (*Sozialpsychologie*)
attitude dynamics *pl als sg konstruiert*
Einstellungsdynamik *f*, Dynamik *f* des Einstellungswandels, Haltungsdynamik *f* (*Sozialpsychologie*)

attitude formation
Einstellungsbildung f, Einstellungsentstehung f, Bildung f von Einstellungen, Bildung f von Haltungen *(Sozialpsychologie)*

attitude formation
Haltungsbildung f, Haltungsentstehung f, Bildung f von Haltungen, Bildung f von Haltungen *(Sozialpsychologie)*

attitude investigation
Einstellungsuntersuchung f *(empirische Sozialforschung)*

attitude measurement
Einstellungsmessung f, Messung f von Einstellungen, Haltungsmessung f, Messung f von Haltungen *(Einstellungsforschung)*

attitude object
Einstellungsobjekt n, Haltungsobjekt n *(Einstellungsforschung)*

attitude perception
Einstellungswahrnehmung f, Einstellungsperzeption f, Haltungswahrnehmung f, Haltungsperzeption f *(Sozialpsychologie)*

attitude research (attitudinal research)
Einstellungsforschung f, Haltungsforschung f, Attitüdenforschung f *(empirische Sozialforschung)*

attitude scale
Einstellungsskala f *(empirische Sozialforschung)*

attitude scaling
Einstellungsskalierung f, Einstellungsmessung f *(empirische Sozialforschung)*

attitude study
Einstellungsstudie f, Haltungsstudie f *(Einstellungsforschung)*

attitude-toward-situation (Milton Rokeach)
Situationseinstellung f *(Einstellungsforschung)*
vgl. attitude toward-object

attitude-toward-object (Milton Rokeach)
Objekteinstellung f *(Einstellungsforschung)*

attitudinal *adj*
Einstellungs-, Haltungs- *(Sozialpsychologie)*

attitudinal conformity
Einstellungskonformität f, Haltungskonformität f *(Sozialpsychologie)*

attitudinal question (attitude question)
Einstellungsfrage f *(empirische Sozialforschung)*

attraction (social attraction)
Anziehung f, Attraktion f, soziale Anziehung f *(Sozialpsychologie)*

attribute (property)
Merkmalsausprägung f, Merkmal n, Attribut n, Eigenschaft f *(Statistik) (empirische Sozialforschung)*

attribute inspection (acceptance control, acceptance inspection, acceptance testing, attribute sampling)
Abnahmekontrolle f, Annahmekontrolle f *(statistische Qualitätskontrolle)*

attribute attribute sampling)
→ attribute inspection

attribute statistics *pl als sg konstruiert* **(statistics** *pl als sg konstruiert* **of attributes)**
Attributsstatistik f, Statistik f der Attributdaten, Statistik f qualitativer Daten

attribution
Attribution f, Zuschreibung f *(Sozialpsychologie)*

attribution analysis
Attributionsanalyse f *(Sozialpsychologie)*

attribution of behavior (brit **behaviour, causal attribution of behavior)**
Verhaltenszuschreibung f, Verhaltensattribution f *(Sozialpsychologie)*

attribution of effect (effect attribution) (Harold D. Kelley)
Wirkungszuschreibung f *(Sozialpsychologie)*

attribution of responsibility (for behavior) (responsibility attribution)
Verantwortungszuschreibung f, Verantwortungszuweisung f, Verantwortungsattribution f *(Soziologie/Sozialpsychologie)*

attribution research
Attributionsforschung f *(Sozialpsychologie)*

attribution theory (attribution psychology)
Attributionstheorie f Attributionspsychologie f *(Sozialpsychologie)* (Fritz Heider)

attrition (panel mortality, panel attrition, mortality)
Panelmortalität f, Panelsterblichkeit f, Panelerosion f *(empirische Sozialforschung)*

atypicality (atypical behavior) (Floyd H. Allport/D. A. Hartmann)
Atypikalität f, atypisches Verhalten n *(Psychologie)*

Auburn system (silent system)
Auburn-System n *(Kriminologie)*

audience (public)
Publikum n, Leserschaft f, Hörerschaft f, Zuschauerschaft f *(Kommunikationsforschung)*

augmented nuclear family
vergrößerte Kernfamilie f *(Kulturanthropologie)*

autarky (self-sufficiency)
  Autarkie *f*, Autonomie *f*,
  Selbstgenügsamkeit *f*
authoritarian
  autoritär *adj (Soziologie) (Psychologie)*
authoritarian aggression
  autoritäre Aggression *f*, autoritäre
  Aggressivität *f (Psychologie)*
authoritarian ideology
  autoritäre Ideologie *f (Soziologie)*
authoritarian leader
  autoritärer Führer *m (Soziologie)*
  vgl. democratic leader
authoritarian leadership
  autoritäre Führung *f*, autoritäre
  Führerschaft *f (Soziologie)*
  vgl. democratic leadership
authoritarian management (Rensis Likert)
  autoritäre Unternehmensführung *f*,
  autoritäre Betriebsleitung *f*, autoritäres
  Management *n (Industriesoziologie)*
authoritarian personality (authoritarian character)
  autoritäre Persönlichkeit *f*, autoritärer
  Charakter *m*, antidemokratische
  Persönlichkeit *f* (Theodor W. Adorno
  et al.) *(Sozialpsychologie)*
authoritarianism
  Autoritarismus *m*, autoritäre
  Einstellung *f* (Theodor W. Adorno et
  al.) *(Sozialpsychologie)*
authoritative
  autoritativ, Autorität habend, mit
  Autorität ausgestattet, maßgebend *adj*
authority
  Autorität *f (Soziologie)*
authority chart
  Autoritätsdiagramm *n*, graphische
  Darstellung *f* einer Autoritätsstruktur
  (Organisationssoziologie)
authority hierarchy
  Autoritätshierarchie *f (Organisationssoziologie)*
authority structure
  Autoritätsstruktur *f (Organisationssoziologie)*
autism
  Autismus *m (Psychologie)*
autistic thinking
  autistisches Denken *n*, E. Bleuler)
  (Psychologie)
  vgl. realistic thinking
auto-spectrum
  Eigenspektrum *n*, Auto-Spektrum *n*
  (Statistik)
autobiography
  Autobiographie *f*, Selbstbiographie *f*
autocephaly
  Autokephalie *f* (Max Weber)
  vgl. heterocephaly

autoconsumption (subsistence production)
  Eigenbedarf *m*, Subsistenzproduktion *f*
  (Volkswirtschaftslehre)
autoconsumption economy (subsistence agriculture (subsistence farming, self-sufficient economy, subsistence economy, natural economy, self-sufficiency)
  Subsistenzlandwirtschaft *f*,
  Versorgungslandwirtschaft *f*
  (Volkswirtschaftslehre)
autocorrelated
  autokorreliert, eigenkorreliert *adj*
  (Statistik)
autocorrelated series *sg + pl*
  autokorrelierte Reihe *f*, eigenkorrelierte
  Reihe *f (Statistik)*
autocorrelation (self-correlation, serial correlation)
  Autokorrelation *f*, Eigenkorrelation *f*,
  Reihenkorrelation *f (Statistik)*
autocorrelation coefficient (coefficient of autocorrelation)
  Autokorrelationskoeffizient *m*,
  Eigenkorrelationskoeffizient *m (Statistik)*
autocorrelation function
  Autokorrelationsfunktion *f*,
  Eigenkorrelationsfunktion *f (Statistik)*
autocovariance
  Autokovarianz *f (Statistik)*
autocovariance function
  Autokovarianzfunktion *f (Statistik)*
autocovariance generating function
  Autokovarianz erzeugende Funktion *f*
  (Statistik)
autocracy
  Autokratie *f*, Selbstherrschaft *f*
  (politische Wissenschaft)
autoecology
  Autoökologie *f*
autoeroticism
  Autoerotik *f (Psychologie)*
autogenic reinforcement
  autogene Verstärkung *f (Verhaltensforschung)*
autogenic training
  autogenes Training *n*, konzentrative
  Selbstentspannung *f (Psychotherapie)*
autohypnosis
  Selbsthypnose *f*, Autohypnose *f*
  (Psychologie)
autokinetic effect
  Autokinese-Effekt *m*, autokinetischer
  Effekt *m*, autokinetisches Phänomen *n*
  (Psychologie)

automated instruction (automatic tutoring, programmed learning, automatic tutoring) (B. F. Skinner)
programmiertes Lernen *n*,
programmierter Unterricht *m*,
programmierte Instruktion *f*,
programmierte Unterweisung *f*
(Psychologie)
automatic data processing (ADP)
automatische Datenverarbeitung *f*
automatic group (ascribed group)
, automatische Gruppe *f*, zugewiesene Gruppe *f*, zugeschriebene Gruppe *f*
(Soziologie)
automatic interaction detector (AID, A.I.D.) (James N. Morgan and John A. Sohnquist)
automatischer Interaktions-Detektor *m* (AID) *(empirische Sozialforschung)*
automatic tutoring (programmed learning, automatic tutoring, automated instruction) (B. F. Skinner)
programmiertes Lernen *n*,
programmierter Unterricht *m*,
programmierte Instruktion *f*,
programmierte Unterweisung *f*
(Psychologie)
automation
Automation *f* *(Industriesoziologie)*
automatization (*brit* **automatisation**)
Automatisierung *f* *(Industriesoziologie)*
autonomous
autonom *adj*
autonomous change (endogenous change)
autonomer Wandel *m*, Wandel *m* von innen heraus, endogener Wandel *m*, innenbürtiger Wandel *m*
vgl. exogenous change
autonomous equation
autonome Gleichung *f* *(Ökonometrie)*
autonomy (home rule)
Selbstregierung *f* *(politische Wissenschaften)*
autoregression
Autoregression *f*, Eigenregression *f*
(Statistik)
autoregressive integrated model of moving averages
autoregressives integriertes Modell *n* der gleitenden Durchschnitte (der gleitenden Mittel) *(Statistik)*
autoregressive model
autoregressives Modell *n* *(Ökonometrie)*
autoregressive moving average process
autoregressiver Prozeß *m* der gleitenden Durchschnitte (der gleitenden Mittel) *(Stochastik)*
autoregressive process
autoregressiver Prozeß *m* *(Statistik)*

autoregressive series $sg + pl$
autoregressive Reihe *f* *(Statistik)*
autoregressive transformation
autoregressive Transformation *f*
(Statistik)
autoshaping
Selbstformung *f* *(Verhaltensforschung)*
autostereotype
Autostereotyp *n*, Eigenstereotyp *n*
(Sozialpsychologie)
vgl. heterostereotype
autosuggestion
Autosuggestion *f*, Selbstsuggestion *f*
(Psychologie)
vgl. heterosuggestion
autotomy (Philip Eliot Slater)
Autotomie *f*, Selbstverstümmelung *f* einer Gruppe *(Gruppensoziologie)*
auxiliary ego
Hilfs-Ego *n*, Hilfs-Ich *n* (im Psychodrama) *(Psychologie)*
auxiliary theory
Meßhilfstheorie *f* *(empirische Sozialforschung)*
auxiliary-action cooperation
hilfreiche Kooperation *f*, hilfreiche Zusammenarbeit *f*
average
Durchschnitt *m*, Mittelwert *m*
(Mathematik/Statistik)
average amount of inspection
mittlerer Prüfumfang *m*,
mittlerer Umfang *m* *(statistische Qualitätskontrolle)*
average article run length
durchschnittliche Zahl *f* der Prüfstücke *(statistische Qualitätskontrolle)*
average critical value
durchschnittlicher kritischer Wert *m*
(Statistik)
average critical value method
Methode *f* des durchschnittlichen kritischen Werts (Verfahren *n* des durchschnittlichen kritischen Werts
(Statistik)
average density (average population density)
durchschnittliche Bevölkerungsdichte *f*, durchschnittliche Dichte *f*
(Demographie)
average deviation (AD) (mean deviation (MD), mean variation)
mittlere Abweichung *f*, durchschnittliche Abweichung *f*, mittlere Variation *f*, mittlere Schwankungsbreite *f*, durchschnittliche Schwankungsbreite *f*
(Statistik)
average inaccuracy
durchschnittliche Ungenauigkeit *f*
(Statistik)

average interview length
durchschnittliche Interviewdauer *f*,
durchschnittliche Dauer *f* eines
Interviews, durchschnittliche
Interviewlänge *f* *(empirische
Sozialforschung) (Psychologie)*

average linkage
Average-Linkage *f*, Average-
Linkage-Methode *f*, durchschnittliche
Verknüpfung *f* *(Clusteranalyse)*

average of relatives
Mittelwert *m* von Meßziffern *(Statistik)*

**average outgoing quality limit (AOQL)
(average outgoing quality) (AOQ)**
durchschnittliche Annahmegrenze *f*,
durchschnittliche Annahmegrenze *f*
(statistische Qualitätskontrolle)

average population density (average density)
durchschnittliche Bevölkerungsdichte *f*,
durchschnittliche Dichte *f*
(Demographie)

average propensity to consume
durchschnittliche Konsumneigung *f*
(Volkswirtschaftslehre)

average propensity to save
durchschnittliche Sparneigung *f*
(Volkswirtschaftslehre)

average proportion defective (process average fraction defective, process average proportion defective)
durchschnittlicher Ausschußanteil *m*
beim Produktionsprozeß *(statistische
Qualitätskontrolle)*

average quality protection (average outgoing quality level) (AOQL)
Gewährleistung *f* der Durchschnittsqualität *f* *(statistische Qualitätskontrolle)*

average run length (ARL) (average sample run length)
durchschnittliche Zahl *f* der
Prüfstichproben (durchschnittliche
Zahl der Stichproben *(statistische
Qualitätskontrolle)*

average sample number (ASN) (ASN number)
mittlerer Stichprobenumfang *m*,
durchschnittlicher Stichprobenumfang *m*
(statistische Qualitätskontrolle)

average sample number curve (ASN curve, curve of average sample number)
Kurve *f* des mittleren Stichprobenumfangs *(Statistik)*

average sample number function (ASN function)
Funktion *f* des mittleren
Stichprobenumfangs, ASN-Funktion *f*
(Statistik)

average variation
mittlere Variation *f*, mittlere
Schwankungsbreite *f* *(Statistik)*

average within-stratum variance
Mittel *n* innerhalb der Schichtvarianz
(Statistik)

aversion therapy (aversion training)
Aversionstherapie *f* *(Psychologie)*

aversive conditioning (avoidance conditioning, counter-conditioning, fear conditioning, defense conditioning, brit **defence conditioning)**
aversive Konditionierung *f*, negative
Konditionierung *f* *(Verhaltensforschung)*
vgl. appetitive conditioning

aversive stimulus (noxious stimulus, pl **stimuli)**
aversiver Reiz *m*, aversiver Stimulus *m*
(Verhaltensforschung)

avocation
Nebenbeschäftigung *f*, Steckenpferd *n*
(Arbeitssoziologie)

avoidance
Vermeidung *f* *(Verhaltensforschung)*

avoidance-avoidance conflict (Kurt Lewin) (minus-minus conflict)
Vermeidungskonflikt *m*, Vermeidungs-
Vermeidungs-Konflikt *m*,
Aversionskonflikt *m*, Aversions-
Aversions-Konflikt *m*, Konflikt *m*
zwischen Vermeidungstendenzen
(Psychologie)

avoidance behavior (brit **behaviour)**
Vermeidungsverhalten *n* *(Verhaltensforschung)*

avoidance conditioning (aversive conditioning, counter-conditioning, fear conditioning, defense conditioning, brit **defence conditioning)**
aversive Konditionierung *f*, negative
Konditionierung *f* *(Verhaltensforschung)*
vgl. appetitive conditioning

avoidance gradient
Vermeidungsgradient *m*, Vermeidungsgefälle *n* *(Psychologie)*

avoidance learning (avoidance training)
Vermeidungslernen *n* *(Verhaltensforschung)*

avoidance relationship
Vermeidungsbeziehung *f* *(Soziologie)*

avoidance response (avoidance reaction)
Vermeidungsreaktion *f* *(Verhaltensforschung)*

avoidance ritual (Erving Goffman)
Vermeidungsritual *n* *(Soziologie)*

avunculate
Avunkulat *n*, Schwestersohnsrecht *n*
(Kulturanthropologie)

award
Schiedsspruch *m*, Urteil *n*, Entscheidung *f* *(Organisationssoziologie)*

awareness
Bewußtheit *f* *(Psychologie)*

awareness of politics (political awareness)
politisches Bewußtsein *n*, politische Kenntnis *f*

awareness rating (candidate awareness) (candidate rating)
Bekanntheitsgrad *m* von Kandidaten, Bekanntheit *f* von Kandidaten *(Meinungsforschung)*

awe theory (of religion)
Ehrfurchtstheorie *f* der Religion, Furchttheorie *f* *(Religionssoziologie)*

axial growth (radial growth) (Charles J. Galpin)
Axialwachstum *n*, radiales Wachstum *n* *(Sozialökologie)*

axiate hypothesis (of urban growth) (Charles J. Galpin)
Verkehrsaderntheorie *f* des städtischen Wachstums, Achsentheorie *f* *(Sozialökologie)*

axiological crisis (*pl* crises)
Krise *f* des Wertesystems (einer Gesellschaft) *(Soziologie)*

axiology
Axiologie *f*, Wertlehre *f* *(Philosophie)*

axiom
Axiom *n*, Ausgangssatz *m* *(Logik)* *(Theoriebildung)*
vgl. theorem

axiom of continuity of the probability measure
Stetigkeitsaxiom *n* des Wahrscheinlichkeitsmaßes *(Stochastik)*

axiom of local independence
Axiom *n* der lokalen stochastischen Unabhängigkeit

axiomatic system
axiomatisches System *n* *(Logik)* *(Theoriebildung)*

axiomatic theory
axiomatische Theorie *f* *(Logik)* *(Theoriebildung)*

axiomatization (*brit* axiomatisation)
Axiomatisierung *f* *(Logik)* *(Theoriebildung)*

axiomatry
Axiomatrie *f* *(Logik)* *(Theoriebildung)*

axis (*pl* axes)
Achse *f*, Mittellinie *f* *(Mathematik/Statistik)*

axonometric chart
axonometrisches Diagramm *n*, axonometrisches Schaubild *n*, axonometrische graphische Darstellung *f*, dreidimensionale Darstellung *f*

axonometric projection
axonometrische Projektion *f* *(graphische Darstellung)*

B

Babbitt
Spießbürger *m*, Spießer *m*, Philister *m*) *(Sozialkritik)*
Babbittry
Spießbürgertum *n*, Spießertum *n*, Philistertum *n (Sozialkritik)*
baby boom
Baby-Boom *m*, sprunghafter Anstieg *m* der Geburtenrate *(Demographie)*
Bachelier process (Brownian motion process, Brownian motion)
Brownscher Bewegungsprozeß *m*, Prozeß *m* der Brownschen Bewegung *(Stochastik)*
background variable
Hintergrundvariable *f (Hypothesenprüfung)*
backward conditioning
Rückwärtskonditionierung *f*, retrograde Konditionierung *f*, rückwirkende Konditionierung *f*, rückläufige Konditionierung *f (Verhaltensforschung)* vgl. forward conditioning
backward elimination
rückwirkende Eliminierung *f (Statistik)*
backward society
rückständige Gesellschaft *f*, zurückgebliebene Gesellschaft *f (Soziologie) (Kulturanthropologie)*
backwardness
Rückständigkeit *f*, Zurückgebliebenheit *f (Soziologie) (Kulturanthropologie)*
Bagai's Y_1 statistic
Bagais Y_1-Maßzahl *f*, Bagais Maßzahl Y_1 *f (Statistik)*
balance of payments
Zahlungsbilanz *f (Volkswirtschaftslehre)*
balance of power
Gleichgewicht *n* der Kräfte, politisches Gleichgewicht *n (politische Wissenschaften)*
balance of power system
Gleichgewichtssystem *n*, System *n* des Gleichgewichts der Kräfte, des Gleichgewichts der Macht *(politische Wissenschaften)*
balanced confounding
ausgewogenes Vermengen *n*, ausgewogene Vermengung *f (experimentelle Anlage)*
balanced differences *pl*
ausgewogene Differenzen *f/pl (Statistik)*

balanced experimental design (balanced test design, balanced design)
ausgewogener Versuchsplan *m*, balancierter Versuchsplan *m (experimentelle Anlage)*
balanced factorial experimental design
ausgewogene faktorielle Versuchsanlage *f*, ausgewogene faktorielle Anlage *f* eines Experiments *(experimentelle Anlage)*
balanced incomplete block
ausgewogener unvollständiger Block *m (experimentelle Anlage)*
balanced incomplete block design
experimentelle Anlage *f* mit ausgewogenen unvollständigen Blöcken (Versuchsanlage *f* mit ausgewogenen unvollständigen Blöcken *(statistische Hypothesenprüfung)*
balanced incomplete block design
Testanlage *f* mit ausgewogenen unvollständigen Blöcken, experimentelle Anlage *f* mit ausgewogenen unvollständigen Blöcken, Versuchsanlage *f* mit ausgewogenen unvollständigen Blöcken *(statistische Hypothesenprüfung)*
balanced lattice square
ausgewogenes Gitterquadrat *n*, ausgewogenes quadratisches Gitter *n (experimentelle Anlage)*
balanced population
ausgewogene Bevölkerung *f (Demographie)*
balanced sample
ausgewogene Stichprobe *f (Statistik)*
balloon cartoon
Sprechblasenbild *n*, Sprechblasengraphik *f*, Sprechblasenillustration *f (empirische Sozialforschung)*
balloon test (cartoon test)
Ballon-Test *m*, Sprechblasentest *m (Psychologie/empirische Sozialforschung)*
Bales matrix (interaction matrix, *pl* **matrixes** *or* **matrices, interactional matrix)**
Interaktionsmatrix *f*, Bales-Matrix *f (empirische Sozialforschung)*
Bales technique (interaction analysis, *pl* **analyses, interaction process analysis) (IPA)** *pl* **analyses) (Robert F. Bales)**
Bales-Technik *f*, Bales-Verfahren *n*, Interaktionsanalyse

ballot box technique

f, Interaktionsprozeßanalyse *f*,
Gruppenprozeßanalyse *f*,
Prozeßanalyse *f* sozialer Beziehungen
(empirische Sozialforschung)
(Organisationssoziologie)
ballot box technique (ballot box method)
Wahlurnenmethode *f*, Wahlurnenverfahren *n*, Meinungsumfrage *f* mit Wahlurne
(Umfrageforschung)
ballot system (ballot, voting system, electoral system, election system)
Wahlsystem *n*, Abstimmungsverfahren *n*
(politische Wissenschaften)
ballot (vote, ticket)
Stimmzettel *m*, Wahlzettel *m*
ballotage
Stichwahl *f*, Ballotage *f* *(politische Wissenschaften)*
band
Horde *f* *(Soziologie)* *(Kulturanthropologie)*
band chart (band curve chart, band graph, band curve graph, band diagram, band curve diagram, belt chart, belt graph, belt diagram, stratum chart, surface chart)
Banddiagramm *n*, Bandgraphik *f*,
Bänderschaubild *n*, Schichtkarte *f*
(graphische Darstellung)
banditry
Banditentum *n*, Banditenunwesen *n*,
Räubertum *n*, Räuberunwesen *n*
(Kriminalsoziologie)
bandwagon effect (*brit* bandwaggon effect)
Mitläufereffekt *m*, Bandwagoneffekt *m*
(empirische Sozialforschung)
(Kommunikationsforschung)
vgl. underdog effect
banishment
Verbannung *f*
bar chart (bar diagram, bar graph, block diagram)
Balkendiagramm *n*, Säulendiagramm *n*,
Stäbchendiagramm *n*, Balkendiagramm *n*
(graphische Darstellung)
barbarian
1. barbarisch *adj*
2. Barbar *m*
bargain (bargaining)
Verhandlung *f*, Unterhandlung *f*
bargaining (negotiating)
Verhandeln *n*, Unterhandeln *n*
(Entscheidungstheorie)
bargaining power
Verhandlungsmacht *f* *(Soziologie)*
barnum effect
Barnum-Effekt *m* *(Psychologie)*
barter economy (market exchange)
Tauschwirtschaft *f* *(Volkswirtschaftslehre)*

Bartlett's test (Bartlett's test of homogeneity, Bartlett test)
Bartlett-Test *m*, Bartlettscher Test *m*
(Statistik)
basal skin response (BSR) (basal skin resistance, psychogalvanic response) (PGR) (psychogalvanic skin response, psychogalvanic reaction, psychogalvanic skin reaction, psychogalvanic reflex, psychogalvanic skin reflex)
psychogalvanischer Reflex *m*,
psychogalvanische Reaktion *f*,
psychogalvanischer Hautreflex *m*,
psychogalvanische Hautreaktion *f*
(Psychologie)
base line (baseline, base level, basal level)
Basislinie *f*, Grundlinie *f*, Grundkurve *f*
(Mathematik/Statistik)
base map (social base map)
Basiskarte *f*, Basislandkarte *f*
(graphische Darstellung)
base (basis)
Basis *f*
1. Ausgangspunkt *m*
2. Basiszahl *f*, Bezugswert *m*,
Unterbau *m* *(Statistik)*
3. Grundzahl *f*, Ausgangsmasse *f* eines Zahlensystems *(Statistik)*
base period (reference period)
Basiszeitraum *f*, Basiszeit *f*,
Bezugsperiode *f*, Bezugszeitraum *m*
(Statistik)
vgl. given period
base reversal test
Basisumkehrtest *m*, Umkehrprobe *f* für Indexbasen *(Statistik)*
base value
Basiswert *m*, Ausgangswert *m*,
Grundwert *m* *(Mathematik/Statistik)*
basic cell
kleinste Untersuchungszelle *f*, kleinste Untersuchungsfläche *f* *(Statistik)*
basic industry
Grundindustrie *f*, Grundstoffindustrie *f*,
Schlüsselindustrie *f* *(Volkswirtschaftslehre)*
basic need
Grundbedürfnis *n*, Grundverlangen *n*
(Psychologie)
basic personality (Abram Kardiner)
Grundpersönlichkeit *f*, Basispersönlichkeit *f*, basische Persönlichkeit *f*
(Psychologie)
→ modal personality
basic personality structure (basic personality type)
Grundpersönlichkeitsstruktur *f*,
Basispersönlichkeitsstruktur *f*
(Psychologie)

basic personality theory (theory of basic personality)
Theorie *f* der Grundpersönlichkeit, der Basispersönlichkeit *(Psychologie)*
basic research (pure research)
Grundlagenforschung *f*
vgl. applied research
basic sentence (protocol statement, protocol sentence) (Ludwig Wittgenstein) (Rudolf Carnap)
Protokollsatz *m (Theorie des Wissens)*
batch variation
Schwankung *f* der Herstellungslose, Schwankung *f* der Chargen *(statistische Qualitätskontrolle)*
battery of achievement tests (achievement battery)
Leistungsbatterie *f*, Batterie *f* von Leistungstests *(Psychologie)*
battery of tests (test battery)
Testbatterie *f*, Batterie *f* von Tests, Gruppe *f* von Tests *(Psychologie/empirische Sozialforschung)*
battery question (attitude battery)
Einstellungsbatterie *f*, Batterie *f* von Einstellungsfragen *(empirische Sozialforschung)*
Bayes' decision function (Bayes decision function, Bayesian decision function) (Thomas Bayes)
Bayes'sche Entscheidungsfunktion *f*, Bayes Entscheidungsfunktion *f (Statistik) (Entscheidungstheorie)*
Bayes' estimation (Bayes estimation, Bayesian estimation) (Thomas Bayes)
Bayes'sche Schätzung *f*, Bayes-Schätzung *f (Statistik) (Entscheidungstheorie)*
Bayes' formula (Bayes formula, Bayesian formula) (Thomas Bayes)
Bayes'sche Formel *f*, Bayes-Formel *f (Statistik) (Entscheidungstheorie)*
Bayes' postulate (Bayes postulate, Bayesian postulate) (Thomas Bayes)
Bayes'sches Postulat *n*, Bayes-Postulat *n (Statistik) (Entscheidungstheorie)*
Bayes' risk (Bayes risk, Bayesian risk) (Thomas Bayes)
Bayes'sches Risiko *n*, Bayes-Risiko *n (Statistik) (Entscheidungstheorie)*
Bayes' solution (Bayes solution, Bayesian solution) (Thomas Bayes)
Bayes'sche Lösung *f*, Bayes-Lösung *f (Statistik) (Entscheidungstheorie)*
Bayes' strategy (Bayes strategy, Bayesian strategy) (Thomas Bayes)
Bayes'sche Strategie *f*, Bayes-Strategie *f (Entscheidungstheorie) (Spieltheorie)*

Bayes' theorem (Bayesian theorem) (Thomas Bayes)
Bayes'sches Theorem *n*, Bayes-Theorem *n (Statistik) (Entscheidungstheorie)*
Bayesian analysis (*pl* analyses, Bayes' analysis) (Thomas Bayes)
Bayes'sche Analyse *f*, Bayes-Analyse *f (Statistik) (Entscheidungstheorie)*
Bayesian decision analysis (*pl* analyses, formal decision analysis) (Thomas Bayes)
Bayes'sche Entscheidungsanalyse *f*, Bayes Entscheidungsanalyse *f (Statistik) (Entscheidungstheorie)*
Bayesian decision theory (Thomas Bayes)
Bayes'sche Entscheidungstheorie *f*, Bayes-Entscheidungstheorie *f (Statistik)*
Bayesian inference (Bayes inference, Bayesian inference) (Thomas Bayes)
Bayes'sche Schlußfolgerung *f*, Bayes'sche Inferenz *f (Statistik) (Entscheidungstheorie)*
Bayesian probability point (Thomas Bayes)
Bayes'scher Wahrscheinlichkeitspunkt *m (Statistik) (Entscheidungstheorie)*
Bayesian statistics *pl* als *sg* konstruiert (Thomas Bayes)
Bayes'sche Statistik *f*, Bayes-Statistik *f*
Bayesian theory (Bayesian analysis, decision theory, decision-making theory, theory of decision-making, statistical decision theory, statistical decision-making theory, statistical theory of decision making)
Entscheidungstheorie *f*, statistische Entscheidungstheorie *f*
to be similar (to)
ähneln, ähnlich sein
beat generation
Beat-Generation *f*, kaputte Generation *f*, geschlagene Generation *f*
beatnik
Beatnik *m*, Angehöriger *m* der Beat-Generation
Bedaux system (Charles Bedaux)
Bedaux-System *n (Industriesoziologie)*
bedroom community (Clarence S. Stein) (dormitory community, suburbia)
Schlafgemeinde *f (Sozialökologie)*
bedroom town (dormitory town)
Schlafstadt *f (Sozialökologie)*
before-after experiment (one-group pre/posttest experiment, projected experiment)
Experiment *n* in der Zeitfolge, Versuch *m* in der Zeitfolge, Zeitfolgexperiment *n*, Before-after Experiment *n (Hypothesenprüfung)*

before after experimental design (before-after design, one-group pre/posttest design
Experiment *n* in der Zeitfolge, Versuchsanlage *f* in der Zeitfolge, Before-after-Anlage *f* *(Hypothesenprüfung)*

before-after experimental design, before-after design, one-group pre/posttest design
experimentelle Anlage *f* in der Zeitfolge (Before-after-Anlage *f* *(Hypothesenprüfung)*

behavior *(brit* **behaviour)**
Verhalten *n*, Verhaltensweise *f*

behavior alternative *(brit* **behaviour alternative, behavioral alternative,** *brit* **behavioural alternative)**
Verhaltensalternative *f* *(Einstellungsforschung) (Entscheidungstheorie)*

behavior analysis
Verhaltensanalyse *f* *(Verhaltensforschung)*

behavior chain *(brit* **behaviour chain)**
Verhaltenskette *f* *(Verhaltensforschung)*

behavior change *(brit* **behaviour change, behavior modification, modification of behavior, change of behavior)**
Verhaltensänderung *f*, Verhaltensmodifikation *f* *(Psychologie)*

behavior circle *(brit* **behaviour circle, interpersonal behavior circle) (T. Leary)**
Verhaltenskreis *m*, Kreis *m* interpersonellen Verhaltens *(Psychologie)*

behavior clinic *(brit* **behaviour clinic)**
Verhaltensklinik *f* *(Verhaltenstherapie)*

behavior cluster *(brit* **behaviour cluster)**
Verhaltenscluster *n*, Bündel *n* von Verhaltensweisen, Cluster *n* von Verhaltensweisen *(Verhaltensforschung)*

behavior contrast *(brit* **behaviour contrast) (B. F. Skinner)**
Verhaltenskontrast *m* *(Verhaltensforschung)*

behavior criterion *(brit* **behaviour criterion,** *pl* **criteria** *or* **criterions)**
Verhaltenskriterium *n* *(Verhaltensforschung)*

behavior cycle *(brit* **behaviour cycle)**
Verhaltenszyklus *m*, Verhaltenszirkel *m* *(Verhaltensforschung)*

behavior determinant (Edward C. Tolman) *(brit* **behaviour determinant)**
Verhaltensdeterminante *f* *(Verhaltensforschung)*

behavior documents *pl* *(brit* **behaviour documents** *pl*, **personal documents** *pl*, **documentary sources of information** *pl*)
persönliche Dokumente *n/pl*, Verhaltensdokumente *n/pl*, dokumentarische Informationsquellen *f/pl* *(empirische Sozialforschung)*

behavior dynamics *pl als sg* konstruiert *(brit* **behaviour dynamics)**
Verhaltensdynamik *f* *(Verhaltensforschung)*

behavior episode *(brit* **behaviour episode, behavioral episode,** *brit* **behavioural episode)**
Verhaltensepisode *f* *(Psychologie)*

behavior genetics *pl als sg* konstruiert *(brit* **behaviour genetics)**
Verhaltensgenetik *f*, Genetik *f* des Verhaltens

behavior item *(brit* **behaviour item)**
Verhaltensitem *m*, Verhaltenselement *n*, Verhaltenseinheit *f* *(Verhaltensforschung)*

behavior method *(brit* **behaviour method)**
Verhaltensmethode *f* *(Verhaltensforschung)*

behavior model of abnormality
Verhaltensmodell *n* der Anomalität *(Einstellungsforschung)*

behavior modification (modification of behavior, change of behavior, behavior change, *brit* **behaviour)**
Verhaltensänderung *f*, Verhaltensmodifikation *f* *(Psychologie)*

behavior observation *(brit* **behaviour observation)**
Verhaltensbeobachtung *f* *(Sozialforschung)*

behavior patterning *(brit* **behaviour patterning)**
Prägung *f* von Verhaltensmustern, Verhaltensmusterprägung *f*, Annahme *f* von Verhaltensmustern, Übernahme *f* von Verhaltensmustern, Aneignung *f* von Verhaltensmustern, Verhaltenspatterning *n* *(Verhaltensforschung)*

behavior problem *(brit* **behaviour problem, behavioral problem,** *brit* **behavioural problem, behavioral disorder,** *brit* **behavioural disorder)**
Verhaltensproblem *n*, Verhaltensstörung *f* *(Verhaltenstherapie)*

behavior question *(brit* **behaviour question)**
Verhaltensfrage *f* *(empirische Sozialforschung)*

behavior rating *(brit* **behaviour rating)**
Verhaltensrating *n* *(Einstellungsforschung)*

behavior record *(brit* **behaviour record)**
Verhaltensvorleben *n* *(Psychologie)*

behavior sample *(brit* **behaviour sample)**
Verhaltensauswahl *f*, Verhaltensstichprobe *f* *(Statistik/empirische Sozialforschung)*

behavior sampling (*brit* **behaviour sampling**)
Verhaltensauswahlverfahren *n*,
Verhaltensstichprobenbildung *f*,
Bildung *f* von Verhaltensstichproben
(Statistik/empirische Sozialforschung)

behavior segment (*brit* **behaviour segment**)
Verhaltenssegment *n* *(Verhaltensforschung)*

behavior sequence (*brit* **behaviour sequence**)
Verhaltenssequenz *f*, Verhaltenskette *f*
(Verhaltensforschung)

behavior set (*brit* **behaviour set**)
Verhaltenskonstellation *f*,
Verhaltensmenge *f*, Gesamtheit *f*
der Verhaltensweisen *(Soziologie)*
(Einstellungsforschung)

behavior setting (*brit* **behaviour setting**)
Verhaltenshintergrund *m*, Verhaltensszenerie *f*, Verhaltensausstattung *f*,
Verhaltensumwelt *f* *(Soziologie)*
(Verhaltensforschung)

behavior shaping (*brit* **behaviour shaping, shaping of behavior**) (B. F. Skinner)
Verhaltensformung *f* *(Verhaltensforschung)*

behavior space (*brit* **behaviour space**)
Verhaltensspielraum *m* *(Soziologie)* *(Einstellungsforschung)* *(Verhaltensforschung)*

behavior stream (*brit* **behavioural stream**)
Verhaltensfluß *m* *(Verhaltensforschung)*

behavior system (*brit* **behavioural system**)
(John B. M. Whiting and Irvin L. Child)
Verhaltenssystem *n* *(Verhaltensforschung)*

behavior theory (*brit* **behaviour theory, theory of behavior,** *brit* **theory of behaviour**)
Verhaltenstheorie *f*, Theorie *f* des
Verhaltens *(Verhaltensforschung)*

behavior theory of perceptual development (*brit* **behaviour theory of perceptual development, behavior theory of enrichment in perceptual development,** *brit* **behaviour theory of perceptual development**)
Verhaltenstheorie *f* der Wahrnehmungsentwicklung *(Psychologie)*

behavior therapy (*brit* **behaviour therapy, conditioning therapy, behavioral therapy,** *brit* **behavioural therapy, behavioristic psychotherapy** *brit* **behaviouristic therapy**)
Verhaltenstherapie *f*

behavioral anthropology
Verhaltensanthropologie *f*

behavioral assessment (*brit* **behavioural assessment**)
Verhaltensbewertung *f*, Verhaltensbeurteilung *f* *(Verhaltenstherapie)*

behavioral assimilation (*brit* **behavioural assimilation, cultural assimilation**)
kulturelle Assimilation *f*, Verhaltensassimilation *f* *(Kulturanthropologie)*

behavioral biology (*brit* **behavioural biology**)
Verhaltensbiologie *f*

behavioral component (of an attitude) (conation)
Verhaltenskomponente *f*, der Einstellung
(Einstellungsforschung)

behavioral conformity (*brit* **behavioural conformity**)
Verhaltenskonformität *f*, Konformität *f*
des Verhaltens, konformes Verhalten *n*
(Sozialpsychologie)

behavioral contagion (*brit* **behavioural contagion**)
Verhaltensansteckung *f*, Verhaltensübertragung *f*, Verbreitung *f* von Verhalten
(Sozialpsychologie)
→ social contagion

behavioral convergence (*brit* **behavioural convergence**)
Verhaltenskonvergenz *f*, Konvergenz *f*
von Verhaltensweisen, Zusammenlaufen *n* verschiedener Verhaltensweisen
(Sozialpsychologie)

behavioral decision theory (W. Edwards)
(*brit* **behavioural decision theory**)
Verhaltensentscheidungstheorie *f*
(Entscheidungstheorie)

behavioral deviation
Verhaltensabweichung *f* *(Psychologie)*

behavioral differential (*brit* **behavioural differential**) (Harry C. Triandis/Leigh M. Triandis)
Verhaltensdifferential *n* *(Verhaltensforschung)*

behavioral disposition (*brit* **behavioural disposition**)
Verhaltensdisposition *f* *(Psychologie)*

behavioral ecology (*brit* **behavioural ecology**)
Verhaltensökologie *f*, Ökologie *f* des
Verhaltens *(Verhaltensforschung)*

behavioral effect on demand (psychological demand effect, consumer behavior effect on demand)
Nachfrageeffekt *m*, externer
Konsumeffekt *m* *(Volkswirtschaftslehre)*

behavioral engineering (*brit* **behavioural engineering**)
Verhaltensengineering *n*

behavioral environment (*brit* **behavioural environment, behavioral setting,** *brit* **behavioural setting**) (Roger Barker)
Verhaltensumwelt *f*, Verhaltensumgebung *f* *(Verhaltensforschung)*

behavioral equation (*brit* **behavioural equation**)
Verhaltensgleichung *f*, Verhaltensformel *f* (*Einstellungsforschung*)

behavioral field (*brit* **behavioural field**)
Verhaltensfeld *n* (*Feldtheorie*)

behavioral geography (*brit* **behavioural geography**)
Verhaltensgeographie *f* (*Verhaltensforschung*)

behavioral homology (*brit* **behavioural homology**)
Verhaltenshomologie *f* (*Verhaltensforschung*)

behavioral intention (BI) (*brit* **behavioural intention**)
Verhaltensabsicht *f*, Verhaltensintention *f* (*Einstellungsforschung*)

behavioral investment (Robert Dubin) (*brit* **behavioural investment**)
Verhaltensinvestition *f* (*Psychologie*)

behavioral measure (*brit* **behavioural measure**)
Verhaltensmaß *n* (*Einstellungsforschung*)

behavioral medicine (*brit* **behavioural medicine**)
Verhaltensmedizin *f*

behavioral opportunity (*brit* **behavioural opportunity**)
Verhaltenschance *f*, Verhaltensgelegenheit *f* (*Einstellungsforschung*)

behavioral psychology (*brit* **behavioural psychology, behaviorist psychology**)
Verhaltenspsychologie *f*, Psychologie *f* des Verhaltens

behavioral repertoire (*brit* **behavioural repertoire**) (John W. Thibaut and Harold H. Kelley)
Verhaltensrepertoire *n* (*Sozialpsychologie/Soziologie*)

behavioral research (*brit* **behavioural research**)
Verhaltensforschung *f*

behavioral response (*brit* **behavioural response**)
Verhaltensreaktion *f* (*Verhaltensforschung*)

behavioral rigidity (*brit* **behavioural rigidity**)
Verhaltensrigidität *f*, Verhaltensstrenge *f* (*Psychologie*)

behavioral science (*brit* **behavioural science**, *meist pl* **behavioral sciences**, *brit* **behavioural sciences**)
Verhaltenswissenschaft(en) *f(pl)*, Verhaltensforschung *f*, Wissenschaft *f* vom menschlichen Verhalten

behavioral situation index (*pl* **indexes** *or* **indices**, *brit* **behavioural situation index**)
Verhaltens Situationsindex *m* (*Verhaltensforschung*)

behavioral sociology (*brit* **behavioural sociology, sociology of behavior**, *brit* **sociology of behaviour**)
Verhaltenssoziologie *f*, verhaltenstheoretische Soziologie *f*

behavioral variable (*brit* **behavioural variable**)
Verhaltensvariable *f* (*Verhaltensforschung*)

behaviorism (*brit* **behaviourism, behavioral psychology**, *brit* **behavioural psychology**) (John B. Watson)
Behaviorismus *m* (*Psychologie*)

behavioristic (*brit* **behaviouristic**)
behavioristisch *adj*

Behrens-Fisher problem
Behrens-Fisher-Problem *n* (*Statistik*)

Behrens-Fisher test
Behrens-Fisher-Test *m* (*Statistik*)

Behrens method (Dragstedt-Behrens method of quantal data analysis, *pl* **analyses**)
Dragstedt-Behrens-Methode *f* der quantalen Datenanalyse, Behrens-Methode *f*, Methode *f* von Behrens (*Statistik*)

being
Sein *n* (*Philosophie*)

von Békésey method (up-and-down method (staircase method, titration method)
Pendelmethode *f* (*Psychophysik*)

belief
Glaube *m*, religiöse Überzeugung *f*

belief system
Glaubenssystem *n*, System *n* religiöser Überzeugungen

belief-disbelief system (Milton Rokeach)
Glaube-Unglaube-System *n* (*Sozialpsychologie*)

bell-shaped curve
Glockenkurve *f*, glockenförmige Kurve *f* (*graphische Darstellung*)

Bellman equation
Bellmansche Gleichung *f*, Bellman-Gleichung *f* (*Stochastik*)

Bellman principle
Bellmansches Prinzip *n*, Bellman-Prinzip *n* (*Stochastik*)

belongingness (Edward L. Thorndike)
1. Zusammengehörigkeit *f*, Verknüpftheit *f* (*Theorie des Lernens*)
2. Geborgenheit *f*, Zugehörigkeitsgefühl *n*, Gefühl *n* der Zugehörigkeit (*Psychologie*) (*Sozialpsychologie*)

belt graph (belt diagram, band chart, band curve chart, band graph, band curve graph, band diagram, band curve diagram, belt chart, stratum chart, surface chart)
Banddiagramm *n*, Bandgraphik *f*, Bänderschaubild *n*, Schichtkarte *f* (*graphische Darstellung*)

benevolent authoritarian management (Rensis Likert)
patriarchalische Betriebsführung *f*, wohlwollend autoritäre Betriebsführung *f* (*Industriesoziologie*)

Benson simulation
Benson-Simulation *f* (*politische Wissenschaften*)

Berge's inequality
Berge-Ungleichung *f*, Bergesche Ungleichung *f*

Berksonian line
Berkson-Linie *f*, Berksonsche Linie *f* (*Statistik*)

Bernouilli distribution (Bernouillian distribution)
Bernouillische Verteilung *f*, Bernouilli-Verteilung *f* (*Statistik*)

Bernouilli numbers *pl*
Bernouilli-Zahlen *f/pl*, Bernouillische Zahlen *f/pl* (James Bernouilli) (*Mathematik/Statistik*)

Bernouilli polynomial
Bernouilli-Polynom *n*, Bernouillisches Polynom *n* (James Bernouilli) (*Statistik*)

Bernouilli sample (Bernouillian sample)
Bernouilli-Stichprobe *f*, Bernouillische Stichprobe *f* (*Statistik*)

Bernouilli trials *pl* **(James Bernouilli)**
Bernouilli-Schema *n*, Bernouillisches Versuchsschema *n* (*Wahrscheinlichkeitstheorie*)

Bernouilli variable (indicator of a random event)
Bernouilli-Variable *f*, Bernouillische Variable *f* (James Bernouilli) (*Wahrscheinlichkeitstheorie*)

Bernouilli variation (binomial variation) (James Bernouilli)
Bernouilli-Variation *f*, Bernouillische Streuung *f*, binomiale Streuung *f* (*Statistik*)
vgl. Lexis variation, Poisson variation

Bernouilli's law of large numbers
Bernouillisches Gesetz *n* der großen Zahlen, Bernouilli-Gesetz *n* der großen Zahlen (James Bernouilli) (*Wahrscheinlichkeitstheorie*)

Bernouilli's theorem (Bernouilli theorem) (James Bernouilli)
Bernouilli-Theorem *n*, Bernouillisches Theorem *n*, Bernouillischer Lehrsatz *m* (*Wahrscheinlichkeitstheorie*)

Bernstein's inequality
Bernsteinsche Ungleichheit *f* (*Statistik*)

Bernstein's theorem
Bernstein-Theorem *n*, Bernsteinsches Theorem *n*, Bernsteinscher Lehrsatz *m*, zentraler Grenzwertsatz *m* in der Bernsteinschen Fassung (S. Bernstein) (*Statistik*)

Berry's inequality
Berrysche Ungleichung *f*, Berry-Ungleichung *f* (*Statistik*)

Bessel coefficent
Bessel-Koeffizient *m* (*Mathematik/Statistik*)

Bessel function
Bessel-Funktion *f* (*Mathematik/Statistik*)

Bessel function distribution
Bessel-Funktionsverteilung *f* (*Statistik*)

best critical region
bester kritischer Bereich *m* (*Statistik*)

best estimator
beste Schätzfunktion *f*, beste Schätzung *f* (*Statistik*)

best fit
beste Anpassung *f* (*Statistik*)

best-fit line (line of best fit)
Gerade *f* der besten Anpassung, Linie *f* der besten Anpassung (*Statistik*)

best linear unbiased estimator (BLUE) (*brit* **unbiased**)
beste lineare erwartungstreue Schätzfunktion *f*, beste lineare erwartungstreue Schätzung *f* (*Statistik*)

beta coefficient (β coefficient, beta weight, β weight)
Beta-Gewicht *n*, β-Gewicht *n*, Beta-Koeffizient *m*, β-Koeffizient *m* (*Statistik*)

beta coefficient (β coefficient)
Beta-Koeffizient *m*, Betakoeffizient *m*, β-Koeffizient *m* (*Statistik*)

beta distribution (β distribution)
Beta-Verteilung *f*, β-Verteilung *f* (*Statistik*)

beta distribution of the first type (β distribution of the first type, inverted beta distribution)
Beta-Verteilung *f* (*Statistik*)

beta distribution of the second type, β distribution of the second type
Beta-Verteilung *f* der zweiten Art, β-Verteilung *f* der zweiten Art (*Statistik*)

beta error (β error)
Beta-Fehler *m* (*statistische Hypothesenprüfung*)
vgl. alpha error

beta function

beta function (β **function**)
Beta-Funktion *f* (*Statistik*)
beta technique
Beta-Technik *f*, Beta-Methode *f*, Beta-Verfahren *n* (*Statistik*)
betrothal (engagement)
Verlobung *f* (*Kulturanthropologie*)
between-blocks (interblock)
zwischen den Blöcken *adj* (*statistische Hypothesenprüfung*)
between-groups experimental design (between-groups design, between-subjects experimental design, between-subjects design)
experimentelle Anlage *f* zwischen den Gruppen, Versuchsanlage *f* zwischen den Gruppen (*statistische Hypothesenprüfung*)
vgl. within-groups experimental design
between-groups variance (inter-class variance)
Varianz *f* zwischen den Gruppen, Zwischengruppenvarianz *f* (*Statistik*)
vgl. within-groups variance
Bhattacharyya's distance
Bhattacharyya-Abstandsmaß *n* (*Statistik*)
bias
1. Starrsinn *m*, Vorurteil *n*, Voreingenommenheit *f* (*Psychologie/Sozialpsychologie*)
2. systematischer Fehler *m*, systematische Verzerrung *f* (*Statistik*) (*empirische Sozialforschung*)
bias from non-observation
systematischer Fehler *m* durch Nichtbeobachtung, Ergebnisverzerrung *f* durch Nichtbeobachtung (*statistische Hypothesenprüfung*) (*empirische Sozialforschung*)
bias of nonresponse
systematischer Fehler *m* durch Antwortverweigerung (durch Nichtantwort, durch Abwesenheit), systematischer Fehler *m* aufgrund der Nichtangetroffenen, abwesenheitsbedingter Fehler *m* (*statistische Hypothesenprüfung*) (*empirische Sozialforschung*)
bias tendency
systematische Fehlertendenz *f*, Biastendenz *f*, Verzerrungstendenz *f* (*statistische Hypothesenprüfung*) (*empirische Sozialforschung*)
bias (biased error, *brit* **biassed error, constant error, systematic error)**
systematischer Fehler *m*, systematische Verzerrung *f*, Bias *m* (*statistische Hypothesenprüfung*) (*empirische Sozialforschung*)

biased (*brit* **biassed)**
verzerrt, systematisch verzerrt, mit systematischem Fehler behaftet, nicht erwartungstreu *adj* (*statistische Hypothesenprüfung*) (*empirische Sozialforschung*)
biased estimator (*brit* **biassed estimator)**
nicht erwartungstreue Schätzfunktion *f*, nicht erwartungstreue Schätzung *f*, verzerrte Schätzfunktion *f*, verzerrte Schätzung *f* (*Statistik*)
biased sample (*brit* **biassed sample)**
verzerrte Stichprobe *f*, systematisch verzerrte Stichprobe *f* (*Statistik*)
vgl. unbiased sample
biased sampling (*brit* **biassed sampling, biased sampling process,** *brit* **biassed sampling process)**
verzerrtes Stichprobenverfahren *n*, verzerrte Stichprobenbildung *f*, Bildung *f* einer verzerrten Stichprobe (*Statistik*)
vgl. unbiased sampling
biased test (*brit* **biassed test)**
nicht überall wirksamer Test *m* (*Hypothesenprüfung*)
vgl. biased test
biased-viewpoint effect (*brit* **biassed-viewpoint effect)**
verzerrende Wirkung *f* des Standpunkts, verzerrende Wirkung *f* des Ausgangspunkts (*Gruppensoziologie*)
biasing (*brit* **biassing)**
verzerrend *adj* (*Statistik*)
bicameral legislature
Zweikammergesetzgebung *f*, Gesetzgebung *f* durch ein Zweikammersystem) (*politische Wissenschaften*)
bicameralism
Zweikammersystem *n*, Bikameralismus *m* (*politische Wissenschaften*)
bicultural
bikulturell, doppelkulturell, Doppelkultur- *adj* (*Kulturanthropologie*)
bicultural reaction
bikulturelle Reaktion *f*, Doppelkulturreaktion *f* (*Kulturanthropologie*)
biculturism (biculturalism)
Bikulturismus *m* (*Kulturanthropologie*)
Bienaymé-Tchebyshev inequality
Bienaymé-Tschebyscheff-Ungleichung *f* (*Statistik*)
bifactor model
Bi-Faktor-Modell *n*, Doppelfaktorenmodell *n*, Faktorenmodell *n* nach Holzinger (*Faktorenanalyse*)
bifurcation
Bifurkation *f*, Gabelung *f* (*Kulturanthropologie*)

bigamy
Bigamie *f*, Doppelehe *f*

"big animal" theory (organism theory, organismic theory)
Organismustheorie *f*, organismische Theorie *f*, organische Gesellschaftsauffassung *f* *(Soziologie)*

"bigger-slice-of-the-pie" policy (redistribution policy)
Umverteilungspolitik *f* *(Volkswirtschaftslehre)*

bilateral
bilateral, doppellinig, wechselseitig *adj* *(Kulturanthropologie)*

bilateral acculturation
bilaterale Akkulturation *f*, wechselseitige Akkulturation *f* *(Kulturanthropologie)*

bilateral descent (bilineal descent)
bilaterale Abstammung *f*, doppellinige Abstammung *f*, bilaterale Abkunft *f*, doppellinige Abkunft *f*, bilaterale Herkunft *f*, doppellinige Herkunft *f*, bilaterale Deszendenz *f*, doppellinige Deszendenz *f* *(Kulturanthropologie)*
vgl. unilateral descent

bilateral descent group (bilateral group, bilineal descent group, bilineal group, unlimited descent group)
bilaterale Abstammungsgruppe *f*, doppellinige Abstammungsgruppe *f*, bilaterale Deszendenzgruppe *f*, doppellinige Deszendenzgruppe *f* *(Kulturanthropologie)*
vgl. unilateral descent group

bilateral exponential
bilaterale Exponentialgröße *f* *(Mathematik/Statistik)*
vgl. unilateral exponential

bilateral family (bilineal family)
bilaterale Familie *f*, doppellinige Familie *f* *(Kulturanthropologie)*
vgl. unilateral family

bilateral kin (bilateral relative, bilineal kin, bilineal relative)
bilateraler Verwandter *m*, bilaterale Verwandte *f* *(Kulturanthropologie)*
vgl. unilateral kin

bilateral kinship (bilateral descent, bilineal kinship, bilineal descent)
bilaterale Verwandtschaft *f*, doppellinige Verwandtschaft *f*, bilaterale Verwandtschaft *f*, doppellinige Verwandtschaft *f* *(Kulturanthropologie)*

bilateral kinship group (bilateral group, bilateral kin group, bilineal kin group, bilineal group)
bilaterale Verwandtschaftsgruppe *f*, doppellinige Verwandtschaftsgruppe *f* *(Kulturanthropologie)*
vgl. unilateral kinship group

bilateral kinship system
bilaterales Verwandtschaftssystem *n*, doppelliniges Verwandtschaftssystem *n* *(Kulturanthropologie)*

bilateral monopoly
bilaterales Monopol *n* *(Volkswirtschaftslehre)*
vgl. unilateral monopoly

bilateral power relationship
bilaterale Gruppe *f*, bilaterale Machtbeziehung *f*, bilaterales Machtverhältnis *n*, gleichgewichtiges Machtverhältnis *n* zwischen zwei Gruppen *(Kulturanthropologie)* *(Soziologie)*
vgl. unilateral power relationship

bilaterality (bilineality)
Bilinealität *f*, Einlinigkeit *f* *(Kulturanthropologie)*
vgl. unilaterality, multilaterality

bilineal descent group (bilateral descent group, bilateral group, bilineal descent group, bilineal group, unlimited descent group)
bilaterale Abstammungsgruppe *f*, doppellinige Abstammungsgruppe *f*, bilaterale Deszendenzgruppe *f*, doppellinige Deszendenzgruppe *f* *(Kulturanthropologie)*

bilineal family (bilateral family)
bilaterale Familie *f*, doppellinige Familie *f* *(Kulturanthropologie)*

bilineal kinship (bilineal descent, bilateral kinship)
bilineale Verwandtschaft *f*, doppellinige Verwandtschaft *f* *(Kulturanthropologie)*

bilineal kinship system
bilineales Verwandtschaftssystem *n*, doppelliniges Verwandtschaftssystem *n* *(Kulturanthropologie)*

bilineality (bilaterality)
bilateralität *f*, Einlinigkeit *f* *(Kulturanthropologie)*
vgl. unilaterality, multilaterality

bilingualism
Zweisprachigkeit *f*, Bilinguismus *m* *(Soziolinguistik)*

bilocal extended family
bilokale erweiterte Familie *f* *(Kulturanthropologie)*
vgl. unilocal extended family

bilocality (bilocal residence)
Bilokalität *f* *(Kulturanthropologie)*
vgl. unilocality

bimodal
zweigipflig, zweigipfelig, bimodal *adj*
vgl. unimodal

bimodal curve
zweigipflige Kurve *f*, zweigipfelige Kurve *f* (*Statistik*)
vgl. unimodal curve
bimodal distribution
zweigipflige Verteilung *f*, zweigipfelige Verteilung *f*, bimodale Verteilung *f* (*Statistik*)
vgl. unimodal distribution
bimodal frequency distribution
zweigipflige Häufigkeitsverteilung *f*, zweigipfelige Häufigkeitsverteilung *f*, bimodale Häufigkeitsverteilung *f* (*Statistik*)
vgl. unimodal frequency distribution
binary
binär (dyadisch) *adj*
binary code
Binärcode *m*, binärer Code *m*
binary digit (bit) (binary number)
Binärziffer *f*, Binärzahl *f*, Dualzahl *f* (*Mathematik*)
binary experiment
binäres Experiment *n*, duales Experiment *n*, dyadisches Experiment *n* (*experimentelle Anlage*)
binary interaction
duale Interaktion *f*, Interaktion *f* zwischen zwei Einheiten
binary sequence
binäre Folge *f*, binäre Reihe *f* (*Mathematik/Statistik*)
binary system
Binärsystem *n*, binäres System *n* (*Mathematik*)
Binet-Simon test (Binet-Simon scale)
Binet-Simon-Test *m*, Binet-Simon-Skala *f* (*Psychologie*)
binomial
1. Binom *n* (*Mathematik/Statistik*)
2. *adj* binomial, Binomial-
binomial coefficient
Binomialkoeffizient *m* (*Mathematik/Statistik*)
binomial distribution (Bernouilli distribution, point binomial)
Binomialverteilung *f*, Bernouilli-Verteilung *f* Bernouillische Verteilung *f* (*Mathematik/Statistik*)
binomial index of dispersion (*pl* **indices** *or* **indexes**)
binomiale Streuungsindex *m*, binomialer Dispersionsindex *m* (*Statistik*)
binomial model
Binomialmodell *n* (*Statistik*)
binomial population (binomial universe)
binomiale Grundgesamtheit *f* (*Statistik*)
binomial probability paper
Binomialpapier *n*, binomiales Wahrscheinlichkeitspapier *n*

binomial test
Binomialtest *m*, binomialer Test *m* (*statistische Hypothesenprüfung*)
vgl. multinomial test
binomial variable
binomiale Variable *f* (*Statistik*)
binomial variate
binomiale Zufallsgröße *f* (*Statistik*)
binomial variation (Bernouilli variation) (James Bernouilli)
Bernouilli-Variation *f*, Bernouillische Streuung *f*, binomiale Streuung *f* (*Statistik*)
vgl. Lexis variation, Poisson variation
biocultural anthropology (unified anthropology) (L. Thompson)
Biokultur-Anthropologie *f*
biocybernetics (*pl* als *sg* konstruiert, bio cybernetics)
Biokybernetik *f*
biogenesis
Biogenese *f*, Biogenesis *f*
biogenetic law (law of recapitulation)
biogenetisches Grundgesetz *n*, biogenetisches Gesetz *n*, Theorie *f* der Parallelität der Entwicklung) (Ernst Haeckel)
biogenic (biogenetic)
biogen *adj* (*Psychologie*)
biogenic motive
biogenes Motiv *n*, rein biologisches Motiv *n* (*Psychologie*)
biogram
Biogramm *n* (*Psychologie/empirische Sozialforschung*)
biographical method (documents method)
biographische Methode *f* der sozialwissenschaftlichen Analyse (*empirische Sozialforschung*)
biological age
biologisches Alter *n* (*Psychologie*)
biological anthropology
biologische Anthropologie *f*
biological descent (biological heritage, genetic heritage)
biologische Abstammung *f*, genetische Abstammung *f* (*Kulturanthropologie*)
biological determinism
biologischer Determinismus *m*
biological drive (physiological drive)
biologischer Trieb *m*, physiologischer Trieb *m* (*Psychologie*)
biological family (nuclear family, natural family, elementary family, immediate family, limited family, simple family)
Kernfamilie *f* (*Familiensoziologie*)
biological imperative
biologischer Imperativ *m*
vgl. cultural imperative

biological landscape
biologische Landschaft f (Sozialökologie)
vgl. culture landscape
biological life cycle
biologischer Lebenszyklus m (Psychologie)
biological mutation
biologische Mutation f
biological need (primary need, physiological need, innate need)
Primärbedürfnis n, primäres Bedürfnis n (Psychologie)
vgl. secondary need
biological paternity (physical paternity, physiological paternity)
leibliche Vaterschaft f (Kulturanthropologie)
biological race
biologische Rasse f
biological reductionism
biologischer Reduktionismus m
biological heritage
biologisches Erbgut n, biologisches Erbe n (Kulturanthropologie)
vgl. cultural heritage
biologism
Biologismus m (Soziologie)
biometrics pl als sg konstruiert **(biometry)**
Biometrie f, Biometrik f
biophilia
Biophilie f, Lebenslust f (Psychologie)
biopsychology
Biopsychologie f
biosocial
biosozial adj
biosocial theory (Gardner Murphy)
biosoziale Theorie f
biosociology
Biosoziologie f
biostatistics pl als sg konstruiert **(vital statistics** pl als sg konstruiert**)**
Personenstandsstatistik f (Demographie)
biotic
biotisch adj (Sozialökologie)
biotic community (Robert E. Park)
biotische Gemeinschaft f (Sozialökologie)
biotic environment (biotic habitat, biological environment, biological habitat)
biotische Umwelt f (Sozialökologie)
biotic experiment
biotisches Experiment n (K. Gottschaldt) (Psychologie) (experimentelle Anlage)
bipolar
bipolar adj
vgl. unipolar

bipolar factor
Bipolarfaktor m, bipolarer Faktor m (Faktorenanalyse)
bipolar scale question
bipolare Skalafrage f, Skalenfrage f mit zwei Polen (empirische Sozialforschung)
bipolar system
bipolares System n (politische Wissenschaft)
bipolare scale
bipolare Skala f (empirische Sozialforschung)
bird's eye view
Vogelperspektive f
birth
1. Geburt f
2. Zugang m (Stochastik)
birth ascription
Zuweisung f durch Geburt, Zuschreibung f durch Geburt (Soziologie)
birth cohort
Geburtskohorte f (Demographie)
birth control
Geburtenkontrolle f, Geburtenregelung f, Geburtenbeschränkung f
birth elite
Geburtselite f
birth order
Geburtenfolge f, Reihenfolge f der Geburt (Psychologie)
birth rate (natality rate)
Geburtsziffer f, Geburtenrate f (Demographie)
birth rite
Geburtsritus m, Geburtszeremoniell n, Geburtszeremonie f (Kulturanthropologie)
birth trauma
Geburtstrauma n (Psychologie)
birth-ascribed group
durch Geburt zugeschriebene Gruppe f (Soziologie)
birth-order position (birth order, birth rank)
Geburtenfolgeposition f, Position f in der Geburtenfolge (Psychologie)
bisection
Bisektion f, Mittenbildung f, Halbierung f, Zweiteilung f, Methode f der Mittenbildung (Statistik)
biserial
biseriell, biserial, Zweireihen- adj (Statistik)
biserial correlation
Zweireihenkorrelation f, biserielle Korrelation f, biseriale Korrelation f, Zwei-Zeilen-Korrelation f (Statistik)

biserial correlation coefficient (r_b)
Zweireihenkorrelationskoeffizient *m*,
biserieller Korrelationskoeffizient *m*,
biserialer Korrelationskoeffizient *m*,
Zwei-Zeilen-Korrelationskoeffizient *m*
(Statistik)
bisexuality
Bisexualität *f*
bivariate
bivariat, zweidimensional *adj (Statistik)*
vgl. univariate, multivariate
bivariate binomial distribution
bivariate Binomialverteilung *f*,
zweidimensionale Binomialverteilung *f*
(Statistik)
bivariate analysis (*pl* analyses, bivariate data analysis)
bivariate Analyse *f*, bivariate
Datenanalyse *f (Statistik)*
vgl. univariate analysis, multivariate analysis
bivariate data *pl*
bivariate Daten *n/pl (Statistik)*
bivariate distribution
bivariate Verteilung *f*, zweidimensionale
Verteilung *f*, bidimensionale
Verteilung *f*, Zwei-Variablen-Verteilung *f*
(Statistik)
vgl. univariate distribution, multivariate distribution
bivariate experiment
zweidimensionales Experiment *n*,
bivariates Experiment *n (statistische Hypothesenprüfung)*
vgl. univariate experiment, multivariate experiment
bivariate frequency distribution (bivariate distribution)
bivariate Häufigkeitsverteilung *f*,
zweidimensionale Häufigkeitsverteilung *f*
(Statistik)
bivariate logarithmic function (bivariate logarithmic series distribution)
bivariate logarithmische Verteilung *f*,
zweidimensionale logarithmische
Verteilung *f (Statistik)*
bivariate multinomial distribution (bivector multinomial distribution)
bivariate Polynomialverteilung *f*,
bivariate Multinomialverteilung *f*,
zweidimensionale Multinomialverteilung *f*
(Statistik)
bivariate negative binomial distribution
bivariate negative Binomialverteilung *f*,
zweidimensionale negative
Binomialverteilung *f (Statistik)*
bivariate normal distribution
bivariate Normalverteilung *f*,
zweidimensionale Normalverteilung *f*
(Statistik)

bivariate Pareto distribution
bivariate Pareto-Verteilung *f*,
zweidimensionale Pareto-Verteilung *f*
(Statistik)
bivariate Pascal distribution
bivariate Pascal Verteilung *f*,
zweidimensionale Pascal-Verteilung *f*
(Statistik)
bivariate population (bivariate universe)
bivariate Grundgesamtheit *f*,
zweidimensionale Grundgesamtheit *f*
(Statistik)
bivariate regression
bivariate Regression *f (Statistik)*
bivariate sign test
bivariater Vorzeichentest *m*,
zweidimensionaler Vorzeichentest *m*
(statistische Hypothesenprüfung)
bivariate statistics *pl als sg konstruiert*
bivariate Statistik *f*, Bivariatstatistik *f*
vgl. univariate statistics, multivariate statistics
bivariate table
bivariate Tabelle *f*, zweidimensionale
Tabelle *f (Statistik)*
bivariate truncation (of a distribution)
bivariates Stutzen *n*, zweidimensionales
Stutzen *n* (einer Verteilung) *(Statistik)*
black
1. Schwarzer *m*
2. schwarz *adj*
vgl. white
black box method (black-box method)
Black-Box Methode *f*, Methode *f*
des Schwarzen Kastens *(Psychologie)*
(experimentelle Anlage)
black-collar occupation (black collar, white-collar occupation, white-collar job, white collar)
Büroberuf *m*, Bürobeschäftigung *f*,
Angestelltentätigkeit *f*, Bürotätigkeit *f*
(Volkswirtschaftslehre) (Demographie)
(empirische Sozialforschung)
black-collar work (black collar work, clerical work, office work, white collar work)
Büroarbeit *f*, Bürotätigkeit *f*
(Volkswirtschaftslehre) (Demographie)
(empirische Sozialforschung)
black-collar worker (black collar worker, clerical worker, clerk, office clerk, office worker, white collar worker, black collar worker)
Büroangestellte(r) *f(m)*, Bürokraft *f*,
Schreibkraft *f (Volkswirtschaftslehre)*
(Demographie) (empirische Sozialforschung)
black ghetto
schwarzes Ghetto *n*, Negerghetto *n*
(Soziologie)

black list (blacklist)
  schwarze Liste *f*
black magic(sorcery)
  Zauberei *f*, Magie *f*, schwarze Magie *f*
  (Kulturanthropologie)
black market
  Schwarzmarkt *m*, schwarzer Markt *m*
  (Volkswirtschaftslehre)
black-marketeering
  Schwarzmarkthandel *m* *(Volkswirtschaftslehre)*
black nationalism
  schwarzer Nationalismus *m*, schwarzes
  Nationalbewußtsein *n*
black power
  Black Power *f*
black propaganda (covert propaganda)
  schwarze Propaganda *f*, verdeckte Propaganda *f* *(Kommunikationsforschung)*
  vgl. propaganda, gray propaganda
black separatism
  schwarzer Separatismus *m*
Blackwell's theorem
  Blackwell-Theorem *n*, Blackwellscher
  Lehrsatz *m*, Theorem *n* von Blackwell)
  (Statistik)
Blacky pictures test (Blacky test, Blacky pictures *pl* **(G. S. Blum)**
  Blacky-Test *m* *(Psychoanalyse)*
blank
  Blindwert *m*, leerer Raum *m*, Lücke *f*
  (Statistik)
blighted area *(colloq* **skid row)**
  verfallenes Wohngebiet *n*,
  heruntergekommenes Wohngebiet *n*
  (Sozialökologie)
blind obedience (rubber stamping, rubber-stamping)
  blinder Gehorsam *m* *(Sozialpsychologie)*
blind test (blind procedure, blind assessment, blind analysis, *pl* **analyses, blind scoring)**
  Blindversuch *m*, Blindtest *m*,
  blinder Versuch *m*, blinder Test *m*
  (experimentelle Anlage)
block design test (mosaic test)
  Mosaiktest *m*, Kohsscher Würfeltest *m*
  (Psychologie) (experimentelle Anlage)
block diagram
  Blockdiagramm *m*, Säulendiagramm *n*
  (graphische Darstellung)
block electoral system
  Blockwahlsystem *n* *(politische Wissenschaft)*
block sample
  Blockstichprobe *f* *(Statistik)*
block sampling
  Blockstichprobenverfahren *n*,
  Blockstichprobenauswahl *f*,
  Blockstichprobenbildung *f* *(Statistik)*

block sketch sheet
  Kartenskizze *f*, Block *m* mit der
  Kartenskizze der Häuserblocks (in
  einer Befragung aufgrund einer
  Blockstichprobe) *(Umfrageforschung)*
block statistics *pl als sg konstruiert*
  Wohnblockstatistik *f*, Häuserkomplexstatistik *f* *(Statistik) (Sozialökologie)*
block unit
  Wohnblockkomplex *m*, Wohnblockeinheit *f* *(Statistik) (Sozialökologie)*
block-segment sampling
  Block-Segment Stichprobenverfahren *n*,
  Block-Segment-Auswahl *f*, Block-
  Segment-Stichprobenbildung *f* *(Statistik)*
blood brotherhood
  Blutsbrüderschaft *f* *(Kulturanthropologie)*
blood money
  Blutgeld *n* *(Kulturanthropologie)*
blood relative (consanguine, consanguineal kin, consanguineal relative)
  Blutsverwandte(r) *f* *(m)* *(Kulturanthropologie)*
blood relatives *pl* **(consanguineal kindred** *pl*, **consanguineal relatives** *pl*)
  Blutsverwandte *m/pl*, Blutsverwandtschaft *f*, die Blutsverwandten *m/pl*
  (Kulturanthropologie)
blood sacrifice
  Blutopfer *n* *(Kulturanthropologie)*
blood vengeance (blood revenge)
  Blutrache *f* *(Kulturanthropologie)*
blue collar worker (blue-collar worker, blue collarite, blue collar, worker, manual worker)
  Fabrikarbeiter *m*, Industriearbeiter *m*,
  manueller Arbeiter *m*, manueller
  Industriearbeiter *m*
Blum approximation
  Blumsche Näherung *f*, Blumsche
  Approximation *f* *(Statistik)*
board interview
  Anhörungsinterview *n* *(empirische Sozialforschung)*
body
  Körper *m*
body language (body motion language, body-motion language, kinesics)
  Körpersprache *f*, Körperbewegungssprache *f* *(Kommunikationsforschung)*
body politic
  1. juristische Person *f*, Körperschaft *f*,
  organisierte Gruppe *f*, organisierte
  Gesellschaft *f* *(Soziologie) (politische Wissenschaft)*
  2. Staatsgebilde *n*, Staat *m*,
  Staatskörper *m* *(politische Wissenschaften)*

body type (somatype)
Körpertyp *m*, Körperbautyp *m* (Ernst Kretschmer) *(Psychologie)*
body type theory (body-type theory, somatypology)
Theorie *f* des Körpertyps (des Körperbautyps) *(Psychologie)*
body type (somatotype) (William H. Sheldon)
Körperbautyp *m*, Somatotyp *m* *(Psychologie)*
body typology (somatotypology)
Körperbautypologie *f*, Somatotypologie *f*, Typologie *f* der Körperbauarten *(Psychologie)*
Bogardus scale (of social distance) (social distance scale, Bogardus social distance scale, Bogardus-type scale) (Emory S. Bogardus)
soziale Distanzskala *f*, Bogardus-Skala *f* *(empirische Sozialforschung) (Soziologie)*
bohemian
Bohémien *m*
bohemianism
Bohème *f*
Bolshevik
Bolschewist *m*
Bolshevism
Bolschewismus *m*
Bonferroni's t statistic (Dunn's procedure, Bonferroni inequality)
Bonferronis Maßzahl t *n*, Bonferronis t *n* *(statistische Hypothesenprüfung)*
Boole's inequality
Boolesche Ungleichung *f* *(Wahrscheinlichkeitstheorie)*
Boolean algebra
Boolesche Algebra *(Wahrscheinlichkeitstheorie)*
boomerang effect (negative attitude change, negative attitudinal change)
Bumerangeffekt *m*, negative Einstellungsänderung *f*, negativer Einstellungswandel *m*, entgegengesetzte Einstellungsänderung *f*, entgegengesetzter Einstellungswandel *m*, Einstellungswandel *m* in die entgegengesetzte Richtung *(Einstellungsforschung) (Kommunikationsforschung)*
vgl. bandwagon effect
Borel Cantelli lemmas *pl*
Borel-Cantellische Lemmas *n/pl* *(Statistik)*
Borel measurable function
Borel-meßbare Funktion *f* *(Mathematik/Statistik)*
Borel set
Borelsche Menge *f* *(Mathematik/Statistik)*

Borel-Tanner distribution
Borel-Tannersche Verteilung *f* *(Warteschlangentheorie)*
born criminal (Cesare Lombroso)
geborener Krimineller *m*, geborener Verbrecher *m* *(Kriminologie)*
Borstal system
Borstalsystem *n* *(Kriminologie)*
Bose-Einstein statistics *pl als sg konstruiert*
Bose-Einstein-Statistik *f*
Bossard's law of family interaction (James H. S. Bossard)
Bossards Gesetz *n* der Interaktion innerhalb der Familie *(Familiensoziologie)*
boundary (division (dividing line)
Grenzlinie *f*, Trennungslinie *f*, Grenze *f*
boundary condition
Grenzbedingung *f*, Extrembedingung *f* *(statistische Hypothesenprüfung)*
boundary exchange
Grenzaustausch *m*, Austausch *m* über Systemgrenzen hinweg *(Soziologie)*
boundary experiment
Grenzexperiment *n*, Abgrenzungsexperiment *n* *(statistische Hypothesenprüfung)*
boundary maintenance (Talcott Parsons)
Grenzaufrechterhaltung *f*, Aufrechterhaltung *f* von Grenzen, von Abgrenzungen *(Theorie des Handelns)*
boundary maintaining system (Talcott Parsons)
Grenzaufrechterhaltungssystem *n*, Grenzen, Abgrenzungen aufrechterhaltendes System *n* *(Theorie des Handelns)*
boundary of acceptance (acceptance line, line of acceptance, acceptance boundary, boundary of acceptance, acceptance control limit)
Abnahmelinie *f*, Annahmelinie *f*, Gutgrenze *f* *(statistische Qualitätskontrolle)*
vgl. boundary of rejection
boundary of rejection (rejection line, line of rejection, rejection boundary, boundary of rejection, rejection control limit)
Zurückweisungslinie *f*, Schlechtgrenze *f* *(statistische Qualitätskontrolle)*
vgl. boundary of acceptance
boundary point
Randpunkt *m* *(Statistik)*
bounded (closed-ended, closed)
geschlossen *adj*
vgl. open-ended
bourgeois
1. bourgeois, bürgerlich, spießbürgerlich *adj*
2. Bourgeois *m*, Bürger *m*, Spießbürger *m*

bourgeoisie
Bourgeoisie *f*, Bürgertum *n*,
Spießbürgertum *n*
Box-Jenkins model
Box-Jenkins-Modell *n* *(Statistik)*
boxhead (box head, box heading)
Tabellenkopf *m*, Kopfspalte *f* in einer
Tabelle) *(Statistik)*
boycott
Boykott *m*
bracket code (class code)
Klassencode *m*, zusammengefaßter
Code *m* *(empirische Sozialforschung)*
Braidism
Braidismus *m*, Hypnotismus *m*
(Psychologie)
brain drain
Brain Drain *m*, Ausverkauf *m* der
Intelligenz aus Entwicklungsländern
brainstorming (Alexander Osborn)
Brainstorming *n*
brainwashing (thought control, thought reform, menticide)
Gehirnwäsche *f*, Hirnwäsche *f*
branch diagram (tree diagram, tree)
Kontrastgruppendiagramm *n*,
Baumdiagramm *n*, Zweigdiagramm
n *(graphische Darstellung)*
(Entscheidungstheorie)
branch of industry (industry)
Industriezweig *m* *(Volkswirtschaftslehre)*
branching process
Verzweigungsprozeß *m* *(Stochastik)*
branching Poisson process
Poissonscher Verzweigungsprozeß *m*
(Stochastik)
brand tillage
Brandrodung *f*, Ackerbau *m*
brandgerodeten Lands, Bestellung *f*
brandgerodeten Lands *(Landwirtschaft)*
Brandt-Snedecor method
Brandt-Snedecorsche Methode *f*, Brandt-Snedecorsches Verfahren *n*, Brandt-Snedecorsche Formel *f* *(Statistik)*
Bravais correlation coeficient
Bravaisscher Korrelationskoeffizient *m*,
Bravais-Pearsonscher Korrelationskoeffizient *m* *(Statistik)*
bread winner (bread-winner, main wage earner, wage earner)
Hauptverdiener *m*, Ernährer *m*,
Lohnempfänger *m* (in einem Haushalt)
(empirische Sozialforschung)
breakdown (break, demographic structure, demographics *pl*)
demographische Aufgliederung *f*,
Aufgliederung *f* nach demographischen
Merkmalen, Breakdown *m*, Break *m*
(empirische Sozialforschung)

bride money
Brautgeld *n* *(Ethnologie)*
bride-price (bride-wealth, bride money)
Brautpreis *m* *(Ethnologie)*
bride-service (groom-service)
Brautdienst *m* *(Ethnologie)*
bride well (correctional institution, house of correction)
Besserungsanstalt *f*, Strafanstalt *f*
(Kriminologie)
brigandage
Brigandentum *n*, Räuberei *f*,
Räuberunwesen *n*, Straßenraub *m*
broad theory (wide-range theory, grand theory)
Theorie *f* großer Reichweite
(Theoriebildung)
vgl. middle-range theory
broken family (broken home)
zerrüttete Familie *f* *(Soziologie)*
broken marriage
zerrüttete Ehe *f* *(Familiensoziologie)*
broken-line graph
gestricheltes Liniendiagramm *n*,
Graphik *f* mit gestrichelter Linie,
Diagramm *n* mit unterbrochener Linie,
mit gestrichelter Linie *(graphische Darstellung)*
Brown's method
Brownsche Methode *f* *(Statistik)*
Brownian motion
Brownsche Bewegung *f* *(Stochastik)*
Brownian motion process (Brownian motion, Bachelier process, fundamental random process)
Brownscher Bewegungsprozeß *m*,
Prozeß *m* der Brownschen Bewegung
(Stochastik)
Bruceton model
Brucetonsches Modell *n*, Bruceton-Modell *n* *(Statistik)*
buddy relation (buddy relationship)
Zwei-Mann-Beziehung *f*,
Kumpelbeziehung *f* *(Soziologie)*
budget for communication activities (communication budget)
Kommunikationsbudget *n*,
Kommunikationsetat *m*
budget study (budgetary study, budget investigation, budgetary investigation, budget survey, budgetary survey) (Frédéric Le Play)
Budgetstudie *f*, Budgetuntersuchung *f*
(empirische Sozialforschung)
buffer mechanism
Puffermechanismus *m* *(Systemtheorie)*
buffer state
Pufferstaat *m* *(politische Wissenschaften)*

building density
Bebauungsdichte f, Baudichte f
(Demographie)

built-in control mechanism (built-in control)
eingebauter Kontrollmechanismus m, eingebaute Kontrolle f

built-up area
Bebauungsgebiet n, bebautes Gebiet n, bebaute Fläche f *(Demographie)*

bulk sample
Auswahl f aus der Masse, Stichprobe f aus der Masse, Auswahl f aufs Geratewohl *(Statistik)*

bulk sampling
Auswahl f aus der Masse, Stichprobenverfahren n aus der Masse, Stichprobenbildung f aus der Masse, Stichprobenentnahme f aus der Masse *(Statistik)*

bunch-map analysis (*pl* analyses)
Kartenbüschelanalyse f *(Statistik)*

bureaucrat
Bürokrat m *(Soziologie)*

bureaucratic career
bürokratisches Laufbahnmuster n (Karl Mannheim) *(Soziologie)*

bureaucratic culture pattern
bürokratisches Kulturmuster n *(Soziologie)*

bureaucratic leader
bürokratischer Führer m *(Soziologie)*
vgl. charismatic leader

bureaucratic personality (Robert K. Merton)
bürokratische Persönlichkeit f, bürokratischer Charakter m *(Soziologie)*

bureaucratic succession
bürokratische Nachfolge f, bürokratische Ämterübertragung f *(Organisationssoziologie)*

bureaucratic type (Leonard Reissman)
bürokratischer Persönlichkeitstyp m, Persönlichkeitstyp m in der Bürokratie *(Organisationssoziologie)*
→ functional bureaucrat, job bureaucrat, service bureaucrat, specialist bureaucrat

bureaucratism (*colloq* red tape, red tapism)
Bürokratismus m, Amtsschimmel m, bürokratische Pedanterie f, Paragraphenreiterei f *(Soziologie)*

bureaucratization (*brit* bureaucratisation)
Bürokratisierung f *(Organisationssoziologie)*

bureaupathology (Victor A. Thompson)
Büropathologie f *(Sozialpsychologie)*

burgess *brit*
Wahlkreisabgeordneter m, Wahlbezirksabgeordneter m, Abgeordneter m, Repräsentant m des Volks *(politische Wissenschaft)*
→ direct candidate

Burke's dramatistic pentad (dramatistic pentad, Burke's pentad) (Kenneth Burke)
dramatistische Pentade f, Burkes dramatistische Pentade f *(Soziologie)*

Burkholder approximation
Burkholdersche Annäherung f, Burkholdersche Approximation f, Burkholder-Annäherung f *(Stochastik)*

Burr's distribution
Burr-Verteilung f, Burrsche Verteilung f *(Statistik)*

bush fallowing (shifting cultivation (shifting-field cultivation, shifting-field agriculture, shifting agriculture, swidden cultivation, swidden agriculture, swidden farming)
Fruchtwechselwirtschaft f *(Landwirtschaft)*

business
Geschäft n, Unternehmen n, Firma f, Gewerbe n, Handelstätigkeit f, Geschäftstätigkeit f

business administration (industrial administration)
Betriebswirtschaft f, Betriebswirtschaftslehre f

business agent *Am*
örtlicher Gewerkschaftsführer m, Geschäftsführer m der örtlichen Gewerkschaftsorganisation

business cycle (trade cycle)
Konjunkturzyklus m, Konjunkturschwankung f *(Volkswirtschaftslehre)*

business depression (depression)
wirtschaftliche Depression f, Wirtschaftsdepression f *(Volkswirtschaftslehre)*

business elite
Wirtschaftselite f *(Soziologie)*

business enterprise
Wirtschaftsunternehmen n

business leader
Wirtschaftsführer m *(Organisationssoziologie)*

business management (industrial management)
Betriebsführung f, Betriebsmanagement n, Wirtschaftsmanagement n, Wirtschaftsführung f

business management (industrial management)
Betriebsführung *f*, Betriebsmanagement *n*, Geschäftsführung *f*, Geschäftsleitung *f*, Wirtschaftsmanagement *n*, Wirtschaftsführung *f*
business psychology (industrial psychology)
Wirtschaftspsychologie *f*
business sociology (sociology of economics, economic sociology)
Wirtschaftssoziologie *f*
business union
Geschäftsgewerkschaft *f*
buying power index (B. P. I.) (purchasing power index, *pl* **indexes** *or* **indices, buying power quota, purchasing power quota)**
Kaufkraftindex *m*, Kaufkraftindexzahl *f*, Kaufkraftindexziffer *f* (*Volkswirtschaftslehre*)
Buys-Ballot table
Buys-Ballotsche Tafel *f* (*Statistik*)
bystander (Erving Goffman)
Umstehender *m*, Zuschauer *m* (*Soziologie*)
bystander apathy
Zuschauerapathie *f*, Apathie *f* der Umstehenden (*Sozialpsychologie*)
bystander intervention
Zuschauerintervention *f* (*Sozialpsychologie*)
bystander intervention experiment (intervention experiment)
Eingriffsexperiment *n*, Interventionsexperiment *n* (*Sozialpsychologie*)

C

C. S. M. test (test for C. S. M.) (convexity, symmetry, maximum number of outcomes)
Barnard-Test *m*, Barnardscher Test *m* *(Stochastik)*
cabal
Kabbala *f*, Geheimlehre *f*, Geheimwissenschaft *f*, jüdische Geheimlehre *f* *(Religionssoziologie)*
cabalistic thinking (Robert E. Lane)
kabbalistisches Denken *n* *(Sozialpsychologie)*
cabinet dictatorship
Kabinettsdiktatur *f* *(politische Wissenschaften)*
cabinet government
Kabinettsregierung *f* *(politische Wissenschaften)*
ca'canny (ca-canny, slowdown, slowdown strike)
Dienst *m* nach Vorschrift, Arbeitsverlangsamung *f* als Form des Streiks *(Industriesoziologie)*
cadastral
Kataster-, Grundbuch-, Flurbuch- *adj*
cadastral map
Katasterplan *m*, Landkarte *f* mit Katasterplan
cadastral survey
Katasterumfrage *f*, Grundbesitzumfrage *f* *(empirische Sozialforschung)*
cadre
Kader *m*, Kadergruppe *f*, Kadereinheit *f*, Kaderorganisation *f* *(Organisationssoziologie)*
cadre party (Maurice Duverger)
Rahmenpartei *f* *(politische Wissenschaften)*
Caesaristic dictatorship (Franz L. Neumann)
Cäsarismus *m*, Cäsaristische Diktatur *f* *(politische Wissenschaften)*
cafeteria question (multiple-choice question)
Auswahlfrage *f*, Mehrfachauswahlfrage *f*, Selektivfrage *f*, Frage *f* mit mehreren Antwortvorgaben, geschlossene Frage *f* mit mehreren Vorgaben, Cafeteria-Frage *f* *(Psychologie/empirische Sozialforschung)*
cake of custom (Walter Bagehot)
Kuchen *m* der Gewohnheit *(politische Wissenschaften)*

calculative involvement (Amitai Etzioni)
berechnende Beteiligung *f*, kalkulierte Beteiligung *f* *(Organisationssoziologie)*
vgl. alienated involvement
calculus
Rechnen *n*, Infinitesimalrechnung *f* *(Mathematik/Statistik)*
calculus of variations
Variationsrechnung *f* *(Mathematik/Statistik)*
to calibrate
kalibrieren *v/t* *(Statistik)*
calibration (calibrating)
Kalibrierung *f*, Kalibrieren *n* *(Statistik)*
California Psychological Inventory (CPI) (California Test of Personality)
Kalifornischer Psychologischer Fragebogen *m*, Kalifornischer Persönlichkeitstest *m*
callback (call-back, follow-up call)
Wiederholungsbesuch *m*, Nachfaßbesuch *m*, Nachfaßinterview *n*, Wiederholungskontaktversuch *m* *(empirische Sozialforschung)*
calls *pl* per response
Zahl *f* der Besuche pro Interview, Zahl *f* der Kontaktversuche pro Interview *(empirische Sozialforschung)*
Calvinism
Kalvinismus *m*, Calvinismus *m* *(Religionssoziologie)*
camarilla
Kamarilla *f* *(politische Wissenschaften)*
Camp-Meidell inequality, inequality of Camp-Meidell
Camp-Meidell-Ungleichung *f*, Camp-Meidellsche Ungleichung *f* *(Wahrscheinlichkeitstheorie)*
Camp-Paulson approximation
Camp-Paulson-Annäherung *f*, Camp-Paulsonsche Annäherung *f*, Camp-Paulson-Näherung *f*, Camp-Paulsonsche Näherung *f* *(Statistik)*
Campbell's theorem
Campbell Theorem *n*, Campbellsches Theorem *n*, Campbellscher Lehrsatz *m* *(Statistik)*
campus marriage
Studentenehe *f*
canalization (*brit* canalisation)
Kanalisierung *f*, Kanalisieren *n* *(Psychologie)*

candidate awareness (candidate rating, awareness rating)
Bekanntheitsgrad *m* von Kandidaten (Bekanntheit *f* von Kandidaten) *(Meinungsforschung)*
candidate ticket (candidates' ticket, ticket)
Wahlkandidatenliste *f*, Kandidatenliste *f* *(politische Wissenschaften)*
cannibalism
Kannibalismus *m* *(Kulturanthropologie)*
canon
Kanon *m*, Grundsatz *m*, Prinzip *n*, Kriterium *n*, Richtschnur *f*
canon law
kanonisches Recht *n*, Kirchenrecht *n*
canonical approximation
kanonische Näherung *f*, kanonische Annäherung *f*, kanonische Approximation *f* *(Statistik)*
canonical correlation
kanonische Korrelation *f* *(Statistik)*
canonical correlation analysis (canonical analysis) (Harold Hotelling)
kanonische Korrelationsanalyse *f* *(Statistik)*
canonical correlation coefficient
kanonischer Korrelationskoeffizient *m* *(Statistik)*
canonical function
kanonische Funktion *f* *(Statistik)*
canonical matrix (*pl* matrices *or* matrixes)
kanonische Matrix *f* *(Statistik)*
canonical root
kanonische Wurzel *f* *(Statistik)*
canonical variate
kanonische Variable *f*, kanonische Veränderliche *f* *(Statistik)*
Cantelli's inequality
Cantelli-Ungleichung *f*, Cantellische Ungleichung *f* *(Wahrscheinlichkeitstheorie)*
canvas (canvass)
Hausbesuch *m*, Direktbesuch *m*, Wahlbefragung *f* durch eine politische Partei
capability (capacity)
1. Fähigkeit *f*, angeborene Lernfähigkeit *f*, Kapazität *f*, Begabung *f* *(Psychologie)*
vgl. aptitude, proficiency
2. Vermögen *n* *(Psychologie)*
capacity
1. Kapazität *f* *(Volkswirtschaftslehre)*
2. Fähigkeit *f*, Begabung *f* *(Psychologie)*
capital
Kapital *n* *(Volkswirtschaftslehre)*
capital (national capital)
Hauptstadt *f* *(Sozialökologie)*
capital accumulation
Kapitalakkumulation *f* *(Volkswirtschaftslehre)*

capital crime (felony)
Kapitalverbrechen *n*, Schwerverbrechen *n*, Verbrechen *n* *(Kriminologie)*
capital criminal (felon)
Kapitalverbrecher *m*, Schwerverbrecher *m*, Verbrecher *m* *(Kriminologie)*
capital expansion (expansion of capital, expansion)
Kapitalausweitung *f*, Zunahme *f* des Notenumlaufs) *(Volkswirtschaftslehre)*
capital-intensive development
kapitalintensive Entwicklung *f* *(Volkswirtschaftslehre)*
vgl. labor-intensive development
capital punishment (death penalty)
Todesstrafe *f* *(Kriminologie)*
capitalism
Kapitalismus *m*
capitalist society
kapitalistische Gesellschaft *f*
caption (column heading, column head, column caption)
Spaltentitel *m*, Spaltenkopf *m*, Spaltenüberschrift *f* (in einer Tabelle *(Statistik)*
captive population
unfreiwillige Grundgesamtheit *f* *(Statistik)*
capture-release sampling (capture recapture sampling, capture-tag-recapture sampling, capture-release method, capture release procedure, capture-recapture method, capture-recapture procedure, capture-tag-recapture method, capture-tag recapture procedure)
Wiederfangauswahl *f*, Wiederfangstichprobenverfahren *n*, Wiederfangstichprobenentnahme *f*, Wiederfangstichprobenbildung *f* *(Statistik)*
card deck
Kartensatz *m*, Satz *m* Karten in einer Befragung) *(empirische Sozialforschung)*
card field
Kartenfeld *n* (einer Lochkarte) *(Datenanalyse)*
card punch
Kartenlocher *m* *(Datenanalyse)*
card sorting
Kartensortieren *n* *(empirische Sozialforschung)*
card stacking
Propaganda *f* mit selektierten Argumenten *(Kommunikationsforschung)*
cardinal disposition (Gordon W. Allport)
Kardinaldisposition *f*, beherrschender Persönlichkeitszug *m* *(Psychologie)*

cardpunching (card punching)
Kartenlochen *n*, Kartenstanzen *n*, Lochkartenstanzen *n*, Lochkartenlochen *n* *(Datenanalyse)*
career
Karriere *f*, berufliche Laufbahn *f*, Karriereablauf *f*, Karriereablaufschema *n* *(Arbeitssoziologie)*
career anchorage
Karriereverankerung *f*, Karrierehalt *m* *(Arbeitssoziologie)*
career executive
Karrierebeamter *m*, Laufbahnbeamter *m*
career immobility
Karriere-Immobilität *f* *(Mobilitätsforschung)*
vgl. career mobility
career mobility
Karrieremobilität *f* *(Mobilitätsforschung)*
vgl. career immobility
career pattern (career path, career line, career)
Karrieremuster *n*, Karriereleitbild *n* *(Arbeitssoziologie)*
career system
Karrieresystem *n* *(Arbeitssoziologie)*
caretaker government (provisional government, interim government, commissionary government)
geschäftsführende Regierung *f*, Übergangsregierung *f*, kommissarische Regierung *f* *(politische Wissenschaften)*
caretaker junta (interim junta)
Übergangsjunta *f*, Interimsjunta *f* *(politische Wissenschaften)*
cargo cult (cargo movement)
Cargo-Kult *m* *(Kulturanthropologie)*
Carleman's criterion (*pl* criteria *or* criterions)
Carleman-Kriterium *n*, Carlemansches Kriterium *n* *(Statistik)*
Carli's index (*pl* indexes *or* indices)
Carli-Index *m*, Preisindex *m* von Carli, Mittelwert *m* von Meßziffern *(Statistik)*
Carpenter effect (ideomotion, ideomotor action)
ideomotorisches Gesetz *n*, Carpenter-Effekt *m*, Ideomotorik *f*, Psychomotorik *f*, psychomotorische Bewegung *f* *(Psychologie)*
carryover effect (carry-over effect, carryover, multiple treatment interference)
1. Übertragungseffekt *m*, Carryover-Effekt *m*, langfristiger Versuchseffekt *m*, Wirkungsverzögerung *f* *(Hypothesenprüfung) (Kommunikationsforschung)*
2. Nachwirkung *f* der Experimentalhandlung *(statistische Hypothesenprüfung)*

Cartesian coordinate graph (coordinate graph)
kartesisches Koordinatenkreuz *n*, Koordinatenkreuz *n* *(Mathematik/Statistik)*
Cartesian coordinates *pl*
kartesische Koordinaten *f/pl* *(Mathematik/Statistik)*
Cartesian curve
kartesische Kurve *f* *(Mathematik/Statistik)*
cartogram (graded map)
Kartogramm *n*, statistische Karte *f* *(graphische Darstellung)*
cartoon test (balloon test)
Ballon-Test *m*, Sprechblasentest *m* *(Psychologie/empirische Sozialforschung)*
cartwheel method (cartwheel procedure, cartwheel rating)
Cartwheel-Methode *f*, Wagenradmethode *f*, Karrenradmethode *f* *(Psychologie/empirische Sozialforschung)*
cascade effect
Kaskadeneffekt *m*, Kaskadenwirkung *f* *(Stochastik)*
cascade process
Kaskadenprozeß *m* *(Stochastik)*
case
Fall *m*, Einzelfall *m*, Einzelelement *n* *(Psychologie/empirische Sozialforschung)*
case history
Fallgeschichte *f*, Einzelfallgeschichte *f*, Vorgeschichte *f*, Anamnese *f* *(Psychologie/empirische Sozialforschung)*
case mortality
Stichprobenmortalität *f* *(Statistik)*
case study
Fallstudie *f*, Einzelfallstudie *f* *(Psychologie/empirische Sozialforschung)*
case study method (case-history method, case method, case study approach, case study method, case history approach, case approach)
Einzelfallmethode *f*, Methode *f* der Studie von Einzelfällen
case work (casework)
Einzelfallhilfe *f*, soziale Einzelfallarbeit *f*, Sozialarbeit *f* am Einzelfall
case worker (social worker)
Sozialarbeiter(in) *m(f)*, Einzelfall-Sozialarbeiter *m*
cash tenant (tenant, independent renter)
Landpächter *m*, Pächter *m* in der Landwirtschaft
caste
Kaste *f* *(socioloy)*
caste bureaucracy
Kastenbürokratie *f*, kastenhafte Bürokratie *f* (F. M. Marx) *(Organisationssoziologie)*

caste culture
Kastenkultur *f (Soziologie)*
caste hierarchy
Kastenhierarchie *f*, Hierarchie *f* der Kasten in einer Kastengesellschaft) *(Soziologie)*
caste hypergamy
Kastenhypergamie *f (Kulturanthropologie)*
vgl. caste hypogamy
caste hypogamy
Kastenhypogamie *f (Kulturanthropologie)*
vgl. caste hypergamy
caste rank
Kastenrang *m*, Rang *m* einer Kaste) *(Soziologie)*
caste society
Kastengesellschaft *f (Soziologie)*
caste system
Kastensystem *n (Soziologie)*
castration anxiety
Kastrationsangst *f* (Sigmund Freud) *(Psychoanalyse)*
castration complex
Kastrationskomplex *m* (Sigmund Freud) *(Psychoanalyse)*
casual crowd
Zufallsmenge *f*, zufällig gebildete Menge *f*, zusammengewürfelte Menge *f (Sozialpsychologie)*
casuistry
Kasuistik *f (Philosophie)*
catastrophic change
katastrophenartiger Wandel *m*, katastrophaler Wandel *m (Kulturanthropologie)*
catastrophy (disaster)
Katastrophe *f*, Desaster *n*
catch question
Fangfrage *f (Psychologie/empirische Sozialforschung)*
catchall category (catch-all category, residual category, no-data)
Restkategorie *f*, Residualkategorie *f (Datenanalyse)*
catchall party (catch-all party, cross-class catchall party)
Volkspartei *f (politische Wissenschaften)*
catchall union
Einheitsgewerkschaft *f*
categoric (categorical, categorial)
kategorisch *adj*
categorical attitude
Kategorisierungsneigung *f*, Kategorisierungseinstellung *f (Psychologie)*
categorical contact
kategorialer Kontakt *m (Soziologie)*

categorical distribution (categorical frequency distribution)
Kategorienverteilung *f*, Häufigkeitsverteilung *f* von Kategorien, Verteilung *f* von Kategorien *(Statistik)*
categorical response method (categorical response procedure)
Methode *f* der kategorischen Antwort, Verfahren *n* der kategorischen Antwort, der kategorischen Antwortalternativen *(Psychologie/empirische Sozialforschung)*
categorization (*brit* categorisation)
Kategorisierung *f*, Kategorisieren *n (Datenanalyse)*
category
Kategorie *f (Philosophie) (Datenanalyse) (statistische Hypothesenprüfung)*
category system
Kategorienschema *n*, Kategoriensystem *n (Theoriebildung)*
catenary curve
Kettenkurve *f (Statistik)*
catharsis
Katharsis *f*, Läuterung *f*, Reinigung *f* (Sigmund Freud) *(Psychoanalyse)*
cathartic
kathartisch *adj (Psychoanalyse)*
cathartic method
kathartische Methode *f* (Sigmund Freud) *(Psychoanalyse)*
cathectic mode (of motivational orientation) (Talcott Parsons and Edward A. Shils)
kathektischer Modus *m* der Motivorientierung *(Theorie des Handelns)*
vgl. evaluative mode (of motivational orientation)
cathexis
Kathexis *f (Psychoanalyse)*
catholicism (Roman Catholicism)
Katholizismus *m (Religionssoziologie)*
catholicity
Katholizität *f*, katholischer Glaube *m (Religionssoziologie)*
Cattell's culture fair intelligence test (Raymond B. Cattell)
Cattells kulturneutraler Intelligenztest *m (Psychologie)*
cattle herding (pastoralism, pastoral nomadism, nomadic pastoralism, herding)
Herdenhaltung *f*, Viehherdenhaltung *f*, Viehwirtschaft *f*, Weidewirtschaft *f (Kulturanthropologie) (Landwirtschaft)*
Caucasian (caucasian)
kaukasisch *adj (Ethnologie)*

Caucasian

Caucasian (caucasian, Caucasoid, caucasoid)
Kaukasier(in) *m (f)*, Weiße(r) *f (m)*
(Ethnologie)
Caucasio-centrism (caucasio-centrism, Caucasian centrism, caucasian centrism)
weißer Rassenzentrismus *m*,
kaukasischer Zentrismus *m (Soziologie)*
Cauchy distribution
Cauchy-Verteilung *f (Statistik)*
Cauchy inequality
Cauchy-Ungleichung *f (Mathematik/Statistik)*
caudillismo
Caudilismus *m (politische Wissenschaften)*
causal
kausal, ursächlich, verursachend *adj*
causal analysis (*pl* analyses)
Kausalanalyse *f*, kausale Analyse *f*,
Ursachenanalyse *f (Datenanalyse)*
causal asymmetry (causal ordering)
kausale Asymmetrie *f*, Asymmetrie *f*
der Kausalitätsbeziehungen) *(Logik)*
causal attribution of behavior (*brit* behaviour, attribution of behavior)
Verhaltenszuschreibung *f*, Verhaltensattribution *f (Sozialpsychologie)*
causal explanation
Kausalerklärung *f*, kausale Erklärung *f*
(Logik) (Hypothesenprüfung)
causal fallacy
kausaler Trugschluß *m*, Trugschluß *m*
über einen Kausalnexus, über einen
Kausalzusammenhang *(Logik)*
(Hypothesenprüfung)
causal hypothesis (*pl* causal hypotheses)
Kausalhypothese *f*, Hypothese *f* über
das Bestehen eines Kausalzusammenhangs *(Hypothesenprüfung)*
causal inference
kausale Schlußfolgerung *f*, kausale
Folgerung *f*, kausaler Rückschluß *m*
(Logik) (Hypothesenprüfung)
causal model
Kausalmodell *n*, kausales Modell *n*,
Kausalitätsmodell *n (Theoriebildung)*
(Hypothesenprüfung)
causal relationship (cause-effect relation)
Kausalbeziehung *f*, kausale Beziehung *f*,
Kausalzusammenhang *m*, kausaler
Zusammenhang *m (Logik)*
causal research (experimental research)
experimentelle Forschung *f*
causal system
Kausalsystem *n*, kausales System *n*
(Hypothesenprüfung)
causal variate
kausale Zufallsveränderliche *f*, kausale
Zufallsvariable *f (Statistik)*

causality
Kausalität *f*, Kausalzusammenhang *m*,
Kausalnexus *m*, Ursächlichkeit *f*,
ursächlicher Zusammenhang *m*
(Hypothesenprüfung)
causation
1. Verursachung *f (Logik)* → social
causation
2. Kausalzusammenhang *m*, Kausalnexus
m, Verursachung *f*
cause
Ursache *f*, verursachendes Ereignis *n*,
verursachender Faktor *m*, Grund *m*
(Hypothesenprüfung)
vgl. effect
cause variable (explanatory variable, predictor variable, regressor)
ursächliche Variable *f*, verursachende
Variable *f*, unabhängige Variable *f*,
unabhängige Veränderliche *f (statistische
Hypothesenprüfung)*
vgl. effect variable
CAVD test (CAVD scale) (Edward L. Thorndike)
CAVD-Test *m (Psychologie)*
ceiling (upper limit)
Obergrenze *f*, Höchstgrenze *f*, oberste
Grenze *f (Statistik)*
vgl. cellar (lower limit)
celibacy
Zölibat *n*, Ehelosigkeit *f*
(Religionssoziologie)
cell frequency
Feldhäufigkeit *f*, Besetzungszahl *f* eines
Felds *(Statistik)*
cellar (lower limit, floor)
Untergrenze *f*, unterste Grenze *f*
(Mathematik/Statistik)
vgl. ceiling
cellular organization (*brit* organisation)
Zellenorganisation *f*, Organisation *f* mit
Zellen) *(Organisationssoziologie)*
censored
1. zensiert *adj*
2. zensoriert *adj (Statistik)*
censored sample
zensorierte Stichprobe *f*, zensorierte
Auswahl *f (Statistik)*
censored sampling (censoring)
zensorierte Auswahl *f*, Verfahren *n* der
zensorierten Auswahl, Bildung *f* einer
zensorierten Stichprobe, Entnahme *f*
einer zensorierten Stichprobe *(Statistik)*
censoring (censoration)
Zensorierung *f*, Zensorieren *n (Statistik)*
censorship
Zensur *f*
censorship of the press (press censorship)
Pressezensur *f*

census (exhaustive sample, complete census)
Vollerhebung *f*, Totalerhebung *f*, Zensus *m*, Volkszählung *f*, Auszählung *f* *(Demographie) (Statistik)*
census area
Zensusgebiet *n*, Erhebungsgebiet *n*, Vollerhebungsgebiet *n* *(Demographie) (Statistik)*
census district
Zensuszone *f*, Zensusgebiet *n*, Volkszählungszone *f*, Zählsprengel *m* *(Demographie) (Statistik)*
census distribution
Zensusverteilung *f* *(Erneuerungstheorie)*
census enumeration district
Zählsprengel-Untergliederung *f* *(Demographie) (Statistik)*
census household
Volkszählungshaushalt *m*, Zensushaushalt *m* *(Demographie)*
census of population (population census, general census, census)
Volkszählung *f*, Vollerhebung *f* *(Demographie) (Statistik)*
census schedule (exhaustive sampling plan)
Vollerhebungsplan *m*, Totalerhebungsplan *m*, Zensusplan *m*, Vollerhebung *f* bei einem Bevölkerungsteil *(Statistik)*
census tract (tract)
Zählsprengel *m*, Zählungssprengel *m* *(Demographie) (Statistik)*
census zone
Volkszählungszone *f*, Zensuszone *f*, Zensusgebiet *n* *(Demographie)*
center of a range (*brit* centre of range, mid-range)
Spannweitenmitte *f* *(Statistik)*
center of a sample (*brit* centre)
Stichprobenmitte *f* *(Statistik)*
center of location (*brit* centre)
Zentrum *n* der Lage *(Statistik)*
center (*brit* centre)
Zentrum *n*, Mitte *f* *(Mathematik/Statistik) (Soziologie) (Organisationssoziologie) (Soziometrie)*
center (*brit* centre, center of a range, center of a sample)
Mitte *f*, Spannweitenmitte *f*, Stichprobenmitte *f* *(Statistik)*
centile (percentile)
Perzentile *f*, Perzentil *n*, Hunderterstelle *f*, Zentile *f*, Zentil *n*, Prozentstelle *f* *(Mathematik/Statistik)*
centile curve (percentile curve)
Perzentilenkurve *f* *(Statistik) (graphische Darstellung)*
centile range (percentile range)
perzentile Spannweite *f* *(Statistik)*

centile rank (percentile rank)
Zentilrang *m*, Perzentilrang *m*, Prozentstellenrang *m* *(Mathematik/Statistik)*
central birth rate
Geburtenrate *f*, Geburtenziffer *f* auf der Basis der Bevölkerung in der Jahresmitte *(Demographie)*
central business district (CBD) (central commercial district, central city, downtown business district, central traffic district)
Geschäftszentrum *n*, Stadtmitte *f*, Stadtzentrum *n* *(Sozialökologie)*
central city
Zentralstadt *f*, Hauptstadt *f* eines Ballungsgebiets, Zentrum *n* *(Sozialökologie)*
central confidence interval (central tolerance interval)
zentraler Vertrauensbereich *m*, zentraler Mutungsbereich *m*, zentrales Konfidenzintervall *n* *(Statistik)*
central conflict
zentraler Konflikt *m* (Kurt Horney) *(Psychologie)*
central death rate
Sterbeziffer *f*, Sterberate *f* auf der Basis der Bevölkerung in der Jahresmitte *(Demographie)*
central factor
Zentralfaktor *m* *(Psychologie) (Faktorenanalyse)*
central factorial moment
zentriertes faktorielles Moment *n* *(Faktorenanalyse)*
central force
zentrale Kraft *f* (Carl G. Jung) *(Psychologie)*
central inhibition
zentrale Hemmung *f* *(Psychologie)*
central limit theorem
zentraler Grenzwertsatz *m*, zentrales Grenzwerttheorem *n* *(Wahrscheinlichkeitstheorie)*
central moment (central sample moment)
zentrales Moment *n*, Zentralmoment *n*, zentrales Stichprobenmoment *n* *(Statistik)*
central motive state (Clifford T. Morgan)
zentraler Motivationszustand *m* *(Psychologie)*
central person (leader)
zentrale Person *f*, Mittelpunktperson *f* *(Soziometrie)*
central place (Walter Christaller)
zentraler Ort *m* *(Sozialökologie)*
central place hierarchy (urban hierarchy) (Walter Christaller)
Hierarchie *f* der zentralen Orte *(Sozialökologie)*

central place study (central place investigation) (Walter Christaller)
Studie *f* von zentralen Orten, Untersuchung *f* von zentralen Orten *(Sozialökologie)*

central place theory (theory of central places) (Walter Christaller)
Theorie *f* der zentralen Orte *(Sozialökologie)*

central planning
zentrale Planung *f* *(Organisationssoziologie)*
vgl. decentral planning

central tendency (central position)
zentrale Tendenz *f*, Tendenz *f* zur Mitte *(Statistik)*

central zone
Zentralbereich *m*, zentraler Bereich *m* (einer Stadt) *(Sozialökologie)*

centralist psychology (centralism)
zentralistische Psychologie *f*, Zentralismus *m*

centrality
Zentralität *f* *(Soziometrie)*

centrality index (*pl* indexes *or* indices)
Zentralitätsindex *m* *(Soziometrie)*

centrality measure (measure of central tendency, measure of location, parameter of location, location measure, location parameter)
Maß *n* der Lage *f*, Lagemaß *n*, Lageparameter *m*, Maß *n* der zentralen Tendenz *(Statistik)*

centralization (*brit* centralisation, nucleation)
Zentralisierung *f*, Zentralisation *f*, Kernbildung *f*, Bevölkerungskonzentration *f* *(Organisationssoziologie) (Kommunikationsforschung) (Sozialökologie)*

centralization process (process of centralization)
Zentralisierungsprozeß *m*, Zentralisationsprozeß *m* *(Organisationssoziologie) (Kommunikationsforschung) (Sozialökologie)*

centralized communication
zentralisierte Kommunikation *f* *(Soziometrie)*

centralized network (centralized communication network, centralized network of communication)
zentralisiertes Netz *n*, zentralisiertes Kommunikationsnetz *n* *(Soziometrie) (Kommunikationsforschung)*

centralized planning
zentralisierte Planung *f* *(Organisationssoziologie)*

centralized random variable
zentrierte Zufallsvariable *f*, zentralisierte Zufallsveränderliche *f* *(Statistik)*

centralized telephone interviewing with the aid of CRT terminals (computer-assisted telephone interviewing) (CATI)
computergestützte Telefonbefragung *f*, computergestützte Telefonumfrage *f* *(Umfrageforschung)*

centrifugal
zentrifugal *adj*
vgl. centripetal

centrifugal community
zentrifugale Gemeinde *f* *(Sozialökologie)*
vgl. centripetal community

centrifugal community structure
zentrifugale Gemeindestruktur *f* *(Sozialökologie)*
vgl. centripetal community structure

centrifugality
Zentrifugalität *f* *(Sozialökologie)*
vgl. centripetality

centrifugal village
zentrifugales Dorf *n*, zentrifugale Dorfgemeinde *f* *(Sozialökologie)*
vgl. centripetal village

centripetal
zentripetal *adj* *(Sozialökologie)*
vgl. centrifugal

centripetal community
vgl. zentrifugale Gemeinde
zentripetale Gemeinde *f* *(Sozialökologie)*
vgl. centrifugal community

centripetal community structure
zentripetale Gemeindestruktur *f* *(Sozialökologie)*
vgl. centrifugal community structure

centripetal village
zentripetales Dorf *n*, zentripetale Dorfgemeinde *f* *(Sozialökologie)*
vgl. centrifugal village

centripetality
Zentripetalität *f* *(Sozialökologie)*
vgl. Zentrifugalität

centrogram
Zentrogramm *n* *(graphische Darstellung)*

centrography
Zentrographie *f* *(graphische Darstellung)*

centroid
Zentroid *n*, Centroid *n*, Schwerpunkt *m* *(Faktorenanalyse)*

centroid method (simple summation method)
Zentroidmethode *f*, Zentroidverfahren *n*, Centroidmethode *f*, Centroidverfahren *n*, Schwerpunktmethode *f*, Schwerpunktverfahren *n* *(Faktorenanalyse)*

ceremonial behavior (*brit* behaviour) (Clarence E. Ayres)
zeremonielles Verhalten *n* *(Soziologie)*

ceremonial coyness
zeremonielle Schüchternheit *f*,
zeremonielle Scheu *f*, zeremonielle
Zurückhaltung *f* *(Kulturanthropologie)*

ceremonial cycle
zeremonieller Zyklus *m*,
Zeremonienzyklus *m*, Zyklus *m* der
Zeremonien *(Kulturanthropologie)*

ceremonial friendship
zeremonielle Freundschaft *f*
(Kulturanthropologie)

ceremonial moiety
zeremonielle Hälfte *f*, zeremonielle
Stammeshälfte *f* *(Kulturanthropologie)*

ceremonial play
zeremonielles Spiel *n* *(Kulturanthropologie)*

ceremonialization
Zeremonialisierung *f* *(Kulturanthropologie)*

ceremony
Zeremonie *f*, Zeremoniell *n*, feierlicher
Brauch *m* *(Kulturanthropologie)*

certain event
sicheres Ereignis *n* *(Stochastik)*

cession (transfer)
Zession *f*, Rechtsübertragung *f*
(Soziologie)

chain (strong order, strict order)
Kette *f* *(Statistik) (Stochastik)*

chain binomial model
verkettetes Binomialmodell *n* *(Statistik)*

chain block design
verkettete Blockanlage *f* *(statistische Hypothesenprüfung)*

chain immigration
Einwanderungskette *f*, Ketteneinwanderung *f*, Ketten-Immigration *f*

chain immigration
Ketten-Einwanderung *f*, Ketten-Immigration *f*

chain index (*pl* indexes *or* indices)
Kettenindex *m*, verketteter Index *m*,
Gliedziffer *f* *(Statistik)*

chain migration (McDonald and McDonald)
Ketten-Migration *f*, Ketten-Wanderungsbewegung *f*

chain of communication
Kommunikationskette *f* *(Kommunikationsforschung)*

chain of interaction (serial interaction)
Interaktionskette *f* *(Soziologie)*

chain reflex (reflex chain, serial action, chain reflex of behavior)
Kettenreflex *m*, Reflexkette *f*
(Psychologie)

chain relative (link-relative)
Kettenziffer *f* *(Statistik)*

chain with complete connections
Kette *f* mit vollständigen Bindungen
(Stochastik)

chain of command (command hierarchy, line of command, line of authority)
Befehlshierarchie *f*, Kommandohierarchie *f*, Hierarchie *f*
der Entscheidungsbefugnisse
(Organisationssoziologie)

chained responses *pl*
verkettete Reaktionen *f/pl*
(Verhaltensforschung)

chaining
1. Verkettung *f*, Verknüpfung *f*,
Kette *f*, Serie *f*, Zusammenlegen *n*
(Mathematik/Statistik)
2. Reflexverkettung *f*, Reaktionsverkettung *f* *(Verhaltensforschung)*

chaining effect
Verkettungseffekt *m* *(Clusteranalyse)*

chance
Zufall *m*, zufälliges Ereignis *n*
(Mathematik/Statistik)

chance error (random sampling error (random error, sampling error, nonconstant error, fortuitous error, variable error)
Zufallsfehler *m*, nichtkonstanter
Fehler *m*, Stichprobenfehler *m* *(Statistik)*

chance event (random event (random event)
zufälliges Ereignis *n*, Zufallsereignis *n*
(Statistik) (Wahrscheinlichkeitstheorie)

chance factor
Zufallsfaktor *m*, zufälliger
Einflußfaktor *m* *(statistische Hypothesenprüfung)*

chance variation (chance fluctuation, random fluctuation)
Zufallsschwankung *f*, Zufallsvariation *f*
(statistische Hypothesenprüfung)

change
Wandel *m*, Wechsel *m*, Veränderung *f*,
Änderung *f*

change of behavior (*brit* behaviour, behavior change, behavior modification, modification of behavior)
Verhaltensänderung *f*, Verhaltensmodifikation *f* *(Psychologie)*

change of demand (shift of demand, demand shift)
Nachfrageverschiebung *f*, Bedarfsverschiebung *f* *(Volkswirtschaftslehre)*

change of life (climacterium, menopause)
Klimakterium *n*, Wechseljahre *n/pl*
(Psychologie)

changeover trial (change-over trial, crossover plan)
Überkreuzplan *m*, Überkreuzversuch *m*, Gruppenwechselversuch *m*, Überkreuz-Wiederholungsversuch *m* *(statistische Hypothesenprüfung)*
channel
Kanal *m* *(information theory)* *(Kommunikationsforschung)*
channel capacity
Kanalkapazität *f* *(Informationstheorie)*
channel of communication (communication channel)
Kommunikationskanal *m*, Nachrichtenkanal *m*, Nachrichtenübermittlungskanal *n* *(Kommunikationsforschung)*
Chapin social status scale (Chapin scale of social status) (St. F. Chapin)
Chapin-Skala *f*, Chapinsche Sozialstatusskala *f*, Chapinsche Skala *f* des Sozialstatus *(empirische Sozialforschung)*
Chapman-Kolmogorov equation (Chapman-Kolmogoroff equation)
Chapman-Kolmogorov-Gleichung *f*, Chapman-Kolmogoroff-Gleichung *f* *(Statistik)*
character (personality)
Charakter *m*, Charakterstruktur *f*, Persönlichkeit *f*, Persönlichkeitsstruktur *f* *(Psychologie)*
character formation
Persönlichkeitsbildung *f* *(Entwicklungspsychologie)*
character structure (personality structure)
Charakterstruktur *f* *(Psychologie)*
character trait (trait)
Charakterzug *m*, Zug *m* *(Psychologie)*
characteristic
1. Charakteristikum *n*, charakteristisches Kennzeichen *n*, charakteristisches Merkmal *n*, Wesenszug *m* *(Psychologie)*
2. Charakteristik *f*, Eigentümlichkeit *f*, Kennzeichen *n* *(Psychologie)*
characteristic exponent of a stable distribution
charakteristischer Exponent *m* einer stabilen Verteilung *(Statistik)*
characteristic function (c.f.)
Charakteristik *f* des Items, Eigenfunktion *f* *(Statistik)*
characteristic root (eigenvalue, latent root)
Eigenwert *m*, charakteristische Wurzel *f* *(Mathematik/Statistik)*
characteristic vector (eigenvector)
Eigenvektor *m*, charakteristischer Vektor *m* *(Mathematik/Statistik)*
characterization
Charakterisierung *f*, Kennzeichnung *f*

charisma
Charisma *n* (Ernst Troeltsch/Max Weber), Gnadengabe *f* *(Soziologie)*
charismatic action
charismatisches Handeln *n*, charismatisch legitimiertes Handeln *n*, durch Charisma legitimiertes Handeln *n* *(Soziologie)*
charismatic authority
charismatische Autorität *f* (Max Weber) *(Soziologie)*
vgl. legal authority, traditional authority
charismatic leadership (ideal leadership)
charismatische Führung *f*, charismatische Führerschaft *f* (Max Weber) *(Soziologie)*
charismatic movement
charismatische Bewegung *f* *(Soziologie)*
charismatic person (charismatic personality)
charismatische Persönlichkeit *f*, charismatische Person *f*, mit Charisma ausgestattete Persönlichkeit *f*
charitable association (charitable organization, brit organisation)
Wohlfahrtsverband *m*, Wohlfahrtsorganisation *f*, Wohltätigkeitsverein *m* *(Soziologie)*
charity
Wohltätigkeit *f*
charity organization (eleemosynary corporation)
Wohltätigkeitsverein *m*, Wohltätigkeitsvereinigung *f*
Charlier distribution
Charlier Verteilung *f*, Charliersche Verteilung *f* *(Statistik)*
Charlier's check
Charlier-Test *m* *(Statistik)*
Charlier polynomial
Charlier-Polynom *n*, Charliersches Polynom *n* *(Statistik)*
chart
Tafel *f*, Tabelle *f* *(Mathematik/Statistik)*
chart (diagram, graph, plot)
Diagramm *n*, Schaubild *n*, Graphik *f*, graphische Darstellung *f* *(graphische Darstellung)*
charter
Charta *f*, Urkunde *f*, Verfassungsurkunde *f*
chastity
Keuschheit *f*
chattel slavery
Hausklavenhaltung *f* *(Soziologie)*
chauvinism
Chauvinismus *m*, übersteigerter Nationalismus *m*, übersteigerter Patriotismus *m* *(politische Wissenschaft)*
cheater
Fälscher *m* *(empirische Sozialforschung)*

cheater question
  Fälscherfrage *f (empirische Sozialforschung)*
cheating (falsification, deception)
  Fälschen *n*, Fälschung *f* (von Interviews (*empirische Sozialforschung*)
check coding (control coding)
  Kontrollverschlüsselung *f (Datenanalyse)*
check interview (control interview)
  Kontrollinterview *n*, Kontrollbefragung *f (Umfrageforschung)*
check interviewer (control interviewer)
  Kontrollinterviewer *m (Umfrageforschung)*
checklist rating scale (check list rating scale)
  Prüflisten-Rangskala *f*, Checklisten-Rangskala *f (Skalierung)*
checks and balances *pl* **(division of powers, separation of powers)**
  Gewaltenteilung *f*, Gewaltentrennung *f (politische Wissenschaften) (Organisationssoziologie)*
chi-squared (chi square, χ^2)
  Chi-Quadrat *n*, Chi-Quadrat-Maßzahl *f*, Maßzahl *f* Chi-Quadrat *(Statistik)*
chi-squared distribution (chi-square distribution, χ^2 distribution)
  Chi-Quadrat-Verteilung *f (Statistik)*
chi-squared test (chi-square test, χ^2 test)
  Chi-Quadrat-Test *f (Statistik)*
Chicago school
  Chicagoer Schule *f*, der Sozialforschung *(empirische Sozialforschung)*
chieftain (chief headman, *pl* **headmen)**
  Häuptling *m*, Anführer *m*, Stammesführer *m*, Oberhaupt *n* eines Stammes *(Kulturanthropologie)*
chieftaincy
  Häuptlingstum *n*, Häuptlingsschaft *f*, Anführerschaft *f (Kulturanthropologie)*
child (*pl* **children)**
  Kind *n*
child abuse
  Kindsmißhandlung *f*
child care
  Kinderfürsorge *f*, Kinderpflege *f*
child guidance (William Healy)
  heilpädagogische Kinderfürsorge *f*, Erziehungsberatung *f*, Child Guidance *f (Psychologie)*
child guidance movement (William Healy)
  Child-Guidance-Bewegung *f*
child labor (*brit* **child labour)**
  Kinderarbeit *f*
child marriage
  Kindsheirat *f (Kulturanthropologie)*
child-price (progeny-price, child wealth)
  Kindspreis *m (Kulturanthropologie)*

child psychiatry
  Kinderpsychiatrie *f*
child psychology
  Kinderpsychologie *f*
child rearing
  Kindererziehung *f*, Aufziehen *n* von Kindern
child socialization (*brit* **child socialisation)**
  Kindersozialisation *f*, Kindessozialisation *f (Soziologie)*
child welfare (child care)
  Kinderwohlfahrt *f*, Jugendwohlfahrt *f*
child-woman ratio
  Fruchtbarkeitsverhältnis *n*, effektive Fruchtbarkeitsrate *f*, effektive Fruchtbarkeitsziffer *f*, effektive Fruchtbarkeitsquote *f*, Verhältnis *n* von Frauen zu Kindern *(Demographie)*
childhood
  Kindheit *f (Entwicklungspsychologie)*
childhood sexuality (infantile sexuality)
  kindliche Sexualität *f (Psychologie)*
children's apperception test (CAT) (Leopold Bellak)
  Kinder-Apperzeptionstest *m*, Apperzeptionstest *m* für Kinder *(Psychologie)*
children's court (juvenile court, adolescent court)
  Jugendgericht *n*
chiliasm
  Chiliasmus *m (Religionssoziologie) (Kulturanthropologie)*
chiliastic
  chiliastisch *adj (Religionssoziologie) (Kulturanthropologie)*
choice
  Auswahlalternative *f*, Auswahl *f*, Wahl *f*, Wahlhandlung *f*, Auswählen *n (Entscheidungstheorie) (Soziometrie)*
choice behavior (*brit* **choice behaviour)**
  Auswahlverhalten *n*, Wählverhalten *n*, Wählen *n*, Auswählen *n (Entscheidungstheorie) (Soziometrie)*
choice experiment
  Auswahlexperiment *n*, Wählexperiment *n (experimentelle Anlage)*
choice point
  Wahlpunkt *m*, Auswahlpunkt *m (Verhaltensforschung)*
choice reaction
  Auswählreaktion *f*, Wahlreaktion *f*, Wählreaktion *f*, Wahlhandlung *f*, Wählhandlung *f (Entscheidungstheorie)*
choice reaction
  Auswählmethode *f*, Auswählverfahren *n (Entscheidungstheorie)*
choice status
  Wahlstatus *m (Soziometrie)*

choice technique (ordering technique)
Wahlmethode *f*, Wahlverfahren *n*, Auswahlmethode *f*, Auswahlverfahren *n*, Auswählmethode *f*, Auswähltechnik *f* *(Soziometrie)*
choice-rejection pattern
Wahl-Ablehnungs-Muster *n*, Muster *n* der Wahlhandlungen und Ablehnungsentscheidungen *(Soziometrie)*
choleric
cholerisch *adj (Psychologie)*
choleric (choleric type)
Choleriker *m (Psychologie)*
choropleth map (shaded map)
schattierte Karte *f*, schattierte Landkarte *f*, Karte *f* mit Schattierungen, Landkarte *f* mit Schattierungen *(graphische Darstellung) (Statistik)*
christendom
Christenheit *f*, die christliche Welt *f*
Christian ethics *pl als sg konstruiert*
christliche Ethik *f*, christliche Sittenlehre *f*, christliche Moralphilosophie *f* *(Religionssoziologie)*
Christianity (christianity)
Christentum *n*, christlicher Glaube *m* *(Religionssoziologie)*
chromogram
Chromogramm *n* (Ulrich Jetter) *(Datenanalyse)*
chronic mobility (habitual mobility)
chronische Mobilität *f*, sehr hohe Mobilität *f*
chronic suicide
chronischer Selbstmord *m*, langfristiger Selbstmord *m* (Karl A. Menninger) *vgl.* focal suicide, organic suicide
chronological age (C.A., CA) (life age)
chronologisches Alter *n*, Lebensalter *n* *(Demographie)*
vgl. mental age
chunk
1. Haufen *m*, große Menge *f (Statistik)*
2. Untersuchungsspot *m*, Spot *m* *(Umfrageforschung)*
chunk sample (convenience sample, accidental sample, haphazard sample, incidental sample, pick-up sample, *derog* **street-corner sample)**
Gelegenheitsstichprobe *f*, Gelegenheitsauswahl *f*, unkontrollierte Zufallsstichprobe *f (Statistik)*
chunk sampling (convenience sampling (accidental sampling, haphazard sampling, incidental sampling, pick-up sampling, *derog* **street-corner sampling)**
Gelegenheitsauswahl *f*, Gelegenheitsauswahlverfahren *n*, Gelegenheitsstichprobenbildung *f*, unkontrollierte Zufallsauswahl *f*, unkontrolliertes Zufallsstichprobenverfahren *n (Statistik)*
church
Kirche *f*, Kirchengemeinde *f*
church affiliation (religious affiliation)
Kirchenmitgliedschaft *f*, Kirchenangehörigkeit *f*, Kirchenzugehörigkeit *f*
church attendance (religious attendance)
Kirchenbesuch *m*
church participation
Teilnahme *f* am Kirchengeschehen, Teilnahme *f* am Gemeindeleben *(Sozialforschung)*
church sociology
Kirchensoziologie *f*, Pfarrsoziologie *f*
church-sect typology
Typologie *f* von Kirche und Sekte (Ernst Troeltsch) *(Religionssoziologie)*
cichlid effect (Jessie Bernard)
Buntbarscheffekt *m (Ethologie)*
cicisbeism
Cicisbeismus *m (Kulturanthropologie)*
cicisbeo
Cicisbeo *m (Kulturanthropologie)*
circular causal chain (pseudo-feedback)
zyklische Kausalkette *f*, kreisförmige Kausalkette *f*, Pseudo-Rückkopplung *f* *(Kybernetik)*
circular chart (circular diagram, circle graph, sector chart, pie chart, pie diagram, pie graph)
Kreisdiagramm *n*, Tortenbild *n*, Tortendiagramm *n (graphische Darstellung)*
circular definition
Zirkeldefinition *f*, zyklische Definition *f* *(Logik)*
circular formula (*pl* **formulas** *or* **formulae)**
Zirkularreihenformel *f (Statistik)*
circular interaction
zirkuläre Interaktion *f*, Zirkelinteraktion *f (Soziologie)*
circular normal distribution
zyklische Normalverteilung *f (Statistik)*
circular organization chart (*brit* **circular organisation chart)**
kreisförmige Darstellung *f* einer Organisationsstruktur *(graphische Darstellung) (Organisationssoziologie)*
circular reaction (circular reflex, circular response, circular interaction, milling)
zirkuläre Reaktion *f*, Zirkelreaktion *f*, Ping-Pong-Reaktion *f (Sozialpsychologie)*
circular serial correlation coefficient
zirkulärer Reihenkorrelationskoeffizient *m*, Zirkularreihen-Korrelationskoeffizient *m (Statistik)*

circular test
Zirkularitätstest *m*, Zirkulartest *m*
(Statistik)
circular triad
Zirkeltriade *f*, Widerspruchstriade *f*
(Logik) (Statistik)
circulation of elites (circulation of élites, circulation of the elite) (Vilfredo Pareto)
Zirkulation *f* der Eliten *(Soziologie)*
circulation of social class (social class circulation)
Klassenzirkulation *f (Soziologie)*
citizen (*brit* subject)
Staatsangehöriger *m*, Staatsbürger *m*, Bürger *m*, Einwohner *m*
citizen participation (political participation, political involvement, citizen involvement, citizen participation in politics)
politische Teilnahme *f*, politische Partizipation *f*, politische Mitwirkung *f (politische Wissenschaften)*
citizenry
Bürgerschaft *f*
citizenship
1. Bürgerrecht *n*, Staatsbürgerrecht *n*
2. Staatsangehörigkeit *f*, Nationalität *f*
city
Stadt *f*, Großstadt *f* (Sozialökologie)
city-block distance (city-block metric, taxicab metric)
City-Block-Distanz *f*, Manhattan-Distanz *f (multidimensionale Skalierung)*
city-dweller (urban dweller, urbanite)
Stadtbewohner *m (Sozialökologie)*
city government (municipal government, urban administration)
Stadtverwaltung *f*, städtische Verwaltung *f*, Magistrat *m*, Munizipalverwaltung *f*, Stadtregierung *f (politische Wissenschaften)*
city hall
Rathaus *n (Sozialökologie)*
city manager
Stadtdirektor *m (politische Wissenschaft)*
city manager form of municipal government
Stadtregierung *f* durch einen Stadtdirektor *(politische Wissenschaften)*
city planning (urban planning, town planning)
urbane Planung *f*, Stadtplanung *f*, städtische Planung *f (Sozialökologie)*
city regionalism (Roderick D. Mckenzie)
Stadtregionalismus *m*, städtischer Regionalismus *m (Sozialökologie)*
city-state
Stadtstaat *m (politische Wissenschaften)*

cityscape (townscape)
Stadtbild *n*, Stadtlandschaft *f (Sozialökologie)*
cityward migration
Landflucht *f*, Abwanderung *f* vom Land in die Stadt *(Migration)*
civic assimilation
staatsbürgerliche Assimilation *f*, staatsbürgerliche Assimilierung *f*, politische Assimilation *f*, politische Assimilierung *f (Soziologie)*
civic center (*brit* civic centre)
Behördenviertel *n (Sozialökologie)*
civic duty (civic obligation)
Staatsbürgerpflicht *f*, staatsbürgerliche Pflicht *f*, Bürgerpflicht *f*
civic education (civics *pl als sg konstruiert*)
Staatsbürgerkunde *f*, staatsbürgerlicher Unterricht *m*, Gemeinschaftskunde *f*
civil citizenship (Thomas H. Marshall)
Staatsbürgerstatus *m*, der Status *m* des Trägers von Bürgerrechten, bürgerliche Ehrenrechte *n/pl*, politische Staatsbürgerrechte *n/pl (politische Wissenschaften)*
civil disobedience
ziviler Ungehorsam *m*
civil law (code law, codified law)
bürgerliches Recht *n*, Zivilrecht *n*, Privatrecht *n*
civil liberties *pl*
Bürgerfreiheit(en) *f(pl)*, bürgerliche Freiheitsrechte *n/pl*
vgl. civil rights
civil marriage
Ziviltrauung *f*, standesamtliche Heirat *f*, nichtkirchliche Heirat *f*
civil population
Zivilbevölkerung *f (Demographie)*
civil registration
standesamtliche Erfassung *f* von Personendaten, zivilrechtliche Erfassung *f* von Personendaten, behördliche Erfassung *f* von Personendaten *(Demographie)*
civil religion
Diesseits-Religion *f*, Zivilreligion *f*, quasi-religiöses Glaubens- und Normensystem *n (Religionssoziologie)*
civil rights *pl*
Bürgerrechte *n/pl*, Staatsbürgerrechte *n/pl*, bürgerliche Ehrenrechte *n/pl*, politische Staatsbürgerrechte *n/pl*
vgl. civil liberties
civil rights movement
Bürgerrechtsbewegung *f (politische Wissenschaften)*

civil service
öffentlicher Dienst *m*, öffentliche Hand *f*, Staatsdienst *m*
civil war
Bürgerkrieg *m*
civil-law system (code-law system, codified-law system)
Zivilrechtssystem *n*, System *n* des Zivilrechts
civil-military coalition
Regierungskoalition *f*, Regierungsbündnis *n* zwischen Zivilisten und Militär *(politische Wissenschaften)*
civil-military relations *pl*
Zivil-Militär-Beziehungen *f/pl*, Beziehungen *f/pl* zwischen Zivilisten und Militär *(politische Wissenschaften)*
civil-military symbiosis
Zivil-Militär-Symbiose *f*, gemeinschaftliche Herrschaftsausübung *f* von Zivilisten und Militär *(politische Wissenschaften)*
civilian state (Harold D. Lasswell)
ziviler Staat *m* *(politische Wissenschaften)*
vgl. garrison state
civility (Edward A. Shils)
staatsbürgerlicher Verantwortungssinn *m*, Zivilität *f* *(Soziologie)*
civilization (*brit* **civilisation)**
1. Zivilisation *f*, Kultur *f* *(Kulturanthropologie) (Soziologie)*
2. Zivilisierung *f* *(Kulturanthropologie) (Soziologie)*
clan
Klan *m*, Sippengruppe *f*, Sippengemeinschaft *f* *(Kulturanthropologie)*
clan barrio (George P. Murdock)
Sippen-Ortschaft *f*, Klan-Ortschaft *f*, Klan-Kreis *m* *(Kulturanthropologie)*
clan community (George P. Murdock) (kin community)
Sippengemeinde *f*, Klan-Gemeinde *f*, Clan-Gemeinde *f* *(Kulturanthropologie)*
clan law
Sippenrecht *n*, Sippengesetz *n*, Klan-Recht *n*, Klan-Gesetz *n* *(Kulturanthropologie)*
clan-law society
sippenrechtliche Gesellschaft *f*, Sippenrechtsgesellschaft *f*, Klan-gesetzliche Gesellschaft *f* *(Kulturanthropologie)*
clan mate (sib mate)
Sippenangehöriger *m*, Angehöriger *m* derselben Sippe *(Kulturanthropologie)*
clan totemism
Sippen-Totemismus *m*, Klan-Totemismus *m*, Clan-Totemismus *m* *(Kulturanthropologie)*

claque
Claque *f*
class
Klasse *f*
class barrier
Klassenschranke *f* *(Soziologie)*
class boundary (class limit)
Klassengrenze *f* *(Statistik)*
class code (bracket code)
Klassencode *m*, zusammengefaßter Code *m* *(empirische Sozialforschung)*
class conflict
Klassenkonflikt *m* *(Soziologie)*
class consciousness
Klassenbewußtsein *n* *(Sozialpsychologie)*
class crystallization
Klassenkristallisation *f*, Herauskristallisierung *f* von Klassen, scharfe Abgrenzung *f* zwischen den Klassen, Betonung *f* der Klassenunterschiede (Gerhard E. Lenk) *(Soziologie)*
class culture
Klassenkultur *f*, Schichtkultur *f* *(Kulturanthropologie)*
class dictatorship
Klassendiktatur *f*, Diktatur *f* einer Klasse *(politische Wissenschaften)*
class difference
Klassenunterschied *m* *(Soziologie)*
class endogamy
Klassenendogamie *f*, Schichtendogamie *f* *(Kulturanthropologie)*
class frequency
Klassenhäufigkeit *f* *(Statistik)*
class-general goal
klassenübergreifendes Ziel *n*, ein allen Gesellschaftsklassen gemeinsames Ziel *n* *(Soziologie)*
vgl. class-specific goal
class heterogamy
Klassenheterogamie *f*, Schichtheterogamie *f* *(Kulturanthropologie)*
class hierarchy
Klassenhierarchie *f*, soziale Hierarchie *f* *(Soziologie)*
class hypergamy
Klassenhypergamie *f*, Schichthypergamie *f* *(Kulturanthropologie)*
class hypogamy
Klassenhypogamie *f*, Schichthypogamie *f* *(Kulturanthropologie)*
class identification
Klassenidentifizierung *f*, Klassenidentifikation *f* *(Sozialpsychologie)*
class interaction
Klasseninteraktion *f*, Schichtinteraktion *f* *(Soziologie)*
class interest
Klasseninteresse *n* *(Soziologie)*

class interval (stated limit, group interval, step interval, class boundaries *pl***, class limits** *pl***)**
Klassenintervall *n* *(Statistik)*
class law (class legislation)
Klassengesetz *n*, Klassenrecht *n*
class mark (class mean, class mid-point)
Klassenmitte *f* *(Statistik)*
class morality
Klassenmoral *f* *(Sozialpsychologie)*
class movement
Klassenbewegung *f* *(Soziologie)*
class peer
Klassengenosse *m*, Klassengenossin *f*, Angehörige(r) *f(m)* derselben Gesellschaftsklasse, Angehörige(r) *f(m)* derselben Sozialschicht *(Soziologie)*
class prejudice
Klassenvorurteil *n* *(Sozialpsychologie)*
class segregation
Klassentrennung *f*, Segregation *f* der Klassen *(Soziologie)*
class size
Klassenumfang *m* *(Statistik)*
class society
Klassengesellschaft *f* *(Soziologie)*
class-specific goal
klassenspezifisches Ziel *n*, schichtspezifisches Ziel *n*
vgl. class-general goal
class status consciousness
Bewußtsein *n* des Klassenstatus (Werner S. Landecker)
class structure
Klassenstruktur *f*, Schichtstruktur *f* *(Soziologie)*
class struggle
Klassenkampf *m* *(Soziologie)*
class symbol
Klassensymbol *n* *(Statistik)*
class system
Klassensystem *n*, gesellschaftliches Klassensystem *n*, System *n* der sozialen Schichtung *(Soziologie)*
class-interest consciousness
Bewußtsein *n* des Klasseninteresses (Werner S. Landecker)
class-structure consciousness
Bewußtsein *n* der Klassenstruktur (Werner S. Landecker)
class-structure hypothesis
Klassenstrukturhypothese *f*, Hypothese *f* von der Klassenstruktur der Gesellschaft, Schichtstrukturhypothese *f*, Hypothese *f* von der Schichtstruktur der Gesellschaft *(Soziologie)*

classical conditioning (Ivan Petrovitsch Pavlov) (forward conditioning, Pavlovian conditioning, type s conditioning, respondent conditioning)
klassische Konditionierung *f*, respondente Konditionierung *f*, reflexive Konditionierung *f*, ausgelöste Konditionierung *f* *(Verhaltensforschung)*
vgl. instrumental conditioning
classical definition of probability
klassische Wahrscheinlichkeitsdefinition *f*, klassische Definition *f* der Wahrscheinlichkeit *(Wahrscheinlichkeitstheorie)*
classical experimental design (classical design)
klassische experimentelle Anlage *f*, klassische Anlage *f*, klassische Versuchsanlage *f* *(Hypothesenprüfung)*
classical extended family
klassische erweiterte Familie *f* *(Kulturanthropologie)*
classical inference procedures *pl*
klassische Inferenzverfahren *n/pl* *(statistische Hypothesenprüfung)*
classical philology
klassische Philologie *f*
classification
Klassifizierung *f*, Klassifikation *f*, Einteilung *f* in Klassen, Gruppierung *f* nach Klassen *(Datenanalyse)* *(Theoriebildung)*
classification statistic
Klassifizierungsmaßzahl *f*, Klassifikationsmaßzahl *f*, Zuordnungsmaßzahl *f* *(Statistik)*
classificatory concept
Klassifikationskonzept *n*, klassifikatorisches Konzept *n* *(Datenanalyse)* *(Theoriebildung)*
classificatory system
Klassifikationssystem *n*, Klassifizierungssystem *n* *(Datenanalyse)* *(Theoriebildung)*
classificatory type
Klassifikationstyp *m*, klassifikatorischer Typus *m* *(Datenanalyse)* *(Theoriebildung)*
classificatory typology
Klassifikationstypologie *f*, klassifikatorische Typologie *f* *(Datenanalyse)* *(Theoriebildung)*
classless society
klassenlose Gesellschaft *f* *(Soziologie)*
vgl. class society
cleaning (editing)
Bereinigung *f* *(Datenanalyse)*
cleaning of data (data cleaning)
Datenbereinigung *f*, Cleanen *n* von Daten *(Datenanalyse)*

cleavage
Zerrissenheit f, Spaltung f, Teilung f, Aufspaltung f, Zerteilung f *(Soziologie)*

clemency
Gnade f, Straferlaß m, Gnadenerweis m *(Kriminologie)*

clergy
Klerus m, Priesterschaft f, Geistlichkeit f *(Religionssoziologie)*

clerical
klerikal, geistlich, die Geistlichkeit betreffend *(Religionssoziologie)*

clerical work (office work, white collar work, black collar work)
Büroarbeit f, Bürotätigkeit f

clerical worker (clerk, office clerk, office worker, white collar worker, black collar worker)
Büroangestellte(r) $f(m)$, Bürokraft f, Schreibkraft f

clericalism
Klerikalismus m, klerikale Politik f *(Religionssoziologie)*

clerk (clerical worker)
kaufmännische(r) Angestellte(r) $f(m)$, Verkäufer m, Verkäuferin f, Handelsgehilfe m, Handelsgehilfin f

client
1. Klient m, Auftraggeber m, Kunde m *(Marktforschung)*
2. Patient(in) $m(f)$ *(Psychotherapie)*

client-centered psychotherapy (Carl R. Rogers)
patientenorientierte Psychotherapie f

climacterium (change of life, menopause)
Klimakterium n, Wechseljahre n/pl *(Psychologie)*

climate of opinion (Joseph Glanvill)
Meinungsklima n *(Kommunikationsforschung)*

climatic determinism
klimatischer Determinismus m, Klimatheorie f *(Soziologie)*

climax stage
Gleichgewichtszustand m eines Stadtgebiets *(Sozialökologie)*

clinical method
klinische Methode f, Einzelfallmethode f *(Psychoanalyse)*

clinical psychology
klinische Psychologie f

clinical sociology (concrete sociology)
klinische Soziologie f, konkrete Soziologie f

cliometrician
Kliometriker(in) $m(f)$ *(Mathematik/Statistik/Geschichte)*

cliometrics *pl als sg konstruiert* **(A. H. Conrad)**
Kliometrie f *(Mathematik/Statistik/Geschichte)*

clique
Clique f, Klüngel m *(Gruppensoziologie)*

clique index (pl indexes or indices)
Cliquen-Index m *(Soziometrie)*

closed class (closed social class)
geschlossene Klasse f, geschlossene Schicht f *(Soziologie)*
vgl. open class

closed-class ideology
geschlossene Klassenideologie f, Ideologie f des geschlossenen Klassensystems *(Soziologie)*
vgl. open-class ideology

closed-class system
geschlossenes Klassensystem n *(Soziologie)*
vgl. open-class system

closed community (closed village, corporate village, corporate community) (Eric Wolf)
geschlossene Gemeinde f, geschlossene Dorfgemeinde f *(Sozialökologie)*
vgl. open community

closed-ended (closed, bounded)
geschlossen *adj*
vgl. open-ended

closed-ended question (closed question)
geschlossene Frage f *(Psychologie/empirische Sozialforschung)*
vgl. open-ended questionnaire

closed family
geschlossene Familie f, abgeschlossene Familie f
vgl. open family

closed group
geschlossene Gruppe f *(Gruppensoziologie)*
vgl. open group

closed loop
geschlossene Schleife f, geschlossene Feedbackschleife f *(Kybernetik)*
vgl. open loop

closed marriage system
geschlossenes System n der Gattenwahl, geschlossenes Heiratssystem n *(Ethnologie)*
vgl. open marriage system

closed mind (Milton Rokeach)
geschlossene Persönlichkeit f, geschlossene Persönlichkeitsstruktur f, dogmatische Persönlichkeit f *(Verhaltensforschung)*
vgl. open mind

closed organization (*brit* **closed organisation**)
geschlossene Organisation *f* (*Organisationssoziologie*)
vgl. open organization

closed population
geschlossene Bevölkerung *f* (*Demographie*)
vgl. open population

closed procedure
abgeschlossenes Verfahren *n*, geschlossenes Verfahren *n* (*Sequenzanalyse*)
vgl. open procedure

closed question (**closed alternative question, restricted question, fixed alternative question, closed-ended question, closed-end question**)
geschlossene Frage *f*, Frage *f* mit Antwortvorgaben, strukturierte Frage *f* (*Psychologie/empirische Sozialforschung*)

closed recruitment
geschlossene Rekrutierung *f* (*Soziologie*)
vgl. open recruitment

closed sequential scheme (**closed scheme, closed procedure, closed sequential procedure**)
abgeschlossenes sequentielles Verfahren *n* (*Statistik*)
vgl. open sequential scheme

closed shop (**union shop**)
gewerkschaftlich geschlossener Betrieb *m*, Open Shop *m* (*Industriesoziologie*)
vgl. closed shop

closed society
geschlossene Gesellschaft *f* (*Soziologie*)
vgl. open society

closed system (**energy-tight system, isolated system**)
geschlossenes System *n*, geschlossenes Sozialsystem *n* (*Kybernetik*) (*Soziologie*) (*Systemtheorie*)
vgl. open system

closed village (**corporate village, closed community, corporate community**) (**Eric Wolf**)
geschlossene Gemeinde *f*, geschlossene Dorfgemeinde *f* (*Sozialökologie*)
vgl. open community

closeness in estimation
Güte *f* einer Schätzung (*Statistik*)

closure
1. Geschlossenheit *f* (*Gestaltpsychologie*)
2. Definität *f* (*Skalierung*)

Cloward and Ohlin's theory of delinquent behavior (*brit* **behaviour**) (**Richard A. Cloward/Lloyd E. Ohlin**)
Chancenstrukturtheorie *f*, Gelegenheitsstrukturanalyse *f*, Cloward und Ohlins Theorie *f* des kriminellen Verhaltens (*Kriminalsoziologie*)

club
Klub *m*, Verein *m* (*Soziologie*)

cluster
Cluster *n*, Klumpen *m*, geschlossene Erfassungsgruppe *f*, Bündel *n* (*Datenanalyse*)

cluster analysis
Clusteranalyse *f*, Klumpenanalyse *f*, Klumpungsanalyse *f* (*Datenanalyse*)

cluster effect (**clustering**)
Klumpeneffekt *m*, Klumpungseffekt *m*, Bündelungseffekt *m*, Klumpung *f* (*Statistik*) (*Datenanalyse*)

cluster of trait elements
Bündel *n* übereinstimmender Eigenschaftselemente (*Psychologie/Faktorenanalyse*)

cluster sample (**clustered sample**)
Klumpenauswahl *f*, Klumpenstichprobe *f*, Cluster-Sample *n*, Stichprobe *f* aus geschlossenen Erfassungsgruppen (*Statistik*)

cluster sampling (**clustered sampling, clustering**)
Klumpenauswahlverfahren *n*, Klumpenauswahlmethode *f*, Klumpenauswahl *f*, Klumpenstichprobenverfahren *n*, Klumpenstichprobenbildung *f*, Klumpenbildung *f*, Klumpenstichprobenentnahme *f* (*Statistik*)

cluster size
Klumpenumfang *m*, Cluster-Umfang *m* (*Statistik*)

clustering
Klumpenbildung *f*, Cluster-Bildung *f* (*Statistik*) (*Datenanalyse*)

coacting group (**Floyd H. Allport**)
Koaktionsgruppe *f*, koagierende Gruppe *f*, objektiv zusammenwirkende Gruppe *f* (*Gruppensoziologie*)

coaction
Koaktion *f*, Zusammenwirken *n* (*Gruppensoziologie*)

co-adaptation (**coadaptation**) (**Luther L. Bernard**)
Ko-Adaption *f*, wechselseitige Anpassung *f*, wechselseitige Angleichung *f* (*Kulturanthropologie*)

coadaptive process
Prozeß *m* der Ko-Adaptation (*Kulturanthropologie*)

coadaptive process (co-adaptive process, process of co-adaptation, co-adaptation process)
ko-adaptiver Prozeß *m*, Prozeß *m* der Ko-Adaption *(Kulturanthropologie)*
coalition
Koalition *f*, Bündnis *n*, Bündnis *n* auf Zeit *(politische Soziologie/Spieltheorie)*
coalition formation
Koalitionsbildung *f*, Bündnisbildung *f* *(politische Soziologie/Spieltheorie)*
co-archy (Harold D. Lasswell)
Ko-Archie *f (politische Wissenschaften)*
coat-tail effect
Rockzipfeleffekt *m (politische Wissenschaften)*
Cochran's criterion (*pl* criteria)
Cochran-Kriterium *n*, Cochransches Kriterium *n (Statistik)*
Cochran's Q test
Cochran-Q-Test *m*, Cochranscher Q-Test *m (statistische Hypothesenprüfung)*
Cochran's rule
Cochran-Regel *f*, Cochransche Regel *f (Statistik)*
Cochran's test
Cochran-Test *m*, Cochranscher Test *m (Statistik)*
Cochran's theorem
Cochran-Theorem *n*, Cochransches Theorem *n (Statistik)*
cocktail party effect
Cocktailparty-Effekt *m (Kommunikationsforschung)*
codability
Verschlüsselbarkeit *f (Verhaltensforschung)*
code
Kode *m*, Code *m*, Schlüssel *m (Datenanalyse) (Kommunikationsforschung)*
code book (codebook, coding book)
Kodebuch *n*, Code-Buch *n (Datenanalyse)*
code law (codified law, civil law)
bürgerliches Recht *n*, Zivilrecht *n*, Privatrecht *n*
code-law system (codified-law system, civil-law system)
Zivilrechtssystem *n*, System *n* des Zivilrechts
code plan
Kodeplan *m*, Codeplan *m*, Verschlüsselungsplan *m (Datenanalyse)*
code sheet (coding sheet)
Kodeblatt *n*, Codeblatt *n*, Kodierblatt *n (Datenanalyse)*
code test (symbol substitution test, substitution test)
Substitutionstest *m (Psychologie)*

code verifier
Kodeprüfer *m*, Codeprüfer *m*, Kode-Überprüfer *m*, Code-Überprüfer *m (Datenanalyse)*
coded mean
verschlüsselter Zentralwert *m (Statistik)*
codetermination (co-determination, employee participation, workers' participation)
Mitbestimmung *f*, betriebliche Mitbestimmung *f*, innerbetriebliche Mitbestimmung *f*
codification of the rules stage (Jean Piaget)
Phase *f* der Kodifizierung der Regeln, der Festlegung der Regeln *(Entwicklungspsychologie)*
coding
Kodierung *f*, Codierung *f*, Verkodung *f*, Verschlüsselung *f (Statistik) (Datenanalyse)*
coding and classifying
Kodierung *f* und Klassifizierung *f*, Verschlüsselung *f* und Klassifizierung *f (Datenanalyse)*
coding and tabulating
Kodierung *f* und Tabulierung *f*, Verschlüsselung *f* und Tabulierung *f (Datenanalyse)*
coding frame (coding scheme)
Kodierungsrahmen *m*, Codier-Rahmen *m*, Verschlüsselungsrahmen *m (Datenanalyse)*
coding key
Kode-Schlüssel *m*, Code-Schlüssel *m (Datenanalyse)*
coding scheme
Kodierungsschema *n*, Verschlüsselungsschema *n (Datenanalyse)*
coefficient
Koeffizient *m (Mathematik/Statistik)*
coefficient α (alpha coefficient, α coefficient, Cronbach's alpha) (L. J. Cronbach)
Alpha-Koeffizient *m*, α-Koeffizient *m*, Koeffizient *m* Alpha, Koeffizient α, Koeffizient *m* der internen Konsistenz *(Statistik)*
coefficient of agreement
Übereinstimmungskoeffizient *m*, Koeffizient *m* der Übereinstimmung, Koeffizient *m* der Beurteilungsübereinstimmung *(Statistik)*
coefficient of alienation (k)
Alienationskoeffizient *m (Statistik)*
coefficient of association (q, Q) (Yule's Q)
Assoziationskoeffizient *m*, Koeffizient *m* der Assoziation *(Statistik)*

coefficient of autocorrelation (autocorrelation coefficient)
Autokorrelationskoeffizient m, Eigenkorrelationskoeffizient m *(Statistik)*
coefficient of colligation (Y)
Verbundenheitskoeffizient m, Koeffizient m der Verbundenheit *(Statistik)*
coefficient of concentration (G) (Gini coefficient)
Konzentrationskoeffizient m, Gini-Koeffizient m *(Statistik)*
coefficient of concordance (W) (Kendall coefficient of concordance W, Kendall's coefficient of concordance, Kendall's W)
Konkordanzkoeffizient m, Kendall Konkordanzkoeffizient m, Kendalls Konkordanzkoeffizient m *(Statistik)*
coefficient of consistence (coefficient of consistency, coefficient of internal consistence, coefficient of internal consistency, inter-item consistency coefficient, inter-item coefficient)
Konsistenzkoeffizient m, Kendall-Konsistenzkoeffizient m, Kendallscher Konsistenzkoeffizient m *(Statistik)*
coefficient of contingency (C) (contingency coefficient, contingency coefficient C)
Kontingenzkoeffizient m *(Statistik)*
coefficient of correlation (r) (correlation coefficient)
Korrelationskoeffizient m *(Statistik)*
coefficient of determination (r^2) (determination coefficient)
Bestimmtheitskoeffizient m, Bestimmtheitsmaß n, Determinationskoeffizient m, Koeffizient m der Bestimmtheit *(Statistik)*
coefficient of diffusion (diffusion coefficient)
Diffusionskoeffizient f *(Statistik)*
coefficient of disarray
Unordnungskoeffizient m *(Statistik/Clusteranalyse)*
coefficient of dissimilarity (dissimilarity coefficient)
Unähnlichkeitskoeffizient m *(Statistik/Clusteranalyse)*
coefficient of disturbancy
Störungskoeffizient m *(Statistik)*
coefficient of divergence
Divergenzkoeffizient m, Lexis'scher Divergenzkoeffizient m *(Statistik)*
coefficient of equivalence
Äquivalenzkoeffizient m, Gleichheitskoeffizient m *(Statistik)*
coefficient of excess
Exzeßkoeffizient m *(Statistik)*

coefficient of generalizability (*brit* coefficient of generalisability, generalizability coefficient, *brit* generalisability coefficient)
Verallgemeinerungskoeffizient m, Generalisierbarkeitskoeffizient m *(Hypothesenprüfung)*
coefficient of multiple regression (multiple regression coefficient)
multipler Regressionskoeffizient m *(Statistik)*
coefficient of multiple regression of a sample
multipler Stichproben-Regressionskoeffizient m *(Statistik)*
coefficient of multiple-partial correlation
Koeffizient m der multiplen Teilkorrelation, Koeffizient m Alpha *(Statistik)*
coefficient of non-determination (k^2)
Unbestimmtheitskoeffizient m, Unbestimmtheitsmaß n *(Statistik)*
coefficient of predictability
Voraussagbarkeitskoeffizient m *(Skalierung)*
coefficient of regression (regression coefficient)
Regressionskoeffizient m, Regressionsmaß n *(Statistik)*
coefficient of reliability (reliability coefficient)
Verläßlichkeitskoeffizient m, Reliabilitätskoeffizient m *(statistische Hypothesenprüfung)*
coefficient of reproducibility (CR) (reproducibility coefficient)
Reproduzierbarkeitskoeffizient m, Koeffizient m der Reproduzierbarkeit *(Skalierung)*
coefficient of similarity (similarity coefficient)
Ähnlichkeitskoeffizient m, Koeffizient m der Ähnlichkeit *(Statistik/Clusteranalyse)*
coefficient of stability (stability coefficient)
Stabilitätskoeffizient m *(Statistik)*
coefficient of total determination (coefficient of multiple determination)
Koeffizient m der totalen Bestimmtheit, Koeffizient m der multiplen Bestimmtheit, multipler Bestimmtheitskoeffizient m *(Statistik)*
vgl. coefficient of total non-determination
coefficient of total non-determination (coefficient of multiple nondetermination)
Koeffizient m der totalen Unbestimmtheit, Koeffizient m der multiplen Unbestimmtheit, multipler Unbestimmtheitskoeffizient m *(Statistik)*
vgl. coefficient of total determination

coefficient of validity (validity coefficient)
Validitätskoeffizient *m*, Stichhaltigkeitskoeffizient *m*, Gültigkeitskoeffizient *m* *(statistische Hypothesenprüfung)*
coefficient of variability (variability coefficient, coefficient of variation)
Variabilitätskoeffizient *m* *(Statistik)*
coefficient of variation (CV) (variation coefficient, coefficient of variability (CRV), variability coefficient)
Variationskoeffizient *m*, relative Standardabweichung *f* *(Statistik)*
coenaesthesia (coenesthesia, conesthesis)
Existenzgefühl *n*, Ich-Gefühl *n*, allgemeines Körpergefühl *n*
(Psychologie)
coercion
Zwang *m*, Gewalt *f*, Gewaltanwendung *f*
(Soziologie)
coercive authority
Zwangsautorität *f* *(Soziologie)*
coercive organisation (*brit* organisation (Amitai Etzioni)
Zwangsorganisation *f*, Zwang ausübende Organisation *f* *(Organisationssoziologie)*
coercive persuasion
Überzeugung *f* durch Zwang, zwangsweise Überzeugung *f*
(Kommunikationsforschung)
coercive power (Amitai Etzioni)
Zwangsgewalt *f*, brachiale Gewalt *f*, körperliche Gewalt *f*
(Organisationssoziologie)
coercive sanction
Sanktion *f* durch Zwang, zwangsweise Sanktion *f* *(Soziologie)*
coeval
1. gleichaltrig, gleichzeitig, zeitgenössisch *adj*
2. Altersgenosse *m*, Gleichaltriger *m*
(Kulturanthropologie)
cofactor (co-factor)
1. Kofaktor *m* *(Logik)*
2. Adjunkte *(Mathematik/Statistik)*
cofigurative culture (Margaret Mead)
kofigurative Kultur *f* *(Kulturanthropologie)*
vgl. postfigurative culture, prefigurative culture
cofriend (co-friend)
gemeinsamer Freund *m* *(Soziometrie)*
cognate (matrilineal kin, matrilineal relative, matrilateral kin, matrilateral relative)
Kognat *m*, Verwandter *m* mütterlicherseits, Blutsverwandter *m* mütterlicherseits, Verwandter *m* in der mütterlichen Linie *(Kulturanthropologie)*
vgl. agnate

cognatic group (cognatic descent group)
kognatische Gruppe *f*, kognatische Abstammungsgruppe *f* *(Kulturanthropologie)*
vgl. agnatic group
cognatic solidarity
kognatische Solidarität *f* *(Kulturanthropologie)*
cognation (cognatic descent, matrilineal descent, matrilateral descent)
Kognation *f*, Abstammung *f* in der mütterlichen Linie, Verwandtschaft *f* in der mütterlichen Linie
(Kulturanthropologie)
vgl. agnation
cognition
Kognition *f*, Erkennen *n*, Erkenntnis *f*, Erkenntniswahrnehmung *f* *(Psychologie)*
cognitive
kognitiv, Erkenntnis- *adj* *(Psychologie)*
cognitive ability (cognitive trait)
Erkenntnisfähigkeit *f*, kognitive Fähigkeit *f*, Erkenntnisvermögen *n*
(Psychologie)
cognitive anthropology
Erkenntnisanthropologie *f*, kognitive Anthropologie *f*
cognitive behavior (*brit* cognitive behaviour)
kognitives Verhalten *n* *(Psychologie)*
cognitive consonance (Leon Festinger) (cognitive consistency)
kognitive Konsonanz *f*, kognitive Konsistenz *f*, kognitive Widerspruchsfreiheit *f*, kognitive Stimmigkeit *f* *(Psychologie)*
vgl. cognitive dissonance
cognitive dissonance (Leon Festinger)
kognitive Dissonanz *f* *(Psychologie)*
vgl. cognitive consonance
cognitive dissonance hypothesis (*pl* cognitive dissonance hypotheses, cognitive dissonance theory, hypothesis of cognitive dissonance, theory of cognitive dissonance)
kognitive Dissonanzhypothese *f*, Hypothese *f*, Theorie *f* der kognitiven Dissonanz *(Psychologie)*
cognitive distance (perceptual distance, subject distance)
Wahrnehmungsdistanz *f* *(Psychologie)*
cognitive judgment
kognitives Urteil *n* *(Philosophie)*
cognitive map (Edward C. Tolman) (perceptual map, mental map)
kognitive Karte *f*, kognitive Landkarte *f*, Wahrnehmungslandkarte *f*, Wahrnehmungskarte *f* *(Theorie des Lernens)*

cognitive mapping (Edward C. Tolman)
kognitives Landkartenlernen *n*,
kognitives Mapping *n* *(Theorie des Lernens)*
cognitive mode (of motivational orientation) (Talcott Parsons/Edward A. Shils)
kognitiver Modus *m* (der Motivorientierung) *(Theorie des Handelns)*
cognitive organization (*brit* **cognitive organisation)**
kognitiver Apparat *m*, kognitive Organisation *f* *(Psychologie)*
cognitive psychology (psychology of perception, perceptual psychology, psychology of cognition)
Wahrnehmungspsychologie *f*, Psychologie *f* der Wahrnehmung
cognitive rehearsal (mental training)
mentales Training *n*, gedankliche Übung *f* *(Psychologie)*
cognitive selectivity
kognitive Selektivität *f* *(Psychologie)*
cognitive socialization (*brit* **cognitive socialisation)**
kognitive Sozialisation *f* *(Soziologie)*
cognitive stress
kognitiver Stress *m*, kognitive Belastung *f* *(Psychologie)*
cognitive structure (Kurt Lewin)
kognitive Struktur *f* *(Psychologie)*
cognitive style
kognitiver Stil *m* *(Psychologie)*
cognitive support theory (Seymour Feshbach/Robert D. Singer)
kognitive Support-Theorie *f* *(Psychologie)*
cognitive system
kognitives System *n*, Erkenntnissystem *n* *(Psychologie)*
cognitive theory of learning (cognitive theory of enrichment in perceptual development)
kognitive Lerntheorie *f*, kognitive Theorie *f* des Lernens *(Psychologie)*
cognitive trend
kognitiver Trend *m* *(Psychologie)*
cohabitation
1. eheliches Zusammenleben *n*, Zusammenleben *n* in der Ehe
2. eheähnliches Zusammenleben *n*, eheartiges Zusammenleben *n*
cohabitation union
Kohabitation *f*
coherence (coherency)
Kohärenz *f*
cohesion (cohesiveness)
Kohäsion *f*, Kohäsivität *f*, Zusammenhalt *m*

cohort
Kohorte *f* *(Mathematik/Statistik) (Demographie)*
cohort analysis (*pl* **analyses)**
Kohortenanalyse *f* *(Statistik)*
cohort fertility
Kohortenfruchtbarkeit *f* *(Demographie)*
cohort life table (generation life table)
Kohorten-Sterbetafel *f* *(Demographie)*
cohort rate
Kohortenziffer *f*, Längsschnittziffer *f* *(Statistik)*
cohort time series *pl* + *sg* **(cohort time-series)**
Kohortenzeitreihe *f* *(Statistik)*
cohort total fertility rate
Gesamtfruchtbarkeitsziffer *f* einer Kohorte *(Demographie)*
coincidental interview
Koinzidenzinterview *n*, Koinzidenzbefragung *f* *(empirische Sozialforschung)*
coincidental survey technique (coincidental technique, coincidental method, coincidental procedure)
Koinzidenzmethode *f*, Koinzidenztechnik *f*, Koinzidenzbefragungsverfahren *n* *(empirische Sozialforschung)*
coincidental survey technique (coincidental technique, coincidental method, coincidental procedure)
Koinzidenzumfrage *n*, Koinzidenzbefragung *f*, Technik der Koinzidenzbefragung *f*, Methode der Koinzidenzbefragung *f* *(empirische Sozialforschung)*
coincidental telephone interview
telefonisches Koinzidenzinterview *n*, Koinzidenzinterview *n* per Telefon, Koinzidenzbefragung *f* per Telefon *(empirische Sozialforschung)*
colearning (co-learning)
Ko-Lernen *n*, gemeinsames Lernen *n*, gemeinschaftliches Lernen *n* *(Psychologie)*
collapsed strata method (method of collapsed strata, collapsed stratum method, technique of collapsed strata, collapsed strata technique, collapsed stratum technique, procedure of collapsed strata, collapsed stratum procedure, method of combined strata, combined strata method, combined stratum method)
Methode *f* der zusammengelegten Schichten, Verfahren *n* der zusammengelegten Schichten, Technik *f* der zusammengelegten Schichten *(Statistik)*

collapsed stratum (*pl* **strata, combined stratum**)
zusammengelegte Schicht *f* *(Statistik)*
collateral (lateral)
in einer Nebenlinie verwandt, in einer Seitenlinie verwandt *adj* *(Kulturanthropologie)*
collateral band
indirekte Abstammungshorde *f*, Horde *f*, Schar *f* von entfernt Verwandten *(Kulturanthropologie)*
collateral band
mittelbare Abstammungshorde *f*, indirekte Abstammungshorde *f*, Horde *f*, Schar *f* von entfernt Verwandten *(Kulturanthropologie)*
collateral consanguinity
Blutsverwandtschaft *f* in der Nebenlinie (in der Seitenlinie) *(Kulturanthropologie)*
collateral descent (indirect lineage, indirect linage, collaterality, lateral descent)
mittelbare Abstammung *f*, indirekte Abstammung *f*, Abstammung *f*, Herkunft *f* in einer Nebenlinie *(Kulturanthropologie)*
vgl. direct lineage
collateral descent group (collateral group, indirect lineage group, indirect linage group)
mittelbare Abstammungsgruppe *f*, indirekte Abstammungsgruppe *f*, Gruppe *f* von Verwandten in einer Nebenlinie, in einer Seitenlinie *(Kulturanthropologie)*
collateral line (minor lineage)
Nebenlinie *f*, Seitenlinie *f* (der Verwandtschaft) *(Kulturanthropologie)*
collateral relative (collateral kin, collateral, lateral relative)
Verwandte(r) *f(m)* in einer Nebenlinie, Verwandte(r) *f(m)* durch Anheirat, Schwager *m*, Schwägerin *f* *(Kulturanthropologie)*
collaterality (collateral descent, indirect lineage, indirect linage, lateral descent)
mittelbare Abstammung *f*, indirekte Abstammung *f*, Abstammung *f*, Herkunft *f* in einer Nebenlinie *(Kulturanthropologie)*
vgl. direct lineage
collecting (food gathering, gathering)
Sammeltätigkeit *f*, Sammeln *n* *(Kulturanthropologie)*
collecting economy
Sammelwirtschaft *f* *(Kulturanthropologie)*
collecting society (collection society, food-gathering society, gathering society)
Sammelgesellschaft *f*, Sammlergesellschaft *f*, Gesellschaft *f* von Sammlern *(Kulturanthropologie)*

collection culture (collecting culture, food-gathering culture, gathering culture, foraging culture, nemoriculture)
Sammlerkultur *f* *(Kulturanthropologie)*
collective
1. kollektiv *adj*
2. Kollektiv *n*
vgl. individual
collective action
Gemeinschaftshandeln *n*, Gemeinschaftsaktion *f*, gemeinschaftliches Handeln *n*, gemeinschaftliche Aktion *f*, kollektives Handeln *n* *(Sozialpsychologie)*
vgl. individual action
collective agitation
kollektive Agitation *f*, gemeinschaftliche Agitation *f* *(Kommunikationsforschung)*
vgl. individual agitation
collective ascendancy
kollektive Überlegenheit *f*, kollektives Übergewicht *n* *(Sozialökologie)*
vgl. individual ascendancy
collective assimilation
kollektivee Assimilierung *f*, kollektive Assimilation *f* *(Soziologie)*
vgl. individual assimilation
collective attitude
Gemeinschaftshaltung *f*, gemeinschaftliche Haltung *f*, Gemeinschaftseinstellung *f*, gemeinschaftliche Einstellung *f*, Kollektiveinstellung *f*, kollektive Einstellung *f* *(Sozialpsychologie)*
collective authority
Gruppenautorität *f*, kollektive Autorität *f*, Autorität *f* einer Gruppe, einer Gemeinschaft, eines Kollektivs *(Gruppensoziologie)*
vgl. individual authority
collective authority
kollektive Autorität *f*, Kollektivautorität *f* *(Organisationssoziologie)*
vgl. individual authority
collective bargaining
Tarifautonomie *f*, autonome Tarifverhandlungen *f/pl*, Kollektivverhandlungen *f/pl* *(Industriesoziologie)*
collective behavior (*brit* collective behaviour, collective dynamics *pl als sg konstruiert*)
Kollektivverhalten *n*, kollektives Verhalten *n* *(Sozialpsychologie)* *(Verhaltensforschung)* *(Soziologie)*
vgl. individual behavior
collective catharsis (Frantz Fanon)
kollektive Katharsis *f* *(Sozialpsychologie)*

collective conscience (Emile Durkheim)
kollektives Bewußtsein n, Kollektivseele f, Kollektivpsyche f, kollektive Mentalität f, Kollektiveinstellungen f/pl *(Soziologie)*
collective conscious (objective psyche)
kollektives Bewußtes n (Carl G. Jung) *(Psychologie)*
vgl. collective unconscious
collective consciousness (collective mind)
kollektives Bewußtes n (Carl G. Jung) *(Psychologie)*
vgl. collective unconsciousness
collective decision (social choice, social choice behavior, brit behaviour, social decision, public choice, public choice behavior, brit behaviour, public choices pl, social decision-making)
soziales Entscheidungsverhalten n, soziales Wohlverhalten n, kollektive Entscheidung f, Kollektiventscheidung f, kollektive Abstimmung f *(Soziologie) (Entscheidungstheorie) (Organisationssoziologie)*
collective dictatorship
Diktatur f durch ein Kollektiv, kollektive Diktatur f *(politische Wissenschaften)*
collective excitement (social contagion, group contagion, social epidemic, group epidemic)
gesellschaftliche Ansteckung f *(Sozialpsychologie)*
collective goal
Gemeinschaftsziel n *(Organisationssoziologie)*
vgl. individual goal
collective interview
Kollektivinterview n, Kollektivbefragung f *(empirische Sozialforschung)*
collective memory
kollektives Gedächtnis n *(Psychologie)*
collective migration (group migration)
gemeinschaftliche Migration f, gemeinschaftliche Wanderungsbewegung f *(Migration)*
collective mobility
kollektive Mobilität f, Kollektivmobilität f *(Migration)*
vgl. individual mobility
collective opinion
Kollektivmeinung f *(Sozialpsychologie)*
collective psychology (psychology of collective behavior (brit psychology of collective behaviour)
Psychologie f des Kollektivverhaltens, Kollektivpsychologie f *(Sozialpsychologie)*
collective punishment
Kollektivstrafe f *(Kriminologie)*

collective representation (collective symbol) (Emile Durkheim)
Kollektivsymbol n, kollektive Repräsentation f, kollektives Symbol n *(Soziologie)*
vgl. individual representation
collective response
kollektive Reaktion f, Kollektivreaktion f *(Sozialpsychologie)*
collective responsibility (collective guilt)
Kollektivverantwortung f, Kollektivschuld f, kollektive Verantwortung f, kollektive Schuld f
collective security
kollektive Sicherheit f *(politische Wissenschaften)*
collective sentiment
Kollektivempfinden n, Volksseele f *(Sozialpsychologie)*
collective spirit (collective mind, esprit de corps)
Kollektivgeist m *(Sozialpsychologie)*
collective telesis
kollektive Telesis f *(Sozialpsychologie)*
collective tenure
kollektiver Grundbesitz m, kollektiver Landbesitz m *(Volkswirtschaftslehre)*
vgl. individual tenure
collective unconscious (objective psyche)
kollektives Unbewußtes n (Carl G. Jung) *(Psychologie)*
vgl. collective conscious, personal unconscious
collective unconsciousness (collective mind)
kollektives Unbewußtes n (Carl G. Jung) *(Psychologie)*
vgl. collective consciousness
collective (collectivity)
Kollektiv n *(Soziologie) (Statistik)*
collectivism
Kollektivismus m *(Philosophie)*
vgl. individualism
collectivity
Kollektivität f, Gesamtheit f *(Soziologie) (Statistik)*
vgl. aggregate
collectivization
Kollektivierung f, Sozialisierung f, Vergesellschaftung f *(Volkswirtschaftslehre)*
college
College n, universitäre Lehranstalt f, Universität f
colligation (connection, connectedness, connectivity)
Verbundenheit f *(Statistik) (Logik)*
collinearity (multicollinearity)
Kollinearität f, Multikollinearität f *(Statistik)*

colloquial speech (substandard language)
Umgangssprache *f*, nicht literarische
Sprache *f* (*Soziolinguistik*)
collusion
Kollusion *f*, heimliche Absprache *f*,
heimliche Verabredung *f*, heimliches
Einverständnis *n*
collusive anxiety (Anatol Rapaport)
Kollusionsangst *f*, Angst *f* vor
heimlichen Absprachen (*Soziologie*)
collusive denial (Anatol Rapaport)
Kollusionsverleugnung *f* (*Soziologie*)
colonialism
Kolonialismus *m*
colonization
Kolonisation *f*, Kolonisierung *f*,
Besiedlung *f* (*Landwirtschaft*)
color bar (*brit* **colour bar, color line,** *brit*
colour line)
Farbgrenze *f*, Farbschranke *f* (in
gemischtrassigen Gesellschaften)
(*Soziologie*)
colored (*brit* **coloured**)
farbig *adj*
colored person (*brit* **coloured person,**
colored, *brit* **coloured**)
Farbige(r) *f(m)*
column caption (column title, column
heading, column head)
Spaltenüberschrift *f*, Spaltentitel *m* (in
einer Tabelle) (*Mathematik/Statistik*)
column chart
Säulendiagramm *n* (*graphische*
Darstellung) (*Statistik*)
column heading (column head, column
caption, caption)
Spaltentitel *m*, Spaltenkopf *m*,
Spaltenüberschrift *f* (in einer Tabelle)
(*Statistik*)
vgl. row heading
column title
Spaltentitel *m*, Spaltenkopf *m*,
Spaltenüberschrift *f* (in einer Tabelle)
(*Statistik*)
vgl. row title
column totals *pl*
Spaltensumme *f* (in einer statistischen
Tabelle) (*Statistik*)
vgl. row totals
combination
Kombination *f* (*Mathematik/Statistik*)
vgl. permutation
combination of tests
Zusammenfassung *f* von Tests (*Statistik*)
combination technique (combination
procedure, completion technique,
completion procedure)
Ergänzungsverfahren *n*, Ergänzungs-
methode *f*, Ergänzungstechnik *f*
(*Psychologie/empirische Sozialforschung*)

combination test (completion test)
Ergänzungstest *m* (*Psycholo-*
gie/empirische Sozialforschung)
combinatorial power mean
kombinatorischer Potenzmittelwert *m*,
kombinatorisches Potenzmittel *n*
(*Mathematik/Statistik*)
combinatorial test
kombinatorischer Test *m* (*Statistik*)
combinatorics *pl als sg konstruiert* (**theory**
of combinations, combinatorial analysis,
combinatorial theory)
Kombinatorik *f* (*Mathematik/Statistik*)
command
1. Kommando *n* (*Organisationssoziolo-*
gie)
2. Befehl *m*
command group
Kommandogruppe *f*, innerer Führungs-
kreis *m*, innerste Führungsgruppe *f*
(*Organisationssoziologie*)
command hierarchy (hierarchy of
command, command structure)
Kommandohierarchie *f*, Befehlshier-
archie *f*, Kommandohierarchie *f*,
Hierarchie *f* der Entscheidungsbefugnisse
(*Organisationssoziologie*)
commemorative rite (representative rite)
(Emile Durkheim)
repräsentativer Ritus *m*, repräsentative
Zeremonie *f* (*Soziologie*)
commensal family
Kommensalfamilie *f*, Tischgemeinschafts-
familie *f* (*Kulturanthropologie*)
commensalism
Kommensalismus *m* (*Soziologie*)
commerce (trade)
Handel *m*, Handelsverkehr *m*
(*Volkswirtschaftslehre*)
commercial agriculture (commercial
farming)
kommerzielle Landwirtschaft *f*,
kommerzieller Ackerbau *m*
commercial city
Handelszentrum *n*, Handelsstadt *f*
(*Sozialökologie*)
commercial research (trade research)
Handelsforschung *f* (*Volkswirtschafts-*
lehre)
commercial revolution
Handelsrevolution *f* (*Volkswirtschafts-*
lehre)
commercialization
Kommerzialisierung *f*
commercialized amusement (commercial
amusement)
kommerzialisierte Unterhaltung *f*,
kommerzialisiertes Vergnügen *n*
(*Kommunikationsforschung*)

commercialized leisure
kommerzialisierte Freizeit *f*,
kommerzialisierte Muße *f* *(Soziologie)*

commercialized vice
kommerzialisiertes Laster *n*,
kommerzialisierte Unzucht *f*,
Prostitution *f* *(Soziologie)*

commission of inquiry (inquiry commission, commission of investigation, investigation commission)
Untersuchungsausschuß *m*,
Untersuchungskommission *f*

commission plan of city government
Stadtregierung *f* durch ein Komitee
(politische Wissenschaften)

commissionary dictatorship (provisional dictatorship)
kommissarische Diktatur *f*, provisorische Diktatur *f*, Übergangsdiktatur *f*
(politische Wissenschaften)

commissionary government (caretaker government, provisional government, interim government)
geschäftsführende Regierung *f*,
Übergangsregierung *f*, kommissarische Regierung *f* *(politische Wissenschaften)*

commitment
Bindung *f*, Engagement *n*, Festlegung *f*

common factor
gemeinsamer Faktor *m* *(Faktorenanalyse)*

common factor analysis (*pl* analyses, common-factor analysis)
Analyse *f* gemeinsamer Faktoren
(Faktorenanalyse)

common factor space (common-factor space)
Raum *m* der gemeinsamen Faktoren
(Faktorenanalyse)

common factor variance (common-factor variance)
Varianz *f* der gemeinsamen Faktoren
(Faktorenanalyse)

common good (commonweal)
Gemeinwohl *n*, allgemeines Wohl *n*

common law (customary law)
Gewohnheitsrecht *n*, ungeschriebenes Recht *n*, ungeschriebenes Gewohnheitsrecht *n*

common meaning material
Material *n* mit allgemeiner Bedeutung
(Inhaltsanalyse)

common sense
praktische Vernunft *f*, gesunder Menschenverstand *m*, Wirklichkeitssinn *m*,
Common Sense *m*

common sensibility
Gemeingefühl *n* (Ernst Heinrich Weber) *(Soziologie)*

common trait
allgemeines Persönlichkeitsmerkmal *n*,
allgemeiner Charakterzug *m*
(Psychologie)

common-law marriage (consensual union, consensual marriage, free union, free marriage)
Ehe *f* ohne Trauschein, Lebenspartnerschaft *f*, "wilde" Ehe *f*

common-law tradition
gewohnheitsrechtliche Tradition *f*,
Tradition *f* des Gewohnheitsrechts

commonweal (common good)
Gemeinwohl *n*, allgemeines Wohl *n*

communal
1. kommunal, Gemeinde-, Kommunal- *adj*
2. Gemeinschafts-, Volks- *adj*

communal conflict
Gemeinschaftskonflikt *m*, interner
Konflikt *m* *(Soziologie)*

communal decision (corporate decision)
Gemeinschaftsentscheidung *f*, gemeinschaftlich getroffene Entscheidung *f*,
gemeinschaftlich verantwortete
Entscheidung *f*, Verbandsentscheidung *f*
(Entscheidungstheorie)

communal relationship (Robert McIver)
Gemeinschaftsbeziehung *f* *(Soziologie)*

communal society (folk community, folk society, folk sacred society) (Robert Redfield)
Volksgemeinschaft *f*, Gemeinschaft *f*,
Bauerngemeinde *f* *(Soziologie)*

communal tenure
gemeinschaftlicher Grund- und
Bodenbesitz *m*, gemeinschaftlicher
Besitz *m* an Grund und Boden,
kommunaler Grund- und Bodenbesitz *m*

communalism
1. Gemeineigentum *n*, Gütergemeinschaft *f*
2. Kommunalismus *m* *(politische Wissenschaften)*

communality (B. McClenahan) (interest circle, community)
1. Interessenkreis *m*, Gruppe *f* von
Personen gemeinsamer Interessen
(Soziologie)
2. Kommunalität *f*, Gemeinsamkeitsgrad *m* *(Faktorenanalyse)*

commune
Dorfgemeinschaft *f*, eng verbundene
Dorfgemeinschaft *f* *(Sozialökologie)*

communicability
Kommunizierbarkeit *f*, Mitteilbarkeit *f*,
Übertragbarkeit *f* *(Kommunikationsforschung)*

communicand (recipient)
Kommunikand *m*, Adressat *m*,
Empfänger *m* (von Kommunikation)
(Kommunikationsforschung)
communicant
Kommunikant *m* *(Kommunikationsforschung)*
communicated state of a Markov chain
verbundener Zustand *m* einer Markov-Kette *(Stochastik)*
communicating class of a Markov chain
verbundene Klasse *f* einer Markov-Kette *(Stochastik)*
communication (communications)
Kommunikation *f*
communication accuracy (accuracy of communication)
Kommunikationsgenauigkeit *f*
(Kommunikationsforschung)
communication act (communicative act)
Kommunikationsakt *m*,
Kommunikationshandlung *f*
(Kommunikationsforschung)
communication budget (budget for communication activities)
Kommunikationsbudget *n*,
Kommunikationsetat *m*
communication channel (channel of communication)
Kommunikationskanal *m*, Nachrichtenkanal *m*, Nachrichtenübermittlungskanal *n*
(Kommunikationsforschung)
communication chart (communication diagram)
Kommunikationsgraphik *f*, graphische Darstellung *f* eines Kommunikationsnetzes *(Kommunikationsforschung)*
(graphische Darstellung)
communication(s) concept (concept of communication(s)
Kommunikationskonzept *n*
communication density (density of communication(s))
Kommunikationsdichte *f*
communication discrepancy
Kommunikationsdiskrepanz *f*, Widersprüchlichkeit *f* der Kommunikation
(Kommunikationsforschung)
communication distortion (distortion of communication)
Kommunikationsverzerrung *f*,
Entstellung *f* der Kommunikation (im Verlauf des Kommunikationsprozesses)
(Kommunikationsforschung)
communication effect (communications effect)
Kommunikationswirkung *f*,
Kommunikationseffekt *m*
(Kommunikationsforschung)

communication filter
Kommunikationsfilter *m*
communication flow (flow of communication)
Kommunikationsfluß *m* *(Kommunikationsforschung)*
communication grid (communication network, communication net, communication pattern, communication structure)
Kommunikationsnetz *n*, Kommunikationsmuster *n*, Kommunikationsstruktur *f*
(Kommunikationsforschung)
communication matrix (*pl* matrixes *or* matrices)
Kommunikationsmatrix *f*
(Soziolinguistik)
communication medium (*pl* communication media)
Kommunikationsmittel *n*,
Kommunikationsmedium *n*
(Kommunikationsforschung)
communication model (model of communication)
Kommunikationsmodell *n*
(Kommunikationsforschung)
communication network (communication net, communication grid, communication pattern, communication structure)
Kommunikationsnetz *n*, Kommunikationsmuster *n*, Kommunikationsstruktur *f*
(Kommunikationsforschung)
communication of data (data communication, data transfer)
Datenübertragung *f*
communication pattern (pattern of communication)
Kommunikationsmuster *n*, Muster *n* des Kommunikationsprozesses, des Kommunikationsverhaltens
(Kommunikationsforschung)
communication process
Kommunikationsprozeß *m*,
Kommunikationsvorgang *m*
(Kommunikationsforschung)
communication research (communications research)
Kommunikationsforschung *f*
communication structure
Kommunikationsstruktur *f*
(Kommunikationsforschung)
communication style (style of communication, communicative style)
Kommunikationsstil *m* *(Kommunikationsforschung)*
communication system
Kommunikationssystem *n*
(Kommunikationsforschung)
(Organisationssoziologie)

communication(s) theory (theory of communication(s), mathematical theory of communication(s))
Kommunikationstheorie *f*,
Theorie *f* der Kommunikation,
mathematische Kommunikationstheorie *f* *(Kommunikationsforschung)*
communications effect (communication effect)
Kommunikationseffekt *m*,
Kommunikationswirkung *f* *(Kommunikationsforschung)*
communications effectiveness (communication effectiveness)
Kommunikationserfolg *m*,
Kommunikationswirksamkeit *f* *(Kommunikationsforschung)*
communicative integration (integration by communication)
kommunikative Integration *f*,
Integration *f* durch Kommunikation *(Soziologie)*
communicative relationship
Kommunikationsbeziehung *f*
communicator (communicant)
Kommunikator *m*, Adressant *m*, Kommunikant *m* *(Kommunikationsforschung)*
communicator credibility
Kommunikatorglaubwürdigkeit *f* *(Kommunikationsforschung)*
communicator research
Kommunikatorforschung *f*, Adressantenforschung *f* *(Kommunikationsforschung)*
communicator-bound predisposition
kommunikatorgebundene Prädisposition *f*, adressantengebundene Prädisposition *f* *(Kommunikationsforschung)*
communism (Communism)
Kommunismus *m*
communist (Communist)
1. Kommunist(in) *m(f)*
2. kommunistisch *adj*
Communist Manifesto
Kommunistisches Manifest *n*
community
1. Kommune *f*, kommunale Gemeinde *f*, Gemeinde *f*, politische Gemeinde *f* *(Soziökologie)*
2. Interessenkreis *m*, Gruppe *f* von Personen gemeinsamer Interessen *(Soziologie)*
community (township)
Kommune *f*, Gemeinde *f*,
Stadtgemeinde *f* *(politische Wissenschaft)* *(Soziologie)*
community (village community)
Gemeinde *f*, Dorfgemeinde *f* *(politische Wissenschaft)* *(Soziologie)*

community action (community development, community organization, *brit* **community organisation)**
Gemeindearbeit *f*, Gemeindeentwicklung *f*, kommunale Arbeit *f*, kommunale Aktivitäten *f/pl*, kommunalpolitische Arbeit *f* *(Sozialökologie)*
community actor (community organizer, *brit* **community organiser, village level worker)**
Gemeindearbeiter *m*, in der Gemeindearbeit aktive Person *f* *(Sozialarbeit)*
community center (*brit* community centre)
Gemeinschaftshaus *n*, Volkshaus *n*
community chest
Wohlfahrtsfonds *m*, öffentlicher Fonds *m* für wohltätige Zwecke
community coordination (community coordination)
Gemeindekoordinierung *f*, Koordinierung *f* der Gemeindeaktivitäten
community democracy (communocracy)
Gemeindedemokratie *f*, kommunale Demokratie *f* *(politische Wissenschaft)*
community development (community action, community organization, *brit* **community organisation)**
Gemeindearbeit *f*, Gemeindeentwicklung *f*, kommunale Arbeit *f*, kommunale Aktivitäten *f/pl*, kommunalpolitische Arbeit *f* *(Sozialökologie)*
community disorganization (*brit* community disorganisation)
soziale Desorganisation *f* der Gemeinde, Zusammenbruch *m* der sozialen Beziehungen in der Gemeinde *(Sozialökologie)*
community ecology
kommunale Ökologie *f*, Gemeindeökologie *f* *(Sozialökologie)*
community facility
kommunale Einrichtung *f*, gemeindliche Einrichtung *f*
community facility (*meist pl* community facilities)
Gemeindeeinrichtung(en) *f(pl)*, gemeindliche Einrichtung(en) *f(pl)*, kommunale Einrichtung(en) *f(pl)*
community government (community administration)
Gemeindeverwaltung *f*, Kommunalverwaltung *f* *(politische Wissenschaft)*
community influential
in der Gemeinde Einflußreicher *m*, in der Gemeinde einflußreiche Person *f*, lokale Größe *f* *(Kommunikationsforschung)*

community integration
Gemeindeintegration *f*, Integration *f* der Gemeinde *(Soziologie)*

community leader
kommunaler Führer *m*, Gemeindeführer *m*, örtlicher Führer *m*, Führer *m* in der Gemeinde *(Kommunikationsforschung)*

community of interest
Interessengemeinschaft *f* *(Soziologie)*

community organization (*brit* **community organisation**)
Gemeindeorganisation *f*, kommunale Organisation *f* *(politische Wissenschaft)*

community organization (*brit* **community organisation**)
kommunale Organisation *f*, Gemeindeorganisation *f* *(politische Wissenschaft)*

community organizer (*brit* **community organiser, village level worker, community actor**)
Gemeindearbeiter *m*, in der Gemeindearbeit aktive Person *f* *(Sozialarbeit)*

community politics (*pl als sg konstruiert*, **community government**)
Kommunalpolitik *f*, kommunale Politik *f*, Gemeindepolitik *f* *(politische Wissenschaft)*

community power
kommunale Machtstruktur *f*, Machtstruktur *f* in einer Gemeinde *(politische Wissenschaft)*

community profile
Gemeindeprofil *n*, Profil *n* einer Gemeinde *(Sozialökologie)*

community property
Gütergemeinschaft *f* in der Ehe *(Familiensoziologie)*

community psychiatry
Gemeindepsychiatrie *f*, kommunale Psychiatrie *f*, psychiatrische Vorsorge *f* auf Gemeindeebene *(Sozialarbeit)*

community recreation
kommunale Freizeit- und Erholungsmaßnahmen *f/pl*, kommunales Freizeit- und Erholungsangebot *n* *(Sozialökologie)*

community relations *pl*
Gemeindebeziehungen *f/pl*, soziale Beziehungen *f/pl* innerhalb einer Gemeinde *(Soziologie)*

community self-survey
Gemeinde-Selbstanalyse *f*, kommunale Selbstanalyse *f*, Selbstanalyse *f* einer Gemeinde *(empirische Sozialforschung)*

community service
kommunale Dienstleistungen *f/pl*, gemeindliche Dienstleistungen *f/pl* *(Sozialökologie)*

community structure
Gemeindestruktur *f*, Struktur *f* einer Gemeinde *(politische Wissenschaft)*

community study
Gemeindestudie *f*, Gemeindeuntersuchung *f*, örtliche Studie *f*, lokale Studie *f* *(Sozialökologie)*

community study method (community-study method)
Methode *f* der Gemeindestudien, Gemeindestudienmethode *f* *(Sozialökologie)*

community subculture
Gemeinde-Subkultur *f*, kommunale Subkultur *f* *(Soziologie)*

community survey
Gemeindebefragung *f*, Gemeindeumfrage *f*, Umfrage *f* unter den Mitgliedern einer Gemeinde *(empirische Sozialforschung) (Sozialökologie)*

community work
soziale Gemeinwesenarbeit *f*, Sozialarbeit *f* im Gemeinwesen, Sozialarbeit *f* auf Gemeinwesenebene, Sozialarbeit *f* in der Gemeinde *(Sozialarbeit)*

communocracy (community democracy)
Gemeindedemokratie *f* *(politische Wissenschaft)*

commutation (commuting)
Pendeln *n*, zwischen Wohnsitz und Arbeitsplatz *(Sozialökologie)*

commutation
Strafminderung *f* *(Kriminologie)*

commutative justice (corrective justice, remedial justice)
ausgleichende Gerechtigkeit *f* *(Philosophie)*
vgl. distributive justice

commuter
Pendler *m* zwischen Wohnsitz und Arbeitsplatz *(Sozialökologie)*

commuter zone (commuters' zone)
Pendelzone *f*, Pendlerzone *f*, Pendelbereich *m*, Pendlerbereich *m* *(Sozialökologie)*

compact city (nucleated city)
Stadt *f* mit Kern *(Sozialökologie)*

compact cluster (serial cluster, compact serial cluster)
Klumpen *m* zusammenhängender Einheiten, Cluster *n* zusammenhängender Einheiten *(Statistik)*

compact community (nucleated community, nucleated village)
Gemeinde *f* mit Kern *(Sozialökologie)*

compact segments *pl*
kompakte Segmente *n/pl*,
zusammenhängende Segmente *n/pl*
(Statistik)
compact settlement (nucleated settlement)
Siedlung *f* mit Kern *(Sozialökologie)*
companionate marriage (Ben B. Lindsey)
kameradschaftliche Probeehe *f*,
Kameradschaftsehe *f* auf Probe
(Familiensoziologie)
companionship family (Ernest W. Burgess) (romantic family)
Gefährtenfamilie *f*, partnerschaftliche
Familie *f* *(Familiensoziologie)*
vgl. institutional family
company (plant, shop)
Betrieb *m* *(Industriesoziologie)*
company housing
Betriebswohnung(en) *f(pl)*, Firmenwohnungen *f/pl*, Betriebsunterkünfte *f/pl*
(Industriesoziologie) (Sozialökologie)
company psychiatrist (industrial psychiatrist)
Betriebspsychiater *m*
company slum
Betriebsslum *m*, Firmenslum *m*
(Industriesoziologie)
company town
Betriebsstadt *f*, Firmenstadt *f*
(Industriesoziologie)
company union (independent union)
Betriebsgewerkschaft *f*, unabhängige Betriebsgewerkschaft *f* *(Industriesoziologie)*
company village
Betriebsdorf *n*, Firmendorf *n*
(Industriesoziologie)
comparability
Vergleichbarkeit *f* *(empirische Sozialforschung)*
comparable
vergleichbar *adj* *(empirische Sozialforschung)*
comparative administration
vergleichende Verwaltungswissenschaft *f*
comparative analysis (*pl* analyses)
vergleichende Analyse *f*, Vergleichsanalyse *f* *(Psychologie/empirische Sozialforschung)*
comparative appraisal
vergleichende Bewertung *f*,
vergleichende Abschätzung *f*,
vergleichende Schätzung *f*
(Datenanalyse)
comparative community research
vergleichende Gemeindeforschung *f*,
interkulturelle Gemeindeforschung *f*
(Soziologie)
comparative criminology
vergleichende Kriminologie *f*,
vergleichende Verbrechensforschung *f*

comparative education
vergleichende Erziehungswissenschaft *f*,
vergleichende Pädagogik *f*,
interkulturelle Erziehungswissenschaft *f*
comparative functionalism (Walter Goldschmidt)
vergleichender Funktionalismus *m*
(Soziologie)
comparative government (foreign and comparative government)
vergleichende Regierungslehre *f*
(politische Wissenschaften)
comparative judgment
Vergleichsurteil *n* *(Verhaltensforschung)*
comparative law
vergleichende Rechtswissenschaft *f*,
Rechtsvergleichung *f*
comparative management
vergleichende Betriebswirtschaft *f*, vergleichende Betriebswirtschaftsforschung *f*
(Volkswirtschaftslehre)
comparative method (cross-cultural comparison, cross-cultural method, comparative research, cross cultural research)
vergleichende Methode *f*, komparative
Methode *f* *(Psychologie/empirische Sozialforschung)*
comparative penology
vergleichende Strafrechtslehre *f*,
vergleichende Strafrechtstheorie *f*,
vergleichende Kriminalstrafkunde *f*
(Kriminologie)
comparative psychology
vergleichende Psychologie *f*
comparative public law
vergleichendes öffentliches Recht *n*
(politische Wissenschaften)
comparative rating scale (comparative rank-order scale)
vergleichende Rangskala *f*, vergleichende
Bewertungsskala *f*, vergleichende
Schätzskala *f*, vergleichende
Rangordnungsskala *f* *(Statistik)*
(empirische Sozialforschung)
comparative reference group (Harold H. Kelley)
komparative Bezugsgruppe *f*
(Gruppensoziologie)
comparative religion
vergleichende Religionswissenschaft *f*,
vergleichende Religionsforschung *f*
comparative research (cross-cultural research, cross-national research)
vergleichende Forschung *f*
(Sozialforschung)

comparative response method
Methode *f* der Vergleichsantwort,
Methode *f* der vergleichenden Antwort,
Vergleichsmethode *f* (*empirische Sozialforschung*)
comparative social research (cross-cultural social research, cross-national social research)
vergleichende Sozialforschung *f*
comparative sociology
vergleichende Soziologie *f*
comparative survey research (cross-cultural survey research, cross-national survey research, multi-national survey research)
vergleichende Umfrageforschung *f* (*empirische Sozialforschung*)
comparative urban sociology
vergleichende Stadtsoziologie *f* (*Sozialökologie*)
comparative (cross-cultural, cross-national)
vergleichend *adj* (*empirische Sozialforschung*)
comparison level (CL) (level of comparison)
Vergleichsniveau *n* (*Soziologie/Sozialpsychologie*)
comparison level for alternatives (CL_{alt})
Vergleichsniveau *n* für Alternativen (*Soziologie/Sozialpsychologie*)
comparison of two probabilities
Vergleich *m* zweier Wahrscheinlichkeiten (*Wahrscheinlichkeitstheorie*)
comparison stimulus (*pl* comparison stimuli, variable stimulus)
Vergleichsreiz *m*, Vergleichsstimulus *m* (*Verhaltensforschung*)
compartmentalization (mental compartmentalization)
Parzellierung *f* (*Organisationssoziologie*)
compatibility
Kompatibilität *f*, Vereinbarkeit *f*, Verträglichkeit *f*
vgl. compatibility
compatibility condition of Kolmogorov
Verträglichkeitsbedingung *f* von Kolmogorov (*Stochastik*)
compatibility principle (principle of sociocultural compatibility) (Thomas F. Hoult)
Kompatibilitätsprinzip *n*, Prinzip *n* der soziokulturellen Kompatibilität, Prinzip *n* der parallelen Entwicklung von Gattungen (*Soziologie*) (*Kulturanthropologie*)
compatible events *pl*
vereinbare Ereignisse *n/pl* (*Wahrscheinlichkeitstheorie*)
vgl. incompatible events

compensating error
ausgleichender Fehler *m*,
kompensierender Fehler *m* (*statistische Hypothesenprüfung*)
compensation
Kompensierung *f*, Kompensation *f* (*Psychologie*) (*Soziologie*)
compensatory
kompensatorisch, Ersatz-,
Kompensations- *adj* (*Psychologie*) (*Soziologie*)
compensatory education (enrichment program)
kompensatorische Schulausbildung *f* (*Sozialarbeit*)
competence
Kompetenz *f*, Befähigung *f*,
Tauglichkeit *f* (*Psychologie*)
competence – performance
Kompetenz – Performanz *f*,
Sprachbesitz *m* – Sprachverwendung *f* (*Soziolinguistik*)
competing migrant
konkurrierender Migrant *m*,
konkurrierender Zuwanderer *m*
competition
Konkurrenz *f*, Wettbewerb *m* (*Volkswirtschaftslehre*) (*Soziologie*) (*Sozialökologie*)
competition problem
Konkurrenzproblem *n*, Wettbewerbsproblem *n* (*Operations Research*)
competitive cooperation (antagonistic cooperation) (William G. Sumner)
antagonistische Kooperation *f* (*Sozialpsychologie*)
competitive equilibrium (*pl* competitive equilibriums *or* equilibria)
Konkurrenzgleichgewicht *n*,
Gleichgewicht *n* des Wettbewerbs (*Volkswirtschaftslehre*) (*Sozialökologie*)
competitive politics (*pl als sg* konstruiert, public competition, public contestation) (Robert A. Dahl)
Politik *f* des Wettbewerbs, Politik *f* der Konkurrenz (*politische Wissenschaften*)
competitive politics *pl als sg konstruiert* **(public competition, public contestation) (Robert A. Dahl)**
Konkurrenzpolitik *f* (*politische Wissenschaft*)
competitiveness
Konkurrenzdenken *n*, Konkurrenzmentalität *f*, wettbewerbsorientierte Haltung *f*, kämpferische Einstellung *f*
complementarity
Komplementarität *f*, wechselseitige Ergänzung *f* (*Volkswirtschaftslehre*) (*Wahrscheinlichkeitstheorie*) (*Theorie des Wissens*) (*Kommunikationsforschung*)

complementarity of expectations (Talcott Parsons)
Komplementarität f der Bedürfnisse *(Psychologie)*
complementary event
komplementäres Ereignis n *(Wahrscheinlichkeitstheorie)*
complementary filiation
komplementäres Kindschaftsverhältnis n, komplementäres Verwandtschaftsverhältnis n, komplementäre Abstammung f, komplementäre Herkunft f *(Kulturanthropologie)*
complementary need (Robert F. Winch)
komplementäres Bedürfnis n, Komplementärbedürfnis n *(Kulturanthropologie)*
complete census (census, exhaustive sample)
Vollerhebung f, Totalerhebung f, Zensus m, Volkszählung f, Auszählung f *(Demographie) (Statistik)*
complete class of decision functions
vollständige Klasse f der Entscheidungsfunktionen *(Entscheidungstheorie)*
complete class of tests
vollständige Klasse f von Tests *(Psychologie/empirische Sozialforschung)*
complete coverage
Vollausschöpfung f, vollständige Ausschöpfung f (eines Erhebungsrahmens, einer Stichprobe) *(Statistik)*
vgl. incomplete coverage
complete homogeneity within clusters
vollständige Homogenität f innerhalb der Klumpen (der Cluster) *(Statistik)*
complete induction
vollständige Induktion f, vollständiger Induktionsschluß m *(Statistik)*
complete linkage (farthest neighbor analysis, brit **farthest neighbour analysis,** brit **furthest neighbour analysis,** pl **analyses, diameter analysis, diameter method)**
Complete Linkage f, Complete-Linkage-Methode f, Complete-Linkage-Verfahren n, vollständige Verknüpfung f, Maximum-Distanz-Verfahren n *(Clusteranalyse)*
complete measure space
vollständiger Maßraum m *(Mathematik/Statistik)*
complete moment
vollständiges Moment n *(Statistik)*
complete orphan
Vollwaise f, Voll-Waisenkind n
complete probability space
vollständiger Wahrscheinlichkeitsraum m *(Wahrscheinlichkeitstheorie)*

complete ranking
vollständiges Rangordnungsverfahren n *(Psychologie/empirische Sozialforschung)*
complete regression
vollständige Regression f, vollkommene Regression f *(Statistik)*
complete system of equations
vollständiges Gleichungssystem n *(Mathematik/Statistik)*
completed birth rate
vollständige Geburtenziffer f, vollständige Geburtenrate f, vollendete Geburtenziffer f, vollendete Geburtenrate f *(Demographie)*
completed fertility (lifetime fertility)
vollständige Fruchtbarkeit f, vollendete Fruchtbarkeit f *(Demographie)*
completely balanced lattice square
vollständig ausgewogenes Gitterquadrat n *(statistische Hypothesenprüfung)*
completely randomized experimental design (completely randomized design, brit **randomised, completely randomized layout)**
vollkommen randomisierte Versuchsanlage f, Versuchsanlage f mit vollständiger Randomisierung f, vollkommen randomisierte experimentelle Anlage f, experimentelle Anlage f mit vollständiger Randomisierung f, Versuchsplan m mit vollkommen zufälliger Zuteilung f *(statistische Hypothesenprüfung)*
completeness
Vollständigkeit f *(Relationsanalyse)*
completion technique (completion procedure, combination technique, combination procedure)
Ergänzungsverfahren n, Ergänzungsmethode f, Ergänzungstechnik f *(Psychologie/empirische Sozialforschung)*
completion test (combination test)
Ergänzungstest m *(Psychologie/empirische Sozialforschung)*
complex
Komplex m
1. Gesamtheit f, aus Teilen zusammengesetztes Ganzes n
2. fixe Idee f *(Psychologie)*
complex abnormal curve
zusammengesetzte anormale Kurve f, komplexe nichtnormale Häufigkeitskurve f *(Statistik)*
complex deterministic system
komplexes deterministisches System n
vgl. complex probabilistic system

complex experiment
zusammengesetztes Experiment *n*, zusammengesetzter Versuch *m*, komplexes Experiment *n*, komplexer Versuch *m* *(statistische Hypothesenprüfung)*

complex Gaussian distribution
komplexe Gauss'sche Verteilung *f*, komplexe Normalverteilung *f (Statistik)*

complex hypothesis (*pl* **hypotheses**)
komplexe Hypothese *f*, zusammengesetzte Hypothese *f (statistische Hypothesenprüfung) (Theoriebildung)*

complex indicator
komplexer Indikator *m (empirische Sozialforschung)*

complex of meaning
Bedeutungszusammenhang *m*, Sinnzusammenhang *m (Theorie des Wissens)*

complex organization (*brit* **complex organisation**)
komplexe Organisation *f (Organisationssoziologie)*

complex probabilistic system
komplexes Wahrscheinlichkeitssystem *n*, komplexes probabilistisches System *n*
vgl. complex deterministic system

complex psychology
Komplexpsychologie *f*, Psychologie *f* der Komplexe, komplexe Psychologie *f*

complex quality
Komplexqualität *f* (F. Krueger) *(Psychologie)*

complex random variable
komplexe Zufallsgröße *f (Stochastik)*

complex society
komplexe Gesellschaft *f (Soziologie)*
vgl. primitive society

complex system
komplexes System *n*

complex table
komplexe Tabelle *f*, mehrfach gegliederte Tabelle *f (Statistik)*

complex theory
komplexe Theorie *f*

complex trait
komplexer Kulturzug *m*, komplexe Kultureigenschaft *f*, komplexes Kulturmerkmal *n (Kulturanthropologie)*

complex unit
zusammengesetzte Einheit *f (Statistik)*

complexity
Komplexität *f*, Komplexheit *f*, Vielschichtigkeit *f*

compliance (subordination)
Gehorsam *m*, Gehorsamkeit *f*, Willfährigkeit *f*, Nachgiebigkeit *f*, Folgsamkeit *f*, Unterwürfigkeit *f (Psychologie) (Sozialpsychologie) (Soziologie)*
vgl. obedience

component analysis (*pl* **analyses**)
Komponentenanalyse *f*, Komponentenzerlegung *f*, Hauptkomponentenanalyse *(Statistik)*

component bar chart (subdivided bar chart, subdivided column chart, multiple bar chart, multiple bar graph, multiple bar diagram)
unterteiltes Stabdiagramm *n*, unterteiltes Säulendiagramm *n*, Stabdiagramm *n* mit Unterteilungen, Säulendiagramm *n* mit Unterteilungen, mehrfaches Stabdiagramm *n*, mehrfaches Säulendiagramm *n*, mehrfaches Stäbchendiagramm *n (graphische Darstellung)*

component drive (partial instinct)
Partialtrieb *m* (Sigmund Freud) *(Psychoanalyse)*

component index number (*pl* **indexes** *or* **indices, composite index, compound index, composite index**)
zusammengesetzter Index *m*, zusammengesetzte Indexzahl *f (Statistik)*

component of interaction
Interaktionskomponente *f*, Wechselwirkungskomponente *f (Statistik)*

component of variance (variance component)
Varianzkomponente *f*, Streuungskomponente *f (Statistik)*

componential analysis (Ward E. Goodenough, Alfred Kroeber)
Komponentialanalyse *f*, ethnographische Komponentenanalyse *f*

components procedure (principal components analysis, *pl* **analyses, principal components method, principal components technique, principal, principal components model, principal axes technique, principal axes method, principal axes analysis,** *pl* **analyses, principal axes model, factor rotation, componential analysis)**
Hauptachsenmethode *f*, Hauptkomponentenmethode *f*, Hauptkomponentenanalyse *f (Faktorenanalyse)*

composite decision (Herbert A. Simon) (compound decision)
zusammengesetzte Entscheidung *f*, gemischte Entscheidung *f (Entscheidungstheorie) (Organisationssoziologie)*

composite distribution (mixed distribution)
Mischverteilung *f*, zusammengesetzte Verteilung *f (Statistik)*
composite family (composite household, compound family, compound household, house community)
zusammengesetzte Familie *f (Familiensoziologie)*
composite frequency distribution
überlagerte Häufigkeitsverteilung *f*, zusammengesetzte Häufigkeitsverteilung *f (Statistik)*
composite hypothesis (*pl* hypotheses)
zusammengesetzte Hypothese *f*
composite index (*pl* indexes *or* indices, compound index, composite index, component index number)
zusammengesetzter Index *m*, zusammengesetzte Indexzahl *f (Statistik)*
composite model
zusammengesetztes Modell *n (Theoriebildung)*
composite null hypothesis (*pl* hypotheses)
zusammengesetzte Nullhypothese *f (statistische Hypothesenprüfung)*
composite sampling scheme
zusammengesetztes Stichprobenthema *n*, zusammengesetztes Auswahlschema *n*, zusammengesetzter Stichprobenplan *m (Statistik)*
composite scale
zusammengesetzte Skala *f (Skalierung)*
composite score
zusammengesetzte Maßzahl *f*, zusammengesetzter Score *m (Mathematik/Statistik)*
composite theory
zusammengesetzte Theorie *f (Theoriebildung)*
composite variable
zusammengesetzte Variable *f (statistische Hypothesenprüfung)*
compositional effect
zusammengesetzter Effekt *m (Inhaltsanalyse)*
compound decision (composite decision) (Herbert A. Simon)
zusammengesetzte Entscheidung *f*, gemischte Entscheidung *f (Entscheidungstheorie) (Organisationssoziologie)*
compound event
zusammengesetztes Ereignis *n (Wahrscheinlichkeitstheorie)*
compound family (composite family, composite household, compound household, house community)
zusammengesetzte Familie *f (Familiensoziologie)*
compound group
zusammengesetzte Gruppe *f (Soziologie)*

compound hypergeometric distribution
zusammengesetzte hypergeometrische Verteilung *f (Statistik)*
compound index (*pl* indexes *or* indices, composite index, component index number)
zusammengesetzter Index *m*, zusammengesetzte Indexzahl *f (Statistik)*
compound negative polynomial distribution
zusammengesetzte negative Polynomialverteilung *f (Statistik)*
compound Poisson distribution
überlagerte Poisson-Verteilung *f*, zusammengesetzte Poisson-Verteilung *f (Statistik)*
compound rating scale
zusammengesetzte Ratingskala *f*, zusammengesetzte Bewertungsskala *f (Skalierung)*
compound-group integration
Integration *f* zusammengesetzter Gruppen *(Soziologie)*
comprehension test
Verständnistest *m (Psychologie)*
comprehensive school
Gesamtschule *f*
compressed limits *pl*
eingeengte Kontrollgrenzen *f/pl (statistische Qualitätskontrolle)*
compromise
Kompromiß *m (Entscheidungstheorie)*
compromise reaction (compromise formation)
Kompromißreaktion *f (Psychoanalyse)*
compromise strategy
Kompromißstrategie *f (Entscheidungstheorie)*
compulsion
Zwang *m*, Druck *m (Soziologie) (Sozialpsychologie)*
compulsion to repeat (repetition compulsion)
Wiederholungszwang *m (Psychologie)*
compulsive alienation (Talcott Parsons)
zwanghafte Entfremdung *f (Soziologie) (Theorie des Handelns)*
compulsive behavior (*brit* behaviour)
zwanghaftes Verhalten *n (Psychologie)*
compulsive ceremonial
Zwangszeremonie *f (Kulturanthropologie)*
compulsive character (compulsive personality)
zwanghafter Charakter *m*, zwanghafte Persönlichkeit *f (Psychologie)*
compulsive conformity (Talcott Parsons)
zwanghafte Konformität *f (Soziologie) (Theorie des Handelns)*

compulsive crime
zwanghaftes Verbrechen *n*
(*Kriminologie*)
compulsive deviance
zwanghafte Devianz *f*, zwanghaft
abweichendes Verhalten *n*, zwanghafte
Abweichung *f* (*Kriminologie*)
compulsive emotion
Zwangsaffekt *m* (*Psychologie*)
compulsory arbitration (compulsory conciliation)
Zwangsschlichtung *f*, zwangsweise
Schlichtung *f*, obligatorische
Schlichtung *f* (*Soziologie*)
compulsory association (involuntary association, nonvoluntary association)
unfreiwillige Vereinigung *f*,
Zwangsvereinigung *f*, Zwangsverband *m*
(*Soziologie*)
vgl. voluntary association
compulsory referendum (*pl* referendums)
obligatorisches Referendum *n*,
obligatorische Volksabstimmung *f*
(*politische Wissenschaften*)
object loss
Objektverlust *m* (*Psychoanalyse*)
(Sigmund Freud)
compulsory retirement age
gesetzliches Rentenalter *n*, gesetzliches
Pensionsalter *n*
computational stylistics *pl* als *sg* konstruiert
Computer-Stilanalyse *f*, rechnergestützte
Stilanalyse *f*, rechnerische Stilanalyse *f*
(*Linguistik*)
computational table
Rechentabelle *f* (*Mathematik/Statistik*)
computed mode (refined mode)
exakter Modus *m*, exakt berechneter
Modus *m* (*Statistik*)
computed standard error (standard error of the estimate, estimated standard error of the estimator)
rechnerischer Standardfehler *m* (*Statistik*)
computer
Computer *m*, Rechner *m*
computer content analysis (*pl* analyses)
computergestützte Inhaltsanalyse *f*
(*communicationresearch*)
computer graphics *pl* als *sg* konstruiert
Computergraphik *f*
computer simulation (machine simulation)
Computersimulation *f*
computer-assisted telephone interviewing (CATI) (centralized telephone interviewing with the aid of CRT terminals)
computergestützte Telefonbefragung *f*,
computergestützte Telefonumfrage *f*
(*Umfrageforschung*)

computerized data analysis (*pl* analyses)
computergestützte Datenanalyse *f*,
Datenanalyse *f* per Computer)
conation (behavioral component of an attitude)
Konation *f*, Strebung *f*, Verhaltenstendenz *f*, Verhaltenskomponente *f*
der Einstellung (*Psychologie*)
(*Einstellungsforschung*)
conative
konativ *adj* (*Psychologie*)
(*Einstellungsforschung*)
conative value (conative-achievement value)
konativer Wert *m* (*Psychologie*)
concentrated charisma (Edward A. Shils)
konzentriertes Charisma *n*
(*Sozialpsychologie*)
vgl. dispersed charisma
concentrated settlement
Ballungssiedlung *f*, geballte Siedlungsform *f*, geballte Siedlungsweise *f*,
konzentrierte Siedlung *f* (*Sozialökologie*)
concentration
1. Konzentration *f*, Zusammenballung *f*
wirtschaftlicher Macht (*Volkswirtschaftslehre*) (*Statistik*)
2. Konzentration *f*, Konzentrationsvermögen *n*, Konzentrationsfähigkeit *f*
(*Psychologie*)
concentration camp
Konzentrationslager *n*
concentration curve (curve of concentration, Lorenz curve)
Konzentrationskurve *f*, Lorenzkurve *f*
(*Statistik*)
concentration of demand (demand concentration)
Nachfragekonzentration *f*
(*Volkswirtschaftslehre*)
concentration sampling (cut-off sampling)
Auswahl *f* nach dem Konzentrationsprinzip, Auswahlverfahren *n*
nach dem Konzentrationsprinzip,
Stichprobenbildung *f* nach
dem Konzentrationsprinzip,
Stichprobenentnahme *f* nach dem
Konzentrationsprinzip (*Statistik*)
concentric circle hypothesis (of urban growth) (concentric zone hypothesis) (of urban growth) (Ernest W. Burgess)
Hypothese *f* der konzentrischen
Kreise, Theorie *f* der konzentrischen
Kreise (des städtischen Wachstums)
(*Sozialökologie*)
concentric dualism (Claude Lévi-Strauss)
konzentrischer Dualismus *n*
(*Kulturanthropologie*)
vgl. diametric dualism

concentric genealogy
konzentrische Genealogie *f*,
konzentrische genealogische
Darstellung *f*
concentric zone
konzentrischer Kreis *m*, konzentrische
Zone *f* *(Sozialökologie)*
concept
Konzept *n*, Begriff *m*, Konzeption *f*
(Theorie des Wissens)
concept formation
Begriffsbildung *f* *(Theorie des Wissens)*
concept formation test (concept formation task)
Begriffsbildungstest *m* *(Psychologie)*
concept of communication(s) (communication(s) concept)
Kommunikationskonzept *n*
concept of domain sampling (domain sampling, domain sampling model, domain sampling theory)
Indikator-Sampling *n*, Modell *n*
des Indikator-Sampling , Konzept *n*
des Indikator-Sampling, Theorie *f*
des Indikator-Sampling *(statistische Hypothesenprüfung)* *(empirische Sozialforschung)*
concept specification
dimensionale Spezifikation *f* eines
theoretischen Konstrukts *(empirische Sozialforschung)*
concept vector
Inhaltsvektor *m* *(Inhaltsanalyse)*
conception
1. Empfängnis *f*
2. Empfänglichkeit *f* (z.B. für
Überredung)
3. Konzeption *f*
conceptional age
Empfängnisalter *n* *(Psychologie)*
conception control (contraception)
Empfängnisverhütung *f*, Kontrazeption *f*,
Schwangerschaftsverhütung *f*
conceptual approach
Begriffsansatz *m*, begrifflicher Ansatz *m*
(Theorie des Wissens)
conceptual definition
Begriffsdefinition *f*, begriffliche
Definition *f* *(Theoriebildung)*
conceptual model
Begriffsmodell *n*, begriffliches
Modell *n*, konzeptionelles Modell *n*
(Theoriebildung)
conceptual pattern
Begriffsmuster *n*, begriffliches
Muster *n*, konzeptionelles Muster *n*
(Theoriebildung)
conceptual refinement
begriffliche Verfeinerung *f*, begriffliche
Höherentwicklung *f*

conceptional age (true age)
wahres Alter *m*, wirkliches Alter *n*
(Entwicklungspsychologie)
conceptual scheme
Begriffsschema *n*, begriffliches Schema *n*
(Theoriebildung)
conceptual system
Begriffssystem *n*, begriffliches System *n*,
System *n* von Begriffen *(Theorie des Wissens)*
conceptualism
Konzeptualismus *m* *(Theorie des Wissens)*
vgl. nominalism
conceptualist approach
konzeptualistischer Ansatz *m*
(Sozialforschung)
conciliation
Schiedsspruchverfahren *n* Schlichtung *f*
durch Schiedsspruch, Vergleich *m*
(Industriesoziologie)
concomitance
Konkomitanz *f* *(Statistik)*
concomitant variable
konkomitante Variable *f*, Kovariable *f*
(statistische Hypothesenprüfung)
concomitant variation
konkomitante Variation *f* *(Statistik)*
concordance
Konkordanz *f* *(Statistik)*
vgl. discordance
concordant sample
konkordante Stichprobe *f* *(Statistik)*
vgl. discordant sample
concrete mass (concrete crowd)
konkrete Masse *f* (Leopold von Wiese
(Sozialpsychologie)
vgl. abstract mass
concrete sample
konkrete Stichprobe *f* *(Statistik)*
concrete social class (George H. Mead)
konkrete Sozialschicht *f*, konkrete
soziale Gruppe *f*, konkrete
Gesellschaftsschicht *f* *(Soziologie)*
vgl. abstract social class
concrete sociology (clinical sociology)
konkrete Soziologie *f*
concrete structure
konkrete Struktur *f*
concrete system (empirical system) (Talcott Parsons)
konkretes System *n*, empirisches
System *n* *(Theorie des Handelns)*
concreteness
Konkretheit *f*, konkreter Zustand *m*,
konkrete Beschaffenheit *f*,
Körperlichkeit *f*
concubinage
Konkubinat *n* *(Ethnologie)*

concubine
Konkubine *f*, Nebenfrau *f* *(Ethnologie)*
concurrent change (Paul F. Lazarsfeld)
gleichläufiger Wandel *m*,
gleichzeitiger Wandel *m*, gleichläufige
Änderung *f*, gleichzeitige Änderung *f*
(Panelforschung)
concurrent change analysis (*pl* analyses) (Paul F. Lazarsfeld)
Analyse *f* gleichläufigen Wandels,
Analyse *f* gleichläufiger Änderungen
(Panelforschung)
concurrent deviation
gleichsinnige Abweichung *f*, gleichläufige
Abweichung *f* *(Statistik)*
concurrent deviation
Gleichsetzung *f* durch Randomisierung
concurrent majority
einstimmige Mehrheit *f*, Mehrheit *f*
ohne Gegenstimmen
concurrent validation (convergent validation, predictive validation)
konvergente Validierung *f*,
Konvergenzvalidierung *f* *(statistische Hypothesenprüfung)*
concurrent validity (convergent validity (predictive validity)
Konvergenzvalidität *f*, Konvergenzgültigkeit *f*, konvergente
Validität *f*, konvergente Gültigkeit *f*,
Parallelgültigkeit *f*, Parallelvalidität *f*,
Übereinstimmungsvalidität *f*,
Übereinstimmungsgültigkeit *f*, Validität *f*
aufgund von Konvergenz, Gültigkeit *f*
aufgrund von Konvergenz) *(statistische Hypothesenprüfung)*
condensation
Verdichtung *f* (Sigmund Freud)
(Psychoanalyse)
condensation of data (data condensation)
Datenstraffung *f*, Straffung *f* des
Datenmaterials) *(Datenanalyse)*
condition of reparametrization
Reparametrisierungsbedingung *f*
(Varianzanalyse)
conditionability
Konditionierbarkeit *f* *(Verhaltensforschung)*
conditional
1. konditioniert *(Verhaltensforschung)*
2. bedingt *(Statistik) (Wahrscheinlichkeitstheorie)*
conditional distribution (conditional frequency distribution)
bedingte Verteilung *f*, bedingte
Häufigkeitsverteilung *f* *(Statistik)*
conditional distribution function
bedingte Verteilungsfunktion *f* *(Statistik)*

conditional entropy (of a test)
bedingte Entropie *f* (eines Versuchs)
(statistische Hypothesenprüfung)
conditional expectation
bedingte Erwartung *f* *(Wahrscheinlichkeitstheorie)*
conditional expected value
bedingter Erwartungswert *m*
(Wahrscheinlichkeitstheorie)
conditional fourfold table
bedingte Vierfeldertafel *f*
(Mathematik/Statistik)
conditional norm (R. T. Morris)
bedingte Norm *f*, bedingt geltende
Norm *f* *(Soziologie)*
conditional participation (conditional social participation, conditioned participation, conditioned social participation)
bedingte Partizipation *f*, bedingter
Zugang *m*, bedingte Teilnahme *f*
(Soziologie)
conditional power function
bedingte Trennschärfefunktion *f*
(Statistik)
conditional probability
bedingte Wahrscheinlichkeit *f*
(Wahrscheinlichkeitstheorie)
conditional probability distribution
bedingte Wahrscheinlichkeitsverteilung *f*
(Wahrscheinlichkeitstheorie)
conditional probability density
bedingte Wahrscheinlichkeitsdichte *f*
(Wahrscheinlichkeitstheorie)
conditional probability function
bedingte Wahrscheinlichkeitsfunktion *f*
(Wahrscheinlichkeitstheorie)
conditional probability measure
bedingtes Wahrscheinlichkeitsmaß *n*
(Wahrscheinlichkeitstheorie)
conditional regression
bedingte Regression *(Statistik)*
conditional relationship
bedingter Zusammenhang *m*, bedingte
Beziehung *f*, bedingt bestehende
Beziehung *f* *(Statistik) (empirische Sozialforschung)*
conditional reliability
bedingte Zuverlässigkeit *f*,
bedingte Reliabilität *f* *(statistische Hypothesenprüfung)*
conditional statistic
bedingte Maßzahl *f*, bedingte statistische
Maßzahl *f* *(Statistik)*
conditional survivor function
bedingte Überlebensfunktion *f*
(Erneuerungstheorie)
conditional test
bedingter Test *m* *(statistische Hypothesenprüfung)*

conditionality
Bedingtheit *f*, Konditionalität *f*
conditionally unbiased estimator (*brit* **unbiassed**)
bedingt erwartungstreue Schätzfunktion *f* *(Statistik)*
conditioned
bedingt, konditioniert, konditionell
adj/adv (Verhaltensforschung)
vgl. unconditioned
conditioned aversive stimulus (*pl* **conditioned aversive stimuli**)
konditioneller aversiver Reiz *m*, konditioneller aversiver Stimulus *m* *(Verhaltensforschung)*
vgl. unconditioned aversive stimulus
conditioned emotional response (CER)
konditionierte emotionale Reaktion *f* *(Verhaltensforschung)*
vgl. unconditioned emotional response
conditioned facilitation
konditionierte Bahnung *f* *(Verhaltensforschung)*
vgl. unconditioned facilitation
conditioned inhibition (inhibitory conditioning, negative conditioning)
konditionierte Hemmung *f* *(Verhaltensforschung)*
vgl. unconditioned inhibition
conditioned nonverbal response
konditionierte nichtverbale Reaktion *f* *(Verhaltensforschung)*
vgl. unconditioned nonverbal response
conditioned operant
konditionierte Wirkreaktion *f*, konditionierter Operant *m* *(Verhaltensforschung)*
vgl. unconditioned operant
conditioned reactive inhibition
konditionierte reaktive Hemmung *f* *(Verhaltensforschung)*
vgl. unconditioned reactive inhibition
conditioned reflex (conditioned response, conditional response, conditional reflex)
konditionierter Reflex *m*, bedingter Reflex *m (Verhaltensforschung)*
vgl. unconditioned reflex
conditioned reinforcement (secondary reinforcement)
konditionierte Verstärkung *f*, sekundäre Verstärkung *f*, bedingte Verstärkung *f*, Verstärkung *f* zweiter Ordnung *(Verhaltensforschung)*
vgl. unconditioned reinforcement (primary reinforcement)
conditioned reinforcer
konditionierter Verstärker *m*, bedingter Verstärker *m (Verhaltensforschung)*

conditioned response (CR) (conditional response, conditioned reaction) (CR)
konditionierte Reaktion *f*, bedingte Reaktion *f (Verhaltensforschung)*
vgl. unconditioned response (UCR, UR)
conditioned stimulus (CS) (*pl* **conditioned stimuli**)
konditioneller Reiz *m*, konditioneller Stimulus *m (Verhaltensforschung)*
unconditioned stimulus (US, UCS)
conditioned suppression
konditionierte Unterdrückung *f* *(Verhaltensforschung)*
vgl. conditioned facilitation
conditioning
Konditionierung *f*, Konditionieren *n* *(Verhaltensforschung)*
conditioning bias
Konditionierungsfehler *m*, Konditionierungsverzerrung *f* *(Psychologie/empirische Sozialforschung)*
conditioning of attitudes
Konditionierung *f* von Einstellungen, Einstellungskonditionierung *f* *(Einstellungsforschung)*
conditioning therapy (behavior therapy, *brit* **behaviour therapy, behavioral therapy,** *brit* **behavioural therapy, behavioristic psychotherapy,** *brit* **behaviouristic therapy)**
Verhaltenstherapie *f*
condominium
1. Eigentumswohnung *f*, Eigentumsappartement *n*
2. Mitbesitz *m (Volkswirtschaftslehre)*
3. Kondominium *n (politische Wissenschaft)*
conduct (manners *pl***)**
Betragen *n*, Benehmen *n*, Verhalten *n*, Umgangsformen *f/pl*, Umgangssitten *f/pl (Gruppensoziologie)* *(Kommunikationsforschung)*
conduct norm (norm of conduct)
Verhaltensnorm *f*, Verhaltensvorschrift *f* *(Soziologie)*
conductor communication
Kommunikation *f* per Leitungsdraht *(Kommunikationsforschung)*
cone
Kegel *m*, Konus *m (Mathematik/Statistik)*
confabulation
Konfabulation *f*, Konfabulieren *n* *(Psychoanalyse)*
confederate (stooge, "plant")
Vertrauter *m* des Versuchsleiters, Bundesgenosse *m*, Konföderierter *m*, Komplize *m*, Helfershelfer *m*, konföderierte Person *f* (im Experiment) *(Psychologie/empirische Sozialforschung)*

confederation (federation)
Konföderation *f* *(politische Wissenschaften)*
confederation (union)
Staatenbund *m*, Konföderation *f*, Union *f* *(politische Wissenschaften)*
confessional party (religious party)
Konfessionspartei *f* konfessionelle Partei *f*, Religionspartei *f*, religiöse Partei *f* *(politische Wissenschaften)*
confessional school
Konfessionsschule *f*
confessional theology
Konfessionstheologie *f*, konfessionelle Theologie *f*
confidence
Konfidenz *f* *(Statistik)*
confidence coefficient
Konfidenzkoeffizient *m*, statistische Sicherheit *f* *(Statistik)*
confidence estimation
Konfidenzschätzung *f*, Schätzung *f* des Vertrauensbereichs *(Statistik)*
confidence estimation for an unknown distribution (confidence estimate for an unknown distribution)
Konfidenzschätzung *f* für eine unbekannte Verteilungsfunktion *(Statistik)*
confidence interval (confidence belt, confidence level, confidence band, confidence, tolerance level, tolerance)
Vertrauensbereich *m*, Vertrauensintervall *n*, Mutungsbereich *m*, Mutungsintervall *n*, Sicherheitsbereich *m*, Konfidenzbereich *m*, Konfidenzintervall *n* *(statistische Hypothesenprüfung)*
confidence probability
Sicherheitswahrscheinlichkeit *f*, statistische Sicherheit *f*, Sicherheitsgrad *m*, Sicherheitsbereich *m* *(Statistik)*
confidence region
Sicherheitsgrad *m*, Sicherheitsbereich *m*, Schätzungsbereich *m*, Bereichsschätzung *f* *(Statistik)*
confidence theory (of religion)
Vertrauenstheorie *f*, der Religion) *(Religionssoziologie)*
vgl. awe theory
configural scoring (actuarial method (actuarial approach, actuarial pattern analysis, *pl* analyses)
versicherungsstatistische Methode *f*, versicherungsstatistischer Ansatz *m*, versicherungsstatistisches Verfahren *n*, Tafelmethode *f* *(Statistik)*

configuration
1. Gestalt *f* *(Psychologie)*
2. Konfiguration *f*
3. Struktur *f*
configurational integration (thematic integration)
thematische Integration *f*, konfigurationale Integration *f* *(Soziolinguistik)*
configurational learning
Lernen *n* von Konfigurationen, Konfigurationslernen *n* *(Gestaltpsychologie)*
configurational pressure
Konfigurationsdruck *m* *(Soziolinguistik)*
configurational psychology (gestalt psychology)
Gestaltpsychologie *f*, Gestalttheorie *f* (Kurt Koffka, Wolfgang Köhler, Max Wertheimer) *(Psychologie)*
configurational sample (grid sample, lattice sample)
Gitterstichprobe *f*, Gitternetzauswahl *f* *(Statistik)*
configurational sampling (lattice sampling, grid sampling)
Gitterauswahlverfahren *n*, Gitterauswahl *f*, Stichprobenentnahme *f* im Gittermuster, Stichprobenverfahren *n* im Gittermuster, Stichprobenbildung *f* im Gittermuster *(statistische Hypothesenprüfung)*
configurative analysis (*pl* analyses) (Harold D. Lasswell)
konfigurative Analyse *f*
confirming other
bestätigender Anderer *m* *(Soziologie)*
conflict
Konflikt *m* *(Soziologie)*
conflict group
Konfliktgruppe *f* *(Soziologie)*
conflict management
Konfliktmanagement *n*
conflict model
Konfliktmodell *n* (Ralf Dahrendorf) *(Soziologie)*
conflict of interest
Interessenkonflikt *m*
conflict resolution
Konfliktlösung *f*
conflict situation
Konfliktsituation *f*
conflict subculture (contraculture)
Konfliktsubkultur *f*, Gegenkultur *f* *(Kriminalsoziologie)*
conflict system
Konfliktsystem *n*

conflict theory (theory of conflict, theory of social conflict)
Konflikttheorie f, Theorie f des Konflikts, Theorie f sozialer Konflikte (Soziologie)
confluence
Konfluenz f (Statistik)
confluence analysis (pl analyses)
Konfluenzanalyse f (Statistik)
confluent relation
konfluente Beziehung f (Statistik)
conformance (Marie Jahoda)
Einstellungsanpassung f, Einstellungswandel m als Folge sozialen Drucks (Sozialpsychologie)
conformism
Konformismus m (Sozialpsychologie) vgl. nonconformism
conformity
Konformität f (Sozialpsychologie)
conformity behavior (brit conformity behaviour)
konformes Verhalten n (Sozialpsychologie)
conformity pressure (pressure to conform)
Konformitätsdruck m (Sozialpsychologie)
conformity to norms (doctrinal conformity)
Normenkonformität f, Normenkonformismus m, Wertekonformität f, Wertekonformismus m (Sozialpsychologie)
confounded
vermengt adj (Statistik)
confounded experimental design (confounded design)
vermengte experimentelle Anlage f, vermengte Versuchsanlage f, vermengter Versuchsplan m (statistische Hypothesenprüfung)
confounding
Vermengen n, Vermengung f (statistische Hypothesenprüfung)
confounding variable (contaminating variable)
Vermengungsvariable f (statistische Hypothesenprüfung)
confusion matrix (pl matrixes or matrices)
Verwechslungsmatrix f (Verhaltensforschung) (Statistik)
confusion scale
Verwechslungsskala f (Statistik) (empirische Sozialforschung)
confusion theory (of illusion)
Verwechslungstheorie f der Täuschung (Psychologie)
congeniality group
kongenialische Gruppe f, Gruppe f von Gleichgesinnten, Gruppe f von Geistesverwandten) (Gruppensoziologie)
congenital
kongenital, angeboren adj

congenital hypothyroidism (cretinism)
Kretinismus m (Psychologie)
congeries sg + pl
zusammengewürfelte Anhäufung f (von Kulturzügen) (Kulturanthropologie)
congested area (agglomeration, urban concentration, urbanized area, metropolitan area, conurbation) (Patrick Geddes)
Ballungsraum m, Agglomeration f, Ballungszentrum n, Ballungsgebiet n, Zusammenballung f (Sozialökologie)
congested district (crowded area, overcrowded area)
übervölkertes Gebiet n, dichtest besiedelter Bezirk m (Sozialökologie)
congestion (population cluster)
1. Bevölkerungsballung f, Zusammenballung f, extrem dichte Besiedlung f, Übervölkerung f (Sozialökologie)
2. Stau m, Warteschlange f (Warteschlangentheorie)
congestion model (queuing model, waiting-line model)
Warteschlangenmodell n
congestion system (queuing system, waiting-line system)
Warteschlangensystem n
congestion theory
Wartezeittheorie f, Theorie f der Wartezeit (Warteschlangentheorie)
congestion (waiting time, hitting point)
Wartezeit f, Stauung f (Warteschlangentheorie)
congestion theory (theory of congestion systems, theory of queues, queuing theory, queuing, queuing analysis, pl queuing analyses, waiting-line theory, theory of waiting lines)
Warteschlangentheorie f, Theorie f der Warteschlangen, Bedienungstheorie f
conglomeration
Konglomeration f, Konglomerat n, Ballung f, Bevölkerungszusammenballung f (Sozialökologie)
congregational church
kongregationalistische Kirche f (Religionssoziologie)
congregationalism
Kongregationalismus m, System n und Lehre f von der Selbstverwaltung der Kirchengemeinde (Religionssoziologie)
congruity (congruence)
1. Kongruität f, Kongruenz f, Bündigkeit f, Folgerichtigkeit f (Logik) Kongruenz f Deckungsgleichheit f (Mathematik/Statistik)
2. Kongruenz f, Widerspruchsfreiheit f (empirische Sozialforschung)

conjoint analysis (*pl* **conjoint analyses**, **conjoint measurement**)
konjunkte Analyse *f*, Verbundmessung *f*,
Conjoint Measurement *n*
(Psychologie/empirische Sozialforschung)
conjugal
Gatten-, ehelich, Ehe-, Heirats- *adj*
conjugal family
Gattenfamilie *f* *(Kulturanthropologie)*
(Familiensoziologie)
vgl. consanguine family
conjugal instability (marital instability, marriage instability)
eheliche Instabilität *f*, Instabilität *f* in der Ehe *(Familiensoziologie)*
conjugal love
Gattenliebe *f*, liebevolle Beziehung *f* zwischen Gatten, zwischen Ehepartnern) *(Kulturanthropologie)*
(Familiensoziologie)
conjugal role
Gattenrolle *f*, Rolle *f* des Ehepartners *(Kulturanthropologie)*
(Familiensoziologie)
conjugal stability (marital stability, marriage stability)
eheliche Stabilität *f*, Stabilität *f* einer Ehe *(Familiensoziologie)*
conjugal union
Gattenverbindung *f*, Verbindung *f* der Ehegatten *(Kulturanthropologie)*
(Familiensoziologie)
conjugality
Ehelichkeit *f* *(Kulturanthropologie)*
conjugate Latin squares *pl*
konjugierte lateinische Quadrate *n/pl*
(statistische Hypothesenprüfung)
conjugate ranking
konjugierte Rangordnung *f* *(Statistik)*
conjugate reinforcement
konjugierte Verstärkung *f*
(Verhaltensforschung)
vgl. episodic reinforcement
conjunctive concept
verbundenes Konzept *n*, verknüpftes Konzept *n* *(Theoriebildung)*
conjunctivity (Henry A. Murray)
Verknüpftheit *f* *(Psychologie)*
conjuncture
Zusammentreffen *n* von Umständen, Zusammentreffen *n* von ungünstigen Umständen
connaissance d'autrui (person perception, person cognition, interpersonal perception, social perception, interpersonal perception)
Personenwahrnehmung *f*,
Personenperzeption *f*, interpersonelle Wahrnehmung *f* *(Psychologie)*

connate (innate, inherent)
angeboren, ererbt, erblich *adj*
(Verhaltensforschung)
vgl. acquired
connectedness (connectivity, colligation, connection)
Verbundenheit *f* *(Statistik)* *(Logik)*
connection
Zusammenhang *m*, Verbindung *f*, Beziehung *f*
connection (linkage)
Verknüpfung *f*, Verbindung *f*, Verkettung *f*, Koppelung *f*
(Mathematik/Statistik) *(Psychologie)*
connectionism (Edward L. Thorndike)
Zusammenhangstheorie *f* des Lernens, Verknüpfungshypothese *f*, Verknüpfungstheorie *f* *(Psychologie)*
connective inhibition
konnektive Hemmung *f* *(Psychologie)*
connective integration
konnektive Integration *f*, Verknüpfungsintegration *f* *(Kulturanthropologie)*
connectivism (Edward L. Thorndike) (connectionism)
Konnektionismus *m*, Zusammenhangstheorie *f* des Lernens *(Psychologie)*
connectivity
Konnektivität *f*, Verbundenheit *f*, Verknüpftheit *f*, Zusammenhang *m*
(Psychologie)
connector
Konnektor *m* *(Psychologie)*
(Philosophie)
connivance
stillschweigendes Einverständnis *n*, wissentliches Gewähren *n*, wissentliches Gutheißen *n*, Begünstigung *f*
connotation (connotative meaning)
Konnotation *f*, Nebenbedeutung *f*, Beiklang *m* *(Theorie des Wissens)*
vgl. denotation
connotative aspect of language
beschreibend-bewertende Assoziation *f* der Sprache *(Linguistik)*
connotative interdependence (Robert Redfield)
konnotative Interdependenz *f*
(Linguistik)
connotative meaning
konnotative Bedeutung *f*, Konnotation *f* *(Theorie des Wissens)*
connubium
Konnubium *n*, Verschwägerung *f*, Verwandtschaft *f* durch Anheirat *(Kulturanthropologie)*
consanguine (consanguineal, consanguineous)
blutsverwandt, konsanguin *adj*
(Kulturanthropologie)

consanguine endogamy
Endogamie *f* zwischen Blutsverwandten
(Kulturanthropologie)
consanguine family
Blutsverwandtenfamilie *f*, Familie *f* von
Blutsverwandten, konsanguine Familie *f*
(Kulturanthropologie)
consanguine group (consanguineal kin group, consanguineal group)
Blutsverwandtengruppe *f*, Gruppe *f* von
Blutsverwandten, konsanguine Gruppe *f*
(Kulturanthropologie)
consanguine (consanguineal kin, consanguineal relative, blood relative)
Blutsverwandte(r) *f (m) (Kulturanthropologie)*
consanguineal distance
Verwandtschaftsgrad *m* von
Blutsverwandten, verwandtschaftliche
Distanz *f* zwischen Blutsverwandten
(Kulturanthropologie)
consanguineal kin (consanguineal kinsman, pl kinsmen)
Blutsverwandter *m*, konsanguiner
Verwandter *m (Kulturanthropologie)*
consanguineal kindred pl (consanguineal relatives pl, blood relatives pl)
Blutsverwandte *m/pl*, Blutsverwandtschaft *f*, die Blutsverwandten *m/pl*
(Kulturanthropologie)
consanguineal marriage
Blutsverwandtenehe *f*, Blutsverwandtenheirat *f*, Ehe *f* zwischen
Blutsverwandten, Heirat *f* zwischen
Blutsverwandten *(Kulturanthropologie)*
consanguinity (consanguineal kinship)
Blutsverwandtschaft *f*, der
Status *m* der Blutsverwandtschaft *f*
(Kulturanthropologie)
consanguinity (consanguineal kinship)
Blutsverwandter *m* in der mütterlichen
Linie
→ cognate
conscience
Gewissen *n*
conscientious objection
Wehrdienstverweigerung *f*,
Kriegsdienstverweigerung *f* aus
Gewissensgründen
conscientious objector
Wehrdienstverweigerer *m*,
Kriegsdienstverweigerer *m* aus
Gewissensgründen
conscious
bewußt *adj (Psychologie)*
(Verhaltensforschung)
vgl. unconscious

conscious attitude
Bewußtseinslage *f*, bewußte
Haltung *f*, bewußte Einstellung *f*
(Einstellungsforschung)
consciousness
Bewußtheit *f*, Sichbewußtsein *n*
(Psychologie)
vgl. unconsciousness
consciousness field
Bewußtseinsfeld *n (Psychologie)*
consciousness of kind (Franklin H. Giddings) (consciousness of likeness)
Artbewußtsein *n*, Gattungsbewußtsein *n*,
Gruppenbewußtsein *n*, Bewußtsein *n*
der Zusammengehörigkeit
(Gruppensoziologie)
consciousness-raising group (CR group)
bewußtseinsverstärkende Gruppe *f*
(Psychotherapie)
conscription
Einberufung *f*, Wehrpflicht *f*,
Konskription *f*
consensual decision
Konsensentscheidung *f*, auf Konsens
beruhende Entscheidung *f*, auf
Übereinstimmung beruhende
Entscheidung *f*
consensual decision-making
Entscheidung *f* durch Konsens,
Treffen *n* von Konsensentscheidungen
consensual integration (normative integration) (Talcott Parsons)
Konsensintegration *f*, Integration *f*
durch Konsens, normative Integration *f*
(Theorie des Handelns)
consensual marriage
Konsensehe *f*, Ehe *f* auf der Grundlage
beiderseitiger Übereinstimmung der
Ehepartner *(Familiensoziologie)*
consensual union (consensual marriage, free union, free marriage, common-law marriage)
Ehe *f* ohne Trauschein, Lebenspartnerschaft *f*, "wilde" Ehe *f*, Kohabitation *f*
consensual validation (Harry S. Sullivan)
Übereinstimmungsvalidierung *f*,
Konsensvalidierung *f*, Validierung *f*
durch Konsens *(Hypothesenprüfung)*
consensus
Konsens *m*, Konsensus *m*,
Übereinstimmung *f (Soziologie)*
(politische Wissenschaft)
consensus interview
Konsensinterview *n*, Übereinstimmungsinterview *n (empirische Sozialforschung)*
consensus interview technique (consensus interview procedure)
Konsenstechnik *f*, Konsensverfahren *n*,
Übereinstimmungsdiskussionstechnik *f*
(empirische Sozialforschung)

consensus scale
Konsensskala *f (Statistik)*
consensus scaling
Konsensskalierung *f*, Übereinstimmungsskalierung *f (Statistik)*
consensus theory
Konsensustheorie *f*, Theorie *f* des Konsens *(Soziologie)*
consent
Zustimmung *f*, Einwilligung *f*
consentience (Marie Jahoda)
Einstellungsanpassung *f* durch Zustimmung, Einstellungsanpassung *f* durch Einsicht, Einstellungsanpassung *f* als Folge des Vorliegens relevanter Beweise *(Soziologie)*
conservation
Naturschutz *m (Sozialökologie)*
conservation movement
Naturschutzbewegung *f (Sozialökologie)*
conservatism
Konservatismus *m*, Konservativismus *m (politische Wissenschaften)*
conservatism scale (scale of conservatism)
Konservatismusskala *f (empirische Sozialforschung)*
conservative
1. konservativ *adj (politische Wissenschaften) (Mathematik/Statistik)*
2. Konservative(r) *f(m)*
conservative ideology
konservative Ideologie *f*, Ideologie *f* des Konservatismus *(politische Wissenschaften)*
conservative measurable transformation
konservative meßbare Transformation *f (Stochastik)*
conservative migration
konservative Migration *f*, konservative Wanderungsbewegung *f*, erhaltende Migration *f*
conservative process
konservativer Prozeß *m (Stochastik)*
conservative religion
konservative Religion *f (Religionssoziologie)*
conservative socialism
konservativer Sozialismus *m* (Adolf Wagner) *(politische Wissenschaften)*
consideration
Konsideration *f (Organisationssoziologie)*
consistency (consistence)
Konsistenz *f*, Stimmigkeit *f*, innere Übereinstimmung *f*, Widerspruchsfreiheit *f*, Folgerichtigkeit *f*, Beständigkeit *f*, innere Harmonie *f (Logik) (Theorie des Wissens) (Sozialpsychologie) (Soziologie) (Kommunikationsforschung)*
vgl. inconsistency

consistency checking (consistency control)
Konsistenzprüfung *f*, Konsistenzüberprüfung *f*, Prüfung *f* der logischen Widerspruchsfreiheit *(statistische Hypothesenprüfung) (Datenanalyse)*
consideration frame (evoked set)
relevante Vergleichsinformation *f*, relevante Vergleichsdaten *n/pl (Soziologie) (Psychologie)*
consistency control (consistency check)
Plausibilitätskontrolle *f*, Redigieren *n (Datenanalyse)*
consistency effect
Konsistenzeffekt *m (Psychologie)*
consistency index (*pl* **indexes** *or* **indices**)
Konsistenzindex *m (Psychologie/empirische Sozialforschung)*
consistency research
Konsistenzforschung *f (empirische Sozialforschung)*
consistent
konsistent *adj*
vgl. inconsistent
consistent estimator
konsistente Schätzfunktion *f*, asymptotisch treffende Schätzfunktion *f (Statistik)*
vgl. inconsistent estimator
consistent sampling bias
konsistenter Stichprobenfehler *m (Statistik)*
consistent sequence of tests
konsistente Folge *f* von Schätzfunktionen *(Statistik)*
consistent sequence of tests
konsistente Testfolge *f*, konsistente Folge *f* von Tests *(statistische Hypothesenprüfung)*
consistent test
konsistenter Test *m*, asymptotisch treffender Test *m (statistische Hypothesenprüfung)*
consociation (federation, group federation)
Bund *m*, Vereinigung *f (Gruppensoziologie)*
consolidated school
Zentralschule *f*
consolidation
Konsolidierung *f*
consonance
Konsonanz *f (Sozialpsychologie) (Einstellungsforschung)*
vgl. dissonance
conspect reliability coefficient (Raymond B. Cattell)
konspektiver Reliabilitätskoeffizient *m (statistische Hypothesenprüfung)*

conspective test
konspektiver Test *m (empirische Sozialforschung)*
conspicuous consumption (prestige consumption) (Thorstein Veblen)
ostentativer Konsum *m*, demonstrativer Konsum *m*, Geltungskonsum *m (Soziologie)*
conspicuous leisure (Thorstein Veblen)
ostentative Muße *f*, demonstrative Muße *f*, Geltungsmuße *f (Soziologie)*
conspicuous waste (Thorstein Veblen)
ostentative Verschwendung *f*, demonstrative Verschwendung *f*, Geltungsverschwendung *f (Soziologie)*
conspiracy (conspiration)
Konspiration *f*, Verschwörung *f (Soziologie)*
conspiracy theory (conspiration theory)
Verschwörungstheorie *f (Sozialpsychologie)*
constancy
Konstanz *f*, Beständigkeit *f*
constancy hypothesis (*pl* hypotheses)
Konstanzhypothese *f (Psychologie)*
constancy phenomenon (*pl* phenomena)
Konstanzphänomen *n (Psychologie)*
constancy principle (principle of constancy of energy)
Konstanzprinzip *n* (Sigmund Freud)*(Psychoanalyse)*
constant
Konstante *f (Mathematik/Statistik)*
constant error (constant bias, persistent error)
konstanter Fehler *m (statistische Hypothesenprüfung)*
constant method (right-or-wrong cases method, method of constant stimuli)
Konstanzmethode *f (Psychophysik)*
constant qualifier
konstanter Einflußfaktor *m (Panelforschung)*
vgl. covarying qualifier, intermediary qualifier
constant sum
konstante Summe *f (Mathematik/Statistik)*
constant-sum game
konstantes Summenspiel *n*, Konstantsummenspiel *n (Spieltheorie)*
constant-sum scale
Konstantsummenskala *f (Statistik)*
constant-sum scaling (constant-sum method)
Konstantsummenskalierung *f*, Konstantsummenmethode *f (Skalierung)*
constellation (configuration)
Konstellation *f*, Konfiguration *f*

constellatory construct
konstellatorisches Konstrukt *n (Theorie des Wissens)*
constellatory construct
Konstellation *f* der Einstellungen
constituency
Wählerschaft *f*, die Wähler *m/pl (politische Wissenschaften)*
constituency (election district, electoral district, precinct)
Wahlkreis *m*, Wahlbezirk *m (politische Wissenschaften)*
constituent assembly
Konstituante *f*, konstituierende Versammlung *f*, verfassungsgebende Versammlung *f (politische Wissenschaften)*
constitution
1. Verfassung *f*, Grundgesetz *n*, Konstitution *f (politische Wissenschaften)*
2. Konstitution *f*, Grundstruktur *f*, Verfassung *f*, physische oder psychische Konstitution *f (Psychologie)*
constitutional dictatorship
konstitutionelle Diktatur *f (politische Wissenschaften)*
constitutional law
Verfassungsrecht *n (politische Wissenschaften)*
constitutional monarchy
konstitutionelle Monarchie *f (politische Wissenschaften)*
constitutional psychology (constitutional anthropology)
Konstitutionspsychologie *f*, Konstitutionsanthropologie *f*, Konstitutionslehre *f (Psychologie)*
constitutionalism
Konstitutionalismus *m (politische Wissenschaften)*
constitutive meaning
konstitutive Bedeutung *f (Philosophie)*
constitutive norm (constitutive rule)
konstitutive Norm *f*, konstitutive Regel *f (Soziologie)*
constitutive process (Myres McDougal)
konstitutiver Prozeß *m (Soziologie)*
constitutive ritual (Max Gluckman)
konstituierendes Ritual *n*, Konstitutionsritual *n (Kulturanthropologie)*
constraint
einschränkende Nebenbedingung *f*, Einschränkung *f*, Nebenbedingung *f (Hypothesenprüfung)*
construct (hypothetical construct, theoretical construct, logical construct)
Konstrukt *n*, hypothetisches Konstrukt *n*, theoretisches Konstrukt *n*, heuristische Annahme *f (Theoriebildung)*

construct criterion (*pl* **criteria** *or* **criterions**)
Konstruktkriterium *n* (*statistische Hypothesenprüfung*)
construct validation (Lee J. Cronbach and Paul E. Meehl)
Konstruktvalidierung *f*, Validierung *f* eines Konstrukts, Prüfung *f* der Aussagegültigkeit eines Konstrukts (*statistische Hypothesenprüfung*)
construct validity (Lee J. Cronbach and Paul E. Meehl) (concept validity)
Konstruktvalidität *f*, Validität *f* eines Konstrukts, Aussagegültigkeit *f* eines Konstrukts (*statistische Hypothesenprüfung*)
constructed language
Kunstsprache *f*, künstliche Sprache *f* (*Soziolinguistik*)
constructed type (Howard S. Becker)
konstruierter Typus *m*, komplexes theoretisches Konstrukt *n* (*Theoriebildung*)
construction technique
Bastelverfahren *n*, Zusammenbauverfahren *n*, Zusammenbaumethode *f* (*Psychologie*)
constructive conflict
konstruktiver Konflikt *m* (*Soziologie*)
constructive typology
Konstrukttypologie *f*, Entwicklung *f* von komplexen theoretischen Konstrukten (*Theoriebildung*)
consubjectivity (William E. Hocking)
Konsubjektivität *f*, Gleichartigkeit *f* menschlicher Empfindungen (*Psychologie*)
consultant psychologist (consulting psychologist)
beratender Psychologe *m*
consultative assembly
beratende Versammlung *f*, konsultative Versammlung *f* (*politische Wissenschaft*)
consulting psychology (counseling psychology, counseling)
beratende Psychologie *f*
consumer
Konsument *m*, Verbraucher *m*
consumer behavior effect on demand (behavioral effect on demand, psychological demand effect)
Nachfrageeffekt *m*, externer Konsumeffekt *m* (*Volkswirtschaftslehre*)
consumer cooperative (consumer cooperative)
Konsumgenossenschaft *f*, Konsum *n*, Genossenschaftsladen *m*, Genossenschaftsgeschäft *n* (*Volkswirtschaftslehre*) (*Organisationssoziologie*)

consumer household (private household, spending unit)
Konsumentenhaushalt *m*, Haushaltseinheit *f*, Haushalt *m* (*empirische Sozialforschung*)
consumer price index (C.P.I., CPI) (brit cost-of-living index, retail price index)
Preisindex *m* für die Lebenshaltung, Lebenshaltungskostenindex *m* (*Volkswirtschaftslehre/Statistik*)
consumer psychology
Konsumentenpsychologie *f*, Verbraucherpsychologie *f*
consumer research
Verbrauchsforschung *f*, Konsumforschung *f* (*Marketingforschung*)
consumer's risk point (CRP) (lot tolerance percentage defective) (LTPD), (consumer's risk) (CR)
Punkt *m* des Konsumentenrisikos, Punkt *m* des Verbraucherrisikos, Konsumentenrisiko *n*, Verbraucherrisiko *n*, Risiko *n* des Konsumenten, Risiko *n* des Verbrauchers (*Entscheidungstheorie*) (*statistische Hypothesenprüfung*)
consumer's surplus (consumer surplus, consumer's rent)
Konsumentenrente *f*, Käuferrente *f* (*Volkswirtschaftslehre*)
consummation (of a marriage)
Vollzug *m* (der Ehe)
consummatory action
Vollzugshandlung *f*, Endhandlung *f* (*Verhaltensforschung*)
consummatory behavior (brit consummatory behaviour)
Vollzugsverhalten *n*, Vollziehungsverhalten *n* (*Verhaltensforschung*)
consummatory response (consummatory reaction, goal reaction, goal response)
Zielreaktion *f*, Endhandlung *f*, konsumatorische Reaktion *f*, konsumatorische Endhandlung *f*, Vollzugsreaktion *f*, Endreaktion *f* (*Verhaltensforschung*)
consumption
Verbrauch *m*, Konsum *m* (*Volkswirtschaftslehre*)
consumption research (consumer research)
Konsumforschung *f* (*Marktforschung*)
contact
Kontakt *m*
contact field
Kontaktfeld *n*, Kontaktbereich *m*
contact language (vehicular language, lingua franca)
Kontaktsprache *f*, Lingua franca *f* (*Soziolinguistik*)

contactual gesture
Berührungsgeste *f (Kommunikationsforschung)*
contagious bias
Ansteckungsfehler *m*, Ansteckungsbias *m (empirische Sozialforschung)*
contagious distribution
Ansteckungsverteilung *f (Statistik)*
contagious magic (James Fraser)
ansteckende Magie *f (Kulturanthropologie)*
container city
Container-Stadt *f*, Behälterstadt *f (Sozialökologie)*
containment policy (containment) (George F. Kennan)
Eindämmungspolitik *f*, Eindämmung *f*, Politik *f* der Eindämmung (des Kommunismus) *(politische Wissenschaften)*
contaminated distribution
infizierte Verteilung *f*, kontaminierte Verteilung *f (Statistik)*
contaminating variable (confounding variable)
Vermengungsvariable *f (statistische Hypothesenprüfung)*
contamination
1. Infizierung *f*, Kontaminierung *f*, Kontamination *f (statistische Hypothesenprüfung)*
2. Ansteckung *f*, soziale Ansteckung *f*, Kontamination *f*, Kontaminierung *f (Sozialpsychologie)*
contemporary
1. Zeitgenosse *m*, Zeitgenossin *f*
2. zeitgenössisch *adj*
content analysis (*pl* analyses, designations analysis, assertions analysis)
Inhaltsanalyse *f*, Aussagenanalyse *f*, Bedeutungsanalyse *f*, Content-Analyse *f*, Textanalyse *f*, Dokumentenanalyse *f (Kommunikationsforschung)*
content of communication(s) (communication(s) content)
Kommunikationsinhalt *m (Kommunikationsforschung)*
content validity (internal validity, logical validity, face validity, surface validity)
Inhaltsvalidität *f*, Inhaltsgültigkeit *f*, inhaltliche Validität *f*, inhaltliche Gültigkeit *f*, Kontentvalidität *f*, interne Validität *f*, interne Gültigkeit *f (statistische Hypothesenprüfung)*
content (substance)
Gehalt *m*, Substanz *f*
contest mobility
Konkurrenzmobilität *f*, Wettbewerbsmobilität *f (Mobilitätsforschung)*

context of discovery
Entdeckungszusammenhang *m* (Arnold Brecht) *(Theoriebildung)*
vgl. context of justification
context of justification
Begründungszusammenhang *m*, Rechtfertigungszusammenhang *m* (Arnold Brecht) *(Theoriebildung)*
vgl. context of discovery
context of meaning
Sinnzusammenhang *m (Theorie des Wissens)*
context of use
Nutzungskontext *m*, Nutzungszusammenhang *m* (der Massenmedien) *(Kommunikationsforschung)*
context unit
Kontexteinheit *f*, Interpretationseinheit *f (empirische Sozialforschung)*
contextual analysis (*pl* analyses, context analysis) (Paul F. Lazarsfeld)
Kontextanalyse *f*, Milieuanalyse *f (empirische Sozialforschung)*
contextual analysis of individuals (context analysis of individuals) (Paul F. Lazarsfeld)
Kontextanalyse *f* von Individuen, Milieuanalyse *f* von Individuen *(empirische Sozialforschung)*
contextual analysis of organizations (*brit* context analysis of organisations) (Paul F. Lazarsfeld)
Kontextanalyse *f* von Organisationen, Milieuanalyse *f* von Organisationen *(empirische Sozialforschung)*
contextual analysis of linked sets (context analysis of linked sets)
Kontextanalyse *f* verknüpfter Rollenpartner, Milieuanalyse *f* verknüpfter Rollenpartner *(empirische Sozialforschung)*
contextual effect (contextual influence)
Kontexteffekt *m*, Kontexteinfluß *m*, Milieueffekt *m*, Milieueinfluß *m (empirische Sozialforschung)*
contextual group
Kontextgruppe *f*, Milieugruppe *f (empirische Sozialforschung)*
contextual measure
Kontextmaß *n*, Maß *n* des Kontexteinflusses *(empirische Sozialforschung)*
contextual property (contextual characteristic, comparative property)
Kontexteigenschaft *f*, Kontextmerkmal *n*, Kontextcharakteristikum *n*, Kontextausprägung *f (empirische Sozialforschung)*

contextual table
Kontexttabelle *f (empirische Sozialforschung)*
contiguity
Kontiguität *f (empirische Sozialforschung) (Statistik)*
contiguity law (principle of contiguity, contiguity principle, law of contiguity)
Kontiguitätsprinzip *n*, Kontiguitätsgesetz *n (Verhaltensforschung)*
continence
Kontinenz *f*, sexuelle Enthaltsamkeit *f*, maßvolles Sexualverhalten *n*
continence in marriage (marital continence)
eheliche Enthaltsamkeit *f*, sexuelle Enthaltsamkeit *f* in der Ehe *(Kulturanthropologie)*
contingency
Kontingenz *f (Statistik)*
contingency analysis (*pl* analyses, contingent analysis) (Charles E. Osgood)
Kontingenzanalyse *f (Statistik)*
contingency coefficient (C) (coefficient of contingency)
Kontingenzkoeffizient *m (Statistik)*
contingency measure
Kontingenzmaß *n (Statistik)*
contingency of reinforcement (contingent reinforcement)
Verstärkungskontingenz *f (Verhaltensforschung)*
contingency plan
Eventualplan *m*, Plan *m* für den Eventualfall
contingency table (contingent table)
Kontingenztabelle *f*, Kontingenztafel *f (Statistik)*
continuation marriage (substitution marriage)
Fortsetzungsehe *f*, Weiterführungsehe *f*, weitergeführte Ehe *f (Familiensoziologie)*
continuing education
berufliche Fortbildung *f*, berufliche Weiterbildung *f*
continuity
1. Kontinuität *f*, Stetigkeit *f*
2. Zusammenhang *m* (der Fragefolge), Kontinuität *f* (der Fragefolge) *(Umfrageforschung)*
continuity measure (measure of continuity, index of continuity, continuity index, *pl* indexes *or* indices, kappa, κ)
Kontinuitätsmaß *n (multidimensionale Skalierung)*
continuity of a stochastic process
Kontinuität *f* eines stochastischen Prozesses, Stetigkeit *f* eines stochastischen Prozesses *(Statistik)*

continuity of culture
kulturelle Kontinuität *f (Soziologie)*
continuous avoidance (free operant avoidance, nondiscriminated avoidance, non-discriminated avoidance, Sidman avoidance)
kontinuierliche Vermeidung *f (Verhaltensforschung)*
continuous category system
kontinuierliches Kategoriensystem *n (Theoriebildung)*
vgl. discrete category system
continuous conflict (Theodore Caplow)
dauerhafter Konflikt *m*, anhaltender Konflikt *m*, Dauerkonflikt *m*
vgl. episodic conflict, terminal conflict
continuous data *pl*
stetige Daten *n/pl*, kontinuierliche Daten *n/pl*
vgl. discrete data
continuous distribution
kontinuierliche Verteilung *f*, stetige Verteilung *f (Statistik)*
vgl. discrete distribution
continuous frequency distribution (continuous distribution, continuous series)
kontinuierliche Häufigkeitsverteilung *f*, stetige Häufigkeitsverteilung *f (Statistik)*
vgl. discrete frequency distribution
continuous population (continuous universe)
kontinuierliche Grundgesamtheit *f*, stetige Grundgesamtheit *f (Statistik)*
vgl. discrete population
continuous probability law
kontinuierliches Wahrscheinlichkeitsgesetz *n*, vollkommen kontinuierliches Wahrscheinlichkeitsgesetz *n*, stetiges Wahrscheinlichkeitsgesetz *n*, vollkommen stetiges Wahrscheinlichkeitsgesetz *n (Wahrscheinlichkeitstheorie)*
vgl. discrete probability law
continuous process
kontinuierlicher Prozeß *m*, stetiger Prozeß *m (Stochastik)*
vgl. discrete process
continuous random variable
kontinuierliche Zufallsvariable *f*, stetige Zufallsvariable *f*, kontinuierliche Zufallsgröße *f*, stetige Zufallsgröße *f (Statistik)*
vgl. discrete random variable
continuous random vector
stetiger zufälliger Vektor *m*, kontinuierlicher zufälliger Vektor *m (Wahrscheinlichkeitstheorie)*
vgl. discrete random vector

continuous registration
stetige Registration *f*, laufende Registration *f* (von Personenstandsdaten) *(Demographie)*
continuous reinforcement (CRF)
stetige Verstärkung *f*, stetiges Verstärken *n*, Immerverstärken *n* *(Verhaltensforschung)*
vgl. intermittent reinforcement
continuous scale (continuum, *pl* continua *or* continuums)
kontinuierliche Skala *f*, stetige Skala *f*
vgl. discrete scale
continuous variable
kontinuierliche Variable *f*, stetige Variable *f* *(Statistik)*
vgl. discrete variable
continuum (*pl* continua *or* continuums)
Kontinuum *n* *(Statistik)*
contra-acculturative movement (nativistic movement)
nativistische Bewegung *f*, Anti-Akkulturationsbewegung *f* *(Ethnologie)*
contraception (conception control)
Empfängnisverhütung *f*, Kontrazeption *f*, Schwangerschaftsverhütung *f*
contract
Vertrag *m*, Kontrakt *m*, privatrechtlicher Vertrag *m*
vgl. social contract
contract curve
Kontraktkurve *f*, Konfliktkurve *f* *(Volkswirtschaftslehre)*
contraction
Kontraktion *f* *(Familiensoziologie)*
contractual
vertraglich *adj*
contraculture (conflict subculture)
Konfliktsubkultur *f*, Gegenkultur *f* *(Kriminalsoziologie)*
contradiction
Kontradiktion *f*, Widerspruch *m* *(Logik)*
contrast
Kontrast *m*
contrast error (contrast effect)
Kontrastfehler *m*, Kontrasteffekt *m* *(Sozialpsychologie)*
contrasuggestibility
Kontrasuggestibilität *f*, Gegensuggestibilität *f*, umgekehrte Suggestibilität *f* *(Psychologie)*
contrasuggestion
Kontrasuggestion *f*, Gegensuggestion *f*, umgekehrte Suggestion *(Psychologie)*
contravention
Kontravention *f*, einseitiger Konflikt *m*, Rivalität *f* *(Soziologie)*

contrived experiment (controlled experiment, projected experiment)
kontrolliertes Experiment *n* *(statistische Hypothesenprüfung)*
contrived group (artificial group)
zusammengestellte Gruppe *f*, bewußt zusammengesetzte experimentelle Gruppe *f* *(statistische Hypothesenprüfung)*
control
Kontrolle *f*
control authority
Kontrollautorität *f*, Befehlsgewalt *f* *(Organisationssoziologie)*
control chart
Abnahmekontrollkarte *f*, Annahmekontrollkarte *f*, Kontrollkarte *f*, Annahmekontrollkarte *f*, Annahmekontrollgraphik *f*, Kontrollgraphik *f*, Kontrolldarstellung *f* *(statistische Qualitätskontrolle)*
control chart technique
Kontrollkartentechnik *f* *(statistische Qualitätskontrolle)*
control coding (check coding)
Kontrollverschlüsselung *f* *(Datenanalyse)*
control culture
Herrschaftskultur *f* *(Soziologie)*
control group
Kontrollgruppe *f* (im Experiment) *(statistische Hypothesenprüfung)*
control interview (check interview)
Kontrollinterview *n*, Kontrollbefragung *f* *(Umfrageforschung)*
control interviewer (check interviewer)
Kontrollinterviewer *m* *(Umfrageforschung)*
control limit
Kontrollgrenze *f* *(statistische Qualitätskontrolle)*
control of substrata
Kontrolle *f* der Untergruppen, Kontrolle *f* der Unterschichen *(Statistik)*
control parameter
Steuerparameter *m* *(Stochastik)*
control question
Kontrollfrage *f* *(empirische Sozialforschung)*
control sampling (controlled sampling, controlled selection)
Kontrollstichprobenbildung *f*, Kontrollstichprobenverfahren *n* *(Statistik)*
control system (J. L. Price)
Herrschaftssystem *n*, System *n* der sozialen Kontrolle *(Soziologie)*
control variable
Steuervariable *f* *(Stochastik)*
controllable stochastic process
steuerbarer stochastischer Prozeß *m*

controlled acculturation (selective acculturation)
kontrollierte Akkulturation f, selektive Akkulturation f *(Soziologie)*
controlled association
gelenkte Assoziation f, gelenktes Assoziieren n, kontrollierte Assoziation f, kontrolliertes Assoziieren n *(Psychologie)*
vgl. free association
controlled diffusion (selective diffusion)
selektive Diffusion f, kontrollierte Diffusion f *(Kulturanthropologie)*
controlled economy
gelenkte Wirtschaft f, System n der Wirtschaftslenkung
controlled experiment (contrived experiment, projected experiment)
kontrolliertes Experiment n *(statistische Hypothesenprüfung)*
controlled experimentation
kontrolliertes Experimentieren n, Durchführung f von kontrollierten Experimenten *(statistische Hypothesenprüfung)*
controlled migration
gelenkte Migration f, gelenkte Wanderung f, gelenkte Ein- oder Auswanderung f
controlled process
kontrollierter Prozeß m *(statistische Qualitätskontrolle)*
controlled stochastic process
gesteuerter stochastischer Prozeß m
controlled system
gesteuertes System n
controlling a factor (experimental control)
experimentelle Kontrolle f *(statistische Hypothesenprüfung)*
conurbation (Patrick Geddes) (congested area, agglomeration, urban concentration, urbanized area, metropolitan area)
Ballungsraum m, Agglomeration f, Ballungszentrum n, Ballungsgebiet n, Zusammenballung f *(Sozialökologie)*
convenience sample (accidental sample, haphazard sample, incidental sample, pick-up sample, chunk sample, *derog* **street-corner sample)**
Gelegenheitsstichprobe f, Gelegenheitsauswahl f, unkontrollierte Zufallsstichprobe f *(Statistik)*
convenience sampling (accidental sampling, haphazard sampling, incidental sampling, pick-up sampling, chunk sampling, *derog* **street-corner sampling)**
Gelegenheitsauswahl f, Gelegenheitsauswahlverfahren n, Gelegenheitsstichprobenbildung f, unkontrollierte Zufallsauswahl f, unkontrolliertes Zufallsstichprobenverfahren n *(Statistik)*
convention (social convention)
Konvention f, gesellschaftliche Konvention f *(Soziologie)*
convention government
legislative Regierung f *(politische Wissenschaften)*
conventional behavior (*brit* **conventional behaviour)**
konventionelles Verhalten n, konventionsgebundenes Verhalten n *(Sozialpsychologie)*
conventional conflict
konventioneller Konflikt m, durch Normen geregelter Konflikt m *(Soziologie)*
conventional imitation
konventionelle Nachahmung f, herkömmliche Nachahmung f, konventionelle Imitation f *(Sozialpsychologie)*
conventionalism
Konventionalismus m *(Soziologie)*
conventionality
Konventionalität f *(Soziologie)*
conventionalized crowd (conventional crowd)
konventionelle Masse f, sich konventionell verhaltende Masse f *(Sozialpsychologie)*
conventionalized shame
konventionelle Scham f, konventionalisierte Scham f, kulturell bestimmte Scham f *(Kulturanthropologie)*
convergence
Konvergenz f
convergence behavior (*brit* **convergence behaviour) (Fritz and Mathewson)**
Konvergenzverhalten n, Zusammenströmen n *(Sozialpsychologie)*
convergence in measure
Konvergenz f nach Maß *(Stochastik)*
convergence in p^{th} mean
Konvergenz f im p-ten Mittel *(Stochastik)*
convergence in probability (stochastic convergence)
Konvergenz f in Wahrscheinlichkeit *(Stochastik)*
convergence in variation
Konvergenz f in Variation *(Stochastik)*
convergence theory (convergence hypothesis, pl hypotheses)
Konvergenztheorie f, Konvergenzthese f *(Psychologie) (politische Wissenschaften)*
convergent evolution (convergence)
konvergente Entwicklung f, konvergente Evolution f *(Kulturanthropologie)*

convergent habit-family hierarchy (Clark L. Hull)
Hierarchie f konvergenter Gewohnheitsbündel *(Verhaltensforschung)*
vgl. divergent habit-family hierarchy
convergent thinking (Joy P. Guilford)
konvergentes Denken n *(Psychologie)*
vgl. divergent thinking
convergent validation (predictive validation, concurrent validation)
konvergente Validierung f, Konvergenzvalidierung f *(statistische Hypothesenprüfung)*
convergent validity (predictive validity, concurrent validity)
Konvergenzvalidität f, Konvergenzgültigkeit f, konvergente Validität f, konvergente Gültigkeit f, Übereinstimmungsvalidität f, Übereinstimmungsgültigkeit f, Validität f aufgrund von Konvergenz, Gültigkeit f aufgrund von Konvergenz *(statistische Hypothesenprüfung)*
converging-action cooperation (converging-action co-operation)
arbeitsteilige Kooperation f, Kooperation f durch konvergentes Handeln, Zusammenarbeit f durch konvergentes Handeln *(Soziologie)*
conversation
Unterhaltung f, Konversation f, Zerstreuung f
conversation analysis (conversational analysis, *pl* analyses, discourse analysis)
Unterhaltungsanalyse f, Konversationsanalyse f *(Ethnomethodologie)* *(Kommunikationsforschung)*
conversion
Konversion f, Bekehrung f, Umwandlung f
conversion hysteria
Konversionshysterie f *(Psychoanalyse)*
conversion neurosis (*pl* neuroses, conversion reaction)
Konversionsneurose f *(Psychoanalyse)*
conversionist sect (Bryan R. Wilson)
konversionistische Sekte f, Bekehrungssekte f, Sekte f von Bekehrern *(Religionssoziologie)*
vgl. adventist sect
convert
Konvertit(in) $m(f)$ *(Religionssoziologie)*
converter (floating voter, floater, vote switcher, swing voter)
Wechselwähler m, Parteiwechsler m *(politische Wissenschaften)*
convex
konvex *adj* *(Mathematik/Statistik)*
vgl. concave

convexity
Konvexität f, konvexe Form f, konvexe Eigenschaft f, Wölbung f *(Mathematik/Statistik)*
vgl. concavity
convict
verurteilter Krimineller m, überführter Krimineller m, Sträfling m *(Kriminologie)*
convolution
Falten n, Faltung f *(Statistik)*
cooperation (co-operation)
Kooperation f, Zusammenarbeit f *(Soziologie)* *(Spieltheorie)*
cooperation index
Zusammenarbeitsindex m *(Spieltheorie)*
cooperative (co-operative)
1. genossenschaftlich *adj* *(Volkswirtschaftslehre)*
2. kooperativ *adj* *(Soziologie)* *(Sozialpsychologie)*
3. Genossenschaft f, Kooperative f *(Volkswirtschaftslehre)*
cooperative competition (co-operative competition)
kooperativer Wettbewerb m, kooperative Konkurrenz f *(Organisationssoziologie)*
cooperative conflict (co-operative conflict)
kooperativer Konflikt m, konstruktiver Konflikt m *(Organisationssoziologie)*
cooperative farmers' association (co-operative farmers' association)
Landwirtschaftsgenossenschaft f, landwirtschaftliche Genossenschaft f
cooperative federalism (co-operative federalism)
kooperativer Föderalismus m *(politische Wissenschaften)*
cooperative form (of game strategy) (co-operative form of game strategy) (Oskar Morgenstern)
kooperative Form f der Spielstrategie *(Spieltheorie)*
cooperative game (co-operative game)
kooperatives Spiel n *(Spieltheorie)*
cooperative movement (co-operative movement)
Genossenschaftsbewegung f, genossenschaftliche Bewegung f *(Volkswirtschaftslehre)*
cooperative shop (co-operative shop)
Konsumverein m
cooperative stage (co-operative stage) (Jean Piaget)
kooperative Phase f, kooperatives Stadium n *(Entwicklungspsychologie)*
cooperativism (co-operativism)
Genossenschaftswesen n *(Volkswirtschaftslehre)*

cooptation

cooptation (co-optation, cooption, co-option) (Philip Selznick)
Kooptation *f*, Kooptierung *f*, Zuwahl *f*, Selbstergänzung *f* *(Organisationssoziologie)*

coordinate (co-ordinate)
Koordinate *f* *(Mathematik/Statistik)*

coordinate axis (*pl* axes, co ordinate axis)
Koordinatenachse *f* *(Mathematik/Statistik)*

coordinate federalism (co-ordinate federalism, dual federalism)
gleichrangiger Föderalismus *m*, gleichgeordneter Föderalismus *m* *(politische Wissenschaften)*

coordinate graph (co-ordinate graph, coordinate chart, co-ordinate chart)
Koordinatenkreuz *n*, kartesisches Koordinatenkreuz *n* *(graphische Darstellung)*

coordinate justice (co-ordinate justice) (Beatrice B. Whiting)
Kameradschaftsjustiz *f*, Justiz *f* von Gleichrangigen

coordinated management theory (theory of coordinated management of meaning) (W. Barnett Pearce and Vernon Cronen)
Theorie *f* des koordinierten Bedeutungsmanagements *(Kommunikationsforschung)*

coordinating council (co-ordinating council, coordination council, co-ordination council)
Koordinierungsrat *m*, Koordinierungsversammlung *f*, koordinierende Versammlung *f*

coordination (co-ordination)
Koordinierung *f*, Koordination *f*, Koordinieren *n*, Gleichordnung *f*, harmonische Abstimmung *f*, Harmonisierung *f* *(Soziologie)*

coordination decision (co-ordination decision) (Talcott Parsons)
Koordinierungsentscheidung *f* *(Theorie des Handelns)*

coordination of marketing (*brit* co-ordination of marketing, marketing coordination)
Marketingkoordination *f*, Marketingkoordinierung *f* *(Volkswirtschaftslehre)*

coordinatograph (co-ordinatograph)
Koordinatograph *m* *(Statistik)*

coorientation (co-orientation)
Koorientierung *f*, gleichläufige Orientierung *f*, gemeinsame Orientierung *f* *(Soziologie)*

cooriented peer (co-oriented peer)
Gleichrangiger *m* *(Soziologie)*

coping behavior (*brit* coping behaviour, coping, coping style)
Bewältigungsverhalten *n* *(Psychologie)*

coping with stress (stress management)
Streßbewältigung *f* *(Psychologie)*

copresence (Erving Goffman)
Kopräsenz *f* *(Soziologie)*

core area (central business district)
Kerngebiet *n*, Kernbereich *m*, Stadtkern *m* *(Sozialökologie)*

core culture
Kernkultur *f*, Kulturkern *m* *(Kulturanthropologie)*

core group
Kernkomplex *m* *(Kulturanthropologie)*

coreligionist (co-religionist)
Glaubensgenosse *m*, Glaubensgenossin *f*

coresidential group (residential kin group (residential group)
zusammenwohnende Sippe *f*, zusammenwohnende Sippengemeinschaft *f*, zusammenwohnende Sippengruppe *f* *(Kulturanthropologie)*

coresidential mating (co-residential mating)
Partnerwahl *f* im eigenen Wohnort, Partnerwahl *f* aus dem eigenen Wohnort *(Kulturanthropologie)*

coresiding domestic group
koresidente Gruppe *f*, Koresidenzgruppe *f*, Gruppe *f* von zusammenlebenden Personen, Haushalt *m*, Familie *f* *(Kulturanthropologie) (Demographie)*

Cornell technique (of scale analysis)
Cornell-Technik *f* der Skalenanalyse *(empirische Sozialforschung)*

corner test
Eckentest *m* *(Statistik)*

Cornish-Fisher expansion
Cornish-Fisher Entwicklung *f* *(Statistik)*

corollary
Folgesatz *m*, einfacher Folgesatz *m*, Zusatz *m*, Corollar *n*, Corollarium *n* *(Logik)*

corporal punishment
Körperstrafe *f*, körperliche Strafe *f*, Züchtigung *f* *(Kriminologie)*

corporate action
Gemeinschaftsaktion *f*, gemeinschaftliches Handeln *n*, gemeinsames Handeln *n*, Verbandsaktion *f*, Verbandshandeln *n*

corporate capitalism
ständischer organisierter Kapitalismus *m*, ständischer Kapitalismus *m* *(Volkswirtschaftslehre)*

corporate decision (communal decision)
Gemeinschaftsentscheidung f, gemeinschaftlich getroffene Entscheidung f, gemeinschaftlich verantwortete Entscheidung f, Verbandsentscheidung f *(Entscheidungstheorie)*
corporate descent group (corporate kin group)
Abstammungsverband m, Verwandtschaftsverband m *(Kulturanthropologie)*
corporate pluralism
Verbandspluralismus m, Verbändepluralismus m *(Soziologie)*
corporate property
Körperschaftseigentum n, gemeinschaftliches Eigentumsrecht n
corporate society (associational society)
Verbandsgesellschaft f *(Soziologie)*
corporate society (estate society)
Ständegesellschaft f, ständische Gesellschaft f, ständische Gesellschaftsordnung f *(Soziologie)*
corporate state
Ständestaat m, korporativer Staat m *(politische Wissenschaften)*
corporate village (closed community, closed village, corporate community) (Eric Wolf)
geschlossene Gemeinde f, geschlossene Dorfgemeinde f *(Sozialökologie)*
vgl. open community
corporation
Vereinigung f, Verbindung f, Gemeinschaft f, Interessengemeinschaft f, Korporation f, Union f, Verband m, berufsständische Körperschaft f, Stand m, Berufsstand m, Gilde f, Zunft f, Innung f *(Soziologie)*
corporation (corporate group, association, union)
Verband m, Körperschaft f, Vereinigung f, Gesellschaft f (Max Weber) *(Soziologie)*
corporeal property
materielles Eigentum n
vgl. incorporeal property
corrected moment
korrigiertes Moment n, berichtigtes Moment n *(Statistik)*
corrected probit (working probit)
Rechenprobit n *(Statistik)*
corrected split-half reliability
Maß n des Äquivalenzkoeffizienten (bei der Methode der Testhalbierung) *(statistische Hypothesenprüfung)*
correction
1. Besserung f, Strafe f, Züchtigung f *(Kriminologie)*
2. Korrektur f, Berichtigung f *(Mathematik/Statistik)*

correction factor
Korrekturfaktor m *(Mathematik/Statistik)*
correction for abruptness
Korrektur f wegen steil-endender Verteilung *(Statistik)*
correction for attenuation
Korrektur f wegen Klassenbildung
Korrektur f auf mangelnde Meßgenauigkeit, Korrektur f wegen Korrelationsverminderung *(Statistik)*
correction for continuity (continuity correction, adjustment for continuity, Yates correction)
Kontinuitätsanpassung f, Kontinuitätskorrektur f, Stetigkeitsanpassung f *(Statistik)*
correctional administration
Besserungsanstaltsverwaltung f, Verwaltung f von Besserungsanstalten, von Strafanstalten *(Kriminologie)*
correctional education
Rehabilitationsausbildung f *(Kriminologie)*
correctional institution (house of correction, bride well)
Besserungsanstalt f, Strafanstalt f *(Kriminologie)*
correctional psychology
Rehabilitationspsychologie f
correctional system
Besserungs- und Strafsystem n *(Kriminologie)*
correctionalism
Besserungsideologie f, therapeutische Ideologie f, Ideologie f der Therapierbarkeit von Kriminellen, Präventions- und Besserungsausrichtung f im Strafrecht *(Kriminologie)*
corrective justice (commutative justice, remedial justice)
ausgleichende Gerechtigkeit f
vgl. distributive justice
correlate
Korrelat n, Entsprechung f, Ergänzung f, Wechselbegriff m
correlated proportions test (McNemar test, test for significance of changes, McNemar test of change)
McNemar-Test m *(statistische Hypothesenprüfung)*
correlated random variable
korrelierte Zufallsgröße f, korrelierte Zufallsvariable f *(Statistik)*
correlation
Korrelation f *(Statistik)*
correlation analysis (pl analyses)
Korrelationsanalyse f *(Statistik)*

correlation cluster
Korrelationsbündel *n*, Klumpen *m*,
Bündel *n* von interkorrelierten Variablen
(Statistik)
correlation coefficient (coefficient of correlation) (r)
Korrelationskoeffizient *m (Statistik)*
correlation diagram (correlation chart, correlogram)
Korrelationsdiagramm *n*,
Korrelationsgraphik *f (Statistik)*
correlation function
Korrelationsfunktion *f (Statistik)*
correlation index (*pl* indexes *or* indices)
Korrelationsindex *m (Statistik)*
correlation matrix (*pl* matrixes *or* matrices)
Korrelationsmatrix *f (Statistik)*
correlation measure (measure of correlation, correlation statistic)
Korrelationsmaß *n (Statistik)*
correlation ratio (eta coefficient, eta squared, η²)
Korrelationsverhältnis *n*, Eta-Koeffizient *m (Statistik)*
correlation surface
Korrelationsfläche *f (Statistik)*
correlation table
Korrelationstabelle *f (Statistik)*
correlogram
Korrelogramm *n (Statistik)*
corroboration
Erhärtung *f*, Bekräftigung *f*,
Bestätigung *f*
corrosion
Korrosion *f (Panelforschung)*
corruption
Korruption *f*, Bestechung *f*,
Bestechlichkeit *f (Soziologie)*
cosmology
Kosmologie *f (Kulturanthropologie)*
cosmopolitan (Robert K. Merton)
Kosmopolit *m*, Weltbürger *m*
(Kommunikationsforschung)
cosmopolitan influential (cosmopolitan leader, cosmopolitan)
kosmopolitischer Führer *m*, kosmopolitisch orientierter Einflußträger *m*
(Kommunikationsforschung)
cost
Kosten *pl*
cost analysis (*pl* analyses)
Kostenanalyse *f*, Aufwandanalyse *f*
(Volkswirtschaftslehre)
cost factor
Kostenfaktor *m (Volkswirtschaftslehre)*
cost function
Kostenfunktion *f (Statistik)*

cost of call
Kosten *pl* pro Kontaktversuch,
Kosten *pl* pro Besuch *(empirische Sozialforschung)*
cost of communication(s) (communication(s) cost(s) *(pl)*
Kommunikationskosten *pl*
(Organisationssoziologie)
cost of living
Lebenshaltungskosten *pl*
(Volkswirtschaftslehre)
cost-of-living index (consumer price index) (CPI, C.P.I.) *(pl* indexes *or* indices)
Lebenshaltungskostenindex *m*,
Kostenindex *m* für die Lebenshaltung
(Volkswirtschaftslehre)
cost per element
Kosten *pl* pro Element, Kosten
pl pro Stichprobe *(Statistik)*
(Umfrageforschung)
cost per response
Kosten *pl* pro Antwort, Kosten
pl pro beantwortetes Interview
(Umfrageforschung)
cost study
Kostenstudie *f*, Kostenuntersuchung *f*,
Aufwandsanalyse *f*, Aufwandsuntersuchung *f (Volkswirtschaftslehre)*
co-twin control
Co-Twin-Methode *f*, Co-Twin-Kontrolle *f*
(experimentelle Anlage)
council-manager plan of city government
Stadtverwaltung *f* durch Bürgermeister
und Ratsversammlung *(politische Wissenschaften)*
counseling
beratende Tätigkeit *f*, Beratung *f*
counted data *pl* (tallied data *pl*)
ausgezählte Daten *n/pl (Datenanalyse)*
counterbalancing (counter balancing)
Ausgleich *m* von Übertragungseffekten,
Bildung *f* von Gegengewichten,
Gegengewichtsbildung *f (statistische Hypothesenprüfung)*
counter-conditioning (fear conditioning, defense conditioning, brit **defence conditioning, aversive conditioning, avoidance conditioning)**
aversive Konditionierung *f*, negative
Konditionierung *f (Verhaltensforschung)*
vgl. appetitive conditioning
counter-elite (counter-élite)
Gegenelite *f*, Konterelite *f (Soziologie)*
counter-ideology
Gegenideologie *f*
counter-suggestion (counter suggestion)
Gegenvorschlag *m*
counteraction (counter-action)
Gegenaktion *f*, Gegenmaßnahme *f*

counterculture (counterculture, contraculture, contra-culture) (J. Milton Yinger)
Gegenkultur *f*, Kontrakultur *f* *(Kulturanthropologie)*

counterfactual conditional
irrealer Konditionalsatz *m*, irrealer Wenn-Dann-Satz *m* *(Logik)*

counterfeit role (E. M. Lemert)
falsche Rolle *f*, vorgetäuschte Rolle *f* *(Soziologie) (Kriminologie)*

counterformity (David Krech/Richard S. Crutchfield/Egerton L. Ballachey)
Konterformität *f*, zwanghafte Nonkonformität *f* *(Gruppensoziologie)*

counterinsurgency
Aufstandsbekämpfung *f*, Bekämpfung *f* von Rebellion

counter mobilization
Gegenmobilisierung *f*

counter observation (Edward C. Devereux)
Gegenbeobachtung *f*, Beobachtung *f* des Beobachters *(Psychologie/empirische Sozialforschung)*

counter payment (counter-gift)
Gegengeschenk *n* *(Kulturanthropologie)*

counter power (counter-power)
Gegenmacht *f*

counterpoise (counter-poise)
Gegengewicht *n*, Kompensationsfaktor *m*, ausgleichende Kraft *f*

counterpropaganda (counter-propaganda)
Gegenpropaganda *f*

counterrevolution (counter revolution)
Konterrevolution *f*, Gegenrevolution *f*

counterselection (counter selection, dysgenic selection)
degenerative Selektion *f*, degenerative Partnerwahl *f*, Gegenselektion *f*, Konterselektion *f* *(Genetik) (Kulturanthropologie)*

counter transference
Gegenübertragung *f* (Sigmund Freud)*(Psychoanalyse)*
vgl. transference

countervailing power (countervailance) (John Kenneth Galbraith)
Gegengewalt *f*, ausgleichende Macht *f*, kompensierende Macht *f* *(Volkswirtschaftslehre)*

counting distribution (synchronous distribution)
Zählverteilung *f* *(Statistik)*

country of destination (country of immigration)
Zielland *n*, Destination *f*, Destinationsland *n* *(Migration)*
vgl. country of origin

country of origin (country of emigration)
Herkunftsland *n*, Ursprungsland *n* *(Migration)*
vgl. country of destination

coup d'état (coup)
Staatsstreich *m*, Coup *m* *(politische Wissenschaften)*

couple
Paar *n*, Ehepaar *n*

court
Gericht *n*, Gerichtshof *m*

court martial (court-martial, courts martial, courts-martial)
Kriegsgericht *n*, Kriegsgerichtshof *m*

courtesy bias
Gefälligkeitsverzerrung *f*, Verzerrung *f* durch Gefälligkeitsantworten, Ergebnisverzerrung *f* durch Gefälligkeitsantworten, systematischer Fehler *m* aufgrund von Gefälligkeitsantworten *(empirische Sozialforschung)*

courtesy effect (sympathy effect)
Gefälligkeitseffekt *m* *(empirische Sozialforschung)*

courtesy reply (courtesy response)
Gefälligkeitsantwort *f* *(empirische Sozialforschung)*

courtly leisure
höfische Muße *f*, vornehme Muße *f*

courtship
Freien *n*, Werben *n*, Werbung *f*, den Hof machen

cousin
Cousin *m*, Cousine *f*, Vetter *m*, Base *f*, Kusin *m*, Kusine *f* *(Kulturanthropologie)*

cousin marriage
Vetternehe *f*, Ehe *f* zwischen Base und Vetter, zwischen Cousin und Cousine *(Kulturanthropologie)*

couvade
Couvade *f*, Männerkindbett *n* *(Kulturanthropologie)*

covariance (concomitant variation, covariation)
Kovarianz *f* *(Statistik)*

covariance analysis (analysis of covariance) (ANCOVA)
Kovarianzanalyse *f* *(Statistik)*

covariance function
Kovarianzfunktion *f* *(Statistik)*

covariance functional
Kovarianzfunktional *n* *(Statistik)*

covariance kernel (mean value function)
Kovarianzkern *m* *(Statistik)*

covariance matrix, *pl* matrixes *or* matrices, variance-covariance matrix, dispersion matrix
Kovarianzmatrix *f* *(Statistik)*

covariate (co-variate, concomitant variable)
Kovariable *f*, konkomitante Variable *f*
(Statistik)
covariation (co-variation)
Kovariation *f (Statistik)*
covarimin
Covarimin *n (Faktorenanalyse)*
to covary (to co-vary)
kovariieren *v/i (Statistik)*
covarying qualifier (Paul F. Lazarsfeld)
kovariierender Einflußfaktor *m*
(Panelforschung)
vgl. constant qualifier, intermediary qualifier
cover sheet (cover)
Deckblatt *n*, Vorblatt *n*
coverage (of a sample)
Ausschöpfung *f* einer Stichprobe
(Statistik)
coverage rate
Ausschöpfungsquote *f*, Ausschöpfungsrate *f (Statistik)*
covert (disguised)
verborgen *adj*
vgl. overt
covert aggression (covert aggressiveness)
verdeckte Aggression *f*, verdeckte
Aggressivität *f (Psychologie)*
vgl. overt aggression
covert anxiety
verdeckte Angst *f (Psychologie)*
vgl. overt anxiety
covert behavior (*brit* behaviour)
verdecktes Verhalten *n*, verborgenes
Verhalten *n (Verhaltensforschung)*
vgl. overt behavior
covert conflict
verdeckter Konflikt *m*, verborgener
Konflikt *m*, unterschwelliger Konflikt *m*
(Soziologie)
vgl. overt conflict
covert culture (implicit culture)
verdeckte Kultur *f*, verborgene Kultur *f*
(Soziologie) (Kulturanthropologie)
vgl. overt culture
covert motive (hidden motive)
verborgenes Motiv *n*, verstecktes
Motiv *n (Psychologie)*
covert norm (informal norm) (George P. Murdock)
verdeckte Norm *f*, verborgene Norm *f*
(Soziologie)
vgl. overt norm
covert sensitization
verdeckte Sensibilisierung *f*
(Verhaltenstherapie)
vgl. covert sensitization
cow psychology (cow sociology)
Kuhpsychologie *f*, Kuhsoziologie *f derog*

coworker (mate, work mate, workmate)
Arbeitsgenosse *m*, Arbeitsgenossin *f*,
Kamerad *m (Industriesoziologie)*
Cox' theorem (Cox's theorem)
Cox-Theorem *n*, Cox'sches Theorem *n*,
Cox'scher Lehrsatz *m (Statistik)*
craft guild
Handwerkergilde *f*, Handwerkerzunft *f*,
Handwerkerinnung *f (Organisationssoziologie)*
craft union
Berufsgewerkschaft *f*, Fachgewerkschaft *f (Industriesoziologie)*
crafts *pl* (the crafts *pl*, handicraft)
Handwerk *n*, das Handwerk *n*
(Industriesoziologie)
craftsman (*pl* craftsmen, handicraftsman, *pl* handicraftsmen, skilled manual worker)
Craig effect
Craig Effekt *m (Statistik)*
Craig's theorem (William Craig)
Craig-Theorem *n*, Craigsches Theorem *n*
(Theorie des Wissens)
Cramér-Smirnov test
Cramér-Smirnov-Test *m (Statistik)*
Cramér-Tchebysheff inequality
Cramér-Tschebyscheff Ungleichung *f*,
Cramér-Tschebyscheffsche Ungleichung *f*
(Statistik)
Cramér's condition (Cramer rule)
Cramér-Bedingung *f*, Cramérsche
Bedingung *f (Statistik)*
Cramér's V statistic (Cramér's statistic, Cramér's coefficient V)
Cramér-Maßzahl *f*, Cramérs Maßzahl *f*
(Statistik)
Cramér-Rao efficiency
Cramér-Rao-Effizienz *f*, Cramér-Rao
Leistungsfähigkeit *f (Statistik)*
Cramér-Rao inequality
Cramér-Rao-Ungleichung *f (Statistik)*
Cramér-von Mises test
Cramér-von Mises-Test *m (Statistik)*
cranial index (*pl* indices *or* indexes)
Schädelindex *m (Anthropologie)*
craniometry
Schädelmessung *f*, Kraniometrie *f*
(Anthropologie)
cranioscopy
Kranioskopie *f* (Franz Joseph Gall)
(Anthropologie)
craze (fad, fashion fad)
Modetorheit *f*, Modegag *m*,
Modeverrücktheit *f (Sozialpsychologie)*
creation (Creation)
Schöpfung *f (Religionssoziologie)*
creation myth
Schöpfungsmythus *m*, Schöpfungsmythos *m (Religionssoziologie)*

creation of myths (myth making, mythopoeism)
Mythenschöpfung *f*, Legendenschöpfung *f*, Sagenschöpfung *f* *(Ethnologie)*

creative accomodation
aktive Akkomodation *f*, aktive Anpassung *f*, aktive Bemühung *f* um Annäherung *(Soziologie)*

creative activity
schöpferische Tätigkeit *f* *(Psychologie)*

creative imagination (creativeness)
schöpferische Phantasie *f* *(Psychologie)*

creative innovation
kreative Innovation *f*

creative learning
kreatives Lernen *n* (Heinz Werner *(Psychologie)*

creative redefinition (theory of creative redefinition, creative redefinition theory) (Herbert Blumer)
schöpferische Neudefinition *f*, Theorie *f* der schöpferischen Neudefinition *(Soziologie)*

creative synthesis (*pl* syntheses)
schöpferische Synthese *f*, schöpferische Gesamtschau *f* *(Psychologie)*

creative thinking
schöpferisches Denken *n* *(Psychologie)*

creativeness (creative thought, creativity)
Schöpferkraft *f*, Schöpfertum *n*, Kreativität *f*, schöpferisches Denken *n* *(Psychologie)*

creed
Kredo *n*, Credo *n*, Glaubensbekenntnis *n*

crescive
wild wachsend, zuwachsend, ungeplant wachsend *adj* *(Sozialökologie)*
vgl. enacted

crescive change (crescive growth) (William G. Sumner)
Wildwuchs *m*, ungeplanter Wandel *m* *(Sozialpsychologie/Soziologie)*
vgl. enacted change

crescive development (William G. Sumner)
Wildwuchs *m*, ungeplante Entwicklung *f*, planlose Entwicklung *f* *(Sozialökologie)*
vgl. enacted development

crescive group
wildgewachsene Gruppe *f*, durch Wildwuchs entstandene Gruppe *f*, ungeplant gewachsene Gruppe *f* *(Soziologie)*
vgl. enacted group

crescive institution (crescive social institution) (William G. Sumner)
wildgewachsene Institution *f*, durch Wildwuchs entstandene Institution *f*, ungeplant gewachsene Institution *f* *(Soziologie)*
vgl. enacted institution

cretinism (congenital hypothyroidism)
Kretinismus *m* *(Psychologie)*

crime
Verbrechen *n*, strafbare Handlung *f*, kriminelle Handlung *f*, kriminelle Tätigkeit *f*, kriminelles Handeln *n*, kriminelle Betätigung *f* *(Kriminologie)*

crime control
Verbrechensbekämpfung *f* *(Kriminologie)*

crime gradient
Kriminalitätsgradient *m*, Kriminalitätsgefälle *n*, Verbrechensgradient *m*, Verbrechensgefälle *n* *(Kriminologie)*

crime index (*pl* indices *or* indexes)
Kriminalitätsindex *m*, Verbrechensindex *m* *(Kriminologie)*

crime without a victim (victimless crime)
Verbrechen *n* ohne Opfer *(Kriminologie)*

criminal
1. kriminell, verbrecherisch, Straf-, Kriminal- *adj*
2. Krimineller *m*, Verbrecher *m*, Straftäter *m* *(Kriminologie)*

criminal abortion
strafbare Abtreibung *f*, gesetzeswidrige Abtreibung *f*

criminal act (criminal activity, criminal action)
kriminelle Handlung *f*, kriminelle Tätigkeit *f*, kriminelles Handeln *n*, kriminelle Betätigung *f* *(Kriminologie)*

criminal anthropology
Kriminalanthropologie *f*

criminal argot
Gaunersprache *f*, Verbrecherjargon *m*, Verbrecher-Rotwelsch *n* *(Linguistik)*

criminal association
kriminelle Vereinigung *f* *(Kriminologie)* *(Soziologie)*

criminal behavior (*brit* criminal behaviour)
kriminelles Verhalten *n*, verbrecherisches Verhalten *n*

criminal biology
Kriminalbiologie *f*

criminal career
krimineller Werdegang *m*, kriminelle Laufbahn *f* *(Kriminologie)*

criminal case mortality (Courtlandt C. Van Vechten) (rate of clear-up)
Aufklärungsquote *f*, Aufklärungsrate *f* *(Kriminologie)*

criminal constitution
kriminelle Veranlagung *f*, kriminelle Disposition *f*, kriminelle Konstitution *f* *(Kriminologie)*

criminal culture
kriminelle Kultur *f* *(Soziologie)* *(Kriminologie)*

criminal fence
Hehler *m* *(Kriminologie)*

criminal gang
kriminelle Bande *f*, Verbrecherbande *f* *(Soziologie)* *(Kriminologie)*

criminal gang (gang)
Verbrecherbande *f*, Bande *f*, delinquente Bande *f*, Gang *f* *(Soziologie)* *(Kriminologie)*

criminal gangster (gangster)
Bandenstraftäter *m*, Bandenkrimineller *m*, Bandenmitglied *n*, Gangster *m* *(Kriminalsoziologie)*

criminal insane
unzurechnungsfähiger Straftäter *m*, unzurechnungsfähiger Delinquent *m* *(Kriminologie)*

criminal intent
kriminelle Absicht *f*, verbrecherische Absicht *f*, krimineller Vorsatz *m* *(Kriminologie)*

criminal justice
Strafjustiz *f*, Kriminaljustiz *f* *(Kriminologie)*

criminal justice system
Strafjustizsystem *n*, Kriminaljustizsystem *n* *(Kriminologie)*

criminal law
Strafrecht *n*

criminal man (criminal personality)
kriminelle Persönlichkeit *f*, krimineller Charakter *m*, Straftäterpersönlichkeit *f*, Verbrecherpersönlichkeit *f* *(Kriminologie)*

criminal psychology
Kriminalpsychologie *f*

criminal recidivism (recidivism)
Rückfallkriminalität *f*, Rückfall *m*, Rückfälligkeit *f* *(Kriminologie)*

criminal responsibility
kriminelle Verantwortlichkeit *f*, Verantwortlichkeit *f* für ein Verbrechen

criminal sociology (sociology of crime)
Kriminalsoziologie *f*, Soziologie *f* des Verbrechens

criminal statistics *pl als sg konstruiert*
Kriminalstatistik *f*, Verbrechensstatistik *f* *(Kriminologie)*

criminal subculture
kriminelle Subkultur *f*, delinquente Subkultur *f* *(Soziologie)* *(Kriminologie)*

criminal tendency
kriminelle Verhaltenstendenz *f*, delinquente Verhaltenstendenz *f* *(Kriminologie)*

criminal tribe
krimineller Stamm *m* *(Kulturanthropologie)*

criminal (criminal man)
Verbrecher *m* *(Soziologie)* *(Kriminologie)*

criminalistics *pl*
Kriminalistik *f*

criminality
Kriminalität *f*, Delinquenz *f*, Gesetzesverletzung *f* *(Kriminologie)*

criminally insane
unzurechnungsfähig, strafunmündig *adj* *(Kriminologie)*

criminogenic
kriminogen, Kriminalität erzeugend, Verbrechen fördernd *adj*

criminogenic culture
kriminogene Kultur *f* *(Soziologie)*

criminogenic zone
kriminogene Zone *f*, kriminogener Stadtbereich *m* *(Sozialökologie)*

criminology (penology)
Kriminologie *f*

crisis cycle
Krisenzyklus *m*

crisis government (emergency government)
Notstandsregierung *f*, Krisenregierung *f* *(politische Wissenschaften)*

crisis intervention
Krisenbekämpfung *f*, Katastrophenbekämpfung *f*

crisis of acceptance (acceptance crisis)
Akzeptanzkrise *f*, Zustimmungskrise *f* *(Sozialpsychologie)*

crisis rite (critical rite, life crisis rite, rite of passage)
Krisenritus *m*, Krisenzeremoniell *n*, Katastrophenritus *m*, Katastrophenzeremoniell *n* *(Kulturanthropologie)*

crisis situation
Krisenlage *f*, Krisensituation *f*

crisis (pl crises)
Krise *f*, Krisis *f*

criterion (pl criteria *or* **criterions, criterion variable)**
Kriterium *n*, Kriteriumsvariable *f*, Prüfvariable *f* *(statistische Hypothesenprüfung)*

criterion analysis (pl analyses)
Kriteriumsanalyse *f* *(empirische Sozialforschung)*

criterion of the panel study (criterion)
Aktualisierungskriterium *n*, Kriterium *n* der Panelstudie *(Panelforschung)*

criterion score
Kriteriumszahl *f*, Kriteriumsziffer *f*, kritischer Wert *m* *(Statistik)*
criterion situation (in a test)
Kriteriumssituation *f* (im Test) *(statistische Hypothesenprüfung)*
criterion variable (criterion)
Kriteriumsvariable *f*, Prüfvariable *f* *(statistische Hypothesenprüfung)*
criterion-oriented validity (criterion-related validity, pragmatic validity, predictive validity)
Kriteriumsvalidität *f*, Kriteriumsgültigkeit *f*, kriteriumsbezogene Validität *f*, kriteriumsbezogene Gültigkeit *f* *(statistische Hypothesenprüfung)*
criterional behavior (brit **criterional behaviour)**
Kriteriumsverhalten *n* *(Soziometrie)*
critical criminology (Ian Taylor/Paul Walton/Jock Young)
kritische Kriminologie *f*
critical decision
kritische Entscheidung *f* *(Entscheidungstheorie) (statistische Hypothesenprüfung)*
critical experiment (crucial experiment, experimentum crucis)
Entscheidungsexperiment *n*, entscheidendes Experiment *n*, experimentum crucis *n* *(statistische Hypothesenprüfung)*
critical path analysis (critical path method) (CPM)
kritische Pfadanalyse *f*
critical ratio (C.R., CR) (z measure, z value)
kritischer Quotient *m*, kritischer Bruch *m* *(statistische Hypothesenprüfung)*
critical rationalism (Karl Popper)
kritischer Rationalismus *m* *(Theorie des Wissens)*
critical realism
kritischer Realismus *m* *(Philosophie)*
critical region (region of rejection, area of rejection, rejection region)
kritischer Bereich *m*, kritische Region *f*, Ablehnungsbereich *m*, Zurückweisungsbereich *m*, Schlechtbereich *m* *(statistische Hypothesenprüfung)*
critical theory
kritische Theorie *f* *(Soziologie)*
critical thinking
kritisches Denken *n*
critical value (cutting score, criterion score)
kritischer Wert *m* *(statistische Hypothesenprüfung)*
criticism
Kritik *f*

critique (review)
Kritik *f*, Kritisieren *n*, kritische Besprechung *f*, kritische Abhandlung *f*, Rezension *f*
crop rotation (land rotation)
Mehrfelderwirtschaft *f* *(Landwirtschaft)*
cross-class catchall party (catchall party, catch-all party)
Volkspartei *f* *(politische Wissenschaften)*
cross-classification (cross classification, crossed classification, cross tabulation, cross tabulating, crosstabling, crosstabs *pl*, **crosstab)**
Kreuzklassifizierung *f*, Kreuzklassifikation *f*, Zweiwegklassifikation *f*, Zweiwegklassifizierung *f* *(Datenanalyse)*
to cross-classify
kreuzklassifizieren *v/t*
cross correlation function (cross-correlation function)
Kreuzkorrelationsfunktion *f* *(Statistik)*
cross correlation (cross-correlation)
Kreuzkorrelation *f*, Querkorrelation *f* zwischen geordneten Reihen *(Statistik)*
cross cousin
Kreuzvetter *m*, Kreuzbase *f*, Kreuzkusin *m*, Kreuzcousin *m*, Kreuzkusine *f*, Kreuzcousine *f* *(Kulturanthropologie)*
cross-cousin marriage
Kreuz-Vettern-Ehe *f*, Kreuz-Vettern-Kusinen-Ehe *f* *(Kulturanthropologie)*
cross-covariance function
Kreuzkovarianzfunktion *f* *(Statistik)*
cross-cultural (cross-national, cross societal)
kulturvergleichend, interkulturell, vergleichend *adj*
cross-cultural comparison (comparative method, cross-cultural method, comparative research, cross cultural research)
vergleichende Methode *f*, komparative Methode *f* *(Psychologie/empirische Sozialforschung)*
cross-cultural method (comparative method, cross-national method, cross-societal method)
interkulturelle Methode *f*, Methode *f* des interkulturellen Vergleichs *(empirische Sozialforschung)*
cross-cultural psychiatry (cross-national psychiatry)
interkulturell vergleichende Psychiatrie *f*, international vergleichende Psychiatrie *f*, vergleichende Psychiatrie *f* übernational vergleichende Psychiatrie *f*

cross-cultural research (cross-national research, cross societal research)
interkulturell vergleichende Forschung *f*, international vergleichende Forschung *f*, übernational vergleichende Forschung *f*
cross-cultural social research (comparative social research, cross-national social research)
vergleichende Sozialforschung *f*, international vergleichende Sozialforschung *f*
cross-cultural study (cross-cultural investigation, cross national study, cross-national investigation, cross-societal study, cross societal investigation)
interkulturelle Studie *f*, interkulturelle Untersuchung *f*, interkulturell vergleichende Studie *f*, interkulturell vergleichende Untersuchung *f*, international vergleichende Studie *f*, international vergleichende Untersuchung *f* (*empirische Sozialforschung*)
cross-cultural survey (cross-national survey, cross-societal survey)
interkulturell vergleichende Umfrage *f*, international vergleichende Umfrage *f*, interkulturelle Umfrage *f*, internationale Umfrage *f* (*Umfrageforschung*)
cross-cultural survey research (comparative survey research, cross-national survey research, multi-national survey research)
vergleichende Umfrageforschung *f* (*empirische Sozialforschung*)
cross-disciplinary
interdisziplinär *adj*
cross elasticity
Kreuzelastizität *f* (*Volkswirtschaftslehre*)
cross-fertilization of cultures
wechselseitige kulturelle Befruchtung *f* (*Kulturanthropologie*)
cross-hatched map (hatched map, shaded map)
kreuzschraffierte Landkarte *f*, kreuzschraffierte Karte *f*, schraffierte Landkarte *f*, schraffierte Karte *f* (*graphische Darstellung*)
cross lagged correlation (cross-lagged panel correlation) (Donald Campbell)
kreuzverzögerte Korrelation *f* (*Statistik*)
cross lagged path analysis
kreuzverzögerte Pfadanalyse *f* (*Datenanalyse*)
cross modality (cross modal integration, cross-modal integration)
Kreuzmodalität *f* (*Verhaltensforschung*)
cross-national (transnational)
übernational, international *adj*
cross-out test
Durchstreichtest *m* (*Psychologie*)

cross-over design
Überkreuzanlage *f*, Überkreuz-Wiederholungsanlage *f* (*statistische Hypothesenprüfung*)
cross-parent identification
Überkreuzidentifizierung *f*, Identifikation *f* mit dem Elternteil des anderen Geschlechts (*Psychologie*)
cross-pressure theory
Theorie *f* des Kreuzdrucks, Theorie *f* der gegenläufigen Einflüsse (*Sozialpsychologie*)
cross product
Kreuzprodukt *n*
cross reference
Kreuzverweis *m*
cross relative (cross-relative)
Kreuzverwandte(r) *f (m)*, Querverwandte(r) *f(m)* (*Kulturanthropologie*)
cross section (cross-section)
Querschnitt *m*, Bevölkerungsquerschnitt *m*, Stichprobe *f* (*empirische Sozialforschung*)
cross-sectional
Querschnitts- *adj* (*empirische Sozialforschung*)
cross-sectional analysis
Querschnittsanalyse *f*, Analyse *f* eines Querschnitts, einmalige Analyse *f*, Einmalanalyse *f*, einmalige Untersuchung *f* (*empirische Sozialforschung*)
cross-sectional experimental design (cross-sectional design)
Querschnitts-Versuchsanlage *f*, Querschnittsanlage *f*, Anlage einer einmaligen Untersuchung, Anlage *f* in Form einer Einmaluntersuchung (*empirische Sozialforschung*)
cross-sectional study (cross-sectional investigation)
Querschnittsstudie *f*, Querschnittsuntersuchung *f* (*empirische Sozialforschung*)
cross-sectional survey
Querschnittsbefragung *f*, Querschnittsumfrage *f* (*empirische Sozialforschung*)
cross sex behavior (brit cross-sex behaviour)
Verhalten *n* gegenüber dem anderen Geschlecht (*Verhaltensforschung*)
cross-sex descent
kreuzgeschlechtliche Abstammung *f*, kreuzgeschlechtliche Herkunft *f*, kreuzgeschlechtliche Erbfolge *f* (*Kulturanthropologie*)
cross-sex relative (cross-sex kin)
kreuzgeschlechtliche(r) Verwandte(r) *f(m)* (*Kulturanthropologie*)

cross-siblings *pl*
Kreuzgeschwister *pl*, Geschwister *pl* des anderen Geschlechts *(Kulturanthropologie)*
cross tabulation (cross-tabulation, cross tab)
Kreuztabulierung *f*, Kreuztabellierung *f*, tabellarische Kreuzauswertung *f* *(Statistik)*
cross validation
Kreuzvalidierung *f* *(statistische Hypothesenprüfung)*
cross validity
Kreuzvalidität *f*, Kreuzgültigkeit *f* *(statistische Hypothesenprüfung)*
crossing (cross-over design, switchback design)
Kreuzen *n* im Experiment *(statistische Hypothesenprüfung)*
cross-over design (reversal design, steady-state design, switchback design)
Umkehranlage *f* *(Verhaltensforschung)*
cross-over plan (change-over trial, changeover trial)
Überkreuzplan *m*, Überkreuzversuch *m*, Gruppenwechselversuch *m*, Überkreuz-Wiederholungsversuch *m* *(statistische Hypothesenprüfung)*
crossed-weight index (*pl* **indices** *or* **indexes, crossed-weight index number)**
Index *m* mit gekreuzten Gewichten, Indexzahl *f* mit gekreuzten Gewichten *(Statistik)*
crowd
Masse *f*, Menge *f* *(Soziologie) (Sozialpsychologie)*
crowd activity (crowd activities *pl***, crowd action, mass activity, mass activities** *pl***)**
Massenhandeln *n*, Massenhandlung *f* *(Sozialpsychologie)*
crowd contagion (mass contagion)
Massenansteckung *f* *(Sozialpsychologie)*
crowd opinion
Massenmeinung *f* *(Sozialpsychologie)*
crowd suggestion
Massensuggestion *f* *(Sozialpsychologie)*
crowded area (congested district, overcrowded area)
übervölkertes Gebiet *n*, dichtest besiedelter Bezirk *m* *(Sozialökologie)*
crowding (overcrowding)
Übervölkerung *f*, Überfüllung *f* einer Wohneinheit *(Sozialökologie)*
crucial experiment (experimentum crucis, critical experiment)
Entscheidungsexperiment *n*, entscheidendes Experiment *n*, experimentum crucis *n* *(statistische Hypothesenprüfung)*

crucial institution (M. J. Levy)
Schlüsseleinrichtung *f*, Schlüsselinstitution *f* *(Soziologie)*
crude birth rate
rohe Geburtenziffer *f* *(Demographie)*
crude crime rate
rohe Kriminalitätsziffer *f*, rohe Kriminalitätsrate *f* *(Demographie) (Kriminologie)*
crude death rate (crude mortality rate)
rohe Sterbeziffer *f* *(Demographie)*
crude fertility rate (fertility rate, general fertility rate)
Fruchtbarkeitsziffer *f*, Fruchtbarkeitsrate *f*, Fruchtbarkeitsquote *f* *(Demographie)*
crude marriage rate
rohe Heiratsquote *f*, rohe Heiratsziffer *f* *(Demographie)*
crude mode (inspection mode)
roher Modus *m*, roher häufigster Wert *m* *(Statistik)*
crude moment (raw moment)
rohes Moment *n* *(Statistik)*
crude rate
Rohziffer *f*, rohe Meßziffer *f*, ungewichtete Meßziffer *f* *(Statistik)*
crude rate of natural increase (C. R. N. I.)
rohe Ziffer *f* des natürlichen Bevölkerungszuwachses *(Demographie)*
crude score (obtained score, original score, raw score)
Rohwert *m*, Rohpunkt *m*, Rohzahl *f*, rohe Punktzahl *f*, unaufbereitete Punktzahl *f*, ungewichteter Wert *m*, Ausgangspunkt *m* *(Statistik)*
cryptodeterministic process
krypto-deterministischer Prozeß *m* *(Stochastik)*
crystallizer
Kristallisator *m* *(Panelforschung)*
cube
Kubus *m*, Kubikzahl *f*, dritte Potenz *f* *(Mathematik/Statistik)*
cube root
Kubikwurzel *f* *(Mathematik/Statistik)*
cubic lattice
kubisches Gitter *n* *(statistische Hypothesenprüfung)*
cubic lattice design
kubische Gitteranlage *f*, Versuchsanlage *f* mit kubischen Gittern, experimentelle Anlage *f* mit kubischen Gittern *(experimentelle Anlage)*
cuboidal lattice
kuboidales Gitter *n* *(statistische Hypothesenprüfung)*

cuboidal lattice design
kuboidale Gitteranlage *f*,
Versuchsanlage *f* mit kuboidalem Gitter,
experimentelle Anlage *f* mit kuboidalem
Gitter *(experimentelle Anlage)*
cue
Hinweisreiz *m*, Hinweis *m*,
Schlüsselreiz *m*, Zielanreiz *m*,
(Verhaltensforschung)
cue utilization (Else Brunswick)
Gebrauch *m* von Schlüsselreizen,
Gebrauch *m* von Hinweisreizen
(Verhaltensforschung)
cue (discriminative stimulus (S^D, S^Δ), key stimulus, pl stimuli)
Schlüsselreiz *m*, Zielanreiz *m*,
Hinweisreiz *m*, Hinweis *m*,
Anhaltspunkt *m (Verhaltensforschung)*
cueing
Kommunikation *f* durch Schlüsselreize,
Kommunikation *f* mit Hilfe von
Schlüsselreizen, Kommunikation *f* durch
Körperbewegungen *(Verhaltensforschung)*
cult (worship)
Kult *m*, Kultus *m*, Anbetung *f*,
Verehrung *f (Religionssoziologie)*
cult complex (cult-complex)
Kultkomplex *m (Religionssoziologie)*
cult of the dead (ghost cult)
Totenkult *m*, Geisterkult *m*
(Kulturanthropologie)
cultic community
Kultgemeinschaft *f (Religionssoziologie)*
cultic game
kultisches Spiel *n*
cultigen
Kulturpflanze *f*
cultism
Kultismus *m*, Kultbegeisterung *f*
cultivation
Ackerbau *m*, Anbau *m*, Anpflanzung *f*,
Landbebauung *f*, Kultivierung *f*,
Landbearbeitung *f*, Kultivierung *f*
(Landwirtschaft)
cultivation theory (George S. Gerbner)
Kultivierungstheorie *f*, Kultivations-
theorie *f*, Kultivierungshypothese *f*,
Kultivationshypothese *f (Kommunikati-
onsforschung)*
cultivation/rest ratio
Verhältnis *n* von Landwirtschaft und
Brache *(Landwirtschaft)*
cultunit (Raoul Naroll)
Kulteinheit *f (Kulturanthropologie)*
cultural
kulturell, Kultur- *adj*
cultural absolute
absoluter Kulturwert *m*, absolute
Kulturnorm *f*, absolute Norm *f*

cultural acceleration (Hornell Hart) (cultural deprivation, cultural distance, valuational distance)
kulturelle Beschleunigung *f*, kulturelle
Akzeleration *f (Kulturanthropologie)*
cultural accumulation (culture accumulation)
Kulturakkumulation *f*, kulturelle
Akkumulation *f (Kulturanthropologie)*
cultural alternative (Ralph Linton) (matter of cultural alternation, cultural ambivalence, culture borrowing, cultural borrowing, cultural adaptation, cultural adaption)
kulturell tolerierte Alternative *f*, kul-
turell mögliches Alternativverhalten *n*,
kulturell toleriertes Alternativverhalten *n*
(Kulturanthropologie)
cultural anthropology (social anthropology)
Kulturanthropologie *f*, Sozialanthropolo-
gie *f*
cultural artifact
Kulturartefakt *n*, materielles
Kulturprodukt *n (Ethnologie)*
cultural assimilation (behavioral assimilation, brit behavioural assimilation)
kulturelle Assimilation *f*, Verhaltensassi-
milation *f (Kulturanthropologie)*
cultural atom (Jacob L. Moreno)
Kulturatom *n*, kulturelles Atom *n*
(Soziometrie)
cultural behavior (brit cultural behaviour)
Kulturverhalten *n*, kulturell bedingtes
Verhalten *n*, kulturgeprägtes Verhalten *n*
(Verhaltensforschung)
cultural blindness
kulturell bedingte Blindheit *f*,
kulturell bedingte Betriebsblindheit *f*
(Verhaltensforschung)
cultural capital
Kulturkapital *n*
cultural change (culture change)
kultureller Wandel *m*, Kulturwandel *m*
(Soziologie)
cultural competition
Kulturwettbewerb *m*, Wettbewerb *m*
zwischen den Kulturen, zwischen
unterschiedlichen Kulturen *(Ethnologie)*
cultural configuration
Kulturkonfiguration *f*, kulturelle
Konfiguration *f*, Struktur *f* der Kultur
(Soziologie)
cultural configuration (culture configuration)
kulturelle Konfiguration *f (Soziologie)*
cultural congeries *sg + pl*
Anhäufung *f*, Ansammlung *f* von
Kulturzügen *(Kulturanthropologie)*

cultural consensus
kultureller Konsensus *m*, kultureller Konsens *m* *(Soziologie)*
cultural convergence (culture convergence, cultural parallelism)
Kulturkonvergenz *f*, kulturelle Konvergenz *f* Kulturparallelismus *m*, Kulturparallelität *f* *(Kulturanthropologie)*
cultural core
kultureller Kern *m*, Kernstück *n* einer Kultur *(Soziologie)*
cultural creativity
kulturelle Kreativität *f* *(Kulturanthropologie)*
cultural crisis (*pl* **cultural crises**)
Kulturkrise *f*, Zivilisationskrise *f*
cultural cross-fertilization
wechselseitige Befruchtung *f* von Kulturen, wechselseitige kulturelle Befruchtung *f* *(Kulturanthropologie)*
cultural determination
Kulturdeterminiertheit *f*, kulturelle Determination *f* *(Kulturanthropologie)*
cultural determinism
Kulturdeterminismus *m*, kultureller Determinismus *m* *(Kulturanthropologie)*
cultural development (cultural evolution)
Kulturentwicklung *f*, kulturelle Entwicklung *f*, Entwicklung *f* einer Kultur *(Soziologie)*
cultural diffusion (culture diffusion)
Kulturdiffusion *f* *(Kulturanthropologie)*
cultural distinction
kulturelle Verschiedenheit *f*, kulturelles Unterscheidungsmerkmal *n*, Unterscheidungsmerkmal *n* verschiedener Kulturen, Kennzeichen *n* einer Kultur *(Kulturanthropologie)*
cultural drift
Kulturdrift *f*, kulturelle Abdrift *f*, Kulturtendenz *f*, Kulturströmung *f* *(Kulturanthropologie)*
cultural ecology (Julian H. Steward)
Kulturökologie *f*
cultural economics *pl als sg konstruiert* **(Kenneth E. Boulding)**
Kulturökonomie *f*
cultural environment
Kulturumwelt *f*, Kulturumgebung *f* *(Kulturanthropologie)*
cultural estrangement
kulturelle Entfremdung *f*, Kulturentfremdung *f*, Entfremdung *f* von einer Kultur *(Sozialpsychologie)*
cultural ethos
Kulturethos *n*, kulturelles Ethos *n*, Ethos *n* einer Kultur
cultural evolution
Kulturevolution *f*, kulturelle Evolution *f*

cultural evolution theory
Theorie *f* der Kulturevolution, Theorie *f* der kulturellen Evolution, Theorie *f* der Kulturentwicklung *(Kulturanthropologie)*
cultural focus (*pl* **foci**) **(Melville J. Herskovits)**
Kulturfokus *m*, kultureller Brennpunkt *m*, Brennpunkt *m* einer Kultur *(Soziologie)*
cultural frame (Richard Shweder)
Kulturrahmen *m* *(Kulturanthropologie)*
cultural fusion (fusion of cultures, culture fusion)
Kulturfusion *f*, Fusion *f* von Kulturen *(Kulturanthropologie)*
cultural geography (human geography)
Kulturgeographie *f*, kulturelle Geographie *f*
cultural goal
Kulturziel *n*, kulturell vorgeschriebenes Ziel *n* *(Soziologie)*
cultural group
Kulturgruppe *f*, Gruppe *f* mit gemeinsamer Kultur
cultural heritage
Kulturerbe *n*, kulturelles Erbe *n* *(Soziologie)*
cultural homogenization
kulturelle Homogenisierung *f* *(Soziologie)*
cultural hybrid (marginal man)
kulturelle(r) Hybride *f(m)* *(Soziologie)*
cultural idealism
Kulturidealismus *m*, kultureller Idealismus *m*
cultural imperative
Kulturimperativ *m*, kultureller Imperativ *m* *(Soziologie)*
cultural imperialism
Kulturimperialismus *m*
cultural inertia
kulturelles Beharrungsvermögen *n*, Beharrungsvermögen *n* von Kulturzügen und Kulturphänomenen *(Kulturanthropologie)*
cultural integration
Kulturintegration *f*, kulturelle Integration *f* *(Soziologie)*
cultural interaction
kulturelle Interaktion *f*, Kulturinteraktion *f* *(Soziologie)*
cultural lag (William F. Ogburn) (culture gradient, culture lag)
Kulturgefälle *n*, kulturelles Gefälle *n*, kulturelles Zurückbleiben *n*, kulturelles Nachhinken *n*, kulturelle Verspätung *f* *(Soziologie)*
cultural landscape (humanized landscape)
Kulturlandschaft *f* *(Sozialökologie)*

cultural level
Kulturniveau *n*
cultural loss
Kulturverlust *m (Soziologie)*
cultural materialism
Kulturmaterialismus *m*, kultureller Materialismus *m*
cultural minority (Pitirim A. Sorokin)
kulturelle Minderheit *f (Kulturanthropologie)*
cultural monism
Kulturmonismus *m*, kultureller Monismus *m*
cultural motor habit
kulturbedingte Gestik *f*, motorische Kulturgewohnheit *f (Kommunikationsforschung)*
cultural need
Kulturbedürfnis *n*, kulturelles Bedürfnis *n*, kulturell bedingtes Bedürfnis *n (Psychologie)*
cultural nominalism
Kulturnominalismus *m*, kultureller Nominalismus *m (Kulturanthropologie)*
cultural object
Kulturobjekt *n (Theorie des Handelns)*
cultural orthogenesis
Kulturorthogenese *f*, kulturelle Orthogenese *f (Kulturanthropologie)*
cultural parallelism
Kulturparallelismus *m*, kultureller Parallelismus *m (Ethnologie)*
cultural participation
Kulturpartizipation *f*, Partizipation *f* an der Kultur *(Soziologie)*
cultural performance (sociocultural performance)
Kulturbenehmen *n*, Erfüllung *f* der Kulturerwartungen (durch den Einzelnen) *(Soziologie)*
cultural pluralism
Kulturpluralismus *m*, kultureller Pluralismus *m*
cultural postulate
Kulturpostulat *n*, kulturelles Postulat *n*
cultural rationalization
kulturelle Rationalisation *f*, kulturelle Rationalisierung *f (Sozialpsychologie)*
cultural realism
Kulturrealismus *m*, kultureller Realismus *m*
cultural recreation
kulturelle Freizeitgestaltung *f*, kulturelles Freizeitangebot *n*
cultural relativity (ethical relativity)
Kulturbedingtheit *f*, kulturelle Relativität *f*
cultural reproduction
kulturelle Reproduktion *f (Soziologie)*

cultural relativism
Kulturrelativismus *m*, kultureller Relativismus *m* (Franz Boas) *(Ethnologie)*
cultural revolution (culture revolution)
Kulturrevolution *f*
cultural residue (cultural survival)
Kulturüberbleibsel *n*, Überbleibsel *n* aus einer Kultur *(Kulturanthropologie)*
cultural science psychology
geisteswissenschaftliche Psychologie *f*, anthropologische Psychologie *f*
cultural segregation (segregation of cultures)
Kultursegregation *f*, kulturelle Segregation *f*, Segregation *f*, verschiedener Kulturen, Trennung *f* unterschiedlicher Kulturen *(Soziologie)*
cultural sociology
Kultursoziologie *f*, Zivilisationssoziologie *f*
cultural speciality
Kulturspezifikum *n*, Kulturbesonderheit *f*, kulturelle Besonderheit *f (Kulturanthropologie)*
cultural stereotype
kulturbedingtes Stereotyp *n*, in einer Kultur bestehendes Stereotyp *n (Sozialpsychologie)*
cultural system
Kultursystem *n*, kulturelles System *n (Soziologie)*
cultural theme (Morris E. Opler)
Kulturcharakteristikum *n*, Kulturgrundzug *m*, Kulturthema *n (Kulturanthropologie)*
cultural transmutation (Edward A. Ross)
Kulturtransmutation *f*, Kulturumwandlung *f*, Kulturverwandlung *f (Kulturanthropologie)*
cultural uniformity
kulturelle Uniformität *f*, kulturelle Gleichförmigkeit *f*, kulturelle Einheitlichkeit *f (Kulturanthropologie)*
cultural universal (universal pattern of culture)
universales Kulturmerkmal *n*, universaler Kulturzug *m*, kulturelles Universalphänomen *n*, kulturelle Universalerscheinung *f*, kulturelles Universal *n (Kulturanthropologie)*
cultural value
Kulturwert *m*, kultureller Wert *m*, kulturell determinierter Wert *m (Soziologie)*
cultural variant (Ralph Linton)
Kulturvariante *f (Kulturanthropologie)*

cultural transmission (transmittal of culture, transmission of culture)
Kulturübertragung *f*, Kulturtransmission *f* *(Ethnologie)*

cultural variation (cultural variety)
Kulturvariation *f*, kulturelle Vielfalt *f*, kulturelle Variation *f* *(Kulturanthropologie)*

culturalization (cultural conditioning) (Clyde H. Kluckhohn)
Kulturalisation *f*, Enkulturation *f* *(Soziologie) (Kulturanthropologie)*

culture
Kultur *f*

culture adhesion (cultural adhesion)
Kulturadhäsion *f*, kulturelle Adhäsion *f*, kulturelles Zusammenwachsen *n* *(Soziologie)*

culture and personality
Kultur *f* und Persönlichkeit *f* *(Ethnologie)*

culture-and-personality study (culture and personality study, culture-personality study, personality-and culture study, personality and culture study, personality-culture study)
Kultur- und Persönlichkeitsforschung *f* *(Ethnologie)*

culture-and-personality research (culture and personality research, culture-personality research, personality-and-culture research, personality and culture research, personality-culture research, psychological anthropology)
Kultur- und Persönlichkeitsforschung *f* *(Ethnologie)*

culture-and-personality theory (culture and personality theory, culture-personality theory, personality-and-culture theory, personality and culture theory, personality culture theory, psychological anthropology)
Kultur- und Persönlichkeitstheorie *f* *(Ethnologie)*

culture-and-personality study (culture and personality study, culture-personality study, personality-and-culture study, personality and culture study, personality-culture study)
Kultur- und Persönlichkeitsstudie *f* *(Ethnologie)*

culture area type (culture region) type (Alfred Kroeber)
Kulturraumtyp *m*, Kulturkreistyp *m*, Kulturarealtyp *m*, Kulturgebietstyp *m*, Kulturbereichstyp *m*, Kulturprovinztyp *n* *(Anthropologie)*

culture areas *pl* **(culture province, culture region) (Otis T. Mason; Clark Wissler)**
Kulturraum *m*, Kulturkreise *m*, Kulturareal *n*, Kulturgebiet *n*, Kulturbereich *m*, Kulturprovinz *f* (Franz Boas) *(Kulturanthropologie)*

culture base (cultural base) (William F. Ogburn)
Kulturbasis *f*, Kulturgrundlage *f* *(Kulturanthropologie)*

culture-bearing group
Kulturträgergruppe *f*, kulturtragende Gruppe *f* *(Soziologie)*

culture-bound
kulturbedingt, kulturgebunden, an eine bestimmten Kultur gebunden, durch eine bestimmte Kultur bedingt *adj*

culture case study
Kultur-Fallstudie *f* *(Kulturanthropologie)*

culture center (Clark Wissler) (*brit* **culture centre, culture climax) (Alfred E. Kroeber)**
Kulturzentrum *n*, kulturelles Zentrum *n*, Zentrum *n* einer Kultur *(Kulturanthropologie)*

culture circle
Kulturkreis *m* *(Kulturanthropologie)*

culture complex (culture trait complex, trait complex)
Kulturkomplex *m*, kultureller Komplex *m* *(Ethnologie)*

culture conflict (Thorsten Selling) (cultural conflict)
Kulturkonflikt *m*, kultureller Konflikt *m* *(Sozialpsychologie)*

culture contact
Kulturkontakt *m*, Zivilisationskontakt *m*

culture content
Kulturinhalt *m*, Kulturgehalt *m* *(Kulturanthropologie)*

culture control
Kulturkontrolle *f*

culture disintegration (disintegration of culture, cultural disintegration)
Kulturdesintegration *f*, kulturelle Desintegration *f* *(Kulturanthropologie)*

culture element (culture-bearing unit, culture item)
Kulturelement *n* *(Kulturanthropologie)*

culture epoch
Kulturepoche *f*

culture epoch theory
Theorie *f* der Kulturepochen *(Kulturanthropologie)*

culture fair test (culture-free test)
kulturadäquater Test *m* *(Psychologie)*

**culture-free test (A. Anastasi)
(socioeconomic-free test)**
kulturunabhängiger Test *m*, kulturfreier
Test *m* *(Psychologie/empirische
Sozialforschung)*
**culture-historical method (culture-historical
school)**
Kulturkreislehre *f* (Fritz Gräbner et al.)
(Ethnologie)
**culture history (cultural history, history of
culture)**
Kulturgeschichte *f*
culture industry
Kulturindustrie *f* (Theodor W. Adorno)
(Sozialkritik)
culture island
Kulturinsel *f*, kulturelle Insel *f*,
Kulturenklave *f*
culture language
Kultursprache *f* *(Linguistik)*
culture mentality (Pitirim A. Sorokin)
Kulturmentalität *f* *(Kulturanthropologie)*
culture myth
Kulturmythos *m*, Kulturmythus *m*
(Ethnologie)
culture of poverty (Oscar Lewis)
Kultur *f* der Armut
culture parallel
Kulturparallele *f*, paralleler Kulturzug *m*, paralleles Kulturphänomen *n*
(Ethnologie)
**culture pattern (pattern of culture, cultural
pattern) (Alfred E. Kroeber) (Ruth
Benedict)**
Kulturgefüge *n*, Kulturmuster *n*,
Gestaltelement *n* *(Soziologie)*
culture people (*pl* peoples)
Kulturvolk *n* (Alfred Vierkandt)
(Ethnologie)
culture shock (transitional shock)
Kulturschock *m* *(Migration)*
culture sub-area
Teilgebiet *n* eines Kulturraums,
Teilbereich *m* eines Kulturraums
(Kulturanthropologie)
culture thrust (James A. Quinn)
Kulturschub *m*, Kulturdruck *m*
(Kulturanthropologie)
**culture trait (culture element, cultural
feature)**
Kulturzug *m*, Kulturelement *n*,
Kulturcharakteristikum *n*,
Kulturmerkmal *n*, kulturelle Eigenart *f*
(Ethnologie)
culture type
Kulturtyp *m*, Kulturtypus *m*
(Kulturanthropologie)
culturological social anthropology
kulturologische Sozialanthropologie *f*

**culturology (Leslie A. White/Wilhelm
Ostwald) (culturological social
anthropology)**
Kulturologie *f*, Kulturwissenschaft *f*
cumulant (semi-invariant, semi invariant)
Kumulant *m*, Kumulante *f*,
Halbinvariante *f* *(Mathematik/Statistik)*
cumulant function
Kumulantenfunktion *f* *(Stochastik)*
cumulant generating function
kumulantenerzeugende Funktion *f*
(Stochastik)
cumulation
Kumulation *f* *(Statistik)* *(Kulturanthropologie)*
cumulative birth rate
kumulative Geburtenziffer *f*,
kumulative Geburtenrate *f*, kumulative
Zuwachsrate *f* *(Demographie)*
cumulative density function
kumulative Dichtefunktion *f*
(Wahrscheinlichkeitstheorie)
cumulative distribution
kumulative Verteilung *f* *(Statistik)*
cumulative distribution function
kumulative Verteilungsfunktion *f*
(Statistik)
cumulative fertility
kumulative Fruchtbarkeit *f*
(Demographie)
cumulative frequency
Summenhäufigkeit *f*, kumulative
Häufigkeit *f* *(Statistik)*
**cumulative frequency curve (cumulative
frequency graph)**
Summenhäufigkeitskurve *f*, kumulative
Häufigkeitskurve *f* *(Statistik)*
cumulative frequency distribution
Summenhäufigkeitsverteilung *f*,
kumulative Häufigkeitsverteilung *f*
statistics)
**cumulative frequency graph (summation
curve, ogive, cumulative frequency curve,
cumulative frequency polygon, frequency
polygon, summation curve)**
Summenkurve *f*, Summenpolygon *n*
(Statistik)
**cumulative group (multibonded group)
(Pitirim A. Sorokin)**
mehrfach gebundene Gruppe *f*,
Gruppe *f* mit vielfältigen Bindungen
(Gruppensoziologie)
cumulative frequency polygon
kumulatives Häufigkeitspolygon *n*
(graphische Darstellung)
cumulative normal distribution
kumulative Normalverteilung *f*, normale
Summenverteilung *f* *(Statistik)*

cumulative process
kumulativer Prozeß *m* (*Erneuerungstheorie*)
cumulative record (cumulative-record folder)
Kumulativaufzeichnung *f*
cumulative relative frequency
kumulative relative Häufigkeit *f* (*Statistik*)
cumulative scale (cumulative ratings scale)
kumulative Skala *f*, Kumulationsskala *f* (*Einstellungsforschung*)
cumulative scaling (Guttman scaling)
kumulative Skalierung *f*, kumulative Skalenbildung *f*, kumulatives Skalenverfahren *n* (*Einstellungsforschung*)
cumulative strain
kumulative Anspannung *f*, kumulative Anstrengung *f*, kumulativer Druck *m* (*Psychologie*)
cumulative sum chart
kumulative Summenkarte *f* (*statistische Qualitätskontrolle*)
cumulative sum distribution
kumulative Summenverteilung *f* (*Statistik*)
cumulative sum of forecast errors (accumulated process)
kumulierter Prognosefehler *m* (*Statistik*)
cumulative table
Kumulationstabelle *f*, kumulative Tabelle *f* (*Statistik*)
cumulative theory
kumulative Theorie *f*
curiosity behavior (*brit* curiosity behaviour)
Neugierdeverhalten *n*, Neugierde *f* (*Psychologie*)
current life table
gegenwärtige Sterbetafel *f* (*Demographie*)
curtailed inspection
abgebrochene Prüfung *f* (*statistische Qualitätskontrolle*)
curtate
verkürzt, reduziert *adj* (*Mathematik/Statistik*)
curvature
Krümmung *f*, Bogen *m*, Bogenlinie *f* (*Mathematik/Statistik*)
curve
Kurve *f* (*Mathematik/Statistik*)
curve fitting
Kurvenanpassung *f* (*Statistik*)
curve of average sample number (average sample number curve, ASN curve)
Kurve *f* des mittleren Stichprobenumfangs (*Statistik*)

curve of concentration (concentration curve, Lorenz curve)
Konzentrationskurve *f*, Lorenzkurve *f* (*Statistik*)
curve of equidetectability
Kurve *f* gleicher Trennschärfe (*Statistik*)
curve of error
Fehlerkurve *f* (*statistische Hypothesenprüfung*)
curve of forgetting
Vergessenskurve *f* (*Psychologie*)
curvilinear (nichtlinear)
kurvilinear, nichtlinear, nonlinear *adj*
curvilinear association
kurvilineare Assoziation *f*, nichtlineare Assoziation *f*, nonlineare Assoziation *f* (*Statistik*)
curvilinear autoregressive process
kurvilinearer autoregressiver Prozeß *m*, nichtlinearer autoregressiver Prozeß *m*, nonlinearer autoregressiver Prozeß *m* (*Statistik*)
curvilinear birth process
kurvilinearer Geburtsprozeß *m*, nichtlinearer Geburtsprozeß *m*, nonlinearer Geburtsprozeß *m* (*Stochastik*)
curvilinear constraint
kurvilineare Nebenbedingung *f*, nichtlineare Nebenbedingung *f*, nonlineare Nebenbedingung *f* (*Statistik*)
curvilinear correlation
kurvilineare Korrelation *f*, nichtlineare Korrelation *f*, nonlineare Korrelation *f* (*Statistik*)
curvilinear discriminant function
kurvilineare Trennfunktion *f*, nichtlineare Trennfunktion *f*, nonlineare Trennfunktion *f* (*Statistik*)
curvilinear estimator
kurvilineare Schätzfunktion *f*, nichtlineare Schätzfunktion *f*, nonlineare Schätzfunktion *f* (*Statistik*)
curvilinear hypothesis (*pl* hypotheses)
kurvilineare Hypothese *f*, nichtlineare Hypothese *f*, nonlineare Hypothese *f* (*statistische Hypothesenprüfung*)
curvilinear least-squares model
kurvilineares Modell *n* der lateinischen Quadrate, nichtlineares Modell *n* der lateinischen Quadrate, nonlineares Modell *n* der lateinischen Quadrate (*statistische Hypothesenprüfung*)
curvilinear maximum-likelihood method
kurvilineare Maximum-Likelihood-Methode *f*, kurvilineares Maximum-Likelihood-Verfahren *n*, nichtlineare Maximum-Likelihood-Methode *f*, nonlineare Maximum-Likelihood-Methode *f* (*Statistik*)

curvilinear model
kurvilineares Modell *n*, nichtlineares Modell *n*, nonlineares Modell *n* *(Statistik)*

curvilinear multiple correlation
kurvilineare multiple Korrelation *f*, nichtlineare multiple Korrelation *f*, nonlineare multiple Korrelation *f* *(Statistik)*

curvilinear point estimation (curvilinear point estimate)
kurvilineare Punktschätzung *f*, nichtlineare Punktschätzung *f*, nonlineare Punktschätzung *f* *(Statistik)*

curvilinear process (curvilinear stochastic process)
kurvilinearer Prozeß *m*, kurvilinearer stoachstischer Prozeß *m*, nichtlinearer Prozeß *m*, nonlinearer Prozeß *m* *(Statistik)*

curvilinear program (B. F. Skinner)
kurvilineares Programm *n*, nichtlineares Programm *n*, nonlineares Programm *n* *(Theorie des Lernens)*

curvilinear regression
kurvilineare Regression *f*, nichtlineare Regression *f*, nonlineare Regression *f* *(Statistik)*

curvilinear regression function
kurvilineare Regressionsfunktion *f*, nichtlineare Regressionsfunktion *f*, nonlineare Regressionsfunktion *f* *(Statistik)*

curvilinear relationship (curvilinear relation)
kurvilineare Beziehung *f*, nichtlineare Beziehung *f*, nonlineare Beziehung *f* *(Statistik)*

curvilinear structure
kurvilineare Struktur *f*, nichtlineare Struktur *f*, nonlineare Struktur *f* *(Statistik)*

curvilinear sufficiency
kurvilineare Suffizienz *f*, nichtlineare Suffizienz *f*, nonlineare Suffizienz *f* *(Statistik)*

curvilinear systematic statistic
kurvilineare systematische Maßzahl *f*, nichtlineare systematische Maßzahl *f*, nonlineare systematische Maßzahl *f* *(Statistik)*

curvilinear transformation
kurvilineare Transformation *f*, Kurvilineartransformation *f*, nichtlineare Transformation *f*, nonlineare Transformation *f* *(Statistik)*

curvilinear trend (nonlinear trend)
kurvilinearer Trend *m*, nichtlinearer Trend *m*, nonlinearer Trend *m* *(Statistik)*

custom (usage)
Brauch *m*, Sitte *f* *(Soziologie)*

customary behavior (*brit* customary behaviour)
brauchtümliches Verhalten *n*, Brauchtumsverhalten *n*, Sitten *f/pl* und Gebräuche *m/pl* *(Soziologie)*

customary law (common law)
Gewohnheitsrecht *n*, ungeschriebenes Recht *n*, ungeschriebenes Gewohnheitsrecht *n*

cutting score (critical value, criterion score)
kritischer Wert *m* *(statistische Hypothesenprüfung)*

cutoff (cut-off)
Abbruch *m* *(statistische Qualitätskontrolle)*

cutoff procedure (cut-off procedure)
Abbruchsverfahren *n*, Cut-off-Verfahren *n* *(statistische Qualitätskontrolle)*

cutoff sample (cut-off sample)
Stichprobe *f* nach dem Konzentrationsprinzip, Auswahl *f* nach dem Konzentrationsprinzip *(Statistik)*

cutoff sampling (cut-off sampling)
Stichprobenbildung *f* nach dem Konzentrationsverfahren, Abschneideverfahren *n*, Auswahlbildung *f* nach dem Konzentrationsprinzip, Cut-off Verfahren *n* *(Statistik)*

cybernation (D. Michael)
Kybernation *f* (aus Kybernetik + Automation)

cybernetic model
kybernetisches Modell *n* *(Organisationssoziologie)*

cybernetic system
kybernetisches System *n*

cybernetics (*pl als sg konstruiert*) (Norbert Wiener)
Kybernetik *f*

cycle
Zyklus *m*, Kreislauf *m*, Periode *f* *(Mathematik/Statistik) (Soziologie) (Volkswirtschaftslehre)*

cycle omnibus test (cycle test)
zyklischer Omnibustest *m* *(Psychologie/empirische Sozialforschung)*

cyclic(al) equilibrium
zyklisches Gleichgewicht *(Kybernetik)*

cyclic(al) experimental design (cyclic(al) design)
zyklische Versuchsanlage *f*, zyklische experimentelle Anlage *f*, zyklische Testanlage *f*, zyklische Anlage *f* *(statistische Hypothesenprüfung)*

cyclic(al) variation
zyklische Variation *f* *(Statistik)*

cyclical theory of family change (Carle Zimmerman)
zyklische Theorie *f* des familialen Wandels *(Sozialökologie)*

cycloid personality
zykloide Persönlichkeit *f* *(Psychologie)*

D

d
  d *n (Statistik)*
D
  D *n (Statistik)*
D² statistic (Mahalanobis' D square, Mahalanobis D²)
  D²-Abstandsmaß *n*, D² Abstandsmaßzahl *f (Statistik)*
dactylography
  Daktylographie *f*, Wissenschaft *f* von den Fingerabdrücken *(Kriminologie)*
damming up of libido
  Libidostau *m*, Libidostauung *f* (Sigmund Freud) *(Psychoanalyse)*
damming-up theory of anxiety
  Aufstauungstheorie *f* der Angst *(Psychologie)*
damped oscillation
  gedämpfte Schwingung *f*, abklingende Schwingung *f (Statistik)*
damped sinusoid
  gedämpfte Sinuskurve *f*, abklingende Sinuskurve *f (Statistik)*
damping
  Dämpfung *f*, Abklingen *n* (einer Schwingung) *(Statistik)*
damping factor
  Dämpfungsfaktor *m (Statistik)*
dark figure
  Dunkelziffer *f (Kriminologie)*
Darwinian theory of evolution
  Darwinsche Evolutionstheorie *f*
data *pl (often used as sg)*
  Daten *n/pl*, Zahlenmaterial *n (empirische Sozialforschung)*
data acquisition
  Datenerfassung *f (empirische Sozialforschung)*
data analysis center (*brit* **data analysis centre**)
  Datenauswertungszentrale *f (empirische Sozialforschung)*
data analysis (*pl* **data analyses**)
  Datenanalyse *f*, Datenauswertung *f*
data archive (*often pl* **archives**)
  Datenarchiv *n*, Datenbank *f (empirische Sozialforschung)*
data bank
  Datenbank *f (empirische Sozialforschung)*
data base (database)
  Datenbasis *f*

data check (record check)
  Datenprüfung *f*, Datenüberprüfung *f (empirische Sozialforschung)*
data cleaning (cleaning of data)
  Datenbereinigung *f*, Cleanen *n* von Daten *(Datenanalyse) (empirische Sozialforschung)*
data collection
  Datenerhebung *f*, Datensammlung *f*, Sammlung *f* von Daten *(empirische Sozialforschung)*
data communication (communication of data, data transfer)
  Datenübertragung *f*
data condensation (condensation of data)
  Datenstraffung *f*, Straffung *f* des Datenmaterials *(Datenanalyse)*
data control
  Datensteuerung *f*, Datenkontrolle *f*
data control block
  Datensteuerblock *m*
data conversion
  Datenumwandlung *f*, Datenumsetzung *f*
data definition (DD)
  Dateidefinition *f*
data dredging
  unsystematische Datenanhäufung *f*, Datenbaggern *n (Psychologie/empirische Sozialforschung)*
data editing (editing of data, data preparation)
  Datenaufbereitung *f (empirische Sozialforschung)*
data field
  Datenfeld *n*
data file (file)
  Datei *f*
data flow
  Datenfluß *m*
data format (data structure)
  Datenformat *n*, Datenstruktur *f*
data handling (datahandling, data processing)
  Datenbearbeitung *f*, Datenauswertung *f (empirische Sozialforschung)*
data input
  Dateneingabe *f*
data management
  Datenverwaltung *f*, Datenmanagement *n*
data management program
  Datenverwaltungsprogramm *n*
data matrix (*pl* **matrixes** *or* **matrices**)
  Datenmatrix *f (Datenanalyse)*

data merging
Datenmischung *f (EDV)*
data output
Datenausgabe *f*
data processing
Datenverarbeitung *f*
data processing center (*brit* **centre**)
Datenverarbeitungszentrale *f*,
Datenverarbeitungszentrum *n*
data processing equipment
Datenverarbeitungsanlage *f*
data processing system
Datenverarbeitungssystem *n*
data processor
Datenverarbeiter *m*
data protection
1. Datensicherung *f*
2. Datenschutz *m*
data reduction program (data reduction system)
Datenreduktionsprogramm *n*,
Datenverdichtungsprogramm *n*
(empirische Sozialforschung)
data reduction (reduction of data)
Datenreduktion *f*, Datenverdichtung *f*,
Konzentration *f* des Datenmaterials,
Straffung *f* des Datenmaterials
(empirische Sozialforschung)
data request
Datenanfrage *f*, Datenanforderung *f*
data retrieval
Datenabruf *m*, Datenrückgewinnung *f*
(EDV)
data set
Datenübermittlungselement *n*
data set (dataset, set of data)
Datenmenge *f*, Dateneinheit *f*,
Datenübermittlungseinheit *f*,
Datenübermittlungselement *n*
data sheet
Datenblatt *n*
data storage
Datenspeicherung *f*
data store
Datenspeicher *m*
data subset
Datenteilnehmerstation *f*
data tape
Datenband *n (EDV)*
data terminal
Datenendgerät *n*, Datenterminal *m*,
Datenstation *f*
data transfer
Datentransfer *m*, Datenübertragung *f*,
Datenübermittlung *f*
data transformation (transformation of data, data conversion)
Datentransformation *f*, Datenumwandlung *f*

dating
Datierung *f*
datum (*pl* **data, data point, point datum**)
Datum *n*, Einzeldatum *n*, Einzelwert *m*
(Datenanalyse)
Davis-Eels games *pl*
Davis-Eeles-Spiele *n/pl (Psychologie)*
day after interview (yesterday interview)
Befragung *f* über gestriges Verhalten
(Interview *n* über gestriges Verhalten
(empirische Sozialforschung)
day care
Tagesaufsicht *f* für Kinder berufstätiger
Mütter *(Sozialarbeit)*
day-care center (*brit* **centre**)
Tagesaufsichtszentrum *n* für Kinder
berufstätiger Mütter *(Sozialarbeit)*
day-care program
Tagesaufsichtsprogramm *n* für Kinder
berufstätiger Mütter *(Sozialarbeit)*
daydream
Tagtraum *m*, Wachtraum *m*
(Psychologie)
daydreaming (day-dreaming)
Tagträumen *n*, Wachträumen *n*,
Tagträumerei *f*, Wachträumerei *f*,
Phantasieren *n (Psychologie)*
daytime population (nonresidential population, non-residential population, urban daytime population)
Tagesbevölkerung *f*, Nicht-
Wohnbevölkerung *f (Demographie)*
(Sozialökologie)
de facto authority
faktische Autorität *f*, de-facto
Autorität *f*
vgl. de jure authority
de facto census
de-facto-Zensus *m*, de-facto-Zählung *f*,
de-facto-Vollerhebung *f*, de-facto-
Volkszählung *f*, faktische Zensus *m*,
faktische Zählung *f*, faktische
Vollerhebung *f*, faktische Volkszählung *f*
(Demographie)
vgl. de jure census
de facto population (enumerated population, present in-area population)
de-facto-Bevölkerung *f*, faktische
Bevölkerung *f (Demographie)*
de facto segregation
de-facto Segregation *f*, faktische
Segregation *f*, faktische Rassentrennung *f*, faktische Trennung *f* ethnischer
Gruppen, de-facto Rassentrennung *f*, de
facto-Trennung *f* ethnischer Gruppen
vgl. de jure segregation

de jure authority (legal authority)
de-jure-Autorität *f*, gesetzliche
Autorität *f*, gesetzlich verliehene
Autorität *f* *(Soziologie)*
vgl. de facto authority
de jure census
de-jure-Zensus *m*, de-jure-Zählung *f*
(Demographie)
vgl. de facto census
de jure population (home population)
de-jure-Bevölkerung *f* *(Demographie)*
vgl. de facto population
de jure segregation
de-jure Segregation *f*, gesetzlich
vorgeschriebene Segregation *f*, rechtlich
festgesetzte Rassentrennung *f*
de-marginalization
De-Marginalisierung *f* *(Kriminalsoziologie)*
vgl. marginalization
death (dying)
Sterben *n*, Tod *m*
death instinct
Todestrieb *m*, Thanatos *m* (Sigmund
Freud) *(Psychoanalyse)*
death penalty (capital punishment)
Todesstrafe *f* *(Kriminologie)*
death process
Sterbeprozeß *m*, Todesprozeß *m*
(Stochastik)
vgl. birth process
death rate (mortality rate)
Sterbeziffer *f*, Sterberate *f*,
Sterblichkeitsziffer *f* *(Demographie)*
death rate from specific causes (specific death rate)
spezifische Sterbeziffer *f*,
spezifische Sterblichkeitsziffer *f*,
Sterblichkeitsziffer *f* für bestimmte
Todesursachen *(Demographie)*
death ratio (proportionate mortality)
proportionale Sterblichkeit *f*,
Sterblichkeitsverhältnis *n* *(Demographie)*
death registration
Registrierung *f* der Sterbefälle,
Erfassung *f* der Todesfälle
(Demographie)
death wish
Todessehnsucht *f* *(Psychologie)*
debriefing
Debriefing *n* *(empirische Sozialforschung)*
debureaucratization
Entbürokratisierung *f*
decennial census
Zehn-Jahres-Zensus *m* *(Demographie)*
decentile
Dezentile *f*, Zehntelstelle *f*
(Mathematik/Statistik)

decentralization
Dezentralisierung *f*, Dezentralisation *f*
(Organisationssoziologie)
(Sozialökologie)
decentralized communication
dezentralisierte Kommunikation *f*
(Kommunikationsforschung)
decentralized network
dezentralisiertes Netz *n*, dezentralisiertes
Kommunikationsnetz *n*
decentralized planning
dezentralisierte Planung *f*
(Organisationssoziologie)
decentralized unitary state
dezentralisierter Einheitsstaat *m*
(politische Wissenschaften)
deception (cheating, falsification)
Fälschen *n*, Fälschung *f* (von Interviews)
(empirische Sozialforschung)
decile
Dezile *f*, Zehntelwert *m*, Zehntelstelle *f*
(Mathematik/Statistik)
decile range
dezile Spannweite *f*, Spannweite *f* einer
Dezile *(Mathematik/Statistik)*
decimal numeric
Dezimalzahl *f*, Dezimalwert *m*,
Dezimalbruch *m*, Dezimalverhältnis *n*
(Mathematik/Statistik)
decimal place (decimal digit)
Dezimalstelle *f* *(Mathematik/Statistik)*
decision
Entscheidung *f*, Entschluß *m*
decision fork
Entscheidungsgabelung *f*
(Entscheidungstheorie)
decision function (decision-making function)
Entscheidungsfunktion *f* *(Statistik)*
decision implementation
Ausführung *f* einer Entscheidung,
Durchführung *f* einer Entscheidung,
Ausführung *f* von Entscheidungen,
Durchführung *f* von Entscheidungen
decision making
Entscheidungsentscheiden *n*, Treffen *n*
von Entscheidungen, einer Entscheidung
decision making unit
Entscheidungseinheit *f* *(Entscheidungstheorie)*
decision matrix (*pl* matrixes *or* matrices)
Entscheidungsmatrix *f* *(Entscheidungstheorie)*
decision model
Entscheidungsmodell *n* *(Spieltheorie)*
(Entscheidungstheorie)
decisional method
Entscheidungsmethode *f* *(in Gemeindestudien)* *(empirische Sozialforschung)*

decision point
Entscheidungspunkt *m* *(Entscheidungstheorie)*
decision premise
Entscheidungsprämisse *f*, Entscheidungsvoraussetzung *f* *(Entscheidungstheorie)*
decision problem (decision analysis problem)
Entscheidungsproblem *n* *(Entscheidungstheorie)*
decision procedure (decision-making procedure)
Entscheidungsverfahren *n*
decision rule
Entscheidungsregel *f* *(Entscheidungstheorie)*
decision space
Entscheidungsraum *m* *(Statistik)*
decision theory (decision-making theory, theory of decision-making, statistical decision theory, statistical decision-making theory, statistical theory of decision making, Bayesian theory, Bayesian analysis)
Entscheidungstheorie *f*, statistische Entscheidungstheorie *f*
decision tree (decision network)
Entscheidungsbaum *m* *(Entscheidungstheorie)*
decision variable
Entscheidungsvariable *f*, Variable *f* im Entscheidungsmodell *(Entscheidungstheorie)*
decision-making under certainty (deterministic decision-making)
Entscheidung *f* unter Sicherheit, deterministischer Fall *m* *(Entscheidungstheorie)*
decision-making under risk (stochastic decision-making)
Entscheidung *f* unter Risiko, stochastischer Fall *m* *(Entscheidungstheorie)*
decision-making under uncertainty (distribution-free decision-making)
Entscheidung *f* unter Unsicherheit, verteilungsfreier Fall *m* *(Entscheidungstheorie)*
decision-tree analysis (*pl* analyses)
Entscheidungsbaumanalyse *f* *(Entscheidungstheorie)*
decision-maker (decision maker)
Entscheidungsträger *m* *(Entscheidungstheorie)*
decoding
Entschlüsselung *f*, Entschlüsseln *n*, Dekodierung *f*, Dekodieren *n* *(empirische Sozialforschung)* *(Kommunikationsforschung)*

decomposition (of a time series)
Zeitreihenzerlegung *f*, Zerlegung *f* *(Statistik)*
decomposition
1. Zerlegung *f* *(Mathematik/Statistik)*
2. Zergliederung *f* (von Datenmaterial *(Statistik)* *(Datenanalyse)*
decomposition of variance (variance decomposition, partitioning of total variance)
Varianzzerlegung *f* *(Statistik)*
deconcentration
Entballung *f*, Entzerrung *f*, Entleerung *f* der Stadtzentren *(Sozialökologie)*
vgl. concentration
deconditioning (John B. Watson)
Wegkonditionierung *f*, Dekonditionierung *f*, Dekondionieren *n* *(Verhaltensforschung)* *(Verhaltenstherapie)*
vgl. conditioning
decreasing semimartingale
fallendes Halbmartingal *n* *(Stochastik)*
decrement
Abnahme *f*, Verringerung *f*, Verminderung *f*, Dekrement *n*
vgl. increment
decrement function
Abnahmefunktion *f*, Verminderungsfunktion *f* *(Mathematik/Statistik)*
vgl. increment function
deculturation
Dekulturation *f*, Dekulturierung *f* *(Ethnologie)*
dedifferentiation
Differenzierungsverlust *m*
vgl. differentiation
deduction
Deduktion *f*, Schlußfolgerung *f*, Folgerung *f* *(Logik)* *(Theorie des Wissens)*
vgl. induction
deductive explanation (deductive inference)
deduktive Erklärung *f*, Deduktion *f*, deduktive Auslegung *f*, Erklärung *f* von Zusammenhängen durch Deduktion *(Theorie des Wissens)*
vgl. inductive explanation
deductive method
deduktive Methode *f*, Methode *f* der Deduktion *(Theorie des Wissens)*
vgl. inductive method
deductive model
deduktives Modell *n*, Modell *n* der Deduktion *(Theorie des Wissens)*
vgl. inductive model
deductive system
Deduktionssystem *n*, deduktives System *n* *(Theorie des Wissens)*
vgl. inductive system

deductive-nomological explanation (D-N) explanation
deduktiv-nomologische Erklärung *f* (Carl G. Hempel) (Hempel-Oppenheim-Schema *n*, H-O-Schema *n* *(Theorie des Wissens)*

deep stratification
tiefgegliederte Schichtung *f*, tiefgegliederte Stratifizierung *f* *(Statistik)*

deep structure
Tiefenstruktur *f* *(Soziolinguistik)*
vgl. surface structure

deep taxonomy
komplexe Taxonomie *f*, umfassende Taxonomie *f* *(Theoriebildung)*

defective delinquency
Schwachsinnigenkriminalität *f*, Geisteskrankenkriminalität *f*, Straffälligkeit *f* von Schwachsinnigen, von Geisteskranken *(Kriminologie)*

defective delinquent
schwachsinniger Straftäter *m*, geisteskranker Straftäter *m* *(Kriminologie)*

defective lot tolerance percent (defective lot tolerance fraction)
prozentuale Ausschußtoleranz *f*, relative Ablehnungsgrenze *f*, relative Ausschußtoleranz *f*, prozentuale Ausschußtoleranz *f*, relative Schlechtgrenze *f*, prozentuale Schlechtgrenze *f* *(statistische Qualitätskontrolle)*

defective sample
unvollständige Stichprobe *f* *(Statistik)*

defective unit
fehlerhaftes Stück *n* *(statistische Qualitätskontrolle)*

defense (*brit* **defence**)
1. Abwehrmechanismus *(Psychologie)*
2. Verteidigung *f*, Schutz *m*

defense alliance (*brit* **defence alliance**)
Verteidigungsbündnis *n*, Verteidigungsallianz *f* *(politische Wissenschaften)*

defense mechanism (*brit* **defence mechanism, defense reaction**)
Abwehrmechanismus *m* (Sigmund Freud) *(Psychoanalyse)*

defense reflex (*brit* **defence reflex**)
Abwehrreflex *m* *(Psychologie)*

defense conditioning (*brit* **defence conditioning, aversive conditioning, avoidance conditioning, counter-conditioning, fear conditioning**)
aversive Konditionierung *f*, negative Konditionierung *f* *(Verhaltensforschung)*
vgl. appetitive conditioning

defensive behavior (*brit* **defensive behaviour**)
defensives Verhalten *n* *(Psychologie)*

defensive culture
Kulturreflex *m*, Abwehrkultur *f*, Defensivkultur *f* *(Ethnologie)*

defensive terror
Defensivterror *m*, Abwehrterror *m*

defensiveness
Abwehrhaltung *f*, defensive Attitüde *f*, Überempfindlichkeit *f* gegenüber Kritik *(Psychologie)*

deference (Erving Goffman)
Ehrerbietung *f*, Achtung *f*, Hochachtung *f*, Respekt *m* *(Soziologie)*

deference behavior (*brit* **deference behaviour**) **(Erving Goffman)**
Ehrerbietungsverhalten *n*, Achtungsverhalten *n*, Hochachtungsverhalten *n*, Respektverhalten *n* *(Soziologie)*

deference gesture (Erving Goffman)
Ehrerbietungsgeste *f* *(Soziologie)*

deference pattern (Erving Goffmann)
Muster *n* des Ehrerbietungsverhaltens, des Achtungsverhaltens, Hochachtungsverhaltens, Respektverhaltens *(Soziologie)*

deferential avoidance (Erving Goffmann)
Vermeidung *f* aus Ehrerbietung, Vermeidung *f* aus Respekt *(Soziologie)*

deferential nation (Walter Bagehot)
unterworfene Nation *f* *(politische Wissenschaften)*

deferred
aufgeschoben, hinausgeschoben, hinausgezögert, zurückgehalten, zeitversetzt, zeitlich verzögert *adj*

deferred consumption (of marriage)
verzögerter Vollzug *m* (der Ehe) *(Kulturanthropologie)*

deferred gratification (delayed gratification) (Louis Schneider and Sverre Lysgaard)
aufgeschobene Befriedigung *f*, Befriedigungsaufschub *m*, Belohnungsaufschub *m*, aufgeschobene Belohnung *f* *(Verhaltensforschung)*

deferred gratification pattern (pattern of deferred gratification, delayed gratification pattern, pattern of delayed gratification) (Louis Schneider/Sverre Lysgaard)
Verhaltensmuster *n* der aufgeschobenen Befriedigung, Muster *n* der aufgeschobenen Befriedigung, Muster *n* der aufgeschobenen Belohnung *f* *(Verhaltensforschung)*

deferred imitation (delayed imitation)
aufgeschobene Nachahmung *f*, verzögerte Nachahmung *f* (eines Vorbilds) *(Verhaltensforschung)*

deferred response (deferred reaction, delayed reaction, delayed response)
verschobene Reaktion *f*, verspätete Reaktion *f*, aufgeschobene Reaktion *f* *(Verhaltensforschung)*

deff (Deff, design effect)
Anlageneffekt *m*, Effekt *m* der experimentellen Anlage, Versuchanlageneffekt *m*, Testanlageneffekt *m* *(statistische Hypothesenprüfung)*

deficiency motivation (Abraham H. Maslow)
Defizitmotivation *f*, Motivation *f* durch Mangel *(Verhaltensforschung)*

deficient sense of proportion
Verhältnisblödsinn *m* (Eugen Bleuler) *(Psychologie)*

defilement (pollution)
Verschmutzung *f* *(Kulturanthropologie)* *(Sozialökologie)*

definite sentence (fixed sentence)
rechtskräftige Strafe *f*, rechtskräftige Verurteilung *f* *(Kriminologie)*

definition
Definition *f*, Begriffsbestimmung *f*, Abgrenzung *f* *(Theoriebildung)*

definition of role (role definition)
Rollendefinition *f* *(Soziologie)*

definition of the problem (problem definition)
Problemdefinition *f* *(Theoriebildung)*

definition of the situation (William I. Thomas and Florian Znaniecki)
Definition *f* der Situation *(Soziologie)*

definitional equation
definitorische Gleichung *f* *(Theoriebildung)*

definitional operationalism (definitional operationism)
definitorischer Operationalismus *m*, definitorischer Operationismus *m* *(Theorie des Wissens)*

definitional schema (*pl* schemata)
Definitionsschema *n*, definitorisches Schema *n* *(Theorie des Wissens)*

definitional validity
definitorische Validität *f* *(statistische Hypothesenprüfung)*

definitive concept (Herbert Blumer)
definitiver Begriff *m*, klar abgegrenzter Begriff *m*, eindeutig definierter Begriff *m* *(Theorie des Wissens)*

definitive sedentarization (total sedentarization)
permanente Seßhaftmachung *f*, permanente Ansiedlung *f* (von Nomaden oder Halbnomaden) *(Sozialökologie)*

deflation
Deflation *f* *(Volkswirtschaftslehre)*
vgl. inflation

deflected aggression (displaced aggression, displaced hostility, deflected hostility)
verdrängte Aggression *f*, verdrängte Aggressivität *f* *(Psychologie)*

deflection (displacement)
Verdrängung *f*, Verschiebung *f* *(Psychologie) (Verhaltensforschung) (Psychoanalyse) (Sozialökologie)*

deflection pattern (displacement pattern)
Verdrängungsmuster *n*, Verschiebungsmuster *n* *(Psychoanalyse)*

deflux
Abstrom *m* *(Warteschlangentheorie)*
vgl. deflux

deflux rate (rate of deflux)
Abstromquote *f* *(Demographie)*
vgl. afflux

degeneracy
Degeneration *f*, Degeneriertheit *f* *(Genetik)*

degenerate
degeneriert, entartet *adj*

degenerate distribution (deterministic distribution)
entartete Verteilung *f*, ausgeartete Verteilung *f*, uneigentliche Verteilung *f*, Einpunktverteilung *f* *(Statistik)*

degenerate solution (trivial solution)
entartete Lösung *f*, triviale Lösung *f* *(multidimensionale Skalierung)*

degeneration
Degenerierung *f*, Entartung *f*, Degeneration *f* *(Statistik)*

degradation
1. Degradierung *f*, Degradieren *n* *(Organisationssoziologie)*
2. Statusverlust *m* *(Soziologie)*

degradation ceremony
Degradierungszeremonie *f*, Degradierungshandlung *f*, Degradierungsakt *m* *(Organisationssoziologie)*

degradation law
Degradationsgesetz *n* *(Psychologie)*

degree of belief
Grad *m* der Glaubwürdigkeit Glaubwürdigkeitsgrad *m* *(Wahrscheinlichkeitstheorie)*

degree of consensus
Konsensgrad *m*, Grad *m* des Konsens, Übereinstimmungsgrad *m*, Grad *m* der Übereinstimmung

degree of freedom (d.f., df)
Freiheitsgrad *m* *(Statistik)*

degree of randomness
Zufälligkeitsgrad *m* *(Mathematik/Statistik)*

degree of validity (validity measure, measure of validity, scope of validity)
Validitätsausmaß *n*, Gültigkeitsausmaß, Stichhaltigkeitsausmaß *n* *(statistische Hypothesenprüfung)*

degrouping (Robert K. Merton/Alice S. Kitt)
Entgruppung *f*, Degrouping *n* *(Gruppensoziologie)*

deictic
deiktisch, direkt beweisend, auf Beweise gegründet *adj (Theoriebildung)*

deindividuation (deindividuating) (Leon Festinger)
Deindividuation *f*, De-Individuation *f*, Deindividuierung *f*, De-Individuierung *f*, Deindividuieren *n*, De-Individuieren *n* *(Gruppensoziologie)*

deism
Deismus *m* *(Religionssoziologie)*

deity
Gottheit *f*, göttliches Wesen *n*, Göttlichkeit *f* *(Religionssoziologie)*

delay
Verzögerung *f* *(Statistik)* *(Verhaltensforschung)*

delay interval
Verzögerungsintervall *n* *(Verhaltensforschung)*

delay of reinforcement
Verstärkungsverzögerung *f* *(Verhaltensforschung)*

delay of reinforcement gradient
Verzögerung *f* des Verstärkungsgradienten *(Verhaltensforschung)*

delay of reinforcement interval (response reinforcement interval)
Verzögerung *f* des Verstärkungsintervalls *(Verhaltensforschung)*

delayed conditioning
verzögerte Konditionierung *f*, verzögertes Konditionieren *n* *(Verhaltensforschung)*

delayed feedback loop
verzögerte Rückkopplungsschleife *f* *(Kybernetik)*

delayed gratification (deferred gratification) (Louis Schneider and Sverre Lysgaard)
aufgeschobene Befriedigung *f*, Befriedigungsaufschub *m*, aufgeschobene Belohnung *f* *(Verhaltensforschung)*

delayed gratification pattern (pattern of delayed gratification, deferred gratification pattern, pattern of deferred gratification) (Louis Schneider/Sverre Lysgaard)
Verhaltensmuster *n* der aufgeschobenen Befriedigung, Muster *n* der aufgeschobenen Befriedigung, der aufgeschobenen Belohnung *f* *(Verhaltensforschung)*

delayed imitation (deferred imitation)
aufgeschobene Nachahmung *f*, verzögerte Nachahmung *f* (eines Vorbilds) *(Verhaltensforschung)*

delayed reaction (delayed response, deferred reaction, deferred response)
verschobene Reaktion *f*, verspätete Reaktion *f*, aufgeschobene Reaktion *f* *(Verhaltensforschung)*

delayed response (delayed reaction, delayed reflex)
verzögerte Reaktion *f* *(Verhaltensforschung)*

delayed response effect (carryover effect, delayed response, carryover, sleeper effect)
Wirkungsverzögerung *f* *(empirische Sozialforschung)*

delayed-response method (delayed reaction method)
verzögerte Reaktionsmethode *f* *(Verhaltensforschung)*

delayed reward
Belohnungsverzögerung *f*, verzögerte Belohnung *f* *(Verhaltensforschung)*

delegated authority (delegated power)
delegierte Autorität *f*, delegierte Macht *f* *(Soziologie)*

delegated legislation (secondary legislation, subordinate legislation)
delegierte Gesetzgebung *f* *(politische Wissenschaft)*

delegation
Delegation *f*, Delegierung *f* *(Soziologie)*

delegation of power
Machtdelegation *f*, Machtdelegierung *f*, Delegation *f* von Entscheidungsbefugnissen *(Organisationssoziologie)*

delict
Delikt *n* *(Kriminologie)*

delinquency
Delinquenz *f*, Kriminalität *f*, verbrecherische Handlungsweise *f*, Strafbarkeit *f*, kriminelle Handlungsweise *f* *(Kriminologie)*

delinquency area
Gebiet *n*, Stadtgebiet *n* **mit hoher Jugendkriminalität** *(Kriminologie)*

delinquency gradient
Jugendkriminalitätsgradient *m*, Jugendkriminalitätsgefälle *n* *(Kriminologie)*

delinquency proneness
Kriminogenität *f*, Kriminalitätsträchtigkeit *f*, Jugendkriminalitätsträchtigkeit *f* *(Kriminologie)*

delinquency rate
Kriminalitätsrate f, Jugendkriminalitätsrate f, Delinquenzrate f, Delinquenzziffer f, Deliktrate f (Kriminologie)
delinquency rate
Delinquenzrate f, Delinquenzziffer f, Deliktrate f (Kriminologie)
delinquency (juvenile delinquency)
Delinquenz f (Kriminologie)
delinquency-prone life situation (delinquency-prone life-situation)
kriminogene Lebenssituation f, kriminogene Lebensumstände m/pl (Kriminologie)
delinquent
delinquent, Jugendstraf-, Jugendkriminalität betreffend adj (Kriminologie)
delinquent behavior (brit delinquent behaviour)
delinquentes Verhalten n, Verhalten n von jugendlichen Straftätern (Kriminologie)
delinquent career
delinquente Laufbahn f, delinquente Karriere f, kriminelle Laufbahn f eines jugendlichen Straftäters (Kriminologie)
delinquent gang
delinquente Bande f, delinquente Jugendbande f, kriminelle Bande f, kriminelle Jugendbande f (Kriminologie)
delinquent neighborhood (brit delinquent neighbourhood)
kriminogene Nachbarschaft f, Nachbarschaft f mit hoher Delinquenz (Kriminologie)
delinquent subculture
delinquente Subkultur f, delinquente Jugendsubkultur f (Kriminologie)
Delphi survey (Delphi method)
Delphibefragung f, Delphimethode f, Expertenbefragung f (empirische Sozialforschung)
delusion
Wahn m (Psychologie)
delusion de grandeur (grandeur delusion, megalomania)
Megalomanie f, Größenwahn m (Psychologie)
delusion of grandeur (grandeur delusion, megalomania)
Größenwahn m, Größenwahnsinn m (Psychologie)
delusion of persecution
Verfolgungswahn m (Psychologie)
delusion of reference
Beziehungswahn m (Psychologie)
demagogue
Demagoge m

demagogy
Demagogie f, Demagogentum n, Volksverhetzung f
demand
1. Nachfrage f (Volkswirtschaftslehre)
2. Demand m (David Easton) (politische Wissenschaft)
demand analysis (analysis of demand)
Nachfrageanalyse f, Bedarfsforschung f (Volkswirtschaftslehre)
demand characteristic (Martin Orne)
Anforderungsmerkmal n (statistische Hypothesenprüfung)
demand characteristics pl (Martin T. Orne)
Nachfragecharakteristika n/pl, Nachfragemerkmale n/pl (statistische Hypothesenprüfung)
demand concentration (concentration of demand)
Nachfragekonzentration f (Volkswirtschaftslehre)
demand curve
Nachfragekurve f (Volkswirtschaftslehre)
demand estimate
Nachfrageschätzung f (Volkswirtschaftslehre)
demand forecast (demand prognosis, demand prediction)
Nachfrageprognose f, Bedarfsprognose f (Volkswirtschaftslehre)
demand function
Nachfragefunktion f, Nachfragekurve f (Volkswirtschaftslehre)
demand mobility (Natalie Rogoff) (intergenerational mobility)
Nachfragemobilität f (Soziologie)
demand model
Nachfragemodell n (Volkswirtschaftslehre)
demand prognosis (demand forecast, demand prediction)
Nachfrageprognose f, Bedarfsprognose f (Volkswirtschaftslehre)
demand pull (pipeline effect, surge of demand)
Nachfragesog m (Volkswirtschaftslehre)
demand response
Nachfragereaktion f (Volkswirtschaftslehre)
demand shift (shift of demand, change of demand)
Nachfrageverschiebung f, Bedarfsverschiebung f (Volkswirtschaftslehre)
demand theory (theory of demand)
Nachfragetheorie f (Volkswirtschaftslehre)
deme (demos)
Demos n (Sozialökologie)
demedicalization
De-Medikalisierung f (Medizinsoziologie)

dementia
Demenz *f (Psychologie)*
democracy (political democracy)
Demokratie *f*, Volksherrschaft *f*
(politische Wissenschaft)
democratic class struggle (Seymour M. Lipset)
demokratischer Klassenkampf *m*
(politische Wissenschaft)
democratic family (equalitarian family)
demokratische Familie *f*, egalitäre Familie *f (Familiensoziologie) (Kulturanthropologie)*
democratic leader
demokratischer Führer *m*, demokratisch legitimierter Führer *m (Soziologie)*
democratic leadership
demokratische Führung *f*, demokratische Führerschaft *f (Soziologie)*
democratic mind
demokratisches Denken *n*, demokratisches Empfinden *n (politische Wissenschaft)*
democratization
Demokratisierung *f (politische Wissenschaft)*
demodulation
Demodulation *f (Statistik)*
demographic analysis (*pl* analyses)
demographische Analyse *f*, Demographie *f*, Bevölkerungsstatistik *f*
demographic apathy
demographische Apathie *f*
demographic area
demographisches Gebiet *n*
demographic change (demographic transition, population change)
demographischer Übergang *m*, Stadium *n* des demographischen Übergangs, Phase *f* des demographischen Übergangs *(Demographie)*
demographic composition (demotic composition)
demographische Zusammensetzung *f*, demographische Struktur *f*
demographic gap (Kingsley Davis)
demographische Lücke *f*
demographic group
demographische Gruppe *f*, nach demographischen Kriterien definierte Gruppe *f*
demographic investment
demographische Investition(en) *(f(pl))*, bevölkerungspolitische Investition(en) *f(pl)*
demographic revolution (vital revolution)
demographische Revolution *f*, bevölkerungspolitische Revolution *f*

demographic structure (population structure, age-sex structure, population composition)
demographische Struktur *f*, Bevölkerungsstruktur *f*, demographische Verteilung *f*, Bevölkerungszusammensetzung *f*, Zusammensetzung *f* der Bevölkerung *(Demographie)*
demographic succession
demographische Nachfolge *f*, Bevölkerungsnachfolge *f (Sozialökologie)*
demographic transition (demographic change, population change)
demographischer Übergang *m*, Stadium *n* des demographischen Übergangs, Phase *f* des demographischen Übergangs *(Demographie)*
demographic revolution
demographische Revolution *f*, bevölkerungspolitische Revolution *f*
demographics *pl* (breakdown, break, demographic structure)
demographische Aufgliederung *f*, Aufgliederung *f* nach demographischen Merkmalen, Breakdown *m*, Break *m (empirische Sozialforschung)*
demography (population statistics *pl* als *sg* konstruiert, demographic statistics *pl* als *sg* konstruiert, population analysis, *pl* analyses, population studies *pl*)
Demographie *f*
demonstration interview
Demonstrationsinterview *n (Umfrageforschung)*
demology
Demologie *f* (Ernst Engel)
demophily
Demophilie *f*, Herrschaft *f* für das Volk *(politische Wissenschaften)*
demophobia
Demophobie *f (Psychologie)*
demopolitics *pl* als *sg* konstruiert
Demopolitik *f*
demoralization
Demoralisierung *f*
demoscopy (public opinion research, survey research)
Demoskopie *f*, Meinungsforschung *f*, Umfrageforschung *f*
demotic
demotisch, Volks- *adj*
denaturalization (*brit* denaturalisation)
Denaturalisierung *f*
dendrogram
Dendrogramm *n (Clusteranalyse)*
denial
Verleugnung *f*, Leugnung *f* der Realität *(Psychologie)*

denomadization
Entnomadisierung *f*, Denomadisierung *f*, freiwillige oder erzwungene Aufgabe *f* des Nomadismus *(Soziologie)*

denomination
Denomination *f (Religionssoziologie)*

denominational pluralism
denominationaler Pluralismus *m*, konfessioneller Pluralismus *m (Religionssoziologie)*

denominationalism
Denominationalismus *m*, Bestehen *n* konfessioneller Religionsgemeinschaften

denotation (denotative meaning, denotatum, denotative term, denoting phrase, particularizing term)
Denotation *f*, Begriffsumfang *m*, Bedeutung *f* eines Begriffs *(Theorie des Wissens)*

denotative meaning
denotative Bedeutung *f (Linguistik)*

density (probability density)
Dichte *f*, Konzentration *f (Statistik)*

density (of a society) (Emile Durkheim)
Dichte *f* einer Gesellschaft *(Soziologie)*

density function (probability density function)
Dichtefunktion *f*, Wahrscheinlichkeitsdichtefunktion *f (Statistik)*

density gradient (gradient of population density, ecological gradient, population gradient)
ökologisches Gefälle *n*, ökologischer Gradient *m*, Bevölkerungsgefälle *n (Sozialökologie)*

density of a marginal distribution
Randverteilungsdichte *f (Statistik)*

density of communication(s) (communication density)
Kommunikationsdichte *f*

density of demand (density of consumer demand)
Nachfragedichte *f*, Bedarfsdichte *f (Volkswirtschaftslehre)*

density of population (population density, man-land ratio, density of settlement)
Bevölkerungsdichte *f*, Verhältnis *n* der Arbeitskräfte zur landwirtschaftlich nutzbaren Fläche *(Demographie)*

density of settlement
Siedlungsdichte *f*, Besiedlungsdichte *f (Demographie)*

denuded family (incomplete family)
unvollständige Familie *f*, entblößte Familie *f (Kulturanthropologie)*

department (division)
Abteilung *f*, Sektion *f (Organisationssoziologie)*

departmentalization (departmentation)
1. Aufteilung *f* in Abteilungen *(Organisationssoziologie)*
2. Parzellierung *f*

departure
1. Abwanderung *f*, Wegzug *m (Migration)*
2. Verlust *m (Warteschlangentheorie)*
vgl. arrival

departure process
Verlustprozeß *m (Warteschlangentheorie)*
vgl. arrival process

dependence (dependency)
Abhängigkeit *f*

dependence analysis (*pl* analyses) (Raymond Boudon)
Dependenzanalyse *f*, Abhängigkeitsanalyse *f (Statistik)*

dependence need (need for dependence)
Abhängigkeitsbedürfnis *n (Psychologie)*

dependence ratio (dependency ratio)
Verhältnis *n* von abhängigen Familienangehörigen zu Personen im Berufstätigenalter *(Demographie)*

dependent
1. abhängig *adj*
2. abhängige(r) Familienangehörige(r) *f(m) (Familiensoziologie)*

dependent class (Harold D. Lasswell)
abhängige Bevölkerungsschicht *f*, abhängige Bevölkerungsklasse *f*, abhängige Schicht *f*, abhängige Klasse *f (Soziologie)*

dependent event
abhängiges Ereignis *n (Wahrscheinlichkeitstheorie)*
vgl. independent event

dependent nuclear family (George P. Murdock)
abhängige Kernfamilie *f (Kulturanthropologie)*
vgl. independent nuclear family

dependent polygamous family (George P. Murdock)
abhängige polygame Familie *f (Kulturanthropologie)*
vgl. independent polygamous family

dependent state
abhängiger Staat *m (politische Wissenschaft)*
vgl. independent state

dependent territory
abhängiges Territorium *n*, abhängiges Gebiet *n (politische Wissenschaft)*
vgl. independent territory

dependent variable (performance variable, y variable, response variable)
abhängige Variable *f*, abhängige Veränderliche *f*, Resultante *f* *(statistische Hypothesenprüfung)* vgl. independent variable

depersonalization
Depersonalisation *f*, Entpersönlichung *f* (Paul Schilder) *(Psychologie)*

depersonalization neurosis (*pl* **neuroses)**
Depersonalisationsneurose *f*, Entpersönlichungsneurose *f*, neurotische Depersonalisation *f* (Paul Schilder) *(Psychologie)*

depersonalization syndrome
Depersonalisationssyndrom *n* *(Psychologie)*

depopulation (de-population)
Entvölkerung *f* *(Demographie)*

deportation
Ausweisung *f*, Deportation *f*, Verbannung *f*, Zwangsausweisung *f*, zwangsweise Ausweisung *f*, Landesverweisung *f*, Verweisung *f* des Landes

deportee
Ausgewiesene(r) *f(m)* (Deportierte(r) *f(m)*, des Landes Verwiesene(r) *f(m)*

depressed region (development area)
Notstandsgebiet *n*, Gegend *f* mit unterdurchschnittlichem Wohn- und Lebensstandard *(Sozialökologie)*

depression
Flaute *f*, Depression *f*, wirtschaftlicher Stillstand *m*, Baisse *f* *(Volkswirtschaftslehre)*

depressive disorder
depressive Störung *f* *(Psychologie)*

depressive neurosis (*pl* **neuroses)**
depressive Neurose *f*, neurotische Depression *f* *(Psychologie)*

deprivation-frustration-aggression hypothesis, *pl* **hypotheses (deprivation-frustration-aggression theory)**
Deprivations-Frustrations-Aggressions-Hypothese *f*, Deprivations-Frustrations-Aggressions-Theorie *f* *(Psychologie)*

deprivation question
Entzugsfrage *f*, Deprivationsfrage *f* *(Psychologie/empirische Sozialforschung)*

deprivation study (deprivation investigation)
Deprivationsstudie *f*, Deprivationsuntersuchung *f* *(Sozialpsychologie)*

deprived minority
entrechtete Minderheit *f*, unterprivilegierte Minderheit *f*, verarmte Minderheit *f* *(Soziologie)*

deprofessionalization
Deprofessionalisierung *f*, Entberuflichung *f* *(Organisationssoziologie)*

depth interview (free-response interview, free interview, focused interview, qualitative interview)
Tiefeninterview *n*, Tiefenbefragung *f*, Intensivinterview *n*, Intensivbefragung *f*, qualitatives Interview *n*, qualitative Befragung *f* *(Psychologie/empirische Sozialforschung)*

depth interviewing
Tiefeninterviewen *n*, Durchführung *f* von Tiefeninterviews *(Psychologie/empirische Sozialforschung)*

depth perception (three-dimensional perception)
dreidimensionale Wahrnehmung *f*, perspektivische Wahrnehmung *f*, dreidimensionale Perzeption *f*, perspektivische Perzeption *f*, Tiefenwahrnehmung *f*, räumliche Wahrnehmung *f* *(Psychologie)*

depth psychology
Tiefenpsychologie *f*

dereification (dereification)
Entreifizierung *f*, Entreifikation *f*

dereistic thinking
realitätsleugnendes autistisches Denken *n* *(Psychologie)*

derivated statistic (derivative measurement, derivative measure)
abgeleitete Maßzahl *f*, abgeleitete statistische Maßzahl *f* *(Statistik)*

derivation
Derivat *n*, Derivation *f* (Vilfredo Pareto) *(Theorie des Wissens)*

derivation of a generalized stochastic process
Ableitung *f*, Herleitung *f* eines verallgemeinerten stochastischen Prozesses

derivation (derivative)
Ableitung *f*, Herleitung *f*, abgeleitete Funktion *f*, Derivierte *f*, Abgeleitetes *n*, Hergeleitetes *n* *(Logik)*

derivative influence
abgeleiteter Einfluß *m*, indirekter Einfluß *m* *(Kommunikationsforschung)*

derivative penalization (*oft pl* **derivative penalizations) (H. Goldhammer and Edward A. Shils)**
abgeleitete Bestrafung *f*, indirekte Bestrafung *f*, abgeleitete Pönalisierung *f*, indirekte Pönalisierung *f* *(Kriminologie)*

derivative term
abgeleiteter Begriff *m*, abgeleiteter Terminus *m* *(Theorie des Wissens)*

derived goal
abgeleitetes Ziel *n* *(Organisationssoziologie)*
derived table
abgeleitete Tabelle *f* *(Statistik)*
descendant
Verwandter *m* in absteigender Linie *(Kulturanthropologie)*
vgl. ascendant
descending generation
Generation *f* in absteigender Linie (nachfolgende Generation *f* *(Kulturanthropologie)*
vgl. ascending generation
descending line
absteigende Linie *f*, absteigende Herkunftslinie *f*, absteigende Abstammungslinie *f* *(Kulturanthropologie)*
vgl. ascending line
descent
Abstammung *f*, Deszendenz *f*, Herkunft *f* (Kulturanthropologie)
descent group (descent unity, lineage group)
Abstammungsgruppe *f*, Gruppe *f* von Personen mit gemeinsamer Abstammung *(Kulturanthropologie)*
descent moiety
Abstammungs-Stammeshälfte *f*, Gemeinschaftshälfte *f* *(Kulturanthropologie)*
descent system
Abstammungssystem *n*, Herkunftssystem *n* *(Kulturanthropologie)*
descent theory (theory of descent)
Abstammungstheorie *f* *(Kulturanthropologie)*
deschooling (de-schooling)
Entschulung *f* (Ivan Illich) *(Sozialkritik)*
description
Deskription *f*, Beschreibung *f*
descriptive demography
deskriptive Bevölkerungsstatistik *f*, deskriptive Demographie *f*
descriptive hypothesis (*pl* hypotheses)
deskriptive Hypothese *f* *(Theorie des Wissens)*
descriptive linguistics *pl als sg konstruiert*
deskriptive Linguistik *f*
descriptive principle (principle of description)
deskriptives Prinzip *n*, deskriptiver Grundsatz *m*, Prinzip *n* der Deskription, Grundsatz *m* der Deskription *(Theorie des Wissens)*
descriptive rating scale
deskriptive Ratingskala *f*, deskriptive Bewertungsskala *f* *(empirische Sozialforschung)*
descriptive semantics *pl als sg konstruiert*
deskriptive Semantik *f*

descriptive statistical technique (descriptive statistical method)
deskriptives statistisches Verfahren *n*, deskriptive statistische Technik *f*, deskriptive statistische Methode *f*
descriptive statistics *pl als sg konstruiert*
deskriptive Statistik *f*, Deskriptivstatistik *f*, beschreibende Statistik *f*
descriptive structuralism
deskriptiver Strukturalismus *m* *(Soziologie)*
descriptive survey
deskriptive Umfrage *f*, deskriptive Befragung *f* *(Umfrageforschung)*
descriptive syntax
deskriptive Syntax *f* *(Linguistik)*
descriptive system
deskriptives Schema *n*, Beschreibungsschema *n*
descriptive term
deskriptiver Begriff *m*, deskriptiver Terminus *m*, beschreibender Begriff *m*, beschreibender Terminus *m* *(Theorie des Wissens)*
descriptive terminology
deskriptive Terminologie *f*, deskriptiver Begriffsapparat *m* *(Theoriebildung)*
descriptive theory
deskriptive Theorie *f*, beschreibende Theorie *f* *(Theoriebildung)*
vgl. analytical theory
descriptiveness
Anschaulichkeit *f*, Deskriptivität *f*
deseasonalized (deseasonalized, seasonally adjusted)
saisonbereinigt *adj* *(Statistik)*
deseasonalized time-series *sg + pl* **(deseasonalized series** *sg + pl***)**
saisonbereinigte Zeitreihe *f*, saisonbereinigte Reihe *f* *(Statistik)*
desecration
Entweihung *f*, Entheiligung *f*, Profanierung *f*, *(Religionssoziologie)*
desegregation
Desegregation *f*, Aufhebung *f* der Segregation *(Soziologie)*
desensitization (desensitizing)
Desensibilisierung *f*, Desensitivierung *f* *(Psychotherapie)*
desensitization in vivo
In-vivo-Desensibilisierung *f* *(Psychotherapie)*
deserter (family deserter)
Familiendeserteur *m*, Deserteur *m* *(Familiensoziologie)*
desertion (*colloq* poor man's divorce)
Desertion *f*, Familiendesertion *f* *(Soziologie)*

desexualization (de-sexualization, sexual detachment)
Desexualisierung *f (Psychologie)*

desideratum (*pl* desiderata)
Desiderat *n*, Desideratum *n*, Erwünschtes *n*, Erforderliches *n*, Erfordernis *n*

design effect (deff, Deff)
Anlageneffekt *m*, Effekt *m* der experimentellen Anlage, Versuchsanlageneffekt *m*, Testanlageneffekt *m (statistische Hypothesenprüfung)*

design equation
Anlagegleichung *f (statistische Hypothesenprüfung)*

design type O:PP
Typ *m* der O:PP-Anlage *(statistische Hypothesenprüfung)*

designation (designatory term, designatory meaning, designatum)
Designation *f*, Bezeichnung *f (Theorie des Wissens)*

designations analysis (content analysis, *pl* analyses, assertions analysis)
Inhaltsanalyse *f*, Aussagenanalyse *f*, Bedeutungsanalyse *f*, Content-Analyse *f*, Textanalyse *f*, Dokumentenanalyse *f (Kommunikationsforschung)*

desinterestedness (Robert K. Merton)
Uneigennützigkeit *f (Theorie des Wissens)*

desirability
Desirabilität *f*, Erwünschtheit *f (empirische Sozialforschung)*
→ social desirability

desire
Begehren *n*, Wunsch *m*, Verlangen *n (Psychologie)*

desired goal question (desired-goal question, leading question, loaded question, suggestive question)
Suggestivfrage *f*, suggestive Frage *f (Psychologie/empirische Sozialforschung)*

desk research (secondary research)
Sekundärforschung *f*, Schreibtischforschung *f*, Desk-Research *m (Sozialforschung)*
vgl. primary research

desk study (secondary study)
Sekundärstudie *f*, Schreibtischstudie *f (Sozialforschung)*
vgl. primary study

desocialization
Desozialisation *f*, Entsozialisation *f (Soziologie)*
vgl. socialization

desolation
Desolation *f (Soziologie des Alterns)*

despotic one-man rule
despotische Ein-Mann-Herrschaft *f (politische Wissenschaften)*

despotism
Despotismus *m*, Despotie *f (politische Wissenschaften)*

destination (target)
Destination *f*, Ziel *n* von Kommunikation *(Kommunikationsforschung)*

destratification
Destratifizierung *f*, Destratifikation *f*, Entschichtung *f (Soziologie)*

destructive inspection (destructive test)
destruktive Prüfung *f*, zerstörende Prüfung *f*, destruktive Inspektion *f*, zerstörende Inspektion *f (statistische Qualitätskontrolle)*

detachment
Ablösung *f (Psychoanalyse)*

detachment (desinterestedness, nonpartisanship)
Unvoreingenommenheit *f*, Urteilsdistanz *f*, Distanz *f* des Urteils, Überparteilichkeit *f (Theoriebildung)*

detachment of libido
Libidoablösung *f* (Sigmund Freud) *(Psychoanalyse)*

detailed interview (qualitative interview)
qualitatives Interview *n*, Tiefeninterview *n*, Intensivinterview *n (Psychologie/empirische Sozialforschung)*
vgl. quantitative interview

detailed interviewing (qualitative interviewing)
qualitative Befragung *f*, qualitative Umfrage *f*, qualitatives Interviewen *n (Psychologie/empirische Sozialforschung)*
vgl. quantitative interviewing

deterioration
1. Abbau *m*, Zerfall *m*) der Intelligenz *(Psychologie)*
2. Zerfall *m*, Zerfallen *n*, Herunterkommen *n* (von Wohnhäusern) *(Sozialökologie)*

deterioration index (ID) (*pl* indices *or* indexes, deterioration quotient)
Abbau-Index *m*, Zerfall-Index *m (Psychologie)*

determinant (*obsol* eliminant)
Determinante *f (Statistik)*

determinate event
gewisses Ereignis *n*, bestimmtes Ereignis *n (Wahrscheinlichkeitstheorie)*
vgl. indeterminate event

determinate experiment (Johan Galtung)
deterministisches Experiment *n*, determiniertes Experiment *n (experimentelle Anlage)*

determination
Determination *f*, Bestimmung *f*, Begriffsbestimmung *f*, Eingrenzung *f* *(Logik)*
determination coefficient (coefficient of determination (r²)
Bestimmtheitskoeffizient *m*, Bestimmtheitsmaß *n*, Determinationskoeffizient *m*, Koeffizient *m* der Bestimmtheit *(Statistik)*
determining tendency (Narziss K. Ach)
determinierende Tendenz *f*
determining variable (predicated variable)
(statistische Hypothesenprüfung)
Regressor *m*, vorgegebene Variable *f* *(statistische Hypothesenprüfung)*
determinism
Determinismus *m* *(Philosophie)*
vgl. probabilism, indeterminism
deterministic decision-making (decision-making under certainty)
Entscheidung *f* unter Sicherheit, deterministischer Fall *m* *(Entscheidungstheorie)*
deterministic distribution (degenerate distribution)
deterministische Verteilung *f*, Einpunktverteilung *f*, entartete Verteilung *f*, ausgeartete Verteilung *f*, uneigentliche Verteilung *f* *(Statistik)*
vgl. probabilistic distribution
deterministic model
deterministisches Modell *n* *(Theoriebildung)*
vgl. probabilistic model
deterministic process
deterministischer Prozeß *m* *(Stochastik)*
vgl. probabilistic process
deterministic system
deterministisches System *n*
vgl. probabilistic system
deterrence
Abschreckung *f*, Prävention *f*, Spezial-/Generalprävention *f* *(Kriminologie)*
deterrent punishment
Abschreckungsstrafe *f*, Präventivstrafe *f* *(Kriminologie)*
detour behavior (*brit* detour behaviour)
Umwegverhalten *n* *(Psychologie)*
detour problem (detour task, umweg problem)
Umwegproblem *n* *(Psychologie)*
detribalization
Stammesentfremdung *f*, Detribalisation *f*, Verlust *m* des Stammeszusammenhalts *(Kulturanthropologie)*
detrimental variable
schädliche Variable *f* *(statistische Hypothesenprüfung)*

Detroit automation
Detroit-Automatisierung *f* *(Volkswirtschaftslehre)*
deurbanization (de-urbanization)
Entstädterung *f*, De-Urbanisation *f* *(Sozialökologie)*
developing nation
Entwicklungsland *n* *(politische Wissenschaften)*
development
Entwicklung *f*
development anthropology
Entwicklungsanthropologie *f*
development bank
Entwicklungsbank *f* *(Volkswirtschaftslehre)*
development of personality (personality development)
Persönlichkeitsentwicklung *f*, Entwicklung *f* der Persönlichkeit *(Entwicklungspsychologie)*
development planning
Entwicklungsplanung *f*, Wirtschafts- und Sozialplanung *f* *(Volkswirtschaftslehre)*
development sequence (developmental sequence)
Entwicklungsreihe *f* *(Psychologie)*
development stage (developmental stage)
Entwicklungsphase *f*, Entwicklungsstufe *f*
developmental acceleration (acceleration)
Akzeleration *f*, Beschleunigung *f* *(Entwicklungspsychologie)*
developmental sociogram
Entwicklungssoziogramm *n* *(Soziometrie)*
developmental stage
Entwicklungsstufe *f*
developmentalism
Entwicklungsideologie *f*, Wachstumsideologie *f* *(Volkswirtschaftslehre)* *(Soziologie)*
deviance (deviant behavior, *brit* behaviour, deviancy, aberrant behavior, social deviancy)
abweichendes Verhalten *n*, Abweichung *f*, Devianz *f* *(Kriminalsoziologie)*
deviance (sum of squares, sum of squares about the mean, squariance)
Summe *f* der Abweichungsquadrate, Abweichung *f* *(Statistik)*
deviant (aberrant)
abweichend *adj*
deviant career
deviante Karriere *f*, Laufbahn *f* der Abweichung, Werdegang *m* des abweichenden Verhaltens *(Kriminalsoziologie)*
deviant need disposition (Talcott Parsons)
abweichende Bedürfnisdisposition *f* *(Sozialpsychologie)*

deviant norm
abweichende Norm *f* *(Kriminalsoziologie)*
deviant socialization (aberrant socialization)
abweichende Sozialisation *f*, Sozialisation *f* zu abweichenden Normen *(Kriminalsoziologie)*
deviant subculture
abweichende Subkultur *f*, deviante Subkultur *f* *(Kriminalsoziologie)*
deviant (deviate)
Deviant *m*, Person *f*, Gruppe *f*, die sich abweichend verhält *(Kriminalsoziologie)*
deviate
normierte Abweichung *f*, normierte Zufallsabweichung *f* *(Statistik)*
deviation from the mean
Abweichung *f* vom Mittelwert *(Statistik)*
devolution
Devolution *f*, Übertragung *f* von Rechten der Zentralgewalt auf föderale, regionale oder lokale Gewalten *(politische Wissenschaften)*
diachronic analysis (*pl* analyses, diachronic approach)
diachrone Analyse *f* *(empirische Sozialforschung)*
vgl. synchronic analysis
diachronic process
diachroner Prozeß *m*
vgl. synchronic process
diacritic(al) characteristic (diacritical sign)
Unterscheidungsmerkmal *n* (Siegfried F. Nadel) *(Gruppensoziologie)*
vgl. syncritic characteristic
diagnosis (*pl* diagnoses)
Diagnose *f*
diagonal cell
diagonale Zelle *f*, diagonales Feld *n* *(Statistik)*
diagonal line (diagonal)
Diagonale *f* *(Mathematik/Statistik)*
diagonal regression
Diagonal-Regression *f*, diagonale Regression *f* *(Statistik)*
diagonal relationship
diagonale Beziehung *f* *(Soziologie)*
diagram (graph, chart, plot)
Diagramm *n*, Schaubild *n*, Graphik *f*, graphische Darstellung *f* *(graphische Darstellung)*
diagram map
Diagramm-Landkarte *f*, Diagrammkarte *f*
diagrammatic representation
diagrammatische Darstellung *f*, Darstellung *f* im Diagramm *(graphische Darstellung)*
dialect
Dialekt *m* *(Linguistik)*

dialectical materialism
dialektischer Materialismus *m* *(Philosophie)*
dialectics (*pl als sg* konstruiert, dialectic)
Dialektik *f* *(Philosophie)*
dialectics of enlightenment *pl als sg* konstruiert **(dialectic of enlightenment)**
Dialektik *f* der Aufklärung *(Philosophie)*
dialectology
Mundartforschung *f*, Dialektologie *f* *(Linguistik)*
dialogue question
Dialogfrage *f* *(empirische Sozialforschung)*
diameter analysis (diameter method, complete linkage, farthest neighbor analysis, *brit* **farthest neighbour analysis, furthest neighbor analysis,** *brit* **furthest neighbour analysis,** *pl* **analyses)**
Complete Linkage *f*, Complete Linkage-Methode *f*, Complete-Linkage-Verfahren *n*, vollständige Verknüpfung *f*, Maximum-Distanz-Verfahren *n* *(Clusteranalyse)*
diametric dualism
diametrischer Dualismus *m* (Claude Lévi-Strauss) *(Kulturanthropologie)*
diarchy
Diarchie *f*, Doppelherrschaft *f* *(politische Wissenschaften)*
diary
Tagebuch *n* *(empirische Sozialforschung)*
diary method (diary technique, diary research, diary keeping method, diary keeping technique, diary keeping)
Tagebuchmethode *f* *(empirische Sozialforschung)*
diaspora
Diaspora *f*, Streugemeinde *f* *(Sozialökologie)*
diastase
Diastase *f*, Polarisierung *f*, polarisierte Beziehung *f* *(Soziologie)*
dichotomization
Dichotomisierung *f*
to dichotomize
dichotomisieren *v/t*
dichotomous
dichotom *adj*
dichotomous items *pl*
dichotome Vorgaben *f/pl*, dichotome Antwortvorgaben *f/pl*, dichotome Items *m/pl* *(Psychologie/empirische Sozialforschung)*
dichotomous population (dichotomous statistical population)
dichotome Grundgesamtheit *f*, dichotomisierte Grundgesamtheit *f* *(Statistik)*

dichotomous question (alternative question)
Alternativfrage *f*, Ja-Nein-Frage *f*,
dichotome Frage *f* *(empirische
Sozialforschung)*
**dichotomous response (dichotomous
answer, quantal response, quantal
reaction, dichotomous reaction))**
Alternativantwort *f*, alternative
Antwortvorgabe *f*, Ja-Nein-Antwort *f*,
dichotome Antwort *f* *(empirische
Sozialforschung)*
dichotomous system
dichotomes System *n*
dichotomous variable (two-point variable)
dichotome Variable *f*, dichotome
Veränderliche *f* *(statistische
Hypothesenprüfung) (empirische
Sozialforschung)*
dichotonomously distributed data *pl*
(quantal data *pl***)**
Alternativdaten *n/pl*, alternative
Daten *n/pl*, Alternativantwortdaten *n/pl*
(Psychologie/empirische Sozialforschung)
dichotomy
Dichotomie *f*, Zweiteilung *f*
(Mathematik/Statistik)
dictatorship
Diktatur *f* *(politische Wissenschaft)*
dictatorship of the proletariat
Diktatur *f* des Proletariats
diet parliament (parliamentary assembly)
Landtag *m*, Reichstag *m*, Parlament *n*,
parlamentarische Versammlung *f*
(politische Wissenschaften)
difference estimate
Differenzschätzung *f*, Differenzschätzwert *m* *(Statistik)*
difference estimation
Differenzschätzung *f*, Vorgang *m* des
Differenzschätzens *(Statistik)*
difference method (distance method)
Differenzmethode *f*, Differenzenmethode *f*, Student-Andersonsche
Differenzenmethode *f* *(Statistik)*
**difference reveal method (difference reveal
technique)**
Widerspruchsdiskussionstechnik *f*
(Psychologie/empirische Sozialforschung)
vgl. consensus technique
difference sign test
Vorzeichen-Differenztest *m* *(statistische
Hypothesenprüfung)*
difference test
Differenztest *m* *(Statistik)*
**difference threshold (differential threshold,
liminal difference, just noticeable
difference) (JND)**
Unterschiedsschwelle *f*, eben merklicher
Unterschied *m* *(Psychologie)*

differentiability of stochastic processes
Differenzierbarkeit *f* stochastischer
Prozesse
differential accuracy
Differenzierungsvermögen *n*, Genauigkeit *f* des Differenzierungsvermögens
(Psychologie)
**Differential Aptitude Test (DAT)
(differential aptitude test)**
differentieller Eignungstest *m*
(Psychologie)
**differential association (Edwin H.
Sutherland)**
differentielle Assoziation *f*
(Kriminologie)
**differential association hypothesis of crime
(differential association theory of crime)
(Edwin H. Sutherland)**
Hypothese *f* der differentiellen
Kontakte, Hypothese *f*, Theorie der
differentiellen Assoziation *(Kriminologie)*
differential birth rate
gruppenspezifische Geburtenziffer *f*,
gruppenspezifische Geburtenrate *f*
(Demographie)
differential calculus
Differentialrechnung *f* *(Mathematik/Statistik)*
differential classical conditioning
differentielle klassische Konditionierung *f* *(Verhaltensforschung)*
differential divorce rate
gruppenspezifische Scheidungsrate *f*
(Demographie)
differential fecundity
gruppenspezifische Reproduktionsziffer *f*,
gruppenspezifische Reproduktionsfähigkeit *f* *(Demographie)*
differential equation of Kolmogorov
Kolmogorovsche Differentialgleichung *f*
(Statistik)
differential fertility
gruppenspezifische Fruchtbarkeit *f*,
gruppenspezifische Fruchtbarkeitsziffer *f*
(Demographie)
differential game of pursuit
Differential-Verfolgungsspiel *n*
(Spieltheorie)
differential group organization
differentielle Gruppenorganisation *f*
(Kriminologie)
**differential group organization hypothesis
of crime (Daniel Glaser)**
Hypothese *f* von der differentiellen
Gruppenorganisation, Theorie *f* der
differentiellen Gruppenorganisation,
Hypothese *f* der differentiellen Gruppenorganisation als Verbrechensursache
(Kriminologie)

differential impact (differential sensitivity, statistical interaction, specification, conditional relationship, nonadditivity of effects)
statistische Interaktion *f*

differential inhibition
Differenzierungshemmung *f*, differenzierende Hemmung *f* *(Verhaltensforschung)*

differential instrumental conditioning
differentielle instrumentelle Konditionierung *f* *(Verhaltensforschung)*

differential limen (DL) (*pl* limens *or* limina, differential threshold)
Grenzwert *m*, Liminalwert *m*, Unterschiedsschwelle *f* *(Psychophysik)*

differential migration (selective migration)
selektive Migration *f*, selektive Wanderung *f* *(Mobilitätsforschung)*

differential mortality
gruppenspezifische Sterblichkeit *f*, gruppenspezifische Sterbeziffer *f*, gruppenspezifische Sterberate *f* *(Demographie)*

differential natality
gruppenspezifische Geburtenhäufigkeit *f* *(Demographie)*

differential nuptiality
gruppenspezifische Zahl *f* der Eheschließungen *(Demographie)*

differential occupational mobility (differential mobility)
gruppenspezifische Berufsmobilität *f*, differentielle Berufsmobilität *f*

differential operant conditioning
differentielle operante Konditionierung *f* *(Verhaltensforschung)*

differential process (additive process, random walk process, process with independent increments)
Differentialprozeß *m*, additiver Prozeß *m*, Random-Walk-Prozeß *m*, additiver Zufallsprozeß *m* *(Stochastik)*

differential psychology (variational psychology)
differentielle Psychologie *f*

differential reaction (differential response)
differentielle Reaktion *f*, unterschiedliche Reaktion *f* *(Verhaltensforschung)*

differential reinforcement
differentielle Verstärkung *f* *(Verhaltensforschung)*

differential reproduction
gruppenspezifische Reproduktion *f*, differentielle Reproduktion *f* *(Demographie)*

differential scale (Thurstone scale, equal appearing interval scale)
Differentialskala *f*, differentielle Rangordnungsskala *f*, differentielle Ratingskala *f*, Thurstone-Skala *f*, Skala *f* der gleich erscheinenden Intervalle *(Statistik) (empirische Sozialforschung)*

differential sensibility
Unterschiedssensibilität *f* *(Verhaltensforschung)*

differential social mobility (differential mobility)
differentielle soziale Mobilität *f*, gruppenspezifische Mobilität *f*, spezifische Mobilität *f* einer bestimmten sozialen Schicht

differential status assumption
differentielle Statushypothese *f*, Hypothese *f*, Annahme *f*, Theorie *f* der Statusdifferenzierung *(Soziologie)*

differential validity
differentielle Validität *f*, differentielle Gültigkeit *f* *(statistische Hypothesenprüfung)*

differentiation
Differenzierung *f*, Unterscheidung *f*

differentiation of life space
Differenzierung *f* des Lebensraums (Kurt Lewin) *(Feldtheorie)*

differentiation theory of perceptual development
Differenzierungstheorie *f* der Wahrnehmungsentwicklung, der Entwicklung des Wahrnehmungsvermögens *(Psychologie)*

diffuse sanction (informal sanction, unorganized sanction, *brit* unorganised sanction)
informale Sanktion *f*, informelle Sanktion *f* *(Soziologie)*
vgl. formal sanction

diffuse selection
diffuse Auswahl *f*, diffuse Stichprobenbildung *f*, diffuses Stichprobenverfahren *n* *(Statistik)*

diffuse socialization
diffuse Sozialisation *f*, informelle Sozialisation *f* *(Soziologie)*

diffuse solidarity (Talcott Parsons)
diffuse Solidarität *f* *(Theorie des Handelns)*

diffuseness (Talcott Parsons)
Diffusität *f* *(Theorie des Handelns)*

diffuseness – specificity (Talcott Parsons)
Diffusität – Spezifizität *f* *(Theorie des Handelns)*

diffusion
Diffusion *f* *(Kulturanthropologie) (Soziologie)*

diffusion coefficient (coefficient of diffusion)
Diffusionskoeffizient f (Statistik)
diffusion of information (information diffusion)
Informationsdiffusion f (Kommunikationsforschung)
diffusion process
Diffusionsprozeß m, Prozeß m der Diffusion (Kulturanthropologie) (Soziologie)
diffusionism
Diffusionismus m (Kulturanthropologie) (Soziologie)
diffusionist anthropology (diffusionism)
diffusionistische Anthropologie f, diffusionistisch orientierte Anthropologie f
digit
Digitalzahl f, Ziffer f
digit-span test
Zahlennachsprechtest m (Psychologie)
digit-symbol test
Zahlen-Symbol-Test m (Psychologie)
digital-analog conversion
Digital-Analog Umsetzung, D/A-Umsetzung f
digital computation
digitales Rechnen n
digital computer
Digitalrechner m, Digitalcomputer m, digitale Rechenanlage f
digital data pl
digitale Daten n/pl, Digitaldaten n/pl
digital data processing
digitale Datenverarbeitung f
digital data processor
digitales Datenverarbeitungssystem n, digitales Rechensystem n
digitalization
Digitalisierung f
diglossia
Diglossie f (Linguistik)
dimension
Dimension f, Ausmaß n, Maß n, Grad m
dimension (order, magnitude)
Größenordnung f, Größe f, Umfang m
dimensional psychology (W. Stern)
Dimensionslehre f, Dimensionspsychologie f
Dionysian culture (Ruth Benedict)
dionysische Kultur f (Kulturanthropologie)
vgl. Apollonian culture
diplomacy
1. Diplomatie f
2. diplomatisches Vorgehen n, diplomatisches Verhalten n

dipsomania
Dipsomanie f, periodisch auftretende Trunksucht f (Psychologie)
direct access
direkter Zugriff m, wahlfreier Zugriff m (EDV)
direct-access device
Direktzugriffsgerät n (EDV)
direct-access file
Direktzugriffsdatei f, Großspeicherdatei f (EDV)
direct-access method
Direktzugriffsmethode f, Direktzugriffsverfahren n (EDV)
direct action
direkte Aktion f (Soziologie)
direct aggression
direkte Aggression f, Aggression f gegen das frustrationerzeugende Objekt f (Psychoanalyse)
direct candidate (brit burgess)
Wahlkreisabgeordneter m, Wahlbezirksabgeordneter m (politische Wissenschaften)
direct conflict
direkter Konflikt m, unvermittelter Konflikt m, unmittelbarer Konflikt m (Soziologie)
vgl. indirect conflict
direct contact
unmittelbarer Kontakt m, direkter Kontakt m, unvermittelter Kontakt m, Kontakt m von Angesicht zu Angesicht (Soziologie)
vgl. indirect contact
direct-contact group (primary group, face-to-face group, group with presence, with-presence group)
Primärgruppe f, Gruppe f mit direktem persönlichem Kontakt (Gruppensoziologie)
vgl. secondary group
direct cooperation (direct co-operation)
unmittelbare Zusammenarbeit f, unmittelbare Kooperation f, direkte Zusammenarbeit f, direkte Kooperation f (Soziologie)
vgl. indirect cooperation
direct democracy
direkte Demokratie f, unmittelbare Demokratie f (politische Wissenschaften)
direct election
unmittelbare Wahl f, Direktwahl f, direkte Wahl f (politische Wissenschaften)
vgl. indirect election

direct initiative
Direktinitiative f, direkte Volksbefragung f, direktes Referendum n
(politische Wissenschaften)
vgl. indirect initiative
direct leadership
unmittelbare Führerschaft f,
unmittelbare Führung f, direkte
Führerschaft f, direkte Führung f
(Organisationssoziologie)
vgl. indirect leadership
direct legislation
Direktgesetzgebung f, unmittelbare
Gesetzgebung f (politische Wissenschaft)
direct lineage (direct linage)
direkte Abstammung f, unmittelbare
Abstammung f, lineare Abstammung f
(Kulturanthropologie)
direct line
direkte Linie f, direkte Abstammungslinie f, unmittelbare Abstammungslinie f
(Kulturanthropologie)
direct lineage group (direct linage group)
unmittelbare Abstammungsgruppe f,
direkte Abstammungsgruppe f, Gruppe f
von Verwandten in der Hauptlinie
(Kulturanthropologie)
direct lineage (direct linage)
unmittelbare Abstammung f, direkte
Abstammung f, Abstammung f,
Herkunft f in der Hauptlinie
(Kulturanthropologie)
direct party (Maurice Duverger)
direkte Partei f, direkte politische
Partei f (politische Wissenschaften)
vgl. indirect party
direct question
direkte Frage f (Psychologie/empirische
Sozialforschung)
vgl. indirect question
direct sampling (unitary sampling)
direkte Auswahl f, direkte
Stichprobenentnahme f (Statistik)
vgl. indirect sampling
direct work (direct job, direct labor, brit labour)
unmittelbare Arbeit f, direkte
Arbeit f, Arbeit f am Produkt,
unmittelbar zum Produkt bezogene
Arbeit f, produktbezogene Arbeit f
(Industriesoziologie)
vgl. indirect work
directed career (Joseph R. Gusfield)
zielgerichtete Karriere f, zielgerichtete
Laufbahn f (Industriesoziologie)
vgl. undirected career
directed change
gelenkter Wandel m, geplanter
Wandel m
vgl. undirected change

directed cooperation
gelenkte Zusammenarbeit f, gelenkte
Kooperation f
vgl. undirected cooperation
directed cultural change
gelenkter kultureller Wandel m,
geplanter kultureller Wandel m
(Kulturanthropologie)
vgl. undirected cultural change
directed graph
gerichteter Graph m (Mathematik/Statistik) (Soziometrie)
vgl. undirected graph
directedness (goal directedness, goal orientation)
Zielgerichtetheit f, Gerichtetheit f
(Entscheidungstheorie) (Soziologie)
direction
Richtung f
directional test (one-directional test, one-tailed test, one-tail test, one-sided test, single-tail test)
einseitiger Test m, Ein-Segment-Test m,
Test m mit einem Segment, Test m
mit nur einem Segment (statistische
Hypothesenprüfung)
vgl. two-tailed test
directive
Direktive f, Anweisung f, Weisung f,
Verhaltensregel f
directive interview
direktives Interview n, Direktivinterview n (empirische Sozialforschung)
director
Regisseur f (im Psychodrama),
Versuchsleiter m, Leiter m
(Psychotherapie)
Dirichlet distribution
Dirichlet-Verteilung f, Dirichletsche
Verteilung f (Statistik)
disability
Unvermögen n, Unfähigkeit f
(Psychologie)
disability rate
Krankhaftigkeit f, Kränklichkeit f
(Arbeitssoziologie)
disaggregation
Disaggregation f, Auflösung f (in seine
Bestandteile)
disappearing differences pl
verschwindende Unterschiede m/pl
(Psychophysik)
disapproval
Mißbilligung f
disarmament
Abrüstung f
disarranged sentence test
Satzordnungstest m, Satzordnen n,
Wortsalattest m (Psychologie)

disarray
Unordnung *f (Statistik)*
disaster study
Katastrophenstudie *f*, Katastrophenuntersuchung *f*
disaster syndrome
Katastrophensyndrom *n*
disaster (catastrophy)
Katastrophe *f*, Desaster *n*
discharge (drive discharge)
Triebentladung *f*, Entladung *f (Psychologie)*
discipline
1. Disziplin *f*, Zucht *f*
2. Disziplin *f*, Fachgebiet *n*
discomfort-relief quotient (DRQ)
Unbehagen-Erleichterung Quotient *m (Psychologie)*
discontent
Unzufriedenheit *f*, Mißvergnügen *n*
discontinuity
Diskontinuität *f*, Unstetigkeit *f*
vgl. continuity
discontinuity theory of learning
Unstetigkeitstheorie *f* des Lernens *(Psychologie)*
discontinuous diffusion
unstetige Diffusion *f*, diskontinuierliche Diffusion *f (Kulturanthropologie)*
vgl. continuous diffusion
discordance
Diskordanz *f (Statistik) (Soziologie)*
discordant sample
diskordante Stichprobe *f* nach Pitman *(Statistik)*
discordant value (outlier (out-lier, wild variation, wild shot, maverick, sport, straggler)
Ausreißer *m (Statistik)*
discourse analysis (conversation analysis (conversational analysis, *pl* analyses)
Unterhaltungsanalyse *f*, Konversationsanalyse *f (Ethnomethodologie) (Kommunikationsforschung)*
discourse (text, message)
Diskurs *m*, Text *m (Soziolinguistik)*
discovery
Entdeckung *f*, Erfindung *f (Kulturanthropologie)*
vgl. invention
discovery complex (H. S. Harrison)
Entdeckungskomplex *m*, Erfindungskomplex *m (Theorie des Wissens)*
discrepance (discrepancy error sum of squares, residual sum of squares)
Restsumme *f* der Abweichungsquadrate *(Statistik)*

discrete approach (of explanation) (discrete explanation)
unstetiger Erklärungsansatz *m (empirische Sozialforschung)*
discrete category (single category)
Einzelkategorie *f*, diskrete Kategorie *f*, unstetige Kategorie *f (Theoriebildung)*
discrete category system (single category system)
Einzelkategoriensystem *n*, System *n* von Einzelkategorien, unstetiges Kategoriensystem *n (Theoriebildung)*
discrete data *pl* (discontinuous data *pl*)
diskrete Daten *n/pl*, unstetige Daten *n/pl*
vgl. continuous data
discrete distribution (discontinuous distribution)
diskrete Verteilung *f*, unstetige Verteilung *f (Statistik)*
vgl. continuous distribution
discrete normal distribution (discontinuous normal distribution)
diskrete Normalverteilung *f*, unstetige Normalverteilung *f (Statistik)*
vgl. continuous normal distribution
discrete Pareto distribution
diskrete Pareto-Verteilung *f (Statistik)*
vgl. continuous Pareto distribution
discrete population (discontinuous population)
diskrete Grundgesamtheit *f*, unstetige Grundgesamtheit *f (Statistik)*
vgl. continuous population
discrete probability distribution
diskrete Wahrscheinlichkeitsverteilung *f*, unstetige Wahrscheinlichkeitsverteilung *f (Statistik)*
vgl. continuous probability distribution
discrete probability law (discontinuous probability law)
diskretes Wahrscheinlichkeitsgesetz *n*, unstetiges Wahrscheinlichkeitsgesetz *n*
vgl. continuous probability law
discrete process (discontinuous process)
diskreter Prozeß *m*, diskreter stochastischer Prozeß *m*, unstetiger Prozeß *m (Stochastik)*
vgl. continuous process
discrete programming (integer programming)
ganzzahlige Programmierung *f*, Ganzzahlprogrammierung *f*, Ganzzahlplanungsrechnung *f (EDV)*
discrete random variable (discontinuous random variable)
unstetige Zufallsvariable *f*, unstetige Zufallsgröße *f*, diskrete Zufallsvariable *f*, diskrete Zufallsgröße *f (Statistik)*
vgl. continuous random variable

discrete random vector (discontinuous random vector)
diskreter zufälliger Vektor *m*, diskreter Zufallsvektor *m*, unstetiger zufälliger Vektor *m*, unstetiger Zufallsvektor *m* *(Wahrscheinlichkeitstheorie)*
vgl. continuous random vector

discrete rectangular distribution (discontinuous rectangular distribution)
diskrete rechteckige Verteilung *f*, unstetige rechteckige Verteilung *f* *(Statistik)*
vgl. continuous rectangular distribution

discrete scale (discontinuous scale)
diskrete Skala *f*, unstetige Skala *f*
vgl. continuous scale

discrete series *sg* + *pl* **(discontinuous series** *sg* + *pl***)**
diskrete Reihe *f*, unstetige Reihe *f* *(Statistik)*
vgl. continuous scale

discrete state system (D-S system)
diskretes Zustandssystem *n*, D-S-System *n* *(Stochastik)*

discrete uniform distribution (discontinuous uniform distribution)
diskrete gleichmäßige Verteilung *f* *(Statistik)*
vgl. continuous uniform distribution

discrete variable (discontinuous variable)
diskrete Variable *f*, unstetige Variable *f* *(Statistik)*
vgl. continuous variable

discrete variate (discontinuous variate)
diskrete Zufallsgröße *f*, unstetige Zufallsgröße *f* *(Statistik)*
vgl. continuous variate

discrete variate (discontinuous variate)
unstetige Zufallsgröße *f*, diskrete Zufallsgröße *f* *(Statistik)*
vgl. continuous variate

discretionary decision making (discretionary decision-making)
Treffen *n* von Ermessensentscheidungen *(Entscheidungstheorie)*

discretionary income (George Katona) (disposable income, discretionary fund, open-to-buy amount, OTB amount)
verfügbares Einkommen *n* *(Volkswirtschaftslehre)*

discretionary purchasing power (discretionary buying power, discretionary spending power)
verfügbare Kaufkraft *f* *(Volkswirtschaftslehre)*

discretionary time (free time)
frei verfügbare Zeit *f*, freie Zeit *f* *(Soziologie)*

discriminal dispersion
Unterscheidungsstreuung *f*, Unterschiedsstreuung *f* *(Psychometrie)*

discriminant analysis (discriminatory analysis)
Diskriminanzanalyse *f*, diskriminante Analyse *f*, Trennverfahren *n* *(Statistik)*

discriminant coefficient
Diskriminanzkoeffizient *m* *(Statistik)*

discriminant function (discriminatory function, discriminator)
Diskriminanzfunktion *f*, diskriminante Funktion *f*, Trennfunktion *f*, Entscheidungsfunktion *f* *(Statistik)*

discriminant validation (discriminatory validation)
Diskriminanzvalidierung *f*, diskriminante Validierung *f* *(statistische Hypothesenprüfung)*

discriminant validity (discriminatory validity)
Diskriminanzvalidität *f*, diskriminante Validität *f*, Diskriminanzgültigkeit *f*, diskriminante Gültigkeit *f* *(statistische Hypothesenprüfung)*

discriminating power (of a test) (power of a test)
Trennschärfe *f*, Güte *f*, Macht *f* (eines Tests) *(statistische Hypothesenprüfung)*

discriminating power
Unterscheidungstrennschärfe *f* *(Psychometrie)*

discriminating range
Unterscheidungsspanne *f* *(Psychometrie)*

discrimination
Unterscheidungsvermögen *n*, Diskriminationsvermögen *n* *(Verhaltensforschung)*

discrimination (ethnical, racial, sexual etc. discrimination)
Diskriminierung *f*, ethnische, rassische, geschlechtliche etc. Ungleichbehandlung *f*

discrimination learning (discrimination training, stimulus discrimination, stimulus control, discrimination conditioning)
Unterscheidungslernen *n*, Diskriminationstraining *n* *(Verhaltensforschung)*

discrimination (sensory discrimination, discriminal process)
Unterscheidung *f*, Unterschied *m* *(Psychologie)* *(statistische Hypothesenprüfung)*

discriminative stimulus (SD, S^D), *pl* **stimuli**
diskriminierender Reiz *m*, differenzierender Reiz *m*, Unterscheidungsreiz *m*, diskriminierender Stimulus *m*, differenzierender Stimulus *m*, Unterscheidungsstimulus *m*, Schlüsselreiz *m*, Zielanreiz *m*,

Hinweisreiz *m*, Hinweis *m*,
Anhaltspunkt *m* *(Verhaltensforschung)*
disembodied message (Erving Goffmann)
körperlose Botschaft *f*, unverkörperte
Botschaft *f* *(Soziologie)* *(Kommunikationsforschung)*
vgl. embodied message
disenchantment
Entzauberung *f* (Max Weber)
(Soziologie)
disengagement
Disengagement *n* *(politische
Wissenschaften)* *(Psychologie)*
disengagement theory of ageing
Disengagementtheorie *f* *(Soziologie des
Alterns)*
vgl. engagement theory of ageing
**disequilibrium (*pl* disequilibriums *or*
disequilibria)**
Ungleichgewicht *n* *(Soziologie)*
vgl. equilibrium
disguised unemployment
verschleierte Arbeitslosigkeit *f*,
verschleierte Unterbeschäftigung *f*
(Volkswirtschaftslehre)
dishabituation
Entwöhnung *f* *(Psychologie)*
vgl. habituation
disinhibition
Enthemmung *f*, Disinhibition *f*
(Psychologie)
vgl. inhibition
disinhibitory effect
enthemmende Wirkung *f*, enthemmender
Effekt *m* *(Psychologie)*
vgl. inhibitory effect
disintegration
Desintegration *f*, Zerfall *m*, Auflösung *f*
vgl. integration
**disintegration of culture (cultural
disintegration, culture disintegration)**
Kulturdesintegration *f*, kulturelle
Desintegration *f* *(Kulturanthropologie)*
disinterestedness (Walter Lippman)
Desinteresse *n*, Gleichgültigkeit *f*
disjoint decomposition of the certain event
disjunkte Zerlegung *f* des sicheren
Ereignisses *(Wahrscheinlichkeitstheorie)*
disjoint sets *pl*
disjunkte Mengen *f/pl* *(Mathematik/Statistik)*
disjunct events *pl*
disjunkte Ereignisse *n/pl*,
konträre Ereignisse *n/pl*, einander
ausschließende Ereignisse *n/pl*
(Wahrscheinlichkeitstheorie)
disjunction
Disjunktion *f* *(Logik)*
disk
Platte *f* *(EDV)*

disk capacity
Plattenkapazität *f* *(EDV)*
disk dataset
Plattenbestand *m* der Datenmenge
(EDV)
disk file
Plattendatei *f* *(EDV)*
disk storage
Plattenspeicher *m*, Magnetplattenspeicher *m* *(EDV)*
disk storage unit
Magnetplattengerät *n* *(EDV)*
disorderly career (Harold L. Wilensky)
ungeordnete Karriere *f*, regelwidrig
verlaufende Berufskarriere *f*,
unregelmäßige berufliche Karriere *f*
(Arbeitssoziologie)
disorganization (*brit* disorganisation)
Desorganisation *f*
disorganized area (*brit* disorganised area)
desorganisiertes Gebiet *n*, durch
Desorganisation gekennzeichnetes
Stadtgebiet *n* *(Sozialökologie)*
**disorganized behavior (*brit* disorganised
behaviour)**
unkoordiniertes Verhalten *n*
(Verhaltensforschung)
**disorganized hyperactivity (*brit*
disorganised hyperactivity)**
desorganisierte Hyperaktivität *f*,
Handlungszerfall *m* *(Psychologie)*
**disorganized neighborhood (*brit*
disorganised neighbourhood**
desorganisierte Nachbarschaft *f*
(Sozialökologie)
disorganized slum (*brit* disorganised slum)
desorganisierter Slum *m*, durch
Desorganisation gekennzeichneter
Slum *m* *(Sozialökologie)*
disorientation
Desorientiertheit *f*, Verwirrtsein *n*
(Psychologie)
disowning projection
verleugnende Projektion *f* *(Psychologie)*
disparate polyandry
ungleichartige Polyandrie *f*,
ungleichartige Vielmännerei *f*
(Kulturanthropologie)
disparate polygyny
ungleichartige Polygynie *f*, ungleichartige
Vielweiberei *f* *(Kulturanthropologie)*
disparity
Disparität *f*, Ungleichheit *f*
dispersed charisma (Edward A. Shils)
dispergiertes Charisma *n*, verstreutes
Charisma *n*
vgl. concentrated charisma
dispersed city
Streustadt *f* verstreute Stadt *f*
(Sozialökologie)

dispersed clan
verstreute Sippe *f*, durchsetzte Sippe *f*, verstreuter Clan *m*, durchsetzter Clan *m* *(Kulturanthropologie)*
dispersed farmstead
Einzelgehöft *n*, Einzelgut *n*, Einödhof *m* *(Landwirtschaft)*
dispersed kinship group (dispersed group)
verstreute Verwandtengruppe *f*, durchsetzte Verwandtengruppe *f* *(Kulturanthropologie)*
dispersed lineage
zerstreute Abstammung *f*, durchsetzte Abstammung *f* *(Kulturanthropologie)*
dispersed settlement (scattered settlement)
zerstreute Siedlung *f*, auseinandergerissene Siedlung *f* *(Sozialökologie)*
dispersion
Dispersion *f*, Streuung *f* *(Statistik)*
dispersion matrix (*pl* matrices *or* matrixes)
Streuungsmatrix *f*, Dispersionsmatrix *m* *(Statistik)*
dispersion parameter (parameter of dispersion)
Streuungsparameter *m*, Dispersionsparameter *m* *(Statistik)*
dispersion stabilizing transformation
streuungsstabilisierende Transformation *f* *(Statistik)*
dispersion (scatter, spread)
Streuung *f* *(Statistik)*
displaced aggression (deflected aggression, displaced hostility, deflected hostility)
verdrängte Aggression *f*, verdrängte Aggressivität *f* *(Psychologie)*
displaced person (DP) (expellee)
Heimatvertriebener *m*, Vertriebener *m* *(Migration)*
displacement
Vertreibung *f*, Verschleppung *f*, Vertreibung *f* *(Migration)*
displacement activity (sparking over activity, sparking over activity, irrelevant activity)
Übersprunghandlung *f* *(Verhaltensforschung)*
displacement of affect (affective transformation)
Affektverschiebung *f*, Affektverdrängung *f* *(Psychoanalyse)*
displacement (deflection)
Verdrängung *f*, Verschiebung *f* *(Psychologie) (Verhaltensforschung) (Psychoanalyse) (Sozialökologie)*
displacement pattern (deflection pattern)
Verdrängungsmuster *n*, Verschiebungsmuster *n* *(Psychoanalyse)*
display behavior (*brit* display behaviour)
Imponiergehabe *n*, Imponiergebaren *n* *(Verhaltensforschung)*

disposable income (discretionary fund, discretionary income, open-to-buy amount, OTB amount)
verfügbares Einkommen *n* *(Volkswirtschaftslehre)*
disposition (set)
Disposition *f*, Anlage *f* *(Psychologie)*
disproportionate allocation (disproportional allocation of a sample), disproportionate sample allocation, disproportionale sample allocation)
disproportionale Aufteilung *f* einer Stichprobe auf Schichten *(Statistik)*
disproportionate sampling (disproportional sampling)
disproportionale Schichtauswahl *f*, disproportionales geschichtetes Auswahlverfahren *n* *(Statistik)*
disproportionate stratified sample (disproportional stratified sample)
disproportional geschichtete Auswahl *f*, disproportional geschichtete Stichprobe *f* *(Statistik)*
disproportionate stratified sampling (disproportional stratified sampling)
disproportional geschichtetes Auswahlverfahren *n*, disproportional geschichtete Stichprobenbildung *f* *(Statistik)*
disproportionate subclass numbers *pl* (disproportional sub-class numbers *pl*)
disproportionale Untergruppenbesetzung *f*, disproportionale Unterklassenbesetzung *f* *(Statistik)*
to disprove
widerlegen *v/t*
dispute over methodology
Methodenstreit *m* *(Theorie des Wissens)*
dissection of heterogeneous distributions
Zerlegung *f* von Mischverteilungen *(Statistik)*
dissensus
Dissens *m*
vgl. consensus
dissimilarity
Unähnlichkeit *f* *(Statistik)*
vgl. similarity
dissimilarity coefficient (coefficient of dissimilarity)
Unähnlichkeitskoeffizient *m* *(Statistik/Clusteranalyse)*
dissimilarity matrix (*pl* matrixes *or* matrices)
Unähnlichkeitsmatrix *f* *(Statistik)*
vgl. similarity matrix
dissipative measurable transformation
dissipative meßbare Transformation *f* *(Stochastik)*

dissociation
Dissoziierung *f* *(Psychologie)*
(Soziologie)
vgl. association
dissociative attitude
ungesellige Einstellung *f*, dissoziative
Haltung *f*, ungesellige Einstellung *f*,
ungesellige Haltung *f* *(Soziologie)*
vgl. associative attitude
dissociative reaction
ungesellige Reaktion *f*, dissoziative
Reaktion *f* *(Soziologie)*
vgl. associative reaction
dissolved marriage
aufgelöste Ehe *f*, geschiedene Ehe *f*
(Soziologie)
dissonance
Dissonanz *f* *(Sozialpsychologie)*
(Einstellungsforschung)
vgl. consonance
dissonance reduction (Leon Festinger)
Dissonanzreduktion *f*, Verringerung *f*
von Dissonanz *(Psychologie)*
dissonance theory
Dissonanztheorie *f* *(Sozialpsychologie)*
dissuasion
Abraten *n*, Abbringen *n* (von)
(Kommunikationsforschung)
vgl. persuasion
dissymmetry (asymmetry)
Asymmetrie *f* *(Statistik)*
vgl. symmetry
distal cue
distaler Schlüsselreiz *m*, distaler
Hinweisreiz *m*, körperferner
Schlüsselreiz *m*, körperferner
Hinweisreiz *m* *(Verhaltensforschung)*
vgl. proximal cue
distal effect
distale Wirkung *f*, körperferne
Wirkung *f* *(Verhaltensforschung)*
vgl. proximal effect
distal object
distales Objekt *n*, körperfernes Objekt *n*
(Verhaltensforschung)
vgl. proximal object
distal stimulus (*pl* stimuli)
distaler Reiz *m*, distaler Stimulus *m*,
körperferner Reiz *m*, körperferner
Stimulus *m* *(Verhaltensforschung)*
vgl. proximal stimulus
distal variable
distale Variable *f*, körperferne Variable *f*
(Psychologie)
vgl. proximal variable
distance
Distanz *f*, Abstand *m* *(Mathematik/Statistik)*

distance cluster analysis (Charles H. Osgood)
Distanz-Cluster-Analyse *f* *(empirische Sozialforschung)*
distance model (Clyde H. Coombs)
Distanzmodell *n* *(Skalierung)* *(empirische Sozialforschung)*
distance rating (Clyde H. Coombs)
Distanzrating *n* *(Skalierung)* *(empirische Sozialforschung)*
distant relative
entfernte(r) Verwandte(r) *f(m)*
(Familiensoziologie)
distortion of communication (communication distortion)
Kommunikationsverzerrung *f*,
Entstellung *f* der Kommunikation (im
Verlauf des Kommunikationsprozesses)
(Kommunikationsforschung)
distributed lag
verteilte Nachwirkung *f*, verteiltes
Nachwirken *n* *(statistische Hypothesenprüfung)*
distributed leadership
verteilte Führung *f*, auf mehrere
Personen aufgeteilte Führung *f*
(Organisationssoziologie)
distributed practice (spaced practice, *brit* practise, spaced learning, spaced trials *pl*)
verteilte Übung *f*, verteiltes Lernen *n*
(Verhaltensforschung)
distribution
Verteilung *f* *(Soziologie)* *(Statistik)*
distribution curve
Verteilungskurve *f* *(Statistik)*
distribution-free decision-making (decision-making under uncertainty)
Entscheidung *f* unter Unsicherheit,
verteilungsfreier Fall *m* *(Entscheidungstheorie)*
distribution-free test
verteilungsfreier Test *m*, verteilungsunabhängiger Test *m*, nichtparametrischer
Test *m*, nonparametrischer Test *m*
(statistische Hypothesenprüfung)
distribution function
Verteilungsfunktion *f* *(Statistik)*
distribution function of a random variable
Verteilungsfunktion *f* einer
Zufallsvariablen *(Statistik)*
distribution function of a random vector
Verteilungsfunktion *f* eines zufälligen
Vektors *(Statistik)*
distribution law of a random variable
Verteilungsgesetz *n* einer
Zufallsvariablen *(Statistik)*
distribution of extreme values
Extremwertverteilung *f*, Verteilung *f* der
Extremwerte *(Statistik)*

distribution of income (income distribution)
Einkommensverteilung *f* *(Volkswirtschaftslehre)*
distribution of power (power distribution)
Machtverteilung *f* *(Organisationssoziologie) (politische Wissenschaft)*
distribution type (type of distribution)
Verteilungstyp *m* *(Statistik)*
distribution-free
verteilungsfrei *adj* *(Statistik)*
distribution-free method
verteilungsfreie Methode *f*,
verteilungsfreies Verfahren *n*,
verteilungsunabhängige Methode *f*,
nichtparametrische Methode *f*,
nonparametrische Methode *f* *(Statistik)*
distribution-free sufficiency
verteilungsfreie Suffizienz *f*,
verteilungsunabhängige Suffizienz *f*, nichtparametrische Suffizienz *f*,
nonparametrische Suffizienz *f* *(Statistik)*
distributive justice
verteilende Gerechtigkeit *f*, distributive Gerechtigkeit *f* *(Philosophie)*
vgl. corrective justice
district (township)
Bezirk *m*, Distrikt *m*, Verwaltungsbezirk *m*
district administration
Distriktverwaltung *f* *(Organisationssoziologie)*
district jail
Distriktgefängnis *n*, Kreisgefängnis *n* *(Kriminologie)*
districting
Einteilung *f* in Wahlbezirke, Bildung *f* von Stimmbezirken *(politische Wissenschaften)*
disturbancy (disturbance)
Störung *f* *(Statistik)*
disturbed harmonic process
gestörter harmonischer Prozeß *m* *(Statistik)*
disturbed oscillation (of a time series)
gestörte Schwingung *f* (einer Zeitreihe) *(Statistik)*
disturbed periodicity (of a time series)
gestörte Periodizität *f* (einer Zeitreihe) *(Statistik)*
disutility
Nutzlosigkeit *f*
vgl. utility
divergence
Divergenz *f* *(Mathematik/Statistik)*
vgl. convergence
divergent evolution
divergente Entwicklung *f*, abweichende Entwicklung *f* *(Kulturanthropologie)*
vgl. convergent evolution

divergent habit-family hierarchy (Clark L. Hull)
Hierarchie *f* divergenter Gewohnheitsbündel *(Verhaltensforschung)*
vgl. convergent habit-family hierarchy
divergent thinking (Joy P. Guilford)
divergentes Denken *n* *(Psychologie)*
vgl. convergent thinking
diversification
Diversifikation *f*, Diversifizierung *f* *(Kulturanthropologie) (Organisationssoziologie)*
diversified role-set (J. D. Snoek)
diversifizierter Rollenkomplex *m*,
Komplex *m* verschiedenartiger Rollen,
verschiedenartiger Rollenkomplex *m* *(Soziologie)*
divided bar chart (divided bar diagram, divided bar graph)
geteiltes Stabdiagramm *n*, geteiltes Säulendiagramm *n*, geteiltes Stäbchendiagramm *n*, geteiltes Balkendiagramm *n* *(graphische Darstellung)*
divided elite (divided élite)
geteilte Elite *f* *(Soziologie)*
dividing value
Scheidewert *m* *(Statistik)*
divination
Vorahnung *f*, Ahnung *f*, Wahrsagung *f*, Prophezeiung *f*, Wahrsagerei *f*,
Vorausschau *f*, Divination *f* *(Kulturanthropologie)*
divine kingship
Gottkönigtum *n* *(Religionssoziologie)*
Divisia's index (*pl* **indexes** *or* **indices**)
Divisia-Index *m*, Divisiascher Index *m* *(Statistik)*
Divisia-Roy index (*pl* **indexes** *or* **indices**)
Divisia Roy-Index *m*, Divisia-Royscher Index *m* *(Statistik)*
division
1. Abteilung *f*, Dienststelle *f*, Geschäftsstelle *f* *(Organisationssoziologie)*
2. Hammelsprung *m*, namentliche Abstimmung *f*, Abstimmung *f* *(politische Wissenschaften)*
3. Teilung *f*, Zerteilung *f*, Trennung *f*, Einteilung *f*
division of labor (*brit* **division of labour**)
Arbeitsteilung *f* *(Volkswirtschaftslehre)*
division of powers (separation of powers, checks and balances *pl***)**
Gewaltenteilung *f*, Gewaltentrennung *f* *(politische Wissenschaften) (Organisationssoziologie)*
division (dividing line, boundary)
Grenzlinie *f*, Trennungslinie *f*, Grenze *f*
divorce
Ehescheidung *f*, Scheidung *f*

divorce rate
Scheidungsrate f, Scheidungsquote f
(Demographie)

divorce ratio
Scheidungsverhältnis n, Anteil m der
geschiedenen Ehen an der Gesamtzahl
der Ehen (Demographie)

Dixon estimator
Dixon-Schätzfunktion f, Dixonsche
Schätzfunktion f (Statistik)

Dixon statistic
Dixon-Maßzahl f, Dixonsche Maßzahl f
(Statistik)

dizygotic twin (DZ twin, fraternal twin, two-egg twin)
zweieiiger Zwilling m (Genetik)

doctrinal conformity (conformity to norms)
Normenkonformität f, Normenkonformismus m, Wertekonformität f, Wertekonformismus m (Sozialpsychologie)

doctrine
Doktrin f, Lehre f, Lehrmeinung f,
Grundsatz m

doctrine of free law
Freiheitslehre f (Hermann U. Kantorovicz)

doctrine of precedent
Präzedenzlehre f im Gewohnheitsrecht

document
Dokument n, Urkunde f

documentary sources of information pl
(**behavior documents** pl, **brit behaviour documents** pl, **personal documents** pl)
persönliche Dokumente n/pl,
Verhaltensdokumente n/pl,
dokumentarische Informationsquellen f/pl
(empirische Sozialforschung)

documentation
Dokumentation f, Dokumentierung f

documents method (biographical method)
biographische Methode f der
sozialwissenschaftlichen Analyse
(empirische Sozialforschung)

Doeblin's condition
Doeblins Bedingung f, Doeblinsche
Bedingung f (Statistik)

dogma
Dogma n, Grundüberzeugung f,
Grundsatz m

dogmatic behaviorism (brit behaviourism
dogmatischer Behaviorismus m

dogmatism
Dogmatismus m

dogmatism scale (opinionation scale) (Milton Rokeach)
Dogmatismus-Skala f (Sozialpsychologie)

dole (unemployment benefits pl,
unemployment compensation)
Arbeitslosenunterstützung f,
Arbeitslosengeld n, Arbeitslosenhilfe f,
Erwerbslosenunterstützung f

doll play procedure
Puppenspielmethode f, Puppenspielverfahren n (Psychologie)

domain
1. Bereich m, Wissensgebiet n,
Arbeitsgebiet n, Domäne f, Gebiet n,
Sphäre f
2. Gesamtheit f der Phänomene
(in einer Faktorenanalyse)
(Psychologie/empirische Sozialforschung)

domain of attraction of a distribution function
Anziehungsbereich m einer
Verteilungsfunktion, Einzugsbereich m
einer Verteilungsfunktion (Statistik)

domain of study (study domain)
Untersuchungsuntergruppe f (statistische
Hypothesenprüfung)

domain sampling (domain sampling model, domain sampling theory, concept of domain sampling)
Indikator-Sampling n, Modell n
des Indikator-Sampling (statistische
Hypothesenprüfung) (empirische
Sozialforschung)

domain statistic
Untergruppenmaßzahl f (Statistik)

domal sample
Häuserstichprobe f (Statistik)

domal sampling
Häuserauswahl f, Häuserauswahlverfahren n, Häuserstichprobenbildung f,
Häuserstichprobenverfahren n (Statistik)

domestic family (Carle E. Zimmerman)
häusliche Familie f (Familiensoziologie)
vgl. trusteeship family

domestic group (household, home)
Haushalt m, Familienhaushalt m
(Demographie) (Kulturanthropologie)

domestic organization (brit domestic organisation, household organization (brit organisation)
Haushaltsorganisation f

domestic rights pl
Rechte n/pl an einer Frau als Hausfrau
(Familiensoziologie)

domestic servant (household employee)
Haushaltsangestellte(r) f(m),
Haushaltshilfe f

domestic system (domestic labor system, brit domestic labour system, homework system)
Heimindustriesystem *n*, Heimarbeitssystem *n*, System *n* der Heimarbeit, der Heimindustrie *(Volkswirtschaftslehre) (Arbeitssoziologie)*

domestication
Haustierhaltung *f*, Domestikation *f (Kulturanthropologie)*

dominance (domination)
Dominanz *f*, Vorherrschaft *f*, Vorherrschen *n (Sozialökologie) (Sozialpsychologie)*

dominance gradient
Dominanzgradient *m*, Dominanzgefälle *n (Sozialökologie)*

dominance metric
Dominanzmaßzahl *f*, Dominanzmaß *n (Statistik)*

dominance pattern (O. J. Bartos)
Dominanzmuster *n*, Vorherrschaftsmuster *n (Sozialpsychologie)*

dominance relationship
Dominanzbeziehung *f (Sozialpsychologie)*

dominant city
dominante Stadt *f*, dominierende Stadt *f (Sozialökologie)*

dominant culture
Dominanzkultur *f*, dominante Kultur *f*, Vorherrschaftskultur *f*, vorherrschende Kultur *f*

dominant ergodic theorem
dominierender Ergodensatz *m*, maximaler Ergodensatz *m (Stochastik)*

dominant ideology
herrschende Ideologie *f*, vorherrschende Ideologie *f (Soziologie)*

dominant involvement
vorherrschendes Engagement *n*, vorherrschende Beteiligung *f (Psychologie)*

dominant party
Dominanzpartei *f*, Vorherrschaftspartei *f (politische Wissenschaften)*

dominant position
dominierende Position *f*, dominierende Stellung *f*, Vorrangstellung *f*, Vorherrschaftsposition *f (Soziologie)*

dominating strategy
dominierende Strategie *f (Spieltheorie)*

domination (dominance)
Vorherrschaft *f* Beherrschung *f (Soziologie)*

Doolittle method
Doolittle-Methode *f*, Doolittle-Verfahren *n (Statistik)*

door-to-door survey (door-to-door interviewing, interviewing at home, personal at-home interviewing)
persönliche Befragung *f* zu Hause *(empirische Sozialforschung)*

dormitory community (suburbia, bedroom community)
Schlafgemeinde *f (Sozialökologie)*

dormitory town (bedroom town)
Schlafstadt *f (Sozialökologie)*

dose metameter
transformierter Dosiswert *m (Statistik)*

dot diagram (dot map, spot map)
Punktdiagramm *n*, Stigmogramm *n (graphische Darstellung)*

double approach-avoidance conflict (Kurt Lewin)
doppelter Konflikt *m* zwischen Annäherungs- und Vermeidungstendenzen, doppelter Appetenz-Vermeidungs-Konflikt *m*, doppelter Annäherungs-Vermeidungskonflikt *m*, doppelter Appetenz-Aversions-Konflikt *m (Psychologie)*

double-barreled question (double barrelled question, ambiguous question, ambivalent question)
mehrdeutige Frage *f*, doppeldeutige Frage *f*, Doppelfrage *f*, doppelte Frage *f (empirische Sozialforschung)*

double bind
Doppelbindung *f*, doppelte Bindung *f (Sozialpsychologie)*

double binomial distribution
doppelte Binomialverteilung *f (Statistik)*

double blind control
Doppelblindkontrolle *f* (im Experiment) *(experimentelle Anlage)*

double blind design (double-blind experimental design)
Doppelblindanlage *f*, Doppelblindversuchsanlage *f (experimentelle Anlage)*

double confounding
doppelte Vermengung *f*, doppeltes Vermengen *n (Statistik)*

double contingency
doppelte Kontingenz *f*, wechselseitige Kontingenz *f (Sozialpsychologie)*

double cross-cousin marriage
doppelte Kreuz-Vettern Kusinen-Ehe *f*, doppelte Kreuz-Vettern-Kusinen-Heirat *f*, doppelte Kreuz-Vettern-Basen-Ehe *f (Kulturanthropologie)*

double dichotomy
doppelte Dichotomie *f (Statistik)*

double exponential distribution
doppelte Exponentialverteilung *f (Statistik)*

double exponential regression
doppelte Exponentialregression *f*
(Statistik)
double hypergeometric distribution
doppelte hypergeometrische Verteilung *f*
(Statistik)
double inheritance
doppelte Erbfolge *f*, zweigleisige
Erbfolge *f* *(Kulturanthropologie)*
double logarithmic chart
doppelt logarithmisches Netz *n* *(Statistik)*
double logarithmic scale
doppelt logarithmische Skala *f* *(Statistik)*
double Pareto curve
doppelte Paretokurve *f* *(Statistik)*
double Poisson distribution
doppelte Poisson-Verteilung *f* *(Statistik)*
double polygamy (group marriage)
doppelte Polygamie *f* *(Kulturanthropologie)*
double ratio
Doppelverhältnis *n* *(Statistik)*
double reversal design
doppelte Umkehranlage *f*, doppelte
Umkehrprobenanlage *f* *(experimentelle Anlage)*
double sample (mixed sample, multi-phase sample, multi-stage sample, two-phase sample, two-stage sample)
Mehrphasenstichprobe *f*,
Zweiphasenstichprobe *f*, zweiphasige
Stichprobe *f*, zweistufige Auswahl *f*,
zweistufige Stichprobe *f* *(Statistik)*
double sampling (mixed sampling, multi-phase sampling, multi-stage sampling, two-phase sampling, subsampling, nested sampling)
Mehrphasenauswahl *f*, Mehrphasenauswahlverfahren *n*, Zweiphasenauswahl *f*,
Zweiphasenauswahlverfahren *n*,
zweiphasiges Stichprobenverfahren *n*,
zweistufige Auswahl *f*, zweistufiges
Auswahlverfahren *n*, zweistufige
Stichprobenbildung *f*, Zweiphasen-
Stichprobenbildung *f* *(Statistik)*
double standard
Doppelmoral *f*, Messen *n* mit zweierlei
moralischen Maßstäben
double unilineal descent (double unilateral descent, double descent, dual descent, duolineal descent, duolineality)
doppelt zweiseitige Abstammung *f*,
doppelt zweiseitige Abstammungsfolge *f*,
doppelt zweiseitiges Abstammungssystem *n* *(Kulturanthropologie)*
double-aspect theory
Zwei-Aspekten-Lehre *f*, Zwei-Aspekten-
Theorie *f* *(Philosophie)*

double-blind experiment (double-blind test)
Doppelblindexperiment *n*,
Doppelblindversuch *m*, Experiment *n*
mit Doppelblindanlage *(experimentelle Anlage)*
double-ratio estimator
Doppelverhältnis-Schätzfunktion *f*
(Statistik)
doubly censored sample
doppelt zensorierte Stichprobe *f*
(Statistik)
doubly stochastic Poission process
doppelt stochastischer Poissonprozeß *m*
doubly truncated sample
doppelt gestutzte Stichprobe *f* *(Statistik)*
dower
Wittum *n*, Witwen-Leibgedinge *n*
(Kulturanthropologie)
Down syndrome (mongolism, mongoloidism)
Mongolismus *m* *(Psychologie)*
downcross
Niveauschnitt *m* nach unten *(Statistik)*
vgl. upcross
downgrading
Herunterstufung *f*, Herunterstufen *n*,
Hinabstufung *f*, Hinabstufen *n*,
Degradierung *f*, Degradieren *n*
(Soziologie)
vgl. upgrading
downscale group
untere Skalengruppe *f* *(Umfrageforschung)*
vgl. upscale group
downtown business district (downton, central business district) (CBD)
Stadtzentrum *n*, Geschäfts- und
Bürozentrum *n* *(Sozialökologie)*
downward bias (negative bias)
Verzerrung *f* nach unten *(Statistik)*
vgl. upward bias (positive bias)
downward mobile person (downward mobile, social skidder, skidder)
sozialer Absteiger *m*, abwärtsmobile
Person *f* *(soziale Schichtung)*
vgl. upward mobile person
downward mobility (downward social mobility)
Abwärtsmobilität *f*, Abstiegsmobilität *f*,
Mobilität *f* nach unten, soziale
Abwärtsmobilität *f* *(Mobilitätsforschung)*
vgl. upward mobility
dowry
Mitgift *f*, Aussteuer *f* *(Kulturanthropologie)*
DP apathy (apathy of displaced persons)
DP-Apathie *f*, Vertriebenenapathie *f*
(Sozialpsychologie)
draft
Entwurf *m*, Erstfassung *f*

Dragstedt-Behrens method of quantal data analysis (*pl* **analyses, Behrens method**)
Dragstedt-Behrens-Methode *f* der quantalen Datenanalyse, Behrens-Methode *f*, Methode *f* von Behrens *(Statistik)*

dramatism
Dramatismus *m (Soziologie)*

dramatistic pentad (Burke's dramatistic pentad, Burke's pentad) (Kenneth Burke)
dramatistische Pentade *f*, Burkes dramatistische Pentade *f(Soziologie)*

dramaturgic analysis (*pl* **analyses) (Erving Goffmann)**
dramaturgische Analyse *f (Soziologie)*

drawing technique (draw-a-person test, painting technique
Zeichentechnik *f*, Maltechnik *f (Psychologie/empirische Sozialforschung)*

dream
Traum *m (Psychologie)*

dream determinant
Traumdeterminante *f (Psychoanalyse)*

dream ego
Traum-Ego *n*, Traum-Ich *n* (Carl G. Jung) *(Psychologie)*

dream interpretation (interpretation of dreams, dream science, science of dreams)
Traumdeutung *f (Psychoanalyse)*

dream symbolism
Traumsymbolik *f (Psychoanalyse)*

dreaming
Träumen *n (Psychologie)*

dreamwork (dream work)
Traumarbeit *f (Psychoanalyse)*

drinking
Trinken *n*, gewohnheitsmäßiges Trinken *n*, Trunksucht *f (Psychologie)*

drive (instinctual drive)
Trieb *m*, Antrieb *m*, Trieb *m (Psychologie)*

drive arousal
Antriebserregung *f*, Trieberregung *f (Psychologie)*

drive discharge (discharge)
Triebentladung *f*, Entladung *f (Psychologie)*

drive discrimination (Edward C. Tolman)
Triebdiskriminierung *f (Verhaltensforschung)*

drive displacement
Triebverdrängung *f*, Triebverschiebung *f*, Triebverlagerung *f (Psychoanalyse)*

drive energy (instinctual energy)
Triebenergie *f (Verhaltensforschung)*

drive level
Triebniveau *n*, Antriebsniveau *n (Psychologie)*

drive motivation
Triebmotivierung *f*, Triebmotivation *f (Psychoanalyse)*

drive reduction (Clark L. Hull)
Triebreduktion *f (Psychologie)*

drive reduction hypothesis (drive reduction theory) (Clark L. Hull)
Triebreduktionshypothese *f (Psychologie)*

drive state (P. Teitelbaum)
Triebzustand *m (Psychologie)*

drive stimulus (SD, S_D, S_d), *pl* **stimuli) (Clark L. Hull)**
Triebreiz *m (Verhaltensforschung)*

drive stimulus reduction (Clark L. Hull)
Triebreizreduktion *f (Verhaltensforschung)*

drive structure
Triebstruktur *f (Verhaltensforschung)*

drive theory (instinctual drive theory of human behavior)
Triebtheorie *f*, Instinkttheorie *f* des menschlichen Verhaltens *(Psychologie)*

driving force
treibende Kraft *f* (Kurt Lewin) *(Feldtheorie)*

dropout (drop-out, retreatist)
Studienabbrecher *m*, Abbrecher *m*, Aussteiger *f*

dropouts *pl* **(drop-outs** *pl*, **dropout, drop-out)**
Ausfälle *m/pl*, Ausfall *m (empirische Sozialforschung)*

drug abuse
Drogenmißbrauch *m*

drug addict
Drogensüchtige(r) *f(m)*, Drogenabhängige(r) *f(m)*

drug addiction
Drogensucht *f*, Drogenabhängigkeit *f*

drug culture
Drogenkultur *f (Soziologie)*

drug subculture
Drogensubkultur *f*, Subkultur *f* der Drogensüchtigen, der Drogenabhängigen *(Soziologie)*

dry cultivation (dry farming)
Trockenanbau *m*, Trockenfarmen *n (Landwirtschaft)*

dual economy
duale Ökonomie *f*, duale Wirtschaft *f*, duales Wirtschaftssystem *n*, wirtschaftlicher Dualismus *m (Volkswirtschaftslehre)*

dual federalism (coordinate federalism (co-ordinate federalism)
gleichrangiger Föderalismus *m*, gleichgeordneter Föderalismus *m (politische Wissenschaften)*

dual game
duales Spiel *n*, Nullsummenspiel *n* für zwei Personen *(Spieltheorie)*
dual organization (*brit* **organisation, moiety organization)**
duale Stammesorganisation *f* *(Kulturanthropologie)*
dual problem
Dualproblem *n*, Dualität *f*, duales Problem *n* *(Lineare Programmierung)*
dual process theory (two-factor theory)
Zwei-Prozeß-Theorie *f* *(Psychologie)*
dual society
duale Gesellschaft *f*, dualistische Gesellschaft *f*
dualism
Dualismus *m*
dualistic nomad sedentary empire
dualistisches Reich *n* von Nomaden und Seßhaften *(Kulturanthropologie)*
duality
Dualität *f*, Zweiheit *f* *(Mathematik/Statistik) (Soziologie)*
due process (procedural due process)
1. Rechtsstaatlichkeit *f* *(politische Wissenschaften)*
2. Gesetzesherrschaft *f*, Gesetzesgeltung *f*
dummy table (dummy tab, table shell)
fiktive Tabelle *f*, Scheintabelle *f* *(Umfrageforschung)*
dummy tabulation (dummy tabbing)
fiktive Tabulierung *f*, fiktive Tabellierung *f*, Bildung *f* von Scheintabellen, Scheintabulierung *f* *(Datenanalyse)*
dummy treatment
fiktive Experimentalhandlung *f*, fiktives Treatment *n* *(statistische Hypothesenprüfung)*
dummy variable
Scheinvariable *f*, Dummy-Variable *f*, Hilfsvariable *f* *(statistische Hypothesenprüfung)*
Duncan's test (Duncan test, Duncan's multiple-range test)
Duncan-Test *m*, Duncanscher Test *m*, multipler Spannweitentest *m* *(Statistik)*
Dunn's procedure (Bonferroni's t statistic, Bonferroni inequality)
Bonferronis Maßzahl t *n*, Bonferronis t *n* *(statistische Hypothesenprüfung)*
duolateral cross-cousin marriage
zweiseitige Kreuz-Vetter-Kusinen-Ehe *f*, zweiseitige Kreuz-Vetter-Kusinen-Heirat *f*, zweiseitige Kreuz-Vetter-Basen Ehe *f* *(Kulturanthropologie)*
duolocal marriage
duolokale Ehe *f*, Ehe *f* mit zwei Wohnsitzen *(Kulturanthropologie)*

duolocality (duolocal residence, duolocal marriage)
Duolokalität *f*, Wohnen *n* an zwei Orten, Ehe *f* mit zwei Wohnsitzen *(Kulturanthropologie)*
duplex house
Zweifamilienhaus *n* *(Sozialforschung)*
duplicate listing
Doppeleintragung *f*, doppelte Eintragung *f* *(empirische Sozialforschung)*
duplicate sample (replicated sample, replicated subsample, equivalent sample)
Parallelstichprobe *f*, Parallelauswahl *f*, replizierte Stichprobe *f*, replizierte Unterstichprobe *f* *(Statistik)*
duplicate sampling (replicated sampling, replicated subsampling, equivalent sampling)
Parallelauswahlverfahren *n*, Parallelauswahl *f*, Parallelstichprobenverfahren *n*, Parallelstichprobenbildung *f*, repliziertes Auswahlverfahren *n*, replizierte Auswahl *f*, repliziertes Stichprobenverfahren *n*, replizierte Stichprobenbildung *f*, replizierte Unterstichprobenbildung *f* *(Statistik)*
duplicated sample
duplizierte Stichprobe *f*, gemeinsame Unterstichprobe *f* *(Statistik)*
duration of marriage
Ehedauer *f*, Dauer *f* einer Ehe *(Familiensoziologie)*
duration (term)
Dauer *f*, Amtszeit *f*, Dauer *f* der Amtszeit *(Organisationssoziologie)*
duration-specific divorce rate
ehedauerspezifische Scheidungsrate *f* *(Demographie)*
duration-specific fertility
ehedauerspezifische Fruchtbarkeit *f* *(Demographie)*
duration-specific fertility rate
ehedauerspezifische Fruchtbarkeitsziffer *f*, ehedauerspezifische Fruchtbarkeitsrate *f* *(Demographie)*
Durbin Watson statistic (Durbin-Watson d statistic)
Durbin-Watson-Maßzahl *f* *(Statistik)*
Durham rule
Durham-Regel *f*
dwelling (apartment, dwelling unit)
Wohnung *f*, Behausung *f*, Wohnsitz *m* *(Sozialökologie)*
dyad
Dyade *f*, Dyas *f*, Zweiheit *f*, Paar *n* *(Mathematik/Statistik) (Soziologie)*
dyadic coalition
dyadische Koalition *f*, dyadisches Bündnis *n*, Zweierbündnis *n*

dyadic communication
dyadische Kommunikation *f*,
Zweierkommunikation *f*
dyadic group
dyadische Gruppe *f*, Zweiergruppe *f*,
Paar *n* *(Soziologie)*
dyadic interaction
dyadische Interaktion *f*, Interaktion *f*
zwischen zwei Personen, zwischen zwei
Gruppen *(Soziologie)*
dyadic relationship
dyadische Beziehung *f*, Zweierbeziehung *f*, Beziehung *f* zwischen zwei
Personen, zwischen zwei Gruppen
(Soziologie)
dying
1. sterbend, Sterbe-, Todes- *adj*
2. Sterben *n*, Tod *m*
dynamic
dynamisch *adj*
dynamic analysis (*pl* analyses)
Analyse *f* von Dynamik
dynamic assessment (Robert M. McIver)
dynamische Situationseinschätzung *f*
(Soziologie)
dynamic civilization
dynamische Kultur *f*, dynamische
Zivilisation *f* *(Kulturanthropologie)*
vgl. static assessment
dynamic density
Kontaktdichte *f*, Interaktionsdichte *f*
(in einer Bevölkerung) *(Sozialökologie)*
(Demographie)
dynamic equilibrium (*pl* equilibriums or equilibria)
dynamisches Gleichgewicht *n*
vgl. static equilibrium
dynamic game
dynamisches Spiel *n* *(Spieltheorie)*
vgl. static game
dynamic homeostasis
dynamische Homöostase *f*
vgl. static homeostasis
dynamic model
dynamisches Modell *n*
vgl. static model
dynamic programming
dynamische Programmierung *f*
dynamic psychology
dynamische Psychologie *f*
dynamic reformative nativism
dynamischer Nativismus *m*, aktiver
Nativismus *m*, aggressiv reformistischer
Nativismus *m* *(Kulturanthropologie)*
(Soziologie)
dynamic simulation
dynamische Simulation *f*
dynamic stability (Reuben Hill)
dynamische Stabilität *f* *(Familiensoziologie)*

dynamic stochastic process
dynamischer stochastischer Prozeß *m*
vgl. static stochastic process
dynamic structure
dynamische Struktur *f* *(Soziologie)*
vgl. static structure
dynamic system
dynamisches System *n* *(Soziologie)*
vgl. static system
dynamic theory (Kurt Lewin)
dynamische Theorie *f* *(Psychologie)*
dynamics *pl als sg konstruiert*
Dynamik *f*
vgl. statics
dynastic incest (royal incest)
dynastischer Inzest *m*, dynastische
Inzucht *f* *(Kulturanthropologie)*
dysergy (J. Haesaert)
Dysergie *f*
dysfunction
Dysfunktion *f*, Funktionsstörung *f*
vgl. function
dysfunctional (negatively functional)
dysfunktional *adj*
vgl. functional
dysfunctional conflict
dysfunktionaler Konflikt *m* *(Soziologie)*
vgl. functional conflict
dysfunctional system
dysfunktionales System *n* *(Soziologie)*
vgl. functional system
dysgenic environment
dysgenische Umwelt *f*, für die
biologische Entwicklung ungünstige
Umwelt *f* *(Genetik)*
dysgenic marriage
degenerative Ehe *f*, dysgenische
Ehe *f*, Ehe *f*, die wahrscheinlich
degenerierten Nachwuchs hat *(Genetik)*
(Kulturanthropologie)
dysgenic selection (counterselection, counter selection)
degenerative Selektion *f*,
degenerative Partnerwahl *f* *(Genetik)*
(Kulturanthropologie)
dysgenic trend
Degenerationstendenz *f*, rassische
Degenerationstendenz *f*, biologischer
Degenerationstrend *m* *(Genetik)*
dysgenic trend theory
Degenerationstheorie *f*, rassische
Degenerationstheorie *f*, Theorie *f*
des biologischen Degenerationstrends
(Genetik)
dysgenics *pl als sg konstruiert*
Degenerationsforschung *f*,
Degenerationslehre *f* *(Genetik)*

dwelling unit (DU) (accomodation unit, housing unit)
Wohneinheit *f*, Haushaltswohneinheit *f* *(Statistik) (Sozialökologie)*

dysharmonic kinship system
dysharmonisches Verwandtensystem *n*, dysharmonisches Verwandtschaftssystem *n*, gemischtes Verwandtschaftssystem *n (Kulturanthropologie)*

dysnomia (social dysnomia) (Alfred R. Radcliffe-Brown)
Dysnomie *f*, soziale Dysnomie *f*, gesellschaftliche Desintegration *f* *(Soziologie)*

dysphoria (social dysphoria) (Alfred R. Radcliffe-Brown)
Dysphorie *f*, soziale Dysphorie *f* *(Soziologie)*

dysstructure
Dysstruktur *f*

DZ twin (dizygotic twin, fraternal twin, two-egg twin)
zweieiiger Zwilling *m (Genetik)*

E

early childhood
frühe Kindheit *f*, frühes Kindesalter *n*
(Entwicklungspsychologie)
early infancy (infancy)
Säuglingsalter *n*, Kindesalter *n*,
Kindheit *f* *(Entwicklungspsychologie)*
early marriage
Frühehe *f* *(Kulturanthropologie)*
ecclesia
Ekklesia *f*, Kirche *f* *(Religionssoziologie)*
echelon
Rangstufe *f*, Rang *m*, Stufe *f*,
Befehlsebene *f* *(Soziologie)*
(Organisationssoziologie)
eclectic concept of true scores and parallel tests
eklektische Theorie *f* der echten
Meßwerte, eklektisches Konzept *n*
der echten Meßwerte *(statistische Hypothesenprüfung)*
eclectic theory
eklektische Theorie *f*
eclecticism
Eklektizismus *m* *(Theoriebildung)*
ecological adaptation
ökologische Anpassung *f*, Anpassung *f*
an die Umwelt *(Sozialökologie)*
ecological centralization (geographical centralization, territorial centralization, regional centralization)
ökologische Zentralisierung *f*,
geographische Zentralisierung
f, territoriale Zentralisierung *f*
(Sozialökologie)
ecological change (ecosystem change)
ökologischer Wandel *m* *(Sozialökologie)*
ecological city (natural city)
natürliche Stadt *f* *(Sozialökologie)*
ecological competition
ökologische Konkurrenz *f*
(Sozialökologie)
ecological complex (Otis Dudley Duncan)
ökologischer Komplex *m*,
Ökologiekomplex *m* *(Sozialökologie)*
ecological concentration (regional concentration, geographical concentration, territorial concentration)
ökologische Konzentration *f*,
Bevölkerungs- und Siedlungskonzentration *f* *(Sozialökologie)*

ecological constellation (Roderick D. McKenzie)
ökologische Konstellation *f*,
Umweltkonstellation *f* *(Sozialökologie)*
ecological cooperation
ökologische Kooperation *f*
(Sozialökologie)
ecological correlation
ökologische Korrelation *f*
(Sozialökologie)
ecological decentralization (territorial decentralization, geographical decentralization, regional decentralization)
ökologische Dezentralisierung *f*,
geographische Dezentralisierung
f, territoriale Dezentralisierung *f*
(Sozialökologie)
ecological dispersion (territorial dispersion, regional dispersion, geographical dispersion)
ökologische Streuung *f*, ökologische
Dispersion *f*, Bevölkerungs- und
Siedlungsstreuung *f* *(Sozialökologie)*
ecological displacement (residential displacement, geographical displacement, territorial displacement)
geographische Verdrängung *f*,
ökologische Verdrängung *f*, territoriale
Verdrängung *f* *(Sozialökologie)*
ecological distance
ökologische Distanz *f*, ökologischer
Abstand *m*, ökologische Entfernung *f*
(Sozialökologie)
ecological distribution (ecological organization, brit **ecological organisation)**
ökologische Verteilung *f*, ökologische
Distribution *f*, ökologische Streuung *f*
(Sozialökologie)
ecological dominance (dominance)
ökologische Dominanz *f*,
Vorherrschaft *f* der Stadt über das Land
(Sozialökologie)
ecological expansion
ökologische Expansion *f* *(Sozialökologie)*
ecological factor
ökologischer Faktor *m* *(Sozialökologie)*
ecological fallacy (William S. Robinson)
ökologischer Fehlschluß *m*,
Gruppenfehlschluß *m* *(statistische Hypothesenprüfung)*

ecological gradient (population gradient, density gradient, gradient of population density)
ökologisches Gefälle *n*, ökologischer Gradient *m*, Bevölkerungsgefälle *n* *(Sozialökologie)*

ecological hypothesis of symbolic values (Walter Firey)
ökologische Symbolwerthypothese *f* *(Sozialökologie)*

ecological interaction
ökologische Interaktion *f* *(Sozialökologie)*

ecological invasion (residential invasion, geographical invasion)
ökologische Invasion *f*, geographische Invasion *f* *(Sozialökologie)*

ecological mobility (geographical mobility, areal mobility, residential mobility, physical mobility, spatial mobility, vicinal mobility)
geographische Mobilität *f*, räumliche Mobilität *f*, ökologische Mobilität *f*

ecological organization (*brit* ecological organisation)
ökologische Organisation *f* *(Sozialökologie)*

ecological position
ökologische Position *f*, ökologische Stellung *f* *(Sozialökologie)*

ecological process (ecosocial process)
ökologischer Prozeß *m*, ökologischer Vorgang *m* *(Sozialökologie)*

ecological psychology
Umweltpsychologie *f*, psychologische Umweltforschung *f*, ökologische Psychologie *f*

ecological routinization
ökologische Routinisierung *f*, tägliche Pendelroutine *f* *(Sozialökologie)*

ecological segregation (residential segregation, geographical segregation, residential segregation, spatial segregation, areal segregation)
geographische Rassentrennung *f*, Rassentrennung *f* nach Wohngebieten, geographische Segregation *f*, Segregation *f* nach Wohngebieten, ökologische Segregation *f* *(Kulturanthropologie) (Soziologie)*

ecological specialization (geographical specialization, territorial specialization, regional specialization)
ökologische Spezialisierung *f*, geographische Spezialisierung *f*, territoriale Spezialisierung *f* *(Sozialökologie)*

ecological structure
ökologische Struktur *f* *(Sozialökologie)*

ecological succession (geographical succession, territorial succession, regional succession)
ökologische Nachfolge *f*, ökologische Sukzession *f* *(Sozialökologie)*

ecological symbiosis
ökologische Symbiose *f* *(Sozialökologie)*

ecological system
ökologisches System *n*, Ökosystem *n*, Umweltsystem *n*, Umfeldsystem *n* *(Sozialökologie)*

ecological theory
ökologische Theorie *f* *(Sozialökologie)*

ecological transition
ökologischer Übergang *m* *(Sozialökologie)*

ecological triad (Harold and Margaret Sprout)
ökologische Triade *f* *(politische Wissenschaften)*

ecological unit
ökologische Einheit *f* *(Sozialökologie)*

ecological zone
ökologische Zone *f*, Umlandzone *f* *(Sozialökologie)*

ecology
Ökologie *f*

econometric forecast (econometric prognosis, *pl* prognoses)
ökonometrische Prognose *f*, ökonometrische Voraussage *f* *(Volkswirtschaftslehre)*

econometric model
ökonometrisches Modell *n* *(Volkswirtschaftslehre)*

econometrician
Ökonometriker *m*

econometrics *pl als sg konstruiert*
Ökonometrie *f*

economic absorption of immigrants
wirtschaftliche Absorption *f* von Einwanderern *(Migration)*

economic anthropology
Wirtschaftsanthropologie *f*

economic area
Wirtschaftsgebiet *n*, Wirtschaftsbereich *m*, ökonomisches Gebiet *n* *(Sozialökologie)*

economic class
Wirtschaftsschicht *f*, wirtschaftlich definierte Schicht *f* *(Sozialforschung)*

economic democracy (industrial democracy)
Wirtschaftsdemokratie *f*, innerbetriebliche Demokratie *f*, Mitbestimmung *f* *(Industriesoziologie)*

economic demography
Wirtschaftsdemographie *f*

economic dependency
wirtschaftliche Abhängigkeit *f*, ökonomische Abhängigkeit *f*

economic determinism
ökonomischer Determinismus *m*,
Wirtschaftsdeterminismus *m*
(Sozialforschung)
economic development
Wirtschaftsentwicklung *f*, wirtschaftliche
Entwicklung *f*
economic discrimination
wirtschaftliche Diskriminierung *f*,
ökonomische Diskriminierung *f*
(Sozialpsychologie)
economic ecology
Wirtschaftsökologie *f*
economic enclave
wirtschaftliche Enklave *f*,
Wirtschaftsenklave *f*
economic equilibrium (*pl* **equilibriums** *or* **equilibria**)
wirtschaftliches Gleichgewicht *n*
economic exclave
wirtschaftliche Exklave *f*,
Wirtschaftsexklave *f*
vgl. economic exclave
economic geography
Wirtschaftsgeographie *f*
economic goods *pl*
Wirtschaftsgüter *n/pl*
economic growth
Wirtschaftswachstum *n*, wirtschaftliches
Wachstum *n*
economic history
Wirtschaftsgeschichte *f*
economic infrastructure (economic overhead facilities *pl*, **economic overhead capital, social overhead capital, social overhead facilities** *pl*)
wirtschaftliche Infrastruktur *f*
(Sozialökologie)
economic institution
Wirtschaftsinstitution *f*, ökonomische
Institution *f* *(Soziologie)*
economic integration
wirtschaftliche Integration *f*
economic landscape (Walter Christaller)
Wirtschaftslandschaft *f* *(Sozialökologie)*
economic man
homo oeconomicus *(Volkswirtschaftslehre)*
economic migration
wirtschaftliche Migration *f*, ökonomische
Migration *f*, Migration *f* aus
wirtschaftlichen Gründen *(Migration)*
economic order
Wirtschaftsordnung *f* *(politische Wissenschaften)*
economic planning
Wirtschaftsplanung *f*, wirtschaftliche
Planung *f*
economic region
Wirtschaftsregion *f* *(Sozialökologie)*

economic retreatism (D. Glaser)
wirtschaftlicher Retreatismus *m*,
wirtschaftliches Aussteigertum *n*,
wirtschaftlicher Rückzug *m* *(Soziologie)*
economic sociology (sociology of economics, business sociology)
Wirtschaftssoziologie *f*
economic specialization
wirtschaftliche Spezialisierung *f*
economic status
wirtschaftlicher Status *m*, ökonomischer
Status *m* *(Soziologie)*
economic stratification
wirtschaftliche Schichtung *f*,
ökonomische Schichtung *f* *(Soziologie)*
economic surplus (surplus)
Überschuß *m*, Mehrertrag *m*,
überschüssiger Gewinn *m*,
Mehrertrag *m*, Mehrwert *m*
(Volkswirtschaftslehre)
economic system (economic organization, economic order)
Wirtschaftssystem *n* *(politische Wissenschaften)*
economic theory
Wirtschaftstheorie *f*
economic underdevelopment
wirtschaftliche Unterentwicklung *f*
economic value
wirtschaftlicher Wert *m*, Tauschwert *m*,
Nutzwert *m*, ökonomischer Wert *m*
economic warfare
Wirtschaftskrieg *m*
economic welfare
wirtschaftliche Wohlfahrt *f*
economically active population (active population, labor force, *brit* **labour force)**
erwerbstätige Bevölkerung *f*
(Demographie)
economics *pl als sg konstruiert*
Volkswirtschaftslehre *f*, Wirtschaftswissenschaft(en) *f(pl)*, Volkswirtschaft *f*
economizing
sparsames Wirtschaften *n*
economy
1. Wirtschaft *f*, Ökonomie *f*,
Wirtschaftslehre *f*
2. Wirtschaftlichkeit *f*, Sparsamkeit *f*
ecopolitics *pl als sg konstruiert*
Ökopolitik *f* (Rudolf Kjellén)
ecosystem (eco-system, ecological system)
Ökosystem *n*, Ekosystem *n*
economic prejudice (Karl Polanyi)
ökonomisches Vorurteil *n*
(Sozialpsychologie)

economically active population (working population, gainfully employed population, gainful population)
berufstätige Bevölkerung f, erwerbstätige Bevölkerung f *(Volkswirtschaftslehre) (Soziologie) (empirische Sozialforschung)*

ectomorphic
ektomorph *adj (Anthropologie)*
vgl. mesomorphic

ectomorphy (William H. Sheldon)
Ektomorphie f *(Anthropologie)*
vgl. mesomorphy

ecumene
Ökumene f *(Demographie)*

Edgeworth's series $pl + sg$
Edgeworth-Reihe f, Edgeworth-Entwicklung f *(Statistik)*

editing (cleaning)
Bereinigung f *(Datenanalyse)*

editing of data (data editing, data preparation)
Datenaufbereitung f *(empirische Sozialforschung)*

educability
Erziehbarkeit f, Ausbildbarkeit f, Bildbarkeit f

education
Erziehung f, Erziehungswesen n, Ausbildung f, Bildung f, Schulwesen n, Bildungswesen n

educational achievement test (scholastic achievement test)
schulischer Leistungstest m, pädagogischer Leistungstest m

educational administration
Kultusverwaltung f, Schulverwaltung f, Verwaltung f des Bildungswesens

educational age
Schulalter n, Ausbildungsalter n *(Psychologie)*

educational attainment (school attainment)
schulische Fähigkeiten f/pl, Schulkenntnisse f/pl, durch Ausbildung erworbene Fertigkeiten f/pl

educational dictatorship
Erziehungsdiktatur f *(politische Wissenschaften)*

educational institution
Bildungseinrichtung f, Bildungsinstitution f, Ausbildungseinrichtung f, Ausbildungsinstitution f

educational opportunity
Bildungschancen f/pl, Ausbildungschancen f/pl

educational participation
schulische Partizipation f, Teilhabe f am schulischen Sozialisationsprozeß *(Soziologie)*

educational psychology (school psychology)
pädagogische Psychologie f, Schulpsychologie f

educational quotient (EQ)
schulischer Leistungsquotient m *(Psychologie)*

educational sociology
Bildungssoziologie f, pädagogische Soziologie f, Soziologie f der Erziehung

educational system (school system)
Schulsystem n *(Soziologie)*

effect
Effekt m, Wirkung f
vgl. cause

effect attribution (attribution of effect) (Harold D. Kelley)
Wirkungszuschreibung f *(Sozialpsychologie)*

effect of forgetting (forgetting effect)
Vergessenseffekt m *(Psychologie)*

effect of question order (order effect, position effect)
Reihenfolgeneffekt m, Wirkung f der Reihenfolge *(statistische Hypothesenprüfung)*

effect variable
Wirkungsvariable f, Wirkungsveränderliche f *(statistische Hypothesenprüfung)*
vgl. cause variable

effectance (Robert W. White)
Effektanz f *(Psychologie)*

effectance motive
Effektanzmotiv n *(Psychologie)*

effective cause
effektive Ursache f, unmittelbare Ursache f

effective communication network (effective network)
effektives Kommunikationsnetz n *(Kommunikationsforschung)*

effective fertility
effektive Fruchtbarkeit f *(Demographie)*

effective fertility ratio (fertility ratio, child-woman ratio)
effektive Fruchtbarkeitsrate f, effektive Fruchtbarkeitsziffer f *(Demographie)*

effective habit strength ($_SH_R$) (Clark L. Hull)
effektive Gewohnheitsstärke f *(Verhaltensforschung)*

effective range
effektive Spannweite f *(Statistik)*

effective representation
wirksame Repräsentation f *(politische Wissenschaften)*

effective reproduction rate
effektive Reproduktionsziffer f, effektive Reproduktionsrate f *(Demographie)*

effective sample size (ESS) (effective sample base) (ESB)
effektiver Stichprobenumfang m,
effektive Stichprobengröße f *(Statistik)*
effective unit
fehlerfreies Stück n *(statistische Qualitätskontrolle)*
effectiveness
Effektivität f, Wirksamkeit f
vgl. efficiency
effects research
Wirkungsforschung f *(Kommunikationsforschung)*
efficacy
Wirksamkeit f, Effektivität f
efficiency
Effizienz f, Wirksamkeit f *(Soziologie)*
vgl. effectiveness
efficiency factor
Effizienzfaktor m, Leistungsgrad m
(statistische Hypothesenprüfung)
efficiency index (index of efficiency, *pl* **indexes** *or* **indices of efficiency)**
Effizienzindex m, Wirksamkeitsindex m
(Statistik)
efficiency of a test
Effizienz f eines Tests, Wirksamkeit f
eines Tests *(statistische Hypothesenprüfung)*
efficiency quotient
Wirksamkeitsquotient m,
Effizienzquotient m *(Statistik)*
efficient cause
wirksame Ursache f *(Aristoteles)*
(Philosophie)
efficient estimator
effektive Schätzfunktion f *(Statistik)*
efficient test
effizienter Test m, wirksamer
Test m, effektiver Test m *(statistische Hypothesenprüfung)*
effectiveness model
Effektivitätsmodell n, Erfolgsmodell n
egalitarian family (equalitarian family, democratic family)
demokratische Familie f, egalitäre
Familie f *(Familiensoziologie)*
(Kulturanthropologie)
egalitarianism (equalitarianism)
Egalitarismus m
ego
Ego n, Ich n *(Psychoanalyse)*
ego analysis (*pl* **analyses)**
Ego-Analyse f *(Psychoanalyse)*
ego apparatus (apparatus of the ego)
Ich-Apparat m, Ego-Apparat m
(Sigmund Freud) *(Psychoanalyse)*

ego-centered group (kindred group, kindred, ego-focused group)
Verwandtengruppe f, Verwandtschaftsgruppe f *(Kulturanthropologie)*
ego defense (*brit* **ego defence)**
Ich-Abwehr f, Ego-Abwehr f
(Psychoanalyse)
ego-focused group (ego-centered group, kindred group, kindred)
Verwandtengruppe f, Verwandtschaftsgruppe f *(Kulturanthropologie)*
ego ideal
Ego-Ideal n, Ich-Ideal n *(Psychologie)*
ego identity (Erik H. Erikson)
Ego-Identität f, Ich-Identität f
(Psychoanalyse)
ego involved motive
ichbeteiligtes Motiv n *(Psychologie)*
ego involved role (Muzafer Sherif and Hadley Cantril)
ichbeteiligte Rolle f *(Psychologie)*
ego involvement (ego-involvement) (Muzafer Sherif and Hadley Cantril)
Ich Beteiligung f, Ich-Anteilnahme f,
Ego Involvement n, Involvement n
(Psychologie)
ego psychology
Ich-Psychologie f, Ego-Psychologie f
ego structure
Ego-Struktur f, Ich-Struktur f
(Psychologie)
ego-alter theory
Ego-Alter-Theorie f *(Theorie des Handelns)*
ego-integrative motive (Ernest R. Hilgard)
ego-integratives Motiv n, ich-integratives
Motiv n *(Psychologie)*
ego-involved activity
ichbeteiligte Aktivität f, ichbeteiligte
Betätigung f *(Psychologie)*
egocentric stage (ego-centric stage) (Jean Piaget)
egozentrische Phase f, egozentrisches
Stadium n *(Entwicklungspsychologie)*
egocentric term (ego-centric term)
ichbezogene Verwandtschaftsbezeichnung f *(Kulturanthropologie)*
egocentrism (ego centrism, egocentricity)
Egozentrik f, Egozentrismus m,
egozentrisches Wesen n, Ich-Bezogenheit f *(Psychologie)*
egoistic(al) (egotistic(al))
egoistisch, selbstsüchtig, eigennützig *adj*
egoistic need (Abraham H. Maslow)
egoistisches Bedürfnis n *(Psychologie)*
egoistic suicide (Emile Durkheim)
egoistischer Selbstmord m *(Soziologie)*
vgl. altruistic suicide, fatalistic suicide

egotic
  ichbezogen, auf das Ich bezogen, sich auf das Ich beziehend *adj*
egotism (egoism)
  Egoismus *m*, Selbstsucht *f*, Eigennutz *m*
eidos
  Eidos *n* (*Ethnologie*)
eigenfunction (characteristic function)
  Eigenfunktion *f* (*Statistik*)
eigenvalue (characteristic root, latent root)
  Eigenwert *m*, charakteristische Wurzel *f* (*Mathematik/Statistik*)
eigenvector (characteristic vector)
  Eigenvektor *m*, charakteristischer Vektor *m* (*Mathematik/Statistik*)
elaborated code (Basil Bernstein) (formal language)
  elaborierter Kode *m*, formale Sprache *f* (*Soziolinguistik*)
elaboration
  1. Elaboration *f* (*empirische Sozialforschung*) (Paul F. Lazarsfeld)
  2. Elaboration *f*, durch Nachdenken erreichte Lösung *f* einer Aufgabe (*Psychologie*)
elasticity
  Elastizität *f*
elasticity of demand (demand elasticity)
  Nachfrageelastizität *f*, Absatzelastizität *f* der Nachfrage (*Volkswirtschaftslehre*)
elasticity of supply (supply elasticity)
  Angebotselastizität *f*, Elastizität *f* des Angebots (*Volkswirtschaftslehre*)
elbow test (scree test)
  Gerölltest *m*, Scree-Test *m* (*Faktorenanalyse*)
election campaign
  Wahlkampf *m*, Wahlkampagne *f*, Wahlfeldzug *m* (*politische Wissenschaften*)
election day
  Wahltag *m*
election day poll (intercept poll, voter poll, exit poll)
  Meinungsumfrage *f* am Wahltag, Wählerbefragung *f*, Wählerumfrage *f* (*Meinungsforschung*)
election district (electoral district)
  Wahlbezirk *m*, Stimmbezirk *m* (*politische Wissenschaften*)
election forecast (electoral forecast, election prognosis)
  Wahlprognose *f* (*empirische Sozialforschung*)
election research (electoral research, electoral sociology, psephology)
  Wahlforschung *f*, Psephologie *f* (*politische Wissenschaften*)

election result (vote, poll)
  Wahlergebnis *n*, Stimmergebnis *n* (*politische Wissenschaften*)
election returns *pl*
  Wahlergebnisse *n/pl*, Wahlresultate *n/pl* (*politische Wissenschaften*)
election statistics *pl als sg konstruiert*
  Wahlstatistik *f* (*politische Wissenschaft*)
elective affinity (elective finity)
  Wahlverwandtschaft *f* (*Kulturanthropologie*)
elective office
  Wahlamt *n*, durch einen Wahlakt erworbenes Amt *n* (*Organisationssoziologie*) *vgl.* appointive office
electoral behavior (*brit* electoral behaviour, voting behavior, voter behavior)
  Wahlverhalten *n*, Wählerverhalten *n* (*politische Wissenschaften*)
electoral decision
  Wahlentscheidung *f* des individuellen Wählers (*politische Wissenschaften*)
electoral district (constituency, election district, precinct)
  Wahlkreis *m*, Wahlbezirk *m* (*politische Wissenschaften*)
electoral sociology
  Wahlsoziologie *f* (*politische Wissenschaften*)
electoral system (election system, ballot system, ballot, voting system)
  Wahlsystem *n*, Abstimmungsverfahren *n* (*politische Wissenschaften*)
Electra complex
  Elektrakomplex *m* (Sigmund Freud) (*Psychoanalyse*)
electronic communication
  elektronische Kommunikation *f*
electronic data processing (EDP)
  elektronische Datenverarbeitung *f* (EDV)
electronic media *pl*
  elektronische Medien *n/pl*
eleemosynary corporation (charity organization)
  Wohltätigkeitsverein *m*, Wohltätigkeitsvereinigung *f*
element (elementary unit)
  Element *n*
element (population element, universe element)
  Element *n* der Grundgesamtheit, Einheit *f* der Grundgesamtheit (*Statistik*)
element sample
  Element-Stichprobe *f*, Element-Auswahl *f*, Elementenstichprobe *f* (*Statistik*)

element sampling
Elementauswahl *f*, Element Auswahlverfahren *n*, Elementenstichprobenverfahren *n*, Elementen-Stichprobenbildung *f* *(Statistik)*

elementarism
Elementarismus *m*, Elementenpsychologie *f*

elementary collective behavior (*brit* **elementary collective behaviour**)
elementares Kollektivverhalten *n* *(Sozialpsychologie)*

elementary education (elementary school education)
Grundschulausbildung *f*, Volksschulausbildung *f*, Hauptschulausbildung *f*

elementary element (elementary unit)
Grundelement *n*, Elementareinheit *f*, Grundeinheit *f* *(Datenanalyse)*

elementary event
Elementarereignis *n* *(Wahrscheinlichkeitstheorie)*

elementary family (nuclear family, biological family, natural family, immediate family, limited family, simple family)
Kernfamilie *f* *(Familiensoziologie)*

elementary group (unibonded group)
Elementargruppe *f*, elementare Gruppe *f*, Gruppe *f* mit einer einzigen Bindung, durch ein einziges Band zusammengehaltene Gruppe *f* *(Soziologie)*

elementary sentence of renewal theory
elementarer Satz *m* der Erneuerungstheorie

elementary statistics *pl als sg konstruiert*
Elementarstatistik *f*

elementary term
Elementarbegriff *m*, elementarer Begriff *m*, elementarer Terminus *m* *(Theorie des Wissens)*

elementary unit
kleinste Untersuchungseinheit *f*, kleinste Einheit *f*, kleinste Stichprobeneinheit *f* *(Statistik)*

Elfving distribution
Elfving-Verteilung *f*, Elfvingsche Verteilung *f* *(Statistik)*

elicited behavior (*brit* **elicited behaviour**)
ausgelöstes Verhalten *n*, respondentes Verhalten *n* *(Verhaltensforschung)*

elicited response
ausgelöste Reaktion *f* *(Verhaltensforschung)*

eliciting stimulus (*pl* **stimuli, releasing stimulus**)
reaktionsauslösender Reiz *m*, reaktionsauslösender Stimulus *m*, auslösender Reiz *m*, auslösender Stimulus *m*) *(Verhaltensforschung)*

eligibility
1. Annehmbarkeit *f*, Qualifikation *f* *(Psychologie) (empirische Sozialforschung)*
2. Wählbarkeit *f*, Wahlwürdigkeit *f* *(politische Wissenschaften)*
vgl. ineligibility

eligible respondent
geeigneter Befragter *m*, Befragter *m*, der für ein Interview geeignet ist *(empirische Sozialforschung)*

to eliminate
tilgen, beseitigen, entfernen, eliminieren, streichen, weglassen *(empirische Sozialforschung)* *v/t*

eliminant *obsol* **(determinant)**
Determinante *f* *(Statistik)*

elimination
Eliminierung *f*, Elimination *f*, Beseitigung *f*, Streichung *f*, Auslassung *f*, Tilgung *f*

elite (élite)
Elite *f* *(Sozialpsychologie)*

elite formation
Elitenbildung *f*, Entstehung *f* von Eliten *(Sozialpsychologie)*

elite of adaptation (élite of adaptation, elite of adaption, élite of adaption, adaptive elite, adaptive élite)
Anpassungselite *f* *(Sozialpsychologie) (Soziologie)*

elite of goal attainment (élite of goal attainment)
Zielerreichungselite *f/pl* *(Soziologie)*

elite recruitment
Elitenrekrutierung *f*, Rekrutierung *f* der Mitglieder einer Elite *(Sozialpsychologie)*

Elmira system
Elmira-System *n* (des Strafvollzugs) *criminology)*

embarrassing question
peinliche Frage *f* *(Psychologie/empirische Sozialforschung)*

embarrassment
Verlegenheit *f* *(psychology/sociology)*

embedded-figures test
Test *m*, Versuch *m* mit eingebetteten Figuren *(Psychologie)*

embeddedness
Eingebettetheit *f*

embodied message (Erving Goffmann/David Sudnow)
verkörperte Botschaft *f*, verkörperte Information *f* (*Soziologie*) (*Kommunikationsforschung*)
vgl. disembodied message

embourgeoisement
Embourgeoisement *n*, Verbürgerlichung *f*

emergence (emergent evolution)
Emergenz *f*, Auftauchen *n*, Vorkommen *n*, Zutagetreten *n*, Emporkommen *n*, allmähliche Entwicklung *f*, Sichtbarwerden *n*, Hervortreten *n* (*Soziologie*)
vgl. saltatory evolution

emergence myth (origin myth)
Ursprungsmythos *m*, Entstehungsmythos *m*, Mythos *m* über die Entstehung einer Gesellschaft (*Kulturanthropologie*)

emergency decree legislation
Notstandsgesetzgebung *f* (*politische Wissenschaften*)

emergency government (crisis government)
Notstandsregierung *f*, Krisenregierung *f* (*politische Wissenschaften*)

emergent evolution (emergence)
Entwicklungsschub *m*, Entwicklungsanstoß *m*, Neubildung *f* von Merkmalen in der Entwicklung, Neuauftreten *n* von Charakteristika (*Genetik*)

emergent properties *pl*
Aggregateigenschaften *f/pl*

emergentism
Emergentismus *m*

emic (Kenneth L. Pike)
emisch *adj* (*Kulturanthropologie*)
vgl. etic

emigrant (emigré, external migrant, outmigrant)
Auswanderer *m*, Emigrant *m* (*Migration*)
vgl. immigrant

eminent domain
staatliches Enteignungsrecht *n*, Enteignungsrecht *n* des Staats

emitted response (free operant response)
emittierte Reaktion *f* (*Verhaltensforschung*)

emotion
Emotion *f*, Gefühl *n*, Gefühlsbewegung *f*, Gefühlserregung *f*, Gefühlswallung *f*, Erregung *f* (*Psychologie*)

emotional behavior (*brit* **emotional behaviour, affective behavior**)
emotionales Verhalten *n* (*Verhaltensforschung*)

emotional blockage
emotionale Blockierung *f* (*Psychologie*)

emotional contagion
emotionale Ansteckung *f* (*Verhaltensforschung*)

emotional immaturity
emotionale Unreife *f* (*Psychologie*)

emotional instability
emotionale Instabilität *f* (*Psychologie*)

emotional maturity
emotionale Reife *f* (*Psychologie*)

emotional response (emotional reaction, affective response, affective reaction)
emotionale Reaktion *f* (*Psychologie*)

emotional stability
emotionale Stabilität *f* (*Psychologie*)

emotionalist theory of religion
emotionalistische Theorie *f* der Religion (*Religionssoziologie*)

emotive
emotiv *adj* (*Psychologie*)

emotive imagery
emotive Bildvorstellungen *f/pl*, emotionale Gegenvorstellung *f* (*Verhaltenstherapie*)

empathetic behavior (*brit* **behaviour, sympathetic behavior**)
einfühlsames Verhalten *n*, einfühlendes Verhalten *n*, mitfühlendes Verhalten *n*, sympathetisches Verhalten *n* (*Psychologie*)

empathetic learning
empathisches Lernen *n*, einfühlendes Lernen *n* (*Psychologie*)

empathetic understanding
empathisches Verstehen *n*, einfühlendes Verstehen *n* (*Theorie des Lernens*)

empathy (feeling-into)
Einfühlungsvermögen *n*, Einfühlung *f*, Empathie *f* (Theodor Lipps) (*Psychologie*)

empirical
empirisch, erfahrungswissenschaftlich, Erfahrungs-, auf Erfahrung beruhend, durch Erfahrung gewonnen *adj*

empirical Bayes' estimator
empirische Bayes Schätzfunktion *f*, empirische Bayes'sche Schätzfunktion *f* (*Statistik*)

empirical Bayes' procedure (empirical Bayesian procedure)
empirisches Bayes-Verfahren *n*, empirisches Bayes'sches Verfahren *n* (*Statistik*)

empirical central moment
empirisches zentrales Moment *n* (*Statistik*)

empirical content (Karl Popper)
empirischer Informationsgehalt *m*, empirischer Gehalt *m* (*Theorie des Wissens*)

empirical correlation coefficient
empirischer Korrelationskoeffizient *m*
(Statistik)
empirical covariance
empirische Kovarianz *f (Statistik)*
empirical covariance function
empirische Kovarianzfunktion *f (staistics)*
empirical covariance matrix (*pl* matrixes *or* matrices)
empirische Kovarianzmatrix *f (Statistik)*
empirical dispersion
empirische Streuung *f*, empirische Dispersion *f (Statistik)*
empirical distribution
empirische Verteilung *f (Statistik)*
empirical distribution function
empirische Verteilungsfunktion *f (Statistik)*
empirical environment
empirische Umgebung *f*, empirische Umwelt *f (Statistik)*
empirical equation
empirische Gleichung *f (Statistik)*
empirical excess
empirischer Exzeß *m (Statistik)*
empirical generalization (*brit* empirical generalisation)
empirische Generalisierung *f*, empirische Verallgemeinerung *f (Psychologie/empirische Sozialforschung)*
empirical initial moment
empirisches Anfangsmoment *n (Statistik)*
empirical law
empirisches Gesetz *n*, empirische Gesetzmäßigkeit *f (Theorie des Wissens)*
empirical mean square contingency
empirische mittlere quadratische Kontingenz *f (Statistik)*
empirical median
empirischer Median *m*, empirischer Zentralwert *m (Statistik)*
empirical method (empiricism)
empirische Methode *f*, Methode *f* der Empirie *(Theorie des Wissens)*
empirical mode
empirischer Modus *m*, empirischer Modalwert *m*, empirischer häufigster Wert *m*, empirische Maximumstelle *f (Statistik)*
empirical moment
empirisches Moment *n (Statistik)*
empirical probability
empirische Wahrscheinlichkeit *f (Statistik)*
empirical probit
empirischer Probitwert *m (Statistik)*
empirical quantile
empirisches Quantil *n (Statistik)*

empirical regression coefficient (empirical coefficient of regression)
empirischer Regressionskoeffizient *m (Statistik)*
empirical regularity
empirische Regelmäßigkeit *f*
empirical sampling
empirische Auswahl *f*, empirische Wahrscheinlichkeitsauswahl *f (Statistik)*
empirical self (*pl* selves) (William James)
empirisches Selbst *n*, empirisches Ich *n (Psychologie)*
empirical skewness
empirische Schiefe *f (Statistik)*
empirical social research
empirische Sozialforschung *f*
empirical sociology
empirische Soziologie *f*
empirical standard deviation
empirische Standardabweichung *f (Statistik)*
empirical system (Talcott Parsons) (concrete system)
empirisches System *n (Theorie des Handelns)*
empirical test
empirischer Test *m (experimentelle Anlage)*
empirical theory
empirische Theorie *f (Theorie des Wissens)*
empirical trend (empirical regularity)
empirischer Trend *m*, empirische Tendenz *f*, empirische Regelmäßigkeit *f (Theorie des Wissens)*
empirical validity
empirische Validität *f*, empirische Gültigkeit *f (statistische Hypothesenprüfung)*
empirical variation coefficient
empirischer Variationskoeffizient *m (Statistik)*
empiricism (empirism)
Empirismus *m*, Empirizismus *m (Philosophie)*
empiriocriticism
Empiriokritizismus *m* (Richard Venarius, Ernst Mach) *(Philosophie)*
employed person (employee, employé, employe)
Arbeitnehmer *m* in der unteren Führungsfunktion *(Industriesoziologie)*
employee absenteeism (absenteeism)
Absentismus *m (Industriesoziologie)*
employee morale
Arbeitnehmermoral *f*, Arbeitnehmerstimmungslage *f*, Einstellung *f* der Arbeitnehmer zur Arbeit *(Industriepsychologie)*

employee participation (codetermination, co-determination, workers' participation)
Mitbestimmung f, betriebliche Mitbestimmung f, innerbetriebliche Mitbestimmung f
employee society (Peter F. Drucker)
Angestelltengesellschaft f, Arbeitnehmergesellschaft f *(Industriesoziologie)*
employees pl (personnel, staff)
Personal n, Belegschaft f, Mitarbeiterstab m, Mitarbeiter m/pl, Mitarbeitschaft f *(Industriesoziologie)*
employer
Arbeitgeber m, Dienstherr m, Unternehmer m *(Industriesoziologie)*
employing suburb (industrial suburb, industrial area)
Gewerbegebiet n, Industriegebiet n, gewerbliche Vorstadt f *(Sozialökologie)*
employment
1. Anstellung f, Beschäftigung f, Einstellung f
2. Arbeitsverhältnis n, Beschäftigungsverhältnis n, Dienstverhältnis n *(Industriesoziologie)*
employment (job, occupation)
Beschäftigung f, Arbeit f *(Industriesoziologie)*
empty nest
leeres Nest n *(Familiensoziologie)*
emulation
Nacheifern n, Nacheiferung f, Wetteifer m *(Psychologie)*
enacted
geplant wachsend adj *(Soziologie) (Sozialökologie)*
vgl. crescive
enacted change (enacted growth) (William G. Sumner)
geplanter Wandel m *(Soziologie) (Sozialökologie)*
vgl. enacted change
enacted development (William G. Sumner)
geplante Entwicklung f, durch Planung in die Wege geleitete Entwicklung f *(Soziologie) (Sozialökologie)*
vgl. crescive development
enacted group (William G. Sumner)
geplante Gruppe f, geplant gewachsene Gruppe f, durch Planung ins Leben gerufene Gruppe f, durch Anordnung entstandene Gruppe f *(Soziologie)*
vgl. crescive group
enacted institution (enacted social institution) (William G. Sumner)
geplante Institution f, durch Planung entstandene Institution f, geplant gewachsene Institution f *(Soziologie)*
vgl. crescive institution

enclave
Enklave f *(Sozialökologie)*
vgl. exclave
enclosure
Einhegung f *(Landwirtschaft)*
encoding (coding)
Verschlüsselung f, Verschlüsseln n, Kodierung f, Kodieren n *(Statistik) (empirische Sozialforschung) (Kommunikationsforschung) (Semiotik)*
encounter
Begegnung f, Encounter n, persönlicher Kontakt m, Direktkontakt m, Zusammentreffen n *(Verhaltenstherapie)*
encounter group (training group, T group)
Encountergruppe f, Begegnungsgruppe f, T-Gruppe f *(Verhaltenstherapie)*
enculturation (Melville J. Herskovits)
Enkulturation f *(Soziologie) (Kulturanthropologie)*
enculturator (Melville J. Herskovits)
Enkulturator m *(Soziologie) (Kulturanthropologie)*
encyclopedic sociology
enzyklopädische Soziologie f
end correction
Extremwertkorrektur f, Korrektur f der Extremwerte *(Statistik)*
endocannibalism
Endokannibalismus m *(Ethnologie)*
endogamous deme (endo-deme) (George P. Murdock)
endogame Gemeinschaft f, endogame Gemeinschaft f *(Kulturanthropologie)*
vgl. exogamous deme
endogamous group (George P. Murdock)
endogame Gruppe f *(Kulturanthropologie)*
vgl. exogamous group
endogamy
Endogamie f, Binnenheirat f *(Kulturanthropologie)*
vgl. exogamy
endogenic criminal
endogener Krimineller m, endogener Straftäter m, endogener Verbrecher m *(Kriminologie)*
vgl. exogenic criminal
endogenous
endogen adj
vgl. exogenous
endogenous change (autonomous change)
endogener Wandel m, Wandel m von innen heraus, innenbürtiger Wandel m
vgl. exogenous change
endogenous criminal
endogener Straftäter m, endogener Krimineller m *(Kriminologie)*
vgl. exogenous criminal

endogenous mortality
  endogene Sterblichkeit *f*, natürliche Sterblichkeit *f* (*Demographie*)
  vgl. exogenous mortality
endogenous variable
  endogene Variable *f* (*statistische Hypothesenprüfung*) (*Ökonometrie*)
  vgl. exogenous variable
endogenous variate
  endogene Zufallsgröße *f*, endogene Zufallsvariable *f* (*Statistik*)
endomorphic
  endomorph *adj* (*Anthropologie*)
endomorphy (William F. Sheldon)
  Endomorphie *f* (*Anthropologie*)
endowment (gift, talent, ability, vocation)
  Begabung *f* (*Psychologie*)
energy
  Energie *f*, Tatkraft *f*, Kraft *f*
energy-tight system (closed system, isolated system)
  geschlossenes System *n*, geschlossenes Sozialsystem *n* (*Kybernetik*) (*Soziologie*) (*Systemtheorie*)
enfranchisement
  Einbürgerung *f*, Naturalisierung *f*, Aufnahme *f*
engagement (betrothal)
  Verlobung *f* (*Kulturanthropologie*)
engagement (obligation)
  Verpflichtung *f*, Verbindlichkeit *f*, Engagement *n*, Obliegenheit *f*
engagement theory of ageing
  Aktivitätstheorie *f* des Alterns (*Soziologie des Alterns*)
  vgl. disengagement theory of ageing
Engel curve
  Engelkurve *f*, Einkommen-Konsum-Funktion *f* (*Volkswirtschaftslehre*)
Engel's law
  Engel-Schwabesches Gesetz *n*, Engelsches Gesetz *n* (*Volkswirtschaftslehre*)
engineering psychology
  Maschinenpsychologie *f*, Technikpsychologie *f*, technische Psychologie *f*
engram (memory trace)
  Engramm *n*, Neurogramm *n*, Gedächtnisspur *f* (*Psychologie*)
enquiry (inquiry)
  Enquete *f*, Enquête *f* (*empirische Sozialforschung*)
enriched perception
  angereicherte Wahrnehmung *f*, angereicherte Perzeption *f* (*Psychologie*)
enrichment program (compensatory education)
  kompensatorische Schulausbildung *f* (*Sozialarbeit*)

enrichment theory of perceptual development
  Anreicherungstheorie *f* der Wahrnehmungsentwicklung (*Psychologie*)
entelechy
  Entelechie *f*, Eigengesetzlichkeit *f*, zielgerichtetes Entwicklungsvermögen *n*
enterprise
  Unternehmen *n*, Unternehmung *f* (*Volkswirtschaftslehre*)
entertainment
  Unterhaltung *f* (*Kommunikationsforschung*)
entertainment industry
  Unterhaltungsindustrie *f* (*Kommunikationsforschung*)
entity
  Entität *f*, Wesenheit *f*, Wesen *n*, Gebilde *n* (*Philosophie*)
entrance training (orientation training)
  Einarbeitung *f* (*Arbeitssoziologie*)
entrepreneur
  Unternehmer *m*, Unternehmensleiter *m* *m* (*Industriesoziologie*)
entrepreneuerialism
  Unternehmertum *n*, unternehmerisches Handeln *n* (*Soziologie*)
entrepreneurship
  Unternehmergeist *m*, Unternehmertum *n*, unternehmerischer Geist *m*, unternehmerische Initiative *f* (*Industriesoziologie*)
entropy
  Entropie *f* (*Informationstheorie*)
  vgl. redundancy
entropy of a dynamic system
  Entropie *f* eines dynamischen Systems (*Informationstheorie*)
entropy of a random variable
  Entropie *f* einer Zufallsgröße (einer Zufallsvariablen) (*Stochastik*)
entropy of a trial
  Entropie *f* eines Versuchs (*experimentelle Anlage*)
entry plot
  Parzelle *f* mit Erfassungsmerkmal (*Statistik*)
entry unemployment
  Jugendarbeitslosigkeit *f*, Berufsanfängerarbeitslosigkeit *f*, Arbeitslosigkeit *f* bei Eintritt in das Berufsleben (*Industriesoziologie*)
enumerated population (de facto population, present in-area population)
  de-facto-Bevölkerung *f*, faktische Bevölkerung *f* (*Demographie*)
enumeration
  Zählvorgang *m*, Zählung *f*, Vorgang *m* des Zählens beim Zensus (*Demographie*) (*Statistik*)

enumeration data *pl*
Zähldaten *n/pl*, Aufzählungsdaten *n/pl* *(Demographie) (Statistik)*
enumeration district
Zählbezirk *m*, Zähldistrikt *m* *(Demographie) (Statistik)*
enumerative induction
enumerative Induktion *f*, enumerativer Induktionsschluß *m*, Induktion *f* durch Auszählung *(Statistik)*
enumerative study (enumerative investigation)
Zählstudie *f*, Zähluntersuchung *f* *(empirische Sozialforschung)*
enumerative survey
Zählumfrage *f*, enumerative Umfrage *f* *(empirische Sozialforschung)*
enumerator
Volkszähler *m*, Zähler *m* beim Zensus *(Demographie)*
envelope power function
umhüllende Trennschärfefunktion *f* *(statistische Hypothesenprüfung)*
envelope risk function
umhüllende Risikofunktion *f* *(Statistik)*
environment (setting)
Umwelt *f*, Außenwelt *f*, Umgebung *f*, Umfeld *n* *(Psychologie) (Soziologie) (Sozialökologie)*
environment of marketing (marketing environment)
Marketingumwelt *f* *(Volkswirtschaftslehre)*
envious comparison
neidischer Vergleich *m* *(Sozialpsychologie)* (Leonard Festinger)
environmental assessment
Umweltfolgenbewertung *f*, Umweltfolgeneinschätzung *f* *(Sozialpsychologie/Soziologie)*
environmental confounding
Umweltvermengen *n*, Umweltvariablen-Vermengen *n* *(statistische Hypothesenprüfung)*
environmental design
Umweltgestaltung *f* *(Sozialpsychologie/Soziologie)*
environmental factor
Umweltfaktor *m*, Umwelteinfluß *m*, Umweltbedingung *f* *(Soziologie) (Sozialökologie)*
environmental perception (environmental cognition)
Umweltwahrnehmung *f*, Umwelterkenntnis *f* *(Sozialpsychologie)*
environmental pollution (pollution of the environment, pollution)
Umweltverschmutzung *f*

environmental protection movement (environmental movement)
Umweltschutzbewegung *f*, Umweltbewegung *f* *(politische Wissenschaften)*
environmental protection (protection of the environment)
Umweltschutz *m*
environmental psychology
Umweltpsychologie *f*, psychologische Umweltforschung *f*, ökologische Psychologie *f*
environmental sociology
Umweltsoziologie *f*
environmental stimulus (*pl* stimuli)
Umweltreiz *m*, Umweltstimulus *m* *(Verhaltensforschung)*
environmental stress
Umweltstreß *m* *(Psychologie)*
environmental stressor
Umweltstreßfaktor *m* *(Psychologie)*
environmental study (environmental investigation)
Umweltstudie *f*, Umweltuntersuchung *f*, Untersuchung *f* der städtischen Wohn- und Lebenswelt *(Sozialökologie)*
environmental theory (of leadership)
Umwelttheorie *f* der Führung *(Soziologie)*
environmental variable (Kurt Lewin)
Umweltvariable *f* *(Soziologie) (Sozialökologie)*
environmentalism
Environmentalismus *m* *(Sozialökologie) (Soziologie)*
envy
Neid *m* *(Sozialpsychologie)*
ephemeral group (impermanent group)
ephemere Gruppe *f*, temporäre Gruppe *f*, vorübergehend existierende Gruppe *f* *(Gruppensoziologie)*
ephemeral status
ephemerer Status *m*, temporärer Status *m*, vorübergehend bestehender Status *m* *(Soziologie)*
epidemiology
Epidemiologie *f* *(Sozialpsychologie)*
epigenesis
Epigenese *f*, Epigenesis *f* *(Psychologie)*
epigenetic age (Erik H. Erikson)
epigenetisches Alter *n* *(Psychologie)*
epiphenomenal migration
epiphänomenale Migration *f*, epiphänomenale Abwanderung *f*, epiphänomenale Auswanderung *f*
epiphenomenalism
Epiphänomenalismus *m*, Automatismus *m* *(Psychologie)*

epiphenomenon (pl epiphenomena or epiphenomenons)
Epiphänomen n
episcopal church
Episkopalkirche f, Kirche f mit bischöflicher Verfassung (Religionssoziologie)
episodic conflict (Theodore Caplow)
episodischer Konflikt m
vgl. continuous conflict, terminal conflict
episodic crime
episodische Straftat f, episodisches Verbrechen n (Kriminologie)
episodic movements pl
episodische Bewegungen f/pl, atypische Bewegungen f/pl (Statistik)
episodic reinforcement
episodische Verstärkung f (Verhaltensforschung)
epistemische Korrelation f (Statistik)
epistemology
Epistemologie f, Wissenschaftslehre f, Wissenschaftstheorie f
eponym
Eponym n, Stammvater m, auf eine Person zurückgeführter Gattungsname m (Kulturanthropologie)
eponymic myth
eponymischer Mythos m, Stammvatermythos m (Kulturanthropologie)
equal allocation
Aufteilung f einer Stichprobe (auf gleichgroße Schichten) (Statistik)
equal-appearing intervals scale (equal appearing intervals, Thurstone scale, differential scale)
Thurstone-Skala f, Skala f der gleich erscheinenden Intervalle, Differentialskala f, differentielle Rangordnungsskala f, differentielle Ratingskala f (Skalierung)
equal-appearing intervals scaling (Thurstone technique, method of equal appearing intervals, Thurstone scaling, mean gradations scaling) (Edward L. Thorndike/Louis L. Thurstone)
Thurstone-Technik f, Thurstone-Skalierungstechnik f (Skalierung)
equal discriminability scale
Skala f mit nachträglich bestimmten Abständen (Skalierung)
equal probability of selection method (epsem) (epsem sampling, probability sampling, random sampling)
Wahrscheinlichkeitsauswahlverfahren n, Wahrscheinlichkeitsauswahl f, Wahrscheinlichkeitsstichprobenbildung f, Wahrscheinlichkeitsstichprobenverteilung f (Statistik)

equal-interval scale
Skala f mit gleich großen Abständen (Skalierung)
equal-interval scaling
Methode der gleichgroßen Abstände, Bildung f von Skalen mit gleichgroßen Abständen (Skalierung)
equalitarian family (democratic family)
demokratische Familie f, egalitäre Familie f (Familiensoziologie) (Kulturanthropologie)
equality
Gleichheit f, gleichberechtigte Stellung f (Soziologie)
vgl. inequality
equality of educational opportunity
Gleichheit f der Bildungschancen
equality of opportunity (equal opportunity)
Chancengleichheit f
equality (uniformity, unity)
Gleichförmigkeit f, Gleichmäßigkeit f (Mathematik/Statistik)
equally correlated distribution
gleich korrelierte Verteilung f (Statistik)
equation
Gleichung f (Mathematik/Statistik)
equifinality
Äquifinalität f (Hans Driesch)
equilibration
Aufrechterhaltung f des Gleichgewichts, Herstellung f des Gleichgewichts (Systemtheorie)
equilibrium (pl equilibriums or equilibria)
Gleichgewicht n, Equilibrium n, Gleichgewichtszustand m (Systemtheorie)
equilibrium analysis (pl equilibrium analyses)
Gleichgewichtsanalyse f, Analyse f eines im Gleichgewicht befindlichen Systems (Systemtheorie)
equilibrium distribution
Gleichgewichtsverteilung f (Statistik)
equilibrium model
Gleichgewichtsmodell n (Systemtheorie)
equilibrium of population (pl equilibria or equilibriums)
Bevölkerungsgleichgewicht n (Demographie)
equilibrium point
Gleichgewichtspunkt m (Spieltheorie)
equipotentiality (Karl S. Lashley)
Äquipotentialität f, Ausstattung f mit dem gleichen Wirkungsvermögen, mit der gleichen Kraft, mit der gleichen Fähigkeit (Psychologie)
equisection
Äquisektion f (Skalierung)
equitable game (fair game)
gerechtes Spiel n (Spieltheorie)

equity
  Billigkeit *f*, Gerechtigkeit *f*,
  Unparteilichkeit *f (Volkswirtschaftslehre) (Soziologie)*
equivalence
  Äquivalenz *f*, Gleichwertigkeit *f*
equivalence class
  Äquivalenzklasse *f (Statistik)*
equivalence class of measurable functions
  Äquivalenzklasse *f* meßbarer Funktionen *(Stochastik)*
equivalent deviate
  äquivalente Abweichung *f (Statistik)*
equivalent dose
  äquivalente Dosis *f (Statistik)*
equivalent forms measure of reliability (equivalent forms measure of scale reliability, alternate forms reliability, parallel forms reliability)
  Paralleltestzuverlässigkeit *f*, Paralleltestreliabilität *f (statistische Hypothesenprüfung)*
equivalent forms test (parallel test, alternate forms test, parallel forms test)
  Paralleltest *m (statistische Hypothesenprüfung)*
equivalent groups *pl*
  gleichwertige Gruppen *f/pl (Statistik)*
equivalent groups design (matching, matched groups design, matched individuals design, alternate-forms design, precision matching, precision control)
  Parallelisierung *f*, Matching *n*, Gleichsetzung *f*, Testanlage *f*, Versuchsanlage *f* mit parallelisierten Gruppen, mit statistischen Zwillingen *(statistische Hypothesenprüfung)*
equivalent measure
  äquivalentes Maß *n (Statistik)*
equivalent pairs *pl* **of binomial variables (matched pairs** *pl* **of binomial variables)**
  parallelisierte Paare *n/pl* von binomialen Variablen, gleichartige Paare *n/pl* von binomialen Variablen *(statistische Hypothesenprüfung)*
equivalent sample (replicated sample, replicated subsample, duplicate sample)
  Parallelstichprobe *f*, Parallelauswahl *f*, replizierte Stichprobe *f*, replizierte Unterstichprobe *f (Statistik)*
equivalent sampling (replicated sampling, replicated subsampling, duplicate sampling)
  Parallelauswahlverfahren *n*, Parallelauswahl *f*, Parallelstichprobenverfahren *n*, Parallelstichprobenbildung *f*, repliziertes Auswahlverfahren *n*, replizierte Auswahl *f*, repliziertes Stichprobenverfahren *n*, replizierte Stichprobenbildung *f*, replizierte Unterstichprobenbildung *f (Statistik)*
equivalent stochastic processes *pl*
  äquivalente stochastische Prozesse *m/pl*
equivocation
  Äquivokation *f (Kommunikationsforschung)*
ergasiatry
  Ergasiatrie *f* (Adolf Meyer)
ergasiology
  Ergasiologie *f* (Adolf Meyer)
ergodic distribution of a Markov process
  ergodische Verteilung *f* eines Markov-Prozesses *(Stochastik)*
ergodic hypothesis (*pl* **hypotheses)**
  Ergodenhypothese *f (Stochastik)*
ergodic Markov process
  ergodischer Markov-Prozeß *m (Stochastik)*
ergodic property
  ergodische Eigenschaft *f (Stochastik)*
ergodic theorem
  Ergodensatz *m*, Ergodentheorem *n (Stochastik)*
ergodic theory
  Ergodentheorie *f (Stochastik)*
ergodicity
  Ergodizität *f (Stochastik)*
ergonomics *pl* **als** *sg* **konstruiert**
  Ergonomie *f*
ergotherapy (work therapy)
  Ergotherapie *f*, Arbeitstherapie *f (Psychologie)*
Erlang distribution
  Erlang-Verteilung *f*, Erlangsche Verteilung *f (Warteschlangentheorie)*
Erlang formula (*pl* **formulas** *or* **formulae)**
  Erlang-Formel *f*, Erlangsche Formel *f (Warteschlangentheorie)*
eroticized role
  erotisierte Rolle *f*
erratic movements *pl*
  erratische Bewegungen *f/pl (Statistik)*
erratic tyranny (S. Andreski)
  erratische Tyrannei *f (politische Wissenschaft) (Soziologie)*
error (bias)
  Fehler *m (statistische Hypothesenprüfung)*
error band
  Fehlerbereich *m (statistische Hypothesenprüfung)*
error-choice technique (Philip E. Hammond)
  Fehlerwahlverfahren *n*, Fehlerwahltechnik *f (empirische Sozialforschung)*

error from oversampling (overcoverage error, over-coverage error, oversampling error)
Überquotenfehler *m*, Überrepräsentationsfehler *m* *(Statistik)*
error in equation
systematischer Fehler *m* in der Gleichung *(statistische Hypothesenprüfung)*
error in measurement (measurement error)
Meßfehler *m* *(empirische Sozialforschung)* *(statistische Hypothesenprüfung)*
error in observation (observer error, observer's error, observational error, observer's concept, external concept)
Beobachterfehler *m*, Beobachtereffekt *m* *(Psychologie/empirische Sozialforschung)*
error in variable
Fehler *m* in der Variablen *(statistische Hypothesenprüfung)*
errorless discrimination learning
fehlerloses Unterscheidungslernen *n* *(Verhaltensforschung)*
error margin (margin of error, limit of accuracy)
Fehlerintervall *n*, Fehlerspielraum *m*, Fehlerbereich *m* *(statistische Hypothesenprüfung)*
error mean-square (mean square error (MSE) (error term, mean square) (MS)
mittleres Fehlerquadrat *n* *(statistische Hypothesenprüfung)*
error of estimation (error of estimate, estimation error)
Schätzfehler *m* *(Statistik)*
error of the first kind (error of first kind, error of the first type, error of first type, type I error, alpha error, α error)
Fehler *m* erster Art, Fehler *m* der ersten Art, Alpha-Fehler *m* *(statistische Hypothesenprüfung)*
error of the second kind (error of second kind, error of the second type, error of second type, type II error, beta error, β error)
Fehler *m* zweiter Art, Fehler *m* der zweiten Art, Beta-Fehler *m* *(statistische Hypothesenprüfung)*
error of the third kind (error of third kind, error of the third type, error of third type, type III error)
Fehler *m* dritter Art, Fehler *m* der dritten Art *(statistische Hypothesenprüfung)*
error rate (alpha error rate)
Fehlerrate *f* *(statistische Hypothesenprüfung)* *(empirische Sozialforschung)*
error reducing power
Vermögen *n*, Fehler zu verringern *(statistische Hypothesenprüfung)*

error sum of squares (residual sum of squares, discrepance, discrepancy)
Restsumme *f* der Abweichungsquadrate *(Statistik)*
error term (residual, residual term)
1. Restgröße *f*, Restwert *m*, Restdifferenz *f*, Residuum *n* *(Mathematik/Statistik)*
2. residuell, übrigbleibend, zurückbleibend *adj* *(Mathematik/Statistik)*
error variance (residual variance)
Fehlervarianz *f* *(statistische Hypothesenprüfung)*
escalation
Eskalation *f*
escape behavior (brit escape behaviour, flight behavior, brit flight behaviour)
Fluchtverhalten *n* *(Psychologie)* *(Verhaltensforschung)*
escape conditioning (negative reinforcement)
negative Verstärkung *f* *(Verhaltensforschung)*
escape drinking
eskapistischer Alkoholismus *m*, eskapistisches Trinken *n* *(Psychologie)*
escape mechanism (flight mechanism)
Fluchtmechanismus *m* *(Psychologie)* *(Verhaltensforschung)*
escape response (escaping, flight reaction, flight response)
Fluchtreaktion *f* *(Psychologie)* *(Verhaltensforschung)*
escape training (flight training)
Fluchttraining *n* *(Verhaltenstherapie)*
escapism
Eskapismus *m* *(Soziologie)* *(Psychologie)* *(Verhaltensforschung)*
eschatology
Eschatologie *f*, Lehre *f* von den letzten Dingen *(Philosophie)*
espace action
durch Handeln erfüllter Lebensraum *m* *(Psychologie)*
esprit de corps (group mind, team spirit)
Korpsgeist *m*, Teamgeist *m*, Gruppengeist *m*, Gruppenbewußtsein *n*, Mannschaftsgeist *m*, Kollektivgeist *m* *(Gruppensoziologie)*
essence (substance, essential aspect)
Substanz *f*, Wesen *n* *(Philosophie)*
essential state (of a Markov chain)
wesentlicher Zustand *m*, einer Markovschen Kette *(Stochastik)*
essentialism (methodological essentialism)
Essentialismus *m*, Wesenslehre *f*, Begriffsrealismus *m* *(Philosophie)*

established career (Joseph R. Gusfield)
stabilisierte Karriere *f* *(Organisationssoziologie)*
vgl. directed career, undirected career
established sect
etablierte Sekte *f* *(Religionssoziologie)*
establishment
Establishment *n*
estate
1. Landsitz *m*, Gut *n*, Anwesen *n*
2. Stand *m* *(Soziologie)*
estate economy (manorial economy, seignorial economy)
Gutsherrensystem *n*, Grundherrensystem *n*, System *n* der gutsherrlichen Landwirtschaft, Gutswirtschaft *f*, Gutsherrenwirtschaft *f*, Gutsherrschaft *f* *(Volkswirtschaftslehre)*
estate society (corporate society)
Ständegesellschaft *f*, ständische Gesellschaft *f*, ständische Gesellschaftsordnung *f* *(Soziologie)*
estate system (corporate system, corporatism, corporativism)
Ständesystem *n*, System *n* des Ständestaats, System *n* der ständischen Gesellschaft *(Soziologie)*
esteem
Wertschätzung *f*, Achtung *f*, Ansehen *n* *(Psychologie)*
esteem need (Abraham H. Maslow)
Achtungsbedürfnis *n*, Bedürfnis *n* nach Achtung, Bedürfnis *n* nach Wertschätzung *(Psychologie)*
estimability (unbiasedness, brit unbiassedness)
Erwartungstreue *f* *(Statistik)*
vgl. biasedness
estimand (true value)
Estimand *n*, Estimandum *n*, wahrer Wert *m* *(statistische Hypothesenprüfung)*
estimate
Schätzung *f*, Schätzwert *m* *(Statistik)*
estimate efficiency (relative efficiency of an estimator)
Schätzeffizienz *f*, relative Effizienz *f* einer Schätzfunktion *(statistische Hypothesenprüfung)*
estimate efficiency
Schärfe *f* eines Tests *(statistische Hypothesenprüfung)*
estimated standard error of the estimator (computed standard error, standard error of the estimate)
rechnerischer Standardfehler *m* *(Statistik)*
estimating equation
Schätzgleichung *f* *(Statistik)*
estimation
Schätzung *f*, Schätzen *n* *(Statistik)*

estimation process
Schätzvorgang *m*, Schätzprozeß *m* *(Statistik)*
estimation technique (method of estimation, estimating method)
Schätzmethode *f*, Schätzverfahren *n*, Schätzungsverfahren *n* *(Statistik)*
estimation testing
Testen *n* von Schätzungen, Prüfung *f* von Schätzungen *(Statistik)*
estimation theory
Schätztheorie *f* *(Statistik)*
estimator
Schätzfunktion *f* *(Statistik)*
estrangement (alienation)
Entfremdung *f*, Entäußerung *f*, Alienation *f*, Entwirklichung *f* *(Philosophie)*
estrangement from work (work alienation, alienation from work, alienation of labor)
Entfremdung *f* von der Arbeit *(Philosophie)* *(Industriesoziologie)*
eta coefficient (eta squared, η^2, correlation ratio)
Eta-Koeffizient *m*, Korrelationsverhältnis *n* *(Statistik)*
etatism
Etatismus *m* *(politische Wissenschaften)*
eternalism
Eternalismus *m* *(Philosophie)*
eternalistic eschatology
eternalistische Eschatologie *f* *(Philosophie)*
ethclass (M. M. Gordon)
ethnische Schicht *f*, ethnische Klasse *f* *(Soziologie)*
ethical dualism
ethischer Dualismus *m* *(Philosophie)*
ethical relativism
ethischer Relativismus *m* *(Philosophie)*
ethical relativity
ethische Relativität *f* *(Philosophie)*
ethics *pl als sg konstruiert*
Ethik *f*, ethische Grundsätze *m/pl*, Sittenlehre *f*, Sittlichkeit *f*, Moral *f*
ethnic
ethnisch, volklich, völkisch *adj*
ethnic association
ethnischer Verband *m*, ethnische Vereinigung *f* *(Soziologie)*
ethnic attitude
Einstellung *f*, Haltung *f* gegenüber ethnischen Minderheiten, gegenüber einer ethnischen Minderheit *(Sozialpsychologie)*

ethnic attitude
Haltung *f*, Einstellung *f* gegenüber ethnischen Minderheiten, gegenüber einer ethnischen Minderheit *(Sozialpsychologie)*
ethnic class (ethclass)
ethnische Klasse *f*, ethnische Schicht *f* *(Soziologie)*
ethnic concentration
ethnische Konzentration *f (Soziologie)*
ethnic consciousness (ethnic identity, ethnic identification)
ethnisches Bewußtsein *n*, ethnische Identität, *Bewußtsein n* der eigenen ethnischen Identität, Identifizierung *f* mit der eigenen ethnischen Gruppe *(Sozialpsychologie)*
ethnic culture
ethnische Kultur *f*, Volksgruppenkultur *f*, Kultur *f* einer ethnischen Gruppe *(Soziologie)*
ethnic discrimination
ethnische Diskriminierung *f*, Diskriminierung *f* wegen Zugehörigkeit zu einer ethnischen Gruppe *(Sozialpsychologie)*
ethnic distance quotient (EDQ)
ethnischer Distanzquotient *m*, ethnisches Distanzverhältnis *n (Sozialökologie)*
ethnic group
ethnische Gruppe *f*, Volksgruppe *f*, ethnische Minderheit *f*, Volkstumsgruppe *f* *(Soziologie)*
ethnic group relations *pl* **(ethnic relations** *pl***)**
Volksgruppenbeziehungen *f/pl*, Beziehungen *f/pl* zwischen ethnischen Gruppen, ethnische Beziehungen *f/pl (Sozialpsychologie)*
ethnic minority
ethnische Minderheit *f*, Volksgruppenminderheit *f*, Minderheitsvolksgruppe *f* *(Soziologie)*
ethnic party
Volksgruppenpartei *f*, ethnische Partei *f* *(politische Wissenschaften)*
ethnic peer
Angehörige(r) *f(m)* der eigenen Volksgruppe, der eigenen ethnischen Gruppe *(Soziologie) (Sozialpsychologie)*
ethnic pluralism
ethnischer Pluralismus *m*, Pluralismus *m* der ethnischen Minderheiten, Volksgruppenpluralismus *m (Soziologie)*
ethnic prejudice
ethnisches Vorurteil *n*, Vorurteil *n* gegenüber einer ethnischen Gruppe, einer ethnischen Minderheit *(Sozialpsychologie)*

ethnic segregation
ethnische Segregation *f*, Segregation *f* ethnischer Gruppen, getrennte gesellschaftliche Entwicklung *f* ethnischer Gruppen *(Soziologie)*
ethnic slum
ethnischer Slum *m*, Slum *m* einer ethnischen Gruppe, einer ethnischen Minderheit *(Sozialökologie)*
ethnic stereotype
ethnisches Stereotyp *n*, Stereotyp *n* über eine ethnische Gruppe, über eine ethnische Minderheit *(Sozialpsychologie)*
ethnic stratification
ethnische Schichtung *f*, ethnische Stratifizierung *f*, Schichtung *f* nach ethnischen Gruppen *(Soziologie)*
ethnic transposition
Umvolkung *f*, ethnische Transposition *f* *(Kulturanthropologie)*
ethnic zoning
ethnische Zonenbildung *f*, zwangsweise Bildung *f* ethnischer Zonen, zwangsweise Bildung *f* ethnisch getrennter Siedlungszonen, ethnisch getrennter Stadtgebiete *(Sozialökologie)*
ethnic-group movement (ethnic group movement, ethnic movement)
Volksgruppenbewegung *f* *(Sozialpsychologie) (Soziologie)*
ethnicity
1. ethnisches Identitätsgefühl *n*, Gefühl *n* der ethnischen Identität, der Volksgruppenzugehörigkeit *(Sozialpsychologie)*
2. Ethnizität *f*, Volksgruppenzugehörigkeit *f (Sozialpsychologie)*
ethno-law
ethnische Rechtskunde *f*, ethnische Rechtslehre *f*
ethno-logic (Claude Lévi-Strauss)
Ethnologik *f (Kulturanthropologie)*
ethnocentric nationalism
ethnozentrischer Nationalismus *m*
ethnocentric personality
ethnozentrische Persönlichkeit *f*, ethnozentrischer Charakter *m* *(Psychologie)*
ethnocentrism (William G. Sumner) (sociocentrism)
Ethnozentrismus *m (Sozialpsychologie)*
ethnocracy
Ethnokratie *f*, Herrschaft *f* einer Volksgruppe *(Ethnologie)*
ethnoexpansionism (Richard LaPierre)
ethnischer Expansionismus *m*, ethnischer Expansionsdrang *m (Soziologie)*

ethnogeny
Ethnogenese f, Ethnogenesis f, Lehre f von der Entstehung der Völker (Ethnologie)
ethnogeography
Ethnogeographie f (Ethnologie)
ethnographic map
ethnographische Landkarte f, ethnographische Karte f (Ethnologie)
ethnographic semantics pl
ethnographische Semantik f (Soziolinguistik)
ethnographic theory
ethnographische Theorie f (Ethnologie)
ethnographic unit
ethnographische Untersuchungseinheit f (Ethnologie)
ethnography
Ethnographie f, beschreibende Völkerkunde f (Ethnologie)
ethnohistory
historische Ethnographie f, historische Völkerkunde f
ethnolinguistics pl als sg konstruiert
ethnische Linguistik f, ethnische Sprachkunde f (Soziolinguistik)
ethnology
Ethnologie f, vergleichende Völkerkunde f, vergleichende Völkerforschung f (Kulturanthropologie)
ethnomethodology (Harold Garfinkel)
Ethnomethodologie f (empirische Sozialforschung) (Soziologie)
ethnophilosophy
Ethnophilosophie f
ethnopsychiatry
Ethnopsychiatrie f
ethnopsychology
Ethnopsychologie f, Völkerpsychologie f
ethnoreligious group
ethnoreligiöse Gruppe f
ethnosemantics pl als sg konstruiert **(ethnological semantics** pl als sg konstruiert**, anthropological semantics** pl als sg konstruiert**)**
Ethnosemantik f, ethnologische Semantik f, völkerkundliche Semantik f
ethnosociology
Ethnosoziologie f
ethologism
Ethologismus m
ethology
Ethologie f, vergleichende Verhaltensforschung f, Verhaltensforschung f
ethos
1. Ethos n, sittlicher Gehalt m einer Kultur, Zeitgeist m (Philosophie) (Kulturanthropologie)
2. sittliches Wollen n, Sitte f, ethischer Grundsatz m (Philosophie)

etic (Kenneth L. Pike)
etisch adj (Kulturanthropologie)
vgl. emic
etiology
Ätiologie f, Ursachenforschung f, Ursachenlehre f, Lehre f von Ursache und Wirkung (Theorie des Wissens)
etiology of crime
Kriminalitätsätiologie f (Kriminalsoziologie)
etiquette
Etikette f, gute Sitte f, Zeremoniell n (Soziologie)
Euclidean distance
euklidische Distanz f, Euklid-Distanz f (Mathematik/Statistik)
eudaemonics pl als sg konstruiert
Eudämonie f, Eudämonismus m, Lehre f von der Glückseligkeit f, Mittel n/pl zum Glück (Philosophie)
eufunction
Eufunktion f (strukturell-funktionale Theorie)
vgl. dysfunction
eufunctional
eufunktional adj (strukturell-funktionale Theorie)
vgl. dysfunctional
eufunctional conflict
eufunktionaler Konflikt m (strukturell-funktionale Theorie)
vgl. dysfunctional conflict
eufunctional system
eufunktionales System n (strukturell-funktionale Theorie)
vgl. dysfunctional system
eugenic
eugenisch, rassehygienisch adj
eugenic abortion
eugenische Abtreibung f, rassehygienische Abtreibung f, Abtreibung f aus eugenischen Gründen, aus genetischen Gründen,
eugenic policy
eugenische Politik f, Politik f der Rassehygiene
eugenics pl als sg konstruiert **(population eugenics** pl als sg konstruiert**, race hygiene)**
Eugenik f, Rassehygiene f
Euler's second integral (gamma function, γ function, γ-function)
Eulers zweites Integral n, Gammafunktion f, γ-Funktion f (Statistik)
eunomia (eunomie) (Alfred R. Radcliffe-Brown)
Eunomie f (Soziologie)
euphoria
Euphorie f (Psychologie)

euphorimeter
Euphorimeter *n (Psychologie/empirische Sozialforschung)*
eustress
Eustress *m (Psychologie)*
eustructure
Eustruktur *f (strukturell-funktionale Theorie)*
vgl. dysstructure
euthanasia
Euthanasie *f*
euthenics *pl als sg konstruiert*
Euthenik *f*
evacuation
Evakuierung *f*
evaluated participation (Evaluated Participation) (EP, E. P.) (William Lloyd Warner)
Partizipationsbewertung *f*, Teilnahmebewertung *f*, Teilhabebewertung *f*, evaluierte Partizipation *f (Soziologie)*
evaluation
Evaluierung *f*, Evaluation *f*, Bewertung *f*, Beurteilung *f*, Auswertung *f*
evaluation apprehension (Milton J. Rosenberg)
Bewertungsangst *f*, Bewertungsfurcht *f*, Beurteilungsangst *f* (in Experimenten) *(statistische Hypothesenprüfung)*
evaluation of communication(s) (communication(s) evaluation)
Kommunikationsevaluation *f*, Kommunikationsevaluierung *f*
evaluation research (policy evaluation, program evaluation, evaluative research)
Evaluationsforschung *f*, Evaluierungsforschung *f (Sozialforschung)*
evaluative assertion analysis *(pl* **analyses) (Charles H. Osgood)**
evaluative Aussagenanalyse *f (Kommunikationsforschung)*
evaluative common meaning term
bewertender Begriff *m* mit allgemeiner Bedeutung *(Kommunikationsforschung)*
evaluative factor
als Bewertung interpretierter Faktor *m (Faktorenanalyse)*
evaluative judgment
bewertendes Urteil *n*, Bewertung *f*, Bewertungsurteil *n (Sozialpsychologie) (Soziologie)*
evaluative mode (of motivational orientation) (Talcott Parsons and Edward A. Shils)
Bewertungsmodus *m* (der Motivorientierung) *(Theorie des Handelns)*
vgl. cathectic mode (of motivational orientation)

evaluative need
Bewertungsbedürfnis *n*, Evaluationsbedürfnis *n (Psychologie)*
evangelism
Evangelismus *m*, Bekehrungstätigkeit *f*, Bekehrungseifer *m*, Evangelismusgläubigkeit *f (Religionssoziologie)*
even summation
Summation *f* einer geraden Anzahl von Summanden *(Mathematik/Statistik)*
vgl. odd summation
evening college
Abenduniversität *f*
evening school (night school)
Abendschule *f*
event
Ereignis *n (Wahrscheinlichkeitstheorie)*
event analysis *(pl* **analyses)**
Ereignisanalyse *f (Soziologie)*
event space
Ereignisraum *m (Wahrscheinlichkeitstheorie)*
event tree
Ereignisbaum *m*, Ereignisdiagramm *n*, Zweigdiagramm *n*, Baumdiagramm *n (Wahrscheinlichkeitstheorie)*
event-system theory (Gordon W. Allport)
Ereignis-System-Theorie *f*, Theorie *f* der Ereigniszyklen *(Soziologie)*
evoked set (consideration frame)
relevante Vergleichsinformation *f*, relevante Vergleichsdaten *n/pl (Soziologie) (Psychologie)*
evolution
Evolution *f*
vgl. revolution
evolutionary
evolutionär *adj*
vgl. revolutionary
evolutionary anthropology
Evolutionsanthropologie *f*
evolutionary change
evolutionärer Wandel *m (Kulturanthropologie)*
vgl. revolutionary change
evolutionary process (nonstationary process)
nichtstationärer Prozeß *m*, nichtstationärer stochastischer Prozeß *m*
evolutionary sociology
Evolutionssoziologie *f*
evolutionary theory
Evolutionstheorie *f*
evolutionary universals *pl* **(Talcott Parsons)**
evolutionäre Universalien *n/pl (strukturell-funktionale Theorie)*
evolutionism (evolutism)
Evolutionismus *m*

ex post facto experiment (after-only experiment)
Ex-post-facto-Experiment *n*, Ex-post-facto-Versuch *m*, restrospektives Experiment *n*, natürliches Experiment *n* *(statistische Hypothesenprüfung)*
ex post facto experimental design (ex post facto design, after only design)
Ex-post-facto-Anlage *f*, experimentelle Ex-post-facto-Anlage *f* *(statistische Hypothesenprüfung)*
ex post facto explanation (ex post facto analysis, *pl* **analyses)**
Ex-post-facto-Erklärung *f*, Ex-post-facto-Analyse *f* *(Theorie des Wissens)*
ex post facto law
rückwirkendes Gesetz *n*
exact chi-squared test
exakter Chi-Quadrat-Test *m* *(statistische Hypothesenprüfung)*
exaggerating contamination
übertreibende Ansteckung *f* *(statistische Hypothesenprüfung)*
excess
Exzeß *m*, Steilheit *f*, Wölbung *f* *(Statistik)*
exchange
Austausch *m*, Tausch *m*, Umtausch *m*
exchange of women (marital exchange)
Frauentausch *m* *(Kulturanthropologie)*
exchange theory (Peter M. Blau)
Austauschtheorie *f* *(Soziologie)*
exchange value (value in exchange)
Tauschwert *m* *(Volkswirtschaftslehre)*
exchangeability (interchangeability)
Austauschbarkeit *f*, Auswechselbarkeit *f*
exhaustive sample (census, complete census)
Vollerhebung *f*, Totalerhebung *f*, Zensus *m*, Volkszählung *f*, Auszählung *f* *(Demographie) (Statistik)*
exhaustive sampling plan (census schedule)
Vollerhebungsplan *m*, Totalerhebungsplan *m*, Zensusplan *m* *(Statistik)*
excitability
Erregbarkeit *f* *(Verhaltensforschung)*
excitation (excitement, arousal)
Erregung *f*, Arousal *f* *(Verhaltensforschung)*
excitatory potential (reaction potential) (Clark L. Hull) (excitatory force)
Reaktionspotential *n* *(Verhaltensforschung)*
exclave
Exklave *f* *(Sozialökologie)*
vgl. enclave
excommunication
Exkommunizierung *f*, Exkommunikation *f* *(Religionssoziologie)*

executive
1. exekutiv, ausübend, vollziehend, Vollzugs- *adj*
2. Exekutive *f*, ausübende Gewalt *f*, vollziehende Gewalt *f*, Vollzugsgewalt *f*, Vollziehungsgewalt *f* *(politische Wissenschaft)*
3. leitender Angestellter *m*, Manager *m*, Geschäftsführer *m*, Geschäftsleiter *m*, Unternehmensleiter *m*
executive authority (positional authority)
Amtsautorität *f* Amtsträgerschaftsautorität *f*, Positionsautorität *f* *(Organisationssoziologie)*
executive branch lobbying
Lobbyismus *m*, Interessenvertretung *f* bei den Regierungsbehörden (bei der Regierung, bei der Verwaltung) *(politische Wissenschaften)*
executive interview
Umfrage *f* unter Managern, unter leitenden Angestellten *(empirische Sozialforschung)*
executive interviewing (executive survey)
Managerbefragung *f*, Befragung *f* von Managern, leitenden Angestellten, Geschäftsführern *(empirische Sozialforschung)*
executive management
Unternehmensleitung *f*, Unternehmensführung *f*, Betriebsführung *f* *(Organisationssoziologie)*
executive policy
Leitungspolitik *f*, Leitungsgrundsätze *m/pl* *(Organisationssoziologie)*
exemplary punishment
exemplarische Strafe *f*, abschreckende Strafe *f* *(Kriminologie)*
exhaustive ballot
K. O. System *n* der Wahl *(politische Wissenschaften)*
exhaustive categorization (exhaustive classification, exhaustive set)
erschöpfende Kategorisierung *f*, erschöpfende Klassifizierung *f*, erschöpfende Klassifikation *f*
exile
1. Exil *n*
2. Exilant *m*
existential analysis (*pl* analyses)
Daseinsanalyse *f*, Existenzanalyse *f*
existential determination
Seinsverbundenheit *f*, Standortgebundenheit *f* des Denkens) (Karl Mannheim) *(Theorie des Wissens)*
existential psychology
Existenzpsychologie *f*, existentielle Psychologie *f*

existentialism
Existentialismus *m*, Existenzphilosophie *f* *(Philosophie)*

existentially connected
seinsverbunden *adj* *(Philosophie)*

exit poll (voter poll, election day poll, intercept poll)
Sofortinterview *n*, Sofortbefragung *f*, Nachwahlinterview *n*, Nachwahlbefragung *f*, Wählerbefragung *f*, Wählerumfrage *f* *(Meinungsforschung)*

exit polling (intercept interviewing, intercept polling)
Sofortbefragung *f*, Durchführung *f* von Sofortbefragungen, Nachwahlbefragung *f*, Durchführung *f* von Nachwahlinterviews *(Umfrageforschung)*

exogamous deme (exo-deme) (George P. Murdock)
exogame Gemeinschaft *f*, exogame Gemeinde *f* *(Kulturanthropologie)*
vgl. endogamous deme

exogamous group (George P. Murdock)
exogame Gruppe *f* *(Kulturanthropologie)*
vgl. endogamous group

exogamy (out marriage)
Exogamie *f*, Fremdheirat *f*, Außenheirat *f* *(Familiensoziologie)* *(Kulturanthropologie)*
vgl. endogamy

exogenic criminal
exogener Krimineller *m*, exogener Straftäter *m*, exogener Verbrecher *m* *(Kriminologie)*
vgl. endogenic criminal

exogenous (exogenic, exogenetic)
exogen *adj*
vgl. endogenous

exogenous change
exogener Wandel *m*, Wandel *m* von außen heraus, außenbürtiger Wandel *m* *(Soziologie) (Kulturanthropologie)*
vgl. endogenous change

exogenous criminal
exogener Straftäter *m*, exogener Krimineller *m* *(Kriminologie)*
vgl. endogenous criminal

exogenous mortality
exogene Sterblichkeit *f* *(Demographie)*
vgl. endogenous mortality

exogenous variable
exogene Zufallsgröße *f*, exogene Zufallsvariable *f* *(Statistik)*
vgl. endogenous variable

exogenous variate
exogene Variable *f*, Außenvariable *f* *(statistische Hypothesenprüfung)*
vgl. exogenous variable

exolinguistics *pl als sg konstruiert*
Exolinguistik *f*

expansion
Gebietserweiterung *f*, Gebietsvergrößerung *f*, Expansion *f* *(Soziologie)*

expansion factor (projection factor, inflation factor, raising factor)
Hochrechnungsfaktor *m* *(Mathematik/Statistik)*

expansion of capital (expansion capital, expansion)
Kapitalausweitung *f*, Zunahme *f* des Notenumlaufs) *(Volkswirtschaftslehre)*

expatriate
Ausgebürgerter *m*, Exilant *m*, des Landes Verwiesener *m*, Ausgewiesener *m*

expatriation
Ausbürgerung *f* Ausweisung *f*, Verbannung *f*, Expatriierung *f*, Aberkennung *f* der Staatsangehörigkeit, Verweisung *f*

expectancy (Edward C. Tolman)
Erwartung *f* *(Theorie des Lernens)*

expectancy control group (Robert Rosenthal)
Erwartungs-Kontrollgruppe *f* *(statistische Hypothesenprüfung)*

expectancy table
Mortalitätstafel *f*, Lebenserwartungstafel *f* *(Demographie)*

expectancy theory (Victor Vroom)
Erwartungstheorie *f* *(Organisationssoziologie)*

expectation
Erwartung *f*

expectation bias (interviewer bias, experimenter bias, experimenter effect, error of expectation, expectancy bias, expectancy error)
Erwartungsfehler *m*, Erwartungsverzerrung *f* *(empirische Sozialforschung)*

expectation of life (life expectancy, life expectation)
Lebenserwartung *f*, mittlere Lebenserwartung *f* *(Demographie)*

expectation of sequence
Abfolgeerwartung *f* *(Psychologie)*

expectation states theory (theory of expectation states)
Theorie *f* der Erwartungszustände *(Soziologie)*

expectation vector
Erwartungswertvektor *m* *(Statistik)*

expected frequency (theoretical frequency)
Erwartungshäufigkeit *f*, erwartete Häufigkeit *f* *(statistische Hypothesenprüfung)*

expected probit
erwarteter Probitwert *m* *(Statistik)*

expected value (E) (expectation, mathematical expectation)
Erwartungswert *m* *(Statistik)*
expected value functional
Erwartungswertfunktional *n* *(Statistik)*
expedient conformity
selbstsüchtige Konformität *f*, zweckdienliche Konformität *f*, berechnende Konformität *f*, Konformität *f* aus reinen Zweckmäßigkeitserwägungen *(Sozialpsychologie)*
expedient rationality (Howard S. Becker)
1. selbstsüchtige Rationalität *f*, selbstsüchtige Zweckrationalität *f*, berechnende Rationalität *f* *(Soziologie)*
2. → instrumental rationality
expellee (displaced person (DP)
Heimatvertriebener *m*, Vertriebener *m*
experience actual (Samuel J. Beck)
Erfahrungswirklichkeit *f* *(Philosophie)*
experience curce
Erfahrungskurve *f* *(Psychologie)* *(Volkswirtschaftslehre)*
experience
1. Erfahrung *f*
2. Erfahrungs- *adj*
experience type (experience balance)
Erlebnistyp *m*, Erlebnistypus *m* (Hermann Rorschach) *(Psychologie)*
experienced labor force
Berufstätige *m/pl* einschließlich der Arbeitslosen *(Demographie)* *(Industriesoziologie)*
experiential time (psychological time)
Zeiterleben *n* *(Psychologie)*
experiment
Experiment *n*, Versuch *m* *(statistische Hypothesenprüfung)*
experimental condition (test condition)
experimentelle Bedingung *f*, Experimentalbedingung *f*, Testbedingung *f* *(statistische Hypothesenprüfung)*
experimental control (controlling a factor)
experimentelle Kontrolle *f* *(statistische Hypothesenprüfung)*
experimental design (design, experimental plan)
experimentelle Anlage *f*, experimentelle Versuchsanlage *f*, Versuchsanordnung *f*, Versuchsanlage *f* *(statistische Hypothesenprüfung)*
experimental error (experimental bias)
experimenteller Fehler *m*, Versuchsfehler *m*, Testfehler *m* *(statistische Hypothesenprüfung)*
experimental group
Experimentalgruppe *f*, experimentelle Gruppe *f*, Versuchsgruppe *f* *(statistische Hypothesenprüfung)*

experimental interview (test interview, trial interview)
Testinterview *n*, experimentelles Interview *n*, Probeinterview *n*, Probebefragung *f* *(Psychologie/empirische Sozialforschung)*
experimental manipulation
experimentelle Manipulation *f*, Experimentalmanipulation *f* *(statistische Hypothesenprüfung)*
experimental method
experimentelle Methode *f*, Methode *f* des Experiments *(Psychologie/empirische Sozialforschung)*
experimental mortality
experimentelle Mortalität *f* *(statistische Hypothesenprüfung)*
experimental psychology
experimentelle Psychologie *f*
experimental research (causal research)
experimentelle Forschung *f*
experimental treatment (treatment)
Experimentalhandlung *f*, experimentelle Handlung *f*, experimentelles Manipulation *f*, experimentelles Treatment *n*, Testhandlung *f* *(statistische Hypothesenprüfung)*
experimental unit
Experimentaleinheit *f*, experimentelle Einheit *f*, Testeinheit *f*, Versuchseinheit *f* *(statistische Hypothesenprüfung)*
experimental variable (test variable)
Testvariable *f*, Experimentalvariable *f*, experimentelle Variable *f*, unabhängige Variable *f* im Experiment, Prüfvariable *f*, Testgröße *f*, Testfaktor *m* *(statistische Hypothesenprüfung)*
experimentation
Experimentation *f*, Experimentieren *n*, Durchführung *f* von Experimenten *(Sozialforschung)*
experimenter (E)
Experimentator *m*, Versuchsleiter *m* (VL) *(statistische Hypothesenprüfung)*
experimenter bias (experimenter effect, experimenter attribute, experimenter expectancy, Pygmalion effect, Rosenthal effect)
Versuchsleiterfehler *m*, Experimentatorfehler *m*, Versuchsleiter-Erwartungseffekt *m*, Experimentator-Effekt *m*, Versuchsleiter-Effekt *m*, Rosenthaleffekt *m* *(statistische Hypothesenprüfung)*
experimentum crucis (crucial experiment, critical experiment)
Entscheidungsexperiment *n*, entscheidendes Experiment *n*, experimentum crucis *n* *(statistische Hypothesenprüfung)*

expert

expert
1. Experte *m*, Fachmann *m*
2. fachmännisch, fachkundig, sachkundig *adj*

expert power (expert authority)
Fachautorität *f*, Expertenautorität *f*, funktionale Autorität *f*, Sachautorität *f* (*Organisationssoziologie*)

expertness
Fachkundigkeit *f*, Sachkundigkeit *f*, Sachkunde *f*, Sachverstand *m*, Sachverständigkeit *f*

experts' survey (survey among experts, expert-opinion technique, key-informant technique)
Expertenbefragung *f*, Umfrage *f* unter Experten (*empirische Sozialforschung*)

explanandum
Explanandum *n*, singuläre Aussage *f*, das zu Erklärende *n* (*Theorie des Wissens*)

explanans (explanation)
Explanans *n*, generelle Aussage *f* (*Theorie des Wissens*)

explanatory variable (independent variable, x variable, cause variable, predictor variable, regressor)
unabhängige Variable *f*, unabhängige Veränderliche *f*, ursächliche Variable *f*, verursachende Variable *f* (*statistische Hypothesenprüfung*)
vgl. dependent variable

explication (Rudolf Carnap)
Explikation *f*, Begriffsexplikation *f* (*Theorie des Wissens*)

explicit culture
explizite Kultur *f* (*Kulturanthropologie*)
vgl. implicit culture

explicit theory
explizite Theorie *f*, explizit formulierte Theorie *f* (*Theoriebildung*)
vgl. implicit theory

explicit value
expliziter Wert *m*, explizit formulierter Wert *m*
vgl. implicit value

exploitation
Ausbeutung *f*, Exploitation *f* (*Volkswirtschaftslehre*)

exploration
Exploration *f*, Erkundung *f* (*Psychologie/empirische Sozialforschung*)

exploration research (exploratory research)
Explorationsforschung *f*, Erkundungsforschung *f* (*Psychologie/empirische Sozialforschung*)

explorative research (qualitative research, subjective research, soft research)
qualitative Forschung *f*, Intensivforschung *f*, Tiefenforschung *f* (*Psychologie/empirische Sozialforschung*)
vgl. quantitative research

exploratory interview (pilot interview)
Pilotinterview *n*, Pilotbefragung *f*, Leitstudieninterview *n*, Erkundungsinterview *n* (*empirische Sozialforschung*)

exploratory study (pilot study, pilot survey, pilot investigation, formulative study)
exploratorische Studie *f*, Leitstudie *f*, Vorstudie *f*, Vorerhebung *f*, Erkundungsstudie *f*, Erkundungsuntersuchung *f*, Voruntersuchung *f*, Probebefragung *f*, Teststudie *f* (*empirische Sozialforschung*)

explosion of a process
Explosion *f* eines Prozesses (*Stochastik*)

explosive stochastic difference equation
explosive stochastische Differenzgleichung *f*

exponent
Exponent *m*, Hochzahl *f* (*Mathematik/Statistik*)

exponential
Exponentialgröße *f* (*Mathematik/Statistik*)

exponential curve
Exponentialkurve *f*, exponentielle Kurve *f* (*Statistik*)

exponential density function
exponentielle Dichtefunktion *f* (*Statistik*)

exponential distribution
Exponentialverteilung *f* (*Statistik*)

exponential family
Exponentialfamilie *f* (*Statistik*)

exponential function
Exponentialfunktion *f*, exponentielle Funktion *f* (*Statistik*)

exponential growth
exponentielles Wachstum *n* (*Sozialökologie*) (*Demographie*)

exponential regression
exponentielle Regression *f*, Exponentialregression *f* (*Statistik*)

exponential smoothing
exponentielle Glättung *f*, exponentielles Glätten *n* (*Statistik*)

exponential trend
exponentieller Trend *m* (*Statistik*)

exposure
Kontakt *m*, sozialer Kontakt *m* (*Soziologie*)

expression
Terminus *m*, Audruck *m* (*Logik*)

expressive action (Talcott Parsons)
expressives Handeln *n* (*Theorie des Handelns*)
vgl. instrumental action

expressive behavior (*brit* **expressive behaviour**)
expressives Verhalten *n*, Ausdrucksverhalten *n*, nicht zielgerichtetes Verhalten *n* (*Verhaltensforschung*)
vgl. instrumental
expressive communication
expressive Kommunikation *f* (*Kommunikationsforschung*)
vgl. instrumental communication
expressive conflict
expressiver Konflikt *m* (*Soziologie*)
vgl. instrumental conflict
expressive control (Erving Goffmann)
expressive Kontrolle *f*, Ausdruckskontrolle *f* (*Soziologie*)
expressive crowd
expressive Masse *f*, expressive Menge *f* (*Sozialpsychologie*)
expressive crowd behavior (*brit* **behaviour**)
expressives Massenverhalten *n*, expressives Verhalten *n* einer Masse (*Sozialpsychologie*)
expressive culture
expressive Kultur *f* (*Kulturanthropologie*)
vgl. instrumental culture
expressive leadership (Robert F. Bales)
expressive Führung *f*, expressive Führerschaft *f* (*Soziologie*)
vgl. instrumental leadership
expressive method (expressive technique, expressive procedure)
expressive Methode *f*, expressive Technik *f*, expressives Verfahren *n* (*Psychologie/empirische Sozialforschung*)
expressive orientation (Talcott Parsons)
expressive Orientierung *f*, expressive Verhaltensorientierung *f* (*Theorie des Handelns*)
vgl. instrumental orientation
expressive role
expressive Rolle *f* (*Soziologie*)
vgl. instrumental role
expressive symbolism (Basil Bernstein)
expressiver Symbolismus *m* (*Kommunikationsforschung*) (*Soziolinguistik*)
expressivity
Expressivität *f* (*Psychologie*)
vgl. instrumentality
expropriation
Enteignung *f*, Expropriierung *f*
extended communication network (extended network) (Leonore A. Epstein)
erweitertes Kommunikationsnetz *n*, erweitertes Netz *n* (*Kommunikationsforschung*)

extended family (grand family)
erweiterte Familie *f* (*Familiensoziologie*)
vgl. nuclear family
extended household
erweiterter Haushalt *m* (*Familiensoziologie*)
extended hypergeometric distribution
erweiterte hypergeometrische Verteilung *f* (*Statistik*)
extended sentence
erweiterte Strafe *f*, Strafe *f* mit anschließender Schutzhaft (*Kriminologie*)
extended standard theory (trace theory) (Noam Chomsky)
Spurentheorie *f* (*Soziolinguistik*)
extension education
universitäre Weiterbildung *f*, universitäre Fortbildung *f*
extensional definition
extensionale Definition *f*, enumerative Definition *f*, enumerative Abgrenzung *f* (*Theorie des Wissens*)
vgl. intensional definition
extensive agriculture (extensive cultivation)
Extensivanbau *m*, extensiver Ackerbau *m* (*Landwirtschaft*)
vgl. intensive agriculture
extensive magnitude (heterograde magnitude)
heterograde Größe *f*, quantitative Größe *f* (*Statistik*)
vgl. intensive magnitude
extensive party (J. Blondel) (national party)
nationale Partei *f*, über den gesamten Staat ausgedehnte Partei *f* (*politische Wissenschaften*)
vgl. intensive party
extensive sampling
extensive Auswahl *f*, diffuse Auswahl *f*, extensive Stichprobenbildung *f*, diffuse Stichprobenbildung *f*, extensives Stichprobenverfahren *n*, diffuses Stichprobenverfahren *n* (*Statistik*)
vgl. intensive sampling
exteriority (Talcott Parsons)
Exteriorität *f*, Äußerlichkeit *f*
external adaptation
äußere Anpassung *f*, Anpassung *f* der Sozialstruktur an ihre äußeren Existenzbedingungen (*Soziologie*)
vgl. internal adaptation
external autonomy
äußere Autonomie *f*, außenpolitische Autonome *f*, Autonomie *f* in der Außenpolitik (*politische Wissenschaften*)
vgl. internal autonomy

external communications expert (Harold L. Wilensky)
Experte *m* für äußere Kommunikation (von Organisationen) *(Kommunikationsforschung)*
vgl. internal communications expert

external concept (observer error, error in observation, observer's error, observational error, observer's concept)
Beobachterfehler *m*, Beobachtereffekt *m* *(Psychologie/empirische Sozialforschung)*

external condition
äußere Bedingung *f* *(statistische Hypothesenprüfung)*
vgl. internal condition

external conflict
äußerer Konflikt *m*, Außenkonflikt *m* *(Soziologie)*
vgl. internal conflict

external elite (external élite) (Suzanne Keller)
Außenelite *f*, für die Außenbeziehungen einer Gruppe verantwortliche Elite *f* *(Gruppensoziologie)*
vgl. internal elite

external environment
äußere Umwelt *f*, äußere Umgebung *f*, Außenwelt *f* *(Sozialökologie)*
vgl. internal environment

external inhibition (Iwan P. Pawlow)
äußere Hemmung *f*, externe Hemmung *f* *(Verhaltensforschung)*
vgl. internal inhibition

external integration
äußere Integration *f* *(Soziologie)*
vgl. internal integration

external migration (out-migration, emigration)
Auswanderung *f*, grenzüberschreitende Wanderungsbewegung *f*, Wanderung *f* über die Grenzen hinweg *(Migration)*
vgl. internal migration

external observer (non-participating observer)
außenstehender Beobachter *m*, nichtteilnehmender Beobachter *m* *(empirische Sozialforschung)*
vgl. participating observer

external sanction
äußere Sanktion *f*, äußere Strafe *f* *(Soziologie)*
vgl. internal sanction

external social control
soziale Außenkontrolle *f*, äußere soziale Kontrolle *f* *(Soziologie)*
vgl. internal social control

external system (George C. Homans)
äußeres System *n* *(Gruppensoziologie)*
vgl. internal system

external terrorism (Maurice Duverger)
äußerer Terrorismus *m* *(politische Wissenschaften)*
vgl. internal terrorism

external trade
Außenhandel *m* *(Volkswirtschaftslehre)*
vgl. internal trade

external validation
externe Validierung *f* *(statistische Hypothesenprüfung)*
vgl. internal validation

external validity
externe Validität *f*, externe Gültigkeit *f* *(statistische Hypothesenprüfung)*
vgl. internal validity

external variance
Varianz *f* zwischen Primäreinheiten *(Statistik)*
vgl. internal variance

externality
Gegenständlichkeit *f*, Existenz *f* außerhalb der Person des Wahrnehmenden *(Psychologie)*

externalization
Objektivierung *f*, Objektivation *f*, Vergegenständlichung *f* *(Philosophie)*

extinction
Extinktion *f*, Löschung *f* *(Verhaltensforschung)*

extinction mechanism
Extinktionsmechanismus *m*, Löschungsmechanismus *m* *(Verhaltensforschung)*

extraneous data *pl*
exogene Daten *n/pl* *(Psychologie/empirische Sozialforschung)*

extraneous factor
exogener Faktor *m* *(statistische Hypothesenprüfung)*

extraneous influence
äußerer Einfluß *m* *(Soziologie)*

extraneous variable (exogeneous variable)
exogene Variable *f* *(Ökonometrie)*

extraordinariness
Außeralltäglichkeit *f* (Max Weber) *(Soziologie)*

to extrapolate
extrapolieren *v/t*

extrapolation
Extrapolation *f*, Extrapolierung *f* *(Mathematik/Statistik)*
vgl. intrapolation

extrapunitive aggression
extrapunitive Aggression *f*, Aggression *f* nach außen, Aggression *f* gegen Außenstehende *(Psychologie)*
vgl. intrapunitive aggression

extrapunitivity
Extrapunitivität *f* *(Psychologie)*
vgl. intrapunitivity

extrasensory perception (ESP)
  außersinnliche Wahrnehmung *f*
  (Psychologie)
extravert (extrovert)
  1. **extravertiert (extrovertiert)** *adj*
  (Psychologie)
  2. Extravertierte(r) *f(m)*,
  Extrovertierte(r) *f(m)*, extravertierter
  Charakter *m*, extrovertierter
  Charakter *m*, extravertierte
  Persönlichkeit *f*, extrovertierte
  Persönlichkeit *f* (Carl G. Jung)
  (Psychologie)
extraversion (extroversion)
  Extroversion *f*, Extravertiertheit *f* (Carl
  G. Jung) *(Psychoanalyse)*
  vgl. introversion
extrovert personality
  extrovertierte Persönlichkeit *f*,
  extrovertierter Charakter *m*
  (Psychoanalyse)
  vgl. introvert personality
extremal correlation
  extremale Korrelation *f* *(Statistik)*
extremal quotient
  Extremalquotient *m*, extremaler
  Quotient *m* *(Statistik)*
extremal statistic
  Extremalmaßzahl *f*, extremale Maßzahl *f*
  (Statistik)
extreme mean
  extremer Mittelwert *m* *(Statistik)*
extreme type
  Extremtypus *m*, Extremtyp *m* (Carl G.
  Hempel) *(Theorie des Wissens)*
extreme utilitarianism
  extremer Utilitarismus *m* *(Philosophie)*
extreme value
  Extremwert *m* *(Statistik)*

extremism
  Extremismus *m* *(politische
  Wissenschaften)*
extrinsic control
  Fremdkontrolle *f*, extrinsische
  Kontrolle *f* *(Verhaltensforschung)*
  vgl. intrinsic control
**extrinsic disorganization (*brit*
  disorganisation)**
  extrinsische Desorganisation *f*, von
  außen verantwortete Desorganisation *f*
  (Soziologie)
  vgl. intrinsic disorganization
extrinsic motivation (extrinsic tendency)
  extrinsische Motivation *f*,
  Zielmotivation *f* *(Psychologie)*
  vgl. intrinsic motivation
**extrinsically motivated behavior (*brit*
  extrinsically motivated behaviour,
  extrinsically governed behavior, *brit*
  extrinsically governed behaviour)**
  extrinsisch motiviertes Verhalten *n*,
  durch Zielorientierung motiviertes
  Verhalten *n* *(Psychologie)*
  vgl. extrinsically motivated behavior
extrinsic religiosity
  extrinsische Religiosität *f*, zielgerichtete
  Religiosität *f* *(Religionssoziologie)*
  vgl. intrinsic religiosity
extroversion (extraversion)
  Extraversion *f*, Extroversion *f*, Extra-
  vertiertheit *f*, Extrovertiertheit *f*, nach
  außen gerichtete Verhaltensorientierung *f*
  (Carl G. Jung) *(Psychologie)*
  vgl. introversion
exurbanite (Auguste C. Spectorsky)
  Exurbanit *m* *(Sozialökologie)*
exurbia (ex-urbia)
  Exurbia *f*, Exurbien *n* *(Sozialökologie)*

F

F distribution (F-distribution, variance-ratio distribution)
F-Verteilung f, Fishersche F-Verteilung f *(Statistik)*
F ratio (F-ratio)
F-Quotient m, F-Wert m, F-Verhältnis n, Maßzahl F f *(Statistik)*
F scale
F-Skala f, Faschismusskala f (Theodor W. Adorno et al.) *(Sozialpsychologie)*
F test (variance-ratio test)
F-Test m, Varianz-Verhältnis-Test m *(statistische Hypothesenprüfung)*
F_{max}
F_{max} n, Hartleys F_{max} n *(Statistik)*
face validity
offensichtliche Validität f, offensichtliche Gültigkeit f, augenscheinliche Validität f, augenscheinliche Gültigkeit f *(statistische Hypothesenprüfung)*
face-to-face association
Primärgruppe f, primärer Verband m, Primärverein m, primärer Verein m *(Soziologie)*
face-to-face communication (person-to-person communication, personal communication, interpersonal communication)
persönliche Kommunikation f, direkte persönliche Kommunikation f, Face-to-face-Kommunikation f, personale Kommunikation f *(Kommunikationsforschung)*
face-to-face contact
direkter persönlicher Kontakt m *(Kommunikationsforschung) (Soziologie)*
face-to-face control
direkte persönliche Herrschaft f *(Soziologie)*
face-to-face group (Charles H. Cooley) (primary group, group with presence, with-presence group, direct-contact group)
Primärgruppe f, Gruppe f mit direktem persönlichem Kontakt *(Gruppensoziologie)*
vgl. secondary group
face-to-face interaction (immediate interaction)
direkte persönliche Interaktion f *(Soziologie)*

face-to-face interviewing (personal interviewing, person-to-person interviewing, in-person interviewing)
persönliches Interviewen n, persönliche Befragung f, Durchführung f einer Befragung mit persönlichen Interviews, Durchführung f einer persönlichen Befragung *(empirische Sozialforschung)*
face-to-face interview (personal interview, person-to-interview, in-person interview)
persönliches Interview n, direktes persönliches Interview n, persönliche Befragung f *(empirische Sozialforschung)*
face validity (surface validity, content validity, internal validity, logical validity)
Inhaltsvalidität f, Inhaltsgültigkeit f, inhaltliche Validität f, inhaltliche Gültigkeit f, Kontentvalidität f, interne Validität f, interne Gültigkeit f *(statistische Hypothesenprüfung)*
faces test
Gesichtertest m *(Psychologie/empirische Sozialforschung)*
facet analysis (*pl* facet analyses, aspect analysis) (Louis Guttman)
Aspektanalyse f *(Skalierung)*
facet design (aspect design) (Louis Guttman)
Aspektanlage f *(Skalierung)*
facet model (aspect model) (Louis Guttman)
Aspektmodell n *(Skalierung)*
facet theory (aspect theory) (Louis Guttman)
Aspekttheorie f *(Skalierung)*
Facial Affect Scoring Scheme (FAST) (Gösta Ekman) (Facial Action Coding System) (FACS)
Registrierungsschema n von Affektausdrücken im Gesicht *(Kommunikationsforschung)*
facial index (*pl* indexes *or* indices)
Gesichtsindex m *(Anthropologie)*
facilitation
Bahnung f *(Psychologie)*
vgl. inhibition
fact finding
Tatsachenermittlung f *(Sozialforschung)*
faction
Faktion f, Parteiung f, Partei f, kleine Oppositionsgruppe f, kleine Konfliktgruppe f, dysfunktionale Untergruppe f *(Gruppensoziologie)*

factionalism
  Aufwieglertum *n*, spalterische Haltung *f* *(Gruppensoziologie)*
factor
  Faktor *m*
factor analysis (*pl* analyses, factorial analysis)
  Faktorenanalyse *f (Statistik)*
factor antithesis (*pl* factor antitheses)
  Mengen-Gegengewicht *n*, bei Indizes *(Statistik)*
factor axis (*pl* axes)
  Faktorenachse *f (Faktorenanalyse)*
factor extraction
  Faktorenextraktion *f*, Extraktion *f* von Faktoren *(Faktorenanalyse)*
factor loading (test coefficient)
  Faktorenladung *f*, Faktorladung *f (Faktorenanalyse)*
factor matrix (*pl* matrices *or* matrixes)
  Faktorenmatrix *f*, Faktormatrix *f (Faktorenanalyse)*
factor of production
  Produktionsfaktor *m (Volkswirtschaftslehre)*
factor pattern
  1. Faktorenmodell *n* nach Holzinger *(empirische Sozialforschung)*
  2. Faktorenmuster *n*, Faktorenschema *n (Faktorenanalyse)*
factor rotation (principal components analysis, *pl* analyses, principal components method, principal components technique, principal components procedure, principal components model, principal axes technique, principal axes method, principal axes analysis, *pl* analyses, principal axes model, componential analysis)
  Faktorenrotation *f*, Hauptachsenmethode *f*, Hauptkomponentenmethode *f*, Hauptkomponentenanalyse *f (Faktorenanalyse)*
factor score
  Faktorenwert *m*, Faktorzahl *f (Faktorenanalyse)*
factor theory
  Faktorentheorie *f (Psychologie)*
factor-reversal test
  Faktorenumkehrprobe *f* bei Indizes *(Statistik)*
factorial
  Fakultät *f (Mathematik/Statistik)*
factorial cumulant
  faktorielle Kumulante *f (Statistik)*
factorial distribution (Irwin distribution, waring distribution)
  faktorielle Verteilung *f (Statistik)*

factorial ecology
  Faktorökologie *f*, faktorielle Ökologie *f (Sozialökologie)*
factorial experiment
  Faktorexperiment *n*, faktorielles Experiment *n (statistische Hypothesenprüfung)*
factorial experimental design (factorial design)
  faktorielle Versuchsanlage *f*, faktorieller Versuchsplan *m (statistische Hypothesenprüfung)*
factorial invariance
  Faktoreninvarianz *f*, Invarianz *f* der Faktoren *(Faktorenanalyse)*
factorial moment
  faktorielles Moment *f (Statistik)*
factorial moment generating function
  faktorielle momenterzeugende Funktion *f (Statistik)*
factorial multinomial distribution
  faktorielle Polynomialverteilung *f (Statistik)*
factorial study (factorial investigation)
  Faktoruntersuchung *f*, Faktorstudie *f*, faktorielle Studie *f*, faktorielle Untersuchung *f (Faktorenanalyse)*
factorial sum
  faktorielle Summe *f (Statistik)*
factorial validity
  faktorielle Validität *f*, faktorielle Gültigkeit *f (statistische Hypothesenprüfung)*
factorization
  Faktorenzerlegung *f (Faktorenanalyse)*
factory system (shop production)
  Fabriksystem *n*, Fabrikproduktion *f (Volkswirtschaftslehre)*
factory village (industrial village)
  Industriedorf *n* Fabrikdorf *n*, ländliche Industriegemeinde *f (Sozialökologie)*
factual judgment
  Tatsachenaussage *f*, Tatsachenurteil *n (Logik)*
factual question (fact question, question of fact)
  Tatsachenfrage *f (empirische Sozialforschung)*
faculty
  Vermögen *n*, Fähigkeit *f (Psychologie)*
faculty psychology (psychology of intellectual powers of man)
  Vermögenspsychologie *f*
fad (fashion fad, craze)
  Modetorheit *f*, Modegag *m*, Modeverrücktheit *f (Sozialpsychologie)*
fading
  Schwundtechnik *f*, Abschwächung *f (Verhaltensforschung)*
fading in
  Einblenden *n (Verhaltensforschung)*

fading out
Ausblenden *n* *(Verhaltensforschung)*
fair game (equitable game)
gerechtes Spiel *n* *(Spieltheorie)*
faith healing
Gesundbeterei *f*, Gesundbeten *n* *(Kulturanthropologie)*
fakelore
Folklore *f* aus zweiter Hand (Scheinfolklore *f* *(Kulturanthropologie)*
falangism
Falangismus *m*, spanischer Faschismus *m* *(politische Wissenschaften)*
fallacy
Trugschluß *m*, Fehlschluß *m*, falsche Schlußfolgerung *f*, Irrtum *m* *(Logik) (Theorie des Wissens)*
fallacy of cohort centrism (Glen Elder)
Trugschluß *m* des Kohortenzentrismus *(empirische Sozialforschung)*
fallacy of misplaced concreteness (Alfred N. Whitehead)
Trugschluß *m* der unangebrachten Konkretheit *(empirische Sozialforschung)*
fallacy of reification
Reifikationstrugschluß *m*, Verdinglichungstrugschluß *m* *(empirische Sozialforschung)*
fallibilism (Charles S. Pierce)
Fallibilismus *m* *(Theorie des Wissens)*
false consciousness (false class consciousness)
falsches Bewußtsein *n*, falsches Klassenbewußtsein *n* (Karl Marx)
false negatives *pl*
falsche Negativentscheidungen *f/pl* *(empirische Sozialforschung) (Entscheidungstheorie)*
vgl. false positives
false positives *pl*
falsche Positiventscheidungen *f/pl* *(empirische Sozialforschung) (Entscheidungstheorie)*
vgl. false negatives
false termination
Scheinbeendigung *f* eines Tiefeninterviews *(empirische Sozialforschung)*
falsibiability
Falsifizierbarkeit *f* *(Theorie des Wissens)*
vgl. verifiability
falsification
1. Falsifizierung *f*, Falsifikation *f*, Verwerfung *f*, Widerlegung *f* *(Theorie des Wissens)*
vgl. verification
2. → cheating
to falsify
falsifizieren *v/t* *(Theorie des Wissens)*

familial behaviour (family behavior, *brit* **family behaviour)**
Familienverhalten *n*, familiales Verhalten *n* *(Soziologie)*
familial domain
Familienlandbesitz *m*, Familienländereien *f/pl*, Landbesitz *m* der Familie
familialism (familism, familianism, familistic individualism)
Familialismus *m*, Familismus *m* *(Kulturanthropologie) (Soziologie)*
familialization
Familialisierung *f* *(Soziologie)*
familialization
Gewöhnung *f*, Gewöhnen *n*, Sichbekanntmachen *n*
familism
Familismus *m* *(Kulturanthropologie) (Soziologie)*
familistic individualism
→ familism
familistic structure (familistic social structure)
Familienstruktur *f*, familistische Struktur *f*, familistische Sozialstruktur *f* *(Soziologie)*
famille-souche (stem family) (Frédéric Le Play)
Stammfamilie *f* *(Kulturanthropologie)*
family
Familie *f*
family allowance
Familienzulage *f*, Familienbeihilfe *f*, Familiengeld *n*
family budget
Familienbudget *n*, Familienhaushalt *m*, Familienetat *m* *(Demographie) (empirische Sozialforschung)*
family census
Familienzensus *m*, Familienvollerhebung *f* *(Demographie)*
family cluster (William J. Goode)
Familienbündel *n* *(Familiensoziologie)*
family constellation
Familienkonstellation *f* (Alfred Adler) *(Psychologie)*
family counseling (family counselling)
Familienberatung *f*, psychologische Familienberatung *f* *(Psychologie)*
family counseling (family counselling)
Familienausrichtung *f* auf die Mutter Familienkrise *f* *(Familiensoziologie)*
family cycle (family life cycle)
Familienzyklus *m*, Lebenszyklus *m* der Familie *(Familiensoziologie)*
family deserter (deserter)
Familiendeserteur *m*, Deserteur *m* *(Familiensoziologie)*

family desertion (desertion, *colloq* **poor man's divorce)**
Familiendesertion *f*, Desertion *f* *(Familiensoziologie)*
family disorganization (*brit* **disorganisation, familial disorganization,** *brit* **familial disorganisation)**
Familiendesorganisation *f*, Desorganisation *f* der Familie *(Familiensoziologie)*
family dissolution (familial dissolution)
Familienauflösung *f*, Auflösung *f* der Familie *(Familiensoziologie)*
family farm
landwirtschaftlicher Familienbetrieb *m*, Familienwirtschaft *f* *(Landwirtschaft)*
family formation
Familiengründung *f*, Gründung *f* einer Familie *(Familiensoziologie)*
family fugitive
Familieneinkommen *n*, Gesamteinkommen *n* aller Familienmitglieder *(Demographie)* *(empirische Sozialforschung)*
family group (family-group)
Familiengruppe *f* *(Kulturanthropologie)*
family head (head of family)
Familienoberhaupt *n* *(Familiensoziologie)*
family-home localism (Harold L. Wilensky)
Rückzug *m* ins Familienleben, Rückzug *m* ins Private *(Soziologie)*
family household (private household)
Familienhaushalt *m* *(Demographie)* *(empirische Sozialforschung)*
family income
Familieninstitution *f*, Institution *f* der Familie *(Familiensoziologie)*
family integration
Familienintegration *f* *(Familiensoziologie)*
family intimacy
Familienintimität *f* *(Familiensoziologie)*
family life cycle (family cycle)
Familienlebenszyklus *m*
family migration
Familienmigration *f*, Migration *f* im Familienverband, Auswanderung *f* im Familienverband) *(Migration)*
family mobility
Familienmobilität *f*, vertikale Familienmobilität *f* *(Soziologie)*
family of nations
Völkerfamilie *f*, Familie *f* der Nationen
family of orientation (family of origin, natal family, parental family) (W. Lloyd Warner)
Orientierungsfamilie *f*, Herkunftsfamilie *f*, Abstammungsfamilie *f* *(Kulturanthropologie)* *(Soziologie)*
vgl. family of procreation

family of procreation (W. Lloyd Warner) (marital family)
Zeugungsfamilie *f*, Prokreationsfamilie *f*, Fortpflanzungsfamilie *f*, eigene, zu gründende Familie *f* *(Soziologie)* *(Kulturanthropologie)*
vgl. family of orientation
family planning
Familienplanung *f*
family solidarity
Familiensolidarität *f* *(Familiensoziologie)*
family worker (family laborer, *brit* **family labourer)**
mitarbeitender Familienangehöriger *m* in einem Familienbetrieb *(Demographie)*
fan chart
Fächerdiagramm *n*, Fächergraphik *f*, Halbkreisdiagramm *n* *(graphische Darstellung)*
fanatic (zealous)
fanatisch *adj*
fanatic (zealot)
Fanatiker(in) *m(f)*, Eiferer *m*, Zelot *m*
fanaticism (zealotry)
Fanatismus *m*, Eifertum *n*, Zelotismus *m*
fantasy
1. Phantasie *f*, Imagination *f*
2. Einfallsreichtum *m*, Ideenreichtum *m*, Vorstellungskraft *f*, Erfindungsreichtum *m*
fantasy behavior (*brit* **fantasy behaviour)**
Phantasieren *n*, Phantasietätigkeit *f*, Phantasieverhalten *n* *(Psychologie)*
fantasy-eliciting technique
Phantasietätigkeit auslösende Technik *f*, Phantasietätigkeit auslösendes Verfahren *n* *(Psychologie/empirische Sozialforschung)*
farm
landwirtschaftliches Gut *n*, landwirtschaftlicher Betrieb *m*, Bauernhof *m*, Farm *f*, Landwirtschaft *f*
farm fragmentation
Bodenparzellierung *f*, Zersplitterung *f* landwirtschaftlicher Betriebe, Zersplitterung *f* landwirtschaftlich genutzten Bodens
farm income
landwirtschaftliches Einkommen *n* *(Volkswirtschaftslehre)*
farm laborer, *brit* **farm labourer**
Landwirtschaftsgehilfe *m*, -gehilfin *f*, Landwirtschaftsarbeiter(in) *m(f)*, Knecht *m*, Magd *f*
farm population (rural farm population, agricultural population)
landwirtschaftliche Bevölkerung *f*, Agrarbevölkerung *f* *(Demographie)*

farm structure
 landwirtschaftliche Betriebsstruktur *f*
farm tenancy (tenancy, landholding, farm renting)
 Landpachtung *f*, Landpacht *f*, landwirtschaftliche Pachtung *f*, landwirtschaftliche Pacht *f*, landwirtschaftliches Pachtverhältnis *n*, landwirtschaftlicher Pachtbesitz *m* *(Landwirtschaft)*
farmer (peasant, agriculturist, farm owner, farm operator)
 Landwirt(in) *(m(f)*, Bauer *m*, Farmer *m*
farming (husbandry, agriculture)
 Landwirtschaft *f*, Ackerbau *m*, Agrikultur *f*, Ackerbau *m* und Viehzucht *f*
farthest neighbor analysis (*brit* farthest neighbour analysis, furthest neighbor analysis, *brit* furthest neighbour analysis, *pl* analyses, complete linkage, diameter analysis, diameter method)
 Complete Linkage *f*, Complete-Linkage-Methode *f*, Complete-Linkage-Verfahren *n*, vollständige Verknüpfung *f*, Maximum-Distanz-Verfahren *n* *(Clusteranalyse)*
fascism
 Faschismus *m* *(politische Wissenschaften)*
fashion
 Mode *f* *(Sozialpsychologie)*
fashion fad (fad, craze)
 Modetorheit *f*, Modegag *m*, Modeverrücktheit *f* *(Sozialpsychologie)*
fashion imitation (imitation of fashion)
 Nachahmung *f* einer Mode
fatalism
 Fatalismus *m*
fatalistic suicide
 fatalistischer Selbstmord *m* *(Soziologie)*
fate control (John W. Thibaut/Harold H. Kelley)
 Schicksalskontrolle *f* *(Soziologie)*
father (pater, genitor, vir)
 Vater *m* *(Kulturanthropologie)*
 vgl. mother
father-absent family
 vaterlose Familie *f*, Familie *f* ohne Vater *(Familiensoziologie)*
father name system (patronymic system, patronymy)
 patronymisches System *n* *(Kulturanthropologie)*
 vgl. mother name system
father-right (patriarchate)
 Vaterrecht *n* *(Kulturanthropologie)*
 vgl. mother-right
father-to-son mobility
 generationale Mobilität *f* vom Vater zum Sohn

fatigue
 Ermüdung *f* *(empirische Sozialforschung)*
fatigue effect
 Ermüdungseffekt *m* *(empirische Sozialforschung)*
favorable discrimination (*brit* favourable discrimination, affirmative discrimination, positive discrimination, reverse discrimination)
 affirmative Diskriminierung *f*, bestätigende Diskriminierung *f* *(Sozialarbeit) (Soziologie)*
favoritism (*brit* favouritism)
 Günstlingswirtschaft *f*, Günstlingswesen *n* *(Soziologie)*
fear
 Furcht *f* *(Psychologie)*
fear conditioning (defense conditioning, *brit* defence conditioning, aversive conditioning, avoidance conditioning, counter-conditioning)
 aversive Konditionierung *f*, negative Konditionierung *f* *(Verhaltensforschung)*
 vgl. appetitive conditioning
feasibility analysis (*pl* analyses)
 Durchführbarkeitsanalyse *f* *(Organisationssoziologie)*
feasibility study
 Durchführbarkeitsstudie *f*, Durchführbarkeitsuntersuchung *f* *(Organisationssoziologie)*
fecund
 reproduktionsfähig *adj* *(Demographie)*
fecundity
 Reproduktionsfähigkeit *f* *(Demographie)*
federal government
 Bundesregierung *f* *(politische Wissenschaften)*
federal state
 Bundesstaat *m* *(politische Wissenschaften)*
federalism
 Föderalismus *m*, Bundesstaatlichkeit *f* *(politische Wissenschaften)*
federation
 Föderation *f*, Staatenbund *m*, Bund *m*, Bündnis *n* *(politische Wissenschaften)*
federation (group federation, consociation)
 Bund *m*, Vereinigung *f* *(Gruppensoziologie)*
feeble mindedness (feeble-mindedness)
 Schwachsinnigkeit *f*, Schwachsinn *m* *(Psychologie)*
feedback
 Rückkopplung *f*, Rückkoppelung *f*, Rückmeldung *f*, Feedback *n* *(Kybernetik)*

feedback loop
Rückkopplungsschleife *f*, Rückkoppelungsschleife *f*, Rückmeldungsschleife *f*, Feedbackschleife *n* *(Kybernetik)*
feedback system
Regelkreis *m* *(Kybernetik)*
feeling
Empfinden *n*, Empfindung *f*, Gefühl *n*, Gefühlssinn *m*, gefühlsmäßige Haltung *f*, gefühlsmäßige Einstellung *f*, gefühlsmäßige Meinung *f*
feeling of self-value (self-esteem)
Selbstwertgefühl *n* *(Psychologie)*
feeling of superiority (superiority feeling)
Überlegenheitsgefühl *n* *(Psychologie)*
feeling state
Gefühlsverfassung *f*, Gefühlszustand *m* *(Psychologie)*
feeling (sensation)
Gefühl *n*, Empfindung *f*, Empfinden *n* *(Psychologie)*
feeling-into (empathy)
Einfühlungsvermögen *n*, Einfühlung *f*, Empathie *f* (Theodor Lipps) *(Psychologie)*
fellow traveler (*brit* **fellow-traveller**)
kommunistischer Mitläufer *m*, kommunistischer Sympathisant *m* *(politische Wissenschaften)*
fellowship (gemeinschaft, community)
Gemeinschaft *f* (Ferdinand Tönnies) *(Soziologie)*
felon (capital criminal)
Kapitalverbrecher *m*, Schwerverbrecher *m*, Verbrecher *m* *(Kriminologie)*
felony (capital crime)
Kapitalverbrechen *n*, Schwerverbrechen *n*, Verbrechen *n* *(Kriminologie)*
female fertility rate
weibliche Fruchtbarkeitsziffer *f*, weibliche Fruchtbarkeitsrate *f*, weibliche Fruchtbarkeitsquote *f* *(Demographie)*
vgl. male fertility rate
female nuptiality
Zahl *f* der weiblichen Eheschließungen *(Demographie)*
vgl. male nuptiality
female reproduction rate (maternal reproduction)
weibliche Reproduktionsziffer *f*, weibliche Reproduktionsrate *f* *(Demographie)*
vgl. male reproduction rate
femininity
Weiblichkeit *f*, Fraulichkeit *f*, Femininität *f*
vgl. masculinity
feminism
Feminismus *m*

feminist
Feminist(in) *m(f)*
feral
wildlebend, verwildert, ungezähmt, barbarisch *adj* *(Soziologie) (Psychologie)*
feral child (feral man, social isolate, wolf child)
Wolfskind *n* *(Soziologie) (Psychologie)*
fertility (natality)
Fruchtbarkeit *f*, tatsächliche Fruchtbarkeit *f* (einer Frau) *(Demographie)*
fertility expectation
Fruchtbarkeitserwartung *f*, Fruchtbarkeitschätzung *f* *(Demographie)*
fertility rate (general fertility rate, crude fertility rate)
Fruchtbarkeitsziffer *f*, Fruchtbarkeitsrate *f*, Fruchtbarkeitsquote *f* *(Demographie)*
fertility ratio (child-woman ratio)
Fruchtbarkeitsverhältnis *n*, effektive Fruchtbarkeitsquote *f* *(Demographie)*
fetal mortality (foetal mortality, fetal death rate, foetal death rate, fetal death ratio, foetal death ratio, intrauterine mortality, mortality in utero)
fötale Sterblichkeit *f*, Fötussterblichkeit *f* *(Demographie)*
fetish
Fetisch *m* *(Ethnologie) (Psychologie)*
fetishism
Fetischismus *m* *(Ethnologie) (Psychologie)*
fetishism of commodities
Warenfetischismus *m* (Karl Marx) *(Volkswirtschaftslehre)*
fetusphilic society
fötusphile Gesellschaft *f* (Siegfried Bernfeld) *(Soziologie)*
vgl. fetusphobic society
fetusphobic society
fötusphobe Gesellschaft *f* (Siegfried Bernfeld) *(Soziologie)*
vgl. fetusphilic society
feud
Fehde *f* *(Kulturanthropologie)*
feudal society (seignorial society)
Feudalgesellschaft *f*, feudale Gesellschaft *f*, feudalherrschaftliche Gesellschaft *f*, Lehensgesellschaft *f* *(Soziologie)*
feudalism (feudal system)
Feudalismus *m*, Feudalsystem *n*, Lehenswesen *n*, Lehenssystem *n* *(Soziologie)*
feudalization
Feudalisierung *f* *(Soziologie)*
fiction
Fiktion *f*

fictitious cohort (hypothetical cohort)
fiktive Kohorte *f* *(Statistik)*
fictive consanguinity
fiktive Konsanguinität *f*, fiktive Blutsverwandtschaft *f* *(Kulturanthropologie)*
fictive kinship (quasi kinship)
fiktive Verwandtschaft *f* *(Kulturanthropologie)*
fictive marriage
Scheinehe *f*, Scheinheirat *f* *(Kulturanthropologie)*
fictive state of a Markov chain
fiktiver Zustand *m* einer Markovschen Kette *f* *(Stochastik)*
fiducial arguments (Ronald A. Fisher)
fiduziales Argument *n* *(Statistik)*
fiducial density (fiducial density function) (Ronald A. Fisher)
Fiduzialdichte *f*, fiduziale Dichtefunktion *f* *(Statistik)*
fiducial distribution (Ronald A. Fisher)
Fiduzialverteilung *f* *(Statistik)*
fiducial estimation (Ronald A. Fisher)
Fiduzialschätzung *f*, fiduziale Schätzung *f* *(Statistik)*
fiducial inference (Ronald A. Fisher)
Fiduzialschluß *m* *(Statistik)*
fiducial interval (Ronald A. Fisher)
Fiduzialintervall *n* *(Statistik)*
fiducial limits *pl* (Ronald A. Fisher)
Fiduzialbereich *m*, Fiduzialgrenzen *f/pl*, Mutungsgrenzen *f/pl* *(Statistik)*
fiducial probability (Ronald A. Fisher)
Fiduzialwahrscheinlichkeit *f* *(Statistik)*
fiducial probability distribution (Ronald A. Fisher)
Fiduzialwahrscheinlichkeitsverteilung *f* *(Statistik)*
field
1. Feld *n* *(empirische Sozialforschung) (Psychologie) (Mathematik/Statistik)*
2. Empirie *f*, Realität *f*, Außendienst *m* *(empirische Sozialforschung)*
field administration (area administration)
Gebietsverwaltung *f*, Regionalverwaltung *f*, Distriktverwaltung *f* *(Organisationssoziologie)*
field coding
Feldverschlüsselung *f*, Feldkodierung *f*, Verschlüsselung *f* im Feld, Kodierung *f* im Feld *(empirische Sozialforschung)*
field dependence
Feldabhängigkeit *f* *(Psychologie)*
field editing (preliminary editing)
Feldbearbeitung *f* von Daten, Feldredaktion *f* von Daten, Redigieren *n* im Feld *(empirische Sozialforschung)*

field experiment
Feldexperiment *n*, Feldversuch *m* *(empirische Sozialforschung)*
field force (field organization (brit field organisation, field staff)
Feldorganisation *f*, Feldarbeiter *m/pl* *(empirische Sozialforschung)*
field independence
Feldunabhängigkeit *f* *(Psychologie)*
field investigation (field study, primary data survey, primary data research)
Primärerhebung *f*, primäre Datenerhebung *f* *(empirische Sozialforschung)*
vgl. secondary data survey
field observation
Feldbeobachtung *f* *(empirische Sozialforschung)*
field psychology (field theory) (Kurt Lewin)
Feldpsychologie *f*, Feldtheorie *f*, Vektorpsychologie *f*, topologische Psychologie *f*
field research
Feldforschung *f* *(empirische Sozialforschung)*
field sociometry
Feldsoziometrie *f*
field study method
Feldstudienmethode *f*, Methode *f* der Feldstudie *(empirische Sozialforschung)*
field study (field investigation)
Feldstudie *f*, Felduntersuchung *f* *(empirische Sozialforschung)*
field supervisor
Feldkontrolleur *m*, Bezirksleiter *m*, Supervisor *m* *(empirische Sozialforschung)*
field survey
Felderhebung *f*, Feldbefragung *f*, Feldumfrage *f* *(empirische Sozialforschung)*
field theory
Feldtheorie *f* *(Sozialforschung) (Psychologie)*
field work
Feldarbeit *f* *(empirische Sozialforschung)*
field worker (field investigator, interviewer)
Feldarbeiter *m*, Interviewer *m* *(empirische Sozialforschung)*
Fieller's theorem
Fiellers Lehrsatz *m*, Fiellerssches Theorem *n* *(Statistik)*
fiesta drinking
Fiesta-Alkoholismus *m* *(Psychologie)*
fight for survival (struggle for existence)
Kampf *m* ums Überleben, Existenzkampf *m* *(Kulturanthropologie) (Soziologie)*

figuration (Norbert Elias)
Figuration *f* *(Soziologie)*
figure
Figur *f*, Diagramm *n*, Zeichnung *f* *(graphische Darstellung)*
figure-drawing test
Personen-Zeichen-Test *m* *(Psychologie)*
figure (number)
Zahl *f*, Ziffer *f*, Zahlzeichen *n* *(Mathematik/Statistik)*
file (data file)
Datei *f*
file sample (list sample)
Listenauswahl *f*, Listenstichprobe *f* *(Statistik)*
file sampling (systematic sampling, ordinal sampling, sampling by regular intervals, list sampling)
Karteiauswahl *f*, Karteiauswahlverfahren *n*, Karteiauswahlbildung *f*, Listenauswahl *f*, Listenauswahlverfahren *n*, Listenauswahlbildung *f*, systematisches Auswahlverfahren *n*, systematische Auswahl *f*, systematisches Stichprobenverfahren *n*, systematische Stichprobenbildung *f* *(Statistik)*
filial piety
Sohnesfrömmigkeit *f* *(Religionssoziologie)*
filial succession
Sohnesnachfolge *f*, Erbfolge *f* auf den Sohn *(Kulturanthropologie)*
filiation
Filiation *f*, Kindschaft *f*, Kindschaftsverhältnis *n* *(Kulturanthropologie)*
fililocal residence
fililokale Residenz *f*, Wohnen *n* am Wohnort des Kindes *(Kulturanthropologie)*
filiocentric family
filiozentrische Familie *f*, kinderzentrierte Familie *f* *(Familiensoziologie)*
filter
Filter *m* *(Psychologie/empirische Sozialforschung)*
filter question (screening question)
Filterfrage *f* *(Psychologie/empirische Sozialforschung)*
final summary table
Zusammenfassung *f* der Erhebungsergebnisse, zusammenfassende Tabelle *f* mit den Erhebungsergebnissen *(empirische Sozialforschung)*
finality
Finalität *f*, Teleologie *f* *(Philosophie)*
fine arts *pl* **(the fine arts** *pl***)**
schöne Künste *f/pl*, die schönen Künste *f/pl*

finite
endlich, finit *adj*
vgl. infinite
finite arc sine distribution
endliche Arcussinusverteilung *f* *(Stochastik)*
finite game
endliches Spiel *n* *(Spieltheorie)*
vgl. infinite game
finite homogeneous Markov chain
endlich homogene Markovsche Kette *f* *(Stochastik)*
finite Markov chain
endliche Markov-Kette *f* *(Stochastik)*
finite measure
endliches Maß *n*, finites Maß *n* *(Mathematik/Statistik)*
finite moving average process
Prozeß *m* der endlichen gleitenden Mittel *(Stochastik)*
finite normalized zero-sum game
endliches normalisiertes Nullsummenspiel *n* *(Spieltheorie)*
finite population
endliche Grundgesamtheit *f*, endliche Population *f* *(Statistik)*
vgl. infinite population
finite population correction (fpc) (finite population factor, finite sampling correction, finite multiplier)
Endlichkeitskorrektur *f*, Endlichkeitsfaktor *m* *(Statistik)*
finite-dimensional distribution of a stochastic process
endlich-dimensionale Verteilung *f* eines stochastischen Prozesses
firehouse research
Blitzbefragung *f*, Durchführung *f* von Blitzumfragen *(empirische Sozialforschung)*
first-hand data *pl* **(primary data** *pl***)**
Primärdaten *n/pl*, primäre Daten *n/pl*, primäres Erhebungsmaterial *n* *(empirische Sozialforschung)*
vgl. secondary data
first job
Einstiegsberuf *m* *(Arbeitssoziologie)*
first limit theorem
erster Grenzwertsatz *m*, erstes Grenzwerttheorem *n* *(Statistik)*
first marriage
erste Ehe *f*, Erstehe *f* *(Soziologie)*
first moment
erstes Moment *n* *(Statistik)*
first signaling system (*brit* **signalling system) (Ivan P. Pavlov)**
erstes Signalsystem *n* *(Verhaltensforschung)*

first-call costs *pl*
Kosten *pl* für den ersten
Interviewerbesuch, Feldkosten *pl*
einer Umfrage ohne Kosten für
Nachfaßbesuche und Nachfaßinterviews
(Umfrageforschung)
first-line management
unteres Management *n*, untere
Ebene *f* des Managements
(Organisationssoziologie)
first-order factor
Faktor *m* erster Ordnung *(Statistik)*
first-order interaction
Interaktion *f* erster Ordnung,
Wechselwirkung *f* erster Ordnung
(Statistik)
first-stage unit (primary unit)
Stichprobeneinheit *f* der ersten Stufe
(bei mehrstufigen Auswahlverfahren),
Auswahleinheit *f* der ersten Stufe
(Statistik)
first-time effects *pl*
Erstbefragungseffekte *m/pl*
(Panelforschung)
Fishbein model (of attitude change) (Martin Fishbein)
Fishbein-Modell *n* (der Einstellungsänderung) *(Einstellungsforschung)*
Fisher model
Fisher-Modell *n*, Fishersches Modell *n*
(Statistik)
Fisher's distribution (variance-ratio distribution, z distribution, Fisher's z distribution)
Fisher-Verteilung *f*, Fishersche
Verteilung *f* *(Statistik)*
Fisher's F distribution (Fisher's F distribution, F distribution)
Fishersche F-Verteilung *f* *(Statistik)*
Fisher's test of linearity
Fischerscher Linearitätstest *m*,
Linearitätstest *m* von Fisher) *(statistische Hypothesenprüfung)*
Fisher-Yates test (Fisher's exact test, Fisher exact probability test)
Fisher-Yates-Test *m*, exakter Test *m*
von Fisher, exakter Test *m*, exakter
Chi-Quadrat-Test *m* *(statistische Hypothesenprüfung)*
fission
Aufspaltung *f*, Spaltung *f* *(Kulturanthropologie)* *(Gruppensoziologie)*
fixation
Fixierung *f* *(Statistik)* *(Psychologie)*
fixation of affect
Affektfixierung *f* *(Psychologie)*

fixed-alternative question (closed-ended question, closed-end question, closed question, closed alternative question, restricted question)
geschlossene Frage *f*, Frage *f* mit
Antwortvorgaben, Frage *f* mit
festen Antwortvorgaben und ohne
Residualkategorien, Vorgabefrage *f*
ohne Residualkategorien, erzwungene
Wahlfrage *f*, strukturierte Frage *f*
(Psychologie/empirische Sozialforschung)
fixed-alternative questionnaire (structured questionnaire, structured schedule)
strukturierter Fragebogen *m*
(Psychologie/empirische Sozialforschung)
fixed capital
fixes Kapital *n* *(Volkswirtschaftslehre)*
fixed cost(s) *(pl)*
fixe Kosten *pl* *(Volkswirtschaftslehre)*
fixed-interval schedule of reinforcement (FI)
festes Intervallschema *n*, fester
Intervallplan *m* *(Verhaltensforschung)*
fixed-ratio reinforcement (FR)
feste Quotenverstärkung *f*
(Verhaltensforschung)
fixed-ratio reinforcement schedule (FR)
fester Quotenverstärkungsplan *m*
(Verhaltensforschung)
fixed-reference nomadism (transhumance, vertical nomadism)
Transhumanz *f* *(Kulturanthropologie)*
fixed sample
feste Stichprobe *f* *(Statistik)*
fixed variable
festgehaltene Variable *f* *(statistische Hypothesenprüfung)*
fixed-base index *(pl* **indexes** *or* **indices)**
Index *m* mit fester Basis, Indexziffer *f*,
Indexzahl *f* mit fester Basis *(Statistik)*
fixed-interval periodic reinforcement
periodische Verstärkung *f* mit festen
Intervallen *(Verhaltensforschung)*
fixed-interval reinforcement
Verstärkung *f* mit festen Intervallen,
feste Intervallverstärkung *f*
(Verhaltensforschung)
fixed-origin ordinal scale
Ordinalskala *f* mit festem Nullpunkt
(Skalierung)
fixed sentence (definite sentence)
rechtskräftige Strafe *f*, rechtskräftige
Verurteilung *f* *(Kriminologie)*
flagellation
Geißelung *f*, Flagellation *f*
flash survey (flash, quickie poll, quickie, quickie poll)
Blitzbefragung *f*, Blitzumfrage *f*
(Umfrageforschung)

flat (apartment)
Appartement *n*, Etagenwohnung *f*,
Wohnung *f*
flat distribution (rectangular distribution, uniform distribution)
flache Verteilung *f*, rechteckige
Verteilung *f*, Rechteckverteilung *f*,
stetige gleichmäßige Verteilung *f*
(Statistik)
flat hierarchy
flache Hierarchie *f* *(Organisationssoziologie)*
vgl. tall hierarchy
flat organization structure (*brit* organisation)
flache Organisationsstruktur *f*
(Organisationssoziologie)
vgl. tall organization structure
flexibility
Flexibilität *f*
flexible norm
flexible Norm *f*
flexible organization (*brit* organisation) (Albert K. Rice)
flexible Organisation *f* *(Organisationssoziologie)*
flight behavior (*brit* flight behaviour, escape behavior, *brit* escape behaviour)
Fluchtverhalten *n* *(Psychologie) (Verhaltensforschung)*
flight mechanism (escape mechanism)
Fluchtmechanismus *m* *(Psychologie) (Verhaltensforschung)*
flight of ideas
Gedankenflucht *f* *(Psychologie)*
flight-pursuit sequence (John L. Fischer)
Flucht-Verfolgungs-Abfolge *f*
(Soziolinguistik)
flight reaction (flight response, escape response, escaping)
Fluchtreaktion *f* *(Psychologie) (Verhaltensforschung)*
floater
1. Bindungsloser *m*, bindungsloser
Mensch *m*, Mensch *m* ohne Bindungen
(Psychologie) (Soziologie)
2. → floating voter
floater (jobber)
Gelegenheitsarbeiter *m* *(Industriesoziologie)*
floating voter (floater, vote switcher, converter, swing voter)
Wechselwähler *m*, Parteiwechsler *m*,
parteiloser Wähler *m* *(politische Wissenschaften)*
flock (herd)
Herde *f*, Schar *f*, Rudel *n*
(Sozialpsychologie)
flooding
Reizüberflutung *f* *(Psychologie)*

floor (cellar, lower limit)
Untergrenze *f*, unterste Grenze *f*
(Mathematik/Statistik)
vgl. ceiling
flop-out (nonresponse rate, non-response rate, noncoverage, noncoverage rate, noncoverage)
Ausfallrate *f*, Ausfallquote *f*, Verweigerungsrate *f*, Nichtbeantwortungsrate *f*,
Nonresponse-Quote *f*, Nonresponse-
Rate *f* *(empirische Sozialforschung)*
vgl. response rate
flow
1. Fluß *m*
2. Strömung *f* *(Stochastik)*
flow chart (flow diagram)
Flußdiagramm *n*, Ablaufdiagramm *n*,
Programmablaufdiagramm *n*,
Flußdiagramm *n* *(graphische Darstellung)*
flow map
Flußkarte *f* *(graphische Darstellung)*
flow matrix (*pl* matrixes *or* matrices)
Flußmatrix *f*, Ablaufmatrix *f* *(Statistik)*
flow of communication (communication flow)
Kommunikationsfluß *m* *(Kommunikationsforschung)*
flow of information (information flow)
Informationsfluß *m* *(Kommunikationsforschung)*
fluctuation (turnover)
Fluktuation *f*
fluidity
Fluidität *f* *(Sozialökologie)*
focal ancestor (apical ancestor)
Urahn *m*, Stammvater *m*
(Kulturanthropologie)
focal area (nodal area, nodal region) (Walter Christaller)
nodales Gebiet *n*, nodale Gegend *f*
(Sozialökologie)
focal person (role actor, role occupant)
Rolleninhaber *m*, Rollenträger *m*
(Soziologie)
focal suicide (Karl H. Menninger)
fokaler Selbstmord *m* *(Soziologie)*
vgl. chronic suicide, organic suicide
focus group
Fokusgruppe *f*, Interviewgruppe *f*, Diskussionsgruppe *f* *(Psychologie/empirische Sozialforschung)*
focus group interview (focused interview, focused group interview)
Gruppeninterview *n*, Gruppendiskussion *f*, Gruppengespräch *n*, zentriertes
Interview *n* *(Psychologie/empirische Sozialforschung)*

focus group moderator (group moderator, moderator)
Gruppendiskussionsleiter(in) *m(f)*, Leiter(in) *m(f)* einer Gruppendiskussion, Moderator(in) *m(f)* eines Gruppeninterviews *(Psychologie/empirische Sozialforschung)*

focused autobiography (*brit* focussed autobiography, semi-autobiography)
Halb-Autobiographie *f (Psychologie/empirische Sozialforschung)*

focused crowd (*brit* focussed crowd
zielgerichtete Menge *f*, zielgerichtete Masse *f (Sozialpsychologie)*

focused interaction (*brit* focussed interaction (Dean Barnlund)
zentrierte Interaktion *f (Kommunikationsforschung)*

focused interview (*brit* focussed interview) (Robert K. Merton/Marjorie Fiske/Patricia L. Kendall)
zentriertes Interview *n*, zentrierte Gruppendiskussion *f*, zentriertes Gruppengespräch *n*, halbstandisiertes Interview *n*, Interview *n* über ein bestimmtes Thema *(empirische Sozialforschung) (Psychologie)*

folded contingency table
gefaltete Kontingenztafel *f*, gefaltete Kontingenztabelle *f (Statistik)*

folded normal distribution
gefaltete Normalverteilung *f (Statistik)*

folding
Faltung *f*

folk
volkstümlich, Volks-, Volkstums- *adj*

folk *pl* (folk *or* folks, people, *pl* peoples)
Volk *n*, Träger *m* des Volkstums, der Volkskultur *(Ethnologie)*

folk crime
Kavaliersdelikt *n*, volkstümliche Straftat *f (Kriminologie)*

folk knowledge
Volkswissen *n (Ethnologie)*

folk music
Volksmusik *f (Ethnologie)*

folk psychiatry
Volkspsychiatrie *f*

folk psychology (Wilhelm Wundt)
Völkerpsychologie *f*

folk society (Robert Redfield *(Soziologie)*
Brauchtumsgesellschaft *f*

folk society (folk sacred society) (Robert Redfield) (communal society, folk community)
Volksgemeinschaft *f*, Gemeinschaft *f*, Bauerngemeinde *f (Soziologie)*

folk sociology
Soziologie *f* von Volksgemeinschaften (Volksgemeinschaftssoziologie *f*

folk taxonomy
volkstümliche Taxonomie *f (Ethnologie)*

folk-urban continuum (Robert Redfield)
Gemeinschafts-Urbanitäts-Kontinuum *n (Ethnologie)*

folk-urban typology (Robert Redfield)
Gemeinschafts-Urbanitäts-Typologie *f (Ethnologie)*

folklore
Folklore *f*, volkstümliche Kultur *f*, Volkskultur *f*, Volksbrauchtum *n*, Folklore *f (Ethnologie)*

folktale
Volkssage *f*, Volksmärchen *n*, Volkserzählung *f (Ethnologie)*

folkways *pl* (William G. Sumner)
Brauchtum *n*, Gebräuche *m/pl*, Sitten *f/pl*, überlieferte Verhaltensweisen *f/pl (Ethnologie)*

folkways *pl* (William G. Sumner)
Brauch *m*, Brauchtum *n*, Sitte *f*

folkways *pl* (William G. Sumner) (popular culture)
Volkssitten *f/pl*, Alltagskultur *f*, Volkskultur *f*, Populärkultur *f*, populäre Kultur *f*, volkstümliche Kultur *f*, Kultur *f* des Alltagslebens *(Ethnologie) (Soziologie)*

follow-up
Nachfassen *n* bei Nichtbeantwortung oder Verweigerung eines Interviews, Nachuntersuchung *f*, Folgeuntersuchung *f*, Wiederholungsbesuch *m*, Nachfassen *n* bei Nichtbeantwortung oder Verweigerung eines Interviews, Nachuntersuchung *f*, Folgeuntersuchung *f*, Wiederholungsbesuch *m (Umfrageforschung)*

follow-up call (callback, call-back, follow-up)
Wiederholungsbesuch *m*, Nachfaßbesuch *m*, Nachfaßinterview *n*, Wiederholungskontaktversuch *m (empirische Sozialforschung)*

follow-up question (probe question, probe)
Nachfrage *f*, Nachfaßfrage *f (empirische Sozialforschung)*

follow-up study (follow-up investigation, adjunct study, adjunct investigation)
Anschlußstudie *f*, Anschlußuntersuchung *f (empirische Sozialforschung)*

follow-up test (post test, after-test)
Posttest *m (statistische Hypothesenprüfung)*

follower
Gefolgsmann *m*, Anhänger(in) *m (f) (Sozialpsychologie)*
vgl. leader

followers *pl*
Gefolgschaft *f*, Anhängerschaft *f*
(Sozialpsychologie)

food gathering (gathering, collecting)
Sammeltätigkeit *f*, Sammeln *n*
(Kulturanthropologie)

food-gathering culture (collection culture, collecting culture, gathering culture, foraging culture, nemoriculture)
Sammlerkultur *f* *(Kulturanthropologie)*

food gathering society (foraging society, foraging culture, nemoriculture, collecting society, gathering society)
Sammlergesellschaft *f*, Gesellschaft *f* von Sammlern, Jäger-und-Sammlergesellschaft *f*, Gesellschaft *f* von Jägern und Sammlern
(Kulturanthropologie)

food-producing revolution
Nahrungsmittelerzeugungsrevolution *f*

food-producing society
nahrungsmittelerzeugende Gesellschaft *f*
(Kulturanthropologie)

foraging (food gathering, gathering, collecting)
Sammeltätigkeit *f*, Sammeln *n*
(Kulturanthropologie)

foraging culture (nemoriculture, food-gathering culture, collection culture, collecting culture, gathering culture)
Sammlerkultur *f* *(Kulturanthropologie)*

foraging society (foraging culture, nemoriculture, collecting society, food gathering society, gathering society)
Sammlergesellschaft *f*, Gesellschaft *f* von Sammlern, Jäger-und-Sammlergesellschaft *f*, Gesellschaft *f* von Jägern und Sammlern
(Kulturanthropologie)

forced choice
erzwungene Wahlen *f/pl*

forced-choice item
erzwungener Wahl-Item *m* auf einer Skala *(Psychologie/empirische Sozialforschung)*

forced-choice method (forced-choice technique, fixed choice procedure)
Methode *f* der erzwungenen Wahlen *(Psychologie/empirische Sozialforschung)*

forced-choice question (fixed-alternative question)
Frage *f* mit festen Antwortvorgaben und ohne Residualkategorien, Vorgabefrage *f* ohne Residualkategorien, erzwungene Wahlfrage *f* *(Psychologie/empirische Sozialforschung)*

forced-choice rating scale
Ratingskala *f* ohne Residualkategorien, Ratingskala *f* mit erzwungenen Wahlen, Bewertungsskala *f* ohne Residualkategorien *(Psychologie/empirische Sozialforschung)*

forced compliance (Leon Festinger)
erzwungene Zustimmung *f*, zwangsweise erreichte Willfährigkeit *f*

forced division of labor (*brit* forced division of labour) (Emile Durkheim)
erzwungene Arbeitsteilung *f* *(Soziologie)*

forced labor (*brit* labour, hard labor, *brit* hard labour
Zwangsarbeit *f*

forced emigration
erzwungene Emigration *f*, erzwungene Auswanderung *f* *(Migration)*
vgl. planned emigration

forced immigration
erzwungene Immigration *f*, erzwungene Einwanderung *f* *(Migration)*
vgl. planned immigration

forced migration (impelled migration)
erzwungene Migration *f*, zwangsweise Migration *f*, erzwungene Auswanderung *f*, Vertreibung *f* *(Migration)*
vgl. planned migration

forecast (prognosis, *pl* prognoses, prediction)
Prognose *f*, Vorausschätzung *f*, Voraussage *f*, Vorhersage *f* *(Statistik/empirische Sozialforschung)*

to forecast
prognostizieren, vorausschätzen, vorhersagen, voraussagen *adj* *(Statistik/empirische Sozialforschung)*

forecasting
Prognostizieren *n*, Vorausschätzen *n*, Vorhersagen *n*, Voraussagen *n* *(Statistik/empirische Sozialforschung)*

forecasting efficiency index (*pl* indexes *or* indices)
Index *m* der Prognoseeffizienz, Index *m* der Voraussageeffizienz, Index *m* der prognostischen Leistungsfähigkeit *(Statistik)*

forecasting error (prognostic error, prediction error)
Prognosefehler *m*, Vorausschätzungsfehler *m*, Voraussagefehler *m*, Vorhersagefehler *m* *(statistische Hypothesenprüfung)*

foreign aid
Auslandshilfe *f*, ausländische Hilfe *f*, ausländische Hilfszahlungen *f/pl*

**foreign and comparative government
(comparative government)**
vergleichende Regierungslehre *f*
(politische Wissenschaften)
foreign worker (immigrant worker)
ausländischer Arbeiter *m*, ausländischer Arbeitnehmer *m*, Gastarbeiter *m*, Einwanderungsarbeiter *m*
foreman (*pl* foremen)
Vorarbeiter *m* *(Arbeitssoziologie)*
forensic medicine
Gerichtsmedizin *f*, forensische Medizin *f*
forensic psychiatry
Gerichtspsychiatrie *f*, forensische Psychiatrie *f*
forensic psychology
Gerichtspsychologie *f*, forensische Psychologie *f*
forepleasure
Vorlust *f* *(Psychologie)*
forgetting
Vergessen *n* *(Psychologie)*
forgetting effect (effect of forgetting)
Vergessenseffekt *m* *(Psychologie)*
form (gestalt, configuration)
Gestalt *f* *(Psychologie) (Kulturanthropologie)*
form of communication (type of communication)
Kommunikationsform *f*
form of government (government form, system of government, government system, government)
Regierungsform *f*, Regierungssystem *f* *(politische Wissenschaften)*
form of settlement (type of settlement, pattern of settlement, residential pattern)
Siedlungsform *f* *(Sozialökologie)*
form of sociation
Form *f* der Vergesellschaftung (Georg Simmel)
form of socialization (social form)
soziale Form *f*, Form *f* der Vergesellschaftung (Georg Simmel) *(Soziologie)*
form parameter (shape parameter)
Gestaltparameter *m*, Formparameter *m* *(Psychologie)*
form quality (gestalt-quality, gestalt quality)
Gestaltqualität *f*, Ehrenfels-Kriterium *n* (Christian von Ehrenfels) *(Psychologie)*
formal alliance (Richard LaPierre)
formelles Bündnis *n*, förmliches Bündnis *n*, förmliche Allianz *f* *(Soziologie)*
vgl. informal alliance

formal authority
formale Autorität *f*, formelle Autorität *f* *(Soziologie)*
vgl. informal authority
formal communication
formale Kommunikation *f*, formelle Kommunikation *f* *(Kommunikationsforschung)*
vgl. informal communication
formal control
formale Kontrolle *f* *(Soziologie)*
vgl. informal control
formal cooptation (formal co-optation)
förmliche Kooptation *f*, formelle Kooptation *f*, formelle Zuwahl *f*, formelle Selbstwahl *f* *(Organisationssoziologie)*
vgl. informal cooptation
formal decision analysis (*pl* analyses, Bayesian decision analysis) (Thomas Bayes)
formelle Entscheidungsanalyse *f*, Bayes'sche Entscheidungsanalyse *f*, Bayes-Entscheidungsanalyse *f* *(Statistik)* *(Entscheidungstheorie)*
formal delegation
förmliche Delegierung *f*, förmliche Delegation *f* *(Organisationssoziologie)*
vgl. informal delegation
formal demography
formale Demographie *f*, formale Bevölkerungsstatistik *f*
formal education (school education, level of school education)
Schulbildung *f*, Schulausbildung *f*, Schulabschluß *m*, Ausbildung *f* *(Demographie)*
formal group
formale Gruppe *f*, formelle Gruppe *f* *(Gruppensoziologie)*
vgl. informal group
formal language (elaborated code)
formale Sprache *f* *(Soziolinguistik)*
vgl. informal language
formal leader
formeller Führer *m*, formaler Führer *m* *(Soziologie)*
vgl. informal leader
formal mode of speech (Rudolf Carnap)
formale Sprache *f* *(Soziolinguistik)*
formal norm (explicit norm)
formale Norm *f*, förmliche Norm *f* *(Soziologie)*
vgl. informal norm
formal organization (*brit* formal organisation, complex organization, official organization)
formale Organisation *f*, formelle Organisation *f*, formale soziale Organisation *f* *(Organisationssoziologie)*
vgl. informal organization

formal position (Johan Galtung)
formelle Position *f*, formale Position *f* *(Soziologie)*
vgl. informal position

formal power (institutional power)
formelle Macht *f*, formale Macht *f* *(Soziologie)*
vgl. informal power

formal rank
formeller Rang *m* *(Soziologie)*
vgl. informal rank

formal relationship
formale Beziehung *f*, formelle Beziehung *f*, formale soziale Beziehung *f*, formelle soziale Beziehung *f* *(Soziologie)*
vgl. informal relationship

formal role allocation
formelle Rollenzuweisung *f* *(Soziologie)*
vgl. informal role allocation

formal sanction (organized sanction, brit organised sanction)
formale Sanktion *f*, formelle Sanktion *f* *(Soziologie)*
vgl. informal sanction

formal social control
formale soziale Kontrolle *f*, formelle soziale Kontrolle *f* *(Soziologie)*
vgl. informal social control

formal sociology (formal school of sociology, pure sociology)
formale Soziologie *f* (Ferdinand Tönnies, Georg Simmel, Leopold von Wiese)

formal status
formaler Status *m*, formeller Status *m* *(Soziologie)*

formal structure
formale Struktur *f*, formelle Struktur *f* *(Soziologie)*
vgl. informal structure

formal system
formales System *n*, formelles System *n* *(Soziologie) (Systemtheorie)*
vgl. formal system

formal theory (axiomatic theory)
formale Theorie *f*, axiomatische Theorie *f* *(Theorie des Wissens)*
vgl. informal theory

formal value (David Matza/George Sykes)
formaler Wert *m*, formeller Wert *m* *(Soziologie)*
vgl. informal value

formalism
Formalismus *m* *(Soziologie)*
vgl. informalism

formalization
Formalisierung *f* *(Theorie des Wissens) (Organisationssoziologie)*
vgl. informalization

formalized expression
formalisierter Ausdruck *m*, formalisierter Themenausdruck *m* *(Kommunikationsforschung)*
vgl. informalized expression

formalized theory
formalisierte Theorie *f* *(Theorie des Wissens)*
vgl. informalized theory

formalogram
Formalogramm *n*, graphische Darstellung *f* der formellen Beziehungen in einer Organisation *(Organisationssoziologie)*
vgl. informalogram

formation of indexes (formation of indices, indexing, index construction)
Indexbildung *f*, Indexierung *f* *(Statistik)*

formula (pl formulas or formulae)
Formel *f* *(Mathematik/Statistik)*

formulative study (exploratory study, pilot study, pilot survey, pilot investigation)
explorative Studie *f*, Leitstudie *f*, Vorstudie *f*, Erkundungsstudie *f*, Erkundungsuntersuchung *f*, Voruntersuchung *f* *(empirische Sozialforschung)*

fornication
Unzucht *f*, Ehebruch *m*

fortuitous error (random sampling error, random error, sampling error, nonconstant error, variable error, chance error)
Zufallsfehler *m*, nichtkonstanter Fehler *m*, Stichprobenfehler *m* *(Statistik)*

forward conditioning (Pavlovian conditioning, classical conditioning, type s conditioning, respondent conditioning) (Ivan Petrovitsch Pavlov)
klassische Konditionierung *f*, respondente Konditionierung *f* *(Verhaltensforschung)*
vgl. instrumental conditioning

forward selection
Vorwärtsselektion *f*, Vorwärtsauswahl *f* *(Regressionsanalyse)*

foundation
1. Grundlage *f*, Basis *f*, Fundament *n*
2. Gründung *f*, Errichtung *f*, Einrichtung *f*
3. Stiftung *f*, Anstalt *f*

four wishes pl (the four wishes pl) (William I. Thomas)
Vier Wünsche *m/pl*, die vier Wünsche *m/pl* *(Soziologie)*

four-function paradigm (Talcott Parsons)
Vier-Funktionen-Paradigma *n*, AGIL-Schema *n* *(Theorie des Handelns)*

fourfold table (two-by-two table, 2 x 2 table)
Vierfeldertafel *f*, Vierfelderschema *n*, Vierfeldertabelle *f* *(Statistik)* *(Datenanalyse)*
Fourier analysis (*pl* **analyses**)
Fourieranalyse *f* *(Statistik)*
Fourier coefficient
Fourier-Koeffizient *m* *(Statistik)*
Fourier series *sg* + *pl*
Fourier-Reihe *f* *(Statistik)*
fractile
Fraktil *n* *(Mathematik/Statistik)*
fractile graphical analysis (*pl* **analyses**)
graphische Fraktilenanalyse *f* *(Statistik)*
fractile graphical analysis (*pl* **analyses**)
Graphik *f* mit gestrichelter Linie, mit unterbrochener Linie *(graphische Darstellung)*
fraction defective
Ausschußanteil *m* *(statistische Qualitätskontrolle)*
fractional antedating goal response (fractional anticipatory goal response) (Clark L. Hull/K. W. Spence)
partiell antizipatorische Zielreaktion *f*, partiell antizipierende Zielreaktion *f* *(Verhaltensforschung)*
fractional replication
teilweise Wiederholung *f*, teilweise Replikation *f* *(statistische Hypothesenprüfung)*
fractionation
Fraktionierung *f*
fractionation method (method of fractionation, halving method)
Aufteilungsmethode *f*, Fraktionierungsmethode *f*, Halbierungsmethode *f* *(Psychophysik) (Skalierung)*
fractionation of conflict
Fraktionierung *f* eines Konflikts *(Sozialpsychologie)*
fragmentation (of society)
Fragmentation *f*, Fragmentierung *f*, Spaltung *f*, Zersplitterung *f* (der Gesellschaft) *(Soziologie)*
frame (Erving Goffmann)
situationaler Rahmen *m*, situationaler Kontext *m*, Rahmen *m* *(Soziologie)*
frame analysis (*pl* **analyses**) **(Erving Goffman)**
Rahmenanalyse *f* *(Soziologie)*
frame bias (frame error, sampling frame error)
Erhebungsfehler *m* systematischer Fehler *m* im Erhebungsrahmen, Verzerrung *f* durch den Erhebungsrahmen, Ergebnisverzerrung *f* durch einen Fehler im Erhebungsrahmen *(empirische Sozialforschung)*

frame of reference
1. Bezugsrahmen *m*, Bezugssystem *n* *(Theorie des Wissens)*
2. Bezugspunkt *m* Referenzpunkt *m*, Verankerung *f* *(Statistik/empirische Sozialforschung) (Soziologie) (Psychologie)*
frame (sampling frame)
Erhebungsgrundlage *f*, Erhebungsrahmen *f* *(Statistik) (empirische Sozialforschung)*
Frankfurt school
Frankfurter Schule *f* *(Soziologie)*
fraternal cicisbeism
brüderlicher Cicisbeismus *m* *(Kulturanthropologie)*
fraternal group marriage
brüderliche Gruppenehe *f* *(Kulturanthropologie)*
fraternal inheritance (adelphic inheritance)
adelphisches Erbrecht *n*, adelphische Vererbung *f*, adelphische Erbfolge *f* *(Kulturanthropologie)*
fraternal polyandry (adelphic polyandry)
brüderliche Polyandrie *f*, brüderliche Vielmännerei *f* *(Kulturanthropologie)*
fraternal succession (adelphic succession)
brüderliche Erbfolge *f*, brüderliche Nachfolge *f*, Erbfolge *f* zwischen Brüdern, adelphische Nachfolge *f* *(Kulturanthropologie)*
fraternal twin (dizygotic twin, DZ twin, two-egg twin)
zweieiiger Zwilling *m* *(Genetik)*
fraternity
1. Studentenverbindung *f*, studentische Verbindung *f*
2. Brüderlichkeit *f*
free association
freies Assoziieren *n*, freie Assoziation *f* *(Psychologie)*
vgl. controlled association
free enterprise (free competitive enterprise, free private enterprise)
freies Unternehmertum *n*, Unternehmensinitiative *f* *(Volkswirtschaftslehre)*
free enterprise economy (free enterprise society, free market economy, free private enterprise)
freie Marktwirtschaft *f* *(Volkswirtschaftslehre)*
free floating anxiety (general anxiety)
freischwebende Angst *f* *(Psychologie)*
free labor (*brit* free labour)
freiwillige Arbeit *f* *(Volkswirtschaftslehre)*
free learning
freies Lernen *n* *(Psychologie)*
free love (sexual communism)
freie Liebe *f*

free marriage (consensual union, consensual marriage, free union, common-law marriage)
Ehe *f* ohne Trauschein, Lebenspartnerschaft *f*, "wilde" Ehe *f*

free market economy (free market capitalism)
marktwirtschaftlicher Kapitalismus *m*, freie Marktwirtschaft *f* *(Volkswirtschaftslehre)*

free migration
freie Migration *f*, freie Einwanderung *f*, freie Auswanderung *f*, freie Wanderungsbewegung *f*, Auswanderung *f* ohne Zwang *(Migration)*

free operant avoidance (nondiscriminated avoidance, non-discriminated avoidance, continuous avoidance, Sidman avoidance continuous reinforcement) (CRF)
kontinuierliche Vermeidung *f* *(Verhaltensforschung)*

free operant response (emitted response)
emittierte Reaktion *f* *(Verhaltensforschung)*

free press
freie Presse *f*

free recall
freie Erinnerung *f* *(empirische Sozialforschung) (Psychologie)*
vgl. aided recall

free reinforcement
nichtkontingente Verstärkung *f*, freie Verstärkung *f* *(Verhaltensforschung)*

free-response interview (depth interview, free interview, focused interview, qualitative interview)
Tiefeninterview *n*, Tiefenbefragung *f*, Intensivinterview *n*, Intensivbefragung *f*, qualitatives Interview *n*, qualitative Befragung *f* *(Psychologie/empirische Sozialforschung)*

free time
verfügbare Zeit *f*, freie Zeit *f* *(Soziologie)*

free trade
Freihandel *m*

free union (free marriage, consensual union, consensual marriage, common-law marriage)
Ehe *f* ohne Trauschein, Lebenspartnerschaft *f*, "wilde" Ehe *f*

free will
freier Wille *m* *(Psychologie)*

free will theory
Theorie *f* des freien Willens *(Philosophie) (Psychologie)*

free-floating aggression (generalized aggression, *brit* generalised aggression, general aggression)
freischwebende Aggression *f*, freibewegliche Aggression *f* *(Psychologie)*

freedom of assembly
Versammlungsfreiheit *f*

freedom of expression
Meinungsfreiheit *f*, Meinungsäußerungsfreiheit *f*, Freiheit *f* der Meinungsäußerung

freedom of speech (free speech)
Redefreiheit *f*

freedom of the press
Pressefreiheit *f*

freedom of thought
Gedankenfreiheit *f*

freedom (liberty)
Freiheit *f*

freehand method (freehand technique)
Freihandmethode *f*, Freihandverfahren *n* *(graphische Darstellung) (Statistik)*

freeholder
Freisasse *m*, unabhängiger Gutsbesitzer *m*, Hausbesitzer *m* *(Landwirtschaft)*

French structuralism (structuralism, structural theory)
Strukturalismus *m*, strukturalistische Theorie *f* *(Kulturanthropologie) (Soziologie)*

frequency
Häufigkeit *f*, Frequenz *f* *(Statistik)*

frequency count
Häufigkeitsauszählung *f*, Häufigkeitszählung *f* *(Statistik)*

frequency curve (frequency distribution curve)
Häufigkeitskurve *f*, Frequenzkurve *f* *(Statistik) (graphische Darstellung)*

frequency distribution
Häufigkeitsverteilung *f* *(Statistik)*

frequency distribution control (frequency matching, matching by frequency distribution)
Parallelisierung *f* nach der Häufigkeitsverteilung, Häufigkeitsparallelisierung *f*, Matching *n* nach der Häufigkeitsverteilung *(statistische Hypothesenprüfung)*

frequency function
Häufigkeitsfunktion *f*, Frequenzfunktion *f* *(Statistik)*

frequency matching

frequency matching (matching by frequency distribution, frequency distribution control)
Parallelisierung *f* nach der Häufigkeitsverteilung, Häufigkeitsparallelisierung *f*, Matching *n* nach der Häufigkeitsverteilung *(statistische Hypothesenprüfung)*
frequency moment (probability moment)
Häufigkeitsmoment *n*, Moment *n* einer Häufigkeitsverteilung *(Statistik)*
frequency of responding (response rate)
Reaktionshäufigkeit *f (Verhaltensforschung)*
frequency polygon (polygon
Häufigkeitspolygon *n*, Frequenzpolygon *n*, Treppenpolygon *n (graphische Darstellung) (Statistik)*
frequency surface
Häufigkeitsfläche *f (Statistik)*
frequency table
Häufigkeitstabelle *f*, Frequenztabelle *f (Statistik)*
frequency theory of probability
Häufigkeitstheorie *f* der Wahrscheinlichkeit *(Statistik) (Wahrscheinlichkeitstheorie)*
Freudian slip
Fehlleistung *f*, Freudsche Fehlleistung *f (Psychoanalyse)*
frictional unemployment
Übergangsarbeitslosigkeit *f (Volkswirtschaftslehre)*
Friedman chi-squared test (Friedman's test, Friedman test, Friedman's two-way analysis-of-variance test)
Friedman-Test *m*, Friedmanscher Test *m*, Friedmanscher Chi-Quadrat-Test *m (statistische Hypothesenprüfung)*
friendship clique (social clique)
Freundschaftsclique *f*, Freundesclique *f*, Clique *f* von Freunden *(Organisationssoziologie)*
friendship clique, social clique
Freundschaftsgruppe *f*, Freundesgruppe *f*, Gruppe *f* von Freunden *(Organisationssoziologie)*
frigidity
Frigidität *f (Psychologie)*
fringe benefits *pl*
Sozialleistungen *f/pl*, betriebliche Sozialleistungen *f/p (Volkswirtschaftslehre) (Industriesoziologie)*
fringe group (marginal group)
Randgruppe *f*, marginale Gruppe *f (Soziologie)*
frustrating stress
frustrierender Stress *m (Psychologie)*

frustration
Frustration *f*, Entsagung *f*, Versagung *f* (Sigmund Freud) *(Psychoanalyse)*
frustration-aggression hypothesis (*pl* hypotheses) (John Dollard)
Frustrations-Aggressions-Hypothese) *f (Psychologie)*
frustration-fixation hypothesis (*pl* hypotheses) (N. R. F. Maier)
Frustrations-Fixierungs-Hypothese *f (Psychologie)*
frustration-regression hypothesis (*pl* hypotheses) (R. C. Barker)
Frustrations-Regressions-Hypothese *f (Psychologie)*
frustration tolerance
Frustrationstoleranz *f (Psychologie)*
full employment
Vollbeschäftigung *f (Volkswirtschaftslehre)*
full-sibling marriage
Geschwisterehe *f (Ethnologie)*
full siblings *pl* **(full sibs** *pl***)**
Geschwister *n/pl*, Vollgeschwister *pl (Ethnologie)*
full-time interviewer
hauptberuflicher Interviewer *m*, ganztägig beschäftigter Interviewer *m (Umfrageforschung)*
full-time work
Ganztagsarbeit *f (Arbeitssoziologie)*
Fullerton-Cattell's law
Fullerton-Cattellsches Gesetz *n (Psychologie)*
fun morality (Martha Wolfenstein)
Fun-Moral *f*, Spaßmoral *f*, Spaßmoralität *f*, Unterhaltungsmoral *f (Sozialpsychologie)*
function
Funktion *f*
vgl. dysfunction
function of a random variable
Funktion *f* einer Zufallsgröße *(Statistik)*
function of a random vector
Funktion *f* eines Zufallsvektors *(Statistik)*
functional
funktional *adj*
vgl. dysfunctional
functional alternative
funktionale Alternative *f*, funktionales Äquivalent *n (Kulturanthropologie)*
functional analysis (functionalism)
funktionale Analyse *f (Soziologie) (Kulturanthropologie)*
functional anthropology (functionalist anthropology)
funktionale Anthropologie *f*, funktionalistische Anthropologie *f (Kulturanthropologie)*

functional authority
funktionale Autorität *f*
functional autonomy
funktionale Autonomie *f*
functional bureaucrat (Leonard Reissman)
funktionaler Bürokrat *m*, Funktionsbürokrat *m* *(Organisationssoziologie)*
vgl. service bureaucrat, job bureaucrat, specialist bureaucrat
functional democracy
funktionale Demokratie *f* *(politische Wissenschaften)*
functional disorder
Funktionsstörung *f* *(Psychologie) (Organisationssoziologie)*
functional elite (functional élite)
Funktionselite *f* *(Soziologie)*
functional equilibrium system
funktionales Gleichgewichtssystem *n* *(Sozialforschung)*
functional equilibrium (*pl* equilibriums *or* equilibria)
funktionales Gleichgewicht *n* *(Sozialforschung)*
functional equivalence (functional alternative)
funktionale Äquivalenz *f* *(Sozialforschung)*
functional equivalent
funktionales Äquivalent *n* *(Sozialforschung)*
functional experiment (functional experimental design)
funktionales Experiment *n* *(Sozialforschung)*
functional explanation
funktionale Erklärung *f* *(Sozialforschung) (Theorie des Wissens)*
functional group
funktionale Gruppe *f*, Funktionsgruppe *f*, Leistungsgruppe *f* *(Organisationssoziologie)*
functional imperative (functional prerequisite, functional requisite)
funktionaler Imperativ *m*, Funktionsvoraussetzung *f*, funktionales Fundamentalerfordernis *n*, funktionale Voraussetzung *f* *(Theorie des Handelns)*
functional integration
funktionale Integration *f* *(Theorie des Handelns)*
functional psychology
funktionale Psychologie *f*, Funktionalismus *m*
functional psychosis (*pl* psychoses)
funktionelle Psychose *f* *(Psychologie)*
functional rationality
funktionale Rationalität *f* (Karl Mannheim) *(Soziologie) (Theorie des Wissens)*

functional relation
funktionale Beziehung *f* *(Sozialforschung)*
functional representation
funktionale Repräsentation *f* *(politische Wissenschaften)*
functional salience
funktionale Bedeutung *f*, funktionelle Bedeutung *f*, funktionale Wichtigkeit *f*, funktionelle Wichtigkeit *f* *(Sozialforschung)*
functional society
funktionale Gesellschaft *f* *(Soziologie)*
functional solidarity (Emile Durkheim)
funktionale Solidarität *f* *(Soziologie)*
functional specialization
funktionale Spezialisierung *(Industriesoziologie)*
functional status
funktionaler Status *m*, funktioneller Status *m* *(Organisationssoziologie)*
functional substitutability
funktionale Substituierbarkeit *f* *(Soziologie)*
functional substitute (functional alternative)
funktionales Substitut *n* *(Soziologie)*
functional subsystem (Talcott Parsons)
funktionales Subsystem *n* *(strukturell-funktionale Theorie)*
functional theory of social stratification
funktionale Theorie *f* der sozialen Schichtung, funktionalistische Theorie *f* der sozialen Schichtung *(Soziologie)*
fundamental measurement
fundamentale Messung *f* *(Statistik)*
fundamental random process (Brownian motion process)
Zufallsgrundprozeß *m* *(Stochastik)*
fundamentalism
Fundamentalismus *m*
funeral custom
Begräbnisbrauch *m*, Bestattungsbrauch *m*, Totenfeiersitte *f* *(Ethnologie)*
funnel
Trichter *m* *(empirische Sozialforschung)*
funnel technique (funneling)
Trichtermethode *f*, Trichtertechnik *f*, Trichterverfahren *n*, Trichtern *n* *(empirische Sozialforschung)*
Furry process
Furry-Prozeß *m* *(Statistik)*
further education
Weiterbildung *f*, berufliche Weiterbildung *f*, Fortbildung *f* *(Organisationssoziologie) (Industriesoziologie)*

fusion
  Fusion *f*, Fusionierung *f*,
  Verschmelzung *f*, Zusammenlegung *f*
  (Mathematik/Statistik) (Organisationssoziologie)
fusion (amalgamation)
  Verschmelzung *f (Psychoanalyse)*
  (Kulturanthropologie) (Soziologie)
fusion of cultures (cultural fusion, culture fusion)
  Kulturfusion *f*, Fusion *f* von Kulturen
  (Kulturanthropologie)
fusion process (E. Wight Bakke)
  Verschmelzungsprozeß *m*,
  Fusionsprozeß *m (Soziologie)*
futurible (Bertrand de Jouvenel)
  alternatives Zukunftsmodell *n*
  (Futurologie)
futurology
  Futurologie *f*, Zukunftsforschung *f*
  (Soziologie)

G

G factor (g factor, general factor)
G-Faktor *m*, genereller Faktor *m*, Generalfaktor *m*, allgemeiner Faktor *m* *(Faktorenanalyse)*

g statistic (g-statistic)
g-Maßzahl *f*, Maßzahl g *f (Statistik)*

gain function (of a game)
Gewinnfunktion *f*, eines Spiels) *(Spieltheorie)*
vgl. loss function

gainful worker (gainfully employed worker, gainfully occupied worker)
berufstätige(r) Arbeiter(in) *m(f)* *(Demographie)*

gainfully employed person (gainfully occupied person)
Berufstätige(r) *f(m)* Beschäftigte(r) *f(m)*, berufstätige Person *f (Demographie)*

gainfully employed population (gainful population, working population, economically active population)
berufstätige Bevölkerung *f*, erwerbstätige Bevölkerung *f (Volkswirtschaftslehre) (Soziologie) (empirische Sozialforschung)*

gamma coefficient
Gammakoeffizient *m*, Goodman und Kruskalscher Gamma-Koeffizient *m*, γ Koeffizient *m (empirische Sozialforschung)*

gait
Gangart *f*, Gehweise *f*, Haltung *f* beim Gehen *(Kommunikationsforschung)*

Gallup poll
Gallup-Umfrage *f*, Gallup-Meinungsumfrage *f (Umfrageforschung)*

Galton bar
Galtonscher Balken *m*, Galtonsches Brett *n*, Galtonsche Zufallsmaschine *f (Statistik)*

Galton ogive
Galtonsche Ogive *f*, Galtonsche Häufigkeitsverteilungskurve *f (Statistik)*

Galton's individual difference problem (Galton's difference problem)
Galtonsches Rangordnungsproblem *n (Statistik)*

Galton's rank order test
Galtonscher Rangordnungstest *m (Statistik)*

Galton-McAllister distribution (lognormal distribution)
Galton-McAllistersche Verteilung *f (Statistik)*

galvanic skin response (GSR)
galvanische Hautreaktion *f*, hautgalvanische Reaktion *f (Verhaltensforschung)*

galvanometer (psychogalvanometer)
Psychogalvanometer *n*, Galvanometer *n (Psychologie)*

gambler's ruin
Ruin *m* des Spielers *(Spieltheorie)*

gambling
Glücksspiel *n*, Wetten *n*, Spielen *n*

game theory (games theory, theory of games, theory of interdependent decisions)
Spieltheorie *f*, Theorie *f* der strategischen Spiele, Theorie *f* der Spiele

game tree
Spielbaum *m (Spieltheorie)*

game with complete information
Spiel *n* mit vollständiger Information *(Spieltheorie)*

gamma function (γ function, γ-function, Euler's second integral)
Gammafunktion *f*, γ-Funktion *f (Statistik)*

gang (criminal gang)
Bande *f*, Verbrecherbande *f (Soziologie) (Kriminologie)*

gang age
Bandenalter *n (Kriminalsoziologie)*

gang delinquency
Bandenkriminalität *f (Kriminologie)*

gang punching (gangpunching)
Folgestanzen *n*, Schnellstanzen *n (EDV)*

gang research
Bandenforschung *f (Kriminalsoziologie)*

gang (criminal gang)
Bande *f*, delinquente Bande *f*, Gang *f (Kriminalsoziologie)*

gangland (interstitial area, zone in transition, transitional zone)
Zwischengebiet *n*, Übergangsgebiet *n*, das einen Zwischenraum bildende Gebiet *n (Sozialökologie)*

gangster (criminal gangster)
Bandenstraftäter *m*, Bandenkrimineller *m*, Bandenmitglied *n*, Gangster *m (Kriminalsoziologie)*

Gantt process chart (Gantt chart, Gantt system)
Gantt-Arbeitsleistungskarte *f*, Gantt-Karte *f*, Arbeitsfortschrittsbild *n* *(Statistik) (Volkswirtschaftslehre)*
garden city (Ebenezer Howard)
Gartenstadt *f (Sozialökologie)*
garrison state (garrison-prison state) (Harold D. Lasswell)
Garnisonsstaat *m*, Kasernenstaat *m* *(politische Wissenschaften)*
garrison-state hypothesis (*pl* hypotheses, garrison-prison-state hypothesis) (Harold D. Lasswell)
Garnisonsstaat-Hypothese *f*, Kasernenstaat-Hypothese *f (politische Wissenschaften)*
gatekeeper (Kurt Lewin)
Gatekeeper *m*, Pförtner *m*, Türhüter *m*, Schleusenwärter *m*, Informationsselekteur *m*, Nachrichtenselekteur *m* *(Kommunikationsforschung)*
gatekeeper hypothesis (*pl* hypotheses) (Kurt Lewin)
Gatekeeperhypothese *f (Kommunikationsforschung)*
gatekeeping (Kurt Lewin)
Informationsselektion *f*, Nachrichtenselektion *f (Kommunikationsforschung)*
gathering (collecting, food gathering)
Sammeltätigkeit *f*, Sammeln *n* *(Kulturanthropologie)*
gathering culture (food-gathering culture, collection culture, collecting culture, foraging culture, nemoriculture)
Sammlerkultur *f (Kulturanthropologie)*
gathering society (food gathering society, foraging society, foraging culture, nemoriculture, collecting society)
Sammlergesellschaft *f*, Gesellschaft *f* von Sammlern, Jäger-und-Sammlergesellschaft *f*, Gesellschaft *f* von Jägern und Sammlern *(Kulturanthropologie)*
Gauss distribution (Gaussian distribution, normal distribution)
Gauß-Verteilung *f*, Gaußsche Verteilung *f*, Normalverteilung *f* *(Statistik)*
Gauss-Markov theorem
Gauß-Markovscher Lehrsatz *m*, Gauß Markov-Theorem *n*, Gauß-Markovscher Satz *m (Statistik)*
Gauss theorem
Gauß-Theorem *n*, Gaußscher Lehrsatz *m (Mathematik/Statistik)*
Gauss-Winkler inequality
Gauß-Winkler-Ungleichung *f*, Gauß-Winklersche Ungleichung *f (Statistik)*

Gauss-Markov estimation
Gauß-Markov-Schätzung *f (Statistik)*
Gauss-Seidel method
Gauß-Seidelsche Methode *f*, Gauß-Seidelsches Verfahren *n (Statistik)*
gay liberation movement
homosexuelle Befreiungsbewegung *f*
Geary's ratio
Geary-Quotient *m*, Geary-Verhältniszahl *f*, Gearyscher Quotient *m (Statistik)*
gemeinschaft (fellowship, community)
Gemeinschaft *f* (Ferdinand Tönnies (*Soziologie*)
vgl. gesellschaft
gender (sex)
Geschlecht *n*, Geschlechtszugehörigkeit *f*
gender stratification (sexual stratification, male-female stratification)
sexuelle Schichtung *f*, sexuelle Stratifizierung *f*, Schichtung *f* nach Geschlecht, Stratifizierung *f* nach Geschlecht *(Soziologie)* *(empirische Sozialforschung)*
gene
Gen *n*
genealogical distance (kinship distance, genealogical line, descent line, line of descent, lineage)
genealogische Distanz *f (Anthropologie)*
genealogical method
genealogische Methode *f* *(Anthropologie)*
genealogical position
genealogische Stellung *f*, genealogische Position *f (Anthropologie)*
genealogical space
genealogischer Raum *m (Anthropologie)*
genealogy
1. Genealogie *f*, Abstammungsforschung *f (Anthropologie)*
2. Geschlechterfolge *f*, Stammbaum *m (Kulturanthropologie)*
general ability (G factor, general ability factor, general factor) (Charles E. Spearman)
allgemeine Fähigkeit *f (Psychologie/Faktorenanalyse)*
vgl. special ability
general administration
allgemeine Verwaltung *f*
general anxiety (free floating anxiety)
freischwebende Angst *f (Psychologie)*
General Aptitude Test Battery (GATB) (Beatrice J. Dvorak)
allgemeine Eignungs-Test-Batterie *f (Psychologie)*
general census data *pl* (census data)
Volkszählungsdaten *n/pl*,
Vollerhebungsdaten *n/pl (Demographie)*

general deterrence
Generalprävention *f*, allgemeine
Abschreckung *f* *(Kriminologie)*
general election (popular election)
allgemeine Wahl *f*, Wahl *f* auf
nationaler Ebene, Wahl *f* im gesamten
Staatsgebiet *(politische Wissenschaft)*
general equilibrium *(pl* **equilibriums** *or*
equilibria)
allgemeines Gleichgewicht *n*
general fertility rate
allgemeine Fruchtbarkeitsrate *f*,
allgemeine Fruchtbarkeitsziffer *f*, Fruchtbarkeitsziffer *f*, Fruchtbarkeitsrate *f*,
Fruchtbarkeitsquote *f* *(Demographie)*
general inheritance
allgemeine Erbfolge *f* *(Kulturanthropologie)*
general interdependent system
allgemeines interdependentes System *n*
(Statistik)
general law (universal law, scientific law, universal generalization)
universales Gesetz *n*, universelles
Gesetz *n*, allgemeingültiges Gesetz *n*,
allgemeingültige Gesetzmäßigkeit *f*,
universelle Gesetzmäßigkeit *f*,
universale Gesetzmäßigkeit *f*
(Theoriebildung) (Theorie des Wissens)
(Kulturanthropologie)
general linguistics *pl als sg konstruiert*
allgemeine Linguistik *f*
general mental energy (Charles E. Spearman)
allgemeine verstandesmäßige Energie *f*,
generelle verstandesmäßige Energie *f*,
allgemeine geistige Energie *f*, generelle
geistige Energie *f* *(Psychologie)*
general morale
allgemeine Moral *f*, allgemeine
geistig-seelische Verfassung *f*
(Sozialpsychologie)
general norm
allgemeine Norm *f*, allgemein gültige
Norm *f*, generelle Norm *f* *(Soziologie)*
general policy
allgemeine Linie *f*, allgemeiner
Grundsatz *m*, allgemeine Taktik *f*
general psychology
allgemeine Psychologie *f*
general public (the public at large)
allgemeine Öffentlichkeit *f*, allgemeines
Publikum *n*, die Öffentlichkeit *f*
general-purpose program *(brit* **programme)**
Allzweckprogramm *n* *(EDV)*
general-purpose sample
Allzweckstichprobe *f* *(Statistik)*

general-purpose table (general table, primary table, reference table)
Allzwecktabelle *f* *(Mathematik/Statistik)*
vgl. special-purpose table
general rate
allgemeiner Anteil *m*, allgemeine
Quote *f* *(Statistik)*
general renewal process
allgemeiner Erneuerungsprozeß *n*,
modifizierter Erneuerungsprozeß *m*
(Stochastik)
general semantics *pl als sg konstruiert*
allgemeine Semantik *f*
general sociology
allgemeine Soziologie *f*
general statistics *pl als sg konstruiert*
allgemeine Statistik *f*
general status
allgemeiner Status *m* *(Soziologie)*
general systems theory (GST) (systems theory, systems analysis, general systems analysis, *pl* **analyses)**
Systemtheorie *f*, allgemeine
Systemtheorie *f*, Systemforschung *f*,
allgemeine Systemlehre *f* (Ludwig von
Bertalanfy)
general theory
allgemeine Theorie *f*
general theory of action (Talcott Parsons)
allgemeine Theorie *f* des Handelns
general will
allgemeiner Wille *m*, volonté générale *f*
(Jean-Jacques Rousseau) *(Philosophie)*
generality (universality)
Allgemeinheit *f* Universalität *f*
(Ethnologie)
generalizability *(brit* **generalisability)**
Verallgemeinerungsfähigkeit *f*,
Generalisierungsfähigkeit *f*
(Theoriebildung)
generalizability coefficient *(brit* **generalisability coefficient, coefficient of generalizability,** *brit* **coefficient of generalisability)**
Verallgemeinerungskoeffizient *m*,
Generalisierbarkeitskoeffizient *m*
(Hypothesenprüfung)
generalizability theory *(brit* **generalisability theory)**
Verallgemeinerungstheorie *f*, Theorie *f*
der Verallgemeinerungsfähigkeit
(Theoriebildung)
generalization gradient *(brit* **generalisation gradient)**
Generalisierungsgradient *m*
(Verhaltensforschung)

generalization hypothesis (*pl* **hypotheses,** *brit* **generalisation hypothesis**) **(Johan Galtung)**
Verallgemeinerungshypothese *f*, Generalisierungshypothese *f (statistische Hypothesenprüfung)*
generalized aggression (*brit* **generalised aggression, general aggression, free-floating aggression**)
freischwebende Aggression *f*, freibewegliche Aggression *f (Psychologie)*
generalized binomial distribution (**Poisson binomial distribution,** *brit* **generalised binomial distribution**)
verallgemeinerte Binomialverteilung *f (Statistik)*
generalized bivariate exponential distribution (*brit* **generalised bivariate exponential distribution**)
verallgemeinerte bivariate Exponentialverteilung *f (Statistik)*
generalized clique
sozial heterogene Clique *f (Organisationssoziologie)*
generalized distance formula (*pl* **formulas** *or* **formulae**)
allgemeine Entfernungsformel *f (Mathematik/Statistik)*
generalized distribution (**generalized frequency distribution,** *brit* **generalised distribution**)
verallgemeinerte Verteilung *f (Statistik)*
generalized event (*brit* **generalised event**)
verallgemeinertes Ereignis *n (Psychologie)*
generalized gamma distribution (*brit* **generalised gamma distribution, Stacy's distribution**)
verallgemeinerte Gammaverteilung *f (Statistik)*
generalized inverse (*brit* **generalised inverse**)
verallgemeinerte Umkehrung *f (Mathematik/Statistik)*
generalized marital exchange (**generalized exchange**) **(Claude Lévi-Strauss)**
verallgemeinerter Heiratsaustausch *m*, verallgemeinerter Austausch *m (Kulturanthropologie)*
generalized maximum likelihood estimator (*brit* **generalised maximum likelihood estimator**)
verallgemeinerte Maximum-Likelihood-Schätzfunktion *f (Statistik)*
generalized multinomial distribution (*brit* **generalised multinomial distribution**)
verallgemeinerte Polynomialverteilung *f (Statistik)*

generalized normal distribution (*brit* **generalised normal distribution**)
verallgemeinerte Normalverteilung *f (Statistik)*
generalized other (**taking the role of the generalized other, taking the role of the other**) **(George Herbert Mead)**
verallgemeinerter Anderer *m (Soziologie)*
generalized reinforcer (*brit* **generalised reinforcer**)
generalisierter Verstärker *m (Verhaltensforschung)*
generalized role (*brit* **generalised role**)
verallgemeinerte Rolle *f*, allgemeine Rolle *f (Soziologie)*
generalized stochastic process (*brit* **generalised stochastic process**)
verallgemeinerter stochastischer Prozeß *m (Stochastik)*
generalized variance (*brit* **generalised variance**)
verallgemeinerte Varianz *f (Statistik)*
generation
Generation *f (Kulturanthropologie)*
generation fertility (**generational fertility**)
Generationsfruchtbarkeit *f*, Fruchtbarkeit *f* einer Generation) *(Demographie)*
generation gap
Generationsdiskrepanz *f*, Diskrepanz *f* zwischen den Generationen, Generationenspaltung *f (Soziologie)*
generation life table
Generations-Sterbetafel *f*, Sterbetafel *f* für eine Generation *(Demographie)*
generational conflict
Generationenkonflikt *m*, Generationenkonflikt *m*, Konflikt *m* zwischen den Generationen *(Soziologie)*
generational family (**joint family**)
Mehrgenerationenfamilie *f*, Großfamilie *f* im engeren Sinn *(Familiensoziologie)*
generational mobility
Generationenmobilität *f*
→ intergenerational mobility
generational occupational mobility score (GOMS)
GOMS-Zahl *f*, Maßzahl *f* der Intergenerationenmobilität, Maßzahl *f* der intergenerationellen Mobilität, Maßzahl *f* der Berufsmobilität zwischen den Generationen *(Demographie)*
generative grammar (**transformational grammar**) **(Noam Chomsky)**
Transformationsgrammatik *f (Linguistik)*
generativity
Entwicklung *f* zur Geschlechtsreife *(Psychologie)*

generic characteristic
Gattungsmerkmal *n*, generisches Merkmal *n* *(empirische Sozialforschung)*
generic term
Gattungsbegriff *m* *(Theoriebildung)*
generosity error (in tests) (generosity effect, leniency error, leniency effect)
Großzügigkeitsfehler *m*, Generositätsfehler *m* (bei Tests) *(statistische Hypothesenprüfung)*
genesis
Genesis *f*, Genese *f* *(Anthropologie)*
genetic adaptation (genetic adaption)
genetische Anpassung *f* *(Anthropologie)*
genetic change
genetischer Wandel *m*, entwicklungsgeschichtlicher Wandel *m* *(Anthropologie)*
genetic epistemology (Jean Piaget)
genetische Epistemologie *f* *(Entwicklungspsychologie)*
genetic explanation
genetische Deutung *f*, entwicklungsgeschichtliche Deutung *f* *(Kulturanthropologie)*
genetic factor
genetischer Faktor *m*, entwicklungsgeschichtlicher Faktor *m* *(Kulturanthropologie)*
genetic group
genetische Gruppe *f*, Gruppe *f* von genetisch miteinander in Beziehung stehenden Personen *(Soziologie)*
genetic heritage (biological descent, biological heritage)
biologische Abstammung *f*, genetische Abstammung *f* *(Kulturanthropologie)*
genetic kinship (physical kinship)
genetische Verwandtschaft *f*, entwicklungsgeschichtliche Verwandtschaft *f* *(Kulturanthropologie)*
genetic method
genetische Methode *f*, entwicklungsgeschichtliche Methode *f* *(Soziologie)*
genetic psychology
Entwicklungspsychologie *f* genetische Psychologie *f*
genetic relative (genetic kin, physical relative, physical kin)
genetischer Verwandter *m*, entwicklungsgeschichtlicher Verwandter *m* *(Kulturanthropologie)*
genetic sociology
Entwicklungssoziologie *f*, genetische Soziologie *f*
geneticist
Genetiker *m*, Erbforscher *m*
genetics *pl* als *sg* konstruiert (population genetics *pl* als *sg* konstruiert)
Genetik *f*, Vererbungslehre *f*, Erbforschung *f*

genetrical rights *pl* (rights in genetricem *pl*) (Laura Bohannan)
Rechte *n/pl* an einer Frau als Mutter, Mutterrecht(e) *n(pl)* an den Kindern *(Kulturanthropologie)*
genetrix (*pl* genetrixes *or* genetrices, mater)
leibliche Mutter *f* *(Kulturanthropologie)*
vgl. genitor
genital character
genitaler Charakter *m* *(Psychoanalyse)*
genital phase (genital level, genital stage)
genitale Phase *f*, genitales Stadium *n* *(Psychoanalyse)*
genital primacy
genitaler Primat *m*, Primat *m* des Genitalen *(Psychoanalyse)*
genitor (pater, vir)
leiblicher Vater *m* *(Kulturanthropologie)*
vgl. genetrix
genius
Genie *n*
genocide
Genozid *n*, Völkermord *m*
genomotive
Genomotiv *n* (W. Stern) *(Psychologie)*
vgl. phenomotive
genotype
Genotyp *m*, Genotypus *m*, Gattungstyp *m*, Erbtypus *m* *(Psychologie)*
vgl. phenotype
genotypic (genotypical)
genotypisch *adj* *(Psychologie)*
vgl. phenotypic
genotypic function (of an organization)
genotypische Funktion *f* (einer Organisation) *(Organisationssoziologie)*
vgl. phenotypic function (of an organization)
genotypic level (latent level, genotypic scale)
genotypisches Niveau *n* *(Psychologie)*
vgl. phenotypic level
genotypic scale (latent scale)
genotypische Skala *f*, manifeste Skala *f* *(Skalierung)*
vgl. phenotypic scale (manifest scale)
gens (*pl* gentes, patriclan)
Sippe *f* mit Vaterfolge *(Kulturanthropologie)*
gentry
Gentry *f*, niederer Adel *m*
genuine cycle
echter Zyklus *m*, wirklicher Zyklus *m*, genuiner Zyklus *m* *(Statistik)*

**geographical decentralization
(ecological decentralization,
territorial decentralization, regional
decentralization)**
ökologische Dezentralisierung f,
geographische Dezentralisierung
f, territoriale Dezentralisierung f
(Sozialökologie)
geographic determinism
geographischer Determinismus m
(Soziologie)
geographic environment
geographische Umwelt f, geographische
Umgebung f (Sozialökologie)
**geographical centralization (ecological
centralization, territorial centralization,
regional centralization)**
ökologische Zentralisierung f,
geographische Zentralisierung
f, territoriale Zentralisierung f
(Sozialökologie)
**geographical concentration (ecological
concentration, regional concentration,
territorial concentration)**
ökologische Konzentration f,
Bevölkerungs- und Siedlungskonzentration f (Sozialökologie)
**geographical dispersion (ecological
dispersion, territorial dispersion, regional
dispersion)**
ökologische Streuung f, ökologische
Dispersion f, Bevölkerungs- und
Siedlungsstreuung f (Sozialökologie)
**geographical devolution (territorial
devolution)**
territoriale Devolution f, geographische
Devolution f, Territorialdevolution f,
Gebietsdevolution f (Kulturanthropologie) (Sozialökologie)
**geographical displacement (ecological
displacement, residential displacement)**
geographische Verdrängung f,
ökologische Verdrängung f
(Sozialökologie)
**geographical environment (natural
environment, nonhuman environment)**
natürliche Umwelt f, natürliche
Umgebung f (Sozialökologie)
**geographical group (geogroup, territorial
group, spatial group, locality group,
residential group)**
territoriale Gruppe f, geographische
Gruppe f, Territorialgruppe f,
Gebietsgruppe f (Kulturanthropologie)
(Soziologie)
**geographical invasion (ecological invasion,
residential invasion)**
ökologische Invasion f, geographische
Invasion f (Sozialökologie)

geographical linguistics pl als sg
konstruiert, **area linguistics** (pl als sg
konstruiert, **areal linguistics** pl als sg
konstruiert)
Sprachengeographie f
**geographical mobility (areal mobility,
residential mobility, physical mobility,
spatial mobility, vicinal mobility,
ecological mobility)**
geographische Mobilität f, räumliche
Mobilität f, ökologische Mobilität f
**geographical segregation (residential
segregation, ecological segregation,
residential segregation, spatial
segregation, areal segregation)**
geographische Rassentrennung f,
Rassentrennung f nach Wohngebieten,
geographische Segregation f,
Segregation f nach Wohngebieten,
ökologische Segregation f
(Kulturanthropologie) (Soziologie)
**geographical specialization (territorial
specialization, local specialization)**
territoriale Spezialisierung f,
geographische Spezialisierung
f, ökologische Spezialisierung f
(Kulturanthropologie) (Soziologie)
**geographical subculture (territorial
subculture, local subculture)**
territoriale Subkultur f, geographische
Subkultur f, Gebietssubkultur f
(Kulturanthropologie) (Soziologie)
**geographical succession (ecological
succession, territorial succession, regional
succession)**
ökologische Nachfolge f, ökologische
Sukzession f (Sozialökologie)
geographical upward mobility
geographische Aufwärtsmobilität f
(Industriesoziologie)
geography
Geographie f
**geogroup (geographical group, territorial
group, spatial group, locality group,
residential group)**
territoriale Gruppe f, geographische
Gruppe f, Territorialgruppe f,
Gebietsgruppe f (Kulturanthropologie)
(Soziologie)
geometric distribution
geometrische Verteilung f (Statistik)
geometric mean
geometrisches Mittel n (Statistik)
geometric moving average
geometrischer gleitender Durchschnitt m
(Statistik)
geometric probability
geometrische Wahrscheinlichkeit f
(Statistik)

geometric range
geometrische Spannweite *f*,
geometrisches Mittel *n* der Extremwerte
(Statistik)
geometric representation
geometrische Darstellung *f (Statistik)*
geometry of social relations
Geometrie *f* des Sozialen (Friedrich von Wiese) *(Soziologie)*
geopolitics *pl als sg konstruiert*
Geopolitik *f* (Rudolf Kjellén)
gerontocide
Gerontozid *n*, Tötung *f* der Alten, Tötung *f* der Bejahrten *(Kulturanthropologie)*
gerontocracy
Gerontokratie *f*, Greisenherrschaft *f*, Altenherrschaft *f*, Herrschaft *f* der Alten *(Soziologie)*
gerontology
Gerontologie *f (Soziologie/Psychologie)*
gerrymandering
willkürliche Einteilung *f* eines Gebiets in Wahlkreise nach reinen Opportunitätsgesichtspunkten, um dadurch Vorteile für eine bestimmte Partei zu erlangen *(politische Wissenschaft)*
gesellschaft (Ferdinand Tönnies)
Gesellschaft *f*
vgl. gemeinschaft
gestalt (form, configuration)
Gestalt *f (Psychologie) (Kulturanthropologie)*
gestalt law
Gestaltgesetz *n (Psychologie)*
gestalt psychology (configurational psychology)
Gestaltpsychologie *f*, Gestalttheorie *f* (Kurt Koffka, Wolfgang Köhler, Max Wertheimer) *(Psychologie)*
gestalt quality (form quality, gestaltquality)
Gestaltqualität *f*, Ehrenfels-Kriterium *n* (Christian von Ehrenfels) *(Psychologie)*
gestalt sign (Edward C. Tolman)
Gestaltzeichen *n (Psychologie)*
gestalt therapy
Gestalttherapie *f (Psychotherapie)*
gestaltist
Anhänger *m*, Vertreter *m* der Gestaltpsychologie
gesture
Gebärde *f*, Geste *f*, Minenspiel *n (Kommunikationsforschung)*
ghetto
Ghetto *n*, städtischer Slum *m*, ethnischer Slum *m (Sozialökologie)*

ghost cult (cult of the dead)
Geisterkult *m*, Totenkult *m (Kulturanthropologie)*
Gibrat distribution (logarithmic normal distribution, lognormal distribution)
logarithmische Normalverteilung *f*, Log-Normalverteilung *f*, Gibratverteilung *f (Statistik)*
gift
Geschenk *n*
gift exchange (Marcel Mauss)
Geschenkaustausch *m (Kulturanthropologie)*
gift (talent, ability, endowment, vocation)
Begabung *f (Psychologie)*
Gini coefficient
Gini-Koeffizient *m*, Koeffizient *m* von Gini, Ginis Konzentrationsmaß *n (Statistik)*
given period
Berichtsperiode *f*, Berichtszeitraum *m* (bei Indizes) *(Statistik)*
vgl. base period
giver (Verling C. Troldahl/Robert van Dam)
Gebender *m (Kommunikationsforschung)*
vgl. asker
gladiator (Lester W. Milbrath)
Gladiator *m (politische Wissenschaften)*
glandular theory
Drüsentheorie *f (Psychologie)*
glittering generality
positiv besetzter Gemeinplatz *m (Soziologie)*
Glivenko-Cantelli lemma
Gliwenko-Cantellisches Lemma *n (Statistik)*
Glivenko's theorem (Glivenko theorem)
Gliwenko-Theorem *n*, Satz *m* von Gliwenko *(Statistik)*
global characteristic (integral characteristic) (Paul F. Lazarsfeld/Herbert Menzel)
Globalmerkmal *n (empirische Sozialforschung)*
global limit theorem
globaler Grenzwertsatz *m*, globales Grenzwerttheorem *n (Statistik)*
glottopolitics *pl als sg konstruiert*
Sprachenpolitik *f*
glut in the market
Marktübersättigung *f*, Marktsättigung *f*, Sättigung *f* des Markts, Übersättigung *f* des Markts *(Volkswirtschaftslehre)*
gnostic sect (Bryan A. Wilson)
gnostische Sekte *f (Religionssoziologie)*
gnosticism
Gnostizismus *m (Religionssoziologie) (Philosophie)*
goal
Ziel *n*, kurzfristiges Ziel *n*

goal achievement (goal attainment)
Zielerreichung *f*, Erreichen *n* eines angestrebten Ziels *(Entscheidungstheorie) (Soziologie)*

goal accomplishment (organizational effectiveness (brit **organisational effectiveness, organizational performance, organizational goal achievement)**
Zielerreichung *f*, Organisationseffektivität *f*, organisatorische Effektivität *f (Organisationssoziologie)*

goal attainment (Talcott Parsons)
Zielfestlegung *f*, Festlegung *f* der Ziele *(Soziologie) (Theorie des Handelns)*

goal-attainment elite (Talcott Parsons)
Zielfestlegungselite *f*, politische Elite *f (Soziologie) (Theorie des Handelns)*

goal-attainment scaling (GAS)
Zielerreichungsskalierung *f (Evaluationsforschung)*

goal-attainment subsystem (Talcott Parsons)
Zielfestlegungs Subsystem *n*, Zielfestlegungs-Untersystem *n (Soziologie) (Theorie des Handelns)*

goal-changing feedback
zielverändernde Rückkopplung *f*, zielveränderndes Feedback *n (Kybernetik)*

goal change (succession of goals) (Robert K. Merton)
Zielwandel *m (Soziologie)*

goal culture
Zielkultur *f (Kulturanthropologie)*

goal-directed behavior (brit **behaviour, purposive behavior)**
zielgerichtetes Verhalten *n*, zielorientiertes Verhalten *n (Soziologie) (Psychologie) (Entscheidungstheorie)*

goal directedness (directedness, goal orientation)
Zielgerichtetheit *f*, Gerichtetheit *f (Entscheidungstheorie) (Soziologie)*

goal displacement (Robert K. Merton)
Zielverschiebung *f*, Zielverdrängung *f (Soziologie) (Organisationssoziologie)*

goal gradient
Zielgradient *m (Verhaltensforschung)*

goal-means relationship
Ziel-Mittel-Verhältnis *n*, Zweck-Mittel-Verhältnis *n (Philosophie) (Soziologie)*

goal model
Zielmodell *n*, Zweckmodell *n (Organisationssoziologie)*

goal orientation
Zielorientierung *f (Soziologie) (Entscheidungstheorie)*

goal-oriented research
zielorientierte Forschung *f*, zweckgerichtete Forschung *f*, zweckorientierte Forschung *f*, zielgerichtete Forschung *f*

goal-path learning
Zielerreichungslernen *n (Verhaltensforschung)*

goal reaction (goal response, consummatory response, consummatory reaction)
Zielreaktion *f*, Endhandlung *f*, konsumatorische Reaktion *f*, konsumatorische Endhandlung *f (Verhaltensforschung)*

goal setting (objective, aim)
Zielsetzung *f*, Ziel *n*, Zweck *m (Entscheidungstheorie) (Soziologie)*

goal succession (succession of goals) (David L. Sills)
Zielnachfolge *f (Soziologie) (Organisationssoziologie)*

gold coast (silk-stocking district)
Villenviertel *n*, vornehmes Wohnviertel *n*, Wohngegend *f* der oberen Zehntausend, Wohnviertel *n* der Reichen, "Goldküste" *f (Sozialökologie)*

goldbricking
Drückebergertum *n*, Drückebergerei *f* (bei der Arbeit) *(Arbeitssoziologie)*

golden section
Goldener Schnitt *m (Mathematik)*

Gompertz curve (growth curve)
Gompertzkurve *f (Statistik)*

Goodman and Kruskal's gamma (Goodman and Kruskal's γ)
Goodman und Kruskals Gamma *n (Statistik)*

Goodman and Kruskal's lambda, Goodman and Kruskal's λ)
Goodman und Kruskals Lambda *n*, Goodman und Kruskals λ *n (Statistik)*

Goodman and Kruskal's tau, Goodman and Kruskal's τ
Goodman und Kruskals Tau *n*, Goodman-Kruskal-Korrelationskoeffizient *m (Statistik)*

goodness of fit
Güte *f* der Anpassung *(Statistik)*

goodness-of-fit test (test of goodness of fit)
Anpassungstest *m*, Test *m* der Güte der Anpassung *(statistische Hypothesenprüfung)*

gossip
Klatsch *m*, Tratsch *m (Kommunikationsforschung)*

governing elite (governing élite)
Regierungselite *f*, politische Elite *f (politische Wissenschaften) (Soziologie)*

government
 Regierung *f*, Staatsgewalt *f*, Staat *m*
 (politische Wissenschaften)
government department statistics *pl* **als** *sg*
konstruiert
 Ressortstatistik *f (Statistik)*
government employee
 Regierungsbeamter *m*, Beamter *m*
 (Organisationssoziologie)
**government form (form of government,
system of government, government
system, government)**
 Regierungsform *f*, Regierungssystem *f*
 (politische Wissenschaften)
government institution
 Regierungsbehörde *f*, Regierungs-
 einrichtung *f*, Regierungsinstitution *f*
 (Organisationssoziologie)
government planning (state planning)
 staatliche Planung *f*
governmental power
 Regierungsmacht *f*
grade
 Rangordnungsgrad *m*, Grad *m (Statistik)*
grade correlation
 Korrelation *f* der Rangordnungsgrade
 (Statistik)
graded map (cartogram)
 Kartogramm *n*, statistische Karte *f*
 (graphische Darstellung)
gradient
 Gradient *m*, Gefälle *n*, Neigungsverhält-
 nis *n*, Neigung *f (Mathematik/Statistik)*
 (Psychologie)
gradient of effect
 Wirkungsgefälle *n*, Effektgradient *m*
 (Verhaltensforschung)
**gradient of population density (ecological
gradient, population gradient, density
gradient)**
 ökologisches Gefälle *n*, ökologischer
 Gradient *m*, Bevölkerungsgefälle *n*
 (Sozialökologie)
**gradient of reinforcement (reinforcement
gradient)**
 Verstärkungsgradient *m*, Bekräftigungs-
 gradient *m (Verhaltensforschung)*
gradualism
 Gradualismus *m*, Befürwortung *f* eines
 stufenweisen Wandels *(Soziologie)*
Graeco-Latin square
 griechisch-lateinisches Quadrat *n*,
 lateinisch-griechisches Quadrat *n*
 (statistische Hypothesenprüfung)
Graeco-Latin square design
 experimentelle *f* Anlage nach dem
 griechisch-lateinischen Quadrat,
 Versuchsanlage *f* nach dem griechisch-
 lateinischen Quadrat *(statistische
 Hypothesenprüfung)*

Graeco-Latin square design
 Versuchsanlage *f* nach dem griechisch-
 lateinischen Quadrat, experimentelle
 Anlage *f* nach dem griechisch-
 lateinischen Quadrat *(statistische
 Hypothesenprüfung)*
Graeco-Latin square test design
 Testanlage *f* nach dem griechisch-
 lateinischen Quadrat, experimentelle *f*
 Anlage nach dem griechisch lateinischen
 Quadrat, Versuchsanlage *f* nach
 dem griechisch-lateinischen Quadrat
 (statistische Hypothesenprüfung)
graft
 Schmiergeld *n*, Bestechungsgeld *n*
Gram-Charlier series *sg* + *pl* **type A series**
 sg + *pl*
 Gram-Charlier-Reihe *f*, Gram-
 Charliersche Reihe *f (Statistik)*
grand bourgeoisie (haute bourgeoisie)
 Großbürgertum *n*, Großbourgeoisie *f*
grand family
 Großfamilie *f*, erweiterte Familie *f*
 (Familiensoziologie)
grand jury
 großes Geschworenengericht *n*
**grand theory (C. Wright Mills) (wide-range
theory)**
 universale Theorie *f*, Universaltheorie *f*,
 Totaltheorie *f*, komplexe Theorie *f*,
 umfassende Theorie *f*, Theorie *f* großer
 Reichweite *(Soziologie)*
grandeur delusion (delusion of grandeur)
 Größenwahn *m*, Größenwahnsinn *m*
 (Psychologie)
grant in-aid (*pl* **grants-in-aid)**
 Subvention *f*, Unterstützungszahlung *f*,
 Subsidie *f*, finanzielle Hilfsleistung *f*,
 Beihilfe *f*, Hilfsgeld *n*, Zuschuß *m*
graph
 Graph *m (Mathematik/Statistik)*
**graph (graphic picture, chart, diagram,
plot)**
 Graphik *f*, Schaubild *n*, Diagramm *n*,
 graphische Darstellung *f*
graph theory (theory of graphs)
 Graphentheorie *f*, Theorie *f* der
 Graphen *(Mathematik/Statistik)*
graphic rating scale (graphic scale)
 graphische Ratingskala *f*, graphische
 Bewertungsskala *f (Skalierung)*
**graphic representation (graphical
representation, graphic presentation,
graphical presentation, graphical data
display, graphical display, graphic
picture, plot, diagram)**
 graphische Darstellung *f*
graphic scale
 graphische Skala *f (Skalierung)*

graphology
Graphologie *f* (*Psychologie*)
graphometry
Graphometrie *f* (*Psychologie*)
gratification
Gratifikation *f*, Befriedigung *f*,
Belohnung *f* (*Psychologie*)
gratification pattern
Gratifikationsmuster *n*, Muster *n* der
Bedürfnisbefriedigung (*Psychologie*)
great tradition (Robert Redfield)
große Tradition *f* (*Kulturanthropologie*)
green revolution
Grüne Revolution *f*
greenbelt (Ebenezer Howard)
Grüngürtel *m* (*Sozialökologie*)
greenbelt town (Ebenezer Howard)
Grüngürtelstadt *f*, Stadt *f* mit einem
Grüngürtel (*Sozialökologie*)
gregariousness (sociability, sociality)
Geselligkeit *f* (*Sozialpsychologie*)
grid
Gitter *n*, Gitternetz *n*, Netz *n*
(*Mathematik/Statistik*)
grid pattern
Gitternetzmuster *n*, Straßennetzmuster *n*
(*Sozialökologie*)
grid sample (configurational sample, lattice sample)
Gitterstichprobe *f*, Gitternetzauswahl *f*
(*Statistik*)
grid sampling (configurational sampling, lattice sampling)
Gitterauswahl *f*, Gitterauswahlverfahren *n*, Gitterstichprobenverfahren *n*,
Gitterstichprobenentnahme *f*,
Gitterstichprobenbildung *f* (*Statistik*)
grief work (work of grief)
Trauerarbeit *f* (*Psychologie*)
grievance procedure (in collective bargaining)
Beschwerdeverfahren *n* bei
Tarifverhandlungen (*Industriesoziologie*)
grilling procedure
Ausquetschungsprozeß *m*,
Ausquetschprozeß *m*, Grillprozeß *m*
(*Gruppensoziologie*)
groom-service (bride-service)
Brautdienst *m* (*Ethnologie*)
gross emigration
Bruttoauswanderung *f*, Gesamtzahl *f* der
Auswanderer) (*Migration*)
vgl. net emigration
gross error
Bruttofehler *m* (*statistische Hypothesenprüfung*)
vgl. net error

gross immigration
Bruttoeinwanderung *f*, Gesamtzahl *f* der
Einwanderer, Bruttozuwanderung *f*,
Gesamtzahl *f* der Zuwanderer
(*Migration*)
vgl. net immigration
gross interviewer effect (Herbert Hyman)
Brutto-Interviewer-Effekt *m*, Brutto-
Interviewer Fehler *m* (*empirische Sozialforschung*)
vgl. net interviewer effect
gross migration
Bruttowanderung *f*, Bruttomigration *f*,
Bruttozahl *f* der Ein- und
Auswanderungen (*Migration*)
vgl. net migration
gross national product (GNP)
Bruttosozialprodukt *n* (*Volkswirtschaftslehre*)
gross out-migration
Brutto-Abwanderung *f*, Gesamtzahl *f*
der Abwanderer (*Migration*)
vgl. net out-migration
gross reproduction rate (gross rate of reproduction, total fertility rate)
Bruttoreproduktionsziffer *f*,
Bruttoreproduktionsrate *f*
(*Demographie*)
group
Gruppe *f* (*Soziologie*)
→ social group
to group
gruppieren *v/t* (*Statistik*) (*Soziologie*)
group absolutism
Gruppenabsolutismus *m* (*Gruppensoziologie*)
group accomodation
Gruppenakkomodation *f*, Gruppenanpassung *f* (*Gruppensoziologie*)
group analysis (*pl* group analyses)
Gruppenanalyse *f* (*Gruppensoziologie*)
group-anchored attitude
gruppenverankerte Einstellung *f*
(*empirische Sozialforschung*)
(*Sozialpsychologie*)
group assimilation
Gruppenassimilierung *f*, Gruppenassimilation *f* (*Gruppensoziologie*)
group attitude
Gruppeneinstellung *f*, Gruppenhaltung *f*
group autonomy
Gruppenautonomie *f*, Autonomie *f* einer
Gruppe (*Gruppensoziologie*)
group behavior (*brit* group behaviour)
Gruppenverhalten *n* (*Gruppensoziologie*)
general census (census of population, population census, census)
Volkszählung *f*, Vollerhebung *f*
(*Demographie*) (*Statistik*)

group centrism
Gruppenzentrismus *m*, Egozentrismus *m* einer Gruppe *(Gruppensoziologie)*
group change
Gruppenwandel *m*, Wandel *m* der Gruppenstruktur, Wandel *m* der Gruppe *(Gruppensoziologie)*
group climate (group atmosphere)
Gruppenklima *n*, Gruppenatmosphäre *f* *(Gruppensoziologie)*
group cohesiveness (group cohesion)
Gruppenkohäsion *f*, Gruppengeschlossenheit *f*, Zusammenhalt *m* in der Gruppe *(Gruppensoziologie)*
group comparison
Gruppenvergleich *m (Statistik)*
group composition
Gruppenzusammensetzung *f*, Zusammensetzung *f* einer Gruppe *(Gruppensoziologie)*
group concept (Daniel Katz and Kenneth Braly)
Gruppenkonzept *n (Gruppensoziologie)*
group concubinage
Gruppenkonkubinat *n (Kulturanthropologie)*
group conflict
Gruppenkonflikt *m (Gruppensoziologie)*
group consciousness
Gruppenbewußtsein *n*, Gruppengeist *m* *(Gruppensoziologie)*
group contagion (social contagion, social epidemic, group epidemic, collective excitement)
gesellschaftliche Ansteckung *f* *(Sozialpsychologie)*
group culture
Gruppenkultur *f (Gruppensoziologie)*
group decision
Gruppenentscheidung *f (Entscheidungstheorie)*
group decision method (method of group decision)
Methode *f* des Gruppenentscheids *(statistische Hypothesenprüfung) (Entscheidungstheorie)*
group density
Gruppendichte *f (Gruppensoziologie)*
group disintegration
Gruppendesintegration *f*, Desintegration *f* einer Gruppe *(Gruppensoziologie)*
group divisible experimental design (group divisible design)
Versuchsanlage *f* mit gleich großen Gruppen, experimentelle Anlage *f* mit gleich großen Gruppen, experimentelle Anlage *f* mit gleichgroßen Gruppen, Testanlage *f* mit gleich großen Gruppen *(statistische Hypothesenprüfung)*

group divisible incomplete block experimental design (group divisible incomplete block design)
Versuchsanlage *f* mit gleich großen Gruppen und unvollständigen Blöcken, experimentelle Anlage *f* mit gleich großen Gruppen und unvollständigen Blöcken *(statistische Hypothesenprüfung)*
group effect
Gruppeneffekt *m*, Gruppeneinfluß *m* *(Sozialforschung)*
group effectiveness
Gruppeneffektivität *f*, Gruppenleistung *f*, Effektivität *f* der Gruppe *(Gruppensoziologie)*
group epidemic (group contagion, social contagion, social epidemic, collective excitement)
gesellschaftliche Ansteckung *f* *(Sozialpsychologie)*
group expansion
Gruppenausweitung *f*, Gruppenerweiterung *f*, Vergrößerung *f* der Gruppe *(Gruppensoziologie)*
group expectation
Gruppenerwartung *f (Gruppensoziologie)*
group experiment
Gruppenexperiment *n (statistische Hypothesenprüfung)*
group experimentation
experimentelle Erforschung *f* von Gruppenprozessen, Durchführung *f* von Gruppenexperimenten, Durchführung *f* eines Gruppenexperiments *(Gruppensoziologie)*
group factor
Gruppenfaktor *m (Faktorenanalyse)*
group fallacy (group mind fallacy)
Gruppenfehlschluß *m (statistische Hypothesenprüfung)*
group federation (federation, consociation)
Bund *m*, Vereinigung *f (Gruppensoziologie)*
group feeling
Gruppengefühl *n*, Gruppenempfindung *f* *(Sozialpsychologie)*
group fission
Gruppenspaltung *f*, Gruppenteilung *f* *(Gruppensoziologie)*
group formation
Gruppenbildung *f (Gruppensoziologie)*
group fusion
Gruppenfusion *f*, Gruppenverschmelzung *f (Soziologie)*
group goal
Gruppenziel *n (Gruppensoziologie)*
group identification
Gruppenidentifizierung *f*, Gruppenidentifikation *f (Gruppensoziologie)*

group ideology
Gruppenideologie f *(Gruppensoziologie)*
group institution (Florian Znaniecki)
Gruppeneinrichtung f, Gruppeninstitution f *(Gruppensoziologie)*
group integration
Gruppenintegration f *(Gruppensoziologie)*
group interaction
Gruppeninteraktion f, Interaktion f in der Gruppe *(Gruppensoziologie)*
group interval (class interval, stated limit, step interval, class boundaries pl**, class limits** pl**)**
Klassenintervall n *(Statistik)*
group interview (focus interview, focus group interview, group depth interview)
Gruppendiskussion f, Gruppeninterview n, Gruppenbefragung f, Gruppengespräch n *(Psychologie/empirische Sozialforschung)*
group interviewing
Gruppenbefragung f, Durchführung f von Gruppendiskussionen, von Gruppengesprächen *(Psychologie/empirische Sozialforschung)*
group marriage (double polygamy, cenogamy)
Gruppenheirat f, Gruppenehe f Cenogamie f, doppelte Polygamie f *(Kulturanthropologie)*
group migration (collective migration)
gemeinschaftliche Migration f, gemeinschaftliche Wanderungsbewegung f *(Migration)*
group mind (esprit de corps, group thought, team spirit)
Gruppengeist m, Esprit m de Corps, Korpsgeist m, Gruppenbewußtsein n, Mannschaftsgeist m *(Soziologie)*
group mind fallacy (fallacy of reification)
Trugschluß m des Gruppengeistes *(Gruppensoziologie)*
group mobility
Gruppenmobilität f *(Soziologie)*
group moderator (focus group moderator, moderator)
Gruppendiskussionsleiter(in) m(f), Leiter(in) m(f) einer Gruppendiskussion, Moderator(in) m(f) eines Gruppeninterviews *(Psychologie/empirische Sozialforschung)*
group momentum (pl **momentums** or **momenta)**
Gruppenschlagkraft f, Stoßkraft f einer Gruppe, Schlagkraft f einer Gruppe, Triebkraft f einer Gruppe *(Gruppensoziologie)*

group morale
Gruppenmoral f, Gruppengeist m *(Gruppensoziologie)*
group morality
Gruppenethik f, sittliches Verhalten n einer Gruppe *(Soziologie)*
group norm
Gruppennorm f *(Soziologie)*
group opinion
Gruppenmeinung f, Gruppenansicht f *(Soziologie) (Sozialpsychologie)*
group play
Gruppenspiel n, Spiel n der Gruppe *(Gruppensoziologie)*
group pressure
Gruppendruck m, Gruppenzwang m *(Sozialpsychologie)*
group process
Gruppenprozeß m, Prozeß m des Handelns in der Gruppe *(Gruppensoziologie)*
group profile
Gruppenprofil n *(Gruppensoziologie)*
group psychology
Gruppenpsychologie f, Psychologie f des Handelns in und von Gruppen *(Sozialpsychologie)*
group psychotherapy
Gruppenpsychotherapie f
group research (organized research, brit **organised research)**
organisierte Forschung f, Gruppenforschung f *(Sozialforschung)*
group rigidity
Gruppenrigidität f, Starrheit f einer Gruppe *(Gruppensoziologie)*
group screening method
Methode f des Gruppenscreening, Gruppenscreening-Methode f, Sieben n in der Gruppe *(empirische Sozialforschung)*
group sex
Gruppensex m
group situation
Gruppensituation f *(Gruppensoziologie)*
group size
Gruppengröße f, Größe f, Umfang m einer Gruppe *(Soziologie)*
group solidarity
Gruppensolidarität f *(Gruppensoziologie)*
group standard
Gruppenstandard m, Gruppennorm f *(Gruppensoziologie)*
group structure
Gruppenstruktur f *(Gruppensoziologie)*
group synergy
Gruppensynergie f *(Organisationssoziologie)*
→ synergy

group syntality (syntality) (Raymond B. Cattell)
Syntalität *f*, Gruppenbewußtsein *n*, Gruppenpersönlichkeit *f*, Gruppensyntalität *f* *(Sozialpsychologie)*
group task
Gruppenaufgabe *f* *(Psychologie)*
group tension
Gruppenspannung *f* *(Gruppensoziologie)*
group theory
Gruppentheorie *f* *(Gruppensoziologie)*
group therapy (group psychotherapy)
Gruppentherapie *f* *(Psychologie)*
group totemism
Gruppentotemismus *m* *(Kulturanthropologie)*
group tradition
Gruppentradition *f* *(Gruppensoziologie)*
group uniformity (group unity)
Gruppeneinheit *f*, Gruppenuniformität *f* *(Gruppensoziologie)*
group will
Gruppenwille *m* *(Gruppensoziologie)*
group with presence (with-presence group, primary group, face-to-face group, direct-contact group)
Primärgruppe *f*, Gruppe *f* mit direktem persönlichem Kontakt *(Gruppensoziologie)*
vgl. secondary group
group without presence (without-presence group, intermittent group)
intermittierende Gruppe *f*, zeitweilig sich auflösende Gruppe *f* *(Gruppensoziologie)*
group work
Gruppenarbeit *f*
grouped bar chart (grouped column chart)
gruppiertes Säulendiagramm *n*, gruppiertes Stabdiagramm *n*, gruppiertes Stäbchendiagramm *n*, unterteiltes Stabdiagramm *n*, unterteiltes Stäbchendiagramm *n*, unterteiltes Balkendiagramm *n*, unterteiltes Balkendiagramm *n* *(graphische Darstellung)*
grouped data *pl*
gruppierte Daten *n/pl* *(Datenanalyse)*
grouped Poisson distribution
gruppierte Poissonverteilung *f* *(Statistik)*
grouping
Gruppierung *f*, Gruppieren *n* *(Statistik)*
grouping error
Gruppierungsfehler *m* *(statistische Hypothesenprüfung)*
grouping lattice
Gruppierungsgitter *n* *(statistische Hypothesenprüfung)*

growth
Wachstum *n* *(Volkswirtschaftslehre) (Statistik) (Soziologie) (Sozialökologie) (Psychologie)*
growth curve
Wachstumskurve *f* *(Statistik)*
growth function
Wachstumsfunktion *f* *(Volkswirtschaftslehre/Statistik)*
growth ideology (ideology of growth)
Wachstumsideologie *f* *(Volkswirtschaftslehre)*
growth motivation (Abraham H. Maslow)
Wachstumsmotivation *f* *(Psychologie)*
growth process
Wachstumsprozeß *m* *(Volkswirtschaftslehre) (Statistik) (Soziologie) (Sozialökologie) (Psychologie)*
guardian bureaucracy
Nachwächterbürokratie *f*, Wächterbürokratie *f*, Schutzbürokratie *f* *(Soziologie)* (F. M. Marx)
guerrilla warfare
Guerillakrieg *m*
"guess who" test rating scale
Rate-mal-Wer-Ratingskala *f*, Guess-Who-Ratingskala *f*, Guess-Who-Bewertungsskala *f* *(Psychologie/empirische Sozialforschung)*
guessed mean (assumed mean, working mean)
provisorisches Mittel *n*, provisorischer Mittelwert *m*, angenommenes Mittel *n*, angenommener Mittelwert *m* *(Statistik)*
vgl. computed mean
guest people (*pl* peoples)
Gastvolk *n* *(Ethnologie)*
vgl. host people
guided group interaction
gelenkte Gruppeninteraktion *f* *(empirische Sozialforschung)*
guiding question
Leitfrage *f*, bei zentrierten oder Gruppeninterviews *(Psychologie/empirische Sozialforschung)*
guild
Innung *f*, Gilde *f*, Zunft *f*, Korporation *f* *(Soziologie)*
guild socialism
Gildensozialismus *m*, Innungssozialismus *m*
guilt
Schuld *f*, Schuldgefühl *f* *(Psychologie)*
vgl. shame
guilt culture (guilt society)
Schuldkultur *f*, schuldorientierte Kultur *f* *(Kulturanthropologie)*
vgl. shame culture

guinea pig effect (reactive arrangement bias, reactive effect of measurement, reactive effect)
Versuchstiereffekt *m* *(statistische Hypothesenprüfung)*

gut drive *colloq* (physiological drive, visceral drive, instinct)
physiologischer Trieb *m*, körperlicher Trieb *m*, viszeraler Trieb *m* *(Psychologie)*

Guttman scaling (Guttman scalogram technique, Guttman scalogram analysis) (*pl* analyses)
Guttman-Skalierung *f*, Guttman-Methode *f*, Guttman-Skalierungsmethode *f*, Guttman-Skalierungsverfahren *n*, Guttman-Skalogrammanalyse *f*, Guttman-Skalogrammtechnik *f*, kumulative Skalierung *f*, kumulative Skalenbildung *f*, kumulatives Skalenverfahren *n* *(empirische Sozialforschung)*

Guttman's coefficient of reproducibility
Guttman-Koeffizient *m* der Reproduzierbarkeit *(Skalierung)*

Guttman's index of predictability
Guttman-Index *m* der Voraussagbarkeit *f* *(Skalierung)*

gynaecocracy (gynecocracy, gynocracy)
Frauenherrschaft *f*, Gynäkokratie *f*

H

H technique (H-technique) (of scale analysis) (Samuel A. Stouffer)
H-Technik f, H-Verfahren n (der Skalenanalyse)
H test
H-Test m (statistische Hypothesenprüfung)
habit formation (Clark L. Hull)
Gewohnheitsbildung f, Heranbildung f von Gewohnheiten (Psychologie)
habit (acquired tendency)
Gewohnheit f, erworbene Tendenz f Habitus m (Psychologie)
habit interference
Gewohnheitsinterferenz f (Psychologie)
habit strength ($_SH_R$) (Clark L. Hull)
Gewohnheitsstärke f, Gewohnheitskraft f, Gewohnheitsfestigkeit f (Verhaltensforschung)
habit-family hierarchy (habit hierarchy, habit family)
Gewohnheitshierarchie f, Hierarchie f zielbezogener Gewohnheiten (Psychologie)
habitability
Bewohnbarkeit f (Sozialökologie)
habitable area (positive area)
bewohnbares Gebiet n, bewohnbares Territorium n (Sozialökologie)
vgl. uninhabitable area (positive area)
habitat (physical habitat)
Habitat n Lebensraum m, Wohnort m, Wohngebiet n, Standort m (Sozialökologie)
habitation
Aufenthaltsort m, Aufenthalt m, Wohnort m, Wohnung f (Sozialökologie)
habitation area
bewohnter Teil m der Erde (bewohntes Gebiet n der Erde (Sozialökologie)
habitual criminal (habitual offender)
Gewohnheitsstraftäter m, Gewohnheitsverbrecher m (Kriminologie)
habitual mobility (chronic mobility)
chronische Mobilität f, sehr hohe Mobilität f
habituation
Habituation f (Verhaltensforschung)
vgl. dishabituation
habituation training
Gewöhnungstraining n, Habituationstraining n (Verhaltensforschung)

half culture (part-culture, partitive culture)
Teilkultur f, Halbkultur f (Kulturanthropologie) (Soziologie)
half invariant (semi-invariant)
Halbinvariante f, Kumulante f, Semiinvariante f (Statistik)
half normal distribution
halbe Normalverteilung f (Statistik)
half-replicate experimental design (half-replicate design)
experimentelle Anlage f mit halber Wiederholung, Versuchsanlage f mit halber Wiederholung (statistische Hypothesenprüfung)
half sibling marriage
Halbgeschwisterehe f, Halbgeschwisterheirat f, Ehe f zwischen Halbgeschwistern (Kulturanthropologie)
half siblings pl (half-sibs pl, maternal half siblings pl, maternal half sibs pl, uterine half-siblings pl, uterine half-sibs pl)
Halbgeschwister pl (Kulturanthropologie)
half society (part-society) (Julian Stewart)
Teilgesellschaft f (Soziologie)
half-width
halbes Vertrauensintervall n, die obere oder untere Hälfte f des Vertrauensintervalls (statistische Hypothesenprüfung)
halo effect (halo, irradiation effect)
Ausstrahlungseffekt m, Hofeffekt m, Halo-Effekt m (empirische Sozialforschung)
halo prestige
Ausstrahlungsprestige n (Sozialpsychologie)
halving method (method of fractionation, fractionation method)
Aufteilungsmethode f, Fraktionierungsmethode f, Halbierungsmethode f (Psychophysik) (Skalierung)
hamlet
Marktflecken m, Flecken m, Weiler m, kleines Dorf n (Sozialökologie)
to hand count (to hand-tally)
mit der Hand auszählen, per Hand auszählen, manuell auszählen v/t

hand counting

hand counting (hand-counting, hand tallying, hand-tallying, paper-and-pencil computation, pencil-and-paper computation)
Handauszählung *f*, Auszählung *f* per Hand, manuelle Auszählung *f* *(empirische Sozialforschung)*
hand tabulation (hand tabulation, hand tabbing, hand tab, hand tab)
Handtabulierung *f*, Handtabellierung *f*, manuelle Tabulierung *f* manuelle Tabellierung *f* *(empirische Sozialforschung)*
handicraft
Handwerk *n*, das Handwerk *n*, Kunsthandwerk *n* *(Industriesoziologie)*
handicraft economy
Handwerkswirtschaft *f*, Handwerkerwirtschaft *f* *(Volkswirtschaftslehre)*
handicraftsman (*pl* handicraftsmen)
Kunsthandwerker *m*
haphazard sample (convenience sample, accidental sample, incidental sample, pick-up sample, chunk sample, *derog* **street-corner sample)**
Gelegenheitsstichprobe *f*, Gelegenheitsauswahl *f*, unkontrollierte Zufallsstichprobe *f* *(Statistik)*
haphazard sampling (fortuitous sampling, accidental sampling)
willkürliches Auswahlverfahren *n*, willkürliche Auswahl *f*, willkürliches Stichprobenverfahren *n*, willkürliche Stichprobenbildung *f*, willkürliche Stichprobenentnahme *f*, Gelegenheitsauswahl *f*, Gelegenheitsauswahlverfahren *n*, Gelegenheitsstichprobenbildung *f*, unkontrollierter Zufallsauswahl *f*, unkontrolliertes Zufallsstichprobenverfahren *n* *(Statistik)*
happiness (psychological well-being, well-being)
Glück *n*, psychisches Wohlbefinden *n* *(Psychologie) (Sozialpsychologie) (Soziologie)*
hard core unemployment (hardcore unemployment)
Dauerarbeitslosigkeit *f*, Dauererwerbslosigkeit *f*, Erwerbslosigkeit *f* eines harten Kerns von Dauerarbeitslosen *(Volkswirtschaftslehre)*
hard data *pl*
konkrete Daten *n/pl*, harte Daten *n/pl*
vgl. soft data
hard labor (*brit* **hard labour, forced labor,** *brit* **labour)**
Zwangsarbeit *f*
Hardy summation method
Hardysches Summenverfahren *n*, Hardysche Summenmethode *f* *(Statistik)*

harmonic analysis (*pl* harmonic analyses)
harmonische Analyse *f* *(Statistik)*
harmonic dial
Bartelssche Periodenuhr *f* *(Statistik)*
harmonic distribution
harmonische Verteilung *f* *(Statistik)*
harmonic kinship system
harmonisches Verwandtschaftssystem *n* *(Kulturanthropologie)*
harmonic mean
harmonisches Mittel *n* *(Statistik)*
harmonic process
harmonischer Prozeß *m* *(Stochastik)*
haute bourgeoisie (grand bourgeoisie)
Großbürgertum *n*, Großbourgeoisie *f* *(Soziologie) (empirische Sozialforschung)*
Hawthorne effect (guinea pig effect)
Hawthorne Effekt *m*, Versuchskanincheneffekt *m* *(empirische Sozialforschung)*
Hawthorne studies *pl* **(Hawthorne experiments** *pl***)**
Hawthorne Experimente *n/pl*, Hawthorne Studien *f/pl* *(Industriepsychologie)*
head
Oberhaupt *n*, Haupt *n*, Leiter *m* *(Gruppensoziologie) (Familiensoziologie)*
head of family (family head)
Familienoberhaupt *n* *(Familiensoziologie)*
head of household (household head, householder)
Haushaltsvorstand *m* *(Demographie)*
headship
Oberleitung *f*, oberste Leitung *f*, leitende Stellung *f*, delegierte Führung *f* *(Organisationssoziologie)*
health insurance
Krankenversicherung *f*
health statistics *pl*
Gesundheitsstatistik *f*, Krankenstatistik *f* *(Demographie)*
hedonic
hedonisch *adj*
hedonic continuum (*pl* continuums *or* continua)
hedonisches Kontinuum *n*, Kontinuum *n* des Hedonismus *(Soziologie)*
hedonic dilemma
hedonische Norm *f*, hedonistische Norm *f* *(Soziologie)*
hedonic feeling (hedonia)
hedonisches Gefühl *n*, Lustempfinden *n*, Lustgefühl *n* *(Psychologie)*
**hedonic norm hedonisches Dilemma *n* *(Einstellungsforschung)*
hedonic principle (hedonistic principle)
hedonisches Prinzip *n*, hedonistisches Prinzip *n*, Prinzip *n* des Hedonismus *(Philosophie)*

hedonism
Hedonismus *m* (Philosophie)
hedonistic
hedonistisch *adj* (Philosophie)
hegemony
Hegemonie *f* (politische Wissenschaft) (Sozialökologie)
Helmert criterion (*pl* **criteria** or **criterions**)
Helmert-Kriterium *n*, Helmertsches Kriterium *n* (statistische Hypothesenprüfung)
Helmert distribution
Helmert-Verteilung *f*, Helmertsche Verteilung *f* (Statistik)
Helmert-Pearson distribution
Helmert-Pearson Verteilung *f*, Helmert-Pearsonsche Verteilung *f* (Statistik)
Helmert transformation
Helmert-Transformation *f*, Helmertsche Transformation *f* (Statistik)
helotism
Helotismus *m*, Helotentum *n*, Sklavenhalterei *f*, Sklaverei *f*
help pattern
Hilfemuster *n*, Muster *n* der Hilfsleistungen (zwischen verschiedenen gesellschaftlichen Gruppen) (Soziologie)
henotheism (kathenotheism)
Henotheismus *m* (Religionssoziologie)
herd instinct
Herdeninstinkt *m*, Herdentrieb *m* (Sozialpsychologie)
herd (flock)
Herde *f*, Schar *f*, Rudel *n* (Sozialpsychologie)
herding (animal herding, cattle herding, pastoralism, pastoral nomadism, nomadic pastoralism)
Weidewirtschaft *f*, Viehzucht *f*, Rinderzucht *f*, Rinderhaltung *f*, Herdenhaltung *f* (Kulturanthropologie)
hereditary elite (hereditary élite)
erbliche Elite *f*, Erbelite *f*, vererbbare Elite *f* (Soziologie)
hereditary occupation
ererbter Beruf *m*, eerbte Beschäftigung *f*, erblicher Beruf *m*, erbliche Beschäftigung *f* (Soziologie)
hereditary tenure
erblicher Grundbesitz *m*, erblicher Bodenbesitz *m*, erblicher Besitzanspruch *m*, erblicher Besitztitel *m* (Landwirtschaft)
heredity
1. Erbmasse *f*, Erbanlagen *f/pl*, erbliche Anlagen *f/pl*, ererbte Anlagen *f/pl* (Genetik)
2. Erblichkeit *f* (Genetik) (Kulturanthropologie)

heredity-nurture controversy (nature-nurture controversy, nature-nurture debate, nature-nurture problem)
Anlage-Umwelt-Kontroverse *f* (Kulturanthropologie) (Soziologie)
Herfindahl index (of industrial concentration)
Herfindahl-Index *m* der Industriekonzentration (Volkswirtschaftslehre)
hermeneutics *pl als sg konstruiert*
Hermeneutik *f* (Philosophie)
Hermite distribution
Hermitesche Verteilung *f* (Statistik)
Hermite function (Hh$_n$(x) function)
Hermitesche Funktion *f*, Hh$_n$(x)-Funktion *f* (Statistik)
hero cult (hero worship)
Heldenkult *m*, Heldenverehrung *f* (Kulturanthropologie)
hero (*pl* **heroes**)
Held *m*, Heros *m*, Halbgott *m*
heteredoxy
Heterodoxie *f*, Andersgläubigkeit *f* (Religionssoziologie)
vgl. orthodoxy
heterocephalous
heterokephal, mit zentraler Regierung *adj* (Soziologie)
vgl. acephalous
heterocephaly
Heterokephalie *f* (Max Weber) (Soziologie)
vgl. autocephaly
heterokurtic
heterokurtisch *adj* (Statistik)
vgl. homokurtic, isokurtic
heterokurtosis
Heterokurtosis *f* (Statistik)
vgl. isokurtosis
heterogamy
Heterogamie *f*, Fremdheirat *f* (Kulturanthropologie)
vgl. isogamy
heterogeneity (heterogeny)
Heterogenität *f*, Fremdartigkeit *f*, Verschiedenartigkeit *f*, Uneinheitlichkeit *f*
heterogeneous conflict
heterogener Konflikt *m* (Soziologie)
heterogeneous socialization
heterogene Sozialisation *f* (Soziologie)
heterograde
heterograd *adj* (Statistik)
vgl. homograde
heterograde magnitude (extensive magnitude)
heterograde Größe *f*, quantitative Größe *f* (Statistik)
vgl. homograde magnitude

heteronomous family
heteronome Familie *f (Familiensoziologie)*
heterophenogamy
Heterophänogamie *f (Kulturanthropologie)*
heterophily (Robert K. Merton)
Heterophilie *f (Soziologie)*
heteroscedastic
heteroskedastisch *adj (Statistik)*
vgl. homoscedastic
heteroscedasticity
Heteroskedastizität *f*, heterogene Varianz *f (Statistik)*
vgl. homoscedasticity
heterosexual
heterosexuell *adj*
vgl. homosexual
heterosexuality
Heterosexualität *f*
vgl. homosexuality
heterostasis *pl*
Heterostase *f*, Ungleichgewichtsfähigkeit *f (Kybernetik)*
vgl. homeostasis
heterostereotype
Heterostereotyp *n*, Fremdstereotyp *n (Sozialpsychologie)*
vgl. autostereotype
heterosuggestion
Heterosuggestion *f*, Fremdsuggestion *f (Psychologie)*
vgl. autosuggestion
heuristic assumption
heuristische Annahme *f (Theorie des Wissens)*
heuristic hypothesis (*pl* **hypotheses**)
heuristische Hypothese *f*, Arbeitshypothese *f (Theorie des Wissens)*
heuristic method
heuristische Methode *f (Theorie des Wissens)*
heuristic model
heuristisches Modell *n (Theorie des Wissens)*
heuristic value
heuristischer Wert *m (Theorie des Wissens)*
heuristics *pl als sg konstruiert*
Heuristik *f (Theorie des Wissens)*
hidden cost of reward (overjustification)
verborgene Belohnungskosten *pl*, überzogene Rechtfertigung *f (Sozialpsychologie)*
hidden curriculum
verdeckter Lehrplan *m (Sozialkritik)*
hidden motive (covert motive)
verborgenes Motiv *n*, verstecktes Motiv *n (Psychologie)*

hidden periodicity model (scheme of hidden periodicity) (of a time series)
Modell *n* der verborgenen Periodizität, Schema *n* der verborgenen Periodizität (einer Zeitreihe *(Statistik)*
hierarchical classification
hierarchische Klassifikation *f*, hierarchische Klassifizierung *f (Statistik)*
hierarchical clustering
hierarchische Klumpenauswahl *f*, hierarchische Klumpenbildung *f*, hierarchische Clusterbildung *f (Statistik)*
vgl. analytic clustering
hierarchical design (nested experimental design, nested design)
verschachtelte experimentelle Anlage *f*, verschachtelte Versuchsanlage *f*, verschachtelte Anlage *f (statistische Hypothesenprüfung)*
hierarchical experimental design (hierarchical design)
hierarchische experimentelle Anlage *f*, hierarchischer Versuchsplan *m*, hierarchische Versuchsanlage *f (statistische Hypothesenprüfung)*
hierarchical group divisible experimental design (hierarchical group divisible design)
hierarchische experimentelle Anlage *f* mit gleich großen Gruppen, hierarchische Anlage *f* mit gleich großen Gruppen *(statistische Hypothesenprüfung)*
hierarchical system (Morton A. Kaplan)
hierarchisches System *n (politische Wissenschaften)*
hierarchization
Hierarchiebildung *f*, Hierarchisierung *f (Soziologie)*
hierarchy
Hierarchie *f (Soziologie)*
hierarchy of control (Talcott Parsons)
Kontrollhierarchie *f (Theorie des Handelns)*
hierarchy of means and ends (Herbert A. Simon)
Hierarchie *f* der Mittel und Ziele *(Organisationssoziologie)*
hierarchy of needs (Abraham H. Maslow) (hierarchy of motives, motive hierarchy, motivational hierarchy)
Hierarchie *f* der Bedürfnisse, Bedürfnishierarchie *f (Psychologie)*
hierocracy
Hierokratie *f*, Priesterherrschaft *f*, politische Herrschaft *f* der Priester *(Religionssoziologie)*
hierophany (Mircea Eliade)
Hierophanie *f (Religionssoziologie)*

high achievement motive subject
hochleistungsmotivierter Mensch m, Mensch m mit hoher Leistungsmotivation *(Psychologie)*
high contact
Berührung f höherer Ordnung *(Statistik)*
high-low graph
Saisonkorridor m, graphische Spannweitendarstellung f *(Statistik)*
high-status occupation
Beruf m mit hohem Status, Beschäftigung f mit hohem Status *(Soziologie)*
high urban life (Louis Wirth)
extrem urbanes Leben n *(Sozialökologie)*
high-achievement subject
Mensch m mit hoher Leistungsmotivation *(Psychologie)*
higher education
höhere Ausbildung f
higher income bracket
höhere Einkommensgruppe f, höhere Einkommenskategorie f *(Soziologie)*
higher-order conditioning
Konditionierung f höherer Ordnung *(Verhaltensforschung)*
higher-order interaction
Interaktion f höherer Ordnung, Wechselwirkung f höherer Ordnung *(Statistik)*
hinduism
Hinduismus m *(Religionssoziologie)*
hinterland
Hinterland n, Binnenland n, Umland n, städtisches Umland n *(Sozialökologie)*
histogram (frequency histogram)
Histogramm n, Blockdiagramm n, Staffelbild n, Treppendiagramm n *(graphische Darstellung) (Statistik)*
historical distribution (temporal distribution)
zeitliche Verteilung f
historical materialism
historischer Materialismus m (Karl Marx) *(Philosophie)*
historical method
historische Methode f *(Sozialforschung) (Psychologie)*
historical school
historische Schule f, der Nationalökonomie *(Volkswirtschaftslehre)*
historical sociology (sociology of history)
Geschichtssoziologie f, Soziologie f der Geschichte
historicism
Historizismus m (Karl Popper) *(Theorie des Wissens)*
historicity
Geschichtlichkeit f, Historizität f

historigram
Historigramm n *(graphische Darstellung) (Statistik)*
historiography
Historiographie f, Geschichtsschreibung f
historism
Historismus m *(Philosophie)*
history
Geschichte f
history (historical research, historical science)
Geschichtsforschung f, Geschichtswissenschaft f
history of culture (culture history, cultural history)
Kulturgeschichte f
history of ideas
Geistesgeschichte f, Ideengeschichte f
history of science
Wissenschaftsgeschichte f
history of sociology
Geschichte f der Soziologie
hitting point (congestion, waiting time)
Wartezeit f, Stauung f *(Warteschlangentheorie)*
hoarding orientation
Hortungsorientierung f (Erich Fromm) *(Psychoanalyse)*
hobby
Hobby n, Steckenpferd n
hobo *Am colloq (pl* **hobos** *or* **hoboes, migrant laborer,** *brit* **migrant labourer, migratory laborer,** *brit* **migratory labourer, migrant worker, migratory worker)**
Wanderarbeiter m, wandernder Gelegenheitsarbeiter m, Landstreicher m *(Soziologie)*
hobohemia (skid row)
Slum- und Kneipenviertel n, billiges Vergnügungsviertel n *(Sozialökologie)*
hoe culture
Hackkultur f *(Kulturanthropologie)*
to hold constant
konstant halten v/t
holism (holistic approach, holistic theory, holistic-organismic approach)
Holismus m, Ganzheitslehre f, Ganzheitstheorie f *(Philosophie)*
holistic psychology
Ganzheitspsychologie f, holistische Psychologie f (Felix Krueger)
Holtzman inkblot technique
Holtzmansche Klecksographie f, Holtzmansche Tintenklecktechnik f *(Psychologie)*
holy (sanctuary)
Heiligtum n, heiliger Ort m

home
1. Heim *n*, Asyl *n*, Anstalt *f*
2. Elternhaus *n*, Wohnung *f*, Zuhause *n*
3. Haushalt *m*, Familienhaushalt *m* *(Demographie)*

home population (de jure population)
de-jure-Bevölkerung *f (Demographie)*
vgl. de facto population

home relief (poor relief)
Armenfürsorge *f (Soziologie)*

home rule (autonomy)
Selbstregierung *f (politische Wissenschaften)*

homelessness
Heimatlosigkeit *f*

homeostasis
Homöostase *f*, Gleichgewichtsfähigkeit *f*, Fließgleichgewicht *n (Kybernetik)*
vgl. heterostasis

homeostatic model
homöostatisches Modell *n*, Gleichgewichtsmodell *n (Organisationssoziologie)*
vgl. heterostatic model

homeostatic system
homöostatisches System *n (Kybernetik)*
vgl. heterostatic system

homeostatic theory
homöostatische Theorie *f (Theoriebildung)*
vgl. heterostatic theory

homework (domestic labor, brit domestic labour)
Heimarbeit *f (Volkswirtschaftslehre)*

homework system (domestic system, domestic labor system, brit domestic labour system)
Heimindustriesystem *n*, Heimarbeitssystem *n*, System *n* der Heimarbeit, der Heimindustrie *(Volkswirtschaftslehre) (Arbeitssoziologie)*

homicide (murder, manslaughter, voluntary manslaughter)
Mord *m*, Totschlag *m*, fahrlässige Tötung *f*, vorsätzliche Körperverletzung *f* mit Todesfolge *(Kriminologie)*

homoeroticism (homoerotism)
Homoerotik *f*

homogamy (assortative mating)
Homogamie *f*, Ähnlichkeitswahl *f (Kulturanthropologie)*
vgl. heterogamy

homogeneity
Homogenität *f*, Gleichartigkeit *f*, Geschlossenheit *f*
vgl. heterogeneity

homogeneity test (test of homogeneity, test for homogeneity)
Homogenitätstest *m (statistische Hypothesenprüfung)*

homogeneous conflict
homogener Konflikt *m (Soziologie)*
vgl. heterogeneous conflict

homogeneous Markov process
homogener Markovprozeß *m (Stochastik)*
vgl. heterogeneous Markov process

homogeneous socialization
homogene Sozialisation *f (Soziologie)*
vgl. heterogeneous socialization

homogeneous stochastic field
homogenes zufälliges Feld *n (Stochastik)*
vgl. heterogeneous stochastic field

homogeneous test
homogener Test *m (statistische Hypothesenprüfung)*
vgl. heterogeneous test

homograde
homograd *adj (Statistik)*
vgl. heterograde

homokurtic
homokurtisch *adj (Statistik)*
vgl. heterokurtic, isokurtic

homokurtosis
homokurtisch *adj (Statistik)*
vgl. heterokurtosis, isokurtosis

homologous
homolog, übereinstimmend, entsprechend *adj*
vgl. heterologous

homology
Homologie *f*, Entsprechung *f*, Übereinstimmung *f*, gleiche Lage *f*
vgl. heterology

homomorphism
Homomorphie *f*, Homomorphismus *m*
vgl. heteromosphism

homophily (Robert K. Merton)
Homophilie *f*
vgl. heterophily

homoscedastic
homoskedastisch *adj (Statistik)*
vgl. heteroscedastic

homoscedasticity
Homoskedastizität *f*, homogene Varianz *f*, Varianzhomogenität *f*, Streuungsgleichheit *f (Statistik)*
vgl. heteroscedasticity

homosexual neurosis (*pl* homosexual neuroses)
homosexuelle Neurose *f (Psychologie)*

homosexual (*colloq* gay)
1. homosexuell *adj*
2. Homosexuelle(r) *(f(m))*
vgl. heterosexual

homosexuality
Homosexualität *f*
vgl. heterosexuality

honestly significant difference procedure (HSD procedure, Tukey's test)
Tukey-Test *m*, Tukeys Test *m* *(Psychologie)*
horde
Mob *m*, Pöbel *m*, Pöbelhaufen *m* *(Sozialpsychologie)*
horizontal association
horizontale Assoziation *f* *(Psychologie)*
vgl. vertical association
horizontal circularity
horizontale Zirkularität *f* *(Mobilitätsforschung)*
vgl. vertical circularity
horizontal clique
horizontale Clique *f* *(Industriesoziologie)*
vgl. vertical clique
horizontal communication
horizontale Kommunikation *f* *(Kommunikationsforschung)*
vgl. vertical communication
horizontal coalition
horizontale Koalition *f* *(Soziologie)*
vgl. vertical coalition
horizontal communication
horizontale Kommunikation *f* *(Kommunikationsforschung)*
vgl. vertical communication
horizontal coordination (horizontal coordination, lateral coordination, lateral co-ordination)
horizontale Koordinierung *f*, horizontale Koordination *f* *(Organisationssoziologie)*
vgl. vertical coordination
horizontal excitation (horizontal activation)
horizontale Erregung *f*, horizontale Aktivierung *f* *(Psychologie)*
vgl. vertical excitation
horizontal experimental design
horizontale experimentelle Anlage *f* *(statistische Hypothesenprüfung)*
vgl. vertical experimental design
horizontal group
horizontale Gruppe *f* *(Soziologie)*
vgl. vertical group
horizontal group structure (B. B. Wolman)
horizontale Gruppenstruktur *f* *(Psychologie)*
vgl. vertical group structure
horizontal growth
horizontales Wachstum *n*, Breitenwachstum *n* *(Soziologie)* *(Sozialökologie)*
vgl. vertical growth
horizontal integration (lateral integration)
horizontale Integration *f* *(Soziologie)*
vgl. vertical integration

horizontal mobility (intraclass mobility)
horizontale Mobilität *f*, Mobilität *f* innerhalb der sozialen Schichten, der sozialen Klassen *(Mobilitätsforschung)*
vgl. vertical mobility
horizontal occupational mobility
horizontale berufliche Veränderung *f*, horizontale Berufsmobilität *f* *(Mobilitätsforschung)*
vgl. vertical occupational mobility
horizontal relationship
horizontale Beziehung *f* *(Soziologie)*
vgl. vertical relationship
horizontal replication
horizontale Wiederholung *f* *(statistische Hypothesenprüfung)*
vgl. vertical replication
horizontal segment (Julian Steward)
horizontales Segment *n* *(Soziologie)*
vgl. vertical segment
horizontal social distance
horizontale soziale Distanz *f* *(Soziologie)*
vgl. vertical social distance
horizontal work group
horizontale Arbeitsgruppe *f* *(Arbeitssoziologie)*
vgl. vertical work group
hormic psychology (William McDougall)
hormische Psychologie *f*
hospitalism
Hospitalismus *m*, Anstaltsverwahrlosung *f* *(Psychologie)*
host society
Gastgeberland *n*, Gastgebergesellschaft *f* *(Migration)*
hostility
Feindseligkeit *f*, Feindschaft *f*, Feindlichkeit *f*
hot medium of communication (Marshal McLuhan)
heißes Kommunikationsmedium *n* *(Kommunikationsforschung)*
vgl. cold medium of communication
Hotelling's T^2
Hotellings T *n* *(Statistik)*
Hotelling's T^2 distribution
Hotellings T-Verteilung *f* *(Statistik)*
Hotelling's test (Hotelling's T^2 test)
Hotelling-Test *m*, Hotellings Test *m*, Hotellingscher Test *m* *(statistische Hypothesenprüfung)*
house community (composite family, composite household, compound family, compound household)
zusammengesetzte Familie *f* *(Familiensoziologie)*
house of correction (correctional institution, bride well)
Besserungsanstalt *f*, Strafanstalt *f* *(Kriminologie)*

house of detention
Bewahrungsanstalt f, Untersuchungsgefängnis n *(Kriminologie)*

House-Tree-Person Test (H. T. P.)
Haus-Baum-Person-Test m *(Psychologie)*

household (home, domestic group)
Haushalt m, Familienhaushalt m *(Demographie) (Kulturanthropologie)*

household administration (household management)
Haushaltsführung f *(Soziologie)*

household book
Haushaltsbuch n *(empirische Sozialforschung)*

household budget
Haushaltsbudget n, Etat m eines Haushalts *(empirische Sozialforschung)*

household characteristics pl
Haushaltscharakteristik f, Haushaltsmerkmale n/pl, demographische Merkmale n/pl eines Haushalts, demographische Charakteristika n/pl der Mitglieder eines Haushalts *(empirische Sozialforschung)*

household employee (domestic servant)
Haushaltsangestellte(r) f(m), Haushaltshilfe f *(Demographie) (empirische Sozialforschung)*

household head (head of household, head of family, householder, family head)
Haushaltsvorstand m *(Demographie)*

household income (income of household)
Haushaltseinkommen n *(Volkswirtschaftslehre)*

household organization (brit household organisation)
Haushaltsorganisation f, Haushaltsstruktur f *(empirische Sozialforschung)*

household survey (survey of households)
Haushaltsbefragung f, Haushaltsumfrage f, Haushaltserhebung f *(empirische Sozialforschung)*
vgl. individual survey (survey of individuals)

householder (household head, head of household, head of family, family head)
Haushaltsvorstand m *(Demographie)*

househusband
Hausmann m

housewife (pl housewives)
Hausfrau f

housing
1. Unterkunft f, Behausung f, Wohnung f, Unterbringung f
2. Wohnen n, Hausen n *(Sozialökologie)*

housing project
Neubausiedlung f, geplantes Wohnviertel n *(Sozialökologie)*

housing unit (accomodation unit, dwelling unit (DU)
Wohneinheit f, Haushaltswohneinheit f *(Statistik) (Sozialökologie)*

Hoyt formula (pl formulae or formulas)
Hoyt-Formel f, Hoytsche Formel f *(Statistik)*

HSD procedure
→ honestly significant difference procedure

human behavior (brit human behaviour)
menschliches Verhalten n *(Psychologie)*

human being
menschliches Wesen n, Mensch m

human capital
Humankapital n, menschliches Kapital n, Human Capital n *(Volkswirtschaftslehre) (Industriesoziologie)*

human constitution
menschliche Konstitution f, Konstitution f des Menschen *(Psychologie)*

human development
menschliche Entwicklung f *(Psychologie)*

human ecology (social ecology)
Humanökologie f, Sozialökologie f

human engineering (human factors engineering)
Arbeitspsychologie f, Ingenieurpsychologie f, Human Engineering n *(Industriesoziologie)*

human factor
menschlicher Faktor m *(Volkswirtschaftslehre) (Industriesoziologie)*

human factor movement
Human-Factor-Bewegung f *(Industriesoziologie) (Industriesoziologie)*

human genetics pl als sg konstruiert
Humangenetik f *(Anthropologie)*

human geography
Humangeographie f *(Anthropologie)*

human herd
menschliche Herde f *(Sozialpsychologie)*

human nature
menschliche Natur f *(Psychologie)*

human relations sociology
Human-Relations-Soziologie f *(Industriesoziologie)*

human renewal
menschliche Erneuerung f

human rights (pl natural rights pl)
Menschenrechte n/pl, naturrechtlich gegebene Menschenrechte n/pl *(Philosophie)*

human territorial functioning (territoriality, territorial display, territorial display behavior, territorial functioning)
Territorialität f, territorialer Instinkt m, Territorialverhalten nn, Revierverhalten n *(Ethologie)*

humanism
Humanismus *m* *(Philosophie)*
humanistic coefficient (Florian Znaniecki)
humanistischer Koeffizient *m*
(Soziologie)
humanistic psychology (Abraham H. Maslow)
humanistische Psychologie *f*
humanities *pl* **(the humanities** *pl*)
humanistische Bildung *f*,
humanistische Wissensgebiete *n/pl*,
Geisteswissenschaften *f/pl*, humanistische Bildung *f*, klassische Literatur *f*
humanization (humanizing)
Humanisierung *f*, Humanisieren *n*
humanized landscape (cultural landscape)
Kulturlandschaft *f* *(Sozialökologie)*
Hume's fork (problem of Hume) (David Hume)
Humes Problem *n*, Humesches Problem *n* *(Philosophie)*
Humphrey's effect (partial reinforcement effect) (Lloyd G. Humphrey)
Humphreys Effekt *m*, Humphrey-Paradoxon *n*, Partialverstärkungseffekt *m* *(Verhaltensforschung)*
hunting and gathering
Jagen *n* und Sammeln *n*
(Kulturanthropologie)
hunting and gathering society (hunting, fishing, and gathering society, food-gathering society)
Jäger-und-Sammlergesellschaft *f*,
Gesellschaft *f* von Jägern und Sammlern
(Kulturanthropologie)
husband
Ehemann *m*, Ehegatte *m*, Gatte *m*
hybrid
1. hybrid, Mischlings-, gemischt *adj*
(Genetik)
2. Hybride *m*, Mischling *m*, Bastard *m*
(Genetik)
hybrid stratification
gemischte Schichtung *f*, gemischte Stratifizierung *f*, gemischte Stratifikation *f* *(Statistik)*
hydraulic agriculture (hydraulic cultivation, hydraulic farming, hydro agriculture, irrigation agriculture, irrigation cultivation)
hydraulische Landwirtschaft *f* (Karl August Wittfogel) *(Kulturanthropologie)*
hydraulic civilization (irrigation civilization)
hydraulische Zivilisation *f* (Karl August Wittfogel) *(Kulturanthropologie)*
hydraulic despotism
hydraulischer Despotismus *m* (Karl August Wittfogel) *(Soziologie)*

hyper-Graeco-Latin square
griechisch-lateinisches Quadrat *n* höherer Ordnung *(statistische Hypothesenprüfung)*
hypercathexis
Hyperkathexis *f* *(Psychoanalyse)*
vgl. cathexis
hypergamous concubinage
hypergames Konkubinat *n*
(Kulturanthropologie)
vgl. hypogamous concubinage
hypergamy (hypergamous marriage)
Hypergamie *f* *(Kulturanthropologie)*
vgl. hypogamy
hypergeometric distribution
hypergeometrische Verteilung *f* *(Statistik)*
hypergeometric waiting time distribution
hypergeometrische Wartezeit-Verteilung *f*
(Warteschlangentheorie)
hypernormal dispersion
hypernormale Streuung *f*, übernormale Streuung *f*, übernormale Dispersion *f*
(Statistik)
hyphenated sociology
Bindestrichsoziologie *f*
hypnosis
Hypnose *f* *(Psychologie)*
hypnosuggestion
hypnotische Suggestion *f* *(Psychologie)*
hypnotic susceptibility (hypnotizability, hypnotic aptitude)
Hypnose-Empfänglichkeit *f* *(Psychologie)*
hypnotism
Hypnotismus *m*, Hypnotik *f*
(Psychologie)
hypnotizability
Hypnotisierbarkeit *f* *(Psychologie)*
hypocathexis
Hypokathexis *f* *(Psychoanalyse)*
vgl. cathexis
hypochondria
Hypochondrie *f* *(Psychologie)*
hypochondrial neurosis (hypochondriasis)
hypochondrische Neurose *f*,
Organneurose *f* *(Psychologie)*
hypogamous concubinage
hypogames Konkubinat *n*
(Kulturanthropologie)
vgl. hypergamous concubinage
hypogamy
Hypogamie *f* *(Kulturanthropologie)*
vgl. hypergamy
hypostasis (*pl* **hypostases**)
Hypostase *f* *(Theorie des Wissens)*
hypostatization
Hypostasierung *f*, Verdinglichung *f*
(Theorie des Wissens)
hypotenuse
Hypotenuse *f* *(Mathematik/Statistik)*
hypothesis (*pl* **hypotheses**)
Hypothese *f* *(Theorie des Wissens)*

hypothesis of innate temperament
Hypothese *f* der Angeborenheit der Temperamente *(Psychologie)*
hypothesis of intensiveness of utilization (James A. Quinn)
Hypothese *f* der Nutzungsintensität *(Sozialökologie)*
hypothesis of median location (James A. Quinn)
Hypothese *f* der mittleren Lage, Hypothese *f* des mittleren Standorts *(Sozialökologie)*
hypothesis of minimum cost (James A. Quinn)
Hypothese *f* der minimalen Kosten *(Sozialökologie)*
hypothesis on the intercity movement of persons (Zipf migration hypothesis, *pl* hypotheses, minimum equation hypothesis, P_1P_2/D hypothesis)
Zipfsche Wanderungshypothese *f* *(Sozialökologie)*
hypothesis test
Hypothesenprüfung *f*, Hypothesentest *m* *(Theorie des Wissens)*
hypothesis testing (testing hypotheses)
Hypothesenprüfung *f*, Testen *n* von Hypothesen *(Theorie des Wissens)*
hypothesis theory (of perception) (Leo J. Postman and Jerome S. Bruner)
Hypothesentheorie *f* der Wahrnehmung, Hypothesentheorie *f* sozialer Wahrnehmung, Hypothesentheorie *f* der sozialen Wahrnehmung *(Psychologie)*

hypothetic-deductive method
hypothetisch-deduktive Methode *f*, hypothetiko-deduktive Methode *f* *(Theorie des Wissens)*
hypothetical cohort
hypothetische Kohorte *f*, fiktive Kohorte *f* *(Demographie) (Statistik)*
hypothetical construct (theoretical construct)
hypothetisches Konstrukt *n*, theoretisches Konstrukt *n* *(Theorie des Wissens)*
hypothetical population
hypothetische Grundgesamtheit *f* *(Statistik)*
hypothetical process variable
hypothetische Prozeßvariable *f* *(Statistik)*
hypothetical state variable
hypothetische Zustandsvariable *f* *(Statistik)*
hypothetico-deductive operation
hypothetisch-deduktive Operation *f*, hypothetiko-deduktive Operation *f* *(Theorie des Wissens)*
hypothetico-deductive theory
hypothetisch-deduktive Theorie *f*, hypothetiko-deduktive Theorie *f* *(Theorie des Wissens)*
hysteria
Hysterie *f* *(Psychologie)*
hysterical crowd
hysterische Menge *f*, hysterische Masse *f* *(Sozialpsychologie)*

I

I and me (George H. Mead)
Ich n und Mich n (Soziologie)
I scale
I-Skala f (Skalierung)
id
Id n, Es n (Sigmund Freud) (Psychoanalyse)
vgl. ego, super-ego
id stereotype (Bruno Bettelheim and Morris Janowitz)
Id-Stereotyp n (Psychologie) (Sozialpsychologie)
ideal
Ideal n, Leitbild n, Vorbild n, Wunschbild n
ideal construct
Idealkonstrukt n (Theorie des Wissens)
ideal culture
ideelle Kultur f (Kulturanthropologie)
ideal factor
Idealfaktor m (Max Scheler) (Theorie des Wissens)
ideal index number (ideal index, pl ideal indexes or indices)
Ideal-Index m, Fisherscher Idealindex m (Statistik)
ideal leadership (charismatic leadership)
charismatische Führung f, charismatische Führerschaft f (Max Weber) (Soziologie)
ideal observer
idealer Beobachter m (Psychophysik)
ideal self (pl ideal selves)
ideales Selbst n, Selbstideal n, Eigenideal n (Psychologie) (Soziologie)
ideal structure
Idealstruktur f, ideale Struktur f (Soziologie)
ideal type (pure type)
Idealtypus m, Idealtyp m (Max Weber) (Theorie des Wissens)
ideal-typical
idealtypisch adj (Theorie des Wissens)
ideal-typical method
idealtypische Methode f (Theorie des Wissens)
idealism
Idealismus m (Philosophie)
vgl. realism
idealistic culture (Pitirim A. Sorokin)
idealistische Kultur f (Soziologie)
idealistic society (Pitirim A. Sorokin)
idealistische Gesellschaft f (Soziologie)

idealization
Idealisierung f, Vergeistigung f (Philosophie) (Psychologie)
ideation
Ideation f, Ideierung f, ideirende Abstraktion f (Psychologie)
ideational
ideational adj (Soziologie)
ideational attitude (Florian Znaniecki)
ideationale Einstellung f, ideationale Haltung f (Soziologie)
ideational culture (Pitirim A. Sorokin)
ideationale Kultur f (Soziologie)
ideational society (Pitirim A. Sorokin)
ideationale Gesellschaft f (Soziologie)
ideational-idealism-sensate continuum (pl continuums or continua) (Pitirim A. Sorokin)
Kontinuum n ideationaler, idealistischer und sensueller Kulturen (Soziologie)
ideationalism (Pitirim A. Sorokin)
Ideationalismus m (Soziologie)
identical twins pl (monozygotic twins pl, MZ twins pl), monovular twins pl, monochorionic twins pl, one-egg twins pl)
eineiige Zwillinge m/pl (Genetik)
identically distributed
gleich verteilt, identisch verteilt adj (Statistik)
identifiability
Identifizierbarkeit f
identification
Identifizierung f, Identifikation f (Psychoanalyse)
identificational assimilation
identifikatorische Assimilation f, identifikatorische Assimilierung f (Migration)
identificatory learning (imitatory learning)
Identifikationslernen n, identifikatorisches Lernen n (Psychologie)
identitive power (referent power) (John R. P. French and Bertram Raven)
Bezugsmacht f, persönliche Macht f (Soziologie) (Organisationssoziologie)
identity crisis (pl identity crises) (Erik H. Erikson)
Identitätskrise f (Psychologie)
identity diffusion (Erik H. Erikson)
Identitätsdiffusion f (Psychologie)

identity

identity (sameness)
Identität *f*, Gleichheit *f* *(Psychologie)* *(Soziologie)*
ideograph (ideogram)
Ideogramm *n*, Begriffszeichen *n*, Begriffssymbol *n*, graphisches Symbol *n*
ideographical
ideographisch *adj*
ideological conflict
ideologischer Konflikt *m*, Konflikt *m* aus ideologischen Gründen *(Soziologie)*
ideological determinism
ideologischer Determinismus *m* *(Philosophie)*
vgl. ideological relativism
ideological monism
ideologischer Monismus *m* *(Philosophie)*
ideological pluralism
ideologischer Pluralismus *m* *(Philosophie)*
vgl. ideological monism
ideological monism
ideologischer Monismus *m* *(Philosophie)*
vgl. ideological pluralism
ideological primary group
ideologische Primärgruppe *f*, Bund *m* (Hermann Schmalenbach) *(Gruppensoziologie)*
ideological relativism
ideologischer Relativismus *m*
vgl. ideological determinism
ideology
Ideologie *f* *(Philosophie)*
ideology of growth (growth ideology)
Wachstumsideologie *f* *(Volkswirtschaftslehre)*
ideomotion (ideomotor action, Carpenter effect)
Ideomotorik *f*, Psychomotorik *f*, psychomotorische Bewegung *f* *(Psychologie)*
ideomotoric action
ideomotorische Aktion *f* *(Psychologie)*
idiographic(al)
idiographisch, das Individuelle, das Eigentümliche beschreibend *adj f* *(Theorie des Wissens)* (Wilhelm Windelband))
vgl. nomothetic(al)
idiographic discipline (idiographic science)
idiographische Wissenschaft *f*, idiographische Disziplin *f* (Wilhelm Windelband) *(Theorie des Wissens)*
vgl. nomothetic discipline
idiographic method (idiographic method, idiographic approach)
idiographische Methode *f* (Wilhelm Windelband) *(Theorie des Wissens)*

220

idiographic orientation
idiographische Orientierung *f* *(Theorie des Wissens)*
vgl. nomothetic orientation
idiographic psychology
idiographische Psychologie *f*
vgl. nomothetic psychology
idiography
Idiographie *f*, die Beschreibung *f* des Individuellen, des Eigentümlichen (Wilhelm Windelband) *(Theorie des Wissens)*
idiosyncrasy (idiosyncrasia)
Idiosynkrasie *f*, krankhafte Eigenart *f*, Exzentrizität *f* *(Psychologie)*
idle rich *pl* (the idle rich *pl*)
reiche Müßiggänger *m/pl*, die reichen Müßiggänger *m/pl* *(Sozialkritik)*
idol
Idol *n*, Idolperson *f*, Abgott *m*, Vorbild *n*, Götzenbild *n*
idol (emulative model person, emulative model)
Idol *n*, Leitbild *n*, Leitfigur *f*
illegitimacy
Illegitimität *f*, Unrechtmäßigkeit *f*, Ungültigkeit *f*
vgl. legitimacy
illegitimacy (illegitimate birth)
Unehelichkeit *f*, uneheliche Geburt *f*
illegitimacy rate
Unehelichenziffer *f*, Unehelichenquote *f*, Unehelichenrate *f* *(Demographie)*
illegitimacy ratio
Unehelichenverhältnis *n* *(Demographie)*
illegitimate
illegitim *adj*
vgl. legitimate
illegitimate (non-wedlock)
unehelich, nichtehelich, außerehelich *adj*
vgl. legitimate
illiteracy
Analphabetismus *m*, Analphabetentum *n*
vgl. literacy
illiterate
1. Analphabet(in) *m(f)*
2. analphabetisch *adj*
vgl. literate
illusion (perceptual illusion, sensory illusion)
Wahrnehmungstäuschung *f*, Sinnestäuschung *f*, perzeptorische Täuschung *f*, Illusion *f* *(Psychologie)*
illusory association (spurious association)
Scheinassoziation *f*, scheinbare Assoziation *f* *(Statistik)*

illusory correlation (nonsense correlation, spurious correlation)
sinnlose Korrelation *f*, unsinnige Korrelation *f*, Scheinkorrelation *f*, scheinbare Korrelation *f*, Nonsense-Korrelation *f* *(statistische Hypothesenprüfung)*

illusory relationship (spurious relationship, spuriousness)
Scheinzusammenhang *m*, scheinbarer Zusammenhang *m*, unechter Zusammenhang *m*, Scheinbeziehung *f*, scheinbare Beziehung *f*, unechte Beziehung *f* *(statistische Hypothesenprüfung)*

image
Image *n*, Vorstellungsbild *n* Vorstellung *f* *(Psychologie) (Sozialpsychologie) (Kommunikationsforschung)*

image analysis
Image-Analyse *f* *(Kommunikationsforschung)*

image issue (valence issue) (David Butler)
Valenzproblem *n*, Zielerreichungsproblem *n* *(politische Wissenschaften)*

image of limited good (Georg Foster)
Image *n* der begrenzten Güter *(Ethnologie)*

image research
Imageforschung *f* *(Kommunikationsforschung)*

imagery (Paul F. Lazarsfeld)
latenter Begriff *m* *(Sozialforschung)*

imagery (mental imagery)
Imagery *f*, bildhafte Darstellung *f*, geistige Bilder *n/pl*, innere Bilder *n/pl*, Vorstellungen *f/pl*, Bildersprache *f* *(Kommunikationsforschung)*

imagery analysis (*pl* analyses) (Paul F. Lazarsfeld)
Imagery-Analyse *f*, Analyse *f* mutmaßlicher erklärender latenter Begriffe *(Sozialforschung)*

imagination
1. Phantasie *f*, Einfallsreichtum *m*
2. Phantasiegebilde *n*, Phantasienfolge *f*, Phantasienbildung *f*, Trugbild *n*, Hirngespinst *n* *(Psychologie)*

imaginative reconstruction (Robert M. McIver)
erfinderische Rekonstruktion *f*, phantasievolle Rekonstruktion *f* *(Theorie des Wissens)*

imago
Imago *n* (Sigmund Freud) *(Psychoanalyse)*

imbalanced triad (Fritz Heider)
unausgewogene Trias *f*, unausgewogene Triade *f* *(Einstellungsforschung) (Sozialpsychologie)*

to imitate
imitieren, nachahmen, kopieren *v/t*

imitates
Nachahmungsobjekt *n*, Imitationsobjekt *n*, Modell *n*, Leitbild *n* *(Psychologie)*

imitation (imitating)
Nachahmung *f*, Nachahmen *n* *(Psychologie)*

imitation of fashion (fashion imitation)
Nachahmung *f* einer Mode *(Sozialpsychologie)*

imitative learning
Imitationslernen *n*, soziale Imitation *f*, Modell-Lernen *n*, passives Lernen *n*, soziales Lernen *n*, Lernen *n* durch Nachahmung, Beobachtungslernen *n*, stellvertretendes Lernen *n* *(Psychologie)*

imitative rite (Emile Durkheim)
Imitationsritual *n* *(Soziologie)*

imitativeness
Imitationsfähigkeit *f*, Fähigkeit *f* zur Imitation, zur Nachahmung *(Psychologie)*

immaterial culture (nonmaterial culture)
immaterielle Kultur *f*
vgl. material culture

immediacy (Albert Mehrabian)
Unmittelbarkeit *f*, unmittelbares Gedächtnis *n*, unmittelbares Behalten *n* *(Kommunikationsforschung)*

immediate association
unmittelbare Assoziation *f* *(Psychologie)*

immediate family (nuclear family, biological family, natural family, elementary family, limited family, simple family)
Kernfamilie *f* *(Familiensoziologie)*

immediate interaction (face-to-face interaction)
direkte persönliche Interaktion *f* *(Soziologie)*

immediate memory (immediate retention)
Immediatgedächtnis *n*, unmittelbares Gedächtnis *n*, unmittelbares Behalten *n* *(Psychologie)*

immediate memory test
Immediatgedächtnistest *m*, unmittelbarer Gedächtnistest *m*, Test *m* des Immediatgedächtnisses, des unmittelbaren Gedächtnisses *(Psychologie)*

immigrant
Einwanderer(in *m(f)*, Immigrant(in) *m(f)* *(Migration)*
vgl. emigrant

immigrant worker (foreign worker)
ausländischer Arbeiter *m*, ausländischer Arbeitnehmer *m*, Gastarbeiter *m*, Einwanderungsarbeiter *m* *(Industriesoziologie)*
immigration
Einwanderung *f*, Immigration *f*
vgl. emigration
immigration (number of immigrants)
Zahl *f* der Einwanderer *(Migration)*
vgl. emigration (number of emigrants)
impact
Wirkung *f*, Wirkungsstärke *f*, Stärke *f* der Wirkung, Stärke *f* des Einflusses, Einfluß *m* *(empirische Sozialforschung) (Kommunikationsforschung)*
impact panel (impact study)
Wirkungspanel *n*, Wirkungspanelstudie *f*, Einflußpanel *n* *(empirische Sozialforschung)*
impelled migration (forced migration)
erzwungene Migration *f*, zwangsweise Migration *f*, erzwungene Auswanderung *f*, Vertreibung *f* *(Migration)*
imperative
Imperativ *m*, Erfordernis *n*, Notwendigkeit *f* *(Soziologie) (Theorie des Handelns)*
imperfect frame (imperfect sampling frame, incomplete sampling frame incomplete frame)
unvollständige Erhebungsgrundlage *f*, unvollständiger Erhebungsrahmen *m*, unvollständiger Stichprobenrahmen *m* *(Statistik)*
imperialism
Imperialismus *m* *(politische Wissenschaften)*
impermanent group (ephemeral group)
ephemere Gruppe *f*, temporäre Gruppe *f*, vorübergehend existierende Gruppe *f* *(Gruppensoziologie)*
impersonal
unpersönlich *adj*
vgl. personal
impersonal authority
unpersönliche Autorität *f* *(Soziologie)*
vgl. personal authority
impersonal communication
unpersönliche Kommunikation *f* *(Kommunikationsforschung)*
vgl. personal communication
impersonal projection
unpersönliche Übertragung *f* *(Psychologie)*
vgl. personal projection

impersonal rivalry (impersonal competition)
unpersönliche Rivalität *f*, unpersönlicher Wettbewerb *m* *(Soziologie)*
vgl. personal rivalry
impersonal supernatural power (ISP)
unpersönliche übernatürliche Macht *f* *(Kulturanthropologie)*
implementation
Implementation *f*, Verwirklichung *f* Durchführung *f*, Ausführung *f*, Erfüllung *f*, Vollendung *f* (sozialer, reformerischer und politischer Programme) *(empirische Sozialforschung) (Soziologie) (politische Wissenschaft)*
implementation research
Implementationsforschung *f* *(empirische Sozialforschung)*
implementor opinion leadership
ausführende Meinungsführerschaft *f* *(Kommunikationsforschung)*
implicit assumption (unstated assumption)
implizierte Annahme *f*, nicht explizit formulierte Annahme *f* *(Theorie des Wissens)*
implicit culture (covert culture)
implizite Kultur *f*, verdeckte Kultur *f*, verborgene Kultur *f* *(Kulturanthropologie)*
vgl. explicit culture
implicit speech (subvocal speech)
subvokales Sprechen *n*, inneres Sprechen *n* *(Kommunikationsforschung)*
implicit theory
implizite Theorie *f*, implizierte Theorie *f* *(Theorie des Wissens)*
vgl. explicit theory
implicit value
impliziter Wert *m*, implizierter Wert *m* *(Soziologie)*
vgl. explicit value
imposed norm
auferlegte Norm *f*, verordnete Norm *f*, vorgeschriebene Norm *f*, Vorschrift *f*
imposed policy
auferlegte Politik *f*, auferlegte Vorgehensweise *f*, auferlegte Grundsätze *m/pl*, auferlegte Linie *f*, auferlegte Taktik *f*
impossible event
unmögliches Ereignis *n* *(Wahrscheinlichkeitstheorie)*
impression management (Erving Goffman)
Eindrucksmanipulation *f* *(Soziologie) (Sozialpsychologie)*
imprinting
Prägung *f* (Konrad Lorenz) *(Ethologie)*
improving invention
Verbesserungserfindung *f*, verbessernde Erfindung *f* *(Kulturanthropologie)*

impulse
Impuls *m*, Antrieb *m* *(Psychologie)*
impulsive action
impulsives Handeln *n*, impulsive Handlung *f* *(Psychologie)*
impulsive behavior (*brit* **impulsive behaviour**)
impulsives Verhalten *n* *(Psychologie)*
impulsive character (impulsive neurotic character)
impulsiver Charakter *m*, impulsive Persönlichkeit *f* (Wilhelm Reich) *(Psychoanalyse)*
impulsive neurosis (*pl* **neuroses**)
Impulsneurose *f* *(Psychoanalyse)*
in-home interviewing
Interviewen *n* zuhause, Zuhause-Befragung *f* *(empirische Sozialforschung)*
involuntary association
nichtfreiwillige Vereinigung *f*, nichtfreiwilliger Verband *m* *(Soziologie)*
vgl. voluntary association
in-group (we-group)
Eigengruppe *f*, In-Gruppe *f* *(Gruppensoziologie)*
vgl. out-group
in-group aggression (we-group aggression)
Binnengruppenaggression *f*, Aggression *f* innerhalb Eigengruppe, Aggressivität *f* gegen die Mitglieder in der Eigengruppe *(Gruppensoziologie)*
vgl. out-group aggression
in-grouper (we-grouper)
Eigengruppenmitglied *n*, Eigengruppenangehöriger *m*, Mitglied *n* der Eigengruppe *(Gruppensoziologie)*
vgl. out-grouper
in-home interviewing
Interviewen *n*, Befragen *n* in der Wohnung von Befragten *(Umfrageforschung)*
in-home interview (interview at home)
Interview *n* in der Wohnung des Befragten *(Umfrageforschung)*
in-service training (post-entry training)
innerbetriebliche berufliche Fortbildung *f*, innerbetriebliche Ausbildung *f* *(Arbeitssoziologie)*
inaccessibility
Unzugänglichkeit *f*, Unerreichbarkeit *f*, Unnahbarkeit *f* *(Soziologie)*
vgl. accessibility
inaccessible group
unzugängliche Gruppe *f* *(Soziologie)*
vgl. accessible group
inbreeding
Inzucht *f* *(Biologie)*
inbreeding depression
Inzuchtdepression *f* *(Psychologie)*

incentive
Leistungsanreiz *m*, Anreiz *m*, Ansporn *m* *(Psychologie)* *(Arbeitssoziologie)*
incentive theory (incentive conflict theory)
Anreiztheorie *f* des Lernens, Ansporntheorie *f* *(Theorie des Lernens)*
incest
Inzest *m*, Blutschande *f* *(Kulturanthropologie)*
incest taboo (incest barrier, prohibition of incest)
Inzest-Tabu *n*, Inzest-Verbot *n*, Inzestschranke *f* *(Kulturanthropologie)*
incidence
Vorkommen *n*, Auftreten *n*
incidence rate
Vorkommensrate *f*, eines Merkmals, eines Ereignisses, eines Phänomens *(Statistik)*
incidental learning (latent learning, learning without awareness)
inzidentelles Lernen *n*, beiläufiges Lernen *n*, passives Lernen *n* *(Psychologie)*
incidental parameter
Nebenparameter *m* *(Statistik)*
incidental perception
inzidentelle Perzeption *f*, inzidentelle Wahrnehmung *f*, unabsichtliche Wahrnehmung *f*, unbewußte Wahrnehmung *f*, unbewußte Perzeption *f* *(Psychologie)*
incidental sample (convenience sample, accidental sample, haphazard sample, pick-up sample, chunk sample, *derog* **street-corner sample)**
Gelegenheitsstichprobe *f*, Gelegenheitsauswahl *f*, unkontrollierte Zufallsstichprobe *f* *(Statistik)*
incidental sampling (accidental sampling, convenience sampling, haphazard sampling, pick-up sampling)
Gelegenheitsstichprobenbildung *f*, unkontrollierte Zufallsstichprobenbildung *f*, Bildung *f* Gelegenheitsstichproben, Bildung *f* einer Gelegenheitsstichprobe *(Statistik)*
income
Einkommen *n*, Einkünfte *f/pl* *(Volkswirtschaftslehre)*
income distribution (distribution of income)
Einkommensverteilung *f* *(Volkswirtschaftslehre)*
income level (level of income)
Einkommensniveau *n* *(Volkswirtschaftslehre)*
income of household (household income)
Haushaltseinkommen *n* *(Volkswirtschaftslehre)*

incommensurable
inkommensurabel, unvergleichbar, ohne gemeinsamen Teiler *adj (Datenanalyse)*
incompatibility
Inkompatibilität *f*, Unvereinbarkeit *f*
vgl. compatibility
incompatible events *pl*
unvereinbare Ereignisse *n/pl*
(Wahrscheinlichkeitstheorie)
vgl. compatible events
incomplete beta function
unvollständige Beta-Funktion *f (Statistik)*
incomplete block
unvollständiger Block *m (statistische Hypothesenprüfung)*
incomplete block design
unvollständige Blockanlage *f*, experimentelle Anlage *f* mit unvollständigen Blöcken *(statistische Hypothesenprüfung)*
incomplete block experimental design (incomplete block design)
experimentelle Anlage *f* mit unvollständigen Blöcken, Versuchsanlage *f* mit unvollständigen Blöcken *(statistische Hypothesenprüfung)*
incomplete census (sample census, partial census)
Teilerhebung *f*, unvollständige Erhebung *f (Statistik)*
incomplete counterbalancing, partial counterbalancing
unvollständiges Ausgleichen *n*, teilweises Ausgleichen *n (statistische Hypothesenprüfung)*
incomplete coverage
Teilausschöpfung *f*, unvollständige Ausschöpfung *f*, teilweise Ausschöpfung *f* (eines Erhebungsrahmens, einer Stichprobe) *(Statistik)*
vgl. complete coverage
incomplete experimental design, incomplete design
unvollständige experimentelle Anlage *f*, unvollständige Versuchsanlage *f*, unvollständiger Versuchsplan *m*
(statistische Hypothesenprüfung)
incomplete family (denuded family)
unvollständige Familie *f*, entblößte Familie *f (Kulturanthropologie)*
incomplete frame (imperfect frame, imperfect sampling frame, incomplete sampling frame)
unvollständige Erhebungsgrundlage *f*, unvollständiger Erhebungsrahmen *m*, unvollständiger Stichprobenrahmen *m*
(Statistik)
incomplete gamma function
unvollständige Gamma Funktion *f*
(Statistik)

incomplete induction
unvollständige Induktion *f*, Induktion *f* auf der Grundlage einer Stichprobe
(statistische Hypothesenprüfung)
incomplete Latin square (Youden square)
unvollständiges lateinisches Quadrat *n*
(statistische Hypothesenprüfung)
incomplete moment
unvollständiges Moment *n (Statistik)*
incomplete orphan
Halbwaise *m + f (Kulturanthropologie) (Soziologie)*
incompressible measurable transformation
inkompressible meßbare Transformation *f (Statistik)*
incongruity
Inkongruität *f*, Inkongruenz *f*
(Sozialpsychologie)
vgl. congruity
inconsistency
Inkonsistenz *f*, innerer Widerspruch *m*, Inkonsequenz *f*, Folgewidrigkeit *f*
(Theorie des Wissens) (Logik) (Sozialpsychologie) (Soziologie) (Kommunikationsforschung)
vgl. consistency
inconsistent
inkonsistent *adj*
vgl. consistent
inconsistent estimator
nichtkonsistente Schätzfunktion *f*, asymptotisch nicht treffende Schätzfunktion *f (Statistik)*
vgl. consistent estimator
incorporation
Verkörperung *f*
incorporeal property
immaterielles Eigentum *n*, geistiges Eigentum *n*
vgl. corporeal property
increasing knowledge gap
wachsende Wissenskluft *f*, wachsende Informationslücke *f*
(Kommunikationsforschung)
increment (accretion)
Inkrement *n*, positives Differential *n*, Zuwachs *m*, Zunahme *f*
vgl. decrement
incremental change (quantitative change)
quantitativer Wandel *m*, Wandel *m* durch Zunahme, Wandel *m* durch Zuwachs
incrementalism
Inkrementalismus *m*, Gradualismus *m*
(Soziologie) (Sozialökologie)
independence
Unabhängigkeit *f*
vgl. dependence
independence movement
Unabhängigkeitsbewegung *f (Soziologie)*

independence of events
Unabhängigkeit *f* von Ereignissen
(Wahrscheinlichkeitstheorie)
independence of random variables
Unabhängigkeit *f* zufälliger Variablen
(Wahrscheinlichkeitstheorie)
independence of stochastic processes
Unabhängigkeit *f* stochastischer Prozesse
(Stochastik)
independent
unabhängig *adj*
vgl. dependent
independent action
unabhängige Wirkung *f* *(Statistik)*
independent criterion *(pl* **independent criteria)**
Außenkriterium *n*, unabhängiges Kriterium *n*
independent event
unabhängiges Ereignis *n*
(Wahrscheinlichkeitstheorie)
vgl. dependent event
independent group(s) *(pl)* **(random group(s)** *(pl)***, randomized group(s)** *(pl)***)**
unabhängige Gruppe(n) *f(pl)* *(Statistik)*
independent groups design (randomized design, *brit* **randomised design, randomized groups design,** *brit* **randomised groups design, randomized samples design)**
randomisierte experimentelle Anlage *f*,
randomisierte Versuchsanlage *f*,
randomisierter Versuchsplan *m*
(statistische Hypothesenprüfung)
independent nuclear family (simple nuclear family) (George P. Murdock)
unabhängige Kernfamilie *f*
(Kulturanthropologie)
vgl. dependent nuclear family
independent polygamous family (George P. Murdock)
unabhängige polygame Familie *f*
(Kulturanthropologie)
vgl. dependent polygamous family
income redistribution (redistribution of income)
Einkommensumverteilung *f*
(Volkswirtschaftslehre)
independent renter (cash tenant, tenant)
Landpächter *m*, Pächter *m* in der Landwirtschaft
independent sample(s) *(pl)*
unabhängige Stichprobe(n) *f(pl)*
(statistische Hypothesenprüfung)
independent state
unabhängiger Staat *m* *(politische Wissenschaften)*
vgl. dependent state

independent territory
unabhängiges Territorium *n*,
unabhängiges Gebiet *n* *(Sozialökologie)*
vgl. dependent territory
independent union
unabhängige Gewerkschaft *f*,
selbständige Gewerkschaft *f*, Betriebsgewerkschaft *f* *(Industriesoziologie)*
independent variable (x variable, cause variable, explanatory variable, predictor variable, regressor)
unabhängige Variable *f*, unabhängige Veränderliche *f* *(statistische Hypothesenprüfung)*
vgl. dependent variable
indeterminate event
ungewisses Ereignis *n*, unbestimmtes Ereignis *n* *(Wahrscheinlichkeitstheorie)*
vgl. determinate event
indeterminate sentence (indefinite sentence)
Rahmenstrafe *f*, unbegrenzte Strafe *f*
(Kriminologie)
indeterminism
Indeterminismus *m* *(Philosophie)*
vgl. determinism
index
Index *m* *(Soziologie)* *(Statistik)*
index function (Vilfredo Pareto)
Indexfunktion *f* *(Soziologie)*
index number (index)
Indexzahl *f*, Indexziffer *f*, Index *m*
(Statistik)
index of abnormality
Anormalitätsindex *m* *(Statistik)*
index of aging (index of ageing)
Überalterungsindex *m* *(Demographie)*
index of association
Assoziationsindex *m*, Verbundenheitsindex *m*, Index *m* der Assoziation,
Index *m* der Verbundenheit *(Statistik)*
index of attraction
Anziehungsindex *m*, Attraktionsindex *m*,
Attraktionsindex *m* von Benini, Benini-Index *m* *(Statistik)*
Index of Class Position (ICP, I. C. P.)
Index of Social Position (ISP, I. S. P.), Hollingshead index (August B. Hollingshead/J. Myers)
Index *m* der sozialen Schichtposition,
Index der *m* sozialen Schichtzugehörigkeit, Index *m* der Klassenzugehörigkeit
(empirische Sozialforschung)
index of cohesion
Kohäsionsindex *m* *(Statistik)*
index of concentration
Konzentrationsindex *m* *(Statistik)*
index of connection
Zusammenhangsindex *m* *(Statistik)*

index of continuity (measure of continuity, continuity measure, continuity index, *pl* indexes *or* indices, kappa, κ)
Kontinuitätsmaß *n* *(multidimensionale Skalierung)*
index of diffusion
Diffusionsindex *m* *(Statistik)*
index of discrimination
Unterscheidungsindex *m* *(Psychometrie)*
index of dispersion (dispersion index, *pl* indices *or* indexes)
Streuungsindex *m*, Dispersionsindex *m* *(Statistik)*
index of dissimilarity (ID)
Unähnlichkeitsindex *m* *(Statistik)*
index of efficiency (*pl* indexes *or* indices of efficiency, efficiency index)
Effizienzindex *m*, Wirksamkeitsindex *m* *(Statistik)*
index of expansion
Expansionsindex *m*
index of mutual association
Index *m* der gegenseitigen Assoziation *(Statistik)*
index of optimal prediction
Index *m* für optimale Vorhersage *(Statistik)*
index of order association
Index *m* der Assoziation der Ordnung *(Statistik)*
index of precision (precision index, *pl* indexes *or* indices)
Präzisionsindex *m* *(Statistik)*
index of socio-economic status
Index *m* des sozioökonomischen Status *(empirische Sozialforschung)*
Index of Status Characteristics (ISC, I. S. C.) (Warner's Index of Status Characteristics)
Index *m* der Statusmerkmale, Warner-Index *m* *(empirische Sozialforschung)*
indexing (index construction, formation of indexes, formation of indices)
Indexbildung *f*, Indexierung *f* *(Statistik)*
indicant
Anzeichen *n*, Symptom *n* *(Psychologie) (Soziologie)*
indicator function
Indikatorfunktion *f* *(empirische Sozialforschung)*
indicator of a random event
Indikator *m* eines zufälligen Ereignisses *(Wahrscheinlichkeitstheorie)*
indicator question
Indikatorfrage *f*, verbaler Indikator *m* *(empirische Sozialforschung)*
indicator (index, *pl* indexes *or* indices)
Indikator *m* *(empirische Sozialforschung)*
indictment
Verurteilung *f* *(Kriminologie)*

indifference
Indifferenz *f*, Gleichgültigkeit *f*
indifference response
indifferente Antwort *f*, Indifferenzantwort *f*, Weiß-Nicht-Antwort *f*, Unentschieden-Antwort *f* *(empirische Sozialforschung)*
indirect conflict
indirekter Konflikt *m*, vermittelter Konflikt *m*, mittelbarer Konflikt *m* *(Soziologie)*
vgl. direct conflict
indirect contact
indirekter Kontakt *m*, mittelbarer Kontakt *m*, vermittelter Kontakt *m* *(Soziologie)*
vgl. direct contact
indirect cooperation (indirect co-operation)
indirekte Zusammenarbeit *f*, indirekte Kooperation *f*, mittelbare Zusammenarbeit *f*, mittelbare Kooperation *f* *(Soziologie)*
vgl. direct cooperation
indirect election
Indirektwahl *f*, indirekte Wahl *f*, mittelbare Wahl *f* *(politische Wissenschaften)*
vgl. direct election
indirect election
Indirektwahl *f*, indirekte Wahl *f* *(politische Wissenschaften)*
indirect initiative
Indirektinitiative *f*, indirekte Volksbefragung *f*, indirektes Referendum *n* *(politische Wissenschaften)*
vgl. direct initiative
indirect leadership
indirekte Führerschaft *f*, indirekte Führung *f*, mittelbare Führerschaft *f*, mittelbare Führung *f* *(Organisationssoziologie)*
vgl. direct leadership
indirect line
indirekte Linie *f*, indirekte Abstammungslinie *f*, mittelbare Linie *f*, mittelbare Abstammungslinie *f* *(Kulturanthropologie)*
vgl. direct line
indirect lineage (indirect linage, collateral descent, collaterality, lateral descent)
mittelbare Abstammung *f*, indirekte Abstammung *f*, Abstammung *f*, Herkunft *f* in einer Nebenlinie *(Kulturanthropologie)*
vgl. direct lineage
indirect lineage group (indirect linage group, collateral descent group, collateral group)
mittelbare Abstammungsgruppe *f*, indirekte Abstammungsgruppe *f*,

Gruppe *f* von Verwandten in einer Nebenlinie, in einer Seitenlinie *(Kulturanthropologie)*
indirect party (Maurice Duverger)
indirekte Partei *f*, indirekte politische Partei *f*, mittelbare Partei *f* *(politische Wissenschaften)*
vgl. direct party
indirect question
indirekte Frage *f* *(Psychologie/empirische Sozialforschung)*
vgl. direct question
indirect sampling
indirekte Auswahl *f*, indirekte Stichprobenentnahme *f* *(Statistik)*
vgl. direct sampling
indirect work (indirect job, indirect labor (*brit* **indirect labour)**
indirekte Arbeit *f*, indirekt, mittelbar zum Produkt bezogene Arbeit *f*, nichtproduktbezogene Arbeit *f* *(Arbeitssoziologie)*
vgl. direct work
individual
1. individuell, einzeln, Einzel- *adj*
2. Individuum *n*, Einzelner *m*, Einzelperson *f*
vgl. collective
individual action
individuelles Handeln *n*, individuelle Handlung *f*, individuelle Aktion *f* *(Soziologie)*
vgl. collective action
individual adaptation (individual adaption)
individuelle Anpassung *f*, individuelle Adaption *f* *(Soziologie) (Sozialpsychologie)*
vgl. collective action
individual adjustment
individuelle Angleichung *f* *(Soziologie)*
individual agitation
individuelle Agitation *f* *(Kommunikationsforschung)*
vgl. collective agitation
individual ascendancy
individuelle Überlegenheit *f*, individuelles Übergewicht *n* *(Sozialökologie)*
vgl. collective ascendancy
individual assimilation
individuelle Assimilierung *f*, individuelle Assimilation *f* *(Soziologie)*
vgl. collective assimilation
individual attitude
Einzelhaltung *f*, individuelle Haltung *f*, Einzeleinstellung *f*, individuelle Einstellung *f* *(Sozialpsychologie)*
vgl. collective attitude

individual authority
individuelle Autorität *f*, Autorität *f* einer Einzelperson *(Psychologie) (Sozialpsychologie)*
vgl. collective authority
individual behavior (*brit* **individual behaviour)**
individuelles Verhalten *n*, Verhalten *n* einer Einzelperson *(Verhaltensforschung) (Soziologie) (Sozialpsychologie)*
vgl. collective behavior
individual centrality
individuelle Zentralität *f* *(Soziometrie)*
individual conflict
individueller Konflikt *m* (Konflikt *m* zwischen Einzelpersonen *(Soziologie)*
individual correlation
individuelle Korrelation *f*, Einzelkorrelation *f* *(Statistik)*
individual deterrence
Individualprävention *f*, individuelle Abschreckung *f* *(Kriminologie)*
individual discrimination
Einzeldiskriminierung *f* *(Psychologie) (Theorie des Lernens)*
individual distance
individuelle Distanz *f* *(Kulturanthropologie)*
individual effect
Einzeleffekt *m*, Einzelwirkung *f*
individual ergodic theorem
individueller Ergodensatz *m* *(Stochastik)*
individual fallacy
atomistischer Fehlschluß *m*, individualistischer Fehlschluß *m* *(statistische Hypothesenprüfung)*
individual goal (private goal)
persönliches Ziel *n*, individuelles Ziel *n* *(Organisationssoziologie)*
vgl. collective goal
individual mobility
individuelle Mobilität *f*, persönliche Mobilität *f* *(Mobilitätsforschung)*
vgl. collective mobility
individual relationship
individuelle Beziehung *f*, Einzelbeziehung *f*
individual representation (Emile Durkheim)
individuelle Repräsentation *f*, Individualsymbol *n*, individuelles Symbol *n* *(Soziologie)*
vgl. collective representation
individual research
Einzelforschung *f* *(Theorie des Wissens)*
individual specialization
persönliche Spezialisierung *f*, individuelle Spezialisierung *f*

individual tenure
Einzelbesitz *m* an Grund und Boden,
individueller Besitz *m* an Grund und
Boden *(Volkswirtschaftslehre)*
vgl. collective tenure

individual test
Einzeltest *m*, Test *m* für
eine Einzelperson *(statistische
Hypothesenprüfung)*

individual trait
individuelles Persönlichkeitsmerkmal *n*,
individueller Charakterzug *m*,
individueller Zug *m (Psychologie)*

individualism
Individualismus *m (Philosophie)*
vgl. collectivism

individualistic suicide (Kingsley Davis)
individualistischer Selbstmord *m*
(Soziologie)
vgl. institutionalized suicide

individuality
Individualität *f (Psychologie)*

individualization
Individualisierung *f (Sozialpsychologie)*

individuated community (Y. A. Cohen)
vereinzelte Gemeinde *f*, individualisierte
Gemeinde *f (Sozialökologie)*

individuation
Individuation *f* (Carl G. Jung)
(Psychologie)

indoctrination
Indoktrination *f*, Indoktrinierung *f*

induced abortion (provoked abortion)
geplante Abtreibung *f*, absichtliche
Abtreibung *f*

induced conflict
geplanter Konflikt *m*, von außen
ausgelöster Konflikt *m (Soziologie)*

induction
Induktion *f*, Induktionsschluß *m*,
induktive Methode *f (Theorie des
Wissens)*
vgl. deduction

inductive behavior (*brit* inductive behaviour)
induktives Verhalten *n (Statistik)*
vgl. deductive behavior

inductive explanation
induktive Erklärung *f*, Induktion *f*,
induktive Auslegung *f*, Erklärung *f*
von Zusammenhängen durch Induktion
(Theorie des Wissens)
vgl. deductive explanation

inductive method
induktive Methode *f*, Methode *f* der
Induktion *(Theorie des Wissens)*
vgl. deductive method

inductive model
induktives Modell *n*, Modell *n* der
Induktion *(Theorie des Wissens)*
vgl. deductive model

inductive sociology (Herbert Spencer)
induktive Soziologie *f*

inductive system
Induktionssystem *n*, induktives System *n*
(Theorie des Wissens)
vgl. deductive system

inductive-statistical explanation (I-S explanation)
induktiv statistische Beweisführung *f*,
induktiv-statistische Begründung *f* (Carl
G. Hempel) *(Theorie des Wissens)*
vgl. deductive-nomological explanation

industrial administration (business administration)
Betriebswirtschaft *f*, Betriebswirtschaftslehre *f*

industrial arbitration
industrielle Schlichtung *f*,
Schlichtung *f* bei Arbeitskonflikten
(Industriesoziologie)

industrial city
Industriestadt *f*, Fabrikstadt *f*
(Sozialökologie)

industrial conflict
Arbeitskonflikt *m*, Arbeitskampf *m*,
Konflikt *m* zwischen Arbeitern und
Betriebsleitung

industrial democracy (economic democracy)
Wirtschaftsdemokratie *f*, innerbetriebliche Demokratie *f*, Mitbestimmung *f*
(Industriesoziologie)

industrial development
Industrieentwicklung *f*, industrielle
Entwicklung *f (Volkswirtschaftslehre)*

industrial diffusion
Industriediffusion *f*, industrielle
Diffusion *f (Soziologie)*

industrial dispersion
Industriedispersion *f*, Industriestreuung *f*
(Sozialökologie)

industrial farm (large scale farm, agribusiness)
industrialisierte Großlandwirtschaft *f*,
fabrikartiger landwirtschaftlicher
Großbetrieb *m (Landwirtschaft)*

industrial gerontology
Industriegerontologie *f (Soziologie)*

industrial location
Industriestandort *m*, Gewerbestandort *m*
(Industriesoziologie)

industrial man (*pl* men) (Alex Inkeles)
Industriemensch *m (Sozialpsychologie)*

industrial management (business management)
Betriebsführung *f*, Betriebsmanagement *n*, Geschäftsführung *f*, Geschäftsleitung *f*, Wirtschaftsmanagement *n*, Wirtschaftsführung *f*
industrial organization (*brit* **organisation**)
industrielle Organisation *f*, Industrieorganisation *f* (*Industriesoziologie*)
industrial policy
Betriebsführungsgrundsätze *m/pl*, Leitlinien *f/pl* der Betriebsführung, der Industrieführung (*Industriesoziologie*)
industrial psychiatry
Betriebspsychiatrie *f*, Industriepsychiatrie *f*
industrial psychology (industrial and organizational psychology)
Betriebspsychologie *f*, Wirtschaftspsychologie *f*
industrial relations *pl + sg*
Sozialpartnerschaft *f*, industrielle Beziehungen *f/pl*, Arbeitgeber-Arbeitnehmer-Beziehungen *f/pl* (*Industriesoziologie*)
industrial research
Industrieforschung *f*
industrial revolution (Industrial Revolution) (Arnold Toynbee)
industrielle Revolution *f*
industrial society
Industriegesellschaft *f*, industrielle Gesellschaft *f*
industrial sociology (plant sociology, sociology of work)
Betriebssoziologie *f*, Industriesoziologie *f*
industrial suburb
Industrievorort *m*, gewerblicher Vorort *m* (*Sozialökologie*)
industrial symbiosis
industrielle Symbiose *f*, wirtschaftliche Symbiose *f* (*Sozialökologie*)
industrial union (trade union)
Industriegewerkschaft *f* (*Industriesoziologie*)
industrial village (factory village)
Industriedorf *n* Fabrikdorf *n* (*Sozialökologie*)
industrial worker
Industriearbeiter *m*, Fabrikarbeiter *m* (*Industriesoziologie*)
industrialism (industrial work)
Industriearbeit *f*, Industrialismus *m* (*Industriesoziologie*)
industrialization
Industrialisierung *f*
industrialization elite (industrialization élite)
Industrialisierungselite *f* (*Industriesoziologie*)

industry
Industrie *f*, Gewerbe *n*
industry (branch of industry)
Industriezweig *m*
inefficiency
Ineffizienz *f*
vgl. efficiency
inefficient
ineffizient *adj*
vgl. efficient
inefficient statistic
ineffiziente Maßzahl *f* (*Statistik*)
vgl. efficient statistic
ineligibility
Untauglichkeit *f*, mangelnde Eignung *f* (*empirische Sozialforschung*)
vgl. eligibility
ineligible respondent
ungeeigneter Befragter *m*, Befragter *m*, der nicht für ein Interview geeignet ist (*empirische Sozialforschung*)
vgl. eligible respondent
inequality
1. Ungleichung *f*, Ungleichheit *f* (*Mathematik/Statistik*)
vgl. equation
2. Ungleichheit *f* (*Soziologie*)
vgl. equality
inertia
Trägheit *f*
infancy (early infancy)
Säuglingsalter *n*, Kindesalter *n*, Kindheit *f* (*Entwicklungspsychologie*)
infant
Säugling *m*, Kind *n*, Kleinkind *n* (*Entwicklungspsychologie*)
infant betrothal
Kindsverlobung *f*, Minderjährigenverlobung *f*, Verlobung *f* von Minderjährigen (*Kulturanthropologie*)
infant mortality
Säuglingssterblichkeit *f* (*Demographie*)
infant mortality rate
Säuglingssterblichkeitsrate *f*, Säuglingssterblichkeitsziffer *f*, Säuglingssterblichkeit *f* (*Demographie*)
infanticide
Kindstötung *f*, Säuglingstötung *f*, Tötung *f* von Neugeborenen (*Kulturanthropologie*)
infantile sexuality (childhood sexuality)
kindliche Sexualität *f* (*Psychologie*)
infantilism
Infantilismus *m* (*Psychologie*)
infecund
reproduktionsunfähig, unfruchtbar, steril *adj*
vgl. fecund

infecundity
Reproduktionsunfähigkeit *f*,
Unfruchtbarkeit *f*
vgl. fecundity
inference
Inferenz *f*, Schlußfolgerung *f* *(Theorie des Wissens)*
inference theory (of interpersonal knowledge)
Inferenztheorie *f* *(Sozialpsychologie)*
inferiority complex
Minderwertigkeitskomplex *m* *(Psychologie)* (Alfred Adler)
infertile
nicht empfänglich *adj*
infertility
Unempfänglichkeit *f*
infinite
unendlich, infinit *adj*
vgl. finite
infinite game
unendliches Spiel *n* *(Spieltheorie)*
vgl. finite game
infinite population
unendliche Grundgesamtheit *f*, infinite Grundgesamtheit *f* *(Statistik)*
vgl. finite population
infinitesimal calculus
Infinitesimalrechnung *f* *(Mathematik)*
inflation factor (projection factor, raising factor, expansion factor)
Hochrechnungsfaktor *m* *(Mathematik/Statistik)*
inflection point (point of inflection)
Wendepunkt *m*, Umkehrpunkt *m* Umschlagpunkt *m* (in einer Kurve) *(Statistik)* *(graphische Darstellung)*
influence
Einfluß *m*, Macht *f* *(Soziologie)* *(Kommunikationsforschung)*
influential (Robert K. Merton)
Einflußreicher *m*, einflußreiche Person *f* *(Kommunikationsforschung)*
informal alliance (Richard LaPierre)
informelles Bündnis *n*, nicht förmliches Bündnis *n*, informelle Allianz *f* *(Soziologie)*
vgl. formal alliance
informal authority
informale Autorität *f*, informelle Autorität *f* *(Organisationssoziologie)*
vgl. formal authority
informal communication
informale Kommunikation *f*, informelle Kommunikation *f* *(Kommunikationsforschung)*
vgl. formal communication
informal control
informale Kontrolle *f* *(Soziologie)*
vgl. formal control

informal cooptation (informal co-optation)
informelle Kooptation *f*, informelle Kooptierung *f*, informelle Zuwahl *f*, informelle Selbstwahl *f* *(Organisationssoziologie)*
vgl. formal cooptation
informal delegation
informelle Delegierung *f*, informelle Delegation *f* *(Organisationssoziologie)*
vgl. formal delegation
informal group
informale Gruppe *f*, informelle Gruppe *f* *(Gruppensoziologie)*
vgl. formal group
informal language (restricted code) (Basil Bernstein)
informale Sprache *f* *(Soziolinguistik)*
informal leader
informeller Führer *m*, informaler Führer *m* *(Organisationssoziologie)*
vgl. formal leader
informal norm (implicit norm)
informale Norm *f*, informelle Norm *f*, verdeckte Norm *f*, verborgene Norm *f* *(Soziologie)*
vgl. formal norm
informal organization (*brit* informal organisation, complex organization, *brit* complex organisation)
informale Organisation *f*, informelle Organisation *f*, informale soziale Organisation *f*
informal position (Johan Galtung)
informelle Position *f*, informale Position *f* *(Soziologie)*
informal power (spontaneous power)
informale Macht *f*, informale Macht *f*, nicht explizit zugeschriebene Macht *f* *(Soziologie)*
vgl. formal power
informal rank
informeller Rang *m* *(Organisationssoziologie)*
vgl. formal rank
informal relationship
informale Beziehung *f*, informelle Beziehung *f*, informale soziale Beziehung *f*, informelle soziale Beziehung *f* *(Soziologie)*
vgl. formal relationship
informal role allocation (Samuel A. Stouffer)
informelle Rollenzuweisung *f* *(Soziologie)*
vgl. formal role allocation

informal sanction (unorganized sanction, *brit* unorganised sanction, diffuse sanction)
informale Sanktion *f*, informelle Sanktion *f* *(Soziologie)*
vgl. formal sanction
informal social control
informale soziale Kontrolle *f*, informelle soziale Kontrolle *f* *(Soziologie)*
vgl. formal social control
informal status
informaler Status *m*, informeller Status *m* *(Soziologie)*
vgl. formal status
informal structure
informale Struktur *f*, informelle Struktur *f* *(Soziologie)*
vgl. formal structure
informal system
informales System *n*, informelles System *n* *(Soziologie) (Systemtheorie)*
vgl. formal system
informal theory (non-axiomatic theory)
informale Theorie *f*, unaxiomatische Theorie *f* *(Theorie des Wissens)*
vgl. formal theory
informal value
informaler Wert *m*, informeller Wert *m* *(Soziologie)*
vgl. formal value
informalism
Informalismus *m* *(Soziologie)*
vgl. formalism
informalization
Informalisierung *f* *(Theorie des Wissens)*
vgl. formalization
informalized expression
informalisierter Ausdruck *m*, informalisierter Themenausdruck *m* *(Kommunikationsforschung)*
vgl. formalized expression
informalized theory
informalisierte Theorie *f* *(Theorie des Wissens)*
vgl. formalized theory
informalogram
Informalogramm *n*, graphische Darstellung *f* der informellen Beziehungen in einer Organisation *(Organisationssoziologie)*
vgl. formalogram
informant (subject, test person, interviewee, respondent)
Befragte(r) *f(m)*, Befragungsperson *f*, Auskunftsperson *f*, Informant *m*, Respondent *m* *(empirische Sozialforschung)*
information
Information *f*, Nachricht *f* *(Kommunikationsforschung)*

information channel
Informationskanal *m*, Nachrichtenkanal *m* *(Kommunikationsforschung)*
information content
Informationsfrage *f*, Kenntnisfrage *f* *(empirische Sozialforschung)*
information flow (flow of information)
Informationsfluß *m* *(Kommunikationsforschung)*
information diffusion (diffusion of information)
Informationsdiffusion *f* *(Kommunikationsforschung)*
information language
Informationssprache *f* *(Kommunikationsforschung)*
information matrix (*pl* matrices or matrixes)
Informationsmatrix *f* *(Statistik)*
information processing
Informationsverarbeitung *f*, Nachrichtenverarbeitung *f* *(Kommunikationsforschung)*
information processing technology
Informationsverarbeitungstechnologie *f*
information psychology
Informationspsychologie *f*, kybernetische Psychologie *f*
information retrieval
Informationsrückgewinnung *f* *(EDV)*
information society
Informationsgesellschaft *f* *(Soziologie)*
information source (source of information)
Informationsquelle *f*, Nachrichtenquelle *f* *(Kommunikationsforschung)*
information storage
Informationsspeicher *m*, Informationsspeicherung *f* *(EDV)*
information system
Informationssystem *n*, Nachrichtensystem *n*
information technology
Informationstechnologie *f*, Informationstechnik *f*
information theory
Informationstheorie *f* *(Kommunikationsforschung)*
information transmission
Informationsübertragung *f*, Nachrichtenübertragung *f* *(Kommunikationsforschung)*
infrastructure
Infrastruktur *f* *(Sozialökologie)*
ingratiation (E. E. Jones)
Ingratiation *f*, einschmeichelndes Verhalten *n* *(Sozialpsychologie)*
inherent (innate, connate)
angeboren, ererbt, erblich *adj* *(Verhaltensforschung)*
vgl. acquired

inherent bias (inherent error)
inhärenter Fehler *m*, inhärente Verzerrung *f*, inhärenter systematischer Fehler *m* *(statistische Hypothesenprüfung)*

inherent conflict
inhärenter Konflikt *m*, einer Situation innewohnender Konflikt *m* *(Soziologie)*

inherent endowment (innate endowment, native endowment)
angeborene Begabung *f*, angeborene Gabe *f*, angeborene Fähigkeit *f*, angeborenes Talent *n*, erbliche Begabung *f*, erbliche Gabe *f*, erbliches Talent *n* *(Psychologie)*

inheritance (heredity)
Vererbung *f*, Erblichkeit *f*, Heredität *f* *(Kulturanthropologie)*

inhibitory conditioning (conditioned inhibition, negative conditioning)
konditionierte Hemmung *f* *(Verhaltensforschung)*

inhibitory potential ($_sI_R$) (Clark L. Hull)
Hemmungspotential *n* *(Psychologie)*

initial distribution of a Markov process
Anfangsverteilung *f* eines Markov Prozesses *(Stochastik)*

initial moment
Anfangsmoment *n*, gewöhnliches Moment *n* *(Statistik)*

initiation
Initiation *f*, Aufnahme *f* *(Kulturanthropologie)*

initiation rite (rite of initiation)
Initiationsritus *m*, Initiationszeremonie *f* *(Kulturanthropologie)*

initiation ritual
Initiationsritual *n* *(Kulturanthropologie)*

initiation severity
Initiationsstrenge *f*, Aufnahmestrenge *f* *(Kulturanthropologie)*

initiative referendum (*pl* referendums, initiative)
Volksinitiative *f*, Volksbegehren *n* *(politische Wissenschaften)*

initiative (popular initiative)
Initiative *f* *(politische Wissenschaft)*

ink blot
Tintenklecks *m*, Tintenkleckserei *f* *(Psychologie)*

ink-blot test
Tintenkleckstest *m*, Klecksdeuteverfahren *n* *(Psychologie)*

in-law (affinal relative, affine)
Schwager *m*, angeheirateter Verwandter *m*, verschwägerter Verwandter *m*, Verwandter *m* durch Anheirat, Schwager *m*, Schwägerin *f*, angeheiratete Verwandte *f*, verschwägerte Verwandte *f*, Verwandte *f* durch Anheirat, angeheiratete Verwandter *m*, verschwägerte Verwandter *m*, Verwandter *m* durch Anheirat *(Kulturanthropologie)*

inmate (of a total institution)
Insasse *m* (einer totalen Institution) *(Soziologie)*

inmate culture (Erving Goffmann)
Insassenkultur *f* *(Soziologie)*

inmate subculture (Erving Goffmann)
Insassensubkultur *f* *(Soziologie)*

innate (inherent, connate)
angeboren, ererbt, erblich *adj* *(Verhaltensforschung)*
vgl. acquired

innate behavior (*brit* innate behaviour, inherent behavior, *brit* inherent behaviour)
angeborenes Verhalten *n*, erbliches Verhalten *n* *(Psychologie)*
vgl. acquired behavior

innate behavior pattern (*brit* innate behaviour pattern, innate behavioral pattern, *brit* innate behavioural pattern)
angeborenes Verhaltensmuster *n*, erbliches Verhaltensmuster *n* *(Verhaltensforschung)*
vgl. acquired behavior pattern

innate drive
angeborener Trieb *m*, Instinkt *m*, erblicher Trieb *m*, Instinkt *m* *(Psychologie)*
vgl. acquired drive

innate endowment (inherent endowment, native endowment)
angeborene Begabung *f*, angeborene Gabe *f*, angeborene Fähigkeit *f*, angeborenes Talent *n*, erbliche Begabung *f*, erbliche Gabe *f*, erbliches Talent *n* *(Psychologie)*

innate ideas *pl*
angeborene Ideen *f/pl* *(Psychologie)*

innate motive pattern (Theodore M. Newcomb)
angeborenes Motivmuster *n*, erbliches Motivationsmuster *n*, ererbtes Motivmuster *n* *(Verhaltensforschung)*
vgl. acquired motive pattern

innate need
angeborenes Bedürfnis *n*, erbliches Bedürfnis *n* *(Psychologie)*
vgl. acquired need

innate releasing mechanism
angeborener Auslösungsmechanismus *m*, erblicher Auslösungsmechanismus *m* *(Verhaltensforschung)*
innate temperament
angeborenes Temperament *n*, erbliches Temperament *n* *(Psychologie)*
inner city
Innenstadt *f*, Stadtkern *m* *(Sozialökologie)*
inner-directed society (David Riesman et al.)
innengeleitete Gesellschaft *f*, innengelenkte Gesellschaft *f* *(Soziologie)*
vgl. outer-directed society, tradition-directed society
inner-directedness (inner direction) (David Riesman et al.)
Innenlenkung *f*, Innenleitung *f* *(Soziologie)*
vgl. outer-direction, tradition-direction
inner-directed man (David Riesman et al.)
innengeleitete Persönlichkeit *f*, innengelenkte Persönlichkeit *f* *(Psychologie)*
vgl. outer-directed man, tradition-directed man
innovating migration
innovierende Migration *f*, innovierende Wanderungsbewegung *f*, Innovationswanderung *f* *(Migration)*
innovation
Innovation *f*, Neuerung *f* *(Kulturanthropologie) (Organisationssoziologie)*
innovation research
Innovationsforschung *f*, Erforschung *f* von Neuerungen
innovative planning
Innovationsplanung *f*
innovator
Innovator *m*, Neuerer *m*
inoculation
Inokulation *f*, Beeinflussung *f* mit immunisierender Wirkung) *(Kommunikationsforschung)*
in-person interview (personal interview, person-to-interview, face-to-face interview)
persönliches Interview *n*, direktes persönliches Interview *n*, persönliche Befragung *f* *(empirische Sozialforschung)*
in-person interviewing (personal interviewing, person-to-person interviewing, face-to-face interviewing)
persönliches Interviewen *n*, persönliche Befragung *f*, Durchführung *f* einer Befragung mit persönlichen Interviews, Durchführung *f* einer persönlichen Befragung *(empirische Sozialforschung)*

input
Input *n*, Eingabe *f*, zugeführte Menge *f*
vgl. output
input data *pl*
Inputdaten *n/pl*, Eingabedaten *n/pl* *(EDV)*
vgl. output data
input unit
Inputeinheit *f*, Eingabeeinheit *f* *(EDV)*
vgl. output unit
input-output analysis (*pl* analyses) (Wassilij Leontieff)
Input-Output-Analyse *f* *(Volkswirtschaftslehre)*
input-output process (Wassilij Leontieff)
Input-Output-Prozeß *m* *(Volkswirtschaftslehre)*
input-output table (Wassilij Leontieff)
Input-Output-Tabelle *f* *(Volkswirtschaftslehre)*
inquiry (enquiry, investigation, study)
Untersuchung *f*, Forschung *f*, Erhebung *f*, Nachforschung *f* *(empirische Sozialforschung)*
inquiry commission (commission of inquiry, commission of investigation, investigation commission)
Untersuchungsausschuß *m*, Untersuchungskommission *f*
insanity
Irresein *n*, Wahnsinn *m*, Geisteskrankheit *f*, Psychopathie *f* *(Psychologie)*
insect society
Tierstaat *m*, Ameisenstaat *m*, Insektengesellschaft *f* *(Ethologie)*
insecurity
Unsicherheit *f* *(Psychologie)*
insight
Einsicht *f*, einsichtsvolles Verständnis *n* *(Psychologie)*
insightful learning (insight learning)
Lernen *n* durch Einsicht *(Psychologie)*
insobriety
Maßlosigkeit *f*, Unmäßigkeit *f*, Völlerei *f*, Trunksucht *f* *(Psychologie)*
inspection by attribute (attribute sampling)
Abnahmeprüfung *f* mittels qualitativer Merkmale, Attributprüfung *f* *(statistische Qualitätskontrolle)*
inspection diagram (inspection chart)
Prüfdiagramm *n*, Prüfungsdiagramm *n* *(statistische Qualitätskontrolle)*
inspection lot (lot)
Prüfpartie *f*, Prüfungspartie *f*, Prüflos *n* *(statistische Qualitätskontrolle)*
inspection mode (crude mode)
roher Modus *m*, roher häufigster Wert *m* *(Statistik)*

instable state of a Markov chain
instabiler Zustand *m* einer Markov-Kette *(Stochastik)*
instinct
Instinkt *m*, Trieb *m* (Psychologie)
instinct for combinations (Vilfredo Pareto)
Instinkt *m* für Kombinationen *(Soziologie)*
instinct for group persistences (Vilfredo Pareto)
Instinkt *m* für Gruppenbeharrlichkeit *(Soziologie)*
instinct of self-preservation (self-preservative instinct, self-preservation instinct)
Selbsterhaltungstrieb *m* *(Psychologie)*
instinct of workmanship (Thorstein Veblen)
Instinkt *m* für Geschick, Instinkt *m* für Kunstfertigkeit, Sinn *m* für Effizienz
instinct theory (theory of instinct)
Instinkttheorie *f* *(Psychologie)*
instinctive act
Instinkthandlung *f* *(Psychologie)*
instinctive behavior (*brit* instinctive behaviour)
Instinktverhalten *n*, instinktives Verhalten *n* *(Psychologie)*
instinctoid human motive (Abraham H. Maslow)
instinktoides menschliches Motiv *n*, instinktähnliches menschliches Motiv *n* *(Psychologie)*
instinctual drive theory (of human behavior) (drive theory)
Triebtheorie *f*, Instinkttheorie *f* (des menschlichen Verhaltens) *(Psychologie)*
instinctual drive (drive)
Trieb *m*, Antrieb *m*, Trieb *m* *(Psychologie)*
instinctual energy (drive energy)
Triebenergie *f* *(Verhaltensforschung)*
instinctual gratification
Triebbefriedigung *f* *(Verhaltensforschung)*
institution
Institution *f*, Einrichtung *f* *(Soziologie)*
→ social institution
institutional adjustment
Anpassung *f* einer Institution (von Institutionen) *(Sozialökologie)*
institutional agency
institutionelle Instanz *f* *(Organisationssoziologie)*
institutional behavior (*brit* institutional behaviour)
institutionelles Verhalten *n*, Verhalten *n* einer Institution, von Institutionen *(Soziologie)*

institutional competition
institutioneller Wettbewerb *m*, institutionelle Rivalität *f*, Wettbewerb *m* zwischen Institutionen, Rivalität *f* zwischen Institution *(Soziologie)*
institutional complex
Institutionenkomplex *m*, Komplex *m* von Institutionen *(Soziologie)*
institutional control
institutionelle Herrschaft *f*, die durch soziale Institutionen ausgeübte Herrschaft *f* *(Soziologie)*
institutional control (institutional social control)
institutionelle Kontrolle *f*, die durch soziale Institutionen ausgeübte Kontrolle *f* *(Soziologie)*
institutional control (institutional social control)
institutionelle soziale Kontzrolle *f* *(Soziologie)*
institutional family (Ernest W. Burgess/Harvey J. Locke)
institutionelle Familie *f* *(Familiensoziologie)*
institutional household (non-family household, quasi household)
Anstaltshaushalt *m* *(Demographie)*
institutional incorporation
Eingliederung *f*, Inkorporation in eine Institution *f* *(Soziologie)*
institutional integration of motivation (sociologistic theorem) (Talcott Parsons)
soziologistisches Theorem *n*
institutional interest group
institutionalisierte Interessengruppe *f* *(Soziologie)*
institutional life cycle (institutional cycle)
institutioneller Zyklus *m*, institutioneller Lebenszyklus *m*, Lebenszyklus *m* einer Institution *(Soziologie)*
institutional norm
institutionelle Norm *f*, Norm *f* einer Institution *(Soziologie)*
institutional order (Hans Gerth/C. Wright Mills)
institutionelle Ordnung *f* *(Soziologie)*
institutional pattern
institutionelles Verhaltensmuster *n*, institutionalisiertes Verhaltensmuster *n* *(Soziologie)*
institutional population
Anstaltsbevölkerung *f*, Anstaltsinsassen *m/pl* *(Demographie)*
institutional power
institutionelle Macht *f* *(Soziologie)*
institutional sociology (Everett Hughes, Robert K. Merton, Philip Selznick)
institutionelle Soziologie *f*

institutional specialization
institutionelle Spezialisierung *f*
institutional statesman (Philip Selznick)
institutioneller Staatsmann *m*
(Organisationssoziologie)
institutional system
System *n* von Institutionen, System *n*
institutioneller Ordnungen *(Soziologie)*
institutional value
institutioneller Wert *m (Soziologie)*
institutionalization
Institutionalisierung *f (Soziologie)*
institutionalized behavior (*brit* **institutionalised behaviour**)
institutionalisiertes Verhalten *n*
(Soziologie)
institutionalized conflict
institutionalisierter Konflikt *m*
(Soziologie)
institutionalized contact
institutionalisierter Kontakt *m*
(Soziologie)
institutionalized evasion (patterned deviation, institutionalized deviation, patterned evasion)
formalisierte Umgehung *f*, schematisierte Umgehung *f*, regelmäßige Umgehung *f*, institutionalisierte Umgehung *f*
(Soziologie) (Kriminologie)
institutionalized illegitimacy
institutionalisierte Illegitimität *f*,
institutionalisierte Unehelichkeit *f*
(Kulturanthropologie) (Soziologie)
institutionalized individualism
institutionalisierter Individualismus *m*
(Soziologie)
institutionalized social norm
institutionalisierte gesellschaftliche Norm *f*, institutionalisierte soziale Norm *f (Soziologie)*
institutionalized suicide (Kingsley Davis)
institutionalisierter Selbstmord *m*
(Soziologie)
vgl. individualistic suicide
instruction
Unterricht *m*, Ausbildung *f*
instrument of communication(s) (means of communication(s))
Kommunikationsinstrument *n*
instrument of marketing (marketing instrument, marketing tool)
Marketinginstrument *n (Volkswirtschaftslehre)*
instrumental action (instrumental activity) (Talcott Parsons)
instrumentelles Handeln *n*,
instrumentelle Handlung *f (Theorie des Handelns)*
vgl. expressive action

instrumental aggression (instrumental aggressiveness)
instrumentelle Aggression *f*,
instrumentelle Aggressivität *f*
(Psychologie)
instrumental association
instrumentelle Vereinigung *f*
(Organisationssoziologie)
instrumental behavior (*brit* **instrumental behaviour**)
instrumentelles Verhalten *n*,
zweckgerichtetes Verhalten *n*,
zielgerichtetes Verhalten *n*
(Verhaltensforschung)
vgl. expressive behavior
instrumental communication
instrumentelle Kommunikation *f*,
Kommunikation *f* über Sachverhalte
(Kommunikationsforschung)
vgl. expressive communication
instrumental conditioning
instrumentelle Konditionierung *f*
(Verhaltensforschung)
instrumental conflict
instrumenteller Konflikt *m (Soziologie)*
vgl. expressive conflict
instrumental control
1. instrumentelle Herrschaft *f*
(Soziologie)
2. instrumentelle Kontrolle *f*
(Soziologie)
instrumental culture
instrumentelle Kultur *f (Soziologie)*
vgl. expressive culture
instrumental function (task function)
instrumentelle Funktion *f*,
aufgabenorientierte Funktion *f*
(Soziologie)
instrumental goods *pl* **(intermediary goods** *pl*, **auxiliary goods** *pl*, **production goods, producer goods** *pl*, **producer's goods** *pl*, **producers' goods** *pl*)
Produktionsgüter *n/pl (Volkswirtschaftslehre)*
instrumental leadership (Robert F. Bales)
instrumentelle Führung *f*, instrumentelle Führerschaft *f (Soziologie)*
vgl. expressive leadership
instrumental learning
instrumentelles Lernen *n (Psychologie)*
instrumental model (G. F. Mahl)
Instrumentalmodell *n*, instrumentelles Modell *n (Inhaltsanalyse)*
instrumental orientation (Talcott Parsons)
instrumentelle Orientierung *f*,
instrumentale Orientierung *f (Theorie des Handelns)*
vgl. expressive orientation

instrumental political participation (James C. Davies)
instrumentelle politische Partizipation *f*,
instrumentelle politische Teilhabe *f*,
instrumentelle politische Teilnahme *f*
(politische Wissenschaften)
instrumental role
instrumentelle Rolle *f (Soziologie)*
vgl. expressive role
instrumental value
instrumenteller Wert *m (Soziologie)*
instrumental war
instrumenteller Krieg *m* (Hans Speier)
instrumentalism (John Dewey)
Instrumentalismus *m (Theoriebildung)*
instrumentality
Instrumentalität *f*, Zweckdienlichkeit *f*,
Zielgerichtetheit *f*, Nützlichkeit *f*,
Förderlichkeit *f (Theoriebildung)*
vgl. expressivity
instrumentation
Instrumentierung *f*, Instrumentation *f*,
Meßmethodenausstattung *f*,
Ausstattung *f* mit Meßmethoden
(Psychologie/empirische Sozialforschung)
instrumentation effect (instrumentation error, instrument error, instrumentation variation error, instrument variation error)
Instrumentierungsfehler *m*,
Instrumentationsfehler *m*,
Meßmethodeneffekt *m* (im Experiment),
Auswirkung *f* der Meßmethode auf das
Ergebnis *(experimentelle Anlage)*
insufficient justification
unzulängliche Rechtfertigung *f*
(Sozialpsychologie)
insurrection (uprising)
Insurrektion *f*, Aufruhr *m*, Rebellion *f*,
Aufstand *m*, Erhebung *f*, Empörung *f*,
Revolte *f (Soziologie)*
intact family
intakte Familie *f (Familiensoziologie)*
integer programming (discrete programming)
ganzzahlige Programmierung *f*,
Ganzzahlprogrammierung *f*,
Ganzzahlplanungsrechnung *f (EDV)*
integrable function
integrierbare Funktion *f (Mathematik/Statistik)*
integral
Integral *n (Mathematik/Statistik)*
integral characteristic (global characteristic) (Paul F. Lazarsfeld/Herbert Menzel)
Globalmerkmal *n (empirische Sozialforschung)*
integral nationalism
integraler Nationalismus *m (politische Wissenschaften)*

integralism
Integralismus *m (Soziologie)*
integralist method (Pitirim A. Sorokin)
integralistische Methode *f (Soziologie)*
integrated administrative system
integriertes Verwaltungssystem *n*
integrated data *pl*
integrierte Daten *n/pl*, zusammengefaßte Daten *n/pl*
integrated data processing (IDP)
integrierte Datenverwaltung *f* (IDV) *(EDV)*
integrated prefectoral system
integriertes Präfektoralsystem *n*
(Verwaltungswissenschaft)
integrated spectrum
Spektralbelegungsfunktion *f (Statistik)*
integration
Integration *f (Soziologie)*
integration by communication (communicative integration)
kommunikative Integration *f*,
Integration *f* durch Kommunikation
(Soziologie)
integration of a stochastic process
Integration *f* eines stochastischen Prozesses
integration of personality (personality integration)
Persönlichkeitsintegration *f*, Integration *f*
der Persönlichkeit *(Psychologie)*
integrative action (Talcott Parsons)
integratives Handeln *n*, Integrationshandeln *n (strukturell-funktionale Theorie)*
integrative elite (Suzanne Keller) (elite of integration, élite of integration)
Integrationselite *f (Soziologie)*
integrative function
Integrationsfunktion *f*, integrative Funktion *f (Soziologie)*
integrative primacy
integrativer Primat *m (Soziologie)*
integrative subsystem (Talcott Parsons)
integratives Subsystem *n (strukturell-funktionale Theorie)*
intellectual
1. intellektuell *adj*
2. Intellektuelle(r) *f(m)*
intellectual development
intellektuelle Entwicklung *f*
(Psychologie)
intellectual work
geistige Arbeit *f*, geistige Tätigkeit *f*
intellectualism
Intellektualismus *m*
intellectualization
Intellektualisierung *f*, Vergeistigung *f*
intelligence
nachrichtendienstliche Erkenntnisse *f/pl*

intelligence
1. Intelligenz *f (Psychologie)*
2. Wissen *n* Erkenntnis *f (Philosophie)*
**intelligence quotient (IQ, I. Q.)
(intelligence score)**
Intelligenzquotient *m (Psychologie)*
intelligence service (intelligence)
Nachrichtendienst *m*
intelligence test (mental test, intelligence scale)
Intelligenztest *m (Psychologie)*
intelligence testing
Durchführung *f* von Intelligenztests (eines Intelligenztests *(Psychologie)*
intelligentsia (intelligentzia)
Intelligenz *f*, Intelligenzia *f*, die Intellektuellen *m/pl (Soziologie)*
intensional definition
intensionale Definition *f*, Begriffsdefinition *f*, inhaltliche Definition *f (Theorie des Wissens)*
vgl. extensional definition
intensity
Intensität *f*
intensity function
Intensitätsfunktion *f (Statistik)*
intensive agriculture (intensive cultivation)
Intensivanbau *m*, intensiver Ackerbau *m*, Intensivbewirtschaftung *f*, intensive Bodenwirtschaft *f (Landwirtschaft)*
vgl. extensive agriculture
intensive interview
Intensivinterview *n*, Intensivbefragung *f (empirische Sozialforschung)*
intensive magnitude (homograde magnitude)
homograde Größe *f*, qualitative Größe *f (Statistik)*
vgl. extensive magnitude
intensive party (J. Blondel)
Intensivpartei *f*, Regionalpartei *f*, regionale politische Partei *f (politische Wissenschaften)*
vgl. extensive party
intensive sampling
intensive Auswahl *f*, intensive Stichprobenbildung *f*, intensives Stichprobenverfahren *n (Statistik)*
vgl. extensive sampling
intensiveness of utilization
Nutzungsintensität *f (Sozialökologie)*
intention to turn out to vote (turnout intention, vote intention, voting intention)
Wahlabsicht *f*, Wahlbeteiligungsabsicht *f*, Absicht *f*, wählen zu gehen *(Meinungsforschung)*

intentioned suicide (Edwin S. Shneidman)
intendierter Selbstmord *m*, beabsichtigter Selbstmord *m*
vgl. subintentioned death
to interact
interagieren *v/i*
interacting group (Floyd H. Allport)
Interaktionsgruppe *f (Soziologie)*
interactiogram
Interaktiogramm *n* (Peter Atteslander) *(Industriesoziologie)*
interaction analysis (*pl* analyses, interaction process analysis) (IPA) *pl* analyses, Bales technique (Robert F. Bales)
Interaktionsanalyse *f*, Interaktionsprozeßanalyse *f*, Gruppenprozeßanalyse *f*, Prozeßanalyse *f* sozialer Beziehungen *(empirische Sozialforschung) (Organisationssoziologie)*
interaktionistische Theorie *f*, interaktionalistische Theorie *f*
interaction matrix (*pl* matrixes *or* matrices, interactional matrix, Bales matrix)
Interaktionsmatrix *f*, Bales-Matrix *f (empirische Sozialforschung)*
interaction of variables
Variableninteraktion *f (Sozialforschung)*
interaction profile
Interaktionsprofil *n (empirische Sozialforschung)*
interaction recorder (Robert F. Bales)
Interaktionsprotokoll *n*, Interaktionschronograph *m (empirische Sozialforschung)*
interaction ritual (Erving Goffmann)
Interaktionsritual *n (Soziologie)*
interaction (reciprocal action)
Wechselwirkung *f (Soziologie)*
interactional process
Interaktionsprozeß *m (Soziologie)*
interactionism
Interaktionismus *m*, Interaktionalismus *m (Soziologie) (Psychologie)*
interactive distance
Interaktionsdistanz *f*, interaktive Distanz *f (Soziologie)*
interactor (interactant)
Interaktor *m*, interagierende Person *f (Soziologie)*
interblock (between-blocks)
zwischen den Blöcken *adj (statistische Hypothesenprüfung)*
vgl. intrablock
interblock subgroup
Untergruppe *f* zwischen den Blöcken *(statistische Hypothesenprüfung)*
vgl. intrablock subgroup

intercalate Latin square
eingefügtes lateinisches Quadrat *n*,
eingebettetes lateinisches Quadrat *n*
(statistische Hypothesenprüfung)

intercensal period (inter-censal period)
Periode *f*, Zeitspanne *f* zwischen zwei
Volkszählungen *(Demographie)*

intercept interview (intercept poll, exit poll)
Sofortinterview *n*, Sofortbefragung *f*,
Nachwahlinterview *n*, Nachwahlbefragung *f* *(Umfrageforschung)*

intercept interviewing (intercept polling, exit polling)
Sofortbefragung *f*, Durchführung *f* von
Sofortbefragungen, Nachwahlbefragung *f*,
Durchführung *f* von Nachwahlinterviews
(Umfrageforschung)

interchangeability (exchangeability)
Austauschbarkeit *f*, Auswechselbarkeit *f*

intercity migration
Migration *f*, Wanderung *f* zwischen
den Städten, Migration *f* in die Stadt
(Migration) (Sozialökologie)

interclass correlation (inter-class correlation)
Korrelation *f* zwischen den Klassen,
Korrelation *f* zwischen den Gruppen
(Statistik)

interclass mobility (vertical mobility)
vertikale Mobilität *f*, Aufstiegs- und
Abstiegsmobilität *f*, Mobilität *f* zwischen
den sozialen Schichten, den sozialen
Klassen *(Mobilitätsforschung)*
vgl. horizontal mobility

inter-class variance (between-groups variance)
Varianz *f* zwischen den Gruppen,
Zwischengruppenvarianz *f* *(Statistik)*
vgl. within-groups variance

inter-coder reliability
Inter-Koder Reliabilität *f*,
Übereinstimmung *f* zwischen den
Kodern *(statistische Hypothesenprüfung)*
(Inhaltsanalyse)
vgl. intra-coder reliability

intercohort variation
Variation *f*, Schwankung *f* zwischen den
Kohorten *(Statistik)*
vgl. intracohort variation

intercommunal specialization
interkommunale Spezialisierung *f*,
Spezialisierung *f* unter den einzelnen
Gemeinden *(Sozialökologie)*
vgl. intracommunal specialization

intercommunity variation (intercommunal variation)
interkommunale Unterschiede *m/pl*,
Unterschiede *m/pl* zwischen den
einzelnen Gemeinden *(Sozialökologie)*
vgl. intracommunity variation

intercommunication
Interkommunikation *f*, wechselseitige
Kommunikation *f* *(Kommunikationsforschung)*

intercommunity variation (intercommunal variation)
interkommunale Unterschiede *m/pl*,
Unterschiede *m/pl* zwischen den
einzelnen Gemeinden *(Sozialökologie)*

interconnectedness
wechselseitige Verbundenheit *f*,
gegenseitige Verbundenheit *f*
(Soziologie) (Psychologie)

intercorrelation
Interkorrelation *f*, wechselseitige
Korrelation *f* *(Statistik)*

intercorrelation matrix (*pl* matrixes *or* matrices)
Interkorrelationsmatrix *f* *(Statistik)*

intercourse
Verkehr *m*, Umgang *m* *(Soziologie)*
(Sozialpsychologie)

intercultural contact
interkultureller Kontakt *m*
(Kulturanthropologie)

interdecile range
Dezilabstand *m*, Dezilspanne *f*,
Dezilspannweite *f* *(Mathematik/Statistik)*

interdependence (interdependency)
Interdependenz *f*, wechselseitige
Abhängigkeit *f*

interdimensional additivity
interdimensionale Additivität *f* *(Statistik)*

interest
Interesse *n*

interest circle
Interessenkreis *m*, Gruppe *f* von
Personen gemeinsamer Interessen
(Soziologie)

interest group (pressure group, lobby group)
Interessengruppe *f*, Interessenverband *m*
(politische Wissenschaften)

interest party
Interessenpartei *f* *(politische Wissenschaften)*

interest politics *pl* als *sg* konstruiert
(Richard Hofstadter) (pressure politics
pl als *sg* konstruiert**)**
Interessenpolitik *f* *(politische Wissenschaften)*

interethnic contact
  interethnischer Kontakt *m*, Kontakt *m* zwischen Personen und Gruppen verschiedener ethnischer Zugehörigkeit *(Soziologie)*
interfaith marriage
  Mischehe *f*, religiöse Mischehe *f* *(Kulturanthropologie) (Soziologie)*
interference
  Interferenz *f*, Störung *f* *(Informationstheorie)*
intergenerational community integration
  intergenerationale Gemeindeintegration *f*, Integration *f* der verschiedenen Generationen in einer Gemeinde *(Sozialökologie)*
  vgl. intragenerational community integration
intergenerational mobility (intergenerational occupational mobility)
  intergenerationale Mobilität *f*, Mobilität *f* zwischen den Generationen, Intergenerationenmobilität *f* *(Mobilitätsforschung)*
  vgl. intragenerational mobility
intergroup attitude
  Inter-Gruppen-Einstellung *f*, Zwischengruppen-Einstellung *f*, Einstellung *f* einer Gruppe zu anderen, Haltung *f* einer Gruppe zu anderen Gruppen *(Gruppensoziologie)*
  vgl. intragroup attitude
intergroup differentiation
  Inter-Gruppen-Differenzierung *f*, Zwischengruppen-Differenzierung *f*, Differenzierung *f* zwischen verschiedenen Gruppen *(Gruppensoziologie)*
  vgl. intragroup differentiation
intergroup distinctiveness
  Inter-Gruppen-Unterschiede *m/pl*, Zwischengruppen-Unterschiede *m/pl*, Unterscheidbarkeit *f* einer Gruppe von der anderen, Klarheit *f* der Unterschiede zwischen verschiedenen Gruppen *(Gruppensoziologie)*
  vgl. intragroup distinctiveness
intergroup relations *pl*
  Inter-Gruppen-Beziehungen *f/pl*, Zwischengruppenbeziehungen *f/pl*, Beziehungen *f/pl* zwischen verschiedenen Gruppen *(Gruppensoziologie)*
  vgl. intragroup relations
intergroup replication
  Zwischen-Gruppen-Wiederholung *f*, Inter-Gruppen-Wiederholung *f*, Wiederholungsversuch *m*, Wiederholung *f* mit einer oder mehreren anderen Gruppen von Versuchspersonen *(statistische Hypothesenprüfung)*
  vgl. intragroup replication

intergroup tension
  Zwischen-Gruppen-Spannung *f*, Inter-Gruppen-Spannung *f*, Spannung *f* zwischen verschiedenen Gruppen *(Gruppensoziologie)*
  vgl. intragroup tension
interhuman relations *pl* **(interhuman relationships** *pl*)
  zwischenmenschliche Beziehungen *f/pl* *(Soziologie)*
interim government (caretaker government, provisional government, commissionary government)
  Übergangsregierung *f*, geschäftsführende Regierung *f*, kommissarische Regierung *f* *(politische Wissenschaften)*
interim junta (caretaker junta)
  Übergangsjunta *f*, Interimsjunta *f* *(politische Wissenschaften)*
inter-interviewer variation (Herbert Hyman) (interviewer variation, interviewer variability)
  Inter-Interviewer Variation *f*, Variation *f* zwischen den Interviewern *(empirische Sozialforschung)*
interiorization (Muzafer Sherif) (internalization, introception)
  Internalisierung *f*, Internalisation *f*, Verinnerlichung *f* *(Sozialpsychologie)*
inter-item consistency (internal consistency)
  Inter-Item-Konsistenz *f* *(statistische Hypothesenprüfung)*
inter-item consistency coefficient (coefficient of consistence, coefficient of consistency, coefficient of internal consistence, coefficient of internal consistency, inter-item coefficient)
  Konsistenzkoeffizient *m*, Kendall-Konsistenzkoeffizient *m*, Kendallscher Konsistenzkoeffizient *m* *(Statistik)*
interlocal migration
  interlokale Migration *f*, Binnenwanderung *f* von einem Ort zum anderen *(Migration)*
  vgl. intralocal migration
interlock (interlocking)
  Verschachteln *n*, Verschachtelung *f* *(statistische Hypothesenprüfung)*
interlocking schedule (of reinforcement) (interlocked schedule, interlock)
  Verschachtelungsplan *m*, verschachtelter Verstärkungsplan *m* *(Verhaltensforschung)*
  vgl. interval schedule (of reinforcement)
intermarriage (mixed marriage)
  Mischehe *f* *(Kulturanthropologie) (Soziologie)*
to intermarry
  Mischehe eingehen *v/i*

intermediary factor
intermediärer Faktor *m* *(Soziologie)*
intermediary goods *pl* **(instrumental goods** *pl*, **auxiliary goods** *pl*, **production goods, producer goods** *pl*, **producer's goods** *pl*, **producers' goods** *pl***)**
Produktionsgüter *n/pl* *(Volkswirtschaftslehre)*
intermediary group (Emile Durkheim)
intermediäre Gruppe *f* *(Soziologie)*
intermediate authority (secondary authority)
sekundäre Autorität *f* *(Soziologie)*
intermediate group (secondary group) (Charles H. Cooley)
Sekundärgruppe *f*, sekundäre Gruppe *f* *(Gruppensoziologie)*
intermetropolitan migration
intermetropolitane Migration *f*, Migration *f* zwischen den Großstädten, Wanderung *f*, Wanderungsbewegungen *f/pl* zwischen den großen Städten *(Migration)*
intermittent group (group without presence, without-presence group)
intermittierende Gruppe *f*, zeitweilig sich auflösende Gruppe *f* *(Gruppensoziologie)*
intermittent qualifier
intermittierender Einflußfaktor *m*, intermittierende Variable *f* *(Panelforschung)*
intermittent reinforcement
aperiodische Verstärkung *f*, nicht periodische Verstärkung *f*, intermittierende Verstärkung *f*, gelegentliche Verstärkung *f* partielle Verstärkung *f* *(Verhaltensforschung)*
vgl. continuous reinforcement
internal adaptation (internal adaption)
innere Anpassung *f*, interne Anpassung *f* (soziokultureller Elemente aneinander) *(Soziologie)*
vgl. external adaptation
internal autonomy
innere Autonomie *f*, Autonomie *f* in inneren Angelegenheiten, innenpolitische Autonomie *f*, Autonomie *f* in der Innenpolitik *(politische Wissenschaften)*
vgl. external autonomy
internal circulation
interne Zirkulation *f*, innere Zirkulation *f* *(Gruppensoziologie)*
internal communications expert (Harold L. Wilensky)
Experte *m* für innere Kommunikation (von Organisationen) *(Kommunikationsforschung)*
vgl. external communications expert

internal concept
Eigenbegriff *m* *(Sozialforschung)*
internal condition
innere Bedingung *f*
internal conflict
innerer Konflikt *m*, Binnenkonflikt *m* interner Konflikt *m* *(Soziologie)*
vgl. external conflict
internal consistency (internal consistency, internal reliability)
interne Konsistenz *f*, interne Reliabilität *f* *(statistische Hypothesenprüfung)*
internal elite (internal élite) (Suzanne Keller)
Innenelite *f*, für die Innenbeziehungen einer Gruppe verantwortliche Elite *f* *(Gruppensoziologie)*
vgl. external elite
internal environment
innere Umwelt *f*, innere Umgebung *f*, Innenwelt *f* *(Sozialökologie)*
vgl. external environment
internal inhibition (Iwan P. Pawlow)
innere Hemmung *f*, interne Hemmung *f* *(Verhaltensforschung)*
vgl. external inhibition
internal integration
innere Integration *f*, Binnenintegration *f*, Gruppenintegration *f* *(Gruppensoziologie)*
vgl. external integration
internal least squares *pl*
innere kleinste Quadrate *n/pl*, innere kleinste Quadrate *n/pl* nach Hartley *(Statistik)*
internal migrant (in-migrant)
Binnenwanderer *m* *(Migration)*
internal migration (in-migration)
Binnenwanderung *f*, Binnenmigration *f*, Wanderungsbewegung *f*, Wanderung *f* innerhalb bestehender Grenzen *(Migration)*
vgl. external migration
internal regression
innere Regression *f*, innere Regression *f* nach Hartley *(Statistik)*
internal replication
innere Wiederholung *f*, interne Wiederholung *f* *(statistische Hypothesenprüfung)*
internal sanction
innere Sanktion *f*, innere Strafe *f* *(Soziologie)*
vgl. external sanction
internal social control
soziale Innenkontrolle *f*, innere soziale Kontrolle *f* *(Soziologie)*
vgl. external social control
internal structure (inner structure)
Binnenstruktur *f* *(Soziologie)*

internal system (George C. Homans)
Binnensystem *n*, Innensystem *n*, inneres System *n* (*Gruppensoziologie*)
vgl. external system
internal terrorism (Maurice Duverger)
innerer Terrorismus *m* (*politische Wissenschaften*)
vgl. external terrorism
internal trade
Binnenhandel *m* (*Volkswirtschaftslehre*)
vgl. external trade
internal validation
interne Validierung *f* (*statistische Hypothesenprüfung*)
vgl. external validation
internal validity (content validity, logical validity, face validity, surface validity)
interne Validität *f*, interne Gültigkeit *f* Inhaltsvalidität *f*, Inhaltsgültigkeit *f*, inhaltliche Validität *f*, inhaltliche Gültigkeit *f*, Kontentvalidität *f* (*statistische Hypothesenprüfung*)
vgl. external validity
internal variance (interclass variance)
Varianz *f* innerhalb der Primäreinheiten (*Statistik*)
vgl. external variance
internalization (introjection, interiorization)
Verinnerlichung *f* (*Soziologie*) (*Psychologie*)
internalized control (Amitai Etzioni)
verinnerlichte Kontrolle *f* (*Organisationssoziologie*)
internalized conversation)
verinnerlichtes Gespräch *n*, verinnerlichte Unterhaltung *f* (*Soziologie*) (*Kommunikationsforschung*)
internalized motivation (Daniel Katz and Robert Kahn)
verinnerlichte Motivation *f* (*Organisationssoziologie*)
internalized role
internalisierte Rolle *f*, verinnerlichte Rolle *f* (*Sozialpsychologie*)
international communication
internationale Kommunikation *f*
international integration
internationale Integration *f*
international law
Völkerrecht *n*, internationales Recht *n*
international metropolis
internationale Metropole *f*, internationale Großstadt *f* (*Sozialökologie*)
international migration
internationale Migration *f*, internationale Wanderung *f*, internationale Wanderungsbewegungen *f/pl*

international organization (*brit* international organisation)
internationale Organisation *f*
international politics *pl als sg konstruiert*
internationale Politik *f* (*politische Wissenschaften*)
international pressure group
internationale Interessengruppe *f*
international relations *pl*
internationale Beziehungen *f/pl*, außenpolitische Beziehungen *f/pl* (*politische Wissenschaften*)
international sanction
internationale Sanktion *f* (*Soziologie*)
international specialization
internationale Spezialisierung *f*
international system
internationales System *n* (*politische Wissenschaft*)
international trade
internationaler Handel *m* (*Volkswirtschaftslehre*)
international treaty (treaty)
Staatsvertrag *m*, völkerrechtlicher Vertrag *m*, völkerrechtlicher Vertrag *m* (*Internationale Beziehungen*)
internationalism
Internationalismus *m*
internment
Internierung *f*
interoccupational mobility
Berufsmobilität *f* zwischen verschiedenen Berufen (zwischenberufliche Mobilität *f*, soziale Mobilität *f* zwischen Berufen (*Mobilitätsforschung*)
vgl. intra-occupational mobility
interpellation
Interpellation *f*, Anfrage *f* (im Parlament) (*politische Wissenschaft*)
interpenetrating samples *pl*
ineinandergreifende Stichproben *f/pl* (*Statistik*)
interpenetration (Talcott Parsons)
Interpenetration *f*, wechselseitige Durchdringung *f* (*strukturell-funktionale Theorie*)
interpersonal attitude
interpersonelle Einstellung *f*, zwischenmenschliche Einstellung *f*, interpersonelle Haltung *f*, zwischenmenschliche Haltung *f*, Einstellung *f* einer Person zur anderen (*Sozialpsychologie*)
interpersonal attraction
zwischenmenschliche Anziehung *f*, interpersonelle Anziehung *f*, interpersonelle Attraktion *f*, zwischenmenschliche Attraktion *f* (*Sozialpsychologie*)

interpersonal behavior circle (behavior circle, *brit* behaviour circle)
Verhaltenskreis *m*, Kreis *m* interpersonellen Verhaltens *(Psychologie)*

interpersonal communication
interpersonelle Kommunikation *f*, zwischenmenschliche Kommunikation *f*, interpersonale Kommunikation *f*, interpersonelle Kommunikation *f*, interindividuelle Kommunikation *f* *(Kommunikationsforschung)*

interpersonal competition (interpersonal rivalry, interindividual competition, interindividual rivalry)
interpersonelle Rivalität *f*, interpersoneller Wettbewerb *m*, zwischenmenschliche Rivalität *f*, zwischenmenschlicher Wettbewerb *m* *(Soziologie) (Organisationssoziologie)*

interpersonal conflict
zwischenmenschlicher Konflikt *m*, Konflikt zwischen Personen *(Psychologie)*
vgl. interpersonal conflict

interpersonal contact
interpersoneller Kontakt *m*, zwischenmenschlicher Kontakt *m*, wechselseitiger persönlicher Kontakt *m*

interpersonal diffusion
interpersonelle Diffusion *f*, Diffusion *f* von Person zu Person *(Kulturanthropologie) (Soziologie)*

interpersonal environment (Peter H. Ross)
interpersonelle Umwelt *f*, interpersonelle Umgebung *f*, zwischenmenschliche Umwelt *f*, zwischenmenschliche Umgebung *f*

interpersonal influence
interpersoneller Einfluß *m*, zwischenmenschlicher Einfluß *m* *(Kommunikationsforschung)*

interpersonal integration
interpersonelle Integration *f*, zwischenmenschliche Integration *f* *(Soziologie)*

interpersonal need
interpersonelles Bedürfnis *n* zwischenmenschliches Bedürfnis *n* *(Psychologie)*

interpersonal network
interpersonelles Netz *n*, Netz *n* interpersoneller Beziehungen, Netz *n* zwischenmenschlicher Beziehungen *(Soziologie)*

interpersonal perception (person perception, person cognition, social perception, connaissance d'autrui)
Personenwahrnehmung *f*, Personenperzeption *f*, interpersonelle Wahrnehmung *f* *(Psychologie)*

interpersonal relations *pl*
interpersonelle Beziehungen *f/pl*, zwischenmenschliche Beziehungen *f/pl* *(Soziologie)*

interpersonal response trait (David Krech/Richard S. Crutchfield and Harry S. Sullivan)
interpersonelles Reaktionsmerkmal *n*, interpersonelles Reaktionscharakteristikum *n*, Charakteristikum *n* interpersoneller Reaktion *(Verhaltensforschung)*

interpersonal theory (Harry S. Sullivan)
interpersonelle Theorie *f*, Zwischenmenschlichkeitstheorie *f* *(Psychologie)*

interpersonal validity
interpersonelle Validität *f*, interpersonelle Gültigkeit *f* *(statistische Hypothesenprüfung)*

interpolation
Interpolation *f*, Interpolieren *n*, Interpolierung *f* *(Mathematik/Statistik)*
vgl. extrapolation

interpolation of a stationary process
Interpolation *f* eines stationären Prozesses *(Stochastik)*

interpretation
Interpretation *f*, Deutung *f*, Auslegung *f* *(Theorie des Wissens)*

interpretation of dreams (dream interpretation, dream science, science of dreams)
Traumdeutung *f* *(Psychoanalyse)*

interpretative interaction (interpretive interaction)
interpretative Interaktion *f* *(Soziologie)*

interpretative paradigm (interpretive paradigm) (Thomas P. Wilson)
interpretatives Paradigma *n* *(Soziologie)*

interpretive scheme
Interpretationsschema *n* *(Theorie des Wissens)*

interpretive sociology (interpretative sociology)
interpretierende Soziologie *f*, verstehende Soziologie *f* *(Theorie des Wissens)*

interquartile range
Quartilabstand *m*, quartile Differenz *f*, quartile Spannweite *f* *(Mathematik/Statistik)*

interregional metropolis
interregionale Metropole *f*, zwischenregionale Metropole *f* *(Sozialökologie)*

interregional migration
interregionale Migration *f*, interregionale Wanderungsbewegungen *f/pl*, zwischenregionale Migration *f*, Wanderung *f* zwischen den Regionen
vgl. intraregional migration

interreliability (interrater reliability, inter-rater reliability, interscorer reliability, inter-scorer reliability)
Bewerter-Reliabilität *f*, Bewerter Zuverlässigkeit *f* *(statistische Hypothesenprüfung)*

interresponse time (IRT)
Interreaktionszeit *f*, Zwischenzeit *f* *(Verhaltensforschung)*

interrole conflict (inter-role conflict, role conflict, role-role conflict)
Inter-Rollenkonflikt *m*, Konflikt *m* zwischen mehreren Rollen, Rollenkonflikt *m*, Konflikt *m* divergierender Rollen *(Soziologie)*
vgl. intrarole conflict

interrupted time-series *sg + pl* **(interrupted time series design, within-subject design)**
unterbrochene Zeitreihe *f* *(statistische Hypothesenprüfung)*

interrural migration
interrurale Migration *f*, Migration *f* zwischen ländlichen Gebieten, Wanderungsbewegungen *f/pl* zwischen ländlichen Gebieten

intersection
Schnittpunkt *m*, Schnittlinie *f*, Schnittfläche *f*, Nullpunkt *m* des Koordinatenkreuzes *(Mathematik/Statistik)*

intersitus mobility (Paul K. Hatt)
Intersitus-Mobilität *f*, Mobilität *f* von einem Situs zum anderen *(Migration)*
vgl. intrasitus mobility

intersocietal conflict
zwischengesellschaftlicher Konflikt *m*, Konflikt *m* zwischen Gesellschaften *(Soziologie)*
vgl. intrasocietal conflict

interspersed lineage
Abstammungslinie *f* einer örtlich verstreuten Verwandtengruppe *(Kulturanthropologie)*

interstitial area (F. M. Trasher) (zone in transition, transitional zone, gangland)
Zwischengebiet *n*, Übergangsgebiet *n*, das einen Zwischenraum bildende Gebiet *n* *(Sozialökologie)*

interstratic mobility
vertikale Schichtmobilität *f*, vertikale Mobilität *f* zwischen den sozialen Schichten *(Mobilitätsforschung)*

intersubject replication
Wiederholungsversuch *m*, Wiederholung *f* mit neuen Versuchspersonen *(statistische Hypothesenprüfung)*

intersubjectivity
Intersubjektivität *f* *(empirische Sozialforschung)*

interurban migration
interurbane Migration *f*, Migration *f* zwischen Städten, Wanderungsbewegungen *f/pl* zwischen den Städten
vgl. intraurban migration

interval (class interval)
Intervall *n*, Zwischenraum *m*, Abstand *m*, Spannweite *f* *(Mathematik/Statistik)*

interval distribution
Intervallverteilung *f* *(Statistik)*

interval estimation
Intervallschätzung *f* *(Statistik)*
vgl. point estimation

interval prediction
Intervallvorhersage *f* *(Statistik)*
vgl. point estimation

interval scale
Intervallskala *f*, Einheitsskala *f*, Kardinalskala *f* *(Statistik)*
vgl. point scale

interval schedule (of reinforcement)
Intervallplan *m*, Intervallschema *n* (der Verstärkung) *(Verhaltensforschung)*
vgl. interlocking schedule (of reinforcement)

intervening factor
intervenierender Einflußfaktor *m*, intervenierende Variable *f* *(Panelforschung)*

intervening variable (intervening variate)
intervenierende Variable *f*, vermittelnde Variable *f*, intervenierende Zufallsgröße *f*, vermittelnde Zufallsgröße *f* *(statistische Hypothesenprüfung)*

intervention
Intervention *f* *(empirische Sozialforschung) (Soziologie) (politische Wissenschaft)*

intervention experiment (bystander intervention experiment)
Eingriffsexperiment *n*, Interventionsexperiment *n* *(Sozialpsychologie)*

interview
Interview *n*, Befragung *f*, Befragungsgespräch *n* *(Psychologie/empirische Sozialforschung)*

interview schedule
Interviewerfragebogen *m* *(empirische Sozialforschung)*

interview technique (interviewing technique)
Befragungstechnik *f*, Befragungsmethode *f*, Befragungsverfahren *n*, Interviewtechnik *f* *(empirische Sozialforschung)*

interviewee (respondent, informant, subject, test person)
Befragte(r) *f(m)*, Befragungsperson *f*, Auskunftsperson *f*, Informant *m*, Respondent *m* *(empirische Sozialforschung)*

interviewer
Interviewer(in) *m(f)*, Befrager(in) *m(f)* *(empirische Sozialforschung)*

interviewer bias (interviewer error)
Interviewerfehler *m*, Interviewerbias *m* *(empirische Sozialforschung)*

interviewer effect
Interviewereinfluß *m*, Interviewereffekt *m* *(empirische Sozialforschung)*

interviewer identification
Interviewernummer *f*, Interviewer-Kode *m* *(Umfrageforschung)*

interviewer report
Interviewer-Erfahrungsbericht *m* *(empirische Sozialforschung)*

interviewer report form
Vordruck *m*, Formular *n* für den Erfahrungsbericht des Interviewers *(empirische Sozialforschung)*

interviewer supervision (supervision of interviewers)
Interviewerkontrolle *f*, Interviewerüberwachung *f* *(Umfrageforschung)*

interviewer training
Interviewerausbildung *f*, Interviewertraining *n* *(empirische Sozialforschung)*

interviewer variability (inter-interviewer variability)
Interviewervariabilität *f* *(empirische Sozialforschung)*

interviewer variance (interviewer variability)
interviewerbedingte Abweichung *f*, Unterschiede *m/pl* zwischen den einzelnen Interviewern *(empirische Sozialforschung)*

interviewer-respondent interaction (interviewer-respondent rapport)
Interviewer-Befragten Interaktion *f*, Interaktion *f* zwischen Interviewer und Befragten *(empirische Sozialforschung)*

interviewing
Interviewen *n*, Befragen *n*, Durchführung *f* von Interviews, Durchführung *f* von Befragungen *(empirische Sozialforschung)*

interviewing at home (personal at-home interviewing, door-to-door survey, door-to-door interviewing)
persönliche Befragung *f* zu Hause *(empirische Sozialforschung)*

intimate face-to face association
intimer persönlicher Kontakt *m*, intimer Umgang *m* in unmittelbarer persönlicher Gegenwart, Intimkontakt *m* in unmittelbarer pesönlicher Gegenwart *(Soziologie) (Kommunikationsforschung)*

intimate group
Intimgruppe *f* *(Gruppensoziologie)*

intimate kin *collect als sg konstruiert* **(intimate relatives** *pl***)**
Intimverwandte *m/pl*, enge Verwandte *m/pl* *(Familiensoziologie) (Kulturanthropologie)*

intimate other
intimer Anderer *m (Soziologie)*

intimate relative (intimate kin)
Intimverwandter *m*, intimer Verwandter *m*, enger Verwandter *m* *(Familiensoziologie) (Kulturanthropologie)*

intolerance
Intoleranz *f (Philosophie)*
vgl. tolerance

intolerance of ambiguity (Else Frenkel-Brunswick)
Intoleranz *f* gegenüber Ambiguität, Intoleranz *f* gegenüber Mehrdeutigkeit *(Soziologie)*

intra-coder reliability
Intra-Koder-Reliabilität *f*, Intra-Koder-Zuverlässigkeit *f (statistische Hypothesenprüfung) (Inhaltsanalyse)*
vgl. inter-coder reliability

intrablock
innerhalb der Blöcke *adj (statistische Hypothesenprüfung)*
vgl. interblock

intrablock subgroup
Untergruppe *f* innerhalb der Blöcke *(statistische Hypothesenprüfung)*
vgl. interblock subgroup

intraclass correlation (intra-class correlation)
Korrelation *f* innerhalb der Klassen, Korrelation *f* innerhalb der Gruppen *(Statistik)*

intraclass mobility (horizontal mobility)
horizontale Mobilität *f*, Mobilität *f* innerhalb der sozialen Schichten, der sozialen Klassen *(Mobilitätsforschung)*
vgl. vertical mobility

intracohort variation
Variation *f*, Schwankung *f* innerhalb der Kohorten *(Statistik)*
vgl. intercohort variation

intracommunal specialization
intrakommunale Spezialisierung *f*,
Spezialisierung *f* innerhalb der einzelnen
Gemeinden *(Sozialökologie)*
vgl. intercommunal specialization

intracommunity variation (intracommunal variation)
intrakommunale Unterschiede *m/pl*,
Unterschiede *m/pl* innerhalb der
einzelnen Gemeinden *(Sozialökologie)*

intracultural
intrakulturell, Intrakultur- *adj*
vgl. intercultural

intragenerational community integration
intragenerationale Gemeindeintegration *f*, Integration *f* innerhalb
einer Generation in einer Gemeinde
(Sozialökologie)
vgl. intergenerational community integration

intragenerational mobility (intragenerational occupational mobility)
intragenerationale Mobilität *f*,
Mobilität *f* innerhalb der Generationen,
Intragenerationenmobilität *f*
(Mobilitätsforschung)
vgl. intergenerational mobility

intragroup attitude
gruppeninterne Einstellung *f*,
Einstellung *f* der Mitglieder einer
Gruppe zu anderen Mitgliedern
(Gruppensoziologie)
vgl. intergroup attitude

intragroup differentiation
gruppeninterne Differenzierung *f*,
Differenzierung *f* innerhalb einer
Gruppe *(Gruppensoziologie)*
vgl. intergroup differentiation

intragroup distinctiveness
gruppeninterne Unterschiede *m/pl*,
Unterschiede *m/pl* zwischen
den Mitgliedern einer Gruppe
(Gruppensoziologie)
vgl. intergroup distinctiveness

intragroup relations *pl*
gruppeninterne Beziehungen *f/pl*,
Binnenbeziehungen *f/pl* in einer Gruppe
(Gruppensoziologie)
vgl. intergroup relations

intragroup replication (within-group replication, repeated measures design)
gruppeninterne Wiederholung *f*,
Wiederholungsversuch *m*,
Wiederholung *f* mit einer oder mehreren
anderen Gruppen von Versuchspersonen
(statistische Hypothesenprüfung)
vgl. intergroup replication

intragroup tension
gruppeninterne Spannung *f*, Spannung *f*
zwischen verschiedenen Gruppen
(Gruppensoziologie)
vgl. intergroup tension

intralocal migration
intralokale Migration *f*, Migration *f*
innerhalb desselben Orts,
Wanderungsbewegungen *f/pl* innerhalb
eines Orts *(Migration)*
vgl. interlocal migration

intraoccupational mobility
soziale Mobilität *f* innerhalb desselben
Berufs, Mobilität *f* innerhalb eines
Berufs *(Mobilitätsforschung)*
vgl. interoccupational mobility

intrapersonal conflict
Persönlichkeitskonflikt *m*, innerhalb
einer Persönlichkeit wirkender Konflikt
(Psychologie)
vgl. interpersonal conflict

intrapunitivity
Intrapunitivität *f (Psychologie)*
vgl. extrapunitivity

intraregional migration
binnenregionale Migration *f*,
Migration *f* innerhalb einer Region,
Wanderungsbewegungen *f/pl* innerhalb
einer Region *(Migration)*
vgl. interregional migration

intrarole conflict
innerer Rollenkonflikt *m*, Intra-
Rollenkonflikt *m (Soziologie)*
vgl. interrole conflict

intrarural migration
intrarurale Migration *f*, Migration *f*
innerhalb eines ländlichen Gebiets,
Wanderungsbewegungen *f/pl* innerhalb
eines ländlichen Gebiets *(Migration)*

intrasitus mobility
Intrasitus-Mobilität *f*, Mobilität *f* innerhalb eines Situs *(Mobilitätsforschung)*
vgl. intersitus mobility

intrasocietal conflict
gesellschaftsinterner Konflikt *m*,
innergesellschaftlicher Konflikt *m*
(Soziologie)
vgl. intersocietal conflict

intrasystemic (systemic)
systemimmanent *adj*, innerhalb eines
Systems stattfindend *(Kybernetik)*
(Systemtheorie)

intraurban migration
intraurbane Migration *f*, innerstädtische
Migration *f*, innerstädtische
Wanderungsbewegungen *f/pl (Migration)*
vgl. interurban migration

intrauterine mortality (mortality in utero, fetal mortality, foetal mortality, fetal death rate, foetal death rate, fetal death ratio, foetal death ratio)
fötale Sterblichkeit *f*, Fötussterblichkeit *f* *(Demographie)*

intrinsic accuracy
innewohnende Grenzgenauigkeit *f*, Treffgenauigkeit *f*, Akkuranz *f* *(Statistik)*

intrinsic content validity
notwendig inhaltliche Gültigkeit *f*, notwendig inhaltliche Validität *f* *(statistische Hypothesenprüfung)*

intrinsic control
Eigenkontrolle *f*, intrinsische Kontrolle *f* *(Verhaltensforschung)*
vgl. extrinsic control

intrinsic correlational validity
notwendige Korrelationsgültigkeit *f*, notwendige Korrelationsvalidität *f* *(statistische Hypothesenprüfung)*

intrinsic disorganization (*brit* **organisation)**
innere Desorganisation *f*, innere Auflösung *f* *(Organisationssoziologie)*
vgl. extrinsic disorganization

intrinsic inhibition (internal inhibition) (Ivan P. Pavlov)
innere Hemmung *f*, interne Hemmung *f* *(Verhaltensforschung)*

intrinsic motivation
intrinsische Motivation *f*, Aufgabenmotivation *f* *(Psychologie)*
vgl. extrinsic motivation

intrinsic religiosity (Gordon W. Allport)
intrinsische Religiosität *f* *(Religionssoziologie)*
vgl. extrinsic religiosity

intrinsic validity
intrinsische Validität *f*, intrinsische Gültigkeit *f*, notwendige Validität *f*, notwendige Gültigkeit *f* *(statistische Hypothesenprüfung)*

intrinsically motivated behavior (*brit* **intrinsically motivated behaviour, intrinsically governed behavior,** *brit* **intrinsically governed behaviour)**
intrinsisch motiviertes Verhalten *n*, durch Aufgabenorientierung motiviertes Verhalten *n* *(Psychologie)*
vgl. extrinsically motivated behavior

introjection
Introjektion *f* *(Psychologie)*

intropunitive aggression
intropunitive Aggression *f*, selbststrafende Aggression *f* *(Psychologie)*
vgl. extrapunitive aggression

introspection
Introspektion *f*, Selbstbeobachtung *f*, Erlebnisbeobachtung *f* *(Theorie des Wissens)*

introversion
Introversion *f*, Introvertiertheit *f* (Carl G. Jung) *(Psychoanalyse)*

introversionist sect (Bryan A. Wilson)
introversionistische Sekte *f* *(Religionssoziologie)*

introvert (extravert)
1. introvertiert *adj*
2. Introvertierte(r) *f(m)*, introvertierte Persönlichkeit *f*, introvertierter Mensch *m* (Carl G. Jung) *(Psychoanalyse)*
vgl. extrovert (extravert)

introvert personality
introvertierte Persönlichkeit *f*, introvertierter Charakter *m* *(Psychoanalyse)*
vgl. extrovert personality

intuition
Intuition *f*, Anmutung *f*, gefühlsmäßiges Erkennen *n*, ahnende Erfassung *f* *(Psychologie) (Theorie des Wissens)*

intuitionism
Intuitionismus *m* *(Philosophie)*

to invalidate
invalidieren, entkräften *v/t*

invalidity
1. Ungültigkeit *f*, Invalidität *f* *(statistische Hypothesenprüfung)*
2. Invalidität *f*, Arbeitsunfähigkeit *f*, Dienstunfähigkeit *f* *(Industriesoziologie)*
vgl. validity

invariance
Invarianz *f* *(Statistik)*
vgl. variance

invariance method
Invarianzmethode *f* *(Statistik)*

invariant
invariant, unverändert *adj* *(Statistik)*
vgl. variant

invariant measure
invariantes Maß *n* *(Statistik)*

invasion
Invasion *f*, Eindringen *n* *(Sozialökologie)*

invention
Erfindung *f* *(Kulturanthropologie)*#

inventory (list)
1. Verzeichnis *n*, Liste *f* *(empirische Sozialforschung)*
2. Fragebogen *m*, Erhebungsbogen *m* *(Psychologie/empirische Sozialforschung)*

inventory statistics *pl* als *sg* konstruiert
Lagerstatistik *f*, Inventarstatistik *f* *(Volkswirtschaftslehre)*

inverse arcsine transformation
umgekehrte Arcus-sinus-Transformation *f* *(Statistik)*
inverse correlation (negative correlation)
negative Korrelation *f* *(Statistik)*
inverse cultural lag
umgekehrtes Kulturgefälle *n* *(Kulturanthropologie)*
inverse function
Umkehrfunktion *f*, reziproke Funktion *f*, inverse Funktion *f* *(Mathematik/Statistik)*
inverse Gaussian distribution (inverse normal distribution)
umgekehrte Normalverteilung *f*, umgekehrte Gauß-Verteilung *f*, umgekehrte Gaußsche Verteilung *f* *(Statistik)*
inverse hypergeometric distribution
umgekehrte hypergeometrische Verteilung *f* *(Statistik)*
inverse Pólya distribution
umgekehrte Pólya Verteilung *f* *(Statistik)*
inverse polynomial
umgekehrtes Polynom *n*, reziprokes Polynom *n*, inverses Polynom *n* *(Mathematik/Statistik)*
inverse probability
Rückschlußwahrscheinlichkeit *f* *(statistische Hypothesenprüfung)*
inverse probability
umgekehrte Wahrscheinlichkeit *f* *(Mathematik/Statistik)*
inverse proportion
umgekehrte Proportion *f* *(Mathematik/Statistik)*
inverse sampling
umgekehrte Auswahl *f*, umgekehrtes Auswahlverfahren *n*, umgekehrte Stichprobenbildung *f*, umgekehrtes Stichprobenverfahren *n* *(Statistik)*
inverse tanh transformation
umgekehrte Arcus-tanh-Transformation *f* *(Statistik)*
inverse weight
reziprokes Gewicht *n* *(Mathematik/Statistik)*
inversely proportional
umgekehrt proportional *adj* *(Mathematik/Statistik)*
inversion
Umkehrung *f*, Inversion *f* *(Mathematik/Statistik)*
inverted funnel (reverse funnel, reversed funnel)
umgekehrter Trichter *m* *(empirische Sozialforschung)*
inverted funneling (reverse funneling, reversed funneling)
umgekehrtes Trichtern *n* *(empirische Sozialforschung)*

inverted J-shaped distribution
umgekehrte J-förmige Verteilung *f* *(Statistik)*
investigation
Untersuchung *m*, Studie *f* *(Psychologie/empirische Sozialforschung)*
investigation commission (inquiry commission, commission of inquiry, commission of investigation)
Untersuchungsausschuß *m*, Untersuchungskommission *f*
investigator
Untersuchungsleiter *m*, Forscher *m* *(Psychologie/empirische Sozialforschung)*
investment
Investition *f* *(Volkswirtschaftslehre)*
inveterate drinker
Gewohnheitstrinker *m*, Gewohnheitsalkoholiker *m* *(Psychologie)*
invisible hand
unsichtbare Hand *f* (Adam Smith) *(Volkswirtschaftslehre)*
involuntary association (nonvoluntary association, compulsory association)
unfreiwillige Vereinigung *f*, Zwangsvereinigung *f*, Zwangsverband *m* *(Soziologie)*
vgl. voluntary association
involuntary attention test
unfreiwilliger Aufmerksamkeitstest *m* *(Psychologie)*
involuntary communication
unfreiwillige Kommunikation *f* *(Kommunikationsforschung)*
vgl. voluntary communication
involuntary manslaughter
fahrlässige Tötung *f* *(Kriminologie)*
involuntary migration
unfreiwillige Migration *f*, erzwungene Migration *f*, zwangsweise Migration *f*, unfreiwillige Wanderungsbewegungen *f/pl*, unfreiwillige Wanderung *f*, Vertreibung *f* *(Migration)*
vgl. voluntary migration
involuntary segregation
unfreiwillige Segregation *f*, erzwungene Segregation *f*, zwangsweise Segregation *f* *(Soziologie)*
vgl. voluntary segregation
involution
Involution *f*, Rückentwicklung *f* *(Kulturanthropologie)*
vgl. evolution, revolution
involvement
Betroffenheit *f*, Intensität *f* des Interesses, Intensität *f* des Engagements, Stärke *f* der Betroffenheit, Stärke *f* der Anteilnahme, Involvement *n* *(Psychologie) (Soziologie)*

ipsative
ipsativ *adj (Verhaltensforschung)*
ipsative method
ipsative Methode *f (Verhaltensforschung) (Psychologie)*
ipsative orientation
ipsative Orientierung *f (Verhaltensforschung) (Psychologie)*
ipsative scale (ipsative standardization)
ipsative Skala *f*, ipsative Standardisierung *f (Verhaltensforschung) (Psychologie)*
iron law of oligarchy
ehernes Gesetz *n* der Oligarchie, eisernes Gesetz *n* der Oligarchie (Robert Michels) *(Soziologie) (politische Wissenschaft)*
iron law of wages
ehernes Lohngesetz *n*, eisernes Lohngesetz *n* (David Ricardo) *(Volkswirtschaftslehre)*
irradiation
Irradiation *f*, Ausstrahlung *f (Psychologie) (statistische Hypothesenprüfung)*
irradiation effect (halo effect, halo)
Ausstrahlungseffekt *m*, Hofeffekt *m*, Halo-Effekt *m (empirische Sozialforschung)*
irradiation of inhibition
Hemmungsirradiation *f*, Hemmungsausstrahlung *f (Verhaltensforschung)*
irradiation theory of learning
Irradiationstheorie *f* des Lernens *(Psychologie)*
irrational behavior (*brit* irrational behaviour)
irrationales Verhalten *n*
vgl. rational behavior
irrationality
Irrationalität *f (Philosophie) (Soziologie)*
vgl. rationality
irredentism
Irredentismus *m (politische Wissenschaft)*
irreducible Markov chain
irreduzible Markov-Kette *f*, irreduzible Markovsche Kette *f (Stochastik)*
irregular kollectiv
irreguläres Kollektiv *n (Statistik)*
irrelevant activity (sparking over activity, sparking over activity, displacement activity)
Übersprunghandlung *f (Verhaltensforschung)*
irreligion
Religionslosigkeit *f*, Irreligiosität *f*, Unglaube *m (Religionssoziologie)*
vgl. religion
irreversible process
irreversibler Prozeß *m*

irrigation
Irrigation *f*, künstliche Bewässerung *f*, Berieselung *f*
irrigation agriculture (irrigation cultivation, hydraulic agriculture, hydraulic cultivation, hydraulic farming, hydro agriculture)
hydraulische Landwirtschaft *f* (Karl August Wittfogel) *(Kulturanthropologie)*
Irwin distribution (factorial distribution, waring distribution)
faktorielle Verteilung *f (Statistik)*
ism
Ismus *m (Philosophie) (Soziologie)*
isochrone
Isochrone *f (Statistik) (Volkswirtschaftslehre)*
isogamy
Isogamie *f*, Ehe *f* zwischen Gleichen *(Kulturanthropologie)*
vgl. heterogamy
isogloss
Isoglosse *f (Soziolinguistik)*
isogloss area
durch eine Isoglosse abgegrenztes Gebiet *n (Soziolinguistik)*
isokurtic
isokurtisch *adj (Statistik)*
vgl. hetrokurtic
isokurtosis
Isokurtosis *f (Statistik)*
vgl. heterokurtosis
isolate (unchosen person, unchosen)
Isolierte(r) *f(m)*, isolierter Mensch *m*, isolierte Person *f*, Person *f* ohne Wahlen *(Soziologie) (Soziometrie)*
isolated nuclear family (George P. Murdock)
isolierte Kernfamilie *f (Kulturanthropologie)*
isolated star
isolierter Star *m*, isolierter Stern *m (Soziometrie)*
isolated system (closed system, energy-tight system)
geschlossenes System *n*, geschlossenes Sozialsystem *n (Kybernetik) (Soziologie) (Systemtheorie)*
vgl. open system
isolation
Isolierung *f*, Isolation *f (Soziologie) (Soziometrie)*
isolationism
Isolationismus *m (politische Wissenschaft)*
isometric chart (isometric graph, isometric diagram)
isometrisches Schaubild *n (Statistik) (graphische Darstellung)*

isometric map (isoline map, isopleth map)
isometrische Karte f, isometrische Landkarte f, Isoplethkarte f, Isoplethenlandkarte f, Isoplethlandkarte f *(graphische Darstellung)*
isomorphic dynamic system
isomorphes dynamisches System n *(Stochastik)*
isomorphic relationship
isomorphe Beziehung f *(Statistik)*
isomorphism (isomorphy, isomorphic relationship)
Isomorphie f, Isomorphismus m, Gestaltgleichheit f *(Philosophie) (Psychologie)*
isopleth (isometric line, isometer, isoline)
Isoplethe f, Linie f gleicher Zahlenwerte verschiedener Größe *(Mathematik/Statistik)*
isotropy
Isotropie f *(Statistik)*
isotype (pictorial chart)
Schaubild n, bildliche Darstellung f *(graphische Darstellung)*
issue
Kernfrage f, akutes Problem n, Angelpunkt f, Sachverhalt m, Sachproblem n, politisches Sachthema n, politisches Sachprogramm n, Streitpunkt m, strittiger Punkt m, Streitfrage f, strittiges Thema n *(empirische Sozialforschung) (Einstellungsforschung) (Sozialpsychologie)*
issue competence
Sachkompetenz f, Issue-Kompetenz f *(politische Wissenschaften)*
issue orientation
Sachorientierung f, Orientierung f an politischen Sachfragen, Orientierung f an politischen Inhalten, Issue-Orientierung f *(politische Wissenschaften)*
issue salience (issue-saliency)
→ salience
issue public
Sachthema-Öffentlichkeit f, thematisch festgelegte Öffentlichkeit f, Issue-Öffentlichkeit f *(politische Wissenschaften)*
issue technique
Issue-Technik f, Issue-Verfahren n *(politische Wissenschaften)*
item
Item m, Einzelaufgabe f, Einzelschritt m, einzelner Punkt m auf einer Skala, Einzelausage f im Test, Einzelaussage f im Fragebogen, Tabellenpunkt m, Listenpunkt m

(Psychologie/empirische Sozialforschung) (Datenanalyse)
item analysis (*pl* analyses)
Itemanalyse f, Aufgabenanalyse f, Indikatorenanalyse f *(statistische Hypothesenprüfung)*
item-characteristic curve
Item-charakteristische Kurve f, Item-Charakteristik-Kurve f *(statistische Hypothesenprüfung)*
item consistency
Itemkonsistenz f *(statistische Hypothesenprüfung)*
item order
Reihenfolge f der Items (im Test) *(statistische Hypothesenprüfung)*
item reliability
Item-Reliabilität f, Item-Zuverlässigkeit f *(statistische Hypothesenprüfung)*
item replication
Itemwiederholung f, Einzelschrittwiederholung f, Einzelaufgabenwiederholung f, Einzelpunktwiederholung f *(statistische Hypothesenprüfung)*
item score
Itemwert m, Itemziffer f, Itemzahl f *(statistische Hypothesenprüfung) (Psychologie/empirische Sozialforschung)*
item validity
Itemvalidität f, Itemgültigkeit f *(statistische Hypothesenprüfung)*
item weighting
Itemgewichtung f, Aufgabengewichtung f, Einzelschrittgewichtung f (im Test) *(statistische Hypothesenprüfung)*
itemized rating scale (numerical scale, specific category scale)
Itemskala f, itemisierte Ratingskala f, itemisierte Bewertungsskala f, detaillierte Ratingskala f, detaillierte Bewertungsskala f, spezifizierte Ratingskala f, spezifizierte Bewertungsskala f *(Skalierung) (Einstellungsforschung)*
iterated logarithm (law of iterated logarithm)
iterierter Logarithmus m *(Statistik)*
iteration (run)
Iteration f *(Mathematik/Statistik)*
iteration test (runs test, run test, Wald-Wolfowitz run test)
Iterationstest m, Lauftest m *(statistische Hypothesenprüfung)*
iteration theory
Iterationstheorie f *(Statistik)*

J

J curve (J frequency distribution curve, J-shaped curve)
J-Kurve *f*, J-förmige Kurve *f*
(Mathematik/Statistik)
J scale (joint scale, joint continuum, *pl* **continuums** *or* **continua)**
J-Skala *f*, gemeinsames Kontinuum *n*
(Statistik)
J-shaped distribution
J-förmige Verteilung *f* *(Statistik)*
J-curve hypothesis (*pl* **hypotheses, J-curve theory of conforming behavior,** *brit* **J-curve theory of behaviour) (Floyd H. Allport)**
J-Kurven-Hypothese *f* *(Sozialpsychologie)*
jackknife procedure (jackknife method, jackknife estimation)
Klappmessermethode *f*, Klappmesserverfahren *n* *(Statistik)*
jail (penitentiary)
Gefängnis *n*, Strafanstalt *f*
(Kriminologie)
James-Lange theory (James-Lange theory of emotion (William James, Carl G. Lange)
James-Lange-Theorie *f*, James-Langesche Gefühlstheorie *f* *(Psychologie)*
jargon
Jargon *m*, Kauderwelsch *m* *(Linguistik)*
Jim Crow *Am derog*
Rassentrennungspolitik *f*, Doktrin *f* der Rassensegregation, Politik *f* der Rassentrennung *(Sozialökologie)*
job
Beruf *f*, Job *m*, Beschäftigung *f*, Arbeit *f*, Arbeitsplatz *m*
(Industriesoziologie)
job analysis (*pl* **analyses, occupational analysis)**
Arbeitsplatzanalyse *f*, Berufsbild *n*
(Industriepsychologie)
job bureaucrat (Leonard Reissmann)
Job-Bürokrat *m* *(Organisationssoziologie)*
vgl. functional bureaucrat, service bureaucrat, specialist bureaucrat
job changer (job hopper)
Arbeitsplatzwechsler *m*,
Stellenwechsler *m*, Jobwechsler *m*
(Industriesoziologie)

job control language (JCL)
Betriebssprache *f*, Auftragssprache *f*, Auftragssteuersprache *f*, Jobbetriebssprache *f* *(EDV)*
job description (job design, work design)
Arbeitsplatzbeschreibung *f*
(Arbeitspsychologie)
job design (work design)
Arbeitsplatzgestaltung *f* *(Industriesoziologie)*
job discrimination
berufliche Diskriminierung *f*,
Diskriminierung *f* im Arbeitsleben
(Industriesoziologie)
job enlargement
horizontale Arbeitsstrukturierung *f*,
Arbeitsplatzausweitung *f*
(Arbeitspsychologie)
job enrichment
Arbeitsbereicherung *f*, Arbeitsstrukturierung *f*, vertikale Arbeitstrukturierung *f*, Arbeitsplatzausweitung *f* *(Organisationssoziologie) (Industriesoziologie)*
job evaluation
Arbeitsplatzbewertung *f*,
Arbeitsplatzeinschätzung *f*, analytische Arbeitsplatzbewertung *f*, analytische Arbeitsbewertung *f* *(Arbeitspsychologie)*
job extension (job enlargement)
Arbeitsplatzausweitung *f*
(Industriepsychologie)
job flow chart (work-flow chart)
Arbeitsflußdiagramm *n* *(Industriesoziologie)*
job grading
Arbeitsplatzeinstufung *f* *(Industriesoziologie)*
job mobility
Arbeitsplatzmobilität *f* *(Mobilitätsforschung)*
job profile (job psychograph)
Arbeitsplatzprofil *n* *(Industriesoziologie)*
job rotation
horizontale Arbeitsstrukturierung *f* durch Wechsel der Arbeitsinhalte, Arbeitsplatz-Ringtausch *m* *(Arbeitspsychologie)*
job satisfaction (work satisfaction)
Berufszufriedenheit *f*, Arbeitszufriedenheit *f* *(Arbeitspsychologie)*
job sharing
Job-Sharing *n* *(Industriesoziologie)*

job simplification
Arbeitsplatzvereinfachung *f*
(Arbeitspsychologie)
job specialization
Arbeitsplatzspezialisierung *f*, Arbeitsspezialisierung *f* *(Industriesoziologie)*
job specification
Arbeitsplatzspezifizierung *f*
(Industriesoziologie)
jobber
Akkordarbeiter *m*, Tagelöhner *m*
(Industriesoziologie)
jobber (floater)
Gelegenheitsarbeiter *m* *(Industriesoziologie)*
jobbing (piecework, piece-work)
Gelegenheitsarbeit *f*, Akkordarbeit *f*, Stückarbeit *f*, Ausführung *f* von Stückarbeiten *(Industriesoziologie)*
joiner *Am colloq*
Vereinsmensch *m*, Vereinsmeier *m*, Betriebsnudel *f*, Hans Dampf *m* in allen Gassen *(Sozialpsychologie)*
joint-action cooperation (joint-action cooperation)
Zusammenarbeit *f* durch gemeinschaftliches Handeln *(Soziologie) (Organisationssoziologie)*
joint distribution
gemeinsame Verteilung *f* *(Statistik)*
joint distribution function
gemeinsame Verteilungsfunktion *f*
(Statistik)
joint event
gemeinsames Ereignis *n* *(Wahrscheinlichkeitstheorie)*
vgl. disjoint events
joint family (generational family)
Mehrgenerationenfamilie *f*, Großfamilie *f* im engeren Sinn *(Familiensoziologie)*
joint method of difference and agreement (method of difference and agreement)
Methode *f* des Unterschieds und der Übereinstimmung *(Logik)*
joint moment
Simultanmoment *n* *(Statistik)*
joint probability
gemeinsame Wahrscheinlichkeit *f*, Wahrscheinlichkeit *f* für ein gemeinsames Ereignis *(Wahrscheinlichkeitstheorie)*
joint probability density
gemeinsame Wahrscheinlichkeitsdichte *f*
(Wahrscheinlichkeitstheorie)
joint probability distribution
gemeinsame Wahrscheinlichkeitsverteilung *f* *(Wahrscheinlichkeitstheorie)*

joint regression (nonlinear regression, curvilinear regression, nonlinear prediction)
nichtlineare Regression *f*, nonlineare Regression *f*, kurvilineare Regression *f*
(Statistik)
vgl. linear regression
joint scale (J scale, joint continuum, *pl* continuums *or* **continua)**
J-Skala *f*, gemeinsames Kontinuum *n*
(Statistik)
joint-stock company *brit*
Aktiengesellschaft *f*, offene Handelsgesellschaft *f* auf Aktien
(Volkswirtschaftslehre)
jointly dependent variables *pl*
untereinander abhängige Variablen *f/pl*
(statistische Hypothesenprüfung)
joking behavior (*brit* joking behaviour)
Neckverhalten *n*, Scherzverhalten *n*
Spaßverhalten *n*, Spottverhalten *n*
(Kulturanthropologie)
joking partners *pl*
Neckpartner *m/pl* *(Kulturanthropologie)*
joking relationship
Neckbeziehung *f*, Scherzbeziehung *f*, Spaßbeziehung *f*, Spottbeziehung *f*
(Kulturanthropologie)
joking relatives *pl*
Neckbeziehungsverwandte *m/pl*, Verwandte *m/pl* in einer Neckbeziehung
(Kulturanthropologie)
Jordan curve
Jordan-Kurve *f* *(Statistik)*
Jost's laws *pl* **(Jost's law)**
Jostsche Sätze *m/pl*, Jostsche Regeln *f/pl*
(Psychologie)
journalism
1. Journalismus *m*, Publizistik *f*, Zeitungswesen *n*, Publizistikwissenschaft *f*
2. Publizistikforschung *f*, Zeitungswissenschaft *f*
Judaism
Judaismus *m* *(Religionssoziologie)*
judge
1. Richter *m*
2. Sachverständiger *m*, Kenner *m*, Gutachter *m* *(empirische Sozialforschung)*
judgment forecast
gewillkürte Prognose *f*, gewillkürte Voraussage *f*, gewillkürte Vorhersage *f*, intuitive Prognose *f*, willkürliche Prognose *f* *(empirische Sozialforschung)*
judgment method
Beurteilungsmethode *f*, Expertenmethode *f* *(Skalierung)*

judgment sampling (judgmental sampling, purposive sampling, controlled sampling, choice-based sampling, model sampling)
bewußtes Auswahlverfahren n, bewußte Auswahl f, bewußte Stichprobenbildung f, bewußtes Stichprobenverfahren n, bewußte Stichprobenauswahl f *(Statistik)*
judgment *(brit auch* **judgement)**
Urteil n, Beurteilung f
judicial administration (administration of justice)
Gerichtsverwaltung f, Justizverwaltung f
judicial statistics pl *als sg konstruiert*
Justizstatistik f
judicial statistics pl
Gerichtstatistik f
judiciary
gerichtlich, richterlich, Gerichts- *adj*
judiciary
1. Gerichtswesen n, Gerichtssystem n
2. richterlich, Gerichts- *adj*
3. richterliche Gewalt f, Justizgewalt f
Jungian psychology (analytic psychology, analytical psychology)
analytische Psychologie f (Carl G. Jung)
junior (younger)
1. jünger *adj*
2. Jüngere(r) f(m)
vgl. senior (older)
junior high school *(Am*
Mittelschule f, Mittelstufe f
junior right (juniority ultimogeniture, ultimogenitary inheritance, postremogeniture)
Ultimogenitur f, Erbfolge f des jüngsten Sohns *(Kulturanthropologie)*
vgl. primogeniture
junta
Junta f, Militärjunta f *(politische Wissenschaft)*
Jungian psychology (analytical psychology, analytic psychology)
Jungsche Psychologie f (Carl G. Jung)
jural authority
juristische Autorität f, rechtliche Autorität f
jural pluralism
Rechtspluralismus m, rechtlicher Pluralismus m
juridicial sociology
Rechtssoziologie f Soziologie f des Rechts

jurisdiction
Gerichtsbarkeit f, Rechtsprechen n, Rechtsprechung f, Jurisdiktion f
jurisprudence
Rechtswissenschaft f, Rechtskunde f, Jurisprudenz f
jurisprudence of concepts
Begriffsjurisprudenz f (Gustav Radbruch)
jurisprudence of interests
Interessenjurisprudenz f (Gustav Radbruch)
jury
1. Geschworenenausschuß m, Schöffen m/pl, die Geschworenen m/pl, Jury f
2. Sachverständigenausschuß m, Sachverständigengruppe f
jury opinion
Juryurteil n, Beurteilung f durch eine Jury *(Hypothesenprüfung)*
just noticeable difference (JND) (difference threshold, differential threshold, liminal difference)
Unterschiedsschwelle f, eben merklicher Unterschied m *(Psychologie)*
justice
Gerechtigkeit f, Recht n
juvenile court (adolescent court, children's court)
Jugendgericht n
juvenile delinquency (delinquency)
Jugendkriminalität f, Jugenddelinquenz f *(Kriminologie)*
juvenile delinquency rate (delinquency rate)
Jugendkriminalitätsrate f *(Kriminologie)*
juvenile delinquent (delinquent)
Delinquent m, jugendlicher Straftäter m, jugendlicher Krimineller m *(Kriminologie)*
juvenile justice system
Jugendgerichtssystem n *(Kriminologie)*
juvenile (adolescent)
1. jugendlich, Jugend- *adj*
2. Jugendalter n
adolescent culture (youth culture, youth subculture)
Jugendkultur f Heranwachsendenkultur f, Teenagerkultur f
juxtaposition
Nebeneinanderstellung f, vergleichende Gegenüberstellung f *(statistische Hypothesenprüfung)*

K

K test
K-Test *m* *(statistische Hypothesenprüfung)*
k-samples problem
k Stichprobenproblem *n* *(Statistik)*
k-statistic (k statistic)
k-Größe *f*, k-Maßzahl *f* *(Statistik)*
Kaerber's method (Spearman-Kaerber method)
Kärbersches Verfahren *n*, Kärbersche Methode *f* *(Statistik)*
Kahn test (Kahn test of symbol arrangement, Kahn test of social arrangement)
Kahntest *m* *(Psychologie/empirische Sozialforschung)*
kakistocracy
Kakistokratie *f* *(politische Wissenschaften)*
KAP study (KAP model (knowledge, attitudes and practices study)
KAP-Studie *f*, KAP-Modell *n*, Felduntersuchung *f* der Kenntnisse, Einstellungen und Praktiken in der Familienplanung *(empirische Sozialforschung)*
kappa (kappa measure of continuity, kappa continuity measure, kappa index of continuity, kappa continuity index, *pl* **indexes** *or* **indices)**
Kappa *n*, Kappa-Kontinuitätsmaß *n*, Kontinuitätsmaß *n* *(multidimensionale Skalierung)*
Kapteyn's transformation
Kapteynsche Transformation *f* *(Statistik)*
kathenotheism
Kathenotheismus *m* *(Religionssoziologie)*
Kendall's coefficient of concordance W (Kendall coefficient of concordance W, Kendall's W)
Kendallscher Konkordanzkoeffizient *m*, Kendalls W *n* *(Statistik)*
Kendall's partial rank correlation (Kendall's rank correlation)
Kendalls partielle Rangkorrelation *f* *(Statistik)*
Kendall's Q
Kendalls Q *n*, Kendallsches Q *n* *(Statistik)*
Kendall's rank correlation
Kendallsche Rangkorrelation *f*, Kendalls Rangkorrelation *f* *(Statistik)*

Kendall's tau (Kendall's τ)
Kendallscher Rangkorrelationskoeffizient *m*, Kendalls Rangkorrelationskoeffizient *m*, Kendalls Tau *n*, Kendall-Tau *n*, Kendallsches Tau *n* *(Statistik)*
Kendall's W
→ Kendall's coefficient of concordance
kernel of truth
wahrer Kern *m*, bei Vorurteilen *(Sozialpsychologie)*
kernel of truth theory (kernel of truth hypothesis, *pl* **hypotheses) (Otto Klineberg)**
Theorie *f* des wahren Kerns (von Vorurteilen) *(Sozialpsychologie)*
key function
Schlüsselfunktion *f* *(Organisationssoziologie)*
key influential (Delbert C. Miller)
Schlüsselfigur *f*, Einflußreicher *m* mit Schlüsselrolle, einflußreiche Person *f* in einer Schlüsselfunktion *(Kommunikationsforschung)*
key informant (key informer)
Schlüsselinformant *m*, Schlüsselbefragter *m* *(empirische Sozialforschung)*
key-informant technique (experts' survey, survey among experts, expert-opinion technique)
Expertenbefragung *f*, Umfrage *f* unter Experten *(empirische Sozialforschung)*
key question
Schlüsselfrage *f* *(Umfrageforschung)*
key role
Schlüsselrolle *f* *(Soziologie)*
key status
Schlüsselstatus *m* *(Soziologie)*
key stimulus, *pl* **stimuli (cue, discriminative stimulus, S^D, S^Δ)**
Schlüsselreiz *m*, Zielanreiz *m*, Hinweisreiz *m*, Hinweis *m*, Anhaltspunkt *m* *(Verhaltensforschung)*
Khintchine theorem
Khintchinescher Lehrsatz *m*, Khintchinesches Theorem *n* *(Statistik)*
Kiefer-Wolfowitz process
Kiefer Wolfowitz-Prozeß *m* *(Stochastik)*
kin community
Sippengemeinschaft *f*, Sippengemeinde *f*, Klan-Gemeinde *f*, Clan-Gemeinde *f* *(Kulturanthropologie)*

kin group (kinship group)
unilineale Abstammungsgruppe *f*
(Kulturanthropologie)
kin marriage
Sippenehe *f*, Verwandtenehe *f*
(Kulturanthropologie)
kin relationship (relationship)
Verwandtschaftsverhältnis *n*,
Verwandtschaft *f* *(Kulturanthropologie)*
kindred
verwandt, Verwandtschafts-, Sippen- *adj*
(Kulturanthropologie)
kindred group (kindred, ego-centered group, ego-focused group)
Verwandtengruppe *f*, Verwandtschaftsgruppe *f* *(Kulturanthropologie)*
kinemics *pl als sg konstruiert*
Gebärdensystem *n*, System *n*
der kommunikativen Gebärden
(Kommunikationsforschung)
kinesic behavior (*brit* **kinesic behaviour, body motion behavior**)
Gebärdeverhalten *n*, kommunikatives
Körperbewegungsverhalten *n*
(Kommunikationsforschung)
kinesic pattern
Gebärdenmuster *n*, kommunikatives
Körperbewegungsmuster *n*
(Kommunikationsforschung)
kinesic system
Gebärdensprache *f*, Erforschung *f* der
Gebärdensprache *(Kommunikationsforschung)*
kinesics *pl als sg konstruiert*
1. Kinesik *f*, Erforschung *f* der
kommunikativen Gebärdensprache,
Erforschung *f* des körperlichen
Kommunikationsverhaltens
(Kommunikationsforschung)
2. Körpersprache *f*, Körperbewegungssprache *f* *(Kommunikationsforschung)*
kingdom
Königreich *n* *(politische Wissenschaft)*
kingship
Königtum *n*, Königswürde *f*,
Königsamt *n* *(politische Wissenschaft)*
kinship behavior (*brit* **kinship behaviour**)
Verhalten *n* gegenüber Verwandten
(Kulturanthropologie)
kinship category (relationship category)
Verwandtschaftskategorie *f*, Verwandtenkategorie *f* *(Kulturanthropologie)*
kinship distance (genealogical distance, genealogical line)
genealogische Distanz *f* *(Anthropologie)*
kinship endogamy
Verwandtschaftsendogamie *f*, Verwandtenendogamie *f*, Endogamie *f* zwischen
Verwandten *(Kulturanthropologie)*

kinship exogamy
Verwandtschaftsexogamie *f*, Verwandtenexogamie *f*, Exogamie *f* zwischen
Verwandten *(Kulturanthropologie)*
kinship group (kin group, kin-based group)
Verwandtengruppe *f*, Verwandtschaftsgruppe *f* *(Kulturanthropologie)*
kinship lineage (lineage)
Verwandtschaftslinie *f* *(Kulturanthropologie)*
kinship norm
Verwandtschaftsnorm *f*, Norm *f* für
das Verhalten gegenüber bzw. zwischen
Verwandten *(Kulturanthropologie)*
kinship organization (*brit* **kinship organisation**)
Verwandtschaftsorganisation *f*,
Verwandtenorganisation *f*, Organisation *f*
der Verwandtschaftsbeziehungen
(Kulturanthropologie)
kinship pattern
Muster *n* der Verwandtschaftsbeziehungen *(Kulturanthropologie)*
kinship structure
Verwandtschaftsstruktur *f*, Struktur *f*
der Verwandtschaftsbeziehungen
(Kulturanthropologie)
kinship system (relationship system)
Verwandtschaftssystem *n*, Verwandtschaftsordnung *f* *(Kulturanthropologie)*
kinship term
Verwandtschaftsbezeichnung *f*,
Verwandtschaftsterminus *n*,
Terminus *m* zur Bezeichnung
des Verwandtschaftsverhältnisses
(Kulturanthropologie)
kinship terminology
Verwandtschaftsterminologie *f*,
Begriffsapparat *m* zur Bezeichnung
von Verwandtschaftsbeziehungen
(Kulturanthropologie)
kinship tie
Verwandtschaftsband *n*, Verwandtschaftsbeziehung *f*, verwandtschaftliche
Beziehung *f* *(Kulturanthropologie)*
kinship village
Sippendorf *n* *(Kulturanthropologie)*
kinship (relationship, relatedness)
Verwandtschaft *f*, Verwandtenverhältnis *n*, verwandtschaftliche Beziehung *f*
(Kulturanthropologie)
kinsman (*pl* **kinsmen, kin**)
Verwandter *m*, Angehöriger *m*,
Blutsverwandter *m* *(Kulturanthropologie)*
Knight's-move square (Knut-Wik square, Knut-Vik square)
Rösselsprungquadrat *n*, Knut-Wiksches
Quadrat *n* *(Statistik)*

knowledge gap (Paul Tichenor)
Wissenskluft *f* *(Kommunikationsforschung)*
knowledge question
Kenntnisfrage *f*, Informationsfrage *f*, Wissensfrage *f* *(empirische Sozialforschung)*
knowledge (cognition, science)
Kognition *f*, Wissenschaft *f*, Erkenntnis *f*, Wissen *n*, Kenntnisse *f/pl*
Knut-Wik square (Knut-Vik square, Knight's-move square)
Rösselsprungquadrat *n*, Knut-Wiksches Quadrat *n* *(Statistik)*
kollectiv
Kollektiv *n* *(Statistik)*
Kolmogorov axiom (Kolmogorov's axiom)
Kolmogorovsches Axiom *n*, Kolmogorov-Axiom *n* *(Wahrscheinlichkeitstheorie)*
Kolmogorov axiom system (Kolmogorov's axiom system)
Kolmogorovsches Axiomensystem *n* *(Wahrscheinlichkeitstheorie)*
Kolmogorov distribution (Kolmogorov's distribution)
Kolmogorov Verteilung *f* *(Statistik)*
Kolmogorov equation (Kolmogorov's equation)
Kolmogorovsche Gleichung *f* *(Stochastik)*
Kolmogorov inequality (Kolmogorov-Sinai invariant)
Kolmogorovsche Ungleichung *f* *(Stochastik)*
Kolmogorov Smirnov test (Kolmogorov-Smirnov D test, K-S test)
Kolmogorov-Smirnov-Test *m* *(statistische Hypothesenprüfung)*

Kolmogorov test (Kolmogorov's test)
Kolmogorov-Test *m* *(statistische Hypothesenprüfung)*
Kolmogorov theorem (Kolmogorov's theorem)
Kolmogorov-Theorem *n*, Kolmogorovsches Theorem *n*, Kolmogorov-Lehrsatz *m*, Kolmogorovscher Lehrsatz *m* *(Statistik)*
Konyus condition
Konüssche Bedingung *f* *(Statistik)*
Konyus index number
Konüssche Indexzahl *f*, Konüsscher Index *m* *(Statistik)*
kratopolitics *pl als sg konstruiert*
Kratopolitik *f*
Kruskal statistic
Kruskal-Maßzahl *f*, Kruskals Maßzahl *f*, Kruskalsche Maßzahl *f* *(Statistik)*
Kruskal stress (Kruskal's stress, raw stress)
Kruskal-Stress *m*, Kruskals Stress *m* *(Statistik)*
Kruskal-Wallis test (Kruskal-Wallis procedure, Kruskal-Wallis H test, H test)
Kruskal-Wallis-Test *m* *(Statistik)*
Kuder Preference Record
Kuder-Präferenz-Fragebogen *m* *(Arbeitspsychologie)*
Kuder-Richardson coefficient of equivalence
Kuder-Richardson-Koeffizient *m*, Kuder-Richardson-Formel *f* *(Statistik)*
kurtic curve
gewölbte Kurve *f* *(Statistik)*
kurtosis
Wölbung *f* (Kurtosis *f*, Exzeß *m* *(Statistik)*

L

L-test
Neyman-Pearsonscher L-Test *m*
(statistische Hypothesenprüfung)
laager mentality
Lagermentalität *f (Sozialpsychologie)*
label
Etikett *n*, Benennung *f*, Bezeichnung *f*
(Soziologie)
labeling approach (*brit* **labelling approach**
Labeling-Ansatz *m*, Definitionsansatz *m*,
Etikettierungsansatz *m (Kriminalsoziologie)*
labeling approach (*brit* **labelling approach, labeling theory) (of deviant behavior)**
(*brit* **labelling theory**)
Labeling-Ansatz *m*, Labeling-Theorie *f*
(Kriminologie)
labor (*brit* **labour**)
1. Arbeiterschaft *f*, Arbeitnehmerschaft *f*, Arbeiterschicht *f*, Arbeitskräfte *f/pl*, Arbeiter *m/pl (Demographie) (Volkswirtschaftslehre)*
2. körperliche Arbeit *f*
3. Tätigkeit *f*, Beschäftigung *f*
labor dispute (*brit* **labour dispute**)
Arbeitskampf *m*, Arbeitskonflikt *m*
(Industriesoziologie)
labor economics *pl als sg konstruiert* (*brit* **labour economics** *pl als sg konstruiert*)
Arbeitsökonomie *f*, Arbeitsökonomik *f*
(Industriesoziologie)
labor exchange (*brit* **labour exchange**)
Arbeitsamt *n*
labor force (*brit* **labour force, economically active population, active population**)
erwerbstätige Bevölkerung *f*
(Demographie)
labor-intensive (*brit* **labour-intensive**)
arbeitsintensiv *adj (Volkswirtschaftslehre)*
vgl. capital-intensive development
labor-intensive development (*brit* **labourintensive development**
arbeitsintensive Entwicklung *f*
(Volkswirtschaftslehre)
vgl. capital-intensive development
labor legislation (*brit* **labour legislation**)
Arbeitsgesetzgebung *f*
labor market (*brit* **labour market**)
Arbeitsmarkt *m (Volkswirtschaftslehre)*
labor mobility (*brit* **labour mobility, manpower mobility**)
Arbeitskräftemobilität *f*, Mobilität *f* der Arbeitskräfte *(Mobilitätsforschung)*

labor movement (*brit* **labour movement**)
Arbeiterbewegung *f*
labor paternalism (*brit* **labour paternalism**)
paternalistische Fürsorge *f* des Arbeitgebers für seine Angestellten
(Industriesoziologie)
labor productivity (*brit* **labour productivity**)
Arbeitsproduktivität *f (Volkswirtschaftslehre)*
labor reserve (*brit* **labour reserve**)
Arbeitsreserve *f (Demographie)*
labor specialization (*brit* **labour specialisation**)
Arbeitsspezialisierung *f*, Spezialisierung *f* der Arbeitskräfte *(Volkswirtschaftslehre)*
labor standards *pl*, *brit* **labour standards** *pl*)
Arbeitsbedingungen *f/pl*, tariflich vereinbarte Arbeitsbedingungen *f/pl*
(Industriesoziologie)
labor supply (*brit* **labour supply**)
Arbeitskräfteangebot *n*, Angebot *n* auf dem Arbeitsmarkt, Angebot *n* an Arbeitskräften *(Volkswirtschaftslehre)*
labor theory of value (*brit* **labour theory of value**) **(David Ricardo)**
Arbeitswerttheorie *f (Volkswirtschaftslehre)*
labor turnover (*brit* **labour turnover**)
Arbeitskräftefluktuation *f*
(Volkswirtschaftslehre)
laboratory experiment (pure experiment)
Laboratoriumsexperiment *n*,
Laborexperiment *n (experimentelle Anlage)*
laborer (*brit* **labourer**)
ungelernte(r) Arbeiter(in) *m(f)*,
Arbeitnehmer(in) *m(f)*, Angestellte(r) *f(m)*, Lohnempfänger(in) *m(f)*,
Gehaltsempfänger(in) *m(f)*,
Berufstätige(r) *m(f)*
ladder scale (ladder scale question, ladder question)
Leiterskala *f (Psychologie/empirische Sozialforschung)*
lag correlation
Lag-Korrelation *f (Statistik)*
lag correlation coefficient
Lag-Korrelationskoeffizient *m (Statistik)*
lag covariance
Lag-Kovarianz *f (Statistik)*
lag regression
Lag-Regression *f (Statistik)*

lag (lagging)
Nachhinken *n*, Verzögerung *f (Statistik)*
lagged endogeneous variable
verzögerte endogene Variable *f*
(statistische Hypothesenprüfung)
lagged variable
verzögerte Variable *f (Statistik)*
(empirische Sozialforschung)
Laguerre polynomial
Laguerresches Polynom *n (Statistik)*
laissez faire leader
Laissez-faire-Führer *m (Organisationssoziologie)*
laissez faire (laisser-faire)
Laissez-faire *n (Volkswirtschaftslehre)*
(Organisationssoziologie)
(Industriesoziologie)
lambda (Guttman's lambda) (Louis Gutman)
Lambda *n*, Guttmans Lambda *n*
(Skalierung)
lambda criterion (*pl* criteria *or* criterions)
Lambda-Kriterium *n (Skalierung)*
lambdagram
Lambdagramm *n (Statistik)*
land
Boden *m*
land grant
Landzuteilung *f*, staatliche
Landzuteilung *f*
landholding (tenancy, farm tenancy, farm renting)
Landpachtung *f*, Landpacht *f*,
landwirtschaftliche Pachtung
f, landwirtschaftliche Pacht *f*,
landwirtschaftliches Pachtverhältnis *n*,
landwirtschaftlicher Pachtbesitz *m*
(Landwirtschaft)
landlord
1. Grundeigentümer *m*, Grundbesitzer *m*
2. Hauseigentümer *m*, Hausbesitzer *m*,
Hauswirt *m*, Hausherr *m*
landlordship
Grundherrschaft *f (Volkswirtschaftslehre)*
land reform
Bodenreform *f*
land rotation (crop rotation)
Mehrfelderwirtschaft *f (Landwirtschaft)*
land tenure (tenure)
Landbesitz *m*, Bodenbesitz *m*,
Grundbesitz *m*, Besitz *m* an Grund
und Boden *(Landwirtschaft)*
land use pattern (land utilization pattern)
Bodennutzungsmodell *n*, Flächennutzungsmodell *n (Landwirtschaft)*
land-use pattern mapping
Nutzflächenkartierung *f (Landwirtschaft)*

land utilization (land use)
Bodennutzung *f*, Flächennutzung *f*
(Landwirtschaft)
language acculturation
Sprachakkulturation *f*, sprachliche
Akkulturation *f (Soziologie)*
language are
Sprachbund *m (Soziolinguistik)*
language behavior (*brit* behaviour)
Sprachverhalten *n (Soziolinguistik)*
language community (speech community)
Sprachgemeinschaft *f*, Sprachgemeinde *f*
(Soziolinguistik)
language minority
Sprachminderheit *f*, Sprachminorität *f*
(Soziologie)
language of variables
Variablensprache *f (empirische Sozialforschung)*
language shift
Sprachverschiebung *f (Soziolinguistik)*
language system (speech system)
Sprachsystem *n (Linguistik)*
language (speech)
Sprache *f*, Sprachvermögen *n*,
Sprechvermögen *n*, gesprochene
Sprache *f (Soziologie)*
language philosophy (philosophy of language)
Sprachphilosophie *f*, Philosophie *f* der
Sprache
Laplace distribution
Laplace-Verteilung *f*, Laplacesche
Verteilung *f (Statistik)*
Laplace equation
Laplace-Gleichung *f (Mathematik/Statistik)*
Laplace experiment
Laplace-Experiment *n (Wahrscheinlichkeitstheorie)*
Laplace law of succession
Laplacesches Folgegesetz *n*
(Wahrscheinlichkeitstheorie)
Laplace transform
Laplace-Transformation *f*
(Mathematik/Statistik)
Laplace's theorem, Laplace theorem
Laplacescher Grenzwertsatz *m (Statistik)*
Laplace-Lévy theorem
Laplace-Lévyscher Folgesatz *m*
(Wahrscheinlichkeitstheorie)
larceny
Diebstahl *m*
large scale farm (agribusiness, industrial farm)
industrialisierte Großlandwirtschaft *f*,
fabrikartiger landwirtschaftlicher
Großbetrieb *m (Landwirtschaft)*

large-sample cutoff (large-sample cut-off)
Abbruch *m* bei großen Stichproben *(statistische Qualitätskontrolle)*
larithmic
bevölkerungsstatistisch *adj (Demographie)*
larithmics *pl als sg konstruiert*
Bevölkerungsstatistik *f* Bevölkerungslehre *f (Demographie)*
Laspeyre index
Laspeyre-Index *m*, Laspeyrescher Index *m (Statistik)*
Laspeyre-Konyus index (*pl* **indexes** or **indices**)
Laspeyre-Konüs-Index *m (Statistik)*
Lasswell formula (Harold D. Lasswell)
Lasswell-Formel *f (Kommunikationsforschung)*
late capitalism
Spätkapitalismus *m*
late childhood
spätes Kindesalter *n (Entwicklungspsychologie)*
latency function (latency)
Latenzfunktion *f (Theorie des Handelns)*
latency of response (response latency)
Reaktionslatenz *f (Theorie des Lernens)*
latency period (latency stage, latency phase)
Latenzphase *f*, Latenzstadium *n*, Latenzzeit *f* (Sigmund Freud) *(Psychoanalyse)*
latent class model (latent dichotomy analysis, *pl* **analyses) (Paul F. Lazarsfeld)**
latentes Klassenmodell *n*, Modell *n* der latenten Klassen *(Skalierung)*
latent class (latent dichotomy) (Paul F. Lazarsfeld)
latente Klasse *f*, variablen-homogene Untermenge *f (Skalierung)*
latent content model (Paul F. Lazarsfeld)
latentes Inhaltsmodell *n (Skalierung)*
latent distance (Paul F. Lazarsfeld)
latente Distanz *f (Skalierung)*
latent distance model (Paul F. Lazarsfeld)
latentes Distanzmodell *n (Skalierung)*
latent dysfunction (Robert K. Merton)
latente Dysfunktion *f (Soziologie)*
vgl. manifest dysfunction
latent eufunction (Robert K. Merton)
latente Eufunktion *f*
vgl. manifest eufunction
latent function (Robert K. Merton)
latente Funktion *f (Soziologie)*
vgl. manifest function
latent ideology
latente Ideologie *f (Soziologie)*
vgl. manifest ideology

latent learning (incidental learning, learning without awareness)
latentes Lernen *n*, inzidentelles Lernen *n*, beiläufiges Lernen *n (Theorie des Lernens)*
latent neighborliness (brit neighbourliness)
latent gutnachbarschaftliches Verhalten *n (Soziologie)*
vgl. manifest neighborliness
latent pattern maintenance (Talcott Parsons)
Aufrechterhaltung *f* einer Grundstruktur verinnerlichter Kulturelemente, Latente Pattern-Maintenance *f (Theorie des Handelns)*
latent profile method (W. A. Gibson)
latente Profilmethode *f*, Methode *f* des latenten Profils *(Skalierung)*
latent profile model (W. A. Gibson)
latentes Profilmodell *n (Skalierung)*
latent root (eigenvalue, characteristic root)
Eigenwert *m*, charakteristische Wurzel *f (Mathematik/Statistik)*
latent social identity (latent social role, latent organizational identity) (Alvin W. Gouldner)
latente soziale Identität *f*, latente Organisationsidentität *f*, latente soziale Rolle *f (strukturell-funktionale Theorie)*
vgl. manifest social identity
latent structure
latente Struktur *f (Einstellungsforschung) (Soziologie)*
vgl. manifest structure
latent structure analysis (*pl* **analyses) (Paul F. Lazarsfeld/Samuel A. Stouffer)**
latente Strukturanalyse *f*, Analyse *f* latenter Strukturen, Skalierung *f* latenter Strukturen *(Einstellungsforschung) (Soziologie)*
vgl. manifest structure analysis
latent structure of attitudes
latente Struktur von Einstellungen *f (Einstellungsforschung)*
vgl. manifest structure of attitudes
latent structure scale
latente Strukturskala *f (Einstellungsforschung)*
latent structure theory
latente Strukturtheorie *f*,
Theorie *f* latenter Strukturen *(Einstellungsforschung) (Soziologie)*
latent variable
latente Variable *f (Statistik)*
vgl. manifest variable
lateral
lateral, horizontal *adj (Kulturanthropologie)*

lateral (collateral)
in einer Nebenlinie verwandt, in einer Seitenlinie verwandt *adj* *(Kulturanthropologie)*
lateral coordination (lateral co-ordination, horizontal coordination, horizontal co-ordination)
horizontale Koordinierung *f*, horizontale Koordination *f* *(Organisationssoziologie)*
vgl. vertical coordination
lateral descent (indirect lineage, indirect linage, collateral descent, collaterality)
mittelbare Abstammung *f*, indirekte Abstammung *f*, Abstammung *f*, Herkunft *f* in einer Nebenlinie *(Kulturanthropologie)*
vgl. direct lineage
lateral integration (horizontal integration)
horizontale Integration *f* *(Soziologie)*
vgl. vertical integration
lateral interaction
laterale Interaktion *f* *(Organisationssoziologie)*
lateral organization (*brit* **organisation**)
laterale Organisation *f* *(Organisationssoziologie)*
lateral principle
laterales Prinzip *n*, laterales Organisationsprinzip *n* *(Organisationssoziologie)*
lateral process
lateraler Prozeß *m* *(Organisationssoziologie)*
lateral relative (collateral relative, collateral kin, collateral)
Verwandte(r) *f(m)* in einer Nebenlinie, Verwandte(r) *f(m)* durch Anheirat, Schwager *m*, Schwägerin *f* *(Kulturanthropologie)*
lateral status
lateraler Status *m* *(Organisationssoziologie)*
Latin cube
lateinischer Kubus *m* *(statistische Hypothesenprüfung)*
Latin rectangle
lateinisches Rechteck *n* *(statistische Hypothesenprüfung)*
Latin square
lateinisches Quadrat *n* *(statistische Hypothesenprüfung)*
Latin square experimental design (Latin square design)
experimentelle Anlage *f* mit lateinischen Quadraten, Versuchsanlage *f* mit lateinischen Quadraten, Testanlage *f* mit lateinischen Quadraten *(statistische Hypothesenprüfung)*

latitude of acceptance
Akzeptanzbereich *m*, Bereich *m* des Akzeptierens *(Soziologie)*
vgl. latitude of rejection
latitude of commitment
Beteiligungsbereich *m*, Bereich *m* der Beteiligung *(Soziologie)*
vgl. latitude of noncommitment
latitude of noncommitment
Indifferenzbereich *m*, Bereich *m* der Indifferenz *(Soziologie)*
vgl. latitude of commitment
latitude of rejection
Ablehnungsbereich *m*, Bereich *m* der Ablehnung, Zurückweisungsbereich *m* *(Soziologie)*
vgl. latitude of acceptance
lattice constant of a lattice distribution
Gitterkonstante *f* einer gitterförmigen Verteilung *(Statistik)*
lattice design
Gitteranlage *f*, Gitterplan *m* *(statistische Hypothesenprüfung)*
lattice sample (grid sample, configurational sample)
Gitterstichprobe *f*, Gitternetzauswahl *f* *(Statistik)*
lattice sampling (grid sampling, configurational sampling)
Gitterauswahlverfahren *n*, Gitterauswahl *f*, Stichprobenentnahme *f* im Gittermuster, Stichprobenverfahren *n* im Gittermuster, Stichprobenbildung *f* im Gittermuster *(statistische Hypothesenprüfung)*
Laurent process
Laurent-Prozeß *m* *(Stochastik)*
Laurent series *sg + pl*
Laurent-Reihe *f* *(Stochastik)*
law
1. Gesetz *n*, Recht *n*
2. Jura *pl*, Rechtswissenschaft *f*
law (justice)
Recht *n*
law (legitimacy)
Gesetzmäßigkeit *f*, Gesetz *n*
law and order
Recht *n* und Ordnung *f*
law of advantage (principle of advantage)
Vorteilsgesetz *n*, Vorteilsprinzip *n* *(Verhaltensforschung)*
law of analogy (law of assimilation) (Edward L. Thorndike)
Analogiegesetz *n* *(Theorie des Lernens)*
law of categorial judgment (Warren S. Torgerson)
Kategorialurteilsgesetz *n*, Gesetz *n* der Kategorialurteile, Gesetz *n* des kategorialen Urteils *(Psychologie)*

law of closure
Gesetz *n* der Geschlossenheit
(Gestaltpsychologie)
law of common fate
Gesetz *n* des gemeinsamen Schicksals
(Gestaltpsychologie)
law of comparative judgment
Vergleichsurteilsgesetz *n*, Gesetz *n*
der Vergleichsurteile, Gesetz *n* der
vergleichenden Urteile *(Skalierung)*
law of contact (James Fraser)
Gesetz *n* des gemeinsamen Schicksals
(Gestaltpsychologie)
law of disuse (Edward L. Thorndike)
Gesetz *n* des Nichtgebrauchs *(Theorie des Lernens)*
law of effect (Edward L. Thorndike)
Effektgesetz *n*, Erfolgsgesetz *n*,
Gesetz *n* der Auswirkung *f*, Gesetz *n*
des Effekts *(Theorie des Lernens)*
law of exercise (Edward L. Thorndike)
Gesetz *n* der Übung *(Theorie des Lernens)*
law of frequency
Gesetz *n* der Wiederholungshäufigkeit *f*
(Theorie des Lernens)
law of good continuation (law of continuity)
Gesetz *n* der guten Fortsetzung
(Gestaltpsychologie)
law of iterated logarithm
Gesetz *n* vom iterierten Logarithmus
(Statistik)
law of large numbers
Gesetz *n* der großen Zahl(en *(Statistik)*
law of learning
Lerngesetz *n* (Theorie des Lernens)
law of logistic surges (law of logistic waves) (Hornell Hart)
Gesetz *n* der logistischen Wellen
(Soziologie)
law of parsimony (Morgan's canon, Occam's razor, Ockham's razor)
Parsimoniegesetz *n*, Gesetz *n* der
Parsimonie *(Theorie des Wissens)*
law of participation
Teilnahmegesetz *n (Psychologie)*
law of primacy
Gesetz *n* des Primats, Gesetz *n* des
Vorrangs *(Theorie des Lernens)*
law of proximity
Gesetz *n* der Nähe *(Gestaltpsychologie)*
law of readiness (Edward L. Thorndike)
Gesetz *n* der Bereitschaft *(Psychologie)*
law of similarity
Gesetz *n* der Ähnlichkeit
(Gestaltpsychologie)
law of small numbers
Gesetz *n* der kleinen Zahlen, Gesetz *n*
der kleinen Zahl *(Statistik)*

law of three stages (Auguste Comte)
Dreistadiengesetz *n (Soziologie)*
law of use (Edward L. Thorndike)
Gesetz *n* des Gebrauchs *(Theorie des Lernens)*
law reform
Gesetzesreform *f*, Rechtsreform *f*
(politische Wissenschaften)
law of contiguity (contiguity law, principle of contiguity, contiguity principle)
Gesetz *n* der Nähe, Kontiguitäts-
gesetz *n*, Kontiguitätsprinzip *n*
(Verhaltensforschung)
law of iterated logarithm (iterated logarithm)
Gesetz *n* des iterierten Logarithmus *m*
(Statistik)
law of nature (natural law)
Naturgesetz *n (Philosophie)*
law of recapitulation (biogenetic law)
biogenetisches Grundgesetz *n*,
biogenetisches Gesetz *n*, Theorie *f*
der Parallelität der Entwicklung (Ernst
Haeckel)
law of war (military law, martial law)
Kriegsrecht *n*, Standrecht *n*,
Militärrecht *n*
law-ways *pl* **(William G. Sumner)**
gerichtlich nicht formulierte Gesetzesre-
geln *f/pl (Kulturanthropologie)*
vgl. folkways
lay referral system
Laienüberweisungssystem *n*,
Laienempfehlungssystem *n*
(Medizinsoziologie)
layer
Schicht *f (Psychologie)*
layer theory of personality
Schichttheorie *f*, Schichtenlehre *f* der
Persönlichkeit *(Psychologie)*
layman (*pl* **laymen)**
Laie *m*, Nichtfachmann *m*
layoff (lay-off)
Entlassung *f*, vorübergehende
Entlassung *f*, vorübergehende
Arbeitslosigkeit *f (Industriesoziologie)*
to lay off
entlassen, vorübergehend entlassen *v/t*
leader
Führer *m (Gruppensoziologie)*
(Organisationssoziologie)
leaderless-group discussion
Rundgespräch *n (Psychologie/empirische Sozialforschung)* (J. B. Riefert)
leaderless-group discussion technique
Rundgesprächstechnik *f*,
Rundgesprächsverfahren *n*, Methode *f*
des Rundgesprächs, Verfahren *n* des
Rundgesprächs *(Psychologie/empirische Sozialforschung)* (J. B. Riefert)

leadership
Führerschaft *f*, Führung *f*,
Leitung *f* *(Gruppensoziologie)*
(Organisationssoziologie)
leadership climate
Führungsklima *n* *(Gruppensoziologie)*
(Organisationssoziologie)
leadership effectiveness (Chester I. Barnes)
Führungseffektivität *f*, Effektivität *f* der Führung, Wirksamkeit *f* der Führung *(Gruppensoziologie)* *(Organisationssoziologie)*
leadership structure
Führungsstruktur *f* *(Organisationssoziologie)*
leadership study (leadership investigation)
Führungsstudie *f*, Führungsuntersuchung *f*, Untersuchung *f* des Führungsverhaltens *(Organisationssoziologie)*
leadership style
Führungsstil *m* *(Organisationssoziologie)*
leading
Führen *n*, Akt *m* des Führens, Führung *f* *(Gruppensoziologie)* *(Organisationssoziologie)*
leading question (suggestive question, desired goal question, desired-goal question, loaded question)
Suggestivfrage *f*, suggestive Frage *f* *(Psychologie/empirische Sozialforschung)*
leaner question
Neigungsfrage *f*, Frage *f* nach der politischen Grundorientierung *(empirische Sozialforschung)*
leaning
Neigung *f*, politische Orientierung *f*
learnable drive (acquired drive, acquirable drive, sociogenic drive, secondary drive, psychogenic drive)
erworbener Trieb *m*, angeeigneter Trieb *m* *(Verhaltensforschung)*
learning
Lernen *n* *(Psychologie)*
learning by memorizing (George Katona)
Lernen *n* durch Auswendiglernen *(Psychologie)*
learning by organization (*brit* learning by organisation) (George Katona)
Lernen *n* durch Organisation *(Psychologie)*
learning by trial and error (trial-and-error learning)
Lernen *n* durch Versuch und Irrtum, Trial-and-Error-Lernen *n*, Versuchs-Irrtums-Lernen *n*, Lernen *n* mit Versuch und Irrtum *(Theorie des Lernens)*

learning curve (improvement curve, response function, response curve, experience curve)
Lernkurve *f*, Erfahrungskurve *f*, Reaktionskurve *f*, Reaktionsfunktion *f* *(Psychologie)*
learning feedback
Lernrückkoppelung *f* *(Psychologie)*
learning model
Lernmodell *n* *(Psychologie)*
learning plateau
Lernplateau *n*, Plateau *n* in der Lernkurve, flache Stelle *f* in der Lernkurve *(Psychologie)*
learning process (process of learning)
Lernprozeß *m* *(Psychologie)*
learning psychology (psychology of learning)
Lernpsychologie *f*, Psychologie *f* des Lernens
learning theory (theory of learning)
Lerntheorie *f*, Theorie *f* des Lernens, Verhaltenstheorie *f* *(Psychologie)*
learning to learn (Harry F. Harlow)
Lernen *n* lernen, Lernen *n*, um zu lernen *(Psychologie)*
learning without involvement
Lernen *n* ohne Ich-Beteiligung, Lernen *n* ohne innere Beteiligung, unbeteiligtes Lernen *n* *(Psychologie)*
least-squares estimate
kleinste-Quadrate-Schätzung *f*, nach dem Verfahren der kleinsten Quadrate erhobener Schätzwert *m* *(Statistik)*
least-squares estimation
kleinste-Quadrate-Schätzung *f*, Schätzung *f* nach dem Verfahren der kleinsten Quadrate, Schätzen *n* nach dem Verfahren der kleinsten Quadrate *(Statistik)*
least variance difference method
Methode *f* des kleinsten Varianzunterschieds *(statistische Hypothesenprüfung)*
least-squares estimator
Schätzfunktion *f* nach der Methode der kleinsten Quadrate *(Statistik)*
least-squares method (method of least squares)
Methode *f* der kleinsten Quadrate, Methode *f* der kleinsten Quadratsummen *(Statistik)*
left (left-wing, left-oriented)
linksorientiert, links, linksliberal *adj* *(politische Wissenschaft)*
vgl. right (right-wing, right-oriented)
left-hand marriage (morganatic marriage)
Ehe *f* zur linken Hand, morganatische Ehe *f* *(Familiensoziologie)* *(Kulturanthropologie)*

left orientation (leftism)
  Linksorientierung f, linke
  politische Einstellung f, linke
  politische Orientierung f (politische
  Wissenschaften)
  vgl. right orientation
left wing
  linker Flügel m (politische
  Wissenschaften)
  vgl. right wing
left-wing
  links, linksliberal adj (politische
  Wissenschaften)
  vgl. right-wing
leftist
  Linker m, politischer Linker m,
  Angehöriger m der politischen
  Linken, Linksradikaler m (politische
  Wissenschaften)
  vgl. rightist
legal anthropology (anthropology of law)
  Rechtsanthropologie f, Anthropologie f
  des Rechts (Kulturanthropologie)
legal authority
  legale Autorität f (Max Weber)
  (Soziologie)
legal criminal
  Straftäter m aus Unkenntnis,
  Straftäter m nach dem Wortlaut des
  Gesetzes (Kriminologie)
legal discrimination
  gesetzliche Diskriminierung f,
  gesetzmäßige Diskriminierung f,
  legale Diskriminierung f (Soziologie)
  (Kriminologie)
legal evidence
  Beweismaterial n, Beweismittel n,
  gerichtliche Beweise m/pl (Kriminologie)
legal evidence research
  juristische Umfrageforschung f,
  Umfrageforschung f in der
  Rechtspraxis, forensische Demoskopie f
  (Umfrageforschung)
legal fiction
  Rechtsfiktion f
legal norm
  Rechtsnorm f
legal profession
  Berufsstand m des Juristen
legal sanction
  Rechtssanktion f, rechtliche Sanktion f,
  gesetzlich vorgeschriebene Sanktion f
  (Kriminologie)
legal status
  Rechtsstatus m
legal system (law, jurisprudence)
  Rechtssystem n
legalization
  Legalisierung f

legend
  Legende f, Sage f (Ethnologie)
Legendre polynomial
  Legendre-Polynom n, Legendresches
  Polynom n (Statistik)
legislation
  Gesetzgebung f (politische
  Wissenschaften)
legislative behavior research (brit
  behaviour)
  Erforschung f des Gesetzgebungs-
  verhaltens, Untersuchung f des
  Gesetzgebungsverhaltens (politische
  Wissenschaften)
legislative behavior (brit **legislative
  behaviour**)
  Gesetzgebungsverhalten n (politische
  Wissenschaften)
legislative process
  Gesetzgebungsprozeß m (politische
  Wissenschaften)
legislative sovereignty
  Gesetzgebungssouveränität f,
  gesetzgeberische Souveränität f,
  legislative Souveränität f (politische
  Wissenschaften)
legislative-branch lobbying
  Lobbyismus m, Interessenvertretung f
  beim Parlament (politische
  Wissenschaften)
legislative-branch lobbying
  parlamentarisches Lobbying n,
  Lobbying n im Parlament, Lobbying n
  in der Legislative (politische
  Wissenschaften)
legislature
  gesetzgebende Versammlung f,
  gesetzgebende Körperschaft f,
  Legislative f (politische Wissenschaften)
legitimacy
  Legitimität f, Rechtmäßigkeit f
  (Soziologie) (politische Wissenschaften)
  vgl. illegitimacy
legitimate expectation
  legitime Erwartung f, gerechtfertigte Er-
  wartung f (empirische Sozialforschung)
legitimate power
  legitime Macht f (Soziologie)
legitimation (legitimization)
  Legitimierung f, Legitimation f
  (Soziologie)
legitimicy
  Ehelichkeit f, eheliche Geburt f
  (Soziologie)
legitimized opinion leadership
  legitimierende Meinungsführerschaft f,
  legitimierte Meinungsführung f
  (Kommunikationsforschung)
legitimized violence
  legitimierte Gewaltanwendung f

Lehmann's test
Lehmann-Test *m*, Lehmannscher Test *m* *(Statistik)*
leisure
Muße *f*, freie Zeit *f*, Freizeit *f* *(Soziologie)*
leisure class (Thorstein Veblen)
Mußeklasse *f*, Schickeria *f* müßiggehende Klasse *f* *(Soziologie)*
leisure research
Freizeitforschung *f* *(Soziologie)*
leisure time
Freizeit *f*, Mußezeit *f* *(Soziologie)*
length of queue (length of waiting line)
Warteschlangenlänge *f* *(Warteschlangentheorie)*
leniency error (leniency effect, generosity error in tests, generosity effect)
Großzügigkeitsfehler *m*, Generositätsfehler *m* (bei Tests) *(statistische Hypothesenprüfung)*
leptokurtic
leptokurtisch (steil gewölbt) *adj* *(Statistik)*
vgl. platykurtic, mesokurtic
leptokurtic curve
leptokurtische Kurve *f*, steil gewölbte Kurve *f* *(Statistik)*
vgl. platykurtic curve, mesokurtic curve
leptokurtic frequency distribution curve
leptokurtische Häufigkeitsverteilungskurve *f*, steil gewölbte Häufigkeitsverteilungskurve *f* *(Statistik)*
vgl. platykurtic frequency distribution curve, mesokurtic frequency distribution curve
leptokurtosis
Leptokurtosis *f*, steile Wölbung *f*, Exzeß *m* *(Statistik)*
vgl. platykurtosis, mesokurtosis
lesbian
1. Lesbierin *f*
2. lesbisch *adj*
lesbian love
lesbische Liebe *f*, weibliche Homosexualität *f*
lethargy
Lethargie *f* *(Psychologie)*
level map
Niveauliniendarstellung *f* *(graphische Darstellung)*
level of a factor
Stufe *f* eines Faktors *(Faktorenanalyse)*
level of analysis
Analyseebene *f* *(Theorie des Wissens)*
level of aspiration (aspiration level) (Kurt Lewin)
Anspruchsniveau *n* *(Feldtheorie)*

level of comparison (comparison level) (CL)
Vergleichsniveau *n* *(Soziologie/Sozialpsychologie)*
level of development (stage)
Entwicklungsstufe *f*, Entwicklungsabschnitt *m* *(Entwicklungspsychologie)*
level of income (income level)
Einkommensniveau *n* *(Volkswirtschaftslehre)*
level of interpretation
Stichprobenstufe *f* mit überlagerten Unterstichproben *(Statistik)*
level of living (plane of living)
Lebenshaltung *f*, Lebensführung *f*, Lebenshaltungsniveau *n*, Niveau *n* der Lebenshaltung *(Volkswirtschaftslehre)*
level of measurement (level of probability, measurement level)
Meßniveau *n*, Meßebene *f* *(Skalierung)*
level of processing (levels-of-processing model) (Fergus Craik and Robert Lockhart)
Verarbeitungsniveau *n*, Modell *n* des Verarbeitungsniveaus *(Theorie des Lernens)*
level of school education (formal education, school education)
Schulbildung *f*, Schulausbildung *f*, Schulabschluß *m*, Ausbildung *f* *(Demographie)*
level of significance (significance, p value, p level, alpha level)
Signifikanzniveau *n*, Signifikanzgrad *m*, Irrtumswahrscheinlichkeit *f*, Wahrscheinlichkeitsgrad *m*, Sicherheitsgrad *m*, Sicherheitsbereich *m* *(statistische Hypothesenprüfung)*
level-to-level fallacy
Fehlschluß *m* von einer Analyseebene zur anderen *(statistische Hypothesenprüfung)*
leviathan
Leviathan *m* *(politische Wissenschaft)*
levirate (leviratic marriage)
Levirat *n*, Leviratsehe *f* *(Kulturanthropologie)*
Lévy distribution
Lévy-Verteilung *f* *(Statistik)*
Lévy theorem
Lévy-Theorem *n*, zentraler Grenzwertsatz *m* in der Lévyschen Form *(Statistik)*
Lévy-Cramér theorem
Lévy-Cramérscher Grenzwertsatz *m*, zentraler Grenzwertsatz *m* in der Lévy-Cramérschen Form *(Statistik)*
Lexis dispersion
Lexis-Streuung *f*, Lexis-Dispersion *f* *(Statistik)*

Lexis ratio
Lexis-Quotient *m*, Lexisscher
Quotient *m* *(Statistik)*
Lexis theory
Lexissche Theorie *f*, Lexissche
Dispersionstheorie *f*, Lexissche
Streuungstheorie *f* *(Statistik)*
Liapunov's inequality
Ljapunov Ungleichung *f*,
Ljapunovsche Ungleichung *f*
(Wahrscheinlichkeitstheorie)
Liapunov's theorem (Liapunov's limit theorem)
Ljapunovscher Grenzwertsatz *m*
(Statistik)
liberal
1. *brit* liberal *adj (politische Wissenschaften)*
2. *Am* links, linksorientiert *adj (politische Wissenschaften)*
3. *brit* Liberaler *m*, liberal denkender Mensch *m*, Freisinniger *m (politische Wissenschaften)*
4. *Am* Linker *m*, linksorienter Mensch *m (politische Wissenschaften)*
liberal democracy
liberale Demokratie *f (politische Wissenschaften)*
liberal party
liberale Partei *f*, freisinnige Partei *f*
(politische Wissenschaften)
liberal religion *Am*
liberale Religion *f (Religionssoziologie)*
liberalism
Liberalismus *m*, politischer
Liberalismus *m (politische Wissenschaften)*
liberalization
Liberalisierung *f (politische Wissenschaften)*
libertarianism
Libertarianismus *m (Volkswirtschaftslehre)*
liberty (freedom)
Freiheit *f*
libidinal energy
libidinöse Energie *f (Psychoanalyse)*
libidinal fixation
libidinöse Fixierung *f (Psychoanalyse)*
libido
Libido *f* (Sigmund Freud)
(Psychoanalyse)
libido object
Libido-Objekt *n* (Sigmund Freud)
(Psychoanalyse)
libido withdrawal
Libido-Entzug *m* (Sigmund Freud)
(Psychoanalyse)

licentious crowd
zügellose Menge *f*, zügellose Masse *f*
(Sozialpsychologie)
lie detector
Lügendetektor *m (Psychologie)*
life age (chronological age)
Lebensalter *n (Demographie)*
life career
Lebenschance *f* (Max Weber)
life counseling (life-counselling)
Lebenshilfe *f*, Lebensberatung *f*
(Psychologie)
life crisis rite (rite of passage, crisis rite, critical rite)
Krisenritus *m*, Krisenzeremoniell *n*,
Katastrophenritus *m*, Katastrophenzeremoniell *n (Kulturanthropologie)*
life cycle (Erik H. Erikson)
Lebenszyklus *m*, Familienzyklus *m*
(Sozialpsychologie)
life-cycle population
Lebenszyklusbevölkerung *f*,
Lebenszyklusgrundgesamtheit *f*
(empirische Sozialforschung)
life expectancy (life expectation, expectation of life)
Lebenserwartung *f*, mittlere
Lebenserwartung *f (Demographie)*
life goal (life goal)
Lebensziel *n* (Alfred Adler)
(Psychologie)
life history
Lebensgeschichte *f (empirische Sozialforschung)*
life history analysis (*pl* **analyses, life history method)**
Lebensgeschichtsanalyse *f*,
Lebensgeschichtenanalyse *f (empirische Sozialforschung)*
life history method (method of life history analysis)
Methode *f* der Analyse von
Lebensgeschichten *(empirische Sozialforschung)*
life instinct
Lebenstrieb *m* (Sigmund Freud)
(Psychoanalyse)
life lie
Lebenslüge *f* (Alfred Adler)
(Psychologie)
lifelong learning
lebenslanges Lernen *n (Industriesoziologie)*
life organization (*brit* **organisation) (William I. Thomas and Florian Znaniecki)**
Lebensorganisation *f (Soziologie)*

life-organization pattern (pattern of life organization) (William I. Thomas and Florian Znaniecki)
Muster n, Modell n der Lebensorganisation *(empirische Sozialforschung)*

life plan (pattern of life)
Lebensplan m (Alfred Adler) *(Psychologie)*

life span (span of life)
Lebenslauf m beruflicher Lebenslauf m, Lebensspanne f *(Industriesoziologie)*

life-span developmental psychology
Entwicklungspsychologie f des Lebensablaufs (der Lebensspanne) *(Psychologie)*

life-span psychology
Psychologie f des Lebensablaufs (der Lebensspanne) *(Psychologie)*

life style (life-style, style of life)
Lebensstil m (Alfred Adler) *(Psychologie)*

life table (mortality table)
Sterbetafel f *(Demographie)*

lifetime fertility (completed fertility)
vollständige Fruchtbarkeit f, vollendete Fruchtbarkeit f *(Demographie)*

life world
Lebenswelt f (Edmund Husserl) *(Philosophie)*

like mindedness (like-mindedness)
Gleichgesinntheit f, ähnliche Gesinnung f

likelihood
Mutmaßlichkeit f, Likelihood f, Mutmaßlichkeit f *(Wahrscheinlichkeitstheorie) (Statistik)*

likelihood axiom
Likelihood-Axiom n, Mutmaßlichkeitsaxiom n *(Wahrscheinlichkeitstheorie) (Statistik)*

likelihood function
Likelihood-Funktion f, Mutmaßlichkeitsfunktion f *(Wahrscheinlichkeitstheorie) (Statistik)*

likelihood ratio
Likelihood-Verhältnis n, Likelihood-Quotient m, Likelihood-Ratio f *(Wahrscheinlichkeitstheorie) (Statistik)*

likelihood ratio test (probability ratio test)
Likelihood-Verhältnis-Test m, Likelihood-Quotienten-Test m, Likelihood-Ratio-Test m *(statistische Hypothesenprüfung)*

Likert attitude scale (Rensis Likert)
Likert-Einstellungsskala f, Likertsche Einstellungsskala f *(Einstellungsforschung)*

Likert procedure (Likert method) (Rensis Likert)
Likert-Verfahren n, Likert-Methode f *(Einstellungsforschung)*

Likert scale (Likert type scale) (Rensis Likert)
Likert-Skala f, Likertsche Skala f, Skala f der summierten Einschätzungen, Punktsummenskala f *(Einstellungsforschung)*

Likert technique (Rensis Likert)
Likert-Technik f, Likert Verfahren n, Technik f der summierten Einschätzungen, Likertsche Punktsummenskalentechnik f *(Einstellungsforschung)*

limen (threshold, stimulus threshold)
Schwelle f, Reizschwelle f *(Verhaltensforschung)*

liminal difference (just noticeable difference) (JND) (difference threshold, differential threshold)
Unterschiedsschwelle f, eben merklicher Unterschied m *(Psychologie)*

limit distribution
Grenzverteilung f *(Statistik)*

limit of accuracy (margin of error, error margin)
Fehlerintervall n, Fehlerspielraum m, Fehlerbereich m *(statistische Hypothesenprüfung)*

limit theorem
Grenzwertsatz m *(Wahrscheinlichkeitstheorie)*

limit theorem for large deviations
Grenzwertsatz m für die Wahrscheinlichkeiten großer Abweichungen *(Wahrscheinlichkeitstheorie)*

limited-effects model (reinforcement hypothesis, pl reinforcement hypotheses) (Joseph T. Klapper)
Verstärkerhypothese f, Verstärkungshypothese f, Verstärkerthese f *(Kommunikationsforschung)*

limited family (nuclear family, biological family, natural family, elementary family, immediate family, simple family)
Kernfamilie f *(Familiensoziologie)*

limited-information method (method of limited information)
Methode f der begrenzten Informationsverwendung, Methode f der begrenzten Aufschlüsse *(Ökonometrie)*

limited war
begrenzter Krieg m

line

line
1. Branche *f*, Tätigkeitsfeld *n*, Gebiet *n*, Fach *n* (*Industriesoziologie*)
2. Linie *f*, Strich *m* (*graphische Darstellung*) (*Organisationssoziologie*) (*Statistik*)
3. Zeile *f* in einer Tabelle (*Statistik*)

line authority
Linienautorität *f*, funktionale Autorität *f*, sachbezogene Leitungsautorität *f*, fachbezogene Leitungsautorität *f* (*Organisationssoziologie*)
vgl. staff authority

line control
funktionale Kontrolle *f*, Leistungskontrolle *f*, fachliche Kontrolle *f*, sachbezogene Kontrolle *f* (*Organisationssoziologie*)
vgl. staff control

line function
Linienfunktion *f*, Leistungsfunktion *f*, Produktionsfunktion *f*, sachbezogene Befehlsfunktion *f*, fachliche Kommandofunktion *f* (*Organisationssoziologie*)
vgl. staff function

line graph (line diagram, line chart, rectangular graph)
Kurvendiagramm *n* (*graphische Darstellung*)

line-judgment test (Asch experiment, Asch test) (Solomon E. Asch)
Asch-Test *m*, Konformismustest *m* (*Sozialpsychologie*)

line management
Linienmanagement *n*, funktionales Management *n*, Leitung *f* der Linie, Produktionsmanagement *n* (*Organisationssoziologie*)
vgl. staff management

line of acceptance (acceptance line, acceptance boundary, boundary of acceptance, acceptance control limit)
Abnahmelinie *f*, Annahmelinie *f*, Gutgrenze *f* (*statistische Qualitätskontrolle*)
vgl. line of rejection

line of argument (reasoning, argumentation)
Argumentation *f*, Beweisführung *f* (*Philosophie*)

line of best fit (best-fit line)
Gerade *f* der besten Anpassung, Linie *f* der besten Anpassung (*Statistik*)

line of command (line of authority, chain of command, command hierarchy)
Befehlshierarchie *f*, Kommandohierarchie *f*, Hierarchie *f* der Entscheidungsbefugnisse (*Organisationssoziologie*)

line of descent (line)
Abstammungslinie *f*, Linie *f*, Familie *f*, Stamm *m* (*Kulturanthropologie*)

line of equal distribution
Gleichverteilungslinie *f* in der Lorenzkurve (*Statistik*)

line of regression (regression line)
Regressionsgerade *f*, Regressionslinie *f* (*Statistik*)

line of rejection (rejection line, rejection boundary, boundary of rejection, rejection control limit)
Ablehnungslinie *f*, Zurückweisungslinie *f*, Schlechtgrenze *f* (*statistische Qualitätskontrolle*)
vgl. line of acceptance

line organization (brit organisation)
Linienorganisation *f*, Produktionsorganisation *f*, Leistungsorganisation *f* (*Organisationssoziologie*)
vgl. staff organization

line relationship
Linienbeziehung *f*, Leistungsbeziehung *f* (*Organisationssoziologie*)
vgl. staff relationship

line sample
Linienstichprobe *f*, Strichstichprobe *f* (*Statistik*)

line sampling
Linienstichprobenverfahren *n*, Linienstichprobenbildung *f*, Linienauswahlverfahren *n* (*Statistik*)

line-and-staff organization (brit organisation)
Linie-und-Stab-Organisation *f* (*Organisationssoziologie*)

lineage
Abstammungslinie *f*, Stammbaum *m*, Verwandtschaftslinie *f* (*Kulturanthropologie*)

lineage group (descent group, descent unity)
Abstammungsgruppe *f*, Gruppe *f* von Personen mit gemeinsamer Abstammung (*Kulturanthropologie*)

lineage mate
Angehörige(r) *f(m)* derselben Abstammungsgruppe (*Kulturanthropologie*)

lineage (kinship lineage)
Verwandtschaftslinie *f* (*Kulturanthropologie*)

lineal consanguinity
geradlinige Blutsverwandtschaft *f*, direkte Blutsverwandtschaft *f* (*Kulturanthropologie*)

lineal inheritance (unilineal inheritance)
geradlinige Erbfolge *f*, direkte Erbfolge *f* (*Kulturanthropologie*)

lineal relative (lineal kin)
geradliniger Verwandter *m*, direkter Verwandter *m*, Verwandter *m* in direkter Linie *(Kulturanthropologie)*
lineal succession (unilineal succession)
geradlinige Nachfolge *f*, direkte Nachfolge *f (Kulturanthropologie)*
lineality
Geradlinigkeit *f* der Verwandtschaft, Verwandtschaft *f* in direkter Linie, Verwandtschaft *f* durch Anheirat *(Kulturanthropologie)*
linear
linear, geradlinig, Linien-, Strich-, linienförmig *adj (Mathematik/Statistik)*
vgl. nonlinear
linear autoregressive process
linearer autoregressiver Prozeß *m (Statistik)*
vgl. nonlinear autoregressive process
linear birth process
linearer Geburtsprozeß *m (Stochastik)*
vgl. nonlinear birth process
linear constraint
lineare Nebenbedingung *f (Statistik)*
linear contrast
linearer Kontrast *m (Statistik)*
linear correlation (rectilinear correlation)
lineare Korrelation *f (Statistik)*
vgl. nonlinear correlation
linear discriminant function
lineare Trennfunktion *f (Statistik)*
vgl. nonlinear discriminant function
linear estimator
lineare Schätzfunktion *f (Statistik)*
vgl. nonlinear estimator
linear function
lineare Funktion *f (Mathematik/Statistik)*
vgl. nonlinear function
linear hypothesis (*pl* hypotheses)
lineare Hypothese *f (statistische Hypothesenprüfung)*
vgl. nonlinear hypothesis
linear least squares method
lineare Methode *f* der kleinsten Quadrate *(Statistik)*
linear least-squares model
lineares Modell *n* der lateinischen Quadrate *(statistische Hypothesenprüfung)*
linear maximum likelihood method
lineare Maximum-Likelihood-Methode *f*, lineares Maximum-Likelihood-Verfahren *n (Statistik)*
linear multiple correlation
lineare multiple Korrelation *f (Statistik)*
vgl. nonlinear multiple correlation
linear point estimation (linear point estimate)
lineare Punktschätzung *f (Statistik)*
vgl. nonlinear point estimation

linear process (linear stochastic process)
linearer Prozeß *m*, linear stochastischer Prozeß *m*
vgl. nonlinear process
linear program (B. F. Skinner)
lineares Programm *n (Theorie des Lernens)*
linear model
lineares Modell *n (Theoriebildung)*
vgl. nonlinear model
linear programming
lineare Programmierung *f*, lineare Planungsrechnung *f (Operations Research)*
linear regression
lineare Regression *f (Statistik)*
vgl. nonlinear regression
linear regression function
lineare Regressionsfunktion *f (Statistik)*
vgl. nonlinear regression function
linear structure
lineare Struktur *f (Statistik)*
vgl. nonlinear structure
linear sufficiency
lineare Suffizienz *f (statistische Hypothesenprüfung)*
vgl. nonlinear sufficiency
linear systematic statistic
lineare systematische Maßzahl *f (Statistik)*
linear transformation
lineare Transformation *f*, Lineartransformation *f (Statistik)*
vgl. nonlinear transformation
linear trend (rectilinear trend)
linearer Trend *m (Statistik)*
vgl. nonlinear trend
linearity
Linearität *f (Mathematik/Statistik)*
vgl. nonlinearity
lineup (line-up, queue, *Am* waiting line)
Warteschlange *f (Warteschlangentheorie)*
lingua franca
Lingua franca *f*, Kontaktsprache *f*, Mischsprache *f*, Verkehrssprache *f (Soziolinguistik)*
linguistic acculturation
sprachliche Akkulturation *f (Soziolinguistik)*
linguistic anthropology
Sprachanthropologie *f*
linguistic environment
sprachliche Umgebung *f*, sprachliche Umwelt *f*, Sprachumgebung *f*, Sprachumwelt *f (Soziologie)*
linguistic island (speech island)
Sprachinsel *f*, sprachliche Insel *f (Soziolinguistik)*

linguistic minority
sprachliche Minderheit *f*,
Sprachminderheit *f* *(Soziologie)*

linguistic play (speech play)
sprachliches Spiel *n*, Sprachspiel *n*
(Soziolinguistik)

linguistic relativity
sprachliche Relativität *f* *(Soziolinguistik)*

linguistic socialization
sprachliche Sozialisation *f*,
Sprachsozialisation *f* *(Soziologie)*

linguistic universal
universelles Sprachelement *n*,
universelles Sprachmuster *n*
(Soziolinguistik)

linguistics *pl als sg konstruiert*
Linguistik *f*, Sprachwissenschaft(en) *f(pl)*

line-and-staff organization (*brit*
organisation)
Linie-Stab-Organisation *f*
(Organisationssoziologie)

link relative (link-relative)
Gliedziffer *f*, Verkettungsziffer *f*,
Kettenziffer *f* *(Statistik)*

link relative method (of seasonal adjustment) (method of link-relatives) (Warren M. Persons)
Gliedziffernmethode *f* der
Saisonanpassung *(Statistik)*

linkage analysis (*pl* **analyses)**
Linkage-Analyse *f* *(Statistik)*

linkage (connection)
Verknüpfung *f*, Verbindung *f*,
Verkettung *f*, Koppelung *f*
(Mathematik/Statistik) *(Psychologie)*

linked samples *pl*
gekoppelte Stichproben *f/pl* *(Statistik)*

linking function (of interpersonal communication) (Frank E. X. Dance and Carl E. Larson)
Verknüpfungsfunktion *f* der
interpersonellen Kommunikation
(Kommunikationsforschung)

list (inventory)
Liste *f* Tabelle *f*, Aufstellung *f*,
Plan *m*, Verzeichnis *n* *(empirische Sozialforschung)*

list question
Listenfrage *f* *(empirische Sozialforschung)*

list sample (file sample)
Listenauswahl *f*, Listenstichprobe *f*
(Statistik)

list sampling (file sampling)
Karteiauswahl *f*, Karteiauswahlverfahren *n*, Karteiauswahlbildung *f*,
Listenauswahl *f*, Listenauswahlverfahren *n*, Listenauswahlbildung *f* *(Statistik)*

list system
Listenwahlsystem *n*, System *n* der
Listenwahl *(politische Wissenschaften)*

listing
Eintragung *f*, Verzeichnung *f* in einer
Liste

literacy (alphabetism)
Alphabetismus *m*, Alphabetentum *n*,
Fähigkeit *f* zu lesen oder zu schreiben
(Kulturanthropologie) *(Psychologie)*

literacy convention
schriftsprachliche Konvention *f*,
sprachliche Konvention *f*
(Soziolinguistik)

literacy statistics *pl als sg konstruiert*
Alphabetenstatistik *f*, Alphabetismusstatistik *f*, Alphabetenstatistik *f*,
Analphabetenstatistik *f* *(Demographie)*

literary criticism
Literaturkritik *f*

literary culture (J. Goodey/J. Watt)
schriftsprachliche Kultur *f*, literarische
Kultur *f* *(Ethnologie)*

literate
1. Alphabet *m*, Lesekundiger *m*,
Schreibkundiger *m*, des Lesens und/oder
Schreibens Kundiger *m*
2. alphabetisch, des Schreibens und/oder
Lesens kundig *adj*

litotes
Litotes *f*, Untertreibung *f*
(Kommunikationsforschung)

little tradition (Robert Redfield)
kleine Tradition *f* *(Soziologie)*

live birth
Lebendgeburt *f*, lebendgeborenes Kind *n*
(Demographie)

live birth rate
Lebendgeborenenrate *f*, Lebendgeborenenziffer *f* *(Demographie)*

lived world
Lebenswelt *f* (Alfred Schütz)
(Soziologie)

livelihood (sustenance, sustenation)
Unterhalt *m*, Unterhaltung *f*,
Versorgung *f*, Lebensunterhalt *m*,
Auskommen *n* *(Volkswirtschaftslehre)*

living constitution
lebendige Verfassung *f* (Dolf
Sternberger) *(politische Wissenschaften)*

living standard (standard of living)
Lebensstandard *m* *(Volkswirtschaftslehre)*

living system (open system, natural system)
offenes System *n*, offenes Sozialsystem *n*
(Kybernetik) *(Soziologie)*
vgl. closed system

Lloyd Morgan's canon
Lloyd-Morgan-Kanon *m* *(Theorie des Wissens)*

loaded question
affektiv besetzte Frage *f*, besetzte Frage *f*, Suggestivfrage *f*, suggestive Frage *f* *(Psychologie/empirische Sozialforschung)*
loading
Ladung *f* *(Psychologie/empirische Sozialforschung)*
lobby
Lobby *f* *(politische Wissenschaften)*
lobby group (interest group, pressure group)
Interessengruppe *f*, Interessenverband *m* *(politische Wissenschaften)*
lobbying
Lobbying *n*, Lobbyismus *m* *(politische Wissenschaften)*
lobbyism
Lobbyismus *m* *(politische Wissenschaften)*
local (Robert K. Merton)
1. örtlich orientierter Mensch *m*, lokal orientierter Mensch *m* *(Soziologie)* vgl. cosmopolitan
2. örtlich, lokal, Lokal-, Orts- adj
3. Ortsgruppe *f*, örtliche Gewerkschaftsgruppe *f* *(Soziologie)*
local descent group
örtliche Abstammungsgruppe *f*, örtliche Verwandtengruppe *f* *(Kulturanthropologie)*
local elite
örtliche Elite *f* *(Soziologie)*
local endogamy
örtliche Endogamie *f*, örtliche Binnenheirat *f* *(Kulturanthropologie)*
local exogamy
örtliche Exogamie *f*, örtliche Fremdheirat *f*, örtliche Außenheirat *f* *(Kulturanthropologie)*
local government (community government)
Gemeindeverwaltung *f*, Kommunalverwaltung *f*, örtliche Verwaltung *f*, kommunale Selbstverwaltung *f* *(politische Wissenschaft)*
local group
örtliche Gruppe *f*, lokale Gruppe *f* *(Gruppensoziologie)*
local influential (Robert K. Merton)
örtlicher Einflußreicher *m*, örtlich einflußreiche Person *f*, örtlicher Führer *m* *(Soziologie)* vgl. cosmopolitan influential
local isolate
örtlicher Isolierter *m*, örtlich isolierte Person *f*, örtlich isolierter Mensch *m*, lokal isolierte Person *f* *(Soziologie)*

local leader (local) (Robert K. Merton)
örtlicher Führer *m*, lokaler Führer *m* *(Soziologie)* vgl. cosmopolitan leader
local limit theorem
lokaler Grenzwertsatz *m* *(Wahrscheinlichkeitstheorie)*
local nomadism
lokaler Nomadismus *m* *(Kulturanthropologie)*
local planning
lokale Planung *f*, örtliche Planung *f*
local pluralism
lokaler Pluralismus *m*, kommunaler politischer Pluralismus *m* *(politische Wissenschaften)*
local survey
lokale Umfrage *f*, örtliche Umfrage *f* *(empirische Sozialforschung)*
local specialization (territorial specialization, geographical specialization)
territoriale Spezialisierung *f*, geographische Spezialisierung *f* *(Kulturanthropologie) (Soziologie)*
local subculture (territorial subculture, geographical subculture)
territoriale Subkultur *f*, geographische Subkultur *f*, Gebietssubkultur *f* *(Kulturanthropologie) (Soziologie)*
localism
1. Lokalpatriotismus *m*
2. örtlich verbreitete Sitte *f*, Ortsgebrauch, örtliche Eigenart *f*, örtliche Eigentümlichkeit *f*, örtliche Spracheigentümlichkeit *f* *(Soziologie) (Soziolinguistik)*
3. Vorliebe *f* für einen (bestimmten) Ort *(Psychologie)*
localism (parochialism, provincialism)
Provinzialismus *m*, provinzielle Borniertheit *f* *(Sozialpsychologie)*
locality group (territorial group, geographical group, geogroup, spatial group, residential group)
territoriale Gruppe *f*, geographische Gruppe *f*, Territorialgruppe *f*, Gebietsgruppe *f* *(Kulturanthropologie) (Soziologie)*
local survey
örtliche Umfrage *f*, lokale Umfrage *f* *(empirische Sozialforschung)*
local transhumance
örtliche Herdenwanderung *f*, lokale Herdenwanderung *f*, lokale Transhumance *f* *(Kulturanthropologie)*
local war
lokaler Krieg *m*, örtlicher Krieg *m*, regionaler Krieg *m*, regional begrenzter Krieg *m*

locality
Örtlichkeit *f*, örtliche Lage *f*,
Schauplatz *m* (*Soziologie*)
localization
Lokalisierung *f* (*Soziologie*)
localized clan
örtlich konzentrierter Clan *m*,
örtlich konzentrierte Sippe *f*
(*Kulturanthropologie*)
localized group
örtlich konzentrierte Gruppe *f*
(*Kulturanthropologie*)
localized kinship group (localized group)
örtlich konzentrierte Verwandtengruppe *f*
(*Kulturanthropologie*)
localized lineage (localized kinship)
Abstammungslinie *f* einer örtlich
konzentrierten Verwandtengruppe
(*Kulturanthropologie*)
location (locus)
Standort *m* (*Sozialökologie*)
location in society (social position, social rank)
gesellschaftliche Stellung *f*,
gesellschaftliche Position *f*, soziale
Stellung *f*, soziale Position *f*,
Sozialposition *f*, Sozialstellung *f*,
gesellschaftlicher Standort *m*
(*Soziologie*)
location measure (location parameter, measure of central tendency, centrality measure, measure of location, parameter of location)
Maß *n* der Lage *f*, Lagemaß *n*,
Lageparameter *m*, Maß *n* der zentralen
Tendenz (*Statistik*)
location parameter (position parameter)
Lageparameter *m*, Parameter *m* der
Lage (*Statistik*)
location theory
Standorttheorie *f* (*Volkswirtschaftslehre*)
locational hypothesis (*pl* hypotheses) (James A. Quinn)
Standorthypothese *f* (*Sozialökologie*)
lockout (lock-out) (in labor-management disputes)
Aussperrung *f* (in Arbeitskämpfen)
(*Industriesoziologie*)
locomotion (Kurt Lewin)
Lokomotion *f*, Ortsveränderung *f*
(*Feldtheorie*)
locomotor ability
lokomotorische Fähigkeit *f*
(*Verhaltensforschung*)
locus (location, place)
1. geometrischer Ort *m* (*Mathematik/Statistik*)
2. Ort *m*, Standort *m*, Stelle *f*
(*Soziologie*)

log interval scale
Log-Intervallskala *f* (*Mathematik/Statistik*)
logarithm
Logarithmus *m* (*Mathematik*)
logarithmic chart
logarithmische Darstellung *f*,
logarithmische Graphik *f*, graphische
Darstellung *f* auf Logarithmenpapier
(*graphische Darstellung*)
logarithmic curve
logarithmische Kurve *f* (*graphische Darstellung*)
logarithmic function
logarithmische Funktion *f*
(*Mathematik/Statistik*)
logarithmic normal distribution (lognormal distribution, Gibrat distribution)
logarithmische Normalverteilung *f*, Log-Normalverteilung *f*, Gibratverteilung *f*
(*Statistik*)
logarithmic-series distribution
logarithmische Reihenverteilung *f*
(*Statistik*)
logarithmic-series transformation (log-log transformation, loglog transformation)
logarithmische Transformation *f*, Log-Log-Transformation *f* (*Statistik*)
logic
1. Folgerichtigkeit *f* (von
Argumentation, Entwicklungen,
Denkvorgängen)
2. Logik *f* (*Philosophie*)
logic of sentiments (Vilfredo Pareto)
Logik *f* der Empfindungen (*Soziologie*)
logical action (Vilfredo Pareto)
logisches Handeln *n* (*Soziologie*)
logical analysis (*pl* analyses)
logische Analyse *f* (*Philosophie*)
logical connective
logische Verknüpfung *f*, logisches
Bindewort *n* (*Philosophie*)
logical constant
logische Konstante *f* (*Theorie des Wissens*)
logical construct (construct, hypothetical construct, theoretical construct)
Konstrukt *n*, hypothetisches
Konstrukt *n*, theoretisches Konstrukt *n*,
heuristische Annahme *f* (*Theoriebildung*)
logical content (Karl Popper)
logischer Informationsgehalt *m*, logischer
Gehalt *m* (*Theorie des Wissens*)
logical empirism (logical empiricism)
logischer Empirismus *m*, logischer
Empirizismus *m* (*Philosophie*)
logical entity
logische Entität *f*, logische Wesenheit *f*
(*Philosophie*)

logical error
  logischer Fehler *m* *(statistische Hypothesenprüfung)*
logical mentality (Lucien Lévy-Bruhl)
  logische Mentalität *f* *(Ethnologie)*
logical positivism
  logischer Positivismus *m* *(Philosophie)*
logical probability
  logische Wahrscheinlichkeit *f* (Rudolf Carnap) *(Theorie des Wissens)*
logical syntax
  logische Syntax *f*, formale Syntax *f* *(Philosophie)*
logical thought
  logisches Denken *n* *(Kulturanthropologie)*
logical validity (rational validity, internal validity, face validity, surface validity)
  logische Validität *f*, logische Gültigkeit *f*, Inhaltsvalidität *f*, Inhaltsgültigkeit *f*, inhaltliche Validität *f*, inhaltliche Gültigkeit *f*, Kontentvalidität *f*, interne Validität *f*, interne Gültigkeit *f* *(statistische Hypothesenprüfung)*
logico-experimental science (Vilfredo Pareto)
  logiko-experimentelle Wissenschaft *f* *(Theorie des Wissens)*
logico-deductive theory
  logisch deduktive Theorie *f* *(Theorie des Wissens)*
logistic curve (growth curve)
  logistische Kurve *f* *(Statistik)*
logistic distribution
  logistische Verteilung *f* *(Statistik)*
logistic function (Harold T. Davis)
  logistische Funktion *f* *(Statistik)*
logistic model (normal ogive model)
  logistisches Modell *n* *(Statistik)*
logistic process
  logistischer Prozeß *m* *(Stochastik)*
logistic trend
  logistischer Trend *m* *(Statistik)*
logistics *pl als sg konstruiert*
  Logistik *f*
logit
  Logit *n* *(Statistik)*
logit analysis (*pl* analyses)
  Logitanalyse *f* *(Statistik)*
loglinear analysis (*pl* analyses)
  loglineare Analyse *f* *(Statistik)*
lognormal distribution (log-normal distribution, Gibrat distribution, Galton-McAllister distribution)
  lognormale Verteilung *f*, Galton-McAllistersche Verteilung *f*, Gibratverteilung *f* *(Mathematik/Statistik)*
logology (logologic)
  Logologie *f*

logon
  Logon *n* *(Kommunikationsforschung)*
Lombrosion theory (Cesare Lombroso)
  Lombrosische Theorie *f* *(Kriminologie)*
loneliness
  Einsamkeit *f* *(Soziologie) (Sozialpsychologie)*
lonely crowd (David Riesman)
  einsame Masse *f* *(Sozialpsychologie)*
long-range research
  langfristige Forschung *f*, Erforschung *f* langfristiger Wirkungen *(Kommunikationsforschung)*
  vgl. short-range research
long-term memory
  Langzeitgedächtnis *n* *(Psychologie)*
  vgl. short-term memory
long-term storage
  Langzeitspeicher *m* *(Psychologie)*
  vgl. short-term storage
longevity
  Langlebigkeit *f* *(Demographie)*
longitudinal analysis (longitudinal study, longitudinal investigation)
  Längsschnittanalyse *f*, Langzeitstudie *f*, Langzeituntersuchung *f*, Longitudinalstudie *f* *(empirische Sozialforschung)*
longitudinal experimental design
  experimentelle Langzeitanlage *f*, Anlage *f* eines experimentellen Langzeitversuchs, Anlage *f* einer experimentellen Langzeitstudie *(statistische Hypothesenprüfung)*
longitudinal method
  Langzeitmethode *f* *(empirische Sozialforschung)*
longitudinal section
  Längsschnitt *m* *(Statistik) (empirische Sozialforschung)*
longitudinal social research (longitudinal research)
  Langzeitforschung *f* *(empirische Sozialforschung)*
longitudinal study (longitudinal investigation)
  Langzeitstudie *f*, Langzeituntersuchung *f*, Längsschnittstudie *f*, Längsschnittuntersuchung *f* *(empirische Sozialforschung)*
looking-glass self (*pl* selves) (Charles H. Cooley) (reflected self)
  Spiegelbildselbst *n*, Spiegelselbst *n* *(Soziologie)*
loop
  Schleife *f* *(EDV) (Kybernetik)*
loop plan
  Loop-Plan *m*, Demings Loop-Plan *m* *(Statistik)*

loose bipolar system (Morton A. Kaplan)
lockeres bipolares System *n (politische Wissenschaften)*
vgl. tight bipolar system

Lord test
Lordtest *m (Statistik)*

Lorenz curve (concentration curve)
Lorenzkurve *f*, Einkommenverteilungskurve *f*, Konzentrationskurve *f (Volkswirtschaftslehre) (Statistik)*

loss function
Verlustfunktion *f (Entscheidungstheorie)*
vgl. gain function

loss matrix (*pl* matrices *or* matrixes)
Verlustmatrix *f (Entscheidungstheorie)*
vgl. gain matrix

loss of information
Informationsverlust *m (Informationstheorie)*

loss of soul (soul loss)
Seelenverlust *m (Anthropologie)*

loss probability
Verlustwahrscheinlichkeit *f (Entscheidungstheorie) (Warteschlangentheorie)*

loss system
Verlustsystem *n (Warteschlangentheorie)*

lost generation (beat generation)
verlorene Generation *f (Soziologie)*

lost letter technique (Stanley Milgram)
verlorene Briefe *m/pl*, Methode *f* der verlorenen Briefe *(Einstellungsforschung)*

lot
Partie *f*, Prüflos *n*, Prüfpartie *f*, Prüfungspartie *f (statistische Qualitätskontrolle)*

lot quality protection
gewährleistete Qualität *f* der Partie, durch Abnahmeprüfung gewährleistete Qualität *f* der Partie *(statistische Qualitätskontrolle)*

lot tolerance fraction defective (lot tolerance percent defective)
Schlechtgrenze *f (statistische Qualitätskontrolle)*

lot tolerance percentage defective (LTPD) (consumer's risk) (CR) (consumer's risk point) (CRP)
Punkt *m* des Konsumentenrisikos, Punkt *m* des Verbraucherrisikos, Konsumentenrisiko *n*, Verbraucherrisiko *n*, Risiko *n* des Konsumenten, Risiko *n* des Verbrauchers *(Entscheidungstheorie) (statistische Hypothesenprüfung)*

lottery sampling (ticket sampling)
Lotterieauswahlverfahren *n*, Auswahl *f* durch Auslosen, Stichprobenbildung *f* nach dem Lotterieprinzip, Stichprobenentnahme *f* nach dem Lotterieprinzip, Stichprobenverfahren *n* nach dem Lotterieprinzip, Lotterieauswahl *f (Statistik)*

love need
Liebesbedürfnis *n*, Bedürfnis *n* nach Liebe *(Psychologie)*

low status
niedriger Status *m (Soziologie)*
vgl. high status

low urban life (Louis Wirth)
gemäßigt urbanes Leben *n*, reduziert urbanes Leben *n (Sozialökologie)*

low-achievement motive subject
Mensch *m*, Person *f* mit geringer Leistungsmotivation *(Psychologie)*

low-status occupation
Beruf *m* mit niedrigem Status, Beschäftigung *f* mit niedrigem Status *(Soziologie)*

lower class
Unterschicht *f*, untere Schicht *f*, Unterklasse *f (Sozialforschung) (Statistik)*
vgl. upper class

lower class culture
Unterschichtkultur *f*, Unterklassenkultur *f (Soziologie)*
vgl. upper class culture

lower control limit
untere Kontrollgrenze *f (statistische Qualitätskontrolle)*
vgl. upper control limit

lower limit (floor, cellar)
Untergrenze *f*, unterste Grenze *f (Mathematik/Statistik)*

lower quartile
unteres Quartil *n (Mathematik/Statistik)*
vgl. upper quartile

lower-class value stretch (Hyman Rodman)
Wertestreckung *f* in der Unterschicht *(Sozialforschung)*

lower-income bracket (lower income group)
untere Einkommensgruppe *f*, untere Einkommensschicht *f (Sozialforschung)*
vgl. upper-income bracket

lower-lower class (W. Lloyd Warner/Paul S. Lunt)
untere Unterschicht *f*, untere Unterklasse *f (Sozialforschung)*
vgl. upper-upper class

lower-middle class (W. Lloyd Warner/Paul S. Lunt)
untere Mittelschicht *f*, untere Mittelklasse *f*, unterer Mittelstand *m (Sozialforschung)*
vgl. upper-middle class

lower-tail test
Test *m* des linksseitigen Segments *(statistische Hypothesenprüfung)*
vgl. upper-tail test

Lp metric (Minkowski metric, power metric)
Minkowski-Metrik *f (Mathematik/Statistik)*
lucid interval
lichter Moment *m*, luzides Intervall *n (Psychologie)*
ludic behavior (*brit* ludic behaviour)
Spielverhalten *n*, spielerisches Verhalten *n (Psychologie)*
lust
Lust *f (Psychoanalyse)*
lust for life
Lebenslust *f (Psychologie)*
lynch law
Lynchjustiz *f*
lynching
Lynchen *n*

M

m^th value
  m-ter Anordnungswert *m (Statistik)*
machine-paced work
  maschinenangepaßter Arbeitsrhythmus *m (Industriesoziologie)*
machine party (machine, political machine) (Maurice Duverger)
  Parteimaschine *f*, Maschinenpartei *f (politische Wissenschaften)*
machine politics *pl als sg konstruiert*
  Parteimaschinenpolitik *f (politische Wissenschaften)*
machine-readable
  maschinenlesbar *adj (EDV)*
machine-readable data *pl*
  maschinenlesbare Daten *n/pl (EDV)*
machine simulation (computer simulation)
  Computersimulation *f*
machine tabulation
  mechanische Tabulierung *f*, mechanische Tabellierung *f (Statistik) (Datenanalyse)*
machismo
  männlicher Chauvinismus *m*, Männlichkeitskult *m*, Machismo *m*
macro analysis (*pl* **analyses, macro-analysis**)
  Makroanalyse *f (Soziologie)*
  vgl. micro analysis
macro change (macro-change)
  gesamtgesellschaftlicher Wandel *m*, Wandel *m* von Großstrukturen *(Soziologie)*
  vgl. micro change
macro-politics *pl als sg konstruiert*
  Makropolitik *f*, makropolitische Analyse *f (politische Wissenschaft)*
  vgl. micro-politics
macroculture (Laura Thompson)
  Makrokultur *f (Sozialökologie)*
  vgl. microculture
macrodemocracy (macro democracy)
  Makrodemokratie *f*, gesamtgesellschaftliche Demokratie *f*, Demokratie *f* in gesamtgesellschaftlichen Großstrukturen *(politische Wissenschaften)*
  vgl. microdemocracy
macrodemography
  Makrodemographie *f*
  vgl. microdemography
macrodynamics *pl als sg konstruiert*
  Makrodynamik *f (Soziologie)*
  vgl. microdynamics

macroeconomics *pl als sg konstruiert* (**macro-economics** *pl als sg konstruiert*)
  Makroökonomie *f (Volkswirtschaftslehre)*
  vgl. microeconomics
macroethnology
  Makroethnologie *f (Kulturanthropologie)*
  vgl. microethnology
macrofunctionalism (macro-functionalism) (Don Martindale)
  Makrofunktionalismus *m (Soziologie)*
  vgl. microfunctionalism
macrolinguistics *pl als sg konstruiert*
  Makrolinguistik *f*
  vgl. microlinguistics
macrosociology (macro-sociology)
  Makrosoziologie *f*
  vgl. microsociology
macrostructure (macro-structure)
  Makrostruktur *f*, Großstruktur *f*, Gesamtstruktur *f (Soziologie)*
  vgl. microstructure
macrotheory (macro-theory, wide-range theory)
  Makrotheorie *f*, Großtheorie *f (Theorie des Wissens)*
  vgl. microtheory
macrovariable (macro-variable)
  Makrovariable *f*, makroökonomische Variable *f (Volkswirtschaftslehre)*
  vgl. microvariable
madness
  Verrücktheit *f (Psychologie)*
magic
  Magie *f (Kulturanthropologie)*
magical nativism (Ralph Linton)
  magischer Nativismus *m (Ethnologie)*
magical-revivalistic movement (Ralph Linton)
  magische nativistische Bewegung *f (Ethnologie)*
magico-religious practice
  magisch-religiöse Praktik *f (Kulturanthropologie)*
magnet city
  Magnetstadt *f (Sozialökologie)*
magnetic disk storage
  Plattenspeicher *m (EDV)*
magnetic disk
  Magnetplatte *f*, Magnetscheibe *f (EDV)*
magnetic ink character reader
  Magnetschriftleser *m (EDV)*

magnetic ink character recognition (MICR)
Magnetschrift-Zeichenerkennung f,
magnetische Zeichenerkennung f *(EDV)*
magnetic ink document reader
Magnetschrift-Belegleser m *(EDV)*
magnetic ink document
Magnetschriftbeleg m *(EDV)*
magnetic reading
magnetische Abtastung f, magnetisches Abtasten n *(EDV)*
magnetic recording
magnetische Aufzeichnung f *(EDV)*
magnetic tape device (magnetic tape deck)
Magnetbandgerät n, Bandgerät n *(EDV)*
magnetic tape file
Magnetbandkartei f, Banddatei f *(EDV)*
magnetic tape
Magnetband n *(EDV)*
magnetism (animal magnetism)
Magnetismus m (Franz A. Mesmer) *(Psychologie)*
magnitude (dimension, order)
Größenordnung f, Größe f, Umfang m
magnitude estimation (magnitude production, magnitude scaling, ratio estimation, ratio production)
Magnitude-Einschätzung f, Größenordnungseinschätzung f, Einschätzung f von Größenordnungen *(Skalierung)* *(empirische Sozialforschung)*
magnitude of effect
Wirkungsgrad m, Stärke f der Größe, Größe f der Wirkung *(Statistik)* *(empirische Sozialforschung)*
magnitude of response (response strength)
Reaktionsstärke f, Stärke f der Reaktion *(Verhaltensforschung)*
magnitude scaling
Magnitude-Skalierung f *(Skalierung)*
Mahalanobis distance (Mahalanobis generalized distance, Mahalanobis D^2, D^2 statistic)
Mahalanobis-Abstand m, Mahalanobis-Distanz f, Mahalanobisscher Abstand m, Mahalanobissche Distanz f, verallgemeinerter Abstand m von Mahalanobis *(Statistik)*
mail interview (postal interview)
briefliches Interview n, Briefinterview n, postalisches Interview n *(Umfrageforschung)*
mail questionnaire
brieflicher Fragebogen m, brieflich zugestellter Fragebogen m, postalischer Fragebogen m *(Umfrageforschung)*

mail survey (postal survey, mail interviewing)
briefliche Umfrage f, Briefumfrage f, postalische Umfrage f, postalische Befragung f, schriftliche Umfrage f per Post) *(Umfrageforschung)*
main effect
Haupteffekt m, hauptsächlicher Effekt m, hauptsächliche Wirkung f *(empirische Sozialforschung)* *(statistische Hypothesenprüfung)*
main theorem of renewal theory
Hauptsatz m der Erneuerungstheorie, elementarer Satz m der Erneuerungstheorie *(Stochastik)*
main wage earner (wage earner, bread winner, bread-winner)
Hauptverdiener m, Ernährer m, Lohnempfänger m (in einem Haushalt), Gehaltsempfänger m *(empirische Sozialforschung)*
maintenance (sustenance)
Erhaltung f, Versorgung f, Ernährung f *(Sozialökologie)* *(Volkswirtschaftslehre)*
maintenance function
Erhaltungsfunktion f, Aufrechterhaltungsfunktion f, Stabilisierungsfunktion f, Behauptungsfunktion f *(Organisationssoziologie)*
maintenance level
Erhaltungsniveau n *(Organisationssoziologie)*
maintenance organization (*brit* organisation)
Erhaltungsorganisation f, Aufrechterhaltungsorganisation f, Stabilisierungsorganisation f, Behauptungsorganisation f *(Organisationssoziologie)*
maintenance role
Erhaltungsrolle f, Aufrechterhaltungsrolle f, Stabilisierungsrolle f, Behauptungsrolle f *(Organisationssoziologie)*
maintenance specialist
Erhaltungsspezialist m, Erhaltungsexperte m *(Organisationssoziologie)*
maintenance synergy
Erhaltungssynergie f, Aufrechterhaltungssynergie f, Stabilisierungssynergie f, Behauptungssynergie f *(Organisationssoziologie)*
major lineage
Hauptlinie f, hauptsächliche Abstammungslinie f *(Kulturanthropologie)*
major party (Maurice Duverger)
Hauptpartei f *(politische Wissenschaften)*
vgl. minor party

majoral association (majoral organization, brit majoral organisation)
Hauptverband *m*, Hauptorganisation *f*, Hauptvereinigung *f* *(Organisationssoziologie)*
vgl. minoral organization
majority group
Mehrheitsgruppe *f* *(Soziologie)*
vgl. minority group
majority rule
Mehrheitsherrschaft *f*, Herrschaft *f* der Mehrheit *(politische Wissenschaften)*
vgl. minority rule
majority system
Mehrheitssystem *n*, Mehrheitswahlsystem *n*, Mehrheitsabstimmungssystem *n* *(politische Wissenschaften)*
majority
Mehrheit *f*, absolute Mehrheit *f*, Stimmenmehrheit *f* *(politische Wissenschaft)* *(Soziologie)*
vgl. minority
maladaption (maladaptation)
Unangepaßtheit *f*, Fehlanpassung *f*, Anpassungsunfähigkeit *f* *(Soziologie)* *(Psychologie)*
maladjustment (malassimilation, malaccomodation, unadjustment
Unangepaßtheit *f*, Nichtangepaßtheit *f* *(Soziologie)*
maladjustment of personality
individuelle Unangepaßtheit *f*, individuelle Nichtangepaßtheit *f* *(Psychologie)*
male-female stratification (sexual stratification, gender stratification)
sexuelle Schichtung *f*, sexuelle Stratifizierung *f*, Schichtung *f* nach Geschlecht, Stratifizierung *f* nach Geschlecht *(Soziologie)* *(empirische Sozialforschung)*
male fertility rate
männliche Fruchtbarkeitsziffer *f*, männliche Fruchtbarkeitsrate *f*, männliche Fruchtbarkeitsquote *f* *(Demographie)*
vgl. female fertility rate
male nuptiality
Zahl *f* der männlichen Eheschließungen *(Demographie)*
vgl. female nuptiality
male reproduction rate
männliche Reproduktionsziffer *f*, männliche Reproduktionsrate *f*, männliche Reproduktionsquote *f* *(Demographie)*
vgl. female reproduction rate
malevolent hostility (Kenneth Boulding)
böswillige Feindseligkeit *f* *(Soziologie)*

malfeasance
Gesetzesübertretung *f*, strafbare Handlung *f*, Missetat *f* *(Kriminologie)*
malfunction
Fehlfunktion *f*, Funktionsstörung *f* *(Soziologie)*
vgl. function
malingering
Krankfeiern *n*, Drückebergerei *f*, Drückebergertum *n*, "Blau" machen *n* *(Industriesoziologie)*
malintegration
Fehlintegration *f*, mangelnde Integration *f*, unzulängliche Integration *f* *(Soziologie)*
malnutrition (undernutrition)
Unterernährung *f*, mangelhafte Ernährung *f*, schlechte Ernährung *f*
Malthusian theory
Malthusische Theorie *f*, Malthusianismus *m* (Thomas R. Malthus) *(Demographie)*
man-in-the middle
Werkmeister *m*, Arbeitnehmer *m* in der unteren Führungsfunktion, Mann *m* in der Mitte *(Industriesoziologie)*
man-land ratio (density of population, arithmetic population density, arithmetic density, population density, density of settlement, population divided by area, P/A)
Bevölkerungsdichtemaß *n*, Bevölkerungsdichte *f*, Verhältnis *n* der Arbeitskräfte zur landwirtschaftlich nutzbaren Fläche, arithmetische Bevölkerungsdichte *f* *(Demographie)*
man-machine simulation (mixed simulation)
Mensch-Maschinen-Simulation *f*, Mensch-Computer-Simulation *f* *(EDV)*
man within (man within the breast) (Adam Smith)
innerer Mensch *m* *(Philosophie)*
mana
Mana *n* *(Religionssoziologie)* *(Kulturanthropologie)*
management (business management)
Wirtschaftsmanagement *n*, Wirtschaftsführung *f*, Management *n*, Betriebsführung *f*, Geschäftsführung *f*, Geschäftsleitung *f*, organisatorische Leitung *f*, Leitung *f*, Betriebsleitung *f* *(Industriesoziologie)*
management audit
Managementrevision *f*, Betriebsleitungsrevision *f* *(Industriesoziologie)*
management breakthrough
Management-Durchbruch *m* *(Industriesoziologie)*

management by communication
Management *n* durch Kommunikation *f*
(Industriesoziologie)
management by decision rules
Management *n* durch Entscheidungsregeln *(Industriesoziologie)*
management by delegation
Management *n* durch Delegation
(Industriesoziologie)
management by exception
Management *n* durch Ausnahmeprinzipien *(Industriesoziologie)*
management by innovation
Management *n* durch Innovation
(Industriesoziologie)
management by motivation
Management *n* durch Motivation
(Industriesoziologie)
management by objectives (MBO)
Management *n* durch Zielvorgaben,
Management *n* durch operationale
Zielvorgaben *(Industriesoziologie)*
management by organization (brit organisation)
Management *n* durch Organisation
(Industriesoziologie)
management by reinforcement
Management *n* durch Verstärkung
(Industriesoziologie)
management by results
Management *n* durch Ergebnisse
(Industriesoziologie)
management science (management theory)
Managementwissenschaft *f*, Managementtheorie *f (Industriesoziologie)*
management sociology (managerial sociology)
Managementsoziologie *f*, Soziologie *f*
des Management *(Industriesoziologie)*
management statistics *pl als sg konstruiert*
(operational statistics *pl als sg konstruiert*)
Betriebsstatistik *f*
management style (managerial style)
Managementstil *m (Industriesoziologie)*
manager
Manager *m*, leitender Angestellter *m*,
geschäftsführender Angestellter *m*
(Industriesoziologie)
managerial class
Managerschicht *f*, Managerklasse *f*
(Industriesoziologie)
managerial grid (Robert R. Blake and Jane S. Mouton)
Management-Gitternetz *n*
(Industriesoziologie)
managerial revolution (James Burnham)
Managerrevolution *f (Industriesoziologie)*

managerial system (management system)
Managementsystem *n*, Leitungssystem *n*
(Organisationssoziologie)
managing director (professional manager)
angestellter Geschäftsführer *m*,
Manager *m*, Geschäftsführer *m*
(Industriesoziologie)
mandate
1. Mandat *n* politisches Mandat *n*,
politischer Auftrag *m (politische Wissenschaft)*
2. Vollmacht *f*, Bevollmächtigung *f*,
Vertretungsauftrag *m*
mandate (mandated territory)
völkerrechtlicher Schutzherrschaftsauftrag *m (Internationale Beziehungen)*
mandate theory
Mandatstheorie *f (politische Wissenschaften)*
mania
Manie *f (Psychologie)*
manic-depressive psychosis (*pl* psychoses)
manisch-depressive Psychose *f*, manisch-depressives Irresein *n (Psychologie)*
manifest
manifest *n*
vgl. latent
manifest dysfunction (Robert K. Merton)
manifeste Dysfunktion *f (Soziologie)*
vgl. latent dysfunction
manifest eufunction (Robert K. Merton)
manifeste Eufunktion *f (Soziologie)*
vgl. latent eufunction
manifest function (manifest consequence) (Robert K. Merton)
manifeste Funktion *f (Soziologie)*
vgl. latent function
manifest ideology
manifeste Ideologie *f (Soziologie)*
vgl. latent ideology
manifest neighborliness (brit neighbourliness)
manifest gutnachbarliches Verhalten *n*
(Soziologie)
vgl. latent neighborliness
manifest social identity (Alvin W. Gouldner)
manifeste soziale Identität *f*, manifeste
Organisation *f*, manifeste soziale Rolle *f*
(Organisationssoziologie)
vgl. latent social identity
manifest structure analysis (*pl* analyses)
manifeste Strukturanalyse *f (Soziologie) (Einstellungsforschung)*
vgl. latent structure analysis
manifest structure of attitudes
manifeste Struktur von Einstellungen *f*
(Einstellungsforschung)
vgl. manifest structure of attitudes

manifest structure
manifeste Struktur *f (Einstellungsforschung) (Soziologie)*
vgl. latent structure
manifest variable
manifeste Variable *f (Statistik)*
vgl. manifest variable
manifesto (*pl* manifestos *or* manifestoes)
Manifest *n*, offener Aufruf *m*, offener Brief *m*, öffentliche Erklärung *f*
manifold classification (multiple classification)
Mehrfachklassifikation *f*, Mehrfachklassifizierung *f*, Mehrfacheinteilung *f (Statistik) (Datenanalyse)*
manifest interest
manifestes Interesse *n* (Ralf Dahrendorf) *(Soziologie)*
manifold classification (multiple classification)
multiple Klassifikation *f*, Mehrfachklassifikation *f (Statistik)*
manipulation
Manipulation *f*, Manipulieren *n (Kommunikationsforschung)*
manipulative extraversion (manipulative extroversion)
manipulatorische Extraversion *f*, manipulatorische Extroversion *f*, manipulatorische Extrovertiertheit *f (Psychologie)*
manipulative need
Manipulationsbedürfnis *n*, manipulatorisches Bedürfnis *n (Psychologie)*
manipulative politics *pl als sg konstruiert*
manipulatorische Politik *f*, manipulative Politik *f*
manipulative research
manipulative Forschung *f (empirische Sozialforschung)*
manorial economy (estate economy, seignorial economy)
Gutsherrensystem *n*, Grundherrensystem *n*, System *n* der gutsherrlichen Landwirtschaft *(Volkswirtschaftslehre)*
Mann-Whitney test (Mann-Whitney U test)
Mann-Whitney-Test *m*, Mann-Whitney-U-Test *m*, U-Test *m (statistische Hypothesenprüfung)*
Mann-Whitney U test (Whitney extension)
Whitneysche Erweiterung *f* des Mann-Whitney-Tests (für drei Stichproben) *(statistische Hypothesenprüfung)*
mannerism
Manieriertheit *f*
manners *pl* **(conduct)**
Benehmen *n*, Betragen *n*, Umgangsformen *f/pl*, Umgangssitten *f/pl (Kommunikationsforschung) (Soziologie)*

manor
Landgut *n*, Lehensgut *n*, Gutsherrschaft *f*, Rittergut *n*, Pachtland *n (Landwirtschaft)*
manorial society
Gutsherrengesellschaft *f*, Grundherrengesellschaft *f (Soziologie) (Volkswirtschaftslehre)*
manorial system
Gutsherrenschaft *f*, Gutsherrentum *n (Volkswirtschaftslehre) (Soziologie)*
manorialism (manorial system, seignorialism)
Gutsherrschaft *f*, gutsherrschaftliches System *n*, Gutsherrensystem *n*, gutsherrschaftliches Wirtschaftssystem *n (Volkswirtschaftslehre) (Soziologie)*
manpower approach (manpower forecasting approach)
Manpower-Ansatz *m*, Arbeitskräftebedarfsansatz *m (Ausbildungsplanung)*
manpower mobility (labor mobility, *brit* **labour mobility)**
Arbeitskräftemobilität *f*, Mobilität *f* der Arbeitskräfte *(Mobilitätsforschung)*
manpower planning
Arbeitskräfteplanung *f (Volkswirtschaftslehre)*
manpower procurement
Arbeitskräftebeschaffung *f (Volkswirtschaftslehre)*
manpower training
Arbeitskräftetraining *n*, Ausbildung *f* von Arbeitskräften *(Volkswirtschaftslehre)*
manpower (man power)
menschliche Arbeitskraft *f*, menschliche Arbeitsleistung *f*, Personalbestand *m*, verfügbare Arbeitskräfte *f/pl*, Bestand *m* an verfügbaren Arbeitskräften *(Volkswirtschaftslehre)*
manslaughter (homicide, voluntary manslaughter)
Totschlag *m*, fahrlässige Tötung *f*, vorsätzliche Körperverletzung *f* mit Todesfolge *(Kriminologie)*
manual labor (*brit* manual labour, manual work)
manuelle Arbeit *f (Volkswirtschaftslehre)*
vgl. nonmanual labor
manual occupation (manual job)
manuelle Beschäftigung *f*, manuelle Arbeit *f*, manueller Beruf *m*, handwerkliche Beschäftigung *f*, handwerklicher Beruf *m (Industriesoziologie)*
vgl. nonmanual occupation

manual worker (blue collar worker, blue-collar worker, blue collarite, blue collar, worker)
Fabrikarbeiter *m*, Industriearbeiter *m*, manueller Arbeiter *m*, manueller Industriearbeiter *m* *(Industriesoziologie) (empirische Sozialforschung) (Demographie)*
manufacture
1. Fertigprodukt *n*, Erzeugnis *n*, Ware *f* *(Volkswirtschaftslehre)*
2. Fertigung *f*, fabrikmäßige Erzeugung *f*, Erzeugung *f*, Produktion *f* *(Volkswirtschaftslehre)*
manufacturer
Fabrikant *m*, Fabrikbesitzer *m*, Industrieller *m*, Hersteller *m*, Erzeuger *m* *(Volkswirtschaftslehre)*
map
Landkarte *f*, Karte *f* *(graphische Darstellung)*
margin of error (error margin, limit of accuracy)
Fehlerintervall *n*, Fehlerspielraum *m*, Fehlerbereich *m* *(statistische Hypothesenprüfung)*
marginal (*often pl* marginals)
Randziffer *f*, Randzahl *f*, Randsumme *f*, Marginalzahl *f* (in einer Tabelle, einem Codeplan, einem Fragebogen *(Statistik) (Datenanalyse)*
marginal
marginal, Marginal-, Rand- *adj*
marginal analysis (*pl* analyses)
Marginalanalyse *f*, marginale Analyse *f* *(Volkswirtschaftslehre)*
marginal area
Randgebiet *n*, Randzone *f* *(Kulturanthropologie) (Sozialökologie)*
marginal category
marginale Kategorie *f*, Marginalkategorie *f* *(Statistik) (Datenanalyse)*
marginal category
Randkategorie *f*, Randklasse *f*, marginale Kategorie *f*, Marginalkategorie *f* *(Statistik) (Datenanalyse)*
marginal culture
Randkultur *f*, marginale Kultur *f* *(Kulturanthropologie)*
marginal distribution
Randverteilung *f* *(Statistik)*
marginal distribution function
Randverteilungsfunktion *f* *(Statistik)*
marginal frequency (marginal, *meist pl* marginals, marginal totals *pl*)
Randhäufigkeit *f* *(Statistik)*
marginal group (fringe group)
Randgruppe *f*, marginale Gruppe *f* *(Soziologie)*

marginal man, *pl* men (Robert E. Park), marginal personality
Randpersönlichkeit *f*, Marginalexistenz *f*, Randseiter *m*, marginale Persönlichkeit *f* *(Sozialpsychologie)*
marginal number (marginal)
Randnummer *f*, Randziffer *f* (am Fragebogen) *(empirische Sozialforschung)*
marginal position
marginale Persönlichkeit *f*, Marginalexistenz *f* *(Soziologie)*
marginal position
marginale Stellung *f*, marginale Position *f*, Randstatus *m* *(Soziologie)*
marginal probability
Randwahrscheinlichkeit *f*, Randsummenwahrscheinlichkeit *f* *(Statistik)*
marginal significance
Randsignifikanz *f*, marginale Signifikanz *f* *(statistische Hypothesenprüfung)*
marginal situation
Randsituation *f*, marginale Situation *f* *(Sozialpsychologie) (Soziologie)*
marginal status
marginaler Status *m*, Randstatus *m* *(Soziologie)*
marginal utility
Grenznutzen *m* *(Volkswirtschaftslehre)*
marginality (Robert E. Park)
Marginalität *f*, marginale Stellung *f*, marginale Position *f*, marginaler Charakter *m*, marginale Persönlichkeit *f* *(Soziologie)*
marginalization
Marginalisierung *f* *(Soziologie)*
marital (conjugal)
ehelich, Ehe-, Gatten-, Heirats- *adj*
marital adjustment
eheliche Angleichung *f*, eheliche Anpassung *f*, wechselseitige Angleichung *f* von Ehepartnern *(Familiensoziologie)*
marital assimilation
Assimilation *f* durch Heirat, Assimilierung *f* durch Heirat, eheliche Assimilation *f*, eheliche Assimilierung *f* *(Kulturanthropologie)*
marital continence (continence in marriage)
eheliche Enthaltsamkeit *f*, sexuelle Enthaltsamkeit *f* in der Ehe *(Kulturanthropologie)*
marital disruption
Auseinanderbrechen *n* einer Ehe, Trennung *f* der Ehepartner *(Familiensoziologie)*
marital dissolution
Auflösung *f* einer Ehe *(Familiensoziologie)*

marital exchange (exchange of women) (Claude Lévy-Strauss)
Heiratsaustausch *m*, Frauentausch *m* *(Kulturanthropologie)*

marital family (family of procreation)
Zeugungsfamilie *f*, Prokreationsfamilie *f*, Fortpflanzungsfamilie *f*, eigene, zu gründende Familie *f* *(Soziologie) (Kulturanthropologie)*
vgl. family of orientation

marital fertility
eheliche Fruchtbarkeit *f*, Fruchtbarkeit *f* verheirateter Frauen *(Demographie)*

marital fertility rate
eheliche Fruchtbarkeitsrate *f*, eheliche Fruchtbarkeitsziffer *f*, Fruchtbarkeitsziffer *f* verheirateter Frauen, Fruchtbarkeitsrate *f* verheirateter Frauen *(Demographie)*

marital instability (marriage instability, conjugal instability)
eheliche Instabilität *f*, Instabilität *f* in der Ehe *(Familiensoziologie)*

marital interaction
eheliche Interaktion *f*, Interaktion *f* in der Ehe *(Familiensoziologie)*

marital partner (spouse)
Gatte *m*, Gattin *f*, Gemahl *m*, Gemahlin *f*, Ehepartner *m*, Ehegefährte *m*, Ehegefährtin *f* *(Kulturanthropologie)*

marital recruitment
Gattenrekrutierung *f*, Rekrutierung *f* von Ehepartnern *(Kulturanthropologie) (Familiensoziologie)*

marital role
eheliche Rolle *f*, Ehepartnerrolle *f*, Rolle *f* eines Ehepartners *(Familiensoziologie)*

marital solidarity
eheliche Solidarität *f* *(Familiensoziologie)*

marital stability (marriage stability, conjugal stability)
eheliche Stabilität *f*, Stabilität *f* einer Ehe *(Familiensoziologie)*

market
Markt *m* *(Volkswirtschaftslehre)*

market analysis *(pl* analyses)
Marktanalyse *f* *(Volkswirtschaftslehre)*

market character
Marktcharakter *m* (Erich Fromm) *(Psychologie)*

market data *pl*
Marktdaten *n/pl* *(Volkswirtschaftslehre)*

market differentiation
Marktdifferenzierung *f* *(Volkswirtschaftslehre)*

market domination
Marktbeherrschung *f* *(Volkswirtschaftslehre)*

market economy
Marktwirtschaft *f* *(Volkswirtschaftslehre)*

market exchange
Marktaustausch *m*, Markttausch *m*, Tauschwirtschaft *f* *(Kulturanthropologie)*

market observation
Marktbeobachtung *f*

market power
Marktmacht *f* *(Volkswirtschaftslehre)*

market principle
Marktprinzip *n* *(Volkswirtschaftslehre)*

market psychology
Marktpsychologie *f*

market research
Marktforschung *f*

market segmentation
Marktsegmentierung *f* *(Marktforschung)*

market share
Marktanteil *m* *(Volkswirtschaftslehre)*

market sociology
Marktsoziologie *f*, Soziologie *f* der Marktbeziehungen

market structure (market composition)
Marktstruktur *f* *(Volkswirtschaftslehre)*

market study (market investigation)
Marktstudie *f*, Marktuntersuchung *f* *(Marktforschung)*

market survey
Marktbefragung *f*, Marktumfrage *f*

market system
Marktsystem *n* *(Volkswirtschaftslehre)*

market test
Markttest *m* *(Marktforschung)*

marketing
Marketing *n*, Absatzförderung *f*, Absatzpolitik *f*

marketing communication(s) *(pl)*
Marketingkommunikation *f* *(Volkswirtschaftslehre)*

marketing concept (marketing philosophy)
Marketingkonzept *n*, Marketingkonzeption *f*, Marketingphilosophie *f* *(Volkswirtschaftslehre)*

marketing control
Marketingkontrolle *f*, Marketingsteuerung *f* *(Volkswirtschaftslehre)*

marketing cooperative (*brit* marketing co-operative)
Marketinggenossenschaft *f*, Erzeugergemeinschaft *f* *(Volkswirtschaftslehre)*

marketing coordination (coordination of marketing (*brit* co-ordination)
Marketingkoordination *f*, Marketingkoordinierung *f* *(Volkswirtschaftslehre)*

marketing cost analysis
Marketingkostenanalyse *f* *(Volkswirtschaftslehre)*

marketing cost(s) *(pl)*
Marketingkosten *pl (Volkswirtschaftslehre)*
marketing cycle
Marketingzyklus *m (Volkswirtschaftslehre)*
marketing environment (environment of marketing)
Marketingumwelt *f (Volkswirtschaftslehre)*
marketing function
Marketingfunktion *f (Volkswirtschaftslehre)*
marketing index *(pl indexes or indices)*
Absatzkennziffer *f*, Absatzindex *m (Volkswirtschaftslehre)*
marketing information
Marketinginformationen *f/pl)*
marketing information system (MAIS) (marketing intelligence system)
Marketing-Informations-System *n*, MAIS *(Volkswirtschaftslehre)*
marketing instrument (instrument of marketing, marketing tool)
Marketinginstrument *n (Volkswirtschaftslehre)*
marketing intelligence
Marketinginformation *f (Volkswirtschaftslehre)*
marketing management
Marketingmanagement *n (Volkswirtschaftslehre)*
marketing management system
Marketing-Management-System *n (Volkswirtschaftslehre)*
marketing mix (Neil H. Borden)
Marketing-Mix *n (Volkswirtschaftslehre)*
marketing objective
Marketingziel *n*, absatzpolitisches Ziel *n (Volkswirtschaftslehre)*
marketing orientation (marketing personality)
Marketingorientierung *f*, Marketingpersönlichkeit *f* (Erich Fromm) *(Philosophie)*
marketing research
Marketingforschung *f*, Absatzforschung *f*
marketing situation
Marketingsituation *f (Volkswirtschaftslehre)*
marketing sociology (sociology of marketing)
Marketingsoziologie *f*
marketing statistics *pl als sg konstruiert*
Marketingstatistik *f*
marketing strategy
Marketingstrategie *f (Volkswirtschaftslehre)*

marketing system
Marketingsystem *n (Volkswirtschaftslehre)*
marketing theory (theory of marketing)
Marketingtheorie *f (Volkswirtschaftslehre)*
marketing tool (marketing instrument, instrument of marketing)
Marketinginstrument *n (Volkswirtschaftslehre)*
Markov chain
Markov-Kette *f*, Markovsche Kette *f*, Markoff-Kette *f*, Markoffsche Kette *f (Stochastik)*
Markov chain analysis *(pl analyses)*
Analyse *f* einer Markov-Kette (einer Markovschen Kette, einer Markoff-Kette, einer Markoffschen Kette) *(Stochastik)*
Markov distribution
Markov-Verteilung *f*, Markovsche Verteilung *f*, Markoff-Verteilung *f*, Markoffsche Verteilung *f (Stochastik)*
Markov estimate
Markov-Schätzwert *m*, Markovscher Schätzwert *m*, Markoff-Schätzwert *m*, Markoffscher Schätzwert *m (Stochastik)*
Markov process
Markov-Prozeß *m*, Markovscher Prozeß *m*, Markoff-Prozeß *m*, Markoffscher Prozeß *m (Stochastik)*
Markov property
Markov-Eigenart *f*, Markovsche Eigenart *f*, Markoff-Eigenart *f*, Markoffsche Eigenart *f (Stochastik)*
Markov time
Markov-Zeit *f*, Markovsche Zeit *f*, Markoff-Zeit *f*, Markoffsche Zeit *f*, Stoppzeit *f (Stochastik)*
marriage
1. Ehe *f*
2. Hochzeit *f*
marriage (wedding)
Heirat *f (Kulturanthropologie)*
marriage breakdown
Zusammenbruch *m* einer Ehe, Zusammenbruch *m* der Ehe *(Familiensoziologie)*
marriage broker
Heiratsvermittler *m*
marriage class (moiety, section)
Stammeshälfte *f*, Gemeinschaftshälfte *f*, Gemeindehälfte *f*, Hälfte *f* eines Stammes, einer Gemeinschaft, einer Gemeinde *(Kulturanthropologie)*
marriage cohort (marriage generation)
Heiratskohorte *f (Demographie)*
marriage contract
Ehevertrag *m*, Heiratsvertrag *m (Kulturanthropologie)*

marriage counseling (*brit* **marriage counselling**)
Eheberatung *f*
marriage instability (**marital instability, conjugal instability**)
eheliche Instabilität *f*, Instabilität *f* in der Ehe *(Familiensoziologie)*
marriage of mixed religious faith
religiöse Mischehe *f (Religionssoziologie)*
marriage of non-mixed religious faith
religiös nicht gemischte Ehe *f (Religionssoziologie)*
marriage pattern (**mate selection pattern, pattern of mate selection, mating pattern**)
Gattenwahlmuster *n*, Muster *n* der Gattenwahl, der Wahl von Ehepartner, Heiratsmuster *n (Kulturanthropologie)*
marriage prohibition
Heiratsverbot *n (Kulturanthropologie)*
marriage rate
Heiratsquote *f*, Heiratsziffer *f*, Heiratsrate *f (Demographie)*
marriage ritual
Heiratsritual *n (Ethnologie)*
marriage stability (**marital stability, conjugal stability**)
eheliche Stabilität *f*, Stabilität *f* einer Ehe *(Familiensoziologie)*
marriageable population
heiratsfähige Bevölkerung *f*, ehemündige Bevölkerung *f (Demographie)*
married couple
Ehepaar *n*
Marshall-Edgeworth-Bowley index (*pl* **indices** *or* **indexes**)
Marshall-Edgeworth-Bowley-Index *m (Statistik)*
martial law (**military law, law of war**)
Kriegsrecht *n*, Standrecht *n*, Militärrecht *n*
martingale
Martingale *n*, martingaler Prozeß *m (Stochastik)*
marxism (Marxism)
Marxismus *m (Philosophie) (politische Wissenschaft)*
marxism-leninism (Marxism-Leninism)
Marxismus Leninismus *m (Philosophie) (politische Wissenschaft)*
masculine protest
männlicher Protest *m* (Alfred Adler) *(Psychoanalyse)*
masculinity
Maskulinität *f*, Männlichkeit *f*
vgl. femininity
mask (Erving Goffman)
Maske *f (Soziologie)*

masking test
Verschleierungstest *m*, verschleierter Test *m*, verschleierte Aufgabe *f (Psychologie)*
Maslow's hierarchy of needs (Abraham H. Maslow)
Maslowsche Bedürfnishierarchie *f*, Maslows Hierarchie *f* der Bedürfnisse *(Psychologie)*
Maslow's of theory of motivation (Maslow's motivation theory) (Abraham H. Maslow)
Maslowsche Theorie *f*, Maslows Motivationstheorie *f (Psychologie)*
masochism
Masochismus *m (Psychologie)*
mass
Masse *f*, Anhäufung *f*, Ansammlung *f*, Menge *f*, Menschenmasse *f* (Statistik) *(Sozialpsychologie)*
mass activity (**mass activities** *pl*, **crowd activity, crowd activities** *pl*, **crowd action**)
Massenhandeln *n*, Massenhandlung *f (Sozialpsychologie)*
mass attitude
Masseneinstellung *f*, Massenhaltung *f (Sozialpsychologie)*
mass behavior (*brit* **mass behaviour**)
Massenverhalten *n (Sozialpsychologie)*
mass communication model
Massenkommunikationsmodell *n (Kommunikationsforschung)*
mass communication research
Massenkommunikationsforschung *f (Kommunikationsforschung)*
mass communication theory (**theory of mass communication**)
Massenkommunikationstheorie *f (Kommunikationsforschung)*
mass communication
Massenkommunikation *f (Kommunikationsforschung)*
mass consumption
Massenkonsum *m*, Massenverbrauch *m (Volkswirtschaftslehre)*
mass consumption society
Konsumgesellschaft *f*, Massenkonsumgesellschaft *f (Soziologie) (Sozialkritik)*
mass contagion (crowd contagion)
Massenansteckung *f (Sozialpsychologie)*
mass conversion
Massenbekehrung *f (Religionssoziologie)*
mass culture (*derog* **masscult**)
Massenkultur *f (Soziologie) (Sozialkritik)*
mass democracy
Massendemokratie *f (politische Wissenschaft)*

mass emigration
Massenauswanderung *f*, Massenemigration *f* *(Migration)*
mass immigration
Masseneinwanderung *f*, Massenimmigration *f* *(Migration)*
mass leisure
Massenfreizeit *f* *(Soziologie)*
mass media model
Massenmedienmodell *n* *(Kommunikationsforschung)*
mass medium (*pl* **mass media**)
Massenmedium *n*, Massenkommunikationsmittel *n*
mass migration
Massenwanderung *f*, Massenmigration *f* *(Migration)*
mass movement
Massenbewegung *f* *(Sozialpsychologie)*
mass observation (Charles Madge and Tom Harrison)
Massenbeobachtung *f* *(empirische Sozialforschung)*
mass persuasion
Massenüberzeugung *f*, Massenüberredung *f*, Massenpersuasion *f* *(Kommunikationsforschung)*
mass phenomenon (*pl* **mass phenomena, mass behavior,** *brit* **mass behaviour**)
Massenphänomen *n*, Massenerscheinung *f* *(Soziologie)* *(Sozialpsychologie)*
mass-based party
Massenpartei *f*, Partei *f* mit Massenbasis *(politische Wissenschaft)*
mass membership party
Massenpartei *f*, Partei *f* mit Massenmitgliedschaft *(politische Wissenschaft)*
mass production
Massenproduktion *f* *(Volkswirtschaftslehre)*
mass propaganda
Massenpropaganda *f* *(Kommunikationsforschung)*
mass psychology
Massenpsychologie *f*, Psychologie *f* der Massen *(Sozialpsychologie)*
mass sentiment
Massenempfinden *n*, Massengefühl *n* *(Sozialpsychologie)*
mass society
Massengesellschaft *f* *(Soziologie)* *(Sozialkritik)*
mass subculture
Massensubkultur *f* *(Soziologie)*
mass suggestibility
Massensuggestibilität *f* *(Sozialpsychologie)* *(Kommunikationsforschung)*

massed learning
massiertes Lernen *n* *(Theorie des Lernens)*
massed practice (*brit* **massed practice, massed trials** *pl*)
massierte Übung *f* *(Theorie des Lernens)*
massification
Vermassung *f* *(Sozialpsychologie)*
master frame
Erhebungsrahmen *m* für eine Ausgangsstichprobe (für eine Grundstichprobe) *(Statistik)*
master plan
Hauptplan *m*
master race
Herrenrasse *f*
master sample (predesignated sample)
Ausgangsstichprobe *f*, Grundstichprobe *f*, feste Ausgangsstichprobe *f* *(Statistik)*
master file
Hauptdatei *f*, Stammdatei *f*, Bestandsdatei *f* *(EDV)*
matched groups design (paired matching, pair matching, paired-groups design, pairing method, precision matching, precision control)
paarweise Parallelisierung *f*, paarweise Gleichsetzung *f*, paarweises Matching *n* *(statistische Hypothesenprüfung)*
matched pairs *pl* **of binomial variables (equivalent pairs** *pl* **of binomial variables)**
parallelisierte Paare *n/pl* von binomialen Variablen, gleichartige Paare *n/pl* von binomialen Variablen *(statistische Hypothesenprüfung)*
matched-groups design (equivalent groups design)
experimentelle Anlage *f*, Versuchsanlage *f* mit parallelisierten Gruppen (mit statistischen Zwillingen) *(statistische Hypothesenprüfung)*
matched-groups design (equivalent-groups design)
Testanlage *f*, Versuchsanlage *f* mit parallelisierten Gruppen, mit statistischen Zwillingen *(statistische Hypothesenprüfung)*
matched-pairs signed ranks test (Wilcoxon signed ranks test (Wilcoxon matched pairs signed ranks test, Wilcoxon t test)
Wilcoxon-Rangordnungs-Zeichentest *m*, Test *m* für Paardifferenzen *(statistische Hypothesenprüfung)*

matching (**matched groups design, matched individuals design, equivalent groups design, alternate-forms design, precision matching, precision control**)
Parallelisierung *f*, Matching *n*, Gleichsetzung *f* (*statistische Hypothesenprüfung*)

matching by frequency distribution (frequency matching, frequency distribution control)
Parallelisierung *f* nach der Häufigkeitsverteilung, Häufigkeitsparallelisierung *f*, Matching *n* nach der Häufigkeitsverteilung (*statistische Hypothesenprüfung*)

matching by randomization (randomization)
Parallelisierung *f* durch Randomisierung *f*, Matching *n* durch Randomisierung, Gleichsetzung *f* durch Randomisierung (*statistische Hypothesenprüfung*)

matching distribution
Parallelverteilung *f* (*Statistik*)

matching experimental design (matching design)
experimentelle Anlage *f* mit Parallelisierung, Versuchsanlage *f* mit Parallelisierung, mit Matching, Matching-Anlage *f* (*statistische Hypothesenprüfung*)

matching factor
paralleler Faktor *m*, gleichartiger Faktor *m* (*statistische Hypothesenprüfung*)

matching lists *pl* (**overlapping lists** *pl*)
überlappende Listen *f/pl*, sich überschneidende Stichproben *f/pl* (*Statistik*)

matching test
Paßtest *m*, Gleichartigkeitstest *m* (*Psychologie*)

mate (**partner**)
Partner(in) *m* (*f*), Ehegefährte *m*, Ehegefährtin *f*, Lebensgefährte *m*, Lebensgefährtin *f*, Lebenspartner *m*, Lebenspartnerin *f*, Gatte *m*, Gattin *f* (*Kulturanthropologie*) (*Soziologie*)

mate (**work mate, workmate, coworker**)
Arbeitsgenosse *m*, Arbeitsgenossin *f*, Kamerad *m* (*Industriesoziologie*)

mate selection (**selection of mates, mating**)
Gattenwahl *f*, Partnerwahl *f* (*Kulturanthropologie*) (*Familiensoziologie*)

mate selection pattern (**pattern of mate selection, mating pattern, marriage pattern**)
Gattenwahlmuster *n*, Muster *n* der Gattenwahl, der Wahl von Ehepartnern, Heiratsmuster *n* (*Kulturanthropologie*)

mater (**genetrix**)
Mater *f*, leibliche Mutter *f* (*Kulturanthropologie*)
vgl. pater

material cause
materielle Ursache *f* (*Soziologie*)

material culture
materielle Kultur *f* (*Kulturanthropologie*)
vgl. immaterial culture (nonmaterial culture)

material technology (**Alfred Radcliffe-Brown**)
materielle Technologie *f*, materielle Technik *f* (*Kulturanthropologie*)

materialism
Materialismus *m* (*Philosophie*)
vgl. idealism

maternal deprivation
Entzug *m* mütterlicher Liebe oder mütterlicher Präsenz (*Psychologie*)
vgl. paternal deprivation

maternal family
Mutterfamilie *f* (*Kulturanthropologie*)
vgl. paternal family

maternal half sibs *pl* (**half siblings** *pl*, **half-sibs** *pl*, **maternal half siblings** *pl*, **uterine half-siblings** *pl*, **uterine half-sibs** *pl*)
Halbgeschwister *pl* mütterlicherseits (*Kulturanthropologie*)
vgl. paternal half sibs

maternal mortality (**puerperal mortality**)
Müttersterblichkeit *f*, Mutterschaftssterblichkeit *f* (*Demographie*)

maternal orphan
Halbwaise *f* ohne Mutter (*Familiensoziologie*)
vgl. paternal orphan

maternal overprotection
mütterliche Überfürsorge *f*, übermäßige mütterliche Sorge *f* (*Psychologie*)
vgl. paternal overprotection

maternal reproduction (**female reproduction rate**)
weibliche Reproduktionsziffer *f*, weibliche Reproduktionsrate *f* (*Demographie*)

maternal sib (**matrisib, matri-sib, mother-sib**)
Nachkommenschaft *f* mütterlicherseits (*Kulturanthropologie*)
vgl. paternal sib (patrisib, patri-sib, father-sib)

maternity
Mutterschaft *f*, Muttersein *n*, Mutterstand *m* (*Soziologie*) (*Kulturanthropologie*)
vgl. paternity

maternity rate (maternal rate)
mütterliche Geburtenziffer *f*, mütterliche Geburtenrate *f*, Mutterschaftsziffer *f*, Mutterschaftsrate *f* *(Demographie)*
vgl. paternity rate (paternal rate)

mathematical demography
mathematische Demographie *f*

mathematical expectation (expected value) (E) (expectation)
mathematische Erwartung *f*, Erwartungswert *m* *(Mathematik/Statistik)*

mathematical experimentation
mathematisches Experimentieren *n* *(statistische Hypothesenprüfung)*

mathematical model
mathematisches Modell *n*, Mathematisierung *f* *(Sozialforschung)*

mathematical programming
mathematische Programmierung *f* *(Operations Research)*

mathematical psychology
mathematische Psychologie *f*

mathematical sociology
mathematische Soziologie *f*

mathematical statistics *pl als sg konstruiert*
mathematische Statistik *f*

mathematical sample
mathematische Stichprobe *f*, mathematische Auswahl *f*

mathematical symbolism
mathematische Symbolik *f* *(Mathematik/Statistik)*

mathematical theory of communication (communication theory, information theory)
mathematische Kommunikationstheorie *f* *(Kommunikationsforschung)*

mathematical theory
mathematische Theorie *f*

mathematical value (numerical value)
mathematischer Wert *m*, rechnerischer Wert *m* *(Mathematik/Statistik)*

mathematics *pl als sg konstruiert*
Mathematik *f*

mating
Paarung *f*, Partnerwahl *f* *(Genetik)* *(Kulturanthropologie)*

mating behavior (*brit* **mating behaviour)**
Paarungsverhalten *n*, Partnerwahlverhalten *n* *(Ethnologie)*

matriarch
Matriarch *m*, Stammesmutter *f*, Familienmutter *f*, weibliches Familienoberhaupt *n* *(Kulturanthropologie)*
vgl. patriarch

matriarchal
matriarchisch, matriarchalisch, mutterrechtlich *(Kulturanthropologie)* *adj*
vgl. patriarchal

matriarchal family
matriarchalische Familie *f*, matriarchische Familie *f*, mutterrechtliche Familie *f* *(Kulturanthropologie)*
vgl. patriarchal family

matriarchate
Matriarchat *n*, Mutterherrschaft *f*, Mutterrecht *n*, Herrschaft *f* der Stammesmutter *(Kulturanthropologie)*
vgl. patriarchate

matriarchy
matriarchalisches System *n*, mutterrechtliches System *n*, Frauenherrschaft *f* *(Kulturanthropologie)*
vgl. patriarchy

matricentric family
matrizentrische Familie *f*, mutterzentrierte Familie *f* *(Kulturanthropologie)*
vgl. patricentric family

matricentric
matrizentrisch, auf die Mutter konzentriert *adj* *(Kulturanthropologie)*
vgl. patricentric

matricide
Muttermord *m* *(Kulturanthropologie)*
vgl. patricide

matricipient residence
matrizipiente Residenz *f*, matrizipiente Wohnform *f*, matrizipiente Wohngemeinschaft *f* *(Kulturanthropologie)*
vgl. patricipient residence

matriclan (uterine clan)
Muttersippe *f*, Matriclan *m*, Sippe *f* mit Mutterfolge *(Kulturanthropologie)*
vgl. patriclan

matri-demos (matri deme) (George P. Murdock
Mutter-Demos *m*, Muttergemeinde *f* *(Kulturanthropologie)*
vgl. patri-demos

matridominant
matridominant, durch Vorherrschaft der Mutter gekennzeichnet *adj* *(Kulturanthropologie)*
vgl. patridominant

matrifiliation (maternal filiation)
Matrifiliierung *f*, Bindung *f* zwischen Mutter und Kind *(Kulturanthropologie)*
vgl. patrifiliation

matrifocal family
matrifokale Familie *f*, auf die Mutter ausgerichtete Familie *f* *(Kulturanthropologie)*
vgl. patrifocal family

matrifocality
Matrifokalität *f*, Familienausrichtung *f* auf die Mutter *(Kulturanthropologie)*
vgl. patrifocality

matrilateral
matrilateral, mütterlicherseits *adj*
(*Kulturanthropologie*)
vgl. patrilateral
**matrilateral cross-cousin marriage
(matrilineal cross-cousin marriage)**
matrilaterale Kreuz-Vettern-Kusinen-
Ehe *f*, Kreuz-Vettern-Kusinen-Ehe *f*
mütterlicherseits (*Kulturanthropologie*)
vgl. patrilateral cross-cousin marriage
**matrilateral cross-cousin (matrilineal cross-
cousin, matri cross-cousin)**
matrilateraler Kreuzvetter *m*,
matrilaterale Kreuzbase *f*, matrilateraler
Kreuzkusin *m*, matrilaterale
Kreuzkusine *f*, Kreuzvetter *m*
mütterlicherseits, Kreuzbase *f*
mütterlicherseits (*Kulturanthropologie*)
vgl. patrilateral cross-cousin
**matrilateral descent (cognation, cognatic
descent, matrilineal descent)**
Kognation *f*, Abstammung *f* in der
mütterlichen Linie, Verwandtschaft *f*
in der mütterlichen Linie
(*Kulturanthropologie*)
vgl. patrilateral descent
**matrilateral kin (matrilateral relative,
cognate, matrilineal kin, matrilineal
relative)**
Kognat *m*, Verwandter *m*
mütterlicherseits, Blutsverwandter *m*
mütterlicherseits, Verwandter *m* in der
mütterlichen Linie (*Kulturanthropologie*)
vgl. patrilateral kin
**matrilateral parallel cousin (matrilineal
parallel cousin, matri parallel cousin)**
matrilateraler Parallelvetter *m*,
matrilaterale Parallelbase *f*,
matrilateraler Parallelkusin *m*,
matrilaterale Parallelkusine *f*,
Parallelvetter *m* mütterlicherseits,
Parallelbase *f* mütterlicherseits
(*Kulturanthropologie*)
vgl. patrilateral parallel cousin
**matrilateral parallel cousin marriage
(matrilineal parallel cousin marriage,
matri-parallel cousin marriage)**
matrilaterale Parallel-Vettern-Kusinen-
Ehe *f*, Parallel-Vettern-Kusinen-Ehe *f*
mütterlicherseits (*Kulturanthropologie*)
vgl. patrilateral parallel cousin marriage
**matrilateral relative (matrilateral kin,
matrikin, matrilineal relative, matrilineal
kin, maternal relative, uterine relative,
cognate)**
Verwandte(r) *f(m)* mütterlicherseits
(Verwandte(r) *f(m)* in der mütterlichen
Linie, Kognat *m* (*Kulturanthropologie*)
vgl. patrilateral relative

matrilaterality
Matrilateralität *f*, Verwandtschaft *f*
mütterlicherseits, Verwandtschaft *f*
in der mütterlichen Linie
(*Kulturanthropologie*)
vgl. patrilaterality
matriline (uterine line)
mütterliche Verwandtschaftslinie *f*,
mütterliche Abstammungslinie *f*,
Abstammungslinie *f* mütterlicherseits
(*Kulturanthropologie*)
vgl. patriline
matrilineage (cognatic lineage)
Abstammung *f* in der mütterlichen
Linie, Stammbaum *m* in der
mütterlichen Linie, Matrilateralität *f*,
Verwandtschaft *f* mütterlicherseits,
Verwandtschaft *f* in der mütterlichen
Linie (*Kulturanthropologie*)
vgl. patrilineage
matrilineal complex
matrilinealer Komplex *m*, mütterlicher
Abstammungskomplex *m*, Komplex *m*
der mütterlichen Abstammungslinie
(*Kulturanthropologie*)
vgl. patrilineal complex
**matrilineal descent (matriliny, uterine
descent)**
matrilineale Abstammung *f*,
matrilineale Abstammungslinie *f*,
matrilineale Abstammungsfolge *f*,
Abstammung *f* in der mütterlichen
Linie, Abstammungsfolge *f* in der
mütterlichen Linie, Matrilinealität *f*,
Abstammung *f* in der weiblichen
Linie, mutterrechtliche Abstammung *f*
(*Kulturanthropologie*)
vgl. patrilineal descent
matrilineal extended family
matrilineale erweiterte Familie *f*,
erweiterte Familie *f* in der
weiblichen Linie, erweiterte
Familie *f* in der mütterlichen Linie *f*
(*Kulturanthropologie*)
vgl. patrilineal extended family
matrilineal family
matrilineale Familie *f*, Familie *f*
in der weiblichen Linie, Familie *f*
in der mütterlichen Linie *f*
(*Kulturanthropologie*)
vgl. atrilineal family
matrilineal inheritance
matrilineale Erbfolge *f*, Erbfolge *f* in
der weiblichen Linie, Erbfolge *f* in der
mütterlichen Linie (*Kulturanthropologie*)
vgl. patrilineal inheritance
matrilineal institution
matrilineale Institution *f*, matrilineale
Einrichtung *f* (*Kulturanthropologie*)
vgl. patrilineal institution

matrilineal kin (matrilineal relative, matrilateral kin, matrilateral relative, cognate)
Kognat *m*, Verwandter *m* mütterlicherseits, Blutsverwandter *m* mütterlicherseits, Verwandter *m* in der mütterlichen Linie *(Kulturanthropologie)*
vgl. patrilineal kin

matrilineal kinship
matrilineale Verwandtschaft *f*, Verwandtschaft *f* in der weiblichen Linie, Verwandtschaft *f* in der mütterlichen Linie *(Kulturanthropologie)*
vgl. patrilineal kinship

matrilineal succession
matrilineale Nachfolge *f*, Nachfolge *f* in der weiblichen Linie, Nachfolge *f* in der mütterlichen Linie *(Kulturanthropologie)*
vgl. patrilineal succession

matrilineal system
matrilineales System *n*, matrilineales Abstammungssystem *n*, Abstammungs- und Verwandtschaftssystem *n* mit mütterlicher Abstammung *(Kulturanthropologie)*
vgl. patrilineal system

matrilineality
Matrilinealität *f (Kulturanthropologie)*
vgl. patrilineality

matrilocal
matrilokal *adj (Kulturanthropologie)*
vgl. patrilocal

matrilocal extended family
matrilokale erweiterte Familie *f* *(Kulturanthropologie)*
vgl. patrilocal extended family

matrilocal family
matrilokale Familie *f*, Familie *f* in der weiblichen Linie, Familie *f* in der mütterlichen Linie *(Kulturanthropologie)*
vgl. patrilocal family

matrilocal joint family
matrilokale Mehrgenerationenfamilie *f*, Mehrgenerationenfamilie *f* in der weiblichen Linie, Mehrgenerationenfamilie *f* in der mütterlichen Linie *f*, matrilokale Großfamilie *f* im engeren Sinne *(Kulturanthropologie)*
vgl. patrilocal joint family

matrilocal marriage
matrilokale Ehe *f (Kulturanthropologie)*
vgl. patrilocal marriage

matrilocal residence (matrilocal residence pattern)
matrilokale Residenz *f*, matrilokale Wohnform *f*, matrilokale Wohngemeinschaft *f (Kulturanthropologie)*
vgl. patrilocal residence

matrilocality (matrilocal residence, matrilocal residence pattern)
Matrilokalität *f (Kulturanthropologie)*
vgl. patrilocality

matri-moiety
matrilineale Sippenhälfte *f*, matrilineale Stammeshälfte *f (Kulturanthropologie)*
vgl. patri-moiety

matrimony (wedlock)
Ehestand *m* Ehe *f*, Matrimonium *n*
vgl. patrimony

matri-patrilocal residence (matri-patrilocal residence pattern) (George P. Murdock)
matri-patrilokale Residenz *f*, matri-patrilokale Wohnform *f*, matri-patrilokale Wohngemeinschaft *f (Kulturanthropologie)*
vgl. patri-matrilocal residence (patri-matrilocal residence pattern, patriuxorilocal residence)

matripatrilocality (matri-patrilocal residence, matri-patrilocal residence pattern)
Matripatrilokalität *f (Kulturanthropologie)*
vgl. patripatrilocality

matriuxorilocal residence
Wohngemeinschaft *f* mit der Mutter der Braut, Wohnen *n* am Wohnort der Mutter der Braut *(Kulturanthropologie)*
vgl. patriuxorilocal residence

matrivirilocal residence
Wohngemeinschaft *f* mit der Mutter des Bräutigams, Wohnen *n* am Wohnort der Mutter des Bräutigams *(Kulturanthropologie)*
vgl. patrivirilocal residence

matrix game
Matrixspiel *n (Spieltheorie)*

matronymic family
matronymische Familie *f*, matrinomiale Familie *f (Kulturanthropologie)*
vgl. patronymic family

matronymic system (mother name system)
matronymisches System *n* *(Kulturanthropologie)*
vgl. patronymic system

matronymic (mother name)
1. Matronymikum *n*, Muttername *m* *(Kulturanthropologie)*
2. matronymisch, von der Mutter abgeleitet, Mutter- *adj* *(Kulturanthropologie)*
vgl. patronymic

matter of cultural alternation (cultural alternative, cultural ambivalence, culture borrowing, cultural borrowing, cultural adaptation, cultural adaption)
kulturell tolerierte Alternative *f*, kulturell mögliches Alternativverhalten *n*,

maturation
kulturell toleriertes Alternativverhalten *n* *(Kulturanthropologie)*
maturation
Reifung *f*, Reifen *n* *(Psychologie)*
maturation hypothesis (*pl* **hypotheses**)
Reifungshypothese *f* *(Psychologie)*
maturation process
Reifungsprozeß *m*, Prozeß *m* des Reifens *(Psychologie)*
maturity
Reife *f*, Gereiftheit *f* *(Psychologie)*
Maudsley Personality Inventory (M.P.I.)
Maudsley-Persönlichkeits Fragebogen *m* *(Psychologie)*
maverick (outlier, out-lier, discordant value, wild variation, wild shot, sport, straggler)
Ausreißer *m* *(Statistik)*
maximal lineage
maximale Abstammungslinie *f*, Abstammungslinie *f* im weitesten Sinne *(Kulturanthropologie)*
vgl. minimal lineage (minor lineage)
maximally solidary community (Yehudi A. Cohen)
maximal solidarische Gemeinschaft *f* *(Soziologie)*
vgl. minimally solidary community
maximax decision
Maximax-Entscheidung *f* *(Entscheidungstheorie)*
vgl. minimax decision
maximax inequality
Maximax-Ungleichung *f* *(Entscheidungstheorie)*
vgl. minimax inequality
maximax principle
Maximax-Prinzip *n* *(Entscheidungstheorie)*
vgl. minimax principle
maximax strategy (maximax risk strategy)
Maximax-Strategie *f* *(Entscheidungstheorie)*
vgl. minimax strategy
maximax theorem
Maximax-Theorem *n* *(Entscheidungstheorie)*
vgl. minimax theorem
maximin decision (maximin decision)
Maximin-Entscheidung *f* *(Entscheidungstheorie)*
vgl. minimin decision
maximization of profit (profit maximization)
Profitmaximierung *f*, Gewinnmaximierung *f* *(Volkswirtschaftslehre)*
maximum
Maximum *n*, Höchstwert *m*, Scheitel *m*, Scheitelstelle *f*, Maximumstelle *f* *(Mathematik/Statistik)*

maximum ergodic theorem
maximaler Ergodensatz *m* *(Stochastik)*
maximum F ratio
maximaler Varianzquotient *m* *(Statistik)*
maximum likelihood equation
Maximum-Likelihood-Gleichung *f*, maximale Mutmaßlichkeitsgleichung *f* *(Wahrscheinlichkeitstheorie)*
maximum likelihood estimate
Maximum-Likelihood-Schätzung *f*, maximale Mutmaßlichkeitsschätzung *f* *(Wahrscheinlichkeitstheorie)*
maximum likelihood estimator
Maximum-Likelihood-Schätzfunktion *f*, Schätzfunktion *f* der maximalen Mutmaßlichkeit *f* *(Wahrscheinlichkeitstheorie)*
maximum likelihood ratio test
Maximum-Likelihood-Quotienten-Test *m* *(Wahrscheinlichkeitstheorie)*
maximum likelihood
Maximum-Likelihood *f*, maximale Mutmaßlichkeit *f* *(Wahrscheinlichkeitstheorie)*
maximum population
Maximalbevölkerung *f*, maximale Bevölkerungszahl *f* *(Demographie)*
maximum variance
maximale Varianz *f*, größtmögliche Varianz *f* *(Statistik)*
maximum-likelihood method (MLE) (method of ml)
Maximum-Likelihood-Methode *f*, maximale Mutmaßlichkeitsmethode *f*, Methode *f* der maximalen Mutmaßlichkeit, Methode *f* der größten Mutmaßlichkeit *(Wahrscheinlichkeitstheorie)*
mayor-council plan of city government
Bürgermeister-Stadtrat Modell *n* der kommunalen Verwaltung *(politische Wissenschaften)*
McNemar test (correlated proportions test, test for significance of changes, McNemar test of change)
McNemar-Test *m* *(statistische Hypothesenprüfung)*
me (George H. Mead)
Mich *n*, Mir *n* *(Soziologie)*
mean absolute error
durchschnittlicher absoluter Fehler *m* *(statistische Hypothesenprüfung)*
mean age of fertility
durchschnittliches Fruchtbarkeitsalter *n*, durchschnittliches Alter *n* der Fruchtbarkeit *f* *(Demographie)*

mean deviation (MD) (average deviation (AD) (mean variation)
mittlere Abweichung f, durchschnittliche Abweichung f, mittlere Variation f, mittlere Schwankungsbreite f, durchschnittliche Schwankungsbreite f (Statistik)

mean difference
mittlere Differenz f, durchschnittliche Differenz f (Statistik)

mean expectation (mean function)
mittlere Erwartungsfunktion f, durchschnittliche Erwartungsfunktion f (Stochastik)

mean life
mittlere Lebensdauer f (Demographie)

mean probit difference
mittlere Probitdifferenz f (Statistik)

mean range
mittlere Spannweite f (Statistik)

mean square (MS)
mittleres Abweichungsquadrat n, mittleres Quadrat n (Statistik)

mean square contingency
mittlere quadratische Kontingenz f (Statistik)

mean square convergence
Konvergenz f im quadratischen Mittel (Wahrscheinlichkeitstheorie)

mean square error (MSE) (error mean-square, error term, mean square) (MS)
mittleres Fehlerquadrat n (statistische Hypothesenprüfung)

mean square successive difference (mean square successive-difference ratio, mean successive difference)
mittlere quadratische sukzessive Differenz f (Statistik)

mean successive difference
mittlere sukzessive Differenz f (Statistik)

mean trigonometric deviation
mittlere trigonometrische Abweichung f (Statistik)

mean (simple average)
Mittelwert m, Mittel n (Statistik)

mean gradations scaling (Thurstone technique, method of equal appearing intervals, Thurstone scaling, equal-appearing intervals scaling) (Edward L. Thorndike/Louis L. Thurstone)
Thurstone-Technik f, Thurstone-Skalierungstechnik f (Skalierung)

mean value (mathematical expectation)
mathematische Erwartung f (Mathematik/Statistik)

mean value function (covariance kernel)
Kovarianzkern m (Statistik)

meaninglessness
Bedeutungslosigkeit f (Skalierung) (empirische Sozialforschung)

means of production pl
Produktionsmittel n/pl (Volkswirtschaftslehre)

means-centered behavior (brit means-centred behaviour)
mittelorientiertes Verhalten n, auf die Mittel zur Erreichung eines Ziels konzentriertes Verhalten n (Soziologie) (Entscheidungstheorie)

means-end analysis (pl analyses)
Mittel-Zweck Analyse f, Analyse f von Mittel und Zwecken (Organisationssoziologie)

means-end model (R. Jakobson)
Mittel-Zweck-Modell n (Linguistik)

means-end relation (means-end relationship)
Mittel Zweck-Beziehung f, Beziehung f von Mitteln und Zwecken (Organisationssoziologie)

means-end schema
Mittel-Ziel-Schema n (empirische Sozialforschung/Soziologie)

means of communication(s) (instrument of communication(s))
Kommunikationsinstrument n

measurability (mensurability)
Meßbarkeit f (empirische Sozialforschung)

measurable function
meßbare Funktion f (empirische Sozialforschung)

measurable space
meßbare Menge f (empirische Sozialforschung)

measurable stochastic process
meßbarer stochastischer Prozeß m

measurable transformation
meßbare Transformation f (empirische Sozialforschung)

measure
1. Maß n, Meßinstrument n (Mathematik/Statistik)
2. Maßstab m, Verhältnis n (Mathematik/Statistik)

measure of association
Assoziationsmaß n, Korrelationsmaß n, Zusammenhangsmaß n (Statistik)

measure of central tendency (centrality measure, measure of location, parameter of location, location measure, location parameter)
Maß n der Lage f, Lagemaß n, Lageparameter m, Maß n der zentralen Tendenz (Statistik)

measure of continuity (continuity measure, index of continuity, continuity index, pl indexes or **indices, kappa, κ)**
Kontinuitätsmaß n (multidimensionale Skalierung)

measure of correlation (correlation measure, correlation statistic)
Korrelationsmaß *n (Statistik)*
measure of dispersion
Streuungsmaß *n*, Dispersionsmaß *n (Statistik)*
measure of location
→ measure of central tendency
measure of size (size measure)
Umfangsmaß *n*, Ausdehnungsmaß *n*, Größenmaß *n (Mathematik/Statistik)*
measure of validity (degree of validity, validity measure, scope of validity)
Validitätsausmaß *n*, Gültigkeitsausmaß, Stichhaltigkeitsausmaß *n (statistische Hypothesenprüfung)*
measure of variation
Abweichungsmaß *n*, Schwankungsmaß *n (Statistik)*
measure space
Maßraum *m (Skalierung)*
measurement (measure)
Abmessungen *f/pl* (Größe *f*, Dimension *f* (*Mathematik/Statistik*)
measurement (mensuration)
Messung *f*, Messen *n*, Abmessung *f*, Vermessung *f (empirische Sozialforschung)*
measurement (unit of measurement, unit, standard measurement unit, metric)
Maßeinheit *f*, Einheit *f*, Standard *m*, Grundmaßstab *m (Mathematik/Statistik)*
measurement by fiat
Messung *f* durch Indizes (im Gegensatz zu fundamentalem oder abgeleitetem Messen) *(empirische Sozialforschung)*
measurement data *pl*
Meßdaten *n/pl*, Maßdaten *n/pl (empirische Sozialforschung)*
measurement error (error in measurement)
Meßfehler *m (empirische Sozialforschung) (statistische Hypothesenprüfung)*
measurement level (level of measurement, level of probability)
Meßniveau *n*, Meßebene *f (Skalierung)*
measurement of demand
Nachfragemessung *f (Volkswirtschaftslehre)*
measurement process
Meßvorgang *m*, Meßprozeß *m (empirische Sozialforschung)*
measurement scale
Maßskala *f*, Meßskala *f (empirische Sozialforschung)*
measurement system (measurement)
Maßsystem *n (empirische Sozialforschung)*
mechanical communication
mechanische Kommunikation *f (Kommunikationsforschung)*

mechanical learning (rote learning)
mechanisches Lernen *n*, assoziatives Lernen *n (Theorie des Lernens)*
mechanical management (Thomas Burns and G. M. Stalker)
mechanisches Management *n (Organisationssoziologie)*
mechanical solidarity (mechanical group solidarity, mechanistic solidarity, mechanistic group solidarity) (Emile Durkheim)
mechanische Solidarität *f (Soziologie)*
mechanism
Mechanismus *m*
mechanistic analogy
mechanistische Analogie *f (Sozialforschung)*
mechanistic jungle (Thomas Burns and G. M. Stalker)
mechanistischer Dschungel *m (Organisationssoziologie)*
mechanistic theory
mechanistische Theorie *f (Sozialforschung)*
mechanization
Mechanisierung *f (Volkswirtschaftslehre)*
mechanized data processing (MDP)
mechanisierte Datenverarbeitung *f (EDV)*
mechanized industry
mechanisierte Industrie *f (Volkswirtschaftslehre)*
media influence
Medieneinfluß *m (Kommunikationsforschung)*
media market (C. Wright Mills)
Medienmarkt *m (Soziologie)*
media of interchange (Talcott Parsons)
Interaktionsmedien *n/pl*, Austauschmedien *n/pl (Theorie des Handelns)*
media regulations *pl*
Medienvorschriften *f/pl*, gesetzliche Medienvorschriften *f/pl*
medial organization (*brit* medial organisation, medial association
mediale Organisation *f*, mediale Vereinigung *f*, intermediäre Organisation *f*, vermittelnde Organisation *f (Organisationssoziologie)*
medial test
Medialtest *m*, Quadrantentest *m (statistische Hypothesenprüfung)*
median (median value, midscore)
Median *m*, Zentralwert *m*, zentraler Wert *m (Statistik)*
median
zentral liegend, in der Mitte liegend *adj (Statistik)*

median deviation
Abweichungsmedian *m* *(Statistik)*
median effective dose (ED50)
effektive 50-Prozent-Dosis *f* (D.E. 50), mittlere wirksame Dosis *f* *(Statistik)*
median income
mittleres Einkommen *n* *(Volkswirtschaftslehre)*
median-income household
Haushalt *m* mit mittlerem Einkommen *(Volkswirtschaftslehre)*
median interval
Medianintervall *n*, Zentralintervall *n* *(Statistik)*
median line
Halbierungslinie *f* *(Statistik)*
median regression curve
halbierende Regressionskurve *f* *(Statistik)*
median regression line
halbierende Regressionsgerade *f*, halbierende Regressionslinie *f* *(Statistik)*
median test
Mediantest *m*, Zentralwerttest *m* *(statistische Hypothesenprüfung)*
mediate association
vermittelndes Assoziieren *n*, vermittelnde Assoziation *f* *(Verhaltensforschung)*
mediated stimulus generalization (Charles E. Osgood)
vermittelnde Reizgeneralisierung *f* *(Psychologie)*
mediating behavior (*brit* mediating behaviour)
vermittelndes Verhalten *n* *(Verhaltensforschung)*
mediating factor
vermittelnder Faktor *m*, mediatisierender Faktor *m* *(Psychologie)*
mediating theory
vermittelnde Theorie *f* *(Psychologie/Soziologie)*
mediating variable
vermittelnde Variable *f*, mediatisierende Variable *f* *(Psychologie)*
mediation
Vermittlung *f*, organisierende Vermittlung *f* *(Soziologie)* *(Psychologie)*
mediation theory (representational mediation theory, representational mediation)
Vermittlungstheorie *f*, Theorie *f* der vermittelnden Prozesse *(Verhaltensforschung)*
mediator
Vermittler *m*, Unterhändler *m* *(Soziologie)*
Medicaid *Am*
medizinische Sozialfürsorge *f*

medical anthropology
Medizinanthropologie *f*
medical care
medizinische Versorgung *f*
medical-industrial complex
medizinisch-industrieller Komplex *m* *(Volkswirtschaftslehre)*
medical psychology
medizinische Psychologie *f*
medicine man
Medizinmann *m* *(Ethnologie)*
medievalist socialism (William Morris and John Ruskin)
mittelalterlicher Sozialismus *m*
mediopolis (Murray H. Leiffer)
Mediopolis *f* *(Sozialökologie)*
medium of exchange
Tauschmittel *n* *(Volkswirtschaftslehre)*
medium party (Maurice Duverger)
Mittelpartei *f* *(politische Wissenschaften)*
medium range (middle range)
mittlere Reichweite *f* *(Soziologie)*
medium-status occupation
Beruf *m* mit mittlerem Status, Beschäftigung *f* mit mittlerem Status *(Soziologie)*
megalomania (delusion de grandeur)
Megalomanie *f*, Größenwahn *m* *(Psychologie)*
megalopolis (Jean Gottmann) (megalopolitan region)
Megalopolis *f* *(Sozialökologie)*
megalopolitan network
megalopolitanes Netz *n*, Megalopolis-Netz *n*, Netz *n* von Riesenstädten *(Sozialökologie)*
meliorism
Meliorismus *m* *(Philosophie)*
Mellin transformation
Mellin-Transformation *f*, Mellinsche Transformation *f* *(Statistik)*
melting pot (Israel Zangwill)
Schmelztiegel *m* *(Soziologie)*
melting pot doctrine
Schmelztiegeltheorie *f*, Schmelztiegeldoktrin *f* *(Soziologie)*
membership group
Mitgliedsgruppe *f*, Mitgliedschaftsgruppe *f* *(Gruppensoziologie)*
membership reference group
Eigen-Bezugsgruppe *f*, Bezugsgruppe *f*, der ein Individuum zugleich als Mitglied angehört *(Gruppensoziologie)*
vgl. aspirational reference group
memory
1. Gedächtnis *n* *(Psychologie)*
2. Internspeicher *m*, interner Speicher *m*, Speicher *m* *(EDV)*

memory span
Gedächtnisumfang m, Gedächtnisspanne f, Umfang m des Gedächtnisses, Aufmerksamkeitsumfang m, Aufmerksamkeitsspanne f *(Psychologie)*
memory trace (engram)
Gedächtnisspur f *(Psychologie)*
Mendel's laws pl **(Mendelian laws** pl**)**
Mendelsche Gesetze n/pl, Mendelsche Vererbungsregeln f/pl *(Genetik)*
menopause (change of life, climacterium)
Klimakterium n, Wechseljahre n/pl *(Psychologie)*
mensurable (measurable)
meßbar *adj (empirische Sozialforschung)*
mensuration (measurement)
Ausmessung f, Abmessung f, Meßkunst f *(empirische Sozialforschung)*
mental ability
geistige Fähigkeit f *(Psychologie)*
mental age (MA, M. A.)
Intelligenzalter n *(Entwicklungspsychologie)*
mental age norm
Intelligenzalternorm f *(Entwicklungspsychologie)*
mental compartmentalization (compartmentalization)
Parzellierung f *(Organisationssoziologie)*
mental conflict
geistiger Konflikt m, innerer Widerspruch m
mental content
Bewußtseinsinhalt m, Erlebnisinhalt m, Denkinhalt m *(Psychologie)*
mental defectiveness (mental deficiency)
Geistesschwäche f, Schwachsinn m *(Psychologie)*
mental disease (mental illness)
Geisteskrankheit f *(Psychologie)*
mental disorder (mental disturbance)
Geistesstörung f, leichte Geisteskrankheit f *(Psychologie)*
mental experiment
Gedankenexperiment n, gedankliches Experiment n *(experimentelle Anlage)*
mental hygiene (mental health)
Psychohygiene f, geistige Hygiene f, geistige Gesundheitspflege f *(Psychologie)*
mental map (perceptual map, cognitive map)
Wahrnehmungslandkarte f, Wahrnehmungskarte f *(Psychologie) (Einstellungsforschung)*
mental mobility
geistige Beweglichkeit f, geistige Mobilität f, geistige Flexibilität f *(Psychologie)*

mental retardation (retardation)
geistige Zurückgebliebenheit f, Retardation f *(Psychologie)*
mental set (Edward L. Thorndike)
geistige Reaktionsdisposition f, geistige Prädisposition f, geistige Einstellung f *(Verhaltensforschung)*
mental structure
geistige Struktur f *(Psychologie)*
mental test (intelligence scale, intelligence test)
Intelligenztest m *(Psychologie)*
mental training (cognitive rehearsal)
mentales Training n, gedankliche Übung f *(Psychologie)*
mental work (intellectual work)
geistige Arbeit f, geistige Tätigkeit f
mentalism
Mentalismus m *(Psychologie)*
mentality
Mentalität f *(Psychologie)*
mentation
Geistestätigkeit f, Geisteszustand m *(Psychologie)*
menticide (brainwashing, thought control, thought reform)
Gehirnwäsche f, Hirnwäsche f
mentifact (Donald Bidney)
Geistesprodukt n
vgl. agrofact, socifact, artifact
mercantilism
Merkantilismus m *(Volkswirtschaftslehre)*
merchant guild (merchant gild)
Kaufmannszunft f *(Soziologie)*
merge sorting
Mischsortieren n, Mischen n und Sortieren n *(EDV)*
merging
Mischen n *(EDV)*
merit appointment
Leistungsbeförderung f, Beförderung f, Ernennung f aufgrund von Leistungen, nach Verdienst *(Organisationssoziologie)*
merit bureaucracy
Leistungsverwaltung f, öffentliche Verwaltung f, bei der Verdienste und Leistungen die Grundlage von Anstellungen und Beförderungen sind *(Organisationssoziologie)*
vgl. patronage bureaucracy
merit norm
Verdienstnorm f, Leistungsnorm f *(Organisationssoziologie)*
merit system
Leistungssystem n, Verdienstsystem n *(Organisationssoziologie) (politische Wissenschaften)*
vgl. patronage system
meritocracy
Meritokratie f *(politische Wissenschaften)*

mesmerism (animal magnetism)
  Mesmerismus *m*, tierischer
  Mesmerismus *m (Psychologie)* (Franz
  Anton Mesmer)
mesokurtic
  mesokurtisch, normal gewölbt *(Statistik)*
  adj
  vgl. platykurtic, leptokurtic
mesokurtic curve
  mesokurtische Kurve *f*, normal gewölbte
  Kurve *f (Statistik)*
  vgl. platykurtic curve, leptokurtic curve
mesokurtic frequency distribution curve
  mesokurtische Häufigkeitsverteilungskurve *f*, normal gewölbte
  Häufigkeitsverteilungskurve *f (Statistik)*
  vgl. platykurtic frequency distribution
  curve, leptokurtic frequency distribution
  curve
mesokurtosis
  Mesokurtosis *f*, normale Wölbung *f*
  (Statistik)
  vgl. platykurtosis, leptokurtosis
mesomorphic (mesomorphous)
  mesomorph *adj (Psychologie)*
  vgl. ectomorphic
mesomorphy (William F. Sheldon)
  Mesomorphie *f (Psychologie)*
  vgl. ectomorphy
message
  Botschaft *f*, Nachricht *f (Soziolinguistik)*
  (Kommunikationsforschung)
message diffusion
  Nachrichtendiffusion *f*, Diffusion *f*
  einer Botschaft, einer Nachricht
  (Kommunikationsforschung)
messiah
  Messias *m*, Erlöser *m*, Heiland *m*
  (Religionssoziologie)
messianic movement (messianism)
  messianische Bewegung *f*, Erlösungsbewegung *f (Religionssoziologie)*
mestizo
  Mestize *m*, Mestizin *f (Ethnologie)*
meta-goal
  Metaziel *n (Philosophie)*
  (Entscheidungstheorie)
metaanthropology
  Metaanthropologie *f*
metabolism
  Metabolismus *m*, Stoffwechsel *m*
metacommunication (meta-communication, mea communication)
  Metakommunikation *f (Kommunikationsforschung)*
metacommunicative message
  metakommunikative Botschaft *f*,
  metakommunikative Nachricht *f*
  (Kommunikationsforschung)

metahistory
  Metageschichte *f*, Geschichtsphilosophie *f*
meta language
  Metasprache *f (Soziolinguistik)*
metalepsis
  Metalepsis *f (Kulturanthropologie)*
metalinguistics *pl als sg konstruiert*
  Metalinguistik *f (Soziolinguistik)*
metameter
  Metameter *n (Statistik)*
metamotivation
  Metamotivation *f (Psychologie)*
metaperspective (R. D. Laing)
  Metaperspektive *f (Psychologie)*
metaphor
  Metapher *f (Soziolinguistik)*
metaphor of manuscripts
  Metapher *f* der Manuskripte,
  Manuskript(e)-Metapher *f (Soziolinguistik) (Kommunikationsforschung)*
metaphoric language
  metaphorische Sprache *f (Linguistik)*
  (Psychoanalyse)
metaphysics *pl als sg konstruiert*
  Metaphysik *f (Philosophie)*
metapolitics *pl als sg konstruiert*
  Metapolitik *f (politische Wissenschaften)*
metapsychology
  Metapsychologie *f*
metascience
  Metawissenschaft *f (Theorie des Wissens)*
metasociology
  Metasoziologie *f*
metasystem (meta-system, supra system)
  Metasystem *n*
metataxis
  Metataxis *f*, Metataxe *f (Theorie des Wissens)*
metataxonomy
  Metataxonomie *f (Theorie des Wissens)*
metatheory
  Metatheorie *f (Theorie des Wissens)*
metempsychosis (transmigration of souls, reincarnation)
  Metempsychose *f*, Seelenwanderung *f*
  (Kulturanthropologie)
method of absolute judgment (method of single stimuli)
  Methode *f* des absoluten Urteils,
  absolute Urteilsmethode *f (statistische Hypothesenprüfung)*
method of agreement (John St. Mill)
  Methode *f* der Übereinstimmung,
  Übereinstimmungsmethode *f (Logik)*

method of collapsed strata (collapsed strata method, collapsed stratum method, technique of collapsed strata, collapsed strata technique, collapsed stratum technique, procedure of collapsed strata, collapsed strata procedure, collapsed stratum procedure, method of combined strata, combined strata method, combined stratum method)
Methode *f* der zusammengelegten Schichten, Verfahren *n* der zusammengelegten Schichten, Technik *f* der zusammengelegten Schichten *(Statistik)*

method of concomitant variations (John St. Mill)
Methode *f* der gleichlaufenden Variationen *(Logik)*

method of difference (John St. Mill)
Methode *f* des Unterschieds (Differenzmethode *f* *(Logik)*

method of difference and agreement (joint method of difference and agreement)
Methode *f* des Unterschieds und der Übereinstimmung *(Logik)*

method of equal appearing intervals (method of paired comparisons) (Louis L. Thurstone)
Methode *f* der gleich erscheinenden Abstände, Methode *f* der gleich erscheinenden Intervalle, Verfahren *n* der gleich erscheinenden Abstände, Verfahren *n* der gleich erscheinenden Intervalle *(Skalierung) (empirische Sozialforschung)*

method of equisection
Äquisektionsmethode *f*, Äquisektionsverfahren *n*, Methode *f* der Äquisektion, Verfahren *n* der Äquisektion *(Skalierung) (empirische Sozialforschung)*

method of estimation (estimating method, estimation technique)
Schätzmethode *f*, Schätzverfahren *n* *(Statistik)*

method of exclusion
Methode *f* des Ausschlusses, Ausschlußmethode *f* *(statistische Hypothesenprüfung)*

method of expected cases
Methode *f* der erwarteten Fälle *(Methodenlehre)*

method of fractionation (fractionation method, halving method)
Aufteilungsmethode *f*, Fraktionierungsmethode *f*, Halbierungsmethode *f* *(Psychophysik) (Skalierung)*

method of graded dichotomies (method of successive intervals)
Methode *f* der nachträglich bestimmten Abstände, Verfahren *n* der nachträglich bestimmten Abstände *(Skalierung) (empirische Sozialforschung)*

method of group decision (group decision method)
Methode *f* des Gruppenentscheids *(statistische Hypothesenprüfung) (Entscheidungstheorie)*

method of internal consistency (method of summated ratings)
Methode *f* der internen Konsistenz *(Skalierung) (empirische Sozialforschung)*

method of known groups
Methode *f* der bekannten Gruppen, Verfahren *n* der bekannten Gruppen *(statistische Hypothesenprüfung)*

method of largest average
d'Hondtsches Verfahren *n*, der Mandatsberechnung *(politische Wissenschaften)*

method of least squares (least-squares method)
Methode *f* der kleinsten Quadrate, Methode *f* der kleinsten Quadratsummen *(Statistik)*

method of link-relatives (link-relative method) (of seasonal adjustment) (Warren M. Persons)
Gliedziffernmethode *f* (der Saisonanpassung) *(Statistik)*

method of ml (maximum-likelihood method) (MLE)
Maximum-Likelihood-Methode *f*, maximale Mutmaßlichkeitsmethode *f*, Methode *f* der maximalen Mutmaßlichkeit, Methode *f* der größten Mutmaßlichkeit *(Wahrscheinlichkeitstheorie)*

method of moments
Momentenmethode *f* *(Statistik)*

method of multivariate data analysis (multivariate method)
multivariate Methode *f*, Mehrvariablenmethode *f* *(Datenanalyse)*
vgl. univariate method

method of observation (observational method)
Beobachtungsmethode *f*, Methode *f* der Beobachtung *(empirische Sozialforschung)*

method of overlapping maps
koordinierte Doppelauswahl *f* *(Statistik)*

method of paired comparisons (paired comparison, paired comparison technique, paired comparison procedure, Thurstone's case V) (Louis L. Thurstone)
Paarvergleich *m*, paarweiser Vergleich *m*, Verfahren *n* des Paarvergleichs *(Skalierung)*

method of path coefficients
Methode *f* der Pfadkoeffizienten, Verfahren *n* der Pfadkoeffizienten *(Statistik)*

method of ratio estimation (ratio method, ratio estimation)
Methode *f* der Verhältnisschätzung *(Statistik)*

method of residues (John St. Mill)
Methode *f* der Residuen, Verfahren *n* der Residuen *(Logik)*

method of retained members (retained-members method)
Methode *f* der behaltenen Glieder *(Theorie des Lernens)*

method of selected points
Methode *f* der ausgewählten Punkte, Verfahren *n* der ausgewählten Punkte *(Statistik)*

method of semi-averages
Methode *f* der Halbreihenwerte, Verfahren *n* der Halbreihenwerte *(Statistik)*

method of summated ratings (Rensis Likert)
Methode *f* der summierten Einschätzungen, Verfahren *n* der summierten Einschätzungen, Methode *f* der summierten Schätzwerte, Verfahren *n* der summierten Schätzwerte *(Skalierung) (empirische Sozialforschung)*

method of univariate data analysis (univariate method, unidimensional method)
univariate Methode *f*, eindimensionale Methode *f*, Einvariablenmethode *f* *(Statistik)*
vgl. bivariate method, multivariate method

method of verstehen (verstehen, method of understanding, understanding)
Methode *f* des Verstehens, verstehende Methode *f* *(Sozialforschung) (Theorie des Wissens)* (Max Weber)

methodological behaviorism *(brit* methodological behaviourism
methodologischer Behaviorismus *m* *(Verhaltensforschung)*

methodological essentialism (essentialism)
methodologischer Essentialismus *m*, Essentialismus *m*, Wesenslehre *f*, Begriffsrealismus *m* *(Philosophie) (Theorie des Wissens)*

methodological experiment
Methodenexperiment *n*, methodisches Experiment *n* *(statistische Hypothesenprüfung)*

methodological individualism
methodologischer Individualismus *m* *(Theorie des Wissens)*

methodological theory
Methodentheorie *f*, methodologische Theorie *f* *(Theorie des Wissens)*

methodology
Methodologie *f*, Methodenlehre *f* *(Theorie des Wissens)*

methods study (process analysis, *pl* analyses, work simplification)
Verlaufsanalyse *f*, Ablaufsanalyse *f* *(Organisationssoziologie)*

metonym
Metonym *n* *(Kommunikationsforschung)*

metonymy
Metonymie *f* *(Kommunikationsforschung)*

metric (measurement, unit of measurement, unit, standard measurement unit)
Maßeinheit *f*, Einheit *f*, Standard *m*, Grundmaßstab *m* *(Mathematik/Statistik)*

metropolis (metropolitan city)
Metropole *f* *(Sozialökologie)*

metropolitan area (metropolitan region, metropolitan district)
metropolitanes Gebiet *n* *(Sozialökologie)*

metropolitan community (Roderick D. McKenzie)
metropolitane Gemeinde *f* *(Sozialökologie)*

metropolitan dominance
metropolitane Dominanz *f*, Dominanz *f* der Metropole, Vorherrschaft *f* der Metropole, metropolitane Vorherrschaft *f* *(Sozialökologie)*

metropolitan economy
metropolitane Wirtschaft *f*, metropolitanes Wirtschaftssystem *n*, System *n* der metropolitanen Wirtschaft *(Sozialökologie)*

metropolitan fringe (metropolitan ring, balance of area)
metropolitaner Ring *m* *(Sozialökologie)*

metropolitan government
metropolitane Stadtverwaltung *f*, kommunale Verwaltung *f* einer Metropole, Stadtverwaltung *f* der Metropole *(Sozialökologie)*

metropolitan hinterland
metropolitanes Hinterland n,
metropolitaner Einzugsbereich m,
Einzugsbereich m einer (der) Metropole
(Sozialökologie)
metropolitan influence
metropolitaner Einfluß m, Einfluß m
der Metropole auf ihr Hinterland
(Sozialökologie)
metropolitan organization (*brit*
metropolitan organisation)
metropolitane Organisation f,
Organisation f der Metropole und des
metropolitanen Gebiets *(Sozialökologie)*
metropolitan planning
metropolitane Planung f,
Gesamtplanung f für die Metropole
und das metropolitane Gebiet
(Sozialökologie)
metropolitan village (Robert E. Pahl)
metropolitanes Dorf n *(Sozialökologie)*
metropolitanism
Metropolitanismus m, metropolitane
Grundhaltung f, metropolitane
Gesinnung f, metropolitane Einstellung f
(Sozialökologie)
metropolitanization
Metropolitanisierung f *(Sozialökologie)*
metropolitics *pl als sg konstruiert*
metropolitane Politik f, Politik f in einer
Metropole *(Sozialökologie)*
metropolitics *pl als sg konstruiert*
Politik f in der (einer) Metropole
(Sozialökologie)
metropolity
politische Verfassung f einer Metropole,
politische Ordnung f einer Metropole,
Gemeinwesen n der Metropole
(Sozialökologie)
micro analysis (*pl* **analyses, micro analysis)**
Mikroanalyse f *(Theorie des Wissens)*
vgl. macro analysis
micro change (micro-change)
mikrosozialer Wandel m, Wandel m von
Kleinstrukturen *(Soziologie)*
vgl. macro change
micro genesis (microgenesis)
Aktualgenese f (Friedrich Sander)
(Gestaltpsychologie)
micro politics *pl als sg konstruiert*
Mikropolitik f, mikropolitische Analyse f
(politische Wissenschaften)
vgl. macro politics
microculture (Laura Thompson)
Mikrokultur f *(Sozialökologie)*
vgl. macroculture

microdemocracy (micro-democracy)
Mikrodemokratie f, Demokratie f
in gesellschaftlichen Kleinstrukturen
(politische Wissenschaften)
vgl. macrodemocracy
microdemography
Mikrodemographie f *(politische
Wissenschaften)*
vgl. macrodemography
microdynamics *pl als sg konstruiert*
Mikrodynamik f *(Soziologie)*
vgl. macro macrodynamics
microeconomics *pl als sg konstruiert*,
micro-economics *pl als sg konstruiert*
Mikroökonomie f *(Volkswirtschaftslehre)*
vgl. macroeconomics
microethnology
Mikroethnologie f *(Kulturanthropologie)*
vgl. macroethnology
microfunctionalism (microfunctionalism)
(Don Martindale)
Mikrofunktionalismus m *(Soziologie)*
vgl. macrofunctionalism
microlinguistics *pl als sg konstruiert*
Mikrolinguistik f
vgl. macrolinguistics
microsociology (micro-sociology)
Mikrosoziologie f
vgl. macrosociology
microstructure (microstructure)
Mikrostruktur f, Kleinstruktur f
(Soziologie)
vgl. macrostructure
microtheory (micro-theory, small-range theory)
Mikrotheorie f, Kleintheorie f *(Theorie des Wissens)*
vgl. macrotheory
microvariable (micro-variable)
Mikrovariable f, mikroökonomische
Variable f *(Volkswirtschaftslehre)*
vgl. macrovariable
mid childhood (midchildhood, mid childhood)
mittleres Kindesalter n *(Entwicklungspsychologie)*
mid-range (center of a range, *brit* **centre of range)**
Spannweitenmitte f *(Statistik)*
mid-square method
Quadratmittenmethode f
(Wahrscheinlichkeitstheorie)
mid-value assumption
Mittelpunktsannahme f *(Statistik)*
middle class
Mittelstand m, Mittelschicht f,
Mittelklasse f *(Soziologie)*
middle class culture
Mittelstandskultur f, Mittelschichtkultur f, Mittelklassenkultur f *(Soziologie)*

middle class society
Mittelstandsgesellschaft *f (Soziologie)*
middle majority politics *pl als sg konstruiert*
Politik *f* der Mitte, Gesellschaftspolitik *f* der Mitte, Politik *f* der mittleren Mehrheit *(politische Wissenschaften)*
middle-man minority
Minderheit *f* der Mittelgruppen (in einer Gesellschaft) *(Soziologie)*
middle management
mittleres Management *n*, mittlere Führungsebene *f* im Unternehmen, mittlere Führungsschicht *f*, mittlere Managerebene *f*, leitende Angestellte *m/pl* der mittleren Führungsebene *(Industriesoziologie)*
middle manager (middle executive)
Manager *m* der mittleren Führungsebene, mittlerer Manager *m*, leitender Angestellter *m* der mittleren Führungsebene *(Industriesoziologie)*
middle range (medium range)
mittlere Reichweite *f (Soziologie)*
middle range theory (Robert K. Merton) (theory of (the) middle range, miniature theory)
Theorie *f* mittlerer Reichweite *(Theoriebildung) (Soziologie)*
midlife (mid-life)
Lebensmitte *f (Entwicklungspsychologie)*
midlife crisis (*pl* **crises**)
Midlife-Krise *f*, Krise *f* in der Lebensmitte *(Entwicklungspsychologie)*
midpoint
Mittelpunkt *m (Statistik)*
midrank method
Methode *f* der durchschnittlichen Rangzahlen *(Statistik)*
midscore (median, median value)
Median *m*, Zentralwert *m*, zentraler Wert *m (Statistik)*
migrant labor (*brit* **migrant labour, migrant work**)
Wanderarbeit *f*, die Wanderarbeiter *m/pl (Migration)*
migrant laborer (*brit* **migrant labourer, migratory laborer,** *brit* **migratory labourer, migrant worker, migratory worker,** *Am colloq* **hobo,** *pl* **hobos** *or* **hoboes**)
Wanderarbeiter *m*, wandernder Gelegenheitsarbeiter *m*, Landstreicher *m*
migrant (migratory)
1. Wander-, wandernd *adj (Migration)*
2. Migrant *m*, Wanderer *m*, Ein-, Aus-, Binnenwanderer *m (Migration)*

migration
Migration *f*, Wanderung *f*, Wanderungsbewegung *f*, Wanderungsbewegungen *f/pl*, Bevölkerungswanderung *f* *(Migration)*
migration chain
Migrationskette *f*, Wanderungskette *f* *(Migration)*
migration counterstream (migration counter-current)
Migrationsdifferential *n*, Migrationsdifferenz *f*, Wanderungsdifferential *n*, Wanderungsdifferenz *f (Migration)*
migration hypothesis (*pl* **hypotheses**)
Migrationshypothese *f*, Hypothese *f* über die Ursachen von Wanderungsbewegungen *(Migration)*
migration interval
Migrationsintervall *n*, Migrationszeitraum *m (Migration)*
migration policy
Migrationspolitik *f*, Wanderungspolitik *f (Migration)*
migration rate
Migrationsrate *f*, Migrationsquote *f*, Anteil *m* der Migranten an der Gesamtbevölkerung *(Migration)*
migration stream (migration current)
Migrationsstrom *m*, Wanderungsstrom *m*, Strom *m* der Wanderungsbewegungen *(Migration)*
migratory cycle
Migrationszyklus *m*, Zyklus *m* der jährlichen Wanderungsbewegungen *(Migration)*
migratory group
Migrationsgruppe *f*, Migrantengruppe *f*, Wanderungsgruppe *f*, Gruppe *f* von Migranten *(Migration)*
migratory selection (selective migration)
Selektion *f* durch Migration, Wanderungsselektion *f*, Selektion *f* durch Wanderung *(Migration) (Soziologie)*
migratory unit
Migrationseinheit *f*, Wanderungseinheit *f (Migration)*
mild transformation
milde Transformation *f (Statistik)*
milieu (environment)
Milieu *n (Soziologie)*
milieu therapy
Milieutherapie *f (Psychologie)*
militancy
Militanz *f (Psychologie) (Soziologie)*
militant minority (Louis Wirth)
militante Minderheit *f*, militante Minorität *f (Soziologie) (Sozialpsychologie)*
militarism
Militarismus *m (Soziologie)*

militaristic ideology
militaristische Ideologie *f* *(Philosophie)*
militarization
Militarisierung *f* *(Soziologie)*
military alliance
militärisches Bündnis *n*, Militärallianz *f*
(politische Wissenschaften)
military core
militärischer Kern *m*, Militärkern *m*
(politische Wissenschaften)
military decision making (military decision-making)
militärischer Entscheidungsprozeß *m*,
Treffen *n* militärischer Entscheidungen
(Organisationssoziologie)
military government
Militärregierung *f*, Militärherrschaft *f*
(politische Wissenschaften)
military industrial complex (MIC)
militärisch-industrieller Komplex
(MIK) *m* *(Volkswirtschaftslehre)*
(politische Wissenschaften)
military influence
militärischer Einfluß *m*, Einfluß *m* des
Militärs *(Soziologie)*
military institution
militärische Einrichtung *f*, militärische
Institution *f* *(Organisationssoziologie)*
military intelligence
1. militärischer Nachrichtendienst *m*,
militärische Abwehr *f*, Abwehr *f*
2. nachrichtendienstliche
Militärinformationen *f/pl*, ausgewertete
militärische Feindinformationen *f/pl)*
military intervention
militärische Intervention *f*
military justice
Militärgerichtsbarkeit *f* *(Organisationssoziologie)*
military law (law of war, martial law)
Kriegsrecht *n*, Standrecht *n*,
Militärrecht *n*
military organization (brit organisation)
militärische Organisation *f*,
Militärorganisation *f*, Organisation *f*
des Militärs *(Organisationssoziologie)*
military participation ratio (M.P.R.)
Verhältnis *n* von Militärpersonen
zu männlichen Zivilpersonen (im
wehrpflichtigen Alter), militärische
Partizipationsquote *f* *(Demographie)*
military policy
Militärpolitik *f*, Verteidigungspolitik *f*
(politische Wissenschaft)
military power potential
militärisches Potential *n*, Verteidigungs-
und Kriegspotential *n* des Militärs
(politische Wissenschaft) (Soziologie)
military psychology
Militärpsychologie *f*

military service
Militärdienst *m*, Wehrdienst *m*
(Organisationssoziologie)
military service
Wehrdienst *m*, Militärdienst *m*
military society (Herbert Spencer)
militärische Gesellschaft *f* *(Soziologie)*
military sociology
Militärsoziologie *f*
military unit (unit)
militärische Einheit *f*, militärischer
Verband *m* *(Organisationssoziologie)*
military-civic action
militärische Aktionen *f/pl* im
Zivilbereich, Aktionen *f/pl* des Militärs
im Zivilbereich
military
1. Militär *n*, Truppen *f/pl*, Soldaten *m/pl*
(Organisationssoziologie)
2. militärisch, Militär- *adj*
military rule
→ militocracy
militocracy (stratocracy, military rule, military regime)
Militokratie *f*, Militärherrschaft *f*,
Militärregime *n*, Stratokratie *f* *(politische Wissenschaften)*
millenarian
1. Millenarier *m*, Chiliast *m* *(Religionssoziologie) (Kulturanthropologie)*
2. millenaristisch, chiliastisch, ein
tausendjähriges Reich betreffend,
das tausendjährige Reich Christi
betreffend *adj* *(Religionssoziologie)*
(Kulturanthropologie)
millenarian ideology (millenaristic ideology)
millenaristische Ideologie *f* *(Religionssoziologie) (Kulturanthropologie)*
millenarian movement (millenaristic movement, millenarian cult, millenaristic cult) (Vittorio Lanternari)
millenaristische Bewegung *f*, millenaristischer Kult *m* *(Religionssoziologie)*
(Kulturanthropologie)
millenarianism (millenarism)
Millenarismus *m*, Chiliasmus *m*,
Glaube *m* an die Heraufkunft eines tausendjährigen Reichs *(Religionssoziologie)*
(Kulturanthropologie)
milling (circular reaction, circular reflex, circular response, circular interaction)
panische Ziellosigkeit *f*, zielloses
Massenverhalten *n*, zielloses Verhalten *n*
in der Masse, zielloses Mengenverhalten
n, zielloses Verhalten *n* in der
Menge, zirkuläre Reaktion *f*,
Zirkelreaktion *f*, Ping-Pong-Reaktion *f*
(Sozialpsychologie)
million-city (millionaire city)
Millionenstadt *f* *(Sozialökologie)*

Mills'ratio
Millssche Verhältniszahl *f (Statistik)*
mimesis
Mimesis *f*, Nachahmung *f*
(Kommunikationsforschung)
mimetic expression
mimetischer Ausdruck *m*, nachahmender
Ausdruck *m (Kommunikationsforschung)*
mimetic gesture
mimetische Gebärde *f*, Nachahmungs-
gebärde *f (Kommunikationsforschung)*
mimetic response
mimetische Reaktion *f*, Nachahmungsre-
aktion *f (Kommunikationsforschung)*
mimic play
Mienenspiel *n*, Gebärdenspiel *n*,
Gestenspiel *n*, Gebärdensprache *f*,
Gestik *f (Kommunikationsforschung)*
mimicry
Mimikry *f*, Nachahmung *f*
(Kommunikationsforschung)
miming
Mimik *f (Kommunikationsforschung)*
mind
1. Geist *m* (im Gegensatz zur Materie
oder zum Körper) *(Philosophie)*
2. Geistesrichtung *f*, Denkrichtung *f*,
Denken *f (Philosophie)*
3. Lust *f*, Verlangen *n*, Wille *m*
(Philosophie)
4. Verstand *m (Psychologie)*
5. Intelligenz *f*, Geist *m (Psychologie)*
mind (intention, plan, purpose)
Absicht *f*, Vorhaben *n*, Zweck *m*
mind-body problem
Geist-Körper-Problem *n (Philosophie)*
miniature theory (middle range theory, (theory of (the) middle range)
Theorie *f* mittlerer Reichweite
(Theoriebildung) (Soziologie)
minimal effects hypothesis (*pl* hypotheses) (Paul F. Lazarsfeld)
Hypothese *f* der minimalen
Wirkung (der Massenmedien)
(Kommunikationsforschung)
minimal lineage (minor lineage)
minimale Abstammungslinie *f*,
Abstammungslinie *f* im weitesten Sinne
(Familiensoziologie)
vgl. maximal lineage
minimal sufficient estimator
minimale hinreichende Schätzfunktion *f*
(Statistik)
minimally solidary community
Gemeinschaft *f*, Gemeinde *f* mit
minimaler Solidarität *(Soziologie)*
vgl. maximally solidary community
minimal language (pidgin)
Minimalsprache *f* (Otto Jespersen)
(Soziolinguistik)

minimax decision
Minimax-Entscheidung *f (Entscheidungs-
theorie)*
vgl. maximax decision
minimax inequality
Minimax-Ungleichung *f (Entscheidungs-
theorie)*
vgl. maximax inequality
minimax principle
Minimax Prinzip *n (Entscheidungstheo-
rie)*
vgl. maximax principle
minimax strategy (inimax risk strategy)
Minimax-Strategie *f (Entscheidungstheo-
rie)*
vgl. maximax strategy
minimax theorem
Minimax-Theorem *n (Entscheidungstheo-
rie)*
vgl. maximax theorem
minimin decision (maximin decision)
Minimin-Entscheidung *f (Entscheidungs-
statistik/statistische Qualitätskontrolle)*
vgl. maximax decision
minimum
Minimum *n* Minimumstelle *f*, Senkung *f*
(einer Kurve, einer Zeitreihe) *(Statistik)*
minimum chi-squared method (minimum chi-squared)
Minimalquadratmethode *f*, Chi-Quadrat-
Minimum-Methode *f (statistische
Hypothesenprüfung)*
minimum equation hypothesis (*pl* hypotheses, Zipf migration hypothesis) (George K. Zipf) (P_1P_2/D hypothesis, hypothesis on the intercity movement of persons)
Zipfsche Wanderungshypothese *f*
(Sozialökologie)
minimum F ratio
minimaler Varianzquotient *m (Statistik)*
minimum living standard (minimum wage, poverty line, subsistence level)
Existenzminimum *n*, minimaler
Lebensstandard *m (Volkswirtschaftslehre)*
minimum population
Minimalbevölkerung *f*, minimale
Bevölkerungszahl *f (Demographie)*
minimum variance
minimale Varianz *f*, kleinstmögliche
Varianz *f (Statistik)*
minimum variance allocation
Minimum-Varianz-Aufteilung *f*, Neyman-
Tschuprovsche Aufteilung *f (Statistik)*
minimum wage
Mindestlohn *m*, garantierter
Mindestlohn *m*, garantiertes Minimal-
einkommen *n (Volkswirtschaftslehre)*

ministate (ministate, mini-state, microstate, micro state)
Kleinstaat *m*, Ministaat *m* *(politische Wissenschaften)*
Minkowski metric (power metric, Lp metric)
Minkowski-Metrik *f* *(Mathematik/Statistik)*
Minnesota Multiphasic Personality Inventory (MMPI) (S. R. Hathaway and J. C. McKinley)
Minnesota-Mehrphasen-Persönlichkeits-Fragebogen *m* *(Psychologie)*
Minnesota Vocational Interest Inventory (MVII)
Minnesota-Fragebogen *m* zur Ermittlung beruflicher Interessen *(Psychologie)*
minor lineage (collateral line)
Nebenlinie *f*, Seitenlinie *f* (der Verwandtschaft) *(Kulturanthropologie)*
minor party (Maurice Duverger)
Nebenpartei *f*, kleine Partei *f*, Minderheitspartei *f* *(politische Wissenschaften)*
vgl. major party
minoral association (minoral organization, brit minoral organisation)
Minderheitsverband *m* *(Gruppensoziologie)*
vgl. majoral association
minority
Minderheit *f*, Minderheitsgruppe *f*, Minorität *f* *(Soziologie) (politische Wissenschaft)*
vgl. majority
minority culture
Minderheitskultur *f*, Minoritätenkultur *f*, Kultur *f* einer Minderheit, einer Minorität *(Kulturanthropologie) (Soziologie)*
vgl. majority culture
minority group
Minderheitsgruppe *f*, Minoritätengruppe *f*, Gruppe *f* einer Minderheit, einer Minorität *(Soziologie)*
vgl. majority group
minority relations *pl* **(minority group relations** *pl***)**
Beziehungen *f/pl* zur Minderheit, Minderheitsbeziehungen *f/pl*, Beziehungen *f/pl* einer Mehrheitsgruppe zu Minderheitsgruppen *(Soziologie)*
minus-minus conflict (avoidance-avoidance conflict) (Kurt Lewin)
Vermeidungskonflikt *m*, Vermeidungs-Vermeidungs-Konflikt *m*, Aversionskonflikt *m*, Aversions-Aversions-Konflikt *m*, Konflikt *m* zwischen Vermeidungstendenzen *(Psychologie)*

misattribution
Misattribution *f*, Fehlzuschreibung *f*, falsche Zuschreibung *f* *(Datenanalyse)*
vgl. attribution
miscarriage
Fehlgeburt *f*, Abort *m*
miscegenation (race mixture)
Rassenmischung *f*, rassische Mischung *f* *(Ethnologie)*
misdemeanor
Vergehen *n*, Übertretung *f*, Delikt *n*, Gesetzesübertretung *f*, minderes Delikt *n* *(Kriminologie)*
misery index (*pl* **indices** *or* **indexes)**
Notlagenindex *m*, Elendsindex *m*, Miserenindex *m* *(Volkswirtschaftslehre)*
misfit sociology
Soziologie *f* unangepaßten Verhaltens, Soziologie *f* unangepaßter Menschen
misfit
Unangepaßter *m*, Einzelgänger *m*, Eigenbrötler *m*, unangepaßter Mensch *m*, schlecht angepaßte Person *f*, Kauz *m* *(Soziologie)*
misperception
Fehlwahrnehmung *f*, Misperzeption *f*, falsche Wahrnehmung *f* *(Psychologie)*
missing element (*meist pl* **missing elements, sampling loss, sample noncoverage, nonresponse)**
Ausfall *m*, Ausfälle *m/pl* (bei Auswahlverfahren), Nichtausschöpfung *f* einer Stichprobe *(Statistik)*
missing-plot technique
Ergänzungsverfahren *n* für fehlende Werte *(Statistik)*
mission
1. Gesandtschaft *f*, Botschaft *f*, ständige Vertretung *f*
2. Mission *f*, Sendung *f*, Auftrag *m*, Berufung *f*
missionary
1. Missionar *m* *(Religionssoziologie)*
2. missionarisch *adj* *(Religionssoziologie)*
mitigation of punishment
Strafmilderung *f*, Strafabwandlung *f*, Umwandlung *f* einer Strafe *(Kriminologie)*
mitosis (social karyokinesis) (Lester F. Ward; Paul Lilienfeld; Ludwig Gumplowicz; Gustav Ratzenhofer)
soziale Karyokinese *f*, gesellschaftliche Karyokinese *f*, gesellschaftliche Mitose *f* *(Soziologie) (Sozialökologie)*
mixed clique (random clique)
gemischte Clique *f* *(Organisationssoziologie)*
mixed descent (parallel descent)
gemischte Abstammung *f*, parallele Abstammung *f* *(Kulturanthropologie)*

mixed design
→ mixed experimental design
mixed distribution (composite distribution)
Mischverteilung f, zusammengesetzte Verteilung f *(Statistik)*
mixed economy
gemischte Wirtschaft f, Mischwirtschaft f *(Volkswirtschaftslehre)*
mixed effects model
Mischeffektmodell n, Modell n der Mischeffekte *(statistische Hypothesenprüfung)*
mixed experimental design (mixed design, split-half technique, split-half method, split half procedure, split-half experimental design, split-half design, split-test method, split-test technique, split-test procedure, split-plot design, odd-even method, odd-even technique, odd even procedure)
Halbierungsmethode f, Methode f der Testhalbierung, Split-half-Methode f *(statistische Hypothesenprüfung)*
mixed factorial experiment (mixed factorial design, split-plot experiment)
gemischtes faktorielles Experiment n, gemischter faktorieller Versuch m *(statistische Hypothesenprüfung)*
mixed farming (mixed subsistence)
gemischte Landwirtschaft f *(Landwirtschaft)*
mixed game (mixed motive game)
gemischtes Spiel n *(Spieltheorie)*
mixed marriage (intermarriage)
Mischehe f *(Kulturanthropologie) (Soziologie)*
mixed model
Mischmodell n, gemischtes Modell n *(Datenanalyse) (Theoriebildung)*
mixed sample (multiple-stage sample, double sample, multi-stage sample)
gemischte Auswahl f, mehrstufige Auswahl f, mehrstufige Stichprobe f, Mehrstufenauswahl f, Mehrstufenstichprobe f *(Statistik)*
mixed sampling (multiple-stage sampling, multi-stage sampling, two-stage sampling, two-phase sampling, double sampling)
gemischtes Auswahlverfahren n, gemischte Auswahl f, gemischtes Stichprobenverfahren n, mehrstufiges Auswahlverfahren n, mehrstufige Auswahl f, mehrstufige Stichprobenbildung f, mehrstufiges Stichprobenverfahren n *(Statistik)*
mixed schedule of reinforcement
gemischter Verstärkungsplan m *(Verhaltensforschung)*

mixed simulation (man-machine simulation)
Mensch-Maschinen-Simulation f, Mensch-Computer-Simulation f *(EDV)*
mixed strategy (randomized strategy)
Mischstrategie f, gemischte Strategie f *(Entscheidungstheorie) (Spieltheorie)*
mixing distribution
mischende Verteilung f *(Wahrscheinlichkeitstheorie)*
mixture of distributions (probability mixture)
Mischung f von Verteilungen *(Statistik)*
MLE
Abk maximum-likelihood method
mneme (memory trace)
Mneme n, Gedächtnisspur f *(Psychologie)*
mnemotechnics *pl*
Mnemotechnik f *(Psychologie)*
mob mind
Pöbelgeist m, Geisteszustand m eines Mobs, eines Pöbelhaufens, des Pöbels *(Sozialpsychologie)*
mob violence
Pöbelgewalttätigkeit f, Gewalttätigkeit f eines Mobs, eines Pöbelhaufens, des Pöbels *(Sozialpsychologie)*
mob
Mob m, Pöbel m, Pöbelhaufen m, *(Sozialpsychologie)*
mobile
mobil *adj (Industriesoziologie)*
mobile (mobile person)
mobile Person f, mobiler Mensch m *(Industriesoziologie)*
mobile elite (mobile elite)
mobile Elite f *(Soziologie)*
mobile home (mobile housing unit)
mobile bewegliche Wohneinheit f, Wohnwagenwohnung f *(Demographie)*
mobility
Mobilität f *(Industriesoziologie)*
mobility aspiration
Mobilitätsaspiration f, Mobilitätsanspruch m, Mobilitätsziel n, Mobilitätsbestreben n, subjektives Mobilitätsstreben n *(Industriesoziologie)*
mobility multiplier
Mobilitätsmultiplikator m *(Industriesoziologie)*
mobility orientation
Mobilitätsorientierung f *(Industriesoziologie)*
mobility rate
Mobilitätsrate f, Mobilitätsziffer f *(Industriesoziologie)*
mobility ratio
Mobilitätsquote f, Mobilitätsverhältnis n *(Industriesoziologie)*

mobility scale
Mobilitätsskala *f* *(Industriesoziologie)*
mobility table
Mobilitätstabelle *f* *(Industriesoziologie)*
mobilization system
Mobilisierungssystem *n* *(politische Wissenschaften)*
mobilization
1. Mobilisierung *f*
2. Mobilmachung *f*, militärische Mobilisierung *f*
mobocracy
Mobherrschaft *f*, Herrschaft *f* des Mobs *(Sozialpsychologie) (Soziologie)*
modal
modal, Modal- *adj (Statistik) (Psychologie)*
modal behavior (*brit* **modal behaviour**)
modales Verhalten *n*, Modalverhalten *n* *(Psychologie)*
modal class (modal group)
häufigste Klasse *f*, modale Klasse *f* *(Statistik)*
modal interval
Modus-Intervall *n*, Intervall *n* mit dem Modus, Intervall *n* mit dem häufigsten Wert *(Statistik)*
modal personality (basic personality) (Ralph Linton)
modale Persönlichkeit *f*, Modalpersönlichkeit *f* *(Kulturanthropologie)*
modal preference
modale Präferenz *f* *(Kulturanthropologie)*
modalities of objects *pl* **(Talcott Parsons)**
Objektmodalitäten *f/pl* *(Theorie des Handelns)*
modality
Modalität *f*, Ausführungsart *f*, Art *f* und Weise *f* der Ausführung
mode (modal value, local mode)
Modus *m*, häufigster Wert *m*, dichtester Wert *m*, Dichtemittel *n*, Modalwert *m*, modaler Wert *m*, Gipfelwert *m* *(Statistik)*
mode of individual adaptation (Robert K. Merton)
Modus *m* der individuellen Anpassung *(Sozialpsychologie)*
mode of production
Produktionsweise *f*, Produktionsmodus *m* *(Volkswirtschaftslehre)*
model
Modell *n*, verkleinerte Abbildung *f*, vereinfachte Abbildung *f* *(Theoriebildung)*
model (idol, ideal)
Vorbild *n*, Leitbild *n*, Vorbild *n*, Muster *n* *(Psychologie)*

model building
Modellkonstruktion *f*, Modellbildung *f* *(Theoriebildung)*
model of communication (communication model)
Kommunikationsmodell *n* *(Kommunikationsforschung)*
model population (simulated population)
simulierte Grundgesamtheit *f* *(Statistik)*
model psychosis
Modellpsychose *f* *(Psychologie)*
model sampling
Modellstichprobenbildung *f*, Modellstichprobenverfahren *n* *(Statistik)*
model theory
Modelltheorie *f* *(Logik)*
modeling (observational learning, vicarious learning) (Albert Bandura)
Modellieren *n*, Modelltraining *n*, Imitationslernen *n*, Beobachtungslernen *n* *(Theorie des Lernens)*
moderated regression
moderierte Regression *f* *(Statistik)*
moderation
Mäßigung *f*, Mäßigkeit *f*, Maßhalten *n*, maßvolles Verhalten *n*, Maß *n* *(Philosophie)*
moderator (focus group moderator, group moderator)
Moderator(in) *m(f)* (einer Gruppendiskussion), Gruppendiskussionsleiter(in) *m(f)*, Leiter(in) *m(f)* einer Gruppendiskussion *(Psychologie) (empirische Sozialforschung)*
moderator variable
Moderatorvariable *f* *(Statistik)*
modern philology
Neuphilologie *f*
modernity
Moderne *f*, Modernität *f*
modernization (modernizing)
Modernisierung *f*
modernizing elite (modernizing élite)
Modernisierungselite *f*, modernisierende Elite *f* *(Soziologie)*
modification
Modifizierung *f*, Modifikation *f*, Umwandlung *f*, Abwandlung *f*
modification of behavior (behavior modification, change of behavior, behavior change, *brit* **behaviour)**
Verhaltensänderung *f*, Verhaltensmodifikation *f* *(Psychologie)*
modified exponential curve
modifizierte Exponentialkurve *f* *(Statistik)*
modified extended family (Eugene Litwak)
modifizierte erweiterte Familie *f* *(Kulturanthropologie)*

modified probability sample
modifizierte Wahrscheinlichkeitsauswahl *f*, modifizierte Wahrscheinlichkeitsstichprobe *f* *(Statistik)*
modified renewal process
modifizierter Erneuerungsprozeß *m* *(Erneuerungstheorie)*
modulation (modulation theory) (Raymond B. Cattell)
Modulation *f*, Modulationstheorie *f* *(Verhaltensforschung)*
modulus of precision
Präzisionsmaß *n* *(Statistik)*
modus operandi
Modus *m* operandi, Vorgehensweise *f*
modus ponens
modus ponens *m* *(Logik)*
modus tollens
modus tollens *m* *(Logik)*
moiety (marriage class, section)
Stammeshälfte *f*, Gemeinschaftshälfte *f*, Gemeindehälfte *f*, Hälfte *f* eines Stammes, einer Gemeinschaft, einer Gemeinde *(Kulturanthropologie)*
moiety organization (*brit* organisation)
Stammeshälftenorganisation *f*, Gemeinschaftshälftenorganisation, Gemeindehälftenorganisation *f*, Organisation *f* der Stammeshälften, der Gemeinschaftshälften, der Gemeindehälften *(Kulturanthropologie)*
moiety reciprocity
Stammeshälftenreziprozität *f*, Gemeinschaftshälftenreziprozitä *f*, Gemeindehälftenreziprozität *f*, Reziprozität *f* der Stammeshälften, der Gemeinschaftshälften, der Gemeindehälften *(Kulturanthropologie)*
molecular change (Patricia A. Kendall)
molekularer Wandel *m* *(Sozialforschung)*
moment (moment coefficient)
Moment *n* *(Statistik)*
moment estimator
Moment-Schätzfunktion *f* *(Statistik)*
moment-generating function
momenterzeugende Funktion *f* *(Statistik)*
moment matrix (*pl* matrixes *or* matrices)
Matrix *f* der Momente *(Statistik)*
moment ratio
Verhältnis *n* der Momente *(Statistik)*
moment system
System *n* der Momente *(Statistik)*
momentary effective excitatory potential (Clark L. Hull)
momentan wirksames effektives Reaktionspotential *n* *(Verhaltensforschung)*
monad
Monade *f*, unteilbare Einheit *f* *(Philosophie)*

monadology
Monadenlehre *f*, Monadologie *f* *(Philosophie)* (Gottfried Wilhelm Leibniz)
monandry
Monandrie *f*, Einehe *f*, Einmannehe *f* *(Kulturanthropologie)*
vgl. polyandry
monarchy
Monarchie *f* *(politische Wissenschaften)*
monasticism
Mönchtum *n*, mönchisches Leben *n*, Klosterleben *n* *(Religionssoziologie)*
monetary culture (monetary exchange culture)
Geldwirtschaftskultur *f*, monetäre Kultur *f* *(Kulturanthropologie)*
monetary-exchange economy
Geldwirtschaft *f* *(Volkswirtschaftslehre)*
money
Geld *n* *(Volkswirtschaftslehre)*
mongolism (mongoloidism, Down syndrome)
Mongolismus *m* *(Psychologie)*
monism
Monismus *m* *(Philosophie)*
vgl. pluralism
monitor
Monitor *m*, Überwachungsprogramm *n* *(EDV)*
monocausal
monokausal *adj* *(statistische Hypothesenprüfung)*
vgl. multicausal
monocausal explanation
monokausale Begründung *f*, monokausale Erklärung *f* *(Logik)* *(empirische Sozialforschung)*
vgl. multicausal explanation
monocausality
Monokausalität *f* *(statistische Hypothesenprüfung)*
vgl. multicausality
monochorionic twins *pl* (monozygotic twins *pl*, MZ twins *pl*), monovular twins *pl*, identical twins *pl*, one-egg twins *pl*)
eineiige Zwillinge *m/pl* *(Genetik)*
monocracy (monocratic rule)
Monokratie *f*, Alleinherrschaft *f*, Einmannherrschaft *f* *(politische Wissenschaften)*
monocultural
monokulturell *adj* *(Kulturanthropologie)*
vgl. multicultural
monoculturality (monoculturalism)
Monokulturalität *f* *(Kulturanthropologie)*
vgl. multiculturality
monoculture (one-crop culture)
Monokultur *f* *(Volkswirtschaftslehre)*

monogamous marriage
  monogame Ehe *f (Kulturanthropologie)*
  vgl. polygamous marriage
monogamy (monogamous union, monogamous marriage)
  Monogamie *f*, Einehe *f (Kulturanthropologie)*
  vgl. polygamy
monogenesis
  Monogenese *f*, Abstammungsgleichheit *f (Kulturanthropologie)*
  vgl. polygenesis
monogenetic hypothesis (pl hypotheses, racial monogenetic hypothesis, monogenetic theory, monogenism)
  monogenetische Hypothese *f*, Hypothese *f* der Monogenese, monogenetische Theorie *f*, Theorie *f* der Monogenese *(Kulturanthropologie)*
  vgl. polygenetic hypothesis
monographic method (Frédéric Le Play)
  monographische Methode *f (empirische Sozialforschung)*
monography
  Monographie *f (empirische Sozialforschung)*
monogyny
  Monogynie *f (Kulturanthropologie)*
  vgl. polygyny
monolingualism
  Monolingualismus *m*, Einsprachigkeit *f (Soziolinguistik)*
  vgl. multilingualism
monomania
  Monomanie *f (Psychologie)*
monomorphic influential (Robert K. Merton)
  monomorpher Meinungsführer *m*, monomorpher Einflußreicher *m*, monomorpher Führer *m*, monomorphe einflußreiche Person *f (Kommunikationsforschung)*
monopartisanship (partisanship)
  Parteilichkeit *f (Einstellungsforschung)*
monopodial evolution (Lester F. Ward)
  monopodiale Entwicklung *f*, monopodiale Evolution *f (Kulturanthropologie)*
monopolistic competition
  monopolistischer Wettbewerb *m*, monopolistische Konkurrenz *f (Volkswirtschaftslehre)*
monopoly
  Monopol *n*, Monopolstellung *f (Volkswirtschaftslehre)*
monopoly propaganda
  monopolistische Propaganda *f*, Monopolpropaganda *f*

monotheism
  Monotheismus *m (Religionssoziologie)*
  vgl. polytheism
monothetic classification
  monothetische Klassifizierung *f*, monothetische Klassifikation *f*, monothetische Klassenbildung *f*, monothetische Gruppenbildung *f (statistische Hypothesenprüfung)*
monotone dichotomous item
  monoton dichotomer Item *m (Skalierung)*
monotone function (monotonic function)
  monotone Funktion *f*, stetige Funktion *f (Statistik)*
monotone item
  monotoner Item *m*, monotoner Skalen-Item *m (Skalierung)*
monotone multicategory item
  monotoner Mehrkategorien-Item *m (Skalierung)*
monotone scalogram model
  monotones Skalogramm-Modell *n (Skalierung)*
monotone sequence (monotonic sequence)
  monotone Folge *f*, monotone Reihe *f*, stetige Reihe *f* stetige Folge *f (Statistik)*
monotone transformation (monotonic transformation)
  monotone Transformation *f*, stetige Transformation *f (Statistik)*
monotone trend
  monotoner Trend *m (Statistik)*
monozygotic twins *pl* (MZ twins *pl*), monovular twins *pl*, monochorionic twins *pl*, identical twins *pl*, one-egg twins *pl*)
  eineiige Zwillinge *m/pl (Genetik)*
Monte-Carlo method
  Monte-Carlo-Methode *f*, Monte-Carlo-Verfahren *n (Mathematik/Statistik)*
Monte-Carlo simulation
  Monte-Carlo-Simulation *f (Mathematik/Statistik)*
Monte-Carlo simulation technique
  Monte-Carlo-Simulationstechnik *f*, Monte-Carlo-Simulationsverfahren *n (Mathematik/Statistik)*
Monte-Carlo-technique
  Monte-Carlo-Technik *f*, Monte-Carlo-Verfahren *n (Mathematik/Statistik)*
monthly average
  Monatsmittel *n*, Monatsdurchschnitt *m (Statistik)*
mood (sentiment)
  Stimmung *f*, Laune *f*, Gefühlslage *f (Psychologie) (Sozialpsychologie)*
mood barometer
  Stimmungsbarometer *n (Umfrageforschung)*

mood complex (M. Prince)
Stimmungskomplex *m* *(Psychologie)*
moral behavior (*brit* **behaviour**)
moralisches Verhalten *n*
moral character (morality)
moralischer Charakter *m*, Moralität *f*
(Psychologie)
moral code
Moralkodex *m*, Sittenkodex *m*
(Soziologie)
moral conduct
moralische Lebensführung *f*, moralisches
Betragen *n*, moralisches Benehmen *n*,
moralische Lebensweise *f* *(Soziologie)*
moral density (Emile Durkheim)
moralische Dichte *f* *(Soziologie)*
moral development
moralische Entwicklung *f*, Entwicklung *f*
des Moralempfindens, des sittlichen
Empfindens *(Entwicklungspsychologie)*
moral dilemma
moralisches Dilemma *n* *(Psychologie)*
moral entrepreneur
moralischer Unternehmer *m*
(Kommunikationsforschung)
moral integration (Robert Cooley Angell)
moralische Integration *f* *(Sozialökologie)*
moral involvement (Amitai Etzioni)
moralische Beteiligung *f* *(Organisations-
soziologie)*
moral norm
Moralnorm *f*, Moralstandard *m*, sittliche
Norm *f* *(Soziologie)*
moral obligation
moralische Verpflichtung *f*, moralische
Pflicht *f*, sittliche Pflicht *f* *(Soziologie)*
moral order (normative order)
Moralordnung *f*, Sittenordnung *f*
(Soziologie)
moral panic
moralische Panik *f* *(Sozialpsychologie)*
(Kommunikationsforschung)
moral phenomenon (*pl* **phenomena**)
Moralphänomen *n*, moralisches
Phänomen *n* *(Soziologie)*
moral philosophy (moral science)
Moralphilosophie *f*, Ethik *f*
moral realism (Jean Piaget)
moralischer Realismus *m*
(Entwicklungspsychologie)
moral relativism
moralischer Relativismus *m*
(Philosophie)
moral responsibility
moralische Verantwortung *f*, moralische
Verantwortlichkeit *f*
moral sanction
moralische Sanktion *f*, Moralsanktion *f*,
gesellschaftliche Sanktion *f* *(Soziologie)*

moral sentiment (moral sense)
Moralempfinden *n*, moralisches
Empfinden *n*, sittliches Empfinden *n*
(Psychologie)
moral sociology
Moralsoziologie *f*
moral solidarity (Emile Durkheim)
moralische Solidarität *f* *(Soziologie)*
moral standard
Moralstandard *m*, Sittenstandard *m*
(Soziologie)
moral statistics *pl als sg konstruiert*
Moralstatistik *f* *(empirische
Sozialforschung)*
moral system
Moralsystem *n*, moralisches System *n*,
System *n* der Moralgrundsätze
(Soziologie)
morale
geistige Verfassung *f*, geistig seelische
Verfassung *f*, Kampfgeist *m*, Moral *f*
(Organisationssoziologie)
morale survey
Umfrage *f* zur Gruppenmoral,
Umfrage *f* zur Arbeitsmoral *(empirische
Sozialforschung)* *(Industriesoziologie)*
morality
moralische Grundsätze *m/pl*,
Moralität *f*, tugendhafte Gesinnung *f*,
Tugendhaftigkeit *f*, Sittlichkeit *f*, Moral *f*
(Philosophie)
morals *pl* **(morality)**
Moral *f* *(Kulturanthropologie)*
Moran's test statistic
Morans Testmaßzahl *f* *(Statistik)*
morbidity
Morbidität *f*, Krankhaftigkeit *f*,
Kränklichkeit *f* *(Demographie)*
(Industriesoziologie)
morbidity rate
Krankheitsrate *f*, Krankheitsziffer *f*,
Krankenstand *m* *(Demographie)*
morbidity ratio
Krankenquote *f*, Krankenverhältnis *n*,
Krankheitsquote *f*, Ausfallquote *f*
(bei der Arbeit) *(Demographie)*
(Industriesoziologie)
morcellation
Parzellierung *f* Kästchendenken *n*,
Kompartmentalisierung *f* *(Psychologie)*
more powerful test
trennschärferer Test *m* *(statistische
Hypothesenprüfung)*
moretic
sittlich, Sitten- *adj*
**Morgan's canon (law of parsimony,
   Occam's razor, Ockham's razor)**
Parsimoniegesetz *n*, Gesetz *n* der
Parsimonie *(Theorie des Wissens)*

morganatic marriage (left-hand marriage)
morganatische Ehe *f*, Ehe *f* zur linken Hand *(Kulturanthropologie)*
morning gift
Morgengabe *f (Kulturanthropologie)*
morpheme
Morphem *n (Linguistik)*
morphogenesis
Morphogenese *f*, Morphogenesis *f*, Formentwicklung *f*, Selbstausformung *f (Genetik) (Psychologie) (Kulturanthropologie)*
morphogenic process
Prozeß *m* der Morphogenese *(Kulturanthropologie)*
morphological analysis (*pl* analyses) (Paul F. Lazarsfeld)
morphologische Analyse *f (empirische Sozialforschung)*
morphology
Morphologie *f*
morphostasis (morphostatic process)
Morphostase *f*, Morphostasis *f*
morphostatic process
Prozeß *m* der Morphostase
morphosyntax
Morphosyntax *f (Linguistik)*
mortality
Sterblichkeit *f*, Mortalität *f (Demographie) (empirische Sozialforschung)*
→ panel mortality
mortality in utero (fetal mortality, foetal mortality, fetal death rate, foetal death rate, fetal death ratio, foetal death ratio, intrauterine mortality)
fötale Sterblichkeit *f*, Fötussterblichkeit *f (Demographie)*
mortality rate (death rate)
Sterbeziffer *f*, Sterberate *f*, Sterblichkeitsziffer *f (Demographie)*
mortality table (life table)
Sterbetafel *f (Demographie)*
mortification (of the self) (Erving Goffman)
Mortifikation *f*, Mortifizierung *f* (des Selbst), Selbstmortifikation *f*, Selbstmortifizierung *f (Soziologie)*
mortuary rite
Bestattungsritus *m*, Begräbnisritus *m (Ethnologie)*
mosaic test (block design test)
Mosaiktest *m*, Kohsscher Würfeltest *m (Psychologie)*
Moses test (Moses test of extreme reactions)
Moses Test *m (statistische Hypothesenprüfung)*
most efficient estimator
wirksamste Schätzfunktion *f (Statistik)*

most powerful confidence interval
trennschärfster Vertrauensbereich *m*, trennschärfstes Vertrauensintervall *n (statistische Hypothesenprüfung)*
most powerful critical region
trennschärfster kritischer Bereich *m (statistische Hypothesenprüfung)*
most powerful rank test
trennschärfster Rangtest *m (statistische Hypothesenprüfung)*
most powerful test
trennschärfster Test *m (statistische Hypothesenprüfung)*
most stringent test
strengster Test *m*, Test *m* mit minimalem Schärfeverlust *(statistische Hypothesenprüfung)*
Mosteller's k-sample slippage test
Mosteller-Test *m*, Mosteller-Verfahren *n (statistische Hypothesenprüfung)*
mote-beam mechanism (Gustav Ichheiser)
Splitter-Balken-Mechanismus *m (Sozialforschung)*
mother-child tie (mother-child relationship)
Mutter-Kind-Bindung *f (Psychologie)*
mother-in-law taboo
Schwiegermutter-Tabu *n (Ethnologie)*
mother-right
Mutterrecht *n* (Johann Jakob Bachofen) *(Ethnologie)*
motility
Motilität *f*, selbständiges Bewegungsvermögen *n (Verhaltensforschung)*
to motivate
motivieren *v/t (Psychologie)*
motivated error
motivierter Fehler *m (statistische Hypothesenprüfung)*
motivation
Motivation *f (Psychologie)*
motivation research (motivational research)
Motivationsforschung *f*, Motivforschung *f (Psychologie) (Marktforschung)*
motivational conflict (motivation conflict)
Motivkonflikt *m (Psychologie)*
motivational impulse
Motivationsimpuls *m (Psychologie)*
motivational orientation (Talcott Parsons)
Motivorientierung *f (Soziologie) (Theorie des Handelns)*
motivational state
Motivationslage *f*, Motivationszustand *m*, Motivzustand *m (Psychologie)*
motive
Motiv *n (Psychologie)*
motive pattern (Theodore N. Newcomb)
Motivkonstellation *f (Psychologie)*
motor behavior (*brit* motor behaviour)
Motorik *f*, motorisches Verhalten *n (Psychologie)*

motor response
motorische Reaktion *f (Psychologie)*
motor sensation
motorische Empfindung *f*,
Bewegungsempfindung *f (Psychologie)*
motor stage (Jean Piaget)
motorisches Stadium *n*, motorische
Phase *f (Entwicklungspsychologie)*
movement-produced stimulus (*pl* stimuli) (Edwin R. Guthrie)
Bewegungsreiz *m*, somästhetischer
Reiz *m (Psychologie)*
moving annual total
gleitende Jahressumme *f (Statistik)*
moving average
gleitender Durchschnitt *m*, gleitendes
Mittel *n (Statistik)*
moving average process (Slutzky process)
Slutzky-Prozeß *m (Statistik)*
moving equilibrium (*pl* equilibrium or equilibria) (Vilfredo Pareto)
Fließgleichgewicht *n*, gleitendes
Gleichgewicht *n (Soziologie)*
moving observer
bewegender Beobachter *m*, sich
bewegender Beobachter *m (Statistik)*
(empirische Sozialforschung)
moving observer technique
Technik *f* des sich bewegenden
Beobachters, Methode *f* des sich
bewegenden Beobachters, Verfahren *n*
des sich bewegenden Beobachters
(Statistik) (empirische Sozialforschung)
moving range
gleitende Spannweite *f (Statistik)*
moving seasonal variation
gleitende Saisonschwankung *f*, gleitende
saisonale Schwankung *f (Statistik)*
moving weight
gleitendes Gewicht *n (Statistik)*
moving-average method
Methode *f* der gleitenden Durchschnitte,
Methode *f* der gleitenden Mittel
(Statistik)
moving-average process
Prozeß *m* der gleitenden Durchschnitte,
Prozeß *m* der gleitenden Mittel
(Statistik)
mth value
m-ter Anordnungswert *m (Statistik)*
muckraker (muckraking journalist)
Enthüllungsjournalist *m*,
Sensationsjournalist *m*
muckraking (muckraking journalism)
Enthüllungsjournalismus *m*,
Sensationsjournalismus *m*
mulatto (*pl* mulattoes)
Mulatte *m*, Mulattin *f (Ethnologie)*

multibonded group (Pitirim A. Sorokin) (cumulative group)
mehrfach gebundene Gruppe *f*,
Gruppe *f* mit vielfältigen Bindungen
(Gruppensoziologie)
multicausal
multikausal *adj (statistische Hypothesenprüfung)*
vgl. monocausal
multicausal explanation
multikausale Begründung *f*, multikausale
Erklärung *f (Logik) (empirische Sozialforschung)*
vgl. monocausal explanation
multicausality
Multikausalität *f (statistische Hypothesenprüfung)*
vgl. monocausality
multichannel communication (multichannel communication)
Mehr-Kanal-Kommunikation *f*,
Multikanalkommunikation *f*
(Kommunikationsforschung)
multi-client survey (omnibus survey)
Mehrthemenumfrage *f*, Mehrthemenbefragung *f*, Omnibusumfrage *f*,
Omnibusbefragung *f*, Hauptbefragung *f*
(Umfrageforschung)
multicollinearity (collinearity)
Multikollinearität *f (Statistik)*
multicultural
multikulturell, kulturell vielgestaltig *adj*
(Kulturanthropologie)
vgl. monocultural
multiculturality (multiculturalism)
Multikulturalität *f*, kulturelle
Vielgestaltigkeit *f (Kulturanthropologie)*
vgl. monoculturality
multi-decision
mehrfache Entscheidung *f (statistische Hypothesenprüfung)*
multi-decision problem
Problem *n* der mehrfachen Entscheidung
(statistische Hypothesenprüfung)
**multidimensional psychophysics *pl* als *sg*
konstruiert**
multidimensionale Psychophysik *f*
multidimensional scaling (MDS)
multidimensionale Skalierung *f*, multidimensionales Skalierungsverfahren *n*
(Psychologie/empirische Sozialforschung)
multidimensional stratification
mehrdimensionale Schichtung *f*,
mehrdimensionale soziale Schichtung
f, multidimensionale Stratifizierung *f*,
multidimensionale Schichtung *f (Statistik)*
(empirische Sozialforschung)
multidimensional unfolding
multidimensionale Auffaltung *f*,
multidimensionale Faltung *f (Statistik)*

multidimensional vector model
multidimensionales Vektormodell *n*,
mehrdimensionales Vektormodell *n*
(Statistik)

multidimensionality
Multidimensionalität *f*, Mehrdimensionalität *f*, Vielschichtigkeit *f* *(Statistik)*
(empirische Sozialforschung)

multi-dwelling house (multiple dwelling)
Mehrfamilienhaus *n*, Wohnblock *m*,
Apartmenthaus *n* *(Demographie)*

multi-equational model (simultaneous equations model)
Modell *n* mit mehreren Gleichungen,
durch mehrere Gleichungen definiertes
Modell *n* *(Statistik)*

multi-factor approach
Mehrfaktorenansatz *m*, multifaktorieller
Ansatz *m* *(Kriminologie)*

multi-factorial experimental design (multifactorial design)
multifaktorielle experimentelle Anlage *f*,
multifaktorielle Versuchsanlage *f*,
mehrfaktorielle experimentelle Anlage *f*
(statistische Hypothesenprüfung)

multifinality
Multifinalität *f* *(statistische Hypothesenprüfung)*

multifunctional
multifunktional *adj*

multilateral
multilateral, mehrlinig, wechselseitig
adj (Kulturanthropologie) (Statistik)
(empirische Sozialforschung) (Soziologie)

multilateral descent (multilineal descent)
multilaterale Abstammung *f*,
doppellinige Abstammung *f*,
multilaterale Abkunft, doppellinige
Abkunft *f*, multilaterale Herkunft *f*,
doppellinige Herkunft *f*, multilaterale
Deszendenz *f*, doppellinige Deszendenz *f*
(Kulturanthropologie)

multilateral descent group (multilateral group, multilineal descent group, multilineal group)
multilaterale Abstammungsgruppe *f*,
doppellinige Abstammungsgruppe *f*,
multilaterale Deszendenzgruppe *f*,
doppellinige Deszendenzgruppe *f*
(Kulturanthropologie)

multilateral exponential
multilaterale Exponentialgröße *f*
(Mathematik/Statistik)

multilateral family (multilineal family)
multilaterale Familie *f*, doppellinige
Familie *f* *(Kulturanthropologie)*

multilateral kin (multilateral relative, multilineal kin, multilineal relative)
multilateraler Verwandter *m*,
multilaterale Verwandte *f*
(Kulturanthropologie)

multilateral kin group (multilineal kin group)
multilaterale Verwandtschaftsgruppe *f*,
doppellinige Verwandtschaftsgruppe *f*
(Kulturanthropologie)

multilateral kinship (multilateral descent, multilineal kinship, multilineal descent)
multilaterale Verwandtschaft *f*,
doppellinige Verwandtschaft *f*
(Kulturanthropologie)

multilateral kinship system
multilaterales Verwandtschaftssystem *n*,
doppelliniges Verwandtschaftssystem *n*
(Kulturanthropologie)

multilateral power relationship
multilaterale Machtbeziehung *f*,
multilaterales Machtverhältnis *n*,
gleichgewichtiges Machtverhältnis *n*
zwischen Gruppen *(Gruppensoziologie)*

multilevel analysis (*pl* analyses, multi-level analysis, multiple-level analysis)
Mehrebenenanalyse *f* *(Datenanalyse)*

multilevel experiment (multi-level experiment)
Mehrebenenexperiment *n* *(statistische Hypothesenprüfung)*

multilineal descent
multilineale Abstammung *f*
(Kulturanthropologie)

multilingualism
Multilingualismus *m*, Mehrsprachigkeit *f*,
Vielsprachigkeit *f* *(Soziolinguistik)*
vgl. monolingualism

multilocal extended family
multilokale erweiterte Familie *f*
(Kulturanthropologie)
vgl. unilocal extended family

multilocality (multilocal residence)
Multilokalität *f* *(Kulturanthropologie)*
vgl. unilocality (unilocal residence)

multimodal
mehrgipflig, multimodal *adj (Statistik)*
vgl. unimodal

multimodal curve
mehrgipflige Verteilungsfunktion *f*,
multimodale Verteilungsfunktion *f*
(Statistik)
vgl. unimodal curve

multimodal distribution
mehrgipflige Verteilung *f*, multimodale
Verteilung *f* *(Statistik)*
vgl. unimodal distribution

multimodal frequency distribution
mehrgipflige Häufigkeitsverteilung f,
multimodale Häufigkeitsverteilung f
(Statistik)
vgl. unimodal frequency distribution
multinational corporation
multinationales Unternehmen n,
multinationaler Konzern m
(Volkswirtschaftslehre)
multi-national survey research (comparative survey research, cross-cultural survey research, cross-national survey research)
vergleichende Umfrageforschung f
(empirische Sozialforschung)
multinomial (polynomial)
polynomial, Polynomial-, multinomial,
Multinomial- *adj (Statistik)*
multinomial distribution (polynomial distribution)
Polynomialverteilung f, Multinomialverteilung f *(Statistik)*
multinomial equation (polynomial equation)
Polynomialgleichung f, Multinomialgleichung f *(Statistik)*
multinomial experiment
Multinomialexperiment n, multinomiales Experiment n, polytomes Experiment n
(statistische Hypothesenprüfung)
multinomial logit analysis
polythetische Klassifizierung f,
polythetische Klassifikation f,
polythetische Klassenbildung f,
polythetische Gruppenbildung f
(Statistik)
multinomial variable (polytomous variable)
polytome Variable f *(statistische Hypothesenprüfung)*
multipara (pl multiparae)
Multipara f, Mehrgebärende f, Frau, die mehrere Kinder geboren hat
(Demographie)
vgl. primapara
multiparty system (multi-party system)
Mehrparteiensystem n, Vielparteiensystem n *(politische Wissenschaft)*
multi-phase sample (double sample, mixed sample, multi-stage sample, two-phase sample, two-stage sample)
Mehrphasenstichprobe f,
Zweiphasenstichprobe f, zweiphasige Stichprobe f, zweistufige Auswahl f,
zweistufige Stichprobe f *(Statistik)*
multi-phase sampling (double sampling, mixed sampling, multi-stage sampling, two-phase sampling, subsampling, nested sampling)
Mehrphasenauswahl f, Mehrphasenauswahlverfahren n, Zweiphasenauswahl f,
Zweiphasenauswahlverfahren n,
zweiphasiges Stichprobenverfahren n,
zweistufige Auswahl f, zweistufiges Auswahlverfahren n, zweistufige Stichprobenbildung f, Zweiphasen-Stichprobenbildung f *(Statistik)*
multiple analysis of covariance (multiple covariance analysis)
multiple Kovarianzanalyse f
(Datenanalyse)
multiple bar chart (multiple bar graph, multiple bar diagram, component bar chart)
mehrfaches Stabdiagramm n, mehrfaches Säulendiagramm n, mehrfaches Stäbchendiagramm n *(graphische Darstellung) (Statistik)*
multiple causation
multiple Verursachung f *(statistische Hypothesenprüfung)*
multiple-choice (multiple-choice task, option task, multiple-choice test)
Mehrfachauswahl f, Mehrfachwahl f,
Mehrfachvorgaben f/pl, Selektivauswahl f
(Psychologie/empirische Sozialforschung)
multiple-choice method (multiple-choice procedure, multiple choice, multiple-choice task, option task)
Methode f der Mehrfachauswahl,
Verfahren n der Mehrfachwahl,
Methode f der Mehrfachvorgaben,
Verfahren n der Selektivauswahl f
(Psychologie/empirische Sozialforschung)
multiple-choice question (cafeteria question)
Auswahlfrage f, Mehrfachauswahlfrage f,
Selektivfrage f, Frage f mit mehreren Antwortvorgaben, geschlossene Frage f mit mehreren Vorgaben, Cafeteria-Frage f *(Psychologie/empirische Sozialforschung)*
multiple-choice test (option test)
Auswahltest m, Selektivtest m,
Mehrfach-Auswahltest m, Test m
mit mehreren Antwortvorgaben
(Psychologie/empirische Sozialforschung)
multiple classification (manifold classification)
Mehrfachklassifikation f, Mehrfachklassifizierung f, Mehrfacheinteilung f
(Statistik) (Datenanalyse)
multiple classification analysis (pl analyses) (MCA), manifold classification analysis
multiple Klassifikationsanalyse f,
Mehrfach-Klassifikationsanalyse f
(statistische Hypothesenprüfung)
multiple coding
multiple Kodierung f, Mehrfach Verschlüsselung f, mehrfache Verschlüsselung f *(Datenanalyse)*

multiple correlation (r)
multiple Korrelation f, mehrfache Korrelation f *(Statistik)*
multiple covariance
multiple Kovarianz f *(Statistik)*
multiple cutoff method (successive hurdle method)
Methode f der sukzessiven Hürden, Verfahren n der sukzessiven Hürden *(Statistik)*
multiple discriminant analysis (pl analyses, multiple discrimination analysis)
multiple Diskriminanzanalyse f, multiples Trennverfahren n *(statistische Hypothesenprüfung)*
multiple election
Mehrfachwahl f, Doppelwahl f *(politische Wissenschaften)*
multiple factor analysis (pl analyses)
multiple Faktorenanalyse f, Mehrfaktorenanalyse f *(Psychologie) (empirische Sozialforschung)*
multiple-factor theory
multiple Faktorentheorie f, Mehrfaktorentheorie f, Theorie f der multiplen Faktoren von Intelligenz *(Psychologie)*
multiple form measure of reliability (multiple form measurement of reliability, equivalent form measurement of scale reliability, alternate form measurement of scale reliability)
Mehrfachmessung f der Reliabilität (Mehrfachmessung f der Zuverlässigkeit *(statistische Hypothesenprüfung)*
multiple-group membership
Mehrgruppenmitgliedschaft f, Zugehörigkeit f zu mehreren Gruppen *(Gruppensoziologie)*
multiple groups design
experimentelle Anlage f mit mehreren Gruppen, Versuchsanlage f mit mehreren Gruppen, Testanlage f mit mehreren Gruppen *(statistische Hypothesenprüfung)*
multiple independent discoveries pl (multiples pl) (Robert K. Merton)
mehrfache unabhängige Entdeckungen f/pl, unabhängige Mehrfachentdeckungen f/pl *(Kulturanthropologie)*
multiple independent inventions pl (multiples pl) (Robert K. Merton)
mehrfache unabhängige Erfindungen f/pl, unabhängige Mehrfacherfindungen f/pl *(Kulturanthropologie)*
multiple indicator
multipler Indikator m *(empirische Sozialforschung)*

multiple interaction
multiple Interaktion f, Mehrfachinteraktion f *(empirische Sozialforschung)*
multiple-item scale (multi-item scale)
multiple Item-Skala f, Mehr-Item-Skala f *(empirische Sozialforschung)*
multiple Markov process
multipler Markov-Prozeß m, mehrfacher Markov Prozeß m *(Stochastik)*
multiple membership
Mehrfachmitgliedschaft f *(Organisationssoziologie)*
multiple nucleation (multiple nuclei pattern)
Mehrkernbildung f, Bildung f, Entstehung f, Vorhandensein n mehrerer Stadtkerne *(Sozialökologie)*
multiple nuclei hypothesis (pl hypotheses, multiple nuclei theory, multiple nucleation hypothesis)
Mehrkerntheorie f, Mehrkernhypothese f *(Sozialökologie)*
multiple nuclei pattern (of city-land use) (Chauncey D. Harris/Edward L. Ullman)
Modell n, Muster n mehrfacher Stadtkerne *(Sozialökologie)*
multiple partial correlation
multiple Teilkorrelation f *(Statistik)*
multiple phase process (multi-phase sampling, multi-stage sampling, mixed sampling, subsampling, two-stage sampling, two-phase sampling, double sampling)
Mehrphasenauswahlverfahren n, Mehrphasenauswahl f, Mehrphasenprozeß m, mehrphasiger Prozeß m *(Statistik)*
multiple Poisson distribution
multiple Poisson-Verteilung f *(Statistik)*
multiple random starts pl
multiple Zufallsstarts m/pl, mehrfache Zufallsstarts m/pl *(Statistik)*
multiple range test (Duncan's test)
multipler Spannweitentest m *(Statistik)*
multiple recidivist
Wiederholungstäter m, mehrfacher Rückfalltäter m *(Kriminologie)*
multiple regression
multiple Regression f, mehrfache Regression f *(Statistik)*
multiple regression analysis (pl analyses)
multiple Regressionsanalyse f, mehrfache Regressionsanalyse f *(Statistik)*
multiple response question
Mehrfachfrage f, Mehr-Antworten-Frage f *(empirische Sozialforschung)*
multiple responses pl
Mehrfachnennungen f/pl *(empirische Sozialforschung)*

multiple roles *pl*
multiple Rollen *f/pl*, Mehrfachrollen *f/pl* *(Soziologie)*

multiple scalogram analysis (*pl* **analyses) (Louis Guttman)**
multiple Skalenanalyse *f*, multiple Skalogrammanalyse *f (empirische Sozialforschung) (Einstellungsforschung)*

multiple schedule of reinforcement (multiple schedule)
multipler Verstärkungsplan *m*, multipler Plan *m (Verhaltensforschung)*

multiple self (*pl* **multiple selves) (Kenneth Gergen)**
multiples Selbst *n (Sozialpsychologie/Soziologie)*

multiple smoothing method
multiple Glättungsmethode *f (Statistik)*

multiple-stage sample (double sample, multi-stage sample, mixed sample)
mehrstufige Auswahl *f*, mehrstufige Stichprobe *f*, Mehrstufenauswahl *f*, Mehrstufenstichprobe *f (Statistik)*

multiple-stage sampling (multi-stage sampling, two-stage sampling, two-phase sampling, double sampling, mixed sampling)
mehrstufiges Auswahlverfahren *n*, mehrstufige Auswahl *f*, mehrstufige Stichprobenbildung *f*, mehrstufiges Stichprobenverfahren *n (Statistik)*

multiple stochastic process
multipler stochastischer Prozeß *m*

multiple stratification
multiple Stratifizierung *f*, mehrfache Stratifizierung *f*, multiple Schichtung *f*, mehrfache Schichtung *f (Soziologie)*

multiple time series *sg + pl*
multiple Zeitreihe *f (Statistik)*

multiple treatment interference (carryover effect, carry-over effect, carryover)
Übertragungseffekt *m*, Carryover-Effekt *m*, langfristiger Versuchseffekt *m (Hypothesenprüfung) (Kommunikationsforschung)*

multiplex relationship (Max Gluckman)
Multiplex Beziehung *f*, Vielfachbeziehung *f (Soziologie)*

multiplexity
Multiplexität *f (Soziologie) (Statistik)*
vgl. simplexity

multiplication theorem (product theorem)
Multiplikationstheorem *n (Wahrscheinlichkeitstheorie)*
vgl. addition theorem

multiplicative function
multiplikative Funktion *f (statistische Hypothesenprüfung)*

multiplicative process
multiplikativer Prozeß *m (Statistik)*
vgl. additive process

multiplier
Multiplikator *m (Kommunikationsforschung)*

multi-problem family
verwahrloste Familie *f*, Problemfamilie *f*, Familie *f* mit vielen Problemen *(Soziologie)*

multipurpose sample
Mehrzweckstichprobe *f*, Mehrzweckauswahl *f (Statistik)*

multi-purpose study (multi-purpose investigation, multipurpose survey)
Mehrzweckuntersuchung *f*, Mehrzweckstudie *f (empirische Sozialforschung)*

multi-purpose survey
Mehrzweckbefragung *f*, Mehrzweckumfrage *f (empirische Sozialforschung)*

multi-stage experiment
Mehrstufenexperiment *n*, mehrstufiges Experiment *n (statistische Hypothesenprüfung)*

multi-stage sample
Mehrstufenauswahl *f*, Mehrstufenstichprobe *f*, mehrstufige Auswahl *f*, mehrstufige Stichprobe *f (Statistik)*

multi-stage sampling (nested sampling)
Mehrstufenauswahlverfahren *n*, Mehrstufenauswahl *f*, Mehrstufenstichprobenbildung *f*, Mehrstufenstichprobenverfahren *n*, mehrstufiges Auswahlverfahren *n*, mehrstufiges Stichprobenverfahren *n*, Bildung *f* einer mehrstufigen Stichprobe *(Statistik)*

multi-step flow (of communication)
Mehr-Stufen-Fluß *m* (der Kommunikation), Viel-Stufen-Fluß *m* (der Kommunikation) *(Kommunikationsforschung)*

multitrait-multimethod validation (Donald T. Campbell/Donald W. Fiske)
Multi-Merkmals-Multi-Methoden-Validierung *f (statistische Hypothesenprüfung)*

multitrait-multimethod matrix (MTMM) (Donald T. Campbell/Donald W. Fiske)
Multi-Merkmals-Multi-Methoden-Matrix *f (statistische Hypothesenprüfung)*

multi-valued decision
mehrwertige Entscheidung *f (statistische Hypothesenprüfung)*

multivariate
multivariat, mehrdimensional, Mehrvariablen- *adj (statistische Hypothesenprüfung)*
vgl. univariate

multivariate analysis (*pl* **analyses**)
multivariate Analyse *f*, multivariable
Analyse *f*, mehrdimensionale Analyse *f*,
Mehrvariablenanalyse *f* *(statistische
Hypothesenprüfung)*
vgl. univariate analysis

**multivariate analysis of covariance
(MANCOVA) (multiple analysis of
covariance, multiple covariance analysis)**
multivariate Kovarianzanalyse *f*
(Datenanalyse)

**multivariate analysis of variance
(MANOVA)**
multivariate Varianzanalyse *f*
(Datenanalyse)

multivariate autoregression
multivariate Autoregression *f*,
Mehrvariablen-Autoregression *f*,
Autoregression *f* mehrerer Variablen
(Statistik)

multivariate data *pl*
multivariate Daten *n/pl*, multivariable
Daten *n/pl*, Mehrvariablendaten *n/pl*,
mehrdimensionale Daten *n/pl*, Daten
n/pl mit mehreren Variablen *(Statistik)*
vgl. univariate data

multivariate data analysis (*pl* **analyses,
multivariate analysis, multivariate
statistics** *pl als sg konstruiert*)
multivariate Datenanalyse *f*,
mehrdimensionale Datenanalyse *f*,
Mehrvariablendatenanalyse *f* *(statistische
Hypothesenprüfung)*
vgl. univariate data analysis

multivariate distribution
multivariate Verteilung *f*,
mehrdimensionale Verteilung *f*, Mehr-
Variablen-Verteilung *f* *(Statistik)*
vgl. univariate distribution

multivariate experiment
multivariates Experiment *n*,
Mehrvariablenexperiment *n*,
mehrdimensionales Experiment *n*,
Experiment *n* mit mehreren Variablen
(statistische Hypothesenprüfung)
vgl. univariate experiment

**multivariate method (method of
multivariate data analysis)**
multivariate Methode *f*, Mehrvariablen-
methode *f* *(Datenanalyse)*
vgl. univariate method

multivariate moment
multivariates Moment *n* *(Statistik)*
vgl. univariate moment

multivariate multilevel analysis (*pl*
**analyses, multivariate multi level
analysis**)
multivariate Mehrebenenanalyse *f*
(Datenanalyse)
vgl. univariate multilevel analysis

multivariate multinomial distribution
multivariate Polynomialverteilung *f*,
Polynomialverteilung *f* mit mehreren
Variablen *(Statistik)*
vgl. univariate multinomial distribution

multivariate normal distribution
multivariate Normalverteilung *f*,
mehrdimensionale Normalverteilung *f*
(Statistik)
vgl. univariate normal distribution

multivariate Pareto distribution
multivariate Pareto-Verteilung *f*,
mehrdimensionale Pareto-Verteilung *f*
(Statistik)
vgl. univariate Pareto distribution

**multivariate personality theory
(multivariate theory of personality,
multivariate systems theory) (Raymond
B. Cattell)**
multivariate Persönlichkeitstheorie *f*
(Psychologie)
vgl. univariate personality theory

multivariate Poisson distribution
multivariate Poisson-Verteilung *f*,
mehrdimensionale Poisson-Verteilung *f*
(Statistik)
vgl. univariate Poisson distribution

multivariate Pólya distribution
multivariate Pólya Verteilung *f*,
mehrdimensionale Pólya-Verteilung *f*
(Statistik)
vgl. univariate Pólya distribution

multivariate population
multivariate Grundgesamtheit *f*,
mehrdimensionale Grundgesamtheit
f, Grundgesamtheit *f* mit mehreren
Variablen *(Statistik)*
vgl. univariate population

multivariate probability distribution
multivariate Wahrscheinlichkeitsvertei-
lung *f* *(Wahrscheinlichkeitstheorie)*
vgl. univariate probability distribution

multivariate probit analysis
multivariate Probitanalyse *f*
(Datenanalyse)
vgl. univariate probit analysis

multivariate quality control
multivariate Qualitätskontrolle *f*,
statistische Qualitätskontrolle *f* mit
mehreren Variablen *(Statistik)*
vgl. univariate quality control

multivariate regression
multivariate Regression *f* *(Statistik)*

multivariate regression analysis (analysis of multivariate regression)
multivariate Regressionsanalyse *f* *(Datenanalyse)*
vgl. univariate regression analysis
multivariate statistics *pl als sg konstruiert* **(statistics of relationship** *pl als sg konstruiert*)
multivariate Statistik *f*, Mehrvariablenstatistik *f*, mehrdimensionale Statistik *f*
vgl. univariate statistics
multivariate stochastic process
multivariater stochastischer Prozeß *m* *(Stochastik)*
vgl. univariate stochastic process
multivariate t test
multivariater t-Test *m*, mehrdimensionaler t Test *m* *(statistische Hypothesenprüfung)*
vgl. univariate t test
multivariate table (multiway table)
multivariate Tabelle *f*, Mehrvariablentabelle *f*, mehrdimensionale Tabelle *f*, Tabelle *f* für mehrere Variablen *(Statistik)*
vgl. univariate table
multivariate test of significance (multivariate significance test)
multivariater Signifikanztest *m*, mehrdimensionaler Signifikanztest *m*, Signifikanztest *m* für mehrere Variablen *(statistische Hypothesenprüfung)*
vgl. univariate test of significance
mundane realism (E. Aronson and J. M. Carlsmith)
weltlicher Realismus *m* *(Theoriebildung)* *(Theorie des Wissens)*
municipal government (city government, urban administration)
Stadtverwaltung *f*, städtische Verwaltung *f*, Magistrat *m*, Munizipalverwaltung *f* *(politische Wissenschaften)*
municipality
Stadt *f* mit kommunaler Selbstverwaltung, Stadtbehörde *f* *(Sozialökologie)*
murder (homicide)
Mord *m* *(Kriminologie)*
Murthy estimator (Murthy's estimator)
Murthy-Schätzfunktion *f*, Murthysche Schätzfunktion *f*
mutation
Mutation *f* *(Genetik)*

mutual aid
gegenseitige Hilfe *f*, wechselseitige Hilfe *f* *(Soziologie)*
mutual-benefit organization (*brit* mutual-benefit organisation) (Peter M. Blau and W. Richard Scott)
Organisation *f*, Vereinigung *f* für gegenseitige Hilfe *(Organisationssoziologie)*
mutual pair
wechselseitiges Paar *n* *(Statistik)*
mutual relation
Wechselbeziehung *f*, wechselseitige Beziehung *f*, gegenseitige Beziehung *f*
mutual rejection
wechselseitige Ablehnung *f*, wechselseitige Zurückweisung *f* *(Soziometrie)*
mutualism
Mutualismus *m* *(Sozialpsychologie)* *(Volkswirtschaftslehre)*
mutuality
Gegenseitigkeit *f*, Wechselseitigkeit *f*
mutuality of recognition stage (recognition stage) (Erik H. Erikson)
Wiedererkennungsstadium *f*, Wiedererkennungsphase *f* *(Psychologie)*
myth
Mythos *m*, Mythus *m*, Mythe *f*, Sage *f* *(Ethnologie)*
myth analysis (*pl* analyses)
Mythenanalyse *f* *(Ethnologie)*
myth dream (myth-dream) (Kenelm Burridge)
Mythentraum *m* *(Ethnologie)*
mythical
mythisch *adj* *(Ethnologie)*
mythicism
Mythizismus *m* *(Ethnologie)*
mythography
Mythographie *f*, Mythenbeschreibung *f* *(Ethnologie)*
mythology
Mythenforschung *f*, Mythenkunde *f*, Mythologie *f* *(Ethnologie)*
mythopoeism (creation of myths, myth making)
Mythenschöpfung *f*, Legendenschöpfung *f*, Sagenschöpfung *f* *(Ethnologie)*
MZ twins *pl*) **(monozygotic twins** *pl*, **monochorionic twins** *pl*, **monovular twins** *pl*, **identical twins** *pl*, **one-egg twins** *pl*)
eineiige Zwillinge *m/pl* *(Genetik)*

N

n-dimensional space
  n-dimensionaler Raum *m*
  (Mathematik/Statistik)
n-dimensional stochastic process
  n-dimensionaler stochastischer Prozeß *m*
n-person game
  n-Personen-Spiel *n*, N-Personen-Spiel *n*,
  Mehrpersonenspiel *n*, Spiel *n* mit n
  Personen *(Spieltheorie)*
naive experimenter
  unbefangener Versuchsleiter *m*,
  unbefangener Experimentator *m*
  (experimentelle Anlage) (empirische Sozialforschung)
naive subject
  unbefangene Versuchsperson *f*,
  naive Testperson *f* (im Experiment)
  (experimentelle Anlage) (empirische Sozialforschung)
narcissistic fixation
  narzißtische Fixierung *f* (Sigmund Freud) *(Psychoanalyse)*
narcissistic neurosis (pl neuroses)
  narzißtische Neurose *f* (Sigmund Freud) *(Psychoanalyse)*
narcotization
  Narkotisierung *f*, narkotisierende Wirkung *f* *(Kommunikationsforschung)*
narcotizing dysfunction (of the mass media) (Paul F. Lazarsfeld/Robert K. Merton)
  narkotisierende Dysfunktion *f* der Massenmedien *(Kommunikationsforschung)*
narrative interview
  narratives Interview *n* (F. Schütze) *(empirische Sozialforschung)*
narrative projection technique
  narrative Projektionstechnik *f*, narratives Projektionsverfahren *n*, narrative Projektionsmethode *f*, erzählerische Projektionstechnik *f* *(empirische Sozialforschung)*
narratology
  Narratologie *f* *(Semiotik)*
narrow range
  kurze Reichweite *f*, kürzere Reichweite *f*
narrow-range theory
  Theorie *f* kürzerer Reichweite *(Theoriebildung) (Soziologie)*
  vgl. wide-range theory, middle-range theory

natal family (family of orientation, family of origin, parental family)
  Orientierungsfamilie *f*, Herkunftsfamilie *f*, Abstammungsfamilie *f* *(Kulturanthropologie) (Soziologie)*
  vgl. family of procreation
natality rate (birth rate)
  Geburtenziffer *f*, Geburtenrate *f* *(Demographie)*
nation
  Nation *f*
nation building
  Nationenbildung *f* *(politische Wissenschaften)*
nation-state
  Nationalstaat *m* *(politische Wissenschaften)*
narcissism (*ungebr* narcism)
  Narzißmus *m*, Autoerotismus *m* *(Psychoanalyse)* (Sigmund Freud)
national anthem
  Nationalhymne *f*
national assembly
  Nationalversammlung *f* *(politische Wissenschaften)*
national capital (capital)
  Hauptstadt *f*
national character
  Nationalcharakter *m* *(Sozialpsychologie)*
national character research
  Nationalcharakterforschung *f* *(Sozialpsychologie)*
national egoism
  nationaler Egoismus *m*
national goal
  nationales Ziel *n*
national income (net national income at factor cost)
  Nationaleinkommen *n*, Volkseinkommen *n*, Nettosozialprodukt *n* zu Faktorkosten, Nationaleinkommen *n* *(Volkswirtschaftslehre)*
national institution
  nationale Einrichtung *f*, nationale Institution *f*
national interest
  nationales Interesse *n*
national metropolis (national metropolitan center, *brit* centre)
  nationale Metropole *f* *(Sozialökologie)*

national minority (national minority group)
nationale Minderheit f, nationale Minorität f, völkische Minderheit f, Minderheitsvolksgruppe f *(politische Wissenschaften)*

national party (extensive party)
nationale Partei f, über den gesamten Staat ausgedehnte Partei f *(politische Wissenschaften)*
vgl. intensive party

national planning
nationale Planung f, gesamtgesellschaftliche Planung f

national security
nationale Sicherheit f *(politische Wissenschaften)*

national self-determination (national self determination)
nationale Selbstbestimmung f *(politische Wissenschaften)*

national sentiment
Nationalgefühl n, Nationalbewußtsein n *(Sozialpsychologie)*

National Socialism (Nazism)
Nationalsozialismus m, Nazismus m *(politische Wissenschaft)*

national stereotype
nationales Stereotyp n *(Sozialpsychologie)*

national wealth
Nationalvermögen n, Volksvermögen n, Reinvermögen n *(Volkswirtschaftslehre)*

nationalism
Nationalismus m *(politische Wissenschaften)*

nationality
Nationalität f, Staatsangehörigkeit f

nationality group
Nationalitätengruppe f, Volkstumsgruppe f *(Kulturanthropologie)*

nationalization (brit **nationalisation)**
1. Verstaatlichung f *(Volkswirtschaftslehre)*
2. Naturalisierung f, Einbürgerung f

nationhood
Nationsein n, Charakter m einer Nation, Eigenschaften f/pl einer Nation *(politische Wissenschaft)*

native endowment (innate endowment, inherent endowment)
angeborene Begabung f, angeborene Gabe f, angeborene Fähigkeit f, angeborenes Talent n, erbliche Begabung f, erbliche Gabe f, erbliches Talent n *(Psychologie)*

native tendency
angeborene Tendenz f, angeborene Verhaltenstendenz f, erbliche Tendenz f, erbliche Verhaltenstendenz f *(Psychologie)*
vgl. acquired tendency

nativism
Nativismus m *(Kulturanthropologie)*

nativism-empiricism controversy
Nativismus-Empirizismus-Kontroverse f *(Kulturanthropologie)*

nativistic cult
nativistischer Kult m *(Kulturanthropologie)*

nativistic movement (contra-acculturative movement)
nativistische Bewegung f, Anti-Akkulturationsbewegung f *(Ethnologie)*

natural abortion (spontaneous abortion)
Spontanabtreibung f, spontane Abtreibung f, ungeplante Abtreibung f *(Kulturanthropologie)*

natural area (Robert E. Park)
natürliches Gebiet n *(Sozialökologie)*
vgl. administrative area

natural attitude (Alfred Schutz)
natürliche Einstellung f *(Soziologie)*

natural city (ecological city)
natürliche Stadt f *(Sozialökologie)*

natural classification
natürliche Klassifizierung f, natürliche Klassifikation f *(Sozialforschung)*

natural clique
natürliche Clique f *(Organisationssoziologie)*

natural cluster
natürliches Cluster n, natürlicher Klumpen m *(Statistik)*

natural concept
natürlicher Begriff m *(Theorie des Wissens)*

natural decrease
natürliche Bevölkerungsabnahme f, natürliche Abnahme f *(Demographie)*

natural diffusion (spontaneous diffusion)
natürliche Diffusion f, Spontandiffusion f, spontane Diffusion f, ungeplante Diffusion f *(Kulturanthropologie)*

natural environment (nonhuman environment, geographical environment)
natürliche Umwelt f, natürliche Umgebung f *(Sozialökologie)*
vgl. artificial environment

natural experiment
natürliches Experiment n, Feldexperiment n *(Psychologie/empirische Sozialforschung)*

natural family (nuclear family, biological family, elementary family, immediate family, limited family, simple family)
Kernfamilie *f* *(Familiensoziologie)*
natural group
natürliche Gruppe *f* *(statistische Hypothesenprüfung)*
natural growth
natürliches Wachstum *n*, natürliches Anwachsen *n*
natural habitat
natürlicher Lebensraum *m*, natürliches Habitat *n* *(Sozialökologie)*
natural increase (natural growth)
natürliche Bevölkerungszunahme *f*, natürliche Zunahme *f* *(Demographie)*
natural landscape (physical landscape)
Naturlandschaft *f*, natürliche Landschaft *f* *(Sozialökologie)*
natural language
Natursprache *f*, natürliche Sprache *f* *(Linguistik)*
natural law (law of nature)
Naturgesetz *n* *(Philosophie)*
natural leader (Delbert C. Miller)
natürlicher Führer *m* *(Sozialpsychologie)*
natural model
natürliches Modell *n* *(Theoriebildung) (Theorie des Wissens)*
natural movement
natürliche Bevölkerungsentwicklung *f*, natürliche Bevölkerungsbewegung *f* *(Demographie)*
natural norm
natürliche Norm *f* *(Soziologie)*
natural observation (natural experiment)
natürliche Beobachtung *f*, natürliches Experiment *n* *(statistische Hypothesenprüfung)*
natural religion
Naturreligion *f* *(Religionssoziologie)*
natural rights *pl* (human rights *pl*)
Menschenrechte *n/pl*, naturrechtlich gegebene Menschenrechte *n/pl* *(Philosophie)*
natural science (natural sciences *pl*)
Naturwissenschaft(en) *f (pl)*
nature people
Naturvolk *n* (Alfred Vierkandt) *(Ethnologie)*
natural selection
natürliche Selektion *f*, natürliche Auswahl *f* *(Genetik)*
natural sign (signal)
natürliches Zeichen *n*, Signal *n* *(Semiotik)*
natural system (open system, living system)
offenes System *n*, offenes Sozialsystem *n* *(Kybernetik) (Soziologie)*
vgl. closed system

natural-system model (natural-system organization)
natürliches System *n*, natürliches Systemmodell *n* *(Organisationssoziologie)*
naturalism
Naturalismus *m* *(Philosophie)*
naturalistic eschatology
naturalistische Eschatologie *f* *(Kulturanthropologie)*
naturalistic fallacy
naturalistischer Fehlschluß *m* *(Theorie des Wissens)*
naturalization (acclimatization)
Einbürgerung *f*, Akklimatisierung *f*, Akklimatisation *f*, Zuerkennung *f* des Bürger- und/oder Wahlrechts
nature-nurture controversy (nature-nurture debate, nature-nurture problem, heredity-nurture controversy)
Anlage-Umwelt-Kontroverse *f* *(Kulturanthropologie) (Soziologie)*
nay-sayer
Neinsager *m*, bei Befragungen *(Psychologie/empirische Sozialforschung)*
vgl. yea-sayer
nay vote (nay)
Neinstimme *f* (bei Abstimmungen) *(politische Wissenschaft)*
vgl. yea vote
near-group theory (Lewis Yablonski)
Fast-Gruppen-Theorie *f* *(Kriminologie)*
near-group (near group) (Lewis Yablonski)
Fast-Gruppe *f* *(Kriminologie)*
nearest-neigbor analysis (single linkage, nearest-neighbor linkage)
Single-Linkage-Verfahren *n*, Minimum-Distanz-Regel *f*, Minimum-Distanz *f* *(Statistik)*
necessary condition
notwendige Bedingung *f*, notwendige Voraussetzung *f* (für das Eintreten eines Ereignisses) *(Logik) (statistische Hypothesenprüfung)*
vgl. sufficient condition
necrolatry
Totenverehrung *f*, Nekrolatrie *f* *(Kulturanthropologie)*
need (want)
Bedürfnis *n*, Erfordernis *n*, Bedarf *m* *(Psychologie)*
need achievement (David C. McClelland)
Bedürfniserfüllung *f*, Bedürfnisleistung *f* *(Psychologie)*
need complementarity (complementarity of needs)
Komplementarität *f* der Bedürfnisse *(Soziologie)*
need deprivation
Bedürfnisdeprivation *f* *(Psychologie)*

need for achievement (achievement need, achievement drive)
Leistungsbedürfnis n, Leistungsmotivation f *(Psychologie)*

need for competence (Robert W. White)
Bedürfnis n nach Kompetenz *(Psychologie)*

need for consistency (William J. McGuire)
Konsistenzbedürfnis n *(Psychologie)*

need for dependence (dependence need)
Abhängigkeitsbedürfnis n *(Psychologie)*

need integrate (Henry A. Murray)
Bedürfniskomplex m *(Psychologie)*

need pattern (pattern of needs, pattern of individual needs)
Bedürfnismuster n, Muster n der Bedürfnisse eines Individuums, Muster n der individuellen Bedürfnisse *(Psychologie)*

need-press analysis (pl analyses (Henry A. Murray)
Bedürfnis-Druck-Analyse f *(Psychologie)*

need reduction
Bedürfnisreduktion f, Bedürfnisreduzierung f *(Verhaltensforschung)*

need tension (need)
Bedürfnisspannung f *(Psychologie)*

need-disposition (need disposition) (Talcott Parsons)
Bedürfnisdisposition f *(Theorie des Handelns)*

need satisfaction (want satisfaction)
Bedürfnisbefriedigung f, Wunschbefriedigung f *(Psychologie)*

need-satisfying object
bedürfnisbefriedigendes Objekt n *(Psychologie)*

negation
Verneinung f, Negation f, Fehlen n, Nichts n *(Philosophie)*

negative adaptation (sensory adaption, sensory adaptation)
sensorische Adaptation f, Anpassung f der Sinnesorgane *(Verhaltensforschung)*

negative area (uninhabitable area)
unbewohnbares Gebiet n, unbewohnbares Territorium n *(Sozialökologie)*
vgl. habitable area (positive area)

negative attitude
negative Einstellung f, negative Haltung f *(Einstellungsforschung)*
vgl. positive attitude

negative attitude change (negative attitudinal change, boomerang effect)
negative Einstellungsänderung f, negativer Einstellungswandel m, entgegengesetzte Einstellungsänderung f, entgegengesetzter Einstellungswandel m, Einstellungswandel m in die entgegengesetzte Richtung *(Einstellungsforschung)* *(Kommunikationsforschung)*
vgl. positive attitude change

negative attitude
negative Einstellung f, negative Haltung f *(Einstellungsforschung)*

negative binomial distribution (Pascal distribution)
negative Binomialverteilung f *(Statistik)*
vgl. positive binomial distribution

negative change effect (boomerang effect)
Bumerangeffekt m *(Kommunikationsforschung)*
vgl. bandwagon effect

negative conditioning (conditioned inhibition, inhibitory conditioning)
konditionierte Hemmung f *(Verhaltensforschung)*

negative correlation (inverse correlation)
negative Korrelation f *(Statistik)*
vgl. positive correlation

negative cult (Emile Durkheim)
negativer Kult m, negativer Kultus m *(Soziologie)*
vgl. positive cult

negative exponential distribution
negative Exponentialverteilung f *(Statistik)*
vgl. positive exponential distribution

negative feedback (stabilizing feedback)
negative Rückkopplung f, negatives Feedback n *(Kybernetik)*
vgl. positive feedback

negative function
negative Funktion f *(Soziologie)*
vgl. positive function

negative growth (decrement)
negatives Wachstum n, Minuswachstum n *(Volkswirtschaftslehre)* *(Soziologie)*
vgl. positive growth (increment)

negative incentive (punishment)
negativer Anreiz m *(Verhaltensforschung)*
vgl. positive incentive (reward)

negative linear regression
negative lineare Regression f *(Statistik)*
vgl. positive linear regression

negative moment
negatives Moment n *(Statistik)*
vgl. positive moment

negative multinomial distribution
negative Polynomialverteilung *f*
(Statistik)
vgl. positive multinomial distribution
negative peace
negativer Frieden *m (politische Wissenschaft)*
vgl. positive peace
negative practice (Knight Dunlap)
negative Übung *f (Verhaltenstherapie)*
vgl. positive practice
negative punishment
negative Bestrafung *f (Verhaltenstherapie)*
negative reciprocity (Marshall Sahlins)
negative Reziprozität *f (Kulturanthropologie)*
negative reference group (Theodore M. Newcomb)
negative Bezugsgruppe *f (Soziologie)*
vgl. positive reference group
negative reinforcement (escape conditioning)
negative Verstärkung *f (Verhaltensforschung)*
vgl. positive reinforcement
negative reinforcer
negativer Verstärker *m (Verhaltensforschung)*
vgl. positive reinforcer
negative reinforcing stimulus (*pl* **stimuli, negative stimulus)**
negativer Verstärkungsreiz *m*, negativer Verstärkungsstimulus *m*, negativer Verstärker *m (Verhaltensforschung)*
vgl. positive reinforcing stimulus
negative rite (ascetic rite) (Emile Durkheim)
negativer Ritus *m*, negative Zeremonie *f (Soziologie)*
vgl. positive rite
negative sanction (punitive sanction, penal sanction, punishment)
negative Sanktion *f*, Strafe *f*, Strafsanktion *f*, punitive Sanktion *f (Verhaltensforschung)*
vgl. positive sanction (reward)
negative skewness
Linksschiefe *f*, negative Schiefe *f (Statistik)*
vgl. positive skewness
negative social control
negative soziale Kontrolle *f (Soziologie)*
vgl. positive social control
negative transfer of learning (negative transfer)
negativer Lerntransfer *m*,
negativer Transfer *m*, negative
Übungsübertragung *f*, negative
Übertragung *f (Theorie des Lernens)*
vgl. positive transfer of learning
negative valence (Kurt Lewin)
negative Valenz *f*, negativer Aufforderungscharakter *m*, negative Wertigkeit *f (Feldtheorie)*
vgl. positive valence
negatively accelerated function
negativ beschleunigte Funktion *f*, negativ akzelerierte Funktion *f (Stochastik)*
vgl. positively accelerated function
negatively correlated random variable
negativ korrelierte Zufallsvariable *f*, negativ korrelierte Zufallsgröße *f (Statistik)*
vgl. positively correlated random variable
negatively skewed distribution
linksschiefe Verteilung *f (Statistik)*
vgl. positively skewed distribution
negative transference (projected aggression)
Übertragungsaggression *f*, übertragene Aggression *f*, übertragene Aggressivität *f*, projizierte Aggression *f*, projizierte Aggressivität *f (Psychologie)*
negativism
Negativismus *m (Philosophie)*
negentropy
Negentropie *f*, negative Entropie *f (Informationstheorie)*
vgl. entropy
neglected child
vernachlässigtes Kind *n (Soziologie)*
neglectee
vernachlässigte Person *f (Soziologie)*
negotiated order (negotiated order theory) (Anselm Strauss)
verhandelte Ordnung *f*, Theorie *f* der verhandelten Ordnung, der ausgehandelten Ordnung *(Organisationssoziologie)*
negotiating (bargaining)
Verhandeln *n*, Unterhandeln *n (Entscheidungstheorie)*
negotiation set
Verhandlungsmenge *f*, Verhandlungsspielraum *m (Spieltheorie)*
negro (*pl* **negroes)**
Neger *m*, Negerin *f*
→ black
neighborhood (*brit* **neighbourhood)**
Nachbarschaft *f*, die Nachbarn *m/pl*, Umgebung *f (Sozialökologie)*
neighborhood ambience (ambience) (Theodore Caplow)
Nachbarschaftsambiente *n*, Ambiente *n (Soziologie)*

neighborhood culture (*brit* **neighbourhood culture**)
Nachbarschaftskultur *f* (*Sozialökologie*)
neighborhood group (*brit* **neighbourhood group**) (**Mary Parker Follet**)
Nachbarschaftsgruppe *f* (*Sozialökologie*)
neighborhood interaction (*brit* **neighborhood interaction**)
Nachbarschaftsinteraktion *f*, Interaktion *f* zwischen Nachbarn (*Sozialökologie*)
neighborhood norm (*brit* **neighbourhood norm**)
Nachbarschaftsnorm *f*, in der Nachbarschaft geltende Norm *f*, für Nachbarschaftsbeziehungen geltende Norm *f* (*Soziologie*)
neighborhood unit (*brit* **neighbourhood unit**)
Nachbarschaft *f*, die Nachbarn *m/pl*, Umgebung *f* (*Sozialökologie*)
neighboring (*brit* **neighbouring, neighboring contact,** *brit* **neighbouring contact**)
Nachbarsein *n*, Nachbarschaft *f*, nachbarschaftliches Verhalten *n* (*Soziologie*)
neighborliness (*brit* **neighbourliness**)
gutnachbarschaftliches Verhältnis *n*, Gutnachbarschaftlichkeit *f* (*Soziologie*)
nemoriculture (collection culture, collecting culture, food-gathering culture, gathering culture, foraging culture)
Sammlerkultur *f* (*Kulturanthropologie*)
neoanalysis (*pl* **neoanalyses, neopsychoanalysis**)
Neoanalyse *f*, Neopsychoanalyse *f* (*Psychoanalyse*)
neobehaviorism (*brit* **neobehaviourism**)
Neobehaviorismus *m* (*Psychologie*) (*Verhaltensforschung*)
neocolonialism (neo-colonialism)
Neokolonialismus *m* (*politische Wissenschaften*)
neo evolutionism
Neo-Evolutionismus *m* (*Kulturanthropologie*)
neolocal
neolokal, einen neuen Wohnsitz begründend, einen eigenen Wohnsitz begründend *adj* (*Kulturanthropologie*)
neolocal nuclear family system
neolokales Familiensystem *n*, neolokales Kernfamiliensystem *n*, System *n* neolokaler Familien (*Kulturanthropologie*)
neolocal residence (neolocal postmarital residence)
neolokale Residenz *f*, neolokales Wohnen *n*, neolokale Wohnform *f* (*Kulturanthropologie*)

neolocality
Neolokalität *f* (*Kulturanthropologie*)
neo-Malthusianism
Neo-Malthusianismus *m* (*Demographie*)
neo-Marxism
Neo-Marxismus *m*
neo-natal mortality (neonatal mortality)
Neugeborenensterblichkeit *f* (*Demographie*)
neo-natal period (neonatal period)
Neugeborenenzeit *f* (*Entwicklungspsychologie*)
neonate (neonatus)
Neugeborenes *n*, neugeborenes Kind *n*, Neugeborener *m*, Neugeborene *f* (*Demographie*)
neopositivism (neo positivism)
Neopositivismus *m*, logischer Empirismus *m* (*Philosophie*) (*Theorie des Wissens*)
nepotism
Nepotismus *m*, Vetternwirtschaft *f*, Vetterleswirtschaft *f*, Günstlingswirtschaft *f* (*Soziologie*)
nested balanced incomplete block experimental design (nested balanced incomplete block design)
experimentelle Anlage *f* mit verschachtelten, ausgewogenen unvollständigen Blöcken, Versuchsanlage *f* mit verschachtelten, ausgewogenen unvollständigen Blöcken, Testanlage *f* mit verschachtelten, ausgewogenen unvollständigen Blöcken, Versuchsanlage *f* mit verschachtelten, ausgewogenen unvollständigen Blöcken (*statistische Hypothesenprüfung*)
nested experimental design (nested design, hierarchical design)
verschachtelte experimentelle Anlage *f*, verschachtelte Versuchsanlage *f*, verschachtelte Anlage *f* (*statistische Hypothesenprüfung*)
nested hypotheses *pl*
verschachtelte Hypothesen *f/pl* (*statistische Hypothesenprüfung*)
nested sampling
verschachtelte Auswahl *f*, verschachteltes Auswahlverfahren *n* (*Statistik*)
net in-migration
Nettozuwanderung *f*, Gesamtzahl *f* der Zuwanderer abzüglich der Einwanderer (*Migration*)
net interviewer effect (Herbert Hyman)
Netto-Interviewer-Effekt *m*, Netto-Interviewer-Fehler *m* (*empirische Sozialforschung*)

net migration
Nettowanderung *f*, Nettomigration *f*, Nettozahl *f* der Ein- und Auswanderungen *(Migration)*

net national income at factor cost (national income)
Nationaleinkommen *n*, Volkseinkommen *n*, Nettosozialprodukt *n* zu Faktorkosten, Nationaleinkommen *n* *(Volkswirtschaftslehre)*

net national product (NNP)
Nettosozialprodukt *n* *(Volkswirtschaftslehre)*

net out-migration (net emigration)
Netto-Abwanderung *f*, Nettoauswanderung *f*, Gesamtzahl *f* der Abwanderer abzüglich der Zuwanderer *(Migration)*

net reproduction rate (NRR) (net rate of reproduction)
Nettoreproduktionsziffer *f*, Nettoreproduktionsrate *f* *(Demographie)*

net rural-urban migration
Netto-Landflucht *f* *(Migration)*

network analysis (*pl* analyses, network theory, network model)
Netzwerkanalyse *f*, Netzwerktheorie *f*, Netzwerkmodell *n* *(Theoriebildung)* *(Soziologie)*

network of interaction
Interaktionsnetz *n*, Netz *n* von Interaktionen *(Soziologie)*

network of samples
Stichprobennetz *n* *(Statistik)*

network
Netz *n*, Netzwerk *n*, Geflecht *n* *(Soziologie)*

neurasthenia (asthenic reaction, neurasthenic neurosis)
Neurasthenie *f*, Nervenschwäche *f* *(Psychologie)*

neuro-sociology
Neurosoziologie *f*

neuroethology (neuro-ethology)
Verhaltensphysiologie *f* *(Verhaltensforschung)*

neurophysiology (neuro-physiology)
Neurophysiologie *f*

neuropsychiatry
Neuropsychiatrie *f*

neuropsychology
Neuropsychologie *f*

neurosis (*pl* neuroses, psychoneurosis, *pl* psychoneuroses)
Neurose *f* *(Psychologie)*

neurotic
1. Neurotiker(in) *m* (*f*) *(Psychologie)*
2. neurotisch *adj* *(Psychologie)*

neurotic anxiety
neurotische Angst *f* (Sigmund Freud) *(Psychoanalyse)*

neurotic personality (neurotic character)
neurotische Persönlichkeit *f*, neurotischer Charakter *m* *(Psychologie)* (Franz Alexander)

neurotic paradox (O. Hobart Mowrer)
neurotisches Paradox *n*, neurotisches Paradoxon *n* *(Psychologie)*

neuroticism
Neurotizismus *m*, neurotische Tendenz *f*, neurotisches Wesen *n* *(Psychologie)*

neutral interviewing
neutrales Interviewen *n*, neutrales Befragen *n* neutrale Befragungstechnik *f* *(empirische Sozialforschung)*

neutral stimulus (*pl* stimuli)
neutraler Stimulus *m*, neutraler Reiz *m* *(Verhaltensforschung)*

neutral territory (neutral area)
neutrales Gebiet *n*, neutrales Territorium *n* *(Kulturanthropologie)*

neutralism
Neutralismus *m* *(politische Wissenschaften)*

neutrality
Neutralität *f* *(politische Wissenschaft)*

New Left
neue Linke *f* *(politische Wissenschaften)*

new media *pl*
neue Medien *n/pl* *(Kommunikationsforschung)*

new middle class
neuer Mittelstand *m*, neue Mittelschicht *f*, neue Mittelklasse *f*

new poor sg + pl
neue Armut *f*, die neuen Armen *m/pl*, neuer Armer *m* *(Soziologie)*

new town
neue Stadt *f*, Neue Stadt *f*, Neustadt *f* *(Sozialökologie)*

Newman-Keuls' test
Newman-Keuls Test *m* *(statistische Hypothesenprüfung)*

news sg
Nachricht *f*, Nachrichten *f/pl* *(Kommunikationsforschung)*

news channel
Nachrichtenkanal *m* *(Kommunikationsforschung)*

news value (newsworthiness)
Nachrichtenwert *m* *(Kommunikationsforschung)*

Neyman allocation
Neyman-Allokation *f*, Neyman-Stichprobenaufteilung *f*, Neymansche Allokation *f*, Neymansche Stichprobenaufteilung *f* *(Statistik)*

Neyman-Pearson theory
Neyman-Pearson-Theorie *f* *(statistische Hypothesenprüfung)*

night school (evening school)
Abendschule *f*
nighttime population
Schlafbevölkerung *f*, Nachtbevölkerung *f*, Bevölkerung *f* zur Nachtzeit *(Demographie)*
nihilism
Nihilismus *m (Philosophie)*
nobility
Adel *m*, Adelsstand *m)*
nodal area (nodal region, focal area) (Walter Christaller)
nodales Gebiet *n*, nodale Gegend *f (Sozialökologie)*
no-data (residual category, catchall category, catch-all category)
Restkategorie *f*, Residualkategorie *f (Datenanalyse)*
noesis (noetic thought)
Noesis *f*, geistiges Erfassen *n (Philosophie)*
noise
Fremdgeräusch *n*, Rauschen *n* (Informationstheorie)
noise-signal ratio
Rauschen-Signal-Verhältnis *n*, Rauschabstand *m*, Verhältnis *n* von Signal zu Rauschen, Verhältnis *n* von Fremdgeräuschen zu übertragenen Informationen *(Informationstheorie) (Kommunikationsforschung)*
noisy channel
gestörter Kanal *m (Informationstheorie) (Kommunikationsforschung)*
nomad
Nomade *m (Ethnologie)*
nomadic community
nomadische Gemeinschaft *f*, Nomadengemeinschaft *f*, nomadische Gemeinde *f*, Nomadengemeinde *f (Ethnologie)*
nomadic culture
nomadische Kultur *f (Ethnologie)*
nomadic pastoralism (pastoral nomadism)
Hirtennomadismus *m*, nomadisches Herdenwesen *n*, nomadische Viehhaltung *f*, nomadische Viehzucht *f*, nomadische Weidewirtschaft *f (Ethnologie)*
nomadic society
nomadische Gesellschaft *f (Ethnologie)*
nomadism (transhumance)
Nomadismus *m*, Nomadentum *n (Ethnologie)*
nomadization
Nomadisierung *f (Ethnologie)*
nomenclature analysis (*pl* **analyses) (Floyd G. Lounsbury)**
Nomenklaturanalyse *f*

nominal definition
Nominaldefinition *f*, nominale Definition *f*, nominelle Definition *f (Theorie des Wissens)*
nominal group
nominelle Gruppe *f (statistische Hypothesenprüfung)*
nominal income
Nominaleinkommen *n (Volkswirtschaftslehre)*
nominal kin
nominelle(r) Verwandte(r) *f(m) (Kulturanthropologie)*
nominal leader
nomineller Führer *m (Organisationssoziologie)*
nominal relatives *pl* **(nominal kin** *pl*)
nominelle Verwandtschaft *f*, nominelle Verwandte *m/pl (Kulturanthropologie)*
nominal scale
Nominalskala *f*, nominale Skala *f (Statistik)*
nominal status
nomineller Status *m (Soziologie)*
nominal wage
Nominallohn *m (Volkswirtschaftslehre)*
nominal weight
nominelles Gewicht *n (Statistik)*
nominalism
Nominalismus *m*, Begriffsnominalismus *m (Theorie des Wissens)*
nomination technique
Nominierungsverfahren *n*, Nominierungstechnik *f*, Nominierungsmethode *f (Soziometrie)*
nomocracy (Bertrand de Jouvenel)
Nomokratie *f (politische Wissenschaften)*
nomogram (nomograph)
Nomogramm *n (Statistik)*
nomological experiment
nomologisches Experiment *n (Theorie des Wissens)*
nomological explanation
nomologische Begründung *f*, nomologische Erklärung *f (Theorie des Wissens)*
nomological hypothesis (*pl* **hypotheses)**
nomologische Hypothese *f (Theorie des Wissens)*
nomological model (of scientific explanation)
nomologisches Modell *n*, der wissenschaftlichen Erklärung *(Theorie des Wissens)*
nomological network (Lee J. Cronbach/Paul E. Mehl)
nomologisches Netz *n (Theorie des Wissens)*
nomology (nomological explanation)
Nomologie *f (Theorie des Wissens)*

nomothetic(al)
nomothetisch *adj (Theorie des Wissens)*
vgl. idiographic(al)
nomothetic discipline (nomothetic science)
nomothetische Wissenschaft *f*, nomothetische Disziplin *f*, nomothetische Methode *f* (Wilhelm Windelband) *(Theorie des Wissens)*
vgl. idiographic discipline
nomothetic method (nomothetic approach)
nomothetische Methode *f (Theorie des Wissens)* (Wilhelm Windelband)
vgl. idiographic method
nomothetische Orientierung *f (Theorie des Wissens)*
nomothetic orientation
nomothetische Orientierung *f (Theorie des Wissens)*
vgl. idiographic orientation
nomothetic psychology
nomothetische Psychologie *f (Theorie des Wissens)*
vgl. idiographic psychology
nonadditive model
nichtadditives Modell *n*, nonadditives Modell *n (Statistik)*
vgl. additive model
nonadditivity (non-additivity)
Nichtadditivität *f*, Nonadditivität *f (Mathematik/Statistik)*
vgl. additivity
nonadditivity of effects (non-additivity of effects, statistical interaction, specification, conditional relationship, differential impact, differential sensitivity)
Nichtadditivität *f* der Wirkungen, Nonadditivität *f* der Wirkungen, statistische Interaktion *f (Mathematik/Statistik)*
vgl. additivity of effects
nonalignment
Bündnisfreiheit *f*, Bündnislosigkeit *f (Internationale Beziehungen)*
nonappliance method of contraception
natürliche Methode *f* der Empfängnisverhütung
vgl. appliance method of contraception
non-arithmetic regression
nichtarithmetische Regression *f (Statistik)*
nonassociational group (Gabriel A. Almond/James S. Coleman)
lockere Vereinigung *f*, loser Verband *m (Gruppensoziologie)*
vgl. associational group
nonaversive stimulus (*pl* stimuli)
nichtaversiver Stimulus *m*, nichtaversiver Reiz *m (Verhaltensforschung)*
vgl. aversive stimulus

non-axiomatic theory (informal theory)
informale Theorie *f*, unaxiomatische Theorie *f (Theorie des Wissens)*
vgl. axiomatic theory
nonbasic industry (consumer goods industry)
Konsumgüterindustrie *f (Volkswirtschaftslehre)*
vgl. basic industry
noncausal (acausal)
nichtkausal *adj*
vgl. causal
noncentral chi-squared distribution (non-central chi-squared distribution, noncentral χ^2 distribution)
nichtzentrale Chi-Quadrat Verteilung *f (Statistik)*
noncentral confidence interval
nichtzentrales Vertrauensintervall *n*, nichtzentraler Vertrauensbereich *m*, nichtzentraler Mutungsbereich *m (Statistik)*
noncentral distribution (noncentral frequency distribution)
nichtzentrale Verteilung *f*, nichtzentrale Häufigkeitsverteilung *f (Statistik)*
noncentral F distribution
nichtzentrale F-Verteilung *f (Statistik)*
noncentral multivariate F distribution
nichtzentrale multivariate F Verteilung *f (Statistik)*
noncentral t distribution
nichtzentrale t-Verteilung *f (Statistik)*
noncentrality parameter
Nichtzentralitätsparameter *m (Statistik)*
noncentralization
Nichtzentralisierung *f*, Nichtzentralisation *f (Statistik)*
noncircular autocorrelation
azyklische Autokorrelation *f*, nichtzyklische Autokorrelation *f (Mathematik/Statistik)*
vgl. circular autocorrelation
noncircular correlation
azyklische Korrelation *f*, nichtzyklische Korrelation *f (Mathematik/Statistik)*
vgl. circular correlation
noncircular statistic
azyklische Maßzahl *f*, nichtzyklische Maßzahl *f (Mathematik/Statistik)*
vgl. circular statistic
noncommitted voter (nonpartisan voter, floater)
parteiloser Wähler *m (politische Wissenschaften)*
vgl. partisan voter
noncompensating error
nichtkompensatorischer Fehler *m (statistische Hypothesenprüfung)*
vgl. compensating error

nonconformist
Nonkonformist *m*, Widerspruchsgeist *m*
(Sozialpsychologie)
vgl. conformist
nonconformity
Nonkonformität *f*, Nonkonformismus *m*,
Nichtkonformität *f (Sozialpsychologie)*
vgl. conformity
nonconstant error (random sampling error, random error, sampling error, fortuitous error, variable error, chance error)
Zufallsfehler *m*, nichtkonstanter
Fehler *m*, Stichprobenfehler *m (Statistik)*
noncontacted respondent (not-at-home)
Nichterreichter *m*, nichterreichter
Befragter *m*, Befragter *m*, mit
dem kein Interview geführt wurde
(Umfrageforschung)
noncooperation
Kooperationsverweigerung *f*,
Kooperationsboykott *m*, Nicht-
Kooperativität *f (Soziologie)*
vgl. cooperation
noncooperative game
nichtkooperatives Spiel *n (Spieltheorie)*
vgl. cooperative game
noncooperative (noncooperative person, nonrespondent)
Verweigerer *m*, im Test, bei
Befragungen *(Psychologie/empirische Sozialforschung)*
vgl. cooperative (cooperative person)
noncoverage (non-coverage, missing elements *pl*, incomplete frame)
Nichtausschöpfung *f* einer Stichprobe
(Statistik)
vgl. coverage
nondetermination (non-determination)
Unbestimmtheit *f (Statistik)*
vgl. determination
non-directed career
nicht-zielgerichtete Karriere *f*
(Arbeitssoziologie)
vgl. directed career
nondirective counseling (non-directive counseling) (C. R. Rogers)
nichtdirektive Beratung *f*, nichtlenkende
Beratung *f (Psychologie)*
vgl. directive counseling
nondirective interview (non-directive interview, unguided interview, permissive interview, soft interview)
nichtdirektives Interview *n*,
nichtlenkendes Interview *n*,
Tiefeninterview *n*, nichtstrukturiertes
Interview *n*, unstrukturiertes
Interview *n*, freies Interview *n*
(Psychologie/empirische Sozialforschung)
vgl. directive interview

nondirective interviewing (non-directive interviewing)
nichtdirektive Befragung *f*,
nichtlenkende Befragung *f*
(Psychologie/empirische Sozialforschung)
vgl. directive interviewing
nondirective method (non-directive method)
nichtdirektive Methode *f*, nichtlenkende
Methode *f (Psychologie/empirische Sozialforschung)*
vgl. directive method
nondirective therapy (non-directive therapy) (C. R. Rogers) (nondirective group therapy)
nichtdirektive Therapie *f*, nichtlenkende
Therapie *f (Psychologie)*
vgl. directive therapy
nondirectiveness (non-directiveness)
Nichtdirektivität *f (Psychologie/empirische Sozialforschung)*
vgl. directiveness
nondiscriminated avoidance (non-discriminated avoidance, free operant avoidance, continuous avoidance, Sidman avoidance continuous reinforcement) (CRF)
kontinuierliche Vermeidung *f*
(Verhaltensforschung)
nonegalitarian classlessness (Stanislaw Ossowski)
nichtegalitäre Klassenlosigkeit *f*
nonelective representation
Repräsentation *f* ohne Wahl *(politische Wissenschaften)*
nonelite (non-elite)
Nichtelite *f*, Nicht-Elite *f (Soziologie)*
vgl. elite
nonequivalent control group (non-equivalent control group)
nichtäquivalente Kontrollgruppe *f*
(im Experiment) *(statistische Hypothesenprüfung)*
non-established career
nichtstabilisierte Karriere *f*,
nichtstabilisierte berufliche Laufbahn *f*
(Arbeitssoziologie)
vgl. established career
nonexperimental design (non-experimental design)
nichtexperimentelle Versuchsanlage *f*,
nichtexperimentelle Versuchsanlage *f*,
nichtexperimentelle Anlage *f (statistische Hypothesenprüfung)*
vgl. experimental design
nonexperimental research (non-experimental research)
nichtexperimentelle Forschung *f*
(empirische Sozialforschung)
vgl. experimental research

non-family household (institutional household, quasi household)
Anstaltshaushalt *m (Demographie)*
nonfraternal polyandry
nichtbrüderliche Polyandrie *f*,
nichtbrüderliche Vielmännerei *f*
(Kulturanthropologie)
vgl. fraternal polyandry
nonhuman environment (natural environment, geographical environment)
natürliche Umwelt *f*, natürliche Umgebung *f (Sozialökologie)*
nonhuman population
nicht aus Menschen bestehende Grundgesamtheit *f (Statistik)*
vgl. human population
non-institutionalized behavior (*brit* non-institutionalised behaviour)
nichtinstitutionalisiertes Verhalten *n (Soziologie)*
vgl. institutionalized behavior
non-institutionalized conflict
nichtinstitutionalisierter Konflikt *m (Soziologie)*
vgl. institutionalized conflict
nonintervention (non-intervention)
Nonintervention *f*, Nichtintervention *f*, Nichteinmischung *f*, Nichteingriff *m (statistische Hypothesenprüfung) (Psychologie) (politische Wissenschaften)*
vgl. intervention
nonkin association (non-kin association, sodality)
Stammesverband *m (Kulturanthropologie)*
nonlinear association (curvilinear association)
nonlineare Assoziation *f*, nichtlineare Assoziation *f*, kurvilineare Assoziation *f (Statistik)*
vgl. linear association
nonlinear autoregressive process (curvilinear autoregressive process)
nichtlinearer autoregressiver Prozeß *m*, nonlinearer autoregressiver Prozeß *m*, kurvilinearer regressiver Prozeß *m (Statistik)*
vgl. linear autoregressive process
nonlinear birth process (curvilinear birth process)
nichtlinearer Geburtsprozeß *m*, nonlinearer Geburtsprozeß *m*, kurvilinearer Geburtsprozeß *m (Stochastik)*
vgl. linear birth process
nonlinear constraint (curvilinear constraint)
nichtlineare Nebenbedingung *f*, nonlineare Nebenbedingung *f*, kurvilineare Nebenbedingung *f (Statistik)*
vgl. linear constraint

nonlinear correlation (curvilinear correlation)
nichtlineare Korrelation *f*, nonlineare Korrelation *f*, kurvilineare Korrelation *f (Statistik)*
vgl. linear correlation
nonlinear discriminant function (curvilinear discriminant function)
kurvilineare Diskriminanzfunktion *f*, nichtlineare Diskriminanzfunktion *f*, nonlineare Diskriminanzfunktion *f*, nichtlineare Trennfunktion *f*, nonlineare Trennfunktion *f*, kurvilineare Trennfunktion *f (Statistik)*
vgl. linear discriminant function
nonlinear estimator (curvilinear estimator)
nichtlineare Schätzfunktion *f*, nonlineare Schätzfunktion *f*, kurvilineare Schätzfunktion *f (Statistik)*
vgl. linear estimator
nonlinear hypothesis (*pl* hypotheses, curvilinear hypothesis)
nichtlineare Hypothese *f*, nonlineare Hypothese *f*, kurvilineare Hypothese *f (statistische Hypothesenprüfung)*
vgl. linear hypothesis
nonlinear least-squares model (curvilinear least-squares model)
nichtlineares Modell *n* der lateinischen Quadrate, nonlineares Modell *n* der lateinischen Quadrate, kurvilineares Modell *n* der lateinischen Quadrate *(statistische Hypothesenprüfung)*
vgl. linear least-squares model
nonlinear maximum-likelihood method (curvilinear maximum-likelihood method)
nichtlineare Maximum-Likelihood-Methode *f*, nichtlineares Maximum-Likelihood-Verfahren *n*, nonlineare Maximum-Likelihood-Methode *f*, kurvilineare Maximum-Likelihood-Methode *f (Statistik)*
vgl. linear maximum-likelihood method
nonlinear model (curvilinear model)
nichtlineares Modell *n*, nonlineares Modell *n*, kurvilineares Modell *n*
vgl. linear model
nonlinear multiple correlation (curvilinear multiple correlation)
nichtlineare multiple Korrelation *f*, nonlineare multiple Korrelation *f*, kurvilineare multiple Korrelation *f (Statistik)*
vgl. linear multiple correlation
nonlinear point estimation (nonlinear point estimate, curvilinear point estimate)
nichtlineare Punktschätzung *f*, nonlineare Punktschätzung *f*, kurvilineare Punktschätzung *f (Statistik)*
vgl. linear point estimation

nonlinear point estimate (curvilinear point estimate)
nonlineare Punktschätzung *f*, nichtlineare Punktschätzung *f*, kurvilineare Punktschätzung *f* *(Statistik)*
vgl. linear point estimate

nonlinear process (nonlinear stochastic process, curvilinear process, curvilinear stochastic process)
nichtlinearer Prozeß *m*, nichtlinear stochastischer Prozeß *m*, nonlinearer Prozeß *m*, kurvilinearer Prozeß *m* *(Statistik)*
vgl. linear process

nonlinear program (B. F. Skinner)
nonlineares Programm *n* *(Theorie des Lernens)*
vgl. linear program

nonlinear programming
nichtlineare Programmierung *f*, nichtlineare Planungsrechnung *f*, nonlineare Programmierung *f*, nonlineare Planungsrechnung *f*, kurvilineare Programmierung *f*, kurvilineare Planungsrechnung *f*
vgl. linear programming

nonlinear regression function (curvilinear regression function)
nichtlineare Regressionsfunktion *f*, nonlineare Regressionsfunktion *f*, kurvilineare Regressionsfunktion *f* *(Statistik)*
vgl. linear regression function

nonlinear regression (curvilinear regression, joint regression, nonlinear prediction)
nichtlineare Regression *f*, nonlineare Regression *f*, kurvilineare Regression *f* *(Statistik)*
vgl. linear regression

nonlinear relationship (nonlinear relation, curvilinear relationship, curvilinear relation)
nichtlineare Beziehung *f*, nonlineare Beziehung *f*, kurvilineare Beziehung *f* *(Statistik)*
vgl. linear relationship

nonlinear structure (curvilinear structure)
nichtlineare Struktur *f*, nonlineare Struktur *f*, kurvilineare Struktur *f* *(Statistik)*
vgl. linear structure

nonlinear sufficiency (curvilinear sufficiency)
nichtlineare Suffizienz *f*, nonlineare Suffizienz *f*, kurvilineare Suffizienz *f* *(Statistik)*
vgl. linear sufficiency

nonlinear systematic statistic (curvilinear systematic statistic)
nichtlineare systematische Maßzahl *f*, nonlineare systematische Maßzahl *f*, kurvilineare systematische Maßzahl *f* *(Statistik)*
vgl. linear systematic statistic

nonlinear transformation (curvilinear transformation)
nichtlineare Transformation *f*, Kurvilineartransformation *f*, nonlineare Transformation *f*, kurvilineare Transformation *f* *(Statistik)*
vgl. linear transformation

nonlinear trend (curvilinear trend)
nichtlinearer Trend *m*, nonlinearer Trend *m*, kurvilinearer Trend *m* *(Statistik)*
vgl. linear trend

nonlinear
nonlinear, nichtlinear, nicht geradlinig, kurvilinear *adj*
vgl. linear

nonliterate (preliterate)
schriftlos, ohne Schrift, ohne Schriftsprache *adj (Ethnologie)*
vgl. literate

nonliterate culture (nonliterate society, preliterate culture, preliterate society)
schriftlose Kultur *f*, Kultur *f* ohne Schrift, Kultur *f* ohne Schriftsprache, Primitivkultur *f*, primitive Kultur *f*, Kultur *f* der Naturvölker, ethnographische Kultur *f* *(Ethnologie)*
vgl. literate culture

nonlogical action (non-logical action) (Vilfredo Pareto)
nichtlogisches Handeln *n*, nichtlogisches Verhalten *n*

nonmalevolent hostility (non-malevolent hostility) (Kenneth Boulding)
nichtböswillige Feindseligkeit *f*
vgl. malevolent hostility

nonmanipulated variable (non-manipulated variable)
nichtkontrollierte Variable *f*, nichtmanipulierte Variable *f* *(statistische Hypothesenprüfung)*
vgl. manipulated variable

nonmanipulative research (non-manipulative research)
nichtmanipulative Forschung *f* *(statistische Hypothesenprüfung)*
vgl. manipulative research

nonmanual labor (*brit* non-manual labour, nonmanual work, non-manual work, nonmanual occupation, non-manual occupation)
nichtmanuelle Arbeit *f*, nichtmanuelle Beschäftigung *f*, nichtmanueller Beruf *m*

non-marriageable population
nicht ehemündige Bevölkerung f, nicht heiratsfähige Bevölkerung f, nicht im heiratsfähigen Alter befindliche Bevölkerung f *(Demographie)*
vgl. marriageable population

nonmaterial culture
nichtmaterielle Kultur f, immaterielle Kultur f *(Kulturanthropologie)*
vgl. material culture

nonmaterial innovation
nichtmaterielle Innovation f, immaterielle Innovation f *(Kulturanthropologie)*
vgl. material innovation

nonmaterial technology (Alfred Radcliffe-Brown)
nichtmaterielle Technologie f, immaterielle Technologie f *(Kulturanthropologie)*
vgl. material technology

nonmember (non-member)
Nichtmitglied n *(Organisationssoziologie) (Gruppensoziologie)*

nonmembership group (non-membership group)
Nichtmitgliedschaftsgruppe f *(Gruppensoziologie)*
vgl. membership group

nonmembership reference group (nonmembership reference group)
Nichtmitgliedschaftsbezugsgruppe f, Bezugsgruppe f, der ein Individuum nicht angehört *(Gruppensoziologie)*
vgl. membership reference group

nonmetric distance scaling (ordinal rescaling analysis, smallest space analysis, *pl* analyses)
Smallest-Space-Analyse f *(Skalierung)*

nonmobile (non-mobile)
1. nichtmobil, nicht mobil *adj*
2. Nichtmobiler m, nichtmobile Person f, nichtmobiler Mensch m *(Mobilitätsforschung)*
vgl. mobile

nonmonotone dichotomous item
nichtmonoton dichotomer Item m *(Skalierung) (Statistik)*
vgl. monotone dichotomous item

nonmonotone function (nonmonotonic function)
nichtmonotone Funktion f, unstetige Funktion f *(Statistik)*
vgl. monotone function

nonmonotone item (nonmonotone scale item, point item)
nichtmonotoner Item m, nichtmonotoner Skalen-Item m *(Skalierung) (Statistik)*
vgl. monotone item

nonmonotone multicategory item
nichtmonotoner Mehrkategorien-Item m *(Skalierung) (Statistik)*
vgl. monotone multicategory item

nonmonotone scalogram model
nichtmonotones Skalogramm-Modell n *(Skalierung)*
vgl. monotone scalogram model

nonmonotone sequence
nichtmonotone Folge f, nichtmonotone Reihe f, unstetige Reihe f, unstetige Folge f *(Statistik)*
vgl. monotone sequence

nonmonotone transformation (nonmonotonic transformation)
nichtmonotone Transformation f, unstetige Transformation f *(Statistik)*
vgl. monotone transformation

nonmonotone trend
nichtmonotoner Trend m *(Statistik)*
vgl. monotone trend

non-normal frequency curve (abnormal frequency curve, abnormal curve, non-normal curve)
anormale Häufigkeitskurve f, nicht normale Häufigkeitskurve f *(Statistik)*

nonnormal population (non-normal population)
nichtnormalverteilte Grundgesamtheit f *(Statistik)*
vgl. normal population

nonnucleated society (Y. A. Cohen)
nichtatomisierte Gesellschaft f *(Soziologie)*
vgl. nucleated society

non-null hypothesis (alternative hypothesis, H_1) (*pl* hypotheses, alternate hypothesis)
Alternativhypothese f, Gegenhypothese f, alternative Hypothese f, Nicht-Nullhypothese f
vgl. null hypothesis

nonnumerical variable
nichtnumerische Variable f *(statistische Hypothesenprüfung)*
vgl. numerical variable

nonobservation (non-observation)
Nichtbeobachtung f *(Psychologie/empirische Sozialforschung)*
vgl. observation

non-orthogonal data *pl*
nichtorthogonale Daten *n/pl*, nichtorthogonales Beobachtungsmaterial n, nichtorthogonales Erhebungsmaterial n *(Statistik)*
→ oblique data;
vgl. orthogonal data

nonparametric model (non-parametric model)
parameterfreies Modell *n*,
nonparametrisches Modell *n*,
nichtparametrisches Modell *n*,
verteilungsfreies Modell *n* *(Statistik)*
vgl. parametric model
nonparametric statistics *pl als sg konstruiert* **(non-parametric statistics** *pl als sg konstruiert*)
parameterfreie Statistik *f*,
nonparametrische Statistik *f*,
nichtparametrische Statistik *f*,
verteilungsfreie Statistik *f*
vgl. parametric statistics
nonparametric test (non-parametric test)
parameterfreier Test *m*, nonparametrischer Test *m*, nichtparametrischer Test *m*, verteilungsfreier Test *m* *(statistische Hypothesenprüfung)*
vgl. parametric test
nonparametric tolerance limits *pl* **(nonparametric tolerance limits** *pl*)
parameterfreie Toleranzgrenzen *f/pl*,
nonparametrische Toleranzgrenzen *f/pl*,
nichtparametrische Toleranzgrenzen *f/pl*,
verteilungsfreie Toleranzgrenzen *f/pl*
(statistische Hypothesenprüfung)
vgl. parametric tolerance limits
nonparametric (non-parametric)
parameterfrei, nonparametrisch,
nichtparametrisch, verteilungsfrei *adj*
(Statistik)
vgl. parametric
nonparticipant observation
nichtteilnehmende Beobachtung *f*
(empirical social research)
vgl. participant observation
non-participating observer (external observer)
außenstehender Beobachter *m*,
nichtteilnehmender Beobachter *m*
(empirische Sozialforschung)
vgl. participating observer
nonpartisan election
nichtparteiliche Wahl *f*, Wahl *f*
ohne Parteikandidaten *(politische Wissenschaft)*
vgl. partisan election -
nonpartisan voter (noncommitted voter, floater)
parteiloser Wähler *m (politische Wissenschaften)*
vgl. partisan voter
nonpartisanship
Unparteilichkeit *f*, Unvoreingenommenheit *f*, Urteilsdistanz *f*, Distanz *f* des Urteils, Überparteilichkeit *f* *(politische Wissenschaft)*
vgl. partisanship

nonprobability sample
Nicht-Wahrscheinlichkeitsauswahl *f*,
Nicht-Wahrscheinlichkeitsstichprobe *f*,
Nichtzufallsauswahl *f*, Nichtzufallsstichprobe *f (Statistik)*
vgl. probability sample
nonprobability sampling
Nicht-Wahrscheinlichkeitsauswahlverfahren *n*, Nicht-Wahrscheinlichkeitsauswahl *f*, Nicht-Wahrscheinlichkeitsstichprobenbildung *f*, Nicht-Wahrscheinlichkeitsstichprobenverfahren *n (Statistik)*
vgl. probability sampling
nonproportional stratified sample
nichtproportional geschichtete
Stichprobe *f (Statistik)*
vgl. proportional stratified sample
nonrandom sample (non-random sample)
nichtzufallsgemäße Auswahl *f*,
nichtzufallsgemäße Stichprobe *f*
(Statistik)
vgl. random sample
nonrandom sampling (non-random sampling)
nichtzufallsgemäßes Auswahlverfahren *n*,
nichtzufallsgemäße Auswahl *f*, nichtzufallsgemäßes Stichprobenverfahren *n*,
nichtzufallsgemäße Stichprobenbildung *f*
(Statistik)
vgl. random sampling
nonrandomized strategy
nichtrandomisierte Strategie *f (statistische Hypothesenprüfung)*
vgl. randomized strategy
nonrandomized test
nichtrandomisierter Test *m (statistische Hypothesenprüfung)*
vgl. randomized test
nonreactive measurement (nonreactive measure, unobtrusive measurement, trace analysis)
nichtreaktive Messung *f*, nichtreaktives
Meßverfahren *n (Psychologie/empirische Sozialforschung)*
vgl. reactive measurement
nonreactive research
nichtreaktive Forschung *f*
(Psychologie/empirische Sozialforschung)
vgl. reactive research
nonregular estimator (non-regular estimator)
nichtreguläre Schätzfunktion *f (Statistik)*
vgl. regular estimator
nonrejection region (nonrejection area, region of acceptance, acceptance region, area of acceptance, acceptance area)
Annahmebereich *m (statistische Hypothesenprüfung)*
Zurückweisungsbereich *m*,
Ablehnungsbereich *m*, kritischer

nonresidential population 328

Bereich *m*, kritische Region *f* *(statistische Hypothesenprüfung)*
vgl. rejection region

nonresidential population (non-residential population, urban daytime population, daytime population)
Nicht-Wohnbevölkerung *f (Demographie)*
vgl. residential population

nonrespondent (non-respondent)
Antwortverweigerer *m*, Verweigerer *m*, Nichtbefragter *m (empirische Sozialforschung)*
vgl. respondent

nonresponse (non-response, noncooperation)
Nichtbeantwortung *f*, Antwortverweigerung *f*, Verweigerung *f*, Ausfall *m*, Ausfälle *m/pl*, Nonresponse *m (empirische Sozialforschung)*
vgl. response

nonresponse bias (non-response bias, nonresponse error, non-response error, noncoverage error, noncoverage)
Ausfallfehler *m*, Fehler *m* durch Ausfälle, Fehler *m* durch Nichtbeantwortung, Nonresponse-Fehler *m (empirische Sozialforschung)*
vgl. response bias

nonresponse rate (non-response rate, flopout, noncoverage, noncoverage rate, noncoverage)
Ausfallrate *f*, Ausfallquote *f*, Verweigerungsrate *f*, Nichtbeantwortungsrate *f*, Nonresponse-Quote *f*, Nonresponse-Rate *f (empirische Sozialforschung)*
vgl. response rate

nonresponse weighting (weighting for not-at homes)
Gewichtung *f* der Abwesenden, Gewichtung *f* der nichterreichten Personen, Random-Ausfallgewichtung *f*, Redressement *n (Statistik)*

nonsampling error (non-sampling error, nonsampling bias, non-sampling bias)
stichprobenunabhängiger Fehler *m*, sachlicher Fehler *m (statistische Hypothesenprüfung)*
vgl. sampling error

nonscale type (non-scale type)
nichtskalierbarer Typ *m (Skalogrammanalyse)*
vgl. scale type

nonschedule interview (non-schedule interview)
Interview *n* ohne Fragebogen *(Umfrageforschung)*

nonsense correlation (spurious correlation, illusory correlation)
sinnlose Korrelation *f*, unsinnige Korrelation *f*, Nonsense-Korrelation *f*, Scheinkorrelation *f*, scheinbare Korrelation *f (statistische Hypothesenprüfung)*

nonsense syllable (senseless syllable)
sinnlose Silbe *f (Psychologie)*

nonsignificant result
nichtsignifikantes Ergebnis *n (statistische Hypothesenprüfung)*
vgl. significant result

nonsingular distribution (non-singular distribution)
nichtsinguläre Verteilung *f (Statistik)*
vgl. singular distribution

nonsocial being (non-social being)
ungeselliges Wesen *n*, nichtgeselliges Wesen *n (Soziologie)*
vgl. social being

nonsocial perception (non-social perception)
Dingwahrnehmung *f*, Objektwahrnehmung *f*, Objektperzeption *f (Psychologie)*
vgl. social perception

nonsororal polygyny
nichtschwesterliche Polygynie *f (Kulturanthropologie)*
vgl. sororal polygyny

nonstationary process (evolutionary process)
nichtstationärer Prozeß *m*, nichtstationärer stochastischer Prozeß *m*

nonsupport
Nichtunterstützung *f*
vgl. support

nonsymbolic interaction (non-symbolic interaction) (George H. Mead)
nichtsymbolische Interaktion *f (Soziologie)*
vgl. symbolic interaction

non-unilateral (omnilineal)
nicht-unilateral, mehrlinig, wechselseitig *adj (Kulturanthropologie)*
vgl. unilateral

non-unilateral descent (ambilateral descent, ambilineal descent)
ambilaterale Abstammung *f*, ambilineare Abstammung *f*, bilaterale Abstammung *f*, beidseitige Abstammung *f*, Abstammung *f* väterlicher- und mütterlicherseits *(Kulturanthropologie)*

non-unilateral descent group (non-unilateral group, non-unilineal descent group, non-unilineal group, omnilineal group)
nicht-unilaterale Abstammungsgruppe *f*,
mehrlinige Abstammungsgruppe *f*,
nicht-unilaterale Deszendenzgruppe *f*,
mehrlinige Deszendenzgruppe *f*
(Kulturanthropologie)
vgl. unilateral descent group
non-unilateral exponential
nicht unilaterale Exponentialgröße *f*
(Mathematik/Statistik)
non-unilateral family (non-unilineal family, omnilineal family)
nicht-unilaterale Familie *f*, mehrlinige Familie *f* *(Kulturanthropologie)*
vgl. unilateral family
non-unilateral kin (non-unilateral relative, non-unilineal kin, non-unilineal relative, omnilineal kin, omnilineal relative)
nicht-unilateraler Verwandter *m*,
nicht-unilaterale Verwandte *f*
(Kulturanthropologie)
vgl. unilateral kin
non-unilateral kinship (non-unilateral descent, non-unilineal kinship, non-unilineal descent, omnilineal kinship, omnilineal descent
nicht-unilaterale Verwandtschaft *f*,
mehrlinige Verwandtschaft *f*
(Kulturanthropologie)
vgl. unilateral kinship
non-unilateral kinship group (non-unilateral group, omnilineal kinship group, omnilineal group)
nicht unilaterale Verwandtschaftsgruppe *f*, mehrlinige Verwandtschaftsgruppe *f* *(Kulturanthropologie)*
vgl. unilateral kinship group
non-unilateral kinship system (omnilineal kinship system)
nicht-unilaterales Verwandtschaftssystem *n*, mehrliniges Verwandtschaftssystem *n* *(Kulturanthropologie)*
vgl. unilateral kinship system
non-unilateral power relationship
nicht-unilaterale Machtbeziehung *f*,
nicht-unilaterales Machtverhältnis *n*,
gleichgewichtiges Machtverhältnis *n*
zwischen Gruppen)
non-unilineal (omnilineal)
nicht-unilateral, mehrlinig, wechselseitig
adj (Kulturanthropologie)
vgl. unilateral
non-unilineal descent (ambilateral descent, ambilineal descent)
ambilaterale Abstammung *f*,
ambilineare Abstammung *f*,
bilaterale Abstammung *f*, beidseitige Abstammung *f*, Abstammung *f*

väterlicher- und mütterlicherseits)
(Kulturanthropologie)
non-unilineal descent group (non-unilateral group, non-unilineal descent group, non-unilineal group, omnilineal group)
nicht-unilaterale Abstammungsgruppe *f*,
mehrlinige Abstammungsgruppe *f*,
nicht-unilaterale Deszendenzgruppe *f*,
mehrlinige Deszendenzgruppe *f*
(Kulturanthropologie)
vgl. unilateral descent group
non-unilineal exponential
nicht unilaterale Exponentialgröße *f*
(Mathematik/Statistik)
non-unilineal family (non-unilineal family, omnilineal family)
nicht-unilaterale Familie *f*, mehrlinige Familie *f* *(Kulturanthropologie)*
vgl. unilateral family
non-unilineal kin (non-unilateral relative, non-unilineal kin, non-unilineal relative, omnilineal kin, omnilineal relative)
nicht-unilateraler Verwandter *m*,
nicht-unilaterale Verwandte *f*
(Kulturanthropologie)
vgl. unilateral kin
non-unilineal kinship (non-unilateral descent, non-unilineal kinship, non-unilineal descent, omnilineal kinship, omnilineal descent
nicht-unilaterale Verwandtschaft *f*,
mehrlinige Verwandtschaft *f*
(Kulturanthropologie)
vgl. unilateral kinship
non-unilineal kinship group (non-unilateral group, omnilineal kinship group, omnilineal group)
nicht unilaterale Verwandtschaftsgruppe *f*, mehrlinige Verwandtschaftsgruppe *f* *(Kulturanthropologie)*
vgl. unilateral kinship group
non-unilineal kinship system (omnilineal kinship system)
nicht-unilaterales Verwandtschaftssystem *n*, mehrliniges Verwandtschaftssystem *n* *(Kulturanthropologie)*
vgl. unilateral kinship system
non-unilineal power relationship
nicht-unilaterale Machtbeziehung *f*,
nicht-unilaterales Machtverhältnis *n*,
gleichgewichtiges Machtverhältnis *n*
zwischen Gruppen)
nonverbal communication (NVC)
nonverbale Kommunikation *f*,
nichtverbale Kommunikation *f*,
sprachfreie Kommunikation *f*
(Kommunikationsforschung)
vgl. verbal communication

nonverbal test
nonverbaler Test *m*, nichtverbaler Test *m*, sprachfreier Test *m* *(Kommunikationsforschung)*
vgl. verbal test
nonveridical perception
nonveridische Perzeption *f*, nicht mit der Wirklichkeit übereinstimmende Wahrnehmung *f*, nicht mit der Wirklichkeit übereinstimmende Perzeption *f (Psychologie)*
vgl. veridical perception
nonviolence
Gewaltfreiheit *f*, Gewaltlosigkeit *f* *(Soziologie)*
vgl. violence
nonviolent action
gewaltfreie Aktion *f*, gewaltlose Aktion *f (Soziologie)*
vgl. violent action
nonviolent coercion
gewaltfreier Zwang *m*, gewaltloser Zwang *m (Soziologie)*
vgl. violent coercion
nonviolent resistance
gewaltfreier Widerstand *m*, gewaltloser Widerstand *m (politische Wissenschaft)*
vgl. violent resistance
nonvoluntary association (involuntary association, compulsory association)
unfreiwillige Vereinigung *f*, Zwangsvereinigung *f*, Zwangsverband *m (Soziologie)*
vgl. voluntary association
nonvoter (non-voter)
Nichtwähler *m (politische Wissenschaft)*
vgl. voter
nonvoting
Nichtteilnahme *f* an einer Wahl, Nichtwählen *n (politische Wissenschaft)*
vgl. voting
non-wedlock (illegitimate)
unehelich, nichtehelich, außerehelich *adj*
vgl. wedlock
non-zero-sum game
Nicht-Nullsummenspiel *n (Spieltheorie)*
vgl. zero-sum game
noology
Noologie *f (Linguistik)*
norm
Norm *f*, Regel *f (Soziologie)*
norm conflict
Normenkonflikt *m (Soziologie)*
norm formation
Normenbildung *f (Soziologie)*
norm of conduct (conduct norm)
Verhaltensnorm *f*, Verhaltensvorschrift *f*, Betragensnorm *f (Soziologie)*

norm of evasion (Robin Williams)
Umgehungsnorm *f*, Mißachtungsnorm *f* *(Kriminologie)*
norm of reciprocity (Alvin W. Gouldner)
Norm *f* der Reziprozität *(Soziologie)*
norm-oriented movement (Neil J. Smelser)
normorientierte Bewegung *f (Soziologie)*
normal
normal *adj*
normal curve of error
normale Fehlerkurve *f (Statistik)*
normal curve (Gaussian curve)
Normalkurve *f*, Normalverteilungskurve *f*, normale Kurve *f*, Gauß'sche Glockenkurve *f* (Statistik)
normal deviate
Normalabweichung *f*, standardisierte normale Zufallsvariable *f (Statistik)*
normal dispersion
normale Streuung *f*, normale Dispersion *f (Statistik)*
normal equation
Normalgleichung *f (Statistik)*
normal equivalent deviation (N. E. D.)
Normalfraktil *n*, normale äquivalente Abweichung *f (Statistik)*
normal evolution (Maurice Duverger)
normale Entwicklung *f (politische Wissenschaften)*
normal form of a k-person game
Normalform *f* eines k-Personenspiels *(Spieltheorie)*
normal frequency distribution (normal distribution, Gaussian distribution, normal distribution of error)
Normalverteilung *f*, Gaußverteilung *f*, Fehlerkurve *f*, normale Häufigkeitsverteilung *f (Statistik)*
normal frequency distribution curve (normal curve)
Normalverteilungskurve *f*, Normalkurve *f (Statistik)*
normal inspection
normale Abnahmeprüfung *f (statistische Qualitätskontrolle)*
normal ogive
normale Ogive *f (Statistik)*
normal ogive model
normales Ogivenmodell *n (Statistik)*
normal probability curve
normale Wahrscheinlichkeitskurve *f (Statistik)*
normal probability paper
normales Wahrscheinlichkeitspapier *n*
normalcy
Normalzustand *m*, das Normale *n*
normality
Normalität *f*, Normalsein *n (Statistik) (Psychologie)*

normalization (*brit* **normalisation**)
Normalisierung *f*
normalization of a frequency function (*brit* **normalisation of a frequency function**)
Normalisierung *f* einer Häufigkeitsfunktion *(Statistik)*
normative alienation
normative Entfremdung *f*, Entfremdung *f* von geltenden Normen *(Soziologie)*
normative authority
normative Autorität *f* *(Soziologie)*
normative behavior (*brit* **normative behaviour**)
normatives Verhalten *n* *(Sozialpsychologie)*
normative compliance
normative Nachgiebigkeit *f*, normative Fügsamkeit *f*, normative Willfährigkeit *f* *(Sozialpsychologie)*
normative control
normative Kontrolle *f* *(Organisationssoziologie)*
normative discrimination
normative Diskriminierung *f* *(Sozialpsychologie)*
normative ideology
normative Ideologie *f* *(Soziologie)*
normative integration (Talcott Parsons) (consensual integration)
normative Integration *f* *(Theorie des Handelns)*
normative model
normatives Modell *n* *(Soziologie)*
normative order
normative Ordnung *f*, Normenordnung *f*, Sittenordnung *f* *(Soziologie)*
normative organization (*brit* **organisation**) **(Amitai Etzioni)**
normative Organisation *f* *(Organisationssoziologie)*
normative orientation (in personality appraisal)
normative Orientierung *f* (der Persönlichkeitsbewertung) *(Psychologie) (Soziologie)*
normative paradigm (Thomas P. Wilson)
normatives Paradigma *n* *(Soziologie)*
normative pattern
Normenmuster *n*, normatives Muster *n* *(Soziologie)*
normative power (normative social power) (Amitai Etzioni)
normative Macht *f* *(Organisationssoziologie)*
normative reference group (Harold H. Kelley)
Leitbildgruppe *f*, normative Bezugsgruppe *f* *(Sozialpsychologie)*

normative sanction
normative Sanktion *f* *(Soziologie)*
normative scale (normative standardization, normative scoring)
normative Skala *f*, normative Standardisierung *f* *(Psychologie) (empirische Sozialforschung)*
normative score (standard score, standard-score, standardized score, *brit* **standardised score, standard measure)**
Standardwert *m*, Standardpunktzahl *f*, Standardpunktbewertung *f*, Standardpunktwert *m* *(Statistik)*
normative standardization (normatization) (Raymond B. Cattell)
normative Standardisierung *f* *(Skalierung) (empirische Sozialforschung)*
normative structure
Normenstruktur *f*, normative Struktur *f* *(Soziologie)*
normative system
Normensystem *n*, normatives System *n* *(Soziologie)*
normative theory
normative Theorie *f* *(Soziologie)*
normative thinking
normatives Denken *n* *(Philosophie)*
normative value
normativer Wert *m* *(Soziologie)*
normativism
Normativismus *m* *(Sozialpsychologie)*
normed random variable
normierte Zufallsgröße *f* *(Statistik)*
normless secular society (Howard S. Becker)
normenlose säkulare Gesellschaft *f* *(Soziologie)*
normless suicide (anomic suicide) (Emile Durkheim)
anomischer Selbstmord *(Soziologie) m (Sozialpsychologie)*
vgl. altruistic suicide, egoistic suicide
normlessness
Normenlosigkeit *f*, Normlosigkeit *f*, Anomie *f*, Fehlen *n* sozialer Leitideen *(Soziologie)*
North-Hatt scale (North-Hatt scale of occupational prestige) (C. C. North/P. Hatt)
North-Hatt-Skala *f*, North-Hatt-Prestige-Skala *f* *(empirische Sozialforschung)*
nosological map (nosographical map)
nosologische Landkarte *f*, nosologische Karte *f* *(graphische Darstellung)*
nosology
Nosologie *f*

not-at-home (*often pl* **not-at homes, person not-at-home,** *often pl* **persons not-at-home, noncontacted respondent**)
Nichtangetroffene(r) *f(m)*, Abwesende(r) *f(m)* bei einer Umfrage, Nichterreichter *m*, nichterreichter Befragter *m*, Befragter *m*, mit dem kein Interview geführt wurde *(empirische Sozialforschung)*
not-at-home bias
abwesenheitsbedingter Fehler *m*, systematischer Fehler *m* aufgrund der Nichtangetroffenen, Nichtangetroffenenfehler *m (empirische Sozialforschung)*
novelty
Neuerung *f*, Neuheit *f (Kulturanthropologie)*
noxious stimulus (*pl* **stimuli, aversive stimulus**)
aversiver Reiz *m*, aversiver Stimulus *m (Verhaltensforschung)*
nubility
Zeugungsfähigkeit *f*, Mannbarkeit *f*, Heiratsfähigkeit *f*
nuclear complex (Bronislaw Malinowski)
Kerngruppe *f (Gruppensoziologie)*
nuclear family (biological family, natural family, elementary family, immediate family, limited family, simple family)
Kernfamilie *f (Familiensoziologie)*
nuclear personality
Kernpersönlichkeit *f*, Kerncharakter *m (Psychologie)*
nucleated city (compact city)
Stadt *f* mit (einem) Kern *(Sozialökologie)*
vgl. polynucleated city
nucleated community (nucleated village, compact community)
Gemeinde *f* mit Kern *(Sozialökologie)*
nucleated settlement (compact settlement)
Siedlung *f* mit Kern *(Sozialökologie)*
nucleated society (Y. A. Cohen)
atomisierte Gesellschaft *f (Soziologie)*
vgl. nonnucleated society
nucleation (atomization, *brit* **atomisation, centralization,** *brit* **centralisation)**
Kernbildung *f*, Bevölkerungskonzentration *f*, Zentralisierung *f (Sozialökologie)*
nuisance parameter
lästiger Parameter *m*, Störparameter *m (Statistik)*
nuisance variable
Störvariable *f (Statistik)*
null hypothesis (*pl* **hypotheses, H**$_0$**)**
Nullhypothese *f (statistische Hypothesenprüfung)*
vgl. test hypothesis

null-recurrent state (of a Markov chain)
nullrekurrenter Zustand *m* einer Markov-Kette *(Stochastik)*
nullifiability (Robert K. Merton)
Nullifizierbarkeit *f (statistische Hypothesenprüfung)*
nullipara
Nullipara *f*
vgl. multipara
number magic (Bertram Gross) (overmeasurement) (Amitai Etzioni)
Über-Messung *f*, übertriebenes Messen *n (Organisationssoziologie)*
number of calls
Zahl *f* der Kontaktversuche, Zahl *f* der Besuche *(empirische Sozialforschung)*
numeral (number)
1. Ziffer *f*, Quote *f*, Gliederungszahl *f*, Meßzahl *f*, Beziehungszahl *f (Mathematik/Statistik)*
2. Zahlwort *n*, Ziffer *f (Mathematik/Statistik)*
numerator
Zähler *m (Mathematik/Statistik)*
numerical scale (itemized rating scale, specific category scale)
numerische Skala *f*, Itemskala *f*, itemisierte Ratingskala *f*, itemisierte Bewertungsskala *f*, detaillierte Ratingskala *f*, detaillierte Bewertungsskala *f*, spezifizierte Ratingskala *f*, spezifizierte Bewertungsskala *f (Skalierung) (Einstellungsforschung)*
numerical rating scale (numerical scale)
numerische Ratingskala *f*, numerische Bewertungsskala *f (empirische Sozialforschung)*
vgl. verbal rating scale, graphical rating scale
numerical taxonomy
numerische Taxonomie *f*, numerisches Ordnungsschema *n (Theoriebildung)*
numerical value (mathematical value)
mathematischer Wert *m*, rechnerischer Wert *m (Mathematik/Statistik)*
numerical variable
numerische Variable *f (Statistik)*
nuptial birth rate
eheliche Geburtenrate *f*, eheliche Geburtenziffer *f (Demographie)*
nuptiality
Zahl *f* der Eheschließungen *(Demographie)*
Nyquist frequency
Nyquistsche Häufigkeit *f (Statistik)*
Nyquist interval
Nyquistsches Intervall *n (Statistik)*

O

oath formula (*pl* **formulae** *or* **formulas**)
Eidesformel *f*
oath
Eid *m*, Schwur *m*
obedience experiment
Gehorsamsexperiment *n* *(Psychologie)* *(Sozialpsychologie)* *(empirische Sozialforschung)*
obedience (subordination, compliance)
Gehorsam *m*, Gehorsamkeit *f* *(Sozialpsychologie)* *(Organisationssoziologie)*
object
Objekt *n*, Gegenstand *m*, Ding *n*
vgl. subject
object cathexis (object-relation, object choice)
Objektbesetzung *f* *(Psychoanalyse)* (Sigmund Freud)
→ cathexis
object language
Objektsprache *f* *(Kommunikationsforschung)*
object love (object libido)
Objektlibido *f* (Sigmund Freud) *(Psychoanalyse)*
object-molding organization (*brit* **object moulding organisation**)
objektformende Organisation *f* *(Organisationssoziologie)*
object perception
Objektwahrnehmung *f*, Objektperzeption *f*, Gegenstandswahrnehmung *f* *(Psychologie)*
object program
Objektprogramm *n*, Sekundärprogramm *n*, Zielprogramm *n* *(EDV)*
object relation
Objektbeziehung *f* (Sigmund Freud) *(Psychoanalyse)*
object status
Objektstatus *m* *(Sozialforschung)*
object theory
Objekttheorie *f* *(Theorie des Wissens)*
objectification (objectivation)
Verkörperung *f*, Externalisierung *f* *(Psychologie)*
vgl. subjectification
objectionable axiom
bezweifelbares Axiom *n* *(Theorie des Wissens)*
objective
objektiv *adj*
vgl. subjective

objective (aim, goal setting)
Zielsetzung *f*, Ziel *n*, Zweck *m* *(Entscheidungstheorie)* *(Soziologie)*
objective anomie
objektive Anomie *f*, reale Anomie *f* *(Soziologie)*
vgl. subjective anomie
objective anxiety (reality anxiety)
Realangst *f* (Sigmund Freud) *(Psychoanalyse)*
objective approach
objektiver Ansatz *m*, objektive Vorgehensweise *f* *(Sozialforschung)*
vgl. subjective approach
objective conception of social class (objective social class)
objektiver Sozialschichtbegriff *m*, objektiver Begriff *m* der sozialen Schicht *(Sozialforschung)*
vgl. subjective conception of social class
objective culture
objektive Kultur *f* (Georg Simmel) *(Soziologie)*
objective end (objective purpose)
objektives Ziel *n*, objektiver Zweck *m* *(Organisationssoziologie)*
objective environment
objektive Umwelt *f*, objektive Umgebung *f* *(Sozialökologie)*
vgl. subjective environment
objective interest
objektives Interesse *n* *(Soziologie)*
vgl. objective interest
objective observation
objektive Beobachtung *f*, intersubjektiv überprüfbare Beobachtung *f* *(Psychologie/empirische Sozialforschung)*
vgl. subjective observation
objective probability
objektive Wahrscheinlichkeit *f* *(Wahrscheinlichkeitstheorie)*
vgl. subjective probability
objective psychology
objektive Psychologie *f*
vgl. subjective psychology
objective research (quantitative research)
objektive Forschung *f*, quantitative Forschung *f* *(Psychologie/empirische Sozialforschung)*
vgl. subjective research
objective spirit
objektiver Geist *m* *(Philosophie)* (Georg Wilhelm Friedrich Hegel)

objective role conflict
objektiver Rollenkonflikt *m (Soziologie)*
vgl. subjective role conflict
objective status (objective social status)
objektiver Status *m*, objektiver Sozialstatus *m (Soziologie)*
vgl. subjective status
objective test
objektiver Test *m*, intersubjektiv überprüfbarer Test *m (Psychologie/empirische Sozialforschung)*
vgl. subjective test
objective value
objektiver Wert *m (Philosophie)*
vgl. subjective value
objectivism
Objektivismus *m (Philosophie)*
vgl. subjectivism
objectivity
Objektivität *f (Philosophie) (Theoriebildung)*
vgl. subjectivity
oblimax (oblimax technique)
Oblimax *m*, Oblimax-Methode *f (Faktorenanalyse)*
oblimin (oblimin technique)
Oblimin *m*, Oblimin-Methode *f (Faktorenanalyse)*
oblique
schiefwinklig, schräg, oblique *adj (Mathematik/Statistik)*
vgl. orthogonal
oblique factor
schiefwinkliger Faktor *m*, obliquer Faktor *m (Faktorenanalyse)*
vgl. orthogonal factor
oblique projection
schiefwinklige Projektion *f*, schräge Projektion *f (Faktorenanalyse)*
vgl. orthogonal projection
oblique rotation
schiefwinklige Rotation *f*, schräge Rotation *f (Faktorenanalyse)*
vgl. orthogonal rotation
obscenity
Obszönität *f*, Unzüchtigkeit *f*, Schlüpfrigkeit *f (Sozialpsychologie)*
obscurantism
Obskurantismus *m*, Bildungsfeindlichkeit *f*, Bildungshaß *m*, Kulturfeindlichkeit *f (Soziologie)*
observability
Beobachtbarkeit *f (Psychologie/empirische Sozialforschung)*
observable variable
beobachtbare Variable *f*, direkt beobachtbare Variable *f (Psychologie/empirische Sozialforschung)*

observation error (error in observation, non-sampling error ascertainment error)
Ermittlungsfehler *m*, Erhebungsfehler *m*, sachlicher Fehler *m*, stichprobenunabhängiger Fehler *m (empirische Sozialforschung)*
observation plan (observation schedule)
Beobachtungsplan *m (empirische Sozialforschung)*
observation protocol
Beobachtungsprotokoll *n (empirische Sozialforschung)*
observation schedule (observation plan)
Beobachtungsschema *n*, Beobachtungsplan *m (empirische Sozialforschung)*
observation
Beobachtung *f*, wissenschaftliche Beobachtung *f (Psychologie/empirische Sozialforschung)*
observational category
Beobachtungskategorie *f (Psychologie/empirische Sozialforschung)*
observational error (error in observation, error of observation)
Beobachtungsfehler *f (Psychologie/empirische Sozialforschung)*
observational learning (modeling, vicarious learning) (Albert Bandura)
Beobachtungslernen *n*, Imitationslernen *n (Theorie des Lernens)*
observational method (method of observation)
Beobachtungsmethode *f*, Methode *f* der Beobachtung *(empirische Sozialforschung)*
observational research
Beobachtungsforschung *f*, Forschung *f* durch Beobachtung, beobachtende Forschung *f (Psychologie/empirische Sozialforschung)*
observational unit
Beobachtungseinheit *f (Psychologie/empirische Sozialforschung)*
observationalism
Observationalismus *m*, Doktrin *f* der Beobachtung *(Theorie des Wissens)*
observed frequency (obtained frequency)
beobachtete Häufigkeit *f (empirische Sozialforschung)*
observer
Beobachter *m (Psychologie/empirische Sozialforschung)*
observer effect (instrumentation effect)
Beobachtereffekt *m (Psychologie/empirische Sozialforschung)*
observer error (error in observation, observer's error, observational error, observer's concept, external concept)
Beobachterfehler *m*, Beobachtereffekt *m (Psychologie/empirische Sozialforschung)*

observer reliability
Beobachterzuverlässigkeit f, Beobachterreliabilität f *(Psychologie/empirische Sozialforschung)*
obsession
Besessenheit f, Obsession f, Besessenheit f, Zwangsvorstellung f, fixe Idee f, Verbohrtheit f, Verranntheit f *(Psychologie)*
obsessional neurosis (*pl* **neuroses, compulsive neurosis** *pl* **neuroses, compulsive reaction**)
Zwangsneurose f (Sigmund Freud) *(Psychiatrie)*
obsessive compulsive disorder
zwangsneurotische Störung f *(Psychiatrie)*
obsessive doubt
Zweifelzwang m, zwanghaftes Zweifeln n *(Psychiatrie)*
obsolescence
Veralten n, Veraltung f *(Sozialpsychologie)*
obtained score (crude score, original score, raw score)
Rohwert m, Rohpunkt m, Rohzahl f, rohe Punktzahl f, unaufbereitete Punktzahl f, ungewichteter Wert m, Ausgangspunkt m *(Statistik)*
Occam's razor (Ockham's razor, Occam's law of parsimony, Ockham's law of parsimony) (William of Occam) (Morgan's canon)
Ockhams Parsimoniegesetz n, Parsimoniegesetz n, Gesetz n der Parsimonie *(Theorie des Wissens)*
occasionalism
Okkasionalismus m *(Philosophie)*
occultism
Okkultismus m *(Kulturanthropologie)*
occupancy problem
Belegungsproblem n, Besetzungsproblem n *(Statistik)*
occupancy rate
Belegungsziffer f *(Demographie)*
occupation (employment, job)
Beschäftigung f, Arbeit f *(Industriesoziologie)*
occupational analysis (*pl* **analyses, job analysis**)
Arbeitsplatzanalyse f, Berufsbild n *(Industriepsychologie)*
occupational aspiration
berufliches Streben n, berufliche Aspiration f, beruflicher Ehrgeiz m, Berufsansprüche m/pl, Berufsziele n/pl *(Industriepsychologie)*
occupational assimilation
berufliche Assimilierung f, berufliche Assimilation f *(Industriesoziologie)*

occupational association
Berufsverband m *(Industriesoziologie)*
occupational attitude
berufliche Einstellung f, Einstellung f zum Beruf *(Industriepsychologie)*
occupational career
berufliche Karriere f, berufliche Laufbahn f, beruflicher Werdegang m *(Industriesoziologie)*
occupational category
Berufskategorie f, Beschäftigungskategorie f, Berufsgruppenkategorie f *(Industriesoziologie)*
occupational choice (vocational choice)
Berufswahl f, Wahl f des Berufs, Entscheidung f für einen Beruf, Auswahl f des eigenen Berufs *(Industriepsychologie)*
occupational classification
Berufsgliederung f, berufliche Gliederung f, berufliche Klassifizierung f, Einteilung f in Berufsgruppen *(Industriesoziologie)*
occupational culture
Arbeitskultur f, Berufskultur f *(Arbeitssoziologie)*
occupational differential association
berufliche differentielle Assoziation f *(Industriesoziologie)*
occupational disease
Berufskrankheit f *(Industriepsychologie)*
occupational distance
berufliche Distanz f, Distanz f zwischen den Berufsklassen *(Industriesoziologie)*
occupational distribution
Berufsverteilung f, berufliche Gliederung f *industrial sociology)*
occupational endogamy
berufliche Endogamie f, Berufsendogamie f *(Industriesoziologie) (Familiensoziologie)*
occupational folkways *pl*
berufliche Sitten f/pl und Gebräuche m/pl *(Industriesoziologie)*
occupational hierarchy
Berufsgruppe f Berufsklasse f, Berufskategorie f *(Industriesoziologie)*
occupational class (occupational category, occupational family, occupational field, occupational grouping)
Berufsgruppe f, Berufsklasse f, Berufskategorie f *(Industriesoziologie)*
occupational folkways *pl* **(professional folkways** *pl*)
Berufssitten f/pl, berufsspezifische Sitten f/pl und Gebräuche m/pl, berufsständische Sitten f/pl *(Industriesoziologie) (Industriepsychologie)*

occupational group (occupational family, professional association)
Berufsverband m, Berufsvereinigung f (Industriesoziologie)

occupational hierarchy
Berufshierarchie f, Hierarchie f der Berufe, berufliche Hierarchie f (Industriesoziologie)

occupational ideology
Berufsideologie f, berufliche Ideologie f (Industriepsychologie)

occupational level
berufliches Niveau n, berufliches Leistungs- und Ausbildungsniveau n, Berufsniveau n (Industriesoziologie)

occupational medicine
Arbeitsmedizin f

occupational mobility
berufliche Mobilität f, Berufsmobilität f

occupational culture (occupational subculture)
Berufskultur f berufliche Kultur f, berufliche Subkultur f, Standeskultur f (Industriesoziologie)

occupational movement
berufliche Veränderung f (Mobilitätsforschung)

occupational personality
Berufspersönlichkeit f, Berufscharakter m (Industriepsychologie)

occupational prestige
Berufsprestige n, berufliches Prestige n (Industriesoziologie)

occupational prestige scale
Berufsprestigeskala f, Prestigeskala f der Berufe, Skala f zur Messung des Berufsprestiges (Industriesoziologie)

occupational profile
Berufsprofil n (Arbeitssoziologie)

occupational psychology
Berufspsychologie f

occupational pyramid
Berufspyramide f, Beschäftigungspyramide f (Industriesoziologie)

occupational situs (Paul K. Hatt)
beruflicher Situs m, beruflicher Standort m, berufliche Lage f (Arbeitssoziologie)

occupational socialization (professional socialization)
berufliche Sozialisation f, berufsständische Sozialisation f (Industriesoziologie)
vgl. childhood socialization

occupational society
Berufsgesellschaft f, Arbeitsgesellschaft f (Industriesoziologie)

occupational sociology (sociology of occupations)
Berufssoziologie f

occupational solidarity (professional solidarity)
Berufssolidarität f, berufliche Solidarität f, berufsständische Solidarität f

occupational specialization
berufliche Spezialisierung f (Industriesoziologie)

occupational stereotype
Berufsstereotyp n, Stereotyp n über einen Beruf (Industriepsychologie)

occupational stratification
berufliche Schichtung f, berufliche Stratifizierung f (Arbeitssoziologie)

occupational stratum (pl strata)
Berufsschicht f, berufliche Schicht f (Arbeitssoziologie)

occupational structure
Beschäftigungsstruktur f, Berufsstruktur f (Industriesoziologie)

occupational succession
berufliche Erbfolge f, berufliche Nachfolge f, Berufsvererbung f, berufliche Personennachfolge f (Arbeitssoziologie)

occupational therapy
Beschäftigungstherapie f (Psychologie)

occupational value
Berufswert m, beruflicher Wert m (Arbeitssoziologie)

ochlocracy
Ochlokratie f, Pöbelherrschaft f (politische Wissenschaften)

odd-even method (odd-even technique, odd even procedure, split-half technique, split-half method, split half procedure, split-half experimental design, split-half design, split-test method, split-test technique, split-test procedure, split-plot design, mixed experimental design, mixed design)
Halbierungsmethode f, Methode f der Testhalbierung, Split-half-Methode f, Methode f der geraden und ungeraden Zahlen (statistische Hypothesenprüfung)

odd-even reliability (split-half reliability, split-halves reliability, split-half measure of reliability, split halves measure of reliability, split-ballot reliability)
Halbierungsreliabilität f, Halbierungszuverlässigkeit f (statistische Hypothesenprüfung)

odd-even test (odd-even reliability test, split-half test, split-halves test, split-half reliability test, split-halves reliability test)
Halbierungstest m, Split-half-Test m (statistische Hypothesenprüfung)

odd summation
Summation *f* einer ungeraden Anzahl von Summanden *(Mathematik/Statistik)*
vgl. even summation
odds ratio (relative risk)
relatives Risiko *n* *(Entscheidungstheorie)*
Oedipus complex
Ödipus-Komplex *m* (Sigmund Freud) *(Psychoanalyse)*
oepel
Öpel *n* *(Gestaltpsychologie)*
off-farm employment
nichtlandwirtschaftliche Beschäftigung *f*, eines Landwirts *(Arbeitssoziologie)*
off-the-job training (out-service training)
überbetriebliche Berufsausbildung *f*, außerbetriebliche Berufsausbildung *f* *(Arbeitssoziologie)*
offense (*brit* offence)
strafbare Handlung *f*, Vergehen *n* (Kriminologie)
offensive alliance
Offensivbündnis *n*, Angriffsbündnis *n* *(Internationale Beziehungen)*
vgl. defensive alliance
offensive terror
Offensivterror *m* *(Soziologie)*
office
Amt *n* *(Soziologie)*
office clerk (office worker, clerical worker, clerk, white collar worker, black collar worker)
Büroangestellte(r) *f(m)*, Bürokraft *f*, Schreibkraft *f* *(Organisationssoziologie)* *(Demographie)* *(empirische Sozialforschung)*
office group ballot (office-block ballot)
Blockwahlzettel *m*, Blockstimmzettel *m* *(politische Wissenschaft)*
office work (clerical work, white collar work, black collar work)
Büroarbeit *f*, Bürotätigkeit *f* *(Organisationssoziologie)* *(Demographie)* *(empirische Sozialforschung)*
office worker
→ office clerk
officer corps
Offizierskorps *n* *(Organisationssoziologie)*
official (functionary)
Funktionär *m*, Funktionsträger *m*, Amtsträger *m*, Amtsinhaber *m* *(Organisationssoziologie)*
official organization (formal organization, *brit* formal organisation, complex organization)
formale Organisation *f*, formelle Organisation *f*, formale soziale Organisation *f* *(Organisationssoziologie)*
vgl. informal organization

ogive (summation curve, cumulative frequency curve, cumulative frequency graph, cumulative frequency polygon, frequency polygon)
Ogive *f*, Galtonsche Ogive *f*, Häufigkeitsverteilungskurve *f*, Summenkurve *f*, Summenpolygon *n* *(Statistik)*
old age
hohes Alter *n*, Alter *n* *(Entwicklungspsychologie)*
old age pension (old age insurance)
Altersversicherung *f*
old-family class (upper-upper class) (W. Lloyd Warner/Paul S. Lunt)
obere Oberschicht *f*, obere Oberklasse *f* *(Sozialforschung)*
old middle class
alter Mittelstand *m*, alte Mittelschicht *f*, alte Mittelklasse *f* *(Soziologie)*
vgl. new middle class
older (senior)
1. älter *adj*
3. Ältere(r) *f(m)*
vgl. younger (junior)
oligarchy
Oligarchie *f* *(Organisationssoziologie)* *(politische Wissenschaften)*
oligophrenia
Oligophrenie *f*, Geistesschwäche *f* *(Psychologie)*
oligopoly
Oligopol *n* *(Volkswirtschaftslehre)*
oligopsony
Oligopson *n* *(Volkswirtschaftslehre)*
omega squared test (Cramer-von-Mises test)
Omega-Test *m*, Omega-Quadrat-Test *m* *(statistische Hypothesenprüfung)*
omega squared (Ω^2)
Omega-Quadrat *n*, Ω^2 *(Statistik)*
omen (*pl* omens *or* omena)
Omen *n*, Vorzeichen *n*, Vorbedeutung *f* *(Kulturanthropologie)*
omnibus questionnaire
Mehrthemenfragebogen *m*, Omnibus-Fragebogen *m*, Fragebogen *m* für eine Mehrthemenbefragung *f*, für eine Omnibusumfrage *(empirische Sozialforschung)*
omnibus survey (multi-client survey)
Mehrthemenumfrage *f*, Mehrthemenbefragung *f*, Omnibusumfrage *f*, Omnibusbefragung *f*, Hauptbefragung *f* *(Umfrageforschung)*
omnibus test
Omnibustest *m* *(statistische Hypothesenprüfung)*

omnijet survey (omnibus blitz)
Mehrthemen-Blitzbefragung f,
Omnibus-Blitzbefragung f, Omnibus-Blitzumfrage f (Umfrageforschung)
omnilateral (omnilineal)
omnilateral, mehrlinig, wechselseitig
adj (Mathematik/Statistik)
(Kulturanthropologie)
omnilateral descent (omnilineal descent)
omnilaterale Abstammung f, mehrlinige Abstammung f, omnilaterale Abkunft f, mehrlinige Abkunft f, multilaterale Herkunft f, mehrlinige Herkunft f, omnilaterale Deszendenz f, mehrlinige Deszendenz f (Kulturanthropologie)
omnilateral descent group (omnilateral group, omnilineal descent group, omnilineal group, omnilineal group)
omnilaterale Abstammungsgruppe f, mehrlinige Abstammungsgruppe f, omnilaterale Deszendenzgruppe f, mehrlinige Deszendenzgruppe f
(Kulturanthropologie)
omnilateral exponential
omnilaterale Exponentialgröße f
(Mathematik/Statistik)
omnilateral family (omnilineal family)
omnilaterale Familie f, mehrlinige Familie f (Kulturanthropologie)
omnilateral kin (omnilineal relative, omnilineal kin, omnilineal relative)
omnilateraler Verwandter m,
omnilaterale Verwandte f
(Kulturanthropologie)
omnilateral kin group (omnilineal kin group, omnilateral kinship group, omnilateral group, omnilineal kinship group, omnilineal group)
omnilaterale Verwandtschaftsgruppe f, mehrlinige Verwandtschaftsgruppe f
(Kulturanthropologie)
omnilateral kinship (omnilineal descent, omnilineal kinship, omnilineal descent)
omnilaterale Verwandtschaft f, mehrlinige Verwandtschaft f
(Kulturanthropologie)
omnilateral kinship system (omnilineal kinship system)
omnilaterales Verwandtschaftssystem n, mehrliniges Verwandtschaftssystem n
(Kulturanthropologie)
omnilateral power relationship
omnilaterale Machtbeziehung f, omnilaterales Machtverhältnis n, gleichgewichtiges Machtverhältnis n zwischen Gruppen (Gruppensoziologie)
omnilineal (non-unilateral)
nicht-unilateral, mehrlinig, wechselseitig
adj (Kulturanthropologie)
vgl. unilateral

omnilineal family (non-unilateral family (non-unilineal family)
nicht-unilaterale Familie f, mehrlinige Familie f (Kulturanthropologie)
vgl. unilateral family
omnilineal group (non-unilateral descent group, non-unilateral group, non-unilineal descent group, non-unilineal group)
nicht-unilaterale Abstammungsgruppe f, mehrlinige Abstammungsgruppe f, nicht-unilaterale Deszendenzgruppe f, mehrlinige Deszendenzgruppe f
(Kulturanthropologie)
vgl. unilateral descent group
omnilineal kin (omnilineal relative, non-unilateral kin, non-unilateral relative, non-unilineal kin, non-unilineal relative)
nicht-unilateraler Verwandter m, nicht-unilaterale Verwandte f
(Kulturanthropologie)
vgl. unilateral kin
omnilineal kinship (omnilineal descent, non-unilateral kinship, non-unilateral descent, non-unilineal kinship, non-unilineal descent)
nicht-unilaterale Verwandtschaft f, mehrlinige Verwandtschaft f
(Kulturanthropologie)
vgl. unilateral kinship
omnilineal kinship system (non-unilateral kinship system)
nicht-unilaterales Verwandtschaftssystem n, mehrliniges Verwandtschaftssystem n (Kulturanthropologie)
vgl. unilateral kinship system
on-the-job-training (OJT)
betriebliche Fortbildung f, innerbetriebliche Fortbildung f, betriebliche berufliche Weiterbildung f, innerbetriebliche berufliche Weiterbildung f (Industriepsychologie)
vgl. off-the-job-training
one-ballot system
Wahlsystem n mit einem Wahlgang
(politische Wissenschaften)
one-crop agriculture (one-crop system, monoculture)
landwirtschaftliche Monokultur f
(Landwirtschaft)
one-crop culture (monoculture)
Monokultur f (Volkswirtschaftslehre)
one-dimensional (unidimensional)
eindimensional adj
one-dimensional man (Herbert Marcuse)
eindimensionaler Mensch m (Soziologie)
one-dimensional society (Herbert Marcuse)
eindimensionale Gesellschaft f
(Soziologie)

one-dimensionality (Herbert Marcuse)
Eindimensionalität *f (Soziologie)*
one-egg twins *pl* **(monozygotic twins** *pl*,
MZ twins *pl*), **monovular twins** *pl*,
monochorionic twins *pl*, **identical twins**
pl)
eineiige Zwillinge *m/pl (Genetik)*
one-family dwelling
Einfamilienhaus *n*, Einfamilienwohnung *f (Sozialökologie) (Demographie)*
vgl. multiple-family dwelling
one-group pre/posttest design (before after experimental design, before-after design)
Experiment *n* in der Zeitfolge, Versuchsanlage *f* in der Zeitfolge, Before-after-Anlage *f (Hypothesenprüfung)*
before-after experiment (one-group pre/posttest experiment, projected experiment)
Experiment *n* in der Zeitfolge, Versuch *m* in der Zeitfolge, Zeitfolgenexperiment *n*, Before-after Experiment *n (Hypothesenprüfung)*
one-on-one test (trial heat)
Gegenüberstellungstest *m* mit zwei Kandidaten *(Meinungsforschung)*
one-party dominant system
Einparteienvorherrschaftssystem *n (politische Wissenschaften)*
one-party system
Einparteiensystem *n (politische Wissenschaften)*
one-person household (single-person household, single-adult household)
Einpersonenhaushalt *m (Demographie) (empirische Sozialforschung)*
one-phase sampling
Einphasenauswahl *f*, einstufiges Auswahlverfahren *n*, einstufiges Stichprobenverfahren *n*, einstufige Stichprobenbildung *f (Statistik)*
vgl. multi-phase sampling
one-sample test
Test *m* mit einer Stichprobe *(statistische Hypothesenprüfung)*
one-server queuing model (single-server queuing model)
Warteschlangenmodell *n* für einen Bediener, aus einer einzigen Quelle *(Warteschlangentheorie)*
one-shot survey (single-shot survey, single-wave survey)
einmalige Befragung *f*, Einmalbefragung *f*, Querschnittsbefragung *f (empirische Sozialforschung)*
vgl. omnibus survey
one-sided alternative hypothesis (*pl* **hypotheses**)
einseitige Alternativhypothese *f (statistische Hypothesenprüfung)*

one-sided causation
einseitige Verursachung *f (Logik) (empirische Sozialforschung)*
one-tailed test (one-tail test, one-sided test, single-tail test, directional test, one-directional test)
einseitiger Test *m*, Ein-Segment-Test *m*, Test *m* mit einem Segment, Test *m* mit nur einem Segment *(statistische Hypothesenprüfung)*
vgl. two-tailed test
one-trial learning
Lernen *n* in einem Lerndurchgang *(Theorie des Lernens)*
one-way causation
Monokausalität *f*, einseitige Verursachung *f*, Ein-Weg-Verursachung *f (statistische Hypothesenprüfung)*
one-way classification (simple classification)
Einfach-Klassifizierung *f*, Einfach-Klassifikation *f*, einfache Klassifizierung *f*, einfache Klassifikation *f*, Klassifizierung *f* nach einem einzigen Merkmal *(empirische Sozialforschung)*
one-way screen
Spionspiegel *m*, Einwegscheibe *f (Psychologie/empirische Sozialforschung) (Marktforschung)*
one-way table (univariate table)
eindimensionale Tabelle *f*, Einvariablentabelle *f*, unidimensionale Tabelle *f*, Tabelle *f* für eine Variable *(Statistik)*
vgl. bivariate table
ontogenesis (ontogeny)
Ontogenese *f*, Ontogenie *f (Genetik)*
ontogenetic
ontogenetisch *adj (Genetik)*
ontogenetic reductionism
ontogenetischer Reduktionismus *m (Genetik)*
ontology
Ontologie *f (Philosophie)*
open ballot
offene Abstimmung *f*, offene Wahl *f*, offene Stimmabgabe *f (politische Wissenschaft)*
vgl. secret ballot
open ballot survey (open ballot technique)
offene Stimmzettelerhebung *f*, offene Stimmzettelumfrage *f (Meinungsforschung)*
vgl. secret ballot survey
open class (open-ended class, open category, open-ended category)
offene Kategorie *f*, offene Gruppe *f*, offene Klasse *f (Statistik) (Soziologie)*
vgl. closed class

open-class ideology
offene Klassenideologie f, Ideologie f des offenen Klassensystems *(Soziologie)*
vgl. closed-class ideology

open-class system
offenes Klassensystem n *(Soziologie)*
vgl. closed-class system

open community (open village) (Eric Wolf)
offene Gemeinde f, offene Dorfgemeinde f *(Sozialökologie)*
vgl. closed community

open-country community (open country neighborhood, brit **open-country neighbourhood)**
Kommune f im freien Land, Gemeinde f im freien Land, Gemeinde f aus Einzelgehöften *(Sozialökologie)*

open-ended interview (open interview, free-response interview)
offenes Interview n, offene Befragung f *(Psychologie/empirische Sozialforschung)*

open-ended question (open-end question, open question, open-alternative question, unstructured question, nonstructured question, free-response question, unrestricted question)
offene Frage f *(Psychologie/empirische Sozialforschung)*
vgl. closed-ended question

open family
offene Familie f, offene Familie f
vgl. closed family

open group
offene Gruppe f *(Gruppensoziologie)*
vgl. closed group

open loop
offene Schleife f, offene Feedbackschleife f *(Kybernetik)*
vgl. closed loop

open marriage system
offenes System n der Gattenwahl (offenes Heiratssystem n *(Kulturanthropologie)*
vgl. closed marriage system

open mind (Milton Rokeach)
offene Persönlichkeit f, offene Persönlichkeitsstruktur f, undogmatische Persönlichkeit f *(Verhaltensforschung)*
vgl. closed mind

open organization (brit **open organisation)**
offene Organisation f *(Organisationssoziologie)*
vgl. closed organization

open participant observation
offene teilnehmende Beobachtung f *(Psychologie/empirische Sozialforschung)*

open population
offene Bevölkerung f *(Demographie)*
vgl. closed population

open procedure
offenes Verfahren n, offenes Verfahren n *(Sequenzanalyse)*
vgl. closed procedure

open recruitment
offene Rekrutierung f *(Gruppensoziologie)*
vgl. closed recruitment

open sequential scheme (open sequential scheme, open procedure, open sequential procedure)
offenes sequentielles Verfahren n *(Statistik)*
vgl. closed sequential scheme

open shop
Open Shop m *(Industriesoziologie)*
vgl. closed shop

open society (Karl A. Popper)
offene Gesellschaft f *(Soziologie)* *(Philosophie)*
vgl. closed society

open system (living system, natural system)
offenes System n, offenes Sozialsystem n *(Kybernetik)* *(Soziologie)*
vgl. closed system

open-system approach (of explanation)
offener Systemansatz m (sozialwissenschaftlicher Erklärung), Ansatz m des offenen Systems *(Soziologie)*

open-to-buy amount (OTB amount, discretionary income, disposable income, discretionary fund)
frei verfügbares Einkommen n *(Volkswirtschaftslehre)*

open voting
offene Stimmabgabe f

operand
Operand m, Zustandsvariable f *(statistische Hypothesenprüfung)*

operandum (manipulandum)
Operandum n *(statistische Hypothesenprüfung)*

operant behavior (brit **operant behaviour) (B. F. Skinner)**
operantes Verhalten n, emittiertes Verhalten n, Wirkverhalten n *(Verhaltensforschung)*

operant conditioning (B. F. Skinner)
operante Konditionierung f, Typ R Konditionierung f *(Verhaltensforschung)*

operant learning
operantes Lernen n, Lernen n am Erfolg *(Theorie des Lernens)*

operant reaction (operant response, operant)
operante Reaktion f, Operant m, Wirkreaktion f *(Verhaltensforschung)*

operant
1. operant *adj (Verhaltensforschung)*
2. Operant *m*, Wirkreaktion *f (Verhaltensforschung)*

operating characteristic (OC) (operating characteristic curve) (OC curve) (performance characteristic)
Operationscharakteristik *f*, Operationscharakteristik-Kurve *f*, OC-Kurve *f*, Prüfplankurve *f (statistische Hypothesenprüfung)*

operating model
Betriebsmodell *n*, Arbeitsmodell *n*, Funktionsmodell *n (Soziologie)*

operating system
Betriebssystem *n (EDV)*

operational code (Nathan Leites)
operationaler Kode *m (Kommunikationsforschung)*

operational conflict
operationeller Konflikt *m*, operationaler Konflikt *m (Soziologie)*

operational definition
operationale Definition *f (statistische Hypothesenprüfung)*

operational feedback
operationale Rückkopplung *f*, operationales Feedback *n (Kybernetik)*

operational meaning
operationale Bedeutung *f (empirische Sozialforschung)*

operational model of the environment (A. Rappaport)

operational planning
operationale Planung *f (Organisationssoziologie) (Industriesoziologie)*

operational statistics *pl* als *sg* konstruiert **(management statistics** *pl* als *sg* konstruiert**)**
Betriebsstatistik *f*

operationalism (operationism) (Percy W. Bridgman)
Operationalismus *m*, Operationismus *m (Theorie des Wissens)*

operationalization
Operationalisierung *f*, Operationalisieren *n (statistische Hypothesenprüfung)*

operations research (O. R., OR) (operations analysis, *pl* **analyses, operations evaluation, operational research, systems analysis, systems evaluation, management science)**
Operations Research *m*, Operationsforschung *f*, Unternehmensforschung *f*, Optimierungsrechnung *f*, unternehmerische Entscheidungsforschung *f*, Verfahrensforschung *f*

operative institution
operative Institution *f*, operative Einrichtung *f*, praktische Institution *f*, praktische Einrichtung *f (Soziologie)*

ophelimity (Vilfredo Pareto)
Ophelimität *f (Volkswirtschaftslehre)*

opinion
Meinung *f*, Ansicht *f (Sozialpsychologie) (Kommunikationsforschung)*

opinion continuum (*pl* **continuums** or **continua)**
Meinungskontinuum *n (Kommunikationsforschung)*

opinion formation (opinion crystallization, opinion cristallization)
Meinungsbildung *f*, Herauskristallisation *f* von Meinungen, Meinungskristallisation *f (Sozialpsychologie) (Kommunikationsforschung)*

opinion leader (opinion influential) (Paul F. Lazarsfeld et al.)
Meinungsführer *m*, Meinungsbildner *m*, Opinion Leader *m (Kommunikationsforschung)*

opinion question
Meinungsfrage *f (empirische Sozialforschung)*

opinion research (opinion polling, public opinion research, public opinion polling, polling)
Meinungsforschung *f* Umfrageforschung *f*, Demoskopie *f (Umfrageforschung)*

opinion researcher (public opinion researcher, pollster)
Meinungsforscher *m*, Demoskop *m (Umfrageforschung)*

opinion scale
Meinungsskala *f (Meinungsforschung)*

opinion survey (public opinion survey, public opinion poll, opinion poll, poll)
Meinungsumfrage *f*, Meinungsbefragung *f*, Meinungserhebung *f (Meinungsforschung)*

opinionaire *ungebr* **(questionnaire, questionary, inventory, schedule)**
Fragebogen *m*, Erhebungsbogen *m (Psychologie/empirische Sozialforschung)*

opinionation
Starrsinn *m*, Eigensinn *m*, Doktrinarismus *m*, Voreingenommenheit *f (Sozialpsychologie)*

opinionation scale (dogmatism scale) (Milton Rokeach)
Dogmatismus-Skala *f (Sozialpsychologie)*

opportunism
Opportunismus *m*

opportunity structure (Richard A. Cloward/Lloyd E. Ohlin)
Chancenstruktur *f*, Gelegenheitsstruktur *f* *(Kriminologie)*
opposition
Opposition *f*, Gegnerschaft *f*, Gegenpartei *f* *(politische Wissenschaften)*
optimal allocation (optimum allocation)
optimale Allokation *f*, optimale Zuteilung *f*, optimale Zuweisung *f*, optimale Zuordnung *f*, optimale Aufteilung *f* *(Statistik)*
optimal collective ophelimity (Vilfredo Pareto)
optimale kollektive Ophelimität *f* *(Volkswirtschaftslehre)*
optimal decision
optimale Entscheidung *f* *(Entscheidungstheorie)*
optimal program
Bestzeitprogramm *n*, Optimalprogramm *n*, optimales Programm *n* *(EDV)*
optimality
Optimalität *f* *(Statistik)*
optimization (optimizing)
Optimierung *f*, Optimalisierung *f* *(Statistik)*
to optimize
optimieren *v/t* *(Statistik)*
optimum allocation of the sample (optimum allocation stratified sampling, optimum allocation, optimal allocation of the sample, optimal allocation stratified sampling, optimal allocation, optimum stratification)
optimale Schichtung *f*, optimale Schichtaufteilung *f*, optimale Aufteilung *f* der Gesamtstichprobe, optimale Allokation *f*, bestmögliche Aufteilung *f* nach Schichten, Yates-Zakopanaysche Aufteilung *f* *(Statistik)*
optimum estimate
Optimumschätzung *f*, optimale Schätzung *f*, beste Schätzung *f* *(Statistik)*
optimum population density (optimum density)
optimale Bevölkerungsdichte *f* *(Demographie)*
optimum population growth
optimales Bevölkerungswachstum *n*, optimaler Bevölkerungszuwachs *m* *(Demographie)*
optimum population (optimum population size)
Bevölkerungsoptimum *n*, Optimumbevölkerung *f*, optimale Bevölkerungsgröße *f* *(Demographie)*

optimum statistic (optimum test statistics)
beste statistische Maßzahl *f*, beste Maßzahl *f* *(Statistik)*
optimum strategy of a player
optimale Strategie *f* eines Spielers *(Spieltheorie)*
optimum test
bestmöglicher Test *m*, Optimumtest *m* *(statistische Hypothesenprüfung)*
optimum theory of population (optimum population theory, theory of optimum population, optimum size theory)
Bevölkerungsoptimumtheorie *f*, Optimumtheorie *f*, Theorie *f* des Bevölkerungsoptimums *(Demographie)*
optimum (pl optima or optimums)
Optimum *n* *(Statistik)*
option
Option *f*, Handlungsalternative *f*, Auswahlmöglichkeit *f* *(Entscheidungstheorie)*
option task (multiple-choice, multiple-choice task, multiple-choice test)
Mehrfachauswahl *f*, Mehrfachwahl *f*, Mehrfachvorgaben *f/pl*, Selektivauswahl *f* *(Psychologie/empirische Sozialforschung)*
option test (multiple-choice test)
Auswahltest *m*, Selektivtest *m*, Mehrfach-Auswahltest *m*, Test *m* mit mehreren Antwortvorgaben *(Psychologie/empirische Sozialforschung)*
optional referendum (pl referendums)
fakultatives Referendum *n*, fakultative Volksbefragung *f* *(politische Wissenschaften)*
optional stopping
freiwilliger Abbruch *m*, fakultativer Abbruch *m*, freiwilliges Aufhören *n*, fakultatives Aufhören *n* *(statistische Hypothesenprüfung)*
oral culture (J. Goodey/J. Watt)
umgangssprachliche Kultur *f*, orale Kultur *f*, mündliche Kultur *f* *(Kulturanthropologie)*
oral deprivation
orale Deprivation *f* *(Psychologie)*
oral interview
mündliches Interview *n*, mündliche Befragung *f* *(empirische Sozialforschung)*
oral stage (oral phase, oral period)
orales Stadium *n*, orale Phase *f* (Sigmund Freud) *(Psychoanalyse)*
oral tradition
mündliche Tradition *f*, mündliche Überlieferung *f*, mündlich überlieferte Tradition *f* *(Ethnologie)*
orbit
Verkehrsnetz *n* (Anselm Strauss) *(Sozialökologie)*
order
Ordnung *f*, System *n*

order (magnitude, dimension)
Größenordnung f, Größe f, Umfang m
order (sequence, series pl + sg)
Reihenfolge f, Anordnung f
(Mathematik/Statistik)
order effect (position effect, effect of question order)
Reihenfolgeneffekt m, Wirkung f der Reihenfolge *(statistische Hypothesenprüfung)*
order of coefficients
Ordnung f der Koeffizienten (Statistik)
order of interaction
Interaktionsordnung f *(Statistik)*
order of stationarity
Grad m der Stationarität *(Stochastik)*
ordered categorization (brit ordered categorisation)
geordnete Kategorisierung f *(Statistik)*
ordered classes pl (ordered categories pl, ordered groups pl)
geordnete Klassen f/pl, geordnete Kategorien f/pl, geordnete Gruppen f/pl *(Statistik)*
ordered sample function
Positionsstichprobenfunktion f, geordnete Stichprobenfunktion f *(Statistik)*
ordered sample
Positionsstichprobe f, geordnete Stichprobe f, geordnete Auswahl f *(Statistik)*
ordered series sg + pl
geordnete Reihe f *(Mathematik/Statistik)*
ordering technique (choice technique)
Wahlmethode f, Wahlverfahren n, Auswahlmethode f, Auswahlverfahren n, Auswahlmethode f, Auswähltechnik f *(Soziometrie)*
orderly career (Harold L. Wilensky)
geordnete Karriere f, geordnete Laufbahn f, geordneter Werdegang m *(Industriesoziologie)*
vgl. disorderly career
ordinal measure
Ordinalmaß n, ordinales Maß n *(Skalierung)*
ordinal position
ordinale Position f, ordinale Stellung f *(Soziologie)*
ordinal rescaling analysis (smallest space analysis, pl analyses, nonmetric distance scaling)
Smallest-Space-Analyse f *(Skalierung)*
ordinal sampling (systematic sampling, sampling by regular intervals, list sampling, file sampling)
systematisches Auswahlverfahren n, systematische Auswahl f, systematisches Stichprobenverfahren n, systematische Stichprobenbildung f *(Statistik)*

ordinal scale
Ordinalskala f, ordinale Skala f, Rangordnungsskala f, Rangskala f *(Skalierung)*
ordinal scaling
Ordinalskalierung f, Rangskalierung f, Rangordnungsskalierung f
ordinal variable
Ordinalvariable f, ordinale Variable f *(Skalierung)*
ordinality
Ordinalität f *(Skalierung) (Soziologie)*
ordinate
Ordinate f, y Achse f *(Mathematik/Statistik)*
vgl. abscissa
orectic
orektisch, die Begierde betreffend adj *(Psychologie)*
organic concept of society (organic analogy, organismic concept of society, organismic analogy)
organisches Gesellschaftskonzept n, Konzept n der Gesellschaft als Organismus *(Soziologie)*
organic correlation
organische Korrelation f *(Statistik)*
organic differentiation
organische Differenzierung f *(Soziologie)*
organic management (organic management style) (Thomas Burns and G. M. Stalker)
organisches Management n, organischer Führungsstil m *(Organisationssoziologie)*
organic society (Emile Durkheim)
organische Gesellschaft f *(Soziologie)*
organic solidarity (Emile Durkheim)
organische Solidarität f *(Soziologie)*
vgl. mechanic solidarity
organic suicide (Karl A. Menninger)
organischer Selbstmord m *(Soziologie)*
organic system
organisches System n *(Soziologie)*
organic
organisch adj
organicism
Organizismus m *(Soziologie)*
organism theory (organismic theory, "big animal" theory)
Organismustheorie f, organismische Theorie f, organische Gesellschaftsauffassung f *(Soziologie)*
organism
Organismus m
organismic analogy
organismische Analogie f, organistische Analogie f *(Soziologie)*
organismic psychology
organismische Psychologie f

organization

organization (*brit* **organisation**)
Organisation *f* (*Organisationssoziologie*)
organization builder (*brit* **organisation builder**)
Organisationsgründer *m* (*Organisationssoziologie*)
organization chart (*brit* **organisation chart, organization diagram,** *brit* **organisation diagram, organizational chart**)
Organisationsgraphik *f*, Organisationsplan *m* (*Organisationssoziologie*)
organization man (*pl* **men,** *brit* **organisation man,** *pl* **men**) (William H. Whyte)
Organisationsmensch *m* (*Soziologie*)
organization of work (*brit* **organisation of work**)
Arbeitsorganisation *f* (*Organisationssoziologie*)
organization planning (*brit* **organisation planning**)
Organisationsplanung *f* (*Organisationssoziologie*)
organization structure (*brit* **organizational structure, organizational structure**)
Organisationsstruktur *f*, organisatorische Struktur *f* (*Organisationssoziologie*)
organization theory (*brit* **organisation theory, theory of organization,** *brit* **theory of organisation**)
Organisationstheorie *f*, Theorie *f* der Organisation (*Organisationssoziologie*)
organizational adaptability (*brit* **organisational adaptability**)
organisatorische Anpassungsfähigkeit *f*, Anpassungsfähigkeit *f* einer Organisation (*Organisationssoziologie*)
organizational adaptation (*brit* **organisational adaptation**)
organisatorische Anpassung *f*, Anpassung *f* der Organisation (*Organisationssoziologie*)
organizational analysis (*brit* **organisational analysis** *pl* **analyses**)
Organisationsanalyse *f* (*Organisationssoziologie*)
organizational assessment (*brit* **organisational assessment**)
Organisationsbewertung *f* (*Organisationssoziologie*)
organizational automation (Robert Dubin)
Organisationsautomat *m* (*Organisationspsychologie*)
organizational behavior (*brit* **organisational behaviour**)
Organisationsverhalten *n*, Verhalten *n* in Organisationen (*Organisationssoziologie*)

organizational boundary maintenance (**organizational boundary,** *brit* **organisational boundary**)
organisatorische Abgrenzung *f*, Organisationsgrenze *f* (*Organisationssoziologie*)
organizational change (*brit* **organisational change, organizational development,** *brit* **organisational development**)
Organisationswandel *m*, organisatorischer Wandel *m*, Wandel *m* in Organisationen (*Organisationssoziologie*)
organizational climate (*brit* **organisational climate, organizational atmosphere,** *brit* **organisational atmosphere**)
Organisationsklima *n* (*Organisationssoziologie*)
organizational clique (*brit* **organisational clique**)
Clique *f* in einer Organisation, Clique *f* in einer formalen Organisation (*Organisationssoziologie*)
organizational conflict (*brit* **organisational conflict**)
Organisationskonflikt *m*, Konflikt *m* in Organisationen (*Organisationssoziologie*)
organizational control (*brit* **organisational control**)
Organisationskontrolle *f*, Kontrolle *f* in Organisationen, organisatorische Kontrolle *f* (*Organisationssoziologie*)
organizational coordination (*brit* **organisational co-ordination**)
organisatorische Koordination *f*, Koordination *f* in Organisationen (*Organisationssoziologie*)
organizational culture (*brit* **organisational culture**)
Organisationskultur *f* (*Organisationssoziologie*)
organizational development (OD) (*brit* **organisational development**)
Organisationsentwicklung *f* (*Organisationssoziologie*)
organizational dynamics *pl* **als sg** konstruiert (*brit* **organisational dynamics** *pl* **als sg konstruiert**)
Organisationsdynamik *f*, Dynamik *f* der Organisation (*Organisationssoziologie*)
organizational ecology (*brit* **organisational ecology**)
Organisationsökologie *f* (*Organisationssoziologie*)
organizational effectiveness (*brit* **organisational effectiveness, organizational performance, organizational goal achievement, goal accomplishment**)
Organisationseffektivität *f*, organisatorische Effektivität *f* (*Organisationssoziologie*)

organizational effectiveness (*brit* **organisational effectiveness**)
organisatorische Effektivität *f* (*Organisationssoziologie*)

organizational efficiency (*brit* **organisational efficiency**)
Organisationseffizienz *f* (*Organisationssoziologie*)

organizational environment (*brit* **organisational environment, organization environment**)
Organisationsumwelt *f* (*Organisationssoziologie*)

organizational equilibrium (*pl* **equilibriums** *or* **equilibria**, *brit* **organisational equilibrium**) **(Chester I. Barnard)**
organisatorisches Gleichgewicht *n*, Organisationsgleichgewicht *n* (*Organisationssoziologie*)

organizational flexibility (*brit* **organisational flexibility**)
Organisationsflexibilität *f* (*Organisationssoziologie*)

organizational function (*brit* **organisational function, organizational requirement, organizational functional requirement**)
Organisationsfunktion *f* (*Organisationssoziologie*)

organizational goal (*brit* **organisational goal, organizational objective**, *brit* **organisational objective**)
Organisationsziel *n*, organisatorisches Ziel *n* (*Organisationssoziologie*)

organizational level (*brit* **organisational level**)
Organisationsebene *f*, Ebene *f* der Organisation (*Organisationssoziologie*)

organizational psychology (*brit* **organisational psychology**)
Organisationspsychologie *f*, Psychologie *f* von Organisationen

organizational set (*brit* **organisational set, organization set**, *brit* **organisation set**) **(William M. Evan)**
Organisationsset *m*, Organisationssatz *m*, Organisationsmenge *f* (*Organisationssoziologie*)

organizational sociology (*brit* **organisational sociology, sociology of organizations**, *brit* **sociology of organisations**)
Organisationssoziologie *f*, Soziologie *f* der Organisation

organizational specialization (*brit* **organisational specialisation**)
organisatorische Spezialisierung *f* (*Organisationssoziologie*)

organizational statics *pl als sg konstruiert* (*brit* **organisational statics** *pl als sg konstruiert*)
organisatorische Statik *f*, Organisationsstatik *f*, Statik *f* einer Organisation (*Organisationssoziologie*)
vgl. organizational dynamics

organized conflict (*brit* **organised conflict**)
organisierter Konflikt *m* (*Soziologie*)
vgl. unorganized conflict

organized crime (*brit* **organised crime, racket**)
organisiertes Verbrechen *n* (*Kriminologie*)

organized crowd (*brit* **organised crowd**)
organisierte Menge *f*, organisierte Masse *f* (*Sozialpsychologie*)

organized game (*brit* **organised game**) **(George H. Mead)**
organisiertes Spiel *n* (*Soziologie*)

organized group (*brit* **organised group**)
organisierte Gruppe *f* (*Gruppensoziologie*)
vgl. unorganized group

organized research (*brit* **organised research, group research**)
organisierte Forschung *f*, Gruppenforschung *f* (*Sozialforschung*)

organized sanction (*brit* **organised sanction**) **(Alfred Radcliffe-Brown)**
organisierte Sanktion *f* (*Soziologie*)

organized skepticism (*brit* **organised scepticism**) **(Robert K. Merton)**
organisierte Skepsis *f*, organisierter Skeptizismus *m* (*Soziologie*)

organogram
Organogramm *n*, Organisationsgraphik *f*, Organisationsschaubild *n* (*Organisationssoziologie*) (*Kybernetik*)

orgiastic crowd
orgiastische Menge *f*, orgiastische Masse *f*, ekstatische Menge *f*, ekstatische Masse *f* (*Sozialpsychologie*)

orgone
Orgon *n* (Wilhelm Reich) (*Psychoanalyse*)

oriental despotism
orientalischer Despotismus *m* (Karl A. Wittfogel) (*Kulturanthropologie*)

orientation reflex (orienting reflex, orientation reaction, orienting reaction, orientation response, orienting response) (Ivan P. Pavlov) (what-is-that response)
Orientierungsreflex *m*, Orientierungsreaktion *f*, Untersuchungsreaktion *f*, Was-ist-das-Reflex *m* (*Verhaltensforschung*)

orientation training (entrance training)
Einarbeitung *f* (*Arbeitssoziologie*)

orientation
Orientierung *f*, Orientierungsvermögen *n*

orientations approach (John H. Goldthorpe)
Orientierungs-Ansatz *m*, Arbeitsorientierung *f* *(Industriesoziologie)*
origin myth (emergence myth)
Ursprungsmythos *m*, Entstehungsmythos *m*, Mythos *m* über die Entstehung einer Gesellschaft *(Kulturanthropologie)*
origin (stock)
Ursprung *m*, Anfang *m*, Entstehung *f* *(Kulturanthropologie)*
origin (zero)
Nullpunkt *m* *(Mathematik/Statistik)*
original nature
ursprüngliche Natur *f*, angeborene Eigenschaften *f/pl*
original relationship
Ursprungsbeziehung *f* *(empirische Sozialforschung)*
original score (obtained score, crude score, raw score)
Rohwert *m*, Rohpunkt *m*, Rohzahl *f*, rohe Punktzahl *f*, unaufbereitete Punktzahl *f*, ungewichteter Wert *m*, Ausgangspunkt *m* *(Statistik)*
originating observation
Ausgangsbeobachtung *f* *(empirische Sozialforschung)*
originology
Originologie *f* *(Philosophie)*
Ornstein-Uhlenbeck process
Ornstein-Uhlenbeck-Prozeß *m* *(Stochastik)*
orphan
Waisenkind *n*, Waise *f*
ortho-cousin (parallel cousin)
Parallelvetter *m*, Parallelkusin *m*, Parallelbase *f*, Parallelkusine *f* *(Kulturanthropologie)*
ortho-cousin marriage (parallel-cousin marriage)
Parallel-Vettern-Ehe *f*, Parallel-Vettern-Kusinen-Ehe *f*, parallele Vettern-Kusinen-Ehe *f* *(Kulturanthropologie)*
orthodoxy
Orthodoxie *f*, Rechtgläubigkeit *f*, Strenggläubigkeit *f*, orthodoxes Denken *n*, orthodoxer Charakter *m*, Festhalten *n* an Althergebrachtem *(Religionssoziologie) (Psychologie)*
orthogenesis
Orthogenese *f*, Orthogenesis *f* *(Kulturanthropologie)*
orthogenetic evolution (unilinear evolution)
orthogenetische Evolution *f*, orthogenetische Entwicklung *f* *(Kulturanthropologie)*

orthogonal
orthogonal, rechtwinklig, rechteckig *adj* *(Mathematik/Statistik)*
vgl. oblique
orthogonal array
orthogonale Anordnung *f*, orthogonale Aufreihung *f*, orthogonales Schema *n* *(Mathematik/Statistik)*
orthogonal experimental design (orthogonal design)
orthogonale Anlage *f*, orthogonale Versuchsanlage *f*, orthogonaler Versuchsplan *m* *(statistische Hypothesenprüfung)*
orthogonal factor
orthogonaler Faktor *m* *(Faktorenanalyse)*
vgl. oblique factor
orthogonal function
orthogonale Funktion *f* *(Mathematik/Statistik)*
orthogonal polynomial
orthogonales Polynom *n* *(Mathematik/Statistik)*
orthogonal process
orthogonaler Prozeß *m* *(Stochastik)*
orthogonal random measure
orthogonales zufälliges Maß *n* *(Stochastik)*
orthogonal regression
orthogonale Regression *f* *(Statistik)*
orthogonal rotation
orthogonale Rotation *f*, rechtwinklige Rotation *f* *(Faktorenanalyse)*
vgl. oblique rotation
orthogonal square
orthogonales Quadrat *n* *(Mathematik/Statistik)*
orthogonal test
orthogonaler Test *m* *(statistische Hypothesenprüfung)*
orthogonal transformation (orthogonalization)
orthogonale Transformation *f* *(Statistik)*
orthogonal variate transformation
orthogonale Transformation *f* von Zufallsvariablen *(Statistik)*
orthogonality
Orthogonalität *f*, Rechtwinkligkeit *f*, Rechteckigkeit *f* *(Mathematik/Statistik)*
vgl. obliqueness
oscillating system
oszillierendes System *n*, schwingendes System *n*, pendelndes System *n* *(Mathematik/Statistik)*
oscillation
Oszillation *f*, Schwingung *f* *(Mathematik/Statistik)*

oscillatory component
oszillatorische Komponente f,
Schwingungskomponente f
(Mathematik/Statistik)
oscillatory migration
oszillatorische Migration f, oszillatorische Wanderungsbewegung f *(Migration)*
oscillatory model
Oszillationsmodell n, Schwingungsmodell n *(Mathematik/Statistik)*
oscillatory movement
oszillatorische Bewegung f, Schwingungsbewegung f *(Mathematik/Statistik)*
oscillatory process
oszillatorischer Prozeß m *(Stochastik)*
ossification
Ossifikation f, Verknöcherung f
(Soziologie)
ostensive definition
ostensive Definition f
ostracism
Ostrazismus m, Scherbengericht n, Ächtung f *(Soziologie) (Sozialpsychologie)*
OTB amount (open-to-buy amount, discretionary income, disposable income, discretionary fund)
verfügbares Einkommen n
(Volkswirtschaftslehre)
other
Anderer m *(Soziologie)*
other-directed man (outer-directed man) (David Riesman et al.)
außengeleitete Persönlichkeit f,
außengelenkte Persönlichkeit f
vgl. inner-directed man, tradition-directed man
other-directed society (outer-directed society) (David Riesman et al.)
außengeleitete Gesellschaft f,
außengelenkte Gesellschaft f
(Soziologie)
vgl. inner-directed society, tradition-directed society
other-directedness (other direction, outer-directedness, outer direction) (David Riesman et al.)
Außenlenkung f, Außenleitung f
(Soziologie)
vgl. inner-directedness, tradition-directedness
otherness
Anderssein n *(Soziologie)*
others-group (out-group, they-group) (William G. Sumner)
Fremdgruppe f, Gruppe f der Anderen
(Gruppensoziologie)
vgl. we-group

otherwordliness (otherwordliness, otherwordly orientation, otherworldly orientation)
Jenseitigkeit f, Jenseits-Orientierung f, Jenseitsgerichtetheit f, Transzendenz f
(Soziologie)
vgl. thiswordliness
other-worldly orientation
Jenseitsorientierung f, jenseitige Orientierung f *(Soziologie)*
vgl. this-worldly orientation
outcaste
1. ausgestoßen, verbannt, verstoßen, vertrieben *adj*
2. Ausgestoßener m, Verbannter m, Verstoßener m, Vertriebener m
(Soziologie)
outcome
Ergebnis n, Resultat f *(Soziologie)*
(Spieltheorie)
outcome matrix (*pl* matrixes *or* matrices)
Ergebnismatrix f *(Statistik)*
outcome space (probability space, sample space)
Wahrscheinlichkeitsraum m,
Wahrscheinlichkeitsfeld n,
Ergebnisraum m, Stichprobenraum m
(Mathematik/Statistik)
out-group (others-group, they-group)
Außengruppe f, Fremdgruppe f, Ihr-Gruppe f *(Gruppensoziologie)*
vgl. in-group
outlier (out-lier, discordant value, wild variation, wild shot, maverick, sport, straggler)
Ausreißer m *(Statistik)*
outlier test
Ausreißertest m, Dixonscher
Ausreißertest m *(Statistik)*
out marriage (exogamy)
Exogamie f, Fremdheirat f,
Außenheirat f *(Familiensoziologie) (Kulturanthropologie)*
vgl. endogamy
out-migrant (emigrant, emigré, external migrant)
Auswanderer m, Emigrant m
(Migration)
vgl. immigrant
out-migration (external migration, emigration)
Auswanderung f, grenzüberschreitende Wanderungsbewegung f, Wanderung f über die Grenzen hinweg *(Migration)*
vgl. internal migration
outpatient
ambulant behandelter Patient m
(Medizinsoziologie)
outpatient clinic
Ambulanz f *(Medizinsoziologie)*

output 348

output
Output *n*, Ausgabe *f*, abgeführte Menge *f* *(Statistik) (Volkswirtschaftslehre)*
vgl. input

output data *pl*
Outputdaten *n/pl*, Ausgabedaten *n/pl* *(EDV)*
vgl. input data

output per man hour)
Produktion *f* per Arbeitsstunde *(Volkswirtschaftslehre)*

output unit
Outputeinheit *f*, Ausgabeeinheit *f* *(EDV)*
vgl. input unit

out-service training (off-the-job training)
überbetriebliche Berufsausbildung *f*, außerbetriebliche Berufsausbildung *f* *(Arbeitssoziologie)*

outside income
Nebeneinkommen *n*, Nebeneinnahmen *f/pl* *(Volkswirtschaftslehre)*

overall estimate
Gesamtschätzung *f* *(Statistik)*

overall majority (plurality, relative majority)
relative Mehrheit *f*, relative Stimmenmehrheit *f* *(politische Wissenschaft)*
vgl. majority

overall planning
Gesamtplanung *f*

overall projection
Gesamthochrechnung *f* *(Mathematik/Statistik)*

overall sampling fraction
Gesamtauswahlsatz *m* *(Statistik)*

over-arching theory (overarching theory)
übergreifende Theorie *f*, überspannende Theorie *f*, überwölbende Theorie *f* *(Theoriebildung) (Theorie des Wissens)*

overbounded city
grenzüberschreitende Stadt *f*, überquellende Stadt *f* *(Sozialökologie)*
vgl. underbounded city

overcentralization (over-centralization)
Überzentralisierung *f*, Überzentralisation *f* *(Soziologie) (Sozialökologie)*

overcompensation (plus gesture)
Überkompensation *f*, Überkompensierung *f* (Alfred Adler) *(Psychologie)*

overconformity
Überkonformität *f*, überzogener Konformismus *m*, übertriebene Konformität *f* *(Sozialpsychologie)*

overcoverage error (over-coverage error, oversampling error, error from oversampling)
Überquotenfehler *m*, Überrepräsentationsfehler *m* *(Statistik)*

overcoverage (over-coverage, oversample, over-sample)
Überquote *f*, Überrepräsentation *f* *(Statistik)*

overcrowded area (congested district, crowded area)
übervölkertes Gebiet *n*, dichtest besiedelter Bezirk *m* *(Sozialökologie)*

overcrowding (crowding)
Überbevölkerung *f*, Überfüllung *f* einer Wohneinheit *(Sozialökologie)*

overdetermination (over-determination)
Überdetermination *f* (Sigmund Freud) *(Psychoanalyse)*

overdose
Überdosis *f* *(Statistik)*

overfull demand (pent-up demand)
Nachfrageüberhang *m* *(Volkswirtschaftslehre)*

overhead cost (overhead)
allgemeine Unkosten *pl*, Gesamtkosten *pl*, Pauschalkosten *pl*, Handlungsunkosten *pl* *(Volkswirtschaftslehre)*

overjustification (hidden cost of reward)
überzogene Rechtfertigung *f* *(Sozialpsychologie)*

overlap design (overlapping design, serial design)
Überschneidungsanlage *f*, Überlappungsanlage *f*, Anlage *f* mit überlappenden Auswahleinheiten, Anlage *f* mit sich überschneidenden Auswahleinheiten *(Statistik)*

overlap (overlapping, transvariation)
Überlappung *f*, Überschneidung *f* *(Statistik)*

overlapping (additive clustering, additive cluster analysis)
additives Clustern *n*, additive Clusteranalyse *f* *(multidimensionale Skalierung)*
vgl. hierarchical clustering

overlapping frames *pl*
überlappende Auswahlrahmen *m/pl* *(Statistik)*

overlapping lists *pl* **(matching lists** *pl***)**
überlappende Listen *f/pl*, sich überschneidende Stichproben *f/pl* *(Statistik)*

overlapping portion
überschneidender Teil *m*, überlappender Teil *m* *(Statistik)*

overlapping samples *pl*
überlappende Stichproben *f(pl)* *(Statistik)*

overlearning (over-learning, overtraining, over-training)
Überlernen *n* *(Psychologie)*
overload
Überlastung *f*, Überbelastung *f*, Überforderung *f* *(Psychologie)*
overload hypothesis (*pl* **hypotheses**)
Überlastungshypothese *f*, Überbelastungshypothese *f*, Überforderungshypothese *f* *(Psychologie) (Sozialpsychologie)*
over-measurement (Amitai Etzioni) (number magic) (Bertram Gross)
Über-Messung *f*, übertriebenes Messen *n* *(Organisationssoziologie)*
overmotivation (over-motivation)
Übermotivation *f* *(Psychologie)*
overorganization (*brit* **over-organisation**)
Überorganisation *f*, Überorganisierung *f* *(Organisationssoziologie)*
overpopulation (over-population)
Überbevölkerung *f* *(Demographie)*
overproduction (over-production)
Überproduktion *f* *(Genetik) (Volkswirtschaftslehre)*
overprotection (parental overprotection)
elterliche Überfürsorge *f*, übermäßige Fürsorge *f*, übermäßige Behütung *f* (von Kindern durch ihre Eltern) *(Familiensoziologie)*
over rapport (overrapport)
übermäßig enge Beziehung *f* zum Beobachter (im Experiment) *(statistische Hypothesenprüfung)*
overreporting
übertriebene Angabe(n) *f(pl)* *(empirische Sozialforschung)*
overrepresentation (over-representation) (in a sample) oversampling (over-sampling)
Überrepräsentation *f*, Überrepräsentierung *f* *(Statistik)*
overrepresented (overrepresented)
überrepräsentiert *adj* *(Statistik)*
oversettlement (overhousing, over-housing)
Überbesiedlung *f* *(Demographie)*

oversized cluster (over-sized cluster)
übergroßer Klumpen *m*, übergroßes Cluster *n*, zu großer Klumpen *m*, zu großes Cluster *(Statistik)*
oversized cluster
zu großer Klumpen *m*, zu großes Cluster *n* *(Statistik)*
overt (undisguised)
offen *adj*
vgl. covert
overt aggression (overt aggressiveness)
offene Aggression *f*, offene Aggressivität *f* *(Psychologie)*
vgl. covert aggression
overt anxiety
offene Angst *f* *(Psychologie)*
vgl. covert anxiety
overt behavior (*brit* **open behaviour**)
offenes Verhalten *n*, offenes Verhalten *n* *(Verhaltensforschung)*
vgl. covert behavior
overt conflict
offener Konflikt *m* *(Soziologie)*
vgl. covert conflict
overt culture (explicit culture)
offene Kultur *f*, offene Kultur *f* *(Soziologie) (Kulturanthropologie)*
vgl. covert culturee
overt norm (formal norm) (George P. Murdock)
offene Norm *f*, offene Norm *f* *(Soziologie)*
vgl. covert norm
overt sensitization
offene Sensibilisierung *f* *(Verhaltenstherapie)*
vgl. covert sensitization
overurbanization (overurbanization)
Überstädterung *f* *(Sozialökologie)*
own world
Eigenwelt *f* *(Philosophie)*
owner-manager
Unternehmer *m* *(Industriesoziologie)*
ownership
1. Eigentümerschaft *f*, Besitzerschaft *f*
2. Eigentumsrecht *n*

P

p power
p-Autorität f, p-Macht f *(politische Wissenschaften)*
p statistic
p-Maßzahl f, Maßzahl p f *(Statistik)*
p value (p level, level of significance, significance, alpha level)
Signifikanzniveau n, Signifikanzgrad m, Irrtumswahrscheinlichkeit f, Wahrscheinlichkeitsgrad m, Sicherheitsgrad m, Sicherheitsbereich m *(statistische Hypothesenprüfung)*
π power
π-Autorität f, π-Macht f *(politische Wissenschaften)*
P/A (population divided by area, man-land ratio)
Bevölkerungsdichtemaß n *(Demographie)*
P_1P_2/D hypothesis (Zipf migration hypothesis (*pl* hypotheses, minimum equation hypothesis, hypothesis on the intercity movement of persons) (George K. Zipf)
Zipfsche Wanderungshypothese f *(Sozialökologie)*
P technique (Raymond B. Cattell)
P-Technik f, P-Verfahren n *(Faktorenanalyse)*
p value
p-Wert m *(statistische Hypothesenprüfung)*
Paasche index
Paasche-Index m, Indexformel f nach Paasche *(Statistik)*
pacifism
Pazifismus m
painting technique (drawing technique, draw-a-person test)
Zeichentechnik f, Maltechnik f *(Psychologie/empirische Sozialforschung)*
pair analysis (*pl* analyses, analysis of pairs)
Paaranalyse f, paarweise Analyse f *(empirische Sozialforschung)*
pair marriage
Paarungsehe f *(Familiensoziologie)*
paired bar chart (paired bar diagram, paired bar graph)
paarweises Stabdiagramm n, paarweises Stäbchendiagramm n, paarweises Säulendiagramm n, paarweises Balkendiagramm n *(graphische Darstellung)*

paired comparison question
Paarvergleichsfrage f, Frage f mit Paarvergleich *(empirische Sozialforschung)*
paired comparison scale
Paarvergleichsskala f, Skala f mit Paarvergleich *(empirische Sozialforschung)*
paired comparison (paired comparison technique, paired comparison procedure, Thurstone's case V, method of paired comparisons) (Louis L. Thurstone)
Paarvergleich m, paarweiser Vergleich m, Verfahren n des Paarvergleichs *(Skalierung)*
paired concept
Begriffspaar n, paarweiser Begriff m, dichotomer Begriff m *(Theoriebildung)*
paired matching, matched samples design, precision matching, pairwise matching
paarweise Parallelisierung f, paarweises Matching n *(Statistik)*
paired matching (pair matching, paired-groups design, matched groups design, pairing method, precision matching, precision control)
paarweise Parallelisierung f, paarweise Gleichsetzung f, paarweises Matching n *(statistische Hypothesenprüfung)*
paired selection
paarweise Auswahl f *(Statistik)*
paired selection of clusters
paarweise Klumpenauswahl f, Stichprobenbildung f mit paarweisen Klumpen, Stichprobenverfahren n mit paarweisen Klumpen *(Statistik)*
palace revolution
Palastrevolution f *(politische Wissenschaften)*
pan movement
Pan-Bewegung f *(politische Wissenschaften) (Kulturanthropologie)*
pan nationalism
Pan-Nationalismus m *(politische Wissenschaften) (Kulturanthropologie)*
panel
Panel n, Panelerhebung f, Panelbefragung f, Panelumfrage f *(empirische Sozialforschung)*
panel analysis (*pl* analyses)
Panelanalyse f *(empirische Sozialforschung)*

panel effect (panel bias, participation effect, participation bias, reinterview effect (in panel studies), reinterviewing bias, panel conditioning)
Paneleffekt *m*, Lerneffekt *m* bei Panelbefragungen *(empirische Sozialforschung)*
panel interview
Panelinterview *n*, Panelbefragung *f (empirische Sozialforschung)*
panel investigation
Paneluntersuchung *f (empirische Sozialforschung)*
panel member (panelist)
Panelmitglied *n*, Panelteilnehmer *m*, Mitglied *n* eines Panels, Teilnehmer *m* an einem Panel *(empirische Sozialforschung)*
panel mortality (panel attrition, mortality, attrition)
Panelmortalität *f*, Panelsterblichkeit *f*, Panelerosion *f (empirische Sozialforschung)*
panel recruitment (recruitment of panel members)
Panelrekrutierung *f*, Rekrutierung *f* von Panelmitgliedern *(empirische Sozialforschung)*
panel research (panel survey research)
Panelforschung *f (empirische Sozialforschung)*
panel study
Panelstudie *f (empirische Sozialforschung)*
panel survey (panel interviewing)
Panelbefragung *f*, Panelumfrage *f*, Panel *n (empirische Sozialforschung)*
panel technique (panel method, panel polling)
Panelmethode *f*, Paneltechnik *f*, Panelverfahren *n (empirische Sozialforschung)*
panel turnover (turnover of panel members)
Panelfluktuation *f (empirische Sozialforschung)*
panic
Panik *f (Sozialpsychologie)*
pantagamy
Pantagamie *f*, Gruppenehe *f (Kulturanthropologie)*
paper-and-pencil method (pencil-and-paper method, paper-and-pencil technique, pencil-and-paper technique, paper-and-pencil procedure, pencil-and-paper procedure)
Papier-und-Bleistift-Methode *f*, Papier-und-Bleistift-Verfahren *n*, Papier-und-Bleistift-Technik *f (Psychologie/empirische Sozialforschung)*

paper-and-pencil test (pencil-and-paper test)
Papier-und-Bleistift-Test *m*, Papier-und-Bleistift-Versuch *m (Psychologie/empirische Sozialforschung)*
parabolic regression
parabolische Regression *f (Statistik)*
parabolic regression function
parabolische Regressionsfunktion *f (Statistik)*
parachronism
Parachronismus *m*
paradigm (paradigmatic schema)
Paradigma *n*, Muster *n*, Beispiel *n*, Musterbeispiel *f (Theorie des Wissens)*
paradigmatic association
paradigmatische Assoziation *f (Verhaltensforschung)*
paradox
Paradox *n*, Paradoxon *n (Logik)*
paralanguage (para-language)
Parasprache *f (Kommunikationsforschung)*
paralinguistic communication
parasprachliche Kommunikation *f*, paralinguistische Kommunikation *f (Kommunikationsforschung)*
paralinguistics *pl als sg konstruiert* **(paralinguistics)**
Paralinguistik *f (Kommunikationsforschung)*
parallel cousin (ortho-cousin)
Parallelvetter *m*, Parallelkusin *m*, Parallelbase *f*, Parallelkusine *f (Kulturanthropologie)*
parallel-cousin marriage (ortho-cousin marriage)
Parallel-Vettern-Ehe *f*, Parallel-Vettern-Kusinen-Ehe *f*, parallele Vettern-Kusinen-Ehe *f (Kulturanthropologie)*
parallel descent (mixed descent)
parallele Abstammung *f (Kulturanthropologie)*
parallel discovery
Parallelentdeckung *f*, parallele Entdeckung *f (Kulturanthropologie)*
parallel evolution
Parallelentwicklung *f*, parallele Entwicklung *f*, parallele Evolution *f (Kulturanthropologie)*
parallel forms method (alternate forms method, equivalent forms method, parallel test method)
Paralleltestmethode *f*, Paralleltestverfahren *n (statistische Hypothesenprüfung)*

parallel forms reliability (equivalent forms measure of reliability, equivalent forms measure of scale reliability, alternate forms reliability)
Paralleltestzuverlässigkeit *f*, Paralleltestreliabilität *f* *(statistische Hypothesenprüfung)*
parallel invention
Parallelerfindung *f*, parallele Erfindung *f* *(Kulturanthropologie)*
parallel relative (parallel kin)
Parallelverwandte(r) *f(m)* *(Kulturanthropologie)*
parallel status ladder (Paul K. Hatt)
Parallelstatus Leiter *f* *(Arbeitssoziologie)*
parallel test (alternate forms test, equivalent forms test, parallel forms test)
Paralleltest *m* *(statistische Hypothesenprüfung)*
parallel test reliability (alternative forms reliability, alternative-forms reliability, equivalent forms reliability, parallel forms reliability)
Paralleltestreliabilität *f*, Paralleltestzuverlässigkeit *f* *(statistische Hypothesenprüfung)*
parallelism (cultural parallelism)
Parallelismus *m*, Parallelität *f*, kultureller Parallelismus *m* *(Kulturanthropologie)*
parallelogram analysis (*pl* analyses) (Clyde H. Coombs)
Parallelogramm-Analyse *f* *(Datenanalyse)*
parameter (parametric constant, universe parameter, parametric constant)
Parameter *m* *(Mathematik/Statistik)*
parameter estimate
Parameterschätzung *f*, Parameterschätzwert *m* *(Statistik)*
parameter estimation
Parameterschätzung *f*, Vorgang *m* des Parameterschätzen *(Statistik)*
parameter of a distribution
Verteilungsparameter *m*, Parameter *m* einer Verteilung *(Statistik)*
parameter of a probability distribution
Parameter *m* einer Wahrscheinlichkeitsverteilung *(Statistik)*
parameter of a population
Parameter *m* der Grundgesamtheit *(Statistik)*
parameter of dispersion (dispersion parameter)
Streuungsparameter *m*, Dispersionsparameter *m* *(Statistik)*
parameter point
Parameterpunkt *m* *(Statistik)*

parameter vector
Parameterschätzung *f*, Schätzen *n* von Parametern, Schätzung *f* von Parametern *(Statistik)*
parameter vector
Parametervektor *m* *(Statistik)*
parametric
parametrisch, Parameter- *adj*
parametric index (*pl* indexes *or* indices)
parametrischer Index *m* *(Statistik)*
parametric model
parametrisches Modell *n(Statistik)*
parametric programming
parametrisches Programmieren *f*, parametrische Programmierung *f* *(EDV)*
parametric statistics *pl* als *sg* konstruiert
parametrische Statistik *f*
parametric test
parametrischer Test *m*, Parametertest *m* *(statistische Hypothesenprüfung)*
paranoia (paranoea)
Paranoia *f* *(Psychologie)*
paranoid pseudo-community (Norman Cameron)
paranoide Pseudogemeinschaft *f* *(Psychotherapie)*
paranoid reaction (paranoid response)
paranoide Reaktion *f* *(Psychologie)*
paranoid schizophrenia
paranoide Schizophrenie *f* *(Psychologie)*
parapsychology (psychic research)
Parapsychologie *f*, Erforschung *f* übernatürlicher Phänomene
parasite
Parasit *m*, Schmarotzer *m* *(Sozialökologie)*
parasitic city (Bert F. Hoselitz)
Parasitenstadt *f*, parasitäre Stadt *f* *(Sozialökologie)*
parasitic culture
parasitäre Kultur *f*, Parasitenkultur *f* *(Sozialökologie)*
parasitism
Parasitentum *n*, Parasitismus *m*, Schmarotzertum *n* *(Sozialökologie)*
parataxic distortion (Harry S. Sullivan)
parataxische Verzerrung *f*, parataktische Fehldeutung *f* *(Psychologie)*
vgl. prototaxic distortion
parataxic experience (Harry S. Sullivan)
parataktisches Erlebnis *n*, parataktische Erfahrung *f* *(Psychologie)*
vgl. prototaxic experience
parataxis (parataxic mode) (Harry S. Sullivan)
Parataxie *f*, parataxischer Modus *m* *(Psychologie)*
vgl. prototaxic mode, syntaxis
paratelic dominance (M. J. Apter)
paratachsische Dominanz *f* *(Psychologie)*

pardon
Begnadigung *f (Kriminologie)*
parent surrogate
Elternersatz *m*, Elternsurrogat *n*
parental deprivation
elterliche Deprivation *f (Psychologie)*
parental family (family of orientation, family of origin, natal family)
Orientierungsfamilie *f*, Herkunftsfamilie *f*, Abstammungsfamilie *f (Kulturanthropologie) (Soziologie)*
vgl. family of procreation
parental fixation
Fixierung *f* auf die Eltern, elterliche Fixierung *f*
parental overprotection (overprotection)
elterliche Überfürsorge *f*, übermäßige Fürsorge *f*, übermäßige Behütung *f* (von Kindern durch ihre Eltern) *(Familiensoziologie)*
parental relations *pl*
elterliche Beziehungen *f/pl* zum Kind *(Familiensoziologie)*
parenthood
Elternschaft *f (Familiensoziologie)*
parenticipient residence
parentizipiente Residenz *f*, Wohngemeinschaft *f* eines verheirateten Paares mit seinen Eltern *(Kulturanthropologie)*
parenting
Beeltern *n (Familiensoziologie)*
Pareto curve (Vilfredo Pareto)
Paretokurve *f (Statistik)*
Pareto distribution (Pareto-type distribution) (Vilfredo Pareto)
Paretoverteilung *f (Statistik)*
Pareto index (*pl* **indices** *or* **indexes**)
Pareto-Index *m (Statistik)*
Pareto optimum (Pareto optimal, Pareto optimality) (Vilfredo Pareto)
Pareto-Optimum *n (Volkswirtschaftslehre)*
Pareto's law (of the distribution of income and wealth) (Vilfredo Pareto) (Pareto law)
Paretos Gesetz *m*, der Einkommens- und Vermögensverteilung *(Volkswirtschaftslehre)*
pariah
Pariah (Max Weber) *m (Soziologie)*
pariah group
Pariahgruppe *f (Soziologie)*
paridictive statement
gegenwartsbezogene Aussage *f (Theorie des Wissens)*
vgl. postdictive statement
parish
Parochie *f*, Kirchspiel *n*, Pfarrbezirk *m (Religionssoziologie)*

parity
1. Entsprechung *f*, Ähnlichkeit *f*, Parität *f*
2. Gebärfähigkeit *f (Demographie)*
parity income
Paritätseinkommen *n*, Vergleichseinkommen *n (Volkswirtschaftslehre)*
parity norm
Paritätsnorm *f*, Gleichberechtigungsgrundsatz *m*, Grundsatz *m* der Gleichbehandlung)
parity price
Paritätspreis *m (Volkswirtschaftslehre)*
Parkinson's law (C. Northcote Parkinson)
Parkinsonsches Gesetz *n (Organisationssoziologie)*
parliament (parliamentary assembly, diet)
Parlament *n*, parlamentarische Versammlung *f (politische Wissenschaften)*
parliamentary government
parlamentarische Regierung *f (politische Wissenschaften)*
parliamentary system (parliamentarism, parliamentary government, parliamentarianism)
Parlamentarismus *m*, parlamentarisches System *n (politische Wissenschaften)*
parochial political culture (Gabriel Almond/Sydney Verba)
parochiale politische Kultur *f (politische Wissenschaften)*
parochial register
Gemeinderegister *n*, Gemeindebuch *n*, Kirchenregister *n (Demographie)*
parochial registration
Registrierung *f* von Einwohnerdaten in der Gemeinde *(Demographie)*
parochialism (provincialism, localism)
1. Engstirnigkeit *f*, Spießigkeit *f*, Provinzialismus *m*, provinzielle Borniertheit *f*, Beschränktheit *f* der Ansichten *(Sozialpsychologie)*
2. Parochialsystem *n (politische Wissenschaften)*
parole
bedingte Haftentlassung *f (Kriminologie)*
parolee
bedingt Haftentlassener *m*, auf Bewährung entlassener Strafgefangener *m (Kriminologie)*
parricidal wish
verwandtenmörderischer Wunsch *m*, vatermörderischer Wunsch *m*, muttermörderischer Wunsch *m*, der Wunsch *m*, einen eigenen Verwandten, den eigenen Vater, die eigene Mutter zu töten *(Psychologie)*

parricide
Verwandtenmord m, Elternmord m, Vatermord m, Muttermord m (Kulturanthropologie)
parsimony
Parisimonie f (Theorie des Wissens)
part-culture (half culture) (Robert Redfield) (partitive culture)
Teilkultur f (Soziologie)
part-owner
Landwirt m, dem ein Teil des bebauten Lands gehört und der einen anderen Teil pachtet oder mietet (Landwirtschaft)
part-society (half society) (Julian Stewart)
Teilgesellschaft f (Soziologie)
part-time farm
Nebenerwerbslandwirtschaft f, landwirtschaftlicher Nebenerwerbsbetrieb m (Landwirtschaft)
part-time farmer
Nebenerwerbslandwirt(in) m(f), Teilzeitlandwirt(in) m(f)
part-time farming
Führung f einer Nebenerwerbslandwirtschaft, Teilzeitlandwirtschaft (f
part-time interviewer
nebenberuflicher Interviewer m, nebenberufliche Interviewerin f (empirische Sozialforschung)
part-time work
Teilzeitarbeit f (Industriesoziologie)
part-time worker
Teilzeitarbeiter(in) m(f), Teilzeitangestellte(r) f(m) (Industriesoziologie)
partial association
partielle Assoziation f, Teilassoziation f (Statistik)
partial census (incomplete census, sample census)
Teilzensus f, Vollerhebung f bei einem Bevölkerungsteil, Teilerhebung f, unvollständige Erhebung f (Demographie)
partial confounding
teilweises Vermengen n (Statistik)
partial contingency
partielle Kontingenz f, teilweise Kontingenz f (Statistik)
partial correlation coefficient
partieller Korrelationskoeffizient m, teilweiser Korrelationskoeffizient m, Partialkorrelationskoeffizient m (Statistik)
partial correlation
partielle Korrelation f, teilweise Korrelation f, Partialkorrelation f (Statistik)

partial equilibrium (pl equilibrium or equilibria)
partielles Gleichgewicht n, teilweises Gleichgewicht n (Kybernetik)
partial institution
Teilinstitution f (Soziologie) (Kulturanthropologie)
partial planning
Teilplanung f
partial rank correlation
partielle Rangkorrelation f, teilweise Rangkorrelation f, Partialrangkorrelation f (Statistik)
partial rank correlation coefficient
partieller Rangkorrelationskoeffizient m, teilweiser Rangkorrelationskoeffizient m, Partialrangkorrelationskoeffizient m (Statistik)
partial regression
partielle Regression f, teilweise Regression f, Partialregression f (Statistik)
partial regression coefficient
partieller Regressionskoeffizient m, teilweiser Regressionskoeffizient m, Partialregressionskoeffizient m (Statistik)
partial reinforcement effect (PRE) (Humphrey's effect)
Partialverstärkungseffekt m, Humphreys Effekt m, Humphrey-Paradoxon n (Verhaltensforschung)
partial instinct (component drive)
Partialtrieb m (Sigmund Freud) (Psychoanalyse)
partial reinforcement
partielle Verstärkung f, intermittierende Verstärkung f, gelegentliche Verstärkung f (Verhaltensforschung)
partial replacement
teilweises Zurücklegen n (Statistik)
partial serial correlation coefficient
partieller Reihenkorrelationskoeffizient m, teilweiser Reihenkorrelationskoeffizient m, Partialreihenkorrelationskoeffizient m (Statistik)
partial standard deviation
partielle Standardabweichung f (Statistik)
partial theory (special theory)
Teiltheorie f (Theoriebildung)
partial variance
partielle Varianz f, Teilvarianz f (Statistik)
partially balanced incomplete block design
experimentelle Anlage f, Versuchsanlage f mit teilweise ausgewogenen unvollständigen Blöcken, Testanlage f mit teilweise ausgewogenen unvollständigen Blöcken (statistische Hypothesenprüfung)

partially balanced lattice square
teilweise ausgewogenes quadratisches Gitter *n* *(statistische Hypothesenprüfung)*

partially balanced linked block design
experimentelle Anlage *f*, Versuchsanlage *f* mit teilweise ausgewogenen gekoppelten Blöcken *(statistische Hypothesenprüfung)*

partially linked block design
Testanlage *f*, Versuchsanlage *f* mit teilweise gekoppelten Blöcken, Versuchsanlage *f*, experimentelle Anlage *f* mit teilweise gekoppelten Blöcken *(statistische Hypothesenprüfung)*

partially structured interview (semi-structured interview)
teilstrukturiertes Interview *n* *(Psychologie/empirische Sozialforschung)*

participant
1. teilnehmend, partizipierend, Teilnahme- *adj* *(Kulturanthropologie)* *(Psychologie/empirische Sozialforschung)* *(Soziologie)*
2. Teilnehmer(in) *m(f)* *(Kulturanthropologie)* *(Psychologie/empirische Sozialforschung)* *(Soziologie)*

participant crowd
partizipierende Menge *f*, partizipierende Masse *f*, Menge *f*, Masse mit Gemeinsamkeiten, mit gemeinsamen Merkmalen *(Sozialpsychologie)*

participant intervention (Sol Tax)
teilnehmende Intervention *f* *(Kulturanthropologie)* *(Sozialforschung)*

participant observation (Eduard C. Lindemann)
teilnehmende Beobachtung, beobachtende Teilnahme *f* *(Kulturanthropologie)* *(Psychologie/empirische Sozialforschung)*

participant observer
teilnehmender Beobachter *m* *(Kulturanthropologie)* *(Psychologie/empirische Sozialforschung)*

participation (participation behavior, brit **behaviour, participative behavior)**
Teilnahme *f*, Partizipation *f*, Mitwirkung *f* *(Soziologie)* *(Sozialpsychologie)* *(politische Wissenschaft)*

participation bias (panel effect, panel bias, participation effect, reinterview effect in panel studies, reinterviewing bias, panel conditioning)
Paneleffekt *m*, Lerneffekt *m* bei Panelbefragungen *(empirische Sozialforschung)*

participative decision making (participative leadership)
betriebliche Mitbestimmung *f*, betriebliche Mitwirkung *f* bei Unternehmensentscheidungen *(Industriesoziologie)*

participative political culture (Gabriel Almond/Sydney Verba)
partizipative politische Kultur *f* *(politische Wissenschaften)*

particularism
Partikularismus *m* *(politische Wissenschaften)* *(Soziologie)* *(Theorie des Wissens)*

particularism – universalism (Talcott Parsons)
Partikularismus – Universalismus *m* *(strukturell-funktionale Theorie)*

particularistic fallacy
partikularistischer Fehlschluß *m*, partikularistischer Trugschluß *m* *(Theorie des Wissens)*

particularistic relationship (Talcott Parsons)
partikularistische Beziehung *f* *(strukturell-funktionale Theorie)*

particularizing term (denotation (denotative meaning, denotatum, denotative term, denoting phrase)
Denotation *f*, Begriffsumfang *m*, Bedeutung *f* eines Begriffs *(Theorie des Wissens)*

partile
Partil *n* *(Statistik)*

partisanship (monopartisanship)
Parteilichkeit *f* *(Einstellungsforschung)*

partition
Zerlegung *f*, Zergliederung *f* *(Statistik)* *(Datenanalyse)*

partitioning into cliques
Zerlegung *f* in Cliquen *(Gruppensoziologie)*

partitioning of total variance (decomposition of variance, variance decomposition)
Varianzzerlegung *f* *(Statistik)*

partner (mate)
Partner(in) *m (f)*, Ehegefährte *m*, Ehegefährtin *f*, Lebensgefährte *m*, Lebensgefährtin *f*, Lebenspartner *m*, Lebenspartnerin *f*, Gatte *m*, Gattin *f* *(Kulturanthropologie)* *(Soziologie)*

party
Partei *f(Soziologie)*

party fossilization (Theodore Lowe)
Parteiversteinerung *f*, Versteinerung *f* einer politischen Partei, Parteifossilierung *f*, Fossilierung *f* einer politischen Partei *(politische Wissenschaften)*

party fragmentation
Parteienzersplitterung *f (politische Wissenschaften)*
party identification (party loyalty, partisan allegiance)
Parteiidentifizierung *f*, Identifizierung *f* mit einer politischen Partei *(politische Wissenschaften)*
party nucleus (*pl* nuclei)
Parteikern *m (politische Wissenschaften)*
party organization (*brit* party organisation)
Parteiorganisation *f (politische Wissenschaften)*
party platform (platform)
Parteiprogramm *n*, parteipolitische Grundsatzerklärung *f*, Plattform *f*, politische Plattform *f (politische Wissenschaften)*
party preference (partisan preference)
Parteipräferenz *f*, Parteineigung *f*, parteipolitische Orientierung *f (politische Wissenschaften)*
party system
Parteiensystem *n (politische Wissenschaften)*
party system integration
parteipolitische Integration *f (politische Wissenschaften)* (Helmut Unkelbach)
party with a majority bent (Maurice Duverger)
Mehrheitspartei *f (politische Wissenschaften)*
party-system salience (party-system saliency)
Wichtigkeit *f*, Bedeutung *f*, Relevanz *f*, Stellenwert *m* des Parteiensystems *(politische Wissenschaften)*
Pascal distribution (negative binomial distribution)
Pascal-Verteilung *f*, negative Binomialverteilung *f (Statistik)*
Pascal triangle
Pascalsches Dreieck *n*, Pascal-Dreieck *n (Mathematik/Statistik)*
passing (Erving Goffman)
Vorgeben *n*, Verbergen *n (Soziologie) (Sozialpsychologie)*
passive aggressive personality
passiv-aggressive Persönlichkeit *f*, passiv-aggressiver Charakter *m (Psychologie)*
passive avoidance
passive Vermeidung *f*, passives Vermeidungslernen *n (Psychologie)*
vgl. active avoidance
passive avoidance learning (passive avoidance training)
aktives Vermeidungslernen *n (Psychologie)*
→ avoidance learning;
vgl. active avoidance learning

passive fantasy (passive imagination)
passive Phantasie *f* (Carl G. Jung) *(Psychologie)*
vgl. active fantasy
passive ideationalism (Pitirim A. Sorokin)
passiver Ideationalismus *m (Soziologie)*
→ ideational culture;
vgl. active ideationalism
passive interview (Leon Festinger)
Passivinterview *n*, passive Befragung *f (empirische Sozialforschung)*
vgl. active interview
passive introversion
passive Introversion *f (Psychologie)*
vgl. active introversion
passive learning (incidental learning)
passives Lernen *n (Psychologie)*
passive participant observation
passsiv beobachtende Teilnahme *f*, passive teilnehmende Beobachtung *f*, untätige teilnehmende Beobachtung *f (Psychologie/empirische Sozialforschung)*
passive participant observer
passiver Beobachter *m*, passiv teilnehmender Beobachter *m (Psychologie/empirische Sozialforschung)*
passive population
Passivbürger *m/pl*, Gesamtheit *f* der Passivbürger *(politische Wissenschaften)*
vgl. active population
passive consumption
passiver Konsum *m* (Ivan Illich) *(Sozialkritik)*
passive resistance
passiver Widerstand *m (politische Wissenschaft)*
vgl. active resistance
passiveness (passivity)
Passivität *f*, Untätigkeit *f (Psychologie)*
vgl. activeness (activity)
pastime
Zeitvertreib *m*, Kurzweil *f*, Erholung *f (Sozialforschung)*
pastoral community (pastoralist community)
Hirtengemeinschaft *f*, Hirtengemeinde *f (Kulturanthropologie)*
pastoral nomadism (nomadic pastoralism)
Hirtennomadismus *m (Kulturanthropologie)*
pastoral transhumance (transhumant pastoralism)
Hirtenwanderung *f*, Herdenwanderung *f (Kulturanthropologie)*
pastoralism (pastoral nomadism, nomadic pastoralism, cattle herding, herding)
Weidewirtschaft *f*, Hirtenwirtschaft *f*, Schäferwirtschaft *f*, Viehzucht *f*, Schafzucht *f (Volkswirtschaftslehre)*

pastoralist
  Hirt *m*, Hirte *m*, Viehzüchter *m*,
  Schafzüchter *m* (*Kulturanthropologie*)
the past
  Vorwelt *f* (*Philosophie*) (Alfred Schutz)
patch
  Einheit *f* mit eingeschränktem
  Wertebereich (*Statistik*)
pater (genitor, father, vir)
  Pater *f* (*Kulturanthropologie*)
  vgl. mater (genitrix)
paternal deprivation
  Entzug *m* väterlicher Liebe (oder
  väterlicher Präsenz (*Psychologie*)
  vgl. maternal deprivation
paternal family
  Vaterfamilie *f* (*Kulturanthropologie*)
  vgl. maternal family
paternal halb siblings *pl* **(paternal half-sibs** *pl***)**
  Halbgeschwister *pl* väterlicherseits (*Kulturanthropologie*) (*Familiensoziologie*)
paternal lineage (agnation, agnatic lineage, agnatic link, patrilineage, patrilineal descent)
  Agnation *f*, Verwandtschaft *f*
  väterlicherseits, Verwandtschaft *f* im
  Mannesstamm (*Kulturanthropologie*)
  vgl. Kognation
paternal orphan
  Halbwaise *f* ohne Vater (*Familiensoziologie*)
  vgl. maternal orphan
paternal overprotection
  übermäßige väterliche Sorge *f*
  (*Kulturanthropologie*)
  vgl. maternal overprotection
paternal reproduction rate (male reproduction rate)
  väterliche Reproduktionsziffer *f*,
  väterliche Reproduktionsrate *f*,
  Vaterschaftsziffer *f*, Vaterschaftsrate *f*
  (*Demographie*)
  vgl. maternal reproduction rate
paternal rights *pl*
  Vaterrechte *n/pl* (*Kulturanthropologie*)
  vgl. maternal rights
paternal sib (patrisib, patri-sib, father-sib)
  Nachkommenschaft *f* väterlicherseits
  (*Kulturanthropologie*)
  vgl. maternal sib (matrisib, matri-sib, mother-sib)
paternal siblings *pl* **(paternal sibs** *pl***, patrisibs** *pl***, patri-sibs** *pl***)**
  Geschwister *f/pl* väterlicherseits
  (*Familiensoziologie*)
paternalism
  Paternalismus *m*, paternalistische
  Fürsorge *f* (*Psychologie*)

paternalistic administration
  paternalistische Verwaltung *f*
  (*Organisationssoziologie*)
paternalistic management
  paternalistisches Management *n*,
  paternalistische Unternehmensführung *f*,
  paternalistische Betriebsführung *f*
  (*Organisationssoziologie*)
paternity
  Vaterschaft *f*, Vatersein *n*, Vaterstand *m*
  (*Soziologie*)
  vgl. maternity
paternity rate (paternal rate)
  väterliche Geburtenziffer *f*, väterliche
  Geburtenrate *f*, Vaterschaftsziffer *f*,
  Vaterschaftsrate *f* (*Demographie*)
  vgl. maternity rate (maternal rate)
path analysis (*pl* **analyses, dependence analysis)**
  Pfadanalyse *f*, Dependenzanalyse *f*
  (*Datenanalyse*)
path coefficient
  Pfadkoeffizient *m* (*Datenanalyse*)
path diagram
  Pfaddiagramm *n* (*Datenanalyse*)
path model
  Pfadmodell *n* (*Datenanalyse*)
pathognomy
  Pathognomik *f* (*Psychologie*)
pathological criminal
  pathologischer Straftäter *m*,
  pathologischer Verbrecher *m*,
  pathologischer Krimineller *m*,
  krankhafter Straftäter *m* (*Kriminologie*)
pathological system (Thomas Burns and G. M. Stalker)
  pathologisches System *n* (*Organisationssoziologie*)
pathology
  Pathologie *f*, Krankheitslehre *f*,
  Krankheitsbild *n* (*Statistik*)
pathos
  Pathos *n*, Ausdruck *m* machtvoller
  Leidenschaft (*Kommunikationsforschung*)
patri-matrilocal residence (patri-matrilocal residence pattern, patriuxorilocal residence) (George P. Murdock)
  patri-matrilokale Residenz *f*, patri-
  matrilokale Wohnform *f*, patri-
  matrilokale Wohngemeinschaft *f*
  (*Kulturanthropologie*)
  vgl. matri-patrilocal residence (matri-patrilocal residence pattern)
patri-moiety
  patrilineale Sippenhälfte *f*, patrilineale
  Stammeshälfte *f* (*Kulturanthropologie*)
  vgl. matri-moiety

patrimony
Ehe *f*, Patrimonium *n* *(Kulturanthropologie)*
vgl. matrimony
patriachal society
patriarchische Gesellschaft *f*, patriarchalische Gesellschaft *f* *(Kulturanthropologie)*
patriarch
Stammesvater *m*, Familienvater *f*, männliches Familienoberhaupt *n*, Patriarch *m* *(Kulturanthropologie)*
vgl. matriarch
patriarchal
patriarchisch, patriarchalisch, vaterrechtlich *adj* *(Kulturanthropologie)*
vgl. matriarchal
patriarchal family
patriarchalische Familie *f*, patriarchische Familie *f*, vaterrechtliche Familie *f* *(Kulturanthropologie)*
vgl. matriarchal family
patriarchal leadership
patriarchalische Führung *f*, patriarchische Führerschaft *f* *(Organisationssoziologie)*
patriarchate (patriarchy)
Patriarchat *n*, Vaterherrschaft *f*, Vaterrecht *n*, Herrschaft *f* des Stammesvaters *(Kulturanthropologie)*
patriarchy
patriarchalisches System *n*, vaterrechtliches System *n*, Männerherrschaft *f* *(Kulturanthropologie)*
vgl. matriarchy
patricentric
patrizentrisch, auf den Vater konzentriert *adj* *(Kulturanthropologie)*
vgl. matricentric
patricentric family
patrizentrische Familie *f*, vaterzentrierte Familie *f* *(Kulturanthropologie)*
vgl. matricentric family
patricide
Vatermord *m* *(Kulturanthropologie)*
vgl. matricide
patricipient residence
patrizipiente Residenz *f*, patrizipiente Wohnform *f*, patrizipiente Wohngemeinschaft *f* *(Kulturanthropologie)*
vgl. matricipient residence
patriclan (patri-clan, gens, *pl* **gentes)**
Vatersippe *f*, Patriclan *m*, Sippe *f* mit Vaterfolge *(Kulturanthropologie)*
vgl. matriclan
patrideme (George P. Murdock)
Vater-Demos *m*, Vatergemeinde *f* *(Kulturanthropologie)*
vgl. matrideme

patridominant
patridominant, durch Vorherrschaft des Vaters gekennzeichnet *adj* *(Kulturanthropologie)*
vgl. matridominant
patrifiliation (paternal filiation)
Patrifiliierung *f*, Bindung *f* zwischen Vater und Kind *(Kulturanthropologie)*
vgl. matrifiliation
patrifocal family
patrifokale Familie *f*, auf den Vater ausgerichtete Familie *f* *(Kulturanthropologie)*
vgl. matrifocal family
patrifocality
Patrifokalität *f*, Familienausrichtung *f* auf den Vater *(Kulturanthropologie)*
vgl. matrifocality
patrilateral
patrilateral, väterlicherseits *adj* *(Kulturanthropologie)*
vgl. matrilateral
patrilateral cross-cousin (patrilineal cross-cousin, patri cross-cousin)
patrilateraler Kreuzvetter *m*, patrilaterale Kreuzbase *f*, patrilateraler Kreuzkusin *m*, patrilaterale Kreuzkusine *f*, Kreuzvetter *m* väterlicherseits, Kreuzbase *f* väterlicherseits *(Kulturanthropologie)*
vgl. matrilateral cross-cousin
patrilateral cross-cousin marriage (patrilineal cross-cousin marriage)
patrilaterale Kreuz-Vettern-Kusinen-Ehe *f*, Kreuz-Vettern-Kusinen-Ehe *f* väterlicherseits *(Kulturanthropologie)*
vgl. matrilateral cross-cousin marriage
patrilateral parallel cousin (patrilineal parallel cousin, patri-parallel cousin)
patrilateraler Parallelvetter *m*, patrilaterale Parallelbase *f*, patrilateraler Parallelkusin *m*, patrilaterale Parallelkusine *f*, Parallelvetter *m* väterlicherseits, Parallelbase *f* väterlicherseits *(Kulturanthropologie)*
vgl. matrilateral parallel cousin
patrilateral parallel cousin marriage (patrilineal parallel cousin marriage, patri-parallel cousin marriage)
patrilaterale Parallel-Vettern-Kusinen-Ehe *f*, Parallel-Vettern-Kusinen-Ehe *f* väterlicherseits *(Kulturanthropologie)*
vgl. matrilateral parallel cousin marriage
patrilateral relative (patrilateral kin, patrikin, patrilineal relative, patrilineal kin, paternal relative, agnate)
Verwandte(r) *f(m)* väterlicherseits (Agnat *m* *(Kulturanthropologie)*
vgl. matrilateral relative

patrilaterality
Patrilateralität *f*, Verwandtschaft *f* väterlicherseits, Verwandtschaft *f* in der väterlichen Linie *(Kulturanthropologie)*
vgl. matrilaterality
patriline
väterliche Verwandtschaftslinie *f*, väterliche Abstammungslinie *f*, Abstammungslinie *f* väterlicherseits *(Kulturanthropologie)*
vgl. matriline
patrilineage (paternal lineage, agnation, agnatic lineage, agnatic link, patrilineal descent)
Agnation *f*, Verwandtschaft *f* väterlicherseits, Verwandtschaft *f* im Mannesstamm *(Kulturanthropologie)*
vgl. Kognation
patrilineal
patrilineal (in der väterlichen Linie) *adj (Kulturanthropologie)*
vgl. matrilineal
patrilineal complex
patrilinealer Komplex *m*, väterlicher Abstammungskomplex *m*, Komplex *m* der väterlichen Abstammungslinie *(Kulturanthropologie)*
vgl. matrilineal complex
patrilineal descent
patrilineale Abstammung *f*, patrilineale Abstammungslinie *f*, patrilineale Abstammungsfolge *f*, Abstammung *f* in der väterlichen Linie, Abstammungsfolge *f* in der väterlichen Linie, Patrilinealität *f*, Abstammung *f* in der männlichen Linie, vaterrechtliche Abstammung *f (Kulturanthropologie)*
vgl. matrilineal descent
patrilineal extended family
patrilineale erweiterte Familie *f*, erweiterte Familie *f* in der männlichen Linie, erweiterte Familie *f* in der väterlichen Linie *f (Kulturanthropologie)*
vgl. matrilineal extended family
patrilineal family
patrilineale Familie *f*, Familie *f* in der männlichen Linie, Familie *f* in der väterlichen Linie *(Kulturanthropologie)*
vgl. matrilineal family
patrilineal inheritance
patrilineale Erbfolge *f*, Erbfolge *f* in der männlichen Linie, Erbfolge *f* in der väterlichen Linie *(Kulturanthropologie)*
vgl. matrilineal inheritance
patrilineal institution
patrilineale Institution *f*, patrilineale Einrichtung *f (Kulturanthropologie)*
vgl. matrilineal institution

patrilineal kin (agnate)
Agnat *m*, Verwandter *m* väterlicherseits, Verwandter *m* im Mannesstamm *(Kulturanthropologie)*
vgl. cognate
patrilineal kinship
patrilineale Verwandtschaft *f*, Verwandtschaft *f* in der männlichen Linie, Verwandtschaft *f* in der väterlichen Linie *(Kulturanthropologie)*
vgl. matrilineal kinship
patrilineal succession
patrilineale Nachfolge *f*, Nachfolge *f* in der männlichen Linie, Nachfolge *f* in der väterlichen Linie *(Kulturanthropologie)*
vgl. matrilineal succession
patrilineal system
patrilineales System *n*, patrilineales Abstammungssystem *n*, Abstammungs- und Verwandtschaftssystem *n* mit väterlicher Abstammung *(Kulturanthropologie)*
vgl. matrilineal system
patrilineality (patrilining
Patrilinealität *f (Kulturanthropologie)*
vgl. matrilineality
patrilocal extended family
patrilokale erweiterte Familie *f (Kulturanthropologie)*
vgl. matrilocal extended family
patrilocal family
patrilokale Familie *f*, Familie *f* in der männlichen Linie, Familie *f* in der väterlichen Linie *(Kulturanthropologie)*
vgl. matrilocal family
patrilocal joint family
patrilokale Mehrgenerationenfamilie *f*, Mehrgenerationenfamilie *f* in der männlichen Linie, Mehrgenerationen- familie *f* in der väterlichen Linie *f*, patrilokale Großfamilie *f* im engeren Sinne *(Kulturanthropologie)*
vgl. matrilocal joint family
patrilocal marriage
patrilokale Ehe *f (Kulturanthropologie)*
vgl. matrilocal family
patrilocal residence (patrilocal residence pattern)
patrilokale Residenz *f*, patrilokale Wohnform *f*, patrilokale Wohngemein- schaft *f (Kulturanthropologie)*
vgl. matrilocal residence
patrilocal
patrilokal *adj (Kulturanthropologie)*
vgl. matrilocal
patrilocality (patrilocal residence, patrilocal residence pattern)
Patrilokalität *f (Kulturanthropologie)*
vgl. matrilocality

patrimatrilocality (patri-matrilocal residence, patri-matrilocal residence pattern)
Patrimatrilokalität *f (Kulturanthropologie)*

patrimonial bureaucracy
patrimoniale Bürokratie *f* (Max Weber) *(Organisationssoziologie)*

patrimonial domain
Erbdomäne *f (Landwirtschaft)*

patrimonial society
Patrimonialgesellschaft *f*, patrimoniale Gesellschaft *f (Kulturanthropologie) (Soziologie)*

patrimonialization
Patrimonialisierung *f (Soziologie)* (Joseph Schumpeter)

patrimonialism
Patrimonialismus *m* (Max Weber) *(Organisationssoziologie)*

patriotism
Patriotismus *m (Sozialpsychologie)*

patriuxorilocal residence
Wohngemeinschaft *f* mit dem Vater der Braut, Wohnen *n* am Wohnort des Vaters der Braut *(Kulturanthropologie)*

patrivirilocal residence
Wohngemeinschaft *f* mit dem Vater des Bräutigams, Wohnen *n* am Wohnort des Vaters des Bräutigams *(Kulturanthropologie)*

patron
Patron *m*, Schirmherr *m*, Schutzherr *m*, Protektor *m*

patronage bureaucracy (F. M. Marx) (spoils system)
Patronagebürokratie *f*, Ämterpatronage *f* in der Bürokratie *(Organisationssoziologie)*
vgl. merit bureaucracy

patronage system (spoils system)
Patronagesystem *n*, Ämterpatronagesystem *n (Organisationssoziologie)*
vgl. merit system

patronage
Patronage *f (Soziologie) (Kulturanthropologie)*

patronymic (patronym, father name)
1. patronymisch, vom Vater abgeleitet, Vater- *adj (Kulturanthropologie)*
2. Patronymikum *n*, Vatername *m (Kulturanthropologie)*
vgl. matronymic

patronymic family
patronymische Familie *f*, patrinomiale Familie *f (Kulturanthropologie)*
vgl. matronymic family

patronymic system (father name system, patronymy)
patronymisches System *n (Kulturanthropologie)*
vgl. matronymic system

pattern
Beziehungsgefüge *n*, Schema *n*, Struktur *f (Soziologie)*

pattern (example)
Beispiel *n*, Muster *n*, Vorbild *n (Psychologie) (Soziologie)*

pattern (type)
Muster *n*, Modell *n*, Pattern *n (Psychologie) (Soziologie)*

pattern maintenance (Talcott Parsons)
Pattern-Maintenance *f*, Aufrechterhaltung *f* der Grundstrukturen, Aufrechterhaltung *f* kultureller Werte *(strukturell-funktionale Theorie)*

pattern-maintenance elite (Talcott Parsons)
Pattern-Maintenance-Elite *f*, Elite *f* zur Aufrechterhaltung der Grundstrukturen, Elite *f* zur Aufrechterhaltung kultureller Werte *(strukturell-funktionale Theorie)*

pattern-maintenance subsystem (Talcott Parsons)
Pattern-Maintenance-Subsystem *n*, Subsystem *n* zur Aufrechterhaltung der Grundstrukturen, Subsystem *n* zur Aufrechterhaltung kultureller Werte *(strukturell-funktionale Theorie)*

pattern-maintenance system (Talcott Parsons)
Pattern-Maintenance-System *n*, System *n* zur Aufrechterhaltung der Grundstrukturen, System *n* zur Aufrechterhaltung kultureller Werte *(strukturell-funktionale Theorie)*

pattern of behavior (brit pattern of behaviour, behavior pattern, brit behaviour pattern)
Verhaltensmuster *n (Verhaltensforschung)*

pattern of communication (communication pattern)
Kommunikationsmuster *n*, Muster *n* des Kommunikationsprozesses, des Kommunikationsverhaltens *(Kommunikationsforschung)*

pattern of culture (culture pattern) (Ruth Benedict)
Kulturgefüge *n*, Kulturmuster *n*, Gestaltelement *n (Kulturanthropologie)*

pattern of deferred gratification (deferred gratification pattern, delayed gratification pattern, pattern of delayed gratification) (Louis Schneider/Sverre Lysgaard)
Verhaltensmuster *n* der aufgeschobenen Befriedigung, Muster *n* der aufgeschobenen Befriedigung,

der aufgeschobenen Belohnung *f*
(Verhaltensforschung)
pattern of life (life plan)
Lebensplan *m* (Alfred Adler)
(Psychologie)
pattern of life organization (life-organization pattern) (William I. Thomas and Florian Znaniecki)
Muster *n*, Modell *n* der Lebensorganisation *(empirische Sozialforschung)*
pattern of mate selection (marriage pattern, mate selection pattern, mating pattern)
Gattenwahlmuster *n*, Muster *n* der Gattenwahl, der Wahl von Ehepartnern, Heiratsmuster *n* *(Kulturanthropologie)*
pattern of needs (need pattern, pattern of individual needs)
Bedürfnismuster *n*, Muster *n* der Bedürfnisse eines Individuums, Muster *n* der individuellen Bedürfnisse *(Psychologie)*
pattern of settlement (form of settlement, type of settlement, residential pattern)
Siedlungsform *f* *(Sozialökologie)*
pattern of thought
Denkmuster *n* *(Psychologie)*
pattern-part (Clyde Kluckhohn)
Teilmuster *n*, Teil-Pattern *n*, Teilschema *n*, Teilstruktur *f* *(Kulturanthropologie) (Soziologie)*
patterned evasion (Robin M. Williams) (institutionalized evasion) (Robert K. Merton) (patterned deviation, institutionalized deviation)
formalisierte Umgehung *f*, schematisierte Umgehung *f*, regelmäßige Umgehung *f*, institutionalisierte Umgehung *f* *(Soziologie) (Kriminologie)*
patterned sampling
schematisches Auswahlverfahren *n*, schematische Auswahl *f*, schematisches Stichprobenverfahren *n*, schematische Stichprobenbildung *f*, schematisiertes Auswahlverfahren *n*, schematisierte Auswahl *f*, schematisiertes Stichprobenverfahren *n*, schematisierte Stichprobenbildung *f* *(Statistik)*
pauperism
Pauperismus *m*, Massenverarmung *f*, Verarmung *f*, Verelendung *f*, dauernde Armut *f* *(Soziologie)*
pauperization
Pauperisierung *f*, Verarmung *f*, Verelendung *f* *(Soziologie)*

Pavlovian conditioning (Ivan Petrovitsch Pavlov) (classical conditioning, forward conditioning, type s conditioning, respondent conditioning)
klassische Konditionierung *f*, respondente Konditionierung *f* *(Verhaltensforschung)*
vgl. instrumental conditioning
payoff function
Payoff-Funktion *f*, Auszahlungsfunktion *f* *(Spieltheorie)*
payoff matrix (*pl* matrixes *or* matrices)
Auszahlungsmatrix *f*, Payoff-Matrix *f* *(Spieltheorie)*
peace research
Friedensforschung *f*
peak
Gipfel *m*, Maximumstelle *f*, Spitze *f* in einer Verteilung oder Kurve *(Statistik)*
peakedness
Gipfligkeit *f* *(Statistik)*
Pearl-Read curve
Pearl-Read Kurve *f* *(Statistik)*
Pearson coefficient of correlation (Pearsonian coefficient of correlation)
Pearsonscher Korrelationskoeffizient *m* Pearson-Korrelationskoeffizient *m* *(Statistik)*
Pearson correlation (Pearsonian correlation)
Pearson-Korrelation *f* *(Statistik)*
Pearson curve (Pearsonian curve)
Pearsonsche Kurve *f*, Pearson-Kurve *f* *(Statistik)*
Pearson distribution (Pearsonian distribution)
Pearsonsche Verteilung *f*, Pearson-Verteilung *f* *(Statistik)*
Pearson measure of skewness (Pearson's measure of skewness)
Pearsonsches Schiefemaß *n* *(Statistik)*
Pearson product moment correlation coefficient (Pearsonian product-moment correlation coefficient, Pearson correlation coefficient, Pearsonian correlation coefficient, Pearson r, Pearson's r, Pearson's product-moment, Pearson product-moment)
Pearsonscher Produkt-Moment-Korrelationskoeffizient *m*, Pearsonscher Korrelationskoeffizient *m* *(Statistik)*
Pearson product-moment correlation (Pearsonian product-moment correlation)
Pearsonsche Produkt-Moment Korrelation *f* *(Statistik)*
Pearson-Hartley chart
Pearson-Hartley-Graphik *f*, Pearson-Hartleysche Graphik *f* *(Statistik) (graphische Darstellung)*

peasant (farmer, agriculturist, farm owner, farm operator)
Landwirt(in) *(m(f))*, Bauer *m*, Farmer *m*

peasant economy
bäuerliche Wirtschaft *f* *(Kulturanthropologie)*

peasant movement
bäuerliche Bewegung *f*, Bauernbewegung *f*, landwirtschaftliche Bewegung *f* *(Kulturanthropologie) (Soziologie)*

peasant society (Robert Redfield)
bäuerliche Gesellschaft *f*, Bauerngesellschaft *f*, landwirtschaftlich geprägte Gesellschaft *f* *(Kulturanthropologie) (Soziologie)*

peasantism
1. Bauerntumsideologie *f*, Ideologie *f* der Überlegenheit der bäuerlichen Lebensweise *(Soziologie)*
2. bäuerlicher Lebensstil *m*, bäuerliche Lebensweise *f* *(Soziologie) (Kulturanthropologie)*

peasantry (farmers *pl*)
Bauernschaft *f*, Bauernstand *m*, Bauerntum *n*

peasantry (peasantism)
bäuerlicher Charakter *m*, ländlicher Charakter *m*, bäuerisches Wesen *n*, Ländlichkeit *f*

pecking order (peck right dominance order)
Hackordnung *f*, Beißordnung *f*, Begattungsordnung *f*, Platzrangordnung *f* *(Ethologie)*

pecuniary society (Thorstein Veblen)
Geldgesellschaft *f*, pekuniäre Gesellschaft *f* *(Sozialkritik)*

pedantocracy
Pedantokratie *f*, Pedantenherrschaft *f*, Herrschaft *f* der Pedanten *(politische Wissenschaften)*

pedigree
Stammbaum *m*, Ahnentafel *f*, Geschlechtstafel *f*, Ahnenreihe *f* *(Kulturanthropologie)*

peer
Gleicher *m*, Ebenbürtiger *m*, Gleichrangiger *m*, Peer *m* *(Soziologie)*

peer culture
Gleichenkultur *f*, Ebenbürtigenkultur *f*, Gleichrangigenkultur *f*, Peergruppenkultur *f* *(Soziologie)*

peer status
Gleichenstatus *m*, Ebenbürtigenstatus *m*, Gleichrangigenstatus *m*, Peerstatus *m* *(Soziologie)*

peer group
Gleichartigkeit *f* menschlicher Empfindungen
Gleichengruppe *f*, Ebenbürtigengruppe *f*, Gleichrangigengruppe *f*, Peergruppe *f* *(Soziologie)*

penal colony
Strafkolonie *f* *(Kriminologie)*

penal institution
Strafanstalt *f*, Strafvollzugseinrichtung *f* *(Kriminologie)*

penal sanction (punitive sanction, negative sanction)
Strafsanktion *f*, negative Sanktion *f*, punitive Sanktion *f* *(Soziologie)*

penalty
Strafe *f*, Bestrafung *f*, gesetzliche Strafe *f* *(Kriminologie)*

pencil-and-paper test (paper-and-pencil test)
Papier-und-Bleistift-Test *m*, Papier-und-Bleistift-Versuch *m* *(Psychologie/empirische Sozialforschung)*

pencil-and-paper method (paper-and-pencil method, paper-and-pencil technique, pencil-and-paper technique, paperand-pencil procedure, pencil-and-paper procedure)
Papier-und-Bleistift-Methode *f*, Papier-und-Bleistift-Verfahren *n*, Papier-und-Bleistift-Technik *f* *(Psychologie/empirische Sozialforschung)*

penitentiary (jail)
1. Gefängnis *n*, Strafanstalt *f*, Zuchthaus *n* *(Kriminologie)*
2. Besserungsanstalt *f*, Zuchthaus *n* *(Kriminologie)*

penis envy
Penisneid *m* (Sigmund Freud) *(Psychoanalyse)*

Pennsylvania system
Pennsylvania-System *n*, Einzelhaftsystem *n* *(Kriminologie)*

penology
Strafrechtslehre *f*, Strafrechtskunde *f*, Kriminalstrafkunde *f*, Pönologie *f* *(Kriminologie)*

pension fund
Pensionskasse *f*, Pensionsfonds *m*, Rentenkasse *f*, Rentenversicherungskasse *f* *(Industriesoziologie)*

pensioner (retired person)
Ruheständler(in) *m (f)*, Pensionär(in) *m (f)*, Rentner(in) *m (f)*

pentad criterion (*pl* criteria *or* criterions)
Pentadenkriterium *n* *(Faktorenanalyse)*

pent-up demand (overfull demand)
Nachfrageüberhang *m* *(Volkswirtschaftslehre)*

people *pl*
Leute *pl*, Menschen *m/pl*,
Bevölkerung *f*, Personen *f/pl*
people (*pl* **peoples, folk,** *pl* **folk** *or* **folks**)
Volk *n*, Träger *m* des Volkstums, der
Volkskultur *(Ethnologie)*
people-changing organization (*brit*
organisation, treatment organization)
Behandlungsorganisation *f*,
Besserungsanstalt *f (Soziologie)*
people's capitalism
Volkskapitalismus *m (politische
Wissenschaften)*
people's democracy
Volksdemokratie *f (politische
Wissenschaften)*
people's spirit
Volksgeist *m* (Johann Gottfried von
Herder) *(Philosophie)*
perceived attraction
wahrgenommene Anziehung *f*,
wahrgenommene Attraktion *f (Sozialpsychologie) (Einstellungsforschung)*
**perceived authority (in organizations)
(perception of authority) (Robert L.
Peabody)**
wahrgenommene Autorität *f*, in
Organisationen *(Organisationssoziologie)*
perceived conflict
wahrgenommener Konflikt *m*
(Soziologie) (Sozialpsychologie)
perceived meaning
wahrgenommene Bedeutung *f (Sozialpsychologie) (Einstellungsforschung)*
perceived reality
Wahrnehmungswirklichkeit *f*
*(Marktforschung) (empirische
Sozialforschung)*
perceived role
wahrgenommene Rolle *f*, perzipierte
Rolle *f (Soziologie)*
perceived similarity
wahrgenommene Ähnlichkeit *f*,
perzipierte Ähnlichkeit *f*,
Ähnlichkeitswahrnehmung *f*,
wahrgenommene Gleichartigkeit *f*
(Psychologie)
percentage
Prozentsatz *m*, Prozentanteil *m*,
prozentualer Anteil *m*, Anteil *m*
(Mathematik/Statistik)
percentage diagram (percent bar chart)
Prozentdiagramm *n (Mathematik/Statistik) (graphische Darstellung)*
percentage distribution
Prozentverteilung *f (Statistik)*
percentage histogram
Prozenthistogramm *n*, Histogramm *n*
einer Prozentverteilung *(Statistik)
(graphische Darstellung)*

percentage point
Prozentpunkt *m (Mathematik/Statistik)*
percentage polygon
Prozentpolygon *n (Statistik) (graphische
Darstellung)*
percentage standard deviation
prozentuale Standardabweichung *f*
(Statistik)
percentage table
Prozenttabelle *f (Datenanalyse)*
percentage-difference table
Prozent-Differenz-Tabelle *f*
(Datenanalyse)
percentile (centile)
Perzentile *f*, Perzentil *n*,
Hunderterstelle *f*, Zentile *f*, Zentil *n*,
Prozentstelle *f (Mathematik/Statistik)*
percentile curve (centile curve)
Perzentilkurve *f (Statistik) (graphische
Darstellung)*
percentile range (centile range)
perzentile Spannweite *f (Statistik)*
percentile rank (centile rank)
Perzentilenrang *m*, Perzentilrang *m*,
Zentilrang *m*, Prozentstellenrang *m*
(Statistik)
**percept (object of perceiving, object of
perception)**
Wahrnehmungsgegenstand *m*,
Wahrnehmungsobjekt *n*, Perzept *n*
(Psychologie)
perception
Wahrnehmung *f*, Perzeption *f*
(Psychologie)
**perception of time (Paul Fraisse) (time
perception)**
Zeitwahrnehmung *f (Psychologie)*
perception research
Perzeptionsforschung *f (Psychologie)*
**perception theory of interpersonal
communication (R. D. Laing)**
Wahrnehmungstheorie *f* der
interpersonellen Kommunikation
(Kommunikationsforschung)
perceptual anchoring
Wahrnehmungsverankerung *f*
(Psychologie)
perceptual bias (perceptual distortion)
Wahrnehmungsverzerrung *f*,
perzeptorische Verzerrung *f*,
Verzerrung *f* der Wahrnehmung
(Psychologie)
perceptual constancy
Wahrnehmungskonstanz *f*, perzeptorische
Verzerrung *f*, Konstanz *f* der
Wahrnehmung *(Psychologie)*
perceptual defense (*brit* **perceptual
defence**)
Wahrnehmungsabwehr *f*, perzeptorische
Abwehr *f (Psychologie)*

perceptual deprivation (sensory deprivation)
Wahrnehmungsdeprivation *f*,
perzeptorische Deprivation *f*
(Psychologie)
perceptual development
Wahrnehmungsentwicklung *f*,
perzeptorische Entwicklung *f*
(Psychologie)
perceptual distance (cognitive distance, subject distance)
Wahrnehmungsdistanz *f (Psychologie)*
perceptual distortion
perzeptorische Verzerrung *f*
(Psychologie)
perceptual illusion (sensory illusion, illusion)
Wahrnehmungstäuschung *f*,
perzeptorische Täuschung *f*,
Sinnestäuschung *f (Psychologie)*
perceptual learning
Wahrnehmungslernen *n (Psychologie)*
perceptual map (cognitive map, mental map)
Wahrnehmungslandkarte *f*,
Wahrnehmungskarte *f (Psychologie)*
(Einstellungsforschung)
perceptual mapping
Darstellung *f* in Form von
Wahrnehmungslandkarten *(Psychologie)*
(Marktforschung)
perceptual-motor learning
perzeptiv-motorisches Lernen *n*
(Psychologie)
perceptual readiness (Jerome Bruner)
Wahrnehmungsbereitschaft *f*
(Psychologie)
perceptual research
Wahrnehmungsforschung *f*,
Perzeptionsforschung *f (Psychologie)*
perceptual restructuring
Wahrnehmungs Umstrukturierung *f*
(Psychologie)
perceptual schema
Wahrnehmungsschema *n (Psychologie)*
perceptual set (perceptual readiness, perceptual predisposition)
Wahrnehmungsdisposition *f*,
Wahrnehmungseinstellung *f*
(Einstellungsforschung)
perceptual speed
Wahrnehmungsgeschwindigkeit *f*
(Psychologie)
perceptual stage (perceptual phase) (Gardner Murphy)
Wahrnehmungsstadium *n*, Wahrnehmungsphase *f (Entwicklungspsychologie)*
perceptual style (Fritz Heider)
Wahrnehmungsstil *m (Psychologie)*

percipient (perceiver)
Wahrnehmende(r) *f(m)*, wahrnehmende Person *f*, Perzipient *m (Psychologie)*
performance
Leistung *f* Ausführung *f*,
Durchführung *f*, Bewerkstelligung *f*
performance characteristic (operating characteristic) (OC) (operating characteristic curve) (OC curve)
Operationscharakteristik *f*,
Operationscharakteristik-Kurve *f*, OC-Kurve *f*, Prüfplankurve *f (statistische Hypothesenprüfung)*
performance principle (achievement principle)
Leistungsprinzip *n*
performance variable (dependent variable, y variable, response variable)
abhängige Variable *f*, abhängige Veränderliche *f*, Resultante *f (statistische Hypothesenprüfung)*
vgl. independent variable
perinatal mortality (peri-natal mortality)
perinatale Sterblichkeit *f (Demographie)*
perinatal mortality rate (peri-natal mortality rate, perinatal death rate, peri-natal death rate)
perinatale Sterberate *f*, perinatale Sterbeziffer *f (Demographie)*
period
1. Periode *f*, Zyklus *m*, Kreislauf *m* *(Mathematik/Statistik)*
2. Zeitalter *n*, Periode *f*, Zeitraum *m*, Zeitabschnitt *m*
period effect (time period effect)
Periodeneffekt *m (Datenanalyse)*
period of a Markov chain
Periode *f* einer Markov-Kette *(Stochastik)*
periodic
periodisch, periodisch *adj (Statistik)*
vgl. aperiodic
periodic cycle
periodischer Zyklus *m*, periodischer Zyklus *m*
vgl. aperiodic cycle
periodic fluctuation
periodische Fluktuation *f*, periodische Schwankung *f (Statistik)*
vgl. aperiodic fluctuation
periodic movement
periodische Bewegung *f*, zyklische Bewegung *f (Statistik)*
periodic process (periodic stochastic process)
periodischer Prozeß *m*, periodischer stochastischer Prozeß *m*
vgl. aperiodic process (aperiodic stochastic process)

periodic reinforcement
periodische Verstärkung *f (Theorie des Lernens)*
vgl. aperiodic reinforcement
periodic state
periodischer Zustand *m (Stochastik)*
vgl. aperiodic state
periodic state of a Markov chain
periodischer Zustand *m* einer Markov Kette *(Stochastik)*
vgl. aperiodic state of a Markov chain
periodicity
Periodizität *f (Mathematik/Statistik)*
vgl. aperiodicity
periodization
Periodisierung *f*, Periodeneinteilung *f*, Einteilung *f* in Perioden *(Mathematik/Statistik)*
periodogram
Periodogramm *n (Statistik)*
periodogram analysis (*pl* **analyses)**
Periodogrammanalyse *f (Statistik)*
peripheral growth
peripheres Wachstum *n*, städtisches Wachstum *n* an der Peripherie, Wachstum *n* an der städtischen Peripherie *(Sozialökologie)*
peripheralism (John B. Watson)
Peripheralismus *m (Psychologie)*
permanent veto
endgültiges Veto *n*, unaufschiebbares Veto *n*, unbegrenzt gültiges Veto *n*, permanentes Veto *n (politische Wissenschaft)*
permeability
Durchlässigkeit *f*, Offenheit *f (Soziologie)*
permissible estimator
zulässige Schätzfunktion *f (Statistik)*
permissive interview (unstressed interview, nondirective interview, non-directive interview, unguided interview, soft interview)
weiches Interview *n*, permissives Interview *n*, nichtdirektives Interview *n*, nichtlenkendes Interview *n*, Tiefeninterview *n*, nichtstrukturiertes Interview *n*, unstrukturiertes Interview *n*, freies Interview *n (Psychologie/empirische Sozialforschung)*
permissive interviewing (unstressed interviewing, nondirective interviewing, non-directive interviewing, unguided interviewing, permissive interviewing, soft interviewing)
weiches Interviewen *n*, weiches Befragen *n*, permissives Interviewen *n (Psychologie/empirische Sozialforschung)*
permissive norm
permissive Norm *f (Soziologie)*

permissive single standard
permissive Moral *f* für alle, liberale Allgemeinmoral *f (Soziologie)*
permissiveness
Permissivität *f*, Freizügigkeit *f (Soziologie)*
permutation
Permutation *f (Mathematik/Statistik)*
perpetuation
Perpetuierung *f*, Verewigung *f*, endlose Fortdauer *f*, endlose Fortsetzung *f*
perseveration
Perseveration *f*, Perseverationstendenz *f*, subjektive Wiederholungstendenzen *f/pl (Psychologie)*
persistence (persistency)
Persistenz *f*, Beständigkeit *f (Stochastik)*
persistent error (constant error, constant bias)
konstanter Fehler *m (statistische Hypothesenprüfung)*
persistent state
persistenter Zustand *m (Stochastik)*
persistent system (persisting system)
persistentes System *n*, sehr stabiles System *n (Stochastik)*
person
Person *f*
person-centered approach (Carl R. Rogers)
personenzentrierter Ansatz *m (Psychologie) (Psychotherapie)*
person perception (person cognition, interpersonal perception, social perception, connaissance d'autrui)
Personenwahrnehmung *f*, Personenperzeption *f*, interpersonelle Wahrnehmung *f (Psychologie)*
person-to-person commmunication (face-to-face communication)
direkte persönliche Kommunikation *f (empirische Sozialforschung) (Kommunikationsforschung)*
person variable (personal variable) (Kurt Lewin)
personale Variable *f (Sozialpsychologie)*
personal adjustment
persönliche Angleichung *f (Soziologie)*
personal ascendancy
persönliche Überlegenheit *f*, persönliches Übergewicht *n*, persönliche Vorherrschaft *f (Psychologie)*
personal at-home interviewing (door-to-door survey, door-to-door interviewing, interviewing at home)
persönliche Befragung *f* zu Hause *(empirische Sozialforschung)*
personal authority
persönliche Autorität *f (Soziologie)*

personal association
persönlicher Verband *m*, persönliche Vereinigung *f*, persönlicher Verein *m* (*Soziologie*)

personal charisma
persönliches Charisma *n* (*Soziologie*)

personal communication (face-to-face communication, person-to-person communication, interpersonal communication)
persönliche Kommunikation *f*, direkte persönliche Kommunikation *f*, Face-to-face-Kommunikation *f*, personale Kommunikation *f* (*Kommunikationsforschung*)

personal contact
persönlicher Kontakt *m* (*Kommunikationsforschung*)

personal development
persönliche Entwicklung *f*, individuelle Entwicklung *f* (*Psychologie*)

personal dictatorship
persönliche Diktatur *f* (*politische Wissenschaften*)

personal disorganization (*brit* disorganisation, personality disorganization)
Desorganisation *f* der Persönlichkeit, Auflösung *f* der Persönlichkeit (*Psychologie*)

personal disposable income (disposable income)
persönlich verfügbares Einkommen *n* (*Volkswirtschaftslehre*)

personal disposition
persönliche Disposition *f* (*Psychologie*)

personal distance (personal space)
persönliche Distanz *f*, individuelle Distanz *f* (*Psychologie*)

personal documents *pl* (documentary sources of information *pl*, behavior documents *pl*, *brit* behaviour documents *pl*)
persönliche Dokumente *n/pl*, Verhaltensdokumente *n/pl*, dokumentarische Informationsquellen *f/pl* (*empirische Sozialforschung*)

personal equation
persönliche Gleichung *f*, Beobachtungsfehler *m* (*Psychologie/empirische Sozialforschung*)

personal interview (person-to-interview, face-to-face interview, in-person interview)
persönliches Interview *n*, direktes persönliches Interview *n*, persönliche Befragung *f* (*empirische Sozialforschung*)

personal interviewing (person-to-person interviewing, in-person interviewing, face-to-face interviewing)
persönliches Interviewen *n*, persönliche Befragung *f*, Durchführung *f* einer Befragung mit persönlichen Interviews, Durchführung *f* einer persönlichen Befragung (*empirische Sozialforschung*)

personal kindred *pl*
persönliche Verwandtschaft *f*, persönliche Verwandte *m/pl* (*Kulturanthropologie*)

personal maladjustment
persönliche Fehlanpassung *f*, individuelle Fehlanpassung *f* (*Psychologie*)

personal mobility (individual mobility)
persönliche Mobilität *f*, individuelle Mobilität *f* (*Soziologie*)
vgl. social mobility

personal power
persönliche Macht *f* (*Soziologie*)

personal role
persönliche Rolle *f* (*Soziologie*)

personal role definition (personal definition of role) (Daniel J. Levinson)
persönliche Rollendefinition *f* (*Soziologie*)

personal space
persönlicher Raum *m*, persönlicher Platz *m* (*Kommunikationsforschung*) (*Kulturanthropologie*)

personal staff
persönlicher Stab *m*, persönlicher Mitarbeiterstab *m* (*Industriesoziologie*)

personal tempo
persönliches Tempo *n* (*Psychologie*)

personal tinsit (Walter Coutu)
personale Verhaltenstendenz *f*, personales Tinsit *n* (*Soziologie*)

personal unconscious
persönliches Unbewußtes *n* (*Psychologie*) (Carl G. Jung)
vgl. collective unconscious

personal-social learning (Kimball Young)
persönliches soziales Lernen *n* (*Psychologie*)

personalism (personalistic psychology)
Personalismus *m* (*Philosophie*) (*Psychologie*)

personality (character)
Persönlichkeit *f*, Charakter *m*, Persönlichkeitsstruktur *f* (*Psychologie*)

personality age
Persönlichkeitsalter *n* (*Entwicklungspsychologie*)

**personality-and-culture research
(personality and culture research,
personality-culture research,
psychological anthropology, culture-
and-personality research, culture and
personality research, culture-personality
research)**
Kultur-und Persönlichkeitsforschung *f*
(Ethnologie)
**personality and culture theory (personality
culture theory, psychological
anthropology, culture-and-personality
theory, culture and personality theory,
culture-personality theory, personality-
and-culture theory)**
Kultur-und Persönlichkeitstheorie *f*
(Ethnologie)
**personality and organization (personality-
and-organization research) (Chris
Argyris)**
Persönlichkeit und Organisation *f*,
Persönlichkeit-und-Organisation-
Forschung *f (Organisationssoziologie)*
**personality development (development of
personality)**
Persönlichkeitsentwicklung *f*,
Entwicklung *f* der Persönlichkeit
(Entwicklungspsychologie)
**personality integration (integration of
personality)**
Persönlichkeitsintegration *f*, Integration *f*
der Persönlichkeit *(Psychologie)*
personality-integrative norm
persönlichkeitsintegrative Norm *f*
(Soziologie)
**personality inventory (personality research
form)**
Persönlichkeitsfragebogen *m*,
Persönlichkeitsinventar *n (Psychologie)*
**personality profile (psychic profile, trait
profile, psychograph, psychogram)**
Persönlichkeitsprofil *n*, Psychogramm *n*
(Psychologie)
personality research
Persönlichkeitsforschung *f*,
charakterologische Forschung *f*
(Psychologie)
personality stereotype
Persönlichkeitsstereotyp *n*, persönliches
Stereotyp *n (Sozialpsychologie)*
personality structure (character structure)
Persönlichkeitsstruktur *f*, Struktur *f*
der Persönlichkeit, Charakterstruktur *f*
(Psychologie)
personality system
Persönlichkeitssystem *n*, System *n* der
Persönlichkeit *(Psychologie)*
personality test
Persönlichkeitstest *m (Psychologie)*

personality theory
Persönlichkeitstheorie *f (Psychologie)*
personality trait
Persönlichkeitszug *m*, Persönlichkeits-
merkmal *n*, Persönlichkeitseigenart *f*,
Persönlichkeitseigenschaft *f*,
Persönlichkeitsfaktor *m (Psychologie)*
personality type
Persönlichkeitstyp *m (Psychologie)*
personalization
Personalisation *f (Psychologie)*
personalization process (E. Wight Bakke)
Personalisationsprozeß *m*
(Organisationssoziologie)
personification
Personifizierung *f*, Personifikation *f*,
Vermenschlichung *f (Soziologie)*
**personified self (*pl* personified selves)
(Henry S. Sullivan)**
personifiziertes Selbst *n (Psychologie)*
personnel administration
Personalverwaltung *f (Organisationsso-
ziologie)*
personnel department
Personalabteilung *f (Industriesoziologie)*
personnel management
Personalwesen *n*, Personalführung *f*,
Personalleitung *f (Organisationssoziolo-
gie)*
personnel manager
Personalleiter *m*, Personalchef *m*,
Leiter *m* der Personalabteilung
(Industriesoziologie)
personnel psychology
Personalpsychologie *f (Industriepsycholo-
gie)*
personnel work
Personal- und Sozialleitung *f* im
Unternehmen *(Industriesoziologie)*
persona (*pl* personae)
Persona *f* (Carl G. Jung) *(Psychologie)*
personnel (staff, employees *pl*)
Personal *n*, Belegschaft *f*,
Mitarbeiterstab *m*, Mitarbeiter *m/pl*,
Mitarbeitschaft *f (Industriesoziologie)*
**personology (personological system) (Henry
A. Murray)**
Personologie *f (Psychologie)*
persons-at-home *pl*
angetroffene Personen *f/pl*, zu Hause
erreichte Personen *f/pl (empirische
Sozialforschung)*
vgl. not-at-homes
perspective
Perspektive *f*, Blickwinkel *m*
perspectivism
Perspektivismus *m (Philosophie)*
persuader
Überreder *m*, Beeinflusser *m*
(Kommunikationsforschung)

persuader language
Überredungssprache *f*, Sprache *f* der Überredung, Beeinflussungssprache *f* (*Kommunikationsforschung*)
persuasibility
Persuasibilität *f*, Überredbarkeit *f*, Beeinflußbarkeit *f*, Empfänglichkeit *f* für Überredung, Beeinflußbarkeit *f* durch Überredung, Beeinflußbarkeit *f* durch überredende Kommunikation (*Kommunikationsforschung*)
persuasion
1. Persuasion *f*, Überredung *f*, Beeinflussung *f* (*Kommunikationsforschung*)
2. Überzeugung *f* (*Psychologie*)
persuasive communication
überredende Kommunikation *f*, persuasive Kommunikation *f*, beeinflussende Kommunikation *f* (*Kommunikationsforschung*)
perturbation
Perturbation *f* (*Informationstheorie*)
perturbation factor (Raymond B. Cattell)
Perturbationsfaktor *m* (*Faktorenanalyse*)
pervasiveness
Pervasivität *f* (*Psychologie*)
perversity
Perversität *f* (*Psychologie*)
Peter principle (Laurence J. Peter and Raymond Hull)
Peter-Prinzip *n* (*Industriesoziologie*)
petrification
Versteinerung *f* (*Soziologie/Sozialpsychologie*)
petty bourgeois
Kleinbürger *m* (*Soziologie*)
petty bourgeoisie (petite bourgeoisie)
Kleinbürgertum *n* (*Soziologie*)
phallic character
phallischer Charakter *m* (Sigmund Freud) (*Psychoanalyse*)
phallic symbol
Phallusymbol *n*, phallisches Symbol *n* (Sigmund Freud) (*Psychoanalyse*)
phase diagram
Phasendiagramm *n* (*Statistik*) (*graphische Darstellung*)
phase space (Kurt Lewin)
Phasenraum *m* (*Feldtheorie*)
phase
Phase *f*, Entwicklungsphase *f*
phatic communication (phatic communion) (Bronislaw Malinowski)
phatische Kommunikation *f* (*Kommunikationsforschung*)
phenomenal other
phänomenaler Anderer *m* (*Theorie des Handelns*)
phenomenalism
Phänomenalismus *m* (*Philosophie*)

phenomenological approach
phänomenologischer Ansatz *m* (*Philosophie*)
phenomenology
Phänomenologie *f* (Edmund Husserl) (*Philosophie*)
phenomenological psychology
phänomenologische Psychologie *f*
phenomenological sociology
phänomenologische Soziologie *f*
phenomenon (*pl* phenomena)
Phänomen *n*, Erscheinung *f*
phenomotive (W. Stern)
Phänomotiv *n* (*Psychologie*)
vgl. genomotive
phenotype
Phänotyp *m*, Phänotypus *m*, Gruppe *f* phänotypisch gleicher Lebewesen (*Genetik*)
vgl. genotype
phenotypic (phenotypical)
phänotypisch *adj* (*Psychologie*)
vgl. genotypic
phenotypic function (of an organization)
phänotypische Funktion *f* (einer Organisation) (*Organisationssoziologie*)
vgl. genotypic function (of an organization)
phenotypic level (manifest level, phenotypic scale)
phänotypisches Niveau *n* (*Psychologie*)
vgl. genotypic level
phenotypic scale (manifest scale)
phänotypische Skala *f*, manifeste Skala *f* (*Skalierung*)
vgl. genotypic scale (latent scale)
phi coefficient (coefficient phi, fourfold point correlation coefficient, Φ coefficient
Phi-Koeffizient *m*, Vier-Felder-Korrelationskoeffizient *m*, Punkt-Vier-Felder-Korrelationskoeffizient *m* (*Statistik*)
phi-gamma function, Φ-γ function
Phi-Gamma-Funktion *f* (*Statistik*)
philanthropy
Philantropie *f*
Phillips curve (A. William Phillips)
Phillips-Kurve *f* (*Volkswirtschaftslehre*)
philosemitism
Philosemitismus *m* (*Sozialpsychologie*)
vgl. antisemitism
philosophical anthropology
philosophische Anthropologie *f*
philosophical sociology
philosophische Soziologie *f* (Georg Simmel)
philosophical pluralism
philosophischer Pluralismus *m*

philosophy of language (language philosophy)
Sprachphilosophie *f*, Philosophie *f* der Sprache)
philosophy of science (theory of science)
Wissenschaftsphilosophie *f*, Wissenschaftstheorie *f*
phobia
Phobie *f (Psychologie)*
phoneme
Phonem *n (Linguistik)*
phonetics *pl als sg konstruiert*
Phonetik *f*, Lautlehre *f (Linguistik)*
phonology
Phonolologie *f*, Laut- und Betonungslehre *f (Linguistik)*
phrase portrait
Satz-Image *n*, Satzportrait *n*, ein mit Hilfe von Wortkomplexen oder Einzelsätzen ermitteltes Image *n (Umfrageforschung)*
phratry
Phratrie *f*, Stammesabteilung *f (Ethnologie)*
phratry mate
Phratriemitglied *n*, Phratriegenosse *m*, Stammesabteilungsmitglied *n*, Stammesabteilungsgenosse *m*, Mitglied *n* derselben Phratrie *(Ethnologie)*
phrenology
Phrenologie *f (Psychologie)*
phylogenesis (philogeny)
Phylogenese *f*, Phylogenie *f*, Stammesgeschichte *f*, Stammesentwicklung *f*, Gattungsentwicklung *f (Genetik) (Kulturanthropologie)*
vgl. ontogenesis (ontogeny)
phylogenetic principle (recapitulation hypothesis, *pl* **hypotheses, recapitulation theory)**
phylogenetisches Prinzip *n*, Prinzip *n* der parallelen Entwicklung von Gattungen, Parallelität *f* der Entwicklung von Gattungen *(Genetik) (Kulturanthropologie)*
phylogenetic reductionism
phylogenetischer Reduktionismus *m (Kulturanthropologie)*
vgl. ontogenetic reductionism
physical
physisch *adj*
physical anthropology (somatic anthropology)
physische Anthropologie *f*
physical anthropomorphism
physischer Anthropomorphismus *m*
physical coercion
physischer Zwang *m*, brachialer Zwang *m*, körperlicher Zwang *m (Sozialpsychologie)*

physical environment (abiotic environment)
physische Umwelt *f*, physische Umgebung *f*, abiotische Umwelt *f*, leblose Umwelt *f (Sozialökologie)*
physical habitat (habitat)
Habitat *n* Lebensraum *m*, Wohnort *m*, Wohngebiet *n*, Standort *m (Sozialökologie)*
physical infrastructure
materielle Infrastruktur *f*, physische Infrastruktur *f (Sozialökologie)*
physical isolation
physische Isolierung *f*, physische Isolation *f*
physical kin (genetic relative, genetic kin, physical relative)
genetischer Verwandter *m*, entwicklungsgeschichtlicher Verwandter *m (Kulturanthropologie)*
physical kinship (genetic kinship)
physische Verwandtschaft *f*, genetische Verwandtschaft *f*, entwicklungsgeschichtliche Verwandtschaft *f (Kulturanthropologie)*
physical landscape (natural landscape)
physische Landschaft *f*, Naturlandschaft *f*, natürliche Landschaft *f (Sozialökologie)*
physical mobility (geographical mobility, areal mobility, residential mobility, spatial mobility, vicinal mobility, ecological mobility)
geographische Mobilität *f*, räumliche Mobilität *f*, ökologische Mobilität *f*
physical paternity (biological paternity, physiological paternity)
leibliche Vaterschaft *f (Kulturanthropologie)*
physical planning
Bodennutzungsplan *f (Sozialökologie)*
physical relative (physical kin, genetic relative, genetic kin)
genetischer Verwandter *m*, entwicklungsgeschichtlicher Verwandter *m (Kulturanthropologie)*
physical sanction
physische Sanktion *f*, körperliche Sanktion *f (Sozialpsychologie)*
physicalism
Physikalismus *m (Theorie des Wissens)*
physiocracy
Physiokratismus *m*, Physiokratie *f*, physiokratisches System *n (Volkswirtschaftslehre)*
physiocrat
Physiokrat *m (Volkswirtschaftslehre)*
physiodrama (Jacob L. Moreno)
Physiodrama *n (Soziometrie)*
physiognomy
Physiognomie *f*, Physiognomik *f*

physiolatry
Naturverehrung f, Physiolatrie f (Kulturanthropologie)
physiological age
physiologisches Alter n (Entwicklungspsychologie)
physiological drive (visceral drive, biological drive, instinct, colloq **gut drive)**
physiologischer Trieb m, körperlicher Trieb m, viszeraler Trieb m, biologischer Trieb m (Psychologie)
physiological hypothesis (pl hypotheses)
physiologische Hypothese f (Psychologie)
physiological infertility
physiologische Unfruchtbarkeit f, körperliche Unfruchtbarkeit f
physiological need (primary need, biological need, innate need)
physiologisches Bedürfnis n, Primärbedürfnis n, primäres Bedürfnis n (Entwicklungspsychologie)
physiological paternity (physical paternity, biological paternity)
leibliche Vaterschaft f (Kulturanthropologie)
physiological psychiatry
physiologische Psychiatrie f
physiological psychology
physiologische Psychologie f
physiology
Physiologie f
physiology of dreams
Traumphysiologie f (Psychologie)
physique
körperliche Konstitution f, Körperbau m, Körperbeschaffenheit f, Körper m (Psychologie)
piacular rite (propitiatory rite) (Emile Durkheim)
Sühneritus m, Sühnezeremonie f, Versöhnungsritus m, Versöhnungszeremonie f (Soziologie)
picket
Streikposten m (Industriesoziologie)
picket line
Streikpostenkette f (Industriesoziologie)
picketing
Aufstellen n von Streikposten, Blockierung f durch Streikposten (Psychologie)
pick-up sample (convenience sample, accidental sample, haphazard sample, incidental sample, chunk sample, derog **street-corner sample)**
Gelegenheitsstichprobe f, Gelegenheitsauswahl f, unkontrollierte Zufallsstichprobe f (Statistik)

pick-up sampling (convenience sampling, accidental sampling, haphazard sampling, incidental sampling, chunk sampling, derog **street-corner sampling)**
Gelegenheitsauswahl f, Gelegenheitsauswahlverfahren n, Gelegenheitsstichprobenbildung f, unkontrollierte Zufallsauswahl f, unkontrolliertes Zufallsstichprobenverfahren n (Statistik)
pictogram (pictorial chart, pictorial diagram)
Piktogramm n, bildliche Darstellung f, figürliche Darstellung f statistischer Daten (graphische Darstellung)
pictograph (ideogram)
Piktographie f, Bilderschrift f, Ideenschrift f (Ethnologie)
pictorial chart (isotype)
Schaubild n, bildliche Darstellung f (graphische Darstellung)
pictorial representation
bildliche Darstellung f, Vorgang und Resultat (graphische Darstellung)
picture arrangement test
Bildsortiertest m, Bildersortiertest m, Bilderreihentest m, Bilderordnungstest m (Psychologie/empirische Sozialforschung)
picture completion test
Bildergänzungstest m, Bildlückentest m (Psychologie)
picture frustration test (P. F. test)
Bildenttäuschungstest m (Psychologie)
picture-probe question (picture probe)
Dialog-Ergänzungsfrage f, Ergänzungsdialog m (Psychologie/empirische Sozialforschung)
picture technique
Bildtechnik f, Bildverfahren n, Bildmethode f (Psychologie/empirische Sozialforschung)
pidgin (minimal language)
Pidgin n, Kauderwelsch n, Verkehrssprache f zwischen mehreren Sprachkulturen, Minimalsprache f (Soziolinguistik)
pidginization
Pidginisierung f (Soziolinguistik)
pidginized language
pidginisierte Sprache f (Soziolinguistik)
pie chart (pie diagram, pie graph)
Tortenbild n, Tortendiagramm n, Kreisdiagramm n (graphische Darstellung)
piecework (piece-work, jobbing)
Gelegenheitsarbeit f, Akkordarbeit f, Stückarbeit f, Ausführung f von Stückarbeiten (Industriesoziologie)
pietism
Pietismus m (Religionssoziologie)

pillory
Pranger *m*, Schandpfahl *m*
(Sozialpsychologie)
pilot interview (exploratory interview)
Pilotinterview *n*, Pilotbefragung *f*,
Leitstudieninterview *n*, Erkundungsinterview *n* *(empirische Sozialforschung)*
pilot study (pilot survey, pilot test, exploratory study, test-tube survey, trial survey)
Pilotstudie *f*, Leitstudie *f*,
Vorstudie *f*, Voruntersuchung *f*,
Vorerhebung *f*, Erkundungsstudie *f*,
Erkundungsuntersuchung *f*,
Probebefragung *f*, Teststudie *f*
(Psychologie/empirische Sozialforschung)
pimp
Zuhälter *m*, Kuppler *m*, Hurenwirt *m*
(Soziologie)
pink collar *colloq*
berufstätige Frauen *f/pl*, weibliche
Angestellte *f/pl* *(Demographie)*
(empirische Sozialforschung)
pipeline effect (surge of demand, demand pull)
Nachfragesog *m* *(Volkswirtschaftslehre)*
pivotal institution (majoral institution)
hauptsächliche Institution *f*, zentrale
Einrichtung *f*, lebenswichtige
Institution *f* *(Soziologie)*
place attachment (place dependence, topophilia)
Topophilie *f* *(Psychologie)*
place of residence (residence)
Wohnort *m*, Wohnsitz *m*
(Kulturanthropologie)
plan (project, scheme)
Plan *m* Graphik *f*, Skizze *f*,
Diagramm *n*, graphische Darstellung *f*
to plan (to project)
planen, projektieren, vorhaben,
entwerfen *v/t*
plane of living (level of living)
Lebenshaltung *f*, Lebensführung *f*,
Lebenshaltungsniveau *n*, Niveau *n* der
Lebenshaltung *(Volkswirtschaftslehre)*
plank
Programmpunkt *m* eines
Parteiprogramms, Paragraph *m* eines
Parteiprogramms, Einzelvorschlag *m*
für ein Parteiprogramm *(politische Wissenschaften)*
planned acculturation
geplante Akkulturation *f*, absichtsvolle
Akkulturation *f* *(Soziologie)*
planned assimilation
geplante Assimilierung *f*, geplante
Assimilation *f* *(Soziologie)*

planned community
geplante Gemeinde *f*, Plangemeinde *f*
(Sozialökologie)
planned diffusion (Alfred Kroeber)
geplante Diffusion *f*, geplante
Verbreitung *f*, geplante Ausbreitung *f*
(Kulturanthropologie)
planned economy (statism)
Planwirtschaft *f*, dirigistische
Wirtschaft *f*, Dirigismus *m*
(Volkswirtschaftslehre)
planned-economy (statist)
dirigistisch, planwirtschaftlich *adj*
(Volkswirtschaftslehre)
planned emigration
geplante Emigration *f*, geplante
Auswanderung *f*, absichtsvolle
Auswanderung *f*, planvolle Emigration *f*
(Migration)
planned immigration
geplante Immigration *f*, geplante
Einwanderung *f*, absichtsvolle
Einwanderung *f*, planvolle Immigration *f*
(Migration)
planned migration
geplante Migration *f*, geplante
Wanderung *f*, absichtsvolle Wanderung *f*,
planvolle Migration *f* *(Migration)*
vgl. forced migration
planned parenthood
geplante Elternschaft *f*, bewußte
Elternschaft *f*
planned population growth (planned population)
geplantes Bevölkerungswachstum *n*,
geplante Bevölkerung *f* *(Demographie)*
planning
Planung *f*, Planen *n*
planning decision
Planungsentscheidung *f*
planning of statistical experiments
statistische Versuchsplanung *f* *(statistische Hypothesenprüfung)*
planning period
Planperiode *f* *(Volkswirtschaftslehre)*
planning-programming-budgeting system (PPBS)
Planungs-Programmierungs-
Budgetierungs-System *n* *(Organisationssoziologie)*
plant
Betrieb *m* *(Volkswirtschaftslehre)*
plant (plantation farm)
Plantage *f*, Pflanzung *f*, Plantagenfarm *f*,
landwirtschaftliche Plantage *f*
(Landwirtschaft)
plant sociology (industrial sociology, sociology of work)
Betriebssoziologie *f*, Industriesoziologie *f*

plantation
Pflanzung f, Plantage f, landwirtschaftliche Plantage f *(Landwirtschaft)*
plantation agriculture
Plantagenlandwirtschaft f *(Volkswirtschaftslehre)*
plasmode
Plasmodus m, Plasmode f *(Psychologie/Faktorenanalyse)*
plasticity
Plastizität f *(Anthropologie) (Psychologie)*
platform (party platform)
Parteiprogramm n, parteipolitische Grundsatzerklärung f, Plattform f, politische Plattform f *(politische Wissenschaften)*
platform party
Plattformpartei f *(politische Wissenschaften)*
platform
Plattform f *(politische Wissenschaften)*
Platonic love
platonische Liebe f *(Psychologie)*
platykurtic
platykurtisch, flach gewölbt adj *(Statistik)*
vgl. mesokurtic, leptokurtic
platykurtic curve (flat curve)
platykurtische Kurve f, flach gewölbte Kurve f, flachgipflige Kurve f *(Statistik)*
vgl. mesokurtic curve, leptokurtic curve
platykurtic frequency distribution curve (platykurtic curve, flat frequency curve)
platykurtische Häufigkeitsverteilungskurve f, flach gewölbte Häufigkeitsverteilungskurve f *(Statistik)*
vgl. mesokurtic frequency distribution curve, leptokurtic frequency distribution curve
platykurtosis
Platykurtosis f, flache Wölbung f, Flachgipfligkeit f *(Statistik)*
vgl. mesokurtosis, leptokurtosis
play (game)
Spiel n, Spielen n, Spielverhalten n, spielerische Tätigkeit f *(Psychologie) (Soziologie)*
play drive
Spieltrieb m *(Psychologie)*
play group
Spielgruppe f *(Soziologie)*
play technique (play therapy)
Spieltechnik f, Spielverfahren n *(Psychologie)*
play theory
Theorie f des Spielens, Theorie f des Spiels *(Psychologie) (Soziologie)*
play therapy
Spieltherapie f *(Psychologie)*

playing-at-a-role (role playing)
Rollenspiel n *(Soziologie)*
pleasure
1. Lust f Wollust f, Sinnlichkeit f, sinnliche Begierde f *(Psychologie)*
2. Lustempfinden n, Lustgefühl n *(Psychologie)*
pleasure principle
Lustprinzip n (Sigmund Freud) *(Psychoanalyse)*
plebiscitarian democracy
plebiszitäre Demokratie f, direkte Demokratie f *(politische Wissenschaften)*
vgl. representative democracy
plebiscite
Plebiszit n, Volksabstimmung f, Volksentscheid m *(politische Wissenschaften)*
plot
1. Vorhaben n, Projekt n, Entwurf m
2. Parzelle f, Landzuteilung f, zugewiesenes Land n
plot (sketch, graph, graphic picture, diagram)
Skizze f, Graphik f, Schaubild n *(graphische Darstellung)*
plow culture
Pflugkultur f *(Ethnologie)*
plural stratification
plurale Schichtung f, plurale Stratifizierung f *(Sozialforschung)*
plural vote
Mehrstimmenwahlrecht n, Pluralstimmenwahlrecht n *(politische Wissenschaften)*
plural voter
Wähler(in) m(f) mit mehreren Stimmen *(politische Wissenschaften)*
plural voting
Abstimmung f nach dem Mehrstimmenwahlrecht, Stimmabgabe f nach dem Mehrstimmenwahlrecht *(politische Wissenschaften)*
pluralism
Pluralismus m *(Soziologie) (politische Wissenschaften)*
vgl. monism
pluralist society
pluralistische Gesellschaft f *(Soziologie/politische wissenschaften)*
pluralistic behavior (brit pluralistic behaviour)
pluralistisches Verhalten n *(Sozialpsychologie)*
pluralistic ignorance (Floyd H. Allport)
pluralistische Ignoranz f *(Sozialpsychologie) (Kommunikationsforschung)*
pluralistic minority (Louis Wirth)
pluralistische Minderheit f, pluralistische Minorität f *(Soziologie)*

pluralistic state (pluralism) (Harold J. Laski)
pluralistischer Staat *m (Soziologie) (politische Wissenschaften)*
plurality (relative majority, overall majority)
relative Mehrheit *f*, relative Stimmenmehrheit *f (politische Wissenschaft)*
vgl. majority
plurality election (relative majority election)
relative Mehrheitswahl *f*
plurel
Personenkategorie *f (empirische Sozialforschung)*
plurilingualism
Mehrsprachigkeit *f (Soziolinguistik)*
plus gesture (overcompensation)
Überkompensation *f*, Überkompensierung *f* (Alfred Adler) *(Psychologie)*
plus-plus conflict (approach-approach conflict) (Kurt Lewin)
Appetenz-Konflikt *m*, Appetenz-Appetenz-Konflikt *m*, Konflikt *m* zwischen Annäherungstendenzen, Annäherungs-Annäherungs-Tendenz *f (Psychologie)*
plutocracy
Plutokratie *f*, Geldherrschaft *f*, Herrschaft *f* der Reichen *(Soziologie)*
pogrom
Pogrom *n (Sozialpsychologie)*
point binomial (binomial distribution, Bernouilli distribution)
Binomialverteilung *f*, Bernouilli-Verteilung *f* Bernouillische Verteilung *f (Mathematik/Statistik)*
point biserial correlation
punktbiserielle Korrelation *f*, punktbiseriale Korrelation *f (Statistik)*
point biserial correlation coefficient (point biserial coefficient of correlation
punktbiserieller Korrelationskoeffizient *m*, punktbiserialer Korrelationskoeffizient *m (Statistik)*
point bivariate distribution
zweidimensionale diskrete Verteilung *f*, Verteilung *f* zweier diskreter Variablen *(Statistik)*
point data
Punktdaten *n/pl (Statistik)*
point estimate (point estimation)
Punktschätzung *f (Statistik)*
point-fourfold correlation
Punkt-Vierfelder-Korrelation *f (Statistik)*
point-fourfold correlation coefficient
Punkt-Vier-Felder-Korrelationskoeffizient *m (Statistik)*

point item
Punkt-Item *n (Skalierung)*
point of control (point of indifference)
Kontrollpunkt *m (statistische Qualitätskontrolle)*
point of inflection (inflection point)
Wendepunkt *m*, Umkehrpunkt *m* Umschlagpunkt *m* (in einer Kurve) *(Statistik) (graphische Darstellung)*
point of subjective equality (subjective equality)
subjektive Gleichheit *f (Psychophysik)*
point prediction
Punktvoraussage *f*, Voraussage *f* eines Einzelwerts *(Statistik)*
vgl. interval prediction
point process
Punktprozeß *m (Stochastik)*
point prognosis (point prediction)
Punktprognose *f*, Punktvoraussage *f (Statistik)*
vgl. interval prognosis
point sample
Punktauswahl *f*, Punktstichprobe *f (Statistik)*
point sampling
Punktauswahlverfahren *n*, Punktstichprobenauswahl *f*, Punktstichprobenverfahren *n*, Punktstichprobenbildung *f*, Bildung *f* einer Punktstichprobe *(Statistik)*
point scale
Punktskala *f (Skalierung)*
vgl. interval scale
point scalogram model
Punktskalogramm-Modell *n (Skalierung)*
point value (score)
Punktwert *m*, Punkt *m*, Punktzahl *f*, Bewertung *f* in einem Test oder auf einer Skala *(Statistik)*
poise
Ausgeglichenheit *f*, innere Sicherheit *f (Psychologie)*
Poisson binomial distribution
Poissonsche Binomialverteilung *f (Statistik)*
Poisson distribution (Poisson probability distribution, rare events distribution)
Poisson-Verteilung *f*, Poissonsche Verteilung *f (Statistik)*
Poisson index of dispersion
Poissonscher Dispersionsindex *m*, Poissonscher Streuungsindex *m (Statistik)*
Poisson probability paper
Poissonsches Wahrscheinlichkeitspapier *n (Statistik)*
Poisson process
Poisson-Prozeß *m*, Poissonscher Prozeß *m (Statistik)*

Poisson variation
Poissonsche Streuung *f*, Poisson-Streuung *f* (*Statistik*)
Poisson's law of large number
Poissons Gesetz *n* der großen Zahl(en), Poissonsches Gesetz *n* der großen Zahl(en) (*Wahrscheinlichkeitstheorie*)
polar concept
polarer Begriff *m*, Polbegriff *m* (*Psychologie/empirische Sozialforschung*)
polar continuum
polares Kontinuum *n* (*Sozialforschung*)
polar statuses *pl*
polarer Status *m/pl*, paarweiser Status *m/pl*, Paar-Status *m/pl* (*Sozialforschung*)
polar type
polarer Typ *m*, Polartypus *m* (*Sozialforschung*)
polarity
Polarität *f* (*Sozialforschung*) (*Kulturanthropologie*)
polarization
1. Polarisierung *f*, Polarisation *f*
2. polarisierte Beziehung *f* (*Statistik*)
polarization of judgment
Urteilspolarisierung *f* (*Einstellungsforschung*)
polemity (S. Andreski)
Polemität *f* (*Soziologie*)
vgl. apolemity
polemology
Polemologie *f* (*Sozialpsychologie*)
police
Polizei *f*, Polizeibehörde *f*, Polizeiverwaltung *f*, die Polizisten *m/pl*
police statistics *pl als sg konstruiert*
Polizeistatistik *f*, polizeiliche Kriminalstatistik *f* (*Kriminologie*)
policeman (*pl* **policemen**)
Polizist *m*
policewoman (*pl* **policewomen**)
Polizistin *f*
policing
polizeiliche Überwachung *f*, polizeiliche Beaufsichtigung *f* (*Kriminologie*)
policy
Grundsätze *m/pl*, Prinzipien *n/pl*, Methode *f*, Taktik *f*, Verfahren *n*, Vorgehensweise *f*, Politik *f*, politische Linie *f*
policy decision
Grundsatzentscheidung *f*, Verfahrensentscheidung *f*, Richtungsentscheidung *f*, Entscheidung *f* über eine einzuschlagende Taktik, prinzipielle Entscheidung *f* Entscheidung *f* über politische Grundsatzfragen, Entscheidung *f* über die große Linie (*Soziologie*) (*politische Wissenschaft*) (*Entscheidungstheorie*)
policy evaluation (evaluation research, program evaluation, evaluative research)
Evaluationsforschung *f*, Evaluierungsforschung *f* (*Sozialforschung*)
policy formation
Formulierung *f* von Grundsätzen, von Richtlinien, von Grundsatzentscheidungen (*Soziologie*) (*politische Wissenschaft*) (*Entscheidungstheorie*)
policy making (policy-making)
Festlegung *f* von Grundsätzen von Richtlinien, von Grundsatzentscheidungen (*Soziologie*) (*politische Wissenschaft*) (*Entscheidungstheorie*)
policy of exclusion
Ausschließungspolitik *f*, Politik *f* der Ausschließung (*Gruppensoziologie*)
policy sciences *pl*
Entscheidungswissenschaften *f/pl*, Problemlösungswissenschaften *f/pl*
polis
Polis *f* (*politische Wissenschaften*)
political access (access to politics)
politischer Zugang *m*, Zugang *m* zur Politik (*politische Wissenschaften*)
political action
politisches Handeln *n*
political affiliation
politische Zugehörigkeit *f*, politische Orientierung *f*, politische Präferenz *f*, Mitgliedschaft *f* in einer politischen Partei (*politische Wissenschaften*)
political alienation
politische Entfremdung *f* (*Soziologie*) (*politische Wissenschaften*)
political alliance
politisches Bündnis *n*, politische Allianz *f*
political anthropology
politische Anthropologie *f*
political apathy
politische Apathie *f*, politische Verdrossenheit *f*, Staatsverdrossenheit *f* (*politische Wissenschaften*)
political apathy
Staatsverdrossenheit *f*, politische Verdrossenheit *f* (*Sozialpsychologie*)
political arithmetik (political arithmetic) (Sir William Petty)
politische Arithmetik *f* (*Statistik*)
political assimilation
politische Assimilation *f*, politische Assimilierung *f* (*Soziologie*)
political awareness (awareness of politics)
politisches Bewußtsein *n*, politische Kenntnis *f*

political behavior (*brit* **political behaviour**)
politisches Verhalten *n* (*Soziologie*) (*politische Wissenschaften*)
political character (Robert E. Lane)
politischer Charakter *m* (*Soziologie*)
political citizenship (civil rights *pl*)
bürgerliche Ehrenrechte *n/pl*, politische Staatsbürgerrechte *n/pl*, politische Bürgerrechte *n/pl* (*politische Wissenschaft*)
political class (Gaetano Mosca)
politische Klasse *f*, herrschende Klasse *f* (*Soziologie*) (*politische Wissenschaften*)
political club
politischer Klub *m*
political coercion
politischer Zwang *m*
political communication
politische Kommunikation *f*
political community (political unit)
politische Gemeinde *f*
political crystallization (Peter Rossi)
politische Kristallisation *f* (*politische Wissenschaften*)
political culture (Gabriel Almond/Sydney Verba) (civic culture)
politische Kultur *f*, politischer Stil *m*, Bürgerkultur *f* (*politische Wissenschaft*) (*Soziologie*)
political democracy
politische Demokratie *f*, Volksherrschaft *f* (*politische Wissenschaft*)
political development
politische Entwicklung *f* (*Soziologie*) (*politische Wissenschaften*)
political devolution (devolution)
politische Devolution *f* (*politische Wissenschaften*)
political discrimination
politische Diskriminierung *f* (*Sozialpsychologie*)
political ecology (Bruce M. Russett)
politische Ökologie *f* (*politische Wissenschaften*)
political efficacy (sense of political efficacy) (Angus Campbell, Gerald Guvin and Warren E. Miller)
politische Wirksamkeit *f*
political elite (political elite, governing elite, political class)
politische Elite *f* (*Soziologie*) (*politische Wissenschaften*)
political emigration
politische Emigration *f*, politische Auswanderung *f* (*Migration*)
political executive
politischer Beamter *m*
political game
politisches Spiel *n* (*politische Wissenschaften*)

political gaming (simulation of international relations)
Simulation *f* internationaler Beziehungen (*politische Wissenschaften*)
political geography
politische Geographie *f*
political group (political unit)
politische Gruppe *f*
political identification
politische Identifizierung *f* (*Meinungsforschung*)
political emigration
politische Emigration *f*, politische Auswanderung *f* (*Migration*)
political immigration
politische Immigration *f*, politische Einwanderung *f* (*Migration*)
political migration
politische Migration *f*, politische Wanderung *f* (*Migration*)
political institution
politische Institution *f*, politische Einrichtung *f*, Institution *f* des politischen Lebens
political integration
politische Integration *f* (*Soziologie*) (*politische Wissenschaften*)
political intelligence
politische Geheimdienstinformation *f*, politischer Nachrichtendienst *m*
political issue (issue)
politisches Mandat *n*, politischer Auftrag *m*, politisches Sachthema *n*, politisches Sachprogramm *n*
political justice
politische Justiz *f*
political machine (Maurice Duverger) (machine party, machine)
Parteimaschine *f*, Maschinenpartei *f* (*politische Wissenschaften*)
political mobilization
politische Mobilisierung *f*, politische Mobilisation *f*
political modernization
politische Modernisierung *f* (*politische Wissenschaften*)
political moiety
politische Stammeshälfte *f* (*Kulturanthropologie*)
political opinion
politische Meinung *f*, politische Ansicht *f*, politische Überzeugung *f* (*Meinungsforschung*)
political organization (*brit* **political organisation**)
politische Organisation *f*

political participation (citizen participation, political involvement, citizen involvement, citizen participation in politics)
politische Teilnahme *f*, politische Partizipation *f*, politische Mitwirkung *f* *(politische Wissenschaften)*

political party
politische Partei *f* *(politische Wissenschaften)*

political patronage (patron-client relations *pl*)
Ämterpatronage *f*, politische Patronage *f*

political personality
politische Persönlichkeit *f* *(Psychologie)*

political philosophy (political thought)
politische Philosophie *f*, politisches Denken *n* *(Philosophie) (politische Wissenschaft)*

political platform (platform, ticket)
Wahlprogramm *n*, Parteiprogramm *n* *(politische Wissenschaften)*

political pluralism
politischer Pluralismus *m* *(politische Wissenschaften)*
vgl. political monism

political power
politische Macht *f* *(politische Wissenschaften)*

political process
politischer Prozeß *m* *(politische Wissenschaften)*

political psychiatry
politische Psychiatrie *f*

political psychology
politische Psychologie *f*, Psychologie *f* der Politik, Psychologie *f* des politischen Verhaltens

political recruitment
politische Rekrutierung *f*, Rekrutierung *f* der Politiker *(Soziologie)*

political refugee
politischer Flüchtling *m*

political religion
politische Heilslehre *f*, politische Religion *f*

political responsibility
politische Verantwortung *f*, politische Verantwortlichkeit *f*

political revolution
politische Revolution *f*

political science
politische Wissenschaft(en) *f (pl)*, Politikwissenschaft(en) *f (pl)*, Wissenschaft(en) *f (pl)* von der Politik, Politologie *f*

political simulation (political gaming)
politische Simulation *f*, politisches Spiel *n*, Simulation *f* politischer Willensbildung *(politische Wissenschaften)*

political simulation
Simulation *f* politischer Prozesse, Simulation *f* politischer Willensbildung *(politische Wissenschaften)*

political socialization
politische Sozialisation *f (Soziologie)*

political sociology
politische Soziologie *f*, Soziologie *f* der Politik

political sovereignty
politische Souveränität *f*

political statistics *pl als sg konstruiert*
politische Statistik *f*

political structure
politische Struktur *f (Soziologie) (politische Wissenschaften)*

political system
politisches System *n (politische Wissenschaften)*

political systems analysis (*pl* analyses)
politische Systemanalyse *f (Soziologie) (politische Wissenschaften)*

political theory
politische Theorie *f*, Theorie *f* der Politik

political trial
politischer Prozeß *m*, politische Verurteilung *f (politische Wissenschaften)*

political unit
politische Einheit *f*

politician
Politiker(in) *m(f)*

politicization (politicizing)
Politisierung *f*

politics *pl als sg konstruiert*
Politik *f* politisches Leben *n*

polity
Gemeinwesen *n*, Staatswesen *n (politische Wissenschaft)*

polity (political order)
politische Ordnung *f*, politische Verfassung *f (politische Wissenschaft)*

polity autonomy
Autonomie *f* der politischen Ordnung, Autonomie *f* des Staatswesens

polity dependence
Abhängigkeit *f* von der politischen Ordnung *(politische Wissenschaft)*

polity dominance
Dominanz *f* der politischen Ordnung *(politische Wissenschaft)*

Politz-Simmons method (Politz-Simmons technique) (of weighting for not-at-homes)
Politz-Simmons-Methode f, zur Vermeidung von Wiederholungsbesuchen *(empirische Sozialforschung)*
poll
1. Stimmenzählung f (bei Abstimmungen, Wahlen) *(politische Wissenschaft)*
2. Abstimmung f Wahl f *(politische Wissenschaft)*
3. Stimmenzahl f (bei Abstimmungen, Wahlen), Wahlergebnis n, Stimmergebnis n *(politische Wissenschaften)*
4. Meinungsbefragung f, Umfrage f *(empirische Sozialforschung)*

pollee
Befragte(r) $f(m)$ in einer Meinungsumfrage *(Umfrageforschung)*
polling (voting)
1. Abstimmen n, Abstimmung f, Wählen n, Stimmabgabe f, Wahl f *(politische Wissenschaft)*
2. Durchführung f von Meinungsumfragen (von Meinungsbefragungen) *(Umfrageforschung)*
polling (public opinion research, opinion research, opinion polling, public opinion polling)
Meinungsforschung f Umfrageforschung f, Demoskopie f *(Umfrageforschung)*
polling district
Wahlkreis m *(politische Wissenschaften)*
polling procedure (voting procedure)
Abstimmungsverfahren n *(politische Wissenschaft)*
polling station
Wahllokal n *(politische Wissenschaften)*
pollster (opinion researcher, public opinion researcher)
Meinungsforscher m, Demoskop m *(Umfrageforschung)*
pollution (defilement)
Verschmutzung f *(Kulturanthropologie) (Sozialökologie)*
pollution of the environment (pollution, environmental pollution)
Umweltverschmutzung f
pollyanna (Pollyanna)
überzeugter Optimist m, überzeugte Optimistin f
Pólya distribution
Pólya-Verteilung f, Ansteckungsverteilung f *(Statistik)*
Pólya process
Pólya-Prozeß m *(Erneuerungstheorie)*

polyandrous composite family (polyandrous compound family)
polyandrische zusammengesetzte Familie f *(Kulturanthropologie)*
polyandry
Polyandrie f, Vielmännerei f *(Kulturanthropologie)*
vgl. monandry
polyarchy (polyarchic rule, polycracy, polycratic rule)
Polykratie f, Polyarchie f, Vielherrschaft, Herrschaft f der Vielen *(politische Wissenschaften)*
polycentric nationalism
polyzentrischer Nationalismus m *(Soziologie) (politische Wissenschaften)*
polychoric correlation
polychorische Korrelation f *(Statistik)*
polychotomous variable
polychotome Variable f *(Statistik)*
polygamous marriage
polygame Ehe f *(Kulturanthropologie)*
polygamy (polygamous union, polygamous marriage)
Polygamie f, Vielehe f *(Kulturanthropologie)*
vgl. monogamy
polygenesis (polygenism)
Polygenese f, Polygenesis f, Abstammungsverschiedenheit f *(Kulturanthropologie)*
vgl. monogenesis
polygenetic hypothesis (pl hypotheses, racial polygenetic hypothesis, polygenetic theory, polygenism)
polygenetische Hypothese f, Hypothese f der Polygenese, polygenetische Theorie f, Theorie f der Polygenese *(Kulturanthropologie)*
vgl. monogenetic hypothesis
polygon (frequency polygon)
Polygon n, Polygonzug m, Häufigkeitspolygon n, Frequenzpolygon n, Treppenpolygon n *(Statistik)*
polygynous composite family (polygynous compound family)
polygyne zusammengesetzte Familie f *(Kulturanthropologie)*
polygyny
Polygynie f, Vielweiberei f *(Kulturanthropologie)*
vgl. monogyny
polyhedron (pl polyhedra)
Polyeder m
polymorphous perversity (polymorphous perverseness, polymorphous perversion)
polymorphe Perversität f (Sigmund Freud) *(Psychoanalyse)*
polynomial trend
polynomischer Trend m *(Statistik)*

polynucleated city
Stadt *f* mit mehreren Kernen,
Vielkernstadt *f*, Stadt *f* mit vielen
Kernen *(Sozialökologie)*
vgl. nucleated city (compact city)
polytechnic (technical school)
Polytechnikum *n*, Technikum *n*
polytheism
Polytheismus *m*, Vielgötterei *f*
(Religionssoziologie)
vgl. monotheism
polythetic classification
polytomische Tabelle *f*, polytome
Tabelle *f*, Tabelle *f* mit mehreren Teilen
(Statistik)
polytomous variable (multinomial variable)
polytome Variable *f* *(statistische Hypothesenprüfung)*
polytomy
Polytomie *f*, Vielteiligkeit *f*,
Mehrteiligkeit *f* *(Statistik)*
pool (cartel)
1. Kartell *n*, Ring *m*, Interessengemeinschaft *f*, Preisabkommen *n* *(Volkswirtschaftslehre)*
2. Informationspool *m*, Pool *m* *(Kommunikationsforschung)*
3. Pool *m*, gemeinsamer Fonds *m*, gemeinsame Kasse *f*
pooling
Zusammenfassung *f* von Material oder Informationen, Sammlung *f*, Sammeln *n*, Koordinieren *n*, Amalgamieren *n* *(Datenanalyse)*
pooling of classes
Klassenbildung *f*, Zusammenfassung *f* zu Klassen *(Statistik)*
pooling of error (pooling the error, pooling the residual sum of squares)
Zusammenfassung *f* der Fehlerquadrate *(statistische Hypothesenprüfung)*
poor law
Armenrecht *n*, Armengesetzgebung *f*, öffentliches Fürsorgerecht *n* *(Soziologie)*
poor man's divorce (desertion, family desertion)
Arme-Leute-Scheidung *f*, Desertion *f*, Familiendesertion *f* (Familiensoziologie)
poor relief (home relief)
Armenfürsorge *f* *(Soziologie)*
Popper criterion (of falsification) (*pl* **criteria** *or* **criterions**) **(Karl Popper)**
Popper-Kriterium *n*, Poppersches Falsifizierungskriterium *n* *(Theorie des Wissens)*
popular assembly
Volksversammlung *f* *(politische Wissenschaften)*

popular culture (folkways *pl*) **(William G. Sumner)**
Alltagskultur *f*, Volkskultur *f*,
Populärkultur *f*, populäre Kultur *f*,
volkstümliche Kultur *f*, Kultur *f* des
Alltagslebens *(Ethnologie)*
popular front
Volksfront *f* *(politische Wissenschaften)*
popular government (rule by the people)
Volksherrschaft *f* *(politische Wissenschaften)*
popular initiative (initiative)
Initiative *f* *(politische Wissenschaft)*
popular sovereignty
Volkssouveränität *f* *(politische Wissenschaften)*
popularity
Popularität *f* *(Sozialpsychologie)* *(Meinungsforschung)*
popularity rating (approval rating)
Popularitätsbewertung *f*,
Beliebtheitsbewertung *f*, Anteil *m*
der Zustimmenden, Beliebtheit *f*,
Popularität *f*, Popularitätsquote *f*,
Beliebtheitsquote *f* *(Meinungsforschung)*
population
1. Bevölkerung *f*, Einwohnerzahl *f* *(Demographie)*
2. Grundgesamtheit *f* *(Statistik)*
population aggregate
Bevölkerungsaggregat *n* *(Statistik)* *(Demographie)*
population census (census of population, general census, census)
Volkszählung *f*, Vollerhebung *f* *(Demographie) (Statistik)*
population change (demographic transition, demographic change)
Bevölkerungswandel *m*, Wandel *m*
der Bevölkerungsgröße, Wandel *m*
der Bevölkerungsverteilung *f*, demographischer Übergang *m*, Stadium *n*
des demographischen Übergangs,
Phase *f* des demographischen Übergangs *(Demographie)*
population cluster (congestion)
Bevölkerungszusammenballung *f* *(Demographie)*
population composition (demographic structure)
Bevölkerungszusammensetzung *f*,
demographische Struktur *f*,
Zusammensetzung *f* der Bevölkerung *(Demographie)*
population cycle
Bevölkerungszyklus *m* *(Demographie)*

population density (density of population, man-land ratio, density of settlement)
Bevölkerungsdichte *f*, Verhältnis *n* der Arbeitskräfte zur landwirtschaftlich nutzbaren Fläche *(Demographie)*
population development
Bevölkerungsentwicklung *f* *(Demographie)*
population displacement
Bevölkerungsverdrängung *f*, Verdrängung *f* einer Bevölkerung durch eine andere *(Sozialökologie)*
population distribution
Bevölkerungsverteilung *f* *(Demographie)*
population divided by area (P/A, man-land ratio)
Bevölkerungsdichtemaß *n* *(Demographie)*
population dynamics *pl als sg konstruiert*
Bevölkerungsdynamik *f*, Dynamik *f* der Bevölkerungsbewegungen *(Demographie)*
population ecology
Bevölkerungsökologie *f*
population element (universe element, element)
Element *n* der Grundgesamtheit (Einheit *f* der Grundgesamtheit *(Statistik)*
population eugenics *pl als sg konstruiert* **(eugenics** *pl als sg konstruiert*, **race hygiene)**
Eugenik *f*, Rassehygiene *f*
population explosion
Bevölkerungsexplosion *f* *(Demographie)*
population forecast
Bevölkerungsprognose *f* *(Demographie)*
population frame (sampling frame)
Erhebungsrahmen *m*, Erhebungsbasis *f* *(Statistik)*
population genetics *pl als sg konstruiert* **(genetics** *pl als sg konstruiert*)
Genetik *f*, Vererbungslehre *f*, Erbforschung *f*
population gradient (ecological gradient, density gradient, gradient of population density)
ökologisches Gefälle *n*, ökologischer Gradient *m*, Bevölkerungsgefälle *n* *(Sozialökologie)*
population growth
Bevölkerungswachstum *n*, Bevölkerungszuwachs *m* *(Demographie)*
population mean
Mittel *n* der Grundgesamtheit, Mittelwert *m* der Grundgesamtheit *(Statistik)*
population mobility
Bevölkerungsmobilität *f*, Mobilität *f* der Gesamtbevölkerung *(Mobilitätsforschung)*

population movement
Bevölkerungsbewegung *f*, geographische Bevölkerungsbewegung *f* *(Demographie)*
population of cumulative data (population of point data)
Ereignismasse *f*, Punktmasse *f*, Grundgesamtheit *f* kumulierter Daten *(Statistik)*
population of non-cumulative data
Streckenmasse *f*, Grundgesamtheit *f* nichtkumulierter Daten *(Statistik)*
population of point data
Bestandsmasse *f*, Grundgesamtheit *f* periodischer Daten *n/pl* *(Statistik)*
population policy
Bevölkerungspolitik *f* *(Demographie)* *(politische Wissenschaft)*
population pressure (real population density, real density)
Bevölkerungsdruck *m* *(Demographie)*
population projection (population raising, population expansion)
Bevölkerungshochrechnung *f* *(Statistik)*
population projection factor (population raising factor, population expansion factor)
Bevölkerungshochrechnungsfaktor *m* *(Statistik)*
population pyramid (age pyramid, age sex pyramid, age-sex triangle)
Bevölkerungspyramide *f*, Alterspyramide *f* *(Demographie)*
population register
Bevölkerungsverzeichnis *n*, Bevölkerungsregister *n* *(Demographie)*
population statistics *pl als sg konstruiert* **(demography, demographic statistics** *pl als sg konstruiert*, **population analysis,** *pl* **analyses, population studies** *pl*)
Bevölkerungsstatistik *f*, Demographie *f*
population stratum (*pl* **strata**)
Bevölkerungsschicht *f* *(Demographie)*
population structure (demographic structure, age-sex structure, population composition)
1. Bevölkerungsstruktur *f* *(Demographie)*
2. Struktur *f* der Grundgesamtheit *(Statistik)*
populism
Populismus *m* *(politische Wissenschaften)*
pornography
Pornographie *f*
position
Position *f*, Stellung *f*, Standort *m*, Lage *f*
position centrality
Positionszentralität *f* *(Soziometrie)*

position effect (order effect, effect of question order)
  Reihenfolgeneffekt *m*, Wirkung *f* der Reihenfolge *(statistische Hypothesenprüfung)*
position issue (David Butler)
  Positionsproblem *n*, Positions-Sachthema *n*, Positionssachverhalt *m (politische Wissenschaften)*
position parameter (location parameter)
  Lageparameter *m*, Parameter *m* der Lage *(Statistik)*
positional analysis (*pl* analyses)
  Positionsanalyse *f (Soziometrie)*
positional authority (executive authority)
  Amtsautorität *f* Amtsträgerschaftsautorität *f*, Positionsautorität *f (Organisationssoziologie)*
positional inheritance
  Amtserbschaft *f*, Vererbung *f* eines Amts, einer Position *(Organisationssoziologie)*
positional leader
  Amtsführer *m*, Stellungsführer *m*, Positionsführer *m (Organisationssoziologie)*
positional technique (positional method)
  Positionsmethode *f*, Positionstechnik *f*, Positionsverfahren *n (soziale Schichtung)*
positive area (habitable area)
  bewohnbares Gebiet *n*, bewohnbares Territorium *n (Sozialökologie)*
  vgl. negative area
positive attitude
  positive Einstellung *f*, positive Haltung *f (Einstellungsforschung)*
  vgl. negative attitude
positive attitude change (positive attitudinal change)
  positive Einstellungsänderung *f*, positiver Einstellungswandel *m*, Einstellungsänderung *f* in der erwarteten Richtung, angestrebter Einstellungswandel *m*, Einstellungswandel *m* in die beabsichtigte Richtung *(Einstellungsforschung) (Kommunikationsforschung)*
  vgl. negative attitude change
positive binomial distribution
  positive Binomialverteilung *f (Statistik)*
  vgl. negative binomial distribution
positive conditioning (appetitive conditioning)
  Appetenzkonditionierung *f*, positive Konditionierung *f (Verhaltensforschung)*
  vgl. aversive conditioning
positive correlation
  positive Korrelation *f (Statistik)*
  vgl. negative correlation (inverse correlation)

positive cult (Emile Durkheim)
  positiver Kult *m*, positiver Kultus *m (Soziologie)*
  vgl. negative cult
positive differential
  positives Differential *n*
positive discrimination (affirmative discrimination, favorable discrimination, *brit* favourable discrimination, reverse discrimination)
  affirmative Diskriminierung *f*, bestätigende Diskriminierung *f*
positive exponential distribution
  positive Exponentialverteilung *f (Statistik)*
  vgl. negative exponential distribution
positive feedback (runaway feedback)
  positive Rückkopplung *f*, positives Feedback *n (Kybernetik)*
  vgl. negative feedback
positive function
  positive Funktion *f (Soziologie)*
  vgl. negative function
positive growth (increment)
  positives Wachstum *n*, Pluswachstum *n (Volkswirtschaftslehre) (Soziologie)*
  vgl. negative growth (decrement)
positive incentive (reward)
  positiver Anreiz *m (Verhaltensforschung)*
  vgl. negative incentive (punishment)
positive law (statute law, statutory law)
  positives Recht *n*, Gesetzesrecht *n*, gesetztes Recht *n*, geschriebenes Gesetz *n*
positive linear regression
  positive lineare Regression *f (Statistik)*
  vgl. negative linear regression
positive moment
  positives Moment *n (Statistik)*
  vgl. negative moment
positive multinomial distribution
  positive Polynomialverteilung *f (Statistik)*
  vgl. negative multinomial distribution
positive peace
  positiver Frieden *m (politische Wissenschaft)*
  vgl. negative peace
positive practice (Knight Dunlap)
  positive Übung *f (Verhaltenstherapie)*
  vgl. negative practice
positive reference group (Theodore M. Newcomb)
  positive Bezugsgruppe *f (Soziologie)*
  vgl. negative reference group
positive reinforcement
  positive Verstärkung *f (Verhaltensforschung)*
  vgl. negative reinforcement (escape conditioning)

positive reinforcer
positiver Verstärker *m* *(Verhaltensforschung)*
vgl. negative reinforcer
positive reinforcing stimulus (*pl* stimuli, positive stimulus)
positiver Verstärkungsreiz *m*, positiver Verstärkungsstimulus *m*, positiver Verstärker *m* *(Verhaltensforschung)*
vgl. negative reinforcing stimulus
positive rite (Emile Durkheim)
positiver Ritus *m*, positive Zeremonie *f* *(Soziologie)*
vgl. negative rite
positive sanction (reward)
positive Sanktion *f*, Belohnung *f* *(Verhaltensforschung)*
vgl. negative sanction (punishment)
positive skewness
positive Schiefe *f*, Rechtsschiefe *f* *(Statistik)*
vgl. negative skewness
positive social control
positive soziale Kontrolle *f* *(Soziologie)*
vgl. negative social control
positive transfer of learning (positive transfer)
positiver Lerntransfer *m*, positiver Transfer *m*, positive Übungsübertragung *f*, positive Übertragung *f* *(Theorie des Lernens)*
vgl. negative transfer of learning
positive valence (Kurt Lewin)
positive Valenz *f*, positiver Aufforderungscharakter *m*, positive Wertigkeit *f* *(Feldtheorie)*
vgl. negative valence
positively accelerated function
positiv beschleunigte Funktion *f*, positiv akzelerierte Funktion *f*
vgl. negatively accelerated function
positively correlated random variable
positiv korrelierte Zufallsvariable *f*, positiv korrelierte Zufallsgröße *f* *(Statistik)*
vgl. negatively correlated random variable
positively skewed distribution
rechtsschiefe Verteilung *f* *(Statistik)*
vgl. negatively skewed distribution
positivism
Positivismus *m* *(Theorie des Wissens)*
positivist dispute
Positivismusstreit *m* *(Theorie des Wissens)*
possibilism
Possibilismus *m*, Strategie *f* des Möglichen, Lehre *f* des Möglichen *(Philosophie)*

postal interview (mail interview)
briefliches Interview *n*, Briefinterview *n*, postalisches Interview *n* *(Umfrageforschung)*
postal survey (mail survey, mail interviewing)
briefliche Umfrage *f*, Briefumfrage *f*, postalische Umfrage *f*, postalische Befragung *f*, schriftliche Umfrage *f* per Post *(Umfrageforschung)*
post-entry training (in-service training)
innerbetriebliche berufliche Fortbildung *f*, innerbetriebliche Ausbildung *f* *(Arbeitssoziologie)*
post hoc fallacy
Post-hoc-Fehlschluß *m*, Post-hoc-Trugschluß *m* *(Theorie des Wissens)*
postmarital residence rule (residence rule)
Residenzregel *f*, Wohngemeinschaftsregel *f*, Wohnsitzregel *f* *(Kulturanthropologie)*
post-partem taboo
Postpartem-Geschlechtsverkehrstabu *n*, post-partem-Verbot *n* *(Ethnologie)*
postremogeniture (ultimogeniture, ultimogenitary inheritance, junior right, juniority)
Ultimogenitur *f*, Erbfolge *f* des jüngsten Sohns *(Kulturanthropologie)*
vgl. primogeniture
post socialization
Sozialisation *f* im nachhinein *(Soziologie)*
post stratification (post stratification, stratification after sampling)
nachträgliche Schichtung *f*, nachträgliche Stratifizierung *f*, nachträgliche Schichtenbildung *f*, Schichtung *f* nach Stichprobenbildung *(Statistik)*
post test (follow-up test, after-test)
Posttest *m* *(statistische Hypothesenprüfung)*
post-entry training
berufliche Ausbildung *f* nach Eintritt in ein Unternehmen *(Arbeitssoziologie)*
vgl. pre-entry training
postadolescence
Postadoleszenz *f* *(Entwicklungspsychologie)*
postcategorization (*brit* post-categorisation)
Kategorisierung *f* im nachhinein *(Datenanalyse)*
postdiction (retrodiction)
Postdiktion *f* *(Theorie des Wissens)*
postdictive statement
Aussage *f* über Vergangenes aufgrund gegenwärtiger Daten *(Theorie des Wissens)*
vgl. paridictive statement

posterior analysis (*pl* **analyses, a posteriori analysis, post hoc analysis**)
A-posteriori-Analyse *f*, Analyse *f* a posteriori *(statistische Hypothesenprüfung)*
vgl. prior analysis
posterior distribution (a posteriori distribution)
A-posteriori-Verteilung *f* *(Statistik)*
vgl. A-priori-Verteilung
posterior probability
A-posteriori Wahrscheinlichkeit *f*, statistische Wahrscheinlichkeit *f* *(statistische Hypothesenprüfung)*
vgl. prior probability
posterior test (a posteriori test, post hoc test, supplemental test, posterior comparison, a posteriori comparison, post hoc comparison, supplemental comparison, after-only test)
A-posteriori-Test *m*, A-posteriori-Vergleich *m* *(statistische Hypothesenprüfung)*
vgl. prior test
postfigurative culture (Margaret Mead)
postfigurative Kultur *f* *(Kulturanthropologie)*
vgl. prefigurative culture, cofigurative culture
posthypnotic suggestion
posthypnotische Suggestion *f* *(Psychologie)*
postindividual community
postindividuelle Gemeinschaft *f* (Erich Kahler) *(Soziologie)*
postindustrial society, postindustrialism
postindustrielle Gesellschaft *f*, nachindustrielle Gesellschaft *f* *(Soziologie)*
post stratification (stratification after selection)
Schichtung *f* nach erfolgter Auswahl, Stratifizierung *f* nach erfolgter Auswahl, Stratifikation *f* nach erfolgter Auswahl, Schichtenbildung *f* nach erfolgter Auswahl *(Statistik)*
postulate system
Postulatesystem *n*, System *n* von Postulaten) (in der axiomatischen Theorie *(Theorie des Wissens)*
postulate
Postulat *n*, Voraussetzung *f*, Grundbedingung *f* *(Theorie des Wissens)*
postural reflex
Haltungsreflex *m*, Stellungsreflex *m* *(Kommunikationsforschung)*
posture
Körperhaltung *f*, Körperstellung *f*, Pose *f*, Haltung *f* *(Kommunikationsforschung)*

potency, potence
Potenz *f* *(Psychologie)*
potentia (Bertrand de Jouvenel)
Potentia *f* *(Soziologie)*
potential delinquency, latent delinquency
potentielle Delinquenz *f*, potentielle Kriminalität *f* *(Kriminalsoziologie)*
potential figure (target figure)
Sollwert *m*, Sollziffer *f*, Sollzahl *f* *(Mathematik/Statistik)*
potestas (Bertrand de Jouvenel)
Potestas *f* *(Soziologie)*
potlatch
Potlatsch *m* *(Ethnologie)*
poverty (indigence, want)
Armut *f*, Bedürftigkeit *f*
poverty line (minimum living standard, minimum wage, subsistence level)
Existenzminimum *n*, minimaler Lebensstandard *m* *(Volkswirtschaftslehre)*
power
Macht *f*, Kraft *f*, Stärke *f*, Einfluß *m*, Wirkungsvermögen *n*, Wirkungskraft *f*, Autorität *f*
power aggregate (Harold D. Lasswell)
Machtaggregat *n* *(politische Wissenschaften)*
power center (*brit* power centre
Machtzentrum *n* *(Organisationssoziologie)*
power clique
Machtclique *f* *(Organisationssoziologie)*
power conflict (Daniel A. Katz)
Machtkonflikt *m* *(Soziologie/Sozialpsychologie)*
power distribution (distribution of power)
Machtverteilung *f* *(Organisationssoziologie) (politische Wissenschaft)*
power efficiency of a test (relative efficiency of a test)
relative Effizienz *f* eines Tests *(statistische Hypothesenprüfung)*
power elite (power élite) (C. Wright Mills)
Machtelite *f* *(Soziologie)*
power field (powerfield) (Kurt Lewin)
Machtfeld *n*, Einflußfeld *n* *(Feldtheorie)*
power figure
Machtträger *m* *(Organisationssoziologie)*
power function
Trennschärfefunktion *f*, Trennschärfekurve *f*, Gütefunktion *f*, Machtfunktion *f*, Testschärfefunktion *f* *(statistische Hypothesenprüfung)*
power group (Harold D. Lasswell)
Machtgruppe *f*, organisierte Machtaggregat *n* *(politische Wissenschaften)*
power hierarchy
Machthierarchie *f* *(Organisationssoziologie)*

power metaphor (Albert Mehrabian)
Machtmetapher *f (Kommunikationsforschung)*
power metric (Lp metric, Minkowski metric)
Minkowski-Metrik *f (Mathematik/Statistik)*
power mobility
Machtmobilität *f*, vertikale Mobilität *f* in einer Machthierarchie *(Organisationssoziologie)*
power moment
Potenzmoment *n (Statistik)*
power narcissism
Machtnarzißmus *m (Psychologie)*
power need
Machtbedürfnis *n*, Bedürfnis *n* nach Macht)
power of demand (buyer power, *auch* **buying power)**
Nachfragemacht *f (Volkswirtschaftslehre)*
power organization (*brit* **power organisation)**
Machtorganisation *f (Organisationssoziologie)*
power periphery
Machtperipherie *f*, Peripherie *f* der Macht *(Organisationssoziologie)*
power politics *pl als sg konstruiert*
Machtpolitik *f*
power position
Machtposition *f*, Machtstellung *f (Soziologie)*
power pyramid
Machtpyramide *f (Organisationssoziologie)*
power relationship (power relation)
Machtbeziehung *f (Soziologie)*
power spectrum (spectral density function)
Spektraldichtefunktion *f (Statistik)*
power strategy
Machtstrategie *f*
power structure (power organization, *brit* **power organisation)**
Machtstruktur *f (Organisationssoziologie)*
power sum
Potenzsumme *f (Mathematik/Statistik)*
power test
Niveau-Test *m*, Power-Test *m (statistische Hypothesenprüfung)*
power theory
Machttheorie *f (Soziologie)*
power transition
Machtübergang *m*, Übergang *m* der Macht *(politische Wissenschaften)*
powerful
trennscharf *adj (statistische Hypothesenprüfung)*

powerful confidence estimation
trennscharfe Konfidenzschätzung *f (Statistik)*
powerful test
trennscharfer Test *m (statistische Hypothesenprüfung)*
powerlessness
Machtlosigkeit *f*
pps sample (selection with probability proportional to size)
Stichprobe *f* mit zur Größe proportionalen Wahrscheinlichkeiten *(Statistik)*
pps sampling (selection with probability proportional to size, selection with p.p.s.)
Auswahl *f* mit zur Größe proportionalen Wahrscheinlichkeiten *(Statistik)*
practicability
Praktikabilität *f*, praktische Anwendbarkeit *f*, das Praktische *n*
practical general statistics *pl als sg konstruiert* **(applied general statistics** *pl als sg konstruiert***)**
angewandte allgemeine Statistik *f*
practical psychology (applied psychology)
angewandte Psychologie *f*, praktische Psychologie *f*
practical research (applied research)
angewandte Forschung *f*
practical science (applied science, applied scientific research)
angewandte Wissenschaft *f*
practical social research (applied social research)
angewandte Sozialforschung *f*
practical sociology (applied sociology)
angewandte Soziologie *f*
practical syllogism (George H. Von Wright)
praktischer Syllogismus *m (Philosophie)*
practice (*brit* **practise)**
1. Übung *f*, Training *n (Psychologie)*
2. Tun *n*, Handeln *n (Soziologie)*
3. Praxis *f*
to practice (*brit* **to practise, to train)**
üben, praktizieren, trainieren *v/t (Psychologie)*
practice curve
Übungskurve *f (learning theory)*
practice theory of play
Übungstheorie *f* des Spielens (K. Groos)
pragmatic party
pragmatische Partei *f (politische Wissenschaften)*
pragmatic validity (product-oriented validity)
pragmatische Validität *f (statistische Hypothesenprüfung)*
pragmatics *pl als sg konstruiert*
Pragmatik *f (Semiotik)*

pragmatism (Charles S. Peirce, William James, John Dewey)
Pragmatismus *m* *(Philosophie)*
pratik
Pratik *f* *(Kulturanthropologie)*
praxis
1. Tun *n*, Handeln *n*
2. Beispielsammlung *f*
3. Praxis *f* Ausübung *f*
praxeology
Praxeologie *f*, Entscheidungslogik *f* *(Philosophie)* (Ludwig van Mises)
pre-adaptation, preadaptation, cultural preadaptation
Voradaptation *f*, Voranpassung *f* *(Kulturanthropologie)*
pre-convention poll
Vorparteitagsumfrage *f*, politische Meinungsumfrage *f* vor einem Parteitag *(Meinungsforschung)*
pre-election poll
Vorwahlumfrage *f*, Meinungsbefragung *f* vor einer Wahl *(Meinungsforschung)*
prehistoric anthropology (archaeology)
Archäologie *f*, Altertumskunde *f*, Altertumswissenschaft *f*
pre-industrial city
vorindustrielle Stadt *f*, präindustrielle Stadt *f* *(Kulturanthropologie)*
pre-industrial civilization
vorindustrielle Zivilisation *f*, präindustrielle Zivilisation *f*, vorindustrielle Kultur *f*, präindustrielle Kultur *f* *(Kulturanthropologie)*
pre-listing
Aufstellung *f* einer Ad-hoc-Liste, Herstellung *f* einer Ad-hoc Kartei *(Statistik)*
pre-operational stage (Jean Piaget)
voroperationales Stadium *m* *(Psychologie)*
pre-pilot interview
Prä-Pilot Interview *n*, Vorbereitungsinterview *n*, Vor-Leitstudieninterview *n*, Interview *n* zur Vorbereitung einer Leitstudie *(empirische Sozialforschung)*
pre-pilot study
Prä-Pilotstudie *f*, Vor-Leitstudien-Untersuchung *f*, Voruntersuchung *f* für eine Leitstudie, Vorstudie *f* einer Pilotuntersuchung *(empirische Sozialforschung)*
pre-primary poll
Vor-Vorwahlumfrage *f*, Wahlumfrage *f* vor einer Vorwahl *(Meinungsforschung)*
pre-quoted answer category
vorgegebene Antwortkategorie *f*, Antwortvorgabe *f*, Abfrage Antwortkategorie *f* *(empirische Sozialforschung)*

preadolescence
Prä-Adoleszenz *f*, Voradoleszenz *f*, Vorreifezeit *f* *(Entwicklungspsychologie)*
preanimism
Präanimismus *m* *(Kulturanthropologie)*
precedence test (exceedence test)
Präzedenztest *m* *(statistische Hypothesenprüfung)*
precensorship (pre censorship, preliminary censorship, advance censorship, preventative censorship)
Vorzensur *f*
precinct
1. Amtsbezirk *m*, Distrikt *m*, Gebiet *n*
2. Wahlkreis *m*, Wahlbezirk *m* *(politische Wissenschaften)*
precision
Präzision *f*, Genauigkeit *f*, Wiederholungsgenauigkeit *f* *(statistische Hypothesenprüfung)*
precision journalism (Philip Meyer)
Präzisionsjournalismus *m*, sozialwissenschaftlicher Journalismus *m*
precision matching (precision control)
Präzisionsparallelisierung *f*, Präzisionskontrolle *f* *(statistische Hypothesenprüfung)*
precision sample (probability sample, simple sample)
Wahrscheinlichkeitsstichprobe *f*, Wahrscheinlichkeitsauswahl *f* *(Statistik)*
precision sampling (probability sampling, simple sampling)
Wahrscheinlichkeitsauswahl *f*, Wahrscheinlichkeitsauswahlverfahren *n*, reines Wahrscheinlichkeitsstichprobenverfahren *n* *(Statistik)*
to precode (to pre-code)
vorkodieren, vorverschlüsseln *v/t* *(Psychologie/empirische Sozialforschung)*
precoded question (pre coded question)
vorkodierte Frage *f*, vorverschlüsselte Frage *f* *(empirische Sozialforschung)*
precoded questionnaire (pre-coded questionnaire, precoded schedule, pre-coded schedule)
vorkodierter Fragebogen *m*, vorverschlüsselter Fragebogen *m* *(empirische Sozialforschung)*
precoding
Vorkodierung *f*, Vorkodieren *n*, Vorverschlüsselung *f*, Vorverschlüsseln *n* *(empirische Sozialforschung)*
precognition
Vorkenntnis *f*, frühe Erkenntnis *f*, Vorahnung *f* *(Kulturanthropologie)*
preconception
vorgefaßte Meinung *f*, Vorurteil *n* *(Psychologie) (Sozialpsychologie)*

preconditioning
Vorkonditionierung *f (Verhaltensforschung)*
preconscious
vorbewußt *adj* (Sigmund Freud) *(Psychoanalyse)*
preconsciousness
Vorbewußtheit *f*, Vorbewußtes *n*, das Vorbewußte *n* (Sigmund Freud) *(Psychoanalyse)*
precontractual solidarity (Emile Durkheim)
vorvertragliche Solidarität *f (Soziologie)*
precultural need (pre-cultural need)
vorkulturelles Bedürfnis *n (Psychologie/Kulturaanthropologie)*
predelinquent subculture
prädelinquente Subkultur *f*, vordelinquente Subkultur *f*, vorkriminelle Subkultur *f (Kriminalsoziologie)*
predesignated sample (master sample)
Ausgangsstichprobe *f*, Grundstichprobe *f*, feste Ausgangsstichprobe *f (Statistik)*
predestination
Prädestination *f*, Vorherbestimmung *f*, vorherbestimmtes Schicksal *n*
predetermined variable
vorgegebene Variable *f*, Regressor *m (statistische Hypothesenprüfung)*
predetermined variable
vorherbestimmte Variable *f (statistische Hypothesenprüfung)*
predictability (predictive efficiency)
Voraussagbarkeit *f*, Vorhersagbarkeit *f*, Prognostizierbarkeit *f (empirische Sozialforschung)*
predictand variable
Voraussagevariable *f*, Vorhersagevariable *f (statistische Hypothesenprüfung)*
prediction (forecast)
Voraussage *f* prädiktive Aussage *f*, Prädiktion *f (Theorie des Wissens)*
prediction equation
Prädiktorgleichung *f*, Voraussagegleichung *f (statistische Hypothesenprüfung)*
prediction error (forecasting error, prognostic error)
Prognosefehler *m*, Vorausschätzungsfehler *m*, Voraussagefehler *m*, Vorhersagefehler *m (statistische Hypothesenprüfung)*
prediction interval
Voraussagespanne *f*, Voraussageintervall *n*, Vorhersagespanne *f*, Vorhersageintervall *n (statistische Hypothesenprüfung)*

prediction study
Voraussagestudie *f*, Voraussageuntersuchung *f*, Vorhersagestudie *f*, Vorhersageuntersuchung *f (empirische Sozialforschung)*
prediction table
Voraussagetabelle *f (Statistik)*
predictive efficiency
Voraussageeffizienz *f (statistische Hypothesenprüfung)*
predictive model
Voraussagemodell *n (Soziologie)*
predictive statement
Vorhersage *f*, Prognose *f (empirische Sozialforschung) (Volkswirtschaftslehre)*
predictive validation (convergent validation, concurrent validation)
konvergente Validierung *f*, Konvergenzvalidierung *f (statistische Hypothesenprüfung)*
predictive validity
Voraussagegültigkeit *f*, Voraussagevalidität *f (statistische Hypothesenprüfung)*
predictor
Prädiktor *m*, Voraussageindikator *m (statistische Hypothesenprüfung)*
predictor variable (independent variable, x variable, cause variable, explanatory variable, regressor)
Prädiktorvariable *f*, Voraussagevariable *f*, ursächliche Variable *f*, verursachende Variable *f*, unabhängige Variable *f*, unabhängige Veränderliche *f (statistische Hypothesenprüfung)*
predisposition (set)
Prädisposition *f (Psychologie)*
preentry training
berufliche Ausbildung *f* vor Eintritt in ein Unternehmen *(Arbeitssoziologie)*
preexperimental design (pre-experimental design)
vorexperimentelle Anlage *f*, präexperimentelle Anlage *f (statistische Hypothesenprüfung)*
prefectoral field service
Präfekturverwaltung *f (Organisationssoziologie)*
prefectoral system
Präfektursystem *n*, in der Verwaltung *(Organisationssoziologie)*
prefecture
Präfektur *f (Organisationssoziologie)*
preference (preferential choice)
Präferenz *f*, Vorliebe *f*, Bevorzugung *f (Einstellungsforschung)*
preference data *pl* **(preferential choice data** *pl*) **(Clyde H. Coombs)**
Präferenzdaten *n/pl (Skalierung)*
preference map
Präferenzlandkarte *f (Skalierung)*

preference rating (preference judgment)
Präferenz-Rating n, Präferenzbewertung f (Skalierung)
preference space
Präferenzraum m (Skalierung)
preference table
Präferenztabelle f (graphische Darstellung)
preferential marriage
Präferenzehe f, präferentielle Ehe f (Kulturanthropologie)
preferential mating (preferential marriage)
präferentielle Partnerwahl f, Vorzugspartnerwahl f (Kulturanthropologie)
preferential shop
Präferenzbetrieb m, Präferenzunternehmen n (Industriesoziologie)
preferential sociometry (Ake Bjerstedt)
Präferenzsoziometrie f
prefigurative culture (Margaret Mead)
präfigurative Kultur f (Kulturanthropologie)
vgl. postfigurative culture, cofigurative culture
pregnancy rate
Schwangerschaftsrate f, Schwangerschaftsziffer f (Demographie)
prehistory
Vorgeschichte f, Prähistorie f
preindustrial civilization
präindustrielle Zivilisation f
prejudgment (pre-judgment)
Vor-Urteil n, Vorurteil n mit kognitiver Funktion (Psychologie)
prejudice (bias)
Vorurteil n, Voreingenommenheit f, vorgefaßte Meinung f (Sozialpsychologie)
preliminary notification (advance notice to the respondent)
Besuchsankündigung f, Vorankündigung f (eines Interviewerbesuchs beim Befragten) (Umfrageforschung)
preliteracy
Fehlen n schriftlicher Überlieferung (Nichtvorhandensein n einer Schrifttradition (Kulturanthropologie)
vgl. literacy
preliterate
nicht schriftlich überliefert, ohne schriftliche Überlieferung adj (Kulturanthropologie)
vgl. literate
preliterate culture
Kultur f ohne schriftliche Überlieferung, nicht schriftlich überlieferte Kultur f (Ethnologie)
vgl. literate culture
prelogical mentality (Lucien Lévy-Bruhl)
prälogische Mentalität f, vorlogische Mentalität f (Ethnologie)

prelogical thought (Lucien Lévy-Bruhl)
prälogisches Denken n, vorlogisches Denken n (Ethnologie)
premarital sex (premarital license)
vorehelicher Geschlechtsverkehr m (Kulturanthropologie)
premature metropolis
frühreife Metropole f (Sozialökologie)
premial sanction (Alfred Radcliffe-Brown)
prämiale Sanktion f, Prämiierungssanktion f (Kulturanthropologie)
preoedipal attachment
prä-ödipale Bindung f (Psychoanalyse)
preparatory interval
Vorbereitungsintervall n (Verhaltensforschung)
preparatory response
Vorbereitungsreaktion f (Verhaltensforschung)
preparatory stage (George H. Mead)
Vorbereitungsstadium n, Vorbereitungsphase f (Psychologie)
preposterior analysis (pl analyses)
Prä-Postanalyse f (statistische Hypothesenprüfung)
prepotency (Henry A. Murray)
Präpotenz f, Vorherrschaft f (Psychologie)
prepotent
präpotent adj (Psychologie)
prepotent drive (Henry A. Murray)
präpotenter Trieb m, vorherrschender Trieb m, übermächtiger Trieb m (Psychologie)
prepotent habit (Henry A. Murray)
präpotente Gewohnheit f, vorherrschende Gewohnheit f, übermächtige Gewohnheit f (Psychologie)
prepotent reaction (prepotent response, prepotent reflex) (Henry A. Murray)
präpotente Reaktion f, vorherrschende Reaktion f, übermächtige Reaktion f (Psychologie)
prepotent reflex (Henry A. Murray)
präpotenter Reflex m, vorherrschender Reflex m, übermächtiger Reflex m (Psychologie)
prepotent stimulus (pl stimuli) (Henry A. Murray)
präpotenter Reiz m, präpotenter Stimulus m, vorherrschender Reiz m, vorherrschender Stimulus m, übermächtiger Reiz m, übermächtiger Stimulus m (Psychologie)
prepuberty
Vorpubertät f (Psychologie)
vgl. postpuberty

prescribed levirate
vorgeschriebenes Levirat n,
vorgeschriebene Leviratsehe f
(Kulturanthropologie)
prescribed marriage system
vorgeschriebenes Heiratssystem n
(Kulturanthropologie)
prescribed role (Theodore M. Newcomb)
vorgeschriebene Rolle f (Soziologie)
prescription (prescriptive norm)
Vorschrift f (Soziologie)
present in-area population (de facto population, enumerated population)
de-facto-Bevölkerung f, faktische Bevölkerung f (Demographie)
presentation of the self (self-presentation)
Selbstdarstellung f, Darstellung f des Selbst (Soziologie)
presentational deference (Erving Goffman)
Achtungsverhalten n bei der Vorstellung (Soziologie)
presentational ritual (Erving Goffman)
Vorstellungsritual n (Soziologie)
presidential government
Präsidialregierung f, Präsidialregierungssystem n, Präsidentialregierung f (politische Wissenschaften)
presidential system (presidential government)
Präsidialsystem n, Präsidialregierungssystem n (politische Wissenschaften)
press (Henry A. Murray)
1. Druck m (Psychologie)
2. Presse f
press censorship (censorship of the press)
Pressezensur f
pressure group (interest group, lobby group)
Interessengruppe f, Interessenverband m (politische Wissenschaften)
pressure politics pl als sg konstruiert **(interest politics** pl als sg konstruiert**)**
Interessenpolitik f (politische Wissenschaften)
prestation
Prestation f, Übertragung f Transfer m (Kulturanthropologie)
prestige (social prestige, status honor)
Prestige n (Max Weber) (Soziologie)
prestige area
Prestigegegend f (Sozialökologie)
prestige bias (prestige effect)
Prestigefehler m, Prestige-Antwort f, von Prestigerücksichten beeinflußte falsche Antwort f, Ergebnisverzerrung f durch Prestigeantworten (empirische Sozialforschung)

prestige consumption (conspicuous consumption) (Thorstein Veblen)
ostentativer Konsum m, demonstrativer Konsum m, Geltungskonsum m (Soziologie)
prestige suggestibility
Prestigesuggestibilität f (Sozialpsychologie)
prestige suggestion
Prestigesuggestion f (Sozialpsychologie)
presupposition
Voraussetzung f, Vorausschätzung f, Voraussage f, Vorhersage f (Logik)
pretest
Pretest m, Voruntersuchung f, Vorstudie f, Probeuntersuchung f, Probebefragung f, Probestudie f (Psychologie/empirische Sozialforschung) vgl. posttest
prevailing wage
überwiegend gezahlter Lohn m (Volkswirtschaftslehre)
prevalence
Vorherbestimmung f, vorherbestimmtes Schicksal n
preventive (preventative)
präventiv, Präventiv-, vorbeugend, Vorbeugungs- adj
preventive psychiatry
Präventivpsychiatrie f, präventative Psychiatrie f
prevision
Vorahnung f, Ahnung f, Wahrsagung f, Prophezeiung f, Wahrsagerei f, Vorausschau f, Voraussicht f, Prävision f, Vorhersehen n, Vorherwissen n (Psychologie) (Kulturanthropologie)
price (rate)
Preis m (Volkswirtschaftslehre)
price elasticity of demand (price sensitivity of demand)
Preiselastizität f der Nachfrage (Volkswirtschaftslehre)
price index (pl **indices** or **indexes)**
Preisindex m, Preisindexzahl f, Preisindexziffer f (Statistik)
price maintenance (price fixing, price regulation)
Preisbindung f (Volkswirtschaftslehre)
price psychology
Preispsychologie f
price relative
Preismeßziffer f (Statistik)
pricing
Preisgebung f (Volkswirtschaftslehre)
pricing policy
Preispolitik f, Preisgebungspolitik f (Volkswirtschaftslehre)

priest
Priester *m*, Pfarrer *m*, Geistlicher *m* *(Religionssoziologie)*

priesthood
1. Priesteramt *n*, Priesterwürde *f*
2. Priesterschaft *f*, Priesterstand *m*, die Priester *m/pl*, Geistlichkeit *f* *(Religionssoziologie)*

primacy
Primat *m*, Vorrang *m* *(Soziologie) (Sozialökologie) (Kommunikationsforschung)*

primacy effect (in persuasion)
Primateffekt *m*, Vorrangeffekt *m* (bei beeinflussender Kommunikation) *(Kommunikationsforschung)*
vgl. recency effect

primacy-recency effect
Primär-Rezenz-Effekt *m* *(Theorie des Lernens) (Kommunikationsforschung)*

primagravida
Primagravida *f*, Erstschwangere *f*

primal problem
primales Problem *n*, Primalität *f*, Primalproblem *n* *(lineare Programmierung)*

primapara
Primapara *f*, Erstgebärende *f*
vgl. multipara

primary
primär *adj*
vgl. secondary

primary ability (primary mental ability) (PMA)
Primärfähigkeit *f*, primäre Fähigkeit *f* *(Psychologie)*
vgl. secondary ability

primary analysis (*pl* analyses, primary data analysis)
Primäranalyse *f*, primäre Analyse *f* *(empirische Sozialforschung)*
vgl. secondary analysis

primary association (Kingsley Davis)
Primärverband *m* persönlicher Verband *m*, persönliche Vereinigung *f*, persönlicher Verein *m*, Verband *m* mit persönlichem Direktkontakt zwischen den einzelnen Mitgliedern *(Gruppensoziologie)*
vgl. secondary association

primary communication
Primärkommunikation *f*, primäre Kommunikation *f* *(Kommunikationsforschung)*
vgl. secondary communication

primary community (George C. Homans) (face-to-face community)
Primärgemeinschaft *f*, primäre Gemeinschaft *f*, primäre Gemeinde *f*, Gemeinde *f* mit direktem persönlichem Kontakt *(Soziologie) (Sozialökologie)*
vgl. secondary community

primary conflict
Primärkonflikt *m*, primärer Konflikt *m* *(Soziologie)*
vgl. secondary conflict

primary contact
Primärkontakt *m*, primärer Kontakt *m* *(Soziologie) (Kommunikationsforschung)*
vgl. secondary contact

primary control
Primärkontrolle *f*, primäre Kontrolle *f* *(Soziologie)*
vgl. secondary control

primary cooperation
Primärkooperation *f*, primäre Kooperation *f*, Primärzusammenarbeit *f*, primäre Zusammenarbeit *f* *(Soziologie)*
vgl. secondary cooperation

primary data *pl* (first-hand data *pl*)
Primärdaten *n/pl*, primäre Daten *n/pl*, primäres Erhebungsmaterial *n* *(empirische Sozialforschung)*
vgl. secondary data

primary data survey (primary data research, field investigation, field study)
Primärerhebung *f*, primäre Datenerhebung *f* *(empirische Sozialforschung)*
vgl. secondary data survey

primary deviation (Edwin M. Lemert)
Primärabweichung *f*, primäre Abweichung *f* *(Kriminologie)*
vgl. secondary deviation

primary diffusion
Primärdiffusion *f*, primäre Diffusion *f* *(Soziologie)*
vgl. secondary diffusion

primary drive (primary motive, primary need)
Primärtrieb *m*, Primärantrieb *m* *(Psychologie)*
vgl. secondary drive

primary election (primary)
Vorwahl *f* *(politische Wissenschaften)*

primary family
Primärfamilie *f*, primäre Familie *f* *(Demographie)*
vgl. secondary family

primary framework (Erving Goffman)
primärer Rahmen *m* *(Soziologie)*

primary goal
Primärziel *n*, primäres Ziel *n*, vorrangiges Ziel *n* (*Organisationssoziologie*) (*Entscheidungstheorie*)
vgl. secondary goal
primary group (Charles Horton) (face-to-face group) (Charles H. Cooley) (group with presence, with-presence group, direct-contact group)
Primärgruppe *f*, Gruppe *f* mit direktem persönlichem Kontakt (*Gruppensoziologie*)
vgl. secondary group
primary group structure
Primärgruppenstruktur *f* (*Gruppensoziologie*)
vgl. secondary group structure
primary incest taboo
primäres Inzesttabu *n* (*Kulturanthropologie*)
primary individual
alleinstehender Haushaltsvorstand *m*, alleinstehende Person *f* (*Demographie*)
primary industry
Rohstoffindustrie *f*, Grundstoff-Industrie *f* (*Volkswirtschaftslehre*)
vgl. secondary industry
primary institution (Talcott Parsons) (Abram Kardiner)
primäre Institution *f* (*Soziologie*)
vgl. secondary institution
primary institutionalization
primäre Institutionalisierung *f* (*Organisationssoziologie*)
vgl. secondary institutionalization
primary labor market (*brit* **primary labour market**
primärer Arbeitsmarkt *m* (*Industriesoziologie*)
vgl. secondary labor market
primary marriage
Erstehe *f* (*Familiensoziologie*)
vgl. secondary marriage
primary message
primäre Botschaft *f* (*Systemtheorie*)
vgl. secondary message
primary migration
Ersteinwanderung *f*, Erstmigration *f*, Migration *f* in ein unbewohntes Gebiet (*Migration*)
vgl. secondary migration
primary model
primäres Vorbild *n*, primäres Beispiel *n* (*Soziologie*) (*Sozialpsychologie*)
vgl. secondary model
primary motive
Primärmotiv *n*, primäres Motiv *n* (*Psychologie*)
vgl. secondary motive

primary need (biological need, physiological need, innate need)
Primärbedürfnis *n*, primäres Bedürfnis *n* (*Psychologie*)
vgl. secondary need
primary occupation (primary sector occupation)
Primärberuf *m*, primärer Beruf *m*, Beruf *m* des primären Sektors, produzierender Beruf *m*, unmittelbar produzierende Beschäftigung *f* (*Arbeitssoziologie*)
vgl. secondary occupation, tertiary occupation
primary perception
primäre Wahrnehmung *f*, primäre Perzeption *f* (*Psychologie*)
vgl. secondary perception
primary prejudice (P. McKellar)
primäres Vorurteil *n*, Primärvorurteil *n* (*Sozialpsychologie*)
vgl. secondary prejudice
primary process (primal process)
Primärvorgang *m*, primärer Vorgang *m*, Primärprozeß *m*, primärer Prozeß *m* (Sigmund Freud) (*Psychoanalyse*)
vgl. secondary process
primary reinforcement (unconditioned reinforcement)
Primärverstärkung *f*, primäre Verstärkung *f*, unkonditionierte Verstärkung *f*, bedingte Verstärkung *f*, Verstärkung *f* erster Ordnung *f* (*Verhaltensforschung*)
vgl. secondary reinforcement
primary reinforcer
Primärverstärker *m*, primärer Verstärker *m* (*Verhaltensforschung*)
vgl. primary reinforcer
primary relation (primary relationship)
Primärbeziehung *f*, primäre Beziehung *f* (*Soziologie*)
vgl. secondary relation
primary relationship (face-to-face relationship)
primäre Beziehung *f*, direkte persönliche Beziehung *f* (*Kommunikationsforschung*)
vgl. secondary relationship
primary relative
primärer Verwandter *m*, unmittelbarer Verwandter *m*, engster Verwandter *m*, Mitglied *n* der eigenen Kernfamilie (*Kulturanthropologie*)
vgl. secondary relative
primary research (primary data research)
Primärforschung *f* (*empirische Sozialforschung*)
vgl. secondary research

primary rural population (rural-farm population)
primäre Landbevölkerung f,
ursprüngliche Landbevölkerung f
(Demographie)
vgl. secondary rural population
primary sampling unit (PSU) (primary unit)
Primäreinheit f, primäre Stichprobeneinheit f, primäre Erhebungseinheit f
(Statistik)
primary sector (primary economy)
primärer Sektor m *(Volkswirtschaftslehre)*
vgl. secondary sector, tertiary sector
primary selection (PS)
Primärauswahl f *(Statistik)*
primary sex characteristic
primäres Geschlechtsmerkmal n
(Psychologie)
vgl. secondary sex characteristic
primary socialization (initial socialization)
primäre Sozialisation f *(Soziologie)*
vgl. secondary socialization, tertiary socialization
primary source
Originalquelle f, Ursprungsquelle f
(empirische Sozialforschung)
vgl. secondary source
primary status
Primärstatus m *(Soziologie)*
vgl. secondary status
primary study
Primärstudie f, *(Sozialforschung)*
vgl. secondary study
primary suggestibility (Hans Eysenck)
primäre Suggestibilität f *(Psychologie)*
vgl. secondary suggestibility
primary table (general-purpose table, general table, reference table)
Allzwecktabelle f *(Mathematik/Statistik)*
primate city (Mark Jefferson)
Primatstadt f, Primate City f
(Sozialökologie)
primitive (premodern, pre-modern)
primitiv, undifferenziert, in einem frühen Entwicklungsstadium befindlich, schriftlos, kulturell zurückgeblieben, Naturvolks- *(Ethnologie) (Soziologie)*
primitive communism (primitive communalism)
Urkommunismus m *(Philosophie) (Soziologie)*
primitive culture (premodern culture, pre-modern culture, nonliterate culture)
Primitivkultur f, primitive Kultur f, Kultur f der Naturvölker, ethnographische Kultur f *(Ethnologie)*

primitive economy
primitive Volkswirtschaft f,
primitives Wirtschaftssystem n
(Kulturanthropologie)
primitive mentality
primitive Mentalität f *(Ethnologie)*
primitive migration
primitive Migration f, primitive Wanderung f, primitive Wanderungsbewegungen f/pl
primitive nomadism
primitiver Nomadismus m *(Ethnologie)*
primitive society (pre-modern society)
primitive Gesellschaft f, Gesellschaft f
eines Naturvolks *(Ethnologie)*
primitive thought (primitive thinking, primitive mentality) (Lucien Levy-Bruhl)
primitives Denken n, primitive
Mentalität f *(Kulturanthropologie)*
primitivenes (primitivity)
Primitivität f *(Kulturanthropologie) (Soziologie)*
primitivism
Primitivismus m *(Ethnologie)*
primogeniture
Primogenitur f, Erstgeburtsrecht n, Erstgeborenenrecht n *(Kulturanthropologie)*
vgl. ultimogeniture
principal axis (pl principal axes)
Hauptachse f *(Faktorenanalyse)*
principal component
Hauptkomponente f *(Faktorenanalyse)*
principal components analysis (pl analyses, principal components method, principal components technique, principal components procedure, principal components model, principal axes technique, principal axes method, principal axes analysis, pl analyses, principal axes model, factor rotation, componential analysis)
Hauptachsenmethode f,
Hauptkomponentenmethode f,
Hauptkomponentenanalyse f
(Faktorenanalyse)
principal components rotation (principal axes rotation, factor rotation)
Faktorenrotation f *(Faktorenanalyse)*
principle (tenet, rule)
Grundsatz m, Prinzip n
principle of acceleration (acceleration principle)
Akzelerationsprinzip n, Beschleunigungsprinzip n
principle of concreteness (Kurt Lewin)
Prinzip n der Konkretheit *(Feldtheorie)*
principle of congruity (Charles E. Osgood/Percy H. Tannenbaum)
Kongruenzprinzip n, Kongruitätsprinzip n *(Einstellungsforschung)*

principle of constancy of energy (constancy principle)
Konstanzprinzip *n* (Sigmund Freud (*Psychoanalyse*)
principle of contiguity (contiguity principle, law of contiguity, contiguity law)
Kontiguitätsprinzip *n* (Kontiguitätsgesetz *n* (*Verhaltensforschung*)
principle of control (Willard Waller/Reuben Hill)
Prinzip *n* der Kontrolle (*Organisationssoziologie*)
principle of cultural possibilities (Alexander Goldenweiser)
Prinzip *n* der kulturellen Möglichkeiten (*Kulturanthropologie*)
principle of description (descriptive principle)
deskriptives Prinzip *n*, deskriptiver Grundsatz *m*, Prinzip *n* der Deskription, Grundsatz *m* der Deskription
principle of equipartition (principle of equisection, principle of equal-sense distances)
Prinzip *n* der Zerlegung in gleiche Teile (*Statistik*)
principle of ethnocentrism
Prinzip *n* des Ethnozentrimus (*Kulturanthropologie*) (*Soziologie*)
principle of internalized control
Prinzip *n* der verinnerlichten Kontrolle (*Organisationssoziologie*)
principle of isomorphism
Isomorphieprinzip *n* (*Gestaltpsychologie*)
principle of least effort (Zipf's law) (George K. Zipf)
Prinzip *n* des geringsten Aufwands, Zipfsches Gesetz *n* (*Sozialökologie*)
principle of least interest
Prinzip *n* des geringsten Interesses (*Soziologie*)
principle of least squares
Prinzip *n* der kleinsten Quadrate (*Statistik*)
principle of limited possibilities (Alexander A. Goldenweiser)
Prinzip *n* der begrenzten Möglichkeiten (*Kulturanthropologie*)
principle of limits (Pitirim A. Sorokin)
Prinzip *n* der Grenzen (*Soziologie*)
principle of sociocultural compatibility (compatibility principle)
Kompatibilitätsprinzip *n*, Prinzip *n* der soziokulturellen Kompatibilität (*Kulturanthropologie*)
pregenital period (pregenital stage, pregenital phase)
prägenitale Phase *f*, prägenitale Periode *f* (Sigmund Freud) (*Psychoanalyse*)

principle of advantage (law of advantage)
Vorteilsgesetz *n*, Vorteilsprinzip *n* (*Verhaltensforschung*)
principle of praegnanz
Prägnanzprinzip *n*, Prägnanztendenz *f* (*Gestaltpsychologie*)
principle of sociocultural compatibility (compatibility principle) (Thomas F. Hoult)
Prinzip *n* der soziokulturellen Kompatibilität, Prinzip *n* der parallelen Entwicklung von Gattungen (*Soziologie*)
printout
Ausdruck *m*, Computerausdruck *m*, Printout *m*
prior analysis (*pl* analyses, a priori analysis)
A-priori-Analyse *f* (*statistische Hypothesenprüfung*)
vgl. posterior analysis
prior distribution (a priori distribution)
A-priori-Verteilung *f* (*statistische Hypothesenprüfung*)
vgl. posterior distribution
prior probability (a priori probability)
A-priori-Wahrscheinlichkeit *f*, Wahrscheinlichkeit *f* a priori (*statistische Hypothesenprüfung*)
vgl. posterior probability
prior test (a priori test, planned comparison test, prior comparison, a priori comparison, planned comparison)
A-priori-Test *m*, A-priori-Vergleich *m* (*statistische Hypothesenprüfung*)
vgl. posterior test
priority
Priorität *f*
prisoner-of-war (POW)
Kriegsgefangener *m*
privacy
1. Privatsphäre *f*, Privatheit *f*, Intimsphäre *f*
2. Recht *n* auf Schutz der Privatsphäre, Recht *n* auf unbehelligte Privatsphäre
private collective (Erich Kahler)
privates Kollektiv *n* (*Soziologie*)
vgl. public collective
private household (spending unit, consumer household)
privater Haushalt *m*, Privathaushalt *m*, Konsumentenhaushalt *m*, Haushaltseinheit *f* (*Demographie*) (*empirische Sozialforschung*)
vgl. institutional household
private international law
internationales Zivilrecht *n*, internationales Privatrecht *n*
private law
Zivilrecht *n*, Privatrecht *n*, bürgerliches Recht *n*

private personality (Oscar Lewis)
Privatpersönlichkeit f, private
Persönlichkeit f
vgl. public personality

private poll
unveröffentlichte Meinungsumfrage f,
unveröffentlichte politische Umfrage f
(Meinungsforschung)
vgl. public poll

private property
Privateigentum n
vgl. public property

private variable (Johan Galtung)
private Veränderliche f, private
Variable f *(Psychologie)*
vgl. public variable

privation
1. Beraubung f, Entziehung f,
Wegnahme f
2. Negation f Verneinung f,
Ablehnung f

privilege (status privilege, social privilege)
Privileg n *(Soziologie)*

privileged access
privilegierter Zugang m *(Soziologie)*

privileged familiarity (Alfred Radcliffe-Brown)
privilegierte Vertrautheit f, privilegierte
Vertraulichkeit f *(Kulturanthropologie)*

privileged relationship (privileged familiarity) (Alfred Radcliffe-Brown)
privilegierte Beziehung f
(Kulturanthropologie)

proaction (proactive learning, transfer of learning, transfer of training)
Übungsübertragung f, Übertragung f,
Mitlerneffekt m *(Verhaltensforschung)*

proaction paradigm (transfer paradigm)
Übertragungsparadigma n, Proaktionsparadigma n *(Verhaltenstherapie)*

proactive inhibition
proaktive Hemmung f, vorwirkende
Hemmung f *(Verhaltensforschung)*
vgl. retroactive inhibition

probabilism
Probabilismus m *(Philosophie)*
vgl. determinism

probabilistic explanation
probabilistische Erklärung f, Erklärung f
aufgrund von Wahrscheinlichkeiten
(Theorie des Wissens)
vgl. deterministic explanation

probabilistic functionalism
probabilistischer Funktionalismus m
(Soziologie)
vgl. deterministic functionalism

probabilistic hypothesis (*pl* hypotheses) (Egon Brunswick)
probabilistische Hypothese f *(statistische Hypothesenprüfung)*
vgl. deterministic hypothesis

probabilistic model
probabilistisches Modell n,
probabilistisches Meßmodell n,
Wahrscheinlichkeitsmodell n
(Theoriebildung)
vgl. deterministic model

probabilistic psychology (Egon Brunswick)
probabilistische Psychologie f

probabilistic system
probabilistisches System n
(Theoriebildung)
vgl. deterministic system

probabilistic theory (Egon Brunswick)
probabilistische Theorie f *(statistische Hypothesenprüfung)*
vgl. deterministic theory

probabilities of complementary events
Wahrscheinlichkeiten f/pl
komplementärer Ereignisse
(Wahrscheinlichkeitstheorie)

probability
Wahrscheinlichkeit f *(Mathematik/Statistik)*

probability calculus
Wahrscheinlichkeitsrechnung f
(Mathematik/Statistik)

probability check (probability control)
Wahrscheinlichkeitsprüfung f
(Entscheidungstheorie) (statistische Hypothesenprüfung)

probability curve
Wahrscheinlichkeitskurve f
(Mathematik/Statistik)

probability density
Wahrscheinlichkeitsdichte f *(Statistik)*

probability density function (density function)
Wahrscheinlichkeitsdichtefunktion f,
Dichtefunktion f *(Mathematik/Statistik)*

probability distribution
Wahrscheinlichkeitsverteilung f
(Mathematik/Statistik)

probability function
Wahrscheinlichkeitsfunktion f
(Mathematik/Statistik)

probability integral
Wahrscheinlichkeitsintegral n
(Mathematik/Statistik)

probability learning
Wahrscheinlichkeitslernen n,
Lernen n von Wahrscheinlichkeiten
(Verhaltensforschung)

probability mass
Wahrscheinlichkeitsbelegung f
(Mathematik/Statistik)

probability matching
Wahrscheinlichkeitsangleichung *f* *(Verhaltensforschung)*
probability mixture (mixture of distributions)
Mischung *f* von Verteilungen *(Statistik)*
probability moment (frequency moment)
Häufigkeitsmoment *n*, Moment *n* einer Häufigkeitsverteilung *(Statistik)*
probability paper
Wahrscheinlichkeitspapier *n*, Wahrscheinlichkeitsnetz *n (graphische Darstellung)*
probability ratio
Wahrscheinlichkeitsverhältnis *n* *(Mathematik/Statistik)*
probability sample (precision sample, simple sample)
Wahrscheinlichkeitsstichprobe *f*, Wahrscheinlichkeitsauswahl *f (Statistik)*
probability sampling (precision sampling, simple sampling)
Wahrscheinlichkeitsauswahl *f*, Wahrscheinlichkeitsauswahlverfahren *n*, reines Wahrscheinlichkeitsstichprobenverfahren *n (Statistik)*
probability space (outcome space, sample space)
Wahrscheinlichkeitsraum *m*, Wahrscheinlichkeitsfeld *n*, Ergebnisraum *m*, Stichprobenraum *m* *(Mathematik/Statistik)*
probability surface
Wahrscheinlichkeitsfläche *f* *(Mathematik/Statistik)*
probability table
Wahrscheinlichkeitstabelle *f* *(Mathematik/Statistik)*
probability theory
Wahrscheinlichkeitstheorie *f* *(Mathematik/Statistik)*
probable error (PE) (probable error of the mean)
wahrscheinlicher Fehler *m (statistische Hypothesenprüfung)*
proband
Proband *m*, Testperson *f*, Versuchsperson *f (experimentelle Anlage)*
probation
Bewährung *f* bedingter Straferlaß *m*, bedingte Haftentlassung *f*, bedingte Strafaussetzung *f (Kriminologie)*
probation officer
Bewährungshelfer(in) *m(f)* *(Kriminologie)*
probationer
auf Bewährung Verurteilter *m*, auf Bewährung freigelassener Strafgefangener *m (Kriminologie)*

probe (probe question, follow-up question)
Nachfrage *f*, Nachfaßfrage *f (empirische Sozialforschung)*
probing
Nachfragen *n*, Stellung *f* von Nachfaßfragen, Sondierungsfragen *(empirische Sozialforschung)*
probit (from probability + unit)
Probit *n*, Probitwert *m (Statistik)*
probit analysis (*pl* analyses)
Probitanalyse *f (Statistik)*
probit regression line
Probitregressionsgerade *f (Statistik)*
problem
Problem *n*
problem area
Problembereich *m*, Problemgebiet *n*, Problemfeld *n (Entscheidungstheorie)*
problem box (puzzle box)
Problemkäfig *m (Verhaltensforschung)*
problem definition (definition of the problem)
Problemdefinition *f (Theoriebildung)*
problem family
Problemfamilie *f (Soziologie)*
problem of Hume (Hume's fork) (David Hume)
Humes Problem *n*, Humesches Problem *n (Philosophie)*
problem of m-rankings
Problem *n* des Anordnungsvergleichs von *m* Reihen *(Statistik)*
problem solving (problem-solving) (Warren G. Bennis)
Problemlösung *f*, Problemlösen *n* *(Psychologie)*
problem solving behavior (*brit* problem solving behaviour) (Warren G. Bennis)
Problemlösungsverhalten *n (Psychologie)*
problematic behavior (*brit* problematic behaviour)
Problemverhalten *n*, therapiebedürftiges Verhalten *n (Psychologie)*
procedural bias
Verfahrensfehler *m (statistische Hypothesenprüfung)*
procedural law
Prozeßrecht *n*, Verfahrensrecht *n*
procedural norm
Verfahrensnorm *f (Soziologie)*
procedure
Verfahren *n*, Handlungsweise *f*, Prozedur *f*, Ablauf *m (Soziologie)*
process
Prozeß *m*, Verlauf *m*, Vorgang *m*
process analysis (*pl* analyses, methods study, work simplification)
Verlaufsanalyse *f*, Ablaufanalyse *f* *(Organisationssoziologie)*

process average fraction defective (process average proportion defective, average proportion defective)
durchschnittlicher Ausschußanteil *m* beim Produktionsprozeß *(statistische Qualitätskontrolle)*

process chart (flow chart, flow diagram)
Ablaufsdiagramm *n*, Ablaufsdarstellung *f*, Flußdiagramm *n* *(graphische Darstellung)*

process control (statistical process control) (SPC)
Verfahrenskontrolle *f*, Verfahrensprüfung *f* *(statistische Qualitätskontrolle)*

process of centralization (centralization process)
Zentralisierungsprozeß *m*, Zentralisationsprozeß *m* *(Organisationssoziologie) (Kommunikationsforschung) (Sozialökologie)*

process of co-adaptation (coadaptive process, co-adaptive process, co-adaptation process)
ko-adaptiver Prozeß *m*, Prozeß *m* der Ko-Adaption *(Kulturanthropologie)*

process of learning (learning process)
Lernprozeß *m* *(Psychologie)*

process study
Verlaufsstudie *f*, Ablaufsstudie *f* *(Organisationssoziologie)*

process with independent increments (additive process, random walk process, differential process)
additiver Prozeß *m*, Random-Walk-Prozeß *m* additiver Zufallsprozeß *m* *(Stochastik)*

processing
Aufbereitung *f*, Verarbeitung *f* (von Daten) *(Datenanalyse)*

processing error (process error)
Aufbereitungsfehler *m* *(empirische Sozialforschung) (Datenanalyse)*

processual pattern
Ablaufsmuster *n*, Verfahrensmuster *n*, Verlaufsmuster *n*

procreation
Zeugung *f*, Erzeugung *f*, Hervorbringen *n*, Hervorbringung *f* *(Soziologie)*

producer's risk
Produzentenrisiko *f*, Erzeugerrisiko *n*, Herstellerrisiko *n*, Risiko *n* des Produzenten, Risiko *n* des Herstellers *(statistische Qualitätskontrolle)*
vgl. consumer's risk

producer's risk point (PRP)
Punkt *m* des Produzentenrisikos, Punkt *m* des Herstellerrisikos *(statistische Qualitätskontrolle)*
vgl. consumer's risk point (CRP)

product
Produkt *n* *(Volkswirtschaftslehre) (Mathematik/Statistik)*

product moment (product-moment)
Produktmoment *n* *(Statistik)*

product sum
Produktsumme *f* *(Mathematik/Statistik)*

product-moment correlation (r) (Pearsonian correlation, Pearson correlation)
Produkt-Moment-Korrelation *f*, Maßkorrelation *f*, Pearson-Korrelation *f*, Korrelationskoeffizient *m* nach Pearson *(Statistik)*

product-moment correlation coefficient (r) (Pearson correlation coefficient, Pearsonian correlation coefficient)
Produkt-Moment Korrelationskoeffizient *m*, Maßkorrelationskoeffizient *m*, Pearson-Korrelationskoeffizient *m*, Korrelationskoeffizient *m* nach Pearson *(Statistik)*

production
Produktion *f*, Herstellung *f*, Erzeugung *f* *(Volkswirtschaftslehre)*

production capacity
Produktionskapazität *f* *(Volkswirtschaftslehre)*

production function
Produktionsfunktion *f* *(Volkswirtschaftslehre)*

production goods (producer goods *pl*, producer's goods *pl*, producers' goods *pl*, instrumental goods *pl*, intermediary goods *pl*, auxiliary goods *pl*)
Produktionsgüter *n/pl* *(Volkswirtschaftslehre)*

production research
Produktionsforschung *f* *(Volkswirtschaftslehre)*

production rule
Produktionsregel *f* *(Volkswirtschaftslehre)*

production system
Produktionssystem *n* *(Volkswirtschaftslehre)*

production theory
Produktionstheorie *f* *(Volkswirtschaftslehre)*

productive capital
Produktivkapital *n* *(Volkswirtschaftslehre)*

productive unit
Produktiveinheit *f*, Produktionseinheit *f*

productivity
Produktivität *f* *(Volkswirtschaftslehre)*

profane
profan, weltlich, nicht geistlich,
unkirchlich, gottlos, gotteslästerlich
*adj (Kulturanthropologie)
(Religionssoziologie)*
vgl. sacred

profession (academic profession)
freier Beruf *m*, akademischer Beruf *m*
(Soziologie) (Demographie) (empirische Sozialforschung)

professional (academic)
Angehöriger eines freien Berufs,
Akademiker *m (Soziologie)
(Demographie) (empirische
Sozialforschung)*

professional attitude
Berufseinstellung *f*, Standeshaltung *f*,
berufliche Einstellung *f (Industriesoziologie)*

professional classes *pl*
höhere Berufsstände *m/pl*, akademische
Schichten *f/pl (Demographie)
(Industriesoziologie)*

professional crime (vocational crime)
Berufsverbrechen *n*, Berufskriminalität *f
(Kriminologie)*

professional criminal
Berufsverbrecher *m (Kriminologie)*

professional ethics *pl als sg konstruiert*
Berufsethik *f*, Berufsethos *n
(Industriesoziologie)*

professional folkways *pl* **(occupational folkways** *pl*)
Berufssitten *f/pl*, berufsspezifische
Sitten *f/pl* und Gebräuche *m/pl*,
berufsständische Sitten *f/pl (Industriesoziologie) (Industriepsychologie)*

professional man (*pl* **professional men**)
Angehöriger *m* eines freien
Berufs (geistig Schaffender *m*,
Geistesarbeiter *m*, Akademiker *m*,
Intellektueller *m*

professional manager (managing director)
angestellter Geschäftsführer *m*,
Manager *m*, Geschäftsführer *m
(Industriesoziologie)*

professional organization (*brit* **professional organisation, professional organization model**) **(Eugene Litwak)**
professionelle Organisation *f*,
professionelles Organisationsmodell *n*

professional socialization (occupational socialization)
Berufssozialisation *f*, berufliche
Sozialisation *f*, berufsständische
Sozialisation *f (Soziologie)*
vgl. childhood socialization

professional
1. beruflich, Berufs-, Standes-, Fach-,
Amts- *adj (Industriesoziologie)
(Demographie)*
2. professionell *adj (Arbeitssoziologie)*
3. Akademiker *m*, Angehöriger *m* eines
freien Berufs, eines akademischen Berufs
(Industriesoziologie) (Demographie)

professional solidarity (occupational solidarity)
Berufssolidarität *f*, berufliche
Solidarität *f*, berufsständische
Solidarität *f*

professionalism
Professionalität *f*, Fachwissen *n*,
Fachkenntnis *f*, Fachausbildung *f
(Arbeitssoziologie)*

professionalization
Professionalisierung *f*, Verberuflichung *f
(Arbeitssoziologie)*

professionalization of labor (*brit* **professionalisation of labour**) **(Nelson N. Foote)**
Professionalisierung *f* der manuellen
Arbeit, Professionalisierung *f*
der manuellen Berufstätigkeiten
(Arbeitssoziologie)

professorial socialism
Kathedersozialismus *m (politische
Wissenschaften)*

proficiency
Leistungsfähigkeit *f*, Tüchtigkeit *f*,
Leistungsvermögen *n*, Fertigkeit *f*,
Sachverständigkeit *f*, Geübtheit *f
(Psychologie)*

proficiency test
Leistungstest *m* Fertigkeitstest *m
(Psychologie)*

profile
Profil *n (Psychologie/empirische
Sozialforschung)*

profit
Profit *m*, Gewinn *m*, Unternehmergewinn *m (Volkswirtschaftslehre)*

profit maximization (maximization of profit)
Profitmaximierung *f*, Gewinnmaximierung *f (Volkswirtschaftslehre)*

profit system
Profitsystem *n*, Gewinnsystem *n
(Volkswirtschaftslehre)*

profitability
Rentabilität *f (Volkswirtschaftslehre)*

progeny-price (child-price, child wealth)
Kindspreis *m (Kulturanthropologie)*

prognosis (*pl* **prognoses, forecast, prediction**)
Prognose *f*, Vorausschätzung *f*,
Voraussage *f*, Vorhersage *f (empirische
Sozialforschung)*

prognostic error (prediction error, forecasting error)
Prognosefehler *m*, Voraussschätzungsfehler *m*, Voraussagefehler *m*, Vorhersagefehler *m* *(statistische Hypothesenprüfung)*
prognostication
Prophezeiung *f*, Weissagung *f* *(Kulturanthropologie)*
prognosticator
Wahrsager *m*, Schicksalsdeuter *m* *(Kulturanthropologie)*
program (*brit* **programme**)
Programm *n*
to program (*brit* **to programme**)
programmieren *v/t*
program control (*brit* **programme control**)
Programmsteuerung *f*, Steuerung *f* des Programmablaufs *(EDV)*
program control card (*brit* **programme control card**)
Programmsteuerkarte *f* *(EDV)*
program evaluation (policy evaluation, evaluation research, evaluative research)
Evaluationsforschung *f*, Evaluierungsforschung *f* *(Sozialforschung)*
program evaluation review technique (PERT)
Programmevaluierung *f*, Programmevaluation *f* *(EDV)*
program language (*brit* **programme**)
Programmiersprache *f* *(EDV)*
program library
Programmbibliothek *f* *(EDV)*
program loop (*brit* **programme loop**)
Programmschleife *f* *(EDV)*
program package (package)
Programmpaket *n*, Komplex *m* von Programmen *(EDV)*
programmed learning (automatic tutoring, automated instruction) (B. F. Skinner)
programmiertes Lernen *n*, programmierter Unterricht *m*, programmierte Instruktion *f*, programmierte Unterweisung *f* *(Psychologie)*
programmer
Programmierer *m* *(EDV)*
programming
Programmieren *n*, Programmierung *f* *(EDV)*
progressive
progressiv, fortschrittlich *adj*
progressivism
Progressivität *f*, Progressivismus *m*
prohibition
1. Verbot *n*, Sperre *f*
2. Prohibition *f*, Alkoholverbot *n*

prohibition of incest (incest taboo, incest barrier)
Inzest-Tabu *n*, Inzest-Verbot *n*, Inzestschranke *f* *(Kulturanthropologie)*
project
Projekt *n*, Plan *m*, Vorhaben *n*
to project
projizieren, hochrechnen, durch Projektion übertragen *v/t* *(Mathematik/Statistik)*
to project (to raise)
hochrechnen, projizieren *v/t* *(Mathematik/Statistik)*
project control plan
Netzplan *m* für Arbeitsabläufe *(EDV)*
projected aggression (negative transference)
Übertragungsaggression *f*, übertragene Aggression *f*, übertragene Aggressivität *f*, projizierte Aggression *f*, projizierte Aggressivität *f* *(Psychologie)*
projected experiment (controlled experiment, contrived experiment)
kontrolliertes Experiment *n* *(statistische Hypothesenprüfung)*
projection (raising)
Hochrechnung *f*, Projektion *f* *(Mathematik/Statistik)*
projection
Projektion *f*, Übertragung *f* (Sigmund Freud) *(Psychoanalyse)*
projection effect
Projektionseffekt *m*, Projektionswirkung *f*, Hochrechnungseffekt *m*, Hochrechnungswirkung *f* *(politische Wissenschaften)*
projection factor (inflation factor, raising factor, expansion factor)
Hochrechnungsfaktor *m* *(Mathematik/Statistik)*
projective
projektiv *adj* *(Psychologie/empirische Sozialforschung)*
projective document
projektives Dokument *n* *(empirische Sozialforschung)*
projective play (role play)
projektives Spiel *n*, Rollenspiel *n* *(Psychologie/empirische Sozialforschung)*
projective question
projektive Frage *f* *(Psychologie/empirische Sozialforschung)*
projective technique (projective method)
projektive Technik *f*, projektives Verfahren *n*, projektive Methode *f*, Projektionstechnik *f*, Projektionsverfahren *n*, Projektionsmethode *f*, Entfaltungstechnik *f*, Deutetechnik *f*, Phantasietestverfahren *n* *(Psychologie/empirische Sozialforschung)*

projective test
 projektiver Test *m*, Entfaltungstest *m*,
 Deutetest *m*, Phantasietest *m*
 (Psychologie/empirische Sozialforschung)
proletarian
 1. proletarisch, Proletarier-
 2. Proletarier *m* *(Soziologie)*
proletarianization
 Proletarisierung *f* *(Soziologie)*
proletariat
 Proletariat *n* *(Soziologie)*
promax method (promax)
 Promaxmethode *f* *(Faktorenanalyse)*
promiscuity
 Promiskuität *f* *(Psychologie)*
pronatalist policy (pro-natalist policy, pronatalist population policy, pro natalist population policy)
 pronatalistische Politik *f*, Politik *f* der Erhöhung der Geburtenziffer *(Demographie)*
pronatalist (pro natalist)
 Pronatalist *m*, Befürworter *m* einer Erhöhung der Geburtenziffer *(Demographie)*
proof
 Beweis *m*, Nachweis *m* *(Theorie des Wissens)*
propaganda
 Propaganda *f* *(Kommunikationsforschung)*
propaganda analysis (*pl* analyses, analysis of propaganda)
 Propaganda-Analyse *f* *(Kommunikationsforschung)*
propagation (distribution)
 Verbreitung *f*, Ausbreitung *f*,
 Propagation *f* *(Kulturanthropologie)* *(Soziologie)*
propensity
 Neigung *f*, Hang *m*, Lust *f*,
 Verlangen *n*, Wille *m*
propensity to consume (John Maynard Keynes)
 Konsumneigung *f* *(Volkswirtschaftslehre)*
propensity to save (John Maynard Keynes)
 Sparneigung *f* *(Volkswirtschaftslehre)*
propensity to strike
 Streikneigung *f* *(Volkswirtschaftslehre)*
property
 Besitz *m* (im Gegensatz zu Eigentum)
property space
 Merkmalsraum *m*, Eigenschaftsraum *m* *(Psychologie/empirische Sozialforschung)*
prophecy
 Prophetie *f*, Prophezeiung *f*,
 Weissagung *f*
prophet
 Prophet *m*, Seher *m*, Vorhersager *m* *(Ethnologie)*

prophylaxis
 Prophylaxe *f* *(Psychologie)*
propinquity
 Nähe *f*, nahe Verwandtschaft *f* *(Kulturanthropologie)*
propitation
 Sühne *f*, Sühneopfer *n*, Aussöhnung *f*,
 Versöhnung *f* *(Soziologie)* *(Kulturanthropologie)*
propitiatory rite (piacular rite) (Emile Durkheim)
 Sühneritus *m*, Sühnezeremonie *f*,
 Versöhnungsritus *m*, Versöhnungszeremonie *f* *(Soziologie)*
proportion
 Proportion *f*, Verhältnis *n*,
 Verhältniszahl *f* *(Mathematik/Statistik)*
proportional representation
 proportionale Repräsentation *f* *(politische Wissenschaften)*
proportional sample (proportionate sample)
 proportionale Auswahl *f*, proportionale Stichprobe *f* *(Statistik)*
proportional sampling (proportionate sampling, proportional sample allocation, proportionate sample allocation, proportional stratification, proportionate stratification)
 proportionales Auswahlverfahren *n*,
 proportionale Auswahl *f*, proportionale Stichprobenbildung *f*, proportionale Stichprobenentnahme *f*, proportionales Stichprobenverfahren *n*, Bildung *f* einer proportionalen Stichprobe, von proportionalen Stichproben *(Statistik)*
proportional stratified sample (proportionate stratified sample)
 proportional geschichtete Stichprobe *f*,
 anteilig geschichtete Stichprobe *f*,
 proportional geschichtete Auswahl *f* *(Statistik)*
proportionale frequency (proportionate frequency)
 proportionale Häufigkeit *f* *(Statistik)*
proportionate mortality (death ratio)
 proportionale Sterblichkeit *f*,
 Sterblichkeitsverhältnis *n* *(Demographie)*
proportionate subclass numbers *pl* (proportional subclass numbers *pl*)
 proportionale Untergruppenzahlen *f/pl* *(Statistik)*
proposition (suggestion, thesis)
 1. Vorschlag *m*, Anregung *f*
 2. Aussage *f*, These *f*, Annahme *f*,
 Hypothese *f*, Vermutung *f* *(Theorie des Wissens)*
propositional logic
 Aussagenlogik *f* *(Theorie des Wissens)*

propriate behavior (*brit* **behaviour**)
(Gordon W. Allport)
propriates Verhalten *n*, propriates
Handeln *n*, Handeln *n* des Selbst
(Psychologie)
propriate function (Gordon W. Allport)
propriate Funktion *f*, Funktion *f* der
Ichbeteiligung *(Psychologie)*
propriate state (Gordon W. Allport)
propriater Zustand *m*, ichbeteiligter
Zustand *m* *(Psychologie)*
propriety
Schicklichkeit *f*, Anstand *m*,
Anstandsformen *f/pl* *(Soziologie)*
proprioception (Charles S. Sherrington)
(self-sensitivity)
Propriozeption *f*, Wahrnehmung *f*
körpereigener Reize *(Psychologie)*
proprioceptive reflex (proprioceptive response)
propriozeptiver Reflex *m*, Eigenreflex *m*
(Psychologie)
proprioceptive stimulus (*pl* **stimuli**)
propriozeptiver Stimulus *m*,
propriozeptiver Reiz *m*, Eigenreiz *m*,
Eigenstimulus *m* *(Psychologie)*
proprioceptive
propriozeptiv, körpereigene Reize
betreffend, körpereigene Reize
wahrnehmend *adj* *(Psychologie)*
proprium (Emanuel Swedenborg/Gordon
W. Allport)
Proprium *n*, Ich *n*, Identität *f*,
Selbstgefühl *n* *(Psychologie)*
proscribing rite
Verbotsritus *m* *(Ethnologie)*
proselyte
Proselyt(in) *m* (*f*), Neubekehrte(r) *f(m)*
(Religionssoziologie)
proselytism
Proselytismus *m*, Proselytentum *n*,
Bekehrungseifer *m* *(Religionssoziologie)*
proslavery
Befürwortung *f* der Sklaverei,
Verteidigung *f* der Sklaverei
(Kulturanthropologie) (Soziologie)
prosographic method
prosographische Methode *f* *(empirische
Sozialforschung)*
prospect group (target group)
Zielgruppe *f* *(Kommunikationsforschung)
(Sozialforschung)*
prospect population (target population)
Zielbevölkerung *f*, Zielpopulation *f*,
Zielgruppe *f* *(Kommunikationsforschung)*
prospective
potentiell, prospektiv *adj*

prospective experiment
prospektives Experiment *n* *(statistische
Hypothesenprüfung)*
prostitution
Prostitution *f* *(Soziologie)*
protagonist (Jacob L. Moreno)
Protagonist *m* (im Psychodrama
(Verhaltenstherapie)
protection
Schutz *m*
**protection of the environment
(environmental protection)**
Umweltschutz *m*
protective custody
Schutzhaft *f* *(Kriminologie)*
protectorate
Protektorat *n* *(politische Wissenschaften)*
protention
Protention *f* *(Philosophie)*
protest
Protest *m* *(Soziologie) (Sozialpsychologie)*
protest movement
Protestbewegung *f* *(Sozialpsychologie)*
Protestant church
protestantische Kirche *f* *(Religionssoziologie)*
Protestant ethic
protestantische Ethik *f* *(Soziologie)*
protestantism
Protestantismus *m* *(Religionssoziologie)*
prothetic continuum (*pl* **continua** or
continuums) (S. S. Stevens)
prothetisches Kontinuum *n* *(Skalierung)*
protocol (record, report)
Protokoll *n*, Sitzungsbericht *m*
protocol sentence (Ludwig Wittgenstein)
(Rudolf Carnap) (basic sentence,
protocol statement)
Protokollsatz *m* *(Theorie des Wissens)*
protocracy
Protokratie *f* *(politische Wissenschaften)*
**prototaxic experience (primitive
experience)** (Harry S. Sullivan)
prototaktisches Erlebnis *n*,
prototaktische Erfahrung *f* *(Psychologie)*
vgl. parataxic experience, syntaxic
experience
**prototaxic mode of experience, prototaxic
mode, primitive mode of experience,
primitive mode** (Harry S. Sullivan)
prototaktischer Erfahrungsmodus *m*,
prototaktischer Erlebnismodus *m*
(Psychologie)
vgl. parataxic experience
prototaxis (prototaxic mode) (Harry S.
Sullivan)
Prototaxie *f*, prototaxischer Modus *m*
(Psychologie)
vgl. parataxic mode, syntaxis, parataxis

prototype
Prototyp *m*, Muster *n*
prototypic group
prototypische Gruppe *f (Gruppensoziologie)*
province
Provinz *f (Sozialökologie)*
provincialism (localism, parochialism)
Provinzialismus *m*, provinzielle Borniertheit *f (Sozialpsychologie)*
provisional dictatorship (commissionary dictatorship)
kommissarische Diktatur *f*, provisorische Diktatur *f*, Übergangsdiktatur *f (politische Wissenschaften)*
provisional government (caretaker government, interim government, commissionary government)
geschäftsführende Regierung *f*, Übergangsregierung *f*, kommissarische Regierung *f (politische Wissenschaften)*
provoked abortion (induced abortion)
geplante Abtreibung *f*, absichtliche Abtreibung *f*
proxemic behavior (*brit* proxemic behaviour) (Edward T. Hall)
proxemisches Verhalten *n*, Distanzverhalten *n (Kommunikationsforschung)*
proxemic communication (Edward T. Hall)
proxemische Kommunikation *f (Kommunikationsforschung)*
proxemics *pl als sg* konstruiert (proxemic communication) (Edward T. Hall)
Proxemik *f*, proxemische Kommunikation *f (Kommunikationsforschung)*
proximal cue
proximaler Schlüsselreiz *m*, proximaler Hinweisreiz *m*, körpernaher Schlüsselreiz *m*, körpernaher Hinweisreiz *m (Verhaltensforschung)*
vgl. distal cue
proximal effect
proximale Wirkung *f*, körpernahe Wirkung *f (Verhaltensforschung)*
vgl. distal effect
proximal object
proximales Objekt *n*, körpernahes Objekt *n (Verhaltensforschung)*
vgl. distal object
proximal stimulus (*pl* stimuli)
proximaler Reiz *m*, proximaler Stimulus *m*, körpernaher Reiz *m*, körpernaher Stimulus *m (Verhaltensforschung)*
vgl. distal stimulus
proximal variable
proximale Variable *f*, körpernahe Variable *f (Psychologie)*
vgl. distal variable

proximity analysis (*pl* analyses)
Proximitätsanalyse *f*, Ähnlichkeitsanalyse *f (Statistik) (multidimensionale Skalierung)*
proximity theorem
Ähnlichkeitstheorem *n*, Proximitätstheorem *n*, Ähnlichkeitssatz *m*, Proximitätssatz *m (Statistik)*
proximity (similarity)
Proximität *f*, Ähnlichkeit *f*, Gleichartigkeit *f (Statistik) (multidimensionale Skalierung)*
propinquity
Nähe *f*, Nachbarschaft *f (Sozialökologie) (Statistik)*
psephology (election research, electoral research, electoral sociology)
Psephologie *f*, Wahlforschung *f (politische Wissenschaft)*
pseudo communication
Pseudokommunikation *f (Kommunikationsforschung)*
pseudo conditioning
Pseudokonditionierung *f (Verhaltensforschung)*
pseudo experiment (pseudo-experiment)
Pseudoexperiment *n (statistische Hypothesenprüfung)*
pseudo factor
Pseudofaktor *m (Faktorenanalyse)*
pseudo feedback (pseudo-feedback, circular causal chain)
Pseudo-Rückkoppelung *f*, zyklische Kausalkette *f*, kreisförmige Kausalkette *f (Kybernetik)*
pseudo-random numbers *pl*
Pseudo-Zufallszahlen *f/pl (statistische Hypothesenprüfung)*
pseudo-relational survey
pseudorelationale Umfrage *f*, pseudorelationale Befragung *f (empirische Sozialforschung)*
pseudocommunity
Pseudogemeinschaft *f (Soziologie)*
pseudoscience (pseudo-science, pseudo science)
Pseudowissenschaft *f*
psyche
Psyche *f*, Seele *f*, Geist *m (Psychologie)*
psychegroup (psyche-group) (Helen H. Jennings)
Psychegruppe *f*, geistig-seelische Gruppe *f (Gruppensoziologie)*
vgl. sociogroup
psychiatric anthropology (anthropopsychiatry)
Anthropopsychiatrie *f*
psychiatric criminology
psychiatrische Kriminologie *f*

psychiatric interview
psychiatrisches Interview *n*, Interview *n* in der Psychiatrie
psychiatric social work
psychiatrische Sozialarbeit *f*
psychiatric sociology
psychiatrische Soziologie *f*
psychiatric statistics *pl als sg konstruiert*
psychiatrische Statistik *f*
psychiatric survey
psychiatrische Übersichtsstudie *f*, psychiatrische Übersichtsuntersuchung *f*
psychiatry
Psychiatrie *f*
psychic (psychical, psychological)
psychisch *adj*
psychic apparatus
psychischer Apparat *m* (*Psychoanalyse*)
psychic communication (Ernest G. Bormann)
psychische Kommunikation *f* (*Kommunikationsforschung*)
psychic profile (personality profile, trait profile)
Persönlichkeitsprofil *n* (*Psychologie*)
psychic research (parapsychology)
Parapsychologie *f*, Erforschung *f* übernatürlicher Phänomene
psycho-ethnography (Melville J. Herskovits)
Psycho-Ethnographie *f* (*Kulturanthropologie*)
psycho-terror (psychoterror)
Psychoterror *m*
psychoanalysis
Psychoanalyse *f*, Tiefenpsychologie *f* (*Sigmund Freud*)
psychoanalytical theory
psychoanalytische Theorie *f*, psychoanalytische Psychologie *f* (*Sigmund Freud*)
psychodiagnostics *pl als sg konstruiert*
Psychodiagnostik *f*
psychodrama (Jacob L. Moreno)
Psychodrama *n* (*Verhaltenstherapie*)
psychodynamics *pl als sg konstruiert*
Psychodynamik *f*
psychogalvanic response (PGR) (psychogalvanic skin response, psychogalvanic reaction, psychogalvanic skin reaction, psychogalvanic reflex, psychogalvanic skin reflex, basal skin response (BSR), basal skin resistance)
psychogalvanischer Reflex *m*, psychogalvanische Reaktion *f*, psychogalvanischer Hautreflex *m*, psychogalvanische Hautreaktion *f* (*Psychologie*)

psychogalvanometer (galvanometer)
Psychogalvanometer *n*, Galvanometer *n* (*Psychologie*)
psychogenic drive (acquired drive, acquirable drive, learnable drive, sociogenic drive, secondary drive)
erworbener Trieb *m*, angeeigneter Trieb *m* (*Verhaltensforschung*)
psychogenesis
Psychogenese *f*, Psychogenie *f* (*Psychologie*)
psychogenetics *pl als sg konstruiert*
Psychogenetik *f*
psychogenic
psychogen *adj* (*Psychologie*)
psychogenic drive (acquired drive)
psychogener Antrieb *m* (*Psychologie*)
psychogenic motive (acquired need) (Henry A. Murray)
psychogenes Motiv *n* (*Psychologie*)
psychogenic need (Henry A. Murray) (acquired need)
psychogenes Bedürfnis *n* (*Psychologie*)
psychogeriatrics *pl als sg konstruiert*
Psychogeriatrie *f*
psychograph (psychogram, personality profile)
Psychogramm *n*
psychographics *pl als sg konstruiert* **(psychographic characteristics** *pl*)
Psychographie *f*, psychographische Daten *n/pl* (*empirische Sozialforschung*)
psycholinguistics *pl als sg konstruiert* **(psychological linguistics** *pl als sg konstruiert*)
Psycholinguistik *f*, Sprachpsychologie *f*, Psychologie *f* der Sprache
psychological
psychologisch *adj*
psychological aesthetics *pl als sg konstruiert* **(aesthetical psychology)**
Psychoästhetik *f*
psychological age (mental age)
psychisches Alter *n*, psychologisches Alter *n* (*Entwicklungspsychologie*)
psychological anthropology
psychologische Anthropologie *f*
psychological autopsy (Theodore J. Curphey)
psychische Autopsie *f*, psychologische Autopsie *f*
psychological climate
psychologisches Klima *n* (*Organisationssoziologie*)
psychological coercion
psychischer Zwang *m*

psychological demand effect (consumer behavior effect on demand, behavioral effect on demand)
Nachfrageeffekt m, externer Konsumeffekt m (Volkswirtschaftslehre)
psychological determinism
psychologischer Determinismus m
psychological distance
psychische Distanz f (Psychologie)
psychological ecology (ecological psychology, environmental psychology)
Umweltpsychologie f
psychological environment
psychische Umwelt f, psychische Umgebung f
psychological field (Kurt Lewin)
psychisches Feld n (Feldtheorie)
psychological functionalism (Bronislaw Malinowski)
psychologischer Funktionalismus m (Kulturanthropologie)
psychological integrity (Stephen A. Appelbaum)
psychische Integrität f
psychic energy
psychische Energie f (Sigmund Freud) (Psychoanalyse)
psychological marginality
psychische Marginalität f (Psychologie)
psychological participation
psychische Partizipation f, subjektive Partizipation f (Psychologie)
psychological reactance
psychische Reaktanz f (Psychologie/empirische Sozialforschung)
psychological reductionism
psychologischer Reduktionismus m (Psychologie)
psychological repression
psychische Repression f (Psychoanalyse)
psychological sociology
psychologische Soziologie f
psychological stress
psychischer Stress m, psychische Belastung f, psychische Spannungen f/pl (Umweltpsychologie)
psychological structuralism
psychologischer Strukturalismus m
psychological time (experiential time)
Zeiterleben n (Psychologie)
psychological warfare (psywar)
psychologische Kriegführung f
psychological well-being (well-being, happiness)
psychisches Wohlbefinden n, Glück n, Wohlbefinden n, Wohlbehagen n, Wohlergehen n, Wohl n (Psychologie) (Sozialpsychologie) (Soziologie)
psychologism
Psychologismus m, Psychologisieren n

psychology
Psychologie f
psychology of art (art psychology, aesthetical psychology)
Kunstpsychologie f
psychology of collective behavior (brit psychology of collective behaviour, collective psychology)
Psychologie f des Kollektivverhaltens, Kollektivpsychologie f (Sozialpsychologie)
psychology of intellectual powers of man (faculty psychology)
Vermögenspsychologie f
psychology of learning (learning psychology)
Lernpsychologie f, Psychologie f des Lernens
psychology of literature
Literaturpsychologie f
psychology of perception (perceptual psychology, psychology of cognition, cognitive psychology)
Wahrnehmungspsychologie f, Psychologie f der Wahrnehmung
psychology of personality
Persönlichkeitspsychologie f, Psychologie f der Persönlichkeit, Persönlichkeitsforschung f, Charakterkunde f
psychology of religion
Religionspsychologie f
psychomathematics pl als sg konstruiert
Psychomathematik f
psychometrics pl als sg konstruiert
Psychometrie f
psychometry
Psychometrie f
psychomotor skill
psychomotorische Fertigkeit f (Psychologie)
psychomotor test
psychomotorischer Test m (Psychologie)
psychomotoric (psychomotor)
1. Psychomotorik f, psychomotorische Bewegung f
2. psychomotorisch adj
psychoneurosis (pl psychoneuroses)
Psychoneurose f, Neurose f
psychopath
Psychopath m, psychopathische Persönlichkeit f
psychopathic delinquency
psychopathische Kriminalität f, psychopathische Delinquenz f (Kriminologie)
psychopathic personality (psychopathic character)
psychopathische Persönlichkeit f, psychopathischer Charakter m

psychopathogenesis
Psychopathogenese *f*
psychopathology (abnormal psychology)
Psychopathologie *f*, klinische Psychologie *f*
psychopathy
Psychopathie *f*
psychopharmacology (psychopharmacological psychology)
Psychopharmakologie *f*, psychopharmakologische Psychologie *f*
psychopathic criminal (psychopathic offender)
psychopathischer Krimineller *m*, psychopathischer Straftäter *m*, psychopathischer Verbrecher *m*, krimineller Psychopath *m*
psychophysical parallelism
psycho-physischer Parallelismus *m* (*Psychologie*)
psychophysical parallelism
psychophysischer Parallelismus *m* (*Philosophie*)
psychophysics *pl als sg konstruiert*
Psychophysik *f* (Gustav A. Fechner)
psychophysiology
Psychophysiologie *f*, physiologische Psychologie *f*
psychoreflexology (W. Bechterew)
Psychoreflexologie *f*, objektive Psychologie *f*
psychosis (*pl* **psychoses**)
Psychose *f*
psychosocial control
psychosoziale Kontrolle *f*
psychosocial crisis (in ego development)
psychosoziale Krise *f*
psychosocial gerontology
psychosoziale Gerontologie *f*
psychosocial identity
psychosoziale Identität *f*
psychosocial need
psychosoziales Bedürfnis *n*
psychosomatic
psychosomatisch *adj*
psychosomatic illness (psychosomatic disease, psychosomatic disorder)
psychosomatische Krankheit *f*, psychosomatische Erkrankung *f*, psychosomatisches Leiden *n*
psychosomatic medicine
psychosomatische Medizin *f*
psychosomatics *pl als sg konstruiert*, **psychosomatic medicine**
Psychosomatik *f*
psychobiology
Psychobiologie *f* (Adolf Meyer)
psychosurgery
Psychochirurgie *f*

psychotechnology (psychotechnics *pl als sg konstruiert*)
Psychotechnologie *f*, Psychotechnik *f*, Technopsychologie *f*
psychosynthesis (*pl* **psychosyntheses**)
Psychosynthese *f* (Carl G. Jung) (*Psychoanalyse*)
psychotherapy
Psychotherapie *f*
psychotic depression
psychotische Depression *f* (*Psychoanalyse*)
psychotic personality (psychotic character)
psychotische Persönlichkeit *f*, psychotischer Charakter *m* (*Psychoanalyse*)
psychotic
1. Psychotiker(in) *m* (*f*) (*Psychoanalyse*)
2. psychotisch *adj* (*Psychoanalyse*)
psychoticism
Psychotizismus *m* (*Psychoanalyse*)
puberty
Pubertät *f* (*Psychologie*)
puberty rite (puberal rite, initiation rite)
Pubertätsritual *n*, Pubertätszeremonie *f* (*Kulturanthropologie*)
pubescence (pubescency)
Pubeszenz *f* (*Psychologie*)
public
1. öffentlich, öffentlich zugänglich, allgemein bekannt, in der Öffentlichkeit bekannt *adj*
2. die öffentliche Hand betreffend, staatlich, Staats- *adj*
3. Öffentlichkeit *f*, Publikum *n* (*Soziologie*) (*Sozialpsychologie*) (*Kommunikationsforschung*)
public administration
öffentliche Verwaltung *f*, öffentliche Hand *f*, vollziehende Gewalt *f* (*Organisationssoziologie*)
public affairs *pl*
öffentliche Angelegenheiten *f/pl*, Gemeinwesen *n* (*Soziologie*) (*politische Wissenschaft*)
the public at large (general public)
allgemeine Öffentlichkeit *f*, allgemeines Publikum *n*, die Öffentlichkeit *f* (*empirische Sozialforschung*) (*Soziologie*) (*Kommunikationsforschung*)
public bureaucracy (state bureaucracy, government bureaucracy)
Regierungsbürokratie *f*, Staatsbürokratie *f*, öffentliche Bürokratie *f* (*Organisationssoziologie*)
public cause
öffentliche Angelegenheit *f*, Sache *f* (*empirische Sozialforschung*) (*Soziologie*) (*politische Wissenschaft*)

public choice (public choice behavior, *brit* behaviour, public choices *pl*, social decision-making social choice, social choice behavior, *brit* behaviour, social decision, collective decision)
soziales Entscheidungsverhalten *n*, soziales Wohlverhalten *n*, kollektive Entscheidung *f*, Kollektiventscheidung *f*, kollektive Abstimmung *f* *(Soziologie) (Entscheidungstheorie) (Organisationssoziologie)*
public collective (Erich Kahler)
öffentliches Kollektiv *n (Soziologie)*
vgl. private collective
public consciousness
öffentliches Bewußtsein *n* *(Sozialpsychologie)*
public competition (public contestation, competitive politics *pl als sg konstruiert*) (Robert A. Dahl)
Politik *f* des Wettbewerbs, Politik *f* der Konkurrenz *(politische Wissenschaften)*
public debt
öffentliche Verschuldung *f*, Verschuldung *f* der öffentlichen Hand, Staatsverschuldung *f*, Staatsschuld *f*
public defender
Pflichtverteidiger *m (Kriminologie)*
public enemy
Staatsfeind *m*, Volksfeind *m* *(Sozialpsychologie)*
public enterprise
öffentliches Unternehmen *n*, öffentliches Wirtschaftsunternehmen *n*
public expenditure (public expenditures *pl*)
öffentliche Ausgaben *f/pl*
public finance
öffentliche Finanzen *f/pl*
public health
Volksgesundheit *f*
public health service (public health)
öffentlicher Gesundheitsdienst *m*, öffentliches Gesundheitswesen *n*
public interest (the public interest)
öffentliches Interesse *n*, öffentliches Wohl *n*, öffentliche Wohlfahrt *f*
public interest group
Bürgerinitiative *f (politische Wissenschaften)*
public language (Basil Bernstein)
öffentliche Sprache *f (Soziolinguistik)*
public law
öffentliches Recht *n*
public office
öffentliches Amt *n*
public opinion
öffentliche Meinung *f (Kommunikationsforschung)*

public opinion poll (opinion poll, opinion survey, opinion interview)
Meinungsbefragung *f*, Meinungsumfrage *f (Kommunikationsforschung)*
public opinion polling (polling, public opinion research, opinion research, opinion polling)
Meinungsforschung *f*, Demoskopie *f* *(empirische Sozialforschung)*
public opinion research (demoscopy)
Demoskopie *f*, Meinungsforschung *f* *(empirische Sozialforschung)*
public opinion researcher (pollster, opinion researcher)
Meinungsforscher *m*, Demoskop *m* *(empirische Sozialforschung)*
public order
öffentliche Ordnung *f (Soziologie)*
public personality (Oscar Lewis)
öffentliche Persönlichkeit *f* *(Sozialpsychologie)*
public policy
öffentliche Politik *f*, Politik *f*
public poll (published poll)
veröffentlichte Meinungsumfrage *f*, veröffentlichte Meinungsbefragung *f*, veröffentlichte Umfrage *f* *(Meinungsforschung)*
vgl. private poll
public recreation
öffentliche Erholung *f*
public relations *pl als sg konstruiert*
Öffentlichkeitsarbeit *f*, öffentliche Vertrauenswerbung *f*, Public Relations *f*, PR-Arbeit *f*
public sanction
öffentliche Sanktion *f (Soziologie)*
public school
1. *Am* öffentliche Schule *f*
2. *brit* Privatschule *f*, Internat *n*
vgl. private school
public service
öffentlicher Dienst *m*, öffentliche Hand *f*, Zivilverwaltung *f*, Staatsdienst *m*, Verwaltungsdienst *m*, öffentliche Verwaltung *f*
public service corporation (public service utility, public utility, public utility company)
öffentliches Versorgungsunternehmen *n*, öffentlicher Versorgungsbetrieb *m*
public status
öffentlicher Status *m (Soziologie)*
public transportation
öffentliches Verkehrsmittel *n*, öffentliche Verkehrsmittel *n/pl*, öffentlicher Nahverkehr *m*, Nahverkehrsmittel *n/pl*
public utility
Versorgungsunternehmen *n*

public variable (Johan Galtung)
   öffentliche Veränderliche *f*, öffentliche Variable *f* (*Sozialforschung*)
   vgl. private variable
public welfare
   öffentliches Wohl *f*, öffentliche Wohlfahrt *f*
public works *pl*
   öffentliche Anlagen *f/pl*, öffentliche Bauten *m/pl*
public works service
   öffentliche Anlagenverwaltung *f*, öffentliche Bautenverwaltung *f*
public world (public sphere)
   Öffentlichkeit *f*, Publikum *n* (*Sozialpsychologie*) (*Kommunikationsforschung*)
public-opinion game (public opinion game)
   Simulation *f* der öffentlichen Meinung (*Kommunikationsforschung*)
public-service (public service, public)
   öffentlich, die öffentliche Hand betreffend, den öffentlichen Dienst betreffend *adj*
publicist (journalist)
   Publizist *m*, Journalist *m*
publicity
   1. Publicity *f*, Publizität *f*, Publizitätsrummel *m*
   2. Publizität *f*, Bekanntheit *f* in der Öffentlichkeit
   3. Propaganda *f*, Öffentlichkeitsarbeit *f*, Reklame *f*, Werbung *f*
publicness
   Öffentlichkeit *f*, öffentliche Sphäre *f*, Öffentlichsein *n*, öffentlicher Charakter *m*
puerperal mortality (maternal mortality)
   Müttersterblichkeit *f*, Mutterschaftssterblichkeit *f* (*Demographie*)
puerperium
   Puerperium *n*, Wochenbett *n*
pull factor
   Pullfaktor *m* (*Migration*)
   vgl. push factor
pull situation
   Pull-Situation *f* (*Migration*)
   vgl. push situation
punctuation (B. Aubrey Fisher)
   Punktuierung *f*, Punktuation *f* (*Kommunikationsforschung*)
punisher
   Strafstimulus *m*, Strafreiz *m* (*Verhaltensforschung*)
punishment (negative incentive, negative sanction)
   negative Sanktion *f*, Strafe *f*, negativer Anreiz *m* (*Verhaltensforschung*)

punitive sanction (negative sanction, penal sanction)
   Strafsanktion *f*, negative Sanktion *f*, punitive Sanktion *f* (*Soziologie*)
puppet government
   Marionettenregierung *f* (*politische Wissenschaften*)
purchasing power (buying power)
   Kaufkraft *f* (*Volkswirtschaftslehre*)
purchasing power index (*pl* indexes *or* indices, **buying power quota, purchasing power quota, buying power index**) **(B.P.I.)**
   Kaufkraftindex *m*, Kaufkraftindexzahl *f*, Kaufkraftindexziffer *f* (*Volkswirtschaftslehre*)
pure barter
   reiner Tauschhandel *m* (*Volkswirtschaftslehre*)
pure birth process
   reiner Zugangsprozeß *m* (*Stochastik*)
pure demography
   reine Demographie *f*
pure experiment (laboratory experiment)
   Laboratoriumsexperiment *n*, Laborexperiment *n* (*experimentelle Anlage*)
pure love
   reine Liebe *f* (Eduard Spranger) (*Philosophie*)
pure machine simulation
   reine Maschinensimulation *f*, reine Computersimulation *f*
pure random process
   reiner Zufallsprozeß *m* (*Statistik*)
pure research (basic research)
   Grundlagenforschung *f*
   vgl. applied research
pure science
   reine Wissenschaft *f*
pure semantics *pl als sg konstruiert* **(Rudolf Carnap)**
   reine Semantik *f* (*Linguistik*) (*Soziolinguistik*)
pure sociology (formal sociology, formal school of sociology)
   reine Soziologie *f*, formale Soziologie *f* (Ferdinand Tönnies, Georg Simmel, Leopold von Wiese)
pure strategy
   reine Strategie *f* (*Spieltheorie*)
   vgl. mixed strategy
pure value of a game
   reiner Wert *m* eines Spiels (*Spieltheorie*)
purification rite
   Reinigungsritus *m*, Reinigungszeremonie *f* (*Kulturanthropologie*)
Puritanism
   Puritanismus *m* (*Religionssoziologie*)

purpose (objective, object)
Zweck *m*, Ziel *n*, Absicht *f*,
Vorhaben *n*, Entschluß *m*
(Entscheidungstheorie)
purposive behavior (*brit* **behaviour**)
zielorientiertes Verhalten *n*,
zweckgerichtetes Verhalten *n*
(Verhaltensforschung) (Soziologie)
(Entscheidungstheorie)
purposive sample (controlled sample, judgment sample, judgmental sample, model sample, expert choice, choice-based sample)
bewußte Auswahl *f*, bewußt ausgewählte Stichprobe *f*, Stichprobe *f* mit bewußter Auswahl *(Statistik)*
purposivism
Purposivismus *m*, Zwecklehre *f*, Lehre *f* vom Streben nach Zweckerfüllung *(Philosophie)*
push factor
Pushfaktor *m* *(Migration)*
vgl. pull factor
push situation
Push Situation *f* *(Migration)*
vgl. situation

push-pull migration hypothesis (*pl* **hypotheses**)
Push-Pull-Hypothese *f*, Hypothese *f* von den Push- und Pull-Situationen *(Migration)*
putsch
Putsch *m* *(politische Wissenschaften)*
puzzle box (problem box)
Problemkäfig *m* *(Verhaltensforschung)*
Pygmalion effect (experimenter bias, experimenter effect, experimenter attribute, experimenter expectancy, Rosenthal effect)
Versuchsleiterfehler *m*, Experimentatorfehler *m*, Versuchsleiter-Erwartungseffekt *m*, Experimentator-Effekt *m*, Versuchsleiter-Effekt *m*, Rosenthaleffekt *m* *(statistische Hypothesenprüfung)*
pyknic
1. pyknisch *adj* *(Psychologie)*
2. Pykniker *m* *(Psychologie)*
pyknic physique (pyknic body build)
pyknischer Körperbau *m*

Q

Q sort (Q-sort method) (William Stephenson)
Q-Sort *m*, Q-Sort-Methode *f*
(Psychologie/empirische Sozialforschung)
Q technique (Q-technique, Q analysis, *pl* analyses, *pl* Q analyses) (Raymond B. Cattell)
Q-Technik *f*, Q Analyse *f*
(Faktorenanalyse)
Q test
Q-Test *m (statistische Hypothesenprüfung)*
quadrant
Quadrant *m* (im Koordinatenkreuz) *(Mathematik/Statistik)*
quadrat
quadratisches Netz *n*, quadratischer Rahmen *m (Statistik)*
quadratic estimator
quadratische Schätzfunktion *f (Statistik)*
quadratic form
quadratische Form *f (Mathematik/Statistik)*
quadratic mean
quadratisches Mittel *n*, quadratischer Mittelwert *m (Statistik)*
quadratic programming
Programmierung *f* mit quadratischen Funktionen *(EDV)*
quadratic response
quadratische Reaktion *f*, quadratische Wirkung *f (Statistik)*
qualified change (Paul F. Lazarsfeld)
qualifizierter Wandel *m (Panelforschung)*
qualified veto
qualifiziertes Veto *n*, modifiziertes Veto *n*, eingeschränktes Veto *n*)
(politische Wissenschaft)
qualifier
Einflußfaktor *m (Panelforschung)*
qualifying association (Geoffrey Millerson)
qualifizierender Verband *m*
(Arbeitssoziologie)
qualitative analysis (*pl* analyses)
qualitative Analyse *f (Psychologie/empirische Sozialforschung)*
qualitative coding
Kodierung *f* qualitativer Daten, Verschlüsselung *f* qualitativer Daten *(Psychologie/empirische Sozialforschung)*
vgl. quantitative coding

qualitative concept
qualitativer Begriff *m*, qualitatives Konzept *n (Psychologie/empirische Sozialforschung)*
vgl. quantitative concept
qualitative content analysis (*pl* analyses)
qualitative Inhaltsanalyse *f*
(Kommunikationsforschung)
vgl. quantitative content analysis
qualitative data *pl*
qualitative Daten *n/pl*, qualitatives Erhebungsmaterial *n (Psychologie/empirische Sozialforschung)*
vgl. quantitative data
qualitative interview (free-response interview, free interview, focused interview, detailed interview)
qualitatives Interview *n*, Tiefeninterview *n*, Intensivinterview *n*, Tiefenbefragung *f*, Intensivbefragung *f*, qualitative Befragung *f*
(Psychologie/empirische Sozialforschung)
vgl. quantitative interview
qualitative interviewing (detailed interviewing)
qualitative Befragung *f*, qualitative Umfrage *f*, qualitatives Interviewen *n*
(Psychologie/empirische Sozialforschung)
vgl. quantitative interviewing
qualitative measurement
qualitative Messung *f*, qualitatives Messen *n*, qualitatives Meßverfahren *n*
(Psychologie/empirische Sozialforschung)
vgl. quantitative measurement
qualitative method
qualitative Methode *f (empirische Sozialforschung)*
vgl. quantitative method
qualitative rating
qualitative Bewertung *f*, qualitatives Rating *n (Skalierung)*
vgl. quantitative rating
qualitative research (*auch* subjective research, explorative research, soft research)
qualitative Forschung *f*, Intensivforschung *f*, Tiefenforschung *f*
(Psychologie/empirische Sozialforschung)
vgl. quantitative research
qualitative survey
qualitative Umfrage *f*, qualitative Befragung *f (empirische Sozialforschung)*
vgl. quantitative survey

qualitative variable
qualitative Variable *f*, Attributvariable *f* (*statistische Hypothesenprüfung*)
vgl. quantitative variable

quality – achievement (Talcott Parsons)
Qualität – Leistung *f* (*Theorie des Handelns*)

quality control (statistical quality control)
Qualitätskontrolle *f*, statistische Qualitätskontrolle *f*, Qualitätsprüfung *f* (*Statistik*)

quality of life
Lebensqualität *f* (*Sozialökologie*) (*Soziologie*)

quality of work life
Qualität *f* des Arbeitslebens, Qualität *f* des Berufslebens (*Industriepsychologie*)

quantal assumption (all-or-none assumption)
Alles-oder-Nichts-Annahme *f* (*Theoriebildung*)

quantal data *pl* **(dichotonomously distributed data** *pl***)**
Alternativdaten *n/pl*, alternative Daten *n/pl* (*Psychologie/empirische Sozialforschung*)

quantal model (all-or none model)
Alles-oder-Nichts-Modell *n* (*Theoriebildung*)

quantal response (all-or-none response)
Alles-oder-Nichts-Reaktion *f* (*Psychologie*)

quantal response data *pl* **(sensitivity data** *pl***, dichotonomously distributed data** *pl***)**
Alternativantwortdaten *n/pl*

quantal response (dichotomous response, quantal reaction, dichotomous reaction)
Alternativreaktion *f* (*Psychologie/empirische Sozialforschung*)

quantification
Quantifizierung *f*, Quantifikation *f* (*Psychologie/empirische Sozialforschung*)

quantile
Quantil *n*, Häufigkeitsstufe *f* (*Mathematik/Statistik*)

quantitative analysis (*pl* **analyses)**
quantitative Analyse *f* (*Psychologie/empirische Sozialforschung*)
vgl. qualitative analysis

quantitative change (incremental change)
quantitativer Wandel *m*, Wandel *m* durch Zunahme, Wandel *m* durch Zuwachs

quantitative coding
Kodierung *f* quantitativer Daten, Verschlüsselung *f* quantitativer Daten (*Psychologie/empirische Sozialforschung*)
vgl. qualitative coding

quantitative concept
quantitativer Begriff *m*, quantitatives Konzept *n* (*Psychologie/empirische Sozialforschung*)
vgl. qualitative concept

quantitative content analysis (*pl* **analyses)**
quantitative Inhaltsanalyse *f* (*Kommunikationsforschung*)
vgl. qualitative content analysis

quantitative data *pl*
quantitative Daten *n/pl*, quantitatives Erhebungsmaterial *n* (*Psychologie/empirische Sozialforschung*)
vgl. qualitative data

quantitative index (*pl* **indices** *or* **indexes, quantum index)**
Mengenindex *m* (*Statistik*)
vgl. price index

quantitative interview
quantitatives Interview *n* (*Psychologie/empirische Sozialforschung*)
vgl. qualitative interview

quantitive interviewing
quantitive Befragung *f*, quantitive Umfrage *f*, quantitives Interviewen *n* (*Psychologie/empirische Sozialforschung*)
vgl. qualitative interviewing

quantitative measurement
quantitative Messung *f*, quantitatives Messen *n*, quantitatives Meßverfahren *n* (*Psychologie/empirische Sozialforschung*)
vgl. qualitative measurement

quantitative method
quantitative Methode *f* (*Psychologie/empirische Sozialforschung*)
vgl. qualitative method

quantitative rating
quantitative Bewertung *f*, quantitatives Urteil *n*, quantitatives Rating *n* (*Skalierung*)
vgl. qualitative rating

quantitative research (*auch* **objective research)**
quantitative Forschung *f*, Intensivforschung *f*, Tiefenforschung *f* (*Psychologie/empirische Sozialforschung*)
vgl. qualitative research

quantitative survey (quantitative interviewing)
quantitative Befragung *f* quantitative Umfrage *f* (*empirische Sozialforschung*)
vgl. qualitative survey

quantitative variable
quantitative Variable *f* (*statistische Hypothesenprüfung*)
vgl. qualitative variable

quantity
Quantität *f*, Menge *f*, Größe *f* (*Mathematik/Statistik*)

quantity relative
Mengenmeßziffer *f (Statistik)*
quantity weight
Mengengewicht *n (Statistik)*
quartile (Q)
Quartil *n (Mathematik/Statistik)*
quartile deviation
mittlerer Quartilabstand *m (Statistik)*
quartile measure of skewness
Quartilschiefemaß *n (Statistik)*
quartile variation
Quartilsdispersionskoeffizient *m (Statistik)*
quartimax
Quartimaxmethode *f (Faktorenanalyse)*
quartimin
Quartiminmethode *f (Faktorenanalyse)*
quasi F ratio
Quasi-F-Verhältnis *n*, Quasi-F-Quotient *m (Statistik)*
quasi factorial design
quasi-faktorielle Anlage *f*, quasifaktorieller Versuchsplan *m*, quasifaktorielle experimentelle Anlage *f*, quasi-faktorielle Versuchsanlage *f (statistische Hypothesenprüfung)*
quasi group (quasi-group) (Morris Ginsberg)
Quasi-Gruppe *f (empirische Sozialforschung)*
quasi household (institutional household, non-family household)
Quasihaushalt *m*, Anstaltshaushalt *m (Demographie) (empirische Sozialforschung)*
quasi Latin square
quasi-lateinisches Quadrat *n (Statistik) (experimentelle Anlage)*
quasi need (Kurt Lewin)
Quasibedürfnis *n (Psychologie)*
quasi panel
Quasipanel *n*, Quasipanelbefragung *f (Panelforschung)*
quasi scale
Quasiskala *f*, Quasi-Skala *f (Skalierung)*
quasi-stationary equilibrium (pl equilibriums or equilibria) (Kurt Lewin)
quasistationäres Gleichgewicht *n (Feldtheorie)*
quasi theory
Quasitheorie *f (Theorie des Wissens)*
quasi-compact cluster
quasikompaktes Cluster *n*, Cluster *n* von in weiter Entfernung liegenden Elementen, Klumpen *m* von in weiter Entfernung liegenden Elementen *(Statistik)*
quasi-experiment (quasi experiment)
Quasi-Experiment *n (statistische Hypothesenprüfung)*

quasi-experimental analysis (pl analyses, quasi-correlational analysis)
quasi-experimentelle Analyse *f (statistische Hypothesenprüfung)*
quasi-experimental design
quasi-experimentelle Versuchsanlage *f*, quasi-experimentelle Anlage *f*, quasi-experimenteller Versuchsplan *m (statistische Hypothesenprüfung)*
quasi kinship (fictive kinship)
fiktive Verwandtschaft *f (Kulturanthropologie)*
quasi-law
Quasigesetz *n (Theorie des Wissens)*
quasi-measurement
Quasi-Messung *f*, Scheinmessung *f (empirische Sozialforschung)*
quasi-random sampling
zufallsähnliches Auswahlverfahren *n*, zufallsähnliche Auswahl *f*, zufallsähnliches Stichprobenverfahren *n*, zufallsähnliche Stichprobenbildung *f*, Quasi-Zufallsauswahlverfahren *n*, Quasiauswahl *f (Statistik)*
question
Frage *f (Psychologie/empirische Sozialforschung)*
question of fact (factual question, fact question)
Tatsachenfrage *f (empirische Sozialforschung)*
questionaire construction
Fragebogenkonstruktion *f*, Fragebogenentwicklung *f (Psychologie/empirische Sozialforschung)*
questionnaire data pl (Q-data pl)
Fragebogendaten *n/pl*, mit Hilfe von Fragebogen gewonnene Daten *n/pl (Psychologie/empirische Sozialforschung)*
questionnaire (questionary, inventory, schedule, *ungebr* **opinionaire)**
Fragebogen *m*, Erhebungsbogen *m (Psychologie/empirische Sozialforschung)*
questionnaire-return bias
Rücklauffehler *m*, Rücklaufverzerrung *f* (bei schriftlichen Befragungen) *(empirische Sozialforschung)*
queue (Am waiting line, line-up)
Warteschlange *f (Warteschlangentheorie)*
queuing
→ queuing theory
queuing analysis
→ queuing theory
queuing model (waiting-line model, congestion model)
Warteschlangenmodell *n*
queuing problem
Warteschlangenproblem *n (Warteschlangentheorie)*

queuing system (waiting-line system, congestion system)
  Warteschlangensystem *n*
queuing theory (theory of queues, queuing, queuing analysis, *pl* **queuing analyses, waiting-line theory, theory of waiting lines, congestion theory, theory of congestion systems)**
  Warteschlangentheorie *f*, Theorie *f* der Warteschlangen, Bedienungstheorie *f*
quickie poll (quickie, quickie poll, flash survey, flash)
  Blitzbefragung *f*, Blitzumfrage *f* *(Umfrageforschung)*
quintamensional design (George H. Gallup)
  quintamensionale Anlage *f*, Fünf-Fragen-Plan *m* *(empirische Sozialforschung)*
quintile
  Quintil *n*, 20-Prozent-Wert *m* *(Mathematik/Statistik)*
quintile analysis
  Quintilenanalyse *f* *(Mathematik/Statistik)*

quota (ratio)
  Verhältnis *n*, Maßstab *m* *(Mathematik/Statistik)*
quota fitting
  Quotenfitting *n*, Quotafitting *n* *(empirische Sozialforschung)*
quota sample
  Quotenauswahl *f*, Quotenstichprobe *f*, Quotaauswahl *f*, Quotastichprobe *f* *(Statistik)*
quota sampling (quota control sampling)
  Quotenauswahlverfahren *n*, Quotenauswahl *f*, Quotaauswahlverfahren *n*, Quotaauswahl *f*, Quotenstichprobenverfahren *n*, Quotastichprobenverfahren *n*, Quotenstichprobenbildung *f*, Quotastichprobenbildung *f* *(Statistik)*
quota system
  Quotensystem *n*, Quotierungssystem *n*, Einwandererquotensystem *n* *(Migration)*

R

R analysis (*pl* **analyses (R technique)**
R-Technik *f*, R-Analyse *f*
(*Faktorenanalyse*)
R-R-law
R-R-Gesetz *n*, R-R-Beziehung *f*
(*Statistik*)
rabble
Schar *f*, Horde *f* (*Kulturanthropologie*)
(*Soziologie*)
rabble hypothesis
Hordenhypothese *f* (*Soziologie*)
race
Rasse *f* (*Ethnologie*)
race awareness
Rassenbewußtsein *n*, Bewußtsein *n* der
rassischen Eigenart (*Ethnologie*)
race conflict
Rassenkonflikt *m* (*Soziologie*)
race consciousness
Rassenzugehörigkeitsbewußtsein *n*,
Identifizierung *f* mit der eigenen
Rasse, Bewußtsein *n* der rassischen
Zugehörigkeit (*Ethnologie*)
race desegregation (racial desegregation)
Rassendesegregation *f*, rassische
Desegregationspolitik *f*, Politik *f* der
Aufhebung der Rassensegregation
(*Soziolökologie*)
race difference (racial difference)
Rassenunterschied *m* (*Ethnologie*)
race discrimination (racial discrimination)
rassische Diskriminierung *f*, Rassendiskriminierung *f* (*Sozialpsychologie*)
race hygiene (eugenics *pl* **als** *sg* **konstruiert,
population eugenics** *pl* **als** *sg* **konstruiert)**
Eugenik *f*, Rassehygiene *f*
race mixture (miscegenation)
Rassenmischung *f*, rassische Mischung *f*
(*Ethnologie*)
race prejudice (racial prejudice)
Rassenvorurteil *n* (*Sozialpsychologie*)
race relations *pl* **(ethnic group relations** *pl*,
minority group relations *pl*)
Rassenbeziehungen *f/pl*, Beziehungen *f/pl* zwischen den Rassen
(*Soziologie*)
race relations cycle
Rassenzyklus *m*, Zyklus *m* der
Rassenbeziehungen, Zyklus *m* der
Beziehungen zwischen den Rassen
(*Ethnologie*)
race riot
Rassenunruhe *f* (*Soziologie*)

racial differentiation
Rassendifferenzierung *f*, rassische
Differenzierung *f*, Differenzierung *f*
der Rassen (*Ethnologie*)
racial minority
rassische Minderheit *f*, rassische
Minorität *f* (*Ethnologie*) (*Soziologie*)
racial monogenetic hypothesis
**(monogenetic theory, monogenism
monogenetic hypothesis,** *pl* **hypotheses)**
monogenetische Hypothese *f*,
Hypothese *f* der Monogenese,
monogenetische Theorie *f*, Theorie *f*
der Monogenese (*Kulturanthropologie*)
racial pluralism
Rassenpluralismus *m*, rassischer
Pluralismus *m* (*Soziolökologie*)
racial polygenetic hypothesis (*pl*
**hypotheses, polygenetic hypothesis,
polygenetic theory, polygenism)**
polygenetische Hypothese *f*, Hypothese *f*
der Polygenese, polygenetische
Theorie *f*, Theorie *f* der Polygenese
(*Kulturanthropologie*)
vgl. monogenetic hypothesis
racial segregation
Rassentrennung *f*, Rassensegregation *f*,
Politik *f* der Rassentrennung, Politik *f*
der Rassensegregation (*Soziolökologie*)
raciology
Rassenlehre *f* (*Ethnologie*)
racism (racialism)
Rassismus *m*, Rassenhaß *m*,
Rassenpolitik *f* (*Sozialpsychologie*)
racism in reverse
umgekehrter Rassismus *m*, umgekehrter
Rassenhaß *m* (*Sozialpsychologie*)
racket (organized crime, *brit* **organised
crime)**
organisiertes Verbrechen *n*
(*Kriminologie*)
radex analysis (*pl* **analyses, radial
expansion of complexity) (Louis A.
Guttman)**
Radexanalyse *f*, Radexmodell *n*
(*Faktorenanalyse*)
**radial growth (axial growth) (Charles J.
Galpin)**
Axialwachstum *n*, radiales Wachstum *n*
(*Soziolökologie*)
radicalism
Radikalismus *m* (*Philosophie*) (*politische
Wissenschaften*)

radix (*pl* **radixes** *or* **radices**)
1. Ausgangsmasse *f* eines Zahlensystems *(Statistik)*
2. Wurzel *f* (*Mathematik*)

raising factor (projection factor, inflation factor, expansion factor)
Hochrechnungsfaktor *m* (*Mathematik/Statistik*)

ranch
Viehfarm *f*, Viehzucht *f*, Ranch *f* (*Landwirtschaft*)

rancher
Viehzüchter *m*, Rancher *m* (*Landwirtschaft*)

random
zufällig, Zufalls-, vom Zufall abhängig *adj*

random access
Direktzugriff *m*, direkter Zugriff *m* (*EDV*)

random access memory (RAM)
Direktzugriffsspeicher *m*, Speicher *m* mit Direktzugriff, Speicher *m* mit direktem Zugriff, Speicher *m* mit wahlfreiem Zugriff (*EDV*)

random activity
Zufallshandeln *n* (*Psychologie*)

random assignment
Zufallszuweisung *f* (*Statistik*)

random clique (mixed clique)
gemischte Clique *f* (*Organisationssoziologie*)

random component
Zufallskomponente *f* (*Statistik*)

random dialing (random digit dialing)
Zufallswählen *n*, Zufallsauswahl *f*, telefonische Zufallswahl *f*, Wahl *f* zufälliger Telefonnummern (*Umfrageforschung*)

random digit sampling
Stichprobenauswahl *f* auf der Basis von Zufallszahlen (*Statistik*)

random digit (random number, random sampling number)
Zufallszahl *f*, Zufallsziffer *f* (*Mathematik/Statistik*)

random distribution
Zufallsverteilung *f*, Wahrscheinlichkeitsverteilung *f* (*Statistik*)

random draw
Zufallslos *n*, Zufallserziehung *f* (*Statistik*)

random element
zufälliges Element *n*, Zufallselement *n* (*Statistik*) (*Wahrscheinlichkeitstheorie*)

random ergodic theorem
zufälliger Ergodensatz *m*, zufälliges Ergodentheorem *n* (*Stochastik*)

random event (random event, chance event)
zufälliges Ereignis *n*, Zufallsereignis *n* (*Statistik*) (*Wahrscheinlichkeitstheorie*)

random experiment
Zufallsexperiment *n*, Zufallsversuch *m* (*Wahrscheinlichkeitstheorie*)

random field
zufälliges Feld *n* (*Wahrscheinlichkeitstheorie*)

random fluctuation (chance variation, chance fluctuation)
Zufallsschwankung *f*, Zufallsvariation *f* (*statistische Hypothesenprüfung*)

random measure
zufälliges Maß *n* (*Stochastik*)

random normal number
Zufallsnormalzahl *f* (*Statistik*)

random number generator
Zufallszahlengenerator *m* (*Mathematik/Statistik*)

random number sampling
Auswahlverfahren *n* auf der Basis von Zufallszahlen, Stichprobenverfahren *n* auf der Basis von Zufallszahlen, Stichprobenbildung *f* auf der Basis von Zufallszahlen (*Statistik*)

random number table (table of random numbers)
Zufallszahlentabelle *f*, Zufallszahlentafel *f*, Zufallstafel *f*, Zufallstabelle *f*, Randomtafel *f*, Randomtabelle *f* (*Mathematik/Statistik*)

random observation
Zufallsbeobachtung *f* (*empirische Sozialforschung*)

random order
Zufallsanordnung *f*, Zufallsfolge *f* (*Mathematik/Statistik*)

random permutation
Zufallspermutation *f* (*Mathematik/Statistik*)

random process
Zufallsprozeß *m*, zufälliger Prozeß *m* (*Stochastik*)

random reinforcement
Verstärkung *f* mit zufälligen Intervallen, Verstärkung *f* mit festen Quoten (*Verhaltensforschung*)

random response technique
Zufalls-Antwort-Technik *f*, Technik *f* der Zufallsantwort, Random-Response-Methode *f* (*Psychologie/empirische Sozialforschung*)

random sample
Zufallsstichprobe *f*, Zufallsauswahl *f*, zufallsgesteuerte Stichprobe *f*, zufallsgesteuerte Auswahl *f*, mathematische Stichprobe *f*, mathematische Auswahl *f* (*Statistik*)

random sampling (**random selection**)
Zufallsauswahlverfahren *n*, Zufallsauswahl *f*, Zufallsstichprobenbildung *f*, Zufallsstichprobenverfahren *n*, Wahrscheinlichkeitsauswahl *f* (*Statistik*)
random sampling error (**random error, sampling error, nonconstant error, fortuitous error, variable error, chance error**)
Zufallsfehler *m*, nichtkonstanter Fehler *m*, Stichprobenfehler *m* (*Statistik*)
random selection
Zufallsauswahl *f*, Zufallsstichprobe *f* (*Statistik*)
random selection of unequal clusters
Zufallsauswahl *f* ungleicher Klumpen (*Statistik*)
random sequence
Zufallsfolge *f*, zufällige Folge *f* (*Stochastik*)
random start
Zufallsstart *m*, Zufallsanfangszahl *f* (*Statistik*)
random variable (**variate**)
Zufallsvariable *f*, Zufallsveränderliche *f*, zufällige Variable *f*, zufällige Veränderliche *f* (*Wahrscheinlichkeitstheorie*)
random vector
Zufallsvektor *m*, zufälliger Vektor *m* (*Wahrscheinlichkeitstheorie*)
random walk (**random route, random location**)
Zufallsweg *m*, Random-Walk-Verfahren *n*, Random-Walk *m* (*Statistik*)
random walk process (**random route process, additive process**)
Random-Walk-Prozeß *m*, additiver Prozeß *m*, additiver Zufallsprozeß *m* (*Stochastik*)
randomization (*brit* **randomisation, random assignment**)
Randomisierung *f*, Randomisieren *n*, Zufallsstreuung *f* (*statistische Hypothesenprüfung*)
randomization (**matching by randomization**)
Parallelisierung *f* durch Randomisierung *f*, Matching *n* durch Randomisierung, Gleichsetzung *f* durch Randomisierung (*statistische Hypothesenprüfung*)
randomization test (*brit* **randomisation test, test of randomness**)
Randomisierungstest *m*, Zufälligkeitstest *m* (*statistische Hypothesenprüfung*)
to randomize (*brit* **to randomise**)
randomisieren *v/t* (*statistische Hypothesenprüfung*)

randomized blocks *pl* (*brit* **randomised blocks** *pl*)
randomisierte Blöcke *m/pl*, Blöcke *m/pl* mit zufälliger Zuteilung (*statistische Hypothesenprüfung*)
randomized blocks experimental design (*brit* **randomised blocks experimental design, randomized complete blocks experimental design,** *brit* **randomised complete blocks experimental design**)
experimentelle Anlage *f* mit randomisierten Blöcken, Versuchsanlage *f* mit randomisierten Blöcken, Testanlage *f* mit randomisierten Blöcken (*statistische Hypothesenprüfung*)
randomized decision function (*brit* **randomised decision function**)
randomisierte Entscheidungsfunktion *f* (*Entscheidungstheorie*)
randomized design (*brit* **randomised design, randomized groups design,** *brit* **randomised groups design, randomized samples design, independent groups design**)
randomisierte experimentelle Anlage *f*, randomisierte Versuchsanlage *f*, randomisierter Versuchsplan *m* (*statistische Hypothesenprüfung*)
randomized model (*brit* **randomised model**)
randomisiertes Modell *n* (*empirische Sozialforschung*)
randomized response model (*brit* **randomised response model**)
randomisiertes Antwortmodell *n*, randomisiertes Responsemodell *n*, Randomized-Response-Modell *n* (*empirische Sozialforschung*)
randomized response procedure (*brit* **randomised response procedure, randomized response technique,** *brit* **randomised response technique**)
randomisierte Antwortmethode *f*, randomisiertes Antwortverfahren *n*, Randomized-Response-Verfahren *n* (*empirische Sozialforschung*)
randomized selection (*brit* **randomised selection, randomized sample**)
randomisierte Auswahl *f*, randomisierte Stichprobe *f* (*Statistik*)
randomized selection (*brit* **randomised selection, randomized sampling**)
randomisiertes Auswahlverfahren *n*, randomisiertes Stichprobenverfahren *n* (*Statistik*)
randomized strategy (**mixed strategy**)
Mischstrategie *f*, gemischte Strategie *f* (*Entscheidungstheorie*) (*Spieltheorie*)
randomized test (*brit* **randomised test**)
randomisierter Test *m* (*statistische Hypothesenprüfung*)

randomness
Zufälligkeit f, statistische Zufälligkeit f
(Statistik)
range
Spannweite f, Streuungsbreite f,
Schwankungsbreite f, Variationsbreite f,
Extrembereich m (Statistik)
range of acceptance (zone of acceptance, latitude of acceptance)
Akzeptanzzone f, Akzeptanzbereich m
(Sozialpsychologie/Soziologie)
vgl. range of rejection
range of rejection (zone of rejection, latitude of rejection)
Ablehnungszone f, Zurückweisungsbereich m (Sozialpsychologie/Soziologie)
vgl. range of acceptance
rank (social rank, rank status)
Rang m Rangplatz m (Soziologie)
rank correlation (rank difference correlation)
Rangkorrelation f, Rangordnungskorrelation f (Statistik)
rank corelation analysis (pl analyses, rank-difference correlation analysis)
Rangkorrelationsanalyse f (Statistik)
rank correlation coefficient (rank-difference correlation coefficient)
Rangkorrelationskoeffizient m (Statistik)
rank designation
Rangbezeichnung f (Organisationssoziologie)
rank frequency curve (rank frequency plot)
Ranghäufigkeitskurve f, Ranghäufigkeitsverteilungskurve f (Statistik)
rank frequency distribution
Ranghäufigkeitsverteilung f (Statistik)
rank of a matrix
Rang m einer Matrix (Statistik)
rank order
Rangordnung f (Statistik)
rank order correlation (rank-order correlation)
Rangordnungskorrelation f (Statistik)
rank order scale (rank-order scale, rank scale, ranking scale, ordinal scale)
Rangordnungsskala f (Statistik)
rank order statistic (rank-order statistic)
Rangordnungsmaßzahl f (Statistik)
rank order system (rank-order system, rank system)
Rangordnungssystem n, Rangsystem n
(Soziologie)
rank order test (rank-order test)
Rangordnungstest m, Rangtest m
(statistische Hypothesenprüfung)
rank sum
Rangsumme f (Statistik)

rank-sum test
Rangsummentest m (statistische Hypothesenprüfung)
ranking (rank ordering)
1. Anordnung f in einer Rangordnung, Anordnen n in einer Rangordnung, Klassifizieren n (Statistik)
2. Rangreihe f (Statistik)
ranking question
Rangordnungsfrage f (empirische Sozialforschung)
ranking scale
Rangreihenskala f (Statistik)
rankit
Rankit f (Statistik)
rape
Notzucht f, Vergewaltigung f
rapport
Rapport m, Beziehung f, Verhältnis n
(Soziologie) (Kulturanthropologie)
(empirische Sozialforschung)
rare events distribution (Poisson distribution, Poisson probability distribution)
Poisson-Verteilung f, Poissonsche Verteilung f (Statistik)
rare population sample (rare trait sample)
Spezialstichprobe f, Spezialsample n
(Statistik)
rare populations pl
seltene Grundgesamtheiten f/pl (Statistik)
rate
1. Quote f, Anteil m, Verhältnis n, Verhältniszahl f (Statistik)
2. Zahlwort n, Zahl f (Mathematik/Statistik)
3. Beziehungszahl f (Statistik)
4. Kurs m (Volkswirtschaftslehre)
5. Preis m (Volkswirtschaftslehre)
rate (relative)
Meßzahl f, Meßziffer f (Statistik)
rate (tariff)
Tarif m
rate of afflux (afflux rate)
Zustromquote f (Demographie)
vgl. rate of deflux
rate of clear-up (criminal case mortality)
Aufklärungsquote f, Aufklärungsrate f
(Kriminologie)
rate of deflux (deflux rate)
Abstromquote f (Demographie)
vgl. rate of afflux
rate of recidivism
Rückfallrate f, Rückfallquote f
(Kriminologie)

rate of response (response rate, rate of return, return rate, returns *pl*, success rate)
Antwortquote *f*, Antwortrate *f*, Antworthäufigkeit *f*, Rücklaufquote *f*, Rücklaufrate *f*, Rücklauf *m*, Reaktionsrate *f*, Reaktionshäufigkeit *f* (*empirische Sozialforschung*) (*Verhaltensforschung*)

ratee
Beurteilter *m*, Ratee *m* (*empirische Sozialforschung*)

rater
Beurteiler *m*, Rater *m* (*empirische Sozialforschung*)

rating (rating technique)
Beurteilungsverfahren *n*, Bewertungsverfahren *n*, Rating *n*, Ratingverfahren *n*, Schätzungsverfahren *n*, Einschätzungsverfahren *n*, Schätzverfahren *n* (*Psychologie/empirische Sozialforschung*)

rating scale
Ratingskala *f*, Bewertungsskala *f*, Beurteilungsskala *f*, Einschätzungsskala *f*, Schätzungsskala *f*, Schätzskala *f*, Einstufungsskala *f*, Notenskala *f* (*Psychologie/empirische Sozialforschung*)

ratio (quotient)
Quotient *m*, Verhältniszahl *f*, Verhältnis *n*, Verhältnisziffer *f*, Anteil *m* (*Mathematik/Statistik*)

ratio estimate
Quotientenschätzwert *m*, Verhältnisschätzwert *m*, Quotientenschätzung *f*, Quotientenschätzwert *m* (*Statistik*)

ratio estimation (magnitude estimation, magnitude production, magnitude scaling, ratio production)
Verhältnisschätzung *f*, Quotientenschätzung *f*, Magnitude-Einschätzung *f*, Größenordnungseinschätzung *f*, Einschätzung *f* von Größenordnungen (*Statistik*)

ratio estimator
Verhältnisschätzfunktion *f*, Quotientenschätzfunktion (*Statistik*)

ratio method (method of ratio estimation, ratio estimation)
Methode *f* der Verhältnisschätzung (*Statistik*)

ratio production (magnitude estimation, magnitude production, magnitude scaling, ratio estimation)
Verhältnisherstellung *f*, Quotientenherstellung *f*, Magnitude-Einschätzung *f*, Größenordnungseinschätzung *f*, Einschätzung *f* von Größenordnungen (*Statistik*)

ratio scale (absolute scale)
Verhältnisskala *f*, Rationalskala *f*, Ratioskala *f*, rationale Skala *f*, Proportionalskala *f*, Absolutskala *f* (*Skalierung*)

ratio scaling (absolute scaling)
Verhältnisskalierung *f*, Rationalskalierung *f*, Ratioskalierung *f*, Bildung *f* von Verhältnisskalen, Bildung *f* von Ratioskalen, Proportionalskalierung *f*, Absolutskalierung *f* (*Skalierung*)

ratio test (variance ratio test)
Verhältnistest *m* (*statistische Hypothesenprüfung*)

ratio transformation
Verhältnistransformation *f* (*multidimensionale Skalierung*)

rational
rational, vernünftig, vernunftgemäß, verstandesgemäß, vernunftbegabt *adj*

rational behavior (*brit* rational behaviour)
vernünftiges Handeln *n*, vernunftgemäßes Handeln *n*, verstandesgemäßes Handeln *n* (*Philosophie*) (*Soziologie*) (*Psychologie*)

rational uniformity (Hans Gerth/C. Wright Mills)
rationale Konformität *f*, rationale Gleichförmigkeit *f* (*Soziologie*)

rational will
Kürwille *m* (Ferdinand Tönnies) (*Soziologie*)

rational-choice behavior (*brit* rational-choice behaviour, rational choice)
rationales Wahlverhalten *n*, rationale Entscheidung *f*, rationale Wahl *f*

rationalism
Rationalismus *m* (*Philosophie*)

rationalistic determinism
rationalistischer Determinismus *m* (*Kulturanthropologie*)

rationality
Rationalität *f* (*Philosophie*)

rationalization (*brit* rationalisation)
1. Rationalisation *f*, Rationalisierung *f* (Sigmund Freud) (*Psychoanalyse*)
2. Rationalisierung *f* (*Volkswirtschaftslehre*)

rationing
Rationierung *f*, Rationieren *n* (*Volkswirtschaftslehre*)

raw moment (crude moment)
rohes Moment *n* (*Statistik*)

raw score (crude score, obtained score, original score)
Rohwert *m*, Rohpunkt *m*, Rohzahl *f*, rohe Punktzahl *f*, unaufbereitete Punktzahl *f*, ungewichteter Wert *m*, Ausgangspunkt *m* (*Statistik*)

raw stress (Kruskal stress, Kruskal's stress)
Kruskal-Stress *m*, Kruskals Stress *m* (*Statistik*)
Rayleigh distribution
Rayleigh-Verteilung *f*, Rayleighsche Verteilung *f* (*Psychologie*)
re-election
Wiederwahl *f* (*politische Wissenschaften*)
reactance effect (reactance, psychological reactance effect)
Reaktanzeffekt *m*, psychologische Reaktanz *f* (*Psychologie*)
reactance theory (theory of reactance)
Reaktanztheorie *f* (*Psychologie*)
reaction formation
Reaktionsbildung *f*, Symptombildung *f* (Sigmund Freud) (*Psychoanalyse*)
reaction generalization (*brit* reaction generalisation, response induction)
Reaktionsgeneralisierung *f*, Antwortgeneralisierung *f* (*Verhaltensforschung*)
reaction potential (excitatory potential) (Clark L. Hull) (excitatory force)
Reaktionspotential *n* (*Verhaltensforschung*)
reaction time (RT) (response latency, response time)
Reaktionszeit *f*, Reaktionsgeschwindigkeit *f* (*Verhaltensforschung*)
reactionary
1. reaktionär, politisch rückschrittlich *adj* (*politische Wissenschaften*)
2. Reaktionär *m* (*politische Wissenschaften*)
vgl. progressive
reactionary movement
reaktionäre Bewegung *f*, rückschrittliche Bewegung *f* (*politische Wissenschaften*)
vgl. progressive movement
reactive aggression
reaktive Aggression *f*, reaktive Aggressivität *f* (*Psychologie*)
reactive arrangement bias (reactive effect of measurement, reactive effect, guinea pig effect)
Versuchstiereffekt *m* (*statistische Hypothesenprüfung*)
reactive inhibition (Clark L. Hull)
reaktive Hemmung *f* (*Verhaltensforschung*)
vgl. proactive inhibition
reactive measurement
reaktives Messen *n*, reaktive Messung *f* (*statistische Hypothesenprüfung*)
reactive militarism (Morris Janowitz)
reaktiver Militarismus *m* (*politische Wissenschaften*)

reactivity (reactivity effect, reactive effect of measurement, reactive effect, guinea pig effect, Hawthorne effect)
Reaktivität *f*, reaktiver Effekt *m* (*statistische Hypothesenprüfung*)
reactor
Reagierender *m*, reagierende Person *f*, reagierender Mensch *m* (*Verhaltensforschung*)
readability
Lesbarkeit *f*, Verständlichkeit *f* (*Kommunikationsforschung*)
real
wirklich, real *adj*
real behavior (*brit* real behaviour)
Realverhalten *n*, reales Verhalten *n* (*Kulturanthropologie*)
real population density (real density, population pressure)
Bevölkerungsdruck *m* (*Demographie*)
realism
Realismus *m*, Begriffsrealismus *m* (*Philosophie*) (*Theorie des Wissens*)
vgl. idealism
reality
1. Realität *f*, Wirklichkeit *f* (*Philosophie*)
2. realistische Einstellung *f* (zu politischen, sozialen und philosophischen Fragen)
3. Tatsache *f*, Fakt *m*
reality anxiety (objective anxiety)
Realangst *f* (Sigmund Freud) (*Psychoanalyse*)
real definition
Realdefinition *f*, reale Definition *f* (*Theorie des Wissens*)
real income
Realeinkommen *n* (*Volkswirtschaftslehre*)
real population
faktische Grundgesamtheit *f*, reale Grundgesamtheit *f*, tatsächliche Grundgesamtheit *f*, de-facto Grundgesamtheit *f* (*Statistik*)
real time
Istzeit *f*, Echtzeit *f*, Realzeit *f* (*EDV*)
real time processing
Istzeitverarbeitung *f*, Echtzeitverarbeitung *f*, Realzeitverarbeitung *f* (*EDV*)
real time system
Istzeitsystem *n*, Echtzeitsystem *n*, Realzeitsystem *n* (*EDV*)
reality principle
Realitätsprinzip *n* (*Psychoanalyse*) (Sigmund Freud)
real wage
Reallohn *m* (*Volkswirtschaftslehre*)

realistic attitude (Florian Znaniecki)
realistische Einstellung *f*, reale
Einstellung *f*, realistische Haltung *f*,
reale Haltung *f* *(Soziologie)*
reality testing
Realitätsprüfung *f* (Sigmund Freud)
(Psychoanalyse)
reality-centered leadership (*brit* **reality-centred leadership**) **(Chris Argyris)**
realitätsnahe Führung *f* *(Organisationssoziologie)*
real factor
Realfaktor *m* *(Theorie des Wissens)*
(Max Scheler)
realization (*brit* **realisation**)
Realisierung *f*, Verwirklichung *f*
realization of a stochastic process (*brit* **realisation of a stochastic process**)
Realisierung *f* eines stochastischen
Prozesses
reason
Vernunft *f* *(Philosophie)*
reason analysis (*pl* **analyses**) **(Paul F. Lazarsfeld)**
Begründungsanalyse *f*, Analyse *f*
von Begründungen *(empirische Sozialforschung)*
reason of state
Staatsräson *f* *(politische Wissenschaften)*
reasonable (rational)
vernünftig, vernunftgemäß,
verstandesgemäß, vernunftbegabt
(Philosophie) adj
reasoning
Schlußfolgern *n*, schlußfolgerndes Denken *n*, Schließen *n*, vernunftgemäßes
Denken *n* *(Philosophie)*
reasoning (argumentation, line of argument)
Argumentation *f*, Beweisführung *f*
(Philosophie)
reasoning test
Schlußfolgerungstest *m* *(Psychologie)*
rebellion
Rebellion *f*, Aufruhr *m*, Empörung *f*
(Soziologie)
recall
Erinnerungsstütze *f*, Gedächtnisstütze *f*,
Gedächtnishilfe *f* *(Psychologie/empirische Sozialforschung)*
recall error
Erinnerungsfehler *m*, Gedächtnisfehler *m*, Fehlerinnerung *f*
(Psychologie/empirische Sozialforschung)
recall interview
Erinnerungsinterview *n*, Erinnerungsbefragung *f* *(Psychologie/empirische Sozialforschung)*
recall loss
Erinnerungsverlust *m*, Gedächtnisverlust *m* *(Psychologie/empirische Sozialforschung)*
recall question
Erinnerungsfrage *f*, Gedächtnisfrage *f*
(Psychologie/empirische Sozialforschung)
recapitulation (recapitulation theory, biogenetic law)
Rekapitulation *f* *(Kriminologie)*
recapitulation theory
Rekapitulationstheorie *f*, Theorie *f*
der Parallelität der Entwicklung
(Kulturanthropologie)
recency effect
Recency-Effekt *m* *(Theorie des Lernens)*
(Kommunikationsforschung)
vgl. primacy effect
recency effect in communication
Wirkung *f* der letzten Kommunikation
(Kommunikationsforschung)
vgl. primacy effect in communication
reception
Rezeption *f* *(Kommunikationsforschung)*
reception analysis (*pl* **analyses**)
Rezeptionsanalyse *f* *(Kommunikationsforschung)*
receptivity
Rezeptivität *f* *(Psychologie)*
recidivism (criminal recidivism)
Rückfallkriminalität *f*, Rückfall *m*,
Rückfälligkeit *f* *(Kriminologie)*
recidivist
Rückfalltäter *m*, rückfälliger
Krimineller *m* *(Kriminologie)*
recipathy
wechselseitige Sympathie *f*, gegenseitige
Sympathie *f* *(Psychologie)*
recipient (receiver, communicand)
Rezipient *m*, Empfänger *m*,
Adressat *m*, Kommunikand *m*
(Kommunikationsforschung)
recipient research
Rezipientenforschung *f*, Publikumsforschung *f* *(Kommunikationsforschung)*
reciprocal
1. reziprok, wechselseitig, gegenseitig *adj*
2. reziproker Wert *m* *(Mathematik/Statistik)*
reciprocal action
reziprokes Handeln *n*, wechselseitiges
Handeln *n*, gegenseitiges Handeln *n*
reciprocal behavior (*brit* **behaviour**)
reziprokes Verhalten *n*, wechselseitiges
Verhalten *n*, gegenseitiges Verhalten *n*
reciprocal causation
reziproke Verursachung *f*, wechselseitige
Verursachung *f*, gegenseitige
Verursachung *f* *(Logik)* *(statistische
Hypothesenprüfung)*

reciprocal data transformation
reziproke Datentransformation f,
wechselseitige Datentransformation f,
gegenseitige Datentransformation f
(empirische Sozialforschung)
reciprocal inhibition
reziproke Hemmung f, wechselseitige
Hemmung f, gegenseitige Hemmung f
(Verhaltensforschung)
reciprocal interaction
reziproke Interaktion f, wechselseitige
Interaktion f, gegenseitige Interaktion f
(Soziologie)
reciprocal roles pl
reziproke Rollen f/pl, wechselseitige
Rollen f/pl, gegenseitige Rollen f/pl
(Soziologie)
reciprocal transformation
reziproke Transformation f,
wechselseitige Transformation
f, gegenseitige Transformation f
(Mathematik/Statistik)
reciprocal value (reciprocal)
reziproker Wert m *(Mathematik/Statistik)*
reciprocity (reciprocation)
Reziprozität f, Wechselseitigkeit f,
Gegenseitigkeit f *(Soziologie) (Kulturanthropologie) (Mathematik/Statistik)*
reciprocity continuum (pl **continua** or **continuums)**
Reziprozitätskontinuum n *(Skalierung)*
reciprocity of moieties
Reziprozität f der Stammeshälften,
der Gemeinschaftshälften, der
Gemeindehälften *(Kulturanthropologie)*
recoding
Neukodierung f, Rekodierung f,
Neukodierung f, Umkodierung f
(empirische Sozialforschung)
recognition
1. Wiedererkennung f, Wiedererkennen n, passiver Bekanntheitsgrad m
(Psychologie/empirische Sozialforschung)
vgl. recall
2. Anerkennung f
recognition measurement (recognition score)
Wiedererkennungsmessung f, Messung f
des passiven Bekanntheitsgrads
(Psychologie) (empirische Sozialforschung)
vgl. recall measurement
recognition method
Wiedererkennungsmethode f
(Psychologie/empirische Sozialforschung)
vgl. recall method
recognition question
Wiedererkennungsfrage f
(Psychologie/empirische Sozialforschung)
vgl. recall question

recognition stage (mutuality of recognition stage) (Erik H. Erikson)
Wiedererkennungsstadium f,
Wiedererkennungsphase f *(Psychologie)*
recognition threshold
Wiedererkennungsschwelle f
(Psychologie)
reconditioning
Rekonditionierung f *(Verhaltensforschung)*
reconstructed interview
rekonstruierter Fragebogen m,
protokollierter Fragebogen m,
rekonstruiertes Interview n,
protokolliertes Interview n
(Psychologie/empirische Sozialforschung)
record (report)
schriftlicher Bericht m, Aufzeichnung f,
Niederschrift f, Protokoll n *(empirische Sozialforschung)*
record check (data check)
Datenprüfung f, Datenüberprüfung f
(empirische Sozialforschung)
recorded communication
aufgezeichnete Kommunikation f,
schriftlicher Nachrichtenaustausch m
(Kommunikationsforschung)
recording error
Aufzeichnungsfehler m *(Psychologie/empirische Sozialforschung)*
recording unit
Erfassungseinheit f *(empirische Sozialforschung)*
recorditron
Recorditron n *(Umfrageforschung)*
recovery of inter-block information
Benutzung f der Zwischenblock-Informationen *(Statistik)*
recreation
Erholung f, Erholung f und
Vergnügen n, Freizeiterholung f
(Soziologie)
recreation center (brit **centre)**
Erholungszentrum n, Freizeitzentrum n,
Vergnügungszentrum n *(Soziologie)*
recruitment
Rekrutierung f *(Organisationssoziologie)*
recruitment of panel members (panel recruitment)
Panelrekrutierung f, Rekrutierung f
von Panelmitgliedern *(empirische Sozialforschung)*
recruitment role
Rekrutierungsrolle f *(Soziologie)*
rectangular (uniform)
rechtwinklig, rechteckig, einförmig,
gleichförmig, uniform adj *(Statistik)*

rectangular distribution (flat distribution, uniform distribution)
flache Verteilung *f*, rechteckige Verteilung *f*, Rechteckverteilung *f*, stetige gleichmäßige Verteilung *f* *(Statistik)*
rectangular graph (line graph, line diagram, line chart)
Kurvendiagramm *n (graphische Darstellung)*
rectangular lattice
rechteckiges Gitter *n (statistische Hypothesenprüfung)*
rectangular population (uniform population)
einförmige Grundgesamtheit *f*, uniforme Grundgesamtheit *f*, homogene Grundgesamtheit *f*, stetige gleichmäßige Grundgesamtheit *f (Statistik)*
rectifying inspection
Prüfung *f* mit Austausch der Ausschußstücke, Prüfung *f* mit Ersatz der Ausschußstücke *(statistische Qualitätskontrolle)*
rectilinear correlation (linear correlation)
lineare Korrelation *f (Statistik)*
vgl. nonlinear correlation
rectilinear trend (linear trend)
linearer Trend *m (Statistik)*
vgl. nonlinear trend
recurrence theorem
Rekurrenzsatz *m (Stochastik)*
recurrent Markov chain
rekurrente Markov-Kette *f (Stochastik)*
recurrent process
rekurrenter Prozeß *m*, einfacher Erneuerungsprozeß *m (Stochastik)*
recurrent state
rekurrenter Zustand *m* einer Markov-Kette *(Stochastik)*
recursive model
rekursives Modell *n (Kybernetik)*
recursive system
rekursives System *n (Kybernetik)*
red tape (red tapism *colloq***)**
Bürokratismus *m*, Amtsschimmel *m colloq*, bürokratische Pedanterie *f*, Paragraphenreiterei *f (Soziologie)*
redistribution
Umverteilung *f*, Neuverteilung *f*, Redistribution *f (Kulturanthropologie) (Volkswirtschaftslehre)*
redistribution economy
Neuverteilungswirtschaft *f*, Redistributionswirtschaft *f*, redistributive Wirtschaft *f*, Umverteilungswirtschaft *f*, *(Volkswirtschaftslehre)*

redistribution of income (income redistribution)
Einkommensumverteilung *f (Volkswirtschaftslehre)*
redistribution policy ("bigger-slice-of-the-pie" policy)
Umverteilungspolitik *f (Volkswirtschaftslehre)*
redistricting
Neueinteilung *f* in Bezirke, Neueinteilung *f* der Bezirke *(Organisationssoziologie)*
redressive institution
Wiedergutmachungseinrichtung *f*, Wiederherstellungseinrichtung *f (Organisationssoziologie)*
reduced form
reduzierte Form *f (Ökonometrie)*
reduced form method (reduced-form method)
Methode *f* der reduzierten Form *(Ökonometrie)*
reduced sample
reduzierte Stichprobe *f (Statistik)*
reduction
1. Kürzung *f (Mathematik/Statistik)*
2. Reduktion *f*, Zurückführung *f*, Kürzung *f*, Vereinfachung *f* Reduzierung *f*, Verringerung *f*, Verminderung *f*, Verkleinerung *f (Mathematik/Statistik)*
reduction formula (*pl* formulas *or* formulae)
Reduktionsformel *f (Mathematik/Statistik)*
reduction sentence (Rudolf Carnap)
Reduktionssatz *m (Theorie des Wissens) (Logik)*
reductionism (reductionist theory, reductivism)
Reduktionismus *m*, reduktionistische Theorie *f (Philosophie)*
redundancy (relative redundancy)
Redundanz *f (Informationstheorie)*
vgl. entropy (relative entropy)
Reed-Münch method (of quantal data analysis)
Reed-Münch-Methode *f* der Analyse alternativer Daten *(Statistik)*
reference cycle (of a time series)
Bezugszyklus *m* (einer Zeitreihe) *(Statistik)*
reference group (Herbert H. Hyman)
Bezugsgruppe *f (Soziologie)*
reference group theory (Herbert H. Hyman)
Bezugsgruppentheorie *f (Soziologie)*
reference individual (Herbert H. Hyman)
Bezugsperson *f (Soziologie) (Demographie)*

reference period (base period)
Bezugsperiode *f*, Bezugszeitraum *m*,
Basiszeitraum *f*, Basiszeit *f* *(Statistik)*
vgl. given period
reference table (general-purpose table, general table, primary table)
Allzwecktabelle *f* *(Mathematik/Statistik)*
referendum (*pl* referendums)
Referendum *n*, Volksentscheid *m*
(politische Wissenschaften)
referent power (identitive power) (John R. P. French and Bertram Raven)
Bezugsmacht *f*, persönliche Macht *f*
(Soziologie) (Organisationssoziologie)
referential avoidance (Erving Goffman)
Bezugsvermeidung *f*, Beziehungsvermeidung *f* *(Soziologie)*
refined crime rate
verfeinerte Kriminalitätsrate *f*
(Kriminologie)
refined mode (computed mode)
exakter Modus *m*, exakt berechneter Modus *m* *(Statistik)*
reflected autostereotype
reflektiertes Autostereotyp *n*
(Psychologie)
reflected self (*pl* reflected selves, looking-glass self)
reflektiertes Selbst *n*, reflektiertes Ich *n*, Spiegelbildselbst *n*, Spiegelselbst *n*
(Psychologie) (Soziologie)
reflection (reflexion)
Reflexion *f*, Nachdenken *n* *(Theorie des Wissens)*
reflex
Reflex *m* *(Psychologie)*
reflex chain (chain reflex, serial action, chain reflex of behavior)
Reflexkette *f*, Verhaltenskette *f*, Kettenreflex *m* *(Verhaltensforschung)*
reflex theory
Abbildtheorie *f*, Widerspiegelungstheorie *f* *(Theorie des Wissens)*
reflexive behavior (*brit* behaviour)
reflexives Verhalten *n* *(Verhaltensforschung)*
reflexive conditioning
reflexive Konditionierung *f*
(Verhaltensforschung)
reflexive role-taking (George H. Mead)
reflexive Rollenübernahme *f*
(Verhaltensforschung)
reflexivity (Harold Garfinkel)
Reflexivität *f* *(Theorie des Wissens)*
(Soziologie)
reflexology (reflexiology) (Vladimir Bechterev)
Reflexologie *f* *(Verhaltensforschung)*
reform
Reform *f* *(Soziologie)*

reform ideology
Reformideologie *f* *(Soziologie)*
reformation (Reformation)
1. Reformation *f*
2. Reformierung *f*, Verbesserung *f*
(Soziologie)
reformatory (reformatory institution)
Jugenderziehungsheim *n*,
Erziehungsheim *n*, Besserungsanstalt *f*,
Besserungsheim *n* *(Kriminologie)*
reformism
Reformismus *m*
refuge
1. Zuflucht *f*, Asyl *n*, Schutz *m*
2. Zufluchtsstätte *f*, Zufluchtsort *m*
(Soziologie) (Migration)
refuge area
Zufluchtsgebiet *n* *(Soziologie)*
(Migration)
refugee
1. Flüchtling *m* *(Soziologie) (Migration)*
2. Flüchtlings- *adj*
refusal
Verweigerung *f*, Weigerung *f*
(Psychologie/empirische Sozialforschung)
refusal rate
Verweigerungsrate *f*, Anteil *m* der
Verweigerer *(Psychologie/empirische Sozialforschung)*
refusal to respond (refusal)
Antwortverweigerung *f*, Verweigerung *f*
(empirische Sozialforschung)
refutation (refutal)
Widerlegung *f* *(Logik) (Theorie des Wissens)*
regeneration rite (regenerative rite)
Regenerationsritus *m*, Regenerierungsritus *m*, Erneuerungsritus *m*, Wiedergewinnungsritus *m*, Neuschaffungsritus *m*
(Kulturanthropologie)
regime
Regime *n* *(Politik)*
regime of terror
Terrorregime *n* *(politische Wissenschaften)*
regimentation
Reglementierung *f*, Reglement *n*,
behördliche Reglementierung *f*,
administrative Kontrolle *f*
(Organisationssoziologie)
region (area, territory)
Gebiet *n*, Region *f*, Zone *f*, Gegend *f*
(Sozialökologie) (Statistik)
region of acceptance (acceptance region, area of acceptance, acceptance area, nonrejection region, nonrejection area)
Annahmebereich *m* *(statistische Hypothesenprüfung)*
vgl. region of rejection

region
Gebiet *n*, Gegend *f*, Landstrich *m*, Region *f*, Bereich *m* *(Statistik)* *(Sozialökologie)*
region of rejection (rejection region, rejection area, area of rejection, critical region, latitude of rejection)
Ablehnungsbereich *m*, Bereich *m* der Ablehnung, Zurückweisungsbereich *m*, Schlechtbereich *m* *(statistische Qualitätskontrolle)* *vgl.* region of acceptance
regional analysis (*pl* analyses)
regionale Analyse *f*, Regionalanalyse *f* *(Raumwirtschaft)*
regional capital (regional city)
regionale Hauptstadt *f* *(Sozialökologie)*
regional centralization (ecological centralization, geographical centralization, territorial centralization)
ökologische Zentralisierung *f*, geographische Zentralisierung *f*, territoriale Zentralisierung *f* *(Sozialökologie)*
regional concentration (geographical concentration, territorial concentration, ecological concentration)
ökologische Konzentration *f*, Bevölkerungs- und Siedlungskonzentration *f* *(Sozialökologie)*
regional decentralization (ecological decentralization, territorial decentralization, geographical decentralization)
ökologische Dezentralisierung *f*, geographische Dezentralisierung *f*, territoriale Dezentralisierung *f* *(Sozialökologie)*
regional dispersion (ecological dispersion, territorial dispersion, geographical dispersion)
ökologische Streuung *f*, ökologische Dispersion *f*, Bevölkerungs- und Siedlungsstreuung *f* *(Sozialökologie)*
regional ecology
Regionalökologie *f*, regionale Ökologie *f* *(Sozialökologie)*
regional endogamy
regionale Endogamie *f* *(Kulturanthropologie)*
regional exogamy
regionale Exogamie *f* *(Kulturanthropologie)*
regional integration
regionale Integration *f*, Integration *f* einer Region *(Sozialökologie)*
regional metropolis (regional metropolitan center, brit **metropolitan centre, regional city)**
regionale Metropole *f* *(Sozialökologie)*

regional planning
Regionalplanung *f*, regionale Planung *f* *(Sozialökologie)*
regional research (regional science)
Regionalforschung *f* *(Sozialökologie)*
regional segregation (ecological segregation, geographical segregation, territorial segregation, residential segregation)
geographische Rassentrennung *f*, Rassentrennung *f* nach Wohngebieten, geographische Segregation *f*, Segregation *f* nach Wohngebieten, ökologische Segregation *f* *(Sozialökologie)*
regional sociography
regionale Soziographie *f*, Regionalsoziographie *f* *(Sozialökologie)*
regional sociology
Regionalsoziologie *f*, regionale Soziologie *f*
regional specialization (*brit* regional specialisation, ecological specialization, geographical specialization, territorial specialization)
regionale Spezialisierung *f*, ökologische Spezialisierung *f*, geographische Spezialisierung *f*, territoriale Spezialisierung *f* *(Sozialökologie)*
regional subculture (regional culture)
regionale Subkultur *f*, Subkultur *f* einer Region *(Sozialökologie)*
regional succession (ecological succession, geographical succession, territorial succession)
ökologische Nachfolge *f*, ökologische Sukzession *f* *(Sozialökologie)*
regional survey
regionale Übersichtsstudie *f*, regionale Umfrage *f*, regionale Befragung *f* *(empirische Sozialforschung)*
regionalism
Regionalismus *m* *(Sozialökologie)*
regionalization
Regionalisierung *f* *(Sozialökologie)*
register
Register *n*, Verzeichnis *n*, Liste *f*, Eintragungsbuch *n* *(Demographie)*
registration (voter registration)
Wählerregistrierung *f*, Wählerregistration *f* im Wahlregister *(politische Wissenschaften)*
regress
Regreß *m*, Rückgriff *m*, Rückschritt *m*
regressand
Regressand *m* *(Statistik)*
regression
Regression *f* *(Statistik)* *(Psychologie)*
regression analysis (*pl* analyses)
Regressionsanalyse *f* *(Statistik)*

regression coefficient (coefficient of regression)
Regressionskoeffizient *m*, Regressionsmaß *n (Statistik)*
regression constant
Regressionskonstante *f (Statistik)*
regression curve (curve of regression)
Regressionskurve *f (Statistik)*
regression diagram (regression chart)
Regressionsdiagramm *n*, Regressionsgraphik *f (Statistik)*
regression effect
Regressionseffekt *m (Statistik)*
regression equation
Regressionsgleichung *f (Statistik)*
regression estimate
Regressionsschätzung *f (Statistik)*
regression fallacy
Regressionsfehlschluß *m (statistische Hypothesenprüfung)*
regression function
Regressionsfunktion *f (Statistik)*
regression hyper-surface
Regressionshyperfläche *f (Statistik)*
regression line (line of regression)
Regressionsgerade *f*, Regressionslinie *f (Statistik)*
regression surface
Regressionsfläche *f (Statistik)*
regression table
Regressionstabelle *f (Statistik)*
regressor (independent variable, x variable, cause variable, explanatory variable, predictor variable)
Regressor *m*, vorgegebene Variable *f*, ursächliche Variable *f*, verursachende Variable *f*, unabhängige Variable *f*, unabhängige Veränderliche *f (experimentelle Anlage)*
regrouping
Umgruppierung *f*, Umschichtung *f (Statistik) (Soziologie)*
regular estimator
reguläre Schätzfunktion *f (Statistik)*
regular stationary process
regulärer stationärer Prozeß *m (Stochastik)*
regular tyranny (S. Andreski)
reguläre Tyrannei *f (politische Wissenschaften)*
vgl. erratic tyranny
regularity hypothesis (pl hypotheses)
Regelmäßigkeitshypothese *f (Kommunikationsforschung)*
regulating function
Regulierungsfunktion *f (Kybernetik)*

regulation (*often pl* regulations, mandate)
1. Verordnung *f*, Verwaltungsvorschrift *f*, Vorschrift *f*, administrative Kontrolle *f*, Erlaß *m*, Verfügung *f*, Befehl *m (Organisationssoziologie)*
2. Regulierung *f*, Steuerung *f (Kybernetik)*
rehabilitation
1. Rehabilitation *f*, Rehabilitierung *f*, Wiederaufstellung *f (Psychologie) (Soziologie)*
2. Umschulung *f (Industriesoziologie)*
reification
Reifizierung *f*, Reifikation *f*, Vergegenständlichung *f*, Verdinglichung *f (Theorie des Wissens)*
reified concept
reifizierter Begriff *m*, vergegenständlichter Begriff *m*, verdinglichter Begriff *m (Theorie des Wissens)*
to reify
reifizieren, verdinglichen, vergegenständlichen *v/t (Theorie des Wissens)*
reincarnation (transmigration of souls, metempsychosis)
Reinkarnation *f*, Wiederverkörperung *f*, Seelenwanderung *f*, Metempsychose *f (Religionssoziologie)*
reinforcement
Verstärkung *f*, Bekräftigung *f (Verhaltensforschung)*
reinforcement effect (reinforcement)
Verstärkungseffekt *m*, verstärkende Wirkung *f*, Verstärkung *f* zweiter Ordnung *(Verhaltensforschung) (Kommunikationsforschung)*
reinforcement function (of an opinion leader)
Verstärkerfunktion *f* (des Meinungsführers) *(Kommunikationsforschung)*
reinforcement gradient (gradient of reinforcement)
Verstärkungsgradient *m*, Bekräftigungsgradient *m (Verhaltensforschung)*
reinforcement hypothesis (pl reinforcement hypotheses, limited-effects model) (Joseph T. Klapper)
Verstärkerhypothese *f*, Verstärkungshypothese *f*, Verstärkerthese *f (Kommunikationsforschung)*
reinforcement mechanism
Verstärkungsmechanismus *m (Verhaltensforschung)*

reinforcement schedule (schedule of reinforcement)
Verstärkungsplan *m*, Verstärkungsschema *n*, Verstärkungsfolge *f*, Verstärkungsprogramm *n* *(Verhaltensforschung)*
reinforcement withdrawal
Verstärkungsentzug *m* *(Verhaltenstherapie)*
reinforcer (reinforcing stimulus, *pl* reinforcing stimuli)
Verstärker *m*, verstärkender Reiz *m*, verstärkender Stimulus *m*, Verstärkerreiz *m* *(Verhaltensforschung)*
to reinterview
wiederbefragen, wiederholt befragen, noch einmal befragen *v/t (empirische Sozialforschung)*
reinterview effect (in panel studies) (reinterviewing bias, panel conditioning panel effect, panel bias, participation effect, participation bias)
Paneleffekt *m*, Lerneffekt *m* bei Panelbefragungen *(empirische Sozialforschung)*
reinterviewing
Wiederbefragen *n*, wiederholtes Befragen *n*, erneute Befragung *f* *(empirische Sozialforschung)*
rejected person (rejectee)
zurückgewiesene Person *f (Soziometrie)*
rejection
Ablehnung *f*, Zurückweisung *f (Statistik) (Soziometrie) (Psychologie)*
vgl. acceptance
rejection area (area of rejection, rejection region, region of rejection, critical region, latitude of rejection)
Ablehnungsbereich *m*, Bereich *m* der Ablehnung, Zurückweisungsbereich *m*, Schlechtbereich *m* *(statistische Qualitätskontrolle)*
vgl. acceptance area
rejection error (alpha error, error of the first kind)
Zurückweisungsfehler *m (statistische Hypothesenprüfung)*
rejection line (rejection boundary)
Ablehnungsgrenze *f*, Zurückweisungsgrenze *f*, Schlechtgrenze *f*, Ablehnungslinie *f*, Zurückweisungslinie *f*, Schlechtlinie *f (statistische Qualitätskontrolle)*
vgl. acceptance line
rejection number
Ablehnungszahl *f*, Zurückweisungszahl *f*, Schlechtzahl *f (statistische Qualitätskontrolle)*
vgl. acceptance number

rejection region (rejection area, area of rejection, region of rejection, critical region, latitude of rejection)
Ablehnungsbereich *m*, Bereich *m* der Ablehnung, Zurückweisungsbereich *m*, Schlechtbereich *m* *(statistische Qualitätskontrolle)*
vgl. acceptance region
rejective sampling
Ablehnungsauswahl *f*, Zurückweisungsauswahlverfahren *n*, Zurückweisungsstichprobenverfahren *n* *(statistische Qualitätskontrolle)*
relation
Relation *f*, Beziehung *f (Philosophie) (Mathematik/Statistik)*
relational analysis (*pl* analyses)
Relationsanalyse *f*, Relationsforschung *f*, Beziehungsforschung *f (empirische Sozialforschung)*
relationism (relational sociology of knowledge)
Relationismus *m* (Karl Mannheim) *(Philosophie) (Soziologie)*
relational characteristic
Relationsmerkmal *n*, Relationscharakteristikum *n (empirische Sozialforschung)*
relational communication (relational theory) (Gregory Bateson)
relationale Kommunikation *f*, relationale Theorie *f (Kulturanthropologie) (Kommunikationsforschung)*
relational concept (relative)
Relationsbegriff *m (Philosophie)*
relational hypothesis (*pl* hypotheses)
Relationshypothese *f (empirische Sozialforschung)*
relational pattern
Relationsmuster *n (Soziologie)*
relational pattern measure (structural measure, sociometric measure)
Relationsmustermaß *n (Soziologie)*
relational survey
Relationsbefragung *f*, Relationsumfrage *f (empirische Sozialforschung)*
relationism
1. Relationismus *m* (Karl Mannheim) *(Theorie des Wissens)*
2. Beziehungslehre *f (Soziologie)*
relationship category (kinship category)
Verwandtschaftskategorie *f*, Verwandtenkategorie *f (Kulturanthropologie)*
relative (kin)
Verwandte(r) *f(m) (Kulturanthropologie)*
relative constant
relative Konstante *f (Mathematik/Statistik)*
vgl. absolute constant

relative deprivation (Samuel A. Stouffer et al.; Robert K. Merton)
relative Deprivation *f*, relative Entsagung *f* (*Soziologie*) (*Sozialpsychologie*)
vgl. absolute deprivation
relative deviation
relative Abweichung *f*, relativer Wert *m* der Abweichung (*Statistik*)
vgl. absolute deviation
relative efficiency
relative Effizienz *f* (*Statistik*)
relative efficiency (of an estimator) (estimate efficiency)
relative Effizienz *f* einer Schätzfunktion (*Statistik*)
relative efficiency of a test (power efficiency of a test)
relative Effizienz *f* eines Tests (*statistische Hypothesenprüfung*)
relative entropy
relative Entropie *f* (*Informationstheorie*)
vgl. relative redundancy
relative error
relativer Fehler *m* (*Statistik*) (*statistische Hypothesenprüfung*)
vgl. absolute error
relative frequency
relative Häufigkeit *f*, Zahl *m* der Fälle, Anzahl *f* der Fälle (*Statistik*)
vgl. absolute frequency
relative gratification
relative Gratifikation *f*, relative Befriedigung *f* (*Psychologie*)
relative income
relatives Einkommen *n* (*Volkswirtschaftslehre*)
relative likelihood
relative Likelihood *f*, relative Mutmaßlichkeit *f* (*Statistik*)
relative majority (plurality, overall majority)
relative Mehrheit *f*, relative Stimmenmehrheit *f* (*politische Wissenschaft*)
vgl. majority
relative majority election (plurality election)
relative Mehrheitswahl *f* (*politische Wissenschaft*)
relative majority system
relatives Mehrheitswahlsystem *n*, relatives Mehrheitssysem *n* (*politische Wissenschaft*)
vgl. absolute majority system
relative measure
relatives Maß *n* (*Statistik*)
vgl. absolute measure

relative norm (R. T. Morris)
relative Norm *f*, relativ geltende Norm *f*, unbeschränkt geltende Norm *f* (*Soziologie*)
vgl. absolute norm
relative number (relative value of a number)
relative Zahl *f*, Verhältniszahl *f* (*Mathematik/Statistik*)
vgl. absolute number
relative poverty
relative Armut *f* (*Sozialforschung*)
vgl. absolute poverty
relative precision
relative Genauigkeit *f*, relative Präzision *f* (*Statistik*)
relative probability
relative Wahrscheinlichkeit *f* (*Wahrscheinlichkeitstheorie*)
relative risk (odds ratio)
relatives Risiko *n* (*Entscheidungstheorie*)
relative standard deviation (coefficient of variation)
relative Standardabweichung *f*, Variationskoeffizient *m* (*Statistik*)
relative threshold
relative Reizschwelle *f*, relative Schwelle *f* (*Psychophysik*)
vgl. absolute threshold
relative variance (relvariance)
relative Varianz *f*, Relvarianz *f* (*Statistik*)
relative veto
relatives Veto *n* (*politische Wissenschaft*)
vgl. absolute veto
relatively continuous measure
relativ stetiges Maß *n* (*Statistik*)
relativism
Relativismus *m* (*Philosophie*)
relativity
Relativität *f* (*Philosophie*)
relaxation
Entspannung *f* (*Psychologie*)
relaxation technique
Entspannungstechnik *f*, Entspannungsmethode *f*, Entspannungsverfahren *n* (*Psychotherapie*)
relay diffusion
Diffusion *f* im Schneeballverfahren, Staffettendiffusion *f* (*Kulturanthropologie*) (*Soziologie*)
relay function
Übertragungsfunktion *f*, Verbreitungsfunktion *f* (des Meinungsführers) (*Kommunikationsforschung*)
relearning
Wiedererlernen *n* (*Verhaltensforschung*)
relearning method
Wiedererlernungsmethode *f* (*Verhaltensforschung*)

releaser

releaser (releasing mechanism)
Auslöser *m*, Auslösemechanismus *m*, Auslösermechanismus *m* *(Ethologie) (Verhaltensforschung)*

releasing stimulus (eliciting stimulus, *pl* stimuli)
reaktionsauslösender Reiz *m*, reaktionsauslösender Stimulus *m*, auslösender Reiz *m*, auslösender Stimulus *m*) *(Verhaltensforschung)*

relevance
Erheblichkeit *f*, Relevanz *f* (eines Problems, eines Programmpunkts) *(empirische Sozialforschung) (Einstellungsforschung)*

relevant others *pl* (significant others *pl*) (Ralph H. Turner)
relevante Andere *m/pl* *(Soziologie)*

reliability
Reliabilität *f*, Zuverlässigkeit *f*, Verläßlichkeit *f*, Meßgenauigkeit *f* *(statistische Hypothesenprüfung)*

reliability coefficient (coefficient of reliability)
Reliabilitätskoeffizient *m*, Zuverlässigkeitskoeffizient *m*, Verläßlichkeitskoeffizient *m*, Meßgenauigkeitskoeffizient *m* *(statistische Hypothesenprüfung)*

reliability function
Reliabilitätsfunktion *f*, Zuverlässigkeitsfunktion *f*, Verläßlichkeitsfunktion *f*, Meßgenauigkeitsfunktion *f* *(statistische Hypothesenprüfung)*

reliability theory (theory of reliability)
Zuverlässigkeitstheorie *f*, Reliabilitätstheorie *f* *(statistische Hypothesenprüfung)*

relief
Hilfsleistung *f*, Unterstützung *f*, Fürsorge *f*, Fürsorgeleistung *f*, Fürsorgeunterstützung *f*

relief-in-cash
finanzielle Hilfsleistung *f*, finanzielle Unterstützungszuwendung *f*, Hilfsleistung *f* in Form von finanziellen Zuwendungen

relief-in-kind
Sachgutshilfsleistung *f*, Unterstützung *f*, Fürsorge *f*, Fürsorgeleistung *f*, Fürsorgeunterstützung *f* in Gestalt von Sachgütern und Leistungen

religion
Religion *f*, Glaube *m* *(Religionssoziologie)*

religion (religious affiliation, church affiliation)
Konfession *f*, Religion *f*, Konfessionszugehörigkeit *f*, Religionszugehörigkeit *f* *(Religionssoziologie) (empirische Sozialforschung)*

religious attendance (church attendance)
Kirchenbesuch *m* *(empirische Sozialforschung)*

religious belief
religiöser Glaube *m*

religious institution
religiöse Einrichtung *f*, religiöse Institution *f* *(Religionssoziologie)*

religious endogamy
religiöse Endogamie *f*, Endogamie *f* innerhalb einer Religion bzw. einer religiösen Gruppe *(Kulturanthropologie)*

religious liberty
Religionsfreiheit *f*, Freiheit *f* der Religionsausübung

religious minority
religiöse Minderheit *f*, religiöse Minorität *f* *(Religionssoziologie)*

religious movement
religiöse Bewegung *f* *(Kulturanthropologie) (Religionssoziologie)*

religious organization (*brit* religious organisation)
religiöse Organisation *f*, Religionsorganisation *f* *(Religionssoziologie)*

religious party (confessional party)
Religionspartei *f*, religiöse Partei *f* *(politische Wissenschaften)*

religious ritual
Religionsritual *n*, religiöses Ritual *n* *(Kulturanthropologie)*

religious sanction
religiöse Sanktion *f* *(Soziologie)*

religious sentiment
religiöses Empfinden *n*

religious sociology (sociology of religion)
Religionssoziologie *f*

relvariance
Relvarianz *f* *(Statistik)*

remedial
heilsam, heilend, Heilungs-, Heil- *adj*

remedial education
Heilpädagogik *f*, Sonderschulunterricht *m*, Hilfsschulunterricht *m*

remedial justice (corrective justice, commutative justice)
ausgleichende Gerechtigkeit *f*

remigration (re-migration, return migration)
Rückwanderung *f*, Gegenstrom *m*, Gegenbewegung *f* der Migration *(Migration)*

reminiscence
Reminiszenz *f*, Wiedererscheinen *n* von Gedächtnisinhalten *(Psychologie)*

remission
Straferlaß *m* Amnestie *f (Kriminologie)*
renegade (apostate)
Renegat *m*, Abtrünniger *m*,
Apostat *m*, Überläufer *m*, Verräter *m*
(Gruppensoziologie) (Religionssoziologie)
rent
1. Miete *f*, Pacht *f*
2. Rente *f (Volkswirtschaftslehre)*
retail price index (consumer price index) (C.P.I., CPI) (*brit* **cost of living index)**
Preisindex *m* für die Lebenshaltung, Lebenshaltungskostenindex *m*
(Volkswirtschaftslehre/Statistik)
retention
Behalten *n*, Gedächtnis *n*, Merken *n*, Retention *f (Theorie des Lernens)*
renter-occupied dwelling
Mietwohnung *f*
reorganization (*brit* **re-organisation)**
Reorganisation *f*
reparation
Reparation *f*, Entschädigung *f*, Wiedergutmachungsleistung *f*
repatriate
Umsiedler *m*, Heimkehrer *m*, Repatriierter *m (Mobilitätsforschung)*
repatriation
Umsiedlung *f*, Heimkehr *f*, Repatriierung *f (Mobilitätsforschung)*
repeat reliability (test-retest reliability)
Wiederholungsreliabilität *f*, Test-Retest-Reliabilität *f*, Wiederholungszuverlässigkeit *f*, Test-Retest-Zuverlässigkeit *f*
(statistische Hypothesenprüfung)
repeat survey (repeat sample survey)
Erhebungsreihe *f*, wiederholte Erhebungen *f/pl*, Umfragereihe *f*, Wiederholungsbefragung *f*, Wiederholungserhebung *f*, wiederholte Befragung *f (empirische Sozialforschung)*
repeat technique (test-retest method, test-retest technique)
Wiederholungstestmethode *f* (der Reliabilitätsprüfung), Test-Retest-Methode *f*, Methode *f* der Testwiederholung *(statistische Hypothesenprüfung)*
repeated measures design (intragroup replication, within-group replication)
gruppeninterne Wiederholung *f*, Wiederholungsversuch *m*, Wiederholung *f* mit einer oder mehreren anderen Gruppen von Versuchspersonen *(statistische Hypothesenprüfung)*
vgl. intergroup replication
repertory grid
Repertoire-Verfahren *n (empirische Sozialforschung)*

repetition
Vergleichsversuch *m*, Wiederholung *f*
(statistische Hypothesenprüfung)
repetition compulsion (compulsion to repeat)
Wiederholungszwang *m (Psychologie)*
replacement
Zurücklegen *n (Statistik)*
replacement address
Ersatzadresse *f (Umfrageforschung)*
replicated sample (replicated subsample, duplicate sample, equivalent sample)
Parallelstichprobe *f*, Parallelauswahl *f*, replizierte Stichprobe *f*, replizierte Unterstichprobe *f (Statistik)*
replicated sampling (replicated subsampling, equivalent sampling, duplicate sampling)
Parallelauswahlverfahren *n*, Parallelauswahl *f*, Parallelstichprobenverfahren *n*, Parallelstichprobenbildung *f*, repliziertes Auswahlverfahren *n*, replizierte Auswahl *f*, repliziertes Stichprobenverfahren *n*, replizierte Stichprobenbildung *f*, replizierte Unterstichprobenbildung *f (Statistik)*
replication
Parallelversuch *m*, Paralleltest *m*
Parallelexperiment *n* Wiederholung *f*, Replikation *f (statistische Hypothesenprüfung)*
report
Bericht *m (empirische Sozialforschung)*
report method (report technique)
Berichtsmethode *f (Theorie des Lernens)*
representation
Repräsentation *f*, Vertretung *f*
(politische Wissenschaft) (Statistik)
representational behavior (*brit* **representational behaviour)**
Repräsentationsverhalten *n*, Verhalten *n* der Repräsentanten *(politische Wissenschaft)*
representational mediation theory (representational mediation, mediation theory)
Vermittlungstheorie *f*, Theorie *f* der vermittelnden Prozesse *(Verhaltensforschung)*
representational model (G. F. Mahl)
Repräsentationsmodell *n (Inhaltsanalyse)*
representative
1. Abgeordneter *m*, Repräsentant *m* des Volks, Deputierter *m*, Beauftragter *m (politische Wissenschaft)*
2. repräsentativ *adj (Statistik)*
representative bureaucracy (Alvin W. Gouldner)
repräsentative Bürokratie *f*
(Organisationssoziologie)

representative cross-section
  repräsentativer Querschnitt *m (Statistik)*
representative democracy
  repräsentative Demokratie *f (politische Wissenschaften)*
representative experimental design (representative design)
  repräsentative experimentelle Anlage *f*, repräsentative Versuchsanlage *f*, repräsentative Anlage *f* eines Tests *(statistische Hypothesenprüfung)*
representative government (representative rule)
  repräsentatives Regierungssystem *n*, Repräsentativsystem *n (politische Wissenschaften)*
representative rite (commemorative rite) (Emile Durkheim)
  repräsentativer Ritus *m*, repräsentative Zeremonie *f (Soziologie)*
representative role
  repräsentative Rolle *f (Soziologie)* (Siegfried F. Nadel)
representative sample
  repräsentative Auswahl *f*, repräsentative Stichprobe *f (Statistik)*
representative sampling
  repräsentatives Auswahlverfahren *n*, repräsentative Auswahl *f*, repräsentatives Stichprobenverfahren *n*, repräsentative Stichprobenbildung *f (Statistik)*
representative sampling plan (representative sampling schedule)
  repräsentativer Auswahlplan *m*, repräsentativer Stichprobenplan *m (Statistik)*
representativeness
  Repräsentativität *f*, Repräsentanz *f (Statistik)*
to repress
  verdrängen *v/t (Psychologie)*
  unterdrücken *v/t (Psychoanalyse)*
repression
  Repression *f*, Verdrängung *f*, Unterdrückung *f (Psychoanalyse) (Soziologie)*
repressive desublimation (Herbert Marcuse)
  repressive Entsublimierung *f (Soziologie)*
repressive law (Emile Durkheim)
  repressives Recht *n (Soziologie)*
  vgl. restitutive law
repressive sanction (Emile Durkheim)
  repressive Sanktion *f (Soziologie)*
  vgl. restitutive sanction
repressive tolerance (Herbert Marcuse)
  repressive Toleranz *f (Soziologie)*
reprieve (respite, stay of execution)
  Strafaufschub *m*, Aussetzung *f* der Strafvollstreckung, Gnadenfrist *f (Kriminologie)*

reprisal (retaliation)
  Vergeltungsmaßnahme *f*, Repressalie *f (Soziologie)*
reprivatization (*brit* reprivatisation, denationalization, *brit* denationalisation)
  Reprivatisierung *f*, Entstaatlichung *f*, Entnationalisierung *f (Volkswirtschaftslehre)*
reproducibility
  Reproduzierbarkeit *f (statistische Hypothesenprüfung)*
reproducibility coefficient (coefficient of reproducibility) (CR)
  Reproduzierbarkeitskoeffizient *m*, Koeffizient *m* der Reproduzierbarkeit *(Skalierung)*
reproduction
  Reproduktion *f (Soziologie) (Demographie) (Psychologie)*
reproduction method
  Reproduktionsmethode *f (Verhaltensforschung)*
reproduction rate
  Reproduktionsziffer *f (Demographie)*
reproductive behavior (*brit* reproductive behaviour)
  Reproduktionsverhalten *n (Demographie)*
reproductive facilitation
  reproduktive Bahnung *f (Psychologie)*
reproductive fallacy (Richard S. Rudner)
  Reproduktionsfehlschluß *m*, Reproduktionstrugschluß *m (Theorie des Wissens)*
reproductive inhibition (reproductive interference)
  reproduktive Hemmung *f (Psychologie)*
republic
  Republik *f (politische Wissenschaften)*
  vgl. monarchy
republic of scholars
  Gelehrtenrepublik *f (Philosophie)*
republicanism (Republicanism)
  Republikanismus *m (politische Wissenschaften)*
reputation
  Reputation *f (Soziologie)*
reputational approach (reputational technique)
  Reputationsmethode *f*, Reputationsansatz *m*, Reputationstechnik *f (Sozialökologie)*
reputational conception of social class
  Reputationsbegriff *m* der sozialen Schicht *(Sozialforschung)*
reputational social class
  Reputations-Sozialschicht *f*, aufgrund ihrer Reputation bestimmte Sozialschicht *f (Sozialforschung)*

research
Forschung f, Forschungsarbeit f, wissenschaftliche Forschung f, wissenschaftliche Arbeit f, Wissenschaft f
research design
Untersuchungsanlage f, Forschungsanalage f, Forschungsplan m (Hypothesenprüfung)
research group
Forschungsgruppe f
research hypothesis (pl hypotheses (H_1, working hypothesis)
Forschungshypothese f, Arbeitshypothese f, Testhypothese f, Prüfhypothese f (statistische Hypothesenprüfung)
research interview
Forschungsinterview n (Hypothesenprüfung)
research survey
Forschungsumfrage f, Forschungsbefragung f (empirische Sozialforschung)
research work
Forschungsarbeit f (Sozialforschung)
resegregation
Resegregation f, Resegregierung f, Wiederherstellung f der Rassentrennung (Sozialökologie) (Soziologie)
residence (residence location, place of residence)
Wohnort m, Wohnsitz m, Wohngemeinschaft f (Kulturanthropologie)
residence rule (postmarital residence rule)
Residenzregel f, Wohngemeinschaftsregel f, Wohnsitzregel f (Kulturanthropologie)
residential city
Wohnstadt f (Sozialökologie)
residential community
Wohngemeinde f (Sozialökologie)
residential displacement (ecological displacement, geographical displacement)
geographische Verdrängung f, ökologische Verdrängung f (Sozialökologie)
residential group
Residenzgruppe f, Wohngemeinschaftsgruppe f (Kulturanthropologie)
residential invasion (ecological invasion, geographical invasion)
ökologische Invasion f, geographische Invasion f (Sozialökologie)
residential kin group (residential group, coresidential group)
zusammenwohnende Sippe f, zusammenwohnende Sippengemeinschaft f, zusammenwohnende Sippengruppe f (Kulturanthropologie)

residential mobility (physical mobility, spatial mobility, vicinal mobility, ecological mobility, geographical mobility, areal mobility)
geographische Mobilität f, räumliche Mobilität f, ökologische Mobilität f
residential pattern (settlement pattern, form of settlement, type of settlement, pattern of settlement)
Siedlungsmuster n, Siedlungsform f, Wohnmuster n (Sozialökologie)
residential segregation (geographical segregation, ecological segregation, residential segregation, spatial segregation, areal segregation)
geographische Rassentrennung f, Rassentrennung f nach Wohngebieten, geographische Segregation f, Segregation f nach Wohngebieten, ökologische Segregation f (Kulturanthropologie) (Soziologie)
residual (residual term, error term)
1. Restgröße f, Restwert m, Restdifferenz f, Residuum n (Mathematik/Statistik)
2. residuell, übrigbleibend, zurückbleibend adj (Mathematik/Statistik)
residual category (catchall category, catch-all category, no-data)
Restkategorie f, Residualkategorie f (Datenanalyse)
residual matrix (pl matrixes or matrices, residual correlation matrix)
Restgrößenmatrix f, Restkorrelationsmatrix f (Statistik)
residual rule-breaking (Thomas Scheff)
residuale Regelverletzung f (Soziologie)
residual sibling
Residualgeschwister n, Restgeschwister n (Kulturanthropologie)
residual sum of squares (error sum of squares, discrepance, discrepancy)
Restsumme f der Abweichungsquadrate (Statistik)
residual treatment effect (carryover effect)
Nachwirkung f der Experimentalhandlung (statistische Hypothesenprüfung)
residual variance (error variance)
Restvarianz f, Residualvarianz f, Fehlervarianz f (Statistik)
residue (Vilfredo Pareto)
Residuum n (Soziologie)
resistance
Widerstand m (Psychologie)
resistance to extinction
Löschungsresistenz f (Verhaltensforschung)
resocialization
Resozialisierung f (Soziologie)

resource
Ressource f, Hilfsquelle f, Hilfsmittel n, Reichtümer m/pl, Mittel n/pl (Volkswirtschaftslehre)
resource allocation (allocation of resources)
Ressourcenzuweisung f, Zuteilung f von Ressourcen (Volkswirtschaftslehre) (Soziologie)
resource mobilization
Ressourcenmobilisierung f (Soziologie)
resource planning
Ressourcenplanung f
respect
Respekt m (Soziologie)
respect relationship
Respektbeziehung f, respektvolle Beziehung f (Kulturanthropologie) (Soziologie)
respect relative
Respektverwandte(r) f(m) (Kulturanthropologie)
respite
Aufschub m, Stundung f, Begnadigung f, Strafaussetzung f, Strafaufschub m (Kriminologie)
respondent behavior (brit behaviour, stimulus-elicited behavior) (B. F. Skinner)
respondentes Verhalten n, reflexives Verhalten n, Antwortverhalten n, ausgelöstes Verhalten n (Verhaltensforschung)
respondent conditioning (B. F. Skinner) (classical conditioning)
respondente Konditionierung f, reflexive Konditionierung f, ausgelöste Konditionierung f (Verhaltensforschung)
respondent orientation
Befragtenausrichtung f, Ausrichtung f des Fragebogens, des Interviews, auf den Befragten, Orientierung f auf den Befragten (empirische Sozialforschung)
respondent participation
Befragtenmitwirkung f, Mitwirkung f des Befragten, Beteiligung f des Befragten beim Interview (empirische Sozialforschung)
respondent (interviewee, informant, subject, test person)
Befragte(r) f(m), Befragungsperson f, Auskunftsperson f, Informant m, Respondent m (empirische Sozialforschung)
response (R)
1. Reaktion f, Reagieren n (Verhaltensforschung)
vgl. stimulus
2. Antwort f (empirische Sozialforschung)
vgl. question

response amplitude
Reaktionsamplitude f (Verhaltensforschung)
response approach (response-centered measurement) (Warren S. Torgerson)
reaktionsorientiertes Messen n, Reaktionsansatz m (Skalierung)
response bias
Reaktionsfehler m (Verhaltensforschung)
→ response error
response class (R class)
Reaktionsklasse f (Verhaltensforschung)
response cry (Erving Goffman)
Reaktionsausruf m (Kommunikationsforschung)
response curve (trace line)
Reaktionskurve f, Charakteristik f des Items, Responsekurve f, Wirkungskurve f, Lernkurve f (Skalierung)
response differentiation (conditioning approximation)
Antwortzeit f, Antwortdauer f (empirische Sozialforschung)
response error (response bias, reporting error, nonsampling error, answer error)
Antwortfehler m (statistische Hypothesenprüfung)
response function
Reaktionsfunktion f, Responsefunktion f, Wirkungsfunktion f, Lernfunktion f (Theorie des Lernens) (empirische Sozialforschung)
response hierarchy
Reaktionshierarchie f (Verhaltensforschung)
response induction (reaction generalization, brit reaction generalisation)
Reaktionsgeneralisierung f, Antwortgeneralisierung f (Verhaltensforschung)
response inhibition
Reaktionshemmung f (Verhaltensforschung)
response latency (response time, reaction time) (RT)
Reaktionszeit f, Reaktionsgeschwindigkeit f (Verhaltensforschung)
response matrix (pl matrixes or matrices)
Reaktionsmatrix f (Verhaltensforschung)
response metameter
transformierte Wirkungsgröße f (Statistik)
response method
Reaktionsmethode f (Skalierung)
response pattern (response topography)
Reaktionsmuster n, Reaktionsschema n, Reaktionspattern n, Antwortmuster n, Antwortschema n (empirische Sozialforschung) (Verhaltensforschung)

response prevention
Reaktionsverhinderung *f*
(Verhaltensforschung)
response probability
Reaktionswahrscheinlichkeit *f (behavioral probability)*
response rate (success rate, rate of response, frequency of responding)
Reaktionsrate *f*, Reaktionshäufigkeit *f*
(Verhaltensforschung)
response reinforcement interval (delay of reinforcement interval)
Verzögerung *f* des Verstärkungsintervalls *(Verhaltensforschung)*
response reversal
Reaktionsumkehrung *f (Theorie des Lernens)*
response set (Lee J. Cronbach)
Antworttendenz *f*, Reaktionseinstellung *f*, Response Set *m*, inhaltsunabhängige Reaktionstendenz *f (statistische Hypothesenprüfung)*
response strength (magnitude of response)
Reaktionsstärke *f*, Stärke *f* der Reaktion *(Verhaltensforschung)*
response style (Douglas N. Jackson and Samuel Messick)
Antwortstil *m*, Reaktionsstil *m*
(Hypothesenprüfung) (empirische Sozialforschung)
response surface (response surface methodology) (RSM)
Wirkungsfläche *f (statistische Hypothesenprüfung)*
response time (response latency, reaction time (RT)
Reaktionszeit *f*, Reaktionsgeschwindigkeit *f (Verhaltensforschung)*
response variable (dependent variable, performance variable, y variable)
abhängige Variable *f*, abhängige Veränderliche *f*, Resultante *f (statistische Hypothesenprüfung)*
vgl. independent variable
response variance (variance of response)
Reaktionsschwankung *f (empirische Sozialforschung)*
responsibility (accountability)
1. Verantwortung *f*, Verantwortlichkeit *f (Soziologie)*
2. Zurechnungsfähigkeit *f (Kriminologie)*
responsible adult
verantwortungsfähiger Erwachsener *m*, zurechnungsfähiger Erwachsener *m (Psychologie)*
responsiveness (responsivity)
Empfänglichkeit *f*, Empfindlichkeit *f*
(Verhaltensforschung) (empirische Sozialforschung)

ressentiment
Ressentiment *n (Psychologie)*
restitution
Entschädigung *f*, Wiedergutmachung *f*, Rückerstattung *f (Soziologie)*
restitutive law (Emile Durkheim)
restitutives Recht *n (Soziologie)*
vgl. repressive law
restitutive sanction (Emile Durkheim)
restitutive Sanktion *f (Soziologie)*
vgl. repressive sanction
restoration
Restauration *f (politische Wissenschaften)*
Restorff effect
Restorffeffekt *m (Theorie des Lernens)*
restratification (turnover)
Umschichtung *f*, Umgruppierung *f*, Umorganisation *f (Soziologie)*
restricted code (Basil Bernstein) (restricted language)
restringierter Kode *m (Soziolinguistik)*
vgl. elaborated code
restricted hierarchy
begrenzte Hierarchie *f*, beschränkte Hierarchie *f (Soziologie) (Organisationssoziologie)*
restricted marital exchange (restricted exchange) (Claude Lévi Strauss)
begrenzter Heiratsaustausch *m*, beschränkter Heiratsaustausch *m (Ethnologie)*
restricted question (fixed alternative question, closed-ended question, closed-end question, closed question, closed alternative question)
geschlossene Frage *f*, Frage *f* mit Antwortvorgaben, strukturierte Frage *f (Psychologie/empirische Sozialforschung)*
restructuring (restructure)
Umstrukturierung *f*, Umstrukturation *f (Psychologie)*
resultant (resultant variable, dependent variable)
Resultante *f*, abhängige Variable *f (statistische Hypothesenprüfung)*
retained-members method (method of retained members)
Methode *f* der behaltenen Glieder *(Theorie des Lernens)*
retaliation (revenge)
Vergeltung *f*, vergeltende Strafe *f (Kriminologie)*
retardation
Zurückgebliebenheit *f*, Retardation *f (Psychologie)*
retention
Merken *n*, Retention *f (Theorie des Lernens)*

retired person (pensioner)
Rentner(in) *m(f)*, Ruheständler(in) *m(f)*, Pensionär(in) *m(f)* *(Industriesoziologie)*
retirement
Ruhestand *m*, Pensionierung *f* *(Industriesoziologie)*
retirement age
Ruhestandsalter *n*, Pensionsalter *n*, Altersgrenze *f* *(Industriesoziologie)*
retreatism (Robert K. Merton)
Retreatismus *m*, Rückzugsverhalten *n* *(Soziologie)*
retreatist (dropout, drop-out)
Studienabbrecher *m*, Abbrecher *m*, Aussteiger *f*
retreatist gang
Aussteigerbande *f* *(Kriminologie)*
retreatist subculture (Robert K. Merton)
Aussteiger-Subkultur *f* *(Soziologie)*
retributive justice
Vergeltungsjustiz *f*, Vergeltungsrecht *n* *(Kriminologie)*
retrieval
Abrufen *n*, Abruf *m* *(EDV)*
retroactive inhibition (Clark L. Hull)
rückwirkende Hemmung *f*, Ähnlichkeitshemmung *f* *(Verhaltensforschung)*
vgl. proactive inhibition
retroactive interference
retroaktive Hemmung *f*, rückwirkende Hemmung *f*, Ähnlichkeitshemmung *f* *(Verhaltensforschung)*
retrodiction (postdiction)
Retrodiktion *f*, Postdiktion *f* *(Theorie des Wissens)*
retrospection
Retrospektion *f*, Zurückblicken *n*, Erinnerung *f* *(Hypothesenprüfung)* *(Theorie des Wissens)*
retrospective experiment (ex post facto experiment)
restrospektives Experiment *n* *(Hypothesenprüfung)* *(experimentelle Anlage)*
retrospective introspection
retrospektive Frage *f*, Ex-post-facto-Frage *f*, Frage *f* über zurückliegendes Verhalten *(empirische Sozialforschung)*
retrospective question
→ ex post facto question
return period
Wiederkehrperiode *f*, Rückkehrperiode *f* *(Statistik)*
revelation
Offenbarung *f*, Enthüllung *f*
revenge
Rache *f*, Rachsucht *f* *(Psychologie)*

reversal design (steady-state design, switchback design, cross-over design)
Umkehranlage *f*, Überkreuz-Wiederholungsanlage *f*, Überkreuz-Wiederholungsplan *m* *(Verhaltensforschung)* *(statistische Hypothesenprüfung)*
reversal learning (reversal training)
Umkehrlernen *n* *(Verhaltensforschung)*
reversal test
Umkehrprobe *f* (bei Indexzahlen), Vorzeichenwechseltest *m* *(Statistik)*
reverse bandwagon effect (underdog effect, boomerang effect)
Mitleidseffekt *m*, Bumerangeffekt *m* *(Kommunikationsforschung)*
vgl. bandwagon effect
reverse causation
umgekehrte Kausalität *f*, umgekehrte Verursachung *f* *(empirische Sozialforschung)*
reverse discrimination (favorable discrimination, brit favourable discrimination, positive discrimination)
umgekehrte Diskriminierung *f*, affirmative Diskriminierung *f*, bestätigende Diskriminierung *f* *(Sozialpsychologie)*
reverse funnel (reversed funnel, inverted funnel)
umgekehrter Trichter *m* *(empirische Sozialforschung)*
reverse funneling (reversed funneling, inverted funneling)
umgekehrtes Trichtern *n* *(empirische Sozialforschung)*
reverse passing (Erving Goffman)
umgekehrtes Vorgeben *n*, umgekehrtes Verbergen *n* *(Soziologie)*
reversible relation
reversible Beziehung *f*, umkehrbare Beziehung *f* *(Mathematik/Statistik)*
reversion (atavism)
Rückschritt *m*, Atavismus *m* *(Kulturanthropologie)*
review (critique)
Kritik *f*, Kritisieren *n*, kritische Besprechung *f*, kritische Abhandlung *f*
revitalization movement (Anthony F. C. Wallace)
Revitalisationsbewegung *f* *(Kulturanthropologie)*
revivalism
Revivalismus *m* *(Kulturanthropologie)*
revivalistic nativism
revivalistischer Nativismus *m* *(Kulturanthropologie)*
revolt
Revolte *f*, Aufruhr *m*, Empörung *f*, Aufstand *m* *(Soziologie)* *(Kulturanthropologie)*

revolution
  Revolution *f (Soziologie)*
revolution by consent
  Revolution *f* durch Konsens *(Soziologie)*
revolution from above
  Revolution *f* von oben *(Soziologie)*
revolutionary conflict
  revolutionärer Konflikt *m*,
  Revolutionskonflikt *m (Soziologie)*
revolutionary dictatorship
  revolutionäre Diktatur *f*,
  Revolutionsdiktatur *f (politische Wissenschaften)*
revolutionary ideology
  revolutionäre Ideologie *f*,
  Revolutionsideologie *f (Soziologie)*
revolutionary movement
  revolutionäre Bewegung *f*,
  Revolutionsbewegung *f (Soziologie) (Kulturanthropologie)*
revolutionary potential
  revolutionäres Potential *n*,
  Revolutionspotential *n (Soziologie)*
revolutionary socialism
  revolutionärer Sozialismus *m*,
  Revolutionssozialismus *m (Soziologie) (Philosophie)*
revolutionary syndicalism
  revolutionärer Syndikalismus *m*,
  syndikalistischer Anarchismus *m (Philosophie)*
revolutionary tension
  revolutionäre Spannung *f (Soziologie)*
revolutionary terror
  revolutionärer Terror *m (Soziologie)*
revolutionary war
  revolutionärer Krieg *m*, Revolutionskrieg *m (politische Wissenschaften)*
reward
  Belohnung *f (Verhaltensforschung)*
reward expectancy (Edward C. Tolman)
  Belohnungs- und Lohnerwartung *f (Verhaltensforschung)*
reward power (John R. P. French and Bertram Raven)
  Belohnungsmacht *f (Organisationssoziologie)*
reward schedule
  Belohnungsplan *m (Verhaltensforschung)*
reward system
  Belohnungssystem *n*, System *n* der Belohnungen)
reward training
  Belohnungstraining *n (Verhaltensforschung)*
reward-punishment mechanisms *pl* **(Talcott Parsons)**
  Belohnungs-Bestrafungs Mechanismen *m/pl (Theorie des Handelns)*
reward

reweighting (*brit* **re-weighting**)
  Umgewichtung *f (Statistik)*
rhetoric
  Rhetorik *f (Kommunikationsforschung)*
rhetorical sensitivity (Roderick Hart)
  rhetorische Sensibilität *f (Kommunikationsforschung)*
rho (ρ)
  Rho *n (Mathematik/Statistik)*
  → Spearman's rho
rhythm
  Rhythmus *m*
ridge regression
  Gratregression *f (Psychologie)*
ridicule
  Spott *m*, Verspottung *f*, Verspotten *n*, Lächerlichmachen *n (Psychologie) (Kulturanthropologie)*
Ridit analysis (*pl* **analyses,** *short for* **Relative to the Identified Distribution)**
  Ridit-Analyse *f (Statistik)*
right (correct)
  richtig *adj*
right (right-wing, right-oriented)
  1. rechts, recht *adj (politische Wissenschaften)*
  vgl. left (left-wing, left-oriented)
  2. Rechte *f*, politische Rechte *f (politische Wissenschaften)*
right of asylum
  Asylrecht *n*
right-or-wrong cases method (constant method, method of constant stimuli)
  Konstanzmethode *f (Psychophysik)*
right orientation (rightism)
  Rechtsorientierung *f*, rechte politische Einstellung *f*, rechte politische Orientierung *f (politische Wissenschaften)*
  vgl. left orientation (leftism)
right wing
  rechter Flügel *m (politische Wissenschaften)*
  vgl. left wing
right-wing (right, right-oriented)
  1. rechts, recht *adj (politische Wissenschaften)*
  vgl. left (left-wing, left-oriented)
  2. Rechte *f*, politische Rechte *f (politische Wissenschaften)*
rightist
  Rechter *m*, politischer Rechter *m*, Angehöriger *m* der politischen Rechten, Rechtsradikaler *m (politische Wissenschaften)*
  vgl. leftist
rights in genetricem *pl* **(genetrical rights** *pl*) **(Laura Bohannan)**
  Rechte *n/pl* an einer Frau als Mutter *(Kulturanthropologie)*

rights in uxorem *pl* **(uxorial rights) (Laura Bohannan)**
Rechte *n/pl* an einer Frau als Ehepartnerin *(Kulturanthropologie)*
rigid norm
strikte Norm *f*, strenge Norm *f*, rigide Norm *f*, uneingeschränkt geltende Norm *f* *(Soziologie)*
rigidity
Rigidität *f*, Strenge *f*, Starrheit *f* *(Soziologie)*
ring
Ring *m*
riot
Auflauf *m*, Krawall *m*, Volksauflauf *m*, Zusammenrottung *f* *(Sozialpsychologie)*
risk
Risiko *n* *(Entscheidungstheorie)*
risk function
Risikofunktion *f* *(Entscheidungstheorie)*
risk-taking behavior (*brit* **risk-taking behaviour, risk taking**)
Risikoverhalten *n* *(Sozialpsychologie)*
risky shift (risky shift)
Risikoschub *m* *(Hypothesenprüfung)*
rite
Ritus *m*, Zeremoniell *n*, Zeremonie *f*, feierliche Handlung *f* *(Kulturanthropologie) (Soziologie)*
rite of initiation (initiation rite)
Initiationsritus *m*, Initiationszeremonie *f* *(Kulturanthropologie)*
rite of integration (Arnold van Gennep)
Integrationsritus *m*, Eingliederungsritus *m* *(Kulturanthropologie)*
rite of intensification (Eliot D. Chapple/Carleton S. Coon)
Intensivierungsritus *m*, Intensivierungszeremoniell *n* *(Kulturanthropologie)*
rite of passage (*pl* **rites of passage**) **(Arnold van Gennep)**
Übergangsritus *m*, Übergangszeremoniell *n*, Übergangszeremonie *f*, Durchgangsritus *m*, Rite *m* de passage *(Kulturanthropologie)*
rite of segregation (Arnold Van Gennep)
Trennungsritus *m*, Trennungszeremonie *f*, Trennungszeremoniell *n*, Loslösungsritus *m*, Loslösungszeremonie *f*, Segregationsritus *m*, Segregationszeremonie *f*, Segregationszeremoniell *n* *(Kulturanthropologie)*
ritual (rite)
Ritual *n*, rituelle Handlung *f*, Zeremoniell *n* *(Kulturanthropologie) (Soziologie)*
ritual condensation
rituelle Verdichtung *f* *(Kulturanthropologie)*

ritual kinship
rituelle Verwandtschaft *f* *(Kulturanthropologie)*
ritual language
rituelle Sprache *f* *(Soziolinguistik)*
ritual marriage
rituelle Heirat *f* *(Kulturanthropologie)*
ritual pollution
rituelle Verunreinigung *f*, Verschmutzung *f*, Befleckung *f* *(Kulturanthropologie) (Religionssoziologie) (Soziologie)*
ritual superintegration
rituelle Überintegration *f* *(Soziologie)*
ritual union
rituelle Vereinigung *f*, ritueller Vollzug *m* der Ehe *(Kulturanthropologie) (Soziologie)*
ritualism (Robert K. Merton)
Ritualismus *m* *(Soziologie)*
ritualization
Ritualisierung *f*, Ritualisation *f* *(Ethologie) (Kulturanthropologie) (Soziologie)*
rivalry
Rivalität *f* *(Soziologie) (Psychologie)*
robber economy
Raubbau *m*, Raubökonomie *f*, Raubwirtschaft *f* *(Volkswirtschaftslehre)*
Robbins-Monro process
Robbins-Monro-Prozeß *m* *(Stochastik)*
robust test
robuster Test *m*, robustes Testverfahren *n*, robustes Prüfverfahren *n* *(statistische Hypothesenprüfung)*
robustness of estimation
Robustheit *f* der Schätzung (Schätzrobustheit *f* *(statistische Hypothesenprüfung)*
role (social role)
Rolle *f*, soziale Rolle *f* *(Soziologie)*
role accretion
Rollenzuwachs *m*, Rollenzunahme *f* *(Soziologie)*
role acting
Rollenhandeln *n* *(Soziologie)*
role activity
Rollentätigkeit *f*, Rollenaktivität *f* *(Soziologie)*
role actor (role occupant, focal person)
Rolleninhaber *m*, Rollenträger *m* *(Soziologie)*
role adequacy
Rollenadäquanz *f*, Rollengemäßheit *f* *(Soziologie)*
role alienation
Rollenentfremdung *f*, Rollenalienation *f* *(Soziologie)*

role allocation
Rollenzuweisung *f*, Rollenzuschreibung *f* *(Soziologie)*
role ambivalence (role ambiguity)
Rollenambivalenz *f*, Rollenambiguität *f*, Doppelwertigkeit *f* einer Rolle *(Soziologie)*
role analysis (*pl* **analyses**)
Rollenanalyse *f*, Analyse *f* einer Rolle *(Soziologie)*
role appropriation
Rollenaneignung *f* *(Soziologie)*
role ascription
Rollenzuschreibung *f* *(Soziologie)*
role attribute
Rollenattribut *n*, Rolleneigenschaft *f*, Rollenmerkmal *n* *(Soziologie)*
role bargain
Rollenaustausch *m*, Rollentausch *m*
role behavior (*brit* **behaviour**)
Rollenverhalten *n*, Rollenhandeln *n* *(Soziologie)*
role clarity (role congruency)
Rollenklarheit *f* *(Soziologie)*
role cluster
Rollenbündel *n*, Bündel *n* von verknüpften Rollen *(Soziologie)*
role coercion
Rollenzwang *m* *(Soziologie)*
role collision
Rollenkollision *f*, Kollision *f* von Rollen *(Soziologie)*
role commitment
Rollenbindung *f* *(Soziologie)*
role complementarity
Rollenkomplementarität *f*, Komplementarität *f* von Rollen *(Soziologie)*
role complex
Rollenkomplex *m* *(Soziologie)*
role concept (role conception)
Rollenbegriff *m*, Rollenkonzept *n* *(Soziologie)*
role conception
Rollenauffassung *f*, Rollenkonzeption *f*, Rollenverständnis *n*, Rollenselbstdeutung *f* *(Soziologie)*
role conflict (inter-role conflict, role-role conflict)
Rollenkonflikt *m*, Konflikt *m* divergierender Rollen *(Soziologie)*
role confusion
Rollenkonfusion *f*, Rollenverwechslung *f*, Rollenverwirrung *f* *(Soziologie)*
role congruency (role clarity)
Rollenkongruenz *f*, Rollenklarheit *f* *(Soziologie)*
role consensus
Rollenkonsens *m*, Rollenkonsensus *m* *(Soziologie)*

role custom
Rollenbrauch *m*, Rollengebrauch *m* *(Soziologie)*
role definition (definition of role)
Rollendefinition *f* *(Soziologie)*
role delineation (role description)
Rollenbeschreibung *f*, Skizzierung *f* einer Rolle *(Soziologie)*
role demand
Rollenanspruch *m*, Rollenanforderung *f* *(Soziologie)*
role differentiation
Rollendifferenzierung *f*, Rollenspezialisierung *f* *(Soziologie)*
role dilemma
Rollendilemma *n* *(Soziologie)*
role discontinuity
Rollendiskontinuität *f* *(Soziologie)*
role discordance
Rollendiskordanz *f*, Nichtübereinstimmung *f* von Rollen *(Soziologie)*
role disposition
Rollendisposition *f*, Disposition *f* für eine Rolle *(Soziologie)*
role dissensus
Rollendissens *m* *(Soziologie)*
role distance (Erving Goffman)
Rollendistanz *f*, innere Distanz *f* zur Rolle *(Soziologie)*
role distancing (Erving Goffman)
Rollendistanzierung *f*, innere Distanzierung *f* von der eigenen Rolle *(Soziologie)*
role element
Rollenelement *n* *(Soziologie)*
role enactment
Rollendarstellung *f* *(Soziologie)*
role expectation (role expectancy, role anticipation)
Rollenerwartung *f* *(Soziologie)*
role gradation
Rollengradation *f*, Rollengefälle *n* *(Soziologie)*
role handicap (role-handicap) (H. D. Kirk)
Rollennachteil *m*, Rollenhandicap *n* *(Soziologie)*
role identification (role merger)
Rollenidentifizierung *f*, Rollenidentifikation *f* *(Soziologie)*
role image
Rollenbild *n*, Rollenidealbild *n* *(Soziologie)*
role incompatibility (interrole conflict)
Rolleninkompatibilität *f*, Unvereinbarkeit *f* von Rollen *(Soziologie)*
role inconsistency
Rolleninkonsistenz *f*, Unvereinbarkeit *f* von Rollenelementen *(Soziologie)*

role innovation (Shmuel N. Eisenstadt)
Rolleninnovation *f*, Rollenerneuerung *f* *(Soziologie)*
role insulation
Rollenisolierung *f*, Rollenisolation *f* *(Soziologie)*
role making (Ralph Turner)
Rollenmachen *n*, Rollenerfinden *n* *(Soziologie)*
role mobility
Rollenmobilität *f (Soziologie)*
role model
Rollenvorbild *n*, Rollenmodell *n* *(Soziologie)*
role other (Erving Goffman)
Rollen-Anderer *m (Soziologie)*
role overlap
Rollenüberschneidung *f*, Überschneidung *f* von Rollen *(Soziologie)*
role overload
Rollenüberlastung *f*, Rollenüberforderung *f (Soziologie)*
role partner
Rollenpartner(in) *m(f) (Soziologie)*
role perception
Rollenwahrnehmung *f*, Rollenperzeption *f (Soziologie)*
role performance (role enactment)
Rollengestaltung *f*, Rollendarstellung *f*, Rollenausführung *f (Soziologie)*
role persistence
Rollenpersistenz *f*, Stabilität *f* der Rollenstruktur *(Soziologie)*
role play (projective play)
projektives Spiel *n*, Rollenspiel *n* *(Psychologie/empirische Sozialforschung)*
role pluralism
Rollenpluralismus *m*, Pluralismus *m* der Rollen *(Soziologie)*
role prescription
Rollenvorschrift *f (Soziologie)*
role primacy
Rollenprimat *m*, Rollenvorrang *m*, Primat *m* einer Rolle, Vorrang *m* einer Rolle *(Soziologie)*
role reciprocity (Alvin Gouldner)
Rollenreziprozität *f (Soziologie)*
role recruitment
Rollenrekrutierung *f*, Rekrutierung *f* von Rollenträgern *(Soziologie)*
role relationship
Rollenbeziehung *f (Soziologie)*
role requirement (George A. Lundberg)
Rollenerfordernis *n (Soziologie)*
role sector (role segment) (Erving Goffman)
Rollensektor *m*, Rollensegment *n* *(Soziologie)*

role segregation
Rollentrennung *f*, Rollensegregation *f* *(Soziologie)*
role sender
Rollensender *m (Soziologie)*
role sequence
Rollensequenz *f*, Rollenfolge *f* *(Soziologie)*
role series *sg + pl* **(Siegfried F. Nadel)**
Rollenserie *f*, Rollenreihe *f (Soziologie)*
role set (role-set) (Robert K. Merton) (role complex)
Rollensatz *m*, Rollenmenge *f*, Rollenset *m*, Role Set *m (Soziologie)*
role socialization
Rollensozialisation *f (Soziologie)*
role specialization (*brit* role specialisation)
Rollenspezialisierung *f (Soziologie)*
role strain (role pressure)
Rollendruck *m (Soziologie)*
role stress
Rollenstress *m*, Rollenbelastung *f*, Rollenanspannung *f (Soziologie)*
role structure
Rollenstruktur *f (Soziologie)*
role system
Rollensystem *n*, System *n* von Rollen *(Soziologie)*
role taking (role-taking, role assumption)
Rollenannahme *f*, Rollenübernahme *f*, Rolleneinnahme *f*, Annahme *f* einer Rolle *(Soziologie)*
role-taking ability
Rollenannahmefähigkeit *f*, Fähigkeit *f* zur Rollenannahme *(Psychologie)*
role tension
Rollenspannung *f*, Rollenanspannung *f* *(Soziologie)*
role theory
Rollentheorie *f (Soziologie)*
role transaction (role bargaining)
Rollentransaktion *f*, Rollentausch *m*, Rollenaustausch *m (Soziologie)*
role volume
Rollenvolumen *n*, Rollenumfang *m (Soziologie)*
roll call
namentliche Abstimmung *f (politische Wissenschaft)*
Roman Catholicism (catholicism)
Katholizismus *m (Religionssoziologie)*
romantic complex
romantischer Komplex *m (Psychologie)*
romantic family
romantische Familie *f*
romantic love
romantische Liebe *f (Psychologie)*
romanticism
Romantik *f (Philosophie)*

roomer *Am*
Untermieter(in) *m(f)* *(Sozialökologie)*
rooming house
Am Logierhaus *n*, Mietshaus *n*, Mietshaus *n* mit möblierten Zimmern, Pension *f*, Mietspension *f* *(Sozialökologie)*
rooming-house area *Am*
Mietwohngegend *f*, Gegend *f* mit Logierhäusern, Gegend *f* mit vielen Mietshäusern mit möblierten Zimmern, Mietshausgegend *f*, Mietskasernengegend *f* *(Sozialökologie)*
root mean square deviation (RMSD) (mean square deviation, root mean square error) (RMSE) (standard deviation)
mittlere quadratische Abweichung *f*, mittlere quadratische Gesamtabweichung *f* *(Statistik)*
root mean square error (RMSE)
mittlerer quadratischer Fehler *m*, mittlerer quadratischer Gesamtfehler *m* *(Statistik)*
rootedness
Verwurzelung *f*, Eingewurzeltsein *n* *(Sozialpsychologie)*
Rorschach test (Rorschach ink blot test)
Rorschach-Test *m*, Klecksographie *f* *(Psychologie)* (Hermann Rorschach)
Rosenthal effect (experimenter bias, experimenter effect, experimenter attribute, experimenter expectancy, Pygmalion effect)
Versuchsleiterfehler *m*, Experimentatorfehler *m*, Versuchsleiter-Erwartungseffekt *m*, Experimentator-Effekt *m*, Versuchsleiter-Effekt *m*, Rosenthaleffekt *m* *(statistische Hypothesenprüfung)*
Rosenzweig test (Rosenzweig picture frustration test, Rosenzweig P. F. test) (Paul Rosenzweig)
Rosenzweig-Test *m*, Rosenzweig-Bildenttäuschungstest *m*, Rosenzweig-P.-F.-Test *m* *(Psychologie)*
rotation
Rotation *f* *(empirische Sozialforschung)*
rotation design (rotation experimental design)
Rotationsplan *m*, Rotationsanlage *f* *(statistische Hypothesenprüfung)*
rotation group bias
Rotationsgruppenfehler *m* *(empirische Sozialforschung)*
rotation index (*pl* indexes *or* indices)
Rotationsgruppenindex *m* *(empirische Sozialforschung)*

rotation of factor axes (factor rotation)
Rotation *f* der Faktorachsen *(Faktorenanalyse)*
rotation sampling (rotation)
Rotationsauswahlverfahren *n*, Rotationsauswahl *f*, Rotationsstichprobenverfahren *n*, Rotationsstichprobenbildung *f*, Rotationsstichprobenentnahme *f* *(Statistik)*
rote learning (mechanical learning)
mechanisches Lernen *n*, assoziatives Lernen *n* *(Theorie des Lernens)*
to round down
abrunden *v/t* *(Mathematik/Statistik)*
to round up
aufrunden *v/t* *(Mathematik/Statistik)*
rounding error (round-off error)
Rundungsfehler *m* *(Statistik)*
rounding (rounding off)
Runden *n*, Rundung *f*, Aufrunden *n*, Abrunden *n* *(Mathematik/Statistik)*
routine
Routine *f* *(Psychologie)* *(Soziologie)*
routine decision
Routineentscheidung *f* *(Entscheidungstheorie)*
routine socialization
Routinesozialisation *f* *(Soziologie)*
routinization
Routinisierung *f* (Max Weber) *(Soziologie)*
routinization of charisma
Routinisierung *f* des Charisma (Max Weber) *(Soziologie)*
row title
Zeilentitel *m*, Zeilenüberschrift *f* (in einer Tabelle) *(Statistik)*
vgl. column title
row totals *pl*
Reihensumme *f* (in einer statistischen Tabelle) *(Statistik)*
vgl. column totals
royal incest (dynastic incest)
königlicher Inzest *m*, königliche Inzucht *f*, dynastischer Inzest *m*, dynastische Inzucht *f* *(Kulturanthropologie)*
rubber stamp (stooge)
Jasager *m*, willenloses Werkzeug *n*, Handlanger *m*, Strohmann *m*, Beamter *m*, der sich nur nach den Vorschriften richtet *(Organisationssoziologie)*
rubber stamping (rubber-stamping)
Jasagen *n*, willenlose Zustimmung *f*, widerspruchslose Billigung *f*, blinder Gehorsam, Handlangertum *n*, Sklavengehorsam *m* *(Organisationssoziologie)*
rugged individualism
krasser Individualismus *m*

rule
Regel *f* (Richtschnur *f*, Grundsatz *m*
rule (dominion, control)
Herrschaft *f* *(Soziologie)*
rule adjudication (Gabriel Almond)
Regelentscheidung *f*, Gesetzesentscheidung *f*, Funktion *f* der Gesetzesentscheidung *(politische Wissenschaften)*
rule application (Gabriel Almond)
Regelanwendung *f*, Gesetzesanwendung *f*, Funktion *f* der Gesetzesanwendung *(politische Wissenschaften)*
rule-breaking (rule breaking) (Howard S. Becker)
Regelverletzung *f*, Normverletzung *f* *(Kriminologie)*
rule by the people (popular government)
Volksherrschaft *f* *(politische Wissenschaften)*
rule making (Gabriel Almond)
Regelgebung *f*, Gesetzgebung *f*, Funktion *f* der Gesetzgebung *(politische Wissenschaften)*
rule of conduct
Verhaltensregel *f*, Betragensregel *f*, Benehmensregel *f* *(Soziologie)*
rule of descent
Abstammungsregel *f*, Herkunftsregel *f* *(Kulturanthropologie)*
rule of law
Rechtsstaatlichkeitsprinzip *n*, rechtsstaatliches Verfahren *n*, Rechtsstaat *m* *(politische Wissenschaften)*
rule of the game
Spielregel *f* *(Soziologie)*
rule of thumb
Faustregel *f*, Daumenregel *f*
rule of transitivity (transitivity)
Transitivität *f*, Transitivitätsregel *f* *(Mathematik/Statistik)*
rules approach (rules perspective)
Regelansatz *m*, Regelperspektive *f*, Regeltheorie *f* *(Kommunikationsforschung)*
ruling caste
herrschende Kaste *f* *(Soziologie)*
ruling class
herrschende Klasse *f* *(Soziologie)*
ruling elite
herrschende Elite *f* *(Soziologie)*
rumor (*brit* rumour)
Gerücht *n* *(Sozialpsychologie)* *(Kommunikationsforschung)*
rumor intensity formula (*pl* formulae *or* formulas) (Gordon W. Allport and Leo Postman)
Gerüchtintensitätsformel *f* *(Kommunikationsforschung)*

run (iteration)
Iteration *f* *(Mathematik/Statistik)*
runs test (run test, iteration test, Wald-Wolfowitz run test)
Iterationstest *m*, Lauftest *m*, Wald-Wolfowitz-Test *m*, Wald-Wolfowitzscher Iterationstest *m*, Wald-Wolfowitz-Test *m* für zufällige Aufeinanderfolgen, Wald-Wolfowitzscher Lauftest *m* *(statistische Hypothesenprüfung)*
rural
ländlich, landwirtschaftlich, Landwirtschafts *adj*
rural and urban sociology
Soziologie *f* der Stadt-Land-Beziehungen *f/pl* *(Sozialökologie)*
rural area
ländliches Gebiet *n*, landwirtschaftliches Gebiet *n*, landwirtschaftlich geprägtes Gebiet *n*, Landwirtschaftsgebiet *n* *(Sozialökologie)*
rural community
ländliche Gemeinde *f*, landwirtschaftliche Gemeinde *f*, landwirtschaftlich geprägte Gemeinde *f*, Landwirtschaftsgemeinde *f* *(Sozialökologie)*
rural community disorganization (*brit* disorganisation)
ländliche Gemeindedesorganisation *f*, landwirtschaftliche Gemeindesorganisation *f*, Desorganisation *f* von Landwirtschaftsgemeinden *(Sozialökologie)*
rural community development (rural community organization, *brit* organisation)
ländliche Gemeindeentwicklung *f*, landwirtschaftliche Gemeindeentwicklung *f*, Entwicklung *f* von Landwirtschaftsgemeinden *(Sozialökologie)*
rural community organization (*brit* organisation)
ländliche Gemeindeorganisation *f*, landwirtschaftliche Gemeindeorganisation *f*, Organisation *f* von Landwirtschaftsgemeinden *(Sozialökologie)*
rural depopulation (rural exodus, off-farm migration)
Landflucht *f*, Migration *f* in die Stadt, Zuwanderung *f* in die Städte *(Soziologie)* *(Sozialökologie)*
rural development
ländliche Entwicklung *f* *(Sozialökologie)*
rural environment (rurality)
ländliche Umgebung *f* *(Sozialökologie)*

rural farm population (agricultural population, farm population, primary rural population)
landwirtschaftlich tätige Landbevölkerung *f*, primäre Landbevölkerung *f*, ursprüngliche Landbevölkerung *f*, landwirtschaftliche Bevölkerung *f*, Agrarbevölkerung *f* *(Demographie)*
rural idiocy
Idiotie *f* des Landlebens (Karl Marx)
rural industrial community
ländliche Industriegemeinde *f*, Industriedorf *n* *(Sozialökologie)*
rural industry
ländliche Industrie *f* *(Sozialökologie)*
rural local government
ländliche Gemeindeverwaltung *f*, ländliche Gemeindepolitik *f* *(Sozialökologie)*
rural migrant (agricultural migrant worker, agricultural migrant laborer, migratory agricultural worker, migratory agricultural laborer)
landwirtschaftlicher Wanderarbeiter *m* *(Soziologie) (Demographie)*
rural nonfarm population
nicht landwirtschaftlich tätige Landbevölkerung *f* *(Demographie)*
rural nonfarm village
nicht landwirtschaftlich geprägtes Dorf *n* *(Sozialökologie)*
rural place
ländlicher Ort *m*, ländlicher Flecken *m* *(Sozialökologie)*
rural population (rural folk)
Landbevölkerung *f*, ländliche Bevölkerung *f* *(Demographie)*
rural problem area
ländliches Notstandsgebiet *n* *(Sozialökologie)*
rural society
ländliche Gesellschaft *f*, landwirtschaftlich geprägte Gesellschaft *f* *(Sozialökologie) (Soziologie)*
rural sociology
Agrarsoziologie *f*

rural structure (agrarian structure)
Agrarstruktur *f*, ländliche Struktur *f*, landwirtschaftliche Struktur *f*, landwirtschaftlich geprägte Struktur *f* *(Sozialökologie) (Soziologie)*
rural system (agrarian system)
Agrarsystem *n*, landwirtschaftliches System *n*
rural-urban (rurban)
städtisch und ländlich *adj*
rural-urban continuum (*pl* continua *or* continuums)
Stadt-Land-Kontinuum *n* *(Sozialökologie)*
rural-urban dichotomy
Stadt-Land-Dichotomie *f* *(Sozialökologie)*
rural-urban differences *pl* **(rural-urban dichotomy)**
Stadt-Land-Gegensatz *m*, Stadt-Land-Unterschiede *f*, Gegensatz *m* zwischen Stadt und Land *(Sozialökologie)*
rural-urban fringe (rural-urban area, rurban area, rurban fringe) (Charles J. Galpin)
ländliches Vorstadtgebiet *n*, städtisch und ländlich gemischtes Gebiet *n*, städtisches Randgebiet *n*, Stadtrand *m*, Randgebiet *n* einer Stadt *(Sozialökologie)*
rural-urban migration
Stadtflucht *f*, Abwanderung *f* aus den Städten, Abwanderung *f* aufs flache Land *(Sozialökologie)*
ruralism
ländlicher Charakter *m*, Ländlichkeit *f* *(Sozialökologie)*
ruralization
Ruralisierung *f*, Annahme *f* eines ländlichen Charakters *(Soziologie)*
rurban community (rural-urban community) (Charles J. Galpin)
städtisch und ländlich geprägte Gemeinde *f*, ländliche Vorstadtgemeinde *f* *(Sozialökologie)*
rurbanization (Charles J. Galpin)
Mischung *f* städtischer und ländlicher Charakteristika *(Sozialökologie)*

S

S factor
S-Faktor *m* *(Faktorenanalyse)*
s-shaped curve
S-förmige Kurve *f* *(Statistik/Psychologie)*
S technique (Raymond B. Cattell)
S-Technik *f*, S-Verfahren *n* *(Faktorenanalyse)*
s test (s-test)
S-Test *m* *(statistische Hypothesenprüfung)*
S theory (Stuart C. Dodd)
S-Theorie *f* *(Sozialforschung)*
sabotage
Sabotage *f*
sacerdotalism
Sacerdotalismus *m*, Lehre *f* von der Verleihung besonderer Kräfte für das geistliche Amt durch die Priesterwürde *(Religionssoziologie)*
sacred (holy)
heilig, geheiligt, geweiht *adj* *(Soziologie)*
vgl. profane
sacred (the sacred)
Heiliges *n*, das Heilige *n* *(Religionssoziologie)*
vgl. profane
sacred society (Howard S. Becker)
sakrale Gesellschaft *f*, heilige Gesellschaft *f* *(Soziologie)*
vgl. profane society
sacredness
Heiligkeit *f* *(Soziologie) (Kulturanthropologie) (Religionssoziologie)*
sacrifice
Opfer *n* Leidtragender *m*
saddle point
Sattelpunkt *m* *(Spieltheorie)*
sadism
Sadismus *m* *(Psychologie)*
sadomasochism
Sadomasochismus *m* *(Psychologie)*
safety need
Sicherheitsbedürfnis *n*, Bedürfnis *n* nach Sicherheit *(Psychologie)*
saint
Heilige(r *(f(m)*
saintliness
Heiligkeit *f* *(Religionssoziologie) (Soziologie)*
salaried employee (salaried worker)
Gehaltsempfänger *m*
salary
Gehalt *n*, Besoldung *f*

salience (of an issue) (saliency)
Bedeutsamkeit *f*, Wichtigkeit *f*, Stellenwert *m*, Relevanz *f* (eines Themas, eines Problems, eines Programmpunkts) *(Einstellungsforschung) (empirische Sozialforschung) (Soziologie)*
saltatory evolution
sprunghafte Evolution *f*, Evolution *f* in Sprüngen, sprunghafte Entwicklung *f*, Entwicklung *f* in Sprüngen *(Kulturanthropologie)*
vgl. emergent evolution (emergence)
salutation
Begrüßung *f*, Begrüßungsformel *f*, Gruß *m*, Grußformel *f* *(Soziologie) (Kommunikationsforschung)*
salvation
Heil *n*, Erlösung *f*, Seelenrettung *f*, Rettung *f* *(Religionssoziologie) (Soziologie) (Kulturanthropologie)*
sameness (identity)
Identität *f*, Gleichheit *f* *(Psychologie) (Soziologie)*
sample
Stichprobe *f*, Erhebungsauswahl *f*, Auswahl *f*, Sample *n* *(Statistik)*
sample address
Befragungsadresse *f*, Stichprobenadresse *f* *(Umfrageforschung)*
sample allocation (allocation of a sample)
Aufteilung *f* der Unentschiedenen
sample block
Stichprobenblock *m* *(Statistik)*
sample census (incomplete census, partial census)
1. Mikrozensus *m* *(Demographie) (Statistik)*
2. Stichprobe *f* mit umfassendem Erhebungsprogramm, Zählung *f* auf Stichprobenbasis, Teilerhebung *f*, unvollständige Erhebung *f* *(Demographie) (Statistik)*
sample correlation coefficient
Stichprobenkorrelationskoeffizient *m* *(Statistik)*
sample covariance
Stichprobenkovarianz *f* *(Statistik)*
sample covariance matrix (*pl* matrixes *or* matrices)
Stichprobenkovarianzmatrix *f* *(Statistik)*
sample design (sample plan)
Stichprobenanlage *f*, Stichprobenplan *m* *(Statistik)*

sample dispersion
Stichprobenstreuung *f (Statistik)*
sample estimate
Stichprobenschätzung *f (Statistik)*
sample function
Stichprobenfunktion *f (Statistik)*
sample mean
Stichprobenmittel *n*, Mittelwert *m* einer Stichprobe *(Statistik)*
sample median
Stichprobenmedian *m*, Stichprobenzentralwert *m*, Zentralwert *m* einer Stichprobe *(Statistik)*
sample moment (sampling moment)
Stichprobenmoment *n*, Moment *n* einer Stichprobe, einer Stichprobenverteilung *(Statistik)*
sample of dwellings
Wohnungsstichprobe *f*, Stichprobe *f* von Wohnungen *(Statistik)*
sample of households (sample of homes)
Haushaltsstichprobe *f (empirische Sozialforschung) (Statistik)*
sample of individuals
Personenstichprobe *f (Statistik) (empirische Sozialforschung)*
sample point (sampling point)
Stichprobenpunkt *m*, Sample Point *m*, Sample-Punkt *m (Statistik)*
sample quantile
Stichprobenquantil *n (Statistik)*
sample regression coefficient
Stichprobenregressionskoeffizien *m (Statistik)*
sample residual dispersion
Stichprobenreststreuung *f (Statistik)*
sample size
Stichprobenumfang *m*, Stichprobengröße *f (Statistik)*
sample space (probability space, outcome space)
Stichprobenraum *m*, Wahrscheinlichkeitsraum *m*, Wahrscheinlichkeitsfeld *n*, Ergebnisraum *m (Wahrscheinlichkeitstheorie) (Statistik)*
sample statistic
Stichprobenmaßzahl *f*, Maßzahl *f* aus einer Stichprobe *(Statistik)*
sample survey (sampling survey)
Stichprobenerhebung *f* Mikrozensus *m*, Zählung *f* auf Stichprobenbasis, Stichprobe *f* mit umfassendem Erhebungsprogramm *(Demographie) (Statistik)*
sample variable
Stichprobenvariable *f*, Stichprobenveränderliche *f (Statistik)*
sampled population (sampled universe)
Grundgesamtheit *f* für die Ziehung *(Statistik)*

sampling (selection)
Auswahl *f*, Stichprobenbildung *f*, Stichprobenentnahme *f (Statistik)*
sampling accuracy
Stichprobengenauigkeit *f (Statistik)*
sampling bias (sample bias)
systematischer Stichprobenfehler *m (Statistik)*
sampling by regular intervals (systematic sampling, ordinal sampling, list sampling, file sampling
systematisches Auswahlverfahren *n*, systematische Auswahl *f*, systematisches Stichprobenverfahren *n*, systematische Stichprobenbildung *f (Statistik)*
sampling design (sampling plan, sample design, sample plan, sampling scheme, sample scheme)
Auswahlplan *m*, Stichprobenplan *m (Statistik)*
sampling distribution
Stichprobenverteilung *f*, Sample-Verteilung *f (Statistik)*
sampling error (random sampling error, random error, nonconstant error, fortuitous error, variable error, chance error)
Stichprobenffehler *f*, Auswahlfehler *m*, Zufallsfehler *m*, nichtkonstanter Fehler *m (Statistik)*
sampling fraction (sample fraction, sampling ratio, sample ratio)
Auswahlsatz *m*, Auswahlgruppe *f*, Stichprobengruppe *f* Stichprobensatz *m (Statistik)*
sampling frame (source list, population frame)
Auswahlbasis *f*, Auswahlgrundlage *f*, Stichprobenbasis *f*, Stichprobengrundlage *f*, Erhebungsrahmen *m*, Erhebungsbasis *f (Statistik)*
sampling frame error (frame bias, frame error)
Erhebungsfehler *m* systematischer Fehler *m* im Erhebungsrahmen, Verzerrung *f* durch den Erhebungsrahmen, Ergebnisverzerrung *f* durch einen Fehler im Erhebungsrahmen *(empirische Sozialforschung)*
sampling from imperfect frames
Auswahl *f* aus unvollständigen Auswahlgrundlagen, Stichprobenbildung *f* aus unvollständigen Auswahlgrundlagen *(Statistik)*
sampling inspection
Stichprobenprüfung *f*, stichprobenweise Prüfung *f (statistische Qualitätskontrolle)*
sampling interval
Auswahlabstand *m*, Stichprobenabstand *m (Statistik)*

sampling loss

sampling loss (sample noncoverage, nonresponse, missing element, *meist pl)* **missing elements)**
Ausfall *m*, Ausfälle *m/pl* (bei Auswahlverfahren) *(Statistik)*
sampling method (sampling technique, sampling procedure, selection method, selection technique)
Auswahlverfahren *n*, Auswahlmethode *f*, Stichprobenverfahren *n*, Stichprobenbildung *f (Statistik)*
sampling on successive occasions
Wiederholungsauswahl *f*, Bildung *f* wiederholter Stichproben *(Statistik)*
sampling statistics *pl als sg konstruiert*
Stichprobenstatistik *f*
sampling structure
Auswahlstruktur *f*, Stichprobenstruktur *f*, Struktur *f* einer Stichprobe *(Statistik)*
sampling theory (theory of sampling)
Stichprobentheorie *f (Statistik)*
sampling unit (sample unit, selection unit, elementary unit)
Auswahleinheit *f*, Stichprobeneinheit *f*, Erhebungseinheit *f (Statistik)*
sampling variability
Stichprobenvariabilität *f (Statistik)*
sampling variance
Stichprobenvarianz *f*, Varianz *f* der Stichprobenverteilung *(Statistik)*
sampling with optimal allocation
Auswahl *f* mit optimaler Schichtung, Stichprobenauswahl *f* mit optimaler Schichtung, Stichprobenbildung *f* mit optimaler Schichtung *(Statistik)*
sampling with replacement (replacement sampling)
Auswahl *f* mit Zurücklegen, Stichprobenentnahme *f* mit Zurücklegen *(Statistik)*
sampling without replacement
Auswahl *f* ohne Zurücklegen, Stichprobenentnahme *f* ohne Zurücklegen *(Statistik)*
sanctification
Sanktifizierung *f*, Heiligung *f*, Heiligmachung *f*, Weihung *f (Religionssoziologie)*
sanction (social sanction)
Sanktion *f (Soziologie)*
sanctioned rationality (Howard S. Becker)
sanktionierte Rationalität *f (Soziologie)*
sanctioning norm
sanktionierende Norm *f*, Sanktionierungsnorm *f (Soziologie)*
sanctuary
Sanktuarium *n*, Heiligtum *n*, heilige Stätte *f (Kulturanthropologie)*

Sandler's A test (A test)
A-Test *m*, Sandlerscher A-Test *m (statistische Hypothesenprüfung)*
Sapir-Whorf hypothesis (*pl* **hypotheses, Whorfian hypothesis)**
Whorf-Hypothese *f*, Whorfsche Hypothese *f*, Sapir-Whorf-Hypothese *f (Soziolinguistik)*
sapphism
Sapphismus *m (Psychologie)*
satellite area
Satellitengebiet *n (Sozialökologie)*
satellite city
Satellitenstadt *f*, Trabantenstadt *f (Sozialökologie)*
satellite community
Satellitengemeinde *f*, Trabantengemeinde *f (Sozialökologie)*
satirical sanction
satirische Sanktion *f (Soziologie)*
satisfaction
Befriedigung *f*, Zufriedenheit *f*, Erfüllung *f (Psychologie)*
satisficer (Herbert A. Simon)
Satisfizierer *m*, Entscheidungsträger *m*, der gute Entscheidungen sucht *(Organisationssoziologie)*
satisficing (Herbert A. Simon)
Satisfizieren *n (Organisationssoziologie)*
satrap
Satrap *m*, Despot *m*, Statthalter *m (Soziologie)*
satrapy
Satrapie *f*, Statthalterschaft *f (Soziologie)*
saturated population
Sättigungsbevölkerung *f (Demographie)*
saturation curve
Sättigungseffekt *m (Psychologie)*
saturation effect (satiation effect, satiety effect)
Sättigung *f (Psychologie/Faktorenanalyse)*
saturnization (Thomas F. Hoult/A. Meyer)
Saturnisierung *f (Sozialökologie)*
satyagraha (Satyagraha)
Satjagraha *f*, Politik *f* des passiven Widerstands *(politische Wissenschaft)*
scab
Streikbrecher *m (Industriesoziologie)*
scabbing (strikebreaking)
Streikbrechen *n (Industriesoziologie)*
scalability
Skalierbarkeit *f (empirische Sozialforschung)*
scalar field
skalares Feld *n*, Skalarfeld *n (Mathematik/Statistik)*
scalar interaction
skalare Interaktion *f*, Skalarinteraktion *f (Organisationssoziologie)*

scalar organization (*brit* **scalar organisation**)
skalare Organisation *f*, Skalarorganisation *f* (*Organisationssoziologie*)
scalar principle
skalares Prinzip *m*, Skalarprinzip *n* (*Organisationssoziologie*)
scalar process
skalarer Prozeß *m*, Skalarprozeß *m* (*Organisationssoziologie*)
scalar product
skalares Produkt *n*, Skalarprodukt *n* (*Mathematik/Statistik*)
scalar status
skalarer Status *m*, Skalarstatus *m* (*Organisationssoziologie*)
scale
Skala *f* (*empirische Sozialforschung*)
scale analysis (*pl* **analyses**)
Skalenanalyse *f* (*Mathematik/Statistik*) (*empirische Sozialforschung*)
scale caption
Skalentext *m*, Skalentitel *m* (*empirische Sozialforschung*)
scale discrimination technique (Allen L. Edwards/F. P. Kilpatrick)
Skalendiskriminationstechnik *f*, Diskriminationstechnik *f* (*Statistik*)
scale model
Skalenmodell *n* (*empirische Sozialforschung*)
scale number
Skalenziffer *f*, Skalenzahl *f* (*empirische Sozialforschung*)
scale of values
Werteskala *f*, Skala *f* von Werten (*Einstellungsforschung*)
scale parameter
Skalenparameter *m* (*empirische Sozialforschung*)
scale point (scale score)
Skalenpunkt *m* (*empirische Sozialforschung*)
scale question
Skala *f* zur Messung des Berufsprestiges
scale question
Skalafrage *f* (*empirische Sozialforschung*)
scale reliability
Skalenreliabilität *f*, Zuverlässigkeit *f* einer Skala (*empirische Sozialforschung*)
scale reproducibility
Skalenreproduzierbarkeit *f* (*empirische Sozialforschung*)
scale score (scale value)
Skalenwert *m*, Skalenpunktwert *m* (*empirische Sozialforschung*)
scale type
skalierbarer Typ *m*, Skalentyp *m* (*empirische Sozialforschung*)

scaling
Skalierung *f*, Skalierungsverfahren *n*, Skalenbildung *f* (*empirische Sozialforschung*)
scaling technique (scaling method)
Skalierungsmethode *f*, Skalierungsverfahren *n*, Skalierungstechnik *f* (*empirische Sozialforschung*)
scaling theory (theory of scaling)
Skalierungstheorie *f*, Theorie *f* der Skalierung, Theorie *f* der Skalenbildung (*empirische Sozialforschung*)
scalogram (Guttman scale) (Louis Guttman)
Skalogramm *n*
scalogram analysis (*pl* **analyses, scalability analysis**)
Skalogrammanalyse *f*
scandal
Skandal *m* (*Sozialpsychologie*) (*Soziologie*)
scanning
Abfrage *f* (*EDV*)
scapegoat
Sündenbock *m* (*Sozialpsychologie*)
scapegoat theory (of prejudice)
Sündenbocktheorie *f* des Vorurteils (*Sozialpsychologie*)
scapegoating
Beschuldigung *f* von Sündenböcken, Beschuldigen *n* von Sündenböcken (*Sozialpsychologie*)
scarcity theory of power (Robert S. Lynd)
Knappheitstheorie *f* der Macht (*politische Wissenschaften*)
scatter coefficient
Streuungskoeffizient *m* von Frisch (*Statistik*)
scatter diagram (scattergram, scatterplot, stigmogram)
Streudiagramm *n*, Streuungsdiagramm *n*, Streubild *n* (*Statistik*) (*graphische Darstellung*)
scattered settlement (dispersed settlement)
zerstreute Siedlung *f*, auseinandergerissene Siedlung *f* (*Sozialökologie*)
scedastic curve
skedastische Kurve *f* (*Statistik*)
scedasticity
Skedastizität *f* (*Statistik*)
→ homoscedasticity, heteroscedasticity
scenario
Szenarium *n*, Szenario *n* (*Soziologie*)
scenario technique
Szenario-Technik *f*, Szenario-Methode *f* (*forecasting*)
schedule (questionnaire, questionary, inventory, *ungebr* **opinionaire)**
Fragebogen *m*, Erhebungsbogen *m* (*Psychologie/empirische Sozialforschung*)

schedule interview
Fragebogeninterview *n (empirische Sozialforschung)*
schedule of reinforcement (reinforcement schedule)
Verstärkungsplan *m*, Verstärkungsschema *n*, Verstärkungsfolge *f*, Verstärkungsprogramm *n (Verhaltensforschung)*
Scheffé test
Scheffé-Test *m*, Scheffé-Testverfahren *n*, Scheffémethode *f*, S-Methode *f (Statistik)*
schema (*pl* schemata)
Schema *n*
scheme
Lehrgebäude *n*, Lehrsystem *n*, System *n*
scheme of hidden periodicity
Schema *n* der verborgenen Periodizität *(Statistik)*
schismatic conflict
schismatischer Konflikt *m*, Spaltungskonflikt *m (Gruppensoziologie)*
schismatic group
schismatische Gruppe *f (Gruppensoziologie)*
schismogenesis (Gregory Bateson)
Schismogenese *f*, Schismogenesis *f (Kulturanthropologie)*
schizoid personality (schizoid character)
schizoide Persönlichkeit *f*, schizoider Charakter *m (Psychologie)*
schizophrenia
Schizophrenie *f*, Spaltungsirresein *n (Psychologie)*
scholastic achievement test (educational achievement test)
schulischer Leistungstest *m*, pädagogischer Leistungstest *m (Psychologie)*
scholastic aptitude test (scholastic ability test)
schulischer Eignungstest *m*, Schuleignungstest *m (Psychologie)*
school (instruction)
Schulunterricht *m*
school (school of thought)
Schule *f*, Richtung *f*, Lehrmeinung *f*, Lehre *f*, Theorie *f*
school attainment (educational attainment)
schulische Fähigkeiten *f/pl*, Schulkenntnisse *f/pl*, durch Ausbildung erworbene Fertigkeiten *f/pl*
school education (level of school education, formal education)
Schulbildung *f*, Schulausbildung *f*, Schulabschluß *m*, Ausbildung *f (Demographie)*

school psychology (educational psychology)
pädagogische Psychologie *f*, Schulpsychologie *f*
school system (educational system)
Schulsystem *n (Soziologie)*
schooling (formal education, school education, education)
Schulausbildung *f*, schulische Ausbildung *f*, Unterricht *m*, Beschulung *f (Demographie) (Soziologie)*
schooling (teaching)
Unterricht *m*, Lehren *n*, Beschulung *f (Demographie) (Soziologie)*
Schuster periodogram
Schustersches Periodogramm *n (Statistik)*
science
Wissenschaft *f*
science of dreams (dream interpretation, interpretation of dreams, dream science)
Traumdeutung *f (Psychoanalyse)*
science of society
Gesellschaftswissenschaft *f*
science policy
Wissenschaftspolitik *f*
scientific communication
wissenschaftliche Kommunikation *f*
scientific discipline (discipline)
wissenschaftliche Disziplin *f*, Diszplin *f*, Wissenszweig *m*, Wissenschaft *f*
scientific empiricism
Wissenschaftsempirismus *m*, Wissenschaftsempirizismus *m (Theoriebildung)*
scientific explanation
wissenschaftliche Erklärung *f (Theorie des Wissens)*
scientific imagination
wissenschaftliche Phantasie *f (Theorie des Wissens)*
scientific law
wissenschaftliches Gesetz *n (Theorie des Wissens)*
scientific management (Taylorism)
wissenschaftliche Betriebsführung *f*, wissenschaftliche Unternehmensführung *f (Industriesoziologie)*
scientific method
wissenschaftliche Methode *f (Theorie des Wissens)*
scientific theory
wissenschaftliche Theorie *f (Theorie des Wissens)*
scientific value relativism
wissenschaftlicher Werterelativismus *m*
scientism
Szientismus *m*, Scientismus *m (Philosophie)*

sciolism
  Halbwissen *n*, Halbbildung *f*,
  Scheinwissenschaft *f*, oberflächliches
  Wissen *n*
scope
  1. Operationsbereich *m*, Betätigungsfeld *n*, Betätigungsbereich *m*, Gebiet *n*,
  Spielraum *m*, Bewegungsraum *m*,
  Bewegungsradius *m*, Aktionsradius *m*,
  Operationsradius *m*
  2. Feld *n*, Bereich *m*, Wirkungskreis *m*,
  Betätigungsraum *m*, Einflußbereich *m*
  3. Einzugsbereich *m*, Gesichtskreis *m*,
  Horizont *m*, Operationsbereich *m*
  4. Reichweite *f*, Bereich *m* *(Theorie des Wissens)*
scope (tolerance)
  Spielraum *m*
scope of validity (degree of validity, validity measure, measure of validity)
  Validitätsausmaß *n*, Gültigkeitsausmaß,
  Stichhaltigkeitsausmaß *n* *(statistische Hypothesenprüfung)*
score (point value)
  Punktwert *m*, Punkt *m*, Punktzahl *f*,
  Bewertung *f* in einem Test oder auf
  einer Skala *(Statistik)*
scoring
  1. Punktbewertung *f*, Punktbewerten *n*,
  Notierung *f* von Punktwerten
  2. Punktbewertungsverfahren *n*,
  Punktezählverfahren *n* *(Statistik)*
scree test (Raymond B. Cattell) (elbow test)
  Gerölltest *m*, Scree-Test *m*
  (Faktorenanalyse)
screening (screening procedure)
  Sieben *n*, Siebung *f*, Auslese *f*, Ausleseverfahren *n*, Screening *n*, Screening-Verfahren *n* *(Psychologie/empirische Sozialforschung)*
screening design
  Screeninganlage *f*, Screeningplan *m*,
  Ausleseplan *m* *(statistische Hypothesenprüfung)*
screening inspection
  hundertprozentige Prüfung *f* mit
  Ablehnung der Ausschußstücke
  (statistische Qualitätskontrolle)
screening interview
  Screening-Interview *n*, Ausleseinterview *n*, Einsammelinterview *n*,
  Siebungsinterview *n* *(empirische Sozialforschung)*
screening question (filter question)
  Filterfrage *f* *(Psychologie/empirische Sozialforschung)*
scrutiny
  genaue Untersuchung *f*, Überprüfung *f*
  (empirische Sozialforschung)

seasonal adjustment
  Saisonbereinigung *f*, saisonale
  Anpassung *f* *(Statistik)*
seasonal component (seasonal factor)
  Saisonkomponente *f*, saisonale
  Komponente *f* einer Zeitreihe *(Statistik)*
seasonal cycle
  saisonaler Zyklus *m*, Saisonzyklus *m*
  (Statistik)
seasonal factor (seasonal component)
  saisonaler Faktor *m*, Saisonfaktor *m*,
  saisonale Komponente *f*,
  Saisonkomponente *f* *(Statistik)*
seasonal index (seasonal index number, seasonal index figure)
  Saisonindex *m*, Saisonindexzahl *f*,
  Saisonindexziffer *f* *(Statistik)*
seasonal trend
  saisonaler Trend *m*, saisonbedingter
  Trend *m*, Saisontrend *m* *(Statistik)*
seasonal unemployment
  saisonbedingte Arbeitslosigkeit *f*,
  saisonale Arbeitslosigkeit *f*,
  konjunkturbedingte Arbeitslosigkeit *f*
  (Volkswirtschaftslehre)
seasonal variation (seasonal fluctuation)
  saisonale Schwankung *f*,
  Saisonschwankung *f*, jahreszeitliche
  Schwankung *f* *(Statistik)*
seasonally adjusted (deseasonalized, deseasonalized)
  saisonbereinigt *adj* *(Statistik)*
seasonally adjusted time-series *sg + pl*
  (deseasonalized time-series *sg + pl*,
  deseasonalized series *sg + pl*)
  saisonbereinigte Zeitreihe *f*,
  saisonbereinigte Reihe *f* *(Statistik)*
secession
  Sezession *f*, Abspaltung *f*,
  Abfall *m*, Lossagung *f* *(Soziologie)*
  (Sozialökologie)
second ballot
  zweiter Wahlgang *m* *(politische Wissenschaften)*
second ballot system (two-ballot system)
  Wahlsystem *n* mit zweitem Wahlgang
  (politische Wissenschaften)
second limit theorem
  zweiter Grenzwertsatz *m*,
  zweites Grenzwerttheorem *n*
  (Mathematik/Statistik)
second-order factor
  Faktor *m* zweiter Ordnung
  (Faktorenanalyse)
second-order interaction
  Interaktion *f* zweiter Ordnung,
  Wechselwirkung *f* zweiter Ordnung
  (Statistik)

secondary
sekundär *adj*
vgl. primary

secondary ability
Sekundärfähigkeit *f*, sekundäre Fähigkeit *f (Psychologie)*
vgl. primary ability

secondary analysis (*pl* **analyses)**
Sekundäranalyse *f*, sekundäre Analyse *f (empirische Sozialforschung)*
vgl. primary analysis

secondary association (Kingsley Davis)
Sekundärverband *m*, sekundärer Verband *m*, Sekundärverein *m*, sekundärer Verein *m (Soziologie)*
vgl. primary association

secondary authority (intermediate authority)
sekundäre Autorität *f (Soziologie)*

secondary communication
Sekundärkommunikation *f*, sekundäre Kommunikation *f (Kommunikationsforschung)*
vgl. primary communication

secondary community (George C. Homans)
Sekundärgemeinschaft *f*, sekundäre Gemeinschaft *f*, Sekundärgemeinde *f*, sekundäre Gemeinde *f (Soziologie) (Sozialökologie)*
vgl. primary community

secondary conflict
Sekundärkonflikt *m*, sekundärer Konflikt *m (Soziologie)*
vgl. primary conflict

secondary contact
Sekundärkontakt *m*, sekundärer Kontakt *m (Kommunikationsforschung)*
vgl. primary contact

secondary control
Sekundärkontrolle *f*, sekundäre Kontrolle *f (Soziologie)*
vgl. primary control

secondary cooperation
Sekundärkooperation *f*, sekundäre Kooperation *f*, Sekundärzusammenarbeit *f*, sekundäre Zusammenarbeit *f (Soziologie)*
vgl. primary cooperation

secondary correlation
sekundäre Korrelation *f*, mittelbare Korrelation *f*, indirekte Korrelation *f (Statistik)*
vgl. primary correlation

secondary data *pl* **(second-hand data** *pl***)**
Sekundärdaten *n/pl*, sekundäre Daten *n/pl*, sekundäres Erhebungsmaterial *n (empirische Sozialforschung)*
vgl. primary data

secondary data survey (secondary data research, field investigation, field study)
Sekundärerhebung *f*, sekundäre Datenerhebung *f (empirische Sozialforschung)*
vgl. primary data survey

secondary deviation (Edwin M. Lemert)
Sekundärabweichung *f*, sekundäre Abweichung *f (Kriminologie)*
vgl. primary deviation

secondary diffusion
Sekundärdiffusion *f*, sekundäre Diffusion *f (Kulturanthropologie)*
vgl. primary diffusion

secondary drive (secondary motive, secondary need)
Sekundärtrieb *m*, Sekundärantrieb *m (Psychologie)*
vgl. primary drive

secondary family
Sekundärfamilie *f*, sekundäre Familie *f (Demographie)*
vgl. primary family

secondary goal
Sekundärziel *n*, sekundäres Ziel *n*, Nebenziel *n (Entscheidungstheorie)*
vgl. primary goal

secondary group
Sekundärgruppe *f (Gruppensoziologie)*
vgl. primary group

secondary group structure
Sekundärgruppenstruktur *f (Gruppensoziologie)*
vgl. primary group structure

secondary industry
grundstoffverarbeitende Industrie *f (Volkswirtschaftslehre)*
vgl. primary industry

secondary institution (Talcott Parsons) (Abram Kardiner)
sekundäre Institution *f (Soziologie)*
vgl. primary institution

secondary institutionalization
sekundäre Institutionalisierung *f (Organisationssoziologie)*
vgl. primary institutionalization

secondary labor market (*brit* **secondary labour market)**
sekundärer Arbeitsmarkt *m (Industriesoziologie)*
vgl. primary labor market

secondary legislation (delegated legislation, subordinate legislation)
delegierte Gesetzgebung *f (politische Wissenschaft)*

secondary marriage
Zweitehe *f (Familiensoziologie)*
vgl. primary marriage

secondary migration
Zweiteinwanderung *f*, Zweitmigration *f*, Migration *f* in ein bewohntes Gebiet *(Migration)*
vgl. primary migration

secondary model
sekundäres Vorbild *n*, sekundäres Beispiel *n (Soziologie) (Sozialpsychologie)*
vgl. primary model

secondary motive
Sekundärmotiv *n*, sekundäres Motiv *n (Psychologie)*
vgl. primary motive

secondary need
Sekundärbedürfnis *n*, sekundäres Bedürfnis *n (Psychologie)*
vgl. primary need

secondary occupation (secondary sector occupation)
Sekundärberuf *m*, sekundärer Beruf *m*, Beruf *m* des sekundären Sektors, verarbeitender Beruf, veredelnde Beschäftigung *f (Arbeitssoziologie) (Industriesoziologie)*
vgl. primary occupation

secondary perception
sekundäre Wahrnehmung *f*, sekundäre Perzeption *f (Psychologie)*
vgl. primary perception

secondary prejudice (P. McKellar)
sekundäres Vorurteil *n*, Sekundärvorurteil *n (Sozialpsychologie)*
vgl. primary prejudice

secondary process
Sekundärvorgang *m*, sekundärer Vorgang *m*, Sekundärprozeß *m*, sekundärer Prozeß *m* (Sigmund Freud) *(Psychoanalyse)*
vgl. primary process

secondary reinforcement (conditioned reinforcement)
Sekundärverstärkung *f*, sekundäre Verstärkung *f*, konditionierte Verstärkung *f*, bedingte Verstärkung *f*, sekundäre Verstärkung *f*, Verstärkung *f* zweiter Ordnung *(Verhaltensforschung)*
vgl. primary reinforcement

secondary reinforcer
Sekundärverstärker *m*, sekundärer Verstärker *m (Verhaltensforschung)*
vgl. primary reinforcer

secondary relation (secondary relationship)
Sekundärbeziehung *f*, sekundäre Beziehung *f (Soziologie)*
vgl. primary relation

secondary relative (secondary affine)
sekundärer Verwandter *m*, mittelbarer Verwandter *m*, entfernter Verwandter *m*, Verwandter *m* eines primären Verwandten *(Kulturanthropologie)*
vgl. primary relative

secondary research (desk research)
Sekundärforschung *f*, Schreibtischforschung *f*, Desk-Research *m (Sozialforschung)*
vgl. primary research

secondary rural population
sekundäre Landbevölkerung *f*, ländliche Sekundärbevölkerung *f (Sozialökologie)*
vgl. primary rural population (rural-farm population)

secondary sampling unit (secondary unit)
Sekundäreinheit *f*, sekundäre Stichprobeneinheit *f*, sekundäre Erhebungseinheit *f*, Einheit *f* der zweiten Auswahlstufe *(Statistik)*
vgl. primary sampling unit

secondary sector
sekundärer Sektor *m (Volkswirtschaftslehre)*
vgl. primary sector, tertiary sector

secondary sex characteristic
sekundäres Geschlechtsmerkmal *n (Psychologie)*
vgl. primary sex characteristic

secondary sex ratio
sekundäres Verhältnis *n* der Geschlechter *(Demographie)*

secondary socialization
sekundäre Sozialisation *f (Soziologie)*
vgl. primary socialization, tertiary socialization

secondary source
Sekundärquelle *f*, sekundäre Quelle *f (empirische Sozialforschung)*
vgl. primary source

secondary study (desk study)
Sekundärstudie *f*, Schreibtischstudie *f (Sozialforschung)*
vgl. primary study

secondary suggestibility (Hans J. Eysenck)
sekundäre Suggestibilität *f (Psychologie)*
vgl. primary suggestibility

secret ballot
geheime Abstimmung *f*, geheime Wahl *f*, geheime Stimmabgabe *f (politische Wissenschaft)*
vgl. open ballot

secret ballot survey (secret ballot technique)
geheime Stimmzettelerhebung *f*, geheime Stimmzettelumfrage *f (Meinungsforschung)*
vgl. open ballot survey

secret society
Geheimbund *m*, Geheimgesellschaft *f* (Georg Simmel) *(Soziologie)*
sect
Sekte *f (Religionssoziologie)*
sect ideology
Sektenideologie *f (Religionssoziologie)*
sectarian
1. Sektenanhänger *m*, Anhänger *m* einer Sekte *(Religionssoziologie)*
2. Sektierer(in) *m(f)*, Eiferer *m*, fanatischer Anhänger *m (Religionssoziologie) (Gruppensoziologie)*
3. sektiererisch, einer Sekte angehörend *adj (Religionssoziologie) (Gruppensoziologie)*
sectarianism
Sektierertum *n*, religiöser Fanatismus *m (Religionssoziologie) (Gruppensoziologie)*
section (moiety, marriage class)
Stammeshälfte *f*, Gemeinschaftshälfte *f*, Gemeindehälfte *f*, Hälfte *f* eines Stammes, einer Gemeinschaft, einer Gemeinde *(Kulturanthropologie)*
sector chart (circular chart, circular diagram, circle graph, pie chart, pie diagram, pie graph)
Kreisdiagramm *n*, Tortenbild *n*, Tortendiagramm *n (graphische Darstellung)*
sector hypothesis (*pl* hypotheses, sector theory, sector-and-wedge hypothesis, wedge hypothesis) (Homer Hoyt)
Sektorenhypothese *f*, Sektorhypothese *f*, Vektor- und Keiltheorie *f (Sozialökologie)*
secular
säkular, weltlich, diesseitig *adj (Statistik) (Volkswirtschaftslehre) (Soziologie) (Religionssoziologie)*
secular cycle
säkularer Zyklus *m*, Langzeitzyklus *m*, ewiger Zyklus *m*, dauernder Zyklus *m (Statistik) (Volkswirtschaftslehre)*
secular ideology
säkulare Ideologie *f*, Diesseitsideologie *f*, diesseitige Ideologie *f*, weltliche Ideologie *f (Philosophie) (Soziologie)*
secular political party (secular party)
säkulare politische Partei *f*, weltliche politische Partei *f (politische Wissenschaften)*
vgl. religious political party
secular society (associational society) (Howard S. Becker)
säkulare Gesellschaft *f*, weltliche Gesellschaft *f*, Assoziationsgesellschaft *f*, Verbandsgesellschaft *f (Soziologie)*
vgl. sacred society

secular trend
säkularer Trend *m*, Langzeittrend *m*, ewiger Trend *m*, dauernder Trend *m (Statistik) (Volkswirtschaftslehre)*
secularization
Säkularisierung *f*, Säkularisation *f*, Verweltlichung *f*, Entheiligung *f (Soziologie)*
security
Sicherheit *f*
security of tenure
Unkündbarkeit *f* (bei Beamten, Amtsinhabern) *(Organisationssoziologie)*
sedentarism (sedentariness)
Seßhaftigkeit *f (Kulturanthropologie)*
sedentarization
Seßhaftmachung *f (Kulturanthropologie)*
sedentary (settled)
seßhaft *adj (Kulturanthropologie)*
sedentary population (settled population)
seßhafte Bevölkerung *f (Kulturanthropologie)*
sedentary section (settled section)
seßhafter Teil *m* einer nomadischen Gesellschaft *(Kulturanthropologie)*
sedition
aufrührerische Agitation *f*, Aufwiegelung *f (Soziologie) (Sozialpsychologie)*
seditious conspiracy
aufrührerische Verschwörung *f*, aufrührerische Konspiration *f (Soziologie) (Sozialpsychologie)*
seduction
Verführung *f*, Verlockung *f*, Versuchung *f (Psychologie)*
segment
Segment *n (Statistik) (empirische Sozialforschung)*
segment sample
Segmentauswahl *f*, Segmentstichprobe *f (Statistik)*
segment sampling
Segmentauswahlverfahren *n*, Segmentstichprobenverfahren *n*, Segmentstichprobenbildung *f*, Segmentstichprobenentnahme *f (Statistik)*
segmental behavior (*brit* segmental behaviour) (Kingsley Davis)
segmentales Verhalten *n*, segmentäres Verhalten *n (Soziologie)*
segmental contact (Kingsley Davis)
segmentaler Kontakt *m*, segmentärer Kontakt *m (Soziologie)*
segmental elite (segmental élite) (Suzanne Keller)
segmentale Elite *f*, segmentäre Elite *f (Sozialforschung)*

segmental group (segmentary group) (Robert K. Merton
segmentale Gruppe *f*, segmentäre Gruppe *f* *(Soziologie)*
segmental hierarchy
segmentäre Hierarchie *f*, segmentale Hierarchie *f* *(Soziologie)*
segmental relationship
segmentale Beziehung *f*, segmentäre Beziehung *f* *(Soziologie)*
segmentary
segmentär, segmental *adj*
segmentary society (segmental society) (Emile Durkheim)
segmentäre Gesellschaft *f* *(Soziologie)*
segmentation (segmenting)
Segmentation *f*, Segmentieren *n*, Segmentierung *f*, Segmentation *f*, Teilung *f* in Segmente *(Statistik) (empirische Sozialforschung)*
segmentation analysis (segment analysis, tree analysis)
Segmentationsanalyse *f*, Segmentanalyse *f* *(Statistik)*
segmentation criterion
Segmentierungskriterium *n* *(Statistik)*
segmentation method (segmentation technique)
Segmentationsmethode *f*, Segmentbildungsmethode *f* *(Entscheidungstheorie)*
segmentation model
Segmentierungsmodell *n* *(Statistik)*
segmentation tree
Segmentationsbaum *m* *(Entscheidungstheorie)*
segmentation variable
Segmentierungsvariable *f* *(Statistik)*
segregate
1. getrennt, isoliert, abgesondert, gesondert *adj* *(Soziologie) (Kulturanthropologie)*
2. Segregat *n*, abgespaltene Gruppe *f*, abgespaltener Teil *m* *(Soziologie) (Kulturanthropologie)*
segregated area
getrenntes Gebiet *n*, abgesondertes Gebiet *n*, isoliertes Gebiet *n*, abgetrenntes Gebiet *n*, Sondergebiet *n* *(Sozialökologie)*
segregation
Segregation *f*, Absonderung *f*, Abtrennung *f*, Trennung *f*, Isolierung *f*, Rassentrennung *f*, ethnische Trennung *f* *(Soziologie)*
segregation of age groups (age group segregation)
Segregation *f* der Altersgruppen, Trennung *f* der Altersgruppen, Altersgruppensegregation *f* *(Kulturanthropologie)*

segregation of cultures (cultural segregation)
Kultursegregation *f*, kulturelle Segregation *f*, Segregation *f*, verschiedener Kulturen, Trennung *f* unterschiedlicher Kulturen *(Soziologie)*
seignorial economy (estate economy, manorial economy)
Gutsherrensystem *n*, Grundherrensystem *n*, System *n* der gutsherrlichen Landwirtschaft) *(Volkswirtschaftslehre)*
seignorial society (feudal society)
Feudalgesellschaft *f*, feudale Gesellschaft *f*, feudalherrschaftliche Gesellschaft *f*, Lehensgesellschaft *f*
seignorialism (manorialism, manorial system)
Feudalherrschaft *f*, Gutsherrenschaft *f*, Gutsherrentum *n*, Gutsherrschaft *f*, gutsherrschaftliches System *n*, Gutsherrensystem *n*, gutsherrschaftliches Wirtschaftssystem *n* *(Volkswirtschaftslehre) (Soziologie)*
seigniory
feudale Oberherrschaft *f*, feudale Privilegien *n/pl*, Feudalrechte *n/pl*, Privilegien *n/pl* eines Feudalherrn *(Soziologie)*
seizure of power
Machtergreifung *f* *(politische Wissenschaften)*
selection
Selektion *f*, Auswahl *f* *(Statistik) (Psychologie) (Genetik)*
selection bias (selection error, sampling bias, sampling error)
Auswahlfehler *f*, Stichprobenfehler *m* *(Statistik)*
selection of mates (mate selection, mating)
Gattenwahl *f*, Partnerwahl *f* *(Kulturanthropologie) (Familiensoziologie)*
selection of sample units
Auswahl *f* der Stichprobeneinheiten, Stichprobe *f* der Auswahleinheiten *(Statistik)*
selection with arbitrary probability (selection with arbitrary probabilities, arbitrary probability sampling)
Auswahl *f* mit willkürlich gesetzten Wahrscheinlichkeiten, Stichprobe *f* mit willkürlich gesetzten Wahrscheinlichkeiten *(Statistik)*
selection with equal probability (selection with equal probabilities, epsem sampling, equal probability sampling)
Auswahl *f* mit gleicher Wahrscheinlichkeit, Auswahl *f* durch Auslosen, Stichprobe *f* mit gleicher Wahrscheinlichkeit, Stichprobe *f* durch

selection with probability proportional to size

Auslosen, Stichprobenbildung *f* mit gleicher Wahrscheinlichkeit *(Statistik)*
selection with probability proportional to size (pps sample)
Stichprobe *f* mit zur Größe proportionalen Wahrscheinlichkeiten *(Statistik)*
selection with probability proportional to size (selection with p.p.s., PPS sampling)
Auswahl *f* mit zur Größe proportionalen Wahrscheinlichkeiten *(Statistik)*
selective *Am* (universal draft)
Wehrpflicht *f*, Wehrdienst *m* *(Militärsoziologie)*
selective acculturation (controlled acculturation)
selektive Akkulturation *f*, kontrollierte Akkulturation *f (Soziologie)*
selective migration (migratory selection)
Selektion *f* durch Migration, Wanderungsselektion *f*, Selektion *f* durch Wanderung *(Migration) (Soziologie)*
selective action
selektives Handeln *n (Psychologie)*
selective attention
selektive Aufmerksamkeit *f (Psychologie)*
selective breeding
Zuchtauswahl *f (Genetik)*
selective diffusion (controlled diffusion)
selektive Diffusion *f*, kontrollierte Diffusion *f (Kulturanthropologie)*
selective distortion
selektive Verzerrung *f*, selektive Wahrnehmungsverzerrung *f (Psychologie)*
selective exposure
selektiver Kontakt *m*, selektiver Medienkontakt *m*, selektive Aufnahme *f* von Medieninhalten *(Kommunikationsforschung)*
selective influence
selektiver Einfluß *m*, selektive Beeinflussung *f (Kommunikationsforschung)*
selective learning
selektives Lernen *n (Psychologie)*
selective memory
selektives Gedächtnis *n (Psychologie)*
selective migration (differential migration)
selektive Migration *f*, selektive Wanderung *f (Mobilitätsforschung)*
selective perception
selektive Wahrnehmung *f*, selektive Perzeption *f (Psychologie)*
selective recall
selektive Erinnerung *f (Psychologie)*
selective retention
selektives Behalten *n (Kommunikationsforschung)*

selective silence
selektives Schweigen *n (Psychologie)*
selectivity
Selektivität *f (Psychologie)*
self (*pl* selves, self concept, self conception)
Selbst *n*, Selbstbegriff *m*, Selbstkonzept *n (Soziologie)*
self-acceptance
Selbstakzeptanz *f (Psychologie)*
self-action
Automatik *f*, Selbsttätigkeit *f*
self-actualization (Abraham H. Maslow)
Selbstaktualisierung *f*, Selbstverwirklichung *f (Psychologie)*
self-actualization need (Abraham H. Maslow)
Selbstaktualisierungsbedürfnis *n*, Selbstverwirklichungsbedürfnis *n*, Bedürfnis *n* nach Selbstaktualisierung, nach Selbstverwirklichung *(Psychologie)*
self-actualizing person (Abraham H. Maslow)
sich selbst verwirklichender Mensch *m*, sich selbst aktualisierender Mensch *m (Psychologie)*
self-administered questionnaire (self-completion questionnaire)
schriftlicher Fragebogen *m (empirische Sozialforschung)*
self-aggression
Aggression *f* gegen sich selbst, Aggression *f* gegen die eigene Person *(Psychologie)*
self-analysis (*pl* analyses)
Selbstanalyse *f (Psychologie)*
self-appraisal (self-assessment, self-evaluation, self-rating)
Selbsteinschätzung *f*, Selbstbewertung *f (Psychologie/empirische Sozialforschung)*
self-attitude
Selbsteinstellung *f (Psychologie) (empirische Sozialforschung)*
self-awareness
Selbstbewußtheit *f (Psychologie)*
self-conjugate Latin square
selbstkonjugiertes lateinisches Quadrat *n (statistische Hypothesenprüfung)*
self-consciousness (self-knowledge)
Selbsterkenntnis *f*, Befangenheit *f*, Bewußtsein *n* der eigenen Schwäche *(Psychologie)*
self-consistency
Folgerichtigkeit *f*, Übereinstimmung *f* mit sich selbst, Selbstkonsistenz *f*, Selbst-Stimmigkeit *f*, Schlüssigkeit *f* des Selbst *(Psychologie) (Soziologie)*

self-contained experiment
unabhängiges Experiment *n*,
eigenständiges Experiment *n* *(statistische Hypothesenprüfung)*
self-containment
Eigenständigkeit *f*, Selbständigkeit *f*, Autarkie *f*
self-control
Selbstbeherrschung *f*, Selbstkontrolle *f* *(Psychologie)*
self-corrective equilibrium (stable equilibrium, pl equilibria or equilibriums)
stabiles Gleichgewicht *n* *(Statistik)*
self-correlation (autocorrelation, serial correlation)
Autokorrelation *f*, Eigenkorrelation *f*, Reihenkorrelation *f* *(Statistik)*
self-defeating prophecy (self-destroying prophecy, suicidal prophecy) (Robert K. Merton)
sich selbst widerlegende Prophezeiung *f*, sich selbst zerstörende Prophezeiung *f* *(Soziologie)*
self-description questionnaire
Selbstbeschreibungsfragebogen *m* *(Psychologie)*
self-destruction
Selbstzerstörung *f* *(Psychologie)*
self-determination
Selbstbestimmung *f* *(politische Wissenschaften)*
self-discipline
Selbstdisziplin *f*, Selbstzucht *f* *(Psychologie)*
self-disclosure (Sidney Jourard)
Selbstoffenbarung *f* *(Psychologie)* *(Kommunikationsforschung)*
self-effacement
Selbstverneinung *f* *(Psychologie)*
self-employed person
Selbständiger *m*, beruflich Selbständiger *m* *(Industriesoziologie)*
self-employed
beruflich selbständig, selbständig *adj* *(Demographie)* *(empirische Sozialforschung)* *(Industriesoziologie)*
self-enumeration
Selbstzählung *(Demographie)*
self-esteem
Selbstachtung *f* *(Psychologie)*
self-estrangement (self-alienation)
Selbstentfremdung *f* *(Karl Marx)* *(Philosophie)*
self-evaluation (self-appraisal)
Selbstbewertung *f*, Eigenbewertung *f*, eigenbewertende Einstellung *f* *(Psychologie)*
self-externalization
Selbstäußerung *f* *(Philosophie)*

self-extinction
Selbstlöschung *f* *(Psychologie)*
self-feeling (William McDougall)
Selbstgefühl *n* *(Psychologie)*
self-formation
Bildung *f* des Selbst, Entwicklung *f* des Selbst, Herausbildung *f* des Selbst *(Psychologie)*
self-fulfilling prophecy (Robert K. Merton)
sich selbst erfüllende Prophezeiung *f*, sich selbst bestätigende Prophezeiung *f* *(Soziologie)*
self-fulfillment
Selbsterfüllung *f*, Selbstverwirklichung *f* *(Psychologie)*
self-generating sample (snowball sample)
Schneeballauswahl *f*, Schneeballstichprobe *f* *(Statistik)*
self-gratification
Selbstbelohung *f*, Eigen-Gratifikation *f*, Selbst-Gratifikation *f* *(Psychologie)*
self-hatred (self-hate)
Selbsthaß *m*, Haß *m* auf sich selbst *(Psychologie)*
self-help
Selbsthilfe *f* *(Psychologie)* *(Soziologie)* *(Psychotherapie)*
self-help group
Selbsthilfegruppe *f* *(Psychologie)* *(Psychotherapie)*
self-image (self, self conception, self concept)
Selbstbild *n*, Selbstimage *n*, Eigenbild *n*, Bild *n* von sich selbst *(Psychologie)* *(Soziologie)*
self-location question (self-rating question)
Selbsteinschätzungsfrage *f*, Frage *f* zur Selbsteinschätzung, zur Eigeneinschätzung *(empirische Sozialforschung)*
self-monitoring
Introspektion *(Psychologie)*
self-mortification (mortification of the self) (Erving Goffman)
Selbstmortifikation *f*, Mortifikation *f* des Selbst, Selbstmortifizierung *f* *(Soziologie/Sozialpsychologie)*
self-observation
Selbstbeobachtung *f* *(Karl Mannheim)* *(Theorie des Wissens)*
self-orientation – collectivity-orientation (Talcott Parsons)
Selbstorientierung – Kollektivbezogenheit *f*, Selbstbezogenheit – Kollektivorientierung *f* *(Theorie des Handelns)*

self-perception theory (theory of self-perception)
Selbstwahrnehmungstheorie *f*,
Selbstperzeptionstheorie *f*, Theorie *f*
der Selbstwahrnehmung, Theorie *f* der
Selbstperzeption *(Psychologie)*
self-perception
Selbstwahrnehmung *f*, Selbstperzeption *f*
(Psychologie)
self-perpetuation
Selbstperpetuierung *f*, Selbstverweigerung *f* *(Sozialpsychologie)*
self-persuasion
Selbstbeeinflussung *f* *(Einstellungsforschung)*
self-presentation (presentation of the self)
Selbstdarstellung *f*, Darstellung *f* des
Selbst *(Soziologie)*
self-preservation (self-maintenance)
Selbsterhaltung *f* *(Psychologie)*
self-preservative instinct (instinct of self-preservation, self-preservation instinct)
Selbsterhaltungstrieb *m* *(Psychologie)*
self-punishment
Selbstbestrafung *f* *(Psychologie)*
self-ranking
Selbstklassifizierung *f* in einer
Rangordnung, Selbsteinordnung *f*,
Selbsteinschätzung *f* *(Psychologie)*
self-rated social class (self-rated class, subjective social class, subjective class)
selbsteingeschätzte Sozialschicht *f*
(empirische Sozialforschung)
self-rated status (subjective social status, subjective status)
selbsteingeschätzter Status *m*,
selbsteingeschätzter Sozialstatus *m*
(empirische Sozialforschung)
self-rating
Selbsteinschätzung *f*, Selbstbeurteilung *f*
(Psychologie/empirische Sozialforschung)
self-rationalization
Selbstrationalisation *f* (Karl Mannheim)
(Theorie des Wissens)
self-realization
Selbstbewußtheit *f*, Bewußtsein *n* der
eigenen Schwächen, Bewußtsein *n* seiner
selbst *(Psychologie)*
self-recruitment
Selbstrekrutierung *f* *(Organisationssoziologie)*
self-regulation
Selbstregelung *f*, Selbstregulierung *f*
(Kybernetik) (Soziologie)
self-reinforcement
Selbstverstärkung *f* *(Verhaltensforschung)*
self-renewing aggregate
sich selbst erneuernde Gesamtheit *f*
(Erneuerungstheorie)

self-report behavior (*brit* behaviour)
Selbstberichtsverhalten *n*,
Eigenberichtsverhalten *n* *(empirische Sozialforschung)*
self-report questionnaire (self completion questionnaire, self-report inventory, self-reporting questionnaire)
Selbstberichtsfragebogen *m* *(empirische Sozialforschung)*
self-role conflict
Rollen-Selbst-Konflikt *m*, Konflikt *m*
zwischen Selbst und Rolle, Konflikt *m*
zwischen Rollenträger und Rolle
(Soziologie)
self-role congruence
Rollen-Selbst-Kongruenz *f*, Kongruenz *f*
zwischen Selbst und Rolle, Kongruenz *f*
zwischen Rollenträger und Rolle
(Soziologie)
self-sameness (Erik H. Erikson) (self identity)
Selbstidentität *f*, Identität *f*,
Übereinstimmung *f* mit sich selbst
(Psychologie)
self-segregation (voluntary segregation)
freiwillige Rassentrennung *f*, freiwillige
Segregation *f* *(Sozialökologie)*
self-selected sample
selbstgewählte Auswahl *f*, selbstgewählte
Stichprobe *f* *(Statistik)*
self-selection
Selbstauswahl *f*, Selbstselektion *f*
(statistische Hypothesenprüfung)
self-sensitivity (proprioception)
Propriozeption *f*, Wahrnehmung *f*
körpereigener Reize *(Psychologie)*
self-sentiment (Raymond B. Cattell)
Selbstempfinden *n*, Selbstempfindung *f*
(Psychologie)
self-stimulation
Selbstreizung *f*, Selbststimulierung *f*
(Verhaltensforschung)
self-sufficiency
Selbstgenügsamkeit *f* Zurückhaltung *f*,
Reserviertheit *f* *(Psychologie)*
self-sufficiency (autarky)
Autarkie *f*, Autonomie *f*,
Selbstgenügsamkeit *f*
self-sufficient economy (subsistence agriculture, subsistence farming, subsistence economy, natural economy, self-sufficiency, autoconsumption economy)
Subsistenzlandwirtschaft *f*,
Versorgungslandwirtschaft *f*
(Volkswirtschaftslehre)
self-suggestion
Selbstsuggestion *f* *(Psychologie)*
self-system (Harry S. Sullivan)
Selbstsystem *n* *(Psychologie)*

self-weighted sample (self-weighting sample)
Selbstgratifikation *f*, Selbstzufriedenheit *f* *(Psychologie)*

self-weighting estimator
selbstgewichtende Schätzfunktion *f*, sich selbst gewichtende Schätzfunktion *f* *(Statistik)*

self-weighting sampling
selbstgewichtende Auswahl *f*, selbstgewichtendes Auswahlverfahren *n*, selbstgewichtendes Stichprobenverfahren *n*, selbstgewichtende Stichprobenbildung *f*, Stichprobenverfahren *n* mit Selbstgewichtung, Stichprobenbildung *f* mit Selbstgewichtung, Auswahlverfahren *n* mit Selbstgewichtung *(Statistik)*

selfhood
individuelle Eigenart *f*, Individualität *f*, Eigenpersönlichkeit *f* *(Psychologie)*

semanalysis
Semananalyse *f* *(Soziolinguistik)*

semantic conditioning semantische Redundanz *f* *(Informationstheorie)*

semantic contagion
semantische Ansteckung *f* *(Soziolinguistik)*

semantic differential (semantic differential scale) (Charles E. Osgood) (semantic profile)
semantisches Differential *n*, Polaritätenprofil *n* *(Einstellungsforschung)*

semantic field
semantisches Feld *n* *(Einstellungsforschung)*

semantic generalization test
semantischer Generalisierungstest *m* *(Verhaltensforschung)*

semantic information
semantische Dimension *f* *(Soziolinguistik)*

semantic key
semantischer Schlüssel *m* *(Soziolinguistik)*

semantic memory
semantisches Gedächtnis *n* *(Psychologie)*

semantic profile (Charles E. Osgood)
semantisches Profil *n*, Polaritätenprofil *n* *(Einstellungsforschung)*

semantic redundancy
semantische Konditionierung *f* *(Verhaltensforschung)*

semantic relationship
semantische Beziehung *f* *(Soziolinguistik)*

semantic satiation
semantische Sättigung *f* *(Soziolinguistik)*

semantic space
semantischer Raum *m* *(Einstellungsforschung)*

semantic structure
semantische Struktur *f* *(Soziolinguistik)*

semantic therapy
semantische Therapie *f* *(Psychologie)*

semantical dimension
semantische Soziologie *f*

semantics pl als sg konstruiert (significs pl als sg konstruiert, sematology, semasiology)
Semantik *f*, Wortbedeutungslehre *f* *(Soziolinguistik)*

semasiography
Semasiographie *f* *(Soziolinguistik)*

semasiology
Semasiologie *f*, historische Semantik *f*, historische Wortbedeutungslehre *f* *(Soziolinguistik)*

sematology
Sematologie *f* *(Soziolinguistik)*

seme
Seme *n* *(Semantik)*

semi-autobiography (focused autobiography, brit focussed autobiography)
Halb-Autobiographie *f*, Semi-Autobiographie *f*, halbe Autobiographie *f* *(Psychologie/empirische Sozialforschung)*

semi-average
Halbreihenmittelwert *m* *(Statistik)*

semi-interquartile range (SIQR) (quartile range) (Q) (quartile deviation) quartile Spannweite *f* *(Statistik)*

semi-invariant (semi invariant, cumulant, half invariant)
Halbinvariante *f*, Kumulante *f*, Kumulant *m*, Semiinvariante *f* *(Mathematik/Statistik)*

semi-Latin square
halblateinisches Quadrat *n* *(statistische Hypothesenprüfung)*

semi-logarithmic chart
halblogarithmisches Netz *n* *(graphische Darstellung)*

semi-logarithmic graph
halblogarithmische Darstellung *f*, halblogarithmische graphische Darstellung *f* *(Statistik)*

semi-Markov process
Semi-Markov-Prozeß *m* *(Stochastik)*

semi-martingale
Halbmartingal *n* *(Stochastik)*

seminatal mortality
Sterblichkeit *f* in der ersten Lebenswoche *(Demographie)*

semi-nomadism (seminomadism)
Seminomadismus *m*, Halbnomadismus *m* *(Kulturanthropologie)*

semi-periphery (semiperiphery) (Immanuel Wallerstein)
Semi-Peripherie *f (politische Wissenschaften)*
semi-professionalism
Semi-Professionalismus *m (Soziologie)*
semi-range
Semiquartilabstand *m*, semiinterquartile Spannweite *f*, Quartilenmaß *n*, halber Quartilabstand *m*, mittlerer Quartilabstand *m (Statistik)*
semi-standardized interview (focused interview, brit **focussed interview)**
halbstandardisiertes Interview *n (Psychologie/empirische Sozialforschung)*
semi-structured interview (partially structured interview)
teilstrukturiertes Interview *n*, halbstrukturiertes Interview *n (Psychologie/empirische Sozialforschung)*
semi-structured question (focused question, brit **focussed question)**
halbstrukturierte Frage *f (Psychologie/empirische Sozialforschung)*
semiology (semeiology)
Semiologie *f*
semiosis (semeosis)
Semiosis *f (Semiotik)*
semiotic anthropology (Milton B. Singer)
Semiotik *f (Linguistik)*
semiotics *pl als sg konstruiert* **(semiology, semeiology)**
Semiotik *f*
semiskilled manual worker (semi-skilled manual worker)
angelernter manueller Arbeiter *m (Soziologie) (Demographie) (empirische Sozialforschung)*
semiskilled worker (semi-skilled worker)
angelernter Arbeiter *m (Soziologie) (Demographie) (empirische Sozialforschung)*
semistationary society (semi-stationary society)
halbstationäre Gesellschaft *f*
sender (communicator, communicant, source)
Sender *m*, Kommunikator *m*, Quelle *f (Kommunikationsforschung)*
sender-receiver relationship (sender-receiver relation)
Sender-Empfänger-Beziehung *f (Kommunikationsforschung)*
senescence (G. Stanley Hall)
Seneszenz *f (Psychologie)*
senicide (senilicide)
Senizid *m*, Senilizid *m*, Tötung *f* der Alten und Siechen *(Kulturanthropologie)*
senility
Senilität *f (Psychologie)*

senior (older)
1. älter *adj*
2. dienstälter (rangälter *(adj)*
3. Ältere(r) *f(m)*
4. Rangältere(r) *f(m)*, Dienstältere(r) *f(m)*, Vorgesetzter *m*, übergeordnete Person *f (Organisationssoziologie)*
5. Schüler(in) *(m(f)* im letzten Schuljahr, Student(in) *m(f)* im letzten Studienjahr
vgl. junior (younger)
senior high school Am
Oberstufe *f* (in der Schule)
seniority
1. Seniorität *f*, höheres Alter *n (Entwicklungspsychologie)*
2. höheres Dienstalter *n*, höherer Dienstrang *m (Organisationssoziologie)*
seniority principle
Senioritätsprinzip *n (Organisationssoziologie)*
sensate
sinnlich, sensuell wahrgenommen, durch die Sinne wahrgenommen *adj (Psychologie)*
sensate culture (Pitirim A. Sorokin)
sensuelle Kultur *f (Kulturanthropologie)*
sensate society (Pitirim A. Sorokin)
sensuelle Gesellschaft *f (Kulturanthropologie)*
sensation
1. Empfindung *f*, Sinnesempfindung *f*, Sinneswahrnehmung *f (Psychologie)*
2. Sensation *f*
sensationalism
Sensationalismus *m (Kommunikationsforschung)*
sense datum (pl **data, sensory datum,** pl **data)**
Sinnesgegebenheit *f*, Sinnesdatum *n (Psychologie)*
sense modality
Sinnesmodalität *f (Psychologie)*
sense of direction
Richtungssinn *m (Psychologie)*
sense of place
Ortssinn *m (Psychologie)*
sense of political efficacy (political efficacy) (Angus Campbell, Gerald Guvin and Warren E. Miller)
politische Wirksamkeit *f*
sense of workmanship (workmanship)
Qualitätsbewußtsein *n* bei der eigenen Arbeit, Identifizierung *f* mit der eigenen Arbeit *(Arbeitspsychologie) (Industriesoziologie)*
sense organ
Sinnesorgan *n (Psychologie)*

sense perception (sensation)
Sinneswahrnehmung f, sinnliche Wahrnehmung f *(Psychologie)*
sense quality
Sinnesqualität f, Sinnesmodalität f, Empfindungsqualität f *(Psychologie)*
sense (meanigfulness)
Sinn m, Bedeutung f *(Philosophie)*
sense
Sinnesorgan n *(Psychologie)*
sense of equilibrium (static sense)
Gleichgewichtssinn m, statischer Sinn m *(Psychologie)*
senseless syllable (nonsense syllable)
sinnlose Silbe f *(Psychologie)*
sensitivity
Sensibilität f, Empfindlichkeit f, Sensitivität f, Empfindungsvermögen n *(Psychologie)*
sensitivity analysis (pl analyses)
Sensitivitätsanalyse f *(Psychologie)*
sensitivity data pl (dichotonomously distributed data pl, quantal response data pl)
Alternativantwortdaten n/pl
sensitivity training
Sensitivitätstraining n *(Verhaltenstherapie)*
sensitization
Sensibilisierung f, Sensitivierung f *(Psychologie)*
sensitizing concept (Herbert Blumer)
sensibilisierender Begriff m *(Theorie des Wissens)*
sensor
Sensor m *(Psychologie)*
sensori-motor activity (sensorimotor activity)
sensorisch-motorische Aktivität f *(Psychologie)*
sensori-motor reflex arc (sensorimotor reflex arc, sensory reflex arc, reflex arc)
sensorisch-motorischer Reflexbogen m, sensorisch-motorischer Bogen m, sensorischer Reflexbogen m, sensorischer Bogen m *(Verhaltensforschung)*
sensori-motor stage (sensorimotor stage, sensori-motor phase, sensorimotor phase) (Jean Piaget)
sensorisch-motorische Phase f *(Entwicklungspsychologie)*
sensory
sensorisch, sensoriell, Sinnes-, Empfindungs-, die Sinne betreffend *adj*
sensory adaption (sensory adaptation, negative adaptation)
sensorische Adaptation f, Anpassung f der Sinnesorgane *(Verhaltensforschung)*
sensory aphasia (word deafness)
sensorische Aphasie f *(Psychologie)*

sensory deprivation (sensory privation, sense privation, sensory isolation)
sensorische Deprivation f, sensorische Isolation f, Wahrnehmungsdeprivation f, perzeptorische Deprivation f *(Verhaltensforschung)*
sensory discrimination (discrimination, discriminal process)
Unterscheidung f, Wahrnehmungsunterscheidung f, Unterschied m *(Psychologie)*
sensory illusion (perceptual illusion, illusion)
Sinnestäuschung f, Wahrnehmungstäuschung f *(Psychologie)*
sensory present (W. Stern)
psychische Präsenz f
sensory summation
Reizsummation f, Reizsummierung f *(Verhaltensforschung)*
sensory summation effect
Reizsummeneffekt m *(Verhaltensforschung)*
sensualism
Sensualismus m *(Psychologie)*
sensuality
Sinnlichkeit f *(Psychologie)*
sentence completion
Satzergänzung f, Ergänzung f eines unvollständigen Satzes *(Psychologie/empirische Sozialforschung)*
sentence-completion technique (sentence-completion method)
Satzergänzungsverfahren n, Satzergänzungsmethode f, Satzergänzungstechnik f *(Psychologie/empirische Sozialforschung)*
sentence-completion test
Satzergänzungstest m *(Psychologie/empirische Sozialforschung)*
sentence repetition test
Satzwiederholungstest m *(Psychologie)*
sentiment
Gesinnung f Gedanken f/pl, Urteil n, Meinung f, Ansicht f, Gefühl n, Sentiment n *(Psychologie) (Einstellungsforschung)*
sentiment analysis (pl analyses)
Gesinnungsanalyse f, Meinungsforschung f *(Umfrageforschung)*
separated one-egg twins pl (separated monozygotic twins pl)
getrennt lebende eineiige Zwillinge m/pl *(Genetik)*
separation
1. Trennung f, Getrenntsein n *(Psychologie) (Soziologie)*
2. Trennung f von Tisch und Bett *(Familiensoziologie)*

separation anxiety
Trennungsangst *f (Psychologie)*
separation of powers (checks and balances pl, division of powers)
Gewaltenteilung *f*, Gewaltentrennung *f (politische Wissenschaften) (Organisationssoziologie)*
separatism
Separatismus *m*, Loslösungsbestrebungen *f/pl (politische Wissenschaften)*
sept
Sippe *f*, die auf denselben Ahn zurückgeht, Abstammungsgruppe *f*, die auf denselben Ahn zurückgeht *(Kulturanthropologie)*
sequence
Abfolge *f*, Aufeinanderfolge *f*, Folge *f*, Reihe *f*, Serie *f*, Reihenfolge *f*, Sequenz *f (Mathematik/Statistik)*
sequential analysis (*pl* analyses, sequence analysis)
Sequenzanalyse *f*, Sequentialanalyse *f (statistische Hypothesenprüfung)*
sequential chi-squared test
sequentieller Chi-Quadrat-Test *m (statistische Hypothesenprüfung)*
sequential estimation
sequentielle Schätzung *f (statistische Hypothesenprüfung)*
sequential hypothesis test (sequential test)
sequentielle Hypothesenprüfung *f (statistische Hypothesenprüfung)*
sequential monogamy (serial monogamy)
Reihenmonogamie *f (Kulturanthropologie)*
sequential polyandry (serial polyandry)
Reihenpolyandrie *f (Kulturanthropologie)*
sequential polygyny (serial polygyny)
Reihenpolygynie *f (Kulturanthropologie)*
sequential probability-ratio test (SPRT)
sequentieller Wahrscheinlichkeits-Verhältnistest *m (statistische Hypothesenprüfung)*
sequential sample
sequentielle Stichprobe *f (Statistik)*
sequential sampling
sequentielles Stichprobenverfahren *n (Statistik)*
sequential test (sequential hypothesis test)
sequentieller Test *m*, sequentieller Hypothesentest *m*
serendipity
Serendipität *f (Theorie des Wissens)*
serendipity pattern (Robert K. Merton)
Serendipitätsmuster *n*, Serendipitätsmodell *n (Theorie des Wissens)*
serf
Leibeigener *m (Soziologie) (Kulturanthropologie)*

serfage (serfhood)
Leibeigenschaft *f (Soziologie) (Kulturanthropologie)*
serial action (chain reflex, reflex chain, chain reflex of behavior)
Kettenreflex *m*, Reflexkette *f (Psychologie)*
serial cluster (compact cluster, compact serial cluster)
Klumpen *m* zusammenhängender Einheiten, Cluster *n* zusammenhängender Einheiten *(Statistik)*
serial correlation (self-correlation, autocorrelation)
Reihenkorrelation *f*, serielle Korrelation *f*, Zwei-Zeilen-Korrelation *f*, Autokorrelation *f*, Eigenkorrelation *f (Statistik)*
serial design (overlap design, overlapping design)
Überschneidungsanlage *f*, Überlappungsanlage *f*, Anlage *f* mit überlappenden Auswahleinheiten, Anlage *f* mit sich überschneidenden Auswahleinheiten *(Statistik)*
serial interaction (chain of interaction)
Interaktionskette *f (Soziologie)*
serial monogamy (sequential monogamy)
Reihenmonogamie *f (Kulturanthropologie)*
serial polyandry (sequential polyandry)
Reihenpolyandrie *f (Kulturanthropologie)*
serial polygyny (sequential polygyny)
Reihenpolygynie *f (Kulturanthropologie)*
seriation
reihenweise Anordnung *f*, Anordnung *f* in einer Reihe, Serienbildung *f (Mathematik/Statistik)*
series *sg* + *pl*
Serie *f*, Reihe *f*, Reihenfolge *f*, Anordnung *f (Mathematik/Statistik)*
seriously retarded child
schwerbehindertes Kind *n*, geistig schwerbehindertes Kind *n (Psychologie)*
servant
Diener *m*, Bediensteter *m (Demographie) (empirische Sozialforschung) (Soziologie)*
servant classes *pl* (the service class)
Dienstleistungsberufe *m/pl*, die Angehörigen *m/pl* der Dienstleistungsberufe *(Demographie) (empirische Sozialforschung) (Soziologie)*
service
1. Dienst *m*, Arbeit *f*
2. Dienstleistung *f*

service bureaucrat (Leonard Reissman)
Dienstbürokrat *m* *(Organisationssoziologie)*
vgl. functional bureaucrat, job bureaucrat, specialist bureaucrat
service center (*brit* **service centre**)
Dienstleistungszentrum *n*, Leistungszentrum *n* *(Sozialökologie)*
service industry (*often pl* **service industries, service-producing industries** *pl*)
Dienstleistungsgewerbe *n* *(Soziologie) (empirische Sozialforschung)*
service occupation (tertiary occupation, service industry occupation)
Dienstleistungsberuf *m*, Beruf *m* im tertiären Sektor *(Volkswirtschaftslehre)*
vgl. primary occupation, secondary occupation
service sector (tertiary sector)
Dienstleistungssektor *m*, Dienstleistungsbereich *m* *(Soziologie) (empirische Sozialforschung)*
servility (subordination)
Dienstbarkeit *f* *(Sozialpsychologie) (Psychologie)*
servitude (unfreedom)
Unfreiheit *f*, Knechtschaft *f*, Sklavenhalterei *f*, Sklavenhaltertum *n*, Herrschaft *f* der Sklavenhalter *(Kulturanthropologie)*
servo-mechanism
Servomechanismus *m* *(Kybernetik)*
set Menge *f* *(Mathematik/Statistik)*
set of cards
Kartenspiel *n* *(empirische Sozialforschung)*
set of data (data set, dataset)
Datenmenge *f*, Dateneinheit *f*, Datenübermittlungseinheit *f*, Datenübermittlungselement *n* *(EDV) (empirische Sozialforschung)*
set-theoretic model
mengentheoretisches Modell *n* *(Mathematik/Statistik)*
setting (environment)
Umwelt *f*, Außenwelt *f*, Umgebung *f*, Umfeld *n* *(Psychologie) (Soziologie) (Sozialökologie)*
settled (sedentary)
seßhaft *adj* *(Kulturanthropologie)*
settled population (sedentary population)
seßhafte Bevölkerung *f* *(Kulturanthropologie)*
settled section (sedentary section)
seßhafter Teil *m* einer nomadischen Gesellschaft *(Kulturanthropologie)*
settlement (small village, hamlet, vill)
Ansiedlung *f*, Niederlassung *f*, Siedlung *f*, kleines Dorf *n* *(Sozialökologie)*

settlement pattern (residential pattern)
Siedlungsmuster *n*, Wohnmuster *n* *(Sozialökologie)*
settler
Ansiedler *m* *(Sozialökologie)*
severance pay
Abfindung *f*, Abfindungszahlung *f* *(Volkswirtschaftslehre)*
sex
1. Geschlecht *n*
2. das Geschlechtliche *n* *(Psychologie)*
3. Geschlechtsverkehr *m*
sex (gender)
Geschlecht *n*, Geschlechtszugehörigkeit *f* *(empirische Sozialforschung)*
sex difference
Geschlechtsunterschied *m*
sex discrimination (sexual discrimination)
geschlechtliche Diskriminierung *f*, Diskriminierung *f* aufgrund der Geschlechtszugehörigkeit *(Soziologie) (Sozialpsychologie)*
sex ratio (sex distribution)
Sexualproportion *f*, Verhältnis *n* der Geschlechter, zahlenmäßiges Verhältnis *n* von Frauen und Männern *(Demographie)*
sex role
Geschlechterrolle *f*, Geschlechtsrolle *f* *(Soziologie)*
sexual activity (sex)
Sex *m*, Geschlechtsverkehr *m*, Geschlechtstrieb *m*, das Geschlechtliche *n* *(Psychologie)*
sex-age specific death rate
geschlechtsspezifische Sterbeziffer *f*, geschlechtsspezifische Sterberate *f* für eine bestimmte Altersgruppe *(Demographie)*
sex-linked behavior (*brit* **sex linked behaviour**)
gengebundenes Verhalten *n* *(Verhaltensforschung)*
sex-role stereotype
Geschlechtsrollenstereotyp *n* *(Sozialpsychologie)*
sex-specific death rate
geschlechtsspezifische Sterberate *f*, geschlechtsspezifische Sterbeziffer *f* *(Demographie)*
sex-typed behavior (*brit* **sex-typed behaviour**)
geschlechtsspezifisches Verhalten *n*
sexism
Sexismus *m* *(Sozialpsychologie)*
sexology
Sexualforschung *f*, Sexualkunde *f*, Sexualwissenschaft *f* *(Psychologie)*
sextile
Sextil *n* *(Mathematik/Statistik)*

sexual behavior

sexual behavior (*brit* behaviour)
Sexualverhalten *n* (*Psychologie*)
sexual communism (free love)
freie Liebe *f*
sexual detachment (desexualization, desexualization)
Desexualisierung *f* (*Psychologie*)
sexual deviance (sexual variance)
Sexualdevianz *f*, sexuelle Devianz *f* (*Psychologie*)
sexual division of labor (*brit* sexual division of labour)
geschlechtliche Arbeitsteilung *f*, Arbeitsteilung *f* zwischen den Geschlechtern (*Industriesoziologie*)
sexual drive
Geschlechtstrieb *m* (*Psychologie*)
sexual morality
Sexualmoral *f* (*Soziologie*)
sexual stratification (gender stratification, male-female stratification)
sexuelle Schichtung *f*, sexuelle Stratifizierung *f*, Schichtung *f* nach Geschlecht, Stratifizierung *f* nach Geschlecht (*Soziologie*) (*empirische Sozialforschung*)
sexuality
Sexualität *f*, Geschlechtlichkeit *f*, Geschlechtsleben *n* (*Psychologie*)
shaded map (choropleth map)
schattierte Karte *f*, schattierte Landkarte *f*, Karte *f* mit Schattierungen, Landkarte *f* mit Schattierungen (*graphische Darstellung*) (*Statistik*)
shadow
Schatten *m* (*Psychoanalyse*) (Carl G. Jung)
shaman (medicine man, witch doctor, sorcerer)
Schamane *m*, Zauberpriester *m*, Geisterbeschwörer *m*, Medizinmann *m* (*Ethnologie*)
shamanism
Schamanismus *m* (*Ethnologie*)
shame
1. Scham *f*, Schamgefühl *n* (*Psychologie*)
2. Schande *f*, Schmach *f* (*Sozialpsychologie*)
shame culture (shame-oriented culture, shame society, shame-oriented society) (Gerhart Piers and Milton B. Singer)
Schamkultur *f*, schamorientierte Kultur *f* (*Kulturanthropologie*)
vgl. guilt culture

Shannon-and-Weaver model (of communication) (Shannon-formula)
Shannon-Weaver-Modell *n* (der Kommunikation), Shannon-Formel *f* (*Informationstheorie*) (*Kommunikationsforschung*)
shantytown
Barackenviertel *n*, Slumvorstadt *f*, Slumviertel *n*, Barackenviertel *n* (*Sozialökologie*)
shape parameter (form parameter)
Gestaltparameter *m*, Formparameter *m* (*Psychologie*)
shape perception
Formwahrnehmung *f*, Gestaltwahrnehmung *f* (*Psychologie*)
shaping of behavior (*brit* shaping of behaviour) (B. F. Skinner)
Verhaltensformung *f*, Reaktionsdifferenzierung *f* Antwortdifferenzierung *f* (*Verhaltensforschung*)
share (proportion, rate)
Anteil *m* (*Mathematik/Statistik*)
sharecropping (share-cropping)
Pacht *f*, landwirtschaftliche Pacht *f*, bei der ein Teil der Pacht aus der Ernte entgolten wird (*Landwirtschaft*)
Sheldon's body types *pl* (William H. Sheldon)
Sheldons Körperbautypen *m/pl* (*Psychologie*)
Shepard diagram
Shepard-Diagramm *n* (*multidimensionale Skalierung*)
Sheppard's correction
Sheppardsche Korrektur *f*, Sheppard-Korrektur *f* (*Statistik*)
shibboleth
Schibboleth *n*, Erkennungszeichen *n*, Erkennungswort *n*, Losungswort *n* (*Ethnologie*)
shift of demand (demand shift, change of demand)
Nachfrageverschiebung *f*, Bedarfsverschiebung *f* (*Volkswirtschaftslehre*)
shift parameter
Verschiebungsparameter *m* (*Statistik*)
shifting cultivation (shifting-field cultivation, shifting-field agriculture, shifting agriculture, swidden cultivation, swidden agriculture, swidden farming, bush fallowing)
Fruchtwechselwirtschaft *f* (*Landwirtschaft*)
shock model
Modell *n* mit Zufallsstörungen (*Ökonometrie*)
shop (company, plant)
Betrieb *m* (*Industriesoziologie*)

shop production (factory system)
Fabriksystem *n*, Fabrikproduktion *f*
(Volkswirtschaftslehre)
short-term fluctuation
kurzfristige Schwankung *f*, kurzfristige
Fluktuation *f (Statistik)*
short-term memory
Kurzzeitgedächtnis *n (Psychologie)*
vgl. long-term memory
short-term storage
Kurzzeitspeicher *m (Psychologie)*
vgl. long-term storage
shrine
Schrein *m*, Heiligengrab *n*,
Heiligengrabmal *n*, Heiligenschrein *m*,
Reliquienschrein *m (Ethnologie)*
sib
einlinige Abstammungsgruppe *f*, Sippe *f*
(Kulturanthropologie)
sib-mate (clan mate)
Sippenmitglied *n*, Sippenangehöriger *m*,
Angehöriger *m* derselben Sippe
(Kulturanthropologie)
sibling
Geschwister *n (Kulturanthropologie)*
sibling etiquette
Geschwister-Verhaltensregeln *f/pl*,
Verhaltensregeln *f/pl* für das Verhalten
der Geschwister zueinander *(Ethnologie)*
sibling group (sibship)
Geschwistergruppe *f (Ethnologie)*
sibling marriage
Geschwisterehe *f*, Geschwisterheirat *f*
(Ethnologie)
sibling rank
Geschwisterrang *m*, Rang *m* in der
Geschwisterfolge *(Ethnologie)*
sibling rivalry
Geschwisterrivalität *f (Kulturanthropologie)*
sibling sex ratio
Geschlechtsverteilung *f* bei
Geschwistern, zahlenmäßiges Verhältnis
n der Geschlechter bei Geschwistern
(Kulturanthropologie) (Demographie)
sibling solidarity
Geschwistersolidarität *f (Kulturanthropologie)*
siblinghood
Geschwisternschaft *f (Kulturanthropologie)*
Sidman avoidance (free operant avoidance, nondiscriminated avoidance, non-discriminated avoidance, continuous avoidance, continuous reinforcement) (CRF)
Sidman-Vermeidung *f*, kontinuierliche
Vermeidung *f (Verhaltensforschung)*
sigma (σ, Σ)
Sigma *n (Mathematik/Statistik)*

sigmoid curve (sigmoidal curve)
Sigmoid-Kurve *f (Statistik)*
sign (sign stimulus, *pl* stimuli)
Zeichen *n (Kommunikationsforschung)*
(Semiotik)
sign-gestalt (Edward C. Tolman)
Zeichengestalt *f (Theorie des Lernens)*
sign language
Zeichensprache *f (Soziolinguistik)*
sign learning (O.H. Mowrer)
Zeichenlernen *n (Theorie des Lernens)*
sign test
Vorzeichentest *m*, Zeichentest *m*
(statistische Hypothesenprüfung)
sign vehicle
Zeichenträger *m*, Informationsträger *m*
(Informationstheorie) (Kommunikationsforschung) (Semiotik)
signal (natural sign)
Signal *n (Informationstheorie)*
(Verhaltensforschung)
signal detection (signal detectability)
Signalentdeckung *f*, Signaldemodulation *f (psychophics)*
signal probability
Signalwahrscheinlichkeit *f*
(Psychophysik)
signal reaction
Signalreaktion *f (Psychophysik)*
signal-to-noise ratio (S/N ratio) (noise-signal ratio)
Rauschabstand *m*, Verhältnis *n* von
Signal zu Rauschen *(Informationstheorie)*
(Kommunikationsforschung)
signaling behavior (*brit* signaling behaviour)
Signalverhalten *n (Verhaltensforschung)*
signaling system (signal system) (Ivan P. Pavlov)
Signalsystem *n (Verhaltensforschung)*
signed rank test (Wilcoxon matched pairs signed ranks test)
Rangzeichentest *m (statistische Hypothesenprüfung)*
significance (statistical significance)
Signifikanz *f (statistische Hypothesenprüfung)*
significance level (level of significance, p value, p level, alpha level)
Signifikanzniveau *n*, Signifikanzgrad *m*,
Irrtumswahrscheinlichkeit *f*,
Wahrscheinlichkeitsgrad *m*,
Sicherheitsgrad *m*, Sicherheitsbereich *m*
(statistische Hypothesenprüfung)
significance probability
Signifikanzwahrscheinlichkeit *f*
(statistische Hypothesenprüfung)
significance test (test of significance)
Signifikanztest *m (statistische Hypothesenprüfung)*

significant
signifikant *adj (statistische Hypothesenprüfung)*
significant difference
signifikanter Unterschied *m*, signifikante Differenz *f (statistische Hypothesenprüfung)*
significant others *pl* **(relevant others** *pl***) (Harry S. Sullivan) (George H. Mead)**
signifikante Andere *m/pl (Soziologie)*
significant structure
signifikante Struktur *f (Soziologie)*
significant symbol (George H. Mead)
signifikantes Symbol *n (Soziologie)*
signification
Signifikation *f (Semiotik)*
signifies *pl als sg konstruiert* **(sematology, semasiology, semantics** *pl als sg konstruiert***)**
Semantik *f*, Wortbedeutungslehre *f (Soziolinguistik)*
silent majority
schweigende Mehrheit *f (empirische Sozialforschung)*
silent system (Auburn system)
Auburn-System *n (Kriminologie)*
silent trade (silent barter)
Depothandel *m*, stiller Handel *m (Volkswirtschaftslehre)*
silhouette chart
Konturenzeichnung *f*, Konturendarstellung *f (graphische Darstellung)*
silk-stocking district (gold coast)
Villenviertel *n*, vornehmes Wohnviertel *n*, Wohngegend *f* der oberen Zehntausend, Wohnviertel *n* der Reichen, "Goldküste" *f (Sozialökologie)*
similar regions *pl*
ähnliche Bereiche *m/pl*, stochastisch ähnliche Bereiche *m/pl (Stochastik)*
similarity coefficient (coefficient of similarity)
Ähnlichkeitskoeffizient *m*, Koeffizient *m* der Ähnlichkeit *(Statistik/Clusteranalyse)*
similarity matrix (*pl* **matrixes** *or* **matrices, matrix of similarities)**
Ähnlichkeitsmatrix *f (Statistik)*
similarity scaling
Ähnlichkeitsskalierung *f (Skalierung)*
simple abnormal curve
einfache anormale Kurve *f (Statistik)*
simple anomie (Sebastian DeGrazia)
einfache Anomie *f*
simple average (mean)
Mittelwert *m*, Mittel *n (Statistik)*

simple bar chart (simple column chart)
einfaches Stabdiagramm *n*, einfaches Stäbchendiagramm *n*, einfaches Säulendiagramm *n*, einfaches Balkendiagramm *n (Statistik) (graphische Darstellung)*
simple classification (one-way classification)
einfache Klassifizierung *f*, einfache Klassifikation *f*
simple cluster sampling
einfache Klumpenauswahl *f (Statistik)*
simple correlation
Einfachkorrelation *f*, einfache Korrelation *f (Statistik)*
simple dictatorship
einfache Diktatur *f* (Franz L. Neumann) *(politische Wissenschaften)*
simple family (nuclear family, biological family, natural family, elementary family, immediate family, limited family)
Kernfamilie *f (Familiensoziologie)*
simple hypothesis (*pl* **hypotheses)**
einfache Hypothese *f (statistische Hypothesenprüfung)*
simple index number
einfacher Index *m*, einfache Indexzahl *f (Statistik)*
simple lattice design (simple lattice plan)
einfache Gitteranlage *f*, einfacher Gitterplan *m (statistische Hypothesenprüfung)*
simple majority (plurality)
einfache Mehrheit *f*, einfache Stimmenmehrheit *f (politische Wissenschaft)*
simple majority system
einfaches Mehrheitswahlsystem *n*, einfaches Mehrheitssystem *n (politische Wissenschaft)*
simple nuclear family (independent nuclear family) (George P. Murdock)
unabhängige Kernfamilie *f (Kulturanthropologie)*
vgl. dependent nuclear family
simple probability sampling
einfache Wahrscheinlichkeitsauswahl *f (Statistik)*
simple random sample (srs) (equal probability of selection method sampling) (epsem)
einfache Zufallsauswahl *f*, einfache Zufallsstichprobe *f (Statistik)*
simple random sampling (srs) (equal probability of selection method sampling) (epsem)
einfaches Zufallsauswahlverfahren *n*, einfache Zufallsauswahl *f*, einfaches Zufallsstichprobenverfahren *n*, einfache Zufallsstichprobenbildung *f (Statistik)*

simple regression
 Einfachregression f, einfache Regression f (Statistik)
simple sample (probability sample, precision sample)
 einfache Auswahl f, einfache Stichprobe f, Wahrscheinlichkeitsstichprobe f, Wahrscheinlichkeitsauswahl f (Statistik)
simple sampling (probability sampling, precision sampling)
 einfaches Auswahlverfahren n, einfache Auswahl f, einfaches Stichprobenverfahren n, einfache Stichprobenbildung f, Wahrscheinlichkeitsauswahl f, Wahrscheinlichkeitsauswahlverfahren n, reines Wahrscheinlichkeitsstichprobenverfahren n (Statistik)
simple structure
 Einfachstruktur f (Faktorenanalyse)
simple summation method (centroid method)
 Zentroidmethode f, Zentroidverfahren n, Centroidmethode f, Centroidverfahren n, Schwerpunktmethode f, Schwerpunktverfahren n (Faktorenanalyse)
simple table (univariate table)
 einfache Tabelle f, einfachgegliederte Tabelle f (Statistik)
simplex analysis (pl analyses, simplex method) (Louis Guttman)
 Simplexanalyse f (Faktorenanalyse)
simplexity
 Simplexität f (Soziologie) (Statistik)
 vgl. multiplexity
Simpson distribution
 Simpson-Verteilung f, Dreiecksverteilung f (Statistik)
simulacre
 spielmäßige Darstellung f (Soziologie)
simulated population (model population)
 simulierte Grundgesamtheit f (Statistik)
simulated training
 simulierte Berufsausbildung f, simulierte Ausbildung f, Ausbildung f mit Hilfe von Simulatoren (Psychologie)
simulation
 Simulation f, Simulieren n
simulation analysis
 Simulationsanalyse f (Hypothesenprüfung)
simulation experiment
 Simulationsexperiment n (Hypothesenprüfung)
simulation model
 Simulationsmodell n (Hypothesenprüfung)
simulation of international relations (political gaming)
 Simulation f internationaler Beziehungen (politische Wissenschaften)

simulation study
 Simulationsstudie f, Simulationsuntersuchung f (statistische Hypothesenprüfung)
simulator
 Simulator m, Analogie f, Modell n (statistische Hypothesenprüfung)
Simulmatics (Simulmatics election simulation) (Ithiel de Sola Pool)
 Simulmatics m (politische Wissenschaften)
simultaneous conditioning
 Simultankonditionierung f, simultane Konditionierung f (Verhaltensforschung)
simultaneous equations model (simultaneous equation model)
 Modell n mit simulierten Gleichungen (Statistik)
simultaneous estimation
 simultane Schätzung f (Statistik)
simultaneous survey
 Simultanbefragung f, Simultanumfrage f (empirische Sozialforschung)
single-blind experiment (single-blind test)
 Einfachblindexperiment n, Einfachblindversuch m (statistische Hypothesenprüfung)
single category (discrete category)
 Einzelkategorie f, diskrete Kategorie f, unstetige Kategorie f (Theoriebildung)
single category system (discrete category system)
 Einzelkategoriensystem n, System n von Einzelkategorien, unstetiges Kategoriensystem n (Theoriebildung)
single dot map
 Einzelpunktkarte f (graphische Darstellung)
single-factor experiment
 Ein-Faktor-Experiment n (statistische Hypothesenprüfung)
single-factor hypothesis (pl hypotheses)
 Ein-Faktor-Hypothese f (statistische Hypothesenprüfung)
single-factor theory
 Ein-Faktor-Theorie f (statistische Hypothesenprüfung)
single-humped curve (unimodal curve)
 eingipflige Kurve f, unimodale Kurve f (Statistik)
 vgl. multimodal curve
single-humped distribution (unimodal distribution)
 eingipflige Verteilung f, unimodale Verteilung f (Statistik)
 vgl. multimodal distribution

single-humped distribution function (unimodal distribution function)
eingipflige Verteilungsfunktion f, unimodale Verteilungsfunktion f *(Statistik)*
vgl. multimodal distribution function

single-humped frequency distribution (unimodal frequency distribution)
eingipflige Häufigkeitsverteilung f, unimodale Häufigkeitsverteilung f *(Statistik)*
vgl. multimodal frequency distribution

single-interest group (single-purpose movement)
Bürgerbewegung f, Bürgerinitiative f *(politische Wissenschaften)*

single linkage (nearest-neighbor linkage, nearest-neigbor analysis)
Single-Linkage-Verfahren n, Minimum-Distanz-Regel f, Minimum-Distanz f *(Statistik)*

single-member constituency (single-member district)
Direktwahlkreis m, Wahlkreis m für einen Abgeordneten, Wahlkreis m, in dem ein Abgeordneter gewählt wird *(politische Wissenschaft)*

single parent family
Alleinerzieherfamilie f, Familie f mit einem Elternteil *(Familiensoziologie)*

single-server queuing model (one-server queuing model)
Warteschlangenmodell n für einen Bediener, aus einer einzigen Quelle *(Warteschlangentheorie)*

single-shot survey (one-shot survey, single-wave survey, one-shot survey)
einmalige Befragung f, Einmalbefragung f, Querschnittsbefragung f *(empirische Sozialforschung)*
vgl. omnibus survey

single-source data *pl*
Daten *n/pl* aus einer einzigen Quelle, Beobachtungsmaterial n aus einer einzigen Quelle *(empirische Sozialforschung)*

single-tail test (one-tailed test, one-tail test, one-sided test, directional test, one-directional test)
einseitiger Test m, Ein-Segment-Test m, Test m mit einem Segment, Test m mit nur einem Segment *(statistische Hypothesenprüfung)*
vgl. two-tailed test

single-wave survey
→ single-shot survey

singular
singulär *adj (Mathematik/Statistik)*

singular distribution (singular frequency distribution)
singuläre Verteilung f, singuläre Häufigkeitsverteilung f *(Statistik)*

singular game
Einpersonenspiel n *(Spieltheorie)*

singularism (sociological singularism)
Singularismus m, soziologischer Singularismus m *(Soziologie)*

sinusoid
Sinuskurve f, Sinuslinie f *(Mathematik/Statistik)*

sinusoidal limit theorem
Sinus-Grenzwertsatz m *(Statistik)*

sit-in
Sitzstreik m, Sit-in n *(Soziologie)*

sit-in movement
Sitzstreikbewegung f, Sit-in-Bewegung f *(Soziologie)*

situation
Situation f, Lage f, Stellung f *(Soziologie)*

situational analysis (*pl* analyses, situational approach)
Situationsanalyse f *(Soziologie)*

situational behavior (*brit* behaviour)
situationales Verhalten n *(Soziologie)*

situational criminal (situational delinquent, situational criminal, accidental criminal, accidental delinquent)
Gelegenheits-Straftäter m, Gelegenheitsverbrecher m, Gelegenheitskrimineller m, situationsgebundener Straftäter m *(Kriminologie)*

situational dilemma
Situationsdilemma n *(Soziologie)*

situational sample
Situationsauswahl f, Situationsstichprobe f *(Statistik)*

situational sampling
Situationsauswahlverfahren n, Situationsauswahl f, Situationsstichprobenverfahren n, Situationsstichprobenbildung f, Situationsstichprobenentnahme f *(Statistik)*

situational self (*pl* situational selves) (William I. James)
situationales Selbst n *(Soziologie)*

situational socialization
situationale Sozialisation f *(Soziologie)*

situational test
Situationstest m *(Verhaltensforschung)*

situationalism (situationism)
Situationalismus m *(Psychologie) (Soziologie)*

situs (Émile Benoît-Smullyan; Paul K. Hatt)
Situs m *(empirische Sozialforschung)*

six-point assay
Sechs-Punkt-Anordnung *f (statistische Hypothesenprüfung)*
16 Personality Factor questionnaire (16 Personality Factor Scale, 16 P. F. Scale) (Raymond B. Cattell)
16-P. F. Fragebogen *m*, Fragebogen *m* für 16 Persönlichkeitsfaktoren *(Psychologie)*
sixteenfold table
Sechzehnfeldertafel *f (Statistik)*
size
Umfang *m*, Größe *f*, Ausdehnungsmaß *n (Mathematik/Statistik)*
size class
Größenklasse *f (Statistik)*
size measure (measure of size)
Umfangsmaß *n*, Ausdehnungsmaß *n*, Größenmaß *n (Mathematik/Statistik)*
size of a region
Größe *f* eines Bereichs *(Statistik)*
size of a test
Ausdehnungsmaß *n* eines Tests, Umfang *m* eines Tests *(statistische Hypothesenprüfung)*
size of completed family
Gesamtgröße *f* einer Familie, Gesamtumfang *m* einer Familie *(Familiensoziologie) (Kulturanthropologie)*
skew correlation
schiefe Korrelation *f (Statistik)*
skew curve (skewed curve, asymmetrical curve)
schiefe Kurve *f (Statistik)*
skew distribution (skewed distribution, asymmetrical distribution)
schiefe Verteilung *f (Statistik)*
skew frequency curve (skewed frequency curve, skew frequency distribution curve, skewed frequency distribution curve, asymmetrical frequency curve)
schiefe Häufigkeitskurve *f (Statistik)*
skew frequency distribution (skewed frequency distribution, asymmetrical frequency distribution)
schiefe Häufigkeitsverteilung *f (Statistik)*
skew regression (skewed regression)
schiefe Regression *f (Statistik)*
skewed to the left
linksschief, linkssteil *adj (Statistik)*
skewed to the right
rechtsschief, rechtssteil *adj (Statistik)*
skewness (skew, asymmetry)
Schiefe *f*, Asymmetrie *f (Statistik)*
skid row *colloq* **(blighted area, hobohemia)**
Slum- und Kneipenviertel *n*, billiges Vergnügungsviertel *n*, verfallenes Wohngebiet *n*, heruntergekommenes Wohngebiet *n (Sozialökologie)*

skidding (social downward mobility, downward mobility, social deterioration)
sozialer Abstieg *m*, soziale Abstiegsmobilität *f (soziale Schichtung)*
skill *(often pl* **skills)**
Geschick *n*, Geschicklichkeit *f*, Fertigkeit *f*, berufliche Qualifikation *f*, Fähigkeit *f*, Können *n*, Geschick *n*, Fachkenntnis *f*, Sachkenntnis *f (Psychologie)*
skilled labor (brit labour)
Facharbeiterschaft *f*, Handwerkerschaft *f*, die Facharbeiter *m/pl (Arbeitssoziologie) (Demographie) (empirische Sozialforschung)*
skilled manual worker (skilled worker, workman, *pl* **workmen)**
Facharbeiter *m*, Handwerker *m*, ausgebildeter Facharbeiter *m*, gelernter Arbeiter *m (Arbeitssoziologie) (Demographie) (empirische Sozialforschung)*
skilled worker
Facharbeiter *m*, Handwerker *m (Arbeitssoziologie) (Demographie) (empirische Sozialforschung)*
skin sense
Tastsinn *m (Verhaltensforschung)*
slavery
Sklaverei *f*, Sklavenhaltung *f (Soziologie) (Kulturanthropologie)*
sleeper effect (Carl I. Hovland)
Zeitzündereffekt *m*, Spätzündereffekt *m* Zeitbombeneffekt *m*, Sleepereffekt *m*, Wirkungsverzögerung *f (Kommunikationsforschung)*
sleeper question
irreführende Frage *f*, bewußt irreführende Frage *f (Umfrageforschung)*
slide rule
Rechenschieber *m (Mathematik/Statistik)*
slip of the pen
Verschreiber *m*, Fehlleistung *f* beim Schreiben *(Psychoanalyse)*
slip of the tongue
Versprecher *m*, Fehlleistung *f* beim Sprechen *(Psychoanalyse)*
slippage test
Verschiebungstest *m (Statistik)*
slogan
Slogan *m*, Schlagwort *n*
slope
Gefälle *n*, Neigung *f* (einer Kurve) *(graphische Darstellung) (Statistik)*
slowdown (slowdown strike, ca'canny, ca-canny)
Dienst *m* nach Vorschrift, Arbeitsverlangsamung *f* als Form des Streiks *(Industriesoziologie)*

slum
Slum *m*, Elendsviertel *n*, Armenviertel *n* *(Sozialökologie)*
slum clearance
Slumsanierung *f*, Elendsviertelsanierung *f* *(Sozialökologie)*
Slutzky process (moving average process)
Slutzky-Prozeß *m* *(Statistik)*
Slutzky's theorem
Slutzky-Theorem *n*, Slutzkyscher Wellensatz *m* *(Statistik)*
Slutzky-Yule effect
Slutzky-Yule-Welleneffekt *m* *(Statistik)*
small group
Kleingruppe *f*, kleine Gruppe *f* *(Gruppensoziologie)*
small group sociology (sociology of small groups)
Kleingruppensoziologie *f*, Soziologie *f* kleiner Gruppen
small-range theory (microtheory, microtheory)
Mikrotheorie *f*, Kleintheorie *f* *(Theorie des Wissens)*
vgl. macrotheory
small-sample theory (theory of small samples)
Theorie *f* der kleinen Stichproben *(Statistik)*
small village (hamlet, settlement, vill)
kleines Dorf *n*, Flecken *m* *(Sozialökologie)*
smallest space analysis (*pl* analyses) (Louis Guttman/James C. Lingoes/Roger N. Shepard) (nonmetric distance scaling, ordinal rescaling analysis)
Smallest-Space-Analyse *f* *(Skalierung)*
smallholding
Kleinlandbesitz *m* *(Landwirtschaft) (Soziologie)*
smooth test
Anpassungstest *m*, Neymanscher Anpassungstest *m* *(statistische Hypothesenprüfung)*
smoothed curve
geglättete Kurve *f* *(Statistik)*
smoothing
Glättung *f*, Glätten *n* *(Statistik)*
smoothing power
Glättungsfähigkeit *f* *(Statistik)*
S/N ratio (signal-to-noise ratio, noise-signal ratio)
Rauschabstand *m*, Verhältnis *n* von Signal zu Rauschen *(Informationstheorie) (Kommunikationsforschung)*
Snedecor's check
Snedecor-Annäherung *f*, Snedecors Prüfung *f* *(Statistik)*

snowball sampling (self-generating sample)
Schneeballauswahlverfahren *n*, Schneeballauswahl *f*, Schneeballstichprobenverfahren *n*, Schneeballstichprobenbildung *f*, Schneeballstichprobenentnahme *f* *(Statistik)*
sociability (gregariousness, sociality)
Soziabilität *f*, Umgänglichkeit *f*, Geselligkeit *f* *(Soziologie) (Sozialpsychologie)*
sociabilization
Soziabilisierung *f* *(Soziologie) (Sozialpsychologie)*
social
gesellschaftlich, Gesellschafts-, sozial, Sozial- *adj*
social abnormality
soziale Anomalität *f* *(Soziologie) (Sozialpsychologie)*
social accounting
Sozialberichterstattung *f* *(empirische Sozialforschung)*
social act
gesellschaftlicher Akt *m*, sozialer Akt *m*, Sozialakt *m*, soziales Handlungselement *n*, soziale Handlung *f* *(Soziologie)*
social action
gesellschaftliches Handeln *n*, soziales Handeln *n*, Sozialhandeln *n*, gesellschaftliche Handlung *f*, soziale Handlung *f*, Sozialhandlung *f* *(Soziologie) (strukturell-funktionale Theorie)*
social action analysis (*pl* analyses)
gesellschaftliche Handlungsanalyse *f*, Analyse *f* gesellschaftlichen Handelns *(strukturell-funktionale Theorie)*
social action theory (theory of social action)
Theorie *f* des gesellschaftlichen Handelns, Theorie *f* des sozialen Handelns *(Soziologie)*
social adaptation (social adaption)
soziale Anpassung *f*, soziale Adaptation *f*, gesellschaftliche Anpassung *f* *(Soziologie)*
social adjustment
gesellschaftliche Angleichung *f*, soziale Angleichung *f* *(Soziologie)*
social administration
Sozialverwaltung *f*, Verwaltung *f* der Sozialfürsorge *(Sozialarbeit)*
social age
soziales Alter *n* *(Entwicklungspsychologie)*

social aggregate (Vilfredo Pareto/Talcott Parsons)
gesellschaftliches Aggregat *n*,
Sozialaggregat *n*, soziales Aggregat *n*
(Soziologie)

social aging (social ageing, aging, ageing)
1. Altern *n*, Älterwerden *n*
2. Überalterung *f (Soziologie)*
(Demographie) (Sozialpsychologie)

social alienation (social estrangement)
gesellschaftliche Entfremdung *f*,
soziale Entfremdung *f (Soziologie)*
(Sozialpsychologie)

social anabolism
sozialer Anabolismus *m (Kulturanthropologie)*

social analysis (*pl* analyses, societal analysis)
Gesellschaftsanalyse *f*, Analyse *f* der Gesellschaft *(Soziologie)*

social anthropology
Sozialanthropologie *f*, gesellschaftliche Anthropologie *f*

social anthropometry
Sozialanthropometrie *f*

social apriority (sociological apriority)
soziale Apriorität *f* (Georg Simmel)
(Soziologie)

social area
gesellschaftliches Gebiet *n*, soziales Gebiet *n (Sozialökologie)*

social area analysis (*pl* analyses) (Eshref Shevsky and Wendell Bell)
Analyse *f* gesellschaftlicher Gebiete, Analyse *f* sozialer Gebiete *(Sozialökologie)*

social ascendancy
gesellschaftlicher Aufstieg *m*, sozialer Aufstieg *m*, soziale Aufwärtsmobilität *f*
(soziale Schichtung) (Soziologie)
(empirische Sozialforschung)
(Mobilitätsforschung)
vgl. social descendancy

social ascent
→ social ascendancy

social assimilation
gesellschaftliche Assimilierung *f*, soziale Assimilierung *f*, gesellschaftliches Assimilation *f*, soziale Assimilation *f*
(Soziologie)

social atom (Jacob L. Moreno)
gesellschaftliches Atom *n*, soziales Atom *n (Soziometrie)*

social atomism
gesellschaftlicher Atomismus *m*,
gesellschaftliche Atomisierung *f*, sozialer Atomismus *m*, soziale Atomisierung *f*
(Soziologie)

social attraction (attraction)
Anziehung *f*, Attraktion *f*, soziale Anziehung *f (Sozialpsychologie)*

social authority
soziale Autorität *f (Sozialpsychologie)*

social aversion
soziale Aversion *f (Sozialpsychologie)*

social bandit (Eric J. Hobsbawm)
sozialer Bandit *m (Soziologie)*

social base map (base map)
Basiskarte *f*, Basislandkarte *f*
(graphische Darstellung)

social behavior (*brit* social behaviour)
Sozialverhalten *n* soziales Betragen *n*
(Soziologie)

social behaviorism (*brit* behaviourism) (George C. Homans)
sozialer Behaviorismus *m*,
Sozialbehaviorismus *m*, gesellschaftlicher Behaviorismus *m (Soziologie)*

social being
geselliges Wesen *n*, Sozialwesen *n*,
gesellschaftliches Wesen *n*, soziales Wesen *n (Soziologie)*

social capillarity
soziale Kapillarität *f (soziale Schichtung)*

social capital
Sozialkapital *n*, Gesellschaftskapital *n*
(Volkswirtschaftslehre)

social category
gesellschaftliche Kategorie *f*,
Sozialkategorie *f*, demographische Gruppe *f (empirische Sozialforschung)*

social causation (social causality)
soziale Verursachung *f*, gesellschaftliche Verursachung *f (Soziologie)*

social cause
gesellschaftliche Ursache *f*, soziale Ursache *f (Soziologie)*

social certitude (George C. Homans)
gesellschaftliche Gewißheit *f* soziale Gewißheit *f (Soziologie)*

social change
gesellschaftlicher Wandel *m*, sozialer Wandel *m (Soziologie)*

social character (social personality, social libidinous structure)
Sozialcharakter *m*, Sozialpersönlichkeit *f*
(Erich Fromm) *(Psychologie)*

social choice (social choice behavior, *brit* behaviour, social decision, collective decision, public choice, public choice behavior, *brit* behaviour, public choices *pl*, social decision-making)
soziales Entscheidungsverhalten *n*,
soziales Wohlverhalten *n*, kollektive Entscheidung *f*, Kollektiventscheidung *f*,
kollektive Abstimmung *f*
(Soziologie) (Entscheidungstheorie)
(Organisationssoziologie)

social circle

social circle (Florian Znaniecki)
Verkehrskreis *m*, gesellschaftlicher Kreis *m*, Sozialkreis *m* *(Soziologie)*

social circulation
gesellschaftlicher Kreislauf *m*, gesellschaftliche Zirkulation *f*, sozialer Kreislauf *m*, soziale Zirkulation *f* *(Soziologie)*

social citizenship (Thomas H. Marshall)
gesellschaftliche Bürgerrechte *n/pl*, soziale Bürgerrechte *n/pl* *(Soziologie)*

social class (class, social stratum, *pl* strata, social grade)
Sozialschicht *f*, soziale Schicht *f* *(soziale Schichtung)*

social class circulation (circulation of social class)
Klassenzirkulation *f* *(Soziologie)*

social class mobility
Klassenmobilität *f*

social cleavage
gesellschaftliche Spaltung *f*, soziale Spaltung *f*, Spaltung *f* der Gesellschaft, soziale Kluft *f* *(Soziologie)*

social clique (friendship clique)
Freundschaftsclique *f*, Freundesclique *f*, Clique *f* von Freunden *(Organisationssoziologie)*

social climate
gesellschaftliches Klima *n*, soziales Klima *n*, Sozialklima *n* *(Soziologie)* *(Sozialpsychologie)*

social climber (upward mobile person, upward mobile)
sozialer Aufsteiger *m*, aufwärtsmobile Person *f*, gesellschaftlicher Aufsteiger *m* *(Mobilitätsforschung)*
vgl. skidder

social clique
soziale Clique *f* *(Soziologie)*

social closure
soziale Geschlossenheit *f*, gesellschaftliche Geschlossenheit *f* (Max Weber) *(Soziologie)*

social code
gesellschaftlicher Kodex *m*, Sozialkodex *m*, gesellschaftlicher Normenkodex *m*, sozialer Kodex *m* *(Soziologie)*

social cognition
soziale Kognition *f*, soziale Erkenntniswahrnehmung *f* *(Sozialpsychologie)*

social cohesion
gesellschaftliche Kohäsion *f*, soziale Kohäsion *f* *(Soziologie)*

social collective (societal collective)
Samtschaft *f* (Ferdinand Tönnies) *(Soziologie)*

social communication
soziale Kommunikation *f* *(Soziologie)* *(Kommunikationsforschung)*

social competence (social competency)
soziale Kompetenz *f* *(Soziologie)*

social competition
soziale Konkurrenz *f*, gesellschaftliche Konkurrenz *f* *(Soziologie)*

social composition
gesellschaftliche Zusammensetzung *f*, soziale Zusammensetzung *f*, demographische Struktur *f*, gesellschaftliche Struktur *f*, Sozialstruktur *f* *(Soziologie)*

social conduct
soziales Betragen *n* *(Soziologie)*

social conflict
sozialer Konflikt *m*, gesellschaftlicher Konflikt *m* *(Soziologie)*

social consensus
gesellschaftlicher Konsens *m*, sozialer Konsens *m*, Sozialkonsens *m* *(Soziologie)*

social constitution
Sozialverfassung *f* *(Soziologie)*

social constraint (Emile Durkheim)
soziale Einschränkung *f*, soziale Beschränkung *f*, soziales Hemmnis *n* *(Soziologie)*

social construction of meaning
soziale Konstruktion *f* von Bedeutung *(Philosophie)* *(Soziolinguistik)* *(Kommunikationsforschung)* *(Soziologie)*

social construction of reality (Peter Berger/Thomas Luckmann)
soziale Konstruktion *f* der Wirklichkeit *(Soziologie)*

social contact
gesellschaftlicher Kontakt *m*, sozialer Kontakt *m*, Sozialkontakt *m* *(Soziologie)*

social contagion (group contagion, social epidemic, group epidemic, collective excitement)
gesellschaftliche Ansteckung *f* *(Sozialpsychologie)*

social continuation
soziale Fortsetzung *f* *(Soziologie)*

social continuity
gesellschaftliche Kontinuität *f*, soziale Kontinuität *f* *(Soziologie)*

social contract (Jean-Jacques Rousseau)
Sozialvertrag *m*, Gesellschaftsvertrag *m* *(Sozialphilosophie)*

social contradiction
gesellschaftlicher Widerspruch *m*, sozialer Widerspruch *m* *(Soziologie)*

social control (Edward A. Ross) (societal control)
soziale Kontrolle *f*, Herrschaft *f* *(Soziologie)*
social convection
soziale Fortpflanzung *f* *(Soziologie)*
social convention (convention)
Konvention *f*, gesellschaftliche Konvention *f* *(Soziologie)*
social corporation
gesellschaftliche Körperschaft *f*, gesellschaftliche Körperschaft *f* (Ferdinand Tönnies) *(Soziologie)*
social cost
gesellschaftliche Kosten *pl*, soziale Kosten *pl*, Sozialkosten *pl* *(Soziologie)*
social crisis (*pl* crises)
gesellschaftliche Krise *f*, soziale Krise *f* *(Soziologie)*
social criticism
Sozialkritik *f*
social culture lag
soziales Kulturgefälle *n* *(Soziologie)*
social current (Emile Durkheim)
soziale Strömung *f* *(Soziologie)*
social Darwinism
Sozialdarwinismus *m* *(Soziologie)*
social decrement (social loafing, social subvalent) (Floyd H. Allport)
gesellschaftliche De-Aktivierung *f*, gesellschaftliches Nachlassen *n* der Arbeitsleistung, soziales Nachlassen *n* der Arbeitsleistung *(Industriepsychologie)* *(Soziologie)*
social democracy
gesellschaftliche Demokratie *f*, soziale Demokratie *f* *(Soziologie) (politische Wissenschaft)*
Social Democracy
Sozialdemokratie *f* *(politische Wissenschaft)*
social demography (sociodemography, demography)
Soziodemographie *f* *(empirische Sozialforschung)*
social demoralization
gesellschaftliche Demoralisierung *f*, soziale Demoralisierung *f* *(Soziologie)*
social density (Emile Durkheim)
soziale Dichte *f* *(Soziologie)*
social desintegration
gesellschaftliche Desintegration *f*, soziale Desintegration *f*, Desintegration *f* der Gesellschaft *(Soziologie)*
social desirability
gesellschaftliche Erwünschtheit *f*, soziale Erwünschtheit *f*, gesellschaftliche Desirabilität *f*, soziale Desirabilität *f* *(Psychologie/empirische Sozialforschung)*

social desirability bias (social desirability response set, social acqiescence)
Fehler *m* der gesellschaftlichen Erwünschtheit, Fehler *m* der gesellschaftlichen Desirabilität, Fehler *m* der sozialen Erwünschtheit, Fehler *m* der sozialen Desirabilität *(Psychologie/empirische Sozialforschung)*
social deterioration (social downward mobility, downward mobility, skidding)
gesellschaftlicher Abstieg *m*, sozialer Abstieg *m*, soziale Abstiegsmobilität *f*, Verschlechterung *f* der Sozialstellung *(Soziologie)*
social determinism
gesellschaftlicher Determinismus *m*, sozialer Determinismus *m*, Sozialdeterminismus *m* *(Soziologie)*
social deterrence
soziale Abschreckung *f* *(Soziologie)* *(Kriminologie)*
social deviance (deviance, deviant behavior, *brit* behaviour, deviancy, aberrant behavior, social deviancy)
sozial abweichendes Verhalten *n*, abweichendes Verhalten *n*, Abweichung *f*, Devianz *f* *(Kriminalsoziologie)*
social diagnosis
soziale Diagnose *f* *(Soziologie)* *(Sozialpsychologie)*
social differentiation
gesellschaftliche Differenzierung *f*, soziale Differenzierung *f* *(Soziologie)*
social discrimination
gesellschaftliche Diskriminierung *f*, soziale Diskriminierung *f* *(Sozialpsychologie)*
social disorganization (*brit* social disorganisation)
gesellschaftliche Desorganisation *f*, soziale Desorganisation *f*, Desorganisation *f* der Gesellschaft *(Soziologie)*
social disparity
soziale Disparität *f*, gesellschaftliche Disparität *f* *(Soziologie)*
social dissociation
gesellschaftliche Dissoziation *f*, sozialer Zerfall *m*, Auflösung *f* einer Gesellschaft, Auflösung *f* der gesellschaftlichen Bande, Zerfall *m* der gesellschaftlichen Strukturen, gesellschaftlicher Zerfall *m* *(Soziologie)*
social distance
gesellschaftliche Distanz *f*, soziale Distanz *f* (Georg Simmel) *(Soziologie)*
social distance mobility (Natalie Rogoff)
gesellschaftliche Distanzmobilität *f* *(Industriesoziologie)*

social distance scale (Bogardus scale of social distance, social distance scale, Bogardus social distance scale, Bogardus-type scale) (Emory S. Bogardus)
soziale Distanzskala *f*, Bogardus-Skala *f*, gesellschaftliche Distanzskala *f* *(empirische Sozialforschung)*

social downward mobility (downward mobility, social deterioration, skidding)
sozialer Abstieg *m*, soziale Abstiegsmobilität *f* *(soziale Schichtung)*

social drive (sociality)
Geselligkeitstrieb *m*, Gesellungstrieb *m* *(Psychologie)*

social dynamics *pl als sg konstruiert* **(Auguste Comte)**
gesellschaftliche Dynamik *f*, soziale Dynamik *f (Soziologie)*
vgl. social statics

social dysnomia (dysnomia) (Alfred R. Radcliffe-Brown)
Dysnomie *f*, soziale Dysnomie *f*, gesellschaftliche Desintegration *f (Soziologie)*

social dysphoria (dysphoria) (Alfred R. Radcliffe-Brown)
Dysphorie *f*, soziale Dysphorie *f (Soziologie)*

social ecology (sociological ecology, human ecology)
Sozialökologie *f*, Humanökologie *f*

social education
Sozialerziehung *f*, soziale Erziehung *f*, Gesellschaftserziehung *f*, gesellschaftliche Erziehung *f*, Erziehung *f* zu Sozialverhalten *(Soziologie) (Sozialpsychologie)*

social emotional reaction(s) *(pl)*, **social emotional reactions scale) (Robert F. Bales)**
sozial-emotionale Reaktion(en) *f (pl)*, sozial-emotionale Reaktionsskala *f (Interaktionsforschung)*

social energy
soziale Energie *f (Soziologie)*

social engineering
Sozialengineering *n*, soziales Engineering *n*, Gesellschaftsengineering *n*, Sozialtechnologie *f*, Sozialtechnik *f (Sozialarbeit)*

social entity
gesellschaftliche Wesenheit *f* (Ferdinand Tönnies) *(Soziologie)*

social entropy
gesellschaftliche Entropie *f*, soziale Entropie *f*

social transmission
soziale Übertragung *f (Soziologie)*

social environment
gesellschaftliche Umwelt *f*, soziale Umwelt *f*, gesellschaftliche Umgebung *f*, soziale Umgebung *f*, soziales Umfeld *n*, gesellschaftliches Umfeld *n (Soziologie) (Sozialökologie)*

social equilibrium *(pl* **equilibria** *or* **equilibriums)**
gesellschaftliches Gleichgewicht *n*, soziales Gleichgewicht *n (Soziologie)*

social evolution
gesellschaftliche Evolution *f*, soziale Evolution *f*, gesellschaftliche Evolution *f (Soziologie)*

social evolutionism
sozialer Evolutionismus *m (Soziologie)*

social exchange (theory of social exchange) (George C. Homans/Peter M. Blau)
sozialer Austausch *m*, Theorie *f* des sozialen Austauschs *(Soziologie)*

social expectation
soziale Erwartung *f*, gesellschaftliche Erwartung *f (Soziologie) (Kommunikationsforschung)*

social expectations theory (theory of social expectations) (Melvin L. DeFleur)
soziale Erwartungstheorie *f*, Theorie *f* sozialer Erwartungen *(Kommunikationsforschung)*

social experiment
soziales Experiment *n*, gesellschaftliches Experiment *n*, Sozialexperiment *n (empirische Sozialforschung)*

social experimentation
soziales Experimentieren *n*, gesellschaftliches Experimentieren *n*, soziale Experimentation *f (empirische Sozialforschung)*

social facilitation (social stimulation, social increment) (Floyd H. Allport)
soziale Bahnung *f*, gesellschaftliche Aktivierung *f*, gesellschaftliche Bahnung *f (Sozialpsychologie)*

social fact (Emile Durkheim)
sozialer Tatbestand *m*, sozialer Fakt *m*, soziologischer Tatbestand *m (Soziologie)*

social factor
sozialer Faktor *m (Soziologie)*

social fermentation (social unrest)
sozialer Aufruhr *m*, soziale Gährung *f (Soziologie)*

social field (social situation)
soziales Feld *n*, gesellschaftliches Feld *n (Feldtheorie)*

social force
gesellschaftliche Kraft *f*, soziale Kraft *f*, gesellschaftliche Energie *f*, soziale Energie *f (Soziologie)*

social form (form of socialization)
soziale Form f, Form f der
Vergesellschaftung (Georg Simmel)
(Soziologie)

social formation (Nicos Poulantzas)
Sozialformation f, soziale Formation f
(Strukturalismus)

social function
gesellschaftliche Funktion f, soziale
Funktion f *(Soziologie)*

social functionary
sozialer Funktionsträger m,
gesellschaftlicher Funktionsträger m
(Soziologie)

social genesis (Lester F. Ward)
soziale Genesis f, soziale Genese f,
Sozialgenese f, Gesellschaftsgenese f
(Soziologie)

social geography (human geography)
Sozialgeographie f *(angewandte
Soziologie)*

social geometry
soziale Geometrie f (Georg Simmel)
(Soziologie)

social gerontology
gesellschaftliche Gerontologie f, sozial-
wissenschaftliche Alternsforschung f,
sozialwissenschaftliche Altersforschung f,
Alterssoziologie f, Sozialgerontologie f
(empirische Sozialforschung)

social gesture
soziale Gebärde f *(Kommunikationsfor-
schung)*

social goal
soziales Ziel n *(Soziologie)*

social gradation
Sozialgefälle n, gesellschaftliches
Gefälle n, gesellschaftliche Abstufung f,
soziale Abstufung f *(Sozialforschung)*

social group work
Sozialarbeit f am Einzelfall

social group work
Sozialarbeit f in Gruppen,
Gruppensozialarbeit f

social group
gesellschaftliche Gruppe f, soziale
Gruppe f, Sozialgruppe f *(Soziologie)*

social growth
gesellschaftliche Reifung f,
gesellschaftliche Entwicklung f, soziale
Reifung f, soziales Wachstum n
(Soziologie)

social guidance
soziale Anleitung f *(Soziologie)*

social heredity (social inheritance)
gesellschaftliche Vererbung f, soziale
Vererbung f *(Kulturanthropologie)*

social heritage (social inheritance)
gesellschaftliches Erbe n, soziales
Erbe n *(Kulturanthropologie)*

social history
Sozialgeschichte f, Gesellschaftsge-
schichte f, gesellschaftliche Geschichte f
(Soziologie)

social hygiene
Sozialhygiene f *(Soziologie)*

social ideal
gesellschaftliches Ideal n, soziales
Ideal n, Sozialideal n *(Soziologie)*
(Philosophie)

social idealism
sozialer Idealismus m *(Philosophie)*

social immobilism
gesellschaftlicher Immobilismus m,
sozialer Immobilismus m,
Sozialimmobilismus m *(Soziologie)*

social immobility
gesellschaftliche Immobilität f, soziale
Immobilität f, Sozialimmobilität f
(Soziologie)

social imperative
gesellschaftlicher Imperativ m, sozialer
Imperativ m, Sozialimperativ m
(strukturell-funktionale Theorie)

social indicator
gesellschaftlicher Indikator m, sozialer
Indikator m, Sozialindikator m
(Soziologie)

social induction
gesellschaftliche Einführung f, soziale
Einführung f, gesellschaftliche
Einsetzung f, soziale Einsetzung f in
ein Amt, einen Status etc. *(Soziologie)*

social inequality
gesellschaftliche Ungleichheit f, soziale
Ungleichheit f *(Soziologie) (Sozialkritik)*

social inertia
gesellschaftliches Beharrungsvermögen n,
soziales Beharrungsvermögen n,
gesellschaftliche Trägheit f, soziale
Trägheit f *(Soziologie)*

social influence
gesellschaftlicher Einfluß m, sozialer
Einfluß m *(Soziologie)*

social infrastructure
gesellschaftliche Infrastruktur f, soziale
Infrastrukturr f, Sozialinfrastruktur f
(Soziologie)

social inhibition
gesellschaftliche Hemmung f, soziale
Hemmung f, Sozialhemmung f
(Sozialpsychologie)

social innovation
gesellschaftliche Innovation *f*,
gesellschaftliche Neuerung *f*, soziale
Innovation *f*, soziale Neuerung *f*,
Sozialinnovation *f* *(Soziologie)*
social instability
gesellschaftliche Instabilität *f*, soziale
Instabilität *f* *(Soziologie)*
social instinct (social drive)
1. Sozialtrieb *m* *(Sozialpsychologie)*
2. Gemeinschaftsgefühl *n* (Alfred Adler)
(Psychologie)
social institution
gesellschaftliche Einrichtung *f*, soziale
Einrichtung *f*, gesellschaftliche
Institution *f*, soziale Institution *f*
(Soziologie)
social integration
soziale Integration *f*, gesellschaftliche
Integration *f*, Sozialintegration *f*
(Soziologie)
social interaction
gesellschaftliche Interaktion *f*, soziale
Interaktion *f*, Sozialinteraktion *f*
(Soziologie)
social isolate (feral child, feral man, wolf child)
Wolfskind *n* *(Soziologie)* *(Psychologie)*
social isolation
gesellschaftliche Isolation *f*, soziale
Isolation *f*, gesellschaftliche Isolierung *f*,
soziale Isolierung *f* *(Sozialpsychologie)*
social justice
soziale Gerechtigkeit *f*, gesellschaftliche
Gerechtigkeit *f* *(Soziologie)*
(Philosophie) *(Sozialkritik)*
social karyokinesis (mitosis) (Lester F. Ward; Paul Lilienfeld; Ludwig Gumplowicz; Gustav Ratzenhofer)
soziale Karyokinese *f*, gesellschaftliche
Karyokinese *f*, gesellschaftliche Mitose *f*
(Soziologie) *(Sozialökologie)*
social katabolism
sozialer Katabolismus *m* *(Sozialökologie)*
social law
soziale Gesetzmäßigkeit *f*,
Sozialgesetzmäßigkeit *f*, soziales
Gesetz *n* *(Theoriebildung)*
social learning
gesellschaftliches Lernen *n*, soziales
Lernen *n* *(Sozialpsychologie)*
social legislation
Sozialgesetzgebung *f*, Sozialgesetze *n/pl*
social level
gesellschaftliches Niveau *n*,
soziales Niveau *n*, Sozialniveau *n*,
gesellschaftliches Milieu *n*, soziale Ebene
f *(Soziologie)*

social life
gesellschaftliches Leben *n*, soziales
Leben *n*, Sozialleben *n* *(Soziologie)*
social loafing (social decrement, social subvaluent)
soziales Faulenzen *n*, gesellschaftliche
De-Aktivierung *f*, gesellschaftliches
Nachlassen *n* der Arbeitsleistung,
soziales Nachlassen *n* der Arbeitsleistung
(Sozialpsychologie)
social maladaptation (social maladaption, social maladjustment)
soziale Fehlanpassung *f*, soziale
Unangepaßtheit *f*, gesellschaftliche
Fehlanpassung *f* *(Sozialpsychologie)*
social marginality
gesellschaftliche Marginalität *f*, soziale
Marginalität *f*, gesellschaftliche
Randstellung *f*, soziale Randstellung *f*
(Soziologie)
social marketing (sociomarketing)
Sozialmarketing *n*, gesellschaftliches
Marketing *n*, Soziomarketing *n*
social mathematics *pl als sg konstruiert*
(Antoine de Condorcet)
soziale Mathematik *f* *(Soziologie)*
social maturity
gesellschaftliche Reife *f*, soziale Reife *f*,
Sozialreife *f* *(Soziologie)*
social measurement
gesellschaftliche Messung *f*, Messung *f*
gesellschaftlicher Phänomene, Messung *f*
sozialer Phänomene *(empirische Sozialforschung)*
social medicine
Sozialmedizin *f*
social metabolism
gesellschaftlicher Metabolismus *m*,
sozialer Metabolismus *m*,
Sozialmetabolismus *m* *(Soziologie)*
social migration
gesellschaftliche Migration *f*, soziale
Migration *f*
social milieu (social environment)
Sozialmilieu *n*, gesellschaftliches
Milieu *n*, soziales Milieu *n* *(Soziologie)*
social-mindedness (social mindedness)
soziales Empfinden *n*, Sozialempfinden *n*, gesellschaftliches Empfinden *n*,
gesellschaftliche Gesinnung *f*
social mobility
gesellschaftliche Mobilität *f*, soziale
Mobilität *f*, Sozialmobilität *f*
(Soziologie)
social mobilization
gesellschaftliche Mobilisierung *f*, soziale
Mobilisierung *f* *(Soziologie)*
social morphology (Emile Durkheim)
gesellschaftliche Morphologie *f*,
Sozialmorphologie *f*

social motive (Ernest R. Hilgard)
gesellschaftliches Motiv *n*
(Sozialpsychologie)

social movement
gesellschaftliche Bewegung *f*, soziale Bewegung *f*, Sozialbewegung *f*
(Soziologie) (Kulturanthropologie)

social mutation
gesellschaftliche Mutation *f*, soziale Mutation *f*, Sozialmutation *f*
(Soziologie)

social norm (societal norm)
gesellschaftliche Norm *f*, in der gesamten Gesellschaft allgemein anerkannte Norm *f*, soziale Norm *f*, Sozialnorm *f* *(Soziologie)*

social necessity
gesellschaftliche Notwendigkeit *f*, soziale Notwendigkeit *f* *(strukturell-funktionale Theorie)*

social need (social motive)
1. soziales Bedürfnis *n*, gesellschaftliches Bedürfnis *n*, soziales Bedürfnis *n*, Sozialbedürfnis *n* *(Sozialpsychologie)*
2. Bedürfnis *n* nach Geselligkeit *(Psychologie) (Soziologie)*

social network
gesellschaftliches Netzwerk *n*, soziales Netzwerk *n*, Sozialnetzwerk *n*
(Soziologie)

social nexus (social bond, social tie)
soziales Band *n*, soziales Bindeglied *n*, gesellschaftlicher Nexus *m*, gesellschaftliche Verknüpfung *f*, gesellschaftliches Bindeglied *n*
(Soziologie)

social nominalism
sozialer Nominalismus *m*
(Theoriebildung)

social nucleus
sozialer Kern *m* *(Soziologie)*

social object (alter)
soziales Objekt *n*, Alter *m*, anderer *m*
(Psychologie) (Kulturanthropologie) (Soziologie) (Theorie des Handelns)
vgl. ego

social obligation
gesellschaftliche Verpflichtung *f*, soziale Verpflichtung *f*, Sozialverpflichtung *f*

social observation
gesellschaftliche Beobachtung *f*
(empirische Sozialforschung)

social opposition
soziale Opposition *f*, gesellschaftliche Opposition *f* *(Soziologie)*

social order (social organization, *brit* **social organisation)**
gesellschaftliche Ordnung *f*, gesellschaftliche Gliederung *f*, Sozialstruktur *f*, Gesellschaftsordnung *f*, Sozialstruktur *f*, Sozialsystem *n*, Sozialordnung *f*, soziale Ordnung *f*
(Soziologie)

social organ
Sozialorgan *n* *(Soziologie)*

social organism
gesellschaftlicher Organismus *m*, sozialer Organismus *m*, Sozialorganismus *m*
(Soziologie)

social organization (brit **social organisation)**
gesellschaftliche Organisation *f*, soziale Organisation *f* *(Soziologie)*

social orientation
soziale Orientierung *f* *(Soziologie)*

social origin
gesellschaftliche Herkunft *f*, soziale Herkunft *f*, sozialer Ursprung *m*
(Soziologie)

social ossification
gesellschaftliche Verknöcherung *f*, soziale Verknöcherung *f*, gesellschaftliche Versteinerung *f*, soziale Versteinerung *f* *(Soziologie)*

social overhead capital (social overhead facilities *pl***, economic infrastructure, economic overhead facilities** *pl***, economic overhead capital)**
wirtschaftliche Infrastruktur *f*
(Sozialökologie)

social parasite
gesellschaftlicher Parasit *m*, sozialer Parasit *m*, sozialer Schmarotzer *m*, Parasit *m* der Gesellschaft
(Sozialökologie)

social parasitism
gesellschaftlicher Parasitismus *m*, sozialer Parasitismus *m*, gesellschaftliches Parasitentum *n*, soziales Parasitentum *n*, soziales Schmarotzertum *n* *(Soziologie)* *(Sozialökologie)*

social parity
gesellschaftliche Parität *f*, soziale Parität *f*, Sozialparität *f*, Gleichheit *f* des Sozialstatus *(Soziologie)*

social participation
gesellschaftliche Partizipation *f*, soziale Partizipation *f*, gesellschaftliche Teilnahme *f*, soziale Teilnahme *f*
(Soziologie)

social participation scale (F. Stuart Chapin)
soziale Teilnahmeskala *f*, soziale Partizipationsskala *f* *(Soziologie)*

social paternity
gesellschaftliche Vaterschaft *f*, soziale Vaterschaft *f* *(Kulturanthropologie)*

social pathology
Sozialpathologie *f (Psychologie)*
social pattern
Sozialmuster *n*, gesellschaftliches Verhaltensmuster *n*, Muster *n* des Sozialverhaltens, soziales Verhaltensmuster *n (Soziologie)*
social perception (social cognition)
gesellschaftliche Wahrnehmung *f*, gesellschaftliche Perzeption *f*, gesellschaftliche Kognition *f*, soziale Wahrnehmung *f*, soziale Kognition *f*, soziale Perzeption *f*
social phenomenon *(pl* **phenomena)**
soziales Phänomen *n*, Sozialphänomen *n (Soziologie) (Sozialpsychologie)*
social philosophy (social thought)
Sozialphilosophie *f*, Gesellschaftsphilosophie *f*, Gesellschaftstheorie *f*
social physics *pl als sg konstruiert* **(Auguste Comte)**
soziale Physik *f*, Sozialphysik *f*
social physiognomics *pl als sg konstruiert*
Sozialphysiognomie *f* (Theodor W. Adorno) *(Soziologie)*
social planning (societal planning)
gesellschaftliche Planung *f*, soziale Planung *f*, Sozialplanung *f*
social pluralism
gesellschaftlicher Pluralismus *m*, sozialer Pluralismus *m (Soziologie)*
social polarity
gesellschaftliche Polarität *f*, soziale Polarität *f (Soziologie)*
social policy
Sozialpolitik *f*
social position (social rank, location in society)
gesellschaftliche Stellung *f*, gesellschaftliche Position *f*, soziale Stellung *f*, soziale Position *f*, Sozialposition *f*, Sozialstellung *f*, gesellschaftlicher Standort *m (Soziologie)*
social potential
soziales Potential *n (Soziologie)*
social poverty
gesellschaftliche Armut *f*, soziale Armut *f (Soziologie)*
social power
gesellschaftliche Macht *f*, soziale Macht *f (Soziologie)*
social prejudice
gesellschaftliches Vorurteil *n*, soziales Vorurteil *n (Sozialpsychologie)*
social pressure
gesellschaftlicher Druck *m*, sozialer Druck *m (Sozialpsychologie)*
social prestige
Sozialprestige *n (Soziologie)*

social privilege (privilege, status privilege)
Privileg *n (Soziologie)*
social problem
soziales Problem *n* gesellschaftliches Problem *n* Gesellschaftsproblem *n*, gesamtgesellschaftliches Problem *n (Soziologie) (Sozialarbeit)*
social process
sozialer Prozeß *m*, Sozialprozeß *m (Soziologie)*
social progress
gesellschaftlicher Fortschritt *m*, sozialer Fortschritt *m (Soziologie) (Sozialpolitik)*
social propagation
soziale Fortpflanzung *f (Soziologie)*
social prophylaxis
soziale Prophylaxe *f*
social protoplasm
soziales Protoplasma *n (Kulturanthropologie)*
social psychology
Sozialpsychologie *f*
social pychiatry
Sozialpsychiatrie *f*
social pyramid
gesellschaftliche Pyramide *f*, soziale Pyramide *f*, Sozialpyramide *f (Soziologie) (empirische Sozialforschung) (Demographie)*
social race
soziale Rasse *f (Kulturanthropologie)*
social rank (rank, social rank position, rank position)
gesellschaftlicher Rang *m*, Sozialrang *m*, sozialer Rang *(m (Soziologie)*
social rank order
gesellschaftliche Rangordnung *f*, soziale Rangordnung *f*, Sozialrangordnung *f (Soziologie)*
social reaction (social response)
gesellschaftliche Reaktion *f*, soziale Reaktion *f*, Sozialreaktion *f*
social reaction approach (Edwin S. Lemert)
gesellschaftlicher Reaktionsansatz *m*, sozialer Reaktionsansatz *m (Kriminologie)*
social realism
sozialer Realismus *m (Theoriebildung)*
social reality
gesellschaftliche Realität *f*, soziale Realität *f*, Sozialrealität *f*, soziale Wirklichkeit *f (Philosophie) (Soziologie)*
social recognition
gesellschaftliche Anerkennung *f*, soziale Anerkennung *f (Soziologie)*
social recreation
soziale Regeneration *f*, soziale Rekreation *f (Soziologie)*

social reform
gesellschaftliche Reform *f*,
soziale Reform *f*, Sozialreform *f*,
Gesellschaftsreform *f*
social regression
sozialer Rückschritt *m* *(Soziologie)*
social reinforcement
gesellschaftliche Verstärkung *f*, soziale
Verstärkung *f* *(Verhaltensforschung)*
social relation (social relationship)
gesellschaftliche Beziehung *f*, dauerhafte
gesellschaftliche Beziehung *f*, soziale
Beziehung *f* *(Soziologie)*
social reorganization (*brit* reorganisation)
soziale Reorganisation *f*, gesellschaftliche
Reorganisation *f*, Sozialreorganisation *f*
(Soziologie)
social repression
gesellschaftliche Repression *f*, soziale
Repression *f* *(Soziologie)*
social reproduction
soziale Reproduktion *f* *(Soziologie)*
social research
Sozialforschung *f*
social revolution
gesellschaftliche Revolution *f*, soziale
Revolution *f*, Sozialrevolution *f*
(Soziologie)
social ritual (social rite)
soziales Ritual *n* *(Soziologie)*
social role
gesellschaftliche Rolle *f*, soziale Rolle *f*,
Sozialrolle *f* *(Soziologie)*
social rule
soziale Regel *f* *(Soziologie)*
social salon
Salon *m*, sozialer Salon *m* *(Soziologie)*
social sanction
soziale Sanktion *f* *(Soziologie)*
social satisfaction
soziale Zufriedenheit *f* *(Soziologie)*
social scale
Sozialskala *f*, Skala *f* der sozialen Ränge
(Sozialforschung)
social schemata *pl* **(social schemas** *pl*)
Sozialschemata *n/pl* *(Sozialpsychologie)*
social science(s *(pl)* **(behavioral science(s)**
(pl) **(*brit* behavioral science(s)** *(pl)*,
social research, human sciences *(pl)*
Sozialwissenschaft(en) *f(pl)*
social insurance
Sozialversicherung *f*, Sozialversicherungs-
programm *n*
social segmentation
gesellschaftliche Segmentierung *f*, soziale
Segmentierung *f* *(Soziologie)*
social selection
gesellschaftliche Selektion *f*, soziale
Selektion *f* *(Soziologie)* *(Sozialökologie)*

social self *(pl* **selves) (William James)**
gesellschaftliches Selbst *n*
(Sozialpsychologie)
social setting
gesellschaftlicher Kontext *m*, sozialer
Kontext *m*, Sozialkontext *m* *(Soziologie)*
social settlement
Sozialsiedlung *f* *(Sozialökologie)*
social situation
gesellschaftliche Situation *f*, soziale
Situation *f* *(Soziologie)*
social solidarity
gesellschaftliche Solidarität *f*, soziale
Solidarität *f* *(Soziologie)*
social space (social field) (Kurt Lewin)
sozialer Raum *m*, Sozialraum *m*
(Sozialpsychologie)
social stability
gesellschaftliche Stabilität *f*, soziale
Stabilität *f* *(Soziologie)*
social standard
gesellschaftlicher Standard *m*, sozialer
Standard *m*, Sozialstandard *m*
(Soziologie)
social statics *pl als sg konstruiert*
soziale Statik *f*, Sozialstatik *f*
(Soziologie)
vgl. social dynamics
social statistics *pl als sg konstruiert*
Sozialstatistik *f*
social status (social position)
Sozialstatus *m*, sozialer Status *m*,
gesellschaftlicher Status *m*,
gesellschaftliche Stellung *f*, soziale
Stellung *f*, Sozialstellung *f* *(Soziologie)*
(empirische Sozialforschung)
social stereotype
gesellschaftliches Stereotyp *n*, soziales
Stereotyp *n*, Sozialstereotyp *n*
(Sozialpsychologie)
social stigma
gesellschaftliches Stigma *n*, soziales
Stigma *n* *(Sozialpsychologie)*
social stimulation
soziale Stimulation *f* *(Soziologie)*
(Verhaltensforschung)
social stimulus *(pl* **stimuli)**
gesellschaftlicher Stimulus *m*,
gesellschaftlicher Reiz *m*, sozialer
Stimulus *m*, sozialer Reiz *m*
(Sozialpsychologie)
social stratification
gesellschaftliche Schichtung *f*, soziale
Schichtung *f*, Sozialschichtung *f*,
Bildung *f* gesellschaftlicher Schichten,
Aufgliederung *f* in gesellschaftliche
Schichten *(Soziologie)* *(empirische
Sozialforschung)*

social stratum (*pl* **social strata, social class, social grade**)
gesellschaftliche Schicht *f*, soziale Schicht *f*, Sozialschicht *f* *(Soziologie)* *(empirische Sozialforschung)*
social structure
Sozialstruktur *f*, soziale Struktur *f* *(Soziologie)*
social subvalent (social decrement, social loafing) (Floyd H. Allport)
gesellschaftliche De-Aktivierung *f*, gesellschaftliches Nachlassen *n* der Arbeitsleistung, soziales Nachlassen *n* der Arbeitsleistung *(Industriepsychologie)* *(Soziologie)*
social surplus
sozialer Überschuß *m* *(Soziologie)*
social survey (social enquiry, social inquiry)
Sozialenquete *f*, soziale Übersichtsstudie *f*, gesellschaftliche Übersichtsstudie *f*, Gesellschaftsenquete *f* *(empirische Sozialforschung)*
social symbol
gesellschaftliches Symbol *n*, soziales Symbol *n*, Sozialsymbol *n* *(Soziologie)*
social symbolism
sozialer Symbolismus *m* *(Soziologie)*
social synthesis
soziale Synthese *f* *(Soziologie)*
social system
gesellschaftliches System *n*, soziales System *n*, Sozialsystem *n*, Gesellschaftssystem *n* *(Soziologie)*
social taboo
gesellschaftliches Tabu *n*, soziales Tabu *n* *(Sozialpsychologie)*
social technique
Sozialtechnik *f* *(Soziologie)*
social technology
Sozialtechnologie *f* *(Soziologie)*
social telesis (social telics *pl als sg konstruiert*) **(Lester F. Ward)**
soziale Telesis *f*, gesellschaftliche Telesis *f* *(Soziologie)*
social tension
gesellschaftliche Spannung *f*, soziale Spannung *f*, Sozialspannung *f* *(Soziologie)*
social theory
gesellschaftliche Theorie *f*, soziale Theorie *f*, Gesellschaftstheorie *f*, Sozialtheorie *f* *(Soziologie)*
social time
soziale Zeit *f* *(Soziologie)*
social tradition
soziale Tradition *f* *(Soziologie)*
social transmission
gesellschaftliche Übertragung *f*, soziale Übertragung *f*, Sozialübertragung *f* *(Soziologie)*

social trend
gesellschaftlicher Trend *m*, sozialer Trend *m*, Sozialtrend *m* *(Soziologie)*
social type
Sozialtypus *m*, Sozialtyp *m* *(Soziologie)*
social unit (social element, social entity)
soziale Einheit *f*, soziale Untersuchungseinheit *f*, gesellschaftliche Einheit *f* *(Soziologie)*
social unity
gesellschaftliche Einheit *f*, soziale Einheit *f* *(Soziologie)*
social universalism (Pitirim A. Sorokin)
sozialer Universalismus *m* *(Theoriebildung)*
social unrest
gesellschaftliche Unruhe *f*, Sozialunruhe *f*, soziale Unruhe *f* *(Soziologie)*
social upward mobility (upward mobility, social ascent, social ascendancy)
sozialer Aufstieg *m*, soziale Aufwärtsmobilität *f* *(soziale Schichtung)* *(Soziologie)* *(empirische Sozialforschung)* *vgl.* social downward mobility
social usage
gesellschaftlicher Brauch *m*, sozialer Brauch *m*, Sozialbrauch *m* *(Soziologie)*
social utility (Vilfredo E. Pareto)
sozialer Nutzen *m* *(Soziologie)*
social value
sozialer Wert *m* *(Soziologie)*
social violence
gesellschaftliche Gewalt *f*, soziale Gewalt *f* *(Soziologie)*
social welfare (social service, welfare work)
Sozialfürsorge *f*, Wohlfahrt *f*, Wohlfahrtsarbeit *f*, Sozialfürsorgearbeit *f*
social welfare program
Wohlfahrtsprogramm *n*, Programm *n* der Sozialfürsorge, Sozialfürsorgeprogramm *n*, Wohlfahrtshilfeprogramm *n* *(Volkswirtschaftslehre)* *(politische Wissenschaften)*
social welfare worker
Sozialhelfer(in) *f/m*, Sozialfürsorger(in) *f/m*
social will
sozialer Wille *m* *(Soziologie)*
social wish
sozialer Wunsch *m* *(Soziologie)*
social work
Sozialarbeit *f*, gesellschaftliche Fürsorgearbeit *f*, Sozialfürsorge *f*
social worker (case worker)
Sozialarbeiter(in) *m(f)*, Einzelfall-Sozialarbeiter *m*

social world (social reality)
Sozialwelt *f*, soziale Wirklichkeit *f*,
Welt *f* des Sozialen (Alfred Schütz)
(Soziologie)
social-demand approach
gesellschaftliche Methode *f*, Ansatz *m*
der gesellschaftlichen Nachfrage *f*
(Erziehungsplanung)
socialism
Sozialismus *m* *(Philosophie) (Soziologie)*
socialist
1. sozialistisch *adj*
2. Sozialist(in) *m(f)*
socialist democracy
sozialistische Demokratie *f* *(politische Wissenschaften)*
social goal
gesellschaftliches Ziel *n* soziales Ziel *n*,
Sozialziel *n* *(Soziologie)*
sociality
Gesellschaftlichkeit *f* *(Soziologie)*
socialization (*brit* socialisation, socialization process, *brit* socialisation process)
1. Sozialisation *f*, Sozialisationsprozeß *m*, Sozialisierung *f*, Sozialisierungsprozeß *m*, Vergesellschaftung *f* *(Soziologie/Sozialpsychologie)*
2. Sozialisierung *f* *(Volkswirtschaftslehre)*
socialization anxiety
Sozialisationsangst *f* *(Psychologie)*
socialization crisis (*pl* crises)
Sozialisationskrise *f* *(Soziologie)*
socialization practice
Sozialisationspraktik *f* *(Soziologie)*
socialization process
Sozialisationsprozeß *m* *(Soziologie)*
socialized aggression (socially canalized aggression)
sozialisierte Aggression *f*, gesellschaftlich kanalisierte Aggression *f* *(Psychologie)*
socialized drive (socially canalized drive)
sozialisierter Trieb *m*, gesellschaftlich kanalisierter Trieb *m* *(Psychologie)*
socialized medicine
staatlicher Gesundheitsdienst *m*,
verstaatlichte medizinische Fürsorge *f*
socializing agent (agency of socialization, agent of socialization)
Sozialisationsträger *m*, Sozialisationsinstanz *f*, Agent *m* der Sozialisation, Agentur *f* der Sozialisation, Sozialisationsmedium *n* *(Soziologie)*
socializing group
sozialisierende Gruppe *f*,
Sozialisationsgruppe *f* *(Soziologie)*
socializing pressure
Sozialisationsdruck *m* *(Soziologie)*
socially desirable response
sozial erwünschte Antwort *f* *(empirische Sozialforschung)*

socially shared autism (Gardner Murphy)
sozial allgemein akzeptierter Autismus *m*
(Sozialpsychologie)
sociation (social interaction)
Vergesellschaftung *f* (Georg Simmel)
(Soziologie)
sociatry (Jacob L. Moreno)
Soziatrie *f* *(Psychologie)*
societal (societary, social)
gesellschaftlich, Gesellschafts- *adj*
societal control (social control) (Edward A. Ross)
gesellschaftliche Kontrolle *f*,
Gesellschaftskontrolle *f* *(Soziologie)*
societal development (social development)
gesellschaftliche Entwicklung *f*,
Entwicklung *f* der Gesamtgesellschaft,
soziale Entwicklung *f* *(Soziologie)*
societal goal
Ziel *n* der Gesamtgesellschaft,
gesellschaftliches Ziel *n* *(Soziologie)*
societal morale
gesellschaftliche Moral *f*,
Gesellschaftsmoral *f* *(Soziologie)*
societal phenomenon
gesellschaftliches Phänomen *n*, soziales Phänomen *n*, Sozialphänomen *n*
(Soziologie)
societal process
gesellschaftlicher Prozeß *m*,
gesamtgesellschaftlicher Prozeß *m*,
sozialer Prozeß *m*, Sozialprozeß *m*
societal sanction (social sanction)
gesellschaftliche Sanktion *f*,
gesamtgesellschaftliche Sanktion *f*
(Soziologie)
societal status (social status)
gesellschaftlicher Status *m*,
Gesellschaftsstatus *m* *(Soziologie)*
societal structure (social structure)
gesellschaftliche Struktur *f*,
Gesellschaftsstruktur *f* *(Soziologie)*
societal subsystem (Talcott Parsons)
gesellschaftliches Subsystem *n*
(strukturell-funktionale Theorie)
societal value
gesellschaftlicher Wert *m* Gesellschaftswert *m*, gesellschaftlich anerkannter Wert *m*, gesamtgesellschaftlicher Wert *m*, sozialer Wert *m* *(Soziologie)*
society
Gesellschaft *f* *(Soziologie)*
socifact (D. Bidney)
Sozifakt *n* *(sociology)*
vgl. artifact, mentifact, agrofact
sociobibliography
Soziobibliographie *f*
sociobiology
Soziobiologie *f*

sociocenter (*brit* **sociocentre**)
Soziozentrum *n*, zentrale Figur *f* (*Soziometrie*)
sociocentrism (ethnocentrism)
Soziozentrismus *m*, Ethnozentrismus *m* (*Sozialpsychologie*)
sociocracy
Soziokratie *f* (*Soziologie*)
sociocultural
soziokulturell *adj*
sociocultural anthropology
soziokulturelle Anthropologie *f*
sociocultural change
soziokultureller Wandel *m* (*Soziologie*)
sociocultural community
soziokulturelle Gemeinschaft *f*, soziokulturelle Gemeinde *f* (*Soziologie*)
sociocultural compatibility
soziokulturelle Kompatibilität *f* (*Soziologie*)
sociocultural determinant
soziokulturelle Determinante *f* (*Soziologie*)
sociocultural drift
soziokulturelle Drift *f* (*Kulturanthropologie*)
sociocultural environment
soziokulturelle Umwelt *f*, soziokulturelle Umgebung *f* (*Soziologie*) (*Sozialökologie*)
sociocultural integration
soziokulturelle Integration *f* (*Soziologie*)
sociocultural system
soziokulturelles System *n* (*Soziologie*) (*Kulturanthropologie*)
sociocultural performance (cultural performance)
Kulturbenehmen *n*, Erfüllung *f* der Kulturerwartungen (durch den Einzelnen) (*Soziologie*)
sociocultural value
soziokultureller Wert *m* (*Soziologie*) (*Kulturanthropologie*)
sociodiagnostic technique (B. B. Wolman)
soziodiagnostische Technik *f* (*Psychotherapie*)
sociodrama (Jacob L. Moreno)
Soziodrama *n* (*Verhaltenstherapie*)
sociodramatic performance test
soziodramatischer Leistungstest *m* (*Verhaltenstherapie*)
sociodynamics *pl als sg konstruiert* **(Jacob L. Moreno)**
Soziodynamik *f* (*Soziologie*)
socioeconomic class (socio-economic class)
sozioökonomische Schicht *f*, sozioökonomische Schichtzugehörigkeit *f* (*Soziologie*) (*empirische Sozialforschung*)

socioeconomic development (socio-economic development)
sozioökonomische Entwicklung *f*, gesellschaftliche und wirtschaftliche Entwicklung *f* (*Soziologie*) (*empirische Sozialforschung*)
socioeconomic-free test (culture-free test)
kulturunabhängiger Test *m*, kulturfreier Test *m* (*Psychologie/empirische Sozialforschung*)
socioeconomic level (socio-economic level)
sozioökonomisches Niveau *n*, sozioökonomische Ebene *f*, sozioökonomische Schicht *f* (*Soziologie*) (*empirische Sozialforschung*)
socioeconomic position (socio-economic position)
sozioökonomische Position *f* (*Soziologie*) (*empirische Sozialforschung*)
socioeconomic status (SES) (socio-economic status) (SES)
sozioökonomischer Status *m* (*Soziologie*) (*empirische Sozialforschung*)
socioeconomic zone (socio-economic zone)
sozioökonomische Zone *f* (*Sozialökologie*)
socioemotional area (Robert F. Bales)
sozioemotionaler Bereich *m* (*Soziologie*)
socioemotional interaction (Robert F. Bales)
sozioemotionale Interaktion *f* (*Soziologie*)
socioemotional leader (Robert F. Bales)
sozioemotionaler Führer *m* (*Soziologie*)
socioempathy (sociempathy)
Sozioempathie *f* (*Psychologie*)
sociofugal space
soziofugaler Raum *m* (*Kommunikationsforschung*)
sociofugality
Soziofugalität *f* (*Kommunikationsforschung*)
sociogenesis
Soziogenese *f* (*Sozialpsychiatrie*)
sociogenetic
soziogenetisch *adj* (*Sialpsychiatrie*)
sociogenic
soziogen *adj* (*Sozialpsychiatrie*)
sociogenic drive (secondary drive, psychogenic drive, acquired drive, acquirable drive, learnable drive)
erworbener Trieb *m*, angeeigneter Trieb *m* (*Verhaltensforschung*)
sociogenic mental disorder (sociopsychogenic mental disorder)
soziogene Geistesstörung *f*, soziopsychogene Störung *f* (*Sozialpsychiatrie*)
sociogram (sociometric diagram)
Soziogramm *n* (*Soziometrie*)

sociography
Soziographie f (S. R. Steinmetz)
(Ferdinand Tönnies) (Soziologie)
sociogroup (Helen H. Jennings)
Soziogruppe f (Soziometrie)
vgl. psychegroup
sociolinguistic profile
soziolinguistisches Profil n
sociolinguistics pl als sg konstruiert
(sociology of language)
Soziolinguistik f, Sprachsoziologie f
sociological
soziologisch adj
sociological apriority (social apriority)
soziale Apriorität f (Georg Simmel)
(Soziologie)
sociological concept
soziologischer Begriff m (Theoriebildung) (Theorie des Wissens)
sociological determinism
soziologischer Determinismus m
(Theoriebildung)
vgl. sociological probabilism
sociological ecology
soziologische Ökologie f
(Sozialökologie)
sociological imagination (C. Wright Mills)
soziologische Phantasie f (Soziologie)
sociological jurisprudence (Roscoe Pound)
soziologische Jurisprudenz f,
soziologische Rechtsprechung f
sociological law
soziologisches Gesetz n, soziologische
Gesetzmäßigkeit f (Theorie des Wissens)
sociological method
soziologische Methode f, Methode f der
Soziologie
sociological mystic integralism (Pitirim A. Sorokin)
soziologischer mystischer
Integralismus m
sociological phenomenon (pl phenomena)
soziologisches Phänomen n
sociological prediction
soziologische Voraussage f, soziologische
Prognose f, soziologische Vorhersage f
(Theoriebildung)
sociological reductionism
soziologischer Reduktionismus m
(Theoriebildung)
sociological singularism (Pitirim A. Sorokin)
soziologischer Singularismus m,
Singularismus m
sociological theory
soziologische Theorie f
sociological unit (sociological element)
soziologische Einheit f, soziologisches
Element n

sociological universalism (Pitirim A. Sorokin)
soziologischer Universalismus m
sociologism (sociologistic theory)
Soziologismus m (Theorie des Wissens)
sociologist
Soziologe m, Soziologin f
sociologistic theorem (institutional integration of motivation) (Talcott Parsons)
soziologistisches Theorem n
sociology
Soziologie f
sociology of art
Kunstsoziologie f, Soziologie f der
Kunst
sociology of crime (criminal sociology)
Kriminalsoziologie f, Soziologie f des
Verbrechens
sociology of domination (sociology of dominion)
Herrschaftssoziologie f (Max Weber)
sociology of economics (economic sociology, business sociology)
Wirtschaftssoziologie f
sociology of education (educational sociology)
Bildungssoziologie f
sociology of everyday life
Soziologie f des Alltags, Soziologie f
des Alltagslebens
sociology of history (historical sociology)
Geschichtssoziologie f, Soziologie f der
Geschichte
sociology of human development
Lebensablaufssoziologie f, Soziologie f
des Lebensablaufs
sociology of knowledge
Soziologie f des Wissens, Wissenssoziologie f (Karl Mannheim/Max
Scheler), Soziologie f des Erkennens
(W. Jerusalem), Erkenntnissoziologie f
sociology of leisure
Freizeitsoziologie f, Soziologie f der
Freizeit
sociology of literature
Literatursoziologie f
sociology of marketing (marketing sociology)
Marketingsoziologie f
sociology of medicine
Medizinsoziologie f
sociology of mental illness
Soziologie f der Erziehung
sociology of morality (Emile Durkheim)
Soziologie f der Moral, Moralsoziologie f
sociology of music
Musiksoziologie f

sociology of occupations (occupational sociology)
Berufssoziologie f
sociology of reading
Soziologie f des Dorfs
sociology of religion (religious sociology)
Religionssoziologie f, Soziologie f der Religion
sociology of science
Wissenschaftssoziologie f
sociology of small groups (small-group sociology)
Soziologie f kleiner Gruppen, Kleingruppensoziologie f
sociology of sports (sociology of sport)
Sportsoziologie f
sociology of work (sociology of occupations, industrial sociology, plant sociology)
Arbeitssoziologie f, Betriebssoziologie f, Industriesoziologie f
sociomatrix (pl sociomatrices or sociomatrixes, sociometric matrix, pl matrixes or matrices)
Soziomatrix f (Soziometrie)
sociometric chain
soziometrische Kette f (Soziologie)
sociometric choice
soziometrische Wahl f (Soziologie)
sociometric distance
soziometrische Distanz f (Soziologie)
sociometric isolate
soziometrischer Außenseiter m, soziometrischer Isolierter m (Soziologie)
sociometric measure (structural measure, relational pattern measure)
Relationsmustermaß n (Soziologie)
sociometric method
soziometrische Methode f (Soziologie)
sociometric popularity
soziometrische Popularität f
sociometric questionnaire
soziometrischer Fragebogen m (Soziologie)
sociometric rank
soziometrischer Rang m, soziometrischer Rangplatz m (Soziologie)
sociometric relationship
soziometrische Beziehung f
sociometric score
soziometrische Punktzahl f, soziometrischer Punktwert m der Wahlen, die ein Gruppenmitglied im soziometrischen Test erzielt (Soziologie)
sociometric self-perception (sociometric perception)
soziometrische Selbsteinschätzung f, soziometrische Wahrnehmung f (Soziologie)

sociometric star (star, sociocenter, brit sociocentre)
soziometrischer Star m, soziometrischer Stern m (Soziologie)
sociometric status
soziometrischer Status m, soziometrische Position f (Soziologie)
sociometric structure
soziometrische Struktur f, soziometrische Konstellation f (Soziologie)
sociometric test (Jacob L. Moreno)
soziometrischer Test m, Moreno-Test m (Soziologie)
sociometrics pl als sg konstruiert
Soziometrik f (Soziologie)
sociometry (Jacob L. Moreno) (preferential sociometry) (Ake Bjerstedt)
Soziometrie f (Soziologie)
socionomics pl als sg konstruiert
Sozionomik f
socionomy (Jacob L. Moreno)
Sozionomie f, folgernde Soziologie f (Soziologie)
sociopath (sociopathic personality)
Soziopath m (Psychologie)
sociopathic personality
soziopathische Persönlichkeit f (Psychologie)
sociopetal space
soziopetaler Raum m (Kommunikationsforschung)
sociopetality
Soziopetalität f (Kommunikationsforschung)
sociopharmacology
Soziopharmakologie f
sociopolitics pl als sg konstruiert
Soziopolitik f (Rudolf Kjellén)
socio-professional structure mapping
Sozialkartierung f (Demographie)
socio-religious group
sozio-religiöse Gruppe f (Soziologie)
sociosomatic medicine
soziosomatische Medizin f
socio-technical system
soziotechnisches System n (Industriesoziologie)
sociotype (Emory S. Bogardus) (social type)
Soziotyp n
socius
Sozius m (Soziologie)
sodality (nonkin association, non-kin association)
Sodalität f, Bruderschaft f, karitative Bruderschaft f, Stammesverband m (Kulturanthropologie) (Soziologie)
sodomy
Sodomie f (Psychologie)

soft data *pl*
abgeleitete Daten *n/pl*, Abstraktionen *f* aus konkreten Daten, weiche Daten *n/pl* *(Psychologie/empirische Sozialforschung)* *vgl.* hard data

soft interview (nondirective interview, nondirective interview, unguided interview, permissive interview)
nichtdirektives Interview *n*, nichtlenkendes Interview *n*, Tiefeninterview *n*, nichtstrukturiertes Interview *n*, unstrukturiertes Interview *n*, freies Interview *n* *(Psychologie/empirische Sozialforschung)* *vgl.* directive interview

soft research (qualitative research, *auch* **subjective research, explorative research)**
qualitative Forschung *f*, Intensivforschung *f*, Tiefenforschung *f* *(Psychologie/empirische Sozialforschung)* *vgl.* quantitative research

solidarity
Solidarität *f* *(Soziologie)*

solidary group
solidarische Gruppe *f* *(Soziologie)*

solidary-fissile community (Yehudi A. Cohen)
solidarisch-gespaltene Gemeinschaft *f* *(Kulturanthropologie)*

solipsism
Solipsismus *m* *(Philosophie) (Theorie des Wissens)*

somatic
somatisch, körperlich, leiblich, physisch *adj*

somatic anthropology (physical anthropology, somatology)
somatische Anthropologie *f*, physische Anthropologie *f*

somatic dysfunction
somatische Dysfunktion *f*

somatic tinsit (Walter Coutu)
somatische Situationstendenz *f*, somatischer Tinsit *m* *(Soziologie)*

somatype (body type) (William H. Sheldon)
Körpertyp *m*, Körperbautyp *m*, Somatotyp *m* (Ernst Kretschmer) *(Psychologie)*

somatotypology (somatotyping, body type theory, body-type theory)
Somatotypologie *f*, Typologie *f* der Körperbauarten, Theorie *f* des Körpertyps (des Körperbautyps) *(Psychologie)*

sorcerer (shaman, medicine man, witch doctor)
Schamane *m*, Zauberpriester *m*, Geisterbeschwörer *m*, Medizinmann *m* *(Kulturanthropologie)*

sorcery (black magic)
Hexerei *f*, Zauberei *f*, Magie *f*, schwarze Magie *f* *(Kulturanthropologie)*

sororate
Sororat *n* *(Ethnologie)*

sororatic marriage
sororatische Ehe *f* *(Ethnologie)*

sorority
Studentinnenvereinigung *f*, Studentinnenverband *m*, Verband *m* von College-Studentinnen

sortilege
Wahrsagen *n* aus Losen, Wahrsagerei *f* aus Losen *(Kulturanthropologie)*

sortition lottery sample
Loswerfen *n*, Werfen *n* eines Loses *(Statistik)*

soul (psyche)
Seele *f* *(Psychologie)*

soul image
Seelenbild *n* *(Psychologie)* (Carl G. Jung)

soul loss (loss of soul)
Seelenverlust *m* *(Anthropologie)*

source
Quelle *f* *(Kommunikationsforschung)*

source list (sampling frame)
Auswahlbasis *f*, Auswahlgrundlage *f*, Stichprobenbasis *f*, Stichprobengrundlage *f* *(Statistik)*

source of information (information source)
Informationsquelle *f*, Nachrichtenquelle *f* *(Kommunikationsforschung)*

source-personal diffusion
persönliche Diffusion *f* von der Quelle aus *(Kommunikationsforschung)*

source program
Quellprogramm *n*, Originalprogramm *n*, Ursprungsprogramm *n*, Primärprogramm *n* *(EDV)*

source-reporter relationship (W. Gieber and W. Johnson)
Quelle-Reporter-Beziehung *f* *(Kommunikationsforschung)*

source trait (Raymond B. Cattell)
Ursprungseigenschaft *f*, Grundeigenschaft *f* *(Psychologie)*

sovereign dictatorship
souveräne Diktatur *f* (Carl Schmitt) *(politische Wissenschaften)*

sovereignty (supremacy)
Souveränität *f*

space
Raum *m* *(Mathematik/Statistik)*

space fetish (Walter Firey)
Raumfetisch *m* *(Sozialökologie)*

space of states of a stochastic process
Zustandsraum *m* eines stochastischen Prozesses *(Stochastik)*

space orientation
Raumorientierung f, räumliche Orientierung f (Psychologie)
space perception
Raumwahrnehmung f, räumliche Wahrnehmung f (Psychologie)
spaced practice (brit practise, spaced learning, spaced trials pl, distributed practice)
verteilte Übung f, verteiltes Lernen n (Verhaltensforschung)
span of control (span of management, span of supervision)
Kontrollspanne f (Organisationssoziologie)
span of life (life span)
Lebenslauf m, beruflicher Lebenslauf m (Industriesoziologie)
sparking over activity (sparking over activity, displacement activity, irrelevant activity)
Übersprunghandlung f (Verhaltensforschung)
spatial analysis (pl analyses)
räumliche Analyse f, Ausbreitungsanalyse f (Sozialökologie)
spatial distance
räumliche Distanz f, geographische Distanz f (Mathematik/Statistik) (Kommunikationsforschung)
spatial distribution (areal distribution)
geographische Verteilung f, räumliche Verteilung f (Demographie) (Sozialökologie) (Mathematik/Statistik)
spatial group (territorial group, geographical group, geogroup, locality group, residential group)
territoriale Gruppe f, geographische Gruppe f, Territorialgruppe f, Gebietsgruppe f (Kulturanthropologie) (Soziologie)
spatial interaction (areal interaction)
geographische Interaktion f, räumliche Interaktion f (Soziologie)
spatial mobility (geographical mobility, areal mobility, residential mobility, physical mobility, vicinal mobility, ecological mobility)
geographische Mobilität f, räumliche Mobilität f, ökologische Mobilität f
spatial segregation (residential segregation, geographical segregation, ecological segregation, residential segregation, areal segregation)
geographische Rassentrennung f, Rassentrennung f nach Wohngebieten, geographische Segregation f, Segregation f nach Wohngebieten, ökologische Segregation f (Kulturanthropologie) (Soziologie)

Spearman-Kaerber method (Kaerber's method)
Kärbersches Verfahren n, Kärbersche Methode f (Statistik)
Spearman two-factor theorem
Spearmanscher Faktorensatz m, Spearmans Zweifaktorensatz m (Faktorenanalyse)
Spearman's footrule
Spearman-Faustregel f, Spearmansche Faustregel f (Statistik)
Spearman's rank order correlation (Spearman rank correlation, Spearman's rank difference correlation)
Spearman-Rangkorrelation f, Spearmansche Rangkorrelation f (Statistik)
Spearman's rank-order correlation coefficient (Spearman rank-order correlation coefficient, Spearman's rho, ρ)
Spearmans Rangkorrelationskoeffizient m, Spearmanscher Rangkorrelationskoeffizient m, Spearmans Rangordnungskorrelationskoeffizient m, Spearmanscher Rangordnungskorrelationskoeffizient m (Statistik)
Spearman's rho
Spearmans Rho n, Spearman-Rho n (Statistik)
Spearman-Brown formula (pl formulae or formulas, Spearman Brown prophecy formula, Spearman-Brown equation)
Spearman-Brown-Formel f, Spearman-Brownsche Formel f (statistische Hypothesenprüfung)
Spearman-Karber estimation
Spearman-Kärber-Schätzung f, Spearman-Kärbersche Schätzung f (Statistik)
Spearman-Karber method
Spearman-Kärber Methode f, Spearman-Kärbersche Methode f (Statistik)
special ability
besondere Fähigkeit f, spezielle Fähigkeit f (Psychologie)
vgl. general ability
special sample
spezielle Auswahl f, spezielle Stichprobe f (Statistik)
vgl. general sample
special-purpose table
Spezialtabelle f, Sondertabelle f (graphische Darstellung) (Statistik)
vgl. general-purpose table
specialist
Spezialist m (Organisationssoziologie)
vgl. generalist

specialist bureaucrat (Leonard Reissman)
spezialisierter Bürokrat *m*,
bürokratischer Spezialist *m*
(Organisationssoziologie)
vgl. functional bureaucrat, job
bureaucrat, service bureaucrat
specialist leader
spezialisierter Führer *m* *(Organisationssoziologie)*
vgl. generalist leader
specialization (*brit* specialisation)
Spezialisierung *f* *(Organisationssoziologie)*
specialized association (Robert McIver)
spezialisierter Verband *m*, spezialisierte
Vereinigung *f* *(Organisationssoziologie)*
species *sg* + *pl*
Gattung *f*, Art *f*, Spezies *f* *(Genetik)*
species specific behavior (*brit* species specific behaviour)
artspezifisches Verhalten *n*,
artenspezifisches Verhalten *n*,
gattungsspezifisches Verhalten *n*
(Genetik)
species specificity
Artspezifität *f*, Artenspezifität *f*,
Gattungsspezifität *f* *(Genetik)*
specific birth rate
spezifische Geburtenrate *f*, spezifische
Geburtenziffer *f* *(Demographie)*
specific category scale (itemized rating scale, numerical scale)
Itemskala *f*, itemisierte Ratingskala *f*,
itemisierte Bewertungsskala *f*,
detaillierte Ratingskala *f*, detaillierte
Bewertungsskala *f*, spezifizierte
Ratingskala *f*, spezifizierte
Bewertungsskala *f* *(Skalierung)*
(Einstellungsforschung)
specific crime rate
spezifische Kriminalitätsrate *f*, spezifische
Delinquenzrate *f* *(Kriminologie)*
specific death rate (death rate from specific causes)
spezifische Sterbeziffer *f*,
spezifische Sterblichkeitsziffer *f*,
Sterblichkeitsziffer *f* für bestimmte
Todesursachen *(Demographie)*
specific evolution
spezifische Evolution *f*, spezifische
Entwicklung *f* *(Kulturanthropologie)*
specific factor (S factor)
spezifischer Faktor *m*, S-Faktor *m*
(Faktorenanalyse)
specific norm
spezifische Norm *f* *(Soziologie)*
specific rate
spezifische Verhältnisziffer *f*,
spezifische Verhältniszahl *f* *(Statistik)*
(Demographie)

specific role
spezifische Rolle *f*, spezielle Rolle *f*
(Soziologie)
specific status
spezifischer Status *m*, spezieller Status *m*
(Soziologie)
specification (statistical interaction, conditional relationship, differential impact, differential sensitivity, nonadditivity of effects)
Spezifikation *f*, Spezifizierung *f*,
statistische Interaktion *f* *(Statistik)*
specification error (specification bias)
systematischer Fehler *m* im Ansatz
(statistische Hypothesenprüfung)
(empirische Sozialforschung)
specificity (Talcott Parsons)
Spezifizität *f*, spezifische Orientierung *f*
(Theorie des Handelns)
specificity theory
Spezifizitätstheorie *f* *(Psychologie)*
spectator (Lester W. Milbrath)
Zuschauer *m* *(Sozialpsychologie)*
spectral analysis (*pl* analyses, Fourier analysis)
Spektralanalyse *f*, Fourier-Analyse *f*
(Statistik)
spectral density
Spektraldichte *f* *(Statistik)*
spectral function of a stochastic process
Spektralfunktion *f* eines stationären
Prozesses *(Stochastik)*
spectral function
Spektralfunktion *f* *(Statistik)*
spectral measure of a stationary process
Spektralmaß *n* eines stationären
Prozesses *(Stochastik)*
spectral representation of a stationary process
Spektraldarstellung *f* eines stationären
Prozesses *(Stochastik)*
spectral type of a dynamic process
Spektraltyp *m* eines dynamischen
Prozesses *(Stochastik)*
spectrum
Spektrum *n* *(Statistik)*
speculation
Spekulation *f* *(Philosophie)*
speculative myth
spekulativer Mythos *m* *(Kulturanthropologie)*
speech
gesprochene Sprache *f*, Sprachvermögen *n*, Sprechvermögen *n*
(Linguistik)
speech act
Sprechakt *m* *(Soziolinguistik)*
speech act theory (theory of speech acts) (Ludwig Wittgenstein/Noam Chomsky)
Sprechakttheorie *f* *(Soziolinguistik)*

speech community (language community)
Sprachgemeinschaft *f*, Sprachgemeinde *f* *(Soziolinguistik)*

speech island (linguistic island)
Sprachinsel *f*, sprachliche Insel *f* *(Soziolinguistik)*

speech mode
Sprechweise *f*, Aussprache *f*, Vortrag *m*, Vortragsweise *f* *(Linguistik)*

speech play (linguistic play)
sprachliches Spiel *n*, Sprachspiel *n* *(Soziolinguistik)*

speech system (language system)
Sprachsystem *n* *(Linguistik)*

speed test (speeded test)
Schnelligkeitstest *m*, Speed-Test *m* *(Psychologie)*

spending unit (consumer household, private household)
Konsumentenhaushalt *m*, Haushaltseinheit *f*, Haushalt *m* *(empirische Sozialforschung)*

sphincter
Schließmuskel *m*, Sphinkter *m*

sphincter morality
Schließmuskelmoral *f*, Sphinktermoral *f* (Sigmund Freud) *(Psychoanalyse)*

spillover effect (spill-over effect, spillover)
Nebenwirkung *f*, Nebeneffekt *m*, unbeabsichtigte Wirkung *f* *(statistische Hypothesenprüfung)*

spiral of silence
Schweigespirale *f* *(Kommunikationsforschung)* (Elisabeth Noelle-Neumann)

spiralism (John B. Watson) (geographical upward mobility)
geographische Aufwärtsmobilität *f* *(Industriesoziologie)*

spiralist
Spiralist *m* *(Mobilitätsforschung)* *(Industriesoziologie)*

spiritism (spiritualism, spirit mediumship)
Spiritismus *m*, Spiritualismus *m* *(Kulturanthropologie)*

splinter party
Splitterpartei *f* *(politische Wissenschaften)*

split ballot
gegabelte Befragung *f* *(empirische Sozialforschung)*

split-ballot technique (split-ballot method, split-ballot procedure, split ballot)
Methode *f* der gegabelten Befragung, Technik *f* der gegabelten Befragung, Verfahren *n* der gegabelten Befragung, Methode *f* der gegabelten Fragebögen *(empirische Sozialforschung)*

split-half correlation
Halbierungskorrelation *f* *(Statistik)*

split-half reliability (split-halves reliability, split-half measure of reliability, split halves measure of reliability, split-ballot reliability, odd-even reliability)
Halbierungsreliabilität *f*, Halbierungszuverlässigkeit *f* *(statistische Hypothesenprüfung)*

split-half technique (split-half method, split half procedure, split-half experimental design, split-half design, split-test method, split-test technique, split-test procedure, split-plot design, odd-even method, odd-even technique, odd even procedure, mixed experimental design, mixed design)
Halbierungsmethode *f*, Methode *f* der Testhalbierung, Split-half-Methode *f* *(statistische Hypothesenprüfung)*

split-half test (split-halves test, split-half reliability test, split-halves reliability test, odd-even test, odd-even reliability test)
Halbierungstest *m*, Split-half-Test *m* *(statistische Hypothesenprüfung)*

split-plot experiment (mixed factorial experiment, mixed factorial design)
gemischtes faktorielles Experiment *n*, gemischter faktorieller Versuch *m* *(statistische Hypothesenprüfung)*

split-ticket voting (split voting, ticket splitting)
Stimmensplitting *n* (bei Wahlen) *(politische Wissenschaften)*

spoils system (patronage bureaucracy) (F. M. Marx)
Beutesystem *n*, Futterkrippensystem *n*, Patronagebürokratie *f*, Ämterpatronage *f* in der Bürokratie *(Organisationssoziologie) (politische Wissenschaften)*
vgl. merit system

sponsored mobility
geförderte Mobilität *f* *(Migration)*

spontaneity
Spontaneität *f*, spontanes Handeln *n* *(Psychologie)*

spontaneous abortion (natural abortion)
Spontanabtreibung *f*, spontane Abtreibung *f*, ungeplante Abtreibung *f* *(Kulturanthropologie)*

spontaneous behavior (brit behaviour, operant behavior)
Spontanverhalten *n*, spontanes Verhalten *n* *(Psychologie)*

spontaneous diffusion (natural diffusion)
Spontandiffusion *f*, spontane Diffusion *f*, ungeplante Diffusion *f* *(Kulturanthropologie)*

spontaneous group
Spontangruppe *f*, spontane Gruppe *f*, spontan entstandene Gruppe *f*, spontan gebildete Gruppe *f* *(Soziologie)*

spontaneous power (informal power)
informelle Macht *f*, informale Macht *f*,
nicht explizit zugeschriebene Macht *f*
(Soziologie)
vgl. formal power
spontaneous recovery
Spontanerholung *f*, spontane Erholung *f*
(Verhaltensforschung)
spontaneous remission
Spontanremission *f*, spontane
Remission *f* *(Psychologie)*
spontaneous shame
Spontanscham *f* *(Kulturanthropologie)*
sport (outlier, out-lier, discordant value, wild variation, wild shot, maverick, straggler)
Ausreißer *m* *(Statistik)*
spot map (dot diagram, dot map)
Punktkarte *f*, Punktlandkarte *f*,
Punktdiagramm *n*, Stigmogramm *n*
(graphische Darstellung)
spouse pool
Gattenpool *m*, Ehepartner-Pool *m*
(Kulturanthropologie)
spouse (marital partner)
Gatte *m*, Gattin *f*, Gemahl *m*,
Gemahlin *f*, Ehepartner *m*,
Ehegefährte *m*, Ehegefährtin *f*
(Kulturanthropologie)
spread city (urban sprawl)
urbane Wucherung *f*, städtische
Wucherung *f*, wuchernde
Stadterweiterung *f*, urbane Wucherung *f*
(Sozialökologie)
spurious association (illusory association)
Scheinassoziation *f*, scheinbare
Assoziation *f* *(Statistik)*
spurious correlation (illusory correlation, nonsense correlation)
Scheinkorrelation *f*, scheinbare
Korrelation *f*, Nonsense-Korrelation *f*,
sinnlose Korrelation *f*, unsinnige
Korrelation *f* *(Statistik)*
spurious cycle
unechte Beziehung *f*, unechter
Zusammenhang *m*
unechter Zyklus *m*, scheinbarer
Zyklus *m*, Scheinzyklus *m* *(Statistik)*
spurious relationship (spuriousness, illusory relationship)
Scheinzusammenhang *m*, scheinbarer
Zusammenhang *m*, unechter Zusammenhang *m*, Scheinbeziehung *f*, scheinbare
Beziehung *f*, unechte Beziehung *f*
(statistische Hypothesenprüfung)
spuriousness
Vorliegen *n* einer Scheinkorrelation,
eines Scheinzusammenhangs *(statistische Hypothesenprüfung)*

squad leader
Feldleiter *m*, Gruppenleiter *m*
(empirische Sozialforschung)
square contingency
quadratische Kontingenz *f* *(Statistik)*
square lattice
quadratisches Gitter *n* *(statistische Hypothesenprüfung)*
square root
Quadratwurzel *f* *(Mathematik/Statistik)*
square root transformation
Quadratwurzeltransformation *f*
(Mathematik/Statistik)
squatter
Landbesetzer *m*, Hausbesetzer *m*,
Ansiedler *m* ohne Rechtstitel
(Soziologie)
squatter's right
Gewohnheitsrecht *n* eines
Ansiedlers ohne Rechtstitel,
Hausbesetzergewohnheitsrecht *n*,
Landbesetzergewohnheitsrecht *n*
(Soziologie)
squatting
Ansiedlung *f* ohne Rechtstitel,
Hausbesetzung *f*, Landbesetzung *f*
(Soziologie)
squire (squirearch)
Landjunker *m*, Landedelmann *m*,
Gutsherr *m*, Großgrundbesitzer *m*
(Soziologie)
squirearchy
Landjunkertum *n*, Landjunkerherrschaft *f* *(Soziologie)*
Srole's anomia scale (Srole's anomie scale, anomie scale, anomia scale) (Leo J. Srole)
Anomieskala *f* *(Sozialpsychologie)*
stability
Stabilität *f*
stability coefficient (coefficient of stability)
Stabilitätskoeffizient *m* *(Statistik)*
stability test
Stabilitätstest *m*, Stabilitätsprüfung *f*
(Statistik)
stabilization of variance
Stabilisierung *f* der Varianz *(Statistik)*
stabilizing feedback (negative feedback)
negative Rückkopplung *f*, negatives
Feedback *n* *(Kybernetik)*
stable birth rate
stabile Geburtenrate *f*, stabile
Geburtenziffer *f* *(Demographie)*
stable death rate
stabile Sterberate *f*, stabile Sterbeziffer *f*
(Demographie)
stable equilibrium (pl equilibria or equilibriums, self-corrective equilibrium)
stabiles Gleichgewicht *n* *(Statistik)*

stable Markov chain (stationary Markov chain)
stabile Markov-Kette f, stabile Markovsche Kette f *(Stochastik)*

stable neighborhood (*brit* **stable neighbourhood**)
stabile Nachbarschaft f, sozial stabile Nachbarschaft f *(Sozialökologie)*

stable population (stabilized population)
stabile Bevölkerung f *(Demographie)*

stable process (stationary process)
stabiler Prozeß m, stationärer Prozeß m *(Stochastik)*

stable sequence of random variables
stabile Folge f von Zufallsgrößen *(Statistik)*

stable slum
stabiler Slum m, sozial nicht desorganisierter Slum m *(Sozialökologie)*

stable state of a Markov chain
stabiler Zustand m einer Markov-Kette *(Stochastik)*

Stacy's distribution (generalized gamma distribution, *brit* **generalised gamma distribution)**
verallgemeinerte Gammaverteilung f *(Statistik)*

staff
Stab m, Leitungsstab m, Kommando n, Oberkommando n, Mitarbeiterstab m, Personal n, Belegschaft f, Mitarbeiter m/pl, Mitarbeitschaft f *(Organisationssoziologie)*

staff authority
Stabsautorität f, Leitungsautorität f, hierarchische Leitungsautorität f *(Organisationssoziologie)*
vgl. line authority

staff control
Stabskontrolle f, Personalleitung f, hierarchische Kontrolle f *(Organisationssoziologie)*
vgl. line control

staff function
Stabsfunktion f, Leitungsfunktion f, hierarchische Befehlsfunktion f, Kommandofunktion f *(Organisationssoziologie)*
vgl. line function

staff management
Stabsmanagement n, Stabsleitung f, Leitung f des Stabs *(Organisationssoziologie)*
vgl. line management

staff organization (*brit* **staff organisation**)
Stabsorganisation f, Leitungsorganisation f *(Organisationssoziologie)*
vgl. line organization

staff relationship
Stabsbeziehung f, Leitungsbeziehung f *(Organisationssoziologie)*
vgl. line relationship

stag effect (Jessie Bernard)
Männcheneffekt m, Bock-Effekt m, Herrengesellschaftseffekt m *(Soziologie des Wissens)*

stage
Stadium n, Stufe f, Phase f, Entwicklungsstufe f, Entwicklungsphase f, Entwicklungsstadium n, Phase f, Entwicklungsphase f, Abschnitt m, Entwicklungsabschnitt m, Etappe f

stage of moral realism (Jean Piaget)
Stadium n des moralischen Realismus, Stufe f des moralischen Realismus, Phase f des moralischen Realismus *(Entwicklungspsychologie)*

stage theory
Stufentheorie f, Phasentheorie f, Stadientheorie f *(Soziologie)* *(Theoriebildung)*

stagflation
Stagflation f *(Volkswirtschaftslehre)*

stagnation
Stagnation f *(Volkswirtschaftslehre)*

staircase experimental design (staircase design, staircase method, up and down design, up and down method, titration method, von Békésey method)
Treppenanlage f, Treppenplan m, Pendelmethode f *(Psychophysik)* *(statistische Hypothesenprüfung)*

standard
Standard m, Maßstab m, Norm f

standard deviation (SD) (root mean square deviation) (RMS) (mean square deviation)
Standardabweichung f, mittlere quadratische Abweichung f, Streuung f *(Statistik)*

standard equation
Standardgleichung f *(Mathematik/Statistik)*

standard error of an estimate (computed standard error, standard error of the estimate, estimated standard error of the estimator)
rechnerischer Standardfehler m, Standardschätzfehler m, Standardfehler m eines Schätzwerts, mittlerer quadratischer Fehler m eines Schätzwerts, mittlerer Fehler m eines Schätzwerts *(statistische Hypothesenprüfung)*

standard family
Standardfamilie f *(Soziologie)*

standard gamble (**standard gamble procedure**)
Standardspiel *n*, Standardglücksspiel *n* (*Spieltheorie*)
standard Latin square
lateinisches Standardquadrat *n* (*statistische Hypothesenprüfung*)
standard measure
Standardmaß *n* (*Statistik*)
standard measurement unit (**unit, unit of measurement, measurement, metric**)
Maßeinheit *f*, Einheit *f*, Standard *m*, Grundmaßstab *m* (*Mathematik/Statistik*)
standard normal distribution
Standardnormalverteilung *f*, standardisierte Normalverteilung *f* (*Statistik*)
standard of living (**living standard**)
Lebensstandard *m* (*Volkswirtschaftslehre*)
standard population
Standardbevölkerung *f* (*Demographie*)
standard score (**standard-score, standardized score,** *brit* **standardised score, normative score, standard measure**)
Standardwert *m*, Standardpunktzahl *f*, Standardpunktbewertung *f*, Standardpunktwert *m* (*Statistik*)
standard theory
Standardtheorie *f* (*Soziolinguistik*)
standardization (*brit* **standardisation**)
Standardisierung *f* (*Statistik*)
standardization group (*brit* **standardisation group**)
Standardisierungsgruppe *f* (*Soziologie*)
to standardize (*brit* **to standardise**)
standardisieren *v/t*
standardized birth rate (*brit* **standardised birth rate**)
standardisierte Geburtenziffer *f*, standardisierte Geburtenrate *f* (*Demographie*)
standardized death rate (*brit* **standardised death rate**)
standardisierte Sterbeziffer *f*, standardisierte Sterberate *f* (*Demographie*)
standardized distribution (*brit* **standardised distribution, standardized frequency distribution,** *brit* **standardised frequency distribution**)
standardisierte Verteilung *f*, standardisierte Häufigkeitsverteilung *f* (*Statistik*)
standardized fertility rate (*brit* **standardised fertility rate**)
standardisierte Fruchtbarkeitsziffer *f*, standardisierte Fruchtbarkeitsrate *f* (*Demographie*)

standardized interview (*brit* **standardised interview**)
standardisiertes Interview *n*, standardisierte Befragung *f* (*Psychologie/empirische Sozialforschung*)
standardized marriage rate (*brit* **standardised marriage rate**)
standardisierte Eheschließungsziffer *f*, standardisierte Eheschließungsrate *f* (*Demographie*)
standardized mean (*brit* **standardised mean**)
standardisiertes Mittel *n*, standardisierter Mittelwert *m* (*Statistik*)
standardized mortality quotient (*brit* **standardised mortality quotient**)
standardisierter Sterblichkeitsquotient *m*, standardisiertes Sterblichkeitsverhältnis *n* (*Demographie*)
standardized observation (*brit* **standardised observation**)
standardisierte Beobachtung *f* (*empirische Sozialforschung*)
standardized random variable (*brit* **standardised random variable, standardized variate,** *brit* **standardised variate, unit normal variate**)
standardisierte Zufallsgröße *f*, standardisierte Zufallsvariable *f* (*Statistik*)
standardized regression coefficient (*brit* **standardised regression coefficient**)
standardisierter Regressionskoeffizient *m* (*Statistik*)
standing army
stehendes Heer *n*, stehende Armee *f* (*Organisationssoziologie*)
Stanford-Binet scale (**Stanford-Binet Intelligence Scale**)
Stanford-Binet-Skala *f*, Stanford-Binet-Intelligenzskala *f* (*Psychologie*)
Stanford-Binet test (**Stanford-Binet intelligence test**)
Stanford-Binet-Test *m*, Stanford-Revision *f*, Terman-Merrill-Test *m* (*Psychologie*)
stanine (**from standard + nine**)
Stanine *f*, Standardneun *f* (*Statistik*)
Stapel scale (**Stapel scalometer**) (**Jan Stapel**)
Stapelskala *f*, Stapel-Skalometer *n* (*empirische Sozialforschung*)
star
Star *m*, Stern *m* (*Soziometrie*)
starting point
Ausgangspunkt *m* (*Statistik*)

state
1. Staat *m*, Gemeinwesen *n*, Staatswesen *n* (*Soziologie*) (*politische Wissenschaft*)
2. Korporation *f* (*Soziologie*)
3. Sachlage *f*
4. Zustand *m*

state capitalism
Staatskapitalismus *m* (*Volkswirtschaftslehre*)

state craft
Staatskunst *f* (*politische Wissenschaften*)

state description
Zustandsbeschreibung *f* (*Statistik*)

state indicator
Zustandsindikator *m*, Zustandsanzeiger *m* (*Statistik*)

state of affairs
Sachverhalt *m*

state planning (government planning)
staatliche Planung *f*

state police
Landespolizei *f*

state religion
Staatsreligion *f* (*Religionssoziologie*)

state succession
staatliche Rechtsnachfolge *f*, Staatsnachfolge *f* (*politische Wissenschaften*)

state system
Zustandssystem *n* (*Kybernetik*)

state territory (territorial domain)
Staatsgebiet *n*, Hoheitsgebiet *n* (*politische Wissenschaften*)

state theory (theory of state)
Staatslehre *f*, Staatstheorie *f* (*politische Wissenschaften*)

state variable
Zustandsvariable *f* (*statistische Hypothesenprüfung*)

state-ways *pl* **(Howard W. Odum)**
staatlich legalisierte soziale Normen *f/pl*, legalisierte Sozialnormen *f/pl* (*Soziologie*)
vgl. technicways

stated limit (class interval, group interval, step interval, class boundaries *pl*, **class limits** *pl*)
Klassenintervall *n* (*Statistik*)

stateless society
staatenlose Gesellschaft *f* (*Philosophie*)

statement
Darlegung *f*, Darstellung *f*

static
statisch *adj*
vgl. dynamic

static analysis (*pl* **analyses**)
Analyse *f* von Statik (*Soziologie*)
vgl. dynamic analysis

static assessment (Robert M. McIver)
statische Situationseinschätzung *f* (*Soziologie*)
vgl. dynamic assessment

static civilization
statische Kultur *f*, statische Zivilisation *f* (*Kulturanthropologie*)
vgl. dynamic civilization

static equilibrium (*pl* **equilibriums** *or* **equilibria)**
statisches Gleichgewicht *n* (*Kybernetik*) (*Stochastik*) (*Demographie*)
vgl. dynamic equilibrium

static game
statisches Spiel *n* (*Spieltheorie*)
vgl. dynamic game

static homeostasis
statische Homöostase *f* (*Kybernetik*)
vgl. dynamic homeostasis

static model
statisches Modell *n* (*Kybernetik*) (*Stochastik*) (*Theoriebildung*)
vgl. dynamic model

static programming
statische Programmierung *f* (*EDV*)
vgl. dynamic programming

static psychology
statische Psychologie *f*
vgl. dynamic psychology

static reformative nativism
statischer Nativismus *m*, passiver Nativismus *m* (*Kulturanthropologie*)
vgl. dynamic reformative nativism

static sense (sense of equilibrium)
Gleichgewichtssinn *m*, statischer Sinn *m* (*Psychologie*)

static simulation
statische Simulation *f* (*Theoriebildung*)
vgl. dynamic simulation

static society
statische Gesellschaft *f* (*Soziologie*)
vgl. dynamic society

static structure
statische Struktur *f* (*Soziologie*) (*Kybernetik*)
vgl. dynamic structure

static system
statisches System *n* (*Kybernetik*)
vgl. dynamic system

statics *pl als sg konstruiert*
Statik *f* (*Statistik*) (*Kybernetik*) (*Soziologie*)
vgl. dynamics

station (Kingsley Davis)
Station *f*, Stelle *f* (*Sozialpsychologie*)

stationarity (stationary state)
stationärer Zustand *m*, Stationarität *f* (*Statistik*) (*Stochastik*) (*Demographie*)

stationary distribution
stationäre Verteilung *f* (*Statistik*)

stationary distribution of a Markov process
stationäre Verteilung f eines Markov-Prozesses *(Stochastik)*
stationary economy
stationäre Wirtschaft f *(Volkswirtschaftslehre)*
stationary equilibrium (*pl* **equilibria** or **equilibriums)**
stationäres Gleichgewicht n *(Stochastik)*
stationary point process
stationärer Punktprozeß m *(Stochastik)*
stationary Poisson process
stationärer Poissonprozeß m *(Stochastik)*
stationary population (balanced population)
stationäre Bevölkerung f *(Demographie)*
stationary renewal process
stationärer Erneuerungsprozeß m *(Stochastik)*
stationary-state society
stationäre Bevölkerung f, ausgewogene Bevölkerung f *(Demographie)*
stationary strategy
stationäre Strategie f *(Stochastik)*
statism (planned economy)
wirtschaftlicher Dirigismus m, Planwirtschaft f, Zentralverwaltungswirtschaft f, Planwirtschaft f, dirigistische Wirtschaft f, Dirigismus m *(Volkswirtschaftslehre)*
statist (planned-economy)
dirigistisch, planwirtschaftlich *adj* *(Volkswirtschaftslehre)*
statistic
statistische Maßzahl f, Maßzahl f *(Statistik)*
statistical aggregate
statistisches Aggregat n
statistical analysis (*pl* **analyses)**
statistische Analyse f
statistical area
statistisches Gebiet n, statistische Region f
statistical association
statistische Assoziation f
statistical attenuation (attenuation)
Korrelationsverminderung f Verminderung f, mangelnde Meßgenauigkeit f *(Statistik)*
statistical decision function
statistische Entscheidungsfunktion f
statistical decision-making theory (statistical decision theory)
statistische Entscheidungstheorie f, Entscheidungsstatistik f
statistical description
statistische Beschreibung f
statistical dispersion
statistische Streuung f

statistical error (statistical bias)
statistischer Fehler m, statistische Verzerrung f *(statistische Hypothesenprüfung)*
statistical explanation
statistische Erklärung f, statistische Deutung f
statistical fallacy
statistischer Fehlschluß m, statistischer Trugschluß m *(statistische Hypothesenprüfung)*
statistical function
statistische Funktion f, abhängige Variable f
statistical hypothesis (*pl* **hypotheses)**
statistische Hypothese f
statistical hypothesis testing (statistical hypothesis test)
statistische Hypothesenprüfung f, statistischer Hypothesentest m
statistical induction
statistische Induktion f, statistischer Induktionsschluß m *(Theorie des Wissens)*
statistical inference
statistische Inferenz f, statistisches Schließen n, statistische Schlußfolgerung, Repräsentationsschluß m, Rückschluß m *(Statistik) (Theorie des Wissens)*
statistical interaction (specification, conditional relationship, differential impact, differential sensitivity, nonadditivity of effects)
statistische Interaktion f
statistical law
statistisches Gesetz n, statistische Gesetzmäßigkeit f *(Theoriebildung)*
statistical map
statistische Karte f, statistische Landkarte f *(graphische Darstellung)*
statistical method (statistical technique)
statistische Technik f, statistische Methode f, statistisches Verfahren n
statistical model
statistisches Modell n *(Theoriebildung)*
statistical norm
statistische Norm f
statistical population (statistical universe)
statistische Grundgesamtheit f, statistische Population f, statistisches Universum n
statistical power
statistische Trennschärfe f, statistische Güte f *(statistische Hypothesenprüfung)*
statistical probability
statistische Wahrscheinlichkeit f *(Wahrscheinlichkeitstheorie) (statistische Hypothesenprüfung)*

statistical process control (SPC) (process control)
Verfahrenskontrolle f, Verfahrensprüfung f *(statistische Qualitätskontrolle)*
statistical quality control (statistical quality inspection, quality control)
statistische Qualitätskontrolle f, statistische Qualitätsprüfung f
statistical rank
statistischer Rang m, statistischer Rangplatz m
statistical regression
statistische Regression f
statistical reliability
statistische Reliabilität f, statistische Zuverlässigkeit f *(statistische Hypothesenprüfung)*
statistical significance
statistische Signifikanz f *(statistische Hypothesenprüfung)*
statistical table (table)
statistische Tabelle f
statistical test
statistischer Test m
statistical theory
statistische Theorie f (Theorie f der Statistik)
statistical theory of decision making (decision theory, decision-making theory, theory of decision-making, statistical decision theory, statistical decision-making theory, Bayesian theory, Bayesian analysis)
Entscheidungstheorie f, statistische Entscheidungstheorie f
statistical tolerance limit
statistische Toleranzgruppe f, statistische Vertrauensgrenze f *(statistische Hypothesenprüfung)*
statistical tolerance region (statistical confidence region)
statistischer Toleranzbereich m, statistischer Vertrauensbereich m *(statistische Hypothesenprüfung)*
statistics *pl als sg konstruiert*
Statistik f
statistics *pl als sg konstruiert* **of attributes (attribute statistics** *pl als sg konstruiert*)
Attributsstatistik f, Statistik f der Attributdaten, Statistik f qualitativer Daten
statistics of extreme values *pl als sg konstruiert*
Extremwertstatistik f
statistics of stochastic processes *pl als sg konstruiert*
Statistik f stochastischer Prozesse
statocentrism (status centrism)
Statuszentrismus m *(Soziologie)*

statogram (B.B. Wolman)
Statogramm n *(Sozialpsychologie)*
status *(pl* **statuses)**
Status m, Sozialstatus m, sozialer Status m *(Soziologie) (empirische Sozialforschung)*
status achievement
Statuserwerb m *(Soziologie)*
status aggregate
Statusaggregat n *(Soziologie)*
status ambiguity
Statusambiguität f *(Soziologie)*
status anxiety (status concern)
Statusangst f, Angst f vor Statusverlust *(Soziologie)*
status ascription
Statuszuschreibung f *(Soziologie)*
status assent (John Mogey)
Statuskonsens m, Statuskonsensus m, Statuszustimmung f, Statusbilligung f *(Soziologie)*
status characteristic
Statusmerkmal n, Statusfaktor m, Statuscharakteristikum n, Statuskriterium n *(Soziologie)*
status class
Statusschicht f *(Soziologie)*
status competition
Statuswettbewerb m *(Soziologie)*
status concern
Statussorge f, Statusbesorgtheit f *(Soziologie)*
status congruence (status congruency)
Statuskongruenz f *(Soziologie)*
status consistency
Statuskonsistenz f, Statusgleichgewicht n, Statuskongruenz f *(Soziologie)*
status continuum *(pl* **continua** *or* **continuums)**
Statuskontinuum n *(Soziologie)*
status crystallization (Gerhard E. Lenski) (status consistency)
Statuskristallisation f *(Soziologie)*
status discrepancy
Statusdiskrepanz f *(Soziologie)*
status disequilibrium *(pl* **disequilibria** *or* **disequilibriums)**
Statusungleichgewicht f, Statuslabilität f *(Soziologie)*
status dissent (John Mogey)
Statusdissens m, Statusmißbilligung f, Nichtübereinstimmung f mit dem eigenen Status *(Soziologie)*
status dramatization
Statusdramatisierung f *(Soziologie)*
status envy
Statusneid m *(Soziologie)*
status equilibration
Statusangleichung f *(Soziologie)*

status equilibrium (*pl* **equilibria** *or* **equilibriums**)
Statusgleichgewicht *n*, Statusstabilität *f* *(Soziologie)*
status group
Statusgruppe *f* *(Soziologie)*
status heterophily (Robert K. Merton)
Statusheterophilie *f* *(Soziologie)*
status hierarchy
Statushierarchie *f* *(Soziologie)*
status homophily (Robert K. Merton)
Statushomophilie *f* *(Soziologie)*
status honor (*brit* **status honour, prestige, social prestige**)
Standesehre *f*, Statusehre *f*, Prestige *n* *(Soziologie)*
status incongruence (status incongruency)
Statusinkongruenz *f* *(Soziologie)*
status inconsistency (Gerd Lenski)
Statusinkonsistenz *f*, Statusunstimmigkeit *f*, Statusdiskrepanz *f*, Statusungleichgewicht *f* *(Soziologie)*
status insecurity
Statusunsicherheit *f* *(Soziologie)*
status integration (J.P. Gibbs/Walter T. Martin)
Statusintegration *f* *(Soziologie)*
status mobility
Statusmobilität *f* *(Soziologie)*
status organization (*brit* **organisation**)
Statusorganisation *f* *(Soziologie)*
status panic (C. Wright Mills)
Statuspanik *f* *(Soziologie)*
status personality (Ralph Linton) (status character)
Statuspersönlichkeit *f*, Statuscharakter *m* *(Soziologie)*
status polarization (J. Gibbs/W. Martin)
Statuspolarisierung *f* *(Soziologie)*
status politics *pl als sg konstruiert* **(Richard Hofstadter)**
Statuspolitik *f* *(Sozialpsychologie)* *(politische Wissenschaften)*
status protest
Statusprotest *m* *(Soziologie)*
status reference group
Status-Bezugsgruppe *f* *(Soziologie)*
status security
Statussicherheit *f* *(Soziologie)*
status sequence (Robert K. Merton)
Statusfolge *f*, Statussequenz *f* *(Soziologie)*
status set (Robert K. Merton)
Statussatz *m*, Statusset *m*, Statuskomplex *m*, Statusbündel *n* *(Soziologie)*
status situation
Statussituation *f* (Max Weber) *(Soziologie)*

status society
Statusgesellschaft *f* *(Soziologie)*
status stratification
Statussicherung *f*, Statusaufbau *m* *(Soziologie)*
status symbol
Statussymbol *n* *(Soziologie)*
status system (status organization, *brit* **status organisation)**
Statussystem *n* *(Soziologie)*
status-continuum hypothesis (*pl* **hypotheses) (Werner S. Landecker)**
Statuskontinuumhypothese *f* *(Soziologie)*
status-oriented society (Henry Sumner Maine)
statusorientierte Gesellschaft *f* *(Soziologie)*
status-role
Status-Rolle *f* *(Soziologie)*
status-security hypothesis (*pl* **hypotheses) (Anthony Richmond)**
Statussicherheitshypothese *f*, Hypothese *f* der Statussicherheit *(Soziologie)*
status-seeker (Vance Packard)
Statussucher *m* *(Soziologie)*
statute
Statut *n*, Satzung *f*
statute (statutory law)
gesetzten Recht *n*, Gesetzesbestimmung *f*, Gesetzesvorschrift *f*
statute law (statutory law, positive law)
positives Recht *n*, Gesetzesrecht *n*, gesetztes Recht *n*, geschriebenes Gesetz *n*
statute of limitation
Verjährungsgesetz *n*
statutory referendum (*pl* **referendums**)
gesetzlich vorgeschriebenes Referendum *n*, gesetzlich vorgeschriebene Volksbefragung *f* *(politische Wissenschaften)*
steady state
stabiler Zustand *m* *(Stochastik)*
steady-state design (reversal design, switchback design, cross-over design)
Umkehranlage *f* *(Verhaltensforschung)*
stem family (famille-souche) (Frédéric Le Play)
Stammfamilie *f* *(Kulturanthropologie)*
step curve of cumulative frequencies
Treppenkurve *f* der Summenhäufigkeiten *(Statistik)*
step family
Stieffamilie *f* *(Familiensoziologie)*
step father
Stiefvater *m* *(Familiensoziologie)*
step function
Stufenfunktion *f* *(Statistik)*

step interval (stated limit, class interval, group interval, class boundaries *pl,* **class limits** *pl*)
Klassenintervall *n (Statistik)*
step mother
Stiefmutter *f (Familiensoziologie)*
step-by-step approximation
stufenweise Näherung *f,* stufenweise Approximation *f (Mathematik/Statistik) (empirische Sozialforschung)*
stepwise regression
stufenweise Regression *f (Statistik)*
stereogram (three-dimensional chart, three-dimensional projection chart, three-dimensional projection diagram)
Stereogramm *n (graphische Darstellung)*
stereotype (Walter Lippman)
Stereotyp *n (Sozialpsychologie)*
stereotype accuracy
Stereotyp-Genauigkeit *f,* Genauigkeit *f* eines Stereotyps *(Sozialpsychologie)*
stereotyped response
stereotype Reaktion *f (Psychologie)*
stereotypy
Stereotypie *f (Sozialpsychologie)*
sterile
steril, unfruchtbar (im Sinne von kinderlos), zeugungsunfähig *adj*
sterility
Sterilität *f,* Unfruchtbarkeit *f,* Zeugungsunfähigkeit *f,* Kinderlosigkeit *f*
sterilization
Sterilisierung *f,* Unfruchtbarmachung *f*
stigma *(pl* **stigmas** or **stigmata, social stigma)**
Stigma *n,* Schandmal *n (Sozialpsychologie)*
stigma conversion (Laud Humphreys)
Stigmakonversion *f,* Umwandlung *f* des Stigma *(Sozialpsychologie)*
stigmatization
Stigmatisierung *f (Sozialpsychologie)*
to stigmatize
stigmatisieren *v/t (Sozialpsychologie)*
stillbirth
Totgeburt *f (Demographie)*
stillbirth rate
Totgeborenenrate *f,* Totgeborenenziffer *f (Demographie)*
stillbirth ratio
Totgeborenenquotient *m,* Verhältnis *n* der Totgeburten zu den Lebendgeborenen *(Demographie)*
stimulated recall (aided recall)
gestützte Erinnerung *f,* Erinnerung *f* mit Gedächtnisstütze, passiver Bekanntheitsgrad *m (Psychologie) (empirische Sozialforschung)*

stimulated recall technique (aided recall technique)
gestütztes Erinnerungsverfahren, Erinnerungsverfahren *n* mit Gedächtnisstütze, Erinnerungsverfahren *n* zur Ermittlung des aktiven Bekanntheitsgrads *(Psychologie) (empirische Sozialforschung)*
stimulation
Stimulation *f,* Reizung *f,* Erregung *f,* Antrieb *m (Psychologie)*
stimulator opinion leadership
auslösende Meinungsführerschaft *f,* auslösende Meinungsführung *f (Kommunikationsforschung)*
stimulus *(pl* **stimuli)**
Stimulus *m,* Reiz *m (Verhaltensforschung)*
vgl. reaction
stimulus attitude
Reizeinstellung *f,* Stimuluseinstellung *f (Verhaltensforschung)*
stimulus-centered approach (stimulus centered measurement) (Warren S. Torgerson)
indikatororientiertes Messen *n (Skalierung) (Statistik)*
stimulus comparison
Stimulusvergleich *m (Skalierung)*
stimulus contiguity
Reizkontiguität *f,* Stimuluskontiguität *f (Verhaltensforschung)*
stimulus control
Stimuluskontrolle *f,* Reizkontrolle *f (Verhaltensforschung)*
stimulus deprivation
Reizdeprivation *f,* Stimulusdeprivation *f,* Reizentzug *m,* Stimulusentzug *m (Verhaltensforschung)*
stimulus diffusion (Alfred Kroeber)
Stimulusdiffusion *f,* Reizdiffusion *f (Kulturanthropologie)*
stimulus discrimination (discrimination learning, discrimination training, stimulus control, discrimination conditioning)
Reizdiskriminierung *f,* Stimulusdiskriminierung *f,* Reizunterscheidung *f,* Stimulusunterscheidung *f,* Unterscheidungslernen *n,* Diskriminationstraining *n (Verhaltensforschung)*
stimulus-elicited behavior (respondent behavior, *brit* **behaviour) (B. F. Skinner)**
respondentes Verhalten *n,* reflexives Verhalten *n,* Antwortverhalten *n,* ausgelöstes Verhalten *n (Verhaltensforschung)*
stimulus generalization
Reizgeneralisierung *f,* Stimulusgeneralisierung *f (Verhaltensforschung)*

stimulus intensity
 Reizintensität *f*, Stimulusintensität *f* *(Verhaltensforschung)*
stimulus model of scaling
 Stimulusmodell *n* der Skalierung *f*, Stimulusskalierung *f* *(Statistik)* *(Psychologie/empirische Sozialforschung)*
stimulus object
 Reizobjekt *n*, Stimulusobjekt *n*, Reizgegenstand *m*, Stimulusgegenstand *m* *(Verhaltensforschung)*
stimulus pattern
 Reizmuster *n*, Reizkonfiguration *f*, Reizpattern *n*, Reizsituation *f*, Stimuluskonfiguration *f*, Stimuluspattern *n*, Stimulussituation *f*, Stimulusmuster *n* *(Verhaltensforschung)*
stimulus-response law (S-R law)
 Reiz-Reaktions-Gesetz *n*, Reiz-Stimulus-Gesetz *n*, S-R-Gesetz *n* *(Verhaltensforschung)*
stimulus-response learning
 Reiz-Reaktions-Lernen *n*, Stimulus-Reaktions-Lernen *n* *(Verhaltensforschung)*
stimulus-response model (S-R model)
 Stimulus-Reaktions-Modell *n*, Reiz-Reaktions-Modell *n*, S-R-Modell *n* *(Verhaltensforschung)*
stimulus-response psychology (S-R psychology)
 Reiz-Reaktions-Psychologie *f*, Stimulus-Reaktions-Psychologie *f*, S-R-Psychologie *f*
stimulus-response theory of learning (S-R theory of learning)
 Reiz-Reaktions-Theorie *f* des Lernens, Stimulus-Reaktions-Theorie *f* des Lernens *(Theorie des Lernens)*
stimulus sampling theory (SST)
 Reiz-Stichproben-Theorie *f*, Stimulus-Stichproben-Theorie *f* *(Theorie des Lernens)*
stimulus scale (Warren S. Torgerson)
 Stimulusskala *f* *(Skalierung)* *(Psychologie/empirische Sozialforschung)*
stimulus threshold (threshold, limen)
 Schwelle *f*, Reizschwelle *f* *(Verhaltensforschung)*
stimulus trace (Clark L. Hull)
 Reizspur *f*, Stimulusspur *f* *(Verhaltensforschung)*
stimulus word
 Reizwort *n*, Stimuluswort *n* *(Psychologie)* *(Verhaltensforschung)*
stirpiculture
 eugenische Züchtung *f* von Menschen, Rassenzüchtung *f* *(Genetik)*
stochastic
 stochastisch *adj*

stochastic approximation
 stochastische Näherung *f*, stochastische Approximation *f*
stochastic automation
 stochastischer Automat *m*
stochastic continuity
 stochastische Kontinuität *f*, stochastische Stetigkeit *f*
stochastic convergence (convergence in probability)
 stochastische Konvergenz *f*, Konvergenz *f* in Wahrscheinlichkeit *(Wahrscheinlichkeitstheorie)*
stochastic decision-making (decision-making under risk)
 Entscheidung *f* unter Risiko, stochastischer Fall *m* *(Entscheidungstheorie)*
stochastic dependence
 stochastische Abhängigkeit *f*
stochastic differentiability
 stochastische Differenzierbarkeit *f*
stochastic differential equation (stochastic difference equation)
 stochastische Differentialgleichung *f*
stochastic disturbance
 stochastische Störung *f*
stochastic dynamic programming
 stochastische dynamische Programmierung *f*
stochastic equation
 stochastische Gleichung *f*
stochastic experiment (Johan Galtung)
 stochastisches Experiment *n* *(statistische Hypothesenprüfung)*
stochastic independence
 stochastische Unabhängigkeit *f* *(statistische Hypothesenprüfung)*
stochastic integrability
 stochastische Integrierbarkeit *f*
stochastic integral
 stochastisches Integral *n*
stochastic matrix (*pl* matrixes *or* matrices)
 stochastische Matrix *f*
stochastic maximum principle
 stochastisches Maximum Prinzip *n*
stochastic model
 stochastisches Modell *n* *(Theoriebildung)*
stochastic modification
 stochastische Modifikation *f*
stochastic probability
 stochastische Wahrscheinlichkeit *f* *(Wahrscheinlichkeitstheorie)*
stochastic process
 stochastischer Prozeß *m*, Zufallsprozeß *m*
stochastic process control
 Steuerung *f* stochastischer Prozesse

stochastic programming (stochastic optimization, brit **optimisation)**
stochastische Programmierung f, stochastische Optimierung f

stochastic variable (variate)
stochastische Variable f, Zufallsvariable f, Zufallsveränderliche f (Wahrscheinlichkeitstheorie) (statistische Hypothesenprüfung)

stochastics pl als sg konstruiert
Stochastik f

stock
1. Abstammung f, Verwandtschaft f, Verwandtschaftssystem n (Kulturanthropologie)
2. Urvater m, Stammvater m (Kulturanthropologie)

stock (origin)
Ursprung m, Anfang m, Entstehung f (Kulturanthropologie)

stooge (rubber stamp)
Jasager m, willenloses Werkzeug n, Handlanger m, Strohmann m, Beamter m, der sich nur nach den Vorschriften richtet (Organisationssoziologie)

stop time
Stoppzeit f (Stochastik)

stopped process
gestoppter Prozeß m (Stochastik)

stopping of random processes (stopping of stochastic processes)
Stoppen n stochastischer Prozesse

stopping rule
Stoppregel f, Stopregel f (Stochastik)

storage
Speichern n, Speicher m, Externspeicher m, äußerer Speicher m (EDV)

story-completion test
Geschichtenergänzungstest m (Psychologie/empirische Sozialforschung)

storytelling
Geschichtenerzählen n (Psychologie/empirische Sozialforschung)

straggler (sport, outlier, out-lier, discordant value, wild variation, wild shot, maverick)
Ausreißer m (Statistik)

straight-line relationship
geradlinige Beziehung f

strain
Anspannung f, Spannung f (Psychologie)

strain toward consistency (strain of consistency) (William G. Sumner)
Konsistenzdruck m, Konsistenzspannung f (Sozialpsychologie)

strain toward symmetry (Theodore M. Newcomb)
Symmetriedruck m (Einstellungsforschung) (Sozialpsychologie)

stranger (the stranger)
Fremder m (Georg Simmel) (Soziologie)

strata chart (zee chart, Z chart)
Schichtenkarte f (Statistik)

strategic action
strategisches Handeln n (Jürgen Habermas) (Soziologie)

strategic decision
strategische Entscheidung f (Entscheidungstheorie)

strategic elite (strategic élite) (Suzanne Keller)
strategische Elite f (Soziologie)

strategic form (of a game of strategy) (Oskar Morgenstern)
strategische Form (f, eines Strategiespiels (Spieltheorie)

strategic interaction (Erving Goffman)
strategische Interaktion f (Soziologie)

strategic planning
strategische Planung f (Entscheidungstheorie)

strategic theory
strategische Theorie (Entscheidungstheorie)

strategic voting
strategisches Wählen n, strategische Stimmabgabe f (politische Wissenschaften)

strategy (strategic guideline)
Strategie f, Entscheidungsregel f (Organisationssoziologie) (Entscheidungstheorie)

stratification
Schichtung f, Stratifizierung f, Stratifikation f, Schichtenbildung f (Sozialforschung) (Statistik)

stratification after sampling (post stratification, post stratification)
nachträgliche Schichtung f, nachträgliche Stratifizierung f, nachträgliche Schichtenbildung f, Schichtung f nach Stichprobenbildung (Statistik)

stratification after selection (post stratification)
Schichtung f nach erfolgter Auswahl, Stratifizierung f nach erfolgter Auswahl, Stratifikation f nach erfolgter Auswahl, Schichtenbildung f nach erfolgter Auswahl (Statistik)

stratification effect
Schichtungseffekt m, Stratifizierungseffekt m, Stratifikationseffekt m, Schichtenbildungseffekt m (Statistik)

stratification factor (stratification variable)
Schichtungsfaktor *m*, Stratifizierungsfaktor *m*, Stratifikationsfaktor *m*, Schichtenbildungsfaktor *m* *(Statistik)*

stratification system
Schichtungssystem *n*, Stratifizierungssystem *n*, Stratifikationssystem *n*, Schichtenbildungssystem *n* *(Soziologie)* *(Statistik)*

stratification with variable sampling fraction
Schichtung *f* mit verschiedenen Stichprobengruppen, Stratifizierung *f* mit verschiedenen Stichprobengruppen, Stratifikation *f* mit verschiedenen Stichprobengruppen, Schichtenbildung *f* mit verschiedenen Stichprobengruppen *(Statistik)*

stratificational model (of language) (Sydney Lamb)
Schichtmodell *n* (der Sprache) *(Linguistik)*

stratified cluster sample
geschichtete Klumpenstichprobe *f*, geschichtete Clusterstichprobe *f*, stratifizierte Klumpenstichprobe *f* *(Statistik)*

stratified cluster sampling
geschichtetes Klumpenauswahlverfahren *n*, geschichtete Klumpenauswahl *f*, geschichtetes Klumpenstichprobenverfahren *n*, geschichtete Klumpenstichprobenbildung *f*, stratifiziertes Klumpenauswahlverfahren *n*, stratifiziertes Klumpenstichprobenverfahren *n*, stratifizierte Klumpenstichprobenbildung *f* *(Statistik)*

stratified random sample
geschichtete Zufallsauswahl *f*, geschichtete Zufallsstichprobe *f*, stratifizierte Zufallsauswahl *f*, stratifizierte Zufallsstichprobe *f* *(Soziologie)*

stratified random sampling
geschichtetes Zufallsauswahlverfahren *n*, geschichtete Zufallsauswahl *f*, geschichtetes Zufallsstichprobenverfahren *n*, geschichtete Zufallsstichprobenbildung *f*, stratifiziertes Zufallsauswahlverfahren *n*, stratifiziertes Zufallsstichprobenverfahren *n*, stratifizierte Zufallsstichprobenbildung *f* *(Statistik)*

stratified sample
geschichtete Stichprobe *f*, geschichtete Auswahl *f*, stratifizierte Stichprobe *f*, stratifizierte Auswahl *f*, Auswahl *f* aus einer geschichteten Grundgesamtheit *(Statistik)*

stratified sampling
stratifiziertes Auswahlverfahren *n*, stratifizierte Auswahl *f*, stratifiziertes Stichprobenverfahren *n*, stratifizierte Stichprobenbildung *f*, geschichtetes Auswahlverfahren *n*, geschichtetes Stichprobenverfahren *n*, geschichtete Stichprobenbildung *f* *(Statistik)*

stratified sampling of unequal clusters
geschichtete Auswahl *f* ungleicher Klumpen, geschichtetes Auswahlverfahren *n* mit ungleichen Klumpen, geschichtetes Stichprobenverfahren *n* mit ungleichen Klumpen, geschichtete Stichprobenbildung *f* mit ungleichen Klumpen, stratifiziertes Auswahlverfahren *n* mit ungleichen Klumpen, stratifizierte Auswahl *f* mit ungleichen Klumpen, stratifizierte Stichprobenbildung *f* mit ungleichen Klumpen *(Statistik)*

to stratify
schichten, stratifizieren *(Statistik)* *(empirische Sozialforschung)* *(Soziologie)* *v/t*

stratocracy (military rule, militocracy)
Militärherrschaft *f*, Stratokratie *f*, Militokratie *f*, Militärregime *n*, *(politische Wissenschaften)*

stratum (pl strata)
Schicht *f*

stratum chart (band chart, band curve chart, band graph, band curve graph, band diagram, band curve diagram, belt chart, belt graph, belt diagram, surface chart)
Banddiagramm *n*, Bandgraphik *f*, Bänderschaubild *n*, Schichtkarte *f* *(graphische Darstellung)*

straw poll (straw vote, street-corner survey)
Probeabstimmung *f*, Probewahl *f*, Strohwahl *f* *(Meinungsforschung)*

stream of consciousness (William I. James)
Strom *m* des Bewußtseins *(Psychologie)*

street-corner sample *derog* **(convenience sample, accidental sample, haphazard sample, incidental sample, pick-up sample, chunk sample)**
Gelegenheitsstichprobe *f*, Gelegenheitsauswahl *f*, unkontrollierte Zufallsstichprobe *f* *(Statistik)*

street-corner sampling *derog* **(convenience sampling, accidental sampling, haphazard sampling, incidental sampling, pick-up sampling, chunk sampling)**
Gelegenheitsauswahl *f*, Gelegenheitsauswahlverfahren *n*, Gelegenheitsstichprobenbildung *f*, unkontrollierte

Zufallsauswahl *f*, unkontrolliertes
Zufallsstichprobenverfahren *n* *(Statistik)*
strength (force)
 Kraft *f*, Stärke *f*, Stärke *f* der
 Betroffenheit, Stärke *f* der Anteilnahme
 (Soziologie)
strength of a test
 Strenge *f* eines Tests *(statistische
 Hypothesenprüfung)*
stress
 Streß *m* *(Psychologie)*
stress interview (stressed interview)
 antagonistisches Interview *n*,
 Streßinterview *n* *(Psychologie/empirische
 Sozialforschung)*
stress interviewing (stressed interviewing)
 antagonistisches Interviewen *n*,
 Streßinterviewen *n* *(Psychologie/empirische Sozialforschung)*
stress management (coping with stress)
 Streßbewältigung *f* *(Psychologie)*
stress-strain concept (Alvin L. Bertrand)
 Streß Spannungs-Konzept *n* *(Soziologie)*
stressor
 Streß Reiz *m* *(Verhaltensforschung)*
strict empiricism (strict empirism)
 strikter Empirismus *m* *(Philosophie)*
strict order (chain, strong order)
 Kette *f* *(Statistik)* *(Stochastik)*
strictly stationary process
 streng stationärer Prozeß *m* *(Stochastik)*
strike
 Streik *m* *(Industriesoziologie)*
strikebreaking (scabbing)
 Streikbrechen *n* *(Industriesoziologie)*
strip key
 Streifenschlüssel *m* *(Verhaltensforschung)*
strong law of large numbers
 starkes Gesetz *n* der großen Zahl(en)
 (Wahrscheinlichkeitstheorie)
strong Markov process
 stark Markovscher Prozeß *m*
 (Stochastik)
strong monotonicity (strict monotonicity)
 starke Monotonie *f* *(multidimensionale
 Skalierung)*
strong order (strict order, chain)
 Kette *f* *(Statistik)* *(Stochastik)*
strong transformation
 starke Transformation *f* *(Statistik)*
**Strong Vocational Interest Blank (SVIB)
 (Edward K. Strong)**
 Strongscher Berufsinteressentest *m*
 (Psychologie)
strongly consistent estimator
 stark konsistente Schätzfunktion *f*
 (Statistik)
structural
 strukturell, Struktur- *adj*

structural analysis (*pl* analyses)
 Strukturanalyse *f* *(Soziologie)*
 (Psychologie)
**structural anthropology (structuralist
 anthropology) (Claude Lévi-Strauss)**
 strukturale Anthropologie *f*
 (Kulturanthropologie)
structural assimilation
 strukturelle Assimilierung *f*, strukturelle
 Assimilation *f* *(Soziologie)*
structural balance
 strukturelles Gleichgewicht *n*,
 Strukturgleichgewicht *n* *(Soziologie)*
structural comparison
 Strukturvergleich *m* *(Soziologie)*
structural conduciveness (Neil J. Smelser)
 strukturelle Förderlichkeit *f*,
 Strukturförderlichkeit *f* *(Soziologie)*
structural contraction
 struktureller Widerspruch *m* *(Soziologie)*
structural dictatorship (J. Blondel)
 strukturelle Diktatur *f* *(politische
 Wissenschaften)*
structural differentiation
 strukturelle Differenzierung *f*,
 Strukturdifferenzierung *f* *(Soziologie)*
structural effect (Peter M. Blau)
 Struktureffekt *m* *(Soziologie)*
structural equation
 Strukturgleichung *f*, strukturelle
 Gleichung *f* *(Soziologie)*
structural equivalence
 strukturale Äquivalenz *f* *(Soziologie)*
**structural exchange theory (Claude Lévi-
 Strauss)**
 strukturale Austauschtheorie *f*
 (Kulturanthropologie)
structural functionalism (Talcott Parsons)
 Strukturfunktionalismus *m* *(Soziologie)*
structural growth
 strukturelles Wachstum *n* *(Soziologie)*
**structural imperative (structural requisite)
 (Talcott Parsons)**
 struktureller Imperativ *m* *(Soziologie)*
structural Marxism (structuralist Marxism)
 strukturalistischer Marxismus *m*
 (Soziologie) *(Kulturanthropologie)*
 (Philosophie)
structural matrix (*pl* matrixes *or* matrices)
 Strukturmatrix *f* *(Volkswirtschaftslehre)*
**structural measure (relational pattern
 measure, sociometric measure)**
 Relationsmustermaß *n* *(Soziologie)*
structural mobility
 strukturelle Mobilität *f* *(Soziologie)*
structural monism
 struktureller Monismus *m*,
 Strukturmonismus *m* *(Soziologie)*

structural opposition (Claude Lévi-Strauss)
strukturelle Opposition *f*
(Kulturanthropologie)
structural parameter
Strukturparameter *m (Soziologie)*
structural pluralism
struktureller Pluralismus *m*,
Strukturpluralismus *m (Soziologie)*
structural psychology (Edward B. Titchener)
strukturalistische Psychologie *f*,
psychologischer Strukturalismus *m*
structural psychology
strukturale Psychologie *f*
structural sample
Strukturstichprobe *f (Statistik)*
structural strain (Neil J. Smelser)
strukurelle Spannung *f (Soziologie)*
structural theory of action (Ronald S. Burt)
strukturale Theorie *f* des Handelns
(Soziologie)
structural unemployment
strukturelle Arbeitslosigkeit *f*,
strukturbedingte Arbeitslosigkeit *f*
(Industriesoziologie)
structural variable (Paul F. Lazarsfeld) (Raymond B. Cattell)
Strukturvariable *f*, strukturelle Variable *f*
(empirische Sozialforschung)
structural-functional analysis (*pl* analyses)
strukturell-funktionale Analyse *f*
(Soziologie)
structural-functional theory (structural functionalism, structural functional analysis, *pl* analyses)
strukturell-funktionale Theorie *f*
(Soziologie)
structuralism (structural theory, French structuralism)
Strukturalismus *m*, strukturalistische
Theorie *f (Kulturanthropologie)*
(Soziologie)
structuration (Anthony Giddens)
Strukturation *f*, Strukturierung *f*
(Soziologie)
structuration theory (theory of structuration, structurationism) (Anthony Giddens)
Strukturationstheorie *f*, Strukturierungstheorie *f (Soziologie)*
structure
Struktur *f*
structure-function principle
Struktur-Funktion-Prinzip *n*
(Psychologie)
structure-function
Strukturfunktion *f (Soziologie)*

structure of culture
Kulturstruktur *f*, Struktur *f* der Kultur
(Soziologie)
structure of social action (Talcott Parsons)
Struktur *f* des sozialen Handelns
(strukturell-funktionale Theorie)
structured group (Georges Gurvitch)
strukturierte Gruppe *f (Soziologie)*
structured interview
strukturiertes Interview *n*, strukturierte
Befragung *f (Psychologie/empirische Sozialforschung)*
structured learning (Raymond B. Cattell)
strukturiertes Lernen *n (Psychologie)*
structured observation
strukturierte Beobachtung *f*
(Psychologie/empirische Sozialforschung)
structured question
strukturierte Frage *f*, strukturierte
Interviewfrage *f (Psychologie/empirische Sozialforschung)*
structured questionnaire (fixed-alternative questionnaire, structured schedule)
strukturierter Fragebogen *m*
(Psychologie/empirische Sozialforschung)
structurization
Strukturierung *f (Psychologie/empirische Sozialforschung)*
struggle (fight)
Kampf *m*, Ringen *n*, Streit *m*
struggle for existence (fight for survival)
Kampf *m* ums Überleben,
Existenzkampf *m (Kulturanthropologie)*
(Soziologie)
student
Student(in)*m(f)*
student culture
Studentenkultur *f*, Studentensubkultur *f*,
Schülerkultur *f*, Schülersubkultur *f*
(Soziologie)
student movement
Studentenbewegung *f (Soziologie)*
Student's distribution (Student's t distribution, t distribution)
Student-Verteilung *f*, Studentsche
Verteilung *f (Statistik)*
Student's hypothesis (*pl* hypotheses)
Student-Hypothese *f*, Studentsche
Hypothese *f (Statistik)*
Student's t distribution (t distribution, Student distribution)
t-Verteilung *f*, Student-Verteilung *f*,
Verteilung *f* nach Student *(statistische Hypothesenprüfung)*
Student's test (Student's t test, t test)
Student-Test *m*, Studentscher Test *m*,
t-Test *m*, Test *m* nach Student *(Statistik)*
studentization (*brit* studentisation)
Studentisierung *f (Statistik)*

studentized range (*brit* **studentised range**)
studentisierte Variationsbreite *f*
(Statistik)
study
1. Studie *f*, Untersuchung *f*,
wissenschaftliche Studie *f*,
wissenschaftliche Untersuchung *f*
2. Studienfach *n*, Studienzweig *m*,
Studienobjekt *n*, Gegenstand *m* der
Studien
study domain (domain of study)
Untersuchungsuntergruppe *f* *(statistische Hypothesenprüfung)*
study group
Studiengruppe *f*
style
Stil *m*, Lebensart *f*, Art *f* und Weise
style of communication (communication style, communicative style)
Kommunikationsstil *m* *(Kommunikationsforschung)*
style of life (life style, life-style)
Lebensstil *m* (Alfred Adler)
(Psychologie)
stylistic integration
stilistische Integration *f* *(Soziologie)*
sub-aggregate
Subaggregat *n*, Unteraggregat *n*
(Statistik)
sub-delegation
Subdelegierung *f*, Weiterdelegierung *f*,
Weiterdelegation *f* *(Organisationssoziologie)*
sub-employment rate
Unterbeschäftigungsrate *f*,
Unterbeschäftigungsziffer *f*
(Industriesoziologie)
sub-ethos
Subkultur-Ethos *n*, Ethos *n* einer
Subkultur *(Soziologie)*
subcaste (sub-caste)
Unterkaste *f* *(Soziologie)*
subcentralization (*brit* **sub centralisation**)
Subzentrenbildung *f*, Subzentrenentstehung *f*, Bildung *f* von Unterzentren,
Entstehung *f* von Unterzentren
(Sozialökologie)
subception
Subception *f* *(Psychologie)*
subconscious
unterbewußt *adj* *(Psychologie)*
subconscious personality (M. Prince)
unterbewußte Persönlichkeit *f*
(Psychologie)
subconscious process (M. Prince)
unterbewußter Prozeß *m* *(Psychologie)*
subconsciousness
Unterbewußtsein *n*, Unterbewußtes *n*
(Psychologie)

subcontracting of fieldwork
Abschluß *m* eines Nebenvertrags über
die Feldarbeit *(Umfrageforschung)*
subcontracting of fieldwork
Subkontraktion *f* der Feldarbeit,
Weitervergabe *f* des Auftrags für
die Feldarbeit, Abschluß *f* eines
Nebenvertrags über die Feldarbeit
(empirische Sozialforschung)
subcontracting of fieldwork
Weitervergabe *f* des Auftrags für die
Feldarbeit *(Umfrageforschung)*
subcontractor
Subkontraktor *m*, Subunternehmer *m*,
Nebenvertragspartner *m* *(empirische Sozialforschung)*
subcultural (sub-cultural)
subkulturell, Subkultur- *adj* *(Soziologie)*
subcultural delinquency
Subkulturkriminalität *f*, Subkulturdelinquenz *f* *(Kriminalsoziologie)*
subcultural norm
Subkulturnorm *f*, Norm *f* einer
Subkultur *(Soziologie)*
subculture (sub culture, cultural alternative) (Ralph Linton)
Subkultur *f* *(Soziologie)*
subdivided 100 percent bar chart
unterteiltes 100-Prozent-Stabdiagramm *n*,
unterteiltes 100-Prozent-Säulendiagramm *n*, 100-Prozent-Stabdiagramm *n*
mit Unterteilungen, 100-Prozent
Säulendiagramm *n* mit Unterteilungen
(graphische Darstellung)
subdivided bar chart (component bar chart, subdivided column chart)
unterteiltes Stabdiagramm *n*, unterteiltes
Säulendiagramm *n*, Stabdiagramm *n* mit
Unterteilungen, Säulendiagramm *n* mit
Unterteilungen *(graphische Darstellung)*
subdominance
Subdominanz *f*, Unterdominanz *f*
(Soziologie) (Sozialökologie)
subfamily
Subfamilie *f*, Unterfamilie *f*
(Demographie)
subgraph (sub-graph)
Subgraph *n* *(Mathematik/Statistik)*
subgroup (sub-group)
Untergruppe *f*, Teilgruppe *f*,
Subgruppe *f* *(Soziologie)*
(Sozialpsychologie) (statistische Hypothesenprüfung)
subgroup confounded
vermengte Untergruppe *f* *(Statistik)*
subgrouping (subgrouping)
Untergruppenbildung *f*, Untergruppierung *f*, Bildung *f* von Untergruppen
(statistische Hypothesenprüfung)
(empirische Sozialforschung)

subintentioned death (Edwin S. Shneidman)
subintendierter Tod *m (Sozialpsychologie)*
vgl. intentioned suicide
subject
1. Fach *n*, Fachgebiet *n*, Studienfach *n*
2. Subjektbegriff *m*, Subjekt *n*, Grundbegriff *m (Psychologie/empirische Sozialforschung)*
3. untertan, untergeben, unterworfen, abhängig *adj (Soziologie)*
4. Untertan *m (Soziologie)*
subject *brit* **(citizen)**
Staatsangehöriger *m*, Staatsbürger *m*
subject (informant, respondent)
Informant *m (Psychologie/empirische Sozialforschung)*
subject (subordinate)
Untergebener *m*, Untergeordneter *m (Organisationssoziologie)*
subject (test person, testee, informant, respondent, interviewee)
Versuchsperson *f*, Testperson *f*, Befragungsperson *f*, Befragter *m*, Informant *m (Psychologie/empirische Sozialforschung)*
subject (theme)
Gegenstand *m*, Thema *n*, Stoff *m*
subject aggregate (Harold D. Lasswell)
Subjektaggregat *n (Soziologie)*
subject-centered measurement (subject-centered approach) (Warren S. Torgerson)
personenorientiertes Messen *n (Skalierung)*
subject class (Harold D. Lasswell)
Subjektklasse *f (Soziologie)*
subject distance (cognitive distance, perceptual distance)
Wahrnehmungsdistanz *f (Psychologie)*
subject group (Harold D. Lasswell)
Subjektgruppe *f (Soziologie)*
subject matter (theme, topic)
Thema *n*, Grundthema *n*, Tenor *m*, Gegenstand *m*, Stoff *m*
subject status
Subjektstatus *m (Sozialforschung)*
subject-verb-object approach (H.F. Gollob)
Subjekt-Verb-Objekt-Ansatz *m (Sozialpsychologie) (Kommunikationsforschung)*
subjectification
Subjektivierung *f*, Subjektivation *f (Theoriebildung)*
vgl. objectification
to subjectify
subjektivieren *v/t*
subjective
subjektiv *adj*

subjective anomie
subjektive Anomie *f*, irreale Anomie *f (Soziologie)*
vgl. objective anomie
subjective approach
subjektiver Ansatz *m*, subjektive Vorgehensweise *f (Sozialforschung)*
vgl. objective approach
subjective assimilation
subjektive Assimilation *f (Soziologie)*
subjective conception of social class (subjective social class, self-assigned social class)
subjektiver Sozialschichtbegriff *m*, subjektiver Begriff *m* der sozialen Schicht, soziale Selbsteinschätzung *f (Sozialforschung)*
vgl. objective conception of social class
subjective empiricism (subjective empirism)
subjektiver Empirismus *m (Theoriebildung)*
subjective environment (psychological environment)
subjektive Umwelt *f*, subjektive Umgebung *f (Sozialpsychologie) (Sozialökologie)*
vgl. objective environment
subjective equality (point of subjective equality)
subjektive Gleichheit *f (Psychophysik)*
subjective error
subjektiver Fehler *m (empirische Sozialforschung)*
vgl. objective error
subjective estimate method
subjektives Schätzverfahren *n*, subjektives Beurteilungsverfahren *n (Statistik)*
vgl. objective estimate method
subjective interest
subjektives Interesse *n (Soziologie)*
vgl. objective interest
subjective meaning
subjektive Bedeutung *f (Philosophie)*
vgl. objective meaning
subjective method
subjektive Methode *f (Sozialforschung)*
vgl. objective method
subjective norm
subjektive Norm *f (Soziologie/Sozialpsychologie)*
subjective observation
subjektive Beobachtung *f*, intersubjektiv nicht überprüfbare Beobachtung *f (Psychologie/empirische Sozialforschung)*
vgl. objective observation
subjective probability
subjektive Wahrscheinlichkeit *f (Wahrscheinlichkeitstheorie)*
vgl. objective probability

subjective psychology
subjektive Psychologie *f*
vgl. objective psychology

subjective research (soft research, qualitative research, explorative research)
subjektive Forschung *f*, Intensivforschung *f*, Tiefenforschung *f* *(empirische Sozialforschung)*
vgl. objective research

subjective role conflict
subjektiver Rollenkonflikt *m* *(Soziologie)*

subjective social class (subjective class, self-rated social class, self-rated class)
selbsteingeschätzte Sozialschicht *f* *(empirische Sozialforschung)*

subjective social status (self-rated status, subjective status)
selbsteingeschätzter Status *m*, selbsteingeschätzter Sozialstatus *m* *(empirische Sozialforschung)*

subjective status (subjective social status, self-assigned status)
subjektiver Status *m*, subjektiver Sozialstatus *m* *(Soziologie)*
vgl. objective status

subjective test
subjektiver Test *m*, intersubjektiv nicht überprüfbarer Test *m* *(Psychologie/empirische Sozialforschung)*
vgl. objective test

subjective uncertainty
subjektive Ungewißheit *f* *(Entscheidungstheorie)* *(Wahrscheinlichkeitstheorie)*

subjective validation
subjektive Validierung *f* *(statistische Hypothesenprüfung)*

subjective validity
subjektive Validität *f* *(statistische Hypothesenprüfung)*

subjective value
subjektiver Wert *m* *(Soziologie)*

subjective visual field
subjektives Gesichtsfeld *n* *(Psychologie)*

subjectivism
Subjektivismus *m* *(Philosophie)*
vgl. objectivism

subjectivity
Subjektivität *f* *(Philosophie)*
vgl. objectivity

subjektive Beobachtung
subjektive Beobachtung *f*, intersubjektiv nicht überprüfbare Beobachtung *f* *(empirische Sozialforschung)*

to sublimate
1. sublimieren *v/t* *(Psychoanalyse)*
2. sublimiert werden *v/i* *(Psychoanalyse)*

sublimation
Sublimierung *f*, Sublimation *f* *(Sigmund Freud)* *(Psychoanalyse)*

sublimation theory of cultural evolution
Sublimierungstheorie *f* der Kulturevolution *(Sigmund Freud)* *(Psychoanalyse)*

subliminal (sublimal)
unterschwellig, unterbewußt, nicht bewußt, unterhalb der Bewußtseinsschwelle *adj* *(Psychologie)*

subliminal communication
unterschwellige Kommunikation *f* *(Psychoanalyse)* *(Kommunikationsforschung)*

subliminal conditioning
unterschwellige Konditionierung *f* *(Verhaltensforschung)*

subliminal learning
unterschwelliges Lernen *n* *(Verhaltensforschung)*

subliminal perception (unconscious perception, incidental perception)
unterschwellige Wahrnehmung *f*, unterschwellige Perzeption *f*, unbewußte Wahrnehmung *f*, unbewußte Perzeption *f* *(Verhaltensforschung)*

subliminal stimulation
unterschwellige Stimulation *f*, unterschwellige Stimulierung *f* *(Verhaltensforschung)*

subliminal stimulus (*pl* stimuli)
unterschwelliger Reiz *m*, unterschwelliger Stimulus *m* *(Verhaltensforschung)*

submartingale
Submartingal *n* *(Stochastik)*

submission
Unterwürfigkeit *f*, Untertänigkeit *f* *(Soziologie)* *(Sozialpsychologie)* *(Psychologie)*

submoiety (George P. Murdock)
Stammesunterhälfte *f*, Unterteilung *f* einer Stammeshälfte *(Kulturanthropologie)*

subnormal dispersion
unternormale Dispersion *f* *(Statistik)*

suboptimization
Sub-Optimierung *f* *(Entscheidungstheorie)*

subordinate
untergeordnet, subordiniert, zweitrangig, nebensächlich, unwichtig, abhängig *adj* *(Entscheidungstheorie)* *(Sozialpsychologie)*

subordinate goal (sub-goal)
nachgeordnetes Ziel *n*, Unterziel *n*, untergeordnetes Ziel *n* *(Entscheidungstheorie)*

subordinate involvement
untergeordnetes Interesse *n*, untergeordnete Beteiligung *f*, untergeordnete Betroffenheit *f* *(Psychologie)* *(Sozialpsychologie)*

subordinate legislation (secondary legislation, delegated legislation)
delegierte Gesetzgebung f *(politische Wissenschaft)*

subordination
Unterlegenheit f, Abhängigkeit f von, Dienstgehorsam m, Unterordnung f *(Soziologie)*

subpopulation (sub-population)
Untergrundgesamtheit f, Unterpopulation f, Sub-Population f *(Statistik)*

subregion (sub-region)
Unterregion f, Untergebiet n *(Sozialökologie)*

subroutine
Subroutine f *(EDV)*

subsample (sub-sample)
Unterstichprobe f, Teilstichprobe f *(Statistik)*

subsampling (subselection, sub selection)
Unterstichprobenbildung f, Teilstichprobenbildung f *(Statistik)*

subsection (sub-section)
Unterabschnitt m, Unterabteilung f *(Organisationssoziologie)*

subset
Teilmenge f, Untermenge f *(Mathematik/Statistik)*

subsib (George P. Murdock)
Teilsippe f, Untersippe f *(Kulturanthropologie)*

subsidiarity
Subsidiarität f *(Soziologie)*

subsidiarity principle
Subsidiaritätsprinzip n *(Soziologie)*

subsidiary science
Hilfsvariable f Hilfsveränderliche f *(Statistik)*

subsidiary science
Hilfswissenschaft f

subsidy (grant in-aid, pl grants-in-aid)
Subvention f, Unterstützungszahlung f, Subsidie f, finanzielle Hilfsleistung f, Beihilfe f, Hilfsgeld n, Zuschuß m

subsistence agriculture (subsistence farming, self-sufficient economy, subsistence economy, natural economy, self-sufficiency, autoconsumption economy)
Subsistenzlandwirtschaft f, Versorgungslandwirtschaft f *(Volkswirtschaftslehre)*

subsistence anxiety
Existenzangst f *(Psychologie)*

subsistence economy
Subsistenzwirtschaft f

subsistence level (minimum living standard, minimum wage, poverty line)
Existenzminimum n, minimaler Lebensstandard m, Subsistenzniveau n, Subsistenzlevel m *(Volkswirtschaftslehre)*

subsistence production (autoconsumption)
Subsistenzproduktion f *(Volkswirtschaftslehre)*

subsistence village
Subsistenzdorf n *(Sozialökologie)*

subsistence
1. Auskommen n, Unterhalt m
2. Existenz f, Dasein n, Bestehen n

substance (essence, essential aspect)
Substanz f, Wesen n *(Philosophie)*

substandard
unter der Norm, unter einer gültigen Norm liegend *adj*

substandard area
wirtschaftliches Notstandsgebiet n, Rückstandsgebiet n

substandard language (colloquial speech)
Umgangssprache f, nicht literarische Sprache f *(Soziolinguistik)*

substantial rationality
substantielle Rationalität f, materiale Rationalität f, inhaltliche Rationalität f *(Philosophie)*

substantive justice
materielle Gerechtigkeit f, Gerechtigkeit f in der Sache selbst *(Philosophie)*

substantive law
materielles Recht n

substantive theory (Robert Bierstedt)
materielle Theorie f, substantielle Theorie f *(Soziologie) (Theoriebildung)*

substitute
Substitut n, Ersatz m

substitute F ratio
Spannweiten-F-Quotient m *(Statistik)*

substitute t ratio
Spannweiten-t-Quotient m *(Statistik)*

substitutibility of roles (Gabriel A. Almond)
Substituierbarkeit f der Rollen *(Soziologie)*

substitution
Substitution f, Ersetzung f, Substituierung f, Austausch m, Ersatzbildung f *(Volkswirtschaftslehre) (Soziologie) (Psychologie)*

substitution marriage (continuation marriage)
Fortsetzungsehe f, Weiterführungsehe f, weitergeführte Ehe f *(Familiensoziologie)*

substitution test (code test, symbol substitution test)
Substitutionstest m *(Psychologie)*

substructure (sub-structure, substruction, base)
1. Substruktur *f (Soziologie)*
2. Unterbau *m* (Karl Marx *(Soziologie)*

subsystem (sub-system, component system)
Subsystem *n*, Untersystem *n* *(Kybernetik) (Systemtheorie)*

subteen
Kind *n* im Alter von unter zehn Jahren

subterranean value (David Matza/George Sykes)
unterschwelliger Wert *m (Soziologie)*

subtraction
Subtraktion *f (Mathematik)*

subtraction method (F.C. Donders)
Subtraktionsmethode *f (Verhaltensforschung)*

suburb
Vorstadt *f*, Vorort *m (Sozialökologie)*

suburban
vorstädtisch, Vorstadt-, Vororts- *adj* *(Sozialökologie)*

suburban community
Vorstadtgemeinde *f*, Vorortgemeinde *f* *(Sozialökologie)*

suburban trend (suburbanization)
Vorstadt-Trend *m*, Trend *m* zur Vorstadt, Suburbanisierung *f*, Ver-Vorstädterung *f*, Zug *m* in die Vorstädte *(Sozialökologie)*

suburbanite
Vorstädter *m*, Vorstadtbewohner *m* *(Sozialökologie)*

suburbanity
vorstädtisches Wesen *n*, kleinstädtisches Wesen *n (Sozialökologie)*

suburbanization
Annahme *f* eines vorstädtischen Charakters, Suburbanisierung *f*, Eingemeindung *f* als Vorort, Annahme *f* eines vorstädtischen Charakters *(Sozialökologie)*

suburbia
Lebensstil *m* der Vorstädte, Lebensweise *f* in den Vorstädten, Vorstadtleben *n*, die Vorstadtbewohner *m/pl*, die Vorstädter *m/pl*, vorstädtischer Lebensstil *m*, Vorstadtzone *f*, Vorstadt *f*, Stadtrand *m* *(Sozialökologie)*

suburbianism (suburbia, suburbanity, suburban way of life)
Vorstadtcharakter *m*, Vorstädtertum *n*, Lebensstil *m* der Vorstädte, Lebensweise *f* in den Vorstädten, Vorstadtleben *n*, vorstädtischer Lebensstil *(Sozialökologie)*

subversion (subversive activity, subversive action)
Subversion *f*, Unterwanderung *f* *(Soziologie)*

subvocal speech (implicit speech)
subvokales Sprechen *n*, inneres Sprechen *n (Kommunikationsforschung)*

success ethic
Erfolgsethik *f (Soziologie) (Philosophie)*

success goal
Erfolgsziel *n (Soziologie)*

success pattern
Erfolgsmuster *n (Soziologie)*

success probability
Erfolgswahrscheinlichkeit *f* *(Entscheidungstheorie)*

success rate (response rate, rate of response, rate of return, return rate, returns *pl*)
Reaktionsrate *f*, Reaktionshäufigkeit *f*, Antwortquote *f*, Antwortrate *f*, Antworthäufigkeit *f*, Rücklaufquote *f*, Rücklaufrate *f*, Rücklauf *m (empirische Sozialforschung) (Verhaltensforschung)*

successful persuasion
Erfolg *m* im Studium

successful persuasion
erfolgreiche Persuasion *f*, erfolgreiche Überzeugungsarbeit *f*, erfolgreiches Überzeugen *n* *(Kommunikationsforschung)*

succession
Sukzession *f*, Nachfolge *f*, Amtsnachfolge *f (Kulturanthropologie) (Organisationssoziologie)*

succession crisis (*pl* crises)
Nachfolgekrise *f (Kulturanthropologie)*

succession of goals (goal succession) (David L. Sills)
Zielnachfolge *f (Soziologie) (Organisationssoziologie)*

succession of office
Amtsnachfolge *f (Organisationssoziologie)*

successive approximation (approximation conditioning)
sukzessive Annäherung *f* *(Verhaltensforschung)*

successive hurdle method (multiple cutoff method)
Methode *f* der sukzessiven Hürden, Verfahren *n* der sukzessiven Hürden *(Statistik)*

succurance
Beistand *m*

sudden mutation (Maurice Duverger)
abrupte Mutation *f (politische Wissenschaften)*

sufficient condition
  hinreichende Bedingung f,
  hinlängliche Bedingung f (statistische Hypothesenprüfung)
  vgl. necessary condition

sufficient estimator
  hinlängliche Schätzfunktion f,
  hinreichende Schätzfunktion f (Statistik)
  vgl. necessary estimator

sufficient point estimate
  hinlängliche Punktschätzung f,
  hinreichende Punktschätzung f,
  hinreichender Punktschätzwert m (Statistik)

sufficient point estimation
  hinreichende Punktschätzung f,
  hinlängliche Punktschätzung f,
  Vorgang m des hinreichenden Punktschätzens (Statistik)

sufficient statistic
  hinreichende Maßzahl f, hinlängliche Maßzahl f (Statistik)

suffrage (vote, franchise)
  1. Wahl f, Stimmabgabe f, der einzelne Wahlakt m (politische Wissenschaft)
  2. Wahlrecht n, Stimmrecht n, Bürgerrecht n (politische Wissenschaft)

suffragette (suffragist)
  Suffragette f, Frauenwahlrechtlerin f, Stimmenrechtlerin f (politische Wissenschaften)

suggestibility
  Suggestibilität f, Empfänglichkeit f für Suggestion (Psychologie)

suggestion
  1. Antrag m, Plan m, Vorschlag m, Anregung f
  2. Annahme f, Vermutung f (Theoriebildung)
  3. These f, Hypothese f (Theorie des Wissens)
  4. Suggestion f, Suggerieren n (Psychologie)

suggestion (thesis, proposition)
  These f, Annahme f, Hypothese f, Vermutung f (Philosophie)

suggestion imitation
  Suggestionsimitation f (Psychologie)

suggestive question (desired goal question, desired-goal question, leading question, loaded question)
  Suggestivfrage f, suggestive Frage f (Psychologie/empirische Sozialforschung)

sui generis reality (Emile Durkheim)
  Sui-generis-Realität f

suicidal prophecy (self-defeating prophecy, self-destroying prophecy) (Robert K. Merton)
  sich selbst widerlegende Prophezeiung f, sich selbst zerstörende Prophezeiung f (Soziologie)

suicide
  Selbstmord m, Freitod m, Suizid m (Soziologie)

suicidology
  Selbstmordforschung f, Suizidologie f (Soziologie) (Psychologie)

sum of squares (deviance, sum of squares about the mean, squariance)
  Summe f der Abweichungsquadrate, Abweichung f (Statistik)

sum score
  Summen-Punktwert m, Summenscore m (Statistik)

sum total (totals pl)
  Gesamtergebnis n, Gesamtzahl f, Reihensumme f, Spaltensumme f (in einer statistischen Tabelle)

summary (summary table, text table)
  Zusammenfassung f, Übersicht f, Kompendium, Abriß m

summated scale
  Summenskala f, summierte Skala f (Statistik)

summation
  Summierung f, Summation f, Addition f, Zusammenzählung f (Mathematik/Statistik)

summation curve (ogive, cumulative frequency curve, cumulative frequency graph, cumulative frequency polygon, frequency polygon)
  Summenkurve f, Summenpolygon n (Statistik)

sumptuary law
  Aufwandsgesetz n, Luxusgesetz n, Kleiderordnung f (Soziologie) (Kulturanthropologie)

sumptuary legislation
  Aufwandsgesetzgebung n, Luxusgesetzgebung n, Kleiderordnung f (Soziologie) (Kulturanthropologie)

super-social control
  soziale Überkontrolle f (Soziologie)

superefficiency
  Übereffizienz f (Statistik)

superego
  Über-Ich n, Superego n (Sigmund Freud) (Psychoanalyse)

superego formation
  Über-Ich-Bildung f, Bildung f des Über-Ich, des Superego (Sigmund Freud) (Psychoanalyse)

superego stereotype (Bruno Bettelheim, Moris Janowitz)
Über-Ich-Stereotyp *n* *(Sozialpsychologie)*

superego strength
Über-Ich-Stärke *f* *(Psychologie)*

superfluous variable
überflüssige Variable *f* *(Statistik) (statistische Hypothesenprüfung)*

superimposed language
überlagernde Sprache *f* *(Soziolinguistik)*

superiority feeling (feeling of superiority)
Überlegenheitsgefühl *n* *(Psychologie)*

supermartingale
Supermartingal *n* *(Stochastik)*

supernatural
1. übernatürlich *adj* *(Kulturanthropologie) (Religionssoziologie)*
2. Übernatürliches *n*, das Übernatürliche *n* *(Kulturanthropologie) (Religionssoziologie)*

supernatural being
übernatürliches Wesen *n* *(Kulturanthropologie)*

supernatural forces *pl* **(supernatural powers** *pl***)**
übernatürliche Kräfte *f/pl* *(Kulturanthropologie) (Religionssoziologie)*

supernatural sanction
übernatürliche Sanktion *f* *(Soziologie)*

supernormal dispersion
übernormale Streuung *f*, übernormale Dispersion *f* *(Statistik)*

superordinate (senior)
1. Vorgesetzter *m*, übergeordnete Person *f* *(Organisationssoziologie)*
2. übergeordnet *adj* *(Soziologie) (Logik)*

superordination
Überordnung *f*, Übergeordnetheit *f* *(Soziologie) (Logik)*

superorganic
1. überorganisch, kulturell, psychisch, sozial, gesellschaftlich, Gesellschafts- *adj* *(Kulturanthropologie)*
2. das Überorganische *n*, das Kulturelle *n*, das Psychische *n*, das Soziale *n*, das Gesellschaftliche *n* *(Kulturanthropologie)*

superposed variation
überlagerte Schwankungsbreite *f*, überlagerte Variation *f* *(Statistik)*

superposition
Überlagerung *f* *(Statistik)*

supersaturated design
übersättigte Versuchsanlage *f*, supersaturierte Versuchsanlage *f* *(Faktorenanalyse)*

superstition (superstitious attitude)
Aberglaube *m*, abergläubische Einstellung *f* *(Kulturanthropologie) (Sozialpsychologie)*

superstitious behavior (*brit* **behaviour)**
abergläubisches Verhalten *n* *(Kulturanthropologie) (Sozialpsychologie)*

superstructure
Überbau *m* (Karl Marx *(Philosophie)*
vgl. substructure, infrastructure

supervision
Überwachung *f*, ständige Kontrolle *f* *(Soziologie) (Kommunikationsforschung)*

supervision of interviewers (interviewer supervision)
Interviewerkontrolle *f*, Interviewerüberwachung *f* *(Umfrageforschung)*

supplemental comparison (posterior test, a posteriori test, post hoc test, supplemental test, posterior comparison, a posteriori comparison, post hoc comparison, after-only test)
A-posteriori-Test *m*, A-posteriori-Vergleich *m* *(statistische Hypothesenprüfung)*
vgl. prior test

supplementary information
Zusatzinformation *f*, zusätzliche Informationen *f/pl*

support (David Easton)
Support *m*, Unterstützungsleistungen *f/pl* der Regierten für das System *(politische Wissenschaften)*

suppression
Unterdrückung *f* *(Psychoanalyse) (Soziologie)*

suppressor
Suppressor *m* *(statistische Hypothesenprüfung)*

suppressor test
Suppressortest *m* *(statistische Hypothesenprüfung)*

suppressor variable
Suppressorvariable *f* *(statistische Hypothesenprüfung)*

supranationalism
Supranationalismus *m*, übernationale Einstellung *f*, übereinzelstaatliche Grundhaltung *f* *(Kulturanthropologie) (politische Wissenschaften)*

suprasystem (supersystem)
Suprasystem *n*, Obersystem *n*, übergreifendes System *n*, umfassendes System *n* *(Systemtheorie) (Soziologie)*

supremacy
Oberhoheit *f*, höchste Gewalt *f*, oberste Gewalt *f*, Souveränität *f*, Suprematie *f*, Vorherrschaft *f*, Übergewicht *n*, Überlegenheit *f* *(Soziologie) (politische Wissenschaften) (Sozialökologie)*

surface chart (stratum chart, band chart, band curve chart, band graph, band curve graph, band diagram, belt chart, belt graph, belt diagram)
Banddiagramm *n*, Bandgraphik *f*, Bänderschaubild *n*, Schichtkarte *f* *(graphische Darstellung)*
surface structure
Oberflächenstruktur *f (Sozialforschung)* vgl. deep structure
surface trait
Oberflächeneigenschaft *f*, Oberflächenzug *m (Psychologie)* vgl. source trait
surface validity (content validity, internal validity, logical validity, face validity)
Inhaltsvalidität *f*, Inhaltsgültigkeit *f*, inhaltliche Validität *f*, inhaltliche Gültigkeit *f*, Kontentvalidität *f*, interne Validität *f*, interne Gültigkeit *f* *(statistische Hypothesenprüfung)*
surge of demand (pipeline effect, demand pull)
Nachfragesog *m (Volkswirtschaftslehre)*
surname exogamy
Nachnamenexogamie *f (Kulturanthropologie)*
surplus (economic surplus)
1. Überschuß *m*, Mehrertrag *m*, überschüssiger Gewinn *m*, Mehrertrag *m*, Mehrwert *m*, Wertüberschuß *m (Volkswirtschaftslehre)*
2. überschüssig *adj (Volkswirtschaftslehre)*
surplus economy
Überschußwirtschaft *f (Volkswirtschaftslehre)*
surplus value
Mehrwert *m* (Karl Marx) *(Volkswirtschaftslehre)*
surrogate
Surrogat *n*, Ersatzobjekt *n (Psychologie) (Volkswirtschaftslehre)*
surveillance
Überwachung *f*, Kontrolle *f (Soziologie)*
survey (inquiry, enquiry, sample survey)
Umfrage *f*, Erhebung *f*, Befragung *f*, Übersichtsstudie *f*, demoskopische Untersuchung *f (empirische Sozialforschung)*
survey among experts (experts' survey, expert-opinion technique, key-informant technique)
Expertenbefragung *f*, Umfrage *f* unter Experten *(empirische Sozialforschung)*
survey area
Erhebungsgebiet *n*, Umfragegebiet *n (empirische Sozialforschung)*

survey design
Erhebungsanlage *f*, Umfrageanlage *f (empirische Sozialforschung)*
survey feedback (survey feedback approach)
Umfragen-Rückkopplung *f*, Umfragen-Rückkopplungs-Ansatz *m (Organisationssoziologie)*
survey interview
Erhebungsinterview *n*, Umfrageinterview *n (empirische Sozialforschung)*
survey objective
Erhebungsziel *n*, Umfrageziel *n (empirische Sozialforschung)*
survey of households (household survey)
Haushaltsbefragung *f*, Haushaltsumfrage *f (empirische Sozialforschung)* vgl. survey of individuals (individual survey)
survey of individuals (individual survey)
Personenbefragung *f*, Personenumfrage *f (empirische Sozialforschung)* vgl. survey of households (household survey)
survey population
Erhebungsgrundgesamtheit *f*, Umfragegrundgesamtheit *f (empirische Sozialforschung)*
survey research
Umfrageforschung *f*, Demoskopie *f (empirische Sozialforschung)*
survival
1. Überleben *n*
2. Überlebsel *n*, Überbleibsel *n*, Überrest *m (Kulturanthropologie)*
survival motive (Ernest R. Hilgard)
Lebenserhaltungsmotiv *n (Psychologie)*
survival of the fittest
Überleben *n* der Stärksten, Überleben *n* der Besten, Darwinismus *m*
survivor function
Überlebensfunktion *f (Erneuerungstheorie)*
suspended punishment
ausgesetzte Strafe *f*, aufgehobene Strafe *f (Kriminologie)*
suspensive veto
Suspensivveto *n*, suspensives Veto *n*, aufschiebendes Veto *n*, Veto *n* mit aufschiebender Wirkung *(politische Wissenschaften)*
sustenance (livelihood, sustenation, maintenance)
Unterhalt *m*, Unterhaltung *f*, Versorgung *f*, Lebensunterhalt *m*, Auskommen *n*, Erhaltung *f*, Versorgung *f*, Ernährung *f (Sozialökologie) (Volkswirtschaftslehre)*

sustenance relations *pl*
Lebenserhaltungsbeziehungen *f/pl*,
Versorgungsbeziehungen *f/pl*,
Erhaltungsbeziehungen *f/pl*
(Sozialökologie)
sustenation
Aufmerksamkeitsumfang *m*,
Aufmerksamkeitsspanne *f* *(Psychologie)*
swaddling hypothesis (*pl* **hypotheses**) **(Margaret Mead)**
Wickelhypothese *f*, Einwindeln-Hypothese *f* *(Kulturanthropologie)*
swidden cultivation (swidden agriculture, swidden farming, bush fallowing, shifting cultivation, shifting-field cultivation, shifting-field agriculture, shifting agriculture)
Fruchtwechselwirtschaft *f*
(Landwirtschaft)
switchback design (reversal design, steady-state design, cross-over design)
Überkreuz-Wiederholungsanlage *f*,
Überkreuz-Wiederholungsplan *m*, Umkehranlage *f*, Kreuzen *n* im Experiment *(statistische Hypothesenprüfung)*
syllogism
Syllogismus *m*, Schluß *m*, Schlußfigur *f*, Vernunftschluß *m*, Schließen *n*, logisches Folgern *n* *(Theorie des Wissens)*
syllogistic deduction
syllogistische Deduktion *f* *(Theorie des Wissens)*
symbiosis (*pl* **symbioses**)
Symbiose *f* *(Biologie) (Sozialökologie)*
symbol
Symbol *n*, Symbolzeichen *n*
(Soziologie) (Psychologie) (Semiotik) (Kulturanthropologie) (Kommunikationsforschung)
symbol analysis (*pl* **analyses**) **(Harold D. Lasswell/Daniel Lerner/Ithiel de Sola Pool)**
Symbolanalyse *f* *(Inhaltsanalyse)*
symbol interpretation
Symboldeutung *f* *(Psychologie) (Kulturanthropologie)*
symbolic anthropology
symbolische Anthropologie *f*
symbolic communication
symbolische Kommunikation *f*
(Kommunikationsforschung)
symbolic convergence
symbolische Konvergenz *f*
(Kommunikationsforschung)
symbolic expression
symbolischer Ausdruck *m*
(Kommunikationsforschung)

symbolic form
symbolische Form *f* (Ernst Cassirer)
(Philosophie)
symbolic gesture
symbolische Geste *f* *(Kommunikationsforschung)*
symbolic interaction (George H. Mead)
symbolische Interaktion *f*
(Kulturanthropologie) (Soziologie)
symbolic interactionism (symbolic interaction theory) (George H. Mead)
symbolischer Interaktionismus *m*,
symbolische Interaktionstheorie *f*
(Kulturanthropologie) (Soziologie)
symbolic law (H. D. Duncan)
Symbolgesetz *n*, Symbolisierungsgesetz *n*
(Sozialökologie) (Soziologie)
symbolic model
symbolisches Modell *n* *(Theoriebildung)*
symbolic pattern
symbolisches Muster *n*, symbolisches Modell *n* *(Kulturanthropologie) (Soziologie)*
symbolic process
symbolischer Prozeß *m* *(Kulturanthropologie) (Soziologie)*
symbolic realism (Robert N. Bellah)
symbolischer Realismus *m* *(empirische Sozialforschung)*
symbolic representation
symbolische Darstellung *f* *(Semiotik)*
symbolic sign
Symbolzeichen *n*, symbolisches Zeichen *n* *(Semiotik)*
symbol substitution test (substitution test, code test)
Substitutionstest *m* *(Psychologie)*
symbolism
Symbolismus *m*, Symbolik *f*
(Soziologie) (Psychologie) (Semiotik) (Kulturanthropologie) (Kommunikationsforschung)
symbolization
Symbolisierung *f* *(Semiotik) (Kommunikationsforschung)*
symmetric (symmetrical)
symmetrisch *adj (Mathematik/Statistik)*
vgl. assymetric
symmetric alliance
symmetrisches Bündnis *n*, symmetrische Allianz *f* *(Soziologie)*
vgl. assymetric alliance
symmetric function
symmetrische Funktion *f*
(Mathematik/Statistik)
vgl. assymetric function
symmetrical channel
symmetrischer Kanal *m* *(Kommunikationsforschung)*
vgl. assymetrical channel

symmetrical cross-cousin marriage
symmetrische Kreuz-Vettern-Kusinen-Ehe *f* *(Kulturanthropologie)*
vgl. assymetrical cross-cousin marriage
symmetrical distribution
symmetrische Verteilung *f* *(Statistik)*
vgl. assymetrical distribution
symmetrical factorial design
symmetrische Faktoranlage *f*, symmetrische faktorielle Versuchsanlage *f*, symmetrischer faktorieller Plan *m* *(Statistik)*
vgl. assymetrical factorial design
symmetrical joking relationship (Alfred Radcliffe-Brown)
symmetrische Neckbeziehung *f*, wechselseitige Scherzbeziehung *f* *(Kulturanthropologie)*
vgl. assymetrical joking relationship
symmetrical kin *pl* **(symmetrical kindred)**
symmetrische(r) Verwandte(r *(f)m* *(Kulturanthropologie)*
vgl. assymetrical kin
symmetrical kinship
symmetrische Verwandtschaft *f* *(Kulturanthropologie)*
vgl. assymetrical kinship
symmetrical sample
symmetrische Auswahl *f*, symmetrische Stichprobe *f* *(Statistik)*
vgl. assymetrical sample
symmetrical sampling
symmetrisches Auswahlverfahren *n*, symmetrische Auswahl *f*, symmetrisches Stichprobenverfahren *n*, symmetrische Stichprobenbildung *f* *(Statistik)*
vgl. assymetrical sampling
symmetrical two-segment test
symmetrischer Zwei-Segment-Test *m*, symmetrischer zweiseitiger Test *m* *(statistische Hypothesenprüfung)*
vgl. assymetrical two-segment test
symmetry principle
Symmetrieprinzip *n* *(statistische Hypothesenprüfung)*
sympathetic behavior (*brit* behaviour, empathetic behavior)
sympathetisches Verhalten *n*, einfühlsames Verhalten *n*, einfühlendes Verhalten *n*, mitfühlendes Verhalten *n* *(Psychologie)*
sympathetic induction
sympathetische Induktion *f* *(Soziologie)*
sympathetic introspection (sympathetic understanding) (Charles H. Cooley) (method of verstehen)
sympathetische Introspektion *f*, einfühlende Introspektion *f*, mitfühlende Introspektion *f* *(Theorie des Wissens)* *(Sozialforschung)*

sympathy
Seelenverwandtschaft *f*, Gleichgestimmtheit *f*, Übereinstimmung *f*, Übereinklang *m*, Harmonie *f*, Einklang *m*, Sympathie *f*, Zuneigung *f* *(Psychologie)*
sympathy effect (courtesy effect)
Sympathieeffekt *m*, Gefälligkeitseffekt *m* *(empirische Sozialforschung)*
sympatric
sympatrisch *adj* *(Kulturanthropologie)*
vgl. allopatric
sympatric group
sympatrische Gruppe *f*, Gruppe *f* ohne exklusives Territorium, Gruppe *f*, die über ein geschlossenes Gebiet zusammen mit anderen verfügt *(Soziologie)* *(Kulturanthropologie)*
vgl. allopatric group
sympodial evolution (Lester F. Ward)
sympodiale Entwicklung *f*, sympodiale Evolution *f* ungleiche Entwicklung *f* *(Kulturanthropologie)*
symptom
Symptom *n*, Krankheitsbild *n* *(Psychologie)*
symptom substitution
Symptomverschiebung *f*, Symptomersatz *m*, Symptomsubstitution *f*, Symptomersatz *m* *(Verhaltenstherapie)*
symptomatology
Symptomatologie *f* *(Psychologie)*
synaesthesia (synaesthesis, synaesthetic tendency, synesthesis, synesthetic tendency)
Synästhesie *f* *(Psychologie)*
synarchy (John K. Fairbanks)
Synarchie *f* *(politische Wissenschaften)*
synchronic analysis *(pl* **analyses)**
synchrone Analyse *f* *(Sozialforschung)* *(Semiotik)*
vgl. diachronic analysis
synchronic process
synchroner Prozeß *m* *(Sozialforschung)* *(Semiotik)*
vgl. diachronic process
synchronicity (synchronism)
Synchronizität *f* (Carl G. Jung) *(Psychologie)*
synchronous distribution (counting distribution)
Zählverteilung *f* *(Statistik)*
syncritic characteristic (syncretic sign) (Siegfried F. Nadel)
synkretisches Merkmal *n*, verschmelzendes Merkmal *n* *(Organisationssoziologie)*
vgl. diacritic characteristic

syncritism
Synkretismus m (Kulturanthropologie) (Psychologie)

syncritic description
synkritische Beschreibung f (Linguistik)

syndicalism
Syndikalismus m, revolutionärer Anarchismus m, syndikalistischer Anarchismus m (Philosophie) (Industriesoziologie)

syndrome
Syndrom n (Psychologie)

synecology
Synökologie f (Sozialökologie)

synectics pl als sg konstruiert
Synektik f (Organisationssoziologie)

synectics group
synektische Gruppe f (Organisationssoziologie)

synergism (task synergy) (Lester F. Ward)
Synergie f, Synergismus m (Organisationssoziologie)

syngenism
Syngenismus m (Ludwig Gumplowicz) (Soziologie)

syntactic sociology (Edwin S. Lemert)
syntaktische Soziologie f

syntactical analysis (pl analyses)
syntaktische Analyse f (Philosophie) (Logik)

syntactical unit
syntaktische Einheit f (Philosophie) (Logik)

syntactics pl als sg konstruiert
1. Syntaktik f, logische Syntax f (Philosophie) (Logik)
2. Kombinationslehre f (Mathematik)

syntagm
Syntagma n (Semiotik)

syntagmatic association (syntagmic association)
syntagmatische Assoziation f (Verhaltensforschung)

syntalic
syntalisch, Gruppenbewußtseins- adj (Sozialpsychologie)

syntality (group syntality) (Raymond B. Cattell)
Syntalität f, Gruppenbewußtsein n, Gruppenpersönlichkeit f, Gruppensyntalität f (Sozialpsychologie)

syntax
Syntax f (Soziolinguistik) (Kommunikationsforschung)

syntaxic experience (syntaxic mode of experience) (Harry S. Sullivan)
syntaxischer Erfahrungsmodus m, syntaxischer Erlebnismodus m (Psychologie)
vgl. parataxic experience, prototaxic experience

syntaxis (syntaxic mode) (Harry S. Sullivan)
Syntaxie f, syntaxischer Modus m (Psychologie)
vgl. parataxis, prototaxis

synthesis (pl syntheses)
Synthese f, Synthesis f (Philosophie)

synthetic cohort (hypothetical cohort)
synthetische Kohorte f, hypothetische Kohorte f (Statistik)

synthetic sociology (Raymond Aron)
synthetische Soziologie f

synthetic validation
synthetische Validierung f (statistische Hypothesenprüfung)

synthetic validity
synthetische Validität f, synthetische Gültigkeit f (statistische Hypothesenprüfung)

system
System n (Kybernetik) (Systemtheorie)

system development problem (system-development crisis pl crises)
Systementwicklungsproblem n (politische Wissenschaften)

system goal (system objective)
Systemziel n, Systemzielsetzung f, Zielsetzung f für ein System (Kybernetik) (Systemtheorie)

system maintenance
Systemerhaltung f, Erhaltung f des Systems (Kybernetik) (Systemtheorie)

system of action (action system)
Handlungssystem n, Aktionssystem n, System n des Handelns (Theorie des Handelns)

system of government (government system, government, form of government, government form)
Regierungsform f, Regierungssystem f (politische Wissenschaften)

system of orientation
Orientierungssystem n (Soziologie)

system of social action
System n des sozialen Handelns (Soziologie)

systematic desensitization (Joseph Wolpe)
systematische Desensibilisierung f (Verhaltenstherapie)

systematic experimental design (systematic design)
systematische experimentelle Anlage *f*, systematische Anlage *f*, systematische Versuchsanlage *f*, systematischer Versuchsplan *m* *(statistische Hypothesenprüfung)*
systematic linkage (Charles P. Loomis)
Systemverknüpfung *f* *(Kybernetik) (Systemtheorie)*
systematic observation
systematische Beobachtung *f* *(empirische Sozialforschung)*
systematic sample
systematische Auswahl *f*, systematische Stichprobe *f* *(Statistik)*
systematic sampling (ordinal sampling, sampling by regular intervals, list sampling, file sampling)
systematisches Auswahlverfahren *n*, systematische Auswahl *f*, systematisches Stichprobenverfahren *n*, systematische Stichprobenbildung *f* *(Statistik)*
systematic socialization
systematische Sozialisation *f*, formale Sozialisation *f* *(Soziologie)*
systematic sociology
systematische Soziologie *f*
systematic soldiering (Frederick Taylor)
systematische Drückebergerei *f*, systematisches Krankfeiern *n* *(Industriesoziologie)*
systematic square
systematisches Quadrat *n* *(Statistik)*
systematic statistic
systematische Maßzahl *f* *(Statistik)*
systematic theory
systematische Theorie *f* *(statistische Hypothesenprüfung)*
systematic variance
systematische Varianz *f* *(statistische Hypothesenprüfung)*
systematic variation
systematische Abweichung *f*, systematische Schwankung *f* *(statistische Hypothesenprüfung)*
systematization
Systematisierung *f* *(Theoriebildung)*
systemic
systemisch *adj*
systemic integration
Systemintegration *f* *(Kybernetik) (Systemtheorie)*
systemogenesis (P. K. Anokhin)
Systemogenese *f*, Systemgenese *f* *(Psychologie/Biologie/Anthropologie)*
systems analysis (*pl* analyses, systemic analysis)
Systemanalyse *f* *(Systemtheorie)*
systems diagram (systems diagram method) (Russell L. Ackoff)
Systemdiagramm *f*, Systemdiagramm-Methode *f* *(Organisationssoziologie)*
systems ecology
Systemökologie *f* *(Sozialökologie)*
systems management
systemanalytisches Management *n*, systemanalytische Betriebsführung *f* *(Industriesoziologie)*
systems planning
Systemplanung *f*, systemanalytische Planung *f*
systems research
Systemforschung *f*
systems theory (general systems theory (GST), systems analysis, general systems analysis, *pl* analyses) (Ludwig von Bertalanffy)
Systemtheorie *f*, allgemeine Systemtheorie *f*, Systemforschung *f*, systemtheoretische Soziologie *f*, Systemsoziologie *f*
Szondi test
Szondi-Test *m* *(Psychologie)*

T

t (t score, t value)
t *n (Statistik)*
t distribution (Student's t distribution, Student distribution)
t-Verteilung *f*, Student-Verteilung *f*, Verteilung *f* nach Student *(statistische Hypothesenprüfung)*
T function
T-Funktion *f (Statistik)*
T group (encounter group, training group)
Encountergruppe *f*, Begegnungsgruppe *f*, T-Gruppe *f (Verhaltenstherapie)*
T scale
T-Skala *f (Statistik)*
T score
T-Wert *m (Statistik)*
T technique (Raymond B. Cattell)
T-Technik *f (Faktorenanalyse)*
t test (Student's t test, Student test, t ratio)
t-Test *m*, Student-Test *m*, Test *m* nach Student *(statistische Hypothesenprüfung)*
T test
T-Test *m (statistische Hypothesenprüfung)*
table (tabulation)
Tabelle *f*, statistische Tabelle *f (Statistik)*
table manners *pl*
Tischmanieren *f/pl (Kulturanthropologie)*
table shell (dummy table, dummy tab)
fiktive Tabelle *f*, Scheintabelle *f (Umfrageforschung)*
taboo (tabu)
Tabu *n (Kulturanthropologie) (Sozialpsychologie)*
tabula rasa fallacy
Tabula-Rasa-Fehlschluß *m*, Tabula-Rasa-Trugschluß *m*, Tabula-Rasa-Irrtum *m (Theoriebildung)*
tabular
tabellarisch, tabularisch *adj (Statistik)*
tabular representation
tabellarische Darstellung *f*, tabularische Darstellung *f (Statistik)*
to tabulate
tabellieren, tabulieren, tabellarisch darstellen, tabularisch darstellen, in einer Tabelle aufbereiten *v/t (Mathematik/Statistik)*

tabulation
Tabellierung *f*, Tabulierung *f*, tabellarische Darstellung *f*, tabularische Darstellung *f*, tabellarische Anordnung *f*, tabularische Anordnung *f*, Tabularisierung *f (Mathematik/Statistik)*
tachistoscope (T scope, Tach)
Tachistoskop *n (Psychologie)*
tachistoscope test technique (tachistoscope research tachistoscopy, T-scope technique)
tachistoskopische Methode *f*, tachistoskopisches Verfahren *n*, Tachistoskopie *f (Psychologie)*
tachistoscope test (T-scope test)
Tachistoskoptest *m (Psychologie)*
tacit coordination (tacit coordination game) (Thomas C. Schelling)
stillschweigende Koordination *f*, stillschweigendes Koordinationsspiel *n (Spieltheorie)*
tack-on question
Mehrthemenfrage *f*, Frage *f* in einer Mehrthemenumfrage, Omnibusfrage *f*, Frage *f* in einer Omnibusbefragung *(empirische Sozialforschung)*
tact (B.F. Skinner)
Takt *n (Verhaltensforschung)*
tactical decision
taktische Entscheidung *f (Entscheidungstheorie)*
tactical planning
taktische Planung *f (Entscheidungstheorie)*
tactical theory
taktische Theorie *f (Entscheidungstheorie)*
tactical voting
taktisches Wählen *n*, taktische Stimmabgabe *f (politische Wissenschaften)*
tactics *pl als sg konstruiert*
Taktik *f (Entscheidungstheorie)*
tactile communication
taktile Kommunikation *f (Kommunikationsforschung)*
tagmeme
Tagmem *n (Linguistik)*
tagmemic model (tagmemics *pl als sg konstruiert*)
tagmemisches Modell *n (Linguistik)*

tagmemics *pl als sg konstruiert* **(tagmemic analysis** *pl* **analyses)**
Tagmemik *f (Linguistik)*
tail area of a distribution
Schwanzfläche *f* einer Verteilung *(Statistik)*
taking the role of the generalized other (taking the role of the other, generalized other) (George Herbert Mead)
verallgemeinerter Anderer *m*, Rollenannahme *f (Soziologie)*
Talbot plateau law (Talbot law)
Talbotsches Gesetz *n (Psychologie)*
talisman (*pl* **talismans)**
Talisman *m (Kulturanthropologie)*
tall hierarchy
hohe Hierarchie *f (Organisationssoziologie)*
vgl. flat hierarchy
tallied data *pl* **(counted data** *pl*)
ausgezählte Daten *n/pl (Datenanalyse)*
tally
Zählstrich *m (Datenanalyse)*
to tally by hand (to hand-tally)
manuell auszählen, per Hand auszählen *v/t*
tallying (tallysheet method)
Strichlistenauszählung *f*, manuelle Auszählung *f (Datenanalyse)*
tallysheet method (tallysheet procedure, tallying)
Strichelverfahren *n*, manuelle Auszählung *f (Datenanalyse)*
taming
Zähmung *f (Soziologie)*
tandem interview
Tandem-Interview *n (empirische Sozialforschung)*
tandem polygamy
Tandem-Polygamie *f (Kulturanthropologie)*
tandem survey (tandem design of a survey, tandem interview)
Tandem-Umfrage *f*, Tandem-Befragung *f (empirische Sozialforschung)*
tandem test
Tandem-Test *m (empirische Sozialforschung)*
tangible property (tangible assets *pl*)
Sachvermögen *n (Volkswirtschaftslehre)*
tangible (material)
materiell, real, greifbar *adj*
Tanimoto coefficient (Tanimoto proximity coefficient)
Tanimoto-Koeffizient *m (Statistik)*
Taoism
Taoismus *m (Religionssoziologie)*
tape
Band *n (EDV)*

target
kurzfristiges Ziel *n*, Ziel *n*, Zielsetzung *f*
target group (prospect group)
Zielgruppe *f (Kommunikationsforschung) (Sozialforschung)*
target population (prospect population)
Zielbevölkerung *f*, Zielpopulation *f*, Zielgruppe *f (Kommunikationsforschung)*
target sociogram (Mary L. Northway)
Zielscheibendiagramm *n (Soziometrie)*
target variable
Zielvariable *f (statistische Hypothesenprüfung)*
task
Aufgabe *f*
task function (instrumental function)
instrumentelle Funktion *f*, aufgabenorientierte Funktion *f (Soziologie)*
task orientation
Aufgabenorientierung *f*, Aufgabenlösungsorientierung *f (Organisationssoziologie)*
task oriented group (task group)
aufgabenorientierte Gruppe *f*, aufgabenlösungsorientierte Gruppe *f (Organisationssoziologie)*
task synergy (synergism) (Lester F. Ward)
Synergie *f*, Synergismus *m (Organisationssoziologie)*
TAT test (Thematic Apperception Test) (TAT) (Henry A. Murray)
thematischer Apperzeptionstest *m (Psychologie)*
tau effect (H. Helson) (τ)
Tau *n*, τ *n (Verhaltensforschung)*
tau effect (H. Helson)
Tau-Effekt *m (Verhaltensforschung)*
tautological implication
tautologische Implikation *f (Logik)*
tautology
Tautologie *f (Logik)*
taxis
Taxis *f*, Taxie *f (Verhaltensforschung)*
taxon
Taxon *n (Theoriebildung)*
taxonomic system
taxonomisches System *n*
taxonomy
Taxonomie *f (Theoriebildung)*
Taylorism (Frederick W. Taylor)
Taylorismus *m (Industriesoziologie)*
teach-in
Teach-in *n (Soziologie)*
teaching (schooling)
Unterricht *m*, Lehren *n*

teachings *pl*
  Lehre *f*, Lehren *f/pl*, Lehren *n*,
  Unterricht *m*
team
  Team *n*, Mannschaft *f*, Gespann *n*,
  Gruppe *f*, Arbeitsgruppe *f*
  (Organisationssoziologie)
team spirit (group mind, esprit de corps)
  Mannschaftsgeist *m*, Korspgeist *m*,
  Teamgeist *m*, Gruppengeist *m*, Gruppenbewußtsein *n* *(Sozialpsychologie)*
teamwork
  Teamarbeit *f*, koordinierte
  Zusammenarbeit *f*, gemeinschaftliche
  Zusammenarbeit *f* *(Organisationssoziologie)*
techne
  Techne *n*
technical dictatorship (Jean Blondel)
  technische Diktatur *f* *(politische Wissenschaften)*
technical high school *Am*
  Gewerbeschule *f*, Gewerbefachschule *f*
technical norm
  technische Norm *f*
technical school (polytechnic)
  Polytechnikum *n*, Technikum *n*
technical psychology
  Technikpsychologie *f*, technische
  Psychologie *f*
technical theory of information (technical information theory) (Warren Weaver)
  technische Informationstheorie *f*
technicways *pl*, **Howard W. Odum)**
  technologische Normen *f/pl*, technische
  Normen *f/pl* *(Soziologie)*
  vgl. state-ways
technique
  Technik *f*, Verfahren *n*, Methode *f*
  (Soziologie) *(Sozialforschung)*
technique of collapsed strata (method of collapsed strata, collapsed strata method, collapsed stratum method, collapsed strata technique, collapsed stratum technique, procedure of collapsed strata, collapsed strata procedure, collapsed stratum procedure, method of combined strata, combined strata method, combined stratum method)
  Methode *f* der zusammengelegten
  Schichten, Verfahren *n* der
  zusammengelegten Schichten, Technik *f*
  der zusammengelegten Schichten
  (Statistik)
techno-economic determinism
  techno-ökonomischer Determinismus *m*
  (Soziologie)
technocracy
  Technokratie *f* *(Soziologie/politische Wissenschaften)*

technocratic thinking
  technokratisches Denken *n* *(Soziologie)*
technological change
  technologischer Wandel *m*, technischer
  Wandel *m* *(Soziologie)*
technological complex
  technologischer Komplex *m*, technischer
  Komplex *m* *(Volkswirtschaftslehre)*
technological determinism
  technologischer Determinismus *m*
  (Soziologie)
technological diffusion
  technologische Diffusion *f*, technische
  Diffusion *f* *(Soziologie)*
technological innovation
  technologische Innovation *f*, technische
  Innovation *f* *(Soziologie)*
technological planning
  technologische Planung *f*, technische
  Planung *f* *(Industriesoziologie)*
technological progress (technical progress, technological advance, technical advance)
  technologischer Fortschritt *m*,
  technischer Fortschritt *m*
technological strategy
  technologische Strategie *f* *(politische Wissenschaften)*
technological system
  technologisches System *n*, technisches
  System *n* *(Soziologie)*
technological unemployment
  technologisch bedingte Arbeitslosigkeit *f*,
  technisch bedingte Arbeitslosigkeit *f*
  (Industriesoziologie)
technology
  Technologie *f*
technology approach
  Technologie-Ansatz *m*, Technology-
  Ansatz *m* *(Industriesoziologie)*
technology assessment
  Technologiefolgenbewertung *f*,
  Technologiefolgenabschätzung *f*
technology transfer (transfer of technology)
  Technologietransfer *m*
technostructure (John Kenneth Galbraith)
  Technostruktur *f* *(Soziologie)*
  (Volkswirtschaftslehre)
tectopsychology
  Tektopsychologie *f* (Werner Hellpach)
teenage culture (teenage subcultur)
  Teenagerkultur *f*, Teenagersubkultur *f*
  (Soziologie)
teknonym (Edward B. Tylor)
  Teknonym *n* *(Ethnologie)*
teknonymy (Edward B. Tylor)
  Teknonymie *f* *(Ethnologie)*
tele (Jacob L. Moreno)
  Tele *n* *(Psychologie)*
telekinesis
  Telekinese *f* *(Psychologie)*

teleological
teleologisch *adj*
teleology (teleological explanation)
Teleologie *f*, teleologische Erklärung *f*
(Philosophie) (Theoriebildung)
teleonomic phenomenon (*pl* phenomena *or* phenomenons)
teleonomisches Phänomen *n*
(Philosophie) (Theoriebildung)
teleonomy (teleonomical explanation) (Jacques Monod)
Teleonomie *f (Philosophie) (Theoriebildung)*
telepathy
Telepathie *f (Psychologie)*
telephone interview (voice-to-voice interview, telephone survey)
telefonische Befragung *f*, Telefonbefragung *f*, telefonische Umfrage *f*, Telefonumfrage *f*, telefonisches Interview *n*, Telefoninterview *n*
(empirische Sozialforschung)
telephone interviewing
telefonisches Interviewen *n*, Durchführung *f* einer Telefonbefragung, Durchführung *f* von telefonischen Umfragen, Durchführung *f* von Telefonumfragen *(empirische Sozialforschung)*
telephone survey (voice-to-voice interview)
telefonische Umfrage *f*, Telefonumfrage *f*, telefonische Befragung *f*, Telefonbefragung *f (empirische Sozialforschung)*
telescoping (telescoping of error, border bias)
zeitversetzte Erinnerung *f*, zeitliche Verschiebung *f* in der Erinnerung, Teleskopieren *n (Psychologie/empirische Sozialforschung)*
telesis (Lester F. Ward)
Telesis *f (Kulturanthropologie)*
telexis
Telexis *f (Kulturanthropologie)*
telic
telisch, zielgerichtet, auf ein Ziel ausgerichtet, zweckbestimmt, auf einen Zweck ausgerichtet *adj*
(Entscheidungstheorie) (Soziologie)
telic action
zielgerichtetes Handeln *n*, zielorientiertes Handeln *n*, zweckgerichtetes Handeln *n*, zweckorientiertes Handeln *n*, **zielgerichtete Aktion** *f*, zielorientierte Aktion *f*, zweckgerichtete Aktion *f*, zweckorientierte Aktion *f (Soziologie) (Entscheidungstheorie)*

telic change
telischer Wandel *m*, zielgerichteter Wandel *m*, zweckgerichteter Wandel *m*, zweckorientierter Wandel *m*
telocracy (Bertrand de Jouvenel)
Telokratie *f (Soziologie)*
telotaxis
Telotaxis *f (Verhaltensforschung)*
temper
1. Gemüt *n*, Gemütsruhe *f*, Gleichmut *m (Psychologie)*
2. Gereiztheit *f*, Zorn *m*, Wut *f*, Ärger *m (Psychologie)*
3. Naturell *n*, Temperament *n*, Charakter *m (Psychologie)*
temperament
Temperament *n*, Naturell *n*
(Psychologie)
temporal distribution (historical distribution)
zeitliche Verteilung *f*
temporally homogeneous process
zeitlich homogener Prozeß *m*
(Stochastik)
tenancy (rent)
1. Mietbesitz *m*, Pachtbesitz *m*
(Volkswirtschaftslehre)
2. Mietverhältnis *n*, Mieten *n*, Pachtverhältnis *n*, Pachten *n*
(Volkswirtschaftslehre)
tenant (renter)
Mieter *m*, Pächter *m*, Besitzer *m*
(im Gegensatz zu Eigentümer)
(Volkswirtschaftslehre)
tenant (cash tenant, independent renter)
Landpächter *m*, Pächter *m* in der Landwirtschaft
tendency
Tendenz *f*
tendency-in-situation (tinsit) (Walter Coutu)
situationale Tendenz *f*, Situationstendenz *f*, Tinsit *n (Psychologie)*
(Soziologie)
tendentious perception
tendenziöse Wahrnehmung *f*, tendenziöse Perzeption *f (Psychologie)*
tender-mindedness
weichherzige Grundhaltung *f*, sanftmütige Grundeinstellung *f*, idealistische Einstellung *f* (zu politischen, sozialen und philosophischen Fragen) *(Einstellungsforschung)*
tension (strain)
Spannung *f*, Anspannung *f*
(Psychologie)
tension management
Spannungsbewältigung *f*, Spannungsmanagement *n (Psychologie)*

tension reduction (reduction of tension)
Spannungsminderung *f*, Spannungsreduktion *f n (Psychologie)*

tension release
Spannungslösung *f*, Ent-Spannung *f (Psychologie)*

tension system (Kurt Lewin)
Spannungssystem *n (Psychologie)*

tentation
Tentieren *n*, Probieren *n (Psychologie)*

tenure of office (tenure, term, term of office)
Amtszeit *f*, Amtsdauer *f*, Amtsperiode *f*, Amtsinhaberschaft *f*, Innehaben *n* eines Amts, Bekleidung *f* eines Amts *(Organisationssoziologie) (politische Wissenschaft)*

tenure (land tenure)
Grundbesitz *m*, Besitz *m* Bodenbesitz *m*, Grundbesitz *m*, Landbesitz *m*

term
1. Amtsdauer *f*, Amtszeit *f*, Frist *f*, Zeitdauer *f (Organisationssoziologie)*
2. Glied *n*, Term *n (Mathematik/Statistik)*
3. Quartal *n* (an Schulen, Universitäten), Semester *n*, Trimester *n*
4. Terminus *m*, Fachausdruck *m*, Ausdruck *m (Logik) (Theoriebildung)*

term (technical term)
Fachausdruck *m*

term of office (tenure of office, tenure, term)
Amtsperiode *f*, Amtszeit *f*, Amtsdauer *f (Organisationssoziologie) (politische Wissenschaft)*

terminal conflict (Theodore Caplow)
abschließender Konflikt *m*, Abschlußkonflikt *m (Sozialpsychologie)*
vgl. continuous conflict, episodic conflict

terminal decision
abschließende Entscheidung *f (Entscheidungstheorie) (statistische Qualitätskontrolle)*

terminated marriage
terminierte Ehe *f*, Ehe *f* auf Zeit *(Kulturanthropologie)*

terminology
Terminologie *f*, Fachsprache *f (Theoriebildung)*

territorial authority
territoriale Hoheit *f*, Territorialhoheit *f*, Gebietshoheit *f (Soziologie)*

territorial centralization (ecological centralization, geographical centralization, regional centralization)
ökologische Zentralisierung *f*, geographische Zentralisierung *f*, territoriale Zentralisierung *f (Sozialökologie)*

territorial concentration (ecological concentration, regional concentration, geographical concentration)
ökologische Konzentration *f*, Bevölkerungs- und Siedlungskonzentration *f (Sozialökologie)*

territorial decentralization (ecological decentralization, geographical decentralization, regional decentralization)
ökologische Dezentralisierung *f*, geographische Dezentralisierung *f*, territoriale Dezentralisierung *f (Sozialökologie)*

territorial devolution (geographical devolution)
territoriale Devolution *f*, geographische Devolution *f*, Territorialdevolution *f*, Gebietsdevolution *f (Kulturanthropologie) (Sozialökologie)*

territorial dispersion (ecological dispersion, regional dispersion, geographical dispersion)
ökologische Streuung *f*, ökologische Dispersion *f*, Bevölkerungs- und Siedlungsstreuung *f (Sozialökologie)*

territorial domain (state territory)
Staatsgebiet *n*, Hoheitsgebiet *n (politische Wissenschaften)*

territorial endogamy
territoriale Endogamie *f*, geographische Endogamie *f*, Territorialendogamie *f*, Gebietsendogamie *f (Kulturanthropologie)*

territorial exogamy
territoriale Exogamie *f*, geographische Exogamie *f*, Territorialexogamie *f*, Gebietsexogamie *f (Kulturanthropologie)*

territorial group (geographical group, geogroup, spatial group, locality group, residential group)
territoriale Gruppe *f*, geographische Gruppe *f*, Territorialgruppe *f*, Gebietsgruppe *f (Kulturanthropologie) (Soziologie)*

territorial imperative (Robert Ardrey)
territorialer Imperativ *m*, Territorialitätsimperativ *m (Soziologie)*

territorial mobility
territoriale Mobilität *f (Mobilitätsforschung)*

territorial segregation (ecological segregation, geographical segregation, regional segregation, residential segregation)
ökologische Segregation f
(Sozialökologie)

territorial specialization (geographical specialization, local specialization)
territoriale Spezialisierung f, geographische Spezialisierung f, ökologische Spezialisierung f
(Kulturanthropologie) (Soziologie)

territorial subculture (geographical subculture, local subculture)
territoriale Subkultur f, geographische Subkultur f, Gebietssubkultur f
(Kulturanthropologie) (Soziologie)

territorial succession (ecological succession, geographical succession, regional succession)
ökologische Nachfolge f, ökologische Sukzession f *(Sozialökologie)*

territorialism
1. Territorialismus m, Territorialsystem n *(Kulturanthropologie) (Soziologie)*
2. Grundbesitzherrschaft f, Herrschaft f des Grundbesitzes *(Soziologie)*

territoriality (territorial display, territorial display behavior, territorial functioning, human territorial functioning)
Territorialität f, territorialer Instinkt m, Territorialverhalten n n, Revierverhalten n *(Ethologie)*

territory (area, region)
Territorium n, Gebiet n, Region f, Zone f, Gegend f *(Ethologie) (Kulturanthropologie) (Soziologie)*

terror
Terror m

terrorism
Terrorismus m *(politische Wissenschaften)*

tertiarization
Tertiarisierung f, Tertiärisierung f
(Industriesoziologie)

tertiary
tertiär *adj*
vgl. primary, secondary

tertiary affine
angeheirateter Verwandter m dritten Grades *(Familiensoziologie)*
vgl. primary affine, secondary affine

tertiary communication
Tertiärkommunikation f, tertiäre Kommunikation f *(Kommunikationsforschung)*
vgl. primary communication, secondary communication

tertiary community (George C. Homans)
Tertiärgemeinschaft f, tertiäre Gemeinschaft f, Tertiärgemeinde f, tertiäre Gemeinde f *(Soziologie)*
vgl. primary community, secondary community

tertiary contact
Tertiärkontakt m, tertiärer Kontakt m *(Kommunikationsforschung)*
vgl. primary contact, secondary contact

tertiary cooperation
Tertiärkooperation f, tertiäre Kooperation f, Tertiärzusammenarbeit f, tertiäre Zusammenarbeit f *(Organisationssoziologie)*
vgl. primary cooperation, secondary cooperation

tertiary family (V. Golofast)
Tertiärfamilie f, tertiäre Familie f *(Demographie)*
vgl. primary family, secondary family

tertiary occupation (service industry occupation, service occupation)
Dienstleistungsberuf m, Beruf m im tertiären Sektor, Tertiärberuf m, tertiärer Beruf m, Beruf m des tertiären Sektors *(Volkswirtschaftslehre)*
vgl. primary occupation, secondary occupation

tertiary prevention
tertiäre Verhütung f *(Verhaltenstherapie)*

tertiary relative
tertiärer Verwandter m, mittelbarer Verwandter m, entfernter Verwandter m, Verwandter m eines primären Verwandten *(Kulturanthropologie)*
vgl. primary relative, secondary relative

tertiary sampling unit (tertiary unit)
Tertiäreinheit f, tertiäre Stichprobeneinheit f, tertiäre Erhebungseinheit f, Einheit f der dritten Auswahlstufe *(Statistik)*
vgl. primary sampling unit, secondary sampling unit

tertiary sector
tertiärer Gewerbebereich m, tertiärer Sektor m, Dienstleistungssektor m *(Volkswirtschaftslehre) (Arbeitssoziologie) (Industriesoziologie)*
vgl. primary sector, secondary sector

tertiary socialization
tertiäre Sozialisation f *(Soziologie)*
vgl. primary socialization, secondary socialization

tertiary suggestibility
tertiäre Suggestibilität f *(Sozialpsuggestibilitychologie)*
vgl. primary suggestibility, secondary suggestibility

tertile

tertile (tercile)
Tertil *n (Mathematik/Statistik)*
test
Test *m*, Versuch *m*
test analysis (*pl* **analyses**)
Testanalyse *f (Psychologie/empirische Sozialforschung)*
test anxiety
Prüfungsangst *f (Psychologie)*
test battery (battery of tests)
Testbatterie *f*, Batterie *f* von Tests, Gruppe *f* von Tests *(Psychologie/empirische Sozialforschung)*
test coefficient (factor loading)
Faktorenladung *f*, Faktorladung *f (Faktorenanalyse)*
test condition (experimental condition)
Testbedingung *f*, experimentelle Bedingung *f*, Experimentalbedingung *f (statistische Hypothesenprüfung)*
test efficiency
Testeffizienz *f (statistische Hypothesenprüfung)*
test factor
Testfaktor *m (statistische Hypothesenprüfung)*
test for C. S. M. (C. S. M. test, convexity, symmetry, maximum number of outcomes)
Barnard-Test *m*, Barnardscher Test *m (Stochastik)*
test for independence (test of independence, test for association)
Unabhängigkeitstest *m*, Assoziationstest *m (statistische Hypothesenprüfung)*
test for significance of changes (McNemar test, correlated proportions test, McNemar test of change)
McNemar-Test *m (statistische Hypothesenprüfung)*
test group (experimental group)
Testgruppe *f*, Experimentalgruppe *f*, experimentelle Gruppe *f (statistische Hypothesenprüfung)*
test hypothesis (*pl* **hypotheses, working hypothesis, research hypothesis**)
Arbeitshypothese *f*, Testhypothese *f*, Prüfhypothese *f (statistische Hypothesenprüfung)*
test interview (experimental interview, trial interview)
Testinterview *n*, experimentelles Interview *n*, Probeinterview *n*, Probebefragung *f (Psychologie/empirische Sozialforschung)*
test interviewing (test survey)
Probebefragung *f*, Probeumfrage *f*, Probebefragen *n*, Probeinterviewen *n (Psychologie/empirische Sozialforschung)*

test item
Testaufgabe *f*, Einzelaufgabe *f* eines Tests, Testitem *m (Psychologie/empirische Sozialforschung)*
test of aptitude (aptitude test)
Eignungstest *m (Psychologie)*
vgl. achievement test
test of candidate awareness
Kandidatenstudie *f*, Untersuchung *f* des Bekanntheitsgrads von Kandidaten für ein politisches Amt *(Meinungsforschung)*
test of goodness of fit (goodness-of-fit test)
Anpassungstest *m*, Test *m* der Güte der Anpassung *(statistische Hypothesenprüfung)*
test of homogeneity (test for homogeneity, homogeneity test)
Homogenitätstest *m (statistische Hypothesenprüfung)*
test of normality
Normalverteilungstest *m*, Test *m* auf Normalverteilung *(statistische Hypothesenprüfung)*
test of randomness (randomization test)
Zufälligkeitstest *m (statistische Hypothesenprüfung)*
test of significance (significance test)
Signifikanztest *m (statistische Hypothesenprüfung)*
test person (respondent, interviewee, informant, subject)
Befragte(r) *f(m)*, Befragungsperson *f*, Auskunftsperson *f*, Informant *m*, Respondent *m (empirische Sozialforschung)*
test question
Testfrage *f (Psychologie/empirische Sozialforschung)*
test reactivity
Testreaktivität *f (Psychologie/empirische Sozialforschung)*
test-retest correlation
Wiederholungskorrelation *f*, Test-Retest-Korrelation *f (statistische Hypothesenprüfung)*
test-retest design
Wiederholungsanlage *f*, Test-Retest-Anlage *f (statistische Hypothesenprüfung)*
test-retest method (test-retest technique, repeat technique)
Wiederholungstestmethode *f* (der Reliabilitätsprüfung), Test-Retest-Methode *f*, Methode *f* der Testwiederholung *(statistische Hypothesenprüfung)*

test-retest reliability (repeat reliability)
Wiederholungsreliabilität *f*, Test-Retest-Reliabilität *f*, Wiederholungszuverlässigkeit *f*, Test-Retest-Zuverlässigkeit *f* *(statistische Hypothesenprüfung)*
test score
Prüfwert *m (Psychologie) (empirische Sozialforschung)*
test score
Testwert *m*, Prüfwert *m*, Punktzahl *f* im Test *(Psychologie/empirische Sozialforschung)*
test situation
Testsituation *f (Psychologie/empirische Sozialforschung)*
test space
Testraum *m (Statistik)*
test statistic
Prüfgröße *f*, Prüfmaß *n*, Prüfmeßzahl *f*, Prüfzahl *f*, Testgröße *f*, Testmaßzahl *f* *(statistische Hypothesenprüfung)*
test-tube survey (pilot study, pilot survey, pilot test, exploratory study, trial survey)
Pilotstudie *f*, Leitstudie *f*, Vorstudie *f*, Voruntersuchung *f*, Vorerhebung *f*, Erkundungsstudie *f*, Probebefragung *f*, Teststudie *f (empirische Sozialforschung)*
test variable (experimental variable)
Testvariable *f*, Experimentalvariable *f*, experimentelle Variable *f*, unabhängige Variable *f* im Experiment, Prüfvariable *f*, Testgröße *f*, Testfaktor *m (statistische Hypothesenprüfung)*
testability
Prüfbarkeit *f*, Testbarkeit *f*, Überprüfbarkeit *f (statistische Hypothesenprüfung)*
testing hypotheses (hypothesis testing)
Hypothesenprüfung *f*, Testen *n* von Hypothesen
tetrachoric
tetrachorisch *adj (Statistik)*
tetrachoric correlation
tetrachorische Korrelation *f (Statistik)*
tetrachoric correlation coefficient
tetrachorischer Korrelationskoeffizient *m (Statistik)*
tetrachoric function
tetrachorische Funktion *f (Statistik)*
tetrad (tetradic group)
Tetrade *f*, Vier *f*, Vierergruppe *f*, Vierzahl *f*, Quartett *n*
text (message, discourse)
Text *m (Soziolinguistik)*
text table (summary, summary table)
Zusammenfassung *f*, Übersicht *f*, Kompendium *n*, Abriß *m*
thanatology
Thanatologie *f*, Wissenschaft *f* vom Tod *(Psychologie)*

thanatophobia
Thanatophobie *f (Psychologie)*
thanatos
Thanatos *m*, Todestrieb *m* (Sigmund Freud) *(Psychoanalyse)*
thaumaturgy
Thaumaturgie *f (Kulturanthropologie)*
theater (brit theatre
1. Theater *n (Soziologie)*
2. Laboratorium *n*, Studio *n (empirische Sozialforschung)*
theism
Theismus *m (Religionssoziologie)*
vgl. atheism
Thematic Apperception Test (TAT) (Henry A. Murray) (TAT test)
thematischer Apperzeptionstest *m* *(Psychologie)*
thematic integration (configurational integration)
thematische Integration *f*, konfigurationale Integration *f* *(Soziolinguistik)*
theme (subject matter, topic)
Thema *n*, Grundthema *n*, Tenor *m*, Gegenstand *m*, Stoff *m*
theme (tenor)
Tenor *m*, Grundthema *n*, Stoff *m*
theocentric humanism
theozentrischer Humanismus *m* *(Philosophie)*
theocracy
Theokratie *f*, Priesterherrschaft *f* *(Kulturanthropologie)*
theodicy (theodicee)
Theodizee *f (Religionssoziologie)*
theogonic myth
theogonischer Mythos *m*, theogonischer Mythos *m (Kulturanthropologie)*
theogony
Theogonie *f (Kulturanthropologie)*
theological stage (Auguste Comte)
theologisches Stadium *m (Soziologie)*
theology
Theologie *f*
theophagy
Theophagie *f (Kulturanthropologie)*
theophany
Theophanie *f*, Erscheinung *f* Gottes, Erscheinung *f* eines Gottes *(Kulturanthropologie) (Religionssoziologie)*
theorem
Theorem *n*, Lehrsatz *m*, Satz *m*, abgeleiteter Satz *m (Theoriebildung)*
theorems *pl* **of Shannon**
Shannonsche Sätze *m/pl (Informationstheorie)*

theoretical bias (Robert Bierstedt)
theoretische Voreingenommenheit *f*
(Sozialpsychologie)
theoretical construct
theoretisches Konstrukt *n*
(Psychologie/empirische Sozialforschung)
theoretical experiment
Theorie-Experiment *n*, Experiment *n*
zur Überprüfung einer Theorie
(Psychologie/empirische Sozialforschung)
theoretical frequency (expected frequency)
Erwartungshäufigkeit *f*, erwartete
Häufigkeit *f* *(statistische Hypothesenprüfung)*
theoretical mode (true mode)
theoretischer Modus *m*, wahrer Modus *m* *(statistische Hypothesenprüfung)*
theoretical rationality
theoretische Rationalität *f* (Max Weber)
(Soziologie)
theoretical sample
theoretische Stichprobe *f* *(Statistik)*
theoretical term
theoretischer Begriff *m* *(Philosophie)*
theoretical variable
theoretische Variable *f* *(statistische Hypothesenprüfung)*
to theorize
theoretisieren *v/t*
theory
Theorie *f*
theory formation (theory building)
Theorienbildung *f* (Theoriebildung *f*
theory of achievement motivation
Theorie *f* der Leistungsmotivation
(Psychologie)
theory of action (action theory, general theory of action)
Theorie *f* des Handelns *(Soziologie)*
theory of adaptation level (H. Helson) (theory of adaptation level, adaptation level theory, adaption level theory, theory of adaptual level, adaptual level theory)
Theorie *f* des Anpassungsniveaus,
Theorie *f* des Adaptationsniveaus
(Psychologie)
theory of attitude changes (attitude-changes theory, theory of attitudinal changes, attitudinal changes theory)
Theorie *f* des Einstellungswandels,
der Einstellungsänderung
(Einstellungsforschung)
theory of basic personality (basic personality theory)
Theorie *f* der Grundpersönlichkeit, der
Basispersönlichkeit *(Psychologie)*

theory of central places (central place theory) (Walter Christaller)
Theorie *f* der zentralen Orte
(Sozialökologie)
theory of combinations (combinatorics *pl als sg konstruiert*, **theory of combinations, combinatorial analysis, combinatorial theory)**
Theorie *f* der Kombinationen
(Mathematik/Statistik)
theory of communication(s) (communication(s) theory, mathematical theory of communication(s))
Kommunikationstheorie *f*,
Theorie *f* der Kommunikation,
mathematische Kommunikationstheorie *f*
(Kommunikationsforschung)
theory of complementary needs in mate-selection
Theorie *f* der Bedürfniskomplementarität
bei der Partnerwahl *(Kulturanthropologie)*
theory of conflict (conflict theory, theory of social conflict)
Konflikttheorie *f*, Theorie *f* des
Konflikts, Theorie *f* sozialer Konflikte
(Soziologie)
theory of coordinated management of meaning (coordinated management theory) (W. Barnett Pearce and Vernon Cronen)
Theorie *f* des koordinierten
Bedeutungsmanagements
(Kommunikationsforschung)
theory of creative redefinition (creative redefinition, creative redefinition theory) (Herbert Blumer)
schöpferische Neudefinition *f*, Theorie *f*
der schöpferischen Neudefinition
(Soziologie)
theory of decision-making (decision theory, decision-making theory, statistical decision theory, statistical decision-making theory, statistical theory of decision making, Bayesian theory, Bayesian analysis)
Entscheidungstheorie *f*, statistische
Entscheidungstheorie *f*
theory of demand (demand theory)
Nachfragetheorie *f* *(Volkswirtschaftslehre)*
theory of demographic transition (theory of the vital revolution)
Theorie *f* des demographischen
Übergangs *(Sozialökologie)*
theory of descent (descent theory)
Abstammungstheorie *f* *(Kulturanthropologie)*

theory of differential association
Theorie *f* der differentiellen Assoziation *(Kriminologie)*

theory of expectation states (expectation states theory)
Theorie *f* der Erwartungszustände *(Soziologie)*

theory of games (game theory, games theory, theory of interdependent decisions)
Spieltheorie *f*, Theorie *f* der strategischen Spiele, Theorie *f* der Spiele

theory of graphs (graph theory)
Graphentheorie *f*, Theorie *f* der Graphen *(Mathematik/Statistik)*

theory of instinct (instinct theory)
Instinkttheorie *f* *(Psychologie)*

theory of large samples, large-sample theory, theory of sampling from highly skewed populations
Theorie *f* der großen Stichproben *(Statistik)*

theory of learning (learning theory)
Lerntheorie *f*, Theorie *f* des Lernens, Verhaltenstheorie *f* *(Psychologie)*

theory of mating
Partnerwahltheorie *f*, Theorie *f* der Partnerwahl *(Kulturanthropologie)*

theory of measurement
Theorie *f* des Messens *(Sozialforschung)*

theory of (the) middle range (middle range theory, miniature theory)
Theorie *f* mittlerer Reichweite *(Theoriebildung)* *(Soziologie)*

theory of optimum population (optimum size theory, optimum theory of population, optimum population theory)
Bevölkerungsoptimumtheorie *f*, Optimumtheorie *f*, Theorie *f* des Bevölkerungsoptimums *(Demographie)*

theory of queues (queuing theory, queuing, queuing analysis, *pl* queuing analyses, waiting-line theory, theory of waiting lines, congestion theory, theory of congestion systems)
Warteschlangentheorie *f*, Theorie *f* der Warteschlangen, Bedienungstheorie *f*

theory of reactance (reactance theory)
Reaktanztheorie *f* *(Psychologie)*

theory of reasoned action (Icek Ajzen and Martin Fishbein)
Theorie *f* des motivierten Handelns *(Einstellungsforschung)*

theory of reliability (reliability theory)
Zuverlässigkeitstheorie *f*, Reliabilitätstheorie *f* *(statistische Hypothesenprüfung)*

theory of sampling (sampling theory)
Stichprobentheorie *f* *(Statistik)*

theory of scaling (scaling theory)
Skalierungstheorie *f*, Theorie *f* der Skalierung, Theorie *f* der Skalenbildung *(empirische Sozialforschung)*

theory of science (philosophy of science)
Wissenschaftsphilosophie *f*, Wissenschaftstheorie *f*

theory of self-perception (self-perception theory)
Selbstwahrnehmungstheorie *f*, Selbstperzeptionstheorie *f*, Theorie *f* der Selbstwahrnehmung, Theorie *f* der Selbstperzeption *(Psychologie)*

theory of signal detectability (TSD)
Theorie *f* der Signalentdeckung (Theorie *f* der Signaldemodulation *f*, Theorie *f* der Signalentdeckbarkeit *(Informationstheorie)*

theory of signs (Charles W. Morris)
Zeichentheorie *f* *(Kommunikationsforschung)* *(Semiotik)*

theory of small samples (small-sample theory)
Theorie *f* der kleinen Stichproben *(Statistik)*

theory of social action (social action theory)
Theorie *f* des gesellschaftlichen Handelns, Theorie *f* des sozialen Handelns *(Soziologie)*

theory of social conflict (theory of conflict, conflict theory)
Konflikttheorie *f*, Theorie *f* des Konflikts, Theorie *f* sozialer Konflikte *(Soziologie)*

theory of social expectations (social expectations theory) (Melvin L. DeFleur)
soziale Erwartungstheorie *f*, Theorie *f* sozialer Erwartungen *(Kommunikationsforschung)*

theory of social learning
Theorie *f* des sozialen Lernens, Theorie *f* des gesellschaftlichen Lernens *(Psychologie)* *(Soziologie)*

theory of social motivation
Theorie *f* der sozialen Motivation *(Sozialpsychologie)*

theory of social perception
Theorie *f* der sozialen Wahrnehmung *(Sozialpsychologie)*

theory of state (state theory)
Staatslehre *f*, Staatstheorie *f* *(politische Wissenschaften)*

theory of structuration (structuration theory, structurationism) (Anthony Giddens)
Strukturationstheorie *f*, Strukturierungstheorie *f* *(Soziologie)*

theory of the vital revolution (theory of demographic transition)
Theorie *f* des demographischen Übergangs *(Sozialökologie)*

theory of waiting lines (theory of queues, queuing theory, queuing, queuing analysis, *pl* **queuing analyses, waiting-line theory, congestion theory, theory of congestion systems)**
Warteschlangentheorie *f*, Theorie *f* der Warteschlangen, Bedienungstheorie *f*

theosophy
Theosophie *f (Religionssoziologie)*

therapeutic abortion
medizinische Abtreibung *f*, Abtreibung *f* bei medizinischer Indikation, bei Gesundheitsgefährdung der Mutter

therapeutic community (Thomas Main)
therapeutische Gemeinschaft *f*, Therapiegemeinschaft *f (Psychologie)*

therapeutic interview
therapeutisches Interview *n*, therapeutische Befragung *f*, therapeutisches Gespräch *n (Psychologie)*

therapeutic state (Nicholas N. Kittrie)
therapeutischer Staat *m (politische Wissenschaften)*

therapy
Therapie *f*, Behandlung *f (Psychologie)*

therapy group
Therapiegruppe *f (Verhaltenstherapie)*

thermometer scale (thermometer scalometer)
Thermometerskala *f*, Thermometerskalometer *n (empirische Sozialforschung)*

thesis (suggestion, proposition)
These *f*, Annahme *f*, Hypothese *f*, Vermutung *f (Philosophie)*

thing in itself
Ding *n* an sich *(Philosophie)*

thinking
Denken *n (Psychologie)*

third culture (J. Useem)
Drittkultur *f*

Third World
Dritte Welt *f (politische Wissenschaft)*

third-order interaction (three-way interaction)
Interaktion *f* dritter Ordnung *(Statistik)*
vgl. first-oder interaction, second-order interaction

thiswordliness (this-wordliness, this-wordly orientation, thisworldly orientation)
Diesseitigkeit *f*, Diesseits-Orientierung *f*, Diesseitsgerichtetheit *f (Soziologie)*
vgl. otherwordliness

this-worldly orientation
Diesseitsorientierung *f*, diesseitige Orientierung *f (Soziologie)*
vgl. other-worldly orientation

Thomas' theorem (Thomas' four wishes *pl* **Thomas' axiom**
Thomas'sches Theorem *n (Soziologie)*

thought control (thought reform, menticide, brainwashing)
Gehirnwäsche *f*, Hirnwäsche *f (Psychologie)*

thought stopping
Gedankenstopp *m*, Gedankenstop *m (Verhaltensforschung)*

threat
Drohung *f*, Bedrohung *f*

three-dimensional chart (three-dimensional projection chart, three-dimensional projection diagram, stereogram)
Stereogramm *n (graphische Darstellung)*

three-dimensional lattice
dreidimensionales Gitter *n (Statistik) (graphische Darstellung)*

three-dimensional matrix (*pl* **matrixes** *or* **matrices, three-way matrix, triangular matrix)**
dreidimensionale Matrix *f*, perspektivische Matrix *f (Statistik)*

three-dimensional perception (depth perception)
dreidimensionale Wahrnehmung *f*, perspektivische Wahrnehmung *f*, dreidimensionale Perzeption *f*, perspektivische Perzeption *f*, Tiefenwahrnehmung *f (Psychologie)*

three-dimensional projection chart (three-dimensional projection diagram)
dreidimensionale graphische Projektion *f*, perspektivische graphische Projektion *f*, dreidimensionale Graphik *f*, perspektivische Graphik *f (graphische Darstellung)*

three-mode factor analysis (*pl* **analyses, three-factor analysis)**
dreimodale Faktorenanalyse *f*, dreimodale Faktoranalyse *f (Statistik)*

three-point assay
Drei-Punkt-Reihe *m (Statistik)*

three-series theorem
Dreireihensatz *m*, Kolmogorovscher Dreireihensatz *m (Statistik)*

three-stage area sample (three-stage sample)
dreistufige Flächenstichprobe *f*, dreistufige Flächenauswahl *f (Statistik)*

three-wave panel
Drei-Wellen-Panel *n*, Drei-Wellen-Panelumfrage *f (Panelforschung)*

threshold
Sperrklausel *f*, im Wahlrecht *(politische Wissenschaften)*
threshold (stimulus threshold, limen)
Schwelle *f*, Reizschwelle *f* *(Verhaltensforschung)*
throwback (tokenism)
Wiederauftreten *n* phylogenetischer Merkmale, Rückschritt *m*, Atavismus *m*, Rückkehr *f* zu einer alten Entwicklungsform oder Entwicklungsstufe *(Kulturanthropologie)*
Thurstone law of comparative judgment
Thurstone-Gesetz *n* der Vergleichsurteile *(Skalierung)*
Thurstone scale (equal appearing intervals scale, equal appearing intervals, Thurstone scale, differential scale)
Thurstone-Skala *f*, Skala *f* der gleich erscheinenden Intervalle *(Skalierung)*
Thurstone technique (method of equal appearing intervals, Thurstone scaling, equal-appearing intervals scaling, mean gradations scaling) (Edward L. Thorndike/Louis L. Thurstone)
Thurstone-Technik *f*, Thurstone-Skalierungstechnik *f* *(Skalierung)*
Thurstone variability model
Thurstone-Variabilitätsmodell *n* *(Verhaltensforschung)*
Thurstone's case V (paired comparison, paired comparison technique, paired comparison procedure, method of paired comparisons) (Louis L. Thurstone)
Paarvergleich *m*, paarweiser Vergleich *m*, Verfahren *n* des Paarvergleichs *(Skalierung)*
ticket (ballot, vote)
Stimmzettel *m*, Wahlzettel *m*
ticket (candidate ticket, candidates' ticket, candidate list)
Kandidatenliste *f*, Wahlkandidatenliste *f* *(politische Wissenschaft)*
ticket (political platform, platform)
Wahlprogramm *n*, Parteiprogramm *n* *(politische Wissenschaften)*
ticket splitting (split-ticket voting, split voting)
Stimmensplitting *n* (bei Wahlen) *(politische Wissenschaften)*
tight bipolar system (Morton A. Kaplan)
straffes bipolares System *n*, geschlossenes bipolares System *n* *(politische Wissenschaften)*
vgl. loose bipolar system
time budget
Zeitbudget *n* *(Psychologie/empirische Sozialforschung)*

time budget investigation (time-budget investigation)
Zeitbudgetuntersuchung *f* *(Psychologie/empirische Sozialforschung)*
time budget research (time-budget research)
Zeitbudgetforschung *f* *(Psychologie/empirische Sozialforschung)*
time budget study (time-budget study)
Zeitbudgetstudie *f* *(Psychologie/empirische Sozialforschung)*
time comparability factor
Zeitvergleichsfaktor *m*, zeitlicher Korrekturfaktor *m* *(Demographie)*
time lag
zeitliche Verzögerung *f*, zeitliche Verschiebung *f* *(Statistik)* *(Psychologie/empirische Sozialforschung)*
time perception (perception of time) (Paul Fraisse)
Zeitwahrnehmung *f* *(Psychologie)*
time period effect (period effect)
Periodeneffekt *m* *(Datenanalyse)*
time reversal test
Zeit-Umkehr-Probe *f*, Umkehrprobe *f* *(Statistik)*
time sample
Zeitstichprobe *f* *(Statistik)*
time sampling (time-sampling method)
Zeitstichprobenverfahren *n*, Zeitstichprobenbildung *f* *(Statistik)*
time score
Zeitwert *m* *(experimentelle Psychologie)*
time series *sg + pl* **(time-series** *sg + pl*)
Zeitreihe *f*, Reihe *f* *(Statistik)*
time series analysis (analysis of time series, analysis of time-series)
Zeitreihenanalyse *f* *(Statistik)*
time series design (time series experiment)
Zeitreihenanlage *f*, Zeitreihenexperiment *n* *(statistische Hypothesenprüfung)*
time study (time usage study)
Zeitstudie *f* *(Operations Research)*
title
1. Rechtstitel *m*, Rechtsanspruch *m*, Anspruch *m*
2. Titel *m*, Amtstitel *m*, Ehrentitel *m* *(Organisationssoziologie)*
titration method (up-and-down method, staircase method, von Békésey method)
Pendelmethode *f* *(Psychophysik)*
toilet training
Reinlichkeitserziehung *f*, Sauberkeitserziehung *f* *(Psychologie)*
token
Token *n*, Tauschwertsymbol *n*, Münze *f* *(Kulturanthropologie)*
token bridewealth (token bride-price)
symbolischer Brautpreis *m* *(Kulturanthropologie)*

tokenism
symbolische Beseitigung *f* von
Rassenschranken, alibistische
Desegregation *f*, Herumkurieren *n* an
den Symptomen *(Soziologie)*
tolerance (toleration)
1. Tolerierung *f*, Toleranz *f*,
Duldung *f*, Nachsicht *f* *(Psychologie)*
(Sozialpsychologie)
2. Toleranz *f* zulässige Abweichung *f*,
Fehlergrenze *f*, Spielraum *m*,
Toleranzfaktor *m*, Toleranzgrenze *f*
(statistische Qualitätskontrolle)
tolerance level (tolerance, confidence interval, confidence belt, confidence level, confidence band, confidence)
Vertrauensbereich *m*, Vertrauensintervall *n*, Mutungsbereich *m*,
Mutungsintervall *n*, Sicherheitsbereich *m*, Konfidenzbereich *m*,
Konfidenzintervall *n* *(statistische Hypothesenprüfung)*
tolerance number of defects
zulässige Ausschußzahl *f* *(statistische Qualitätskontrolle)*
tolerance of ambiguity
Toleranz *f* für Ambiguität
(Sozialpsychologie)
tolerant
tolerant, nachgiebig, duldsam *adj*
(Sozialpsychologie)
to tolerate
tolerieren *v/t*
Tomkins-Horne picture-arrangement test
Tomkins-Horne-Bildsortiertest *m*,
Tomkins-Horne-Bilderreihentest *m*
(Psychologie)
top executive
Spitzenmanager *m*, leitender
Geschäftsführer *m* *(Organisationssoziologie)*
top influential (Delbert C. Miller)
Führer *m*, Einflußreicher *m*,
einflußreiche Person *f* *(Kommunikationsforschung)*
topic (theme, subject matter)
Thema *n*, Grundthema *n*, Tenor *m*,
Gegenstand *m*, Stoff *m*
topological psychology (Kurt Lewin)
topologische Psychologie *f*,
Topopsychologie *f*
topology
Topologie *f* *(Mathematik/Statistik)*
topophilia (place attachment, place dependence)
Topophilie *f* *(Psychologie)*
torture
Folter *f*, Folterung *f*, Marter *f*,
Marterung *f*, Tortur *f*

Tory (tory)
1. Loyalist *m*, Tory *m*, Anhänger *m*
der englischen Krone während des
amerikanischen Unabhängigkeitskriegs
2. Tory *m*, Konservativer *m* *(politische Wissenschaften)*
total centrality
Gesamtzentralität *f* *(Soziometrie)*
total correlation
totale Korrelation *f* *(Statistik)*
total correlation coefficient
totaler Korrelationskoeffizient *m*
(Statistik)
total effect
Gesamtwirkung *f*, Gesamteffekt *m*
(Pfadanalyse)
total error
Gesamtfehler *m*, totaler Fehler *m*
(statistische Hypothesenprüfung)
total fertility rate (gross reproduction rate, gross rate of reproduction)
Bruttoreproduktionsziffer *f*,
Bruttoreproduktionsrate *f*
(Demographie)
total institution (Erving Goffman)
totale Institution *f* *(Soziologie)*
total ophemility
totale Ophemilität *f* *(Volkswirtschaftslehre)*
total organization (brit organisation)
totale Organisation *f* *(Soziologie)*
total population
Gesamtbevölkerung *f* *(Demographie)*
total prestation (Marcel Mauss)
totale Prestation *f*, totale Übertragung *f*
(Kulturanthropologie)
total regression
totale Regression *f* *(Statistik)*
total sedentarization (definitive sedentarization)
permanente Seßhaftmachung *f*,
permanente Ansiedlung *f* (von Nomaden
oder Halbnomaden) *(Sozialökologie)*
total war
totaler Krieg *m*
vgl. limited war
totalitarian
totalitär *adj* *(politische Wissenschaften)*
totalitarian dictatorship
totalitäre Diktatur *f* (Franz L.
Neumann) *(politische Wissenschaften)*
totalitarian group (Robert K. Merton)
totalitäre Gruppe *f* *(Soziologie)*
totalitarianism
Totalitarismus *m* *(political science/sociology)*
totals pl (sum total)
Gesamtergebnis *n*, Gesamtzahl *f*,
Reihensumme *f*, Spaltensumme *f* (in
einer Tabelle) *(Statistik)*

totem (totemic emblem)
Totem *n* *(Kulturanthropologie)*
totem group
Totemgruppe *f* *(Kulturanthropologie)*
totem pole
Totempfahl *m* *(Kulturanthropologie)*
totemic
Totem-, totemisch *adj* *(Kulturanthropologie)*
totemic clan (totem group)
Totemclan *m*, Totemsippe *f* *(Kulturanthropologie)*
totemic complex
Totemkomplex *m* *(Kulturanthropologie)*
totemic continuum (*pl* continuums *or* continua)
Totemkontinuum *n* *(Kulturanthropologie)*
totemic descent
Totemabstammung *f*, Abstammung *f* von einem Totem *(Kulturanthropologie)*
totemic kinship
Totemverwandtschaft *f* *(Kulturanthropologie)*
totemic relationship
Totembeziehung *f*, Beziehung *f* zwischen dem Mitglied einer Totemgruppe und dem Totem *(Kulturanthropologie)*
totemic sib (totemic group)
Totemsippe *f* *(Kulturanthropologie)*
totemism (totemic complex)
Totemismus *m*, Totemglaube *m*, Totemkult *m* *(Kulturanthropologie)*
totemistic
totemistisch *adj* *(Kulturanthropologie)*
totemite
Mitglied *n* einer Totemsippe, Mitglied *n* einer Totemgruppe *(Ethnologie)*
town
Stadt *f*, Kleinstadt *f* *(Sozialökologie)*
town planning (urban planning, city planning)
Stadtplanung *f*, städtische Planung *f* *(Sozialökologie)*
townscape (cityscape)
Stadtbild *n*, Stadtlandschaft *f* *(Sozialökologie)*
township (district)
Bezirk *m*, Distrikt *m*, Verwaltungsbezirk *m*
township (community)
Kommune *f*, Gemeinde *f*, Dorfgemeinde *f*, Stadtgemeinde *f* *(politische Wissenschaft)* *(Soziologie)*
townsman (*pl* townsmen *or* townspeople, city dweller, urbanite)
Städter *m*, Stadtbewohner *m*, Stadtbürger *m*, Bürger *m* *(Sozialökologie)*

trace analysis (nonreactive measurement, nonreactive measure, unobtrusive measurement)
nichtreaktive Messung *f*, nichtreaktives Meßverfahren *n* *(Psychologie/empirische Sozialforschung)*
vgl. reactive measurement
trace conditioning
Spurenkonditionierung *f* *(Verhaltensforschung)*
trace line (response curve)
Reaktionskurve *f*, Charakteristik *f* des Items, Responsekurve *f*, Wirkungskurve *f*, Lernkurve *f* *(Skalierung)*
trace reflex
Spurenreflex *m* *(Verhaltensforschung)*
trace theory (extended standard theory) (Noam Chomsky)
Spurentheorie *f* *(Soziolinguistik)*
tract (census tract)
Zählsprengel *m*, Zählungssprengel *m* *(Demographie)* *(Statistik)*
tract statistics *pl als sg konstruiert*
Zählsprengelstatistik *f*, Sprengelstatistik *f*, Statistik *f* der Zählsprengel *(Demographie)* *(Statistik)*
trade (commerce)
Handel *m*, Handelsverkehr *m* *(Volkswirtschaftslehre)*
trade area
ökonomisches Einzugsgebiet *n*, Handelsbereich *m*, Handelszone *f* *(Volkswirtschaftslehre)*
trade cycle (business cycle)
Konjunkturzyklus *m*, Konjunkturschwankung *f* *(Volkswirtschaftslehre)*
trade research (commercial research)
Handelsforschung *f* *(Volkswirtschaftslehre)*
trade school
Handelsschule *f*
trade union (trade-union, trades union, industrial union, labor union, *brit* labour union)
Gewerkschaft *f*, Arbeitnehmerverband *m*, Industriegewerkschaft *f* *(Industriesoziologie)*
tradition
Tradition *f*, Überlieferung *f*, Übertragung *f* von Generation zu Generation *(Kulturanthropologie)* *(Soziologie)*
tradition-directed man (David Riesman et al.)
traditionsgeleitete Persönlichkeit *f*, traditionsgelenkte Persönlichkeit *f* *(Soziologie)*
vgl. other-directed man, inner-directed man

tradition-directed society (David Riesman et al.)
traditionsgeleitete Gesellschaft *f*, traditionsgelenkte Gesellschaft *f* *(Soziologie)*
vgl. other-directed society, inner-directed society
tradition-directedness (tradition direction) (David Riesman et al.)
Traditionslenkung *f*, Traditionsleitung *f* *(Soziologie)*
vgl. other-directedness, inner-directedness
traditional
traditionell, traditional, überliefert, klassisch *adj (Soziologie)*
traditional action
traditionales Handeln *n* (Max Weber) *(Soziologie)*
traditional authority
traditionale Autorität *f*, traditionelle Autorität *f* (Max Weber) *(Soziologie)*
traditional elite (traditional élite)
traditionelle Elite *f*, traditionale Elite *f* *(Soziologie)*
traditional nonrationality (Howard S. Becker)
traditionale Nichtrationalität *f*, traditionale Irrationalität *f (Soziologie)*
traditional society
traditionale Gesellschaft *f*, traditionelle Gesellschaft *f (Soziologie)*
traditionalism
Traditionalismus *m*, Festhalten *n* am Überlieferten *(Soziologie)*
traditionalistic action
traditionalistische Aktion *f (Soziologie)*
traffic
1. Kundenstrom *m (Warteschlangentheorie)*
2. Verkehr *m*, Straßenverkehr *m (Sozialökologie)*
traffic intensity
Intensität *f* des Kundenstroms, Kundenstromintensität *f (Warteschlangentheorie)*
Trager-Smith-Joos model
Trager-Smith-Joos-Modell *n (Linguistik)*
trailer camp (trailer court, trailer park)
Wohnwagenkolonie *f*, Wohnwagenstadt *f (Sozialökologie)*
trained incapacity (Thorstein Veblen)
Betriebsblindheit *f*, Fachidiotie *f*
training (practice, *brit* **practise)**
1. Übung *f*, Üben *n (Verhaltensforschung)*
2. Ausbildung *f*, Schulung *f*, Erziehung *f (Industriesoziologie)*
training group (T group, encounter group)
Encountergruppe *f*, Begegnungsgruppe *f*, T-Gruppe *f (Verhaltenstherapie)*

training of unlearning
Übung *f* des Verlernens, Übung *f* des Umlernens *(Verhaltensforschung)*
training trial (acquisition trial)
Übungsversuch *m (Verhaltensforschung)*
trait (character trait)
Zug *m*, Charakterzug *m (Psychologie)*
trait profile (personality profile, psychic profile)
Persönlichkeitsprofil *n (Psychologie)*
trajectory of a stochastic process
Trajektorie *f* eines stochastischen Prozesses, Realisierung *f* eines stochastischen Prozesses
tramp (vagabond, vagrant)
Vagabund *m (Soziologie)*
tramping (vagrancy, vagabonding)
Vagabundentum *n*, Vagabundieren *n*, Vagantentum *n*, Landstreicherei *f (Soziologie)*
trance
Trance *f (Psychologie)*
transaction
Transaktion *f (Psychologie) (Soziologie) (Volkswirtschaftslehre)*
transactional analysis (TA) (*pl* **analyses) (Eric Berne)**
Transaktionsanalyse *f*, transaktionale Analyse *f (Verhaltenstherapie)*
transactional interaction (Eric Berne)
Transaktionsinteraktion *f*, transaktionale Interaktion *f (Verhaltenstherapie)*
transactional paradigm (C. David Mortensen)
Transaktionsparadigma *n*, transaktionaler Ansatz *m (Kommunikationsforschung)*
transactional response (Eric Berne)
Transaktionsreaktion *f*, transaktionale Reaktion *f (Verhaltenstherapie)*
transactional stimulus (*pl* **stimuli) (Eric Berne)**
Transaktionsreiz *m*, Transaktionsstimulus *m*, transaktionaler Reiz *m*, transaktionaler Stimulus *m (Verhaltenstherapie)*
transactional theory of perception
Transaktionstheorie *f* der Wahrnehmung *(Psychologie)*
transactionalism (transactional theory) (Eric Berne)
Transaktionalismus *m*, transaktionale Theorie *f (Verhaltenstherapie)*
transactor (Eric Berne)
Transakteur *m*, Transaktor *m (Verhaltenstherapie)*
transcendence
Transzendenz *f (Philosophie)*

transcendent function (transcendent function of the psyche)
transzendente Funktion *f* (Carl G. Jung) *(Psychologie)*
transcendent (transcendental)
transzendent *adj.*
transcendental argument
transzendentales Argument *n (Logik)*
transcendental sanction
transzendentale Sanktion *f (Soziologie)*
transcendentalism
Transzendentalismus *m (Philosophie)*
transcultural validity
transkulturelle Gültigkeit *f*, transkulturelle Validität *f (statistische Hypothesenprüfung)*
transculturation (F. Ortiz)
Transkulturation *f*, Kulturübertragung *f*, wechselseitige Akkulturation *f (Kulturanthropologie)*
transfer
Überführung *f*, Verlegung *f*, Transfer *m*
transfer (cession)
Zession *f*, Rechtsübertragung *f (Soziologie)*
transfer of technology (technology transfer)
Technologietransfer *m*
transfer paradigm (proaction paradigm)
Übertragungsparadigma *n*, Proaktionsparadigma *n (Verhaltenstherapie)*
transfer of learning (transfer of training, proaction, proactive learning)
Übungsübertragung *f*, Übertragung *f*, Mitlerneffekt *m (Verhaltensforschung)*
transferability
Übertragbarkeit *f*
transferability coefficient (Raymond B. Cattell)
Übertragbarkeitskoeffizient *m (statistische Hypothesenprüfung)*
transference neurosis (*pl* neuroses)
Übertragungsneurose *f* (Sigmund Freud) *(Psychoanalyse)*
transference resistance
Übertragungswiderstand *m* (Sigmund Freud) *(Psychoanalyse)*
transformation
1. Transformation *f*, Umformung *f (Mathematik/Statistik) (Linguistik)*
2. Umbildung *f*, Umformung *f*, Umgestaltung *f*, Umwandlung *f*, Verwandlung *f*
transformation of data (data transformation, data conversion)
Datentransformation *f*, Datenumwandlung *f (EDV) (Datenanalyse)*
transformation rule
Transformationsregel *f (Linguistik)*

transformation stage
Transformationsstadium *n*, Transformationsphase *f* (Carl G. Jung) *(Psychotherapie)*
transformational grammar (generative grammar) (Noam Chomsky)
Transformationsgrammatik *f (Linguistik)*
transformational theory (Noam Chomsky)
Transformationstheorie *f (Linguistik)*
transhumance (vertical nomadism, fixed-reference nomadism)
Transhumanz *f (Kulturanthropologie)*
transhumant pastoralism (pastoral transhumance)
Hirtenwanderung *f*, Herdenwanderung *f (Kulturanthropologie)*
transit trade
Durchfuhrhandel *m*, Transithandel *m (Volkswirtschaftslehre)*
transition function (of a Markov chain)
Übergangsfunktion *f* (einer Markov-Kette) *(Stochastik)*
transition matrix (of a Markov chain)
Übergangsmatrix *f* (einer Markov-Kette), Matrix *f* der Übergangswahrscheinlichkeiten einer Markov Kette *(Stochastik)*
transitional area (transitional zone, zone in transition, zone of transition, area of transition, zone of transition, interstitial area) (F. Thrasher)
Übergangszone *f*, Übergangsbereich *m*, Übergangsgebiet *n (Sozialökologie)*
transitional probability (transition probability)
Übergangswahrscheinlichkeit *f (Stochastik)*
transitional rate (James Coleman)
Übergangsrate *f (Soziologie)*
transitional shock (culture shock)
Kulturschock *m (Migration)*
transitional society
Übergangsgesellschaft *f*, Gesellschaft *f* im Übergang *(Soziologie)*
transitional status
Übergangsstatus *m*, Zwischenstatus *m*
transitionism (B. B. Wolman)
Transitionismus *m (Psychologie)*
transitivity (rule of transitivity)
Transitivität *f*, Transitivitätsregel *f (Mathematik/Statistik)*
translocal forces *pl* (Don Martindale and Galen R. Hansen)
translokale Kräfte *f/pl (Sozialökologie)*
transmigration
Transmigration *f*, Übersiedlung *f*, Auswanderung *f (Migration)*

transmigration of souls (reincarnation, metempsychosis)
Seelenwanderung *f*, Reinkarnation *f*, Wiederverkörperung *f*, Metempsychose *f* *(Kulturanthropologie) (Religionssoziologie)*

transmigrationism
Transmigrationismus *m*, Lehre *f* von den Seelenwanderungen *(Kulturanthropologie)*

transmission
Übermittlung *f*, Übertragung *f* (einer Nachricht, einer Botschaft) *(Kommunikationsforschung)*

transmission of culture (cultural transmission, transmittal of culture)
Kulturübertragung *f*, Kulturtransmission *f* *(Ethnologie)*

transmission theory of communication
Übertragungstheorie *f* der Kommunikation *(Kommunikationsforschung)*

transmitter
Übermittler *m*, Sender *m* *(Kommunikationsforschung)*

transnational (cross-national)
übernational, international *adj*

transparency (visibility)
Transparenz *f*, Sichtbarkeit *f*, Visibilität *f*

transportation (transport)
Transport *m*, Transportwesen *n*

transposition
Transposition *f* *(Verhaltensforschung)*

transposition behavior (*brit* behaviour)
Transpositionsverhalten *n*, transpositionelles Verhalten *n*, Verhaltenstransposition *f* *(Verhaltensforschung)*

transposition hypothesis (*pl* hypotheses)
Transpositionshypothese *f* *(Verhaltensforschung)*

transsexuality (transsexualism)
Transsexualität *f* *(Psychologie)*

transvariation (overlap, overlapping)
Überlappung *f*, Überschneidung *f* *(Statistik)*

transvestism (transvestitism)
Transvestismus *m*, Transvestitismus *m* *(Kulturanthropologie)*

transvestite
Transvestit *m* *(Kulturanthropologie)*

trauma
Trauma *n* *(Psychologie)*

traumatic neurosis (*pl* neuroses)
traumatische Neurose *f* (Sigmund Freud) *(Psychoanalyse)*

traumatic psychosis (*pl* psychoses)
traumatische Psychose *f* (Sigmund Freud) *(Psychoanalyse)*

treason
Verrat *m* *(Soziologie)*

treatment (experimental treatment)
Experimentalhandlung *f*, experimentelle Handlung *f*, experimentelle Manipulation *f*, experimentelles Treatment *n*, Testhandlung *f* *(statistische Hypothesenprüfung)*

treatment mean-square
mittleres Abweichungsquadrat *n* zwischen den Experimentalhandlungen *(statistische Hypothesenprüfung)*

treatment organization (*brit* organisation, people-changing organization, *brit* organisation)
Behandlungsorganisation *f*, Besserungsanstalt *f* *(Soziologie)*

treaty (international treaty)
Staatsvertrag *m*, völkerrechtlicher Vertrag *m*, völkerrechtlicher Vertrag *m* *(Internationale Beziehungen)*

tree analysis (*pl* analyses, segmentation analysis, segment analysis) (John A. Sonquist and James N. Morgan)
Kontrastgruppenanalyse *f*, Kontrasttypenanalyse *f*, Segmentationsanalyse *f*, Segmentanalyse *f* *(empirische Sozialforschung)*

tree diagram (tree, branch diagram)
Kontrastgruppendiagramm *n*, Baumdiagramm *n*, Zweigdiagramm *n* *(graphische Darstellung) (Entscheidungstheorie)*

trend
Trend *m* *(Statistik) (Soziologie)*

trend analysis (*pl* analyses)
Trendanalyse *f* *(Statistik)*

trend elimination (detrending)
Trendbereinigung *f*, Trendausschaltung *f*, Trendeliminierung *f* *(Statistik)*

trend extrapolation
Trendextrapolation *f* *(Statistik)*

trend fitting
Trendanpassung *f*, Kurvenanpassung *f* für den Trend *(Statistik)*

trend study (trend investigation)
Trendstudie *f*, Trenduntersuchung *f* *(Statistik)*

triad (triple)
Trias *f*, Triade *f*, Tripel *f*, Drei *f*, Dreiheit *f*, Dreiergruppe *f* *(Kulturanthropologie) (Soziologie) (Mathematik/Statistik)*

triadism (tripartite organization, *brit* organisation) (Claude Lévi-Strauss)
Triadismus *m* *(Kulturanthropologie)*

trial and error
Versuch *m* und Irrtum *m* *(Entscheidungstheorie) (Psychologie) (Hypothesenprüfung)*

trial-and-error experiment
Trial-and-Error-Experiment *n*, Versuchs-Irrtums-Experiment *n*, Experiment *n* mit Versuch und Irrtum *(statistische Hypothesenprüfung)*
trial-and-error learning (learning by trial and error)
Lernen *n* durch Versuch und Irrtum, Trial-and-Error-Lernen *n*, Versuchs-Irrtums-Lernen *n*, Lernen *n* mit Versuch und Irrtum *(Theorie des Lernens)*
trial-and-error learning (learning by trial and error)
Versuch-und-Irrtum Lernen *n*, Lernen *n* durch Versuch und Irrtum *(Psychologie)*
trial block
Versuchsblock *m* *(statistische Hypothesenprüfung)*
trial heat
alternativer Kandidatentest *m*, alternative Kandidatengegenüberstellung *f*, Versuchslauf *m*, Probelauf *m*, Probedurchgang *m*, Probleauf *m*, Ausscheidungslauf *m*, Ausscheidungsrennen *n* *(Meinungsforschung)*
trial heat (one-on-one test)
Ausscheidungslauf *m*, Ausscheidungsrennen *n*, Probedurchgang *m*, Probelauf *m*, Gegenüberstellungstest *m* mit zwei Kandidaten *(Meinungsforschung)*
trial interview (test interview, experimental interview)
Testinterview *n*, experimentelles Interview *n*, Probeinterview *n*, Probebefragung *f* *(Psychologie/empirische Sozialforschung)*
trial marriage
Probeehe *f*, Ehe *f* auf Probe *(Familiensoziologie)*
trial survey (test-tube survey, pilot study, pilot survey, pilot test, exploratory study)
Pilotstudie *f*, Leitstudie *f*, Vorstudie *f*, Voruntersuchung *f*, Vorerhebung *f*, Erkundungsstudie *f*, Probebefragung *f*, Teststudie *f* *(empirische Sozialforschung)*
triangular distribution
Dreieckverteilung *f*, Simpson-Verteilung *f* *(Statistik)*
triangular matrix (three-dimensional matrix, pl matrixes or matrices, three-way matrix)
dreidimensionale Matrix *f*, perspektivische Matrix *f* *(Statistik)*
triangulation
Triangulation *f*, Triangulieren *n* *(Sozialforschung) (Theoriebildung)*
tribal analogy (Walter Goldschmidt)
Stammesanalogie *f* *(Soziologie)*

tribal area (tribal territory)
Stammesgebiet *n*, Stammesterritorium *n*, Gebiet *n* eines Stammes *(Kulturanthropologie)*
tribal customs *pl*
Stammesgebräuche *m/pl* Stammessitten *f/pl* *(Kulturanthropologie)*
tribal society
Stammesgesellschaft *f* *(Kulturanthropologie)*
tribalism (tribal organization, brit **organisation)**
Stammessystem *n*, Stammesorganisation *f*, soziale Organisation *f* nach Stämmen *(Kulturanthropologie)*
tribe
Stamm *m*, Ursprung *m*, Familie *f*, Herkunft *f*, Abkunft *f* *(Kulturanthropologie)*
tribelet
Kleinstamm *m*, kleiner Stamm *m* *(Kulturanthropologie)*
trichotomization
Trichotomisierung *f*, Dreiteilung *f*, Gegenüberstellung *f* von drei Gruppen *(Soziologie)*
vgl. dichotomization
to trichotomize
trichotomisieren, in drei Gruppen aufteilen, dreiteilen *v/t*
"trickle down" process (trickle effect, two-cycle flow of communication) (Verling C. Troldahl)
Zwei-Zyklen-Fluß *m* der Kommunikation *(Kommunikationsforschung)*
trinomial variable (trinomial)
Trinom *n*, trinomische Variable *f* *(Statistik)*
triple
1. Tripel *f* *(Mathematik/Statistik)*
2. dreifach *adj*
triple lattice
dreifaches Gitter *n* *(statistische Hypothesenprüfung)*
trivial solution (degenerate solution)
entartete Lösung *f*, triviale Lösung *f* *(multidimensionale Skalierung)*
trough (antimode, anti-mode)
Senkung *f* (einer Kurve, einer Zeitreihe), Minimumstelle *f*, Minimum *n*, seltenster Wert *m* *(Statistik)*
vgl. peak (mode)
truancy
Faulenzen *n* Müßiggang *m*, Schwänzen *n* *(Industriesoziologie)*
truce
Waffenstillstand *m*, Waffenruhe *f*
true age (conceptional age)
wahres Alter *m*, wirkliches Alter *n* *(Entwicklungspsychologie)*

true believer
gläubiger Parteigänger *m*, gläubiger Anhänger *m*, Hundertfünfzigprozentiger *m* *(Organisationssoziologie)*
true mean
wahrer Mittelwert *m*, wahres Mittel *n*, Mittel *n* der Grundgesamtheit *f* *(Statistik)*
true mode (theoretical mode)
wahrer Modus *m*, theoretischer Modus *m* *(Statistik)*
true regression
fehlerfreie Regression *f* *(Statistik)*
true score (true value)
wahrer Wert *m*, fehlerfreier Punktwert *m*, fehlerfreier Wert *m*, wahrer Punktwert *m* *(Statistik)*
true value (estimand)
Estimand *n*, Estimandum *n*, wahrer Wert *m* *(statistische Hypothesenprüfung)*
to truncate
stutzen (eine Verteilung) *v/t* *(Statistik)*
truncated distribution
gestutzte Verteilung *f* *(Statistik)*
truncated variable
gestutzte Variable *f* *(Statistik)*
truncation
Stutzen *n* (einer Verteilung, einer Stichprobe) *(Statistik)*
truncation point
Stutzstelle *f*, Stutzungspunkt *m* *(Statistik)*
trusteeship
Treuhändergemeinschaft *f*, Amt *n* des Treuhänders, Kuratorium *n* *(Soziologie)*
trusteeship family (trustee-type of family) (Carle E. Zimmerman)
Treuhänderschaftsfamilie *f* *(Kulturanthropologie)*
truth
Wahrheit *f* *(Philosophie)*
truth definition (truth-definition)
Wahrheitsdefinition *f* *(Philosophie)*
truth-table (truth matrix)
Wahrheitstabelle *f*, Wahrheitsmatrix *f* *(formale Logik)*
truth theory
Wahrheitstheorie *f* *(formale Logik)*
truth value (truth-value) (Gottlob Frege)
Wahrheitswert *m* *(formale Logik)*
Tschebycheff inequality
Tschebycheff-Ungleichung *f*, Tschebyscheffsche Ungleichung *f* *(Statistik)*
Tschebycheff-Hermite polynomial
Tschebycheff-Hermite-Polynom *n* *(Statistik)*
Tukey's test (honestly significant difference procedure, HSD procedure)
Tukey-Test *m*, Tukeys Test *m*

turning point
Umschlagpunkt *m*, Wendepunkt *m*, Umkehrpunkt *m* *(Mathematik/Statistik) (Skalierung)*
turnout (voter turnout)
Wahlbeteiligung *f* *(politische Wissenschaften)*
turnout intention (intention to turn out to vote, vote intention, voting intention)
Wahlabsicht *f*, Wahlbeteiligungsabsicht *f*, Absicht *f*, wählen zu gehen *(Meinungsforschung)*
turnover
1. Rate *f* der Neu- und Wiedereinstellungen (von Arbeitsplätzen) *(Industriesoziologie)*
2. Umschwung *m*, Umschlag *m*, Umschlagen *n* (der öffentlichen Meinung etc.) *(Sozialpsychologie)*
turnover (fluctuation)
Fluktuation *f* *(Soziologie) (empirische Sozialforschung)*
turnover (restratification)
Umschichtung *f*, Umgruppierung *f*, Umorganisation *f* *(Soziologie)*
turnover (sales volume, sales *pl*)
Umsatz *m* *(Volkswirtschaftslehre)*
turnover of panel members (panel turnover)
Panelfluktuation *f* *(empirische Sozialforschung)*
turnover table
Fluktuationstabelle *f* *(Panelforschung)*
twin
Zwilling *m* *(Genetik)*
twin birth taboo
Zwillingstabu *n*, Tabu *n* der Zwillingsgeburt *(Kulturanthropologie)*
twin city
Zwillingsstadt *f*, Schwesternstädte *f/pl* *(Sozialökologie)*
twin method
Methode *f* des Zwillingsvergleichs, Methode *f* des Vergleichs von Zwillingen) (zur Feststellung, welche Eigenschaften erblich oder erlernt sind) *(Genetik)*
two-ballot system (second ballot system)
Wahlsystem *n* mit zweitem Wahlgang *(politische Wissenschaften)*
two-by-two table (2 x 2 table, fourfold table)
Vierfeldertafel *f*, Vierfelderschema *n*, Vierfeldertafel *f* *(Statistik) (Datenanalyse)*
two-cycle flow of communication ("trickle down" process, trickle effect) (Verling C. Troldahl)
Zwei-Zyklen-Fluß *m* der Kommunikation *(Kommunikationsforschung)*

two-egg twin (dizygotic twin, DZ twin, fraternal twin)
zweieiiger Zwilling *m* *(Genetik)*

two-factor experimental design (two-factor design)
Zwei-Faktoren Anlage *f*, experimentelle Anlage *f* mit zwei Faktoren, experimentelle Anlage *f* mit zwei unabhängigen Variablen, Versuchsanlage *f* mit zwei Faktoren, Versuchsanlage *f* mit zwei unabhängigen Variablen *(statistische Hypothesenprüfung)*

two-factor model (F. Herzberg)
Zwei-Faktoren-Modell *n* *(Industriesoziologie)*

two-factor theory (dual process theory)
Zwei-Prozeß-Theorie *f*, Zwei-Faktoren-Theorie *f* *(Psychologie) (Verhaltensforschung)*

two-party system
Zweiparteiensystem *n* *(politische Wissenschaften)*

two-person game
Zwei-Personen-Spiel *n* *(Spieltheorie)*

two-person zero-sum game
Zwei-Personen-Nullsummenspiel *n* *(Spieltheorie)*

two-phase sampling (multiple phase process, multi-phase sampling, multiple-stage sampling, multi-stage sampling, two-stage sampling, double sampling, subsampling, two-stage sampling, mixed sampling)
mehrstufiges Auswahlverfahren *n*, mehrstufige Auswahl *f*, mehrstufige Stichprobenbildung *f*, mehrstufiges Stichprobenverfahren *n*, Mehrphasenauswahlverfahren *n*, Mehrphasenauswahl *f*, Mehrphasenprozeß *m*, mehrphasiger Prozeß *m* *(Statistik)*

two-point distribution
Zwei-Punkt-Verteilung *f* *(Statistik)*

two-point threshold
Zwei-Punkt-Schwelle *f* *(Verhaltensforschung)*

two-point variable (dichotomous variable)
dichotome Variable *f*, dichotome Veränderliche *f* *(statistische Hypothesenprüfung) (empirische Sozialforschung)*

two-sample t test
doppelter t-Test *m* *(statistische Hypothesenprüfung)*

two-samples test
Test *m* mit mehreren Antwortvorgaben *(statistische Hypothesenprüfung)*

two-stage experiment
Zweistufenexperiment *n*, zweistufiges Experiment *n* *(statistische Hypothesenprüfung)*

two-stage sample
Zweistufenauswahl *f*, Zweistufenstichprobe *f*, zweistufige Auswahl *f*, zweistufige Stichprobe *f* *(Statistik)*

two-stage sampling (nested sampling)
Zweistufenauswahlverfahren *n*, Zweistufenauswahl *f*, Zweistufenstichprobenbildung *f*, Zweistufenstichprobenverfahren *n*, zweistufiges Auswahlverfahren *n*, zweistufiges Stichprobenverfahren *n*, Bildung *f* einer zweistufigen Stichprobe *(Statistik)*

two-step flow (of communication) (two-step flow of communication) (Paul F. Lazarsfeld)
Zwei-Stufen-Fluß *m* der Kommunikation *(Kommunikationsforschung)*

two-step flow of communication hypothesis, *pl* **hypotheses (two-step flow hypothesis, two-step flow theory) (Paul F. Lazarsfeld et al.)**
Zwei-Stufen-Fluß Hypothese *f*, Hypothese *f* vom Zwei-Stufen-Fluß der Kommunikation *(Kommunikationsforschung)*

two-tailed test (two-tail test, double-tailed test)
Zwei-Segment-Test *m*, zweiseitiger Test *m*, Zwei-Segment-Test *m* *(statistische Hypothesenprüfung)*
vgl. one-tailed test

two-way causation
zweiseitige Verursachung *f*, wechselseitige Verursachung *f* *(Logik)*
vgl. one-way causation

two-way classification (cross-classification)
Zweiwegklassifikation *f*, Zweiwegklassifizierung *f* *(empirische Sozialforschung) (Statistik)*
vgl. one-way classification

two-way communication
Zweiwegkommunikation *f*, gegenseitige Kommunikation *f* *(Kommunikationsforschung)*

type
1., Sorte *f*, Klasse *f*, Typ *m*
2. Typ *m*, Typus *m* *(Theoriebildung) (Psychologie) (Soziologie)*

type A region
Typ-A-Bereich *m* *(statistische Hypothesenprüfung)*

type B region
Typ-B-Bereich *m* *(statistische Hypothesenprüfung)*

type B series *sg + pl*
  Gram-Charliersche Reihe *f* vom Typ B *(Statistik)*
type bias
  Fehler *m* durch Mittelwertswahl *(statistische Hypothesenprüfung)*
type C region
  Typ-C-Bereich *m (statistische Hypothesenprüfung)*
type C series *sg + pl*
  Gram-Charliersche Reihe *f* vom Typ C *(Statistik)*
type D region
  Typ-D-Bereich *m (statistische Hypothesenprüfung)*
type fallacy
  Typus-Trugschluß *m*, Typus-Fehlschluß *m (Theoriebildung)*
type of degenerated distribution
  uneigentlicher Verteilungstyp *m (Statistik)*
type of communication (form of communication)
  Kommunikationsform *f (Kommunikationsforschung)*
type of settlement (form of settlement, pattern of settlement, residential pattern)
  Siedlungsform *f (Sozialökologie)*
type R conditioning
  Typ-R-Konditionierung *f (Verhaltensforschung)*
type s conditioning (classical conditioning, forward conditioning, Pavlovian conditioning, respondent conditioning)
  klassische Konditionierung *f*, respondente Konditionierung *f (Verhaltensforschung)*
  vgl. instrumental conditioning
type-token ratio (TTR) (W. Johnson)
  Diversifikationsquotient *m (Kommunikationsforschung)*
typing
  Typisieren *n*, Typisierung *f (Sozialpsychologie)*
typological classification
  typologische Klassifizierung *f*, typologische Klassifikation *f (Theoriebildung)*
typological method
  typologische Methode *f*, Methode *f* der Verwendung von Typologien (in der soziologischen Analyse) *(Soziologie)*
typological political modernization
  typologische politische Modernisierung *f (politische Wissenschaften)*
typology
  Typologie *f*, Typenlehre *f (Theoriebildung)*
tyrannical leadership
  tyrannische Führung *f (Soziologie)*
tyranny
  Tyrannis *f*, Tyrannei *f*, Willkürherrschaft *f (politische Wissenschaften)*

U

U hypothesis (H. Helson)
U-Hypothese *f (Psychologie)*
U-shaped curve (U curve, U frequency distribution)
U-förmige Kurve *f*, U Kurve *f (Statistik)*
U-shaped distribution (U curve distribution, U-shaped frequency distribution, U distribution)
U-förmige Verteilung *f*, U-Verteilung *f (Statistik)*
ultimate authority
allerhöchste Autorität *f*, höchste Autorität *f*
ultimate cluster
Klumpen *m* letzter Ordnung *f*, Cluster *n* letzter Ordnung *(Statistik)*
ultimate sampling units *pl*
letzte Auswahleinheiten *f/pl (Statistik)*
ultimate value
allerhöchster Wert *m*, höchster Wert *m*
ultimogeniture (ultimogenitary inheritance, postremogeniture, junior right, juniority)
Ultimogenitur *f*, Erbfolge *f* des jüngsten Sohns *(Kulturanthropologie)*
vgl. primogeniture
umland (hinterland)
Umland *n (Sozialökologie)*
umpire (arbiter)
Schlichter *m*, Schiedsrichter *m (Industriesoziologie)*
umweg problem (detour problem, detour task)
Umwegproblem *n (Psychologie)*
unadjusted moment
unkorrigiertes Moment *n (Statistik)*
unaided recall
Erinnerung *f* ohne Gedächtnisstütze, Erinnerung *f* ohne Gedächtnishilfe, ungestützte Erinnerung *f*, Erinnerung *f*, aktiver Bekanntheitsgrad *m (Psychologie) (empirische Sozialforschung)*
vgl. aided recall
unaided recall interview (unaided-recall interview)
Interview *n* ohne Gedächtnisstütze, Interview *n* ohne Erinnerungsstütze, Interview *n* zur Ermittlung des aktiven Bekanntheitsgrads *(empirische Sozialforschung)*
vgl. aided recall interview

unaided recall test
ungestützter Erinnerungstest *m*, Erinnerungstest *m* ohne Gedächtnisstütze, Erinnerungstest *m* zur Ermittlung des aktiven Bekanntheitsgrads, Test *m* der aktiven Erinnerung *(empirische Sozialforschung)*
vgl. aided recall test
unbiased (*brit* unbiased)
erwartungstreu, nicht systematisch verzerrt, nicht mit systematischem Fehler behaftet *adj (empirische Sozialforschung) (Statistik)*
vgl. biased
unbiased confidence estimation
unverfälschte Vertrauensbereichsschätzung *f*, unverfälschte Konfidenzschätzung *f (statistische Hypothesenprüfung)*
vgl. biased confidence estimation
unbiased critical region (*brit* unbiased critical region)
überall wirksamer kritischer Bereich *m (statistische Hypothesenprüfung)*
vgl. biased critical region
unbiased error (*brit* unbiased error)
reiner Zufallsfehler *m (statistische Hypothesenprüfung)*
vgl. biased error
unbiased estimate (*brit* unbiased estimate)
erwartungstreue Schätzung *f*, fehlerfreie Schätzung *f*, unverzerrte Schätzung *f (Statistik)*
vgl. biased estimate
unbiased estimating equation (*brit* unbiased estimation equation)
nichtverzerrende Schätzgleichung *f (Statistik)*
vgl. biased estimating equation
unbiased estimator (*brit* unbiased estimator)
erwartungstreue Schätzfunktion *f*, erwartungstreue Schätzung *f*, unverzerrte Schätzfunktion *f*, unverzerrte Schätzung *f (Statistik)*
vgl. biased estimator
unbiased sample (*brit* unbiased sample)
unverzerrte Auswahl *f*, unverzerrte Stichprobe *f (Statistik)*
vgl. biased sample

unbiased sampling (*brit* **unbiassed sampling**)
unverzerrtes Auswahlverfahren *n*, unverzerrte Auswahl *f*, unverzerrtes Stichprobenverfahren *n*, unverzerrte Stichprobenbildung *f (Statistik)*
vgl. biased sampling

unbiased test (*brit* **unbiased test**)
unverfälschter Test *m*, unverzerrter Test *m*, erwartungstreuer Test *m*, überall wirksamer Test *m (statistische Hypothesenprüfung)*
vgl. biased test

unbiasedness (*brit* **unbiassednesss, estimability**)
Erwartungstreue *f (Statistik)*
vgl. biasedness

uncertain event
unsicheres Ereignis *n (Wahrscheinlichkeitstheorie)*
vgl. certain event

uncertainty (H)
Unsicherheit *f (Entscheidungstheorie) (experimentelle Psychologie)*
vgl. certainty

uncertainty principle
Unsicherheitsprinzip *n* (Werner Heisenberg) *(Physik/Theoriebildung)*

unchosen person (unchosen, isolate)
Isolierte(r) *f(m)*, isolierter Mensch *m*, isolierte Person *f*, Person *f* ohne Wahlen *(Soziologie) (Soziometrie)*

unconditionability
Unkonditionierbarkeit *f (Verhaltensforschung)*
vgl. conditionability

unconditioned
unkonditioniert, unkonditionell, unbedingt *adj/adv*
vgl. conditioned

unconditioned aversive stimulus (*pl* **stimuli**)
nichtkonditioneller aversiver Reiz *m*, nichtkonditioneller aversiver Stimulus *m (Verhaltensforschung)*
vgl. conditioned aversive stimulus

unconditioned emotional response
unkonditionierte emotionale Reaktion *f (Verhaltensforschung)*
vgl. conditioned emotional response

unconditioned facilitation
unkonditionierte Bahnung *f (Verhaltensforschung)*
vgl. conditioned facilitation

unconditioned inhibition (inhibitory conditioning, negative conditioning)
unkonditionierte Hemmung *f (Verhaltensforschung)*
vgl. conditioned inhibition

unconditioned nonverbal response
unkonditionierte nichtverbale Reaktion *f (Verhaltensforschung)*
vgl. conditioned nonverbal response

unconditioned operant
unkonditionierte Wirkreaktion *f*, unkonditionierter Operant *m (Verhaltensforschung)*
vgl. conditioned operant

unconditioned reactive inhibition
unkonditionierte reaktive Hemmung *f (Verhaltensforschung)*
vgl. conditioned reactive inhibition

unconditioned reflex
unkonditionierter Reflex *m*, bedingter Reflex *m (Verhaltensforschung)*
vgl. conditioned reflex

unconditioned reinforcement (primary reinforcement)
unkonditionierte Verstärkung *f*, primäre Verstärkung *f*, bedingte Verstärkung *f*, Verstärkung *f* erster Ordnung *f (Verhaltensforschung)*
vgl. conditioned reinforcement (secondary reinforcement)

unconditioned reinforcer
unkonditionierter Verstärker *m*, nicht bedingter Verstärker *m (Verhaltensforschung)*

unconditioned response (UCR, UR)
unkonditionierte Reaktion *f*, bedingte Reaktion *f (Verhaltensforschung)*
vgl. conditioned response (CR)

unconditioned stimulus (US, UCS) (*pl* **stimuli**)
nichtkonditioneller Reiz *m*, nichtkonditioneller Stimulus *m (Verhaltensforschung)*
vgl. conditioned stimulus (CS)

unconditioned suppression
unkonditionierte Unterdrückung *f (Verhaltensforschung)*
vgl. conditioned suppression

unconditioning (John B. Watson)
Entkonditionierung *f*, Dekonditionierung *f*, Wegkonditionierung *f (Verhaltensforschung)*
vgl. conditioning

unconscious
unbewußt *adj (Psychologie) (Verhaltensforschung)*
vgl. conscious

unconscious (the unconscious)
Unbewußtes *n*, das Unbewußte *n (Psychologie)*
vgl. conscious

unconscious communication
unbewußte Kommunikation *f (Psychologie)*

unconscious perception (incidental perception, subliminal perception)
unbewußte Wahrnehmung *f*, unbewußte Perzeption *f (Psychologie)*
unconscious wish
unbewußter Wunsch *m (Psychoanalyse)*
unconscious
unbewußt *adj (Psychologie)*
unconsciousness
1. Bewußtlosigkeit *f*, Ohnmacht *f (Psychologie)*
2. Unbewußtheit *f (Psychologie)*
vgl. consciousness
unconstricted observation
unbefangene Beobachtung *f (empirische Sozialforschung)*
uncontrolled random sampling
unkontrollierte Zufallsstichprobenbildung *f (Statistik)*
uncorrelated random variables *pl*
unkorrelierte Zufallsgrößen *f/pl*, unkorrelierte Zufallsvariablen *f/pl (Statistik)*
under-enumeration
Ausfälle *f* bei einer Zählung (Volkszählung) *(Demographie) (Statistik)*
underbounded city
grenzunterschreitende Stadt *f (Sozialökologie)*
vgl. overbounded city
underdeveloped country (underdeveloped area)
unterentwickeltes Land *n (Soziologie)*
underdevelopment
Unterentwicklung *f (Soziologie)*
underdog effect (boomerang effect, reverse bandwagon effect)
Mitleidseffekt *m*, Bumerangeffekt *m (Kommunikationsforschung)*
vgl. bandwagon effect
underemployed person
Unterbeschäftigter *m*, unterbeschäftigte Person *f (Industriesoziologie)*
underemployment
Unterbeschäftigung *f (Industriesoziologie)*
undernutrition (malnutrition)
Unterernährung *f*, mangelhafte Ernährung *f*, schlechte Ernährung *f*
underpopulation
Unterbevölkerung *f (Demographie)*
underprivileged
unterprivilegiert *adj (Soziologie)*
underprivileged minority
unterprivilegierte Minderheit *f (Soziologie)*
underprivilegedness
Unterprivilegierung *f*

underrepresentation
Unterrepräsentation *f*, Unterrepräsentieren *n (Statistik)*
underrepresented
unterrepräsentiert *adj (Statistik)*
undersized cluster
zu kleiner Klumpen *m*, zu kleines Cluster *n (Statistik)*
understanding
1. Urteilskraft *f*, Erkenntnisfähigkeit *f (Theoriebildung) (Psychologie)*
2. Übereinkommen *n*, Vereinbarung *f*, Abmachung *f*, Übereinkunft *f*
3. Verstehen *n*, Methode *f* des Verstehens (Max Weber) *(Theorie des Wissens)*
understanding (method of verstehen, verstehen, method of understanding)
Methode *f* des Verstehens, verstehende Methode *f (Sozialforschung) (Theorie des Wissens)* (Max Weber)
understanding psychology (verstehen psychology, verstehen approach in psychology)
verstehende Psychologie *f* (Wilhelm Dilthey)
underworld
Unterwelt *f (Kriminalsoziologie)*
undifferentiated areas *pl* **(Kurt Lewin)**
undifferenzierte Bereiche *m/pl (Feldtheorie)*
unemployment
Arbeitslosigkeit *f*, Erwerbslosigkeit *f (Industriesoziologie)*
unemployment benefits *pl* **(unemployment compensation, dole)**
Erwerbslosenunterstützung *f*, Arbeitslosenunterstützung *f*, Arbeitslosengeld *n*, Arbeitslosenhilfe *f*, *(Industriesoziologie)*
unemployment insurance
Arbeitslosenversicherung *f*, Erwerbslosenversicherung *f (Industriesoziologie)*
unequal clusters *pl*
ungleiche Klumpen *m/pl*, ungleiche Cluster *n/pl (Statistik)*
unequal subclasses *pl*
ungleiche Unterklassen *f/pl*, ungleiche Untergruppen *f/pl*, ungleiche Untergruppierungen *f/pl (Statistik)*
unequivocal
unzweideutig *adj*
vgl. equivocal
unfocused interaction (Erving Goffman)
nicht-zentrierte Interaktion *f (Soziologie)*
vgl. focused interaction
unfolding
Entfaltung *f (Skalierung)*

unfolding technique (unfolding)
Entfaltungstechnik f, Technik f
der transferierten Rangordnungen,
Unfolding-Technik f, Unfolding-
Verfahren n, Verfahren n der
transferierten Rangordnungen
(Skalierung)
ungestalt
Ungestalt f *(Psychologie)*
vgl. gestalt
unguided interview (nondirective interview, non-directive interview, permissive interview, soft interview)
nichtdirektives Interview n,
nichtlenkendes Interview n,
Tiefeninterview n, nichtstrukturiertes
Interview n, unstrukturiertes
Interview n, freies Interview n
(Psychologie/empirische Sozialforschung)
vgl. directive interview
unibonded group (Pitirim A. Sorokin) (elementary group)
einfach gebundene Gruppe f,
Elementargruppe f, elementare
Gruppe f, Gruppe f mit einer
einzigen Bindung, durch ein einziges
Band zusammengehaltene Gruppe f
(Gruppensoziologie)
vgl. multibonded group
unidimensional psychophysics *pl als sg konstruiert*
eindimensionale Psychophysik f,
unidimensionale Psychophysik f
unidimensional scaling
eindimensionale Skalierung f,
unidimensionale Skalierung f,
eindimensionales Skalierungsverfahren n,
unidimensionales Skalierungsverfahren n
(Psychologie/empirische Sozialforschung)
vgl. multidimensional scaling
unidimensional stratification
eindimensionale Stratifizierung f,
unidimensionale Stratifizierung
f, eindimensionale Schichtung f,
unidimensionale Schichtung f *(empirische Sozialforschung) (Statistik)*
vgl. multidimensional stratification
unidimensional unfolding
eindimensionale Auffaltung f,
eindimensionale Faltung f,
unidimensionale Faltung f *(Statistik)*
unidimensional vector model
eindimensionales Vektormodell n,
unidimensionales Vektormodell n
(Mathematik/Statistik)
unidimensionality
Eindimensionalität f, Unidimensionalität f *(Statistik)*
vgl. multidimensionality

unified anthropology (biocultural anthropology) (L. Thompson)
Biokultur-Anthropologie f
unified elite (unified élite)
einheitliche Elite f, konsolidierte Elite f
(Soziologie)
uniform (rectangular)
rechtwinklig, rechteckig, einförmig,
gleichförmig, uniform *adj (Statistik)*
uniform distribution (rectangular distribution, flat distribution)
gleichmäßige Verteilung f, flache
Verteilung f, rechteckige Verteilung f,
Rechteckverteilung f, stetige
gleichmäßige Verteilung f *(Statistik)*
uniform population (rectangular population)
einförmige Grundgesamtheit f,
uniforme Grundgesamtheit f, homogene
Grundgesamtheit f, stetige gleichmäßige
Grundgesamtheit f *(Statistik)*
uniform sampling fraction
einheitlicher Auswahlsatz m *(Statistik)*
uniformitarianism
Uniformitarianismus m *(Philosophie)*
uniformity (monotonicity)
1. Monotonie f, Einförmigkeit f
(Skalierung) (Statistik)
2. Einförmigkeit f, Eintönigkeit f,
Monotonie f
3. Gleichmäßigkeit f, Gleichförmigkeit f,
Uniformität f, Regelmäßigkeit f,
Einheitlichkeit f
uniformity (equality, unity)
Gleichförmigkeit f, Gleichmäßigkeit f
(Mathematik/Statistik)
uniformity (regularity)
Regelmäßigkeit f
uniformity pressure
Uniformitätsdruck m *(Sozialpsychologie)*
uniformity trial
einheitliche Wiederholungsreihe f
(statistische Hypothesenprüfung)
uniformly best constant risk estimator (U. B. C. R. E.)
gleichmäßig beste Schätzfunktion f
mit konstantem Risiko *(statistische Hypothesenprüfung)*
uniformly best power test (U. D. B. P.)
gleichmäßig bester Abstandstest m
(statistische Hypothesenprüfung)
uniformly better decision function
gleichmäßig bessere Entscheidungsfunktion f *(statistische Hypothesenprüfung)*
uniformly more powerful test
gleichmäßig besserer Test m *(statistische Hypothesenprüfung)*

uniformly most powerful confidence estimation
gleichmäßig beste Konfidenzschätzung *f* *(statistische Hypothesenprüfung)*

uniformly most powerful test (U. M. P.)
gleichmäßig bester Test *m*, gleichmäßig trennschärfster Test *m* *(statistische Hypothesenprüfung)*

unigeniture (unigenitary inheritance)
Unigenitur *f* *(Kulturanthropologie)*

unilateral
einlinig, unilateral, einseitig *adj* *(Kulturanthropologie)*
vgl. multilateral, bilateral

unilateral acculturation
einseitige Akkulturation *f*, unilaterale Akkulturation *f* *(Kulturanthropologie)*

unilateral band
unmittelbare Abstammungshorde *f*, direkte Abstammungshorde *f*, Horde *f* von direkt Verwandten *(Kulturanthropologie)*

unilateral descent (unilineal descent)
einseitige Abstammung *f*, unilaterale Abstammung *f*, einseitige Abkunft *f*, unilaterale Abkunft *f*, einseitige Herkunft *f*, unilaterale Herkunft *f*, einseitige Deszendenz *f*, unilaterale Deszendenz *f* *(Kulturanthropologie)*
vgl. bilateral descent

unilateral descent group (unilateral group, unilineal descent group, unilineal group)
unilaterale Abstammungsgruppe *f*, einlinige Abstammungsgruppe *f*, unilaterale Deszendenzgruppe *f*, einlinige Deszendenzgruppe *f* *(Kulturanthropologie)*
vgl. bilateral descent group

unilateral exponential
einseitige Exponentialgröße *f*, unilaterale Exponentialgröße *f* *(Mathematik/Statistik)*
vgl. bilateral exponential

unilateral family (unilineal family)
einseitige Familie *f*, unilaterale Familie *f* *(Kulturanthropologie)*
vgl. bilateral family

unilateral kin (unilateral relative, unilineal kin, unilineal relative)
einseitiger Verwandter *m*, einseitige Verwandte *f*, unilateraler Verwandter *m*, unilaterale Verwandte *f*, unilinealer Verwandter *m*, unilineale Verwandte *f* *(Kulturanthropologie)*
vgl. bilateral kin

unilateral kin group (unilineal kin group, unilateral group, unilineal group)
einseitige Verwandtschaftsgruppe *f*, unilaterale Verwandtschaftsgruppe *f*, einlinige Verwandtschaftsgruppe *f* *(Kulturanthropologie)*
vgl. bilateral kin group

unilateral kinship (unilateral descent, unilineal kinship, unilineal descent)
einseitige Verwandtschaft *f*, unilaterale Verwandtschaft *f*, unilaterale Verwandtschaft *f*, einlinige Verwandtschaft *f*, unilineale Verwandtschaft *f*, einlinige Verwandtschaft *f* *(Kulturanthropologie)*
vgl. bilateral kinship

unilateral kinship system (unilineal kinship system, unilateral kinship)
unilaterales Verwandtschaftssystem *n*, einliniges Verwandtschaftssystem *n*, einseitiges Verwandtschaftssystem *n* *(Kulturanthropologie)*
vgl. bilateral kinship system

unilateral monopoly
einseitiges Monopol *n*, unilaterales Monopol *n* *(Volkswirtschaftslehre)*
vgl. bilateral monopoly

unilateral power relationship
einseitige Machtbeziehung *f*, einseitiges Machtverhältnis *n*, ungleichgewichtiges Machtverhältnis *n* zwischen Gruppen *(Kulturanthropologie) (Soziologie)*
vgl. bilateral power relationship

unilaterality (unilineality)
Unilinealität *f*, Einlinigkeit *f* *(Kulturanthropologie)*
vgl. bilaterality, multilaterality

unilineal group
unilineale Gruppe *f* *(Kulturanthropologie)*
vgl. bilineal group

unilineal kinship system (unilateral kinship system)
unilineales Verwandtschaftssystem *n*, einliniges Verwandtschaftssystem *n* *(Kulturanthropologie)*
vgl. bilineal kinship system

unilineal
unilineal, einlinig, einseitig *adj* *(Kulturanthropologie)*
vgl. bilineal

unilinear evolution (orthogenetic evolution)
orthogenetische Evolution *f*, orthogenetische Entwicklung *f* *(Kulturanthropologie)*

unilingualism
Unilingualismus *m*, Einsprachigkeit *f* *(Soziolinguistik)*
vgl. multilingualism

unilinguality
Einsprachigkeit *f* *(Soziolinguistik)*
vgl. multilinguality

unilocal extended family
  unilokale erweiterte Familie *f*
  (Kulturanthropologie)
  vgl. multilocal extended family
unilocality (unilocal residence)
  Unilokalität *f* *(Kulturanthropologie)*
  vgl. multilocality (multilocal residence)
unimodal
  eingipflig, unimodal *adj (Statistik)*
  vgl. multimodal, bimodal
unimodal curve (single-humped curve)
  eingipflige Kurve *f*, unimodale Kurve *f*
  (Statistik)
  vgl. multimodal curve
unimodal distribution (single-humped distribution)
  eingipflige Verteilung *f*, unimodale Verteilung *f (Statistik)*
  vgl. multimodal distribution
unimodal distribution function (single-humped distribution function)
  eingipflige Verteilungsfunktion *f*, unimodale Verteilungsfunktion *f*
  (Statistik)
  vgl. multimodal distribution function
unimodal frequency distribution (single-humped frequency distribution)
  eingipflige Häufigkeitsverteilung *f*, unimodale Häufigkeitsverteilung *f*
  (Statistik)
  vgl. multimodal frequency distribution
unimodality (single-humpedness)
  Eingipfligkeit *f*, Unimodalität *f*
  (Statistik)
  vgl. multimodality, unimodality
uninhabitable area (negative area)
  unbewohnbares Gebiet *n*,
  unbewohnbares Territorium *n*
  (Sozialökologie)
  vgl. habitable area (positive area)
unintegrated motivation component (Raymond B. Cattell)
  unintegrierte Motivkomponente *f*
  (Psychologie)
unintegrated prefectoral system
  nicht integriertes Präfektursystem *n*,
  unintegriertes Präfektursystem *n*, in der Verwaltungsorganisation)
unintended suicide (Edwin S. Shneidman)
  nicht beabsichtigter Selbstmord *m*,
  unbeabsichtigter Selbstmord *m*
  vgl. intended suicide
union (connection, link)
  Verbindung *f*, Anschluß *m*, Union *f*,
  Vereinigung *f*, Zusammenschluß *m*
  (Soziologie) (empirische Sozialforschung)
  (Mathematik/Statistik)
union (confederation)
  Staatenbund *m*, Konföderation *f*,
  Union *f* *(politische Wissenschaften)*

union (labor union, trade union)
  Gewerkschaft *f*
union democracy
  Gewerkschaftsdemokratie *f*
  (Industriesoziologie)
union shop (closed shop)
  gewerkschaftlich geschlossener Betrieb *m*
  Open Shop *m* *(Industriesoziologie)*
  vgl. closed shop
union wage
  Tariflohn *m*, tarifvertraglich vereinbarter Lohn *m* *(Volkswirtschaftslehre)*
unionism
  Unionismus *m*, unionistische Politik *f*,
  unionistische Bestrebungen *f/pl*
  (politische Wissenschaften)
unionism (*Am* **labor unionism**, *brit* **trade unionism, trade unionism**)
  Gewerkschaftswesen *n*, Gewerkschaftsbewegung *f*
unipolar
  unipolar *adj*
  vgl. bipolar
unique factor
  einzigartiger Faktor *m (Psychologie)*
unique trait
  einzigartiger Persönlichkeitszug *m*,
  einzigartiger Zug *m (Psychologie)*
uniqueness (unique factor)
  Besonderheit *f*, Einzigartigkeit *f*
  (Psychologie/Faktorenanalyse)
unit (unit of measurement, measurement, standard measurement unit, metric)
  1. Maßeinheit *f*, Einheit *f*, Standard *m*, Grundmaßstab *m (Mathematik/Statistik)*
  2. Grundmaßstab *m (Mathematik/Statistik)*
unit (unity)
  Eins *f*, Einer *m*, Einheit *f*
  (Mathematik/Statistik)
unit normal deviate
  Einheits-Normalabweichung *f (Statistik)*
unit normal variate (standardized random variable, *brit* **standardised random variable, standardized variate,** *brit* **standardised variate)**
  standardisierte Zufallsgröße *f*,
  standardisierte Zufallsvariable *f*
  (Statistik)
unit of analysis (analysis unit)
  Analyseeinheit *f*, Untersuchungseinheit *f*
  (Datenanalyse)
unitary constitution
  einheitsstaatliche Verfassung *f*,
  zentralstaatliche Verfassung *f (politische Wissenschaften)*
unitary government
  Einheitsregierung *f*, Zentralregierung *f*
  (politische Wissenschaften)

unitary sampling (direct sampling)
direkte Stichprobenentnahme *f*,
unmittelbare Stichprobenentnahme
f, direkte Auswahl *f*, direkte
Stichprobenentnahme *f* *(Statistik)*
unitary state
Einheitsstaat *m*, zentralistischer Staat *m*
(politische Wissenschaften)
unitas multiplex (W. Stern)
Unitas multiplex *f* *(Psychologie)*
unity
Einigkeit *f*, Einmütigkeit *f*, Eintracht *f*,
politische Einheit *f*
univariate
univariat, eindimensional *adj* *(Statistik)*
vgl. bivariate, multivariate
univariate analysis (*pl* analyses)
univariate Analyse *f*, eindimensionale
Analyse *f*, univariable Analyse *f*,
unidimensionale Analyse *f*,
Einvariablenanalyse *f* *(Statistik)*
(empirische Sozialforschung)
vgl. multivariate analysis, bivariate
analysis
univariate autoregression
univariate Autoregression *f*,
eindimensionale Autoregression
f, Einvariablen-Autoregression *f*,
Autoregression *f* einer Variablen
(Statistik)
univariate binomial distribution
univariate Binomialverteilung *f*,
eindimensionale Binomialverteilung *f*,
unidimensionale Binomialverteilung *f*
(Statistik)
univariate data *pl*
univariate Daten *n/pl* *(Statistik)*
vgl. bivariate data, multivariate data
univariate data analysis (*pl* analyses)
univariate Datenanalyse *f*,
eindimensionale Datenanalyse *f*,
unidimensionale Datenanalyse *f*,
Einvariablendatenanalyse *f* *(Statistik)*
vgl. bivariate data analysis, multivariate
data analysis
univariate distribution
univariate Verteilung *f*, eindimensionale
Verteilung *f*, unidimensionale
Verteilung *f*, Ein-Variablen-Verteilung *f*
(Statistik)
vgl. bivariate distribution, multivariate
distribution
univariate experiment
univariates Experiment *n*,
eindimensionales Experiment *n*,
Einvariablenexperiment *n*,
unidimensionales Experiment *n*,

Experiment *n* mit einer Variablen
(statistische Hypothesenprüfung)
vgl. bivariate experiment, multivariate
experiment
univariate frequency distribution
univariate Häufigkeitsverteilung *f*,
eindimensionale Häufigkeitsverteilung *f*,
unidimensionale Häufigkeitsverteilung *f*
(Statistik)
vgl. bivariate frequency distribution,
multivariate frequency distribution
univariate logarithmic function (univariate logarithmic series distribution)
univariate logarithmische Verteilung *f*,
eindimensionale logarithmische
Verteilung *f*, unidimensionale
logarithmische Verteilung *f* *(Statistik)*
univariate method (method of univariate data analysis, unidimensional method)
univariate Methode *f*, eindimensionale
Methode *f*, Einvariablenmethode *f*
(Statistik)
vgl. bivariate method, multivariate
method
univariate multinomial distribution (univector multinomial distribution)
eindimensionale Polynomialverteilung *f*,
Polynomialverteilung *f* mit einer
Variablen
univariate negative binomial distribution
univariate negative Binomialverteilung *f*,
eindimensionale negative
Binomialverteilung *f*, unidimensionale
negative Binomialverteilung *f* *(Statistik)*
univariate normal distribution
univariate Normalverteilung *f*,
eindimensionale Normalverteilung *f*,
unidimensionale Normalverteilung *f*
(Statistik)
univariate Pareto distribution
univariate Pareto-Verteilung *f*,
eindimensionale Pareto-Verteilung *f*,
unidimensionale Pareto-Verteilung *f*
(Statistik)
univariate Pascal distribution
univariate Pascal-Verteilung *f*,
eindimensionale Pascal-Verteilung *f*,
unidimensionale Pascal-Verteilung *f*
(Statistik)
univariate Poisson distribution
univariate Poisson-Verteilung *f*,
eindimensionale Poisson-Verteilung *f*,
unidimensionale Poisson-Verteilung *f*
(Statistik)
univariate Pólya distribution
univariate Pólya-Verteilung *f*,
eindimensionale Pólya-Verteilung *f*,
unidimensionale Pólya-Verteilung *f*
(Statistik)

univariate population (univariate universe)
univariate Grundgesamtheit f,
eindimensionale Grundgesamtheit f,
unidimensionale Grundgesamtheit f,
Grundgesamtheit f mit einer Variablen
univariate quality control
univariate Qualitätskontrolle f,
eindimensionale Qualitätskontrolle f,
statistische Qualitätskontrolle f mit einer Variablen
univariate sign test
univariater Vorzeichentest m,
eindimensionaler Vorzeichentest m,
unidimensionaler Vorzeichentest m
(statistische Hypothesenprüfung)
univariate stochastic process
univariater stochastischer Prozeß m,
eindimensionaler stochastischer
Prozeß m *(Stochastik)*
univariate t test
eindimensionaler t-Test m,
unidimensionaler t-Test m, univariater
t-Test m *(statistische Hypothesenprüfung)*
univariate table (one-way table)
eindimensionale Tabelle f,
Einvariablentabelle f, unidimensionale
Tabelle f, Tabelle f für eine Variable,
univariate Tabelle f *(Statistik)*
univariate test of significance (univariate significance test)
univariater Signifikanztest m,
eindimensionaler Signifikanztest m,
unidimensionaler Signifikanztest m,
Signifikanztest m für eine Variable
(statistische Hypothesenprüfung)
univariate truncation (of a distribution)
univariates Stutzen n, eindimensionales
Stutzen n, unidimensionales Stutzen n
(einer Verteilung) *(Statistik)*
univariate polynomial distribution
univariate Polynomialverteilung f,
Polynomialverteilung f mit einer
Variablen
universal (*often pl* universals, cultural universal, *pl* cultural universals)
Universal(ien) n(pl) *(Kulturanthropologie)*
universal code (Claude Lévi-Strauss)
universaler Kode m, universeller
Kode m *(Soziolinguistik)*
universal draft (*Am* selective)
Wehrpflicht f, Wehrdienst m
universal law (scientific law, general law, universal generalization)
universales Gesetz n, universelles
Gesetz n, allgemeingültiges Gesetz n,
allgemeingültige Gesetzmäßigkeit f,
universelle Gesetzmäßigkeit f,
universale Gesetzmäßigkeit f

(Theoriebildung) (Theorie des Wissens) (Kulturanthropologie)
universal pattern
universales Muster n, universelles
Muster n, allgemeingültiges Muster n
(Kulturanthropologie)
universal pattern of culture (cultural universal, universal culture pattern)
universales Kulturmuster n, universelles
Kulturmuster n, allgemeingültiges
Kulturmuster n *(Kulturanthropologie)*
universal principle
universales Prinzip n, universelles
Prinzip n, allgemeingültiges Prinzip n
(Kulturanthropologie)
universal taboo
universales Tabu n, universelles
Tabu n, allgemeingültiges Tabu n
(Kulturanthropologie)
universalism
Universalismus m *(Soziologie)*
universalistic relationship
universalistische Beziehung f *(strukturell-funktionale Theorie)*
universalistic value (Peter M. Blau)
universalistischer Wert m *(Soziologie)*
universality
Allgemeingültigkeit f allgemein
gültiges Prinzip n, allgemein
gültiges Gesetz n, Universalität f,
Allgemeingültigkeit f *(Theorie des Wissens) (Kulturanthropologie)*
universe (population, parent population)
1. Grundgesamtheit f, Gesamtheit f,
statistische Masse f, statistische
Gesamtmasse f, Population f *(Statistik)*
2. Gesamtheit f, Bereich m, Raum m,
Universum n
3. Welt f, Menschheit f
universe element (population element, element)
Element n der Grundgesamtheit,
Einheit f der Grundgesamtheit *(Statistik)*
universe of content (Louis Guttman)
Bedeutungskollektiv n, Inhaltskollektiv n
(Skalierung)
universe of discourse
geistiger Raum m *(Philosophie)*
universe parameter (parameter, parametric constant, parametric constant)
Parameter m *(Mathematik/Statistik)*
university
Universität f, Hochschule f
university extension
universitäre Volkshochschule f,
universitäres Volksbildungswerk n,
universitäres Erwachsenenbildungsprogramm n

unlearning
Verlernen *n (Psychologie)*
vgl. learning

unlimited descent group (bilateral descent group, bilateral group, bilineal descent group, bilineal group)
bilaterale Abstammungsgruppe *f*, doppellinige Abstammungsgruppe *f*, bilaterale Deszendenzgruppe *f*, doppellinige Deszendenzgruppe *f (Kulturanthropologie)*

unlimited war
unbegrenzter Krieg *m*
vgl. total war

unobtrusive measure (Eugene J. Webb/Donald T. Campbell/Richard D. Schwartz/Lee Sechrest)
unaufdringliches Maß *n*, unaufdringliches Meßinstrument *n*, unauffälliges Maß *n*, unauffälliges Meßinstrument *n (Psychologie/empirische Sozialforschung)*

unobtrusive measurement (Eugene J. Webb/Donald T. Campbell/Richard D. Schwartz/Lee Sechrest)
unaufdringliches Messen *n*, unaufdringliche Messung *f*, unauffälliges Messen *n*, unauffällige Messung *f (Psychologie/empirische Sozialforschung)*

unobtrusive measurement technique (unobtrusive technique, nonreactive measure, trace analysis) (Eugene J. Webb/Donald T. Campbell/Richard D. Schwartz/Lee Sechrest)
unaufdringliches Meßverfahren *n*, unaufdringliches Verfahren *n*, unauffälliges Meßverfahren *n*, unauffälliges Verfahren *n*, nichtreaktive Messung *f*, nichtreaktives Meßverfahren *n (Psychologie/empirische Sozialforschung)*

unorganized conflict (*brit* unorganised conflict
nicht organisierter Konflikt *m (Soziologie) (Organisationssoziologie)*
vgl. organized conflict

unorganized group (*brit* unorganised group)
nicht organisierte Gruppe *f*, unorganisierte Gruppe *f (Gruppensoziologie)*
vgl. organized group

unplanned change (crescive change, crescive growth) (William G. Sumner)
ungeplanter Wandel *m (Sozialpsychologie/Soziologie)*
vgl. planned change

unpleasure
Unlust *f (Psychologie)*
vgl. pleasure

unreliability
Nicht-Reliabilität *f*, Unzuverlässigkeit *f (statistische Hypothesenprüfung)*
vgl. reliability

unrest
innere Unruhe *f*, Ruhelosigkeit *f*, Unrast *f (Psychologie)*

unrestricted random sample (unrestricted sample)
uneingeschränkte Zufallsauswahl *f*, uneingeschränkte Zufallsstichprobe *f*, unbeschränkte Zufallsauswahl *f*, unbeschränkte Zufallsstichprobe *f (Statistik)*

unrestricted random sampling (unrestricted random selection, unrestricted random sampling procedure)
uneingeschränktes Zufallsauswahlverfahren *n*, uneingeschränktes Zufallsstichprobenverfahren *n*, unbeschränktes Zufallsauswahlverfahren *n*, unbeschränkte Zufallsauswahl *f*, unbeschränktes Zufallsstichprobenverfahren *n*, unbeschränkte Zufallsstichprobenbildung *f (Statistik)*

unskilled labor (*brit* unskilled labour)
Hilfsarbeiterschaft *f*, ungelernte Arbeiterschaft *f*, die Hilfsarbeiter *m/pl*, die ungelernten Arbeiter *m/pl (Industriesoziologie) (Demographie) (empirische Sozialforschung)*
vgl. skilled labor

unskilled worker (unskilled manual worker, unskilled laborer, *brit* unskilled labourer)
ungelernter Arbeiter *m*, Hilfsarbeiter *m (Industriesoziologie) (Demographie) (empirische Sozialforschung)*
vgl. skilled laborer

unsociability
Ungeselligkeit *f*, Zurückgezogenheit *f (Soziologie)*
vgl. sociability

unsocialized drive
gesellschaftlich nicht kanalisierter Trieb *m*, nichtsozialisierter Trieb *m*, sozial nicht kanalisierter Trieb *m (Psychologie)*
vgl. socialized drive

unspecialized association (Robert M. McIver)
nicht-spezialisierter Verband *m*, nicht-spezialisierte Vereinigung *f (Organisationssoziologie)*
vgl. specialized association

unstability
Labilität *f*
vgl. stability

unstable equilibrium (*pl* **equilibriums** *or* **equilibria**)
labiles Gleichgewicht *n*
vgl. stable edquilibrium

unstable family
labile Familie *f* *(Familiensoziologie)*

unstable neighborhood (*brit* **unstable neighbourhood**)
labile Nachbarschaft *f*, sozial labile Nachbarschaft *f* *(Sozialökologie)*
vgl. stable neighborhood

unstated assumption (**implicit assumption**)
implizierte Annahme *f*, nicht explizit formulierte Annahme *f* *(Theorie des Wissens)*

unstructured interview (**nonstructured interview**)
nicht-strukturiertes Interview *n*, nicht-strukturierte Befragung *f* *(Psychologie/empirische Sozialforschung)*
vgl. structured interview

unstructured observation (**nonstructured observation**)
nicht-strukturierte Beobachtung *f*, unstrukturierte Beobachtung *f* *(empirische Sozialforschung)*

unstructured question (**free-response question, open-end question, open question**)
unstrukturierte Frage *f*, unstrukturierte Interviewfrage *f* *(Psychologie/empirische Sozialforschung)*
vgl. structured question

unstructured questionnaire (**unstructured schedule, nonstructured questionnaire**)
unstrukturierter Fragebogen *m*, nicht-strukturierter Fragebogen *m* *(Psychologie/empirische Sozialforschung)*
vgl. structured questionnaire

unstructured situation
unstrukturierte Situation *f* *(Soziologie)*
vgl. structured situation

untenebility
Unhaltbarkeit *f*, Nicht-Haltbarkeit *f* (einer Hypothese, einer Theorie) *(statistische Hypothesenprüfung) (Theoriebildung)*

untouchability
Unberührbarkeit *f* *(Kulturanthropologie) (Soziologie)*

untouchable
Unberührbare(r) *f(m)* *(Kulturanthropologie) (Soziologie)*

unwed mother
ledige Mutter *f*, unverheiratete Mutter *f*

unweighted means method (**unweighted means analysis,** *pl* **analyses**)
Methode *f* der ungewichteten Mittel, Methode *f* der ungewogenen Mittel, Methode *f* der ungewichteten Durchschnitte, Methode *f* der ungewogenen Durchschnitte (in der Varianzanalyse) *(Statistik)*

unwritten constitution
ungeschriebene Verfassung *f* *(politische Wissenschaften)*

unwritten law
ungeschriebenes Recht *n*, ungeschriebenes Gesetz *n*

up-and-down method (**staircase method, titration method, von Békésey method**)
Pendelmethode *f*, Treppenanlage *f*, Treppenplan *m* *(Psychophysik) (statistische Hypothesenprüfung)*

upcross
Niveauschnitt *m* nach oben *(Statistik)*
vgl. downcross

upgrading
Heranbildung *f* von Gewohnheiten Heraufstufung *f*, Heraufstufen *n*, Hinaufstufung *f*, Hinaufstufen *n* *(Soziologie)*
vgl. downgrading

upper class
Oberschicht *f*, Führungsschicht *f*, die Spitzen *f/pl* der Gesellschaft *(Soziologie) (empirische Sozialforschung) (Demographie)*
vgl. lower class

upper crust
Spitzen *f/pl* der Gesellschaft, obere Schicht *f*, Oberklasse *f* *(Soziologie) (empirische Sozialforschung) (Demographie)*

upper limit (**ceiling**)
Obergrenze *f*, Höchstgrenze *f*, oberste Grenze *f* *(Statistik)*
vgl. lower limit

upper quartile
oberes Quartil *n* *(Mathematik/Statistik)*
vgl. lower quartile

upper-class culture
Oberschichtkultur *f*, Oberklassenkultur *f* *(Sozialforschung)*
vgl. lower-class culture

upper-lower class (**W. Lloyd Warner/Paul S. Lunt**)
obere Unterschicht *f*, obere Unterklasse *f* *(Sozialforschung)*
vgl. lower-upper class

upper-tail test
Test *m* des rechtsseitigen Segments *(statistische Hypothesenprüfung)*
vgl. lower-tail test

upper-upper class (old-family class) (W. Lloyd Warner/Paul S. Lunt)
obere Oberschicht *f*, obere Oberklasse *f* *(Sozialforschung)*
uprising (insurrection)
Aufstand *m*, Erhebung *f* *(Soziologie)*
uprooting
Entwurzelung *f*, Entwurzeln *n* *(Soziologie)*
upscale group
obere Skalengruppe *f* *(Psychologie/empirische Sozialforschung)*
vgl. downscale group
upward bias (positive bias)
Verzerrung *f* nach oben *(Statistik)*
vgl. downward bias (negative bias)
upward mobile
Aufsteiger *m*, sozialer Aufsteiger *m* *(Migration)*
upward mobile person (upward mobile, social climber)
sozialer Aufsteiger *m*, aufwärtsmobile Person *f* *(soziale Schichtung)*
vgl. downward mobile person
upward mobility (upward social mobility, social upward mobility, social ascent, social ascendancy)
Aufwärtsmobilität *f*, soziale Aufwärtsmobilität *f*, Aufstiegsmobilität *f*, Mobilität *f* nach oben, soziale Aufwärtsmobilität *f* *(soziale Schichtung)*
vgl. downward mobility
urban
städtisch, Stadt-, urban *adj* *(Sozialökologie)*
urban administration
städtische Verwaltung *f*, urbane Administration *f*, Stadtverwaltung *f*, Magistrat *m*, Munizipalverwaltung *f*, städtische Administration *f* *(Sozialökologie)*
urban agglomeration (agglomeration)
städtische Agglomeration *f*, urbane Agglomeration *f*, Stadtagglomeration *f* *(Sozialökologie)*
urban area
städtisches Gebiet *n*, urbanes Gebiet *n*, verstädtertes Gebiet *n*, Stadtgebiet *n* *(Sozialökologie)*
urban centralization (urban congestion)
städtische Bevölkerungskonzentration *f*, urbane Bevölkerungskonzentration *f*, Bevölkerungskonzentration *f* in der Stadt *(Sozialökologie)*
urban community
städtische Gemeinde *f*, urbane Gemeinde *f*, Stadtgemeinde *f* *(Sozialökologie)*

urban core
Stadtkern *m*, städtisches Kerngebiet *n* *(Sozialökologie)*
urban culture (urbanism)
städtische Kultur *f*, urbane Kultur *f*, Urbanismus *m*, verstädterte Kultur *f*, Stadtkultur *f*, Vorherrschen *n* städtischer Kultur- und Verhaltensmuster *(Sozialökologie)*
urban daytime population (nonresidential population, non-residential population, daytime population)
städtische Tagesbevölkerung *f*, tagsüber bestehende Bevölkerung *f* einer Stadt, Nicht-Wohnbevölkerung *f* *(Sozialökologie)*
vgl. residential population
urban decentralization
städtische Dezentralisierung *f*, urbane Dezentralisierung *f*, Dezentralisierung *f* einer Stadt *(Sozialökologie)*
vgl. urban centralization
urban dominance
städtische Dominanz *f*, urbane Dominanz *f*, Dominanz *f* der Stadt über das Land, städtische Vorherrschaft *f*, urbane Vorherrschaft *f*, Vorherrschaft *f* der Stadt über das Land *(Sozialökologie)*
urban dweller (urbanite, city-dweller)
Stadtbewohner *m* *(Sozialökologie)*
urban ecology
Stadtökologie *f*, städtische Ökologie *f*, Sozialökologie *f* der Stadt, Ökologie *f* der Städte *(Sozialökologie)*
urban fringe (rural urban fringe)
städtisches Randgebiet *n*, Stadtrand *m*, Randgebiet *n* einer Stadt *(Sozialökologie)*
urban growth
städtisches Wachstum *n*, urbanes Wachstum *n*, Wachstum *n* einer Stadt *(Sozialökologie)*
urban hierarchy (central place hierarchy) (Walter Christaller)
Hierarchie *f* der zentralen Orte *(Sozialökologie)*
urban hinterland (hinterland, urban field)
städtisches Hinterland *n*, urbanes Hinterland *n*, Hinterland *n* der Stadt, städtisches Umland *n*, urbanes Umland *n*, Umland *n* der Stadt, städtisches Einzugsgebiet *n*, städtischer Einzugsbereich *m* *(Sozialökologie)*
urban management (urban managerialism) (Robert Pahl)
Stadtmanagement *n* *(Soziologie)*
urban morphology
Stadtmorphologie *f* *(Sozialökologie)*

urban place
 städtischer Ort *m*, urbaner Ort *m*
 (Sozialökologie)
urban planning (city planning, town planning)
 urbane Planung *f*, Stadtplanung *f*,
 städtische Planung *f* *(Sozialökologie)*
urban population
 städtische Bevölkerung *f*,
 Stadtbevölkerung *f* *(Demographie)*
urban renewal (urban recycling, urban gentrification)
 städtische Erneuerung *f*,
 Stadterneuerung *f* *(Sozialökologie)*
urban revolution (V. Gordon Childe)
 städtische Revolution *f*, urbane
 Revolution *f* *(Sozialökologie)*
urban social movement
 städtische Sozialbewegung *f* *(Soziologie)*
urban social planning
 städtische Sozialplanung *f*,
 Stadtsozialplanung *f* *(Sozialökologie)*
urban society (Robert Redfield)
 städtische Gesellschaft *f*, urbane
 Gesellschaft *f* *(Sozialökologie)*
urban sociology
 Stadtsoziologie *f*, Soziologie *f* des
 Stadtlebens *(Sozialökologie)*
urban sprawl (spread city)
 urbane Wucherung *f*, städtische
 Wucherung *f*, wuchernde
 Stadterweiterung *f*, urbane Wucherung *f*
 (Sozialökologie)
urban transportation
 städtischer Nahverkehr *m*,
 Stadtnahverkehr *m* *(Sozialökologie)*
urban village (Herbert Gans)
 städtisches Dorf *n*, urbanes Dorf *n*,
 verstädtertes Dorf *n*, Stadtdorf *n*
 (Sozialökologie)
urban way of life (urbanism) (Louis A. Wirth)
 städtischer Lebensstil *m* *(Sozialökologie)*
urban zone
 städtische Zone *f*, urbane Zone *f*,
 Stadtzone *f* *(Sozialökologie)*
urban-rural migration
 Stadtflucht *f*, Abwanderung *f* aus den
 Städten, Abwanderung *f* aufs flache
 Land *(Sozialökologie)*
urbanization
 Urbanisierung *f*, Verstädterung *f*,
 Annahme *f* eines städtischen Charakters
 (Sozialökologie)
urbanized
 verstädtert, urbanisiert *adj*
 (Sozialökologie)

urbanized area (urbanized region)
 städtisch geprägtes Gebiet *n*,
 urbanisiertes Gebiet *n*, verstädtertes
 Gebiet *n*) *(Sozialökologie)*
urethral phase (urethral stage)
 urethrale Phase *f* (Sigmund Freud)
 (Psychoanalyse)
usage (custom)
 Sitte *f*, Gepflogenheit *f*, Usus *m*
 (Soziologie)
usage (use, utilization)
 Gebrauch *m*, Verwendung *f*,
 Benutzung *f*
uses and gratifications approach (Elihu Katz et al.)
 Nutzenansatz *m*, Nutzen-und-
 Belohnungsansatz *m*, Uses-
 and-Gratifications-Ansatz *m*
 (Kommunikationsforschung)
usufruct
 Nießbrauch *m*, Nutznießung *f*
 (Volkswirtschaftslehre)
usufructuary
 Nutznießer *m*, Nießbraucher *m*
 (Volkswirtschaftslehre)
usury
 Wucher *m*
uterine clan (matriclan)
 Muttersippe *f*, Matriclan *m*, Sippe *f* mit
 Mutterfolge *(Kulturanthropologie)*
 vgl. patriclan
uterine descent (matrilineal descent, matriliny)
 matrilineale Abstammung *f*,
 matrilineale Abstammungslinie *f*,
 matrilineale Abstammungsfolge *f*,
 Abstammung *f* in der mütterlichen
 Linie, Abstammungsfolge *f* in der
 mütterlichen Linie, Matrilinealität *f*,
 Abstammung *f* in der weiblichen
 Linie, mutterrechtliche Abstammung *f*
 (Kulturanthropologie)
 vgl. patrilineal descent
uterine half-siblings *pl* **(uterine half-sibs** *pl*, **half siblings** *pl*, **half-sibs** *pl*, **maternal half siblings** *pl*, **maternal half sibs** *pl*)
 Halbgeschwister *pl* *(Kulturanthropologie)*
uterine line (matriline)
 mütterliche Verwandtschaftslinie *f*,
 mütterliche Abstammungslinie *f*,
 Abstammungslinie *f* mütterlicherseits
 (Kulturanthropologie)
 vgl. patriline
uterine relative (matrilateral relative, matrilateral kin, matrikin, matrilineal

relative, matrilineal kin, maternal relative, cognate)
Verwandte(r) *f(m)* mütterlicherseits, Verwandte(r) *f(m)* in der mütterlichen Linie, Kognat *m* *(Kulturanthropologie)* *vgl.* patrilateral relative
utilitarian
utilitaristisch, Zweck- *adj (Philosophie)*
utilitarian market (Marcel Mauss)
utilitaristischer Markt *m*, utilitärer Markt *m* *(Kulturanthropologie)*
utilitarian organization (*brit* **organisation) (Amitai Etzioni)**
pretiale Organisation *f*, utilitaristische Organisation *f*, Zweckorganisation *f*, Zweckverband *m* *(Organisationssoziologie)*
utilitarian power (Amitai Etzioni)
pretiale Macht *f* *(Organisationssoziologie)*
utilitarianism
Utilitarismus *m*, Utilismus *m* *(Philosophie)*
utility
Utilität *f*, Nützlichkeit *f*, Nutzen *m* *(Philosophie) (Volkswirtschaftslehre) (Spieltheorie)*
utility index (Raymond B. Cattell)
Utilitätsindex *m* *(statistische Hypothesenprüfung)*
utility theory
Utilitätstheorie *f* *(Philosophie)*

utopia
1. Utopia *n*
2. Utopie *f* *(Philosophie)*
utopianism
Utopismus *m* *(Philosophie)*
utterance
Äußerung *f*, Ausdruck *m*, Aussprache *f*, sprachlicher Ausdruck *m*, Vortrag *m*, Vortragsweise *f* *(Linguistik) (Kommunikationsforschung)*
uxorial rights (rights in uxorem *pl*) **(Laura Bohannan)**
Rechte *n/pl* an einer Frau als Ehepartnerin *(Kulturanthropologie)* *vgl.* genetrical rights
uxorilateral
auf Seiten der Ehefrau, in der Linie der Ehefrau *adj (Kulturanthropologie)* *vgl.* virilateral
uxorilocal marriage
uxorilokale Ehe *f*, Ehe *f* mit Wohnung am Wohnsitz der Ehefrau *(Kulturanthropologie)* *vgl.* virilocal marriage
uxorilocal residence
uxorilokale Residenz *f*, Wohnen *n* am Wohnsitz der Ehefrau *(Kulturanthropologie)* *vgl.* virilocal residence
uxorilocality (uxorilocal residence)
Uxorilokalität *f* *(Kulturanthropologie)* *vgl.* virilocality (virilocal residence)

V

V
  V *n (Statistik)*
V test
  V Test *m (statistische Hypothesenprüfung)*
vacuum activity
  Leerlaufverhalten *n (Verhaltensforschung)*
vacuum response
  Leerlaufreaktion *f (Verhaltensforschung)*
vagabond (vagrant, tramp)
  Vagabund *m (Soziologie)*
vagrancy (vagabonding, tramping)
  Vagabundentum *n*, Vagabundieren *n*, Vagantentum *n*, Landstreicherei *f (Soziologie)*
valence (Kurt Lewin)
  Aufforderungscharakter *m*, Valenz *f (Feldtheorie)*
valence issue (image issue) (David Butler)
  Valenzproblem *n*, Zielerreichungsproblem *n (politische Wissenschaften)*
valid argument
  valides Argument *n (Logik)*
valid hypothesis (pl hypotheses)
  gültige Hypothese *f*, valide Hypothese *f*, stichhaltige Hypothese *f (statistische Hypothesenprüfung)*
to validate
  validieren *v/t (statistische Hypothesenprüfung)*
validation (validity check)
  Stichhaltigkeitsüberprüfung *f*, Validierung *f*, Gültigkeitsüberprüfung *f*, Validitätsüberprüfung *f (statistische Hypothesenprüfung)*
validity
  Validität *f*, Gültigkeit *f*, Stichhaltigkeit *f (statistische Hypothesenprüfung) (Logik)*
validity coefficient
  Validitätskoeffizient *m*, Gültigkeitskoeffizient *m*, Gültigkeitskoeffizient *m (statistische Hypothesenprüfung)*
validity criterion (criterion of validity, *pl* **criteria** *or* **criterions)**
  Validitätskriterium *n*, Gültigkeitskriterium *n*, Stichhaltigkeitskriterium *n (statistische Hypothesenprüfung)*
validity measure (degree of validity, measure of validity, scope of validity)
  Validitätsausmaß *n*, Gültigkeitsausmaß *n*, Stichhaltigkeitsausmaß *n (statistische Hypothesenprüfung)*

valuation (value assessment)
  Wertbestimmung *f*, Taxierung *f*, Einschätzung *f*, Bewertung *f (Soziologie) (Volkswirtschaftslehre)*
valuational distance (cultural acceleration, cultural deprivation, cultural distance)
  kulturelle Beschleunigung *f*, kulturelle Akzeleration *f (Kulturanthropologie)*
value
  Wert *m (Philosophie) (Soziologie) (Volkswirtschaftslehre) (Kulturanthropologie)*
value anchorage
  Wertverankerung *f*, Werteverankerung *f (Soziologie) (Sozialpsychologie)*
value conflict (Daniel Katz)
  Wertekonflikt *m (Soziologie)*
value consensus
  Wertekonsens *m*, Wertekonsensus *m (Soziologie)*
value expressive function (of attitudes) (Daniel Katz)
  wertexpressive Funktion *f*, von Einstellungen *(Sozialpsychologie)*
value-free
  wertfrei *adj (Theorie des Wissens)*
value freedom (value-freedom)
  Wertfreiheit *f*, Werturteilsfreiheit *f (Theorie des Wissens)*
value in exchange (exchange value)
  Tauschwert *m (Volkswirtschaftslehre)*
value in use
  Nutzwert *m*, Gebrauchswert *m (Volkswirtschaftslehre)*
value judgment
  Werturteil *n (Theorie des Wissens)*
value neutrality
  Wertneutralität *f (Theorie des Wissens)*
value-orientation (Talcott Parsons)
  Wertorientierung *f (Soziologie)*
value-oriented movement
  wertorientierte Bewegung *f (Soziologie)*
value rationality
  Wertrationalität *f (Max Weber) (Theorie des Wissens)*
value relativism
  Wertrelativismus *m*, Werterelativismus *m (Philosophie)*
value relevance
  Wertrelevanz *f (Max Weber) (Theorie des Wissens)*

value system
Wertsystem *n*, Wertesystem *n* *(Soziologie)*

Van der Waerden's test
van-der-Waerden-Test *m* *(statistische Hypothesenprüfung)*

vandalism
Vandalismus *m*, Vandalentum *n*, Rowdytum *n*, Zerstörungswut *f* *(Soziologie)*

variability
Variabilität *f* *(Statistik) (Psychologie)*

variability coefficient (coefficient of variability, coefficient of variation)
Variabilitätskoeffizient *m* *(Statistik)*

variability model
Variabilitätsmodell *n* *(Verhaltensforschung)*

variable
1. variabel, veränderlich *adj*
2. Variable *f*, Veränderliche *f* *(statistische Hypothesenprüfung)*

variable analysis (analysis of variables)
Variablenanalyse *f* *(Sozialforschung)*

variable error (random sampling error, random error, sampling error, nonconstant error, fortuitous error, chance error)
Zufallsfehler *m*, nichtkonstanter Fehler *m*, Stichprobenfehler *m* *(Statistik)*

variable interval schedule of reinforcement (VI)
variabler Intervallverstärkungsplan *m*, Verstärkungsplan *m* mit variablen Intervallen *(Verhaltensforschung)*

variable perspective
variable Perspektive *f* *(Psychophysik)*

variable perspective model
variables Perspektivenmodell *n*, Modell *n* der variablen Perspektive *(Psychophysik)*

variable ratio schedule of reinforcement (VR)
variabler Quotenverstärkungsplan *m*, Verstärkungsplan *m* mit variablen Quoten *(Verhaltensforschung)*

variable sampling fraction
variabler Auswahlsatz *m* *(Statistik)*

variable stimulus (comparison stimulus, *pl* comparison stimuli)
Vergleichsreiz *m*, Vergleichsstimulus *m* *(Verhaltensforschung)*

variables inspection
Variablenprüfung *f* *(statistische Qualitätskontrolle)*

variance (σ^2, s^2)
Varianz *f*, Streuung *f*, Dispersion *f* *(Statistik)*

variance analysis (analysis of variance) (ANOVA)
Varianzanalyse *f*, Streuungsanalyse *f*, Streuungszerlegung *f* *(Statistik)*

variance component (component of variance)
Varianzkomponente *f*, Streuungskomponente *f* *(Statistik)*

variance decomposition (decomposition of variance, partitioning of total variance)
Varianzzerlegung *f* *(Statistik)*

variance estimate
Varianzschätzung *f*, Streuungsschätzung *f*, Varianzschätzwert *m* *(Statistik)*

variance estimation
Streuungsschätzung *f*, Varianzschätzung *f*, Vorgang *m* oder Verfahren *n* der Varianzschätzung *(Statistik)*

variance function
Varianzfunktion *f* *(Statistik)*

variance heterogeneity (heteroscedascity)
Varianzheterogenität *f*, Heteroskedastizität *f* *(Statistik)*

variance homogeneity (homoscedasticity)
Varianzhomogenität *f*, Homoskedastizität *f* *(Statistik)*

variance of response (response variance)
Reaktionsschwankung *f* *(Verhaltensforschung) (empirische Sozialforschung)*

variance ratio
Varianz-Verhältnis *n* *(Statistik)*

variance-ratio distribution (Fisher's distribution, z distribution, Fisher's z distribution)
Verteilung *f* des Varianzverhältnisses, Fisher-Verteilung *f*, Fishersche Verteilung *f* *(Statistik)*

variance-ratio test (F test)
Varianz-Verhältnis-Test *m*, F-Test *m*, Verhältnistest *m* *(Statistik)*

variate transformation
Transformation *f* einer Zufallsvariablen *(Statistik)*

variate (random variate)
Zufallsgröße *f*, Zufallsvariable *f*, stochastische Variable *f* *(Wahrscheinlichkeitstheorie)*

variate-difference method
Methode *f* des Differenztests *(Statistik)*

variation
Variation *f*, Schwankung *f* *(Mathematik/Statistik) (Soziologie) (Kulturanthropologie)*

variation coefficient (coefficient of variation) (CV) (coefficient of variability9 (CRV) (variability coefficient)
Variationskoeffizient *m*, relative Standardabweichung *f* *(Statistik)*
variational psychology (differential psychology)
differentielle Psychologie *f*
varimax criterion
Varimax-Kriterium *n*, Varimax-Kriterium *n* der Rotation *(Faktorenanalyse)*
varimax method (varimax rotation)
Varimax-Methode *f*, Varimax-Rotation *f* *(Faktorenanalyse)*
varimin criterion
Varimin-Kriterium *n*, Varimin-Kriterium *n* der Rotation *(Faktorenanalyse)*
varimin method (varimin rotation)
Varimin-Methode *f*, Varimin-Rotation *f* *(Faktorenanalyse)*
vasectomy
Vasektomie *f*
vassal
Vasall *m* *(Kulturanthropologie) (Soziologie)*
vassalage
Vasallentum *n* *(Kulturanthropologie) (Soziologie)*
vector
Vektor *m* *(Mathematik/Statistik)*
vector alienation coefficient
Vektor-Alienationskoeffizient *m* *(Statistik)*
vector correlation coefficient
Vektor-Korrelationskoeffizient *m* *(Statistik)*
vector diagram
Vektordiagramm *n*, Vektorendiagramm *n* *(Mathematik/Statistik)*
vector model
Vektormodell *n* *(Mathematik/Statistik)*
vector psychology (Kurt Lewin)
Vektorpsychologie *f*, Vektorenpsychologie *f*, Feldtheorie *f*, Feldpsychologie *f*
vehicle (Raymond B. Cattell)
Vehikel *n* *(Psychologie)*
vehicular language (contact language, lingua franca)
Kontaktsprache *f*, Lingua franca *f* *(Soziolinguistik)*
Venn diagam
Venn-Diagramm *n* *(Mathematik/Statistik)*
verbal behavior (brit verbal behaviour)
verbales Verhalten *n*, Verbalverhalten *n* *(Kommunikationsforschung)*

verbal chaining
verbale Kettenbildung *f*, Verbalkettenbildung *f* *(Verhaltensforschung)*
verbal communication
verbale Kommunikation *f*, Verbalkommunikation *f* *(Kommunikationsforschung)*
vgl. nonverbal communication
verbal conditioning
verbale Konditionierung *f*, Verbalkonditionierung *f* *(Verhaltensforschung)*
verbal connector
verbales Bindeglied *n* *(Inhaltsanalyse) (Logik)*
verbal definition
verbale Definition *f*, Verbaldefinition *f* *(Theoriebildung)*
verbal evaluation
verbale Bewertung *f*, verbale Einschätzung *f* *(Sozialforschung)*
verbal learning
verbales Lernen *n*, Verballernen *n* *(Psychologie)*
verbal loop (M. Glanzer and W. H. Clark)
verbale Schleife *f* *(Psycholinguistik)*
verbal rating scale
verbale Ratingskala *f*, verbale Bewertungsskala *f*
verbal reinforcement
verbale Verstärkung *f*, Verbalverstärkung *f* *(Verhaltensforschung)*
verbal repertoire
verbales Repertoire *n* *(Kommunikationsforschung) (Psychologie)*
verbal rote learning
verbales mechanisches Lernen *n*, verbales assoziatives Lernen *n* *(Psychologie)*
verbal scale
verbale Skala *f*, Verbalskala *f*
verbal skill (*meist pl* **verbal skills**)
verbale Fertigkeit *f*, Ausdrucksfähigkeit *f* *(Psychologie) (Kommunikationsforschung)*
verbal stimulus (*pl* **verbal stimuli**)
verbaler Reiz *m*, verbaler Stimulus *m* *(experimentelle Psychologie)*
verbal test
verbaler Test *m*, Verbaltest *m* *(Psychologie)*
verbal theory
verbale Theorie *f*, Verbaltheorie *f*, verbal formulierte Theorie *f* *(Theoriebildung)*
verbalization
Verbalisierung *f* *(Soziolinguistik)*
verbalized norm (George P. Murdock)
verbalisierte Norm *f* *(Kulturanthropologie)*

veridical perception
wirklichkeitsgetreue Wahrnehmung *f*, wirklichkeitsgetreue Perzeption *f*, mit der Wirklichkeit übereinstimmende Wahrnehmung *f* *(Psychologie)*
vgl. nonveridical perception
veridicality
1. Übereinstimmung *f* von Vision und Wirklichkeit *(Philosophie)*
2. Wahrheitsliebe *f*
verifiability
Verifizierbarkeit *f* *(statistische Hypothesenprüfung)*
verification
Verifizierung *f*, Verifikation *f* *(statistische Hypothesenprüfung)*
vgl. falsification
to verify
verifizieren *v/t* *(statistische Hypothesenprüfung)*
verstehen (method of understanding, understanding, interpretive method, interpretative method, method of verstehen)
Verstehen *n*, verstehende Methode *f*, Methode *f* des Verstehens (Max Weber) *(Theorie des Wissens)*
vertical association
vertikale Assoziation *f* *(Psychologie)*
vgl. horizontal association
vertical circularity
vertikale Zirkularität *f* *(Mobilitätsforschung)*
vgl. horizontal circularity
vertical clique
vertikale Clique *f* *(Organisationssoziologie)*
vgl. horizontal clique
vertical coalition
vertikale Koalition *f* *(Soziologie)*
vgl. horizontal coalition
vertical communication
vertikale Kommunikation *f* *(Kommunikationsforschung)*
vgl. horizontal communication
vertical coordination (vertical co-ordination)
vertikale Koordinierung *f*, vertikale Koordination *f* *(Organisationssoziologie)*
vgl. horizontal coordination
vertical excitation (vertical activation)
vertikale Erregung *f*, vertikale Aktivierung *f* *(Psychologie)*
vgl. horizontal excitation
vertical experimental design
vertikale experimentelle Anlage *f* *(statistische Hypothesenprüfung)*
vgl. horizontal experimental design

vertical group
vertikale Gruppe *f* *(Organisationssoziologie)*
vgl. horizontal group
vertical group structure (B. B. Wolman)
vertikale Gruppenstruktur *f* *(Psychologie)*
vgl. horizontal group structure
vertical growth
vertikales Wachstum *n*, Höhenwachstum *n* *(Sozialökologie)*
vgl. horizontal growth
vertical integration
vertikale Integration *f* *(Organisationssoziologie)*
vgl. horizontal integration
vertical mobility (interclass mobility)
vertikale Mobilität *f*, Aufstiegs- und Abstiegsmobilität *f*, Mobilität *f* zwischen den sozialen Schichten, den sozialen Klassen *(Mobilitätsforschung)*
vgl. horizontal mobility
vertical nomadism (transhumance, fixed-reference nomadism)
Transhumanz *f* *(Kulturanthropologie)*
vertical occupational mobility
vertikale berufliche Veränderung *f*, vertikale Berufsmobilität *f* *(Mobilitätsforschung)*
vgl. horizontal occupational mobility
vertical relationship
vertikale Beziehung *f* *(Soziologie)*
vgl. horizontal relationship
vertical replication
vertikale Wiederholung *f* *(statistische Hypothesenprüfung)*
vgl. horizontal replication
vertical segment (Julian Steward)
vertikales Segment *n* *(Soziologie)*
vgl. horizontal segment
vertical social distance
vertikale soziale Distanz *f* *(Soziologie)*
vgl. horizontal social distance
vertical work group
vertikale Arbeitsgruppe *f* *(Organisationssoziologie)*
vgl. horizontal work group
vested interest (Henry George)
Sonderprivileg *n*, rechtmäßiges Interesse *n*, wohlerworbenes Privileg *n*, wohlerworbenes Interesse *n* *(Soziologie)*
veto (*pl* vetoes)
Veto *n*, Einspruch *m* *(politische Wissenschaften)*
veto group
Vetogruppe *f* *(politische Wissenschaften)*

vicarious learning (observational learning, modeling)
stellvertretendes Lernen *n*, Beobachtungslernen *n*, Imitationslernen *n* *(Psychologie)*
vicarious reinforcement
stellvertretende Verstärkung *f* *(Verhaltensforschung)*
vicarious satisfaction (vicarious experience)
Ersatzbefriedigung *f* *(Psychologie)*
vice
Tugendlosigkeit *f*, Zuchtlosigkeit *f*, Lasterhaftigkeit *f*, unmoralischer Lebenswandel *m* *(Kriminologie)*
vice squad
Sittenpolizei *f* *(Kriminologie)*
vicinal mobility (geographical mobility, areal mobility, residential mobility, physical mobility, spatial mobility, ecological mobility)
geographische Mobilität *f*, räumliche Mobilität *f*, ökologische Mobilität *f* *(empirische Sozialforschung) (Soziologie)*
vicious cycle
Teufelskreis *m*, Circulus vitiosus *m* *(Logik)*
victim
Opfer *n* *(Kriminologie)*
victimless crime (crime without a victim)
Verbrechen *n* ohne Opfer *(Kriminologie)*
victimology
Viktimologie *f*, opferorientierte Kriminologie *f* *(Kriminologie)*
Vienna circle
Wiener Kreis *m* *(Philosophie)*
vigilance
Vigilanz *f*, psychische Wachheit *f* *(Psychologie)*
vignette analysis (*pl* analyses, vignette design)
Vignettenanalyse *f*, Vignettenanlage *f* *(Skalierung)*
vill (small village, hamlet, settlement) (George A. Hillary)
Ortschaft *f*, kleines Dorf *n*, Flecken *m* *(Sozialökologie)*
village (village community)
Dorf *n* Dorfgemeinde *f* *(Sozialökologie) (Soziologie)*
village level worker (community actor, community organizer, *brit* community organiser)
Gemeindearbeiter *m*, in der Gemeindearbeit aktive Person *f* *(Sozialarbeit)*
village research
Dorfforschung *f*, Soziologie *f* des Dorfs *(Sozialökologie) (Soziologie)*

Vincentized learning curve (Vincent learning curve) (L. E. Vincent)
Vincent-Lernkurve *f* *(Psychologie)*
violent gang
gewalttätige Bande *f* *(Kriminologie)*
vir (father, pater, genitor)
Vir *m*, Vater *m* *(Kulturanthropologie)*
virilateral
auf Seiten des Ehemanns (in der Linie des Ehemanns *adj* *(Kulturanthropologie)*
vgl. uxorilateral
virilocal marriage
virilokale Ehe *f*, Ehe *f* mit Wohnung am Wohnsitz des Ehemanns *(Kulturanthropologie)*
vgl. uxorilocal marriage
virilocal residence
virilokale Residenz *f*, Wohnen *n* am Wohnsitz des Ehemanns *(Kulturanthropologie)*
vgl. uxorilocal residence
virilocality (virilocal residence)
Virilokalität *f* *(Kulturanthropologie)*
vgl. uxorilocality (uxorilocal residence)
virtual self (*pl* selves, virtual social identity) (Erving Goffman)
virtuelles Selbst *n* *(Soziologie)*
vgl. actual self
visceral drive (physiological drive, instinct, *colloq* gut drive)
viszeraler Trieb *m*, physiologischer Trieb *m*, körperlicher Trieb *m* *(Psychologie)*
viscerogenic motive (Henry A. Murray)
viszerogenes Bedürfnis *n*, viszerogenes Motiv *n*, physiologisches Bedürfnis *n* *(Psychologie)*
viscidity
Gruppenzusammenhalt *m*, Gruppensolidarität *f* *(Gruppensoziologie)*
visibility (transparency)
Transparenz *f*, Sichtbarkeit *f*, Visibilität *f*
visual discrimination learning (visual discrimination)
visuelles Unterscheidungslernen *n* *(Psychologie)*
visual field
Wahrnehmungsfeld *n*, Gesichtsfeld *n* *(Psychologie)*
visual perception
visuelle Wahrnehmung *f* *(Psychologie)*
visual word perception
visuelle Wortwahrnehmung *f* *(Psychologie)*
visualization
Veranschaulichung *f*, Vergegenständlichung *f*, Bildung *f* einer Vorstellung *(Psychologie)*

vital events *pl*
Personenstandsereignisse *n/pl* *(Demographie)*
vital record
Personenstandseintragung *f*, Personenstandseintragung *f* *(Demographie)*
vital registration
Personenstandsregistrierung *f*, Personenstandserfassung *f*, Erfassung *f* standesamtlicher Personeninformationen *(Demographie)*
vital revolution (demographic revolution)
demographische Revolution *f*, bevölkerungspolitische Revolution *f*
vital statistics *pl als sg konstruiert* **(biostatistics** *pl als sg konstruiert*)
Personenstandsstatistik *f (Demographie)*
vitalism
Vitalismus *m (Psychologie)*
vitalistic movement
vitalistische Bewegung *f (Soziologie) (Kulturanthropologie)*
vitality
Vitalität *f (Psychologie)*
vocabulary
Vokabular *n (Linguistik)*
vocabulary of motive (Hans Gerth and C. Wright Mills)
Vokabular *n* der Motivation *(Soziologie)*
vocal communication
vokale Kommunikation *f*, stimmliche Kommunikation *f* *(Kommunikationsforschung)*
vocalization
Vokalisation *f*, Vokalisierung *f* *(Linguistik)*
vocation
Berufung *f*, Begabung *f (Psychologie)*
vocational classification
Berufsklassifizierung *f*, berufliche Klassifizierung *f* Klassifizierung *f* nach Berufsgruppen *(Demographie) (empirische Sozialforschung)*
vocational counseling (vocational guidance)
Berufsberatung *f*, berufliche Beratung *f* *(Psychologie)*
vocational crime (professional crime)
Berufsverbrechen *n*, Berufskriminalität *f* *(Kriminologie)*
vocational interest inventory (vocational interest test)
Berufsinteressentest *m*, Fragebogen *m* für einen Berufsinteressentest *(Psychologie)*
vocational training
Berufsausbildung *f*, berufliche Ausbildung *f*

voice
1. Stimme *f* Laut *m*, Ton *m* *(Linguistik)*
2. Stimmrecht *n (politische Wissenschaften)*
voice-to-voice interview (telephone interview, telephone survey)
telefonische Befragung *f*, Telefonbefragung *f*, telefonische Umfrage *f*, Telefonumfrage *f*, telefonisches Interview *n*, Telefoninterview *n* *(empirische Sozialforschung)*
voice-to-voice interview (telephone survey)
telefonische Umfrage *f*, Telefonumfrage *f*, telefonische Befragung *f*, Telefonbefragung *f (empirische Sozialforschung)*
volition (will)
Wille *m*, Willenskraft *f*, Wollen *n*, Willensäußerung *f*, Willensentscheidung *f*, Willensübung *f (Philosophie)*
voluntarism
freiwillige Vereinigung *f*, freiwilliger Verband *m*, Verein *m (Gruppensoziologie) (Organisationssoziologie)*
voluntary conciliation
freiwillige Schlichtung *f*, freiwillige Schiedsgerichtsbarkeit *f*
voluntary cooperation
freiwillige Zusammenarbeit *f*, freiwillige Kooperation *f (Gruppensoziologie)*
voluntary group (volitional group)
freiwillige Gruppe *f (Gruppensoziologie)*
voluntary manslaughter (manslaughter, homicide)
Totschlag *m*, fahrlässige Tötung *f*, vorsätzliche Körperverletzung *f* mit Todesfolge *(Kriminologie)*
voluntary migration
freiwillige Migration *f*, freiwillige Wanderung *f*, freiwillige Wanderungsbewegungen *f/pl (Migration)*
voluntary recruitment
freiwillige Rekrutierung *f (Gruppensoziologie) (Organisationssoziologie)*
voluntary segregation (self-segregation)
freiwillige Rassentrennung *f*, freiwillige Segregation *f (Sozialökologie)*
volunteer bias
Freiwilligenfehler *m*, Freiwilligkeitsfehler *m (statistische Hypothesenprüfung)*
von Békésey method (up-and-down method, staircase method, titration method)
Pendelmethode *f (Psychophysik)*
von Neumann's ratio
von Neumanns Verhältnis *n (Statistik)*

vote (poll, election result)
  1. Wahlergebnis *n*, Stimmergebnis *n* *(politische Wissenschaften)*
  2. Votum *n*, Stimmabgabe *f*, Abstimmung *f*, Wahl *f*
  3. Stimmrecht *n*, Wahlrecht *n* *(politische Wissenschaft)*
  4. Wahlzettel *m*, Stimmzettel *m* *(politische Wissenschaft)*

vote intention (turnout intention, intention to turn out to vote, voting intention)
  Wahlabsicht *f*, Wahlbeteiligungsabsicht *f*, Absicht *f*, wählen zu gehen *(Meinungsforschung) (politische Wissenschaft)*

vote switcher (floating voter, floater, converter, swing voter)
  Wechselwähler *m*, Parteiwechsler *m* *(politische Wissenschaften)*

voter
  wahlberechtigter Bürger *m*, Wähler *m*, Wählerin *f* *(politische Wissenschaft)*

voter poll (election day poll, intercept poll, exit poll)
  Wählerbefragung *f*, Wählerumfrage *f*, Meinungsumfrage *f* am Wahltag *(Meinungsforschung) (politische Wissenschaft)*

voter preference survey (voter preference poll)
  Präferenzbefragung *f*, politische Meinungsbefragung *f*, politische Meinungsumfrage *f*, Wählerbefragung *f* nach den parteipolitischen Präferenzen, Wähler-Präferenz-Umfrage *f* *(Meinungsforschung) (politische Wissenschaft)*

voter registration (registration)
  Wählerregistrierung *f*, Wählerregistration *f* im Wahlregister *(politische Wissenschaften)*

voter turnout (turnout)
  Wahlbeteiligung *f* *(politische Wissenschaften)*

voting (polling)
  Wählen *n*, Abstimmen *n*, Stimmabgabe *f*, Wahl *f*, Abstimmung *f*

voting behavior (voter behavior, electoral behavior, *brit* electoral behaviour)
  Wahlverhalten *n*, Wählerverhalten *n* *(politische Wissenschaften)*

voting behavior research (*brit* voting behaviour research)
  Wahlverhaltensforschung *f*, Erforschung *f* des Wahlverhaltens *(politische Wissenschaften)*

voting intention (vote intention, turnout intention, intention to turn out to vote)
  Wahlabsicht *f*, Wahlbeteiligungsabsicht *f*, Absicht *f*, wählen zu gehen *(Meinungsforschung)*

voting machine
  Wahlmaschine *f*, Stimmenzählapparat *m*, Abstimmungsmaschine *f* *(politische Wissenschaften)*

voting system (ballot system, ballot, electoral system, election system)
  Wahlsystem *n*, Abstimmungsverfahren *n* *(politische Wissenschaften)*

vow
  Gelöbnis *n*, Gelübde *n*, Treueschwur *m*, Versprechen *n*, Schwur *m*

voyeurism
  Voyeurismus *m* *(Psychologie)*

vulgar Marxism
  Vulgärmarxismus *m* *(Philosophie)*

vulnerability index (of a scale to motivational distortion) *(pl* indexes *or* indices) (Raymond B. Cattell)
  Verwundbarkeitsindex *m* *(experimentelle Psychologie)*

W

wage earner (main wage earner, wage earner, bread winner, bread-winner)
Lohnempfänger *m*, Hauptverdiener *m*, Ernährer *m* (in einem Haushalt) *(Demographie) (empirische Sozialforschung)*
wage labor (*brit* **wage labour**)
Lohnarbeit *f (Volkswirtschaftslehre)*
wage scale
Lohnskala *f (Volkswirtschaftslehre)*
wage structure
Lohnstruktur *f (Volkswirtschaftslehre)*
wage worker (wage hand, wage laborer)
Lohnarbeiter(in) *m(f) (Demographie) (empirische Sozialforschung)*
waiting line *Am* **(queue, line-up)**
Warteschlange *f (Warteschlangentheorie)*
waiting-line model (queuing model, congestion model)
Warteschlangenmodell *n*
waiting-line system (queuing system, congestion system)
Warteschlangensystem *n*
waiting-line theory (theory of waiting lines, queuing theory, theory of queues, queuing, queuing analysis, *pl* **queuing analyses, congestion theory, theory of congestion systems)**
Warteschlangentheorie *f*, Theorie *f* der Warteschlangen, Bedienungstheorie *f*
waiting system
Wartesystem *n*
waiting time (congestion, hitting point)
Wartezeit *f*, Stauung *f (Warteschlangentheorie)*
Wald's classification statistic (V)
Waldsche Klassifikationsmaßzahl V *f (Statistik)*
Wald-Wolfowitz runs test (Wald-Wolfowitz test, runs test)
Wald-Wolfowitz-Test *m*, Wald-Wolfowitzscher Iterationstest *m*, Wald-Wolfowitz-Test *m* für zufällige Aufeinanderfolgen, Wald-Wolfowitzscher Lauftest *m (statistische Hypothesenprüfung)*
Walker probability function
Walkersche Wahrscheinlichkeitsfunktion *f (Statistik)*
Walsh test
Walsh-Test *m (statistische Hypothesenprüfung)*

want
Bedürftigkeit *f*, Armut *f*, Not *f*
want (requirement, imperative)
Erfordernis *n*
want (requirements *pl*, **demand)**
Bedarf *m (Volkswirtschaftslehre)*
want satisfaction (need satisfaction)
Bedürfnisbefriedigung *f*, Wunschbefriedigung *f (Psychologie)*
want-get ratio
Wunsch-Erfüllungs-Verhältnis *n*, Verhältnis *n* von unerfüllten zu erfüllten Wünschen *(Psychologie)*
war
Krieg *m*
war game
Kriegsspiel *n (politische Wissenschaften)*
warfare
Kriegführung *f*, Kriegsdienst *m*, Krieg *m*
waring distribution (factorial distribution, Irwin distribution)
faktorielle Verteilung *f (Statistik)*
Warner's Index of Status Characteristics (Index of Status Characteristics) (ISC, I. S. C.)
Index *m* der Statusmerkmale, Warner-Index *m (empirische Sozialforschung)*
warning stimulus (*pl* **stimuli)**
Warnreiz *m (Verhaltensforschung)*
waverer
schwankender Wähler *m*, unentschiedener Wähler *m*, Schwankender *m (Panelforschung) (politische Wissenschaft)*
we-feeling
Wir-Gefühl *n (Gruppensoziologie)*
vgl. they-feeling
we-group (in-group)
Wir-Gruppe *f*, Eigengruppe *f*, In-Gruppe *f (Gruppensoziologie)*
vgl. they-group
we-group aggression (in-group aggression)
Binnengruppenaggression *f*, Aggression *f* innerhalb Eigengruppe, Aggressivität *f* gegen die Mitglieder in der Eigengruppe *(Gruppensoziologie)*
vgl. out-group aggression
we-grouper (in-grouper)
Eigengruppenmitglied *n*, Eigengruppenangehöriger *m*, Mitglied *n* der Eigengruppe *(Gruppensoziologie)*
vgl. they-grouper

weak law of large numbers
schwaches Gesetz *n* der großen Zahl(en) *(Wahrscheinlichkeitstheorie)*
vgl. strong law of large numbers
wealth
1. Wohlhabenheit *f*, Wohlstand *m*, Reichtum *m* *(Volkswirtschaftslehre)*
2. Besitzungen *f/pl*, Reichtümer *m/pl*
weathervane
Wetterhahn *m* *(politische Wissenschaften)*
Weber's law
Webersches Gesetz *n*, Webers Gesetz *n* *(Psychophysik)*
Wechsler Adult Intelligence Scale (WAIS)
Hamburg-Wechsler-Intelligenz-Test *m* für Erwachsene (HAWIE) *(Psychologie)*
Wechsler Intelligence Scale for children (WISC)
Hamburg-Wechsler-Intelligenz-Test *m* für Kinder (HAWIK) *(Psychologie)*
wedding (marriage)
Heirat *f* *(Kulturanthropologie)*
wedge hypothesis (*pl* hypotheses, sector hypothesis, sector theory, sector-and-wedge hypothesis) (Homer Hoyt)
Sektorenhypothese *f*, Sektorhypothese *f*, Vektor- und Keiltheorie *f* *(Sozialökologie)*
wedlock (matrimony)
Ehestand *m* Ehe *f*, Matrimonium *n*
Weibull distribution
Weibull-Verteilung *f*, Weibullsche Verteilung *f* *(Statistik)*
weight (weighting factor)
Gewicht *n*, Gewichtszahl *f*, gewichtender Faktor *m*, Gewichtungsfaktor *m* *(Statistik)*
weight bias (weighting bias)
Gewichtungsfehler *m*, systematischer Gewichtungsfehler *m* *(statistische Hypothesenprüfung)*
weight function
Gewichtsfunktion *f* *(Statistik)*
weighted average (weighted mean)
gewichtetes Mittel *n*, gewogenes Mittel *n*, gewichteter Durchschnitt *m*, gewogener Durchschnitt *m* *(Statistik)*
weighted index number
gewichteter Index *m*, gewogener Index *m*, gewichtete Indexzahl *f*, gewichtete Indexziffer *f*, gewogene Indexzahl *f*, gewogene Indexziffer *f* *(Statistik)*
weighted regression
gewichtete Regression *f* *(Statistik)*
weighted sample
gewichtete Stichprobe *f*, gewogene Stichprobe *f* *(Statistik)*
weighting
Gewichtung *f*, Gewichten *n* *(Statistik)*

weighting coefficient (weighting factor)
Gewichtskoeffizient *m*, Gewichtsfaktor *m* *(Statistik)*
weighting for not-at homes (nonresponse weighting)
Gewichtung *f* der Abwesenden, Gewichtung *f* der nichterreichten Personen, Random-Ausfallgewichtung *f*, Redressement *n* *(Statistik)*
Welch analysis (*pl* analyses)
quadratische Diskriminanzanalyse *f*, Welch-Analyse *f* *(Statistik)*
welfare
1. Wohltätigkeit *f*, Barmherzigkeit *f*, Mildtätigkeit *f*
2. Wohlfahrt *f* Fürsorge *f*, Fürsorgetätigkeit *f*, Sozialfürsorge *f* *(Sozialarbeit)*
welfare capitalism (welfare state, welfarism)
Wohlfahrtskapitalismus *m*, Wohlfahrtsstaat *m* *(Volkswirtschaftslehre)*
welfare economics *pl* als *sg* konstruiert **(welfarism)**
Wohlfahrtsökonomik *f*, Wohlfahrtstheorie *f*, Allokationstheorie *f* *(Volkswirtschaftslehre)*
welfare planning
Wohlfahrtspflege *f* *(Volkswirtschaftslehre) (politische Wissenschaften)*
welfare state
Wohlfahrtsstaat *m* *(politische Wissenschaften)*
welfare work
Wohlfahrtsarbeit *f*, Sozialfürsorge *f* *(Sozialarbeit)*
well-being (psychological well-being, happiness)
Glück *n*, Wohlbefinden *n*, Wohlbehagen *n*, Wohlergehen *n*, Wohl *n* *(Psychologie)*
well-mixed urn
gut gemischte Urne *f* *(Wahrscheinlichkeitstheorie)*
weltanschauung (worldview, world view, world vision)
Weltanschauung *f*, Weltschau *f* *(Philosophie) (Kulturanthropologie)*
Westernization (westernization)
Verwestlichung *f*, Annahme *f* westlicher Einflüsse *(Kulturanthropologie)*
Westley and MacLean's model (of communication) (Bruce H. Westley and Malcolm S. MacLean)
Westley-MacLean-Modell *n* der Kommunikation *(Kommunikationsforschung)*
Wherry Doolittle technique
Wherry-Doolittle-Verfahren *n* *(Statistik)*

what-is-that response (orientation reflex, orienting reflex, orientation reaction, orienting reaction, orientation response, orienting response) (Ivan P. Pavlov) (
Orientierungsreflex *m*, Orientierungsreaktion *f*, Untersuchungsreaktion *f*, Was-ist-das-Reflex *m* *(Verhaltensforschung)*
white (Caucasian)
Weißer *m*, Kaukasier *m*
vgl. black
White-Anglo-Saxon Protestant (WASP)
weißer angelsächsischer Protestant *m* *(Soziologie)*
white-collar crime (Edwin H. Sutherland)
Wirtschaftsverbrechen *n* *(Kriminologie)*
white-collar criminal
Wirtschaftsverbrecher *m*, Wirtschaftsstraftäter *m* *(Kriminologie)*
white-collar occupation (white-collar job, white collar, black-collar occupation, black collar)
Büroberuf *m*, Bürobeschäftigung *f*, Angestelltentätigkeit *f*, Bürotätigkeit *f* *(Volkswirtschaftslehre) (Demographie) (empirische Sozialforschung)*
white-collar work (clerical work, office work, black collar work)
Büroarbeit *f*, Bürotätigkeit *f*
white-collar worker (black collar worker, clerical worker, clerk, office clerk, office worker)
Büroangestellte(r) *f(m)*, Bürokraft *f*, Schreibkraft *f*
white noise
weißes Rauschen *n* *(Stochastik)*
white propaganda
weiße Propaganda *f*, offene Propaganda *f* *(Kommunikationsforschung)*
White's law (Leslie Alvin White)
Whitesches Gesetz *n* *(Soziologie)*
Whittacker periodogram
Whittacker-Periodogramm *n* *(Statistik)*
whole
Ganzheit *f*
Whorfian hypothesis (*pl* hypotheses) (Benjamin Lee Whorf) (Sapir-Whorf hypothesis)
Whorf-Hypothese *f*, Whorfsche Hypothese *f*, Sapir-Whorf-Hypothese *f* *(Soziolinguistik)*
wide-range theory (broad theory, grand theory)
Theorie *f* großer Reichweite, universale Theorie *f*, Universaltheorie *f*, Totaltheorie *f*, komplexe Theorie *f*, umfassende Theorie *f* *(Soziologie) (Theoriebildung)*
vgl. middle-range theory

widow
Witwe *f* *(Familiensoziologie) (Kulturanthropologie)*
widower
Witwer *m* *(Familiensoziologie) (Kulturanthropologie)*
widowhood
Witwenschaft *f* *(Familiensoziologie) (Kulturanthropologie)*
Wiener process
Wienerscher Prozeß *m* *(Stochastik)*
Wiener-Khintchine theorem
Wiener-Khintchine-Theorem *n*, Wiener-Khintchinesches Theorem *n* *(Statistik)*
wife (*pl* wives)
Ehefrau *f* *(Familiensoziologie) (Kulturanthropologie)*
Wilcoxon signed ranks test (Wilcoxon matched pairs signed ranks test, Wilcoxon t test, matched-pairs signed ranks test)
Wilcoxon-Rangordnungs-Zeichentest *m*, Test *m* für Paardifferenzen *(statistische Hypothesenprüfung)*
wildcat strike
wilder Streik *m* *(Industriesoziologie)*
wild shot (outlier, out-lier, discordant value, wild variation, maverick, sport, straggler)
Ausreißer *m* *(Statistik)*
Wilk's criterion (*pl* criteria or criterions)
Wilks-Kriterium *n* *(statistische Hypothesenprüfung)*
will to power
Wille *m* zur Macht (Alfred Adler) *(Psychologie)*
Wilson-Hilferty transformation
Wilson-Hilfertysche Transformation *f* *(Statistik)*
Wilcoxon matched pairs signed ranks test (signed rank test)
Rangzeichentest *m* *(statistische Hypothesenprüfung)*
Winsorization (*brit* Winsorisation)
Winsorisation *f* *(Statistik)*
winsorized estimation (*brit* winsorised estimation)
winsorisierte Schätzung *f* *(Statistik)*
wish fulfillment (*brit* fulfilment)
Wunscherfüllung *f* *(Psychologie) (Psychoanalyse)*
wish-fulfilling fantasy
Wunschtraum *m*, wunscherfüllende Phantasie *f* *(Psychologie) (Psychoanalyse)*
Wishart distribution
Wishart-Verteilung *f* *(Statistik)*
wishful thinking
Wunschdenken *n* *(Psychologie) (Psychoanalyse)*

wit-work
Witzarbeit *f* (Sigmund Freud)
(Psychoanalyse)
witch
Hexe *f*, Zauberin *f* *(Kulturanthropologie)*
witch doctor (shaman, medicine man, sorcerer)
Schamane *m*, Zauberpriester *m*, Geisterbeschwörer *m*, Medizinmann *m*
(Ethnologie)
withdrawal (Robert K. Merton)
Zurückziehung *f*, Rückzug *m*
(Soziologie)
with-presence group (primary group, face-to-face group, group with presence, direct-contact group)
Primärgruppe *f*, Gruppe *f* mit direktem persönlichem Kontakt
(Gruppensoziologie)
vgl. without-presence group
within-group experimental design (within-group design, between-subjects experimental design, between-subjects design)
experimentelle Anlage *f* innerhalb der Gruppen, Versuchsanlage *f* innerhalb der Gruppen *(statistische Hypothesenprüfung)*
vgl. between-groups experimental design
within-group replication (intragroup replication, repeated measures design)
gruppeninterne Wiederholung *f*, Wiederholungsversuch *m*, Wiederholung *f* mit einer oder mehreren anderen Gruppen von Versuchspersonen *(statistische Hypothesenprüfung)*
vgl. intergroup replication
without-presence group (intermittent group, group without presence)
intermittierende Gruppe *f*, zeitweilig sich auflösende Gruppe *f*
(Gruppensoziologie)
vgl. with-presence group
within-group variance (within-group sum of squares)
Binnengruppenvarianz *f*, Varianz *f* innerhalb der Gruppen *(Statistik)*
vgl. between-groups variance
Woelfel Satiel theory
Woelfel-Satiel-Theorie *f* *(Kommunikationsforschung)*
Wold's decomposition of a stationary process
Woldsche Zerlegung *f* eines stationären Prozesses *(Stochastik)*
Wold's decomposition theorem
Woldscher Zerlegungssatz *m* *(Stochastik)*
wolf child (feral child, feral man, social isolate)
Wolfskind *n* *(Soziologie) (Psychologie)*

woman's suffrage (womens suffrage)
Frauenwahlrecht *n* *(politische Wissenschaften)*
Woodworth Personal Data Sheet (Robert S. Woodworth)
Woodworth-Persönlichkeitsfragebogen *m*
(Psychologie)
word
Wort *n*
word apprehension
Wortverständnis *n* *(Psychologie)*
word apprehension test
Wortverständnistest *m* *(Psychologie)*
word association
Wortassoziation *f*, Wortassoziierung *f*
(Psychologie)
word association experiment
Wortassoziationsexperiment *n*
(Psychologie)
word association test
Wortassoziationstest *m* *(Psychologie)*
word deafness (sensory aphasia)
sensorische Aphasie *f* *(Psychologie)*
word field (Jost Trier)
Wortfeld *n* *(Soziolinguistik)*
word fluency (Louis L. Thurstone)
Wortflüssigkeit *f* *(Psychologie)*
word frequency (word frequency effect)
Wortfrequenz *f*, Wortfrequenzeffekt *m*
(Psychologie)
word recognition
Wortwiedererkennung *f* *(Psychologie)*
word superiority (word superiority effect, word apprehension effect)
Wortüberlegenheit *f* *(Psychologie)*
work
Arbeit *f*, Werk *n* Produkt *n*
work alienation (alienation from work, alienation of labor, estrangement from work)
Entfremdung *f* von der Arbeit
(Philosophie) (Industriesoziologie)
work clique
Arbeitsclique *f*, Clique *f* am Arbeitsplatz *(Industriesoziologie)*
work curve
Arbeitskurve *f* *(Industriesoziologie)*
work design (job design)
Arbeitsplatzgestaltung *f* *(Industriesoziologie)*
work ecology
Arbeitsökologie *f* *(Industriesoziologie)*
work element
Arbeitselement *n* *(Industriesoziologie)*
work ethic
Arbeitsmoral *f* *(Industriesoziologie)*
(Industriepsychologie)
work-flow chart (job flow chart)
Arbeitsflußdiagramm *n* *(Industriesoziologie)*

work group (working group)
Arbeitsgruppe *f (Industriesoziologie)*
work mate (workmate, matecoworker)
Arbeitsgenosse *m*, Arbeitsgenossin *f*,
Kamerad *m (Industriesoziologie)*
work of grief (grief work)
Trauerarbeit *f (Psychologie)*
work-residence separation
Trennung *f* von Arbeitsplatz und
Wohnsitz *(Arbeitssoziologie)*
work-rest cycle
Zyklus *m* von Arbeitszeit und Pausen
(Industriesoziologie)
work-residence separation
Trennung *f* von Arbeitsplatz und
Wohnsitz *(Arbeitssoziologie)*
work-rest cycle
Zyklus *m* von Arbeitszeit und Pausen
(Industriesoziologie)
work satisfaction (job satisfaction)
Berufszufriedenheit *f*, Arbeitszufriedenheit *f (Arbeitspsychologie)*
work simplification (process analysis, *pl*
analyses, methods study)
Verlaufsanalyse *f*, Ablaufsanalyse *f*
(Organisationssoziologie)
work therapy (ergotherapy)
Arbeitstherapie *f*, Ergotherapie *f*
(Psychologie)
work zeal
Arbeitseifer *m (Industriepsychologie)*
worker (workman, *pl* **workmen)**
1. Arbeiter(in) *m(f)*
2. Handarbeiter *m*, Handwerker *m*
(Industriesoziologie) (Demographie)
(empirische Sozialforschung)
workers' participation (codetermination, co-determination, employee participation)
Mitbestimmung *f*, betriebliche
Mitbestimmung *f*, innerbetriebliche
Mitbestimmung *f (Industriesoziologie)*
working class
Arbeiterschicht *f*, Arbeiterklasse *f*
(Soziologie) (empirische Sozialforschung)
working class culture
Arbeiterschichtkultur *f*, Arbeiterklassenkultur *f (Soziologie)*
working force (workforce, labor force, *brit*
labour force)
Arbeitskräfte *f/pl (Volkswirtschaftslehre)*
(Industriesoziologie) (Demographie)
(empirische Sozialforschung)

working mean (assumed mean, guessed mean)
provisorisches Mittel *n*, provisorischer
Mittelwert *m*, angenommenes Mittel *n*,
angenommener Mittelwert *m (Statistik)*
vgl. computed mean
working population (gainfully employed population, economically active population, gainful population)
berufstätige Bevölkerung *f*, erwerbstätige
Bevölkerung *f (Volkswirtschaftslehre)*
(Soziologie) (empirische Sozialforschung)
working hypothesis (*pl* **hypotheses, test hypothesis, research hypothesis)**
Arbeitshypothese *f*, Testhypothese *f*,
Prüfhypothese *f (statistische Hypothesenprüfung)*
working probit (corrected probit)
Rechenprobit *n (Statistik)*
worklife mobility
Mobilität *f* im Verlauf des Arbeitslebens
(Industriesoziologie)
workmanship
Kunstfertigkeit *f*, Geschicklichkeit *f*
workplace
Arbeitsplatz *m* Beruf *m*, Stelle *f*,
Posten *m*, Arbeit *f*, der Platz, an
dem die Arbeit verrichtet wird
(Industriesoziologie)
world city
Weltstadt *f (Sozialökologie)*
world order
Weltordnung *f (politische Wissenschaften)*
world system (world system) (Immanuel Wallerstein)
Weltsystem *n (politische Wissenschaften)*
worldview (world view, weltanschauung, world vision)
Weltanschauung *f*, Weltschau *f*
(Philosophie) (Kulturanthropologie)
worship (religious service)
Gottesdienst *m*, Anbetung *f*,
Verehrung *f (Religionssoziologie)*
written constitution
geschriebene Verfassung *f (politische Wissenschaften)*
written law
geschriebenes Recht *n*, geschriebenes
Gesetz *n*
Wundt curve
Wundt-Kurve *f* (Wilhelm Wundt)
(Psychologie)
Würzburg school
Würzburger Schule *f (Psychologie)*

X

x axis (x coordinate)
x-Achse *f*, Abszisse *f* *(Mathematik/Statistik)*
vgl. y axis
x test
x-Test *m* *(statistische Hypothesenprüfung)*
X value
X-Wert *m* *(Statistik)*
x variable (independent variable, cause variable, explanatory variable, predictor variable, regressor)
unabhängige Variable *f*, unabhängige Veränderliche *f* *(statistische Hypothesenprüfung)*
vgl. y variable
xenocentrism
Xenozentrismus *m* *(Sozialpsychologie)*
xenoglossia
Xenoglossie *f* *(Psychologie) (Soziolinguistik)*
xenophobia
Fremdenhaß *m*, Xenophobie *f* *(Sozialpsychologie)*
xi
xi *n* *(Psychophysik)*

Y

y
  y *n (Statistik)*
y axis (y coordinate)
  y-Achse *f*, Ordinate *f (Mathematik/Statistik)*
  vgl. x axis
y variable (dependent variable, performance variable, response variable)
  abhängige Variable *f*, abhängige Veränderliche *f*, Resultante *f (statistische Hypothesenprüfung)*
  vgl. x variable
Y value
  Y-Wert *m (Statistik)*
Yates' correction (Yates' correction for continuity, Yates modified chi-square test)
  Yates-Korrektur *f*, Yates'sche Korrektur *f*, Yates'sche Sicherheitskorrektur *f (statistische Hypothesenprüfung)*
yea-sayer (yeasayer)
  Ja-Sager *m*, zustimmender Befragter *m (empirische Sozialforschung)*
  vgl. nay-sayer
yea-saying (acquiescence response set, acquiescence response)
  Akquieszenz *f*, Ja-Sage Tendenz *f*, Zustimmungstendenz *f*, allgemeiner Hang *m* zur Zustimmung *(empirische Sozialforschung)*
yellow-dog contract
  Vertrag *m* zwischen Arbeitgeber und Arbeitnehmer, in dem sich der Arbeitnehmer verpflichtet, keiner Gewerkschaft beizutreten *(Industriesoziologie)*
yeoman
  freier Bauer *m*, kleiner Grundbesitzer *m*, Yeoman *m (Soziologie)*
yeomanry
  Yeomanry *f*, freie Bauern *m/pl*, kleine Grundbesitzer *m/pl (Soziologie)*

Yerkes-Dodson law (Robert M. Yerkes and J. D. Dodson)
  Yerkes-Dodson-Gesetz *n (Theorie des Lernens)*
yesterday interview (day after interview)
  Befragung *f* über gestriges Verhalten, Interview *n* über gestriges Verhalten *(empirische Sozialforschung)*
yesterday's behavior (*brit* yesterday's behaviour)
  gestriges Verhalten *n (empirische Sozialforschung)*
yoked boxes *pl*
  verbundene Boxen *f/pl (Verhaltensforschung)*
yoked control
  verbundene Kontrolle *f*, Verbundverfahren *n (Verhaltensforschung)*
Youden square (incomplete Latin square)
  Youden-Quadrat *n*, Youdensches Quadrat *n*, Youdenscher Versuchsplan *m*, unvollständiges lateinisches Quadrat *n (statistische Hypothesenprüfung)*
youth (adolescence)
  Jugend *f*, Jugendalter *n (Entwicklungspsychologie)*
youth culture (youth subculture, adolescent culture)
  Jugendkultur *f* Heranwachsendenkultur *f*, Teenagerkultur *f*
Yule coefficient (Yule's Q)
  Yule-Koeffizient *m (Statistik)*
Yule equation
  Yule-Gleichung *f*, Yulesche Gleichung *f (Statistik)*
Yule process
  Yule-Prozeß *m*, Yulescher Prozeß *m (Stochastik)*
Yule-Furry process
  Yule-Furry-Prozeß *m*, linearer Geburtsprozeß *m (Stochastik)*
Yule's Q (coefficient of association) (q, Q)
  Assoziationskoeffizient *m*, Koeffizient *m* der Assoziation *(Statistik)*

Z

z
  z *n (Statistik)*
Z
  Z *n (Statistik)*
z distribution (Fisher's distribution, variance-ratio distribution, Fisher's z distribution)
  z-Verteilung *f*, Fishersche z Verteilung *f*, Fisher-Verteilung *f*, Fishersche Verteilung *f (Statistik)*
z measure (z value, critical ratio) (C.R., CR)
  kritischer Quotient *m*, kritischer Bruch *m (statistische Hypothesenprüfung)*
z score (standard score)
  z-Wert *m*, Standardwert *m*, standardisierter Punktwert *m (Statistik)*
z test
  z-Test *m (statistische Hypothesenprüfung)*
z transformation
  z-Transformation *f*, Fishers z-Transformation *f (Statistik)*
zeal
  Diensteifer *m*, Glaubenseifer *m (Organisationssoziologie) (Religionssoziologie) (Sozialpsychologie)*
zealot (fanatic)
  Zelot *m*, Fanatiker(in) *m(f)*, Eiferer *m (Kulturanthropologie) (Religionssoziologie) (Organisationssoziologie) (Sozialpsychologie)*
zealotry (fanaticism)
  Eifer *m*, Eiferertum *n*, fanatischer Eifer *m*, Fanatismus *m*, Eiferertum *n*, Zelotismus *m (Kulturanthropologie) m (Religionssoziologie) (Organisationssoziologie) (Sozialpsychologie)*
Zeigarnik effect
  Zeigarnik-Effekt *m*, Zeigarnik-Phänomen *n (Theorie des Lernens)*
Zeigarnik quotient
  Zeigarnik-Quotient *m (Theorie des Lernens)*
zeitgeist
  Zeitgeist *m (Philosophie)*
zero (origin)
  Nullpunkt *m (Mathematik/Statistik)*
zero association
  Nullassoziation *f*, Nullkorrelation *f (Statistik)*
zero-sum situation
  Nullsummensituation *f (Spieltheorie)*

zero-one distribution
  Null-Eins-Verteilung *f (Statistik)*
zero-order correlation
  Nullkorrelation *f (Statistik)*
zero-population growth
  Null Bevölkerungswachstum *n (Demographie)*
zero-sum game
  Nullsummenspiel *n (Spieltheorie)*
zionism (Zionism)
  Zionismus *m (politics)*
Zipf migration hypothesis (*pl* hypotheses, minimum equation hypothesis) (George K. Zipf) (P_1P_2/D hypothesis, hypothesis on the intercity movement of persons)
  Zipfsche Wanderungshypothese *f (Sozialökologie)*
Zipf's law (George K. Zipf) (principle of least effort)
  Zipfsches Gesetz *n (Sozialökologie)*
zonal sample
  Streifenstichprobenauswahl *f*, Streifenstichprobe *f (Statistik)*
zonal sampling
  Streifenauswahlverfahren *n*, Streifenstichprobenauswahl *f*, Streifenstichprobenverfahren *n*, Streifenstichprobenbildung *f (Statistik)*
zonation (zoning)
  Zonenbildung *f*, Zoneneinteilung *f*, Zonenunterteilung *f*, Aufteilung *f* in Zonen, Gliederung *f* nach Zonen *(Soziologie) (Mathematik/Statistik) (Sozialökologie)*
zone
  Zone *f (Soziologie) (Mathematik/Statistik) (Sozialökologie)*
zone in transition (zone of transition, area of transition, zone of transition, transitional area, transitional zone, interstitial area) (F. Thrasher)
  Übergangszone *f*, Übergangsbereich *m*, Übergangsgebiet *n (Sozialökologie)*
zone of acceptance (latitude of acceptance, range of acceptance)
  Akzeptanzzone *f*, Akzeptanzbereich *m (Sozialpsychologie/Soziologie)*
  vgl. zone of rejection
zone of commuters (commuters' zone)
  Pendlerzone *f (Sozialökologie)*

zone of indifference
Indiferenzbereich *m (statistische Hypothesenprüfung)*
vgl. zone of preference
zone of middle-class residence
mittelständische Wohnzone *f*, mittelständisches Wohngebiet *n (Sozialökologie)*
zone of preference
Entscheidungsbereich *m (statistische Hypothesenprüfung)*
vgl. zone of indifference

zone of rejection (latitude of rejection, range of rejection)
Zurückweisungszone *f*, Zurückweisungsbereich *m (Sozialpsychologie/Soziologie)*
vgl. zone of acceptance
zoning
Zonenbildung *f*, Einteilung *f* in Bebauungszonen, Aufteilung *f* (einer Stadt) in Bebauungsgebiete *(Sozialökologie)*
ZPG
Abk zero population growth